2022 SI 4차개정판 단위적용

공조냉동기계산업기사 필독서

2022 시험과목 전면개정

기출문제 및 실전 모의고사 무료동영상

공조냉동기계 산업기사 5주완성

조성안 · 이승원 · 한영동 공저

제2권

출제 기준	적용시기 22.1.1부터	전면 개정

2022 4차 개정

4과목 공조냉동 설치 · 운영

과년도 2021년 기출문제 모의고사 15회분

한솔아카데미 H/A/N/S/O/L/A/C/A/D/E/M/Y

합격! 한솔아카데미가 답이다

본 도서를 구입시 드리는 통~큰 혜택!

출제·모의 무료동영상

공조냉동기계산업기사필기

출제경향 모의고사

한솔아카데미

출제경향분석 및 실전모의고사 무료동영상

① 출제분석에 따른 출제경향 오리엔테이션
② 실전모의고사 상세해설 1~6회 무료동영상
③ 최근 10개년 기출문제분석, 수록반영한 실전모의고사

※ 위 내용의 무료동영상 수강기간은 3개월입니다.

기출문제 무료동영상

공조냉동기계산업기사필기

기출문제

한솔아카데미

4개년 기출문제

① 최근 4개년(21년, 20년, 19년, 18년) 기출문제를 통해 최신출제경향 파악 강의제공
② 특히 2020년 시험부터 SI단위로 출제된 강의제공
③ 기출문제 자세하게 해설강의

※ 위 내용의 무료동영상 강좌의 수강기간은 3개월입니다.

학습내용 질의응답

한솔아카데미 홈페이지(www.inup.co.kr)

공조냉동기계(산업)기사 게시판에 질문을 하실 수 있으며 함께 공부하시는 분들의 공통적인 질의응답을 통해 보다 효과적인 학습이 되도록 합니다.

수강신청 방법

도서구매 후 뒷 표지 회원등록 인증번호 확인

홈페이지 회원가입 ▶ 마이페이지 접속 ▶ 쿠폰 등록/내역 ▶ 도서 인증번호 입력 ▶ 나의 강의실에서 수강이 가능합니다.

동영상 무료강의 수강방법

■ 교재 인증번호등록 및 강의 수강방법 안내

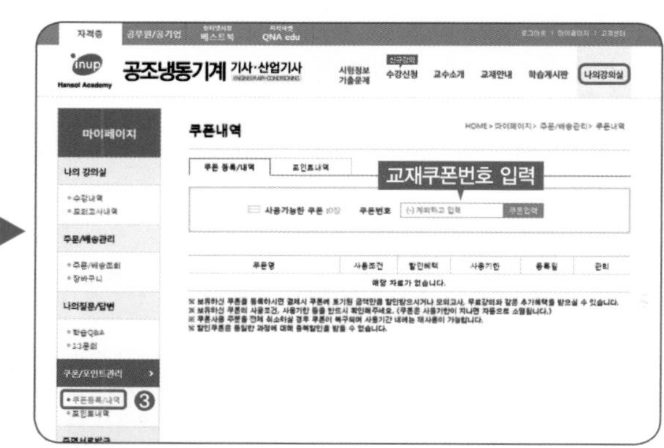

01 사이트 접속

인터넷 주소창에 **http://engineer.inup.co.kr/** 을 입력하여 한솔아카데미 홈페이지에 접속합니다.

홈페이지 우측 상단에 있는 회원가입 메뉴를 통해 **회원가입** 후, 강의를 듣고자 하는 아이디로 **로그인**을 합니다.

로그인 후 상단에 있는 **마이페이지**로 접속하여 왼쪽 메뉴에 있는 **[쿠폰/포인트관리]–[쿠폰등록/내역]**을 클릭합니다.

도서에 기입된 **인증번호 12자리** 입력(–표시 제외)이 완료되면 **[나의강의실]**에서 무료강의를 수강하실 수 있습니다.

■ 모바일 동영상 수강방법 안내

❶ QR코드 이미지를 모바일로 촬영합니다.
❷ 회원가입 및 로그인 후, 쿠폰 인증번호를 입력합니다.
❸ 인증번호 입력이 완료되면 [나의강의실]에서 강의 수강이 가능합니다.

※ QR코드를 찍을 수 있는 어플을 다운받으신 후 진행하시길 바랍니다.

공조냉동기계산업기사 교재를 펴내며...

2022년부터 새로운 출제기준 적용에 따른 일러두기!

최근의 경제 발전과 기계분야의 고도화로 공조냉동기계산업 분야는 기계화, 고급화, 스마트자동화가 급속히 진행되고 있으며, 에너지절약과 쾌적한 실내환경 조성, 냉동냉장설비의 확대로 기계분야의 대표적인 성장동력산업으로 발전하고 있습니다. 이에 발맞추어 공조냉동기계산업기사 분야의 우수한 기술인력을 배출하고자 공조냉동기계산업기사 자격 제도가 시행되고 있습니다. 특히 2022년부터 새로운 출제기준을 적용하여 그동안의 4과목에서 3과목으로 통폐합하며 새롭게 문제가 출제됩니다. 여기에 발맞추어 이 책은 공조냉동기계산업기사를 준비하는 미래 기술자들이 수험준비를 하는 데 좀 더 짧은 시간에 정확하고, 쉽게 전문지식을 습득하고 시험 준비에 만전을 기할 수 있도록 아래와 같이 새로운 출제기준에 따라 이론과 예상문제를 정리하고 기출문제를 분석, 해설하여 모의고사 형식으로 꾸며졌으며, 저자들의 강의 경험과 현장 경험을 최대한 살려서 수험생 여러분의 이해와 숙달을 돕고 자격검정 시험에 도움을 주고자 최선을 다해서 교재를 만들었습니다.

본서의 특징을 요약하면

첫째, 2022년부터 적용되는 새로운 출제기준을 분석하여 과목(4과목–3과목 축소)통합에 따라 이론과 예상문제를 추가하고 부록편에 15회분의 모의고사를 새로운 출제기준에 알맞게 편집 정리 수록하였습니다.

둘째, 기출문제와 출제 예상문제를 해설하면서 관련 내용을 함께 정리하여 문제풀이를 통하여 전체 이론내용이 정리되도록 노력하였습니다.

셋째, 각 편마다 문제 풀이에 필요한 해당 내용을 간결하고 되도록 자세하게 요약 정리하였으며, 특히 새로운 출제기준에 포함된 공조프로세스분석, 냉동냉장부하계산, 설비적산 등은 내용과 문제를 추가로 정리하였습니다.

넷째, 출제기준이 새롭게 변경되었지만 문제 출제 방향은 이전의 기출문제를 반영 할 것이기에 그동안의 기출문제를 근간으로 모의고사를 해설하면서 수험준비와 최근 공조냉동설비의 경향을 알 수 있도록 하였습니다.

다섯째, 본 교재는 10년간의 기출문제를 분야별로 정리하고 출제기준에 알맞게 편집하여 수험생들의 수험준비가 명확하고 간결하도록 하였습니다. 문제 해설에 있어서 SI단위변경 등 변경된 내용들을 현재를 기준으로 비교 설명하였습니다.

끝으로 본 교재를 통하여 공조냉동기계산업기사를 준비하는 수험생들의 목적하는 바가 성취되길 기원하며 더욱 더 노력하여 공조냉동기계 분야의 유능한 기술인이 되기를 부탁하는 바입니다. 앞으로의 시대는 실질적인 능력을 가진 자가 경쟁력 있는 인재이며 꾸준히 노력하여 자기 자신을 개발하고 창의력을 키우는 능동적이고 스마트한 사람만이 인정받고 성공할 수 있다는 냉엄한 현실을 직시하시기 바랍니다. 그리고 이 책이 나오기까지 물심양면으로 수고하여 주신 한솔아카데미 편집, 제작자 여러분께 감사의 뜻을 표합니다.

조성안, 이승원, 한영동 씀

2022 출제경향 분석 및 편집 일러두기

※ 공조냉동기계산업기사는 21년까지 4과목(공기조화, 냉동공학, 배관일반, 전기제어공학)으로 문제가 출제되어 왔으나. 22년부터는 3과목(공기조화 설비, 냉동냉장 설비, 공조냉동 설치·운영)으로 변경되어 출제됩니다. 한솔아카데미에서는 아래와 같이 새로운 수험서를 만들어서 수험생 여러분의 시험준비에 최선을 다하고자 합니다.

〈실전 모의고사 편집 일러두기〉

❶ 기존 (전기제어+배관일반)2과목이 → 공조냉동 설치운영 1과목으로 내용을 통합하고 설비적산, 냉동냉장 부하계산등 일부 내용이 추가되어 새롭게 변경되었으며 이에 알맞게 수정하여 본문과 모의고사를 구성하였습니다.

❷ 1과목, 2과목, 3과목 등에서 새롭게 추가되는 내용은 모의고사 문제를 추가 보완하였습니다.

❸ 기존 기출문제를 새로운 출제기준에 맞도록 15회분을 실전 모의고사(1~15회) 형식으로 보완 수록하여 수험 준비에 철저히 대비토록 하였습니다.

❹ 2021년 1,2,3회 기출문제는 가장 최근 출제문제로 변경 이전의 원형 그대로 수록하였으니 문제의 유형이나 난이도등을 참고하시기 바랍니다. 한솔아카데미 편집부와 저자들은 22년부터 출제기준이 변경되어 출제되는 문제도 기존문제의 유형이나 난이도면에서 크게 차이가 없을것으로 예상합니다.

❺ 저자와 출판사가 예상하기로는 22년부터 출제기준이 변경된 공조냉동기계산업기사 문제도 기존(~2021년까지) 출제방향이나 난이도면에서 크게 벗어나지 않고 각 과목 통합과 추가 부분에서 일부 문제가 출제될 것으로 예상합니다.

공조냉동기계산업기사(필기) 출제기준

직무 분야	기계	중직무 분야	기계장비 설비 · 설치	자격 종목	공조냉동기계 산업기사	적용 기간	2022. 1. 1 ~ 2024. 12. 31

○직무내용 : 산업현장, 건축물의 실내 환경을 최적으로 조성하고, 냉동냉장설비 및 기타공작물을 주어진 조건으로 유지하기 위해 기술기초이론 지식과 숙련기능을 바탕으로 공조냉동, 유틸리티 등 필요한 설비를 설계, 시공 및 유지관리 하는 직무이다.

필기검정방법	객관식	문제수	60	시험시간	1시간 30분

필기과목명	문제수	주요항목	세부항목	세세항목
공기조화 설비	20	1. 공기조화의 이론	1. 공기조화의 기초	1. 공기조화의 개요 2. 보건공조 및 산업공조 3. 환경 및 설계조건
			2. 공기의 성질	1. 공기의 성질 2. 습공기 선도 및 상태변화
		2. 공기조화 계획	1. 공기조화 방식	1. 공기조화방식의 개요 2. 공기조화방식 3. 열원방식
			2. 공기조화 부하	1. 부하의 개요 2. 난방부하 3. 냉방부하
			3. 클린룸	1. 클린룸 방식 2. 클린룸 구성 3. 클린룸 장치
		3. 공조기기 및 덕트	1. 공조기기	1. 공기조화기 장치 2. 송풍기 및 공기정화장치 3. 공기냉각 및 가열코일 4. 가습·감습장치 5. 열교환기
			2. 열원기기	1. 온열원기기 2. 냉열원기기
			3. 덕트 및 부속설비	1. 덕트 2. 급·환기설비

필기과목명	문제수	주요항목	세부항목	세세항목
		4. 공조프로세스 분석	1. 부하적정성 분석	1. 공조기 및 냉동기 선정
		5. 공조설비운영 관리	1. 전열교환기 점검	1. 전열교환기 종류별 특징 및 점검
			2. 공조기 관리	1. 공조기 구성 요소별 관리방법
			3. 펌프 관리	1. 펌프 종류별 특징 및 점검 2. 펌프 특성 3. 고장원인과 대책수립(추가) 4. 펌프 운전시 유의사항(추가)
			4. 공조기 필터점검	1. 필터 종류별 특성 2. 실내공기질 기초
		6. 보일러설비 운영	1. 보일러 관리	1. 보일러 종류 및 특성
			2. 부속장치 점검	1. 부속장치 종류와 기능
			3. 보일러 점검	1. 보일러 점검항목 확인
			4. 보일러 고장시 조치	1. 보일러 고장원인 파악 및 조치
냉동냉장 설비	20	1. 냉동이론	1. 냉동의 기초 및 원리	1. 단위 및 용어 2. 냉동의 원리 3. 냉매 4. 신냉매 및 천연냉매 5. 브라인 및 냉동유
			2. 냉매선도와 냉동 사이클	1. 모리엘선도와 상 변화 2. 냉동사이클
			3. 기초열역학	1. 기체상태변화 2. 열역학법칙 3. 열역학의 일반관계식
		2. 냉동장치의 구조	1. 냉동장치 구성 기기	1. 압축기 2. 응축기 3. 증발기 4. 팽창밸브 5. 장치 부속기기 6. 제어기기
		3. 냉동장치의 응용과 안전관리	1. 냉동장치의 응용	1. 제빙 및 동결장치 2. 열펌프 및 축열장치 3. 흡수식 냉동장치 4. 기타 냉동의 응용

필기과목명	문제수	주요항목	세부항목	세세항목
		4. 냉동냉장 부하계산	1. 냉동냉장부하 계산	1. 냉동냉장부하
		5. 냉동설비설치	1. 냉동설비 설치	1. 냉동·냉각설비의 개요
			2. 냉방설비 설치	1. 냉방설비 방식 및 설치
		6. 냉동설비운영	1. 냉동기 관리	1. 냉동기 유지보수
			2. 냉동기 부속장치 점검	1. 냉동기·부속장치 유지보수
			3. 냉각탑 점검	1. 냉각탑 종류 및 특성 2. 수질관리
공조냉동 설치 · 운영	20	1. 배관재료 및 공작	1. 배관재료	1. 관의 종류와 용도 2. 관이음 부속 및 재료 등 3. 관지지장치 4. 보온·보냉 재료 및 기타 배관용 재료
			2. 배관공작	1. 배관용 공구 및 시공 2. 관 이음방법
		2. 배관관련설비	1. 급수설비	1. 급수설비의 개요 2. 급수설비 배관
			2. 급탕설비	1. 급탕설비의 개요 2. 급탕설비 배관
			3. 배수통기설비	1. 배수통기설비의 개요 2. 배수통기설비 배관
			4. 난방설비	1. 난방설비의 개요 2. 난방설비 배관
			5. 공기조화설비	1. 공기조화설비의 개요 2. 공기조화설비 배관
			6. 가스설비	1. 가스설비의 개요 2. 가스설비 배관
			7. 냉동 및 냉각설비	1. 냉동설비의 배관 및 개요 2. 냉각설비의 배관 및 개요

필기과목명	문제수	주요항목	세부항목	세세항목
			8. 압축공기 설비	1. 압축공기설비 및 유틸리티 개요
		3. 설비적산	1. 냉동설비 적산	1. 냉동설비 자재 및 노무비 산출
			2. 공조냉난방설비 적산	1. 공조냉난방설비 자재 및 노무비 산출
			3. 급수급탕오배수설비 적산	1. 급수급탕오배수설비 자재 및 노무비 산출
			4. 기타설비 적산	1. 기타설비 자재 및 노무비 산출
		4. 공조급배수설비 설계도면작성	1. 공조, 냉난방, 급배수설비 설계도면 작성	1. 공조·급배수설비 설계도면 작성
		5. 공조설비점검 관리	1. 방음/방진 점검	1. 방음/방진 종류별 점검
		6. 유지보수공사 안전관리	1. 관련법규 파악	1. 고압가스안전관리법(냉동) 2. 기계설비법
			2. 안전작업	1. 산업안전보건법
		7. 교류회로	1. 교류회로의 기초	1. 정현파 교류 2. 주기와 주파수 3. 위상과 위상차 4. 실효치와 평균치
			2. 3상 교류회로	1. 3상 교류의 성질 및 접속 2. 3상 교류전력 (유효전력, 무효전력, 피상전력) 및 역률
		8. 전기기기	1. 직류기	1. 직류전동기의 종류 2. 직류전동기의 출력, 토크, 속도 3. 직류전동기의 속도제어법
			2. 변압기	1. 변압기의 구조와 원리 2. 변압기의 특성 및 변압기의 접속 3. 변압기 보수와 취급
			3. 유도기	1. 유도전동기의 종류 및 용도 2. 유도전동기의 특성 및 속도제어 3. 유도전동기의 역운전 4. 유도전동기의 설치와 보수
			4. 동기기	1. 구조와 원리 2. 특성 및 용도 3. 손실, 효율, 정격 등 4. 동기전동기의 설치와 보수

필기과목명	문제수	주요항목	세부항목	세세항목
			5. 정류기	1. 정류기의 종류 2. 정류회로의 구성 및 파형
		9. 전기계측	1. 전류, 전압, 저항의 측정	1. 전류계, 전압계, 절연저항계, 멀티메타 사용법 및 전류, 전압, 저항 측정
			2. 전력 및 전력량의 측정	1. 전력계 사용법 및 전력측정
			3. 절연저항 측정	1. 절연저항의 정의 및 절연저항계 사용법 2. 전기회로 및 전기기기의 절연저항 측정
		10. 시퀀스제어	1. 제어요소의 작동과 표현	1. 시퀀스제어계의 기본구성 2. 시퀀스제어의 제어요소 및 특징
			2. 논리회로	1. 불대수 2. 논회로
			3. 유접점회로 및 무접점회로	1. 유접점회로 및 무접점회로의 개념 2. 자기유지회로 3. 선형우선회로 4. 순차작동회로 5. 정역제어회로 6. 한시회로 등
		11. 제어기기 및 회로	1. 제어의 개념	1. 제어의 정의 및 필요성 2. 자동제어의 분류
			2. 조절기용기기	1. 조절기용기기의 종류 및 특징
			3. 조작용기기	1. 조작용기기의 종류 및 특징
			4. 검출용기기	1. 검출용기기.의 종류 및 특성

Contents

[제 2 권]

공조냉동기계산업기사 목차

공조냉동 설치·운영

Contents

공조냉동기계산업기사

03

Industrial Engineer Air-Conditioning and Refrigerating Machinery

공조냉동 설치·운영

제1장

배관재료 및 공작

01 배관재료

02 배관공작

03 배관제도

01 배관재료

1 관의 종류와 용도

1. 배관은 다음의 조건에 적합해야 한다.

(1) 관내 흐르는 유체의 화학적 성질
(2) 관내 유체의 사용압력에 따른 허용압력 한계
(3) 관외 외압에 따른 영향 및 외부 환경조건
(4) 유체의 온도에 따른 열영향
(5) 유체의 부식성에 따른 내식성
(6) 열팽창에 따른 신축 흡수
(7) 관의 중량과 수송조건 등

2. 강관(鋼管, Steel Pipe)

강관은 일반적으로 건축물, 공장, 선박 등의 급수, 급탕, 냉난방, 증기, 가스 배관 외에 산업설비에서의 압축 공기관, 유압배관 등 각종 수송관으로 또는 일반 배관용으로 광범위하게 사용된다.

(1) 강관의 특징
① 연관, 주철관에 비해 가볍고 인장강도가 크다.
② 관의 접합방법이 용이하다.
③ 내충격성 및 굴요성이 크다.
④ 주철관에 비해 내압성이 양호하다.

강관의 특징
가볍고 인장강도가 크다. 관의 접합이 용이하다. 내충격성 및 내압성, 시공성이 양호하다.

(2) 강관 표시방법

강관 종류
SPPW : 수도용 아연도금 강관 (수두압 100m 이하)
SPPS : 압력배관용 탄소강관 (수두압 1000m 이하)

(3) 강관 종류

SPPW : 수도용 아연도금 강관(수두압 100m 이하)
SPPS : 압력배관용 탄소강관(수두압 1000m 이하)
SPPH : 고압배관용 탄소강관(수두압 1000m 이상)
SPHT : 고온배관용 탄소강관(350℃ 이상)
SPLT : 저온배관용 탄소강관(0℃ 이하)

3. 주철관(鑄鐵管, Cast Iron Pipe : CIP관)

주철관은 순철에 탄소가 일부 함유되어 있는 것으로 내압성, 내마모성이 우수하고, 특히 강관에 비하여 내식성, 내구성이 뛰어나므로 수도용 급수관(수도본관), 가스 공급관, 공업용배관, 건축설비 오배수배관 등에 광범위하게 사용한다.

(1) 재질상 분류

① 보통 주철관 : 내구성과 내마모성은 고급주철관과 같으나 외압이나 충격에 약하다.

② 고급 주철관(덕타일 주철관, DCIP) : 주철 중의 흑연 함량을 적게 하고 강성을 첨가하여 금속조직을 개선한 것으로 기계적 성질이 좋고 강도가 크다.

주철관의 특징
내식성이 커서 매설배관에 적합하다.
취성이 커서 충격에 약하다.

(2) 주철관의 특징

① 내구력이 크다.
② 내식성이 커 지하 매설배관에 적합하다.
③ 다른 배관에 비해 압축강도가 크나 인장강도는 약하다(취성이 크다).
④ 충격에 약해 크랙(Crack)의 우려가 있다.
⑤ 압력이 낮은 저압($7 \sim 10\,kg/cm^2$ 정도)에 사용한다.

01 예제문제

배관에 관한 설명 중 틀린 것은?

① 강관은 주철관이나 납관에 비해 가볍다.
② 주철관은 내식성이 강해 지하 매설 시 부식이 적다.
③ 도관은 내산 및 내알칼리성이 우수하고 내마모성이 있다.
④ 연관은 알칼리성에는 내식성이 강하며 신축에 잘 견딘다.

해설
연관은 산에는 강하나 알칼리에는 약하며 신축에 약하다. **답 ④**

4. 스테인리스 강관(Stainless Steel Pipe)

스테인리스 강관은 내식성이 커서 상수도, 기계설비 등에 이용도가 증대되고 있다.

(1) 스테인리스 강관의 종류

① 배관용 스테인리스 강관(STS)
② 보일러 열교환기용 스테인리스 강관(STS-TB)
③ 위생용 스테인리스 강관
④ 배관용 아크용접 대구경 스테인리스 강관
⑤ 일반배관용 스테인리스 강관(Su)
⑥ 구조 장식용 스테인리스 강관

(2) 스테인리스 강관의 특징

① 내식성이 우수하고 위생적이다.
② 강관에 비해 기계적 성질이 우수하다.
③ 두께가 얇아 가벼워 운반 및 시공이 용이하다.
④ 저온에 대한 충격성이 크고, 추운 곳에도 배관이 가능하다.
⑤ 나사식, 용접식, 프레스식, 플랜지이음 등 시공이 용이하다.

스테인리스 강관의 특징
내식성이 우수하고 위생적이다. 접합방법에 나사식, 용접식, 프레스식, 플랜지이음 등 시공이 용이하다.

5. 동관(銅管, Copper Pipe)

동(銅)은 전기 및 열전도율이 좋고 내식성이 뛰어나며 전연성이 풍부하고 가공도 용이하여 판, 봉, 관 등으로 제조되어 전기재료, 열교환기, 급수관, 급탕관, 냉매관, 연료관 등 널리 사용되고 있다.

(1) 동관의 분류

두께별 분류	K-type	가장 두껍다.
	L-type	두껍다.
	M-type	보통
	N-type	얇은 두께(KS규격은 없음)

(2) 동관의 특징

① 전기 및 열전도율이 좋아 열교환용으로 우수하다.
② 전 · 연성이 풍부하여 가공이 용이하고 동파의 우려가 적다.
③ 내식성 및 알칼리에 강하고 산성에는 약하다.
④ 무게가 가볍고 마찰저항이 적다.
⑤ 아세톤, 에테르, 프레온가스, 휘발유 등 유기약품에 강하다.

동관의 특징
전기 및 열전도율이 좋아 열교환용으로 우수하다. 전 · 연성이 풍부하여 가공이 용이하고 알칼리에 강하고 산성에는 약하다

6. 연관(鉛管, Lead Pipe)

일명 납(Pb)관이라 하며, 연관은 용도에 따라 1종(화학공업용), 2종(일반용), 3종(가스용)으로 나눈다. 연질이고 가요성이 커서 도기 연결부에 쓰이나 최근에는 사용실적이 적다.

7. 알루미늄관(Al관)

은백색을 띠는 관으로 구리 다음으로 전기 및 열전도성이 양호하며 전 · 연성이 풍부하여 가공이 용이하며 건축재료 및 화학공업용 재료로 널리 사용된다. 알루미늄은 알칼리에는 약하고, 특히 해수, 염산, 황산, 가성소다 등에 약하다.

8. 플라스틱관(Plastic Pipe : 합성수지관)

합성수지관은 석유, 석탄, 천연가스 등으로부터 얻어지는 에틸렌, 프로필렌, 아세틸렌, 벤젠 등을 원료로 만들어진 관이다.

(1) **경질염화비닐관(PVC관 : Poly Vinyl-Chloride)** : 염화비닐을 주원료로 압축가공하여 제조한 관으로 내식성이 크고 산 · 알칼리, 해수 등에도 강하다. 전기 절연성이 크고 마찰저항이 적다.

(2) **폴리에틸렌관(PE관 : Poly-Ethylene Pipe)** : 에틸렌에 중합체, 안전체를 첨가하여 압출 성형한 관으로 화학적, 전기적 절연 성질이 염화비닐관보다 우수하고, 내충격성이 크고 내한성이 좋아 −60℃에서도 취성이 나타나지 않아 한랭지 배관으로 적합하나 인장강도가 작다.

(3) **폴리부틸렌관(PB관 : Poly-Butylene Pipe)** : 폴리부틸렌관은 강하고 가벼우며, 내구성 및 자외선에 대한 저항성, 화학작용에 대한 저항 등이 우수하여 온수온돌의 난방배관, 음용수 및 온수배관, 농업 및 원예용 배관, 화학배관 등에 사용된다.

(4) **가교화 폴리에틸렌관(XL관 : Cross-Linked Polyethylene Pipe)** : 폴리에틸렌 중합체를 주체로 하여 적당히 가열한 압출성형기에 의하여 제조되며 일명 엑셀파이프라고도 하며, 온수온돌 난방코일용으로 가장 많이 사용되며 특징은 다음과 같다.

(5) **PPC관(Poly-Propylene Copolymer관)** : 폴리프로필렌 공중합체를 원료로 하여 열변형 온도가 높아 굴곡가공으로 시공이 편리하며 녹이나 부식으로 인한 독성이 없어 많이 사용된다.

9. 원심력 철근 콘크리트관(흄관)

원통으로 조립된 철근형틀에 콘크리트를 주입하여 고속으로 회전시켜 균일한 두께의 관으로 성형시킨 것으로 상하수도, 배수관에 사용된다.

10. 석면 시멘트관(에터니트관)

석면과 시멘트를 1 : 5 ~ 1 : 6 정도의 중량비로 배합하고 물을 혼합하여 롤러로 압력을 가해 성형시킨 관으로 금속관에 비해 내식성이 크며 특히 내알칼리성이 좋고, 수도용, 가스관, 배수관, 공업용수관 등의 매설관에 사용되며 재질이 치밀하여 강도가 강하다.

11. 스케줄 번호(Schedule No.) : 관의 두께를 표시

(1) 공학단위(스케줄 번호는 전통적으로 공학단위를 사용하므로 참조하세요)

$$Sch = 10\left(\frac{P}{S}\right)$$

P : 최고사용압력(kg/cm²)
S : 배관허용응력(kg/mm²)

(2) SI 단위(현재는 SI 위주로 사용합니다)

$$Sch = 1000\left(\frac{P}{S}\right)$$

P : 최고사용압력(MPa)
S : 배관허용응력($MPa = N/mm^2$)

(단, S : 허용응력 = 인장강도 / 안전율)

스케줄 번호(Schedule No.)
관의 두께를 표시
- 공학단위
  $Sch = 10\left(\frac{P}{S}\right)$
  P : 최고사용압력(kg/cm^2)
  S : 배관허용응력(kg/mm^2)
- SI단위
  $Sch = 1000\left(\frac{P}{S}\right)$
  P : 최고사용압력(MPa)
  S : 배관허용응력
  ($Mpa=N/mm^2$)
(단, S : 허용응력=인장강도/안전율)

02 예제문제

압력 배관용 탄소강관의 두께를 나타내는 스케줄 번호(Sch No.)에 대한 설명으로 잘못된 것은? (단, P는 사용압력 MPa, S는 허용응력 N/mm^2이다.)

① 관의 두께를 나타내는 계산식 $Sch\ No. = 1{,}000 \times \frac{P}{S}$이다.
② 스케줄 번호는 10, 20, 30, 40, 60, 80 등이 있다.
③ 스케줄 번호가 커질수록 관의 두께가 두꺼워진다.
④ 허용응력은 안전율을 인장강도로 나눈 값이다.

해설

$$안전율 = \frac{인장강도}{허용응력(사용압력)}에서\ 허용응력 = \frac{인장강도}{안전율}$$

(허용응력은 인장강도를 안전율로 나눈 값이다)

답 ④

03 예제문제

관의 종류와 이음방법 연결이 잘못된 것은?

① 강관－나사이음　② 동관－압출이음
③ 주철관－칼라이음　④ 스테인리스강관－몰코이음

해설

주철관은 기계식이음(메커니컬 조인트)을 주로 사용하고, 칼라이음은 콘크리트관에 주로 이용한다.

답 ③

12. K.S에 정해진 강관 용도별 분류

	제 품 명	용 도
배관용	배관용 탄소강관(SPP)	사용압력이 비교적 낮은 물, 증기, 기름, GAS 및 공기 등의 배관
	배관용 합금강관(SPA)	주로 고온도에서 사용되는 배관
	압력배관용 탄소강관(SPPS)	350℃ 정도 이하에서 사용되는 압력배관
	고온배관용 탄소강관(SPHT)	주로 350℃를 넘는 온도에서 사용되는 배관
	배관용ARC용접 탄소강관(SPW)	사용압력이 비교적 낮은 증기, 물, 기름, GAS 및 공기 등의 배관
	저온 배관용 강관(SPLT)	빙점, 특히 저온도에서 사용되는 배관
	수도용 아연도금 강관(SPPW)	SPP관에 아연도금을 한 관 정수두 100m 이하의 수도로서 주로 급수에 사용되는 배관
	수도용 도복장강관(STPW)	SPP관 또는 아크 용접 탄소강관에 피복한 관정수두 100m 이하의 수도용 및 공업용수용 배관
	수도용 도복장강관 이형관	수도용 도복장강관의 계수용 배관
열전달용	보일러 열교환기용 탄소강관(STH)	보일러의 물, 연기, 공기가열 및 화학공업, 석유공업의 열교환기, 콘덴서관, 촉매관, 가열로관 등으로 사용되는 관
	저온 열교환기용 강관(STLT)	빙점 이하 특히 저온도에서 관의 내외에 열교환을 목적으로 하여, 열교환기관, 콘덴서관 등에 사용되는 배관
	보일러 열교환기용 합금강관(STHB)	보일러 열교환기용 목적 합금강관
	보일러 열교환기용 스테인리스 강관(STSxTB)	보일러 열교환기용 목적 스테인리스 강관
구조용	일반구조용 각형강관(SPSR)	토목, 건축 기타 구조용
	일반구조용 탄소강관(SPS)	토목, 건축, 철탑 기타 지주 구조물에 사용
	기계구조용 탄소강관(SM)	기계, 항공기, 자동차, 자전거, 가구 등의 기계부품에 사용
	구조용 합금강관(STA)	항공기, 자동차 기타의 구조물에 사용
	고압가스 용기용 이음매 없는 강관(STHG)	고압가스 충전기용, 배관용
기타	이음매 없는 유정용 강관(STO)	유정의 굴삭 및 채유용관
	석유공업 배관용 아크 용접 탄소강관	GAS, 물, 기름 등의 배관
	시추용 이음매 없는 강관	원유 시추용관

2 관이음 부속 및 재료 등

1. 이음부속 사용목적에 따른 분류

(1) 관의 방향을 바꿀 때 : 엘보, 벤드 등

(2) 관을 도중에 분기할 때 : 티, 와이, 크로스 등

(3) 동일 지름의 관을 직선연결할 때 : 소켓, 유니온, 플랜지, 니플(부속연결) 등

(4) 지름이 다른 관을 연결할 때 : 리듀서(이경소켓), 이경엘보, 이경티, 부싱 (부속연결) 등

(5) 관의 끝을 막을 때 : 캡, 막힘(맹)플랜지, 플러그 등

(6) 관의 분해, 수리, 교체를 하고자 할 때 : 유니온, 플랜지 등

2. 각종 이음 부속류 형태

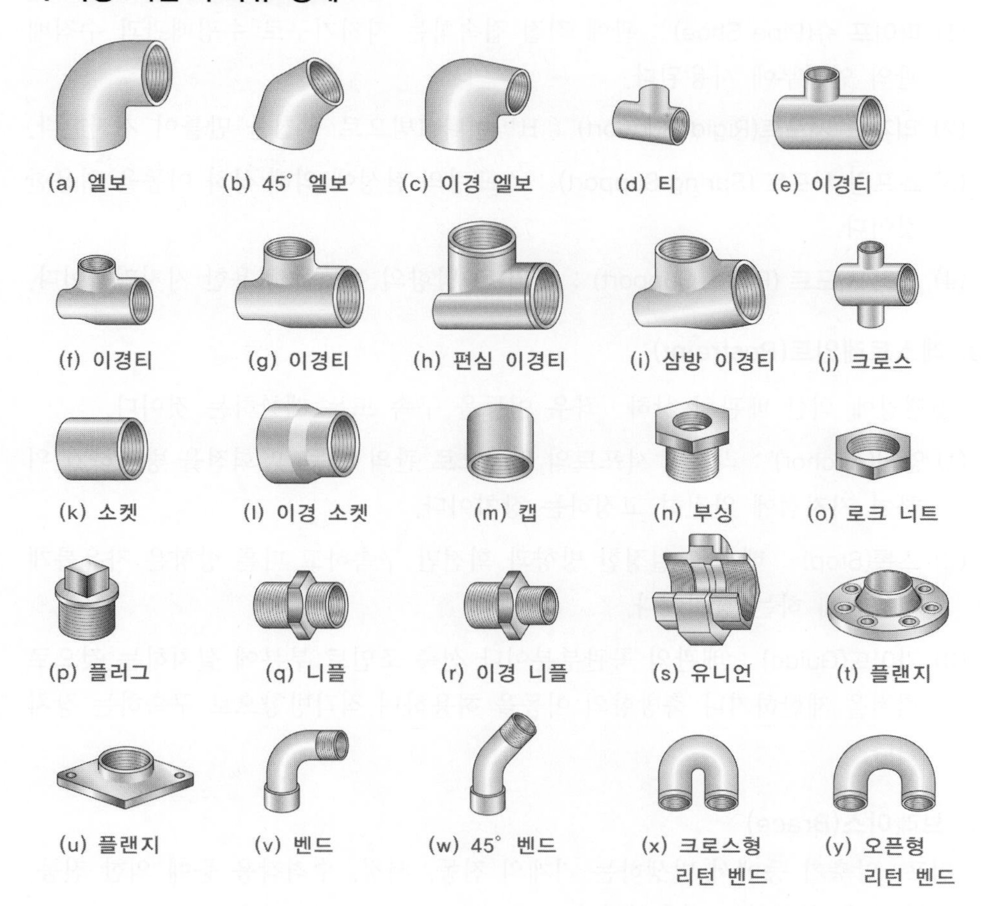

3 배관지지장치

> 행거 종류
> 리지드 행거, 스프링 행거, 콘스턴트 행거

1. 행거(Hanger)

천장 배관 등의 하중을 위에서 달아매어 받치는 지지기구이다.

(1) **리지드 행거(Rigid Hanger)** : I 빔에 턴버클을 이용하여 지지한 것으로 상하 방향에 변위가 없는 곳에 사용

(2) **스프링 행거(Spring Hanger)** : 턴버클 대신 스프링을 사용한 것

(3) **콘스턴트 행거(Constant Hanger)** : 배관의 상하이동에 관계없이 관지지력이 일정한 것으로 중추식과 스프링식이 있다.

> 서포트 종류
> 파이프 슈, 리지드 서포트, 스프링 서포트, 롤러 서포트

2. 서포트(Support)

바닥 배관 등의 하중을 밑에서 위로 떠받치는 지지기구이다.

(1) **파이프 슈(Pipe Shoe)** : 관에 직접 접속하는 지지기구로 수평배관과 수직배관의 연결부에 사용된다.

(2) **리지드 서포트(Rigid Support)** : H빔이나 I빔으로 받침을 만들어 지지한다.

(3) **스프링 서포트 (Spring Support)** : 스프링의 탄성에 의해 상하 이동을 허용한 것이다.

(4) **롤러 서포트 (Roller Support)** : 관의 축 방향의 이동을 허용한 지지기구이다.

> 레스트레인트 종류
> 앵커, 스톱, 가이드, 브레이스

3. 레스트레인트(Restraint)

열팽창에 의한 배관의 상하·좌우 이동을 구속 또는 제한하는 것이다.

(1) **앵커(Anchor)** : 리지드 서포트의 일종으로 관의 이동 및 회전을 방지하기 위하여 지지점에 완전히 고정하는 장치이다.

(2) **스톱(Stop)** : 배관의 일정한 방향과 회전만 구속하고 다른 방향은 자유롭게 이동하게 하는 장치이다.

(3) **가이드(Guide)** : 배관의 곡관부분이나 신축 조인트 부분에 설치하는 것으로 회전을 제한하거나 축방향의 이동을 허용하며 직각방향으로 구속하는 장치이다.

4. 브레이스(Brace)

펌프, 압축기 등에서 발생하는 기계의 진동, 서징, 수격작용 등에 의한 진동, 충격 등을 완화하는 완충기이다.

04 예제문제

관지지장치 중 서포트(support)의 종류로 틀린 것은?

① 파이프 슈 ② 리지드 서포트
③ 롤러 서포트 ④ 콘스턴트 행거

해설
서포트는 배관을 아래에서 위로 지지하는 것이며 행거는 위에서 배관을 달아맨다. 답 ④

05 예제문제

열팽창에 의한 배관의 측면이동을 구속 또는 제한하는 역할을 하는 배관지지와 관계 없는 것은?

① 앵커(Anchor) ② 행거(Hanger)
③ 스토퍼(Stopper) ④ 가이드(Guide)

해설
열팽창에 의한 관의 신축으로 배관의 이동을 구속 또는 제한하는 장치인 레스트레인트는 앵커 스토퍼, 가이드로 구성된다. 행거는 관을 천장에서 매어단다. 답 ②

4 보온·보냉 재료 및 기타 배관용 재료

1. 보온 보냉재(단열재)

보온재는 단열성능이 우수한 것으로 기기, 관, 덕트 등에 있어서 고온의 유체나 저온의 유체로 부터 열이 외부로 이동되는 것을 차단하여 열손실을 줄이는 것으로 안전사용온도에 따라 보냉재(100℃ 이하), 보온재(100 ~ 800℃), 내화재(800 ~ 1,200℃), 내화단열재(1,300℃ 이상), 내화재(1,580℃ 이상) 등의 재료가 있다.

(1) 보온재의 구비조건

- 열전도율이 적을 것
- 안전사용온도 범위에 적합할 것
- 부피, 비중이 작을 것
- 불연성이고 내흡습성이 클 것
- 다공질이며 기공이 균일할 것
- 물리·화학적 강도가 크고 시공이 용이할 것

보온재의 분류
- 유기질 보온재 : 펠트, 코르크, 텍스류, 기포성 수지
- 무기질 보온재 : 석면, 암면, 규조토, 규산칼슘, 유리섬유, 세라믹파이버

(2) 보온재의 분류

① 유기질 보온재

- 펠트 : 양모펠트와 우모펠트가 있으며 −60℃ 정도까지 유지할 수 있어 보냉용에 사용하며 곡면 부분의 시공이 가능하다.
- 코르크 : 액체, 기체의 침투를 방지하는 작용이 있어 보냉, 보온효과가 좋다. 냉수, 냉매배관, 냉각기, 펌프 등의 보냉용으로 사용된다.
- 텍스류 : 톱밥, 목재, 펄프를 원료로 해서 압축판 모양으로 제작한 것으로 실내벽, 천장 등의 보온 및 방음용으로 사용한다.
- 기포성 수지 : 합성수지 또는 고무질 재료의 다공질 제품으로 열전도율이 극히 낮고 가벼우며 흡수성은 좋지 않으나 굽힘성은 풍부하다. 보온성, 보냉성이 좋다.

② 무기질 보온재

- 석면(石綿) : 아스베스트질 섬유로 되어 있으며 400℃ 이하의 파이프, 탱크, 노벽 등의 보온재로 적합하다. 석면은 발암물질로 사용을 억제한다.
- 암면(Rock Wool, 岩綿) : 안산암, 현무암에 석회석을 섞어 용융하여 섬유모양으로 만든 것으로 비교적 값이 싸지만 섬유가 거칠고 유연성이 부족하다. 보냉용으로 사용할 때에는 방습을 위해 아스팔트 가공을 한다.
- 규조토 : 규조토에 석면을 섞어 물반죽하여 시공하며 500℃ 이하의 파이프, 탱크, 노벽 등에 사용하며 진동이 있는 곳에 사용을 피한다.
- 탄산마그네슘($MgCO_3$) : 염기성 탄산마그네슘 85%와 석면 15%를 배합하여 물에 개어서 사용할 수 있고, 205℃ 이하의 파이프, 탱크의 보냉용으로 사용된다.
- 규산칼슘 : 규조토와 석회석을 주원료로 한 것으로 열전도율은 0.047W/mK로서 보온재 중 가장 낮은 것 중의 하나이며 사용온도 범위는 600℃까지이다.
- 유리섬유(Glass Wool) : 용융상태인 유리에 압축공기 또는 증기를 분사시켜 짧은 섬유모양 으로 만든 것으로 흡수성이 높아 습기에 주의하여야 하며 단열, 내열, 내구성이 좋고 가격도 저렴하여 많이 사용한다.
- 폼그라스(발포초자) : 유리분말에 발포제를 가하여 가열 용융 발포 경화시켜 만들며 기계적 강도와 흡습성이 크며 판이나 통으로 사용하고 사용온도는 300℃ 정도이다.
- 펄라이트 : 진주암 등을 고온가열(1,000℃)하여 팽창시킨 것으로 가볍고 흡습성이 크며 내화도가 높고, 열전도율은 작으며 사용온도는 650℃이다.

- 실리카파이버 : SiO_2(이산화 규소)를 주성분으로 압축성형한 것으로 안전사용온도는 1,100℃ 로 고온용이다.
- 세라믹파이버 : ZrO_2(지르코늄 옥사이드)를 주성분으로 압축성형한 것으로 안전사용온도는 1,300℃로 고온용이다.
- 금속질 보온재 : 금속 특유의 열 반사특성을 이용한 것으로 대표적으로 알루미늄박이 사용된다.

2. 패킹(Packing)

이음부나 회전부의 기밀을 유지하기 위한 것으로 나사용, 플랜지, 그랜드 패킹 등이 있다.

(1) 나사용 패킹

- 페인트 : 페인트와 광명단을 혼합하여 사용하며 고온의 기름배관을 제외하고는 모든 배관에 사용할 수 있다.
- 일산화연 : 냉매배관에 많이 사용하며 빨리 응고되어 페인트에 일산화연을 조금 섞어서 사용한다.
- 액상합성수지 : 화학약품에 강하고 내유성이 크며, 내열범위는 －30～130℃ 정도로 증기, 기름, 약품배관 등에 사용한다.

(2) 플랜지 패킹

- 고무패킹 : 탄성이 우수하고 흡수성이 없으며 산, 알칼리에 강하나 열과 기름에는 침식된다.
- 석면 조인트 시트 : 광물질의 미세한 섬유로 450℃까지의 고온배관에도 사용된다.
- 합성수지 패킹 : 테플론은 가장 우수한 패킹 재료로서 약품이나 기름에도 침식되지 않으며 내열범위는 －260～260℃이지만 탄성이 부족하여 석면, 고무, 금속 등과 조합하여 사용한다.
- 금속패킹 : 납, 구리, 연강, 스테인리스강 등이 있으며 탄성이 적어 누설의 우려가 있다.
- 오일실 패킹 : 한지를 일정한 두께로 겹쳐서 내유 가공한 것으로 내열도는 낮으나 펌프, 기어박스 등에 사용한다.

(3) 그랜드 패킹 : 밸브의 회전부분에 사용하여 기밀을 유지하는 역할을 한다.

- 석면 각형패킹 : 석면을 각형으로 짜서 흑연과 윤활유를 침투시킨 것으로 내열, 내산성이 좋아 대형 밸브에 사용한다.

- 석면 야안패킹 : 석면실을 꼬아서 만든 것으로 소형밸브에 사용한다.
- 아마존 패킹 : 면포와 내열고무 콤파운드를 가공하여 성형한 것으로 압축기에 사용한다.
- 몰드 패킹 : 석면, 흑연, 수지 등을 배합 성형하여 만든 것으로 밸브, 펌프 등에 사용한다.

06 예제문제

보온재의 두께 결정 시 고려하여야 할 대상에서 거리가 먼 것은?

① 외기온도
② 보온재의 열전도율
③ 내용연수
④ 보온재의 강도

해설

보온재 두께는 열손실 방지를 위해 외기 온도, 열전도율, 내용연수를 고려한다.

답 ④

07 예제문제

배관용 보온재에 관한 설명으로 틀린 것은?

① 내열성이 높을수록 좋다.
② 열전도율이 적을수록 좋다.
③ 비중이 작을수록 좋다.
④ 흡수성이 클수록 좋다.

해설

배관용 보온재는 흡수성이 적어야 한다. 보온재는 보통 흡수하면 열전도율이 증가한다.

답 ④

5 밸브류

유체의 유량조절, 흐름의 단속, 방향전환, 압력 등을 조절하는데 사용한다.

1. 제수밸브(스톱밸브)

밸브(Valve, 변)는 유체의 유량을 조절, 흐름을 단속, 방향을 전환, 압력 등을 조절하는데 사용하는 것으로 재료, 압력범위, 접속방법 및 구조에 따라 여러 종류로 나눈다.

(1) 게이트밸브, 슬루스 밸브(Gate Valve, Sluice Valve, 사절변)

개폐용으로 가장 많이 사용하는 밸브로서 유체의 흐름을 차단(개폐)하는 대표적인 밸브로서 가장 많이 사용하며 개폐시간이 길다.

> 게이트밸브(슬루스밸브) 특징
> 개폐용으로 가장 많이 사용하는 밸브로서 유체의 흐름을 차단(개폐)하는 대표적인 밸브

(2) 글로브 밸브(Glove Valve, Stop Valve, 옥형변)

밸브시트에서 유체의 흐름방향이 바뀌게 되어 유량조절이 용이하지만 유체의 마찰저항이 크다.

(3) 니들밸브(Needle Valve, 침변)

디스크의 형상이 원뿔모양으로 유체가 통과하는 단면적이 극히 적어 고압 소유량의 조절에 적합하다.

(4) 앵글밸브(Angle Valve)

글로브 밸브의 일종으로 유체의 입구와 출구의 각이 90°로 되어 있는 것으로 유량의 조절 및 방향을 전환시켜주며 주로 방열기의 입구 연결밸브나 보일러 수증기 밸브로 사용한다.

(5) 체크밸브(Check Valve, 역지변)

유체를 한쪽으로만 흐르게 하여 역류를 방지하는 역류방지밸브로서 밸브의 구조에 따라 다음과 같이 구분할 수 있다.

- 스윙형(Swing Type) : 수직, 수평배관에 사용한다.
- 리프트형(Lift Type) : 수평배관에만 사용한다.
- 풋형(Foot Type) : 펌프 흡입관 선단의 여과기와 역지변을 조합한다.

> 체크밸브(Check Valve, 역지변)
> 유체를 한쪽으로만 흐르게 하여 역류를 방지하는 역류방지밸브로 스윙형, 리프트형, 풋밸브형이 있다.

(6) 볼밸브(Ball Valve)

구의 형상을 가진 볼에 구멍이 뚫려 있어 구멍의 방향에 따라 개폐 조작이 되는 밸브이며 90° 회전으로 개폐 및 조작도 용이하여 게이트 밸브 대신 많이 사용된다.

(7) 버터플라이 밸브(Butterfly Valve)

일명 나비밸브라 하며 원통형의 몸체 속에 밸브봉을 축으로 하여 원형 평판이 회전함으로써 밸브가 개폐된다. 밸브의 개도를 알 수 있고 조작이 간편하며 경량이고, 설치공간을 작게 차지하므로 설치가 용이하다. 작동방법에 따라 레버식, 기어식 등이 있다.

> 버터플라이 밸브 (Butterfly Valve)
> 일명 나비밸브라 하며 디스크의 90도 회전으로 밸브가 개폐된다. 조작이 간편하며 경량이고, 설치공간을 작게 차지하고, 설치가 용이하다. 작동방법에 따라 레버식, 기어식 등이 있다.

(8) 콕(Cock)

콕은 원통 혹은 원뿔에 구멍을 뚫고 축을 회전시켜 개폐하는 것으로 플러그 밸브라고도 하며 90° 회전으로 급속한 개폐가 가능하나 기밀성이 좋지 않아 고압 대유량에는 적당하지 않다.

08 예제문제

체크밸브의 종류에 대한 설명으로 옳은 것은?

① 리프트형-수평, 수직 배관용 ② 풋형-수평 배관용
③ 스윙형-수평, 수직 배관용 ④ 리프트형-수직 배관용

해설

리프트형, 풋형 : 수직배관용, 스윙형 : 수평, 수직배관용 답 ③

2. 조정밸브

조정밸브는 배관계통에서 장치의 냉온열원의 부하 경감 시 자동으로 밸브의 열림을 조절하는 밸브류를 말하는 것으로 다음과 같은 종류가 있다.

(1) 감압밸브(Pressure Reducing Valve : PRV)

감압밸브는 고압의 압력을 저압으로 일정하게 유지하여 주는 밸브로서 사용유체에 따라 물과 증기용으로 분류된다.

(2) 안전밸브(Safety Valve)

고압의 유체를 취급하는 고압용기나 보일러, 배관 등에서 규정압력 이상으로 되면 자동적으로 밸브가 열려 장치나 배관의 파손을 방지하는 밸브로서 스프링식과 중추식, 지렛대식이 있다.

(3) 전자밸브(Solenoid Valve)

전자코일에 전류를 흘려서 전자력에 의한 플런저가 들어 올려지는 전자석의 원리를 이용하여 밸브를 개폐(ON-OFF)시키는 것으로 솔레노이드 밸브라 한다.

(4) 전동밸브(Modutrol Motor)

모터로 작동되는 밸브로 이방밸브 (2-Way Valve)와 삼방밸브 (3-Way Valve)가 있으며 이방변은 유량을 변화시켜 제어하고(변유량), 3방변은 유량을 방향을 조절(정유량)하여 제어한다.

(5) 공기빼기밸브(Air Vent Valve : AVV)

배관이나 기기 중의 공기를 제거할 목적으로 사용되며, 배관의 최상단에 설치한다.

(6) 온도조절밸브(Temperature Control Valve : TCV)

열교환기나 급탕탱크, 가열기기 등의 내부온도를 감지하여 일정한 온도로 유지시키기 위하여 증기나 온수공급량을 자동적으로 조절하여 주는 자동밸브이다.

(7) 정유량 조절밸브

팬코일 유닛이나 방열기 등에서 각 배관계통이나 기기로 일정량의 유량이 공급되도록 하는 자동밸브이다.

(8) 차압조절밸브(Differential Pressure Control Valve)

공급배관과 환수배관 사이에 설치하여 공급관과 환수관의 압력차를 일정하게 유지시켜 주는 밸브이다.

3. 냉매용 밸브

냉매 스톱밸브는 글로브 밸브와 같은 밸브 몸체와 밸브시트를 갖는 것으로 암모니아용과 프레온용이 있다.

(1) 팩드밸브(Packed Valve)

밸브 스템(봉)의 둘레에 석면, 흑연패킹 또는 합성고무 등의 그랜드로 냉매가 누설되는 것을 방지한다.

(2) 팩리스밸브(Packless Valve)

팩리스 밸브는 그랜드 패킹을 사용하지 않고 벨로스나 다이어프램을 사용하여 외부와 완전히 격리하여 누설을 방지하게 되어 있다.

(3) 서비스밸브(Service Valve)

배관내의 냉매 보급 및 차단과 공기제거 기능을 수행하며, 또한 압력계를 부착하여 배관내의 압력을 측정 할 수 있다.

4. 여과기(Strainer)

배관에 설치되는 각종 조절밸브, 증기트랩, 펌프 등의 앞에 설치하여 유체 속에 섞여 있는 마모성 이물질을 제거하여 밸브 및 기기의 파손을 방지하는 기구로 Y형, U형, V형 등이 있으며 여과기 내부에는 금속제 여과망(Mesh)이 내장되어 있어 주기적으로 청소를 해주어야 한다.

여과기(Strainer)
배관에 설치되는 각종 조절밸브, 증기트랩, 펌프 등의 앞에 설치하여 유체 속에 섞여 있는 이물질을 제거하여 밸브 및 기기의 파손을 방지하는 기구로 Y형, U형, V형 등이 있다.

01 출제유형분석에 따른 종합예상문제

[15년 3회, 08년 1회]

01 배관재료 선정 시 고려해야 할 사항으로 가장 거리가 먼 것은?

① 관 속을 흐르는 유체의 화학적 성질
② 관 속을 흐르는 유체의 온도
③ 관의 이음방법
④ 관의 압축성

배관재료 선정 시 고려사항은 관의 압축성보다는 관의 신축성이 중요하다.

[07년 1회]

02 다음의 관재료에 관한 설명이 옳지 않은 것은?

① 동관 – 탄산가스를 포함한 공기 중에는 푸른 녹이 생긴다.
② 스테인리스강관 – 저온 충격성이 크고 한랭지 배관이 가능하다.
③ 연관 – 해수나 천연수에도 관 표면에 불활성 탄산연막을 만들어 부식을 방지한다.
④ 알루미늄관 – 해수, 가성소다, 염산 등 알칼리에 강하다.

알루미늄관은 해수, 가성소다, 염산 등에 약하다.

[09년 1회]

03 배관설비에 관한 설명 중 올바른 것은?

① 밀폐 배관 속에 공기가 혼입되면 냉온수의 순환이 양호해진다.
② 냉수배관 속의 이물을 포착하여 이것을 배출하기 위하여 통기관을 설치한다.
③ 배관 도중의 유량을 조절하려면 글로브 밸브를 사용한다.
④ 배수관은 급수관에 비하여 두껍다.

배관 속에 공기가 혼입되면 냉온수의 순환이 나빠지고, 이물질을 포착하여 제거하기 위하여 스트레이너(여과기)를 설치한다. 유량을 조절하려면 글로브 밸브를 사용하고, 개폐용으로는 게이트밸브를 사용한다. 배수관은 급수관보다 압력이 낮아서 얇아도 된다.

[12년 1회, 06년 1회]

04 주철관의 용도로 적합하지 않은 것은?

① 수도용 ② 가스용
③ 배수용 ④ 냉매용

주철관의 용도는 수도용, 배수용, 가스용에 쓰이며 냉매용으로는 부적합하다.

[15년 3회]

05 주철관의 특징에 대한 설명으로 틀린 것은?

① 충격에 강하고 내구성이 크다.
② 내식성, 내열성이 있다.
③ 다른 배관재에 비하여 열팽창계수가 크다.
④ 소음을 흡수하는 성질이 있으므로 옥내배수용으로 적합하다.

주철관 내구력이 크나 외압이나 충격에는 약하다.

[12년 1회, 07년 2회]

06 스케줄 번호에 의해 두께를 나타내는 관이 아닌 것은?

① 수도용 아연도금 강관
② 압력배관용 탄소강관
③ 고압 배관용 탄소강관
④ 배관용 합금강관

수도용 아연도금 강관(SPPW)은 정수두 100m 이하 급수배관용에 사용하며 스케줄 번호로 두께를 표기하지 않는다.

정답 01 ④ 02 ④ 03 ③ 04 ④ 05 ① 06 ①

[06년 1회]

07 스케줄 번호는 다음 중 무엇을 나타내기 위함인가?

① 관의 바깥지름
② 관의 안지름
③ 관의 두께
④ 관의 길이

스케줄 번호(SCH)는 관의 두께를 표시하며 번호가 클수록 관의 두께가 두껍다.

[13년 2회]

08 강관을 재질상으로 분류한 것이 아닌 것은?

① 탄소 강관
② 합금 강관
③ 스테인리스 강관
④ 전기용접 강관

전기용접 강관은 제조방법에 따른 분류에 해당한다.

[06년 2회]

09 강관에 대한 설명 중 틀린 것은?

① 고온이나 저온에서도 강도가 크다.
② 가격이 싸다.
③ 부식에 강하다.
④ 내충격성, 굴요성(휨성)이 크다.

강관은 많은 장점과 부식에 약한 단점을 갖고 있어서 도복장 강관을 이용한다.

[06년 3회]

10 다음의 압력배관용 탄소강관 중에서 두께가 가장 두꺼운 것은?

① SCH 60　② SCH 40
③ SCH 30　④ SCH 20

스케줄 번호(SHC)가 클수록 관의 두께가 두껍다.

[13년 1회]

11 고온배관용 탄소강관은 몇 ℃의 고온배관에 사용되는가?

① 230℃ 이하　② 250 ~ 270℃
③ 280 ~ 310℃　④ 350℃ 이상

고온배관용 탄소강관(SPHT)은 350℃ 이상의 고온배관에 사용한다.

[10년 1회]

12 고압배관용 탄소강의 사용온도와 사용압력은 얼마인가?

① 350℃ 이상, 10MPa 이상
② 350℃ 이하, 10MPa 이상
③ 100℃ 이상, 10MPa 이상
④ 100℃ 이하, 10MPa 이상

고압배관용 탄소강관은 압력 100kg/cm^2(10MPa) 이상, 사용온도 350℃ 이하

[11년 3회]

13 압력배관용 탄소강관(SPPS)의 최대 사용압력은 얼마인가?

① 4.5MPa　② 1.0MPa
③ 6.5MPa　④ 10MPa

압력배관용 탄소강관(SPPS) 최대 사용압력은 1 ~ 10MPa이다.

[14년 2회]

14 스테인리스 관의 특성이 아닌 것은?

① 내식성이 좋다.
② 저온 충격성이 크다.
③ 용접식, 몰코식 등 특수시공법으로 시공이 간단하다.
④ 강관에 비해 기계적 성질이 나쁘다.

스테인리스 관(STS)은 강관에 비해 기계적 성질이 우수하다.

정답 07 ③ 08 ④ 09 ③ 10 ① 11 ④ 12 ② 13 ④ 14 ④

[13년 3회, 13년 2회]

15 스테인리스강관에 대한 설명으로 적당하지 않은 것은?

① 위생적이어서 적수의 염려가 적다.
② 내식성이 우수하다.
③ 몰코 이음법 등 특수 시공법으로 대체로 배관시공이 간단하다.
④ 저온에서 내충격성이 적다.

스테인리스강관은 저온에서 내충격성이 크고 부식이 방지된다.

[09년 2회]

16 다음 동관 중 가장 높은 압력에서 사용되는 것은?

① K형 ② L형
③ M형 ④ N형

동관의 표준치수(두께)는 K > L > M형 순이다.

[11년 3회, 06년 1회]

17 다음 중 동관의 장점이 아닌 것은?

① 내식성이 좋다.
② 강관보다 가볍고 취급이 쉽다.
③ 동결파손에 강하다.
④ 내충격성이 좋다.

동관은 연질이므로 내충격성이 약하다.

[09년 3회]

18 열전도가 좋아 열교환기의 가열관으로 사용하기에 가장 적합한 파이프는?

① 주철관 ② 동관
③ 강관 ④ 플라스틱관

동관은 열전도가 좋아 열교환기의 가열관(튜브)으로 많이 쓰인다.

[09년 1회]

19 동 및 동합금관의 특징이 아닌 것은?

① 전성과 연성이 풍부하여 가공이 용이하다.
② 전기 및 열의 전도율이 좋다.
③ 내식성이 뛰어나며, 열교환기, 급수관으로 널리 사용된다.
④ 담수에는 내식성이 작으나 연수에는 크나 연수에는 부식된다.

동관은 담수에는 내식성이 크나 연수에는 부식되기 쉽다.

[10년 2회]

20 다음 중 열전도율이 가장 큰 관은?

① 강관 ② 알루미늄관
③ 동관 ④ 연관

동관 열전도율은 332(kcal/mh℃)로 강관 46(kcal/mh℃)보다 크다.

[14년 3회]

21 경질염화비닐관의 특징 중 틀린 것은?

① 내열성이 좋다. ② 전기절연성이 크다
③ 가공이 용이하다. ④ 열팽창률이 크다.

경질염화비닐관(PVC)은 저온이나 고온에서 강도가 약하며, 내열성이 나쁘다.

[15년 2회]

22 다음의 경질염화비닐관에 대한 설명 중 틀린 것은?

① 전기 절연성이 좋으므로 전기부식 작용이 없다.
② 금속관에 비해 차음효과가 크다.
③ 열전도율이 동관보다 크다.
④ 극저온 및 고온배관에 부적당하다.

경질염화비닐관 열전도율은 동관보다 적다.

정답 15 ④ 16 ① 17 ④ 18 ② 19 ④ 20 ③ 21 ① 22 ③

[12년 2회, 06년 2회]

23 경질염화비닐관의 특성으로 옳지 못한 것은?

① 급탕관, 증기관으로 사용되는 것은 적합하지 않다.
② 다른 배관에 비해 관내 마찰손실이 커서 불리하다.
③ 온도의 상승에 따라 인장강도는 떨어진다.
④ 열팽창률이 커서 철의 7~8배가 된다.

경질염화비닐관은 관내 마찰손실이 적은 편이다.

[06년 3회]

24 다음 일반용 폴리에틸렌 관에 설명 중 틀린 것은?

① 경질 염화 비닐관 보다 조직이 치밀하므로 중량이 무겁다.
② 충격에 강하고 내한성이 우수하다.
③ 내열성과 보온성이 경질 염화 비닐관보다 우수하다.
④ 전기의 절연성이 크다.

폴리에틸렌관은 경질 염화 비닐관보다 중량이 가볍다.

[14년 2회]

25 폴리부틸렌관 이음(polybutylene Pipe Joint)에 대한 설명으로 틀린 것은?

① 강한 충격, 강도 등에 대한 저항성이 크다.
② 온돌난방, 급수위생, 농업원예배관 등에 사용된다.
③ 가볍고 화학작용에 대한 우수한 내식성을 가지고 있다.
④ 에이콘 파이프의 사용가능 온도는 10℃~70℃로 내한성과 내열성이 약하다.

폴리부틸렌관(에이콘 파이프)은 내한성, 내열성에 강하여 급수, 급탕, 난방용에 주로 사용된다.

[14년 2회, 07년 3회]

26 내식성 및 내마모성이 우수하여 지하매설용 수도관으로 적당한 것은?

① 주철관 ② 알루미늄관
③ 황동관 ④ 강관

주철관(DCIP)은 내식성이 강하여 지하매설용 수도관으로 많이 사용한다.

[11년 1회]

27 다음 중 연관이나 황동관을 가장 잘 부식시키는 것은?

① 극연수 ② 연수
③ 적수 ④ 경수

연관이나 황동관은 극연수(증류수)에 침식된다.

[12년 3회, 07년 1회]

28 연관의 장점이 아닌 것은?

① 가공성이 좋다.
② 신축성이 풍부하다.
③ 중량이 가벼우며 충격에 강하다.
④ 산에는 강하지만 알칼리성에는 약하다.

연관(납관)은 중량이 무거우며 충격에 약하다.

[07년 3회]

29 다음 덕트 재료 중에서 일반적으로 가장 많이 사용되는 것은?

① 아연 도금판 ② 납 도금판
③ 콘크리트 ④ 황동판

덕트재료는 함석(아연 도금강판)을 주로 사용한다.

[10년 3회]

30 배관재료를 선정할 때 고려해야 할 사항으로 가장 관계가 적은 것은?

① 사용압력 ② 유체의 온도
③ 부식성 ④ 유체의 비열

유체의 비열과 배관재료는 직접적인 관계가 없다.

정답 23 ② 24 ① 25 ④ 26 ① 27 ① 28 ③ 29 ① 30 ④

[14년 1회]

31 흄(Hume)관이라고도 하는 관은?

① 주철관
② 경질염화비닐관
③ 폴리에틸렌관
④ 원심력 철근콘크리트관

흄관은 원심력 철근콘크리트관을 말하며 상하수도, 배수로용으로 이용된다.

[15년 1회]

32 비중이 약 2.7로서 열 전기 전도율이 좋으며, 가볍고, 전연성이 풍부하여 가공성이 좋으며 순도가 높은 것은 내식성이 우수하여 건축재료 등에 주로 사용되는 것은?

① 주석관
② 강관
③ 비닐관
④ 알루미늄관

알루미늄관은 동관과 유사한 성질을 가지며 전성 및 연성이 풍부하고 전기 전도율이 좋다.

[13년 2회]

33 다음은 한랭지에서의 배관요령이다. 틀린 것은?

① 동결할 위험이 있는 장소에서의 배관은 가능한 피한다.
② 동결이 염려되는 배관에는 물 빼기 장치를 수전 가까이 설치한다.
③ 물 빼기 장치 이후 배관은 상향구배로 하여 물 빼기가 용이하게 한다.
④ 한랭지에서의 배관은 외벽에 매입한다.

한랭지의 배관은 내벽에 매입하고 보온을 철저히 한다.

[09년 2회, 13년 1회]

34 배관 내 마찰저항에 의한 압력손실의 설명으로 옳은 것은?

① 관의 유속에 비례한다.
② 관 내경의 2승에 비례한다.
③ 관 내경의 5승에 비례한다.
④ 관의 길이에 비례한다.

배관 내 마찰저항은 유속의 제곱에 비례하고, 관 내경에 반비례하며, 관의 길이에 비례한다.

[10년 1회]

35 역류방지용으로 사용되는 밸브의 종류가 아닌 것은?

① 리프트형 체크밸브 ② 더블디스크형 체크밸브
③ 해머리스형 체크밸브 ④ 풋형 체크밸브

역류방지용 밸브에 스윙형, 리프트형, 해머리스형, 풋형, 스프링형 등이 있다.

[13년 3회]

36 체크밸브에 대한 설명으로 옳은 것은?

① 스윙형, 리프트형, 풋형 등이 있다.
② 리프트형은 배관의 수직부에 한하여 사용한다.
③ 스윙형은 수평배관에만 사용한다.
④ 유량조절용으로 적합하다.

체크밸브에서 리프트형과 풋형은 수평배관에 사용하고, 스윙형은 수직 · 수평배관에 사용되며 유량조절기능은 없다.

[13년 2회, 07년 3회]

37 다음 중 체크밸브의 종류가 아닌 것은?

① 스윙형 체크밸브 ② 해머리스형 밸브
③ 리프트형 체크밸브 ④ 플랩형 체크밸브

체크밸브(역류 방지 밸브)에 플랩형은 없다.

정답 31 ④ 32 ④ 33 ④ 34 ④ 35 ② 36 ① 37 ④

[12년 2회, 11년 1회]

38 배관의 신축이음 중 고압에 잘 견디며 고온고압의 옥외 배관 신축이음쇠로 가장 좋은 것은?

① 루프형 신축이음쇠
② 슬리브형 신축이음쇠
③ 벨로스형 신축이음쇠
④ 스위블형 신축이음쇠

루프형 신축이음은 고온 고압의 옥외 배관에 주로 이용하고 신축흡수가 가장 크다.

[14년 3회, 07년 3회]

39 배관 신축이음의 종류로 가장 거리가 먼 것은?

① 빅토릭 조인트 신축이음
② 슬리브 신축이음
③ 스위블 신축이음
④ 루프형 밴드 신축이음

빅토릭 접합(Victoric Joint)은 주철관의 가용성 접합이며 신축 기능은 없다.

[06년 1회]

40 벨로스형 신축이음쇠의 특징이 아닌 것은?

① 설치공간을 차지하지 않는다.
② 신축량은 벨로스의 산수와 피치의 구조에 따라 다르다.
③ 장시간 사용 시 패킹의 마모로 누수의 원인이 된다.
④ 곡선배관 부분에서 각도변위를 흡수한다.

벨로스형 신축이음쇠는 벨로스의 신축을 이용하기 때문에 패킹이 없는 Packless 신축이음이다.

[15년 1회, 10년 1회]

41 슬리브형 신축 이음쇠의 특징이 아닌 것은?

① 신축 흡수량이 크며, 신축으로 인한 응력이 생기지 않는다.
② 설치 공간이 루프형에 비해 크다.
③ 곡선배관 부분이 있는 경우 비틀림이 생겨 파손의 원인이 된다.
④ 장시간 사용 시 패킹의 마모로 인해 누설될 우려가 있다.

슬리브형 신축이음쇠는 루프형보다 설치 공간이 적다.

[15년 2회, 07년 3회]

43 밸브의 일반적인 기능으로 가장 거리가 먼 것은?

① 관내 유량 조절 가능
② 관내 유체의 유동 방향 전환 가능
③ 관내 유체의 온도 조절 가능
④ 관내 유체 유동의 개폐 가능

밸브와 관내 유체의 온도 조절은 관계가 없다.

[07년 1회]

44 다음 중 밸브를 설치하지 않는 관은?

① 급수관　② 드레인관
③ 통기관　④ 급탕관

통기관은 밸브를 설치하지 않는다.

[11년 1회]

45 다음 중 밸브를 완전히 열었을 때 유체의 저항손실이 가장 큰 밸브는?

① 슬루스 밸브　② 글로브 밸브
③ 버터플라이 밸브　④ 볼 밸브

글로브 밸브는 밸브를 완전히 열어도 구조상 유체의 저항손실이 크며 게이트밸브는 밸브를 완전히 열면 저항이 거의 없다.

정답 38 ① 39 ① 40 ③ 41 ② 42 ③ 43 ③ 44 ③ 45 ②

[14년 3회, 06년 3회]

46 밸브의 종류 중 콕(Cock)에 관한 설명으로 틀린 것은?

① 콕의 종류에는 대표적으로 글랜드 콕과 메인 콕이 있다.
② 0 ~ 90℃ 회전시켜 유량조절이 가능하다.
③ 유체저항이 크며, 개폐 시 힘이 드는 단점이 있다.
④ 콕은 흐르는 방향을 2방향, 3방향, 4방향으로 바꿀 수 있는 분배 밸브로 적합하다.

> 콕은 유체의 저항이 적고, 개폐 시 힘이 적게 든다. 가스 중간밸브 형태이다.

[11년 2회]

47 유체의 흐름을 단속하는 대표적인 밸브로서 슬루스밸브 또는 사절변이라고도 하는 밸브는?

① 게이트밸브 ② 글로브 밸브
③ 체크밸브 ④ 플랩밸브

> 게이트밸브는 슬루스밸브(제수변)이라하며 주로 개폐용으로 사용된다.

[07년 3회]

48 구조가 간단하고 개폐가 빠르며 유체의 저항이 적은 밸브는?

① 앵글밸브 ② 체크 밸브
③ 글로브 밸브 ④ 콕

> 콕은 구조가 간단하고 90도 회전으로 개폐가 빠르며 유체의 저항이 적다.

[07년 3회]

49 구조상 유량조절과 흐름의 개폐용으로 사용되며, 흔히 스톱 밸브라고 하는 것은?

① 콕(Cock)
② 앵글 밸브(Angle Valve)
③ 안전 밸브(Safety Valve)
④ 글로브 밸브(Glove Valve)

> 글로브 밸브는 유량조절이 가능하고 일명 스톱 밸브라 한다. 완전히 열어도 저항은 크다.

[07년 2회]

50 게이트 밸브(G.V)라고도 하며 유체 흐름의 개폐용으로 사용되는 대표적인 밸브는?

① 다이어프램 밸브 ② 콕
③ 글로브 밸브 ④ 슬루스 밸브

> 슬루스 밸브는 게이트 밸브이다.

[15년 2회]

51 유체의 저항은 크나 개폐가 쉽고 유량 조절이 용이하며, 직선 배관 중간에 설치하는 밸브?

① 슬루스 밸브 ② 글로브 밸브
③ 체크밸브 ④ 전동 밸브

> 글로브밸브(옥형 밸브)는 유체의 저항이 크나 유량 조절이 가능하여 직선배관 중간에 설치하는 밸브이다.

[07년 2회]

52 회전운동을 링크 기구에 의한 왕복운동으로 바꾸어서 제어 밸브를 개폐하는 밸브는?

① 전자밸브 ② 전동 밸브
③ 감압 밸브 ④ 체크 밸브

> 전동 밸브는 회전운동을 링크기구에 의한 왕복운동으로 바꾸어서 제어 밸브를 개폐한다.

[15년 2회]

53 난방, 급탕, 급수배관의 높은 곳에 설치되어 공기를 제거하여 유체의 흐름을 원활하게 하는 것은?

① 안전밸브 ② 에어벤트밸브
③ 팽창밸브 ④ 스톱밸브

> 에어벤트는 공기가 발생하는 배관의 최상부에 설치한 후 발생되는 공기를 제거하여 유체의 흐름을 원활하게 한다.

정답 46 ③ 47 ① 48 ④ 49 ④ 50 ④ 50 ④ 51 ② 52 ② 53 ②

[14년 3회]

54 바이패스 관의 설치장소로 적절하지 않은 곳은?

① 증기배관 ② 감압밸브
③ 온도조절밸브 ④ 인젝터

바이패스 관은 조절밸브류(감압변, 온도조절변, 증기트랩, 2방변, 3방변 등)가 고장 시 바이패스 시키면서 분해 수리하기 위한 배관으로 인젝터에는 사용하지 않는다.

[12년 3회]

55 다음 배관 부속 중 사용 목적이 서로 다른 것과 연결된 것은?

① 플러그-캡 ② 유니언-플랜지
③ 니플-소켓 ④ 티-리듀서

플러그, 캡은 관말단을 막을 때, 유니언과 플랜지는 관의 분해 조립이 필요한곳, 니플과 소켓은 관의 직선 연결, 티는 분기부, 리듀서는 축소 확대부분에 사용된다.

[10년 1회, 06년 3회]

56 관연결용 부속을 사용처별로 구분하여 나열하였다. 잘못된 것은?

① 관 끝을 막을 때 : 리듀서, 부싱, 캡
② 배관의 방향을 바꿀 때 : 엘보, 벤드
③ 관을 도중에서 분기할 때 : 티, 와이, 크로스
④ 동경관을 직선 연결할 때 : 소켓, 유니온, 니플

리듀서(이경 소켓)와 부싱은 관경이 다른 배관의 연결에 사용한다. 관끝을 막을 때는 캡이나 플러그를 사용한다.

[09년 1회, 06년 2회]

57 구경이 서로 다른 관을 접속할 때 사용하는 관이음쇠는?

① 유니언(Union) ② 리듀서(Reducer)
③ 니플(Nipple) ④ 플러그(Plug)

리듀서(이경 소켓)와 부싱은 관경이 다른 관을 접속할 때 사용한다.

[14년 2회]

58 관경이 다른 강관을 직선으로 연결할 때 사용되는 배관 부속품은?

① 티이 ② 리듀서
③ 소켓 ④ 니플

소켓은 관경이 다른 관과 관을 연결하며 니플은 관경이 다른 부속과 부속을 연결한다.

[15년 3회, 06년 1회]

59 배관 부속 중 분기관을 낼 때 사용되는 것은?

① 벤드 ② 엘보
③ 티 ④ 유니온

티는 분기관을 낸다.

[15년 1회]

60 배관 부속기기인 여과기(Strainer)에 대한 설명으로 틀린 것은?

① 여과기의 종류에는 형상에 따라 Y형, U형, V형 등이 있다.
② 여과기의 설치 목적은 관 내 유체의 이물질을 제거하여 수량계, 펌프 등을 보호하는데 있다.
③ U형 여과기는 유체의 흐름이 수평이므로 저항이 작아 주로 급수배관용에 사용한다.
④ V형 여과기는 유체가 스트레이너 속을 직선적으로 흐르므로 Y형이나 U형에 비해 유속에 대한 저항이 적다.

U자형 여과기는 원통형 여과기를 사용하므로 구조상 유체가 직각으로 흐르며 Y형에 비해 저항이 크다.

정답 54 ④ 55 ④ 56 ① 57 ② 58 ③ 59 ③ 60 ③

[11년 1회]

61 다음 중 스트레이너에 관한 설명으로 틀린 것은?

① 관내 유체 속의 토사 또는 칩 등의 불순물을 제거한다.
② 종류로는 Y형, U형, V형이 있다.
③ 스트레이너는 중요한 기기의 뒤쪽에 장착한다.
④ 스트레이너는 유체흐름의 방향에 따라 장착해야 한다.

스트레이너는 관 내 유체의 이물질을 제거하여 밸브, 펌프 등을 보호하기 때문에 대상 기기의 앞쪽에 설치한다.

[11년 2회, 06년 3회]

62 배관계의 도중에 설치하여 유체 속에 혼입된 토사나 이물질 등을 제거하는 배관부품은?

① 트랩(Trap)
② 밸브(Valve)
③ 스트레이너(Strainer)
④ 저수조(貯水槽)

스트레이너(여과기)는 관 내 유체의 이물질을 제거한다.

[08년 1회]

63 배관장치의 도중에 설치하는 기구들의 설명으로 맞는 것은?

① 스트레이너는 유체의 유동방향을 따라갈 때 트랩 다음에 설치한다.
② 저압 트랩의 설치 시에는 바이패스(Bypass) 배관이 필요하다.
③ 감압 트랩의 설치 시에는 바이패스(Bypass) 배관이 불필요하다.
④ 증기 트랩의 설치장소는 증기공급이 시작되는 위치이다.

스트레이너는 트랩 전에 설치하며 감압 밸브나 유량계 설치 시 바이패스가 필요하고, 증기 트랩은 배관 끝이나 방열기 출구에 설치한다.

[13년 1회]

64 배관 재료에서 열응력 요인이 아닌 것은?

① 열팽창에 의한 응력
② 열간가공에 의한 응력
③ 용접에 의한 응력
④ 안전밸브의 분출에 의한 응력

안전밸브의 분출은 열응력과는 관계가 없으며 진동과 소음을 발생시킨다.

[12년 3회]

65 나사용 배관에 사용되는 패킹은?

① 몰드패킹　② 일산화연
③ 고무패킹　④ 아마존패킹

나사용 패킹에는 일산화연이나, 테플론테이프를 사용하고, 몰드패킹은 밸브류 등에, 고무패킹은 플랜지 등에 사용한다.

[15년 1회]

66 다음 중 각 장치의 설치 및 특징에 대한 설명으로 틀린 것은?

① 슬루스 밸브는 유량조절용보다는 개폐용(ON-OFF)에 주로 사용된다.
② 슬루스 밸브는 일명 게이트 밸브라고도 한다.
③ 스트레이너는 배관 속 먼지, 흙, 모래 등을 제거하기 위한 부속품이다.
④ 스트레이너는 밸브 뒤에 설치한다.

스트레이너는 밸브 등을 보호하기 위하여 기기류 앞에 설치한다.

[15년 1회]

67 이음쇠 중 방진, 방음의 역할을 하는 것은?

① 플렉시블형 이음쇠　② 슬리브형 이음쇠
③ 스위블형 이음쇠　④ 루프형 이음쇠

플렉시블형 이음쇠는 펌프나 팬, 압축기 등에서 발생하는 진동이 주변 배관으로 전달되는 것을 막기 위하여 전후단에 설치한다.

정답 61 ③ 62 ③ 63 ② 64 ④ 65 ② 66 ④ 67 ①

[15년 2회]

68 일반적으로 루프형 신축이음의 굽힘 반경은 사용관경의 몇 배 이상으로 하는가?

① 1배 ② 3배
③ 4배 ④ 6배

루프형 신축이음의 굽힘 반경은 관경의 6배 이상으로 한다.

[15년 2회]

69 배관이 바닥 또는 벽을 관통할 때 슬리브(Sleeve)를 사용하는데 그 이유로 가장 적당한 것은?

① 방진을 위하여
② 신축흡수 및 수리를 용이하게 하기 위하여
③ 방식을 위하여
④ 수격작용을 방지하기 위하여

바닥이나 벽을 관통할 때 슬리브를 사용하는 이유는 배관의 신축이 벽체에 응력을 주지 않고 수리 시 배관 교체를 용이하게 하기 위함이다.

[12년 3회, 07년 2회]

70 배관길이 200m, 관경 100mm의 배관 내 20℃의 물을 80℃로 상승시킬 경우 배관의 신축량은?(단, 강관의 선팽창계수는 12.5×10^{-6}/℃이다.)

① 10cm ② 15cm
③ 20cm ④ 25cm

$$\text{신축량} = L\times a\times\Delta t = 200\text{m}\times12.5\times10^{-6}\times(80-20) = 0.15\text{m} = 15\text{cm}$$

[15년 3회, 09년 5회)

71 유속 2.4m/s, 유량 15,000L/h일 때 관경은 몇 mm인가?

① 42 ② 47
③ 51 ④ 53

$$\text{관경(d)} = \sqrt{\frac{4Q}{\pi V}} = \sqrt{\frac{4\times(15000/1000\times3,600)}{3.14\times2.4}} = 0.047\text{m} = 47\text{mm}$$

[08년 3회, 07년 1회]

72 허용응력이 350MPa이고, 사용압력이 7MPa인 강관의 스케줄 번호(Schedule Number)는?

① 20 ② 35
③ 70 ④ 105

$$\text{스케줄 번호(Sch)} = 1000\times\frac{p}{s} = 1000\times\frac{70}{350} = 20$$

[13년 3회, 07년 3회]

73 다음 중 열을 잘 반사하고 확산하므로 난방용 방열기 표면 등의 도장용으로 사용되는 도료는?

① 광명단 ② 산화철
③ 합성수지 ④ 알루미늄

알루미늄 도료는 열을 잘 반사하여 방열기 표면의 도장용으로 사용된다.

[14년 1회, 06년 3회]

74 연단에 아마인유를 배합한 것으로 녹스는 것을 방지하기 위하여 사용되며 도료의 막이 굳어서 풍화에 대해 강하고 다른 착색도료의 밑칠용으로 널리 사용되는 것은?

① 알루미늄 도료 ② 광명단 도료
③ 합성수지 도료 ④ 산화철 도료

광명단 도료(방청도료)는 녹 발생을 방지하며 착색도료의 밑칠용에 주로 사용한다.

정답 68 ④ 69 ② 70 ② 71 ② 72 ① 73 ④ 74 ②

[09년 1회]

75 다음 중 녹방지용 도료로서 방청효과가 가장 적은 것은?

① 광명단 도료　② 에폭시 수지 도료
③ 석면각형 패킹　④ 알루미늄 도료

방청효과는 광명단 도료가 우수하고, 석면각형 패킹은 방청 도료가 아니다.

[14년 1회]

76 나사용 패킹으로 냉매배관에 많이 사용되며 빨리 굳는 성질을 가진 것은?

① 일산화 연　② 페인트
③ 석면 각형 패킹　④ 아마존 패킹

페인트에 소량의 일산화연을 섞어서 사용하면 나사용 패킹으로 우수하다.

[08년 2회]

77 배관용 패킹재료를 선택할 때 고려해야 할 사항으로 옳지 않은 것은?

① 탄력　② 진동의 유무
③ 유체의 압력　④ 재료의 부식성

패킹재료 선택 시 고려사항은 진동의 유무, 유체의 압력, 온도, 재료의 부식성 등이다.

[08년 3회]

78 다음 중 네오프렌 패킹을 사용할 수 없는 배관은?

① 60℃의 급탕배관
② 15℃의 배수배관
③ 20℃의 급수배관
④ 180℃의 증기배관

네오프렌 패킹은 열과 기름에 약하여 100℃ 이상에는 사용이 곤란하다.

[15년 2회, 06년 2회]

79 탄성이 크고 엷은 산이나 알칼리에는 침해되지 않으나 열이나 기름에 약하며 급수, 배수, 공기 등의 배관에 쓰이는 패킹은?

① 고무 패킹　② 금속 패킹
③ 글랜드 패킹　④ 액상 합성수지

천연고무 패킹은 기름이나 100℃ 이상의 고온배관에서는 부적당하나 신축성이 좋아서 급수나 배수, 공기의 밀폐용에 주로 쓰인다.

[06년 3회]

80 다음 중 배관 침식에 영향을 크게 미치지 않는 것은?

① 수속　② 사용시간
③ 배관계의 소음　④ 물속의 부유물질(浮游物質)

배관계의 소음은 배관 침식과는 연관성이 없다.

[07년 1회]

81 고정된 배관 지지부 간의 거리가 10m라 할 때 만일 온도가 현재보다 150℃ 상승한다면 몇 mm나 팽창되겠는가? (단, 금속배관 재료의 열팽창률은 6×10^{-6}/℃이다.)

① 9　② 60
③ 90　④ 900

신축량 $=L\times a\times\Delta t=10\text{m}\times6\times10^{-6}\times150=0.009\text{m}=9\text{mm}$

[08년 1회]

82 관지름 25A (안지름 27.6mm)의 강관에 매분 30 L/min의 가스를 흐르게 할 때 유속은 약 얼마인가?

① 0.14m/s　② 0.34m/s
③ 0.64m/s　④ 0.84m/s

$Q=Av$에서 $v=\dfrac{Q}{A}=\dfrac{30/1000}{60\left(\dfrac{\pi\times0.0276^2}{4}\right)}=0.84\text{m/s}$

정답 75 ③ 76 ① 77 ① 78 ④ 79 ① 80 ③ 81 ① 82 ④

[08년 2회]

83 지름 40mm 인 파이프에 매분 $1.2m^3$의 물을 공급하려고 한다. 물의 속도(m/sec)를 약 얼마로 해야 하는가?

① 8.7 ② 12.4
③ 15.9 ④ 17.6

$Q=Av$에서 $v=\dfrac{Q}{A}=\dfrac{1.2}{60\left(\dfrac{\pi\times0.04^2}{4}\right)}=15.9\text{m/s}$

[09년 2회, 07년 1회]

84 배관의 지지 목적이 아닌 것은?

① 배관계의 중량의 지지
② 진동에 의한 지지
③ 열에 의한 신축의 제한지지
④ 부식과 보온 지지

배관의 지지 목적과 부식은 관계가 없다.

[09년 1회]

85 배관지지 방법이 틀린 것은?

① 2본 이상의 수평배관이 병행 배관인 경우에는 공통지지 형강을 사용하여 지지한다.
② 수평배관을 지지하는 현수 볼트 길이는 가능한 길게 한다.
③ 배관이 변경되는 배관의 지지는 공통현수로 시공하지 않는다.
④ 열에 의한 배관의 이동량이 큰 지지 개소는 롤러지지 또는 슬라이드 지지로 한다.

수평 배관 지지 현수 볼트 길이는 가능한 짧게 하여 견고하게 한다.

[08년 3회]

86 배관지지의 필요조건이 아닌 것은?

① 배관 충격에 견딜 것
② 배관 소음을 방지할 것
③ 열팽창에 의한 신축에 대응할 수 있을 것
④ 배관 중량에 견딜 것

배관지지와 소음방지는 연관성이 없다.

[08년 2회]

87 배관지지에 대한 설명이 옳지 않은 것은?

① 배관의 외관 보호를 위해 지지한다.
② 진동 충격에 대해 지지한다.
③ 열팽창에 의한 배관계를 지지한다.
④ 배관계의 중량을 지지한다.

배관지지는 배관의 진동 충격과 직접적인 관계가 없다.

[13년 2회, 06년 3회]

88 열팽창에 의한 관의 신축으로 배관의 이동을 구속 또는 제한하는 장치는?

① 턴버클 ② 브레이스
③ 리스트레인트 ④ 행거

리스트레인트(앵커, 스톱, 가이드)는 열팽창에 의한 관의 신축으로 배관의 이동을 구속 또는 제한하는 장치이다.

[10년 1회]

89 배관의 행거(Hanger)용 지지철물을 달아매기 위해 천장에 매입하는 철물은?

① 턴버클(Turnbuckle) ② 가이드(Guide)
③ 스토퍼(Stopper) ④ 인서트(Insert)

인서트는 배관의 행거용 지지철물(달대 볼트)을 달아매기 위해 천장 슬래브 콘크리트 타설시 인서트를 매입한다.

정답 83 ③ 84 ④ 85 ② 86 ② 87 ② 88 ③ 89 ④

[09년 3회]

90 배관지지의 구조와 위치를 정하는 데 있어서 고려해야 할 사항 중 중요한 것은?

① 중량과 지지가격　② 유속 및 온도
③ 압력과 유속　④ 배출구

배관지지의 구조와 위치 결정시 중요한 고려사항은 배관 중량과 지지간격이다.

[08년 2회]

91 배관이 응력을 받아서 휘어지는 것을 방지하고 팽창시 움직임을 바르게 유도하는 장치이며 배관의 굽힘장소나 신축이음 부분에 설치하여 관의 회전을 방지하는 역할을 하는 것은?

① 가이드(Guide)
② 롤러 서포트(Roller Support)
③ 리지드(Rigid)
④ 파이프 슈(Pipe Shoe)

가이드는 배관이 팽창할 때 휘어지는 것을 방지하고 신축이음쪽으로 유도한다.

[08년 1회]

92 배관의 지지 간격 결정조건에 포함되지 않는 사항은?

① 관경의 대소
② 수압시험 압력
③ 보온 및 보냉의 유무
④ 유체의 흐름에 따른 진동

수압시험 압력과 배관의 지지 간격 결정과는 관계가 없다.

[09년 1회, 08년 3회]

93 배관의 이동 및 회전을 방지하기 위하여 지지점의 위치에 완전히 고정하는 장치는?

① 앵커　② 행거
③ 스포트　④ 브레이스

앵커는 배관을 어떤 위치에 완전히 고정하는 것으로 일정 구간의 배관 신축을 신축이음으로 한정한다.

[09년 3회]

94 다음 그림은 배관의 지지에 필요한 쇠붙이인데 그 명칭은?

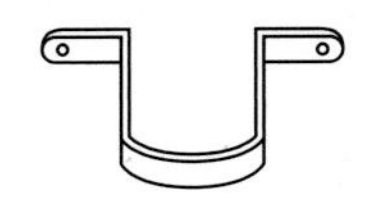

① 파이프 행거　② U형 볼트
③ 아이너트　④ 새들 밴드

그림의 배관지지 철물은 새들 밴드로 배관을 고정하며 U형 볼트와 기능이 비슷하다.

[15년 1회]

95 배관이나 밸브 등의 시공한 부분의 서포트부에 설치되며 관의 자중 또는 열팽창에 의항 보온재의 파손을 방지하기 위해 사용되는 것은?

① 가이드(Guide)　② 파이프 슈(Pipe Shoe)
③ 브레이스(Brace)　④ 앵커(Anchor)

파이프 슈는 서포트의 일종이며 관의 자중, 열팽창에 의한 보온재의 파손 방지용으로 배관을 감싸서 지지한다.

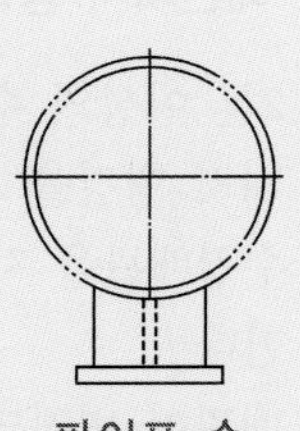

파이프 슈

[13년 3회]

96 배관지지장치에서 수직방향 변위가 없는 곳에 사용되는 행거는 어느 것인가?

① 리지드 행거　② 콘스턴트 행거
③ 가이드 행거　④ 스프링 행거

리지드 행거는 수직방향 변위가 없는 곳에 사용되는 행거이다.

정답 90 ① 91 ① 92 ② 93 ① 94 ④ 95 ② 96 ①

[11년 1회]

97 빔(Beam)에 턴버클을 연결하여 파이프 아래 부분을 받쳐 달아 올리는 것으로 수직 방향의 변위가 없는 곳에 사용되는 것은?

① 리스트레인트 ② 리지드 행거
③ 스프링 행거 ④ 콘스턴트 행거

리지드 행거는 빔에 턴버클을 연결하여 파이프 아래를 받쳐 달아 매는 것으로 수직 방향의 변위가 없는 곳에 주로 사용된다.

[15년 3회]

98 배관은 길이가 길어지면 관 자체의 하중, 열에 의한 신축, 유체의 흐름에서 발생하는 진동이 배관에 작용한다. 이것을 방지하기 위한 관지지 장치의 종류가 아닌 것은?

① 서포트(Support)
② 레스트레인트(Restraint)
③ 익스팬더(Expander)
④ 브레이스(Brace)

배관지지장치

서포트(Support)	파이프 슈, 리지드 서포트, 스프링 서포트, 롤러 서포트
행거(Hanger)	리지드 행거, 스프링 행거, 콘스턴트 행거
레스트레인트(Restraint)	앵커, 스토퍼, 가이드
브레이스(Brace)	완충기

익스팬더(Expander)는 동관 확관기이다.

[13년 1회]

99 배관지지 금속 중 레스트레인트(Restraint)에 속하지 않는 것은?

① 행거 ② 앵커
③ 스토퍼 ④ 가이드

레스트레인트란 배관을 구속하거나 제한하는 것으로 앵커, 스토퍼, 가이드 등이다.

[06년 2회]

100 다음 이음쇠 중 방음의 역할을 하는 것은?

① 플렉시블형 이음쇠
② 슬리브형 이음쇠
③ 스위블형 이음쇠
④ 루프형 이음쇠

플렉시블형 이음쇠는 방진 또는 방음의 기능이 있어서 펌프나 팬 등의 전후단에 설치한다.

[11년 3회]

101 배관진동의 원인으로 거리가 먼 것은?

① 펌프 및 압축기 등의 작동 불균형
② 유체의 열팽창
③ 펌프의 서징
④ 수격작용

유체의 열팽창은 진동의 원인은 아니다.

[14년 2회]

102 관경 50A 동관(L-type)의 관 지지간격에서 수평주관인 경우 행거 지름(mm)과 지지간격(m)으로 적당한 것은?

① 지름 : 9mm, 간격 : 1.0m 이내
② 지름 : 9mm, 간격 : 1.5m 이내
③ 지름 : 9mm, 간격 : 2.0m 이내
④ 지름 : 13mm, 간격 : 2.5m 이내

강관 지지간격

호칭지름(A)	20 이하	25~40	50~80	100~150	200이상
최대간격(m)	1.8	2.0	3.0	4.0	5.0

동관 지지간격

호칭지름(A)	20 이하	25~40	50	65~80	100이상
최대간격(m)	1.0	1.5	2.0	2.5	3.0

정답 97 ② 98 ③ 99 ① 100 ① 101 ② 102 ③

[15년 1회]

103 배관에서 보온재 선택 시 고려할 사항으로 가장 거리가 먼 것은?

① 안전 사용 온도 범위
② 열전도율
③ 내용연수
④ 운반비용

운반비용은 보온재 선택 시 고려사항과 거리가 멀다.

[14년 2회, 07년 2회, 06년 1회]

104 관의 보온재로서 구비해야 할 조건으로 부적당한 것은?

① 내식성이 클 것
② 흡습률이 적을 것
③ 열전도율이 클 것
④ 비중이 작고 가벼운 것

보온재는 열전도율이 작아야 한다.

[08년 1회]

105 보온재의 구비조건이 아닌 것은?

① 열전도도가 작고 방습성이 클 것
② 인화성이 우수할 것
③ 내압강도가 클 것
④ 사용온도가 범위가 클 것

인화성이란 불이 잘 붙는 것을 말하는데 보온재(유기질, 무기질)는 인화성이 적어야한다.

[08년 2회]

106 보온재의 구비조건으로 틀린 것은?

① 내구성과 내식성이 클 것
② 안전 사용온도 범위에 적합할 것
③ 열전도율이 크고 가벼울 것
④ 흡습성이 작고 시공이 용이할 것

보온재는 열전도율이 작아야한다.

[08년 2회]

107 유기질 보온재로 냉수, 냉매배관, 냉각기 등의 보냉용으로 사용되는 것은?

① 암면 ② 글라스 울
③ 규조토 ④ 코르크

유기질 보온재 : 펠트, 코르크, 텍스류, 기포성수지
무기질 보온재 : 암면, 규조토, 글라스울(유리섬유), 규산칼슘 등

[08년 2회]

108 단열시공시 곡면부의 시공에 적합하고 표면에 아스팔트 피복을 하면 −60 ℃까지 보냉이 되며 양모, 우모 등의 모(毛)를 이용한 피복재는?

① 실리카 울(Silica Wool)
② 아스베스토스(Asbestos)
③ 섬유유리(Glass Wool)
④ 펠트(Felt)

펠트는 모를 이용한 유기질 보온재로 곡면 시공성이 우수하다. 아스팔트 천으로 방습가공한 것은 −60℃까지 보냉용으로 사용이 가능하다.

[09년 1회]

109 저온 단열시공 중 가장 양호한 단열효과를 나타내는 시공법은?

① 상압 단열시공법
② 고압 단열시공법
③ 분말 단열시공법
④ 다층 고진공 단열시공법

다층 고진공 단열공법은 저온 단열시공 중 단열효과가 가장 우수하다.

정답 103 ④ 104 ③ 105 ② 106 ③ 107 ④ 108 ④ 109 ④

[12년 2회]

110 다음 중 보온, 보냉이 필요한 배관은?

① 천장 속의 냉, 온수배관
② 지중 매설된 급수관
③ 방열기 주위 배관
④ 공기빼기 및 물 빼기 밸브 이후의 배관

천장 등에 노출된 냉 온수배관은 보냉, 보온이 필요하다.

[10년 1회]

111 사용 가능 온도가 가장 높은 보온재는?

① 암면 ② 글라스울
③ 경질우레탄폼 ④ 루핑

암면은 무기질 보온재로 650℃ 이하에서 사용이 가능하다.

[10년 3회]

112 다음 보온재의 사용온도 범위로 옳지 않은 것은?

① 규산칼슘 : 650℃ 이하
② 우모펠트 : 100℃ 이하
③ 탄화코르크 : 200℃ 이상
④ 탄산마그네슘 : 250℃ 이하

탄화 코르크는 보냉용 보온재로 100℃ 이하에 사용된다.

[10년 3회]

113 다음 배관 중 보온 및 보냉을 필요로 하는 곳은?

① 방열기 주위배관
② 각종 탱크류의 오버 플로관
③ 환기용 덕트
④ 냉·온수 배관

냉·온수 배관이나 냉온풍 공급 덕트는 보온 및 보냉이 필요하다.

[10년 1회]

114 다공질 보온재의 보온효과는 보온재 속에 어떤 물질의 존재 때문인가?

① 공기 ② 박테리아
③ 유류 ④ 수분

섬유질의 다공질 보온재는 공기 입자의 낮은 열전도 특성으로 보온 효과가 우수하다.

[10년 2회, 07년 2회]

115 다음 중 보온을 하지 않아도 되는 배관은?

① 통기관 ② 증기관
③ 온수관 ④ 냉수관

통기관은 보온이 필요 없다. 방열기 주변배관, 쿨링레그, 외기덕트, 배기덕트, 드레인배관등은 보온하지 않는다.

[12년 2회]

116 보온피복 재료로 적당하지 않은 것은?

① 우모펠트, 코르크
② 유리섬유, 기포성수지
③ 탄산마그네슘, 규산칼슘
④ 광명단, 에폭시수지

광명단, 에폭시수지는 배관 도장(페인트) 재료이다.

[06년 3회]

117 무기질 보온재에 관한 설명으로 맞지 않는 것은?

① 규산 칼슘 보온재는 규조토와 석회석을 주성분으로 하며 불에 타지 않는다.
② 세라믹 파이버 보온재는 유리섬유와 같아서 내열성이 가장 낮다.
③ 펄라이트 보온재는 방수·방습성이 우수하다.
④ 무기질은 유기질보다 열전도율이 약간 크다.

세라믹 파이버는 사용온도가 1,300℃로서 내열성이 매우 높다.

정답 110 ① 111 ① 112 ③ 113 ④ 114 ① 115 ① 116 ④ 117 ②

[15년 3회]

118 다음 중 배관의 부식방지 방법이 아닌 것은?

① 전기절연을 시킨다.
② 도금을 한다.
③ 습기와의 접촉을 피한다.
④ 열처리를 한다.

열처리한 부분은 오히려 부식이 증가한다.

[09년 1회]

119 배관 내면의 부식원인과 관계 없는 것은?

① 유체의 온도 ② 유체의 속도
③ 유체의 pH ④ 용존(溶存)산소

배관 내면의 용존(溶存)수소는 부식과 관계가 없고 용존산소나 탄산가스는 부식을 초래한다.

[12년 2회]

120 수격작용 방지법에 관한 설명 중 부적합한 것은?

① 수전류 가까이에 공기실을 설치한다.
② 관내 유속을 느리게 한다.
③ 관의 지름을 크게 한다.
④ 밸브의 개폐를 신속히 한다.

밸브의 개폐를 신속히 하면 유속의 급변으로 수격작용(워터해머)이 발생할 우려가 있다.

[11년 2회]

121 부식은 주위 환경과의 사이에 발생되는 전기화학적 반응으로 강관을 부식하게 된다. 이를 방지하는 전기방식법의 종류가 아닌 것은?

① 희생양극법 ② 선택배류법
③ 강제배류법 ④ 내부전원법

전기방식에는 음극보호법(희생 양극법, 외부전원법)과 양극보호법(선택 배류법, 강제배류법)이 있으며 내부전원법은 없다.

[06년 1회]

122 배관 금속재료의 부식 억제방법으로 적당치 않은 것은?

① 부식 환경의 처리에 의한 방식법
② 인히비터에 의한 방식법
③ 건 방식법
④ 전기 방식법

부식 억제법에 건 방식법은 거리가 멀다.

정답 118 ④ 119 ④ 120 ④ 121 ④ 122 ③

02 배관공작

1 배관용 공구 및 시공

1. 배관용 공구

배관용 공구류
파이프 바이스, 파이프 커터, 파이프 렌치, 파이프 리머

(1) 파이프 바이스(Pipe Vise) : 관의 절단, 나사 작업 시 관이 움직이지 않게 고정하는 것

(2) 수평 바이스 : 관의 조립 및 열간 벤딩 시 관이 움직이지 않도록 고정하는 것

(3) 파이프 커터(Pipe Cutter) : 강관 절단용 공구로 1개의 날과 2개의 롤러로 된 것, 그리고 3개의 날로 된 것 두 종류가 있으며 날의 전진과 커터의 회전에 의해 절단되므로 거스러미가 생기는 결점이 있다.

(4) 파이프 렌치(Pipe Wrench) : 관의 결합 및 해체 시 사용하는 공구로 200mm 이상의 강관은 체인 파이프 렌치(Chain Pipe Wrench)를 사용한다.

(5) 파이프 리머(Pipe Reamer) : 수동 파이프커터, 동력용 나사절삭기의 커터로 관을 절단하게 되면 내부에 거스러미(Burr)가 생기게 된다. 이러한 거스러미는 관 내부 마찰저항을 증가시키므로 절단 후 거스러미를 제거하는 공구이다.

(6) 수동식 나사 절삭기(Die Stock) : 관 끝에 나사산을 만드는 공구로 오스타형, 리드형의 두 종류가 있다.

(7) 동력용 나사 절삭기 : 동력을 이용하는 나사 절삭기는 작업능률이 좋아 최근에 많이 사용한다. 다이헤드식, 오스터식, 호브식 나사 절삭기가 있다.

(8) 관절단용 공구

- 쇠톱(Hack Saw) : 관 및 공작물 절단용 공구로서 200mm, 250mm, 300mm 3종류가 있다.
- 기계톱(Hack Sawing Machine) : 활모양의 프레임에 톱날을 끼워서 크랭크 작용에 의한 왕복 절삭운동과 이송운동으로 재료를 절단한다.
- 고속 숫돌 절단기(Abrasive Cut Off Machine) : 두께가 0.5 ~ 3mm 정도의 얇은 연삭원판을 고속으로 회전시켜 재료를 절단하는 기계로 강관용과 스테인리스용으로 구분하며 숫돌 그라인더, 연삭절단기, 커터 그라인더라고도 하고, 파이프 절단공구로 가장 많이 사용한다.

- 띠톱기계(Band Sawing Machine) : 모터에 장치된 원동 풀리를 동종 풀리와의 둘레에 띠톱날을 회전시켜 재료를 절단한다.
- 가스 절단기 : 강관의 가스절단은 산소절단이라고 하며, 산소와 철과의 화학반응을 이용하는 절단방법으로 산소-아세틸렌 또는 산소-프로판가스 불꽃을 이용하여 절단 토치로 절단부를 800~900℃로 미리 예열한 다음 팁의 중심에서 고압의 산소를 뿜어내어 절단한다.

2. 강관 벤딩용 기계(Bending Machine)

수동 벤딩과 기계 벤딩으로 구분하며 수동 벤딩에는 수동 롤러나 수동 벤더에 의한 상온 벤딩을 냉간 벤딩이라 하며, 강관 벤딩(800~900℃ 정도) 동관 벤딩(600~700℃)로 가열하여 관 내부에 마른 모래를 채운 후 벤딩하는 것을 열간 벤딩이라 한다.

(1) **램식(Ram Type, 유압식)** : 유압을 이용하여 관을 구부리는 것으로 현장용이다.

(2) **로터리식(Ratary Type)** : 관에 심봉을 넣어 구부리는 것으로 공장 등에 설치하여 동일 치수의 모양을 다량 생산할 때 편리하다.

(3) **수동 롤러식** : 32A 이하의 관을 구부릴 때 관의 크기와 곡률 반경에 맞는 포머(Former)를 설치하고 핸들을 돌려 180° 까지 자유롭게 구부릴 수 있다.

3. 동관용 공구

동관용 공구
토치램프, 플레어링 툴, 익스팬더(확관기), 튜브커터, 리머, 티뽑기

(1) **토치램프** : 납땜, 동관접합, 벤딩 등의 작업을 하기 위한 가열용 공구이다.

(2) **플레어링 툴** : 20mm 이하의 동관의 끝을 나팔형으로 만들어 압축 접합시 사용하는 공구

(3) **익스팬더(확관기)** : 동관 끝을 넓히는 공구

(4) **튜브커터** : 동관 절단용 공구

(5) **리머** : 튜브커터로 동관 절단 후 내면에 생긴 거스러미를 제거하는 공구

(6) **티뽑기** : 동관 직관에서 분기관을 만들 때 사용하는 공구

01 예제문제

배관작업용 공구에 관한 설명으로 틀린 것은?

① 파이프 리머(Pipe Reamer) : 관을 파이프커터 등으로 절단한 후 관 단면의 안쪽에 생긴 거스러미(Burr)를 제거

② 플레어링 툴(Flaring Tools) : 동관을 압축이음하기 위하여 관 끝을 나팔모양으로 가공

③ 파이프 바이스(Pipe Vice) : 관을 절단하거나 나사이음 할 때 관이 움직이지 않도록 고정

④ 사이징 툴(Sizing tools) : 동일 지름의 관을 이음쇠 없이 납땜이음을 할 때 한쪽 관 끝을 소켓모양으로 가공

해설

사이징 툴은 동관의 관끝을 원형으로 교정하는 공구이며, 한쪽 관 끝을 소켓모양으로 가공하는 공구는 익스팬더이다.

답 ④

02 예제문제

동관작업용 사이징 툴(Sizing Tool) 공구를 바르게 설명한 것은?

① 동관의 확관용 공구

② 동관의 끝부분을 원형으로 정형하는 공구

③ 동관의 끝을 나팔형으로 만드는 공구

④ 동관 절단 후 생긴 거스러미를 제거하는 공구

해설

동관 공구 중 사이징 툴은 동관의 끝부분을 원형으로 만드는 공구이다.

답 ②

2 관종별 이음방법

1. 강관 이음

강관 이음법
나사이음, 용접이음, 플랜지 이음

강관의 이음 방법에는 나사에 의한 방법, 용접에 의한 방법, 플랜지에 의한 방법 등이 있다.

(1) 나사이음 : 배관에 수나사를 내어 부속 등과 같은 암나사와 결합하는 것으로 이때 테이퍼진 원뿔나사로 누수를 방지하고 기밀을 유지한다.

※ 직선 배관 절단 길이 계산

배관 도면에서의 치수는 관의 중심에서 중심까지를 mm 단위로 나타내는 것을 원칙으로 하며, 부속의 중심에서 단면까지의 중심 길이와 파이프의 유효나사길이, 또는 삽입 길이로 절단 길이를 구한다.

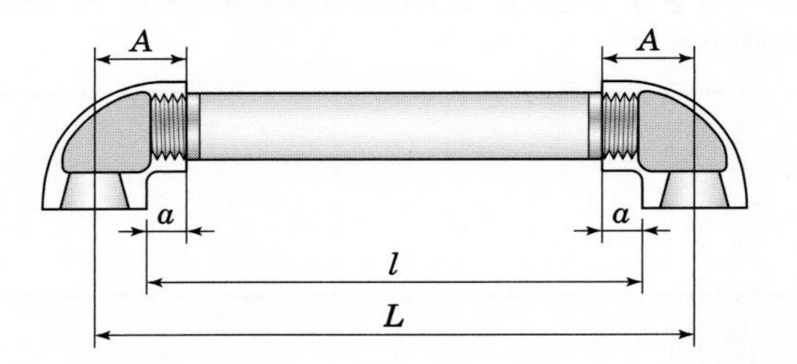

파이프의 실제(절단) 길이(ℓ) 산출

위 그림에서 도면상 배관길이가 (L) 인 경우 절단 길이(ℓ)은

$\ell = L - 2(A - a)$ A : 부속의 중심길이, a : 나사 삽입길이

※ 45° 관의 길이 산출

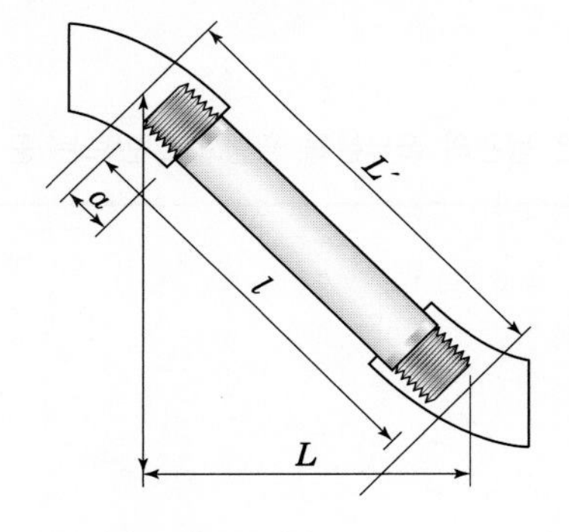

파이프의 실제(절단)길이(ℓ) 산출

$\ell = L' - 2(A - a)$

여기서, 45° 파이프 전체길이 $L' = \sqrt{2}\,L = 1.414L$

A : 부속의 중심길이, a : 나사 삽입길이

03 예제문제

강관작업에서 아래 그림처럼 15A 나사용 90° 엘보 2개를 사용하여 길이가 200mm가 되게 연결작업을 하려고 한다. 이때 실제 15A 강관의 길이는 얼마인가? (단, a : 나사가 물리는 최소길이는 11mm, A : 이음쇠의 중심에서 단면까지의 길이는 27mm로 한다.)

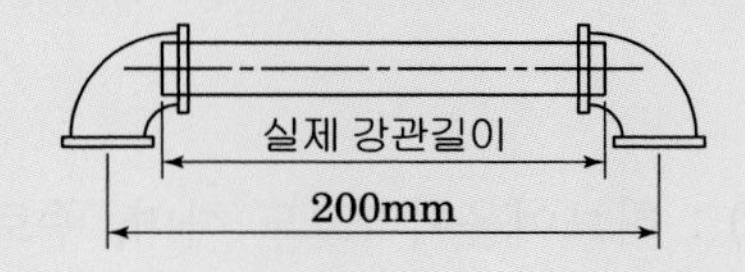

① 142mm ② 158mm
③ 168mm ④ 176mm

해설
도면상길이 L일 때, 절단 실제 길이 l은(a : 나사물리는 최소길이) 이음쇠의 중심에서 단면까지의 길이A 일 때 $l = L - 2(A - a) = 200 - 2(27 - 11) = 168\text{mm}$ 답 ③

(2) 용접이음

전기용접과 가스용접 두 가지가 있으며 가스용접은 용접속도가 전기용접보다 느리고 변형이 심하다. 전기용접은 용접봉을 전극으로 하고 아크를 발생시켜 그 열(약 6000℃)로 순간에 모재와 용접봉을 녹여 용접하는 야금적 접합법이다.

- 맞대기 용접 : 관 끝을 베벨가공 한 다음 관을 롤러작업대 또는 V블록 위에 올려놓고 접합부관 안지름과 관축이 일치되게 조정하여 회전시키면서 아래보기 자세로 용접하다.
- 슬리브 용접 : 주로 특수 배관용 삽입 용접 시 이음쇠를 사용하여 이음하는 방법이다.

(3) 용접이음의 장점

- 나사이음보다 이음부의 강도가 크고 누수의 우려가 적다.
- 두께의 불균일한 부분이 없어 유체의 압력손실이 적다.
- 부속사용으로 인한 돌기부가 없어 보온공사가 용이하다.
- 배관 중량이 적고, 재료비 및 유지비, 보수비가 절약된다.
- 작업의 공정수가 감소하고, 배관상의 공간효율이 좋다.

(4) 플랜지 이음

- 관의 보수, 점검을 위하여 관의 해체 및 교환을 필요로 하는 곳에 사용한다.
- 관 끝에 용접이음 또는 나사이음을 하고, 양 플랜지 사이에 패킹(Packing)을 넣어 볼트로 결합한다.

- 배관의 중간이나 밸브, 펌프, 열교환기 등의 각종 기기의 접속을 위해 많이 사용한다.
- 플랜지에 따른 볼트 수는 15 ~ 40A : 4개, 50 ~ 125A : 8개, 150 ~ 250A : 12개, 300 ~ 400A : 16개가 소요된다.

2. 주철관 이음

주철관 이음법
소켓 이음 (Hub-Type), 노허브 이음 (No Hub Joint), 플랜지 이음, 기계식 이음(Mechanical Joint), 타이튼 이음, 빅토리 이음

(1) **소켓 이음(Hub-Type)** : 허브이음이라고도 하며, 주로 건축물의 배수배관 지름이 작은 관에 많이 사용된다. 주철관의 소켓(Hub) 쪽에 삽입구(Spigot)를 넣어 맞춘 다음 마(얀)를 감고 다져 넣은 후 충분히 가열한 다음 용융된 납(연)을 한번에 충분히 부어 넣은 후 정을 이용하여 충분히 틈새를 코킹한다.

(2) **노허브 이음(No Hub Joint)** : 최근 소켓(허브)이음의 단점을 개량한 것으로 스테인리스 커플링과 고무링만으로 쉽게 이음할 수 있는 방법으로 시공이 간편하고 경제성이 커 현재 오배수관에 많이 사용하고 있다.

(3) **플랜지 이음(Flange Joint)** : 플랜지가 달린 주철관을 플랜지끼리 맞대고 그 사이에 패킹을 넣어 볼트와 너트로 이음한다.

(4) **기계식 이음(Mechanical Joint)** : 고무링을 압륜으로 죄어 볼트로 체결한 것으로 소켓이음과 플랜지이음의 특징을 채택한 것으로 주철관에서 주로 쓰이며 기계식 이음(메커니컬조인트)의 특징은 다음과 같다.
- 고압에 잘 견디고 기밀성이 좋다.
- 간단한 공구로 신속하게 이음이 되며 분해 조립이 가능하다.
- 지진 기타 외압에 대하여 굽힘성이 풍부하므로 누수되지 않는다.

(5) **타이튼 이음(Tyton Joint)** : 소켓 내부 홈은 고무링을 고정시키고 돌기부는 고무링이 있는 홈 속에 테이퍼지게 들어가 결합한다.

(6) **빅토릭 이음(Victoric Joint)** : 주철관의 끝에 홈을 내고 고무링과 가단 주철제의 칼라(Collar)를 죄어 이음하는 방법으로 배관내의 압력이 높아지면 더욱 밀착되어 누설을 방지한다.

3. 동관 이음

동관 이음법
납땜이음, 플레어이음, 플랜지(용접) 이음 등이 있다.

동관이음에는 납땜이음, 플레어이음, 플랜지(용접)이음 등이 있다.

(1) **납땜 이음(Soldering Joint)** : 확관된 관이나 부속 또는 스웨이징 작업을 한 동관을 끼워 모세관 현상에 의해 흡인되어 틈새 깊숙이 빨려드는 일종의 겹침 이음이다. 연납과 경납이 있다.

(2) **플레어 이음(압축이음, Flare Joint)** : 동관 끝부분을 플레어 공구(Flaring Tool)로 나팔 모양으로 넓히고 압축이음쇠를 사용하여 체결하는 이음 방법으로 지름 20mm 이하의 동관에 이용하고 분해조립이 필요한 장소나 기기를 연결할 때 이용된다.

(3) **플랜지 이음(Flange Joint)** : 관 끝에 플랜지를 연결하고 양쪽을 맞대어 패킹을 삽입한 후 볼트로 체결하는 방법이다.

4. 연(납)관 이음

연관의 이음 방법으로는 플라스턴 이음, 살올림 납땜이음, 용접이음 등이 있다.

5. 스테인리스강관 이음

스테인리스강관 이음은 강관 이음과 비슷하다.

(1) **나사이음** : 일반적으로 강관의 나사이음과 동일하다.

(2) **용접이음** : 용접방법에는 전기용접과 불활성가스인 아르곤 용접, TIG 용접법이 있다.

(3) **플랜지 이음** : 배관의 끝에 플랜지를 맞대어 볼트와 너트로 조립한다.

(4) **프레스이음** : 일반배관용 스테인리스 강관(SU배관)에서 이음쇠에 삽입하고 전용 압착공구를 사용하여 접합하는 프레스 이음에는 몰코이음, 완(One)조인트 등 다양한 방법이 있다.

(5) **MR조인트 이음쇠** : 청동 주물제 이음쇠 본체에 관을 삽입하고 동합금제 링(Ring)을 캡너트(Cap Nut)로 죄어 고정시켜 접속하는 프레스 이음 방법이다.

스테인리스강관 이음
나사이음, 용접이음, 플랜지 이음, 프레스이음(몰코이음, MR조인트)

6. 경질염화비닐관(PVC관)

(1) **냉간이음** : 가열하지 않고 접착제를 발라 관 및 이음관의 표면을 녹여 붙여 이음하는 방법으로 작업이 간단하여 시간이 절약된다.

(2) **열간이음** : 열간 접합을 할 때에는 열가소성, 복원성 및 융착성을 이용해서 접합한다.

(3) **용접이음** : 염화비닐관을 용접으로 연결할 때에는 열풍용접기(Hot Jet Gun)를 사용하며 주로 대구경관의 분기접합, T접합 등에 사용한다.

7. 폴리에틸렌관(PE관)

폴리에틸렌관은 테이퍼조인트 이음, 인서트 이음, 플랜지 이음, 테이퍼코어 플랜지이음, 융착 슬리브이음, 나사이음 등이 있으며 융착 슬리브 이음(버트용접)은 관 끝의 바깥쪽과 이음부속의 안쪽을 동시에 가열, 용융하여 이음하는 방법으로 접합강도가 좋고 안전한 방법으로 가장 많이 사용된다.

8. 철근 콘크리트관(흄관)

모르타르 접합과 칼라 이음, 소켓이음, 수밀벤드 이음 등이 있다.

9. 석면 시멘트관(에터너트관)

기볼트 접합, 칼라 이음, 심플렉스 이음 등이 있다.

04 예제문제

다음 중 폴리에틸렌관의 접합법이 아닌 것은?

① 나사접합　　② 인서트접합
③ 소켓접합　　④ 융착접합

해설
폴리에틸렌관은 주로 냉간 나사접합, 인서트접합, 열간 융착접합을 사용하며 소켓접합은 주철관 접합에 주로 쓰인다.

답 ③

3 신축이음(Expansion Joint)

긴 배관에 있어 온도차에 의한 배관의 신축은 접합부나 기기의 접속부가 파손될 우려가 있어 이를 미연에 방지하기 위하여 신축을 흡수하는 신축이음을 배관 중에 설치한다.

1. 배관 팽창 길이

(1) 일반적으로 신축이음은 강관의 경우 직선 길이 30 m 당, 동관은 20 m 마다 1 개씩 설치한다.

(2) 선팽창계수(강관)

$\alpha = 1.2 \times 10^{-5}\,\mathrm{m/mK}$

(3) 배관 팽창 길이(ΔL)

$$\Delta L = L \times \alpha \times \Delta t$$

L : 관의 길이(m)

Δt : 온도차(배관 운전 정지 시)

2. 신축이음 종류 및 특징

신축이음 종류
루프(Loop)형, 미끄럼(Sleeve)형, 벨로스(Bellows)형, 스위블(Swivel)형, 볼조인트(Ball Joint)형, 플렉시블 이음(Flexible Joint)

(1) 루프(Loop)형 신축이음 : 신축곡관이라고도 하며 강관 또는 동관 등을 루프(Loop)모양으로 구부려서 그 탄성에 의하여 신축을 흡수하는 것으로 특징은 다음과 같다.
- 설치장소를 많이 차지하여 고온 고압의 옥외 배관에 설치한다.
- 배관 신축에 따른 자체 응력이 발생한다.
- 곡률반경은 관 지름의 6배 이상으로 한다.

(2) 미끄럼(Sleeve)형 신축이음 : 본체와 슬리브 파이프로 되어 있으며 관의 신축은 본체속의 슬리브관에 의해 흡수되며 그 사이에 패킹을 넣어 누설을 방지한다.

(3) 벨로스(Bellows)형 신축이음 : 일반적으로 급수, 냉난방 배관에서 가장 많이 사용되는 신축이음으로 일명 팩리스(Packless) 신축이음이라고도 하며 인청동제 또는 스테인리스제의 벨로스를 주름잡아 신축을 흡수하는 형태의 신축이음이다. 그 특징은
- 설치공간을 많이 차지하지 않으나 고압배관에는 부적당하다.
- 신축에 따른 자체 응력 및 누설이 없으나 주름에 이물질이 쌓이면 부식의 우려가 있다.

(4) 스위블(Swivel)형 신축이음 : 회전이음으로 불리며 2개 이상의 나사 엘보를 사용하여 이음부 나사의 회전과 벤딩으로 배관의 신축을 흡수하는 것으로 주로 온수 또는 저압의 증기난방 등의 방열기 주위배관용으로 사용된다.

(5) 볼조인트(Ball Joint)형 신축이음 : 볼조인트는 평면상의 변위뿐만 아니라 입체적인 변위까지 흡수하므로 굴곡배관, 수직배관에서 수평배관 분기부, 회전 신축 등에 사용하며 설치공간이 적다.

(6) 플렉시블 이음 (Flexible Joint) : 굴곡이 많은 곳이나 기기의 진동이 배관에 전달되지 않도록 하여 배관이나 기기의 파손을 방지할 목적으로 펌프 주변 배관에 주로 쓰인다.

05 예제문제

신축곡관이라고 통용되는 신축이음은?

① 스위블형 ② 벨로스형
③ 슬리브형 ④ 루프형

해설
신축이음 중 루프형은 신축곡관으로 불리며 배관 자신의 탄성을 이용하므로 응력이 생기나 고압의 옥외 배관에 널리 사용된다.

답 ④

02 출제유형분석에 따른

종합예상문제

[15년 1회, 13년 2회, 10년 1회, 08년 3회, 06년 3회]

01 주철관의 이음방법이 아닌 것은?

① 소켓 이음(Socket Joint)
② 플레어 이음(Flare Joint)
③ 플랜지 이음(Flange Joint)
④ 노허브 이음(No – hub Joint)

플레어 이음은 20mm 이하의 동관의 나사식 압착이음(기계적 접합법)으로 분해나 조립이 필요한 곳에 적용한다.

[08년 2회, 06년 2회]

02 주철관 이음방법이 아닌 것은?

① 플라스턴 이음
② 빅토릭 이음
③ 타이튼 이음
④ 플랜지 이음

플라스턴 이음은 연관의 이음 방법이다.

[08년 1회]

03 배관이음에 있어서 나사이음에 비하여 용접이음의 이점이 아닌 것은?

① 이음부의 강도가 크고 누설의 우려가 적다.
② 이음부위의 관두께가 일정하여 유체의 저항손실이 적다.
③ 이음시간이 단축되며, 이음 재료비가 절약된다.
④ 돌기부는 없지만 배관상의 공간효율이 나쁘고 중량도 무겁다.

용접이음은 이음부가 돌기부가 없어서 공간효율이 좋고 중량도 가벼운 배관이음이다.

[15년 2회]

04 관의 용접 이음에 대한 설명으로 가장 거리가 먼 것은?

① 돌기부가 없어서 보온시공이 용이하다.
② 나사이음보다 이음부의 강도가 크고 누수의 우려가 적다.
③ 누설의 염려가 없고 시설유지비가 절감된다.
④ 관 두께의 불균일한 부분으로 인해 유체의 압력 손실이 크다.

용접이음은 관 두께가 균일하고 관 내면의 직경의 감소가 없어서 유체의 압력손실이 적다.

[15년 3회]

05 일반적으로 관의 지름이 크고 가끔 분해할 경우 사용되는 파이프 이음은?

① 플랜지 이음　② 신축 이음
③ 용접 이음　④ 턱걸이 이음

플랜지 이음은 최종 조립부나 분해가 필요한 곳에 적용하며 관경 50mm 이상에 적용하고 50mm 이하는 유니언 이음을 적용할 수 있다.

[10년 3회, 06년 1회]

06 강관의 나사접합 시 주의사항으로 틀린 것은?

① 파이프 커터보다는 쇠톱으로 관을 절단하는 것이 좋다.
② 나사부의 길이는 필요 이상으로 길게 하지 않는다.
③ 나사 절삭 후 연결부속은 순서적으로 접합하며 필요 개소에 분해 가능한 유니온 등을 설치한다.
④ 연결부속을 나사부에 끼우기 전에 마를 충분히 감아주는 게 좋다.

파이프 커터는 절단 시에 내경이 축소될 우려가 있고, 나사부에 패킹용으로 마를 감으면 변질의 우려가 있어 나사용 패킹은 테플론테이프나 페인트, 일산화연, 액상합성수지가 사용된다.

정답 01 ② 02 ① 03 ④ 04 ④ 05 ① 06 ④

[10년 3회]

07 다음 중 동관 이음 방법의 종류가 아닌 것은?

① 빅토릭 이음　② 플레어 이음
③ 용접 이음　④ 납땜 이음

빅토릭 이음은 주로 주철관이나 강관의 이음법이다.

[12년 2회]

08 강관의 일반적인 접합방법에 해당되지 않는 것은?

① 나사 접합　② 플랜지 접합
③ 압축 접합　④ 용접 접합

압축(압착) 접합(플레어 이음)은 동관의 20mm 이하에 적용한다.

[13년 1회, 07년 2회]

09 동관의 이음으로 적합하지 않은 것은?

① 납땜 이음　② 플레어 이음
③ 플랜지 이음　④ 타이튼 이음

타이튼 이음(주철관 이음)은 원형의 고무링으로 주철관을 접합한다.

[14년 2회]

10 강관의 이음방법이 아닌 것은?

① 나사이음　② 용접이음
③ 플랜지이음　④ 코터 이음

강관 이음법에는 나사이음, 플랜지 이음, 용접이음, 빅토릭이음 등이 있다.

[13년 3회, 07년 1회]

11 배관된 관의 수리, 교체에 편리한 이음방법은?

① 용접이음　② 신축이음
③ 플랜지이음　④ 스위블이음

완성된 배관의 수리, 교체가 편리한 이음은 분해가 가능한 플랜지이음, 유니온 이음, 빅토릭이음 등이다.

[09년 3회]

12 주철관 접합방법의 일종으로 소켓접합과 플랜지접합의 장점을 채택한 것으로 주로 150mm 이하의 수도관에 사용되며, 작업이 간단하고 다소의 굴곡에도 누수하지 않는 접합방법은?

① 기계적 접합(Mechanical Joint)
② 빅토릭 접합(Victoric Joint)
③ 플레어 접합(Flare Joint)
④ 타이튼 집합(Tyton Joint)

기계적 접합(메커니컬 조인트)은 소켓 접합을 플랜지 형식으로 접합한 주철관 접합법이다.

[13년 2회, 09년 2회]

13 지름 20mm 이하의 동관을 이음할 때나 기계의 점검, 보수 등으로 관을 떼어내기 쉽게 하기 위한 동관의 이음 방법은?

① 슬리브 이음　② 플레어 이음
③ 사이징 이음　④ 플라스턴 이음

플레어 이음(압착이음)은 지름 20mm 이하의 동관을 플레어링하여 나사식의 플레어 기구로 압착이음하는 기계식 이음법이다.

[08년 1회]

14 기밀성, 수밀성이 뛰어나고 견고한 배관 접속방법은?

① 플랜지 접합　② 나사접합
③ 소켓접합　④ 용접접합

용접 접합은 배관 접속법 중에서 기밀성, 수밀성이 가장 좋은 편이다.

정답 07 ①　08 ③　09 ④　10 ④　11 ③　12 ①　13 ②　14 ④

[06년 1회]

15 강관 공작용 공구가 아닌 것은?

① 나사절삭기 ② 파이프 커터
③ 파이프 리머 ④ 익스팬더

익스팬더는 동관의 확관용 공구로 소켓 부속 없이 동관을 직접 확관하여 삽입 이음하는 데 이용한다.

[13년 3회]

16 주철관의 소켓이음 시 코킹작업의 주목적으로 가장 적합한 것은?

① 누수방지 ② 경도증가
③ 인장강도 증가 ④ 내진성 증가

주철관의 소켓이음(허브이음)시 코킹작업은 얀과 납을 다짐하는 것으로 주목적은 누수방지이다. 근래에는 노허브를 주로 사용하므로 코킹작업은 하지 않는 편이다.

[06년 2회]

17 동관을 압축이음하기 위하여 관 끝을 나팔모양으로 가공하는 기구는?

① 티 뽑기(Tee Extractor)
② 튜브 벤더(Tube Bender)
③ 플레어링 툴(Flaring Tools)
④ 파이프 리머(Pipe Reamer)

플레어링 툴은 동관의 압축이음에서 관 끝을 나팔모양으로 가공한다.

[12년 2회]

18 동관용 공구에 대한 설명 중 틀린 것은?

① 튜브커터 : 동관 절단용
② 익스팬더 : 동관을 압축 접합용
③ 튜브벤더 : 동관 굽힘용
④ 사이징 툴 : 동관의 끝부분을 원형으로 성형

익스팬더는 동관 끝의 확관용 공구로 소켓 납땜이음을 할 수 있고 플레어링 툴 셋는 동관의 끝을 나팔형으로 만들어서 플레어링 압축이음을 할 수 있다. 익스팬더와 플레어링은 동관용 공구로 목적이 비슷하여 혼동하기 쉽다.

[10년 2회, 09년 1회]

19 동관작업과 관계가 없는 공구는?

① 사이징 툴 ② 익스팬더
③ 플레어링 툴 셋 ④ 오스타

오스타는 수동, 자동이 있으며 강관의 나사 절삭 기계이다.

[12년 1회]

20 플레어 관 이음쇠에 의한 접합은 어느 관에서 사용하는가?

① 강관 ② 동관
③ 염화비닐관 ④ 시멘트관

Flare Joint(압축접합)는 동관의 나사식 접합법으로 분해 조립이 가능하다.

[11년 3회, 06년 3회]

21 납관의 이음용 공구가 아닌 것은?

① 사이징 툴 ② 드레서
③ 맬릿 ④ 턴핀

사이징 툴은 동관용 원형 교정용 공구이다.

[12년 1회]

22 플랜지 관이음쇠의 시트모양에 따른 용도에서 위험성이 있는 유체의 배관 및 기밀을 요하는 배관에 가장 적합한 것은?

① 홈꼴형 시트 ② 소평면 시트
③ 대평면 시트 ④ 삽입형 시트

홈꼴형 시트는 1.6MPa 이상의 유체배관 및 기밀을 요하는 배관용 플랜지이다.

정답 15 ④ 16 ① 17 ③ 18 ② 19 ④ 20 ② 21 ① 22 ①

[10년 3회]

23 배관이 바닥이나 벽 등을 관통할 때는 슬리브를 사용하는데 그 이유로서 가장 적당한 것은?

① 방진을 위하여
② 신축흡수 및 수리를 용이하게 하기 위하여
③ 방식을 위하여
④ 수격작용을 방지하기 위하여

슬리브는 콘크리트 타설 시에 미리 덧관을 심어 놓고 여기에 배관을 통과 시키는 것으로 슬리브를 사용하는 목적은 신축흡수 및 수리를 용이하게 하고, 배관의 진동이 건물에 전달되지 않도록 하기 위함이다.

[14년 3회]

24 대구경 강관을 보수 및 점검을 위해 분해·결합을 쉽게 할 수 있도록 사용되는 연결방법은?

① 나사 접합 ② 플랜지 접합
③ 용접 접합 ④ 슬리브 접합

플랜지 접합은 50mm 이상의 대구경 강관의 분해, 결합을 쉽게 할 수 있도록 연결하는 이음이다. 50mm 이하는 유니언 접합

[08년 3회]

25 맞대기 용접의 홈 형상이 아닌 것은?

① V형 ② U형
③ X형 ④ Z형

맞대기 용접의 홈형상은 V자형 , U자형, X자형을 쓴다.

[14년 1회]

26 호칭지름 25A 인 강관을 반경 R = 150 으로 90° 구부림 할 경우 곡선부의 길이는 약 몇 mm인가? (단, π는 3.14 이다.)

① 118mm ② 236mm
③ 354mm ④ 547mm

곡선부의 길이(L)계산

$$L = 2\pi R \times \frac{\theta}{360} = 2 \times 3.14 \times 150 \times \frac{90}{360} = 236\text{mm}$$

[07년 2회]

27 대구경 소구경 경질 염화 비닐관의 용접 접합 시 사용되는 용접기는?

① 압축 용접기 ② 산소 아세틸렌 용접기
③ 열풍 용접기 ④ TIC 용접기

열풍 용접기는 경질염화비닐관의 용접 접합 시 사용되는 용접기이다.

[07년 2회]

28 동관을 납땜이음으로 배관하다가 끝에 숫나사가 달린 수도꼭지를 설치하기 위하여 엘보를 사용하려고 한다. 여기에 사용되는 엘보의 기호로 올바른 것은?

① Ftg×C ② C×M
③ M×F ④ C×F

수나사가 달린 수도꼭지를 설치하려면 엘보의 말단은 암나사(F)라야 하고 한쪽은 본관에 납땜(C)하여야 하므로 엘보(C×F)를 사용한다.

정답 23 ② 23 ① 24 ② 25 ④ 26 ② 27 ③ 28 ④

배관제도

1 제도개요

1. 제도용지 규격 및 용도

규 격	SIZE(mm)	주 용 도	비 고
A0	841×1,189	기본, 실시 설계(FORMAT SIZE 클 때)	
A1	594×841	기본, 실시 설계(최종 납품용)	
A1S	594×1,189	기본, 실시 설계(경우에 따라 적용)	
A2	420×594	심의용(지역에 따라)	
A3(소판)	297×420	심의용, 허가용	

2. 치수기입법

(1) 치수표시

치수는 mm 단위로 하되 치수선에는 숫자만 기입한다.

강관의 호칭지름 (A : mm, B : inch)

(2) 높이표시

① GL (Ground Level) 표시 : 지면의 높이를 기준으로 하여 높이를 표시한 것

② FL (Floor Level) 표시 : 층의 바닥면을 기준으로 하여 높이를 표시한 것

③ EL (Elevation Line) 표시 : 관의 중심을 기준으로 높이를 표시한 것

④ TOP (Top Of Pipe) 표시 : 관의 윗면까지의 높이를 표시한 것

⑤ BOP (Bottom Of Pipe) 표시 : 관의 아랫면까지의 높이를 표시한 것

01 예제문제

호칭지름 20A의 강관을 곡률 반지름 200mm로 120℃의 각도로 구부릴 때 강관의 곡선길이는 약 몇 mm인가?

① 390 ② 405

③ 419 ④ 487

해설

$$L = 2\pi R \times \frac{\theta}{360} = 2 \times 3.14 \times 200 \times \frac{120}{360} = 419\text{mm}$$

답 ③

3. 배관도면의 표시법

(1) 배관의 도시법

관은 하나의 실선으로 표시하며 동일 도면에서 다른 관을 표시할 때도 같은 굵기 선으로 표시함을 원칙으로 한다.

(2) 유체의 종류와 표시 기호

유체의 종류	공기	가스	유류	수증기	물
기호	A	G	O	S	W

(3) 물질의 종류와 식별색

종 류	식별색	종 류	식별색
물	청색	산, 알칼리	회자색
증 기	진한적색	기 름	진한 황적색
공 기	백색	전 기	엷은 황적색
가 스	황색		

(4) 관의 접속상태와 도시기호

접속상태	실제모양	도시기호	굽은상태	실제모양	도시기호
접속하지 않을 때	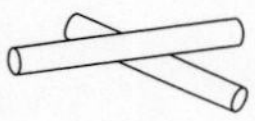	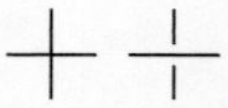	파이프 A가 앞쪽 수직으로 구부러질 때(오는 엘보)	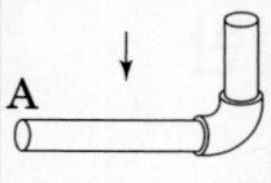 A	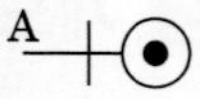 A
접속하고 있을 때	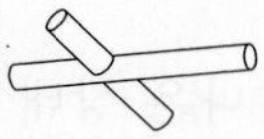		파이프 B가 뒤쪽 수직으로 구부러질 때(가는 엘보)	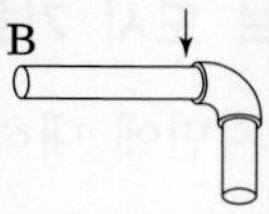 B	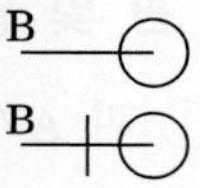 B B
분기하고 있을 때	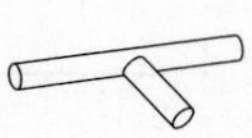		파이프 C가 뒤쪽으로 구부러져서 D에 접속될 때	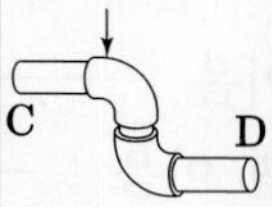 C D	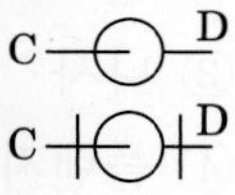 C D C D

4. 배관 설계도 종류

설계도란 플랜트 등에서 기계 및 배관 등의 구조, 치수, 재료 등을 결정하고 시설을 배치하고 건설하는데 예정된 계획을 공학적으로 그린 도면으로 Plot Plan DWG., P&ID, Isometric DWG. 등의 도면이 있다.

(1) **평면 배관도(Plane Drawing)** : 배관 장치를 위에서 아래로 내려다보고 그린 그림이다.

(2) **입면 배관도(Side View Drawing)** : 배관 장치를 측면에서 보고 그린 그림이다.

(3) **입체 배관도(Isometric Piping Drawing)** : 입체공간을 X축, Y축, Z축으로 나누어 입체적인 형상을 평면에 나타낸 그림으로 일반적으로 Y축에는 수직배관을 수직선으로 그리고, 수평면에 존재하는 X축과 Z축을 120°로 만나게 선을 그어 그린 그림이다.

(4) **부분조립도(Isometric Each Drawing)**

입체(조립)도에서 발췌하여 상세히 그린 그림으로 각부의 치수와 높이를 기입하며, 플랜트 접속의 기계 및 배관 부품과 플랜지면 사이의 치수도 기입하는 것으로 스풀 드로잉(Spool Drawing)이라고도 한다.

(5) **계통도(Flow Diagram)**

입상관(立上管)이나 입하관(立下管) 등 수직관이 많아 평면도로서는 배관계통을 이해하기 힘들 경우관의 접속관계 등 계통을 쉽게 이해하기 위해 그린 그림이다.

(6) **공정도(Block Diagram)**

제작 공정과 제조의 상태를 표시한 도면으로 특히 제조 공정 등을 그린 도면을 플랜트 공정도라 한다.

(7) **배치도(Plot Plan)**

건물의 대지 및 도로와의 관계나 건물의 위치나 크기, 방위, 옥외 급배수관 계통 및 장치들의 위치 등을 나타낸다.

2 제도일반

1. 관 및 밸브 도시 기호

① 관 A가 지면에 대하여 직각으로 구부러져 앞으로 나온 상태 :

② 관 A가 지면에 대하여 직각으로 뒤로 구부러진 상태 :

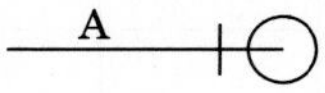

③ 나사 이음 :

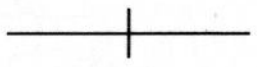

④ 플랜지형 이음 :

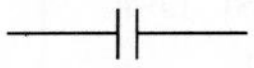

⑤ 암수형 이음 :

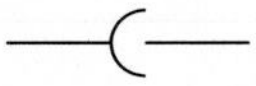

⑥ 유니언형 이음 :

⑦ 신축 이음

㉠ 슬리브형 :

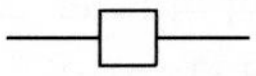

㉡ 벨로스형 :

㉢ 신축 곡관 :

㉣ 스위블 조인트 :

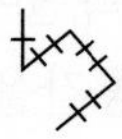

⑧ 체크 밸브(역지 밸브) :

⑨ 급수관 :

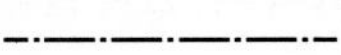

⑩ 배수관 :

⑪ 통기관 :

⑫ 막힘 플랜지 :

⑬ 캡 :

⑭ 플러그 :

⑮ 급탕관 :

⑯ 반탕관 :

⑰ 바닥위 청소구 :

⑱ 볼탭 :

⑲ 샤워 :

⑳ 송수구 :

02 예제문제

관이음 도시기호 중 유니언 이음은?

① 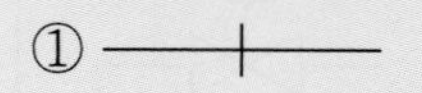
②
③
④

해설
① : 나사이음　② : 플랜지이음　③ : 소켓이음　④ : 유니언이음　답 ④

2. 배관 연결 부속 기구

(1) 엘보(엘보, 45° 엘보, 이경 엘보) : 배관을 방향 전환시킬 때
(2) 티(이경티, 편심 이경 티) : 분기관을 낼 때
(3) 소켓(이경 소켓, 암수소켓, 편심 이경 소켓) : 배관을 직선 연결
(4) 니플(이경 니플) : 부속과 부속을 연결할 때
(5) 유니언, 플랜지 : 배관의 최종 조립시, 분해시 이용
(6) 플러그, 캡 : 배관 말단을 막을 때
(7) 리듀서(이경소켓) : 관경이 다른 두 관을 직선 연결
(8) 부싱(암수 이경 소켓) : 지름이 다름 배관과 부속을 연결

배관 연결 부속 기구
1) 엘보(엘보, 45° 엘보, 이경 엘보): 배관을 방향 전환시킬 때
2) 티(이경티, 편심 이경 티):분기관을 낼 때
3) 소켓(이경 소켓, 암수소켓, 편심 이경 소켓):배관을 직선 연결
4) 니플(이경 니플):부속과 부속을 연결할 때
5) 유니언, 플랜지 : 배관의 최종 조립시, 분해시 이용
6) 플러그, 캡: 배관 말단을 막을 때
7) 리듀서(이경소켓):관경이 다른 두 관을 직선 연결
8) 부싱(암수 이경 소켓):지름이 다름 배관과 부속을 연결

03 예제문제

배관 용접작업 중 다음과 같은 결함을 무엇이라고 하는가?

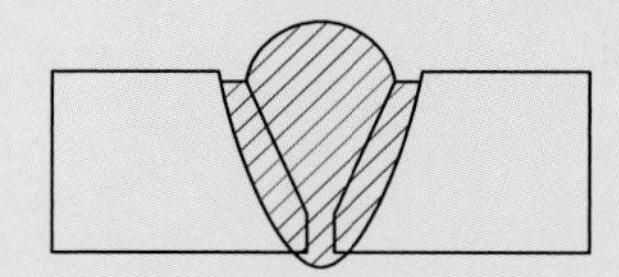

① 용입불량　② 언더컷
③ 오버랩　④ 피트

해설
그림과 같이 용접부위가 움푹 패인 결함은 언더컷이라 한다.　답 ②

3. 밸브류 도시기호

종 류	기 호	종 류	기 호
글로브밸브		일반조작밸브	
게이트(슬루스) 밸브		전자밸브	S
역지밸브(체크밸브)		전동밸브	M
Y-여과기 (Y-스트레이너)		도출밸브	+
앵글밸브		공기빼기밸브	
안전밸브(스프링식)		닫혀있는 일반밸브	
안전밸브(추식)		닫혀있는 일반코크	
일반코크(볼밸브)		온도계·압력계	T P
버터플라이밸브 (나비밸브)		감압밸브	
다이어프램밸브		봉함밸브	

04 예제문제

아래 관의 표시설명이 틀린 것은?

2B-S115-A10-H20

① S115-유체의 종류, 상태
② 2B-관의 길이
③ A10-배관계의 시방
④ H20-관의 외면에 실시하는 설비, 재료

해설
2B : 관의 호칭지름 (2인치=50A)

답 ②

05 예제문제

다음 그림과 같은 방열기 표시 중 "5"의 의미는?

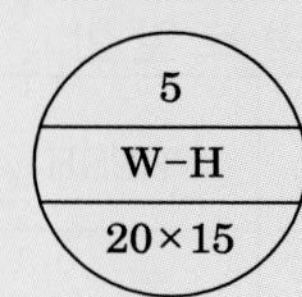

① 방열기의 섹션 수
② 방열기 사용 압력
③ 방열기의 종별과 형
④ 유입관의 관경

해설

5 : 방열기 섹션 수, W-H : 벽걸이-수평형, 20×15(유입-유출관경) 답 ①

4. 배관 및 덕트 관련 도시기호(덕트)

기 호	명 칭	Description	Code
		덕 트 일 반	
	급기 덕트	SUPPLY AIR DUCT SECTION	DD001
	환기 덕트	RETURN AIR DUCT SECTION	DD002
	배기 덕트	EXHAUST AIR DUCT SECTION	DD003
	외기 덕트	FRESH AIR DUCT SECTION	DD004
	급기 덕트	SUPPLY AIR DUCT SECTION	DD005
	환기 덕트	RETURN AIR DUCT SECTION	DD006
	배기 덕트	EXHAUST AIR DUCT SECTION	DD007

5. 배관 및 덕트 관련 도시기호(덕트부속류)

기 호	명 칭	Description	Code
덕 트 일 반			
	외기 덕트	FRESH AIR DUCT SECTION	DD008
-----SA-----	급기 덕트	SUPPLY AIR DUCT	DD009
-----RA-----	환기 덕트	RETURN AIR DUCT	DD010
-----EA-----	배기 덕트	EXHAUST AIR DUCT	DD011
-----OA-----	외기 덕트	FRESH AIR DUCT	DD012
	점검구	ACCESS DOOR	DD013
	덕트 슬리브	DUCT SLEEVE	DD014
	취출구	SUPPLY DIFFUSER	DD015
	흡입구	RETURN DIFFUSER	DD016
	노즐	NOZZLE DIFFUSER	DD017

기 호	명 칭	Description	Code
덕 트 부 속 류			
V.D	풍량 조절 댐퍼	VOLUME DAMPER	DF001
F.D	방화 댐퍼	FIRE DAMPER	DF002
F.V.D	풍량 조절 및 방화 댐퍼	FIRE VOLUME DAMPER	DF003
S S.D	전자식 개폐 댐퍼	SOLENOID DAMPER	DF004
M.D	전동 풍량 조절 댐퍼	MOTORIZED VOLUME DAMPER	DF005

기 호	명 칭	Description	Code
덕트부속류			
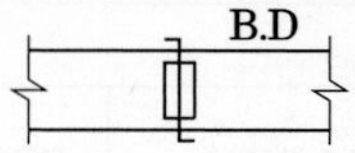 B.D	역류 방지 댐퍼	BACK DRAFT DAMPER	DF006
	캔버스 이음	CANVAS DUCT CONNECTION	DF007
	플렉시블 덕트	FLEXIBLE DUCT	DF008
	원형 디퓨저	ROUND TYPE DIFFUSER	DF009
	각형 디퓨저	SQUARE TYPE DIFFUSER	DF010
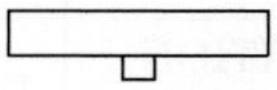	라인 디퓨저	LINE DIFFUSER	DF011
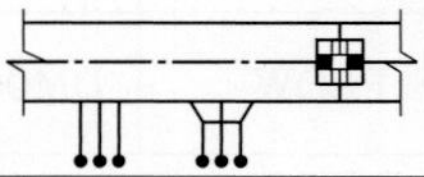	레지스터 및 그릴	REGISTER OR GRILLE	DF012
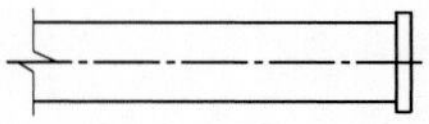	루버	LOUVER	DF013
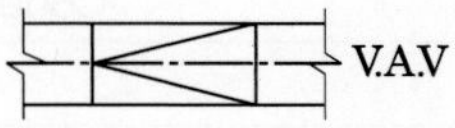 V.A.V	가변 풍량 유닛	VARIABLE AIR VOLUME UNIT	DF014
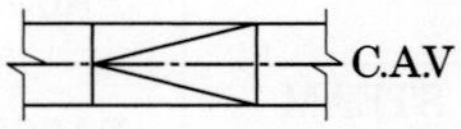 C.A.V	정풍량 유닛	CONSTANT AIR VOLUME UNIT	DF015
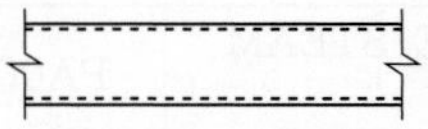	흡음 라이닝	ACOUSTICAL LINING	DF016
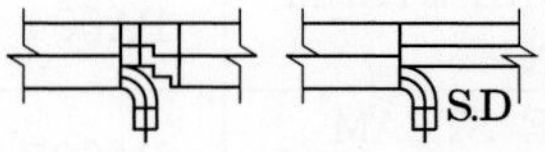 S.D	분할 덕트	SPLIT DUCT	DF017
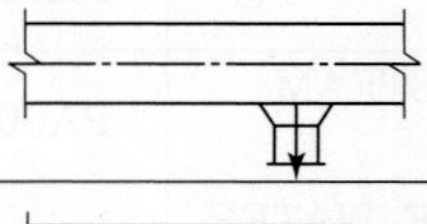	덕트의 분기	BRANCH SUPPLY OR RETURN	DF018
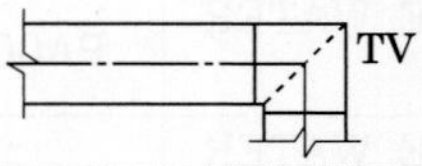 TV	터닝 베인	TURNING VANE	DF019

6. 배관 및 덕트 관련 도시기호(덕트부속류)

기 호	명 칭	Description	Code
덕 트 부 속 류			
	흡음 엘보	ACOUSTICAL ELBOW	DF020
	흡음 챔버	ACOUSTICAL CHAMBER	DF021
	챔버	DUCT CHAMBER FAN	DF022
덕 트 기 타			
RH 1	재열 코일	REHEATING COIL	DM001
SA	덕트 소음기	DUCT SOUND ATTENUATOR	DM002
→U	덕트의 오름	CHANGE OF ELEVATION (UP)	DM003
→D	덕트의 내림	CHANGE OF ELEVATION (DOWN)	DM004
Ⅱ▷	유체의 흐름 방향	DIRECTION OF FLOW	DM005

7. 배관 및 덕트 관련 도시기호(공조배관)

기 호	명 칭	Description	Code
공 조 배 관			
-/-/-/-SS-----	고압 증기 공급관	HIGH PRESSURE STEAM SUPPLY	PA001
-/-/-/-SR-----	고압 증기 환수관	HIGH PRESSURE STEAM RETURN	PA002
--/-/--SS-----	중압 증기 공급관	MEDIUM PRESSURE STEAM SUPPLY	PA003
--/-/--SR-----	중압 증기 환수관	MEDIUM PRESSURE STEAM RETURN	PA004
---/--SS-----	저압 증기 공급관	LOW PRESSURE STEAM SUPPLY	PA005
---/--SR-----	저압 증기 환수관	LOW PRESSURE STEAM RETURN	PA006
-----HTS-----	고온수 공급관	HIGH TEMPERATURE WATER SUPPLY	PA007
-----HTR-----	고온수 환수관	HIGH TEMPERATURE WATER RETURN	PA008
-----MTS-----	중온수 공급관	MEDIUM TEMPERATURE WATER SUPPLY	PA009

기 호	명 칭	Description	Code
공 조 배 관			
-----MTR-----	중온수 환수관	MEDIUM TEMPERATURE WATER RETURN	PA010
-----HS-----	온수 공급관	HOT WATER SUPPLY	PA011
-----HR-----	온수 환수관	HOT WATER RETURN	PA012
-----CHS-----	냉온수 공급관	HOT & CHILLED WATER SUPPLY	PA013
-----CHR-----	냉온수 환수관	HOT & CHILLED WATER RETURN	PA014
-----CS-----	냉수 공급관	CHILLED WATER SUPPLY	PA015
-----CR-----	냉수 환수관	CHILLED WATER RETURN	PA016
-----CWS-----	냉각수 공급관	CONDENSER WATER SUPPLY	PA017
-----CWR-----	냉각수 환수관	CONDENSER WATER RETURN	PA018
-----ED-----	장비 배수관	EQUIPMENT DRAIN	PA019

8. 배관 및 덕트 관련 도시기호(공조기타배관)

기 호	명 칭	Description	Code
공 조 배 관			
----- E -----	팽창관	EXPANSION	PA020
-----RG-----	냉매 가스관	REFRIGERANT SUCTION	PA021
-----RL-----	냉매 액관	REFRIGERANT LOQUID	PA022
-----HPWS-----	열원수 공급관	HEAT PUMP WATER SUPPLY	PA023
-----HPWR-----	열원수 환수관	HEAT PUMP WATER RETURN	PA024
-----CD-----	응축 배수관	CONDENSATE DRAIN	PA025
-----DOS-----	경유 공급관	DIESEL OIL SUPPLY	PA026
-----DOR-----	경유 환유관	DIESEL OIL RETURN	PA027
-----DOV-----	경유 통기관	DIESEL OIL VENT	PA028
-----BOS-----	중유 공급관	BUNKER "C" OIL SUPPLY	PA029
-----BOR-----	중유 환수관	BUNKER "C" OIL RETURN	PA030
-----BOV-----	중유 통기관	BUNKER "C" OIL VENT	PA031
-----AV-----	통기관	AIR VENT	PA032
-----BFW-----	보일러 보급수관	BOILER FEED WATER	PA033
-----BS-----	브라인 공급관	BRINE SUPPLY	PA034
-----BR-----	브라인 환수관	BRINE RETURN	PA035
-----BBD-----	블로우 다운관	BOILER BLOW DOWN	PA036

9. 배관 및 덕트 관련 도시기호(위생배관)

기 호	명 칭	Description	Code
위 생 배 관			
-----˚-----	급수관	DOMESTIC COLD WATER	PP001
-----˚˚-----	급탕관	DOMESTIC HOT WATER SUPPLY	PP002
-----˚˚˚-----	환탕관	DOMESTIC HOT WATER RETURN	PP003
-----+-----	정수관	WELL WATER	PP004
-----E-----	팽창관	EXPANSION	PP005
-----RW-----	중수관	RECYCLED WATER	PP006
-----IW-----	공업용수	INDUSTRIAL WATER	PP007
-----D-----	배수관	DRAIN	PP008
-----S-----	오수관	SOIL	PP009
-----V-----	통기관	VENT	PP010
-----DWS-----	음용수 공급관	DRINKING WATER SUPPLY	PP011
-----DWR-----	음용수 환수관	DRINKING WATER RETURN	PP012
-----KD-----	주방 배수관	KITCHEN DRAIN	PP013
-----PD-----	주차장 배수관	PARKING DRAIN	PP014
-----RD-----	우수 배수관	ROOF DRAIN	PP015
-----WD-----	폐수관	WASTE DRAIN	PP016
-----WV-----	폐수 통기관	WASTE VENT	PP017
-----P˚-----	급수 양수관	PUMPING COLD WATER SUPPLY	PP018
-----P+-----	정수 양수관	PUMPING WELL WATER SUPPLY	PP019

10. 배관 및 덕트 관련 도시기호(가스배관)

기 호	명 칭	Description	Code
배 관 기타			
-----G-----	가스관	GAS	PM001
-----PG-----	프로판 가스	PETROLEUM GAS	PM002
-----O2-----	산소 공급관	OXYGEN	PM003
-----N2-----	질소 공급관	NITROGEN	PM004
-----N20-----	마취 가스관	NITROUS OXIDE	PM005
-----CA-----	압축 공기	COMPRESSED AIR	PM006
-----VA-----	진공 배관	VACUUM	PM007
-----AW-----	산배수관	ACID WASTE	PM008

03 출제유형분석에 따른 종합예상문제

[08년 2회, 06년 1회]

01 다음은 배관의 K.S 도시 기호이다. 이 중 옳지 않은 것은?

① 고압배관용 탄소강 강관 – SPPH
② 저온 배관용 강관 – SPLT
③ 수도용 아연도 강관 – SPTW
④ 일반 구조용 탄소강 강관 – SPS

수도용 아연도금 강관 – SPPW
수도용 도복장강관 – STPW

[07년 1회]

02 다음 배관 밸브 기호 중 콕 일반의 기호는?

① —▷◁—　② —▷○◁—
③ —▷•◁—　④ —▷◁— (상부 원)

① —▷◁— 게이트밸브
② —▷○◁— 콕
③ —▷•◁— 글로브밸브
④ —▷◁— (상부 원) 안전밸브

[07년 2회, 06년 1회]

03 냉동용 그림기호 —|\\|— 는 무슨 밸브인가?

① 체크 밸브
② 글로브 밸브
③ 슬루스 밸브
④ 앵글 밸브

—|\\|— : 체크 밸브

[06년 1회]

04 다음 중 강관 호칭지름의 기준이 되는 것은?

① 파이프의 유효지름
② 파이프의 안지름
③ 파이프의 중간지름
④ 파이프의 바깥지름

강관의 호칭지름은 원칙적으로 파이프의 안지름을 기준하여 정한다. 하지만 호칭지름이 안지름과 같지는 않다.
예를 들면 호칭지름 25A 관은 두께가 $3.25t$ 이고 바깥지름이 34.0mm 이다. 따라서 내경은 27.5mm 가 된다.

[10년 2회, 07년 3회]

05 스케줄 번호(Sch, No)에 의해 관의 살 두께를 나타내는 강관이 아닌 것은?

① 배관용 탄소강관(SPP)
② 압력배관용 탄소강관(SPPS)
③ 고압배관용 탄소강관(SPPH)
④ 고온배관용 탄소강관(SPHT)

배관용 탄소강관은 사용압력이 $10kg/cm^2$ 이하로 비교적 낮아서 스케줄 번호로 관두께를 나타내지 않는다.

[11년 3회]

06 배관용 탄소강 강관의 기호는?

① SPP　② SPA
③ SPPH　④ STBH

SPP : 배관용 탄소강 강관
SPA : 배관용 합금강 강관
SPPH : 고압배관용 탄소강 강관
STBH : 보일러 열 교환기용 합금강 강관

정답 01 ③ 02 ② 03 ① 04 ② 05 ① 06 ①

[09년 3회, 07년 3회, 06년 2회]

07 냉동용 그림 기호 중 게이트 밸브를 표시한 것은?

① ② ③ ④

① 글로브밸브
② 안전밸브(스프링식)
③ 게이트 밸브
④ 버터플라이밸브

[07년 3회]

08 SPPS 38 – E –50A×SCH40 – SESCO의 배관 표기 중 "E"는 무엇을 뜻한 것인가?

① 제조법 ② 제조자명
③ 관의 종류 ④ 관의 재질

SPPS 38 : 관의 종류(압력배관용 탄소강관)
E : 제조방법(전기저항용접)
50A : 호칭방법(지름50mm)
SCH40 : 스케줄번호(SCH40)
SESCO : 제조회사명

[08년 1회]

09 배관계의 계기표시 방법 중 온도 지시계를 나타낸 것은?

① 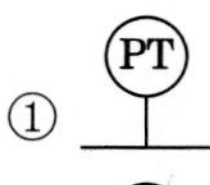

② FI
③ 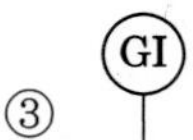

④ TI

FI : 유량 지시계, TI : 온도 지시계

[11년 1회]

10 강관에서 직관을 이용하여 중심각 135°의 6편 마이터를 제작하려고 한다. 절단 각으로 맞는 것은?

① 11.25° ② 13.5°
③ 22.5° ④ 27.0°

그림에서 중심각 135°의 6편 마이터는 접합부 5개소에서 135도가 변화하므로 1군데 변화각 $=135\div5=27$도, 그러므로 1군데는 2개의 절단각이 생기므로 $27\div2=13.5°$

식으로는 절단각 (a) $= \dfrac{\theta}{2(n-1)} = \dfrac{135}{2\times(6-1)} = 13.5°$

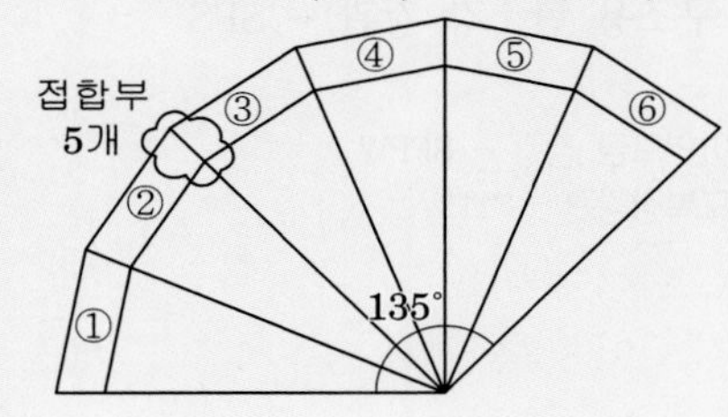

[08년 2회]

11 다음 중 배관의 이음에 있어서 플랜지형 기호는?

① ②
③ ④

① : 일반나사 이음 ② : 플랜지 이음
③ : 턱걸이(소켓) 이음 ④ : 유니온 이음

[14년 1회]

12 관의 결합방식 표시방법 중 용접식 기호로 옳은 것은?

① ②
③ ④

① : 플랜지 ② : 턱걸이(소켓)
③ : 용접 ④ : 나사용

정답 07 ③ 08 ① 09 ④ 10 ② 11 ② 12 ③

[06년 2회]

13 다음의 배관 도시기호 중 앵글 밸브를 나타낸 것은?

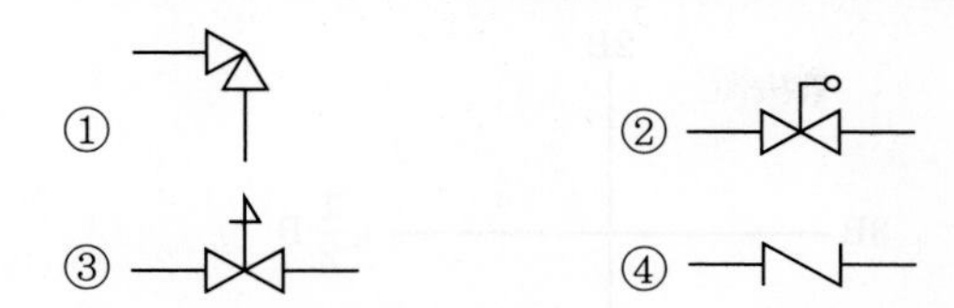

① : 앵글 밸브　② : 안전밸브(추식)
③ : 감압밸브　④ : 역지밸브

[06년 3회]

14 다음의 도시기호는?

① 슬리브 턱걸이 이음
② 엘보 턱걸이 이음
③ 디스트리뷰터 용접이음
④ 리듀서 용접이음

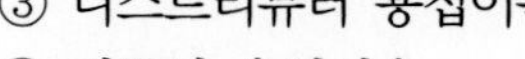

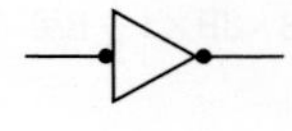

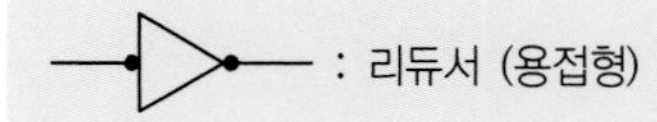 : 리듀서 (용접형)

[09년 2회]

15 다음 중 KS 배관 도시 기호에서 리듀서 표시는?

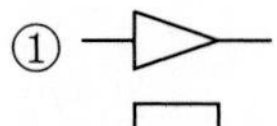

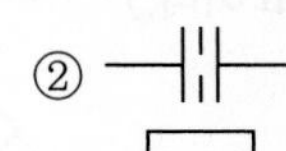

① ② ③ ④

: 동심 리듀서

[08년 2회]

16 다음 기호가 나타내는 것은?

① 모세관
② 신축이음
③ 오리피스
④ 스프레이

: 모세관

[13년 3회]

17 다음 그림 기호가 나타내는 밸브는?

① 증발압력 조정밸브
② 유압 조정밸브
③ 용량 조정밸브
④ 흡입압력 조정밸브

OPR

OPR : 유압 조정밸브 (O : Oil(오일))
P : Pressure(압력)
R : Regulator(조정)

[13년 2회]

18 다이어프램 밸브의 KS 그림기호로 맞는 것은?

① 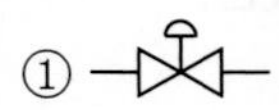　②

③　④ 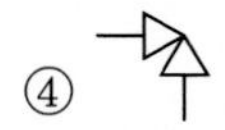

① : 다이어프램 밸브
② : 글로브 밸브
③ : 체크 밸브
④ : 앵글 밸브

[11년 1회]

19 그림과 같이 호칭 지름이 표시될 때 강관 이음쇠의 규격을 바르게 표시한 것은? (단, 그림의 부속은 티(Tee)이다.)

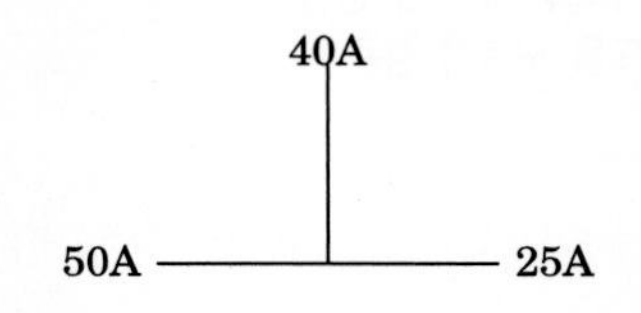

① 50×40×25　② 40×50×25
③ 50×25×40　④ 25×40×50

티 규격 표시법은 수평방향 규격을 큰 순서부터 먼저 표기하고 분기관(수직) 규격을 표기한다.
수평방향 50과 25중에 50이 크므로 (50×25×40)로 표기한다.

정답 13 ① 14 ④ 15 ① 16 ① 17 ② 18 ① 19 ③

[15년 3회]

20 **100A 강관을 B호칭으로 표시하면 얼마인가?**

① 4B ② 10B
③ 16B ④ 20B

100A의 A는 mm치수이고, 1인치(1B)는 25.4mm이지만 배관 규격표기는 대략 1B = 25mm로 본다 $B=\frac{100A}{25}=4B$

예 1B = 25mm, 2B = 50mm, 4B = 100mm, 6B = 150mm, 8B = 200mm

[06년 2회]

21 **냉동기, LPG탱크용 배관 등 0℃이하의 온도에 사용되는 강관의 KS 표시 기호로서 올바른 것은?**

① SPLT ② SPHT
③ SPA ④ SPP

SPLT(Steel Pipes for Low Temperature) : 저온배관용 탄소강관

[10년 3회]

22 **강관의 표시기호 중 상수도용 도복장 강관은?**

① STWW ② SPPW
③ SPPH ④ SPHT

STWW : 상수도용 도복장 강관
STPW : 수도용 도복장 강관

[07년 1회]

23 **온도 350℃이하, 압력 10MPa이상의 고압관에 사용되며 관의 치수 표시는 호칭지름 × 호칭두께로 나타내는 것은?**

① SPP ② SPPW
③ SPPS ④ SPPH

SPPH(Steel Pipes for High Pressure)
압력 10MPa(100 kg/cm^2) 이상 고압배관용 350℃ 이하용

[06년 1회]

24 **그림과 같은 크로스의 치수를 옳게 표기한 것은?**

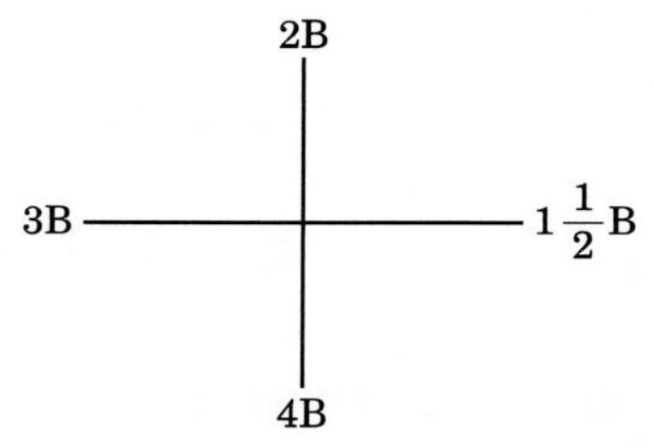

① $4B\times3B\times2B\times1\frac{1}{2}B$ ② $4B\times2B\times1\frac{1}{2}B\times3B$
③ $4B\times2B\times3B\times1\frac{1}{2}B$ ④ $4B\times3B\times1\frac{1}{2}\times2B$

크로스의 치수 표시는 가장 큰 관부터 수평방향을 표기한 후 다른 쪽 큰 관부터 표기한다.
$4B\times2B\times3B\times1\frac{1}{2}B$로 표시한다.

[13년 3회]

25 **아래 그림과 같이 호칭직경 20A인 강관을 2개의 45° 엘보를 사용하여 그림과 같이 연결하였다면 강관의 실제 소요길이는 얼마인가?(단, 엘보에 삽입되는 나사부의 길이는 10mm이고, 엘보의 중심에서 끝 단면까지의 길이는 25mm이다.)**

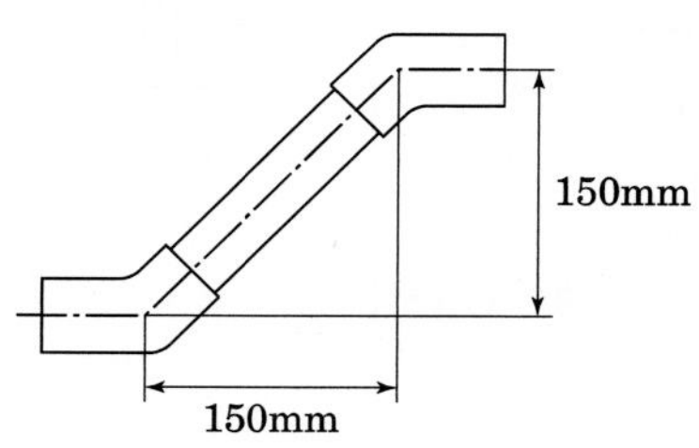

① 212.1mm ② 200.3mm
③ 170.3mm ④ 182.1mm

$L=L'-2(A-a)$에서
엘보 중심에서 중심까지 전체 길이(L')
= 수직 치수 × $\sqrt{2}$ = 150 × $\sqrt{2}$ = 212mm
엘보 중심에서 끝단까지 A = 25mm이고 삽입깊이가 a = 10mm이므로
엘보 내부 한 쪽당 배관 없는 길이 = A − a = 25 − 10 = 15mm
그러므로 실제 소요길이(L) = 212 − (2×15) = 182mm

정답 20 ① 21 ① 22 ① 23 ④ 24 ③ 25 ④

제2장

배관관련설비

01 급수설비
02 급탕설비
03 배수통기설비
04 난방설비
05 공기조화설비
06 가스설비
07 냉동 및 냉각설비
08 압축공기 설비

01 급수설비

1 급수설비의 개요

급수설비라 함은 넓은 의미로는 수원(水源)으로부터 위수하여 도수, 정수, 송수, 배수, 등의 과정을 거쳐 소비자에게 물을 공급하는 전과정을 말하며 좁은 의미로는 배수관(配水管)으로부터 사용처까지의 배관설비를 급수설비라 한다. 여기에서는 좁은 의미의 급수에 관하여 설명한다.

1. 수원의 종류

(1) 상수(시수) : 보통 지표수를 정수처리하여 공급하며 음료, 목욕, 공업용수 등에 쓰인다.

(2) 정수 : 취수 방법에 따라 관정호, 굴정호로 나누고 깊이에 따라 천장호, 심정호로 나누어지며, 일반적으로 철분 등을 많이 함유하여 경도가 높은 변기 세척, 소화용수, 냉각수 등으로 쓰인다.

2. 건물에 있어서 시수와 정수의 사용비율은 연면적 $3000\,m^2$ 이하인 경우는 시수만 쓰는 것이 경제적이며 건물연면적 $3000\,m^2$ 이상인 경우에는 시수와 정수를 7:3 정도로 운영함이 좋다.

3. 먹는 물 수질기준

(1) 미생물에 관한 기준

- 일반 세균은 1mL 중 100CFU(Colony Forming Unit)를 넘지 아니할 것. 다만, 샘물의 경우 저온 일반세균은 20CFU/mL, 중온 일반세균은 5CFU/mL를 하며, 먹는 샘물의 경우 병에 넣은 후 4℃를 유지한 상태에서 12시간 이내에 검사하여 저온 일반세균은 100 CFU/mL, 중온 일반세균은 20CFU/mL를 넘지 아니할 것.
- 총대장균군은 100mL(샘물 및 먹는 샘물의 경우 250mL)에서 검출되지 아니할 것. 다만, 제4조제1항제1호의 나목 및 다목의 규정에 의하여 매월 실시하는 총대장균군의 수질검사시료수가 20개 이상인 정수시설의 경우에는 검출된 시료수가 5%를 초과하지 아니할 것.
- 대장균·분원성대장균군은 100mL에서 검출되지 아니할 것. 다만, 샘물 및 먹는 샘물의 경우에는 그러하지 아니한다.

- 분원성연쇄상구균·녹농균·살모넬라 및 쉬겔라는 250mL에서 검출되지 아니할 것. (샘물 및 먹는 샘물의 경우에 한한다.)
- 아황산환원혐기성포자형성균은 50mL에서 검출되지 아니할 것. (샘물 및 먹는 샘물의 경우에 한한다.)
- 여시니아균은 2L에서 검출되지 아니할 것. (먹는 물 공동시설의 경우에 한한다.)

(2) 건강상 유해영향 무기물질에 관한 기준

- 납은 0.05mg/L를 넘지 아니할 것
- 불소는 1.5mg/L(샘물 및 먹는 샘물의 경우 2.0mg/L)를 넘지 아니할 것.

(3) 심미적 영향물질에 관한 기준

- 경도는 1000mg/L(수돗물의 경우 300mg/L, 먹는 염지하수 및 먹는 해양 심층수의 경우 1200mg/L)를 넘지 아니할 것. 다만 샘물 및 염지하수의 경우에는 적용하지 아니한다.
- 동은 1mg/L를 넘지 아니할 것.
- 세제(음이온계면활성제)는 0.5mg/L를 넘지 아니할 것.
  다만, 샘물 및 먹는 샘물의 경우에는 검출되지 아니할 것.
- 수소이온농도는 pH 5.8 ~ 8.5이어야 할 것.

경도(hardness)
물속에 용해되어 있는 Ca^{++}, Mg^{++}, Fe^{++}등과 같은 2가지 양이온들의 총합을 말하는 것으로 $CaCO_3$로 환산한 값이다. 경도가 높은 물은 보일러에 스케일을 형성

2 경도(hardness)

물속에 용해되어 있는 Ca^{++}, Mg^{++}, Fe^{++} 등과 같은 2가지 양이온들의 총합을 말하는 것으로 경도가 높은 물은 세탁에 방해가 되고, 보일러 등에 스케일을 형성하고 다량인 경우 음료용으로 부적당하여 물의 성질 중에서 중요하게 다루는 요소이다.

1. 경도의 계산

경도는 물 속의 +2 이온들의 양을 $CaCO_3$로 환산한 값이다.

$$\frac{Ca}{20} \times 50 + \frac{Mg}{12} \times 50 = \text{총 경도}$$

※ 물 속의 경도는 +2 이온이면 모두 발생하지만 Ca^{++}과 Mg^{++}이 거의 대부분(98% 이상)을 차지하므로 경도하면 일반적으로 Ca^{++}과 Mg^{++}을 해석한다.

2. 물의 분류

(1) 연수(軟水, soft water) : 단물이라고도 하며 비누가 잘 풀리는 물로 세탁, 공업용수 등에 쓰인다. (먹는 물 기준 경도 90mg/L 이하)

(2) 적수(경도 90mg/L ~ 100mg/L) : 먹는 물에 적합

(3) 경수(硬水, hard water) : 센물이라 하며 광물질의 함량이 많아서 세탁, 공업용수에 부적합하다. (먹는 물 기준 경도 110mg/L 이상)
- 연수 : 순수한 빗물, 지표수
- 경수 : 지하수

3. 경도의 영향

(1) 세탁이 잘 되지 않는다.

(2) 보일러 등의 접촉면에 스케일(scale)을 형성한다.

(3) 열교환면에 열전도가 낮아져 열효율이 감소한다.

(4) 보일러 등이 과열되어 파손될 우려가 있다.

(5) 자동차 라디에이터 등에는 연수를 써야 하므로 지하수보다는 지표수(하천, 저수지, 수돗물)를 사용한다.

01 예제문제

급수에 사용되는 물은 탄수칼슘의 함유량에 따라 연수와 경수로 구분된다. 경수 사용 시 발생 될 수 있는 현상으로 틀린 것은?

① 비누거품의 발생이 좋다.
② 보일러용수로 사용 시 내면에 관석이 많이 발생한다.
③ 전열효율이 저하하고 과열의 원인이 된다.
④ 보일러의 수명이 단축된다.

해설

연수 사용 시 비누거품 발생이 풍부하고 경수에서는 비누거품 발생이 억제된다. 답 ①

3 수처리

원수의 성질과 사용수의 요구 조건에 따라서 수처리 방식은 여러 가지가 있지만, 일반적으로 물리적, 화학적 방법을 이용하여 처리한다.

(1) 물리적 처리 : 침전, 여과, 침사 등
화학적 처리 : 응집, 중화, 산화, 환원 등

(2) 원수를 정수하는 대략적인 과정은 아래와 같다.
취수 → 침사지 → 응집조 → 침전지 → 여과조 → 소독조 → 공급

(3) 물 속에 철분 등이 많이 함유되어 있을 때는 폭기시켜 철분을 산화하여 산화철로 만들어 침전(여과)제거시키는 폭기 침전법(여과)이 쓰이기도 한다.

4 급수의 조닝

고층 건물에 있어서 위의 급수방식 중 어느 한 계통으로 배관할 경우, 최상층과 최하층의 수압차가 커져 수격작용(water hammering)이나 밸브류의 고장 등을 발생시키므로 7~10층마다 구역으로 나누어 급수하는 zoning이 필요하다. 이때 급수압력은 APT의 경우 0.3~0.4 MPa, 사무소 빌딩의 경우 0.4~0.5 MPa 이하가 되도록 조정한다. 죠닝 방법에는 층별식, 중계식, 압력 조정 펌프식, 압력 탱크식, 감압밸브식 등이 있고 필요에 따라 복합하여 사용할 수도 있다.

5 급수량 산정과 급수압력

급수설비 용량산정 및 관경 결정시 우선 급수량부터 산출해야 하는데, 기구 수에 의한 방법 과 건물 종류별 인원수에 의한 방법으로 대별되며 탱크, 펌프, 주관 등은 인원수에 따라, 지관은 기구 수에 따라 관경이 결정된다.

1. 급수량 산정 기준

(1) 급수량 산정은 원칙적으로 사무소 건물에서는 인원수에 의하여, 시험 시설이 있는 건물에서는 급수 기구 수에 의하여 구한다.
(2) 수수조, 고가 수조 등 설비 용량은 시간 최대 급수량에 근거하여 구한다.
(3) 소화용수, 비상 발전용 냉각수는 급수량 산정에서 제외한다.

2. 피크아워와 피크로드

하루 중 최대 사용 수량과 그때의 시간을 각각 피크로드, 피크아워라 하는데, 피크아워는 주로 아침 식사 때에 나타난다.

(1) **피크로드** : 1시간 동안에 일일 평균 급수량의 15 ~ 20% 정도가 피크로드이다.
(2) **시간 평균 급수량** : 1일 평균 급수량÷8(사용시간)
(3) **시간 최대 급수량** : 시간 평균 급수량×(1.5 ~ 2.0)
(4) **순간 최대 급수량** : (3 ~ 4)×시간 평균 급수량/60(L/min)

※ 피크로드는 시간 최대 급수량에 해당하며 보통 1일 급수량의 15 ~ 20%로 잡는다.

6 급수 압력

(1) 건물 내의 각 기구마다 알맞은 수압을 얻을 수 있어야 한다. 최저 필요압력 이하일 경우 능력을 발휘할 수 없고 필요 압력 이상일 경우 수격작용 발생 및 기구 파손에 의한 누구 등의 영향을 가져온다.

(2) 기구별 최고 압력은 보통 0.3 ~ 0.5MPa을 넘지 않도록 한다.

(3) 기구별 최저 필요압력은 다음 표와 같다.

표. 기구의 최저 필요 압력(21년부터 적용)

기구명	필요압력(kPa)	기구명	필요압력(kPa)
세정밸브	70(최저) 표준 100	순간온수기(대)	50
보통밸브	30 표준 100	순간온수기(중)	40
자동밸브	70	순간온수기(소)	10(저압용)
샤워	70		

7 급수 관경 및 기기용량 설계

1. 급수 관경 설계

급구 관경은 최소한의 배관 시설비로서 목적하는 수압과 수량을 급수할 수 있도록 결정되어야 한다. 급수관의 용도에 따라 위생기구별 접속관경, 균등표에 의한 관경 결정(지관), 마찰저항선도에 의한 방법(주관)등의 급수관경 설계법을 적용한다.

급수 관경 설계법
위생기구별 급수관경, 균등표에 의한 관경 결정, 마찰 저항 선도법(급수부하 단위 fu 이용)

(1) 위생기구별 급수관경

일반적으로 기구에 연결되는 관경은 다음의 표준치를 적용한다.

표. 위생기구의 연결 관경

위생기구	급수관경	위생기구	급수관경
세면기	15 mm	대변기(플러시 밸브)	25 mm
소변기(일반)	15 mm	욕조	15 ~ 20 mm
소변기(플러시 밸브)	20 ~ 25 mm	비데	15 mm

02 예제문제

세정밸브식 대변기에서 급수관의 관경은 얼마 이상이어야 하는가?

① 15A　　② 25A

③ 32A　　④ 40A

해설

세정밸브식 대변기 급수 관경은 최소 25A 이상으로 하며 7m 수두(0.7kg/cm^2) 이상의 수압을 필요로 한다.

답 ②

(2) 균등표에 의한 관경 결정

옥내 배수관 등과 같이 간단한 배관의 관경 결정에 사용하는 방법으로 식으로 구하는 법은 다음 식에 의하고 도표화 하면 아래 균등표와 같다. (단, 동시 사용률을 고려해야 한다.)

$$N = \left(\frac{D}{d}\right)^{5/2}$$

N : 작은관 개수,

d : 작은관 직경(mm),

D : 큰관 직경(mm)

표. 기구의 동시 사용률(%)

기구수	2	3	4	5	10	15	20	30	50	100
동시사용률(%)	100	80	75	70	53	48	44	40	36	33

(3) 마찰 저항 선도에 의한 결정(급수부하 단위 이용법)

- 설계순서

  급수부하 단위 → 동시 사용량 계산 → 허용마찰 손실 수두계산(동수구배) → 마찰저항 선도에 의한 관경 결정

- 동시 사용량 계산

  동시 사용률과 같은 의미인데 그래프를 활용한다. 급수 부하단위(fu)구한 뒤 아래 그래프에서 동시 사용량을 구한다. 이때 세면기의 급수량(14L/min)을 기준(fu = 1)한다.

표. 기구급수부하단위

기구명	수전	기구급수부하단위		기구명	수전	기구급수부하단위	
		공중용	개인용			공중용	개인용
대변기	세정밸브	10	6	세면싱크	급수전	2	
대변기	세정탱크	5	3	(수세1개당)			
소변기	세정밸브	5		조리장싱크	급수전	4	2
소변기	세정탱크	3		청소용싱크	급수전	4	3
세면기	급수전	2	1	욕조	급수전	4	2
수세기	급수전	1	0.5	샤워	혼합밸브	4	2

주) 급탕전 병용의 경우에는 1개의 급수전에 기구급수부하단위를 상기수치의 3/4으로 한다.

- 허용마찰 손실 수두 계산

사용가능한 수압을 배관 길이당 허용 손실수두(사용 수두)로 바꾼 값이다.

$$R = \frac{H_1 - H_2}{L(1+k)} \times 1000(\mathrm{mmAq/m})$$

R : 허용마찰손실수두(mmAq/m)

H_1 : 고가탱크에서 각층 기구까지의 수직높이(m)

H_2 : 각층기구의 최저 필요수두(mAq)

L : 고가탱크에서 최원기구까지의 배관길이(m)

k : 국부저항비율 - 소규모 : 0.5 ~ 1.0

- 대규모 : 0.3 ~ 0.5

- 관경 결정

위에서 구한 동시 사용량과 허용마찰 손실수두를 이용하여 배관 마찰저항선도에서 교점을 찾아 알맞은 관경을 찾는다. 이때 유속(소구경 1m/s, 대구경 2m/s 이내)이 지나치게 크지 않도록 설계함이 좋다.

8 펌프설계

1. 펌프의 종류

(1) **왕복동 펌프** : 피스톤 펌프, 플런저 펌프, 워싱턴 펌프

(2) **원심펌프(와권 펌프)** : 벌류트 펌프, 터빈 펌프, 보어홀 펌프, 수중 펌프, 논클록 펌프

(3) **축류 펌프** : 스크루식

(4) **사류 펌프** : 원심 펌프와 축류 펌프의 중간형

(5) **특수 펌프** : 에어리프트 펌프, 제트 펌프 등

2. 펌프의 특성

(1) 왕복동 펌프
- 수압 변동이 심하다.(공기실을 설치하여 완화시킨다.)
- 양수량이 적고 양정이 클 때 적합하다.
- 양수량 조절이 어렵다.
- 고속회전시 용적효율이 저하한다.

(2) 원심 펌프
- 고속회전에 적합하며 진동이 적다.
- 양수량 조절이 용이하다.
- 양수량이 많고 고 · 저양정에 모두 이용된다.

(3) 보어홀 펌프(borehole pump)
- 수직 터빈 펌프로서, 임펠러와 스트레이너는 물 속에 있고 모터는 땅 위에 있어 이 2개를 긴 축으로 연결하여 깊은 우물의 양수에 사용한다.
- 입형 다단 터빈 펌프로 장축에 의하여 구동하기 때문에 고장이 많고 수리가 어려우며 동력비가 많이 소요된다.
- 최근에는 수중펌프로 대체되고 있다.

(4) 수중 모터 펌프
- 수직형 터빈 펌프 밑에 모터를 직결하여 양수하며 모터와 터빈은 수중에서 작동한다.
- 흡입양정이 큰 심정의 양수에 많이 쓰인다.

3. 왕복동 펌프의 양수량

$$Q = A \cdot L \cdot N \cdot E_v$$

- Q : 양수량(m^3/min)
- A : 피스톤 단면적(m^2)
- L : 행정(m)
- N : 회전수(rpm)
- E_v : 용적효율

4. 펌프 설치시의 주의 사항

(1) 펌프와 전동기는 일직선상에 배치한다.
(2) 되도록 흡입양정을 낮춘다.
(3) 흡입구는 수면 위에서 관경의 2배 이상 잠기게 한다.
(4) 소화 펌프는 화재 시 불의 접근을 막도록 구획한다.

5. 펌프의 과부하 운전 조건

(1) 원동기와의 직결 불량

(2) 주파수 증가에 의한 회전 수 증가

(3) 베어링 마모 및 이물질 침투

(4) 흡입 양정이 현저히 감소할 때

6. 특성곡선과 상사 법칙

(1) **특성곡선** : 펌프의 특성 곡선은 양수량 Q(L/min), 전양정 H(m), 효율(%), 축동력(kW)의 관계를 다음 그림과 같이 표시한 것으로 펌프의 종류에 따라 회전수 변화에 의해 각각 다르게 나타난다.

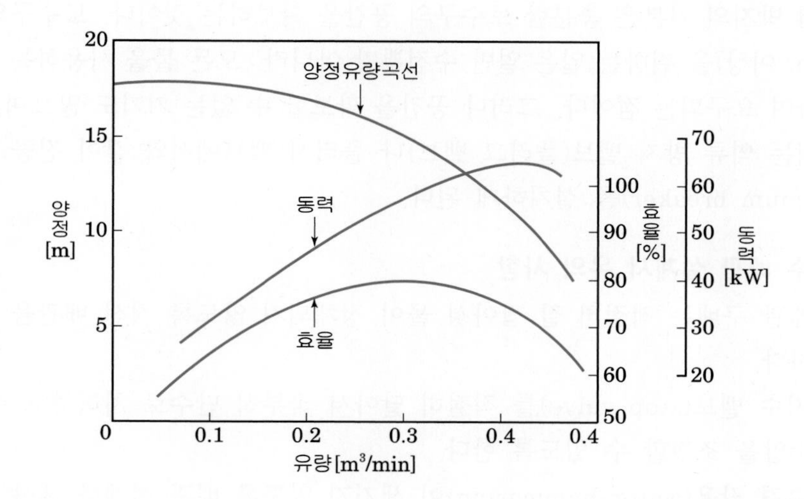

(2) **상용 양정** : 위 특성곡선에서 효율이 최고점일 때의 양정을 상용양정으로 하면 펌프 운전 동력이 가장 적게 들고 에너지 절약적인 운전이 가능하다.

(3) **상사법칙 (회전수 변화에 따른 양수량과 양정 및 축 마력의 변화)** : 특성 곡선에 나타난 양수량 Q(L/s), 전양정 H(m), 축 마력 P는 펌프의 회전수 N을 N'로 변화 했을 경우 다음 식으로 나타낸다.

- 양수량 : $\frac{Q'}{Q}=\frac{N'}{N}$, $Q'=Q\left(\frac{N'}{N}\right)$
- 양정 : $\frac{H'}{H}=\left(\frac{N'}{N}\right)^2$, $H'=H\left(\frac{N'}{N}\right)^2$
- 축 마력 : $\frac{P'}{P}=\left(\frac{N'}{N}\right)^3$, $P'=P\left(\frac{N'}{N}\right)^3$

9 급수설비 배관

교차연결(크로스 커넥션)
급수계통에 오수가 유입되어 오염되도록 배관된 것을 크로스 커넥션(교차연결)이라 한다. 이를 방지하기 위해서는 역류 방지 밸브(플러그 밸브)나 플러시 밸브에서와 같이 진공 방지기(vacuum breaker)를 설치한다.

1. 교차연결(크로스 커넥션)

위생 기구는 급수 계통과 배수 계통의 접점에 설치하는 것으로 오수가 역류하여 상수를 오염시킬 우려가 있다. 수조의 청소, 수리 및 기타 이유로 잘못된 배관연결과 급수관내 압력차로 오염된 물이 급수관에 유입되는 경우가 있다. 이렇게 급수계통에 오수가 유입되어 오염되도록 배관된 것을 크로스 커넥션(교차 연결)이라 한다.

2. 수질 오염 방지

오염 방지의 기본은 충분한 토수구의 공간을 확보하는 것이다. 토수구의 공간(3cm 이상)을 취하는 일은 일반 수전뿐만 아니라, 모든 물을 사용하는 기기에 대하여 요구되는 점이다. 그러나 공간을 확보할 수 없는 기기도 많으며, 이 경우에는 역류 방지 밸브(플러그 밸브)나 플러시 밸브에서와 같이 진공 방지기(vacuum breaker)를 설치하게 된다.

3. 급수 배관 설계시 유의 사항

(1) 배관 구배는 적절히 잘 잡아서 물이 정체되지 않도록 직선 배관을 하도록 한다.
(2) 지수 밸브(stop valve)를 적절히 달아서 국부적 단수로 처리하고 수량 및 수압을 조정할 수 있도록 한다.
(3) 수격 작용(water hammering)이 생기지 않도록 배관 설계를 해야 한다.
(4) 바닥 또는 벽을 관통하는 배관은 슬리브(sleeve)배관을 한다.
(5) 부식하기 쉬운 곳은 방식 도장을 한다.
(6) 겨울과 여름철에 대비하여 방동 및 방로 피복을 해야 한다. 관경 15~50mm는 20~25mm 두께로, 관경 50~150mm는 25~30mm 정도로 피복한다.
(7) 배관 공사가 끝난 다음은 반드시 수압 시험을 행한다. 공공 수도 직결관은 1.75MPa, 탱크 및 급수관의 경우는 1.05MPa에 견디어야 하며 시간은 최소 60분이다.
(8) 상수도 배관 계통은 물이 오염되지 않도록 하고 물탱크 등에서는 수질 오염이 일어나지 않도록 해야 한다.
(9) 초고층 건물은 과대한 급수압이 걸리지 않도록 적절히 조닝을 한다.
(10) 음료용 급수관과 기타 배관을 교차 연결(크로스 커넥션)해서는 안 된다.
(11) 급수 배관 최소 관경은 15mm이다.

4. 수격작용(water hammering)

급수관 내의 유속의 급변에 의한 충격압은 소음·진동을 유발하고 기구 파손의 우려도 있다. 이와 같은 현상을 수격 작용이라 한다.

(1) 수격작용 원인

- 유속의 급정지 시에 충격압에 의해 발생한다.
- 관경이 적을 때
- 수압 과대, 유속이 클 때
- 밸브의 급조작시
- 플러시 밸브나 콕 사용 시

(2) 방지 대책

- 공기실(Air chamber)설치 : 배관 말단에 설치하는 공기실은 공기가 물에 용해되어 소멸되므로 최근에는 중요부에 밀폐형의 수격방지기(Water Hammer Cushion)를 주로 쓴다.
- 관경 확대, 수압감소
- 밸브 조작을 서서히 한다.
- 도피 밸브(버터플라이 밸브)사용

수격작용(워터해머) 원인
유속의 급정지, 관경이 작을 때, 수압 과대, 유속이 클 때

수격작용 방지 대책
공기실(Air chamber)설치,
밸브 조작을 서서히

10 급수방식(給水方式)

건물 내의 급수 방식에는 수도 직결 방식, 고가 탱크(옥상탱크)방식, 압력탱크방식, 조압펌프식(탱크 없는 부스터식) 등이 있고 각기 단독 혹은 병용되어 급수한다.

급수방식 종류
수도직결 방식, 고가 탱크 방식, 압력 탱크 방식, 부스터 방식, 조합방식

1. 수도직결 방식

일반적으로 도로 밑의 배수관말(수도본관)에서 분기하여 건물 내에 직접 급수하는 방식으로 주택 등의 소규모 건물에 적합하다.

(1) 특징

- 구조가 간단하고 설비비가 싸다.
- 정전 시 급수가 가능하다.
- 단수 시 급수가 전혀 불가능 하다.
- 오염 우려가 타방식에 비하여 적다.
- 소요지의 상황에 따라 급수압의 변동이 있다.
  (일반적으로 5층 이상에는 부적합하다.)
- 규모가 커질 경우 수압이 떨어져 대규모에는 부적당하다.
- 운전 관리비가 필요 없고 고장이 없다.

(2) 수도본관의 필요수압(MPa)

$$P \geq P_1 + \frac{H_f}{100} + \frac{H}{100}$$

P : 수도본관 최저 필요압력(MPa)
P_1 : 기구별 소요압력(MPa)
H_f : 마찰손실수두(mAq)
H : 수도본관에서 최고층수전까지 높이(m)

2. 고가 탱크 방식(elevated tank system)

대규모 시설에서 일정한 수압을 얻고자 할 때 많이 이용되며 수돗물을 저수 탱크(receiving tank)에 모은 후 양수 펌프에 의하여 고가 탱크에 양수하여 탱크에서 급수관에 의해 급수한다. 옥상 탱크식과 같은 말이다.

(1) 특징

- 항상 일정한 수압을 얻을 수 있다.
- 정전, 단수 시 탱크에 받은 물을 사용할 수 있다.
- 옥상 탱크 때문에 건물의 구조계산 시 하중을 고려해야 하며 건축비가 증가한다.
- 탱크에서 오염 우려가 있고 수시로 청소해야 한다.
- 운전비는 압력 탱크식이나 부스터식에 비하여 적다.
- 화재 시 소화용수를 사용할 수 있다.

(2) 고가탱크 설치 높이

$$H \geq P_1 \times 100 + H_f + H_h$$

H : 고가탱크높이(m)
P_1 : 최고층 수전 필요수압(MPa)
H_f : 고가탱크에서 수전까지의 마찰손실수두(mAq)
H_h : 최고층 급수전까지 높이

(3) 옥상 탱크의 구조 및 크기

- 구조 : 오버플로 관경은 양수관경의 2배 이상으로 한다.
- 크기 : 정전으로 인한 단수, 저수 탱크 크기, 건물 구조의 하중 등을 고려하여 결정한다.

V = 피크로드(peak load) × (1 ~ 3)시간

V : 옥상 탱크 용량,
피크로드 : 1일 사용수량의 15 ~ 20%,
1 ~ 3시간 : 대규모 1시간분, 소규모 3시간분

- 플로트 수위치(전극봉)를 설치하여 양수펌프를 제어한다.
- 탱크의 재질은 FRP, STS 등이 주로 쓰인다.

(4) 양수 펌프

- 양수량 : 옥상 탱크의 유량을 30분에 양수할 수 있는 능력
- 양정

$H = H_s + H_d + H_f + P$

H : 전양정(m)

H_s : 흡입양정(m)

H_f : 마찰손실수두(mAq)

H_d : 토출양정(m)

P : 출구수압(출구측동압) (mAq)

- 소요동력

$$\text{kW} = \frac{Q \cdot g \cdot H}{1000 \times E}$$

Q : 양수량(kg/s)

g : 중력가속도

H : 전양정(mAq)

E : 펌프효율

– 공학단위 $\text{kW} = \dfrac{QH}{60 \times 102E}$　　Q : L/min, H : m

– SI단위 $\text{kW} = \dfrac{QgH}{60 \times 1000E}$　　Q : L/min, H : m

(공학단위의 1/102은 중력가속도 g와 W를 kW로 환산하기 위한 1/1000에서 나온 것이다, 결국 $g/1000 = 1/102$이다.)

3. 압력 탱크 방식(pressure tank system)

고가 탱크식과 같이 저수탱크에 저장된 물을 급수 펌프로, 압력 탱크 내로 공급하면 가압된 공기압에 의하여 건물 상부로 급수된다.

(1) 특징

- 공기 압축기 등의 시설비와 관리비가 많이 든다.
- 특정 부위의 고압이 요구될 때 적합하다.
- 옥상 탱크식에 비하여 건축 구조물 보강이 필요없다.
- 정전, 고장 시 즉시 급수가 중단된다.
- 수압 변동이 심한 편이다.(기계적 특성상 고저압의 차를 적게 하기가 곤란하다.)

(2) 압력 탱크의 최고 최저 압력

- 최저압력 : $P_L = \frac{H}{100} + P_1 + \frac{H_f}{100}$

  P_L : 최저압력(MPa)
  H : 압력탱크에서 최고층 수전 수직높이(m)
  P_1 : 기구별 필요압력(MPa)
  H_f : 탱크에서 수전까지 마찰손실수두(mAq)

- 최고 압력 : $P_H = P_L + (0.07 \sim 0.14\text{MPa})$

(3) 압력 탱크 설계

- 탱크용적 $V = \frac{V_e}{A-B}$

  V_e: 유효저수량=시간 최대급수량$\times \frac{1}{3}$
  A : 최고 압력일 때 탱크 내 수량비
  B : 최저 압력일 때 탱크 내 수량비

- 양수 펌프 양수량 : $Q = 2\times$시간 최대 급수량
- 펌프의 전양정 : $H = (P_H \times 10 +$흡입양정$) \times 1.2$(m)
- 탱크 강판 두께 $t = \frac{P_H D}{2\sigma}$

  t : 두께(cm)
  D : 탱크내경(cm)
  P_H : 탱크사용 최고압력(kg/cm^2)
  σ : 재료허용응력(kg/cm^2)

4. 부스터 방식(tankless booster system)

저수탱크에 물을 받은 후 펌프에 의하여 수전까지 직송하는 방식으로 옥상 탱크나 압력 탱크에 비하여 장소를 적게 차지하는 장점이 있지만 설비비가 고가이고 고장 시 수리가 어렵다는 단점이 있다. 사용량의 변화에 대응하여 토출량을 변화시키기 위해 자동제어반이 요구되는 고급설비로서 요즘 많이 보급되고 있다.

(1) 특징

- 옥상 탱크나 압력 탱크가 필요없다.
- 정전이나 단수 시 압력 탱크와 동일하다
- 설비비가 고가이다.
- 자동제어 시스템이어서 고장 시 수리가 어렵다.
- 수압조절이 안정적이고 수질오염이 적어 최근 적용이 확산되고 있다.

(2) **부스터 펌프 제어 방식 종류**

- 정속 방식 : 여러 대의 펌프를 병렬로 설치하고 펌프의 회전속도를 일정하게 하고 토출관의 압력변화를 감지하여 몇 대의 펌프를 ON-OFF 시키는 자동제어 시스템이다.
- 변속 방식 : 1대의 펌프를 설치하고 토출관의 압력변화에 따라 변속전동기(VVVF, 인버터)또는 변속장치를 통하여 펌프의 회전수를 변화시켜 양수량을 조정하는 시스템이다.

03 예제문제

다음 보기에서 설명하는 급수 공급 방식은?

【보 기】

- 고가탱크를 필요로 하지 않는다.
- 일정수압으로 급수할 수 있다.
- 자동제어 설비에 비용이 든다.

① 층별식 급수 조닝방식
② 고가수조방식
③ 압력수조방식
④ 부스터방식

해설

자동제어 설비를 이용하여 급수량에 따라 일정수압으로 급수할 수 있는 급수 공급 방식은 부스터방식(펌프직송방식)이다. 답 ④

04 예제문제

급수배관 시공 중 옳지 않은 것은?

① 급수지관의 구배는 상향구배로 한다.
② 급수관의 구배는 $\frac{1}{250}$ 로 한다.
③ 배관 사정상 공기가 모이는 곳에는 공기빼기밸브를 설치한다.
④ 고가 탱크식에서 수평주관은 상향구배로 한다.

해설

고가 탱크식(옥상탱크식)은 수평주관을 하향구배로 한다. 답 ④

01 출제유형분석에 따른 종합예상문제

[11년 2회]

01 급수배관에서 플러시밸브나 급속 개폐식 수전을 사용할 때 발생될 수 있는 현상과 거리가 먼 것은?

① 수격작용이 발생
② 소음이 발생
③ 진동이 발생
④ 수온의 저하가 발생

급수배관에서 플러시밸브, 급속 개폐식 수전을 사용하면 수격작용, 소음, 진동 등이 발생한다.

[09년 3회]

02 급수관에서 수격현상이 일어나는 원인은 다음 중 어느 것인가?

① 직선 배관일 때
② 관경이 확대되었을 때
③ 관내 유수가 급정지할 때
④ 다른 관과 분기가 있을 때

관내 유속이 갑자기 변화할 때 수격작용 (워터해머)이 발생한다.

[11년 2회]

03 중수도에서 처리한 물의 용도로 적당하지 않은 것은?

① 청소용수 ② 소방용수
③ 조경용수 ④ 음용수

중수도는 음용수용으로는 부적합하며 청소, 조경용수 등으로 사용한다.

[11년 2회]

04 주거용 건물에서 물의 사용량이 가장 많은 시각을 피크타임(Peak Time)이라 하고 그 시각의 사용수량을 피크로드(Peak Load)라 부르는데 피크로드는 1일 사용수량의 약 얼마인가?

① 3 ~ 8% 정도 ② 10 ~ 15% 정도
③ 20 ~ 35% 정도 ④ 30 ~ 35% 정도

피크타임 피크로드는 1일 사용수량의 10 ~ 15% 정도로 시간평균 사용량의 1.5 − 2.5배 정도이다.

[12년 1회]

05 급수장치에서 세정밸브를 사용하는 경우 최저 필요수압은 얼마인가?

① 10kPa ② 100kPa
③ 50kPa ④ 30kPa

세정밸브(Flush Valve)의 급수장치에서 최저 필요수압은 70kPa($0.7\text{kgf/cm}^2 = 7\text{mAq}$)이다.

[15년 3회, 12년 1회]

06 급수설비에서 급수펌프 설치 시 캐비네이션(Cavitation) 방지책에 대한 설명으로 틀린 것은?

① 펌프의 회전수를 빠르게 한다.
② 흡입배관은 굽힘부를 적게 한다.
③ 단흡입 펌프를 양흡입 펌프로 바꾼다.
④ 흡입 관경은 크게 하고 흡입 양정은 짧게 한다.

캐비네이션 방지를 위해서는 유속을 느리게 하고 흡입압력이 높게 한다. 회전수는 느리게 하기 위하여 다극 모터(6극−12극)를 사용한다.

정답 01 ④ 02 ③ 03 ④ 04 ② 05 ② 06 ①

[13년 3회]

07 급수펌프의 설치 시 주의사항으로 틀린 것은?

① 펌프는 기초볼트를 사용하여 기초 콘크리트 위에 설치 고정한다.
② 풋 밸브는 동 수위면 보다 흡입관경의 2배 이상 물속에 들어가게 한다.
③ 토출 측 수평관은 상향 구배로 배관한다.
④ 흡입양정은 되도록 길게 한다.

급수펌프 설치 시 흡입양정은 되도록 짧게 하여 캐비테이션을 방지한다.

[14년 5회, 10년 3회]

08 급수 본관 내에서 적절한 유속은 몇 m/s 이내인가?

① 0.5 ② 2
③ 4 ④ 6

급수본관 내 유속은 약 2m/s 이내가 이상적이다.

[10년 1회, 07년 2회]

09 각 기구 또는 밸브별 최저 필요수압이 가장 적은 것은?

① 샤워 ② 자동밸브
③ 세정밸브 ④ 저압용 순간온수기(소)

〈최저 필요 수압〉 샤워, 자동밸브, 세정밸브 : 70kPa
저압용 순간 온수기(소) : 10kPa, 순간 온수기(대) : 50kPa,
순간 온수기(중) : 40kPa

[09년 2회]

10 공동주택에서의 급수 허용 최고 사용압력은?

① 0.1 ~ 0.2MPa ② 0.3 ~ 0.4MPa
③ 0.6 ~ 0.8MPa ④ 0.9 ~ 1.0MPa

공동주택 급수 허용 최고 사용압력은
0.3 ~ 0.4MPa($3 \sim 4\text{kgf/cm}^2$)이다.
사무소 건물 급수 허용 최고 사용압력은
0.4 ~ 0.5MPa($4 \sim 5\text{kgf/cm}^2$)이다.
21년부터 기계설비법에서 정하는 기술기준을 적용하면 위생기구의 최대 급수압력은 550kPa 이하로제한하고 있다.

[09년 1회]

11 급수설비에서 마찰저항선도를 이용하여 관 지름을 구할 때 관계가 먼 것은?

① 압력(kPa)
② 유속(m/sec)
③ 유량(L/min)
④ 마찰저항(mmAq/m)

급수설비에서 관경 선정 시 고려사항은 유속, 유량, 마찰저항이다.

[15년 3, 12년 2회]

12 수도 직결식 급수설비에서 수도본관에서 최상층 수전까지 높이가 10m 일 때 수도본관의 최저 필요 수압은? (단, 수전의 최저 필요압력은 30kPa, 관내 마찰손실 수두는 20kPa으로 한다.)

① 100kPa
② 150kPa
③ 200kPa
④ 250kPa

급수설비 필요 최저압력(PL)=실양정+마찰손실+수전요구압
PL = 100 + 20 + 30 = 150kPa (실양정 10m = 100kPa)

[14년 3회]

13 급수방식 중 수도직결방식의 특징으로 틀린 것은?

① 위생적이고 유지관리 측면에서 가장 바람직하다.
② 저수조가 있으므로 단수 시에도 급수할 수 있다.
③ 수도본관의 영향을 그대로 받아 수압 변화가 심하다.
④ 고층으로의 급수가 어렵다.

수도직결식은 저층의 낮은 건물 등에서 수도 본관으로부터 급수관을 직접 연결하여 급수하기 때문에 저수조가 필요 없는 급수방식이다.

정답 07 ④ 08 ② 09 ④ 10 ② 11 ① 12 ② 13 ②

[07년 2회]

14 고가 탱크 급수방식의 특징이 아닌 것은?

① 탱크는 고압으로 제작되어야 하기 때문에 비싸다.
② 항상 일정한 수압으로 급수할 수 있다.
③ 저수량을 언제나 확보할 수 있으므로 단수가 되지 않는다.
④ 수압 과대로 인한 밸브류 등 배관 부속품의 피해가 적다.

고가 탱크 방식에서 탱크는 대기압 하에서 물탱크 수심만큼의 저압을 받는다.

[09년 3회]

15 급수방식 중 고가탱크방식의 특징을 설명한 것이 아닌 것은?

① 다른 방식에 비해 오염가능성이 적다.
② 저수량을 확보하여 일정 시간 동안 급수가 가능하다.
③ 사용자의 수도꼭지에서 항상 일정한 수압을 유지한다.
④ 대규모 급수 설비에 적합하다.

고가탱크방식(옥상탱크방식)은 지하의 저수조와 옥상탱크를 거쳐 급수되기 때문에 수질 오염가능성이 크다.

[06년 3회]

16 고가 탱크 급수방식의 특징이 아닌 것은?

① 항상 일정한 수압으로 급수할 수 있다.
② 수압의 과대 등에 따른 밸브류 등 배관 부속품의 파손이 적다.
③ 취급이 비교적 간단하고 고장이 적다.
④ 탱크는 기밀 제작이므로 값이 비싸진다.

고가 탱크 방식은 개방식이며 기밀 제작할 필요는 없다.

[14년 3회]

17 옥상탱크식 급수방식의 배관계통의 순서로 옳은 것은?

① 저수탱크 → 양수펌프 → 옥상탱크 → 양수관 → 급수관 → 수도꼭지
② 저수탱크 → 양수관 → 양수펌프 → 급수관 → 옥상탱크 → 수도꼭지
③ 저수탱크 → 양수관 → 급수관 → 양수펌프 → 옥상탱크 → 수도꼭지
④ 저수탱크 → 양수펌프 → 양수관 → 옥상탱크 → 급수관 → 수도꼭지

옥상탱크 급수방식 배관계통 순서
수도 본관 →저수탱크 → 양수펌프 → 양수관 → 옥상탱크 → 급수관 → 수도꼭지

[14년 2회]

18 고가 탱크식 급수설비에서 급수경로를 바르게 나타낸 것은?

① 수도본관 → 저수조 → 옥상탱크 → 양수관 → 급수관
② 수도본관 → 저수조 → 양수관 → 옥상탱크 → 급수관
③ 저수조 → 옥상탱크 → 수도본관 → 양수관 → 급수관
④ 저수조 → 옥상탱크 → 양수관 → 수도본관 → 급수관

옥상탱크 급수방식 배관계통 순서
수도 본관 → 저수조 → 양수펌프 → 양수관 → 옥상탱크 → 급수관 → 수도꼭지

[14년 2회]

19 압력탱크식 급수법에 대한 설명으로 틀린 것은?

① 압력탱크의 제작비가 비싸다.
② 고양정의 펌프를 필요로 하므로 설비비가 많이 든다.
③ 대규모의 경우에도 공기압축을 설치할 필요가 없다.
④ 취급이 비교적 어려우며 고장이 많다.

압력탱크식 급수법은 지상에 압력탱크를 설치하고 고양정의 펌프로 탱크 내에 고압을 만들어 상향 급수하는데 대규모설비에서는 압축기로 탱크 내에 압력을 가하기도 한다.

정답 14 ① 15 ① 16 ④ 17 ④ 18 ② 19 ③

[11년 1회]

20 압력탱크식 급수방법에서 압력탱크를 설계할 때 직접 필요한 요소로 틀린 것은?

① 최고층 수전에 해당하는 압력
② 기구별 소요압력
③ 관내 손실 수두압
④ 급수펌프의 토출압력

압력 탱크 설계 시 탱크가 받는 압력은 최고층 수전높이와 압력, 관내 마찰손실수두인데 이것은 급수 펌프 토출압력과 같다. 기구별 소요압력을 고려할 필요는 없다.

[08년1회]

21 압력 수조식 급수법의 설명으로 옳지 않은 것은?

① 공기 압축기를 설치하여 공기를 보급해야 한다.
② 펌프는 고가 수조에 비하여 양정이 낮다.
③ 탱크의 설치 위치에 제한을 받지 않는다.
④ 최고, 최저의 압력차가 크고 급수압이 일정하지 않다.

압력 수조식에서 펌프의 양정은 고가수조식에 비하여 크다.

[10년 1회]

22 옥상 급수탱크의 부속장치는 다음 중 어느 것인가?

① 압력 스위치 ② 압력계
③ 안전밸브 ④ 오버플로관

옥상 급수탱크의 부속장치는 볼탭과 오버플로관(일수관), 드레인관등이 필요하다.

[08년 1회]

23 수도 직결식 급수배관의 수압시험 기준압력은 얼마인가?

① 0.2MPa ② 0.74MPa
③ 1.35MPa ④ 1.75MPa

수도 직결식 급수배관의 수압시험 기준은 1.75MPa(17.5kgf/cm^2)이다.
21년부터 수도직결식 급수배관 수압시험은 1.0MPa을 기준한다.

[07년 3회]

24 급수방식 중 펌프 직송방식의 펌프운전을 위한 검지방식이 아닌 것은?

① 압력검지식 ② 유량검지식
③ 수위검지식 ④ 저항검지식

펌프 직송방식은 일명 부스터 방식이라 하는 자동 조절방식인데 이때 자동조절 검지방식에 따라 압력검지식(토출압력, 말단압력), 유량검지식, 수위검지식이 있다.

[11년 2회]

25 급수배관설비에서 옥상탱크의 양수관 관경이 25A 일 때 오버플로(Over Flow)관의 가장 적합한 것은?

① 25A ② 40A
③ 50A ④ 65A

옥상탱크에서 오버플로관은 일수관이라 하며 양수관의 2배 이상으로 한다.

[15년 3회, 11년 1회]

26 급수 배관을 시공할 때 일반적인 사항을 설명한 것 중 틀린 것은?

① 급수관에서 상향 급수는 선단 상향구배로 한다.
② 급수관에서 하향 급수는 선단 하향구배로 하며, 부득이한 경우에는 수평으로 유지한다.
③ 급수관 최하부에 배수 밸브를 장치하면 공기빼기를 장치할 필요가 없다.
④ 수격작용 방지를 위해 수전 부근에 공기실을 설치한다.

급수관 최하부의 배수 밸브는 청소나 동파방지를 위한 물빼기를 위한 것이며 공기빼기 밸브는 배관내의 공기를 배출하기 위한 것으로 수직관 최상부에 설치한다.

정답 20 ② 21 ② 22 ④ 23 ④ 24 ④ 25 ③ 26 ③

[11년 3회]

27 음용수 배관과 음용수 이외의 배관과의 접속 또는 음용수와 일단 배출된 물이 혼합하게 되어 음용수가 오염되는 배관접속은?

① 하트포드 이음(Hartford Connection)
② 리버스리턴 이음(Reverse Return Connection)
③ 크로스 이음(Cross Connection)
④ 역류방지 이음(Vacuum Breaker Connection)

크로스 이음(교차 연결)은 급수관에서 잘못된 접속으로 음용수가 오염되는 현상을 말하며 이를 방지하기위해 역류방지밸브를 설치한다.

[15년 2회, 11년 3회]

28 건축설비의 급수배관에서 기울기에 대한 설명으로 틀린 것은?

① 급수관의 모든 기울기는 1/250을 표준으로 한다.
② 배관 기울기는 관의 수리 및 기타 필요시 관 내의 물을 완전히 퇴수시킬 수 있도록 시공하여야 한다.
③ 배관 기울기는 관 내를 흐르는 유체의 유속과 관련이 없다.
④ 옥상 탱크식의 수평 주관은 내림 기울기를 한다.

배관의 기울기는 관 내 유속과 관계가 있으며 유속이 빠를수록 기울기도 크게 한다.

[15년 2회]

29 급수배관에 관한 설명으로 틀린 것은?

① 배관 시공은 마찰로 인한 손실을 줄이기 위해 최단거리로 배관한다.
② 주 배관에는 적당한 위치에 플랜지 이음을 하여 보수·점검을 용이하게 한다.
③ 불가피하게 산형 배관이 되어 공기가 체류할 우려가 있는 곳에는 공기실(Air Chamber)을 설치한다.
④ 수질오염을 방지하기 위하여 수도꼭지를 설치할 때는 토수구 공간을 충분히 확보한다.

산형 배관이 되어 공기가 체류할 우려가 있는 곳에는 공기빼기 밸브를 설치한다. 에어챔버는 수격작용 방지에 사용된다.

[13년 3회]

30 급수배관에서 수격작용 발생개소와 거리가 먼 것은?

① 관 내 유속이 빠른 곳
② 구배가 완만한 곳
③ 급격히 개폐되는 밸브
④ 굴곡개소가 있는 곳

급수배관의 구배(기울기)가 완만한 곳보다는 급경사진 곳에서 수격작용이 발생되기 쉽다.

[06년 2회]

31 급수 배관에서 수격 작용을 방지하기 위하여 설치하는 것은?

① 신축이음
② 워터 해머 어레스터
③ 체크 밸브
④ 버큠 브레이커

워터 해머 어레스터는 수충격 흡수기이다. 버큠 브레이커는 크로스커넥션을 방지하는 진공방지기이다.

[13년 1회]

32 급수설비에서 수격작용 방지를 위하여 설치하는 것은?

① 에어챔버(Air Chamber)
② 앵글밸브(Angle Valve)
③ 서포트(Support)
④ 볼탭(Ball Tap)

에어챔버(Air Chamber)는 수격작용 방지설비이다.

[10년 2회]

33 급수배관에서 워터해머 발생을 방지하거나 경감하는 방법으로 거리가 먼 것은?

① 배관은 가능한 한 직선으로 한다.
② 공기빼기 밸브를 설치한다.
③ 급격히 개폐되는 밸브의 사용을 제한한다.
④ 관내 유속을 1.5 ~ 2m/s 이하로 제한한다.

정답 27 ③ 28 ③ 29 ③ 30 ② 31 ② 32 ① 33 ②

급수배관에서 공기빼기 밸브는 워터해머(수격작용) 방지와는 관련성이 없다.

[09년 2회, 07년 1회]

34 급수배관에서 워터해머 방지 또는 경감시키는 방법으로 옳지 않은 것은?

① 급격히 개폐되는 밸브의 사용을 제한한다.
② 피스톤형, 벨로스형, 다이어프램형 등의 워터해머 흡수기를 설치한다.
③ 관내 유속을 1.5 ~ 2m/s 이하로 제한한다.
④ 배관은 가능한 구부러지게 한다.

배관은 가능한 직선으로 한다.

[10년 3회, 07년 1회]

35 급수 설비배관에서 수평배관에 구배를 주는 이유로 적당하지 않은 것은?

① 시공 및 재료비 감소
② 관내유수의 흐름 원활
③ 공기 정체 방지
④ 장치 전체 수리 시 물을 완전히 배수

급수 수평배관의 구배를 주는 주목적은 배관 수리 시 물을 배수하기 위한 것이며 기타 공기 정체 방지, 관내유수의 흐름 원활 등이다.

[10년 2회]

36 급수배관 시공시 공공수도 직결배관에 대해서는 몇 MPa의 수압시험을 하는가?

① 1.75　　② 1.55
③ 1.35　　④ 1.15

급수배관 수압시험은 공공수도 직결관 : 1.75MPa(17.5kg/cm^2)
탱크 및 급수관 : 1.05MPa(10.5kg/cm^2)

[14년 2회]

37 급수설비에서 물이 오염되기 쉬운 배관은?

① 상향식 배관
② 하향식 배관
③ 크로스커넥션(Cross Connection) 배관
④ 조닝(Zoning) 배관

크로스커넥션(Cross Connection)배관이란 급수배관에서 오접이거나 압력차가 발생할 수 있는 배관으로 물이 오염될 가능성이 있는 배관이다.

[12년 1회]

38 옥내 급수관에서 20A 급수전 4개에 급수하는 주관의 관경을 정하는 방법 중에서 아래의 급수관 균등표를 사용하여 관경을 구한 것으로 맞는 것은?

표. 기구의 동시 사용률

가구수	2	3	4	5	10	15	20
동시 사용률(%)	100	80	75	70	53	48	44

표. 급수관의 균등표

관지름(A)	15	20	25	32	40	50
15	1					
20	2	1				
25	3.7	1.8	1			
32	7.2	3.6	2	1		
40	11	5.3	2.9	1.5	1	
50	20	10.0	5.5	2.8	1.9	1

① 20A　　② 32A
③ 40A　　④ 50A

균등표에서 우선 20A(15A 2개) 급수전 4개를 15A로 환산하면 2×4=8이며 기구수 4개 동시사용률은 75%이므로 동시 개구수는 8×0.75=6
균등표에서 15A항 6개는 7.2에 속하므로 32A를 선정한다.

정답 34 ④ 35 ① 36 ① 37 ③ 38 ②

[13년 2회]

39 급수배관 시공 시 바닥 또는 벽의 관통배관에 슬리브를 이용하는 이유로 적합한 것은?

① 관의 신축 및 보수를 위해
② 보온효과의 증대를 위해
③ 도장을 위해
④ 방식을 위해

배관공사 시 벽의 관통배관에 슬리브를 이용하는 이유는 관의 신축이 자유롭고 보수할 때 교체가 쉽게 하기 위함이다.

[11년 3회]

40 급수관의 내면부식과 직접적인 관계가 없는 것은?

① 물의 경도 ② 물의 온도
③ 물의 산도 ④ 물의 수질(불순물)

급수관에서 물의 온도는 큰 차이가 없어서 내면 부식의 요소는 아니다.

정답 39 ① 40 ②

02 급탕설비

1 급탕설비의 개요

1. 급탕온도와 급탕량

(1) 급탕온도

용도별 급탕 온도는 아래 표와 같고, 급탕 온도를 높이면 사용 시 물을 혼합하여 사용하므로 급탕량이 적어져 경제적이다. 일반적으로 급탕 온도를 60℃ 정도로 볼 때 급탕 부하는 $60 \times 4.19 = 250\,\text{kJ/kg}$ 정도로 한다.

표. 용도별 급탕 사용온도

용 도		사용온도(℃)	용 도		사용온도(℃)
음 료 용		50~55	주 방 용	일반용	45
목 욕 용	성 인	42~45		접시 세정용	45
	소 아	40~42		접시 세정 시 행구기용	70~80
샤 워		43	세 탁 용	상업일반	60
세 면 용 (수 세 용)		40~42		모직물	33~37
의 료 용 (수 세 용)		43		린넨 및 견직물	49~52
면 도 용		46~52	수 영 장 용		21~27
			세 차 용		24~30

(2) 급탕량

Q_d(1일 급탕량) = N(사용원인) · q_d(1일 1인 급탕량)

급탕량은 급수량과 같이 시간대에 따라 변동이 심하므로 급탕량 산정시 주의해야 한다. 산정 방법은 기구 수에 의한 방법, 사용 인원에 의한 방법이 있으나 인원에 의한 방법이 정확하다.

$Q_d = N \cdot q_d$ $\quad Q_d$: 1일 급탕량

N : 사용 인원

q_d : 1일 1인 급탕량

q_d는 다음 표와 같다.

표. 건물 종류별 급탕량

건물종류	1인 1일 급탕량
주택, 아파트, 호텔	75~150L
사무실	7.5~11.5L
공장	20L

2. 급탕 방식

급탕 공급 방식을 크게 개별식과 중앙식 그리고 태양열 이용 방식으로 나눌 수 있는데 설비형식에 따라 구분이 애매한 경우도 있다. 본서에서는 기수혼합식은 개별식으로 분류한다.

(1) 개별식

> 개별식 급탕설비
> 소규모 건축물에 설치하며 급탕방식에는 순간온수기, 저탕형 탕비기, 기수 혼합식이 있으며 특징은 배관 열손실이 적고, 급탕 개소가 적을 경우 시설비가 싸다.
> 추가 설치가 간단하다.

주택이나 이용소 등 소규모 건축물에서 사용장소에 급탕기를 설치하여 간단히 온수를 얻을 수 있다. 개별식 급탕방식에는 순간온수기, 저탕형 탕비기, 기수 혼합식이 있으며 특징은 다음과 같다.

- 배관 열손실이 적다.
- 급탕 개소가 적을 경우 시설비가 싸다.
- 가열기 열효율은 낮은 편이다.
- 최근 가스연료의 공급과 급탕기 효율증대 및 제어효율증대로 보급이 확대되고 있다.

(2) 중앙식

> 중앙식 급탕법에는 직접 가열식, 간접 가열식이 있으며 특징은 연료비가 적고, 대규모인 경우 개별식보다 경제적이다. 급탕개소가 많은 대규모 건축물에 적합하다.

중앙식 급탕법은 중앙 기계실에서 보일러에 의해 가열된 온수를 배관을 통하여 각 사용소에 공급하는 방식으로 연료는 석탄, 중유, 가스, 등을 사용한다. 중앙식 급탕법에는 직접 가열식, 간접 가열식이 있으며 특징은 다음과 같다.

- 연료비가 적게 든다.
- 대규모이므로 열효율이 좋다.
- 건설비는 비싸지만 경상비는 싸다.
- 대규모인 경우 개별식보다 경제적이다.
- 호텔, 병원, 아파트 등과 같이 급탕개소가 많은 대규모 건축물에 적합하다.

(3) 순간온수기(즉시 탕비기)

일반적으로 가스 또는 전기를 열원으로 하고 원리는 수전을 열면 벤츄리관에서 동압차가 생겨 다이아프램 밸브를 작동시켜 가스가 버너에 공급되면 항상 점화되어 있는 파일럿 플레임에 의하여 연소 되고 가열 코일에서 즉시가열 된다. 또는 물 사용을 감지하여 작동하는 전자식도 있다. 특징은 다음과 같다.

- 급탕온도 60 ~ 70℃까지 얻는다.
- 처음에는 찬물이 나온다.
- 적은 량의 탕을 필요로 하는 곳에 적합하다.

(4) 저탕형 탕비기

항상 일정량의 탕이 저장되어 있어 학교, 공장, 기숙사 등과 같이 일정시간에 다량의 온수를 요하는 곳에 적합하다.

특징은 다음과 같다.

- 비등점(100℃)에 가까운 온수를 얻는다.
- 서모스탯에 의하여 항상 일정한 온도의 탕을 공급한다.

※ 서모스탯(thermostat) : 제어 대상의 온도를 검출하여 바이메탈이나 벨로스를 이용하여 접점을 on-off시킨다. 결국 일정한 온도를 유지하는 자동온도 조절기이다.

- 처음부터 온수가 나온다.

> 서모스탯(thermostat)
> 일정한 온도를 유지하는 자동온도 조절기로 제어 대상의 온도를 검출하여 바이메탈이나 벨로스를 이용하여 급탕설비 접점을 on-off시킨다.

(5) 기수 혼합식

병원이나 공장에서 증기를 열원으로 하는 경우, 증기를 직접 물 속에 불어 넣어 가열하는 방식으로 사용개소에 따라 개별식과 중앙식으로 분류가 가능하다. 특징은 다음과 같다.

- 열효율이 100%이다.
- 증기 주입 시 소음이 나고 소음제거를 위해 스팀 사일런서(steam silencer)를 사용한다.

01 예제문제

다음 중에서 간접가열 급탕법과 거리가 먼 장치는?

① 증기 사일런서(Steam Silencer) ② 저탕조
③ 보일러 ④ 고가수조

해설
급탕방법중 증기 사일런서는 기수혼합식에 사용된다.

답 ①

(6) 직접 가열식

온수 보일러에서 가열된 온수를 저탕조에 저장하여 급탕관에 의해 각 기구에 공급한다. 주철제 보일러인 경우 고층빌딩에서는 높은 수압이 걸리므로 사용이 곤란하다.

특징은 다음과 같다.

- 난방 보일러 이외 별도 보일러가 필요하다.
- 대규모 건물에는 부적당하다.

> 직접 가열식 특징은 난방 보일러 이외 별도의 급탕용 보일러가 필요하며 대규모 건물에는 부적당하다. 보일러에 스케일이 많이 형성되어 과열 위험이 있고, 전열 효율이 저하한다.

- 냉수가 보일러에 직접 공급되므로 보일러 온도 변화가 심하고 수명이 짧다.
- 보일러에 스케일이 많이 형성되어 과열 위험이 있고, 전열 효율이 저하한다.
- 간접 가열식에 비해 열효율은 좋다.
- 팽창탱크(중력탱크) 위치는 최상수전과 5m 이상 높이에서 수전에 적당한 수압을 준다.

(7) 간접 가열식

증기 보일러에서 공급된 증기로 열교환기에서 냉수를 가열하여 온수를 공급한다. 이때 저장 탱크(storage tank)에 설치된 서모스탯에 의해 증기 공급량이 조절되어 일정한 온도의 온수를 얻을 수 있다.

특징은 다음과 같다.

- 난방 보일러로 동시에 급탕이 가능하다.
- 건물 높이에 따른 수압이 보일러에 작용하지 않으므로 저압 보일러로도 가능하다.
- 대규모 설비에 적합하다.
- 스케일 형성이 적고 보일러 수명이 길다.

간접 가열식은 증기 보일러에서 공급된 증기로 열교환기에서 냉수를 가열하여 온수를 공급한다. 특징은 난방 보일러로 동시에 급탕이 가능하다. 건물 높이에 따른 수압이 보일러에 작용하지 않으므로 저압 보일러로도 대규모 설비에 적합하다.

(8) 태양열 이용 방식

태양열에 의한 급탕은 주택, 수영장, 골프장 등에 다양하게 이용되고 있는데 이때 일사량 취득에 대한 충분한 검토가 필요하다. 구성요소는 집열판, 축열조, 순환펌프, 이용부이고 보조보일러가 필요하다 집열판에는 평판형, 진공형 등이 있다.

02 예제문제

급탕온도가 80℃, 급수온도가 15℃, 사용하는 가스의 발열량이 40,000kJ/m^3, 보일러의 효율이 70%일 때 매시 200L의 급탕을 필요로 하는 건물의 가스 사용량(m^3/h)은 약 얼마인가? (단, 물의 비열은 4.2kJ/kgK)

① 1.95m^3/h　　② 2.65m^3/h

③ 3.55m^3/h　　④ 4.65m^3/h

해설

보일러 출력과 연료발열량 사이에 열평형식을 세우면

$q = WC\Delta t = GH\eta$

$G = \dfrac{WC\Delta t}{H\eta} = \dfrac{200 \times 4.2(80-15)}{40,000 \times 0.7} = 1.95\,\text{m}^3/\text{h}$

답 ①

2 급탕설비 배관

1. 급탕 배관법

급탕 배관 방식은 다음과 같이 분류한다.

단관식	상향식
	하향식
복관식	상향식
	하향식
	리버스 리턴 방식
	상하 혼용식

(1) 단관식

급탕관만 있고 환탕관은 없다.

① 주택 등의 소규모 설비에 적합하다.

② 처음에는 찬물이 나온다.(배관에 있던 물이 모두 나올 때까지)

③ 시설비가 싸다.

④ 보일러에서 탕전까진 15m 이내가 되게 한다.

(2) 복관식

① 수전을 열면 즉지 온수가 나온다.

② 시설비가 비싸다.

③ 아파트 등의 중·대규모에 적합하다.

(3) 상향식

저탕조로부터 급탕 수평 주관을 배관하고 여기에서 수직관을 세워 상향으로 공급한다. 이때 선상향(역구배)배관한다.

(4) 하향식

급탕주관을 건물 최고층까지 끌어 올린 후 수직관을 아래로 내려 하향으로 공급한다. 이때 선하향(순구배)배관한다.

(5) 리버스 리턴 방식(역환수 방식)

하향식의 경우에 각 층의 온도차를 줄이기 위하여 층마다의 순환 배관 길이를 같게 하도록 환탕관을 역환수시켜 배관한다.

이 방법은 각 층의 온수 순환을 균등하게 할 목적으로 쓰인다.

리버스 리턴 방식(역환수 방식)
복관식 급탕배관에서 각 존의 온도차를 줄이기 위하여 층마다의 순환 배관 길이를 같게 하여 온수 순환을 균등하게 할 목적으로 환탕관을 역환수시켜 배관한다.

(6) 상·하 혼용식

건물의 일부는 상향식, 일부는 하향식으로 배관하는 경우

2. 급탕 순환 펌프 계산

(1) 자연순환수두

$$H = (r_1 - r_2)h(mmAg)$$

H : 자연순환수두(mmAg)

r_1, r_2 : 환탕, 급탕의 비중량(kg/m^3)

h : 탕비기에서 최고 수전까지 높이(m)

(2) 강제순환식

$$H = 0.01(L/2 + L')m$$

$$W = \frac{Q_L}{60 \cdot \Delta t}$$

H : 전양정

L, L′ : 급탕 및 환탕관의 길이

W : 순환수량(L/mn)

Q_L : 배관손실열량(kcal/h)

Δt : 급탕 및 환탕 온도차

(3) 배관손실열량

$$Q_L = KFL(1-e)\Delta t'$$

Q_L : 배관손실열량

K : 배관전열계수($kcal/m^2 \cdot h \cdot ℃$)

F : 단위길이당 표면적(m^2/m)

L : 배관길이(m)

e : 보온효율

$\Delta t'$: 탕과 주변공기온도차

03 예제문제

급탕설비 계획에서 급탕온도가 60℃, 복귀탕온도가 55℃일 때 온수순환 펌프의 수량은? (단, 배관 중의 총 손실열량은 18900kJ/h이다.)

① 10 L/min　② 15 L/min
③ 21 L/min　④ 25 L/min

해설

급탕설비에서 순환량은 배관열손실을 보충할 만큼으로 한다.

$q = WC\Delta t$에서 $W = \frac{q}{C\Delta t} = \frac{18900}{4.2 \times (60-50) \times 60} = 15L/min$

답 ②

3. 배관구배 및 공기 제거

(1) 배관구배 : 급탕배관에는 물빼기, 공기제거, 순환 등을 위하여 적절한 구배를 주어야 하는데 상향식에서는 급탕관은 역구배, 환탕관은 순구배로 하며 하향식에서는 모두 순구배로 한다. 구배는 중력순환식인 경우 1/150, 기계식인 경우 1/200 정도가 좋다.

(2) 공기제거 : 물을 가열하면 용존 공기가 분리되어 배관 내에 공기가 고인다. 배관에 구배를 주어 팽창관으로 유도하든가 배관 상층부분에는 공기 빼기 밸브(air vent)를 설치한다. 배관도중 밸브는 슬루스 밸브를 사용하여 밸브에 공기가 고이지 않도록 한다.

04 예제문제

급탕설비의 배관에 대한 설명 중 틀린 것은?

① 공기를 신속히 도피시키기 위해 요철(凹凸)부를 만들지 않고 가능하면 큰 구배로 한다.
② 가급적 곡부배관보다 직선배관을 하는 것이 좋다.
③ 급탕용 배관재료는 부식작용을 고려하여 내식성이 있는 재료를 사용한다.
④ 수평관의 지름을 축소할 때는 동심 리듀서를 사용한다.

해설
급탕배관에서 수평관의 지름을 축소 시에는 편심 리듀서를 사용하여 윗면이 일치하도록 배관하여 공기가 정체하지 않게 한다.

답 ④

4. 급탕 관경 및 기기 용량 결정

(1) 급탕관경

- 급탕관경은 급수관 설계 방법과 동일하게 한다. 다만, 급수 관경보다 한 치수 크게 한다.
- 환탕관은 급탕관의 2/3 정도로 한다.
- 또 급탕관과 환탕관은 20A 이상을 사용한다.

표. 급·반탕관경 (단위 : mm)

급탕관경	20~32	40	50	65~80
반탕관경	20	25	32	40

(2) 기기용량 결정

- 팽창관 높이 : 고가 탱크 최고 수위면에서 팽창관 수직 높이 H는

$$H > h\left(\frac{\rho}{\rho'} - 1\right)$$

h : 고가탱크 정수두(m)

ρ : 급수 밀도 ρ' : 탕의 밀도

- 직접 가열식 저탕조 용량

V =(시간 최대 급탕량 − 온수 보일러 용량)×1.25

- 간접 가열식 저탕조 용량

V =시간 최대 급탕량×(0.6 ~ 0.9)

(시간최대 급탕 1000L/h 이하 : 0.9, 7500L/h 이상 : 0.6)

05 예제문제

급탕배관과 온수난방배관에 사용하는 팽창탱크에 관한 설명이다. 적합하지 않은 것은?

① 고온수 난방에는 밀폐형 팽창탱크를 사용한다.

② 물의 체적변화에 대응하기 위한 것이다.

③ 팽창탱크를 통한 열손실은 고려하지 않아도 좋다.

④ 안전밸브의 역할을 겸한다.

해설

팽창탱크에서의 오버플로 등으로 열손실이 발생하지 않도록 한다. 답 ③

3 신축이음 및 시공상 주의사항

1. 배관의 신축량

급탕 배관은 온수 공급 시와 중지 시 온도차가 심하여 길이의 신축이 커져서 제거하지 않을 경우, 이음쇠, 밸브류, 서포트 등에 큰 응력이 생겨 파손의 위험이 있다. 신축량(ΔL)은,

$$\Delta L = L \cdot \alpha \cdot \Delta t \,(m)$$

L : 관 길이(m)

α : 선팽창 계수

Δt : 온도차

표. 관의 선팽창 계수

관 종 류	선 팽 창 계 수	관 종 류	선 팽 창 계 수
연 철 관	0.000012348	동 관	0.00001710
강 관	0.00001098	황 동 관	0.00001872
주 철 관	0.00001062	연 관	0.00002862

2. 신축이음의 종류 및 특징

(1) 배관의 신축을 흡수하는 이음쇠의 종류에는 슬리브형, 벨로스형, 신축곡관, 스위블조인트가 있고 시공 시 잡아당겨 연결하는 콜드스프링법이 있다.

(2) 누수 여부의 크기순서는 스위블조인트 > 슬리브형 > 벨로스형 > 신축곡관이며 일반적으로 강관은 30 m 마다 동관은 20 m 마다 신축이음쇠 1개씩 설치한다.

(3) 슬리브형(sleeve type)
- 신축량이 크고 소요공간이 작다.
- 활동부 패킹의 파손 우려가 있어 누수되기 쉽다.
- 보수가 용이한 곳에 설치한다.

(4) 벨로스형(bellows type)
- 주름모양의 원형판에서 신축을 흡수한다.
- 일반적으로 사용되며 설치 공간은 작은 편이다.
- 누수의 염려가 있고 고압에는 부적당 하다.

(5) 신축곡관(expansion loop)
- 파이프를 원형 또는 ㄷ자 형으로 벤딩하여 벤딩부에서 신축을 흡수한다.
- 고압에 잘 견딘다.
- 신축 길이가 길며 설치에 넓은 장소를 필요로 하므로 천장 수평관 및 옥외 배관에 적당하다.
- 보수할 필요가 거의 없다.

(6) 스위블 조인트(swivel joint)
- 2개 이상의 엘보를 이용하여 나사부의 회전으로 신축 흡수
- 방열기 주변 배관에 많이 이용된다.
- 누수의 염려가 있다.

(7) **볼 조인트(ball joint)** : 최근에 쓰이기 시작한 것이며 내측 케이스와 외측 케이스로 구성되어 있고, 일정 각도 내에서 자유로이 회전한다. 이볼 조인트를 2 ~ 3개 사용하여 배관하면 관의 신축을 흡수할 수 있다. 수직관에서 분기되는 횡지관의 신축이음, 직각 배관 등에 주로 쓰인다.
- 신축 곡관에 비해 설치 공간이 적다.
- 고온 고압에 잘 견디는 편이나 개스킷이 열화되는 경우가 있다.

(8) **콜드 스프링** : 배관연결 시 잡아당겨 늘려 놓으면 나중에 온도 상승으로 팽창할 때 팽창량이 감소하여 신축 이음쇠 사용개소를 감소시킬 수 있다.

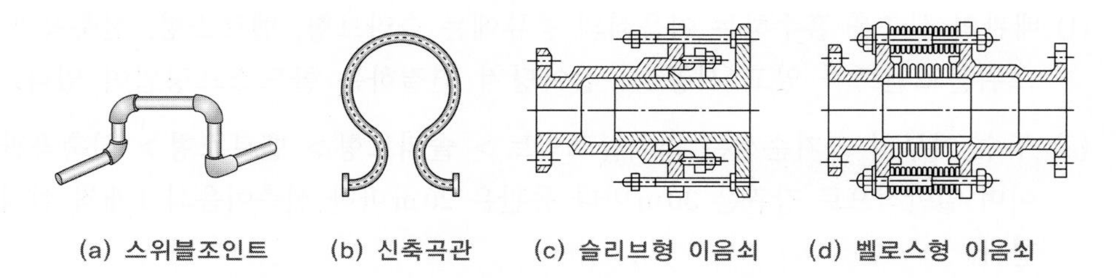

(a) 스위블조인트　(b) 신축곡관　(c) 슬리브형 이음쇠　(d) 벨로스형 이음쇠

그림. 신축 이음쇠

06 예제문제

급탕배관에서 강관의 신축을 흡수하기 위한 신축이음쇠의 설치간격으로 적합한 것은?

① 10m 이내　② 20m 이내
③ 30m 이내　④ 40m 이내

해설

급탕관에서 강관은 30m 이내마다, 동관은 20m 이내마다 신축이음쇠를 설치한다. 답 ③

3. 기타 주의사항

(1) 팽창 탱크는 최상층 수전보다 5m 이상 높게 개방형으로 하며 팽창관에는 밸브 부착을 금한다.
(2) 관이나 저탕조는 규조토, glass wool, rock wool, 마그네샤 등으로 보온한다.
(3) 온도가 10℃ 상승할 때마다 부식 정도가 2배 정도 심해진다.
(4) 행거나 서포트는 신축이음쇠 근처에 설치한다.
(5) 환관에 여과기(strainer)를 설치하고 찌꺼기를 제거하여 관막힘이나 기구류 손실을 방지한다.
(6) 배관 완성 후 보온하기 전에 최고 사용압력 2배 이상으로 10분간 수압 시험한다. 수압시험 시 신축 이음쇠는 설치를 피하고 짧은 관으로 대체하여 시험한다.

02 출제유형분석에 따른 종합예상문제

[12년 3회]

01 급탕의 사용온도가 가장 높은 것은?

① 접시 헹구기용 ② 음료용
③ 성인 목욕용 ④ 면도용

급탕온도는 접시 헹구기용이 기름기 제거와 건조를 위하여 70~80℃를 필요로 한다.

[11년 2회]

02 급탕설비에서 팽창관의 역할과 거리가 먼 것은?

① 온도에 따른 관의 길이팽창을 흡수한다.
② 보일러, 저탕조 등 밀폐가열장치 내의 상승압력을 도피시킨다.
③ 물의 체적팽창을 흡수한다.
④ 안전밸브의 역할을 한다.

팽창관은 시스템과 팽창탱크를 연결하는 관으로 관길이 팽창 흡수와는 거리가 멀다.

[13년 2회]

03 저탕조 내의 온수가열관으로 가장 적합한 것은?

① 강관 ② 폴리부틸렌관
③ 주철관 ④ 연관

저탕조 내의 온수가열관 재료는 동관을 주로 사용하며 강관도 가능하다.

[10년 2회]

04 급탕배관에서 슬리브(Sleeve)를 사용하는 목적은?

① 보온효과 증대 ② 배관의 신축 및 보수
③ 배관 부식방지 ④ 배관의 고정

급탕배관에서 Sleeve를 사용하는 목적은 배관의 신축 및 보수를 위함이다.

[13년 3회, 10년 3회]

05 급탕설비에 있어서 팽창관의 역할을 설명한 것으로 적당하지 않은 것은?

① 보일러 내면에 생기기 쉬운 스케일 부착을 방지한다.
② 물의 온도 상승에 따른 용적 팽창을 흡수한다.
③ 배관 내의 공기나 증기의 배출을 돕는다.
④ 안전밸브의 역할을 한다.

팽창관은 시스템과 팽창탱크를 연결하는 관으로 스케일 부착과는 거리가 멀다.

[09년 2회, 08년 2회]

06 급탕설비 시공시 강관용 신축이음은 직관 m마다 한 개씩 설치하는 것이 좋은가?

① 40 ② 30
③ 20 ④ 10

강관의 신축이음은 30m 이내 마다, 동관의 신축이음은 20m 이내 마다 설치한다.

[08년 3회]

07 급탕설비 시스템에서의 안전장치가 아닌 것은?

① 팽창관 ② 안전 밸브
③ 팽창 탱크 ④ 전자 밸브

전자밸브(솔레노이드밸브)는 유체회로에서 개폐용으로 사용된다.

정답 01 ① 02 ① 03 ① 04 ② 05 ① 06 ② 07 ④

[09년 3회]

08 급탕속도가 1m/s이고 순환탕량이 $8m^3$/h일 때 급탕 주관의 관경은 약 얼마인가?

① 36.3mm ② 40.5mm
③ 53.2mm ④ 75.7mm

$$\text{관경(d)} = \sqrt{\frac{4Q}{\pi V}} = \sqrt{\frac{4\times 8}{3600\times 3.14\times 1}} = 0.0532\text{m} = 53.2\text{mm}$$

[13년 2회]

09 급탕설비에서 80℃의 물 300L와 20℃의 물 200L를 혼합시켰을 때 혼합탕의 온도는 얼마인가?

① 42℃ ② 48℃
③ 56℃ ④ 62℃

$$\text{혼합온도} = \frac{m_1t_1 + m_2t_2}{m_1 + m_2} = \frac{300\times 80 + 200\times 20}{300+200} = 56℃$$

[07년 3회]

10 급탕주관의 길이가 40m, 반탕주관의 길이가 30m이다. 배관부속저항은 무시하고, 반탕주관의 전체 길이와 급탕주관 길이의 50% 미만 양정에 고려할 때 순환 펌프의 양정은 약 몇 m인가?

① 1.5m ② 1.2m
③ 0.9m ④ 0.5m

급탕설비에서 순환펌프 양정은 $H=0.01\left(\frac{L}{2}+l\right)$식으로 계산한다.

$$H=0.01\left(\frac{L}{2}+l\right)=0.01\times\left(\frac{40}{2}+30\right)=0.5\text{m}$$

[06년 3회]

11 열탕의 탕비기 출구의 온도를 85℃(밀도 0.96876 kg/L), 환수관의 환탕온도를 65℃(밀도 0.98001kg/L)로 하면 이 순환계통의 순환수두는 얼마인가? (단, 가장 높은 곳의 급탕전의 높이는 10m이다.)

① 11.25mmAq ② 112.5mmAq
③ 15.34mmAq ④ 153.4mmAq

$$\text{순환수두} = (\rho_1-\rho_2)h = (0.98001-0.96876)10 = 0.1125\text{m} = 112.5\text{mm}$$

[14년 3회]

12 급탕배관 계통에서 배관 중 총 손실열량이 15,000kJ/h이고, 급탕온도가 70℃, 환수온도가 60℃일 때, 순환수량은?

① 약 1,000kg/min ② 약 50kg/min
③ 약 100kg/min ④ 약 65kg/min

$q=mC\Delta t$에서

$$m=\frac{q}{C\Delta t}=\frac{15000}{4.2(70-60)}=357\text{kg/h}=65\text{kg/min}$$

[14년 2회]

13 급탕 사용량이 4,000L/h인 급탕설비 배관에서 급탕 주관의 관경으로 적합한 것은? (단, 유속은 0.9m/s이고 순환탕량은 사용량의 약 2.5배이다.)

① 40A ② 50A
③ 65A ④ 80A

순환탕량(Q) = 4,000L/h×2.5배 = 10,000L/h=$10m^3$/h

$$\text{관경(d)}=\sqrt{\frac{4Q}{\pi V}}=\sqrt{\frac{4\times 10}{3600\times 3.14\times 0.9}}=0.0627\text{m}=63\text{mm}=65\text{A}$$

[15년 1회, 12년 1회]

14 중앙식 급탕방법의 장점으로 옳은 것은?

① 배관길이가 짧아 열손실이 적다.
② 탕비장치가 대규모이므로 열효율이 좋다.
③ 건물 완성 후에도 급탕개소의 증설이 비교적 쉽다.
④ 설비규모가 작기 때문에 초기 설비비가 적게 든다.

중앙식 급탕설비는 배관길이가 길어서 열손실이 많고, 장치가 대규모이므로 열효율은 좋고, 건물 완성 후에는 증설이 어렵다. 설비 규모가 크기 때문에 초기 설비비가 많이 든다.

정답 08 ③ 09 ③ 10 ④ 11 ② 12 ④ 13 ③ 14 ②

[14년 3회]

15 중앙식 급탕방식의 장점으로 가장 거리가 먼 것은?

① 기구의 동시 이용률을 고려하여 가열장치의 총용량을 적게 할 수 있다.
② 기계실 등에 다른 설비 기계와 함께 가열장치 등이 설치되기 때문에 관리가 용이하다.
③ 배관에 의해 필요 개소에 어디든지 급탕할 수 있다.
④ 설비 규모가 작기 때문에 초기 설비비가 적게 든다.

중앙식 급탕법은 설비가 대규모이므로 초기 설비비가 비싸다.

[13년 1회]

16 개별식 급탕법에 비해 중앙식 급탕법의 장점으로 적합하지 않은 것은?

① 배관의 길이가 짧아 열손실이 적다.
② 탕비장치가 대규모이므로 열효율이 좋다.
③ 초기 시설비가 비싸지만 경상비가 적어 대규모 급탕에는 경제적이다.
④ 일반적으로 다른 설비기계류와 동일한 장소에 설치되므로 관리상 유효하다.

중앙식 급탕법은 기계실에서 각 급탕전으로의 관의 길이가 길어져서 열손실이 크다.

[09년 2회]

17 개별식(국소식) 급탕방법의 특징으로 틀린 것은?

① 배관설비 거리가 짧고 배관 중 열손실이 적다.
② 급탕장소가 많은 경우 시설비가 싸다.
③ 수시로 급탕하여 사용할 수 있다.
④ 건물의 완성 후에도 급탕장소의 증설이 비교적 쉽다.

개별식 급탕방식은 급탕장소가 많아지면 급탕 가열장치 설치가 많아져 시설비가 비싸진다.

[06년 2회]

18 개별식 급탕방법의 장점이 아닌 것은?

① 배관의 길이가 짧아 열손실이 적다.
② 사용이 쉽고 시설이 편리하다.
③ 대규모의 설비이기 때문에 급탕비가 적게 든다.
④ 필요한 즉시 높은 온도의 물을 쓸 수 있고 설비비가 싸다.

개별식은 소규모 설비에 적합하다.

[10년 2회, 08년 3회]

19 간접가열식 급탕설비에서 증기가열장치의 주위 배관에 증기트랩을 설치하는 이유는?

① 배관 내의 소음을 줄이기 위하여
② 열팽창에 따른 신축을 흡수하기 위하여
③ 응축수만을 보일러로 환수시키기 위하여
④ 보일러나 저탕탱크로 배수나 역류되는 것을 방지하기 위하여

증기트랩은 증기 사용 장치에서 응축수를 회수하여 보일러로 환수시킨다.

[08년 2회]

20 다음 중 간접 가열식 급탕방식의 특징이 아닌 것은?

① 호텔, 병원 등의 대규모 설비에 적합하다.
② 보일러의 내면에 스케일 부착이 적다.
③ 증기난방을 할 때 그 증기의 일부를 급탕 가열 코일에 도입하도록 설치하면 별도로 급탕용 보일러가 필요 없다.
④ 고압 보일러에 적합하다.

간접 가열식은 건물 높이의 수압이 가열장치에 미치고 보일러는 압력이 작용하지 않으므로 저압 보일러로 고층 건물에 급탕 공급이 가능하다.

정답 15 ④ 16 ① 17 ② 18 ③ 19 ③ 20 ④

[08년 1회]

21 중앙식 급탕법인 간접가열식에 대한 설명 중 옳지 않은 것은?

① 고압 보일러가 불필요하다.
② 소규모 주택에 적합하다.
③ 저탕조 내에 가열 코일을 설치하여 가열하는 방식이다.
④ 보일러 내에 스케일이 잘 끼지 않으며 전열효율이 크다.

중앙식 급탕법에서 간접가열식은 대규모 건물에 적합하다.

[15년 2회]

22 기수 혼합식 급탕기를 사용하여 물을 가열할 때 열효율은?

① 100%　　② 90%
③ 80%　　④ 70%

기수 혼합식은 증기를 물에 주입하여 100% 흡수되므로 열효율은 100%이다.

[07년 2회]

23 증기를 직접 불어 넣어 가열하는 방식으로 소음을 줄이기 위해 사용하는 급탕설비는?

① 안전 밸브
② 스팀 사일렌서
③ 응축수 트랩
④ 가열코일

증기를 직접 탕에 주입하여 가열하는 기수혼합식에서 증기가 물에 용해할 때 소음이 발생하는데 이 소음을 줄이는 장치가 스팀 사일렌서(S형, F형)이다.

[12년 2회]

24 급탕설비 중에서 증기 사이렌서(Steam Silencer)를 필요로 하는 방식은?

① 순간급탕기　　② 저탕식 급탕기
③ 간접가열 급탕기　　④ 기수혼합 급탕기

스팀 사일렌서(S형, F형)는 기수혼합식에서 소음을 줄이는 장치이다.

[11년 1회]

25 급탕배관의 신축이음과 관계없는 것은?

① 신축곡관 이음　　② 슬리브형 이음
③ 벨로스형 이음　　④ 플랜지형 이음

신축이음 종류에는 신축곡관, 슬리브형, 벨로스형, 스위블조인트, 볼조인트 등이 있다.

[10년 1회]

26 급탕설비 배관에 대한 설명 중 옳지 않은 것은?

① 순환방식은 중력식과 강제식이 있다.
② 배관의 구배는 중력순환식의 경우 1/150, 강제순환식의 경우 1/200 정도이다.
③ 신축이음쇠의 설치는 강관은 20m, 동관 30m마다 1개씩 설치한다.
④ 급탕량은 사용 인원이나 사용 기구수에 의해 구한다.

신축이음쇠의 설치는 동관이 신축량이 크므로 강관 30m, 동관 20m 마다 1개씩 설치한다.

[11년 2회, 06년 1회]

27 급탕배관 내의 압력이 70kPa 이면 수주로 몇 m와 같은가?

① 0.7m　　② 1.7m
③ 7m　　④ 10m

10 kPa = 1m H_2O　　70 kPa = 70m H_2O

정답 21 ②　22 ①　23 ②　24 ④　25 ④　26 ③　27 ③

[11년 3회]

28 급탕배관에서 관의 팽창과 수축을 흡수할 목적으로 설치하는 것은?

① 도피관을 설치한다.
② 팽창관을 설치한다.
③ 스팀사일렌서를 설치한다.
④ 신축이음쇠를 설치한다.

신축이음쇠(곡관형, 슬리브형, 벨로스형, 스위블형)는 관의 팽창 수축을 흡수하고 팽창탱크(팽창관)는 장치내의 물의 팽창을 흡수한다.

[13년 1회]

29 급탕 주관의 배관길이가 300m, 환탕 주관의 배관길이가 500m일 때 강제순환식 온수순환 펌프의 전 양정은 얼마인가?

① 5m ② 3m
③ 2m ④ 1m

급탕순환펌프의 전 양정(H) $= 0.01\times(\frac{L}{2} + \ell)$

$= 0.01\times(\frac{300}{2} + 50) = 2m$

[15년 1회]

30 급탕 배관 시공 시 배관 구배로 가장 적당한 것은?

① 강제순환식 : $\frac{1}{100}$ · 중력순환식 : $\frac{1}{50}$
② 강제순환식 : $\frac{1}{50}$ · 중력순환식 : $\frac{1}{100}$
③ 강제순환식 : $\frac{1}{100}$ · 중력순환식 : $\frac{1}{100}$
④ 강제순환식 : $\frac{1}{200}$ · 중력순환식 : $\frac{1}{150}$

급탕 배관 시공 시 배관 기울기(구배)를 주는 이유는 공기 정체로 인한 탕의 순환이 방해 받지 않도록 공기 배출이 주목적이다. 강제순환식은 1/200 이상, 중력순환식은 1/150 이상이다.

[14년 3회]

31 급탕배관 시공 시 고려사항으로 틀린 것은?

① 자동 공기 빼기 밸브는 계통의 가장 낮은 위치에 설치한다.
② 복귀탕의 역류 방지를 위해 설치하는 체크밸브는 탕의 저항을 적게 하기 위해 2개 이상 설치하지 않는다.
③ 배관의 구배는 중력 순환식의 경우 $\frac{1}{150}$ 정도로 해준다.
④ 하향공급식은 급탕관, 복귀관 모두 선하향 배관 구배로 한다.

급탕배관에서 공기는 상부에 고이므로 자동 공기빼기 밸브는 계통에서 가장 높은 곳에 설치한다.

[12년 3회]

32 급탕배관의 시공상 주의 사항이다. 틀린 것은?

① 하향식 공급방식에서는 급탕관은 끝올림, 복귀관은 끝내림 구배로 한다.
② 급탕관은 보통 아연도금 강관을 사용한다.
③ 팽창탱크의 설치높이는 탱크의 저면이 급수원보다 5m 이상 높은 곳에 설치한다.
④ 물이 가열되면 공기가 생기므로 공기빼기 밸브를 설치한다.

급탕배관의 구배는 하향 공급식에서 급탕관, 복귀관 모두 끝내림 구배를 준다. 급탕관은 아연도금 강관도 가능하지만 최근에는 동관이나 STS를 주로 쓴다.

[14년 1회]

33 급탕배관에 대한 설명으로 옳지 않은 것은?

① 공기빼기 밸브를 설치한다.
② 벽 관통 시 슬리브를 넣어서 신축을 자유롭게 한다.
③ 관의 부식을 고려하여 노출 배관하는 것이 좋다.
④ 배관의 신축은 고려하지 않아도 좋다.

급탕 배관은 온도차에 의한 신축을 고려하여 배관을 설치한다.

정답 28 ④ 29 ③ 30 ④ 31 ① 32 ① 33 ④

[13년 3회]

34 급탕배관에 관한 설명 중 틀린 것은?

① 건물의 벽 관통부분 배관에는 슬리브(Sleeve)를 끼운다.
② 공기빼기 밸브를 설치한다.
③ 배관기울기는 중력순환식인 경우 보통 $\frac{1}{150}$로 한다.
④ 직선배관 시에는 강관인 경우 보통 60m마다 1개의 신축이음쇠를 설치한다.

강관인 경우 직선배관에서 보통 30m마다 1개의 신축이음쇠가 필요하다.

[10년 1회]

35 급탕주관에서 멀리 떨어진 급탕전에서 처음에 냉탕이 나오는 경우가 있는 것은?

① 2관식 상향공급식
② 단관식 상향공급식
③ 2관식 하향공급식
④ 순환식 혼합식

단관식 배관은 탕의 순환이 안되므로 처음 사용할 때 급탕주관에서 멀리 떨어진 수전은 찬물이 나오게 된다.

[07년 2회]

36 순환식(2관식) 급탕배관의 장점은?

① 연료비가 적게 든다.
② 항시 온수를 사용할 수 있다.
③ 보일러의 압력이 낮아도 된다.
④ 배관이 간단하다.

급탕배관에서 복관식을 적용하는 이유는 배관내에서 탕이 순환하여 항시 급탕 사용이 가능하도록 하기 위해서 이다.

[06년 2회]

37 다음 중 급탕배관 시공 시 신축방지를 위한 조치가 아닌 것은?

① 배관의 굽힘 부분에는 스위블 이음으로 접합한다.
② 건물의 벽 관통부분 배관에는 슬리브를 끼운다.
③ 배관에 신축 이음쇠를 사용할 때는 배관을 고정시켜서는 안 된다.
④ 배관 중간에 신축 이음을 설치한다.

배관에 신축 이음쇠를 사용할 때는 양 끝단을 고정하고 중간에 신축이음을 설치한다.

[15년 2회]

38 급탕배관에서 안전을 위해 설치하는 팽창관의 위치는 어느 곳인가?

① 급탕관 반탕관 사이
② 순환펌프와 가열장치 사이
③ 반탕관과 순환펌프 사이
④ 가열장치와 고가탱크 사이

급탕배관에서 팽창관의 위치는 가열장치와 고가탱크(팽창탱크) 사이에 설치한다.

[14년 2회]

39 급탕배관 시공 시 현장 사정상 그림과 같이 배관을 시공하게 되었다. 이때 그림의 Ⓐ부에 부착해야 할 밸브는?

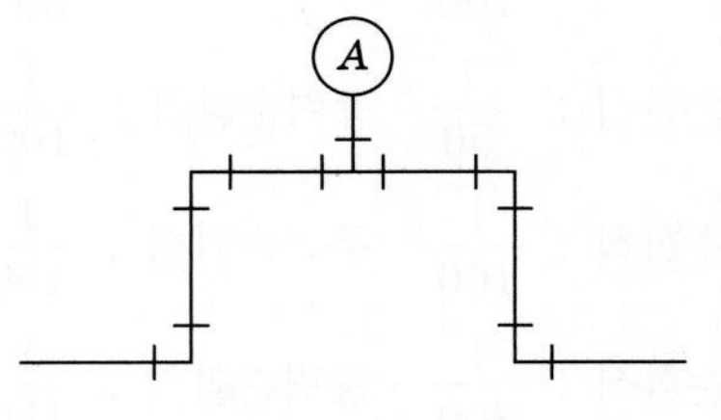

① 앵글밸브 ② 안전밸브
③ 공기빼기 밸브 ④ 체크밸브

급탕에서 그림과 같이 곡선부가 있으면 공기가 고이므로 ㅁ 부분에는 공기빼기 밸브 설치가 필요하다.

정답 34 ④ 35 ② 36 ② 37 ③ 38 ④ 39 ③

03 배수통기설비

1 배수설비

배수 설비란 건물에서 발생한 각종 오수 및 잡배수를 신속히 밖으로 배출시키는 배관을 말하며 이를 원활히 수행하기 위하여 통기 설비가 부수된다.

1. 배수설비

배수 설비는 크게 옥내 배수, 옥외 배수 설비로 나누어지며 배수의 종류에는 오수, 잡배수, 우수, 특수배수 등이 있다.

(1) 옥외 배수 설비

건물의 외벽으로부터 1m외부 경계선 밖의 부지 내 배수 설비를 옥외 배수라 한다. 혹은 경계선으로부터 공공하수관, 정화조까지의 배수 설비를 말한다. 옥외 배수 설비는 합류식과 분류식으로 나누어진다.

- 합류식

  합류식은 공용 하수도(하수도 및 오수 처리 시설)의 오수, 잡배수 등 모든 하수를 처리하는 방식으로 질적으로는 생활 배수에 대한 오수 처리 시설을 가지며, 양적으로는 다량의 오수 처리 능력을 가진 방식이다.

- 분류식

  분류식 배수 설비에는 우수 처리관을 별도 계통으로 처리하는 방식과 공공 오수 처리 시설을 설치하지 않는 경우에 사용하는 방식으로 등으로 나눌 수 있다.

2. 옥내 배수 설비

건물 외벽 외부 1m경계선으로부터 내부 배수 설비를 옥내 배수 설비라 하며 배수 방식에는 중력 배수, 기계배수가 있다.

(1) 배수 방식에 의한 분류

- 중력배수 : 중력에 의하여 자연 배수하는 방식으로 공공하수관보다 높은 곳의 배수에 적용
- 기계배수 : 지하층에서의 배수 등에 사용하며 배수 탱크에 모았다가 펌프로 공공하수관에 배출시킨다.

(2) 배수의 성질에 의한 종류

- 오수 : 대변기, 소변기, 비데 등에서의 배설물에 관련한 배수
- 잡배수 : 세면기, 욕조, 싱크대 등에서의 배수
- 우수 : 옥상, 마당 등의 빗물
- 특수 배수 : 공장, 실험실 등에서의 폐수, 화학 물질 배수

직접배수
각 기구에서의 배수를 배수관에 직접 접속시키는 것으로 세면기, 대변기, 욕조, 싱크대 등이 여기에 속하며 배수관의 악취 유입을 막기 위해 트랩이 설치된다.

간접배수
배수를 배수관에 직접 접속시키지 않고 공간을 두고 배수하는 것으로 냉장고, 세탁기, 음료기 등의 배수, 식품 저장용기의 배수, 탱크 오버플로관, 각종 드레인관 등이 여기에 속한다.

(3) 배수 접속 방식에 의한 분류

- 직접배수 : 각 기구에서의 배수를 배수관에 직접 접속시키는 것으로 세면기, 대변기, 욕조, 싱크대 등이 여기에 속하며 배수관의 악취 유입을 막기 위해 트랩이 설치된다.
- 간접배수 : 배수를 배수관에 직접 접속시키지 않고 공간을 두고 배수하는 것으로 냉장고, 세탁기, 음료기 등의 배수, 식품 저장용기의 배수, 탱크 오버 플로관, 각종 드레인관 등이 여기에 속한다.

01 예제문제

배수의 성질에 의한 구분에서 수세식 변기의 대 · 소변에서 나오는 배수는?

① 오수 ② 잡배수
③ 특수배수 ④ 우수배수

해설
대 · 소변에서 나오는 수세식 변기의 배수를 오수라 한다. 답 ①

트랩
배수관에서 악취가 배수관을 통하여 역류하지 않도록 배수관 중에 물을 채워두는 것을 트랩이라 한다.

트랩 종류
- 사이펀식 트랩 : S트랩, P트랩, U트랩
- 비사이펀 트랩 : 드럼트랩, 벨 트랩, 그리스 트랩, 가솔린 트랩, 샌드트랩, 헤어 트랩

3. 트랩

배수관에서 물이 흐르지 않을 경우 배수관 내의 악취가 배수관을 통하여 역류하는 일이 발생한다. 이것을 방지하기 위하여 배수관 중에 물을 채워 둠으로서 악취의 침입을 방지한다. 이를 트랩이라 한다.

(1) 트랩 설치 목적

위생기구에서 배수된 오수의 악취가 실내로 들어오지 못하도록 막아준다.

(2) 종류

- 사이펀식 트랩 : S트랩, P트랩, U트랩
- 비사이펀 트랩 : 드럼트랩, 벨 트랩, 그리스 트랩, 가솔린 트랩, 샌드트랩, 헤어 트랩, 플라스터 트랩

(3) 트랩의 구비 조건

- 구조가 간단할 것
- 자체의 유수로 세정하고 오물이 정체하지 않을 것
- 봉수가 파괴되지 않는 구조일 것 가동부나 칸막이에 의해 봉수를 만들지 않을 것
- 내식성, 내구성 재료로 만들어질 것

(4) 트랩의 용도

- S,P트랩 : 세면기, 소변기, 대변기 등에 사용하며 S트랩은 바닥 횡지관에 접속시키며 사이펀작용에 의한 봉수파괴가 쉽고 P트랩은 입관에 접속 시 이용된다.
- U트랩 : 가옥 트랩 또는 메인 트랩 이라고도 하며 가옥 배수 본관과 공공 하수관 연결 부위에 설치하여 공공하수관의 악취가 옥내에 유입되는 것을 막는다.
- 드럼 트랩 : 싱크대 배수 트랩으로 사용된다. 다량의 물이 고이게 한 것으로 봉수보호가 잘 된다.
- 벨 트랩 : 화장실 등의 바닥 배수 트랩에 이용된다.
- 그리스 트랩 : 주방 배수 중의 지방분 제거에 이용되며 양식부주방 등에 주로 쓰인다.
- 가솔린 트랩 : 차고, 세차장 등에서의 배수 중 휘발성기름 제거용
- 샌드 트랩은 모래제거에, 헤어트랩은 머리카락제거, 플라스터 트랩은 석고 등의 부스러기, 런드리 트랩은 세탁기의 섬유조각을 제거한다.

02 예제문제

배수트랩의 구비조건으로서 옳지 않은 것은?

① 트랩 내면이 거칠고 오물 부착으로 유해가스 유입이 어려울 것
② 배수 자체의 유수에 의하여 배수로를 세정할 것
③ 봉수가 항상 유지될 수 있는 구조일 것
④ 재질은 내식 및 내구성이 있을 것

해설

트랩 내면이 매끄럽고 오물이 부착하지 않아야 한다. **답 ①**

(5) 봉수 및 봉수 파괴 원인

트랩에서 가스 역류 방지를 위해 봉수가 채워져 있는데 봉수의 깊이는 보통 5~10cm이다. 봉수의 깊이가 5cm 이하이면 봉수가 파괴되기 쉽고 10cm 이상이면 배수저항이 증가한다. 또한 트랩의 역할을 완수하기 위하여 봉수가 잘 보존되어야 하는데 봉수의 파괴 원인은 다음과 같다.

- 자기 사이펀 작용 : S트랩의 경우에 심하게 나타나는 현상으로 트랩 및 배수관이 자기 사이펀을 형성하여 트랩내의 봉수가 배수관 쪽으로 흡인 배출된다.

봉수 파괴 원인
자기 사이펀 작용, 흡출 작용(흡인 작용), 분출 작용(역압 작용), 모세관 현상, 증발, 자기 운동량에 의한 관성

- 흡출 작용(흡인 작용) : 수직관 가까이에 있는 트랩인 경우 수직관에서 다량의 물이 배수 될 때 순간적으로 진공 상태가 되어 트랩의 봉수를 흡인한다.
- 분출 작용(역압 작용) : 수직관 가까이 설치된 트랩인 경우 바닥 횡주관에 물이 정체되어 있고 수직관에 다량의 물이 배수될 때 트랩의 봉수가 실내 쪽으로 역류하게 된다.
- 모세관 현상 : 트랩에 걸레조각이나 머리카락이 낀 경우 모세관 현상에 의하여 봉수가 빠져 나가는 것
- 증발 : 트랩에 오래 동안 배수가 되지 않을 때 증발에 의하여 봉수가 파괴되는 현상
- 자기 운동량에 의한 관성 : 스스로의 운동량에 의하여 트랩의 오버 플로 면을 빠져 나가는 것. 또는 강풍 등에 의해 배수관내의 기압 변동으로 봉수가 분출된다.

2 통기 설비

앞 절의 봉수파괴 원인 중 압력차에 의한 봉수파괴를 방지하기 위하여 통기관을 설치하며 또한 배수관 내의 흐름을 원활히 하고 배수관의 환기를 목적으로 통기관을 설치한다.

통기관 설치 목적
트랩의 봉수 보호, 배수 흐름의 원활, 배수관 환기

1. 통기관 설치 목적

(1) 트랩의 봉수 보호
(2) 배수 흐름의 원활과 압력 변동 방지
(3) 배수관 환기 및 청결 유지

2. 통기 방식의 분류

(1) 배관 방식에 따른 분류
- 1관식 : 별도의 통기관 없이 배수관이 통기의 기능을 겸하도록 한 것으로 신정 통기관이 이에 속한다.
- 2관식 : 배수관과 별도로 통기관을 두는 것으로 대규모 건물에 주로 쓰인다.

(2) 통기 계통에 따른 분류
- 각개 통기 : 위생기구마다 통기관을 접속시킨다.
- 환상 통기 : 여러 개의 위생기구를 묶어 통기관 1개를 접속시킨다.

3. 통기관 종류

(1) **각개 통기관** : 위생기구마다 통기관을 설치하는 것으로 가장 이상적인 방법이나 경비가 많이 소요되어 사용이 적다.

(2) **회로 통기관(환상 통기관)** : 2개 이상의 트랩을 보호하기 위하여 최상류 기구 바로 아래에서 통기관을 세워 통기 수직관에 연결한다. 회로 통기 1개가 담당할 수 있는 최대 기구 수는 8개 이내이며 배수관 길이는 7.5m 이내가 되게 한다.

(3) **도피 통기관** : 루프 통기관에서 8개 이상의 기구를 담당하거나 대변기가 3개 이상 있는 경우 통기 능률을 향상시키기 위하여 배수 횡지관 최하류와 통기 수직관을 연결한다. 이때의 통기관을 도피 통기관이라 한다.

(4) **신정 통기관** : 배수 수직관 상부를 그래도 연장하여 옥상 등에 개구 시킨 것을 신정 통기관이라 하며 간단한 설비로 많은 효과를 얻는다.

(5) **습식(습윤)통기관** : 통기와 배수의 역할을 동시에 하는 통기관이다.

(6) **결합 통기관** : 고층 건물에서 통기 효과를 높이기 위해 5층마다 통기 수직관과 배수 수직관을 연결한 관을 말한다. 결합통기관경은 50mm 이상으로 한다.

(7) **특수 통기 방식**

- 소벤트 방식 : 배수 수직관에 각층마다 공기 주입장치(aerator fitting)를 설치하여 배수에 공기를 주입함으로써 유속을 감소시키고 완충 작용으로 봉수를 보호한다.
- 섹스티어 방식 : 배수 수직관에 섹스티어 이음쇠를 통하여 선회류를 주어 수직관에 공기 코어를 형성하여 통기 역할을 하도록 한다.

통기관 종류
각개 통기, 회로 통기, 도피 통기, 신정 통기, 습식통기, 결합 통기,

소벤트 통기 방식
배수 수직관에 공기 주입장치(aerator fitting)를 설치하여 배수에 공기를 주입함으로써 유속을 감소시키고 완충 작용으로 봉수를 보호한다.

섹스티어 통기 방식
배수 수직관에 섹스티어 이음쇠를 통하여 선회류를 주어 수직관에 공기 코어를 형성하여 통기 역할을 하도록 한다.

03 예제문제

통기관의 설치목적 중 가장 적합한 것은?

① 배수의 유속을 조절한다.
② 배수트랩의 봉수를 보호한다.
③ 배수관 내의 진공을 완화한다.
④ 배수관 내의 청결도를 유지한다.

해설
통기관의 설치목적은 배수트랩의 봉수를 보호하고, 배수를 원활히 흐르게 하며, 배수관 환기 등이다.

답 ②

4. 통기관 관경 결정

통기관은 배수관 내에 배수의 흐름에 따른 압력 변화를 제거시킬 수 있도록 설정되어야 한다. 길이가 길수록 관경은 커져야 한다. 모든 통기관은 그와 접속하는 배수관경의 1/2 이상을 유지하면 다음 사항을 만족해야 한다.

(1) 각개 통기관 : 32A 이상
(2) 환상 통기관, 도피 통기관 : 40A 이상
(3) 결합 통기관 : 50A 이상

5. 배관상 유의사항

(1) 바닥 아래의 통기관은 금지해야 한다. 우리나라에서는 아직 법적으로 정해진 급배수 설비 기준이 없으나 통기관의 수평관을 바닥 밑으로 빼내어 통기 수직관에 연결하는 소위 바닥 아래의 통기관 배관은 하지 말아야 한다.
(2) 만일 바닥 밑으로 통기관을 빼내는 경우 배수 계통의 어느 한 곳이 막히면 그 곳 보다 상류에서 흘러내리는 배수가 배수관 속에 충만하여 통기관 속으로 침입하게 되므로 통기관이 제 구실을 할 수 없게 된다.
(3) 우물 정화조의 배기관은 단독으로 대기 중에 개구해야 하며, 일반 통기관과 연결해서는 안 된다.
(4) 통기 수직관을 빗물 수직관과 연결해서는 안 된다.
(5) 오수 피트 및 잡배수 피트 통기관은 양자 모두 개별 통기관을 갖지 않으면 안 된다. 또 이 통기 수직관은 간접 배수 계통의 통기 수직관이나 신정 통기관에 연결해서는 안 된다.
(6) 통기관은 실내 환기용 덕트에 연결하여서는 안 된다.
(7) 간접 배수 계통의 통기관, 간접 배수 계통의 신정 통기관 및 통기 수직관은 일반가정 오수 계통의 시정 통기관과 통기 수직관 및 통기 헤더에 연결하지 말고 단독으로 대기 중에 개구해야 한다.

04 예제문제

통기관의 종류에서 최상부의 배수 수평관이 배수 수직관에 접속된 위치보다도 더욱 위로 배수 수직관을 끌어올려 대기 중에 개구하여 사용하는 통기관은?

① 각개 통기관　　② 루프 통기관
③ 신정 통기관　　④ 도피 통기관

해설
신정 통기관은 배수 수직관을 연장하여 대기 중에 개구하여 사용하는 통기관으로 길이에 비하여 통기효과가 크다.

답 ③

05 예제문제

다음 보기에서 설명하는 통기관 설비 방식으로 적합한 것은?

【보 기】

1. 배수관의 청소구 위치로 인해서 수평관이 구부러지지 않게 시공한다.
2. 수평주관의 방향전환은 가능한 없도록 한다.
3. 배수관의 끝 부분은 항상 대기 중에 개방되도록 한다.
4. 배수 수평 분기관이 수평주관의 수위에 잠기면 안 된다.

① 섹스티어(Sextia) 방식　　② 소벤트(Sovent) 방식
③ 각개통기 방식　　④ 신정통기 방식

해설

섹스티어(Sextia) 방식은 수직관에서 섹스티어 이음쇠를 이용하여 원심력으로 공기코어를 형성하는 것으로 청소구 위치로 인해서 수평관이 구부러지지 않게 시공하고 수평주관의 방향전환은 가능한 없도록 한다.

답 ①

3 배수통기설비 배관

1. 배수관의 관경

배수관의 관경은 단위 시간당 최대 유량을 기준으로 결정하는 것이 합리적이며 여기에 동시 사용률과 사용빈도수 등을 감안한 기구배수 부하단위(F.U라 한다.)를 이용하여 결정한다. 이때 세면기의 배수량을 28.5 L/min로 하여 F.U = 1로 한다.

표. 위생기구의 최대 배수시 유량(단위 : L/초)

대변기	소변기	세면기	욕조(주택)	세탁용 싱크
2.8	0.9	0.5	0.9	1.4

표. 배수관경의 최소 구경(단위 : mm)

기구	배수관의 최소 구경	배수 부하단위(fu)	기구	배수관의 최소 구경	배수 부하단위(fu)
대변기	75mm (보통 100)	10	욕조	40~50	2~3
소변기(벽걸이)	40	4	비데	40	2.5
소변기(스토올)	50	4	주방싱크	40	2
세면기	30	1	바닥배수	40~75	1~2

2. 배수관의 구배

(1) 배수 관경과 구배는 상관관계를 가지며 유속이 적당하므로 과대 과소를 피한다.
(2) 옥내 배수관의 표준구배는 관경(mm)의 역수보다 크게 한다.
(3) 배수의 평균 유속은 1.2m/s 정도가 되게 하고, 최소 0.6m/s, 최대 2.4m/s로 한다. 옥내 배수관에서는 적정유속을 0.6~1.2m/s로 한다.
(4) 최대 최소 구배 : 배수관에서는 최소구배를 기준한다.

배수관경(mm)	최대구배	최소구배
32~75	1/25	1/50
100~200	1/50	1/100
250 이상	1/100	1/100

3. 일반적인 배수 관경의 결정

(1) 배수관의 최소 관경은 32mm로 한다.
(2) 잡배수관으로서 고형물을 포함하여 배수하는 관의 최소 관경은 50mm로 한다.
(3) 매설 배수 관경은 50mm 이상으로 한다.
(4) 배수 수평 지관의 관경은 이에 연결하는 위생 기구 트랩의 최대 구경 이상으로 한다.
(5) 배수 수직관의 관경은 이에 연결하는 배수 수평 지관의 최대 관경 이상으로 한다.
(6) 배수가 흐르는 방향으로 관경을 축소시키지 않는다.
(7) 기구 배수 단위의 누계에 의해 결정한다.

(8) **기구 배수 부하 단위(fuD)의 정의** : 표준 기구로 세면기를 이용한다. 트랩 구경이 32mm인 세면기의 분당 배수량(28.5L/min)을 1로 하고, 이를 기준으로 모든 위생 기구의 동시 사용률, 기구 종류에 의한 사용 횟수, 사용자의 유형 등을 고려하여 결정한 부하 단위이다.

4. 통기관의 관경

(1) 통기관의 관경은 통기관의 길이와 그 통기관에 접속되는 기구 배수 부하 단위의 합계로 자료에 의하여 결정하고, 전체 길이의 20%를 수평 주관으로 설치할 수 있다.
(2) **루프 통기관의 관경** : 통기 수직관 길이는 배수 수직관 또는 건물 배수 수평 지관과 그 통기 계통의 최하부와의 접속점으로부터 그것이 단독으로 대기 중에 개방할 경우는 통기 수직관의 말단까지 또는 두 개 이상의 통기관이 접속해서 하나가 되어 대기 중에 수직 될 경우는 통기 수직관이 신정 통기관에 접속할 때까지의 신정 통기관의 길이를 가산한 것이다.

(3) **통기 주관의 관경** : 통기 주관의 관경은 가장 먼 수직관 하부의 교점으로부터, 대기에 개방된 통기관 말단까지의 거리를 기준으로 구한다.

5. 배수 재이용 계획(중수 설비)

물의 수요가 증가하면서 안정적인 물공급을 위하여 합리적인 대책이 필요한데 이때 배수를 재이용하는 방안이 연구되어야 하며 냉각 배수, 하수처리 등이 변소용수, 세정 용수 등으로 이용된다.

이때 고려해야 할 사항은 다음과 같다.

(1) 재이용수의 수량과 수질의 안정성
(2) 경제성 : 시설투자비와 유지관리비를 포함한 전체비용에 대한 경제성을 검토한다.
(3) 요구수량과 수질에 알맞은 처리시설 등이다.
(4) 처리 시스템에는 오수와 잡배수를 합해 처리한 후 세정수로 이용하는 방안과 잡배수만 처리해 사용하는 방안이 있으며 보통 후자가 주로 쓰이는데 수량이 부족한 것이 문제점이다.

06 예제문제

배수 및 통기배관에 대한 설명으로 틀린 것은?

① 회로 통기식은 여러 개의 기구 군에 1개의 통기 지관을 빼내어 통기주관에 연결하는 방식이다.
② 도피 통기관의 관경은 배수관의 1/4 이상이 되어야 하며, 최소한 40 mm 이하가 되어서는 안 된다.
③ 루프 통기식 배관에 의해 통기할 수 있는 기구의 수는 8개 이내이다.
④ 한랭지의 배수관은 동결되지 않도록 피복을 한다.

해설
통기관의 관경은 접속하는 배수관의 관경의 1/2 이상으로하고 최소관경은 32mm 이상이다.

답 ②

PARAT 03 공조냉동 설치 · 운영

4 배수 및 통기 배관 시공상의 주의사항

1. 발포 Zone

발포 Zone에서는 기구 배수관이나 배수 수평 지관을 접속하는 것을 피해야 한다. 아파트와 같은 공동주택 등에서는 세탁기, 주방 싱크 등에서 세제를 포하한 배수가 위에서 배수되면, 아래층의 기구 트랩의 봉수가 파괴되어 세제 거품이 올라오는 경우가 있다.

위층에서 세제를 포함한 배수는 수직관을 거쳐 유하함에 따라, 물 또는 공기와 혼합하여 거품이 생기고 다른 지관에서의 배수와 합류하면 이 현상은 더욱 심해진다. 물은 거품보다 무겁기 때문에 먼저 흘러내리고 거품은 배수 수평주관 혹은 45° 이상의 오프셋부의 수평부에 충만하여 오랫동안 없어지지 않는다.

2. 청소구(clean out)

청소구 (clean out) 설치위치
가옥 배수관과 부지 하수관이 접속되는 곳, 배수 수직관의 최하단부, 수평 지관의 최상단부, 배수 수평주관의 기점, 배관이 45 이상의 곡부, 수평관 (관경 100mm 이하)의 직선거리 15m이내마다, 100mm 이상의 관에서는 직진 거리 30m이내마다 설치

배수 배관은 관이 막혔을 때 이것을 점검 수리하기 위해 배관 굴곡부나 분기점에 반드시 청소구를 설치해야 한다. 청소구를 필요로 하는 것은 다음과 같다.

(1) 가옥 배수관과 부지 하수관이 접속되는 곳
(2) 배수 수직관의 최하단부
(3) 수평 지관의 최상단부
(4) 가옥 배수 수평 주관의 기점
(5) 배관이 45° 이상의 각도로 구부러지는 곳
(6) 수평관 (관경 100mm 이하)의 직선거리 15m 이내마다, 100mm 이상의 관에서는 직진 거리 30m 이내마다 설치
(7) 각종 트랩 및 기타 배관상 특히 필요한 곳

3. 시공상의 주의점

(1) 통기관은 기구 일수선(오버플로면)까지 올려 세운 다음 배수 수직관에 접속해야 한다.
(2) 자동차 차고 내의 바닥 배수는 가솔린을 함유하므로 일단 이것을 개러지 트랩에 모아 가스를 분리 분산시킨 다음 가옥 배수관에 방류한다. 개러지 트랩의 통기관은 단독으로 옥상까지 올려 대기 중에 개구해야 하며, 다른 통기관에 접속해서는 안 된다.
(3) 2중 트랩이 안 되도록 배관해야 한다.
(4) 기구 배수관의 곡관부에 다른 배수지관을 접속해서는 안 된다.
(5) 드럼 트랩 등 트랩의 청소구를 열었을 때 하수 가스가 누설되지 않게 배관해야 한다.
(6) 욕조의 일수관은 트랩의 상류에 접속되도록 배관을 해야 한다.

07 예제문제

배수 배관 시공상의 주의점으로 가장 옳지 않은 것은?

① 통기관은 기구 일수선(오버플로면)까지 올려 세운 다음 배수 수직관에 접속해야 한다.

② 가능하면 2중 트랩으로 안전하게 한다.

③ 기구 배수관의 곡관부에 다른 배수지관을 접속해서는 안 된다.

④ 욕조의 일수관(오버플로관)은 트랩의 상류에 접속되도록 배관을 해야 한다.

해설

배수관의 트랩은 2중 트랩이 되지 않도록 한다.

답 ②

4. 배수 및 통기 배관의 시험

공사 완료 후 트랩과 각 접속 부분의 누수, 누기 여부를 파악하기 위해 다음과 같은 시험을 한다.

(1) **수압시험, 만수시험** : 30kPa(3mH_2O)에 해당하는 압력에 30분간 이상 견디어야 한다. 수압시험과 만수시험, 기압시험은 위생기기 부착 전 배수, 통기 배관에 대하여 실시한다.

(2) **기압시험** : 35kPa(250mmHg 이상)에 해당하는 압력에 15분간 이상 견디어야 하며 공기 압축기 또는 시험기를 배수관의 적절한 장소에 접속하여 개구부를 모두 밀폐한 후 관내에 공기압을 걸어 누출의 유무를 검사한다. 시험법 중에서 가장 정확하다.

(3) **기밀시험** – 위생기기 부착 후 기밀상태를 검사한다.
- 연기 시험(smoke test) : 시험 수두 25mm 이상, 15분간 유지한다.
- 박하 시험(peppermint test) : 시험 대상 부분의 모든 트랩을 밀폐한 다음, 입관 7.5m당 박하유 50g을 4L 이상의 열탕에 녹여 그 용액을 입관 정부의 통기구에서 주입한 다음 그 통기구를 밀폐하여 박하의 누출 여부를 검사한다.

(4) **통수시험** : 최후로 하는 통수 시험의 목적은 배수 유하에 따른 지장 유무를 검사하고 각 기구의 사용 상태에 대응한 수량으로 배수하고 배수의 유하 상황이나 트랩의 봉수 등에 이상 소음의 발생 유무를 검사한다.

5 위생기구

위생기구란 급수관과 배수관 사이에서 사용한 물을 배수관으로 흘려보내는 각종 장치 및 기구를 말한다.

1. 위생기구 소요개수

건축물의 용도 및 규모에 따라 적당한 수의 위생기구를 설치해야 한다.

표. 위생 기구의 소요수(기구 1개에 대한 인원수)

건 물	대변기	소변기	세면기	수세기	청소수채
사무실	30~60	25~50	30~60	50~120	100~150
은생	20~40	20~40	20~40	35~80	80~130
병원	17~50	8~25	8~25	30~90	50~180
백화점	130~160	140~180	140~180	450~550	280~320

주) 대변기 사용 남녀 비율 : 일반 건물 남 : 여=2:1

2. 위생기구 조건

(1) 흡수성이 적을 것
(2) 항상 청결하게 유지할 수 있을 것
(3) 내식성, 내마모성이 있을 것
(4) 제작 용이, 설치 용이

3. 위생기구의 재료

(1) 도기질 : 가장 일반적으로 쓰인다.
(2) 법랑 : 강판 표면에 도기질 도포
(3) 플라스틱, FRP : 표면경도가 문제된다.
(4) 스테인리스제 : 충격이 있는 곳에 좋다
(5) 마블 : 시멘트 성형품에 표면처리(인조대리석)

4. 위생 도기의 장·단점

(1) 경질이고 산, 알칼리에 침식되지 않으며 내구성이 풍부하다.
(2) 백색이어서 위생적이다.
(3) 흡수성이 없어 악취가 없다.
(4) 복잡한 형태도 제작이 가능하다.
(5) 충격에 약하다.
(6) 파손되면 수리하지 못한다.
(7) 팽창계수가 작아 금속이나 콘크리트에 접속 시 주의를 요한다.

5. 위생 도기의 종류

도기의 종류 : 소지의 질에 따라 용화 소지질(V), 화장 소지질(A), 경질 도기질(E)이 있다.

(1) 용화 소지질(Vireous China) : 도기 중 가장 우수하다.
(2) 화장 소지질(ALL Clay) : 내화 점토를 주원료로 용화 소지질의 피막을 입힌다.
(3) 경질 도기질(Earthen Ware) : 가장 질이 낮으며 다공성이므로 흡수되기 쉽다.

08 예제문제

위생기구의 구비 조건으로 적합하지 않은 것은?

① 흡수성이 적을 것
② 항상 청결하게 유지할 수 있을 것
③ 내식성, 내마모성이 있을 것
④ 위생기구의 재질로 도기질은 제작이 어려워 사용하지 않는 편이다.

해설
대변기, 세면기등 위생기구의 재질로 도기질은 널리 이용되며 복잡한 구조의 형태를 만들기가 쉽다.

답 ④

6 위생기구의 종류

1. 대변기의 급수방식에 의한 분류

급수방식에 따라 대별하면 다음과 같다. 세정탱크식, 세정 밸브식, 기압탱크식 등이다.

(1) 하이 탱크식

- 탱크 표준 높이 : 1.9m, 탱크 용량 : 15L
- 특징
  - 설치 면적이 작다.
  - 세정 시 소리가 크다.
  - 탱크 내에 고장이 있을 때에 불편하다.
  - 급수관경 15A, 세정 관경 32A
  - 사용 실적이 감소하고 있다.

(2) 로우 탱크식

- 인체공학적으로 대변기의 대부분을 차지한다.
- 소음이 적어 주택, 호텔 등에 널리 이용되나 설치 면적이 크다.
- 탱크가 낮아 세정관은 50mm 이상으로 한다. 급수관경 15A

(3) 세정 밸브식(flush valve system)

- 한 번 밸브를 누르면 일정량의 물이 나오고 잠긴다.
- 수압이 100kPa 이상이어야 한다.
- 급수관의 최소관경은 25A 이다.
- 레버식, 버튼식, 전자식이 있다.
- 연속사용이 가능하나 소음이 크다.

2. 대변기 세정방식에 따른 분류

세정방식에 따라 세출식(wash-out type), 세락식(wash-down type), 사이펀식(siphon type), 사이펀제트식(siphon jet type), 블로아웃식(blow-out type : 취출식), 절수식(siphon jet vortex type) 등이 있다.

3. 소변기

소변기는 벽걸이형과 스톨형으로 대별되며 작동방식에 따라 세락식과 블로아웃식이 있고 자동식과 수동식이 있다.

7 위생 설비의 유닛화

화장실 내의 위생기구 및 타일 등을 각각 설치하려면 시간과 인건비가 많이 소요된다. 따라서 공장에서 몇 개의 제품(판넬)으로 제작하여 현장에서 조립할 수 있도록 할 것을 유닛화라 한다.

1. 설비 유닛화의 목적

(1) 공사 기간 단축
(2) 공정의 단순화
(3) 시공정도 향상
(4) 인건비, 재료 절감

2. 설비 유닛화의 조건

(1) 가볍고 운반 용이, 현장 조립 용이, 가격 저렴
(2) 유닛 내의 배관이 단순할 것
(3) 배관이 방수부를 통과하지 않고 바닥 위에서 처리가 가능할 것

03 출제유형분석에 따른
종합예상문제

[15년 3회]

01 수직관 가까이에 기구가 설치되어 있을 때 수직관 위로부터 일시에 다량의 물이 흐르게 되면 그 수직관과 수평관의 연결관에 순간적으로 진공이 생기면서 봉수가 파괴되는 현상은?

① 자기 사이펀작용 ② 모세관작용
③ 분출작용 ④ 흡출작용

수직관 가까이에 기구가 설치되어 있을 때 다량의 물이 흐르게 되면 사이펀 작용으로 순간적으로 진공이 생기고 주변 트랩의 봉수를 흡인(흡출)해서 봉수 파괴가 발생한다.

[14년 2회]

02 하수관 또는 오수탱크로부터 유해가스나 녹내로 침입하는 것을 방지하는 장치는?

① 통기관 ② 볼탭
③ 체크밸브 ④ 트랩

하수관에 설치하는 배수트랩은 유해가스의 실내 침입을 방지한다.

[14년 1회]

03 트랩의 봉수 유실 원인이 아닌 것은?

① 증발작용 ② 모세관작용
③ 사이펀 작용 ④ 배수작용

배수 트랩의 봉수 파괴 원인은 증발, 모세관, 사이펀작용, 분출작용, 흡인작용등이다.

[13년 3회]

04 사이펀 작용이나 부압으로부터 트랩의 봉수를 보호하기 위하여 설치하는 것은?

① 통기관 ② 볼밸브
③ 공기실 ④ 오리피스

통기관은 사이펀 작용이나 부압처럼 압력차로 인한 봉수 파괴를 막기 위해 설치한다.

[15년 3회, 10년 2회]

05 배수관에서 발생한 해로운 하수가스의 실내 침입을 방지하기 위해 배수트랩을 설치한다. 배수트랩의 종류가 아닌 것은?

① 가솔린트랩 ② 디스크트랩
③ 하우스트랩 ④ 벨트랩

디스크 트랩은 열 유체역학적 특성을 이용한 스팀트랩이다.

[12년 2회]

06 S트랩에서 잘 일어나며 관내에 배수가 가득 차서 흐를 경우 발생하는 봉수 파괴 현상은?

① 자기사이펀작용 ② 분출작용
③ 모세관현상 ④ 증발작용

S트랩에서 관내에 배수가 가득 차서 흐를 경우 자기사이펀작용으로 봉수가 파괴된다.

[08년 3회]

07 배수관에 U자 트랩을 설치하는 이유는?

① 배수관의 흐름을 좋게 하기 위해서이다.
② 통기 작용을 돕기 위함이다.
③ 배수 속도를 높이기 위함이다.
④ 유독가스 침입을 방지하기 위함이다.

배수관에서 U자 트랩(하우스트랩)은 가옥 배수관이 공공하수관에 접속하는 부위에 설치하는데 하수관의 악취가 가옥내로 침입하는것을 방지한다.

정답 01 ④ 02 ④ 03 ④ 04 ① 05 ② 06 ① 07 ④

[11년 1회]

08 트랩의 봉수가 파괴되는 원인은 여러 가지가 있는데 위생기구에서 배수가 만수상태로 트랩을 통과할 때 봉수가 빨려나가 파괴되는 원인은 무엇인가?

① 감압에 의한 흡입 작용
② 자기 사이펀 작용
③ 증발 작용
④ 모세관 작용

주로 배수용 S트랩에서 배수가 만수상태로 흐를 때 트랩의 봉수가 파괴되는 원인을 자기 사이펀(Self-Siphon) 이라한다. 대변기는 이 사이펀 현상을 이용하여 세정한다.

[14년 1회, 10년 1회]

09 배수배관의 시공상 주의사항으로 틀린 것은?

① 배수를 가능한 한 빨리 옥외 하수관으로 유출할 수 있을 것
② 옥외 하수관에서 유해가스가 건물 안으로 침입하는 것을 방지할 수 있을 것
③ 배수관 및 통기관은 내구성이 풍부하고 물이 새지 않도록 접합을 완벽히 할 것
④ 한랭지일 경우 동결 방지를 위해 배수관은 반드시 피복을 하며 통기관은 그대로 둘 것

한랭지일 경우 동결 방지를 위해 배수관은 동결심도 이하로 매설한다.

[08년 2회]

10 배수관 설치 유의사항으로 틀린 것은?

① 배수관은 하류방향으로 갈수록 관의 지름을 작게 설계한다.
② 지중 혹은 지하층 바닥에 매설하는 배수관은 50mm 이상으로 한다.
③ 배수 수평지관의 지름은 이것과 접속하는 기구 배수관의 최대 관의 지름 이상으로 한다.
④ 배수 수직관의 지름은 이것과 접속하는 배수 수평지관의 최대 관의 지름 이상으로 한다.

배수관은 하류방향으로 갈수록 지름은 크게 한다.

[13년 3회, 11년 2회]

11 배수관 설치 기준에 대한 내용 중 틀린 것은?

① 배수관의 최소 관경은 20mm 이상으로 한다.
② 지중에 매설하는 배수관의 관경은 50mm 이상이 좋다.
③ 배수관의 배수의 유하방향(流下方向)으로 관경을 축소해서는 안 된다.
④ 기구배수관의 관경은 이것에 접속하는 위생기구의 트랩구경 이상으로 한다.

배수관에서 최소 관경은 32 A 이상으로 한다.

[13년 1회]

12 배수설비에 대한 설명으로 틀린 것은?

① 건물 내에서 나오는 오수와 잡수 등을 배출한다.
② 펌프 유무에 따라 중력식과 기계식으로 분류한다.
③ 정화조에서 정화되어 나오는 것은 처리할 수 없다.
④ 오수, 잡수 등을 모아서 내보내는 합류식이 있다.

배수설비는 정화조에서 정화되어 나오는 것을 옥외 하수관에 처리할 수 있다.

[09년 1회]

13 배수설비에 대한 설명 중 틀린 것은?

① 오수란 대소변기, 비데 등에서 나오는 배수이다.
② 잡배수란 세면기, 싱크대, 욕조 등에서 나오는 배수이다.
③ 특수배수는 그대로 방류하거나 오수와 함께 정화하여 방류시키는 배수이다.
④ 우수는 옥상이나 부지 내에 내리는 빗물의 배수이다.

특수배수는 오수나 잡배수 이외의 배수로 실험실 등에서 나오는 배수이며 별도로 처리하여 배수한다.

정답 08 ② 09 ④ 10 ① 11 ① 12 ③ 13 ③

[10년 3회]

14 배수관의 관경결정에서 기구배수 부하단위의 기준이 되는 것은?

① 세면기 배수량
② 대변기 배수량
③ 소변기 배수량
④ 싱크대 배수량

배수관의 관경결정에서 기구배수 부하 단위(fu) 기준은 세면기 배수량(30L/min)이다. 즉 세면기 배수량이 fu=1이다.

[14년 2회, 08년 3회]

15 각종 배수관에 사용되는 재료로 적합하지 않은 것은?

① 오수 옥내배관 : 경질염화비닐관
② 잡배수 옥외배관 : 경질염화비닐관
③ 우수배수 옥외배관 : 원심력 철근콘크리트관
④ 통기 옥내배관 : 원심력 철근콘크리트관

통기 옥내배관은 주로 경질염화비닐관이나 아연도금백관을 사용한다.

[12년 3회]

16 배수 설비를 옥내 배수로 구분할 때 그 기준은?

① 1.5m 담장
② 건물 외벽
③ 건물 외벽에서 밖으로 1m 경계선
④ 가옥부지 경계선

건물 외벽에서 밖으로 1m 경계선 안쪽을 옥내배수, 경계선 밖을 옥외배수라한다.

[09년 2회]

17 배수 배관에서 관경이 100A 이상인 경우 청소구를 몇 m 마다 설치하는가?

① 30　② 50
③ 70　④ 90

직선 배수관에서 100 A 이상의 배수관은 청소구를 30m이내 마다, 100 A 이하의 배수관은 청소구를 15m이내 마다 설치한다.

[14년 3회, 08년 3회]

18 대 · 소변기를 제외한 세면기, 싱크대, 욕조 등에서 나오는 배수는?

① 오수　② 우수
③ 잡배수　④ 특수배수

잡배수란 대변기, 소변기를 제외한 세면기, 싱크대, 샤워기, 욕조, 세탁기 등에서 나오는 배수이다.

[09년 2회]

19 옥내 파이프가 옥외 파이프로 연결되어 있을 때 옥외 파이프에서 발생한 유취, 유해가스가 옥외 파이프로 역류하는 것을 방지하는 것은?

① 배수트랩　② 신축조인트
③ 팽창밸브　④ 턴버클

배수트랩(하우스 트랩)은 옥외 하수관에서 발생한 악취, 유해가스가 옥내 하수관으로 역류하는 것을 방지한다.

[09년 1회]

20 배수 펌프의 용량은 일정한 배수량이 유입하는 경우 시간 평균 유입량의 몇 배로 하는 것이 적당한가?

① 1.2 ~ 1.5배　② 2 ~ 3배
③ 3.5 ~ 4배　④ 4.5 ~ 5배

배수 펌프의 용량은 평균 유입량의 1.2~1.5배 정도로 한다.

정답 14 ① 15 ④ 16 ③ 17 ① 18 ③ 19 ① 20 ①

[06년 1회]

21 대변기의 세정급수방식에 대한 다음 설명 중 잘못된 것은?

① 하이탱크식에서 급수탱크식의 설치는 변기 상부로부터 보통 1.9m 높이로 한다.
② 로우탱크식은 하이탱크식보다 다소 물의 사용량이 많고 소음이 크다.
③ 세정 밸브식에서는 급수관의 관지름이 25mm 이상이어야 한다.
④ 급수관에 직결해서 세정 밸브가 배관된 경우에는 반드시 역류방지용 진공방지기 (Vacuum Breaker)를 부착한 세정 밸브를 사용해야 한다.

로우탱크식은 하이탱크식보다 다소 물의 사용량이 많고 소음은 적다.

[15년 2회, 08년 2회]

22 오수만을 정화조에서 단독으로 정화처리한 후 공공하수도에 방류하는 반면에 잡배수 및 우수는 그대로 공공하수도로 방류되는 방식은?

① 합류식　② 분류식
③ 단도식　④ 일체식

분류식은 오수와 우수를 별도로 처리하는 것으로 정화조에서 오수만을 단독 정화 처리 후 공공하수도에 방류한다.

[13년 2회]

23 우수 수직관 관경에 따른 허용 최대 지붕 면적(m^2)으로 적당하지 않은 것은? (단, 지붕 면적은 수평으로 투영한 면적이며, 강우량은 100mm/h를 기준으로 산출한 것이다.)

① 50A－67m^2　② 65A－135m^2
③ 75A－197m^2　④ 100A－325m^2

설비기준에서 제시하는 우수 수직배관 관경 100A에서 허용 최대지붕 면적은 425m^2이다.

[13년 1회]

24 배수관이나 통기관의 배관 후 누설 검사방법으로 적당하지 않은 것은?

① 수압시험　② 기압시험
③ 연기시험　④ 통관시험

배수관이나 통기관의 배관 후 누설 검사방법에 수압시험, 기압시험, 연기시험, 통수시험등이 있다.

[12년 3회, 09년 3회]

25 배수설비의 통기방식 종류가 아닌 것은?

① 회로통기방식　② 일체통기방식
③ 각개통기방식　④ 신정통기방식

배수설비 통기방식에는 회로통기, 각개통기, 신정통기, 회로통기, 결합통기, 도피통기, 습식통기등이 있다.

[10년 2회]

26 통기설비의 통기방식에 해당하지 않는 것은?

① 루프 통기 방식　② 각개 통기 방식
③ 신정 통기 방식　④ 결합 통기 방식

배수설비 통기방식에는 회로통기, 각개통기, 신정통기, 회로통기, 결합통기, 도피통기, 습식통기등이 있다.

[12년 2회]

27 통기관의 관경을 정할 때 기본 원칙으로 틀린 것은?

① 결합통기관은 배수수직관과 통기수직관 중 관경이 작은 쪽의 관경 이상으로 한다.
② 신정통기관의 관경은 그것에 접속하는 배수수직관 관경의 1/2 이상으로 한다.
③ 도피통기관의 관경은 그것에 접속하는 배수수평지관 관경의 1/2 이상으로 한다.
④ 각개통기관의 관경은 그것에 접속하는 배수관 관경의 1/2 이상으로 한다.

정답 21 ② 22 ② 23 ④ 24 ④ 25 ② 26 ④ 27 ②

신정통기관의 관경은 그것에 접속하는 배수수직관 관경 이상으로 한다.

[11년 1회]

28 **각 기구의 트랩마다 통기관을 설치하여 통기방식 중 안정도가 높고 자기 사이펀 작용에도 효과가 있으며 배수를 안전하게 할 수 있는 이상적인 통기방식은?**

① 각개 통기 ② 루프 통기
③ 신정 통기 ④ 회로 통기

각개 통기방식은 기구 마다 각각의 통기관을 빼내는 방식으로 가장 이상적이나 비경제적이다.

[12년 1회]

29 **통기관의 종류가 아닌 것은?**

① 각개통기관 ② 루프통기관
③ 신정통기관 ④ 분해통기관

통기관의 종류에 분해통기관은 없다.

[11년 3회, 09년 3회]

30 **통기 입관을 하나로 묶어 대기로 개방시키기 위해 설치하는 관을 무엇이라고 하는가?**

① 습통기관 ② 통기수직관
③ 통기헤더 ④ 공용통기관

통기헤더는 통기 입관과 배수수직관을 최상부에서 하나로 묶어 대기로 개방시키는 관이다.

[09년 1회]

31 **통기관 말단의 대기 개구부에 관한 설명으로 틀린 것은?**

① 외벽면을 관통하여 개구한 통기관은 비막이를 충분히 한다.
② 건물의 돌출부 하부에 통기관의 말단을 개구해서는 안 된다.
③ 통기구는 원칙적으로 하향이 되도록 한다.
④ 지붕이나 옥상을 관통하는 통기관은 지붕면보다 50mm 이상 올려서 대기 중에 개구한다.

통기관은 지붕이나 옥상을 관통하는 경우 150cm 이상 올려서 대기 중에 개구한다.

[08년 1회]

32 **트랩 위어(Weir)로부터 통기관까지의 기울기로서 적당한 것은?**

① $\frac{1}{25} \sim \frac{1}{50}$ ② $\frac{1}{50} \sim \frac{1}{100}$
③ $\frac{1}{100} \sim \frac{1}{150}$ ④ $\frac{1}{150} \sim \frac{1}{200}$

트랩 위어(Weir)로부터 통기관까지 구배(기울기)는 $\frac{1}{50} \sim \frac{1}{100}$ 정도를 주어 트랩에서 도약한 배수가 통기관으로 유입되지 않도록한다.

[07년 1회]

33 **다음 중 배수관 통기방식에서 가장 통기효과가 큰 것은?**

① 각개 통기식 ② 회로 통기식
③ 환상 통기식 ④ 신정 통기식

각개 통기방식이 통기 효과가 우수하다.

정답 28 ① 29 ④ 30 ③ 31 ④ 32 ② 33 ①

[15년 1회]

34 특수 통기방식 중 배수 수직관에 선회력을 주어 공기 코어를 형성하여 통기관 역할을 하는 것은?

① 소벤트 방식(Sovent System)
② 섹스티어 방식(Sextia System)
③ 스택 벤트 방식(Stack Vent System)
④ 에어 챔버 방식(Air Chamber System)

섹스티어 통기 방식은 특수통기 방식으로 배수 수직관에 선회력을 주어 공기 코어를 형성한 통기관이다. 별도의 통기관을 설치하지 않고 배수 수직관을 통기관으로 이용하기 때문에 one pipe 통기방식이라 한다.

[14년 1회]

35 배수계통에 설치된 통기관의 역할과 거리가 먼 것은?

① 사이펀 작용에 의한 트랩의 봉수 유실을 방지한다.
② 배수관 내를 대기압과 같게 하여 배수흐름을 원활히 한다.
③ 배수관 내로 신선한 공기를 유통시켜 관 내를 청결히 한다.
④ 하수관이나 배수관으로부터 유해가스의 옥내 유입을 방지한다.

통기관은 트랩의 봉수를 보호 하며 유해가스 유입 방지는 트랩의 기능이다.

[13년 1회]

36 고층 건물이나 기구 수가 많은 건물에서 입상관까지의 거리가 긴 경우, 루프통기관의 효과를 높이기 위해 설치된 통기관은?

① 도피 통기관　② 결합 통기관
③ 공용 통기관　④ 신정 통기관

도피 통기관은 통기 수직관 가까이에 설치하는 통기관으로 수평배수관 최상부에 설치되는 루프통기의 효과를 돕는다.

[12년 1회]

37 배수 및 통기 설비에서 배수 배관의 청소구 설치를 필요로 하는 곳이다. 틀린 것은?

① 배수 수직관의 제일 밑부분 또는 그 근처
② 배수 수평 주관과 배수 수평 분기관의 분기점
③ 길이가 긴 배수관의 중간지점으로 하되 100A 이상의 배수관은 10m 마다 설치
④ 배수관 45° 이상의 각도로 방향을 전환하는곳

배수 수평관 청소구는 관경 100A 미만은 15m 이내마다, 100A 이상은 30m 이내마다 설치한다.

[14년 3회, 13년 3회, 08년 1회]

38 관 트랩의 종류로 가장 거리가 먼 것은?

① S트랩　② P트랩
③ U트랩　④ V트랩

배수트랩에서 관트랩은 S, P, U트랩이 있다. 저집기에는 드럼트랩, 벨트랩, 가솔린트랩, 샌드트랩, 런드리트랩, 그리스트랩이 있다.

[15년 1회, 09년 2회]

39 배수관에 설치하는 트랩에 관한 내용으로 틀린 것은?

① 트랩의 유효수심은 관 내 압력 변동에 따라 다르나 일반적으로 최저 50mm가 필요하다.
② 트랩은 배수 시 자기세정이 가능해야 한다.
③ 트랩의 봉수파괴 원인은 사이펀 작용, 흡출작용, 봉수의 증발 등이 있다.
④ 트랩의 봉수깊이는 가능한 한 깊게 하여 봉수가 유실되는 것을 방지한다.

배수트랩의 봉수 깊이는 50~100mm 정도로 하며 봉수가 너무 깊으면 저항이 증가하여 배수능력이 감소된다.

정답 34 ② 35 ④ 36 ① 37 ③ 38 ④ 39 ④

[13년 2회]

40 배수트랩이 하는 역할로 가장 적합한 것은?

① 배수관에서 발생한 유해가스가 건물 내로 유입되는 것을 방지한다.
② 배수관 내의 찌꺼기를 제거하여 물의 흐름을 원활하게 한다.
③ 배수관 내로 공기를 유입하여 배수관 내를 청정하는 역할을 한다.
④ 배수관 내의 공기와 물을 분리하여 공기를 밖으로 빼내는 역할을 한다.

배수트랩의 주기능은 배수관에서 발생한 유해가스가 건물 내로 유입되는 것을 방지한다.

[11년 2회]

41 배수용 트랩에 대한 설명으로 틀린 것은?

① U트랩은 수평주관에 설치하여 건물 배수주관에서 유해가스의 침입을 방지한다.
② S트랩은 세면기, 소변기 등에 설치하며 수평배수관에 연결할 때 사용된다.
③ P트랩은 세면기, 소변기 등에 설치하며 수직배수관에 연결할 때 사용된다.
④ 배수트랩을 작용하는 면에서 구별하면 사이펀식과 비사이펀식이 있다.

U트랩은 가옥트랩으로 건물 내의 수평주관 끝에 설치하여 공공하수관에서 유독가스가 건물 안으로 칩입하는 것을 방지한다.

[11년 3회]

42 배수 트랩의 봉수깊이로 적당한 것은?

① 30~50mm ② 50~100mm
③ 100~150mm ④ 150~200mm

배수 트랩의 봉수깊이는 50~100 mm 정도로 한다.

[12년 3회]

43 배수관에 트랩을 설치하는 이유는?

① 배수관에서 배수의 역류를 방지한다.
② 배수관의 이물질을 제거한다.
③ 배수의 속도를 조절한다.
④ 배수관에 발생하는 유취와 유해가스의 역류를 방지한다.

배수트랩의 설치 목적은 하류측 배수관에서 발생하는 유해가스의 실내측으로 역류를 방지한다.

[09년 3회]

44 배수트랩 중에서 관 트랩이 아닌 것은?

① P트랩 ② S트랩
③ U트랩 ④ 그리스 트랩

그리스 트랩은 용적형 트랩으로 동식물성 기름기를 제거하는 저집기이다.

정답 40 ① 41 ① 42 ② 43 ④ 44 ④

난방설비

1 난방설비의 개요

1. 난방설비의 분류

개별난방	직접난방, 복사난방	히트펌프, 온풍로, 개별보일러
중앙난방	직접난방	증기난방, 온수난방
	간접난방	온풍난방
	복사난방	복사난방

2. 난방방식별 특징

난방방식별 특징 비교
(1) 쾌감도
복사난방>온수난방>증기난방
(2) 열용량
복사난방>온수난방>증기난방
(3) 설비비
복사난방>온수난방>증기난방
(4) 제어성
온수난방은 비례제어성이 있지만 증기난방은 ON-OFF 제어만 가능

(1) **직접난방** : 증기, 온수난방 등으로 방열기에 열매를 공급하여 실내공기를 직접 가열하여 난방(온도조절 가능, 습도조절 불가능)
(2) **간접난방** : 일정장소에서 외부 공기를 가열하여 덕트를 통해 실내에 공급하여 난방
(3) **복사난방** : 실내의 벽 및 바닥, 천장에 코일파이프를 배관하여 열매공급(쾌감도가 좋음)
(4) **지역난방** : 다량의 고압증기 또는 고온수를 이용하여 어느 한 일정지역을 공급하는 방식

3. 난방방식 비교

(1) **쾌감도** : 복사난방 > 온수난방 > 증기난방
(2) **열용량** : 복사난방 > 온수난방 > 증기난방
(3) **설비비** : 복사난방 > 온수난방 > 증기난방
(4) **제어성** : 온수난방은 비례제어성이 있지만 증기난방은 ON-OFF 제어만 가능

4. 증기난방

증기난방 특징
잠열을 이용하므로 열의 운반 능력이 크고, 예열 시간이 짧고 증기 순환이 빠르다. 설비비가 싸다. 방열 면적과 관경이 작아도 된다. 쾌감도가 나쁘다. 부하 변동에 대응이 곤란하다.

(1) 장점
- 잠열을 이용하므로 열의 운반 능력이 크다.
- 예열 시간이 짧고 증기 순환이 빠르다.
- 설비비가 싸다.
- 방열 면적과 관경이 작아도 된다.

(2) 단점
- 쾌감도가 나쁘다.
- 스팀소음(스팀 해머)가 많이 난다.
- 부하 변동에 대응이 곤란하다.
- 보일러 취급 시 기술자(자격 소유자)를 요한다.

(3) 증기 난방의 설계 순서

난방부하계산 ⇒ 필요방열면적산출 ⇒ 각실방열기배치(layout) ⇒ 배관관경 결정 ⇒ 보일러 용량산출 ⇒ 응축수 펌프 등 부속기기 용량 결정

(4) 응축수 환수 방식에 의한 분류

방열기 또는 설비에서 증기트랩을 통해 배출된 응축수를 환수하는 방식에 따라 중력환수식, 진공환수식, 기계환수식으로 구분할 수 있다.

(5) 증기압력에 의한 분류

- 저압증기 난방 0.1 MPa 이하(일반적 15 ~ 35 kPa)
- 고압증기 난방 0.1 MPa 이상

(6) 상당 증발량 : 보일러 발생 열량을 표준상태(100℃ 증기)로 계산하여 발생 증기량(kgh)으로 환산한 값

$$G_e = \frac{G_a(h_2 - h_1)}{2257}$$

G_e : 상당 증발량(kg/h), 100℃ 증기잠열 : 2257(kJ/kg)
G_a : 실제 증발량(kg/h)
h_2 : 발생 증기 엔탈피(kJ/kg)
h_1 : 급수 엔탈피(kJ/kg)

(7) 상당방열 면적(EDR) : 보일러의 능력을 방열기 방열 면적으로 환산한 값(증기)

$$EDR = \frac{G_e \times 2257}{3600 \times 0.756} = \frac{방열량(kW)}{0.756}$$

01 예제문제

다음 중 증기난방 설비의 특징이 아닌 것은?

① 증발잠열을 이용하여 열의 운반능력이 크다.
② 예열시간이 온수난방에 비해 짧고 증기순환이 빠르다.
③ 방열면적을 온수난방보다 적게 할 수 있다.
④ 실내 상하 온도차가 작다.

해설

증기난방은 온도가 높아서 실내 상하 온도차가 크다. 답 ④

온수난방 특징
부하 변동에 따라 온수 온도와 수량을 조절할 수 있고, 난방을 정지하여도 여열이 오래 간다. 방열기 표면 온도가 낮아 쾌감도가 좋다. 예열 시간이 길어 간헐난방에 부적합하다.

5. 온수난방

온수난방은 방열기에서의 온수의 온도강하 즉 현열에 의한 난방이므로 쾌감도가 좋다.

(1) 장점

① 부하 변동에 따라 온수 온도와 수량을 조절할 수 있다.

② 난방을 정지하여도 여열이 오래 간다.

③ 방열기 표면 온도가 낮아 쾌감도가 좋다.

(2) 단점

① 예열 시간이 길어 임대 사무실 등에 부적합하다.

② 방열 면적과 관경이 커져서 설비비가 비싸다.

③ 한랭지에서 난방 정지 시 동결 우려가 있다.

④ 대규모 빌딩에서는 수압 때문에 주철제 온수 보일러인 경우, 수두 50 m로 제한하고 있다.

(3) 온수 온도에 따른 분류

- 보통온수식 : 100℃ 이하(60 ~ 80℃)온수를 사용하고 팽창탱크가 필요하다.
- 고온수식 : 100℃ 이상(120 ~ 180℃)고온수를 사용하고 밀폐형 팽창탱크가 필요하다.

복사난방 특징
실내 온도 분포가 균등하여 쾌감도가 좋다. 방을 개방 상태로 하여도 난방 효과가 좋은 편이다. 천정이 높은 실에서도 난방 효과가 좋다.
열용량이 크기 때문에 예열 시간이 길다. 코일 매입 시공이 어려워 설비비가 고가이다.

6. 복사난방

복사난방은 코일을 벽 천장 등에 매입시켜 복사열을 내는 코일식과 반사판을 이용하여 직접 복사열을 만드는 패널식 두 가지가 있다.

(1) 장점

① 실내 온도 분포가 균등하여 쾌감도가 좋다.

② 방을 개방 상태로 하여도 난방 효과가 좋은 편이다.

③ 바닥 이용도가 높다.

④ 실온이 낮기 때문에 열손실이 적다.

⑤ 천장이 높은 실에서도 난방 효과가 좋다.

(2) 단점

① 열용량이 크기 때문에 예열 시간이 길다.

② 코일 매입 시공이 어려워 설비비가 고가이다.

③ 고장시 발견이 어렵고 수리가 곤란하다.

④ 열손실을 막기 위해 단열층이 필요하다.

(3) 패널의 종류

바닥패널(30℃ 이내), 천장패널(50 ~ 100℃까지 가능), 벽패널

(4) **코일배관방식**

벤드식(유량균일, 온도차 커짐), 그리드식(유량불균형, 온도차 균일)

(5) **평균복사온도(MRT)** : 복사면의 평균온도를 말하며 복사면의 면적과 표면온도로 가중평균으로 구한다.

$$MRT = \frac{\Sigma A \cdot t}{\Sigma A}$$

평균복사온도(MRT)
복사면의 평균온도를 말하며 복사면의 면적과 표면온도로 가중평균으로 구한다.

$$MRT = \frac{\Sigma A \cdot t}{\Sigma A}$$

02 예제문제

복사난방을 대류난방과 비교할 때 복사난방의 장단점을 열거한 것 중 틀린 것은?

① 실의 높이에 따른 온도편차가 비교적 균일하며 쾌감도가 좋다.
② 방열기가 없으므로 공간의 이용도가 좋다.
③ 배관의 수리가 곤란하고, 외기의 급 변화에 따른 온도조절이 곤란하다.
④ 공기의 대류가 많아 실내의 먼지가 상승한다.

해설

복사난방은 복사열을 이용하므로 공기의 대류가 적고 실내 먼지 유동이 적다. **답 ④**

2 난방설비 배관

1. 증기난방 배관

(1) **배관법**

1개관에서 증기 공급과 응축수 환수가 병행되는 단관식(선상향구배)과 증기관과 응축수관이 2개로 구성된 복관식이 있으며 복관식에서는 증기관 말단에 증기 트랩이 설치되고 증기트랩은 응축수만을 통과시킨다.

(2) **냉각 레그(cooling leg)와 관말 트랩**

증기 주관의 관 끝에서 응축수를 제거하기 위해 관말트랩을 설치하는데 이때 증기 주관에서부터 트랩에 이르는 냉각 레그(cooling leg)는 완전한 응축수를 트랩에 보내는 관계로 보온 피복을 하지 않으며, 또 냉각 면적을 넓히기 위해 그 길이도 1.5m 이상으로 한다.

냉각 레그(cooling leg)
증기 주관에서부터 관말 트랩에 이르는 냉각 레그(cooling leg)는 완전한 응축수를 트랩에 보내는 관계로 보온 피복을 하지 않으며, 또 냉각 면적을 넓히기 위해 그 길이도 1.5m 이상으로 한다.

(3) **보일러 주변의 배관(하트포드(hartford) 배관)**

저압증기 난방장치에 있어서 환수주관을 보일러 하단에 직접 접속하면 보일러 내의 증기 압력에 의해 보일러 내의 수면이 안전수위 이하로 내려간다. 이런 위험을 막기 위하여 밸런스관을 달고 안전 저수면보다 높은 위치에 환수관을 접속하는데 이런 배관법을 하트포드(hartford) 접속법이라고 한다.

하트포드(hartford) 배관
증기 보일러 내의 수면이 안전수위 이하로 내려가지 않도록 하는 밸런스관

리프트 피팅
진공 환수식 난방 배관에서 저층의 응축수를 끌어올릴 수 있는 배관으로 흡상 높이는 1.5m 이내이고, 또 2단, 3단 직렬 연속으로 접속할 수 있다.

(4) 리프트 피팅 배관

진공 환수식 난방 장치에 있어서 부득이 방열기보다 높은 곳에 환수관을 배관하지 않으면 안 될 때 또는 환수 주관보다 높은 위치에 진공 펌프를 설치할 때는 리프트 이음(lift fittings)을 사용하면 환수관의 응축수를 끌어올릴 수 있다. 이 수직관은 주관보다 한 치수 가느다란 관으로 하는 것이 보통이며, 빨아올리는 높이는 1.5m 이내이고, 또 2단, 3단 직렬 연속으로 접속하여 빨아올리는 경우도 있다. 드레인은 난방을 정지했을 때 동결을 방지하는 역할을 하기도 한다.

(5) 방열기 주변 배관(스위블 이음)

방열기의 설치 위치는 열손실이 가장 많은 곳에 설치하되 실내 장치로서의 미관에도 유의하여 설치할 것이며, 벽면과의 거리는 보통 5~6cm 정도가 가장 적합하다.

이 배관법의 요점을 들면 다음과 같다.

① 열팽창에 의한 배관의 신축이 방열기에 미치지 않도록 스위블 이음으로 하는 것이 좋다.

② 증기의 유입과 응축수의 유출이 잘되게 배관 구배를 정한다.

③ 방열기의 방열 작용이 잘 되도록 배관해야 하며 진공 환수식을 제외하고는 공기빼기 밸브를 부착해야 한다.

④ 방열기는 적당한 경사를 주어 응축수 유출이 용이하게 이루어지게 하며 적당한 크기의 트랩을 단다.

(6) 증기관 도중의 밸브 종류

증기 배관의 도중에 밸브를 다는 경우 글로브 밸브는 응축수가 고이게 되므로 슬루스 밸브를 사용한다. 글로브 밸브를 달 때에는 밸브축을 수평으로 하여 응축수가 흐르기 쉽게 해야 한다. 한랭지에서는 동파를 막기 위해 이중 서비스 밸브를 설치한다.

(7) 증발 탱크(flash tank) 주변 배관

고압증기의 응축수는 그대로 대기에 개방하거나, 저압 환수 탱크에 보내면 압력강하 때문에 일부가 재증발하여 저압 환수관 내의 압력을 올려, 증기 트랩의 배압을 상승시킴으로써 트랩 능력을 감소시키게 된다. 이것을 방지하기 위하여 고압 환수를 증발 탱크로 끌어 들여 저압 하에서 재증발시켜, 발생한 증기는 그대로 이용하고 탱크 내에 남은 저압 응축수만을 환수관에 송수하기 위한 장치를 말하는 것이다.

(8) 스팀 헤더(steam header)

보일러에서 발생한 증기를 각 계통으로 분배할 때는 일단 이 스팀 헤더에 보일러로부터 증기를 모은 다음 각 계통별로 분배한다. 스팀 헤더의 관경은 그것에 접속하는 증기관 단면적 합계의 2배 이상의 단면적을 갖게 하여야 한다. 또 스팀 헤더에는 압력계, 드레인 포켓, 트랩장치 등을 함께 부착시킨다. 스팀 헤더의 접속관에 설치하는 밸브류는 조작하기 좋도록 바닥 위 1.5 m 정도의 위치에 설치하는 것이 좋다.

(9) 배관 기울기

증기난방의 배관 기울기는 응축수 환수에 지장이 없도록 하며 또한 지관의 기울기는 주관의 신축에 의하여 기울기가 변화하여 지장이 생기지 않도록 충분한 기울기를 둔다.

표. 증기 난방의 배관 기울기

증기관	앞내림배관(선하향) 1/250 이상, 앞올림배관(선상향) 1/50 이상
환수관	앞내림배관 1/250 이상

(10) 감압 밸브 주변 배관

증기는 고압을 저압으로 감압하기 위하여 감압 밸브를 설치하는데 감압 밸브 선정 시는 1차측과 2차측의 압력차에 특히 주의해야 한다. 압력차가 클 경우는 2개의 감압 밸브를 직렬 접속하여 2단 감압한다.

(11) 감압밸브의 주변 배관 시공 시 주의 사항

① 감압밸브는 본체에 표시된 화살표 방향과 유체 방향이 일치하도록 설치한다.
② 위 아래에 충분한 공간을 취해 분해 수리 시 무리가 없도록 한다.
③ 바이패스관은 1차측 관보다 한 치수 작은 관을 사용한다.
④ 리듀서는 편심 리듀서를 사용하여 바닥에 찌꺼기가 고이지 않게 한다.
⑤ 시운전 시에는 바이패스관으로 찌꺼기를 먼저 없앤 다음 감압 밸브를 사용한다.

03 예제문제

하트포드(Hart Ford) 배관법과 관계없는 것은?

① 보일러 내의 안전 저수면보다 높은 위치에 환수관을 접속한다.
② 저압 증기난방에서 보일러 주변의 배관에 사용한다.
③ 보일러 내의 수면이 안전수위 이하로 내려가기 쉽다.
④ 환수주관에 침적된 찌꺼기를 보일러에 유입시키지 않는다.

해설

하트포드 배관은 보일러 내의 수면이 안전수위 이하로 내려가지 않게 한다. 답 ③

2. 온수난방 배관

(1) 온수순환방식에 의한 분류

온수난방 배관 분류
중력환수식, 기계환수식

- 중력환수식 : 보일러에서 가열된 온수는 방열기에서 냉각되며 이때 온도차에 따른 현열을 이용하여 난방하는데 온도차에 의한 밀도차를 이용하여 온수를 순환시키는 방식을 중력순환(자연순환)방식이라 하며 보일러가 방열기 하부에 설치되어야 한다. 중력순환식은 순환펌프가 없고 순환력이 적어 관경이 커진다.
- 기계환수식 : 온수 순환을 순환 펌프를 이용하는 방식으로 순환력이 크고 관경이 작아진다. 방열기 설치 위치에 제한이 없으며 대부분의 온수 난방이 기계순환방식을 채택한다.

(2) 배관방식에 의한 분류

- 단관식 : 온수공급과 환수가 1개 관으로 구성되며 온수 순환이 불규칙하다
- 복관식 : 공급관과 환수관이 독립적이며 온수 순환이 원활하다. 배관 방식에 직접환수식과 역환수식(리버스 리턴방식)이 있다. 배관 설비비는 역환수식이 증가하나 온수순환이 균등하여 대규모인 경우 적용이 바람직하다.

(3) 팽창탱크

온수난방은 온도차에 따른 물의 팽창을 흡수하기 위한 팽창탱크가 필요하며 개방식과 밀폐식이 있으며 최근에는 주로 밀폐형을 적용한다.

- 온수팽창량(ΔV)

$$\Delta V = \left(\frac{1}{\rho_2} - \frac{1}{\rho_1}\right) \cdot V$$

V : 전수량(L)
ρ_1 : 가열 전 물의 밀도
ρ_2 : 가열 후 물의 밀도

- 개방형 팽창탱크 용량 : $V = (1.5 \sim 2.0) \cdot \Delta V$
- 밀폐형 팽창탱크 용량 : 탱크용량 $V = \dfrac{\Delta V}{1-(P_o/P_m)}$

P_o : 팽창탱크 최저 절대압력(MPa)
P_m : 최고사용 절대압력(MPa)

3. 방열기

(1) 방열기 종류

- 주형방열기 : 2주, 3주, 3세주, 5세주형
- 벽걸이형 방열기 : 세로형, 가로형

- 길드방열기 : 휜 튜브를 붙인 것으로 전열면적 확대
- 대류방열기(컨벡터) : 대류작용을 촉진시키기 위해 상자 속에 방열기를 넣은 구조
- 베이스보드형 : 컨벡터를 무릎 높이로 낮게 설치한 것으로 의자로 사용이 가능하다.
- 관방열기 : 파이프를 연결하여 현장 등에 사용하는 것으로 고압에도 잘 견디나 효율은 낮다.

(2) 표준방열량

- 증기난방(증기온도 102℃ 실온 18.5℃)일 때 증기 방열기 $1m^2$에서 방열량을 표준 방열량이라 하며 $756\,W/m^2$(650 kcal/h)이다.
- 온수난방(온수온도 80℃ 실온 18.5℃)일 때 온수 방열기 $1m^2$에서 방열량을 표준 방열량이라 하며 $523\,W/m^2$(450 kcal/h)이다.

열매 종류	표준 방열량 Q_c (kW/m^2)	표준 상태에서의 온도(℃)	
		열매온도	실내온도
증기	0.756	102	18.5
온수	0.523	80	18.5

(3) 상당방열면적(EDR, m^2) : 방열량(손실열량)을 표준상태의 방열기 면적으로 환산한 값이다.

- 증기난방 EDR=손실열량 (kW) ÷ 0.756=손실열량(W) ÷ 756
- 온수난방 EDR=손실열량 (kW) ÷ 0.523=손실열량(W) ÷ 523

(4) 증기방열기 응축수량 Q(kg/h)

Q = 방열기 방열량(kJ/h) ÷ 증기증발잠열(2257 kJ/kg)

04 예제문제

방열량이 2000W인 방열기에 공급하여야 하는 온수량(L/min)은 약 얼마인가? (단, 방열기 입구온도 80℃, 출구온도 70℃, 온수 평균온도의 물의 비열 4.2kJ/kgK, 물의 밀도 987.5kg/m^3이다.)

① 2.9L/min ② 12.9L/min
③ 22.9L/min ④ 32.9L/min

해설

$q = WC\Delta t$에서

$$W = \frac{q}{C\Delta t} = \frac{2000/1000}{4.2(80-70)} = 0.0476\,kg/s = 2.86\,kg/min = \frac{2.86}{0.9875} = 2.90\,L/min$$

답 ①

(5) 방열기 설치

방열기는 틈새바람이 많은 창문 아래에 설치하여 콜드드래프트를 방지하고 대류작용을 이용 실내온도가 균일하게 한다.(벽과 5 ~ 6cm 이격)

(6) 방열기 호칭법

 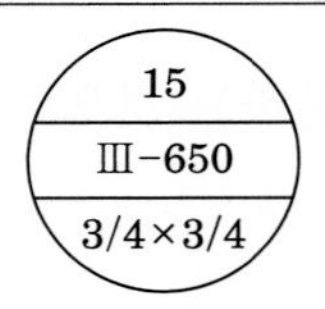	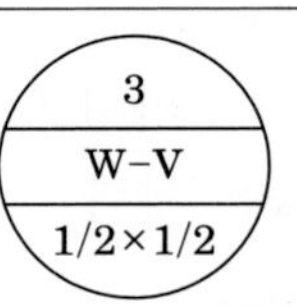
3주형 방열기, 높이 650mm, 섹션 수 15, 유입관과 유출관의 관경 3/4인치	벽걸이 세로형 방열기, 섹숀 수 3, 유입관과 유출관의 관경 1/2인치
2주형 : Ⅱ 3세주 : 3 5세주 : 5	벽걸이 : W 세로(수직형) : V(Vertical) 가로(수평형) : H(Horizontal)

(7) 신축이음

배관의 신축을 흡수하는 이음쇠의 종류에는 슬리브형, 벨로스형, 신축곡관, 스위블조인트, 볼조인트가 있고 시공 시 잡아당겨 연결하는 콜드스프링법이 있다. 누수 여부의 크기 순서는 스위블조인트 > 슬리브형 > 벨로스형 > 신축곡관이며 일반적으로 냉온수관에서 강관은 30m마다 동관은 20m마다 신축이음쇠 1개씩 설치한다.

05 예제문제

공기 가열기, 열 교환기 등 다량의 응축수를 처리하는 데 적합하며, 작동원리에 따라 다량트랩, 부자형 트랩으로 구분하는 트랩은?

① 벨로스 트랩　② 바이메탈 트랩
③ 플로트 트랩　④ 벨 트랩

해설

플로트(부자형) 트랩은 많은 양의 응축수를 제거하므로 다량 트랩이라 한다.　**답 ③**

04 출제유형분석에 따른
종합예상문제

[07년 1회]

01 다음 중 연결이 맞는 것은?

① 온수난방 : 잠열
② 증기난방 : 팽창탱크
③ 온풍난방 : 팽창관
④ 복사난방 : 평균복사 온도

> 증기난방은 잠열을 이용하고,
> 온수난방은 현열을 이용하며 팽창탱크와 팽창관이 필요하다.
> 복사난방에서 난방효과를 평가할 때
> 평균복사 온도(MRT)를 이용한다.

[12년 1회]

02 관내에 분리된 증기나 공기를 배출하고 물의 팽창에 따른 위험을 방지하기 위해 설치하는 것은?

① 순환탱크 ② 팽창탱크
③ 옥상탱크 ④ 압력탱크

> 팽창탱크는 온수난방에서 증기나 공기를 배출하고 물의 팽창을 흡수한다.

[07년 1회]

03 다음의 개방식 팽창탱크 주위에 설치되는 배관 중 관련 없는 것은?

① 배기관 ② 팽창관
③ 오버플로관 ④ 압축 공기관

> 압축 공기관은 압축기 부착형 밀폐형 팽창탱크 주위에 설치된다.

[13년 1회]

04 보일러를 장기간 사용하지 않을 때 부식 방지를 위하여 내부에 충전하는 가스로 적합한 것은?

① 이산화탄소 ② 아황산가스
③ 질소가스 ④ 산소가스

> 질소 가스는 부식방지에 적합하여 보일러를 장기간 보존할 때 내부 충전용으로 사용한다.

[08년 3회]

05 난방, 급탕, 급수배관에서 높은 곳에 설치하여 공기를 제거하여 유체의 흐름을 원활하게 하는 것은?

① 안전밸브 ② 에어벤트 밸브
③ 팽창밸브 ④ 스톱 밸브

> 배관 내에 공기가 차면 물의 흐름을 방해하므로 수직관 상부에 에어벤트 밸브를 설치하여 공기를 제거한다.

[14년 2회]

06 350℃ 이하의 온도에서 사용되는 관으로 압력 1 ~ 10MPa 범위에 있는 보일러 증기관, 수압관, 유압관 등의 압력 배관에 사용되는 관은?

① 배관용 탄소 강관 ② 압력배관용 탄소 강관
③ 고압배관용 탄소 강관 ④ 고온배관용 탄소 강관

> 압력배관용 탄소 강관(SPPS)은 350℃ 이하,
> 압력 10 ~ 100 kgf/cm^2 까지 사용한다.

[12년 2회]

07 패널 난방(Panel Heating)은 열의 전달방법 중 주로 어느 것을 이용한 것인가?

① 전도 ② 대류
③ 복사 ④ 전파

> 패널난방은 벽, 천장, 바닥 속에 온수관을 설치하여 벽체를 가열하여 벽면에서 방출하는 복사열을 이용하는 난방방식이다.

정답 01 ④ 02 ② 03 ④ 04 ③ 05 ② 06 ② 07 ③

[11년 3회, 10년 1회, 06년 2회]

08 온수난방에서 상당 방열면적이 $200m^2$이고, 한 시간의 최대 급탕량이 700L/h일 때 보일러 크기(출력)는 몇 kW인가?(단, 배관손실 부하는 총부하의 20%로 하며, 급탕 공급 온도차는 60℃로 한다.)

① 104.6kW ② 145.51kW
③ 184.3kW ④ 196.6kW

난방부하 = $EDR \times 0.523 = 200 \times 0.523 = 104.6kW$
급탕부하 = $WC\Delta t = 700 \times 4.2 \times 60 = 176,400kJ/h$
$= 49kW$
보일러출력 = 난방부하+급탕부하+배관손실부하
$= (104.6 + 49) \times (1 + 0.2) = 184.3kW$

[10년 3회]

09 스팀헤더(Steam Header)의 사용목적으로서 가장 적합한 것은?

① 배관 내의 압력을 조절하기 위하여
② 증기의 유량배분을 원활하게 하기 위하여
③ 열매의 효율을 높이기 위해서
④ 배관대의 부식방지를 위하여

스팀헤더는 보일러의 증기를 각 존별로 균등히 배분하기 위해 설치한다.

[12년 3회]

10 다음 보기에서 설명하는 난방 방식은?

- 설비비가 비교적 적다.
- 예열시간이 짧고 연료비가 적다.
- 실내상하의 온도차가 크다.
- 소음이 생기기 쉽다.

① 지역 난방 ② 온수 난방
③ 온풍 난방 ④ 복사 난방

온풍 난방은 예열시간이 짧고, 설비비가 적으나 실내 온도 분포가 나쁘고 쾌감도가 나쁜 편이다.

[09년 3회]

11 리프팅 피팅(Lift Fittings)과 관계 없는 것은?

① 빨아올리는 높이는 1.5m 이내
② 방열기보다 높은 곳에 환수관을 설치
③ 환수주관보다 높은 곳에 진공펌프를 설치
④ 리프트관은 환수주관보다 한 치수 큰 관을 사용

리프트 피팅은 진공환수식 증기난방에서 방열기가 환수관보다 낮을 때 사용하며 리프트관은 환수주관보다 지름이 1~2 계단 작은 관을 사용한다.

[13년 1회]

12 증기 또는 온수난방에서 2개의 이상의 엘보를 이용하여 배관의 신축을 흡수하는 신축이음쇠는?

① 스위블형 신축이음쇠
② 벨로스형 신축이음쇠
③ 볼 조인트형 신축이음쇠
④ 슬리브형 신축이음쇠

스위블 조인트는 2개의 이상의 엘보를 사용하여 엘보와 배관의 비틀림으로 신축을 흡수하며 방열기 주변 배관에 주로 이용한다.

[15년 3회]

13 다음 보기에서 설명하는 난방 방식은?

- 공기의 대류를 이용한 방식이다.
- 설비비가 비교적 작다.
- 예열시간이 짧고 연료비가 작다.
- 실내 상하의 온도차가 크다.
- 소음이 생기기 쉽다.

① 지역 난방 ② 온수 난방
③ 온풍 난방 ④ 복사 난방

온풍 난방은 팬을 이용하여 공기의 강제 대류 작용으로 난방하는 방식이다.

정답 08 ③ 09 ② 10 ③ 11 ④ 12 ① 13 ③

[12년 3회, 08년 2회]

14 복사난방을 바닥패널로 시공할 경우 적당한 가열면의 온도범위는?

① 30 ~ 33℃ ② 40 ~ 43℃
③ 50 ~ 53℃ ④ 60 ~ 63℃

바닥패널 복사난방은 우리나라처럼 좌식 문화일 때 가열면의 온도범위는 30 ~ 33℃ 정도로 한다.

[13년 3회, 11년 2회]

15 증기난방에 비해 온수난방의 특징으로 틀린 것은?

① 예열시간이 길지만 가열 후에 냉각시간도 길다.
② 공기 중의 미진(먼지)이 늘어 생기는 나쁜 냄새가 적어 실내의 쾌적도가 높다.
③ 보일러의 취급이 비교적 쉽고 안전하여 주택 등에 적합하다.
④ 난방부하 변동에 따른 온도조절이 어렵다.

온수난방은 증기난방에 비해 열용량(시스템 전체 보유수량이 크다)이 크므로 예열시간과 여열시간이 길지만 부하변동 시 온도조절이 가능하다.

[10년 1회]

16 증기난방과 비교한 온수난방법의 장점의 아닌 것은?

① 증기보일러에 비해 온수보일러의 취급이 용이하다.
② 동일 방열량에 대해 증기난방보다 방열면적이 크다.
③ 증기트랩을 사용할 필요가 없다.
④ 난방부하에 따른 온도조절이 비교적 쉽다.

온수난방은 방열량이(W/m^2)이 적어서 증기난방에 비해 방열면적이 커지는데 이는 단점이다.

[08년 1회]

17 온수난방 할 수 있는 온수를 증기의 열을 이용해서 생산하는 장치는?

① 스토리지 탱크 ② 열교환기
③ 증발 탱크 ④ 팽창 탱크

열교환기는 증기와 온수를 열교환시켜 증기의 잠열을 이용하여 온수(급탕)를 생산한다.

[14년 3회, 12년 1회]

18 온수난방에서 역귀환방식을 채택하는 주된 이유는?

① 순환펌프를 설치하기 위해
② 배관의 길이를 축소하기 위해
③ 열손실과 발생소음을 줄이기 위해
④ 건물 내 각 실의 온도를 균일하게 하기 위해

온수난방 역귀환방식(리버스 리턴방식)의 채택 이유는 각 존별로 배관 저항을 균등히 하여 순환이 균등해지고 결국 온도를 균등하게 하기 위함이다.

[07년 2회]

19 온수배관을 시공할 때 고려해야 할 사항으로 짝지어진 설명이 옳지 않은 것은?

① 열에 의한 배관의 신축 – 신축이음
② 온도차에 의한 물의 자연순환 – 순환펌프
③ 열에 의한 온수의 부피팽창 – 팽창관
④ 혼입된 공기에 의한 설비의 장애 – 공기빼기 밸브

온도차(밀도차)에 의한 자연순환에는 펌프가 필요없고 물의 강제순환에는 순환 펌프가 필요하다.

[07년 2회]

20 고온수 난방의 온수 온도로 적당한 것은?

① 30 ~ 40℃
② 100 ~ 150℃
③ 300 ~ 350℃
④ 450 ~ 500℃

고온수 난방은 100 ~ 180℃정도의 온수를 사용한다.

정답 14 ① 15 ④ 16 ② 17 ② 18 ④ 19 ② 20 ②

[06년 1회]

21 온수난방의 보온재로서 부적당한 것은?(단, 관내 흐르는 온수의 온도는 80℃이다.)

① 유리 섬유
② 폼 폴리에틸렌
③ 우모 펠트
④ 염기성 탄화 마그네슘

폼 폴리에틸렌은 80℃ 이하의 보냉재로 사용한다.

[13년 3회]

22 온수난방용 개방식 팽창탱크에 대한 설명 중 맞지 않는 것은?

① 탱크용량은 전체 팽창량과 같은 체적이어야 한다.
② 저온수난방에 흔히 사용된다.
③ 배관계통상 최고 수위보다 1m 이상 높게 설치한다.
④ 탱크의 상부에 통기관을 설치한다.

개방식 팽창탱크 용량은 온수 팽창량의 1.5 ~ 2배 정도로 한다.

[15년 2회]

23 고온수 난방의 배관에 관한 설명으로 옳은 것은?

① 온수 순환력이 작아 순환펌프가 필요하다.
② 고온수 난방에서는 개방식 팽창탱크를 사용한다.
③ 관내압력이 높기 때문에 관 내면의 부식문제가 증기난방에 비해 심하다.
④ 특수 고압기기가 필요하고 취급 · 관리가 복잡 하다.

고온수 난방(100℃ 이상) 배관은 순환력이 크며, 밀폐형 팽창탱크를 사용하고, 부식은 적은 편이나 고압을 유지하기위한 특수 고압기기가 필요하고 취급 · 관리가 복잡하다.

[14년 3회]

24 지역난방방식 중 온수난방의 특징으로 가장 거리가 먼 것은?

① 보일러 취급은 간단하며, 어느 정도 큰 보일러라도 취급 주임자가 필요 없다.
② 관 부식은 증기난방보다 적고 수명이 길다.
③ 장치의 열용량이 작으므로 예열시간이 짧다.
④ 온수 때문에 보일러의 연소를 정지해도 예열이 있어 실온이 급변되지 않는다.

온수난방은 장치의 열용량이 커서 예열시간이 증기에 비하여 길다.

[13년 2회]

25 팽창탱크를 설치하지 않은 온수난방장치를 작동하였을 때 일어나는 현상으로 적당한 것은?

① 온수 저장이 곤란하다.
② 온수 순환이 안 된다.
③ 배관의 파열을 일으키게 된다.
④ 온수 순환이 잘 된다.

물은 비압축성 유체이므로 온수보일러 등에서 팽창탱크를 설치하지 않으면 물의 팽창으로 배관 파열을 일으키게 된다.

[13년 2회]

26 온수난방에 대한 설명 중 옳지 않은 것은?

① 배관을 1/250 정도의 일정구배로 하고 최고점에 배관 중의 기포가 모이게 한다.
② 고장 수리를 위하여 배관 최저점에 배수 밸브를 설치한다.
③ 보일러에서 팽창탱크에 이르는 팽창관에 밸브를 설치한다.
④ 난방배관의 소켓은 편심 소켓을 사용한다.

보일러에서 팽창탱크에 이르는 팽창관 사이에는 안전을 위하여 어떠한 밸브도 설치하지 않는다.

정답 21 ② 22 ① 23 ④ 24 ③ 25 ③ 26 ③

[12년 2회]

27 온수 배관에 관한 설명 중 틀린 것은?

① 배관재료는 내열성을 고려해야 한다.
② 온수보일러의 팽창관에는 슬루스 밸브를 설치한다.
③ 공기가 고일 염려가 있는 곳에는 공기 배출밸브를 설치한다.
④ 배관의 지지는 처짐이 생기지 않도록 한다.

> 온수보일러 팽창관에는 어떠한 밸브도 설치하지 않는다.

[12년 1회]

28 온수난방 배관의 분류와 합류를 나타낸 것으로 적합하지 않은 것은?

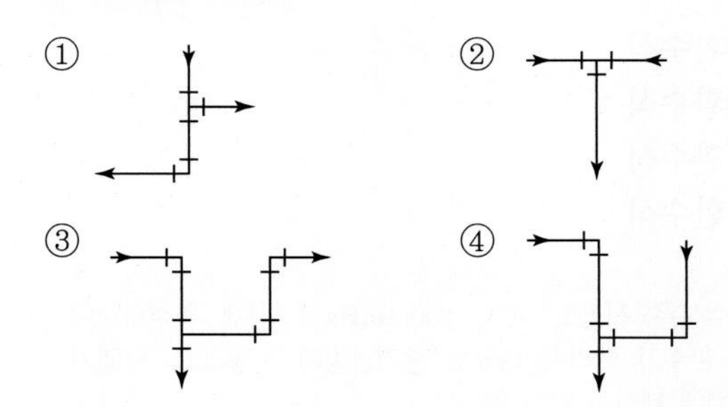

> 배관에서 합류나 분류는 서로 충돌하지 않게 한다. ②의 합류는 서로 충돌하여 옳지 않다.

[06년 1회]

29 다음 중 증기트랩(Steam Trap)의 종류에 들어가지 않는 것은?

① 버킷 트랩 ② 플로트 트랩
③ 열동식 트랩 ④ 그리스 트랩

> 그리스 트랩은 배수 트랩이며 배수중의 기름기를 제거한다.

[13년 1회]

30 방열기의 환수구에 설치하여 증기와 드레인을 분리하여 환수시키고 공기도 배출시키는 트랩?

① 열동식 트랩 ② 플로트 트랩
③ 상향식 버킷트랩 ④ 충격식 트랩

> 방열기에 환수측에 사용하는 트랩은 열동식 트랩(벨로스 트랩)을 주로 적용한다.

[15년 2회, 11년 3회]

31 고압증기 난방에서 환수관이 트랩 장치보다 높은 곳에 배관되었을 때 버킷 트랩이 응축수를 리프팅 하는 높이는 증기 파이프와 환수관의 압력차 100kPa에 대하여 얼마로 하는가?

① 2m 이하 ② 5m 이하
③ 3m 이하 ④ 7m 이하

> 압력차 100kPa는 이론적으로 10m에 해당하지만 고압증기 난방에서 환수관이 트랩보다 높을 때 응축수를 리프팅 하는 높이는 압력차 100kPa에 5m 이하로 제한한다.

[11년 1회]

32 증기난방 배관에서 증기트랩을 사용하는 주목적은?

① 관 내의 온도를 조절하기 위하여
② 관 내의 압력를 조절하기 위하여
③ 관 내의 증기와 응축수를 분리하기 위하여
④ 배관의 신축을 흡수하기 위하여

> 증기트랩의 설치목적은 증기는 차단하고 응축수는 배출하기 위함이다. 즉, 응축수(사용한 증기)는 버리고 생증기(살아있는 증기)는 보유한다.

[13년 1회, 12년 1회]

33 증기난방의 응축수 환수방법이 아닌 것은?

① 중력 환수식 ② 기계 환수식
③ 상향 환수식 ④ 진공 환수식

> 증기난방의 응축수 환수 방식은 중력식, 기계식, 진공환수식이 있다.

정답 27 ② 28 ② 29 ④ 30 ① 31 ② 32 ③ 33 ③

[08년 3회]

34 증기난방배관 시공법에 관한 설명으로 틀린 것은?

① 주관에서 지관을 입상관 분기하는 경우 천장과의 간격이 적을 때에는 주관에서 티를 45° 상향으로 하여 45° 엘보를 사용하여 배관한다.
② 주관에서 지관을 분기하는 경우에는 배관의 신축을 고려하여 2개의 이상의 엘보를 사용한 스위블 이음으로 한다.
③ 증기 수평주관의 입상개소 하부에는 트랩 장치를 한다.
④ 증기관이나 환수관이 보 또는 출입문 등 장애물과 교차할 때는 장애물을 관통하여 배관 한다.

증기관이나 환수관이 장애물과 교차 시는 장애물을 우회하여 배관하다.

[15년 3회]

35 진공환수식 증기난방법에 관한 설명으로 옳은 것은?

① 다른 방식에 비해 관 지름이 커진다.
② 주로 중 · 소규모 난방에 많이 사용된다.
③ 환수관 내 유속의 감소로 응축수 배출이 느리다.
④ 환수관 진공도는 100 ~ 250mmHg 정도로 한다.

진공환수식은 응축수 순환이 빨라서 관 지름이 작아도 되며 주로 중·대규모 난방에 사용된다.

[12년 2회]

36 증기보일러에서 환수방법을 진공환수방법으로 할 때 설명으로 맞는 것은?

① 증기주관은 선하향 구배로 한다.
② 환수관은 습식 환수관을 사용한다.
③ 리프트 피팅의 1단 흡상고는 2 m로 한다.
④ 리프트 피팅은 펌프 부근에 2개 이상 설치한다.

진공 환수식에서 증기주관은 $\frac{1}{200} \sim \frac{1}{300}$ 정도 선하향 구배로 하고 환수관은 건식환수로 하며 리프트 피팅 1단 흡상 높이는 1.5m 이내로 한다.

[12년 3회, 07년 3회, 06년 1회]

37 암거 내에 증기난방 배관 시공을 하고자 할 때 나관(Bare Pipe) 상태라면 관 표면에 무엇을 바르는가?

① 시멘트
② 석면
③ 테이론 테이프
④ 콜타르

암거 내에 증기난방 배관 시공 시 나관(보온을 하지 않은 관)은 보통 관 표면에 콜타르를 바른다.

[14년 3회]

38 증기난방식 중 대규모 난방에 많이 사용하고 방열기의 설치 위치에 제한을 받지 않으며 응축수 환수가 가장 빠른 방식은?

① 진공환수식
② 기계환수식
③ 중력환수식
④ 자연환수식

진공환수식은 진공도 100 ~ 250mmHg로 강제 환수하므로 응축수 환수가 빨라서 대규모 증기난방에 사용하고, 방열기 설치위치에 제한을 받지 않는다.

[15년 1회]

39 진공 환수식 증기난방법에 탱크 내 진공도가 필요 이상으로 높아지면 밸브를 열어 탱크 내에 공기를 넣는 안전밸브의 역할을 담당하는 기기는?

① 버큠 브레이커(Vacuum Breaker)
② 스팀 사이렌서(Steam Silencer)
③ 리프트 피팅(Lift Fitting)
④ 냉각 레그(Cooling Leg)

버큠 브레이커는 진공 환수식에서 탱크 내 진공도를 제어하는 기기이다.

정답 34 ④ 35 ④ 36 ① 37 ④ 38 ① 39 ①

[13년 3회, 10년 3회]

40 증기난방에서 고압식인 경우 증기압력은?

① 15 ~ 35kPa 미만
② 35 ~ 72kPa 미만
③ 72 ~ 100kPa 미만
④ 100kPa 이상

증기난방에서 저압식은 15－35kPa 미만, 고압식은 100kPa 이상을 적용한다.

[13년 3회]

41 배관의 지름은 유속에 따라 결정된다. 저압증기관에서 권장유속으로 적당한 것은?

① 10~15m/s ② 20~30m/s
③ 35~45m/s ④ 50m/s 이상

저압증기관의 권장 증기 유속 : 20 ~ 30m/s
고압증기관 : 35 ~ 45m/s

[14년 1회]

42 증기난방 설비의 수평배관에서 관경을 바꿀 때 사용하는 이음쇠로 가장 적합한 것은?

① 편심 리듀서 ② 동심 리듀서
③ 유니언 ④ 소켓

증기배관에서 응축수가 고이지 않도록 편심 리듀서를 배관 바닥면을 일치하게 설치한다.

[15년 2회]

43 온수난방과 비교하여 증기난방 방식의 특징이 아닌 것은?

① 예열시간이 짧다. ② 배관부식 우려가 적다.
③ 용량제어가 어렵다. ④ 동파 우려가 크다.

증기난방은 공기와 접촉할 가능성이 커서 부식 우려가 크다.

[15년 3회, 09년 3회]

44 증기 트랩 장치에서 벨로스 트랩을 안전하게 작동시키기 위해 트랩 입구 쪽에 최저 몇 m 이상을 냉각관으로 해야 하는가?

① 0.5 ② 0.7
③ 1 ④ 1.2

벨로스 열동식 트랩은 온도차로 작동하는 트랩이기 때문에 트랩 입구 쪽에 최저 1.2m 이상의 냉각관이 필요하다. 관말 트랩에 설치하는 냉각다리는 1.5m 이상으로 한다.

[15년 3회]

45 건식 환수배관의 증기주관의 적절한 구배는?

① 1/100 ~ 1/150의 선하(先下)구배
② 1/200 ~ 1/300의 선하(先下)구배
③ 1/350 ~ 1/400의 선하(先下)구배
④ 1/450 ~ 1/500의 선하(先下)구배

건식 증기 배관 기울기는 $\left(\frac{1}{200}\right) \sim \left(\frac{1}{300}\right)$의 앞내림 구배(선하향)를 준다.

[06년 2회]

46 하트포드 접속법(Hartford Connection)은 증기난방 배관 중 어디에 배관하는가?

① 관말 트랩 장치에 배관
② 증기 주관에 배관
③ 증기관과 환수관 사이에 배관
④ 방열기 주위에 배관

하트포드 접속은 증기 보일러 주변 배관으로 증기관과 환수관 사이에 설치한다.

정답 40 ④ 41 ② 42 ① 43 ② 44 ④ 45 ② 46 ③

[06년 3회]

47 증기주관 관말 트랩 바이패스관 설치시 필요 없는 것은?

① 스트레이너　② 유니온
③ 열동식 트랩　④ 안전 밸브

관말 트랩장치에 안전 밸브는 설치하지 않는다.

[09년 2회]

48 다음은 증기난방 배관 시공법에 관한 설명이다. 틀린 것은?

① 분기관은 주관에 대해 45° 이상으로 취출해 낸다.
② 고압증기의 환수관을 저압증기의 환수관에 접속하는 경우 증발탱크를 경유시킨다.
③ 이경 증기관 접합 시공시 편심 이경 조인트를 사용하여 응축수의 고임을 방지한다.
④ 암거 내 배관시에는 밸브 등을 가능하면 근처에서 멀게 집결시킨다.

암거 내 배관 시에는 밸브 트랩 등을 가능하면 근처 가까이에 설치하여 유지관리가 편리하게 한다.

[07년 2회]

49 증기 관말 트랩 바이패스 설치시 필요 없는 부속은?

① 엘보　② 유니온
③ 글로브 밸브　④ 안전 밸브

안전 밸브는 증기 압력이 높은 고압 증기배관에 설치한다.

[09년 1회]

50 증기난방설비 시공시 수평주관으로부터 분기 입상시키는 경우 관의 신축을 고려하여 설치하는 신축 이음은?

① 스위블 이음　② 슬리브 이음
③ 벨로스 이음　④ 플랙시블 이음

스위블 이음은 배관의 신축을 흡수한다.

[08년 1회]

51 증기난방 배관방법에 이어서 리프트 피팅(Lift Fitting)의 빨아올리는 높이는 1단을 몇 m 이내로 하는가?

① 0.7m　② 1m
③ 1.5m　④ 3m

진공환수식 증기난방에서 리프트 피팅은 1단이 1.5m 이내가 되도록한다.

[07년 3회]

52 난방배관에서 리프트 이음(Lift Fitting)을 하는 응축수 환수방식은?

① 중력환수식　② 기계환수식
③ 진공환수식　④ 상향환수식

진공환수식에서 방열기(환수관)가 하부에 설치되는 경우 1.5m 높이마다 리프트 이음을 설치하여 진공 펌프로 응축수를 환수시킨다.

[07년 2회]

53 플로트 트랩의 특징이 아닌 것은?

① 항상 응축수가 생기는 대로 배출되므로 최대의 열효율을 요구하는 곳에 적합하다.
② 자동 에어벤트가 내장되어 있으므로 공기배출 능력이 뛰어나다.
③ 고압에서도 사용이 가능하며 견고하고 수격작용에도 강하다.
④ 동파의 위험이 있으므로 외부에 설치할 때는 보온해야 한다.

플로트 트랩(Flort Trap)은 저압증기용 트랩으로 부력을 이용하는 기계식 트랩으로 응축수량이 많을 때 적합하다.

정답 47 ④　48 ④　49 ④　50 ①　51 ③　52 ③　53 ③

[14년 2회]

54 트랩 중에서 응축수를 밀어올릴 수 있어 환수관을 트랩보다도 위쪽에 배관할 수 있는 것은?

① 버킷 트랩 ② 열동식 트랩
③ 충동증기 트랩 ④ 플로트 트랩

상향 버킷 증기트랩은 응축수를 트랩보다 위쪽의 환수관에 배출이 가능하다.

[08년 1회]

55 사용압력은 400kPa 정도 이하이며, 공기, 가열기, 열교환기 등 다량의 응축수를 처리하는데 적합한 증기트랩은?

① 플로트 트랩 ② 열동식 트랩
③ U트랩 ④ 버킷 트랩

플로트 트랩은 일명 다량 증기 트랩이며 플로트(부자)를 이용한 기계식 트랩이다.

[09년 3회, 06년 1회]

56 주증기관의 관경 결정에 직접적인 관계가 없는 것은?

① 압력손실 ② 팽창탱크
③ 증기의 속도 ④ 관의 길이

팽창탱크는 증기 배관과 관계가 없으며 온수난방에서 온수의 팽창을 흡수하는 장치이다.

[12년 3회]

57 증기배관에서 워터해머를 방지하기 위한 방법 중 틀린 것은?

① 보일러에서 프라이밍(Priming)이 없도록 한다.
② 감압밸브를 설치하는 것이 좋다.
③ 역구배를 충분히 크게 하고 관경을 크게 한다.
④ 트랩은 확실하게 작동되고 고장이 없는 것을 사용한다.

증기배관에서 역구배를 주면 공급되는 증기와 역류하는 응축수가 충돌하여 워터해머가 발생하기 쉬워서 순구배를 주는 것이 좋다.

[12년 3회]

58 증기트랩 중 기계식에 해당되지 않는 것은?

① 벨로스 트랩 ② 버킷 트랩
③ 플루트 트랩 ④ 다량 트랩

벨로스 트랩은 온도차로 작동하는 열동식이다.

[09년 3회, 08년 3회]

59 증기배관에서 증기와 응축수의 흐름방향이 동일할 때 증기관의 구배는?(단, 특수한 경우를 제외한다.)

① $\frac{1}{50}$ 이상의 역구배 ② $\frac{1}{50}$ 이상의 순구배
③ $\frac{1}{250}$ 이상의 순구배 ④ $\frac{1}{250}$ 이상의 역구배

증기배관에서 증기와 응축수 흐름방향 동일할때 $\frac{1}{250}$ 이상 순구배를 준다.

[07년 1회]

60 다음과 같은 증기 난방배관에 관한 설명으로 옳은 것은?

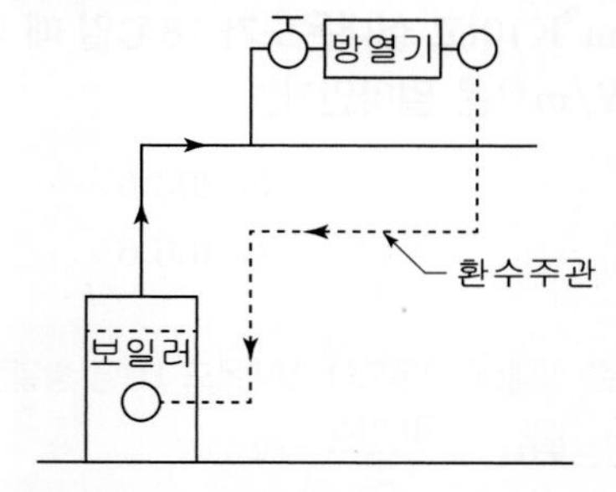

① 진공 환수식으로 습식 환수방식이다.
② 중력 환수방식이며 건식 환수방식이다.
③ 중력 환수방식으로서 습식 환수방법이다.
④ 진공 환수방식이며 건식 환수방식이다.

정답 54 ① 55 ① 56 ② 57 ③ 58 ① 59 ③ 60 ②

증기배관에서 중력 환수식이며 환수주관이 보일러 수면 위에 있으므로 건식 환수방식이다.

[14년 1회, 10년 3회, 10년 2회, 06년 3회]

61 열팽창에 의한 배관의 신축이 방열기에 영향을 주지 않도록 방열기 주위 배관에 일반적으로 설치하는 신축이음쇠는?

① 신축곡관 ② 스위블 조인트
③ 슬리브형 신축이음 ④ 벨로스형 신축이음

스위블 조인트는 방열기 주위 배관에 일반적으로 적용하는 배관법으로 열팽창에 의한 배관의 신축이 방열기에 영향을 주지 않도록 한다.

[14년 1회]

62 방열기의 환수관이나 증기 배관의 말단에 설치하고 응축수나 공기를 증기와 분리하는 장치는?

① 배수트랩 ② 전자 밸브
③ 팽창밸브 ④ 증기 트랩

증기트랩은 증기는 잡아두고 응축수나 공기를 배출한다.

[09년 1회]

63 방열기의 입구온도 70℃, 출구온도 55℃, 방열계수 6.8(W/m^2K)이고 실내온도가 18℃일 때 이 방열기의 방열량(W/m^2)은 얼마인가?

① 102.6 ② 203.6
③ 302.6 ④ 406.6

방열계수란 열매(온수)온도와 실내온도 1℃당 방열량으로

열매 평균온도(t) $= \frac{70+55}{2} = 62.5$℃.

열매와 실내온도차 $= 62.5 - 18 = 44.5$℃

방열기 방열량 (q) $= 6.8 \times 44.5 = 302.6 W/m^2$

[11년 1회]

64 방열기의 종류에서 구조 및 형태에 따라 분류하였다. 라디에이터 류에 속하지 않는 것은?

① 패널형 ② 컨벡터형
③ 핀 튜브형 ④ 목책형

Convector는 케이싱이 있는 대류 방열기이다.
라디에이터 류는 케이싱이 없다.

[13년 1회]

65 열을 잘 반사하고 확산하므로 난방용 방열기 표면 등의 도장용으로 사용되는 도료는?

① 광명단 도료 ② 산화철 도료
③ 합성수지 도료 ④ 알루미늄 도료

알루미늄 도료는 열을 잘 반사하고 확산하므로 난방용 방열기 표면 도장용에 주로 쓰인다. 일명 은분이라고도 한다.

[11년 1회]

66 다음 중 증기에 사용하는 벨로스식 방열기 트랩(최고 사용압력 100kPa)의 성능에서 밸브가 열리기 시작하는 작동온도로 맞는 것은?

① 98℃ ② 100℃ 이상
③ 102℃ 이하 ④ 105℃ 이상

벨로스식 방열기는 온도차에 의한 트랩이며 열동식 트랩이라 하고 최고 사용압력 100kPa에서는 102℃ 이하에서 밸브가 열린다.

[07년 3회]

67 방열기의 설치와 주위배관에 관한 설명이 틀린 것은?

① 방열기 주위는 하트포드 이음으로 배관한다.
② 환수관은 끝내림으로 한다.
③ 설치위치는 일반적으로 방의 외벽측 창문 밑으로 한다.
④ 방열기와 벽면관의 사이에 60mm 정도의 간격을 준다.

저압증기난방 보일러 주변 배관에 하트포드 이음을 사용하고 방열기 주변 배관은 스위블 이음을 사용한다.

정답 61 ② 62 ④ 63 ③ 64 ② 65 ④ 66 ③ 67 ①

[15년 1회, 11년 2회]

68 강판제 케이싱 속에 열전도성이 우수한 핀(Fin)을 붙여 대류작용만으로 열을 이동시켜 난방하는 방열기는?

① 콘백터　② 길드 방열기
③ 주형 방열기　④ 벽걸이 방열기

컨벡터 방열기는 강판제 케이싱 속에 열전도성이 우수한 핀을 붙여 대류작용을 이용한 방열기이다.

[14년 1회]

69 3세주형 주철제 방열기를 설치할 때 사용증기의 온도가 120℃이고, 실내공기의 온도가 20℃, 난방부하 42,000kJ/h를 필요로 하면 설치할 방열기의 소요 쪽수는 얼마인가?(단, 방열계수는 9.2W/m²K)이고, 1쪽당 방열면적은 0.13m² 이다.)

① 88쪽　② 98쪽
③ 108쪽　④ 118쪽

이 문제에서 방열계수 9.2W/m²K℃의 의미는 증기온도와 실내온도 1℃당 9.2W/m²의 방열을 말한다. 그러므로

방열기 방열량 $= 9.2\times(120-20) = 920\,\mathrm{W/m^2}$

방열기 면적 $\dfrac{\text{난방부하}}{\text{방열량}} = \dfrac{42000\times1000}{3600\times920} = 12.68\mathrm{m^2}$

방열기 쪽수 $\dfrac{\text{방열면적}}{\text{1쪽당 면적}} = \dfrac{12.68}{0.13} = 97.5 = 98$쪽

(여기서, 42,000kJ/h 부하를 1000을 곱하고 3600으로 나누어 방열량 단위 W로 환산한다.)

정답 68 ① 69 ②

05 공기조화설비

1 공기조화설비의 개요

1. 공기조화 설비 배관일반

(1) 배관 시공 시 관의 신축을 고려하고, 또한 균등한 기울기를 유지하며 역 구배 및 공기 발생 등 순환을 저해할 우려가 있는 배관을 해서는 안 된다.

(2) 관의 이음은 강관일 경우 관 지름이 50mm 이하일 때는 나사 이음, 65mm 이상일 때는 용접이음 또는 플랜지 이음 방식으로 한다.

(3) 냉·온수 및 냉각수 배관에 사용하는 밸브는 특기가 없을 때 50mm 이하는 게이트 밸브로, 65mm 이상은 버터플라이 밸브로 한다.

(4) 주관의 곡부에는 곡관을 사용한다.

(5) 배관계에서 공기가 체류할 우려가 있는 곳에는 반드시 공기 빼기 밸브를 설치하여야 한다.

01 예제문제

공기조화설비의 전공기 방식에 속하지 않는 것은?

① 단일덕트 방식 ② 이중덕트 방식

③ 팬코일 유닛 방식 ④ 멀티 존 유닛 방식

해설

팬코일 유닛 방식(F.C.U 방식)은 전수방식에 속한다. 답 ③

2. 공기조화설비 배관

(1) 냉·온수 배관 횡주관은 위쪽 또는 아래쪽 구배 배관으로 하고, 구배는 1/250 이상으로 한다.

(2) 입상 분기는 횡주관의 상부로부터 뽑아내어 공기가 쉽게 빠지도록 한다. 입하 분기는 하부로부터 뽑아내어 배수가 용이하게 되도록 한다.

(3) 설계 도서에 나타낸 장소 및 H형 배관이 되는 부분에는 자동 또는 수동의 공기 빼기 밸브를 설치하거나 또는 개방형 팽창 탱크로 배기할 수 있는 배관으로 한다.

(4) 설계 도서에 나타난 장소 및 드레인이 잔류할 우려가 있는 개소에는 드레인 밸브를 설치하여 간접 배수한다.
(5) 배관의 온도 변화에 따른 신축을 고려한다.
(6) 전환 밸브 및 조작용 밸브는 소정의 개소에 설치한다.

3. 증기 배관

(1) 횡주관에서 관경이 다른 경우 편심 이경 이음을 사용하고, 드레인이 잔류하지 않도록 한다.
(2) 횡주관의 구배는 순 구배에서는 1/250 이상으로 하고, 역구배의 경우에는 관경을 1사이즈 크게 하고, 1/80 이상의 구배로 한다. 환수관은 반드시 1/250 이상의 순 구배로 한다.
(3) 트랩은 주 배관 내의 드레인을 충분히 배출할 수 있는 방법으로 시공한다.
(4) 배관에는 온도 변화에 따른 신축을 고려한다.
(5) 고압 증기의 환수관을 저압 증기의 환수관에 접속하는 경우는 증발 탱크를 경유하여 저압 환수관에 접속한다.
(6) 저압 진공 환수관을 고소에 세워 올리는 개소에는 리프트 피팅(lift fitting)을 설치한다.
(7) 고압 환수에서 환수 주관이 트랩보다 상부에 있는 경우에는 체크 밸브를 설치한다.
(8) 일반적으로 저압 증기, 환수용에는 게이트 밸브를 사용하고, 고압용은 볼 밸브를 사용한다.
(9) 감압 밸브 장치의 안전밸브의 압력은 상용의 1.15 ~ 1.2배 정도로 한다.
(10) 압력계, 온도계 등은 설계 도서에 기재된 개소에 설치한다.

02 예제문제

다음의 냉 · 난방 배관에 대한 설명 중 옳지 않은 것은?

① 증기관이나 응축수 배관에 설치하는 글로브밸브는 일반적으로 밸브 축이 수직으로 되게 설치한다.
② 팽창관에는 밸브를 설치해서는 안 된다.
③ 지름이 다른 관을 나사 이음할 때는 부싱을 사용하지 않는 것이 바람직하다.
④ 공조기기의 물빼기용 배수는 간접배수로 한다.

해설
증기관이나 응축수 배관에 설치하는 글로브밸브는 물이 정체하지 않도록 밸브 축이 수평으로 되게 설치한다.
답 ①

PARAT 03 공조냉동 설치 · 운영

2 공기조화설비 배관

> 신축이음 누수 여부의 순서는 스위블조인트>슬리브형>벨로스형>신축곡관이며 일반적으로 냉온수관에서 강관은 30m마다 동관은 20m마다 신축이음쇠 1개씩 설치한다.

1. 신축이음

배관의 신축을 흡수하는 이음쇠의 종류에는 슬리브형, 벨로스형, 신축곡관, 스위블조인트, 볼조인트가 있고 시공 시 잡아당겨 연결하는 콜드스프링법이 있다.

누수 여부의 크기 순서는 스위블조인트 > 슬리브형 > 벨로스형 > 신축곡관이며 일반적으로 냉온수관에서 강관은 30 m 마다 동관은 20 m 마다 신축이음쇠 1개씩 설치한다.

(1) 슬리브형(sleeve type)

① 직선배관에 사용되며 신축량이 크고 소요공간이 작다.
② 활동부 패킹의 파손 우려가 있어 누수되기 쉽다.
③ 보수가 용이한 곳에 설치한다.

(2) 벨로스형(bellows type)

① 주름 모양의 원형판에서 신축을 흡수한다.
② 설치공간은 작은 편이며 일반적으로 많이 이용된다.
③ 누수의 염려가 있고 고압에는 부적당하다.

(3) 신축곡관(expansion loop)

① 파이프를 원형 또는 ㄷ자 형으로 벤딩하여 벤딩부에서 신축을 흡수한다.
② 고압에 잘 견딘다.
③ 신축 길이가 길며 설치에 넓은 장소를 필요로 하므로 옥외배관에는 적당하다.
④ 보수할 필요가 거의 없다.

(4) 스위블조인트(swivel joint)

① 2개 이상의 엘보를 이용하여 나사부의 회전으로 신축 흡수
② 방열기 주변 배관에 많이 이용된다.
③ 누수의 염려가 있다.

(5) 볼조인트 이음(balll joint)

최근 쓰이기 시작한 것이며 내측 케이스와 외측 케이스로 구성되어 있고 일정 각도 내에서는 자유로이 회전한다. 이 조인트를 2 ~ 3개 사용하여 배관을 하면 관의 신축을 흡수할 수 있다. 신축곡관에 비해 설치 공간이 적고 기타 신축이음에 비해 고온, 고압에 잘 견디나 개스킷이 열화되는 경우가 있다.

2. 증기 주관의 관말 트랩 배관

증기 주관의 관 끝에서 응축수를 제거하기위해 관말트랩을 설치하는데 이때 증기 주관에서부터 트랩에 이르는 냉각 레그(cooling leg)는 완전한 응축수를 트랩에 보내는 관계로 보온 피복을 하지 않으며, 또 냉각 면적을 넓히기 위해 그 길이도 1.5m 이상으로 한다.

3. 보일러 주변의 배관(하트포드(hartford) 배관)

저압증기 난방장치에 있어서 환수주관을 보일러 하단에 직접 접속하면 보일러 내의 증기 압력에 의해 보일러 내의 수면이 안전수위 이하로 내려간다. 이런 위험을 막기 위하여 밸런스관을 달고 안전 저수면보다 높은 위치에 환수관을 접속하는데 이런 배관법을 하트포드(hartford) 접속법이라고 한다.

4. 리프트 피팅 배관

진공 환수식 난방 장치에 있어서 부득이 방열기보다 높은 곳에 환수관을 배관하지 않으면 안될 때 또는 환수 주관보다 높은 위치에 진공 펌프를 설치할 때는 리프트 이음(lift fittings)을 사용하면 환수관의 응축수를 끌어올릴 수 있다. 이 수직관은 주관보다 한 치수 가느다란 관으로 하는 것이 보통이며, 빨아올리는 높이는 1.5m 이내이고, 또 2단, 3단 직렬 연속으로 접속하여 빨아올리는 경우도 있다. 드레인은 난방을 정지했을 때 동결을 방지하는 역할을 하기도 한다.

5. 방열기 주변 배관

방열기의 설치 위치는 열손실이 가장 많은 곳에 설치하되 실내 장치로서의 미관에도 유의하여 설치할 것이며, 벽면과의 거리는 보통 5 ~ 6cm 정도가 가장 적합하다.

이 배관법의 요점을 들면 다음과 같다.

① 열팽창에 의한 배관의 신축이 방열기에 미치지 않도록 스위블 이음으로 하는 것이 좋다.
② 증기의 유입과 응축수의 유출이 잘되게 배관 구배를 정한다.
③ 방열기의 방열 작용이 잘 되도록 배관해야 하며 진공 환수식을 제외하고는 공기빼기 밸브를 부착해야 한다.
④ 방열기는 적당한 경사를 주어 응축수 유출이 용이하게 이루어지게 하며 적당한 크기의 트랩을 단다.

03 예제문제

펌프의 양수량이 60m³/min이고 전양정이 20m일 때 벌류트펌프(Volute Pump)로 구동할 경우 필요한 동력은 약 몇 kW인가?(단, 펌프의 효율은 60%로 한다.)

① 196.1kW ② 200kW

③ 326.8kW ④ 405.8kW

해설

$$동력(kW) = \frac{Q \cdot H}{102 \times 60 \times \eta} = \frac{60 \times 1000 \times 20}{60 \times 102 \times 0.6} = 326.8kW$$

답 ③

6. 증기관 도중의 밸브 종류

증기 배관의 도중에 밸브를 다는 경우 글로브 밸브는 응축수가 고이게 되므로 슬루스 밸브를 사용한다. 글로브 밸브를 달 때에는 밸브축을 수평으로 하여 응축수가 흐르기 쉽게 해야 한다. 한랭지에서는 동파를 막기 위해 이중 서비스 밸브를 설치한다.

7. 증발 탱크(flash tank) 주변 배관

고압증기의 응축수는 그대로 대기에 개방하거나, 저압 환수 탱크에 보내면 압력강하 때문에 일부가 재증발하여 저압 환수관 내의 압력을 올려, 증기 트랩의 배압을 상승시킴으로써 트랩 능력을 감소시키게 된다. 이것을 방지하기 위하여 고압 환수를 증발 탱크로 끌어 들여 저압 하에서 재증발시켜, 발생한 증기는 그대로 이용하고 탱크 내에 남은 저압 응축수만을 환수관에 송수하기 위한 장치를 말하는 것이다.

8. 스팀 헤더(steam header)

보일러에서 발생한 증기를 각 계통으로 분배할 때는 일단 이 스팀 헤더에 보일러로부터 증기를 모은 다음 각 계통별로 분배한다. 스팀 헤더의 관경은 그것에 접속하는 증기관 단면적 합계의 2배 이상의 단면적을 갖게 하여야 한다. 또 스팀 헤더에는 압력계, 드레인 포켓, 트랩장치 등을 함께 부착시킨다. 스팀 헤더의 접속관에 설치하는 밸브류는 조작하기 좋도록 바닥 위 1.5m 정도의 위치에 설치하는 것이 좋다.

9. 배관 기울기

증기난방의 배관 기울기는 응축수 환수에 지장이 없도록 하며 또한 지관의 기울기는 주관의 신축에 의하여 기울기가 변화하여 지장이 생기지 않도록 충분한 기울기를 둔다.

표. 증기 난방의 배관 기울기

증기관	앞내림배관(선하향) 1/250 이상, 앞올림배관(선상향) 1/50 이상
환수관	앞내림배관 1/250 이상

10. 감압 밸브 주변 배관

증기는 고압을 저압으로 감압하기 위하여 감압 밸브를 설치하는데 감압 밸브 선정 시는 1차측과 2차측의 압력차에 특히 주의해야 한다. 왜냐하면 감압 밸브의 유량은 저압측 압력이 고압측의 약 50% 이상이 되면 밸브 통과 속도가 최대치가 되어 일정 유량 이상은 흐를 수 없게 되기 때문이다. 압력차가 클 경우는 2개의 감압 밸브를 직렬 접속하여 2단 감압한다. 그리고 여름과 겨울처럼 감압 밸브 유량을 크게 다르게 사용하고자 할 때에는 대·소 2개의 감압밸브를 병렬 접속하여 전환 사용한다.

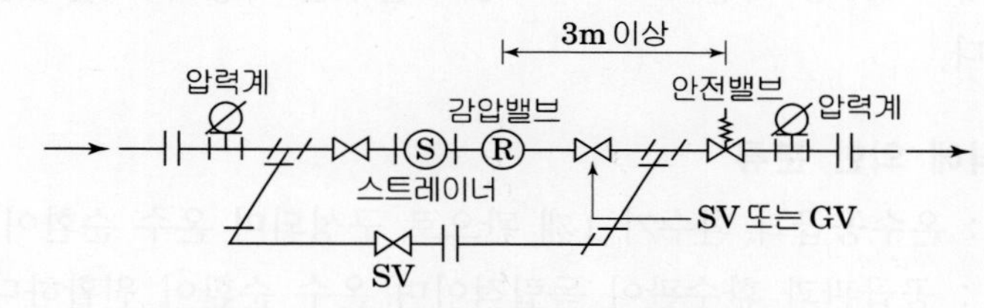

(a) 밸런스 파이프를 필요로 하지 않은 감압장치

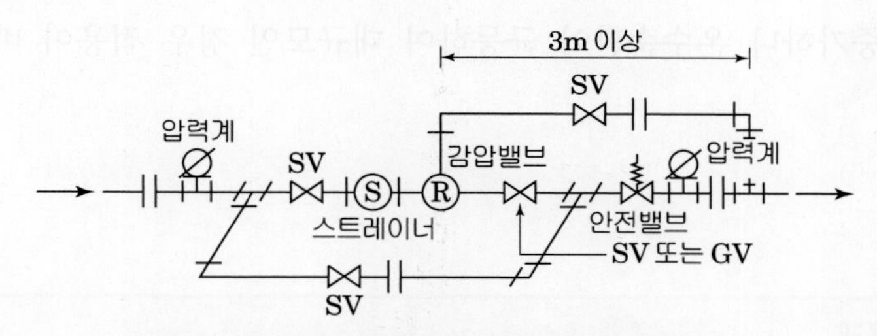

(b) 밸런스 파이프를 필요로 하는 감압장치

※ 주) 바이패스의 관경은 1차측의 관경보다 1~2사이즈 적게 한다.
SV : 글로브 밸브, GV : 게이트 밸브

11. 감압밸브의 주변 배관 시공 시 주의 사항

① 감압밸브는 본체에 표시된 화살표 방향과 유체 방향이 일치하도록 설치한다.
② 위 아래에 충분한 공간을 취해 분해 수리 시 무리가 없도록 한다.
③ 바이패스관은 1차측 관보다 한 치수 작은 관을 사용한다.
④ 리듀서는 편심 리듀서를 사용하여 바닥에 찌꺼기가 고이지 않게 한다.
⑤ 시운전 시에는 바이패스관으로 찌꺼기를 먼저 없앤 다음 감압 밸브를 사용한다.

12. 온수순환방식에 의한 분류

(1) 중력환수식 : 보일러에서 가열된 온수는 방열기에서 냉각되며 이때 온도차에 따른 현열을 이용하여 난방하는데 온도차에 의한 밀도차를 이용하여 온수를 순환시키는 방식을 중력순환(자연순환)방식이라 하며 보일러가 방열기 하부에 설치되어야한다. 중력순환식은 순환펌프가 없고 순환력이 적어 관경이 커진다.

(2) 기계환수식 : 온수 순환을 순환 펌프를 이용하는 방식으로 순환력이 크고 관경이 작아진다. 방열기 설치 위치에 제한이 없으며 대부분의 온수 난방이 기계순환방식을 채택한다.

13. 온수 온도에 따른 분류

(1) 보통온수식 : 100℃ 이하(60 ~ 80℃)온수를 사용하고 팽창탱크가 필요하다.

(2) 고온수식 : 100℃ 이상(120 ~ 180℃)고온수를 사용하고 밀폐형 팽창탱크가 필요하다.

14. 배관방식에 의한 분류

(1) 단관식 : 온수공급과 환수가 1개 관으로 구성되며 온수 순환이 불규칙하다.

(2) 복관식 : 공급관과 환수관이 독립적이며 온수 순환이 원활하다. 배관 방식에 직접환수식과 역환수식(리버스 리턴방식)이 있다. 배관 설비비는 역환수식이 증가하나 온수순환이 균등하여 대규모인 경우 적용이 바람직하다.

04 예제문제

공기조화설비에서 수 배관 시공 시 주요 기기류의 접속배관에는 수리 시에 전계통의 물을 배수하지 않도록 서비스용 밸브를 설치한다. 이때 밸브를 완전히 열었을 때 저항이 적은 밸브가 요구되는 데 가장 적당한 밸브는?

① 나비밸브 ② 게이트밸브
③ 니들밸브 ④ 글로브밸브

해설
밸브 중 저항이 적게 걸리는 밸브는 게이트 밸브이다. 답 ②

15. 팽창탱크

온수난방은 온도차에 따른 물의 팽창을 흡수하기 위한 팽창탱크가 필요하며 개방식과 밀폐식이 있으며 최근에는 주로 밀폐형을 적용한다.

(1) 온수팽창량(ΔV)

$$\Delta V = \left(\frac{1}{\rho_2} - \frac{1}{\rho_1}\right) \cdot V$$

V : 전수량(L)

ρ_1 : 가열 전 물의 밀도

ρ_2 : 가열 후 물의 밀도

(2) 개방형 팽창탱크 용량 : $V = (1.5 \sim 2.0) \cdot \Delta V$

(3) 밀폐형 팽창탱크 용량 : 탱크용량 $V = \dfrac{\Delta V}{1-(Po/Pm)}$

Po : 팽창탱크 최저 절대압력(MPa)

Pm : 최고사용 절대압력(MPa)

16. 냉온수 관경결정

(1) 순환수량(kg/s) : 방열량(kJ/s) ÷ (4.19 × 방열기 입출구온도차(△t))

– 온수 : $1m^2EDR = 0.523\,kW/m^2$ $(0.523 = 450 \times 4.19/3{,}600)$

(2) 압력강하(R)

$$R = \frac{H}{L(1+k)} (Pa/m)$$

H : 순환펌프양정(Pa)

L : 보일러에서 최원방열기의 왕복순환 길이

k : 국부저항 계수

17. 기기주변 배관

(1) 하트포트배관 : 저압증기 난방의 보일러 주변배관으로 보일러 수면이 안전수위 이하로 내려가지 않게 하기 위한 안전장치이다.

(2) 관말트랩배관 : 증기주관에서 발생하는 응축수를 제거하기 위해 설치(냉각래그 : 1.5m 이상, 보온하지 않음)

(3) 리프트 휘팅 : 진공환수식에서 환수관보다 방열기가 낮은 위치에 있을 때 응축수를 끌어올리기 위하여 설치(1개 높이 : 1.5m 이내)

> 배관 부속설비
> 1) 하트포트배관 : 보일러 안전수위 유지
> 2) 스위블조인트 : 방열기 주변 신축배관(2개 이상 엘보 사용)
> 3) 증기트랩 : 응축수만을 보일러에 환수(방열기트랩, 버킷트랩, 플로트트랩, 충동식트랩 등)

(4) **스위블조인트** : 방열기주변 배관시 배관의 신축이 방열기에 영향을 주지 않도록 배관(2개 이상 엘보사용)

(5) **감압밸브** : 증기압을 감압시켜 사용코자할 때 사용(벨로스형, 다이어프램형, 피스톤형)

(6) **증기트랩** : 공기관내 생긴 응축수만을 보일러에 환수시키기 위해 설치(열교환기 최말단부, 방열기 환수부에 설치)
 - 종류 : 방열기트랩, 버킷트랩, 플로트트랩, 충동식트랩 등

(7) **이중서비스 밸브** : 한랭지에서 하향급기증기관의 경우 입상관내 응축수가 고여 동결하는데 이를 방지하는 밸브(방열기 밸브와 열동트랩을 결합)

(8) **공기빼기 밸브** : 배관내부의 공기를 제거하기 위해 배관의 굴곡부 위(⎍⎍)에 설치

(9) **인젝터** : 증기압을 이용한 예비용 급수장치

05 출제유형분석에 따른

종합예상문제

[12년 2회, 08년 1회]

01 공기조화 설비의 구성과 거리가 먼 것은?

① 냉동기 설비 ② 보일러, 실내기기 설비
③ 위생기구 설비 ④ 송풍기, 공조기 설비

공기조화 설비란 실내 쾌적도를 위한 냉난방과 관련한 설비이며 위생기구 설비는 공조설비가 아닌 급 배수 위생설비에 속한다.

[11년 3회]

02 공기조화설비 중 냉수코일 설계기준으로 틀린 것은?

① 공기와 물의 흐름은 대향류로 한다.
② 가능한 한 대수평균온도차를 작게 한다.
③ 코일을 통과하는 냉수의 유속은 1m/s 로 한다.
④ 코일을 통과하는 공기의 풍속은 2 ~ 3m/s 정도로 한다.

냉수코일 설계기준에서 대수평균온도차는 크게 할수록 전열교환 효율이 증가한다.

[14년 3회, 11년 2회]

03 공기조화설비에서 증기코일에 대한 설명으로 틀린 것은?

① 코일의 전면풍속은 3 ~ 5m/s 로 선정한다.
② 같은 능력의 온수코일에 비하여 열수를 작게 할 수 있다.
③ 응축수의 배제를 위하여 배관에 약 $\frac{1}{150} \sim \frac{1}{200}$ 정도의 순구배를 붙인다.
④ 일반적인 증기의 압력은 $0.1 \sim 2\text{kgf/cm}^2$ 정도로 한다.

증기코일에서 응축수의 배제를 위하여 배관에 약 $\frac{1}{100}$ 정도의 순구배(선하향 구배)를 준다.

[06년 3회]

04 밀폐식 팽창 탱크에서 필요 없는 것은?

① 수위계 ② 압력계
③ 넘침관 ④ 안전 밸브

밀폐식 팽창 탱크는 가스 봉입식으로 밀폐되어 있어 넘침관은 필요 없으며 넘침관(오버플로관)은 개방식 팽창 탱크에 부착한다.

[14년 2회]

05 개방형 팽창탱크에 설치되는 부속기기가 아닌 것은?

① 안전밸브 ② 배기관
③ 팽창관 ④ 안전관

개방형 팽창탱크는 대기압에 노출되어 있으므로 안전밸브는 불필요하며 안전밸브는 밀폐식 팽창탱크나 보일러의 부속기구이다.

[15년 3회, 07년 3회]

06 다음 중 개방식 팽창탱크 주위의 관으로 해당되지 않는 것은?

① 압축공기 공급관 ② 배기관
③ 오버플로관 ④ 안전관

압축공기(질소가스 등) 공급관은 온수난방에 사용되는 밀폐식 팽창탱크의 부속설비이다.

[12년 1회]

07 개방형 팽창탱크의 특징이 아닌 것은?

① 설치가 어렵고 설치비가 고가이다.
② 산소가 용해되어 배관 부식의 원인이 된다.
③ 설치 위치에 제약이 따른다.
④ 공기배출을 위하여 탱크를 대기에 개방시킨다.

정답 01 ③ 02 ② 03 ③ 04 ③ 05 ① 06 ① 07 ①

개방형 팽창탱크는 밀폐식 팽창탱크에 비하여 설치가 쉽고 설치비가 저렴하나 설치위치가 시스템의 최상부로 주로 옥상기계실에 설치하기 때문에 유지관리가 어려워 최근에는 밀폐형 팽창탱크를 지하 기계실에 설치하여 운전하는 경우가 많다.

[07년 3회]

08 밀폐형 팽창 탱크의 장점이 아닌 것은?

① 공기침입 우려가 없다.
② 설비 부식 우려가 적다.
③ 개방에 따른 열손실이 없다.
④ 구조가 간단하고 설비비가 저렴하다.

밀폐형 팽창 탱크는 개방식에 비하여 구조가 복잡하고 가스 공급관등 부속설비가 많고 설비비가 비싸다.

[11년 2회]

09 중앙관리방식의 공기조화설비에서 건물의 환경 위생 유지에 필요한 실내 환경기준 중 온도, 실내습도, 기류를 옳게 나열한 것은?

① 실내온도 17 ~ 28℃, 상대습도 40 ~ 70%, 기류 0.5m/s 이하
② 실내온도 20 ~ 30℃, 상대습도 50 ~ 70%, 기류 0.8m/s 이하
③ 실내온도 22 ~ 35℃, 상대습도 60 ~ 80%, 기류 1.0m/s 이하
④ 실내온도 24 ~ 40℃, 상대습도 70 ~ 90%, 기류 1.2m/s 이하

공기조화설비에서 권장하는 실내기준은 실내온도(17 ~ 28℃), 상대습도(40 ~ 70%), 기류(0.5m/s 이하) 정도이다.

[15년 1회, 11년 1회]

10 공기조화설비에서 덕트 주요 요소인 가이드 베인에 대한 설명으로 옳은 것은?

① 소형 덕트의 풍량 조절용이다.
② 대형 덕트의 풍량 조절용이다.
③ 덕트 분기 부분의 풍량 조절을 한다.
④ 덕트 밴드부에서 기류를 안정시킨다.

덕트의 가이드 베인은 덕트 굴곡부(밴드부)에서 기류를 안정시키는 기능을 하며 확대·축소하는 부분의 급격한 기류 변화를 줄이는 기능도 한다. 직각 엘보에서는 성형 가이드베인(터닝베인)을 사용한다.

[14년 3회, 11년 3회]

11 펌프의 설치 배관상의 주의를 설명한 것 중 틀린 것은?

① 펌프는 기초 볼트를 사용하여 기초 콘크리트 위에 설치 고정한다.
② 펌프와 모터의 축 중심을 일직선상에 정확하게 일치시키고 볼트로 죈다.
③ 펌프의 설치 위치를 되도록 높여 흡입양정을 크게 한다.
④ 흡입구는 수면 위에서부터 관경의 2배 이상 물속으로 들어가게 한다.

펌프 설치 시 흡입양정은 가능한 작게 하기 위하여 펌프 설치위치를 낮게 한다. 흡입양정이 크면 캐비테이션(공동현상)의 원인이 된다.

[12년 1회]

12 펌프의 베이퍼로크 발생요인이 아닌 것은?

① 액(물) 자체 또는 흡입배관 외부의 온도가 상승할 경우
② 펌프 냉각기가 작동하지 않거나 설치되지 않은 경우
③ 흡입관 지름이 크거나 펌프 설치위치가 적당하지 않을 때
④ 흡입 관로의 막힘, 스케일 부착 등에 의한 저항의 증대

베이퍼로크란 배관에 진공이 걸려서 기화하는 것으로 흡입관의 지름이 작을 때 발생된다.

[14년 3회]

13 펌프의 캐비테이션(Cavitation) 발생 원인으로 가장 거리가 먼 것은?

① 흡입양정이 클 경우
② 날개차의 원주속도가 큰 경우
③ 액체의 온도가 낮을 경우
④ 날개차의 모양이 적당하지 않을 경우

정답 08 ④ 09 ① 10 ④ 11 ③ 12 ③ 13 ③

캐비테이션은 배관내의 압력이 유체의 포화증기압 이하에서 발생하는 것으로 흡입양정이 크거나 유체의 온도가 높을 때 발생 가능성이 높다.

[08년 2회]

14 냉각탑에서 냉각수는 수직 하향 방향이고 공기는 수평방향인 형식은?

① 평행류형 ② 직교류형
③ 혼합형 ④ 대향류형

냉각탑은 물과 공기의 접촉 형태에 따라 대향류형과 직교류형, 병류(평행류)형으로 나누어지는데 냉각수와 공기가 서로 직각으로 접촉하면(냉각수는 수직 공기는 수평) 직교류형 냉각탑이다.

[09년 3회]

15 냉각탑 설치에 관한 설명 중 틀린 것은?

① 바람에 의한 물방울의 비산에 주의한다.
② 냉각탑은 통풍이 잘되는 곳에 설치한다.
③ 고열배기의 영향을 받지 않는 곳에 설치한다.
④ 탑에서 배출되는 공기가 다시 탑 안으로 흡입되도록 설치한다.

냉각탑 냉각원리는 유입되는 공기에 의해 증발잠열로 냉각되는데 유입공기가 습도가 높으면 증발 속도가 감소하므로 건조한 신선 공기가 유입 되도록 한다. 따라서 냉각탑에서 배출되는 습한 공기는 냉각탑에 다시 유입되지 않도록 냉각탑 외부로 방출시킨다. 그러므로 대부분의 냉각탑은 환기가 잘 되는 옥상에 설치한다.

[14년 1회, 10년 2회]

16 냉각탑을 사용하는 경우의 일반적인 냉각수 온도 조절방법이 아닌 것은?

① 전동 2way valve를 사용하는 방법
② 전동 혼합 3way valve를 사용하는 방법
③ 전동 분류 4way valve를 사용하는 방법
④ 냉각탑 송풍기를 on-off제어하는 방법

냉각탑(쿨링 타워)의 냉각수 온도조절 방법은 냉각수량 조절(2way valve, 3way valve 사용)과 송풍량 조절 방법이 있다.

[09년 2회]

17 냉각탑 주위 배관시 유의사항 중 틀린 것은?

① 2대 이상의 개방형 냉각탑을 병렬로 연결할 때 냉각탑의 수위를 동일하게 한다.
② 개방형 냉각탑은 냉각탑의 수위를 펌프와 응축기보다 낮은 곳에 설치한다.
③ 냉각탑을 동절기에 운전할 때는 동결방지를 고려한다.
④ 냉각수 출입구측 배관은 방진이음을 설치하여 냉각탑의 진동이 배관에 전달되지 않도록 한다.

개방식 냉각탑은 펌프나 응축기보다 높은 곳에 설치하며 낮은 곳에 설치하려면 운전 정지 시 냉각수가 역류하지 않도록 주변 배관이 복잡해진다.

[12년 1회]

18 덕트 제작에 이용되는 심의 종류가 아닌 것은?

① 스탠딩 심 ② 포켓펀치 심
③ 피츠버그 심 ④ 로크 그루브 심

덕트 제작(SMACNA공법) 심의 종류에 스탠딩 심, 피츠버그 심, 보턴펀치 심, 포켓 로크 심, 더블 심, 로크 그루브 심 등이 있다.

[12년 2회, 09년 1회]

19 공기조화 배관설비 중 냉수코일을 통과하는 일반적인 설계 풍속으로 가장 적당한 것은?

① 2 ~ 3m/s ② 4 ~ 5m/s
③ 6 ~ 7m/s ③ 8 ~ 10m/s

공기조화설비에서 냉수코일 풍속은 2~3m/s 정도, 가열코일 풍속은 3~4m/s 정도로 한다.

정답 14 ② 15 ④ 16 ③ 17 ② 18 ② 19 ①

[13년 2회]

20 감압밸브 주위 배관에 사용되는 부속장치이다. 적당하지 않은 것은?

① 압력계 ② 게이트밸브
③ 안전밸브 ④ 콕(cook)

감압밸브 주위 배관에 사용되는 부속설비는 게이트밸브, 압력계, 스트레이너, 안전밸브, 글로브밸브 등이다.

[15년 1회, 08년 3회, 06년 1회]

21 배관 회로의 환수방식에 있어 역환수방식이 직접 환수방식보다 우수한 점은?

① 순환펌프의 동력을 줄일 수 있다.
② 배관의 설치 공간을 줄일 수 있다.
③ 유량을 균등하게 배분시킬 수 있다.
④ 재료를 절약 할 수 있다.

역환수방식(리버스 리턴 방식)은 배관길이를 연장하여 저항을 균등히 하고 유량 분배를 균등하게 하는 배관방식으로 배관 설치비용도 증가하고 펌프 동력도 증가한다.

[08년 3회, 06년 2회]

22 냉각 코일, 가열 코일을 부착한 덕트의 분기 각도로 적합한 것은?

① 상류측 : 최대 15°, 하류측 : 최대 30°
② 상류측 : 최대 30°, 하류측 : 최대 45°
③ 상류측 : 최대 30°, 하류측 : 최대 15°
④ 상류측 : 최대 45°, 하류측 : 최대 30°

덕트 내에 코일을 설치하는 경우 확대 축소 분기 각도는 상류측(확대) 최대 30°, 하류측(축소) 최대 45°로 한다. 그 이상의 각도일 때 분류판을 설치하여 기류를 안정시킨다. 일반적인 덕트 확대 축소는 확대 최대 15°, 축소 최대 30°로 한다.

[14년 1회, 10년 2회]

23 하나의 장치에서 4방 밸브를 조작하여 냉 · 난방 어느 쪽도 사용할 수 있는 공기조화용 펌프는?

① 열펌프 ② 냉각펌프
③ 원심펌프 ④ 왕복펌프

열펌프(히트펌프)는 4방 밸브를 조작하여 여름철 냉방과 겨울철 난방용으로 겸용이 가능하여 최근에 널리 사용되고 있다.

[07년 3회]

24 공기조화 수배관 제어방식 중 2방 밸브를 사용하는 방식은?

① 변유량 방식 ② 정유량 방식
③ 개방회로 방식 ④ 중력 방식

2방 밸브를 사용하면 배관내 유량이 변화하므로 변유량 방식이고, 3방 밸브를 사용하면 바이패스 유량을 포함한 전체 유량은 일정한 정유량 방식이 된다.

[13년 2회, 10년 1회, 08년 1회]

25 팬 코일 유닛의 배관방식 중 냉수 및 온수관이 각각 있어서 혼합손실이 없는 배관방식은?

① 1관식 ② 2관식
③ 3관식 ④ 4관식

팬 코일 유닛의 배관방식 중 4관식은 냉수 공급, 환수(2관)와 온수 공급 환수관(2관)을 각각 설치하는 방식이며 혼합손실이 없는 배관 방식이다.

[13년 1회, 09년 1회]

26 다음 중 냉·온수 헤더에 설치하는 부속품이 아닌 것은?

① 압력계 ② 드레인관
③ 트랩장치 ④ 급수관

트랩장치는 증기관에 필요한 부속으로 냉·온수 헤더에는 불필요하다.

정답 20 ④ 21 ③ 22 ② 23 ① 24 ① 25 ④ 26 ③

[09년 1회]

27 다음 중 냉온수 배관에 관한 설명으로 옳은 것은?

① 배관이 보·천장·바닥을 관통하는 개소에는 플랙시블 이음을 한다.
② 수평관이 공기 체류부에는 슬리브를 설치한다.
③ 팽창관(도피관)에는 슬루스밸브를 설치한다.
④ 주관의 굽힘부에는 엘보 대신 벤드(곡관)를 사용한다.

배관이 보·천장·바닥을 관통하는 개소에는 슬리브를 설치하며, 수평관이 공기 체류부에는 공기밸브를 설치하고, 팽창관(도피관)에는 밸브를 설치하지 않으며 주관의 굽힘부에는 엘보 대신 벤드(곡관)를 사용하고, 방열기 등 기구 접속관에는 엘보를 사용하여(스위블조인트) 신축을 흡수한다.

[11년 3회]

28 공기조화방식의 분류 중 유인 유닛방식 공조장치에 대한 설명으로 틀린 것은?

① 잠열부하에 다른 조절이 불가능하다.
② 온도, 습도 조절이 엄격한 곳에 적합하다.
③ 감열부하에 대해 2차 유인공기를 가열, 냉각해서 대응한다.
④ 덕트 내의 소음을 줄이기 위해 플리넘 챔버(Plenum Chamber)를 사용한다.

유인 유닛방식은 공기 수방식으로 잠열부하 처리 능력이 약하여 온도, 습도의 엄격한 조절은 곤란하다.

[14년 1회, 10년 2회]

29 컴퓨터실의 공조방식 중 바닥 아래 송풍방식(프리엑세스 취출방식)의 특징이 아닌 것은?

① 컴퓨터에 일정 온도의 공기 공급이 용이하다.
② 급기의 청정도가 천장 취출 방식보다 높다.
③ 바닥온도가 낮게 되고 불쾌감을 느끼는 경우가 있다.
④ 온·습도 조건이 국소적으로 불만족한 경우가 있다.

공조방식 중 바닥 아래에서 송풍하는 바닥 급기방식은 국소적인 온습도 조절이 잘되는 편이다.

[14년 1회]

30 공기 여과기의 분진 포집 원리에 의해 분류한 집진형식에 해당되지 않는 것은?

① 정전식 ② 여과식
③ 가스식 ④ 충돌점착식

공기 여과기의 분진 포집 형식에 따라 여과식, 정전식(전기식), 습식, 충돌점착식 등이 있다.

[08년 2회]

31 운반되는 열매체에 의해 공조설비를 분류한 것이다. 해당되지 않는 것은?

① 전공기 방식 ② 전수 방식
③ 수·공식 방식 ④ 부분 공기 방식

공조 방식은 기계실에서 실내로 열을 운반하는 열매 종류에 따라 전공기 방식, 전수식, 수공기 방식, 냉매방식으로 나눈다.

[15년 3회, 12년 3회]

32 송풍기의 토출 측과 흡입측에 설치하여 송풍기의 진동이 덕트나 장치에 전달되는 것을 방지하기 위한 접속법은?

① 크로스 커넥션(Cross Connection)
② 캔버스 커넥션(Canvas Connection)
③ 서브 스테이션(Sub station)
④ 하트포드(Hartford)

캔버스는 송풍기와 덕트의 연결되는 토출 측과 흡입 측에 설치하여 송풍기의 진동이 덕트나 장치에 전달되는 것을 방지하는 플렉시블 접속법이다.

[10년 3회]

33 다음 중 순환식 덕트의 장점이 아닌 것은?

① 실내의 온·습도가 균일하다.
② 실내의 청정도가 높고 소음이 적다.
③ 덕트가 차지하는 스페이스가 크다.
④ 유지관리가 용이하다.

정답 27 ④ 28 ② 29 ④ 30 ③ 31 ④ 32 ② 33 ③

순환식 덕트란 실내로 공급한 송풍 공기의 일부를 순환하여 사용하는 것으로 전공기방식을 의미하며 덕트가 차지하는 스페이스가 큰 것은 단점이다.

[09년 3회]

34 공기조화설비 배관에 관한 설명으로 틀린 것은?

① 진동·소음이 건물 구조체에 전달될 우려가 있는 곳은 방진지지를 한다.
② 배관은 관의 신축을 고려하여 시공한다.
③ 엘리베이터 샤프트 내에는 유체를 통과시킬 목적으로 배관을 하지 않는다.
④ 증기관이나 응축수관의 수평배관에 설치하는 글로브 밸브는 밸브축을 수직으로 한다.

증기관이나 응축수관의 수평배관에는 응축수가 체류하지 않도록 글로브 밸브를 설치하지 않는 것이 원칙이며 수평배관에서 글로브 밸브를 설치할때는 응축수가 통과하도록 밸브축을 수평으로 설치한다.

[10년 2회]

35 공조기 분출구 중 가장 좋은 유인 성능을 가지고 있으며 원형 및 각형 모양으로 주로 천장에 부착하는 분출구는?

① 팽커루버형　　② 아네모스탯형
③ 베인격자형　　④ 다공판형

아네모스탯형 취출구는 복류형 취출구로 가장 큰 유인 성능(유인비가 크다)을 가지며 원형 및 각형으로 천장형 분출구(취출구)이다.

[10년 3회]

36 동일 송풍기에서 임펠러의 지름을 2배로 했을 경우 특성 변화의 법칙에 대해 옳은 것은?

① 풍량은 크기비의 2제곱에 비례한다.
② 정압은 크기비의 3제곱에 비례한다.
③ 동력은 크기비의 5제곱에 비례한다.
④ 회전수 변화에만 특성화가 있다.

상사법칙에서 $Q_2 = Q_1 \times \left(\frac{N_2}{N_1}\right)\left(\frac{D_2}{D_1}\right)^3$

$$P_2 = P_1 \times \left(\frac{N_2}{N_1}\right)^2\left(\frac{D_2}{D_1}\right)^2$$

$$L_2 = L_1 \times \left(\frac{N_2}{N_1}\right)^3\left(\frac{D_2}{D_1}\right)^5$$

풍량은 임펠러 크기비의 3제곱에 비례하고, 정압은 크기비의 2제곱에 비례하며, 동력은 크기비의 5제곱에 비례한다.

[12년 2회, 08년 2회, 06년 2회]

37 다음 그림은 감압밸브 주위의 배관도이다. 명칭이 틀린 것은?

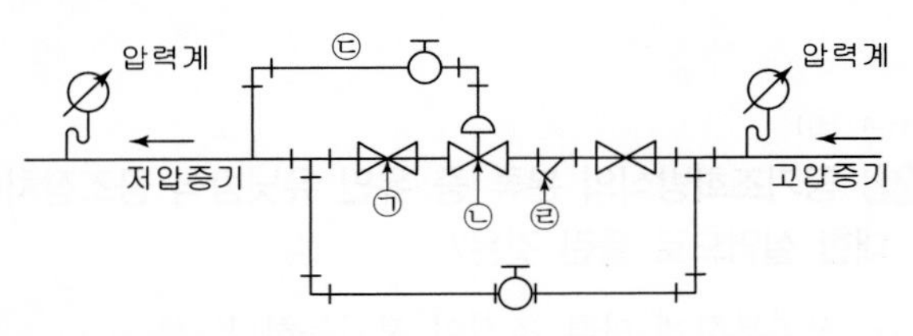

① ㉠ 스톱밸브　　② ㉡ 감압밸브
③ ㉢ 파일럿관　　④ ㉣ 티

㉣은 스트레이너(여과기)이다.

[11년 1회]

38 다음 습공기 선도(i-x)에서 1→7의 변화를 맞게 설명한 것은?

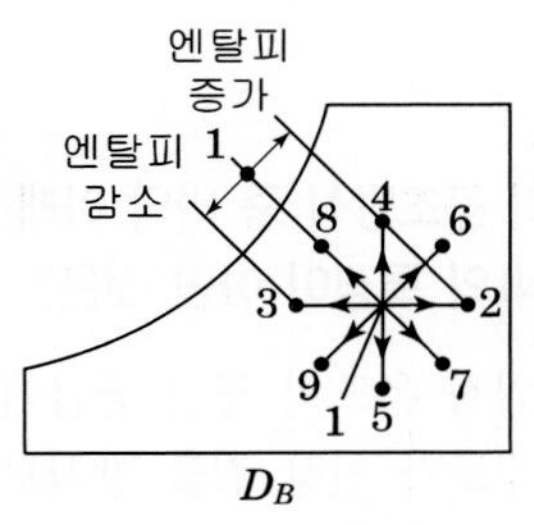

① 감온감습　　② 감온가습
③ 가열감습　　④ 가열가습

1→9 : 냉각(감온)감습　　1→8 : 감온가습(단열가습)
1→7 : 가열 감습　　1→6 : 가열 가습

정답 34 ④ 35 ② 36 ③ 37 ④ 38 ③

[07년 1회]

39 다음 그림과 같은 배관장치에서 부하의 변동에 대하여 장치에 흐르는 수량은 변화시키지 않고, 순환수의 온도차로서 대응 시키도록 Ⓐ부에 설치하는 밸브는?

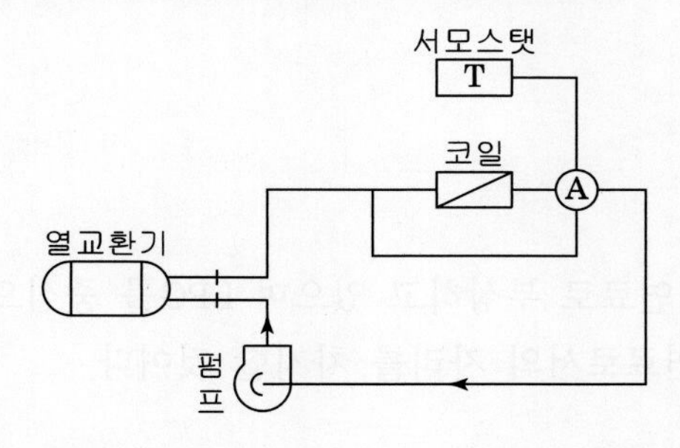

① 3방 밸브(3 Way Valve)
② 혼합 밸브(Mixing Valve)
③ 2방 밸브(2 Way Valve)
④ 바이패스 장치 밸브

> ㅁ부에 3방 밸브를 설치하면 코일 부하의 변동에 대응하여 코일내로 흐르는 유량은 변화하지만 장치 전체에 흐르는 수량은 변화하지 않는 정유량 방식이다.

[07년 2회]

40 다음은 송풍기와 덕트(Duct)의 연결방식을 나열한 것이다. 올바르게 된 것은? (단, 송풍기 : ◎ 덕트 : ▭)

①
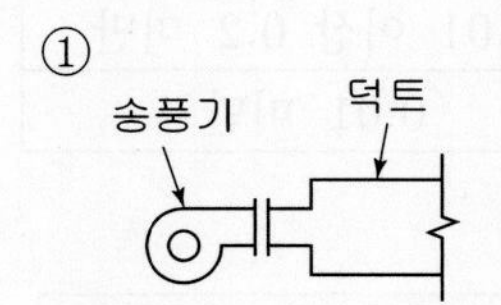

②
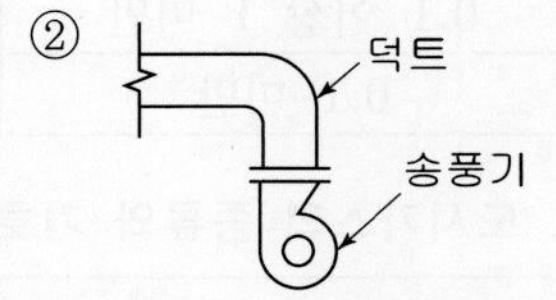

③
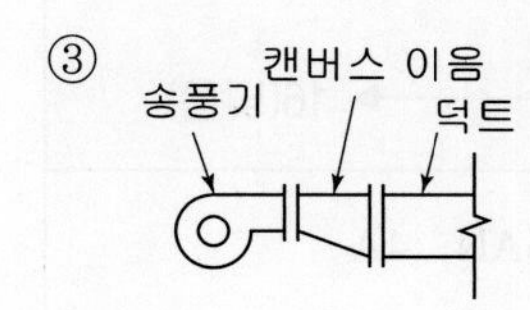

④
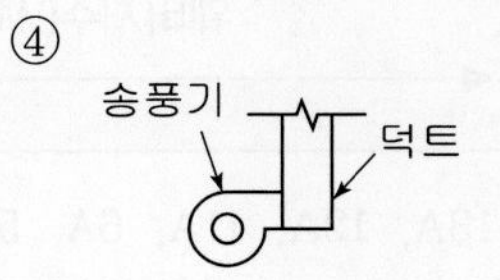

> ① 그림은 송풍기에서 덕트 연결이 급격한 확대로 ③과 같이 확대관(리듀서)를 사용해야하며 ②와 ④는 기류 회전 방향과 덕트 방향이 잘못된 경우이다. ③에서 덕트 연결관은 점차 확대하는 리듀서를 사용하며 송풍기 토출측에는 리듀서형 캔버스 이음을 사용하여 적합하다.

[12년 2회]

41 클린룸(Clean Room)의 실내 기류방식이 아닌 것은?

① 수직 수평 정류방식
② 수직 정류방식
③ 수평 정류방식
④ 비 정류방식

> 클린룸의 실내기류방식에는 수직 정류(층류)방식, 수평 정류방식, 비 정류(난류)방식이 있다.

정답 39 ① 40 ③ 41 ①

가스설비

1 가스설비의 개요

1. 가스 연료의 특성 및 공급

가스는 근래로 오면서 각광 받는 연료로 부상하고 있으며 LPG를 중심으로 한 도시가스는 몇 년 이내에 대중 연료로서의 자리를 차지할 것이다.

(1) 가스연료의 특성

- 연소 시 재나 매연이 생기지 않는다.
- 무공해 연료이다.
- 중량비 열량이 크다.
- 보일러 등의 부식이 적다.
- 폭발 위험이 있다.
- 무색무취이므로 누설 시 감지가 어려워 위험하다.

(2) 가스 연료의 공급

LPG는 주로 용기에 의한 공급 방식을 취하고 도시 가스는 배관에 의하여 공급하는데 공급 압력 및 발열량은 다음과 같다.

표. 가스 압력의 종류(게이지 압력)

종류	도시가스(MPa)	LPG 35℃에서(MPa)
고압	1 이상	0.2 이상
중압	0.1 이상 1 미만	0.01 이상 0.2 미만
저압	0.1 미만	0.01 미만

표. 도시가스의 종류와 기호

항목			웨버지수(WI) 55(높음) ◀──▶ 16(낮음)
연소 속도 종별	느림	A	13A, 12A, 11A, 6A, 5A, 5AN, 4A
	⇕	B	6B, 5B, 4B
	빠름	C	7C, 6C, 5C, 4C

주) 웨버지수(WI)란 가스 비중에 대한 발열량으로 웨버지수가 클수록 단위 중량당 발열량이 큰 것이다.

$$WI = \frac{H}{\sqrt{d}},$$ H : 가스 고위 발열량(MJ/Nm^3), d : 가스 비중

웨버지수(WI)란 가스 비중에 대한 발열량으로 웨버지수가 클수록 단위 중량당 발열량이 큰 것이다.

$$WI = \frac{H}{\sqrt{d}}$$

H : 가스 고위 발열량(MJ/Nm^3)
d : 가스 비중

표. 가스연소시의 발열량 소요 공기량, 배기량

가스명칭	가스발열량 (MJ/m^3)	가스 $1(m^3)$ 연소시		
		소요 공기량(m^3)	배기 가스량(m^3)	배기온도 150℃ 의 경우(m^3)
도시가스	15 21	4 ~ 5 6 ~ 7	5 ~ 6 7 ~ 8	8 ~ 9 10 ~ 12
천연가스(LNG)	38	11 ~ 14	12 ~ 15	18 ~ 22
LP 가스	92	26 ~ 32	27 ~ 33	40 ~ 50

01 예제문제

중 · 고압 가스배관의 유량 (Q)을 나타내는 일반식으로 옳은 것은? (단, P_1(MPa) : 초압, P_2 : 종압, D(cm) : 관경, L(m) : 관길이, S : 비중, K : 유량계수)

① $Q=K\sqrt{\dfrac{(P_1-P_2)^2D^5}{S\cdot L}}$

② $Q=K\sqrt{\dfrac{(P_2-P_1)^2D^4}{S\cdot L}}$

③ $Q=K\sqrt{\dfrac{(P_1^2-P_2^2)D^5}{S\cdot L}}$

④ $Q=K\sqrt{\dfrac{(P_2^2-P_1^2)D^4}{S\cdot L}}$

해설

중 · 고압 가스배관의 유량(Q)

$Q=K\sqrt{\dfrac{(P_1^2-P_2^2)D^5}{S\cdot L}}$ (m^3/h)

답 ③

02 예제문제

도시가스에서 고압이라 함은 얼마 이상의 압력을 뜻하는가?

① 0.1MPa 이상
② 1MPa 이상
③ 10MPa 이상
④ 100MPa 이상

해설

도시가스 저압 0.1MPa$(1kg/cm^2)$ 이하, 중압 0.1-1MPa$(1-10kg/cm^2)$, 고압 1MPa$(10kg/cm^2)$ 이상

답 ②

L.P.G
프로판(G_3H_8) 부탄(C_4H_{10})등, 특징은 공기보다 무거워서 누설 시 위험성이 크다.

2. L.P.G(Liquefide Petroleum Gas)

석유 중에 액화하기 쉬운 프로판(G_3H_8) 부탄(C_4H_{10}) 등을 액화한 것으로 주성분이 프로판이므로 프로판 가스라고도 한다.

(1) 특징

- 공기보다 무거워서 누설 시 위험성이 크다.
- 누설 시 무색무취이므로 부취제(메르캅탄 등)를 첨가한다.
- 표준 상태에서는 1kg이 차지하는 부피가 510L 정도이다.

(2) 용기 설치 방법

프로판가스는 주로 용기에 의해 공급되며 설치방법은,

- 용기는 통풍이 잘되는 옥외에 설치하고 직사광선은 피한다.
- 용기는 40℃ 이하로 보관한다.
- 용기 2m 이내에는 화기 접근을 피한다.
- 부식되지 않도록 습기 등을 피한다.

도시가스(LNG)는 메탄(CH_4)이 주성분 (99.6%)으로 공기보다 가볍다. 누설감지기는 LPG는 바닥 30cm, LNG는 천장 30cm이내에 설치한다.

3. 도시가스(LNG)

도시 가스는 천연가스(LNG), 액화석유 가스(LPG), 나프타, 석탄 가스 등을 주체로 제조 혼합하여 소정의 열량을 내도록 만든 것이다.

(1) 도시 가스 원료와 특성

LNG, LPG, 나프타 등을 절절하게 혼합하여 제조하는데 근래로 오면서 LNG의 비율이 증가하고 있어 도시 가스의 특성은 LNG의 특성과 유사하다.

(2) LNG(Liquefied Natual Gas)의 특성

- 메탄(CH_4)을 주성분 (99.6%)으로 한다.
- 1kg이 표준상태(0℃ 1atm)에서는 약 $1.4m^3$이지만 −163℃로 냉각액화시키면 8.4L 정도의 부피를 차지한다.
- 무공해, 무독성으로 열량이 높은 편이다.
- 공기보다 가벼워 창문으로 배기 가능하여 밑바닥에 고이는 LPG보다 안전하다.
- 누설감지기는 LPG는 바닥 30m, LNG는 천장 30m 이내에 설치한다.

※ 나프타(Naptha) : 원유의 종류에 의해 얻어지는 비점이 200℃ 이하의 유분으로서 도시 가스, 비료, 석유화학 등의 원료로 이용된다.

도시가스 공급 방식
고압, 중압, 저압으로 나누어지며 보통 원거리 공급에 고압방식이 이용되고 수용가에는 감압하여 중압, 저압으로 공급한다.

(3) 공급 방식

도시가스 공급 방식은 고압, 중압, 저압으로 나누어지며 보통 원거리 공급에 고압방식이 이용되고 수용가에는 감압하여 중압, 저압으로 공급한다.

- 저압 공급 방식
  - 공급압력 0.1MPa 이하

- 공급구역이 좁은 소규모에 적합하다.
- 홀더압력을 이용 배관으로 공급(보통 가정으로 공급하는 가스압력은 250mmAq 정도이다)
- 공급계통이 간단하다.

• 중압 공급 방식
- 공급 압력 0.1 ~ 1MPa
- 공급 구역이 넓거나 공급량이 많은 경우에 적합하다.
- 공장에서 중압으로 송출하여 수용가에서 정압기에 의해 저압으로 감압하여 사용한다.
- 저압 공급 방식과 병용하는 경우가 있다.

• 고압 공급 방식
- 공급 압력 1MPa 이상
- 먼 곳에 많은 양의 가스를 공급할 때 적합하다.
- 공장에서 고압으로 송출하여 수요지에서 중압 저압으로 감압하여 사용한다.

4. 가스 정압기

가스 정압기(governor)는 도시가스 압력을 사용처에 맞게 낮추는 감압 기능, 2차 측의 압력을 허용 압력 범위 내의 압력으로 유지하는 정압 기능 및 가스의 흐름이 없을 때 밸브를 완전히 폐쇄하여 압력 상승을 방지하는 폐쇄 기능을 가진 기기로서 정압기용 압력 조정기(regulator)와 부속 설비로 구성되어 있다.

가스 정압기(governor)는 도시가스 압력을 낮추는 감압 기능, 압력 조정기(regulator)는 압력을 일정하게 조정하는 기능

(1) 가스 정압기의 기본 구성품

• 정압기용 압력 조정기
• 필터 : 1차 측 배관에 설치하여 불순물(토사, 녹, 철분 등)을 제거하는 기기로서 불순물이 정압기 및 그 외 부속 설비로 유입되는 것을 방지하기 위하여 설치하는 기기를 말한다.
• 긴급 차단 장치 : 2차 측 압력이 상승할 경우 자동적으로 1차 측의 가스 흐름을 차단하도록 2차 측 압력이 설정치 이상으로 상승하는 것을 방지하는 밸브를 말한다.
• 안전 밸브 : 2차 측 압력이 상승할 경우 상승한 압력을 대기로 방출하여 2차 측의 압력 상승을 방지하는 밸브를 말한다.
• 압력 기록 장치 : 정압기의 1차 및 2차 측의 압력을 기록지상에 기록하여 정압기의 압력 조정 상태 및 기능을 분석할 수 있는 장치를 말한다.
• 이상 압력 통보 장치 : 정압기의 입출구 압력을 감시하는 장치로 고압과 저압 범위를 설정하여 가스 압력이 설정 압력 범위를 벗어나면 안전 관리자가 상주하는 곳에 경보음이 나도록 하는 장치이다.

(2) 가스 정압기의 원리와 구조

1) 정압기의 용도상 분류

① 지구 정압기
가스 도매 사업자로부터 1MPa의 압력으로 공급받아 0.1MPa 이상으로 공급하는 설비로서 일반 도시가스 사업자가 설치, 관리하는 정압기를 말한다.

② 지역 정압기
일정 구역별로 설치하는 중압의 가스 압력을 다수의 사용자가 사용하기 적정한 사용 압력으로 조정하는 정압기로서 도시가스 사업자가 설치, 관리하는 것을 말한다.

③ 단독 정압기
관리 주체가 1인이고 특정 가스 사용자가 가스를 공급받기 위하여 설치, 관리하는 정압기를 말한다.

2) 가스 정압기의 원리상 분류

① 직동식 정압기 : 직동식 정압기는 작동에 필요한 3요소(감지부, 부하부, 제어부)가 조정기 본체 안에 들어가 있으며, 조정 압력은 다이어프램이 감지하여 밸브(플러그)를 움직인다. 감지 요소는 본체 내에서 직접 또는 하류 측 배관에서 온 감지 라인을 통하여 조정 압력을 스프링이 감지하여 압력을 조절하는 것을 직동식 정압기라고 한다.

② 파일럿식 정압기 : 파일럿(pilot)식 정압기에는 언로딩(unloading)형과 로딩(loading)형의 두 가지로 나눌 수 있으며, 파일럿의 설치 목적은 2차 측의 미세한 압력을 감지하여 다이어프램에 구동 압력을 증폭시켜 보내 주는 것으로서 국내에서 사용되는 것은 A.F.V(언로딩 : unloading)와 피셔식(로딩 : loading)이 대부분이다. 파일럿 정압기는 출구 압력이 안정된 형태로 공급되며 대량 수요처 및 지구 정압기 등에 주로 사용된다.

2 가스설비 배관

1. 배관 설계

가스배관 설계는 다음의 순서에 의한다.

(1) 가스 기구배치
(2) 사용량 추정
(3) 가스미터 용량 및 위치 결정
(4) 배관 결로 결정
(5) 배관 길이 및 사용량에 의해 배관 구경 결정

2. 기밀시험 및 관재료

(1) 기밀시험은 최고 사용압력의 1.1배 이상의 압력으로 행한다.

(2) 배관 재료는 노출관인 경우 강관 나사이음이나 용접이음이 주로 이용되고 지하매립인 경우 폴리에틸렌 피복강관 또는 폴리에틸렌(P.E)관을 사용한다.

(3) 건물에서의 가스배관은 노출 배관을 원칙으로 하되 동관, 스테인리스관으로 이음매 없이 매립 배관할 수 있다.

(4) 배관 매립도
전선, 상하수도관 등의 관과 같이 매립할 때는 이들 관보다 아래에 매립한다. 매립깊이는 0.6~1.2m 이상으로 한다.

3. 가스 사용량 표시

(1) 도시가스 : m^3/h

(2) LPG : kg/h, m^3/h

가스 사용량 표시
도시가스(m^3/h)
LPG(kg/h, m^3/h)

4. 가스 계량기 설치 기준

(1) 전기 계량기, 전기 개폐기, 전기 안전기와는 60cm 이상 이격시킬 것
(2) 굴뚝, 콘센트와는 30cm 이상 이격
(3) 저압전선과 15cm 이상 이격
(4) 설치 높이는 지면상 1.6~2m
(5) 계량기는 화기와 2m 이상의 우회거리를 유지하고 환기를 양호하게 한다.
(6) LPG의 저장시설 및 처리 설비는 제1종, 2종 보호시설로부터 30m 이상 이격

가스 계량기 설치 기준
1) 전기 계량기, 전기 개폐기, 전기 안전기와는 60cm 이상 이격시킬 것
2) 굴뚝, 콘센트와는 30cm 이상 이격
3) 저압전선과 15cm 이상 이격
4) 계량기는 화기와 2m 이상의 우회거리

5. 가스계량기(가스미터)

가스계량기는 가스 사용량을 계량하기 위한 것으로 가스 종류, 가스 사용량에 따라 결정된다. 현재 사용되고 있는 가스계량기는 도시가스용, LP가스용, 도기가스와 LP가스 겸용이 있으며 구조상 분류하면 다음과 같다.

가스계량기(가스미터)	실측식	건식계량기(막식, 회전식)
		습식 계량기(루츠미터)
	추측식	터빈, 임펠러식
		벤투리식
		오리피스식
		와류식

6. 도시 가스 공급 배관

(1) 일반 사항

- '배관'이라 함은 본관, 공급관 및 내관을 말한다.
- '본관'이라 함은 도시가스 제조 사업소(액화 천연 가스의 인수 기지를 포함한다)의 부지 경계에서 정압기에 이르는 배관을 말한다.
- '공급관'이라 함은 공동 주택, 오피스텔 콘도미니엄 그밖에 안전 관리를 위하여 산업 통상자원부 장관이 필요하다고 인정하여 정하는 건축물(이하 '공동 주택 등'이라 한다)에 가스를 공급하는 경우에는 정압기에서 가스 사용자가 구분하여 소유하거나 점유하는 건축물의 외벽에 설치하는 계량기의 전단 밸브(계량기가 건축물의 내부에 설치된 경우에는 건축물의 외벽)까지 이르는 배관을 말한다.
- '사용자 공급관'이라 함은 공급관 중 가스 사용자가 소유하거나 점유하고 있는 토지의 경계에서 가스 사용자가 구분하여 소유하거나 점유하는 건축물의 외벽에 설치된 계량기의 전단 밸브(계량기가 건축물의 내부에 설치된 경우에는 그 건축물의 외벽)까지에 이르는 배관을 말한다.
- '내관'이라 함은 가스 사용자가 소유하거나 점유하고 있는 토지의 경계(공동 주택 등으로서 가스 사용자가 구분하여 소유하거나 점유하는 건축물의 외벽에 계량기가 설치된 경우에는 그 계량기의 전단 밸브, 계량기가 건축물의 내부에 설치된 경우에는 건축물의 외벽)에서 연소기까지 이르는 배관을 말한다.

03 예제문제

공동주택 외의 건축물 등에 가스를 공급하는 경우 정압기에서 가스사용자가 점유하고 있는 토지의 경계까지 이르는 배관은?

① 내관　　② 공급관
③ 본관　　④ 중압관

해설

(1) 공급관이란 공동주택 등에서 정압기에서 가스사용자가 구분하여 소유하거나 점유하는 건축물의 외벽에 설치하는 계량기의 전단밸브까지 이르는 배관을 말하며, 공동주택 등 외의 건축물 등에 도시가스를 공급하는 경우에는 정압기에서 가스사용자가 소유하거나 점유하고 있는 토지의 경계까지 이르는 배관을 말한다.
(2) 사용자공급관이란 가스 사용자가 소유하거나 점유하고 있는 토지의 경계에서 가스사용자가 구분하여 소유하거나 점유하는 건축물의 외벽에 설치된 계량기의 전단밸브까지 이르는 배관을 말한다.
(3) 내관이란 가스사용자가 소유하거나 점유하고 있는 토지의 경계에서 연소기까지 이르는 배관을 말한다.

답 ②

(2) 도시가스 공급 압력

표. 도시 가스 공급 방식의 비교

가스공급방식	공급압력	특 징
저압공급방식	0.1MPa 미만	홀더 압력을 이용해서 저압 배관만으로 공급하므로 공급계통이 간단하고 공급구역이 좁으며 공급량이 적은 경우에 적합하다. 홀더 압력과 수요가의 압력차가 100 ~ 200mmAq 정도로 공급가스량이 많은 경우, 큰 관의 저압 본관이 필요하다.
중앙공급방식	0.1 ~ 1MPa 미만	공장에서 중압으로 송출하여 정압기에 의해 저압으로 정압시켜 수요가에 공급하는 방식으로 가스 공급량이 많거나 공급구역이 넓어 저압공급으로는 배관비가 많아지는 경우 채택된다. 이 방식에는 저압공급과 병용하는 경우가 있으며 공급의 안전성이 높다.
고압공급방식	1MPa 이상	공장에서 고압으로 보내서 고압 및 중압의 공급배관과 저압의 공급용 저관을 조합하여 공급하는 방식을 말한다. 이 방식은 공장에서의 수송능력의 크기 때문에 먼 곳에 많은 양의 가스를 공급하는 경우 채용한다.

(3) 가스계량기의 부착

- 가스계량기는 화기(그 시설 안에서 사용하는 자체 화기를 제외한다.)와 2m 이상의 우회 거리를 유지하는 곳으로서 수시로 환기가 가능한 장소에 설치하되, 직사광선 또는 빗물을 받을 우려가 있는 곳에 설치하는 경우에는 격납 상자 안에 설치한다.
- 가스계량기($30m^3/h$ 미만에 한한다)의 설치 높이는 바닥으로부터 1.6m 이상 2m 이내에 수직·수평으로 설치하고 벤드·보호가대 등 고정 장치로 고정시켜야 한다. 다만, 격납 상자 내에 설치하는 경우에는 설치 높이를 제한하지 않는다.
- 가스계량기와 전기 계량기 및 전기 개폐기와의 거리는 60cm 이상, 굴뚝(단열 조치를 하지 아니한 경우에 한한다.)·전기 점멸기 및 전기 접속기와의 거리는 30cm 이상, 절연 조치를 하지 아니한 전선과의 거리는 15cm 이상의 거리를 유지한다.

(4) 가스 누설 자동 차단 장치의 설치

- 검지부
  천장에서 검지부 하단까지의 거리가 30cm 이하가 되도록 설치한다. 그러나 공기보다 무거운 가스를 사용하는 경우에는 바닥면에서 검지부 상단까지의 거리가 30cm 이하가 되도록 설치한다.
- 차단부
  건축물의 외부 또는 건축물 벽에서 가장 가까운 내부 배관에 설치한다.
- 제어부
  가스 사용실의 연소기 주위의 조작하기 쉬운 위치에 설치한다.

(5) 가스 누설 경보기의 설치

- 경보기의 검지부는 가스가 누설되기 쉬운 설비가 있는 장소의 주위로, 누설된 가스가 체류하기 쉬운 장소에 설치한다.
- 경보기의 검지부 설치 위치는 가스의 성질, 주위 상황, 각 설비의 구조 등의 조건에 따라 정한다.
- 경보기 설치 위치는 관계자가 상주하거나 경보를 식별할 수 있고, 경보가 울린 후 각종 조치를 취하기에 적절한 장소로 한다.

(6) 밸브 및 콕의 설치

- 밸브는 조작이 용이하고 일상 작업에 장애가 되지 않는 장소에 설치한다.
- 콕은 연소 기구로부터 화염, 복사열을 받지 않는 위치에 설치한다.
- 연소기에 호스 등을 접속하는 경우의 호스 길이는 3m 이내로 하되, 호스는 T형으로 연결하지 않는다.
- 과류 차단 안전 기구가 부착된 퓨즈 콕을 설치할 때는 가스의 흐름 방향에 맞게 설치한다.

(7) 관의 접합

- 관은 그 단면이 변형되지 않도록 관 축심에 대해 직각으로 절단하고, 절단 부분은 리머 또는 연삭 다듬질을 한다.
- 관은 접합하기 전에 그 내부를 점검하고, 이물질이 없는지 확인한 후, 쇳가루, 먼지 등의 이물질을 완전히 제거한다.
- 배관의 접합은 용접을 원칙으로 하되, 도시가스 공급 및 사용 시설의 시설 기준 및 기술 기준에 따른다.
- 용접하기가 곤란할 경우에는 기계적 접합 또는 나사 접합으로 할 수 있으며, 나사 접합 방법은 KS B 0222에 의한다.
- 나사 접합을 할 경우라도 유니언은 사용하지 않는다.
- 배관의 시공을 일시 중지하는 등의 경우에는 관내에 이물질이 들어가지 않도록 배관 끝을 플러그 또는 캡 등으로 밀폐하여 보호 조치한다.

(8) 관의 지지

- 관 지름이 15mm 미만의 것에는 1m마다, 20mm 이상 32mm 미만의 것에는 2m마다, 40mm 이상의 것에는 3m마다 지지 쇠붙이를 설치한다.
- 다른 배관 및 기기 등에 가스 배관을 지지하여서는 안 된다.
- 바닥에 설치되는 배관은 지지 쇠붙이를 사용하여 고정한다.
- 배관 장치에는 안전 확보를 위하여 필요한 경우에는 지지물을 그 밖의 구조물과 절연시킨다.

(9) 매설 깊이

배관(사업소 내의 배관은 별도 정하는 기준에 의한다)을 지하에 매설하는 경우에 배관의 외면과 지면 또는 노면 사이에는 다음 기준에 의한 거리를 유지하고, 동 배관이 특별 고압 지중 전선과 접근하거나 교차하는 경우에는 "전기설비 기술기준에 관한 규칙"에 따라 1m 이상 이격한다.

- 공동 주택 등의 부지 내로 보도 및 차량의 통행이 없는 곳은 0.6m 이상
- 차량이 통행하는 폭 8m 이상의 도로에서는 1.2m 이상
- 차량이 통행하는 폭 4m 이상 8m 미만 도로에서는 1.0m 이상
- (1), (2), (3)에 해당하지 아니하는 곳에서는 8m 이상
- 지하 구조물, 암반 및 그 밖의 특수한 사정으로 매설 깊이를 확보할 수 없는 곳의 배관은 산업통상자원부 장관이 정하는 재질 및 설치 방법 등에 의하여 보호관 또는 보호판으로 보호조치를 하되 보호관 또는 보호판 외면은 지면과 0.3m 이상 깊이를 유지하도록 한다.

(10) 가스 배관 매설 심도

- 배관의 매설 깊이 : 지면으로부터 도로는 1.2m, 단지는 0.6m 이상으로 한다.
- 배관의 매설 심도가 장애물 등으로 인하여 상부 횡단 시 1.2m 이내가 될 경우 관보호를 위한 케이싱 콘크리트 방호 등 적절한 보호 조치를 취할 것
- 지하 매설 시 상·하수도, 기타 매설 관리의 이격 거리는 평행 시 30cm 이상 둔다.

(11) 노출 배관 확인하기

- 배관은 시공에 앞서 다른 설비 배관 및 기기와의 관련 사항을 상세히 검토한 후, 배관의 구배와 최소 간격 등을 고려하여 정확히 위치를 결정한 후 시행한다.
- 콘크리트 바닥 및 벽체를 관통하는 배관 부분에는 콘크리트를 타설하기 전에 충분한 강도를 지닌 슬리브를 설치한다.

- 상관은 환기가 양호하고 화기 사용 장소가 아닌 곳에 설치해야 한다.
- 건축물의 벽을 관통하는 부분의 배관에는 보호관 및 부식 방지 피복을 한다.
- 건축물 내의 배관은 외부에 노출하여 시공한다. 그러나 부득이 매설 배관을 해야 할 경우에는 동관, 스테인리스 관, 기타 내식성 재료로서 이음매가 없도록 설치해야 하며, 보호관으로 보호해야 한다.
- 배관은 천장 및 공동구 등 환기가 잘 되지 않는 장소에는 설치하지 않는다.
- 배관 이음부와의 이격 거리 (용접 이음부는 제외)
  - 전기 계량기, 전기 개폐기 : 60cm 이상
  - 굴뚝(단열 조치를 아니한 경우) : 30cm 이상
  - 전기 점멸기 및 전기 접속기 : 30cm 이상
  - 절연 조치를 하지 않은 전선 : 15cm 이상

(12) **입상 배관의 신축 흡수 확인하기**

- 도시가스 안전 관리 기준 통합 고시 제2장 제15절 '배관의 신축 흡수' 기준에 따른다.
- 입상관에 작용하는 열 변위 합성 응력을 별도 계산하지 않는 경우에는 다음 각 목의 방법으로 설치한다.
- 분기관은 1회 이상의 굴곡(90° 엘보 1개 이상)이 반드시 있어야 하며, 외벽(베란다 또는 창문 포함) 관통 시 사용하는 보호관의 내경은 분기관 외경의 1.2배 이상으로 할 것
- 노출되는 배관의 연장이 10층 이하로 설치되는 경우 분기관의 길이를 50cm 이상으로 할 것
- 노출되는 배관의 연장이 11층 이상 20층 이하로 설치되는 경우 분기관의 길이를 50cm 이상으로 하고, 곡관은 1개 이상 설치할 것
- 노출되는 배관의 연장이 21층 이상 30층 이하로 설치되는 경우 분기관의 길이를 50cm 이상으로 하고, 곡관은 2개 이상 설치할 것
- 분기관이 2회 이상의 굴곡 (90° 엘보 2개 이상)이 있고 건축물 외벽 관통 시 사용하는 보호관의 내경을 분기관 외경의 1.5배 이상으로 할 경우에는 제2호의 나목 내지 라목의 규정에도 불구하고 분기관의 길이를 제한하지 않는다.
- 곡관 3개를 설치할 경우 건축물의 하부로부터 4분의 1, 4분의 2 및 4분의 3의 지점에 설치한다.
- 신축 흡수용 곡관의 수평 방향 길이(L)는 입상관 호칭 지름의 6배 이상으로 하고, 수직 방향 길이 (L')는 수평 방향 길이의 1/2 이상으로 한다. 이때 엘보의 길이는 포함하지 않는다.

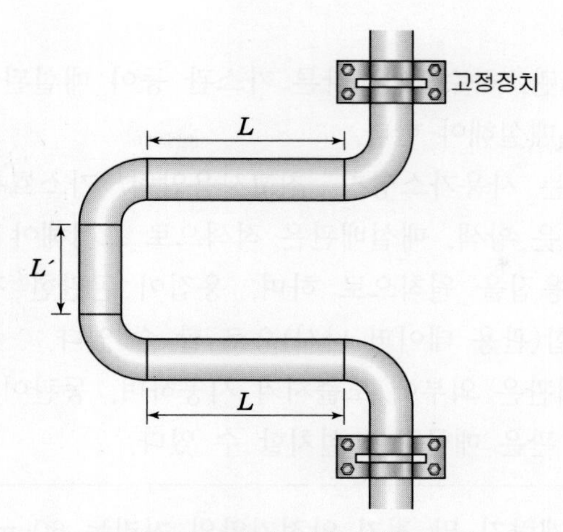

그림. 가스배관 신축이음(루프)

04 예제문제

가스배관의 설치요령으로 옳지 않은 것은?

① 배관의 최고사용압력은 중압 이하일 것

② 배관은 하천(하천을 횡단하는 경우는 제외한다.) 또는 하수구 등 암거 내에 설치한 것

③ 지반이 약한 곳에 설치되는 배관은 지반침하에 의하여 배관이 손상되지 아니하도록 필요한 조치를 하고 배관을 설치할 것

④ 본관 및 공급관은 건축물의 내부 또는 기초 밑에 설치하지 아니할 것

해설

가스배관은 하수구 등 암거 내에 설치하지 않고 노출배관이 우선이다.

답 ②

(13) LPG배관

- 배관을 지하에 매설할 경우는 지면으로부터 1m 이상 깊게 매설하되, 차량이 통행하는 도로일 때는 1.2m 이상으로 하거나 2중관으로 해야 한다.
- 배관용 밸브는 8~50A의 나사식 볼 밸브, 15~80A의 플랜지식 볼 밸브, 25~50A의 플랜지식 글로브 밸브 중에서 적당한 것을 선택하여 배관한다.
- 염화비닐호스를 사용할 경우는 1종(안지름 6.3mm), 2종(안지름 9.5mm), 3종(안지름 12.7mm) 중 용도에 맞는 것을 사용한다.
- 가스미터는 화기로부터 8m 이상의 우회거리를 유지할 수 있도록 설치해야 한다.

(14) 도시가스배관

- 전선, 상수도관, 하수도관, 다른 가스관 등이 매설된 도로에서는 이것들의 최하부에 매설해야 한다.
- 배관 외부에는 사용가스명칭, 최고사용압력, 가스흐름방향 등을 표시하고, 지상배관은 황색, 매설배관은 적색으로 표시해야 한다.
- 배관접합은 용접을 원칙으로 하며, 용접이 곤란한 경우는 기계적 접합 또는 나사접합(관용 테이퍼 나사)으로 할 수 있다.
- 건물 내의 배관은 외부에 노출시켜 시공하며, 동관이나 스테인리스관 등 이음매 없는 관은 매몰하여 설치할 수 있다.

- 배관과 전기계량기 및 전기 안전기와의 거리는 60cm 이상, 전기 개폐기 및 전기 콘센트와는 30cm 이상을 유지시키고, 전선과는 15cm 이상의 거리를 띄어서 시공해야 한다.
- 가스계량기의 설치 높이는 지면으로부터 1.6cm 이상 2m 이내의 높이에 수직, 수평으로 설치하고, 화기로부터 2m 이상, 저압 전선으로부터 15cm 이상, 전기개폐기 및 전기 안전기로부터 60cm 이상의 거리를 두어 설치해야 한다.
- 입상배관의 밸브는 분리 가능한 것으로 지상으로 부터 1.6cm 이상 2m 이내의 높이에 설치하며, 배관은 움직이지 않도록 관지름 13mm 미만은 1m마다, 13~33mm 미만은 2m마다, 33mm 이상은 3m마다 고정장치를 부착해야 한다.

- 배관을 지상에 설치할 때, 불활성가스 이외의 가스배관 양측에는 사용압력 0.2MPa 미만일 경우 5m, 0.2 ~ 1MPa일 경우 9m, 1MPa 이상일 경우 15m 폭 이상의 공지를 유지해야 한다.
- 지하에 매설하는 배관은 그 외면으로부터 다른 시설물과 30cm 이상, 산이나 들에서는 1m 이상, 그밖에 지역에서는 1.2m 이상 깊게 매설해야 한다.
- 도로 밑에 매설할 경우는 배관외면으로부터 도로경계까지 수평거리로 1m 이상, 차량이 통행하는 폭 8m 이상의 도로에서는 1.2m 이상 깊게 매설해야 한다.
- 시가지 도로 밑에 매설할 경우는 노면으로부터 1.5m 이상으로 하되, 방호구조물로 되어 있거나 시가지 외에서는 1.2m 이상 깊이로 매설해도 된다.
- 시가지 도로 밑에 매설할 때는 배관 정상부로부터 30cm 이상 떨어진 직상부에 관 외경에 10cm를 더한 폭 이상의 방호판을 설치해야 한다.

- 포장된 차도에 매설할 경우에 노반 최하부와 배관의 거리는 50cm 이상, 노면 밑 이외의 도로에서는 지면과 배관의 거리를 1.2m 이상, 방호 구조물 내에 있는 배관은 60cm 이상, 시가지 도로 밑에 매설할 때는 90cm 이상으로 해야 한다.
- 지하에 매설하는 배관중 독성가스가 고압가스인 경우에는 건축물(1.5m 이상), 지하가와 터널(10m 이상), 수도시설로 독성가스가 혼입될 우려가 있는 것(300m 이상) 등과 안전한 수평거리를 유지해야 한다.

05 예제문제

가스 사용 시설의 건축물 내의 매설 배관으로 적합하지 않은 배관은?

① 이음매 없는 동관 ② 배관용 탄소강관
③ 스테인리스 강관 ④ 가스용 금속 플렉시블 호스

해설

건축물 내의 매립 가능한 배관의 재료는 스테인리스강관, 동관, 가스용 금속 플렉시블배관용호스로 한다.

답 ②

06 예제문제

가스배관 시공상의 주의사항으로 잘못된 것은?

① 건축물의 벽을 관통하는 부분의 배관에는 보호관 및 부식방지 피복을 한다.
② 건물 내의 배관은 외부에 노출시켜 시공한다.
③ 지하에 매설하는 배관은 기계적 이음 또는 나사 이음을 원칙으로 하고 가능한 한 용접시공을 피한다.
④ 배관의 경로와 위치는 안전성, 시공성, 장래의 계획 등을 고려하여 정한다.

해설

지하에 매설하는 배관은 가능한 한 용접시공을 한다.

답 ③

06 출제유형분석순에 따른 종합예상문제

[12년 2회]

01 LP가스의 주성분으로 맞는 것은?

① 프로판(C_3H_8)과 부틸렌(C_4H_8)
② 프로판(C_3H_8)과 부탄(C_4H_{10})
③ 프로필렌(C_3H_6)과 부틸렌(C_4H_8)
④ 프로필렌(C_3H_6)과 부탄(C_4H_{10})

액화석유가스(LPG) 주성분은 프로판(C_3H_8)과 부탄(C_4H_{10})이며 도시가스(LNG) 주성분은 메탄(CH_4)이다.

[09년 3회]

02 도시가스 공급방식에 속하지 않은 것은?

① 저압공급방식 ② 중앙공급방식
③ 고압공급방식 ④ 초압공급방식

도시가스 공급방식은 저압공급방식(0.1MPa 이하),
중앙공급방식(0.1~1MPa 이하),
고압공급방식(1MPa 초과)으로 나눈다.

[14년 2회, 11년 2회]

03 가스관으로 많이 사용하는 일반적인 관의 종류는?

① 주철관 ② 주석관
③ 연관 ④ 강관

가스배관은 주로 일반배관용 강관을 사용한다.

[14년 1회, 10년 1회]

04 도시가스를 공급하는 배관의 종류가 아닌 것은?

① 본관 ② 공급관
③ 내관 ④ 주관

도시가스법에서 '배관'이라 함은 본관, 공급관 및 내관을 말한다. '본관'이라 함은 도시가스 제조 사업소에서 정압기에 이르는 배관을 말하고, '공급관'이라 함은 정압기에서 건축물의 외벽에 설치하는 계량기의 전단 밸브까지 이르는 배관을 말하고, '내관'이라 함은 계량기의 전단 밸브에서 연소기까지 이르는 배관을 말한다.

[11년 3회, 11년 2회]

05 도시가스 사업법에서 정한 가스의 중압공급 시 공급 압력은 얼마인가?

① 0.1MPa 이상 1MPa 미만
② 0.5MPa 이상 1.5MPa 미만
③ 1MPa 이상 10MPa 미만
④ 10MPa 이상 20MPa 미만

도시가스 공급방식은 저압공급방식(0.1MPa 이하),
중압공급방식(0.1~1MPa 이하),
고압공급방식(1MPa 초과)으로 나눈다.

[13년 2회]

06 가스미터 부착상의 유의점으로 잘못된 것은?

① 온도, 습도가 급변하는 장소는 피한다.
② 부식성의 약품이나 가스가 미터기에 닿지 않도록 한다.
③ 인접 전기설비와는 충분한 거리를 유지한다.
④ 가능하면 미관상 건물의 주요 구조부를 관통한다.

가스미터기는 건물의 구조부를 관통하여 설치하지 않고 눈에 잘 보이는 곳에 부착한다.

[14년 1회]

07 도시가스 배관의 나사이음부와 전기계량기 및 전기개폐기의 거리로 옳은 것은?

① 10cm 이상 ② 30cm 이상
③ 60cm 이상 ④ 80cm 이상

정답 01 ② 02 ④ 03 ④ 04 ④ 05 ① 06 ④ 07 ③

도시가스 배관의 나사이음부와 전기계량기 및 전기개폐기와는 60cm 이상 거리를 둔다.

도시가스 나사 이음부 ⟷ 60cm 이상 ⟷ 전기계량기

[11년 2회]

08 도시가스배관을 지하에 매설하는 중압 이상인 배관과 지상에 설치하는 배관의 표면 색상으로 맞는 것은?

① 적색, 회색 ② 백색, 적색
③ 적색, 황색 ④ 백색, 황색

도시가스 배관 색상은 지하매설 중압 이상(적색) 지상에 설치한 배관(황색)

[10년 2회, 8년 3회]

09 일반 수용가용 가스미터이며 값이 싸고 저압용에 사용되는 것은?

① 습식 가스미터
② 레이놀드식 가스미터
③ 다이어프램식 가스미터
④ 루트식 가스미터

일반 가정용 가스미터기는 가격이 싸고 저압용인 다이어프램식을 사용한다.

[10년 2회, 08년 2회]

10 저압 가스배관의 유량을 산출하는 식으로 맞는 것은? (단, Q: 유량(m^3/h), D : 관지름(cm), ΔP: 압력손실(mmAq), S : 비중, K : 유량계수, L : 관의 길이(m))

① $Q=K\sqrt{\dfrac{S\cdot L}{D\cdot \Delta P}}$ ② $Q=K\sqrt{\dfrac{D\cdot \Delta P}{S\cdot L}}$

③ $Q=K\sqrt{\dfrac{L\cdot \Delta P}{S\cdot D^5}}$ ④ $Q=K\sqrt{\dfrac{D^5\cdot \Delta P}{S\cdot L}}$

저압 가스배관 유량 산출식(Q)

$$Q=K\sqrt{\frac{D^5\cdot \Delta P}{S\cdot L}}$$

[12년 3회]

11 도시가스 공급시설의 기밀시험 및 내압시험압력은 최고사용압력의 몇 배인가?

① 1.5배, 1.1배 ② 1.1배, 2배
③ 2배, 1.1배 ④ 1.1배, 1.5배

도시가스 공급시설 기밀시험(최고 사용압의 1.1배) 내압시험(최고 사용압의 1.5배)

[12년 2회]

12 정압기 설치 시공상 주의사항으로 틀린 것은?

① 출구에는 가스차단장치를 설치할 것
② 출구에는 압력이상 상승방지장치를 설치할 것
③ 출구에는 경보장치 및 불순물 제거장치를 설치할 것
④ 출구에는 압력 측정장치를 설치할 것

가스배관 설비에서 정압기 입구에 불순물 제거장치를 설치한다.

[12년 1회]

13 정압기 종류에서 구조와 기능이 우수하고 중압을 저압으로 감압하며, 일반 소비기기용이나 지구정압기에 널리 쓰이는 것은?

① 레이놀드식 정압기 ② 피셔식 정압기
③ 엠코 정압기 ④ 부종식 정압기

레이놀드식 정압기는 중압을 저압으로 감압하기에 적합하다.

[11년 1회]

14 다음 중 폭발한계 하한이 10% 이하인 것과 폭발한계의 상한과 하한의 차가 20% 이상인 고압가스는?

① 가연성 가스 ② 조연성 가스
③ 불연성 가스 ④ 비독성 가스

가연성 가스란 가스의 폭발한계가 10% 이하인 것과 폭발한계의 상한과 하한의 차가 20% 이상인 가스를 말한다.

정답 08 ③ 09 ③ 10 ④ 11 ④ 12 ③ 13 ① 14 ①

[11년 3회]

15 액화 천연가스의 지상 저장탱크에 대한 설명 중 잘못된 것은?

① 지상식 저장탱크는 금속 2중벽 탱크이다.
② 내부탱크는 −162℃의 초저온에 견딜 수 있어야 한다.
③ 외부탱크는 연강으로 만들어진다.
④ 증발 가스량이 지하 저장탱크보다 많고 저렴하며 안전하다.

지상 저장탱크는 냉각에 필요한 증발 가스량이 지하 저장탱크보다 많고 안전성면에서 지하 탱크보다는 못하다.

[15년 3회]

16 가스배관에 있어서 가스가 누설될 경우 중독 및 폭발사고를 미연에 방지하기 위하여 조금만 누설되어도 냄새로 충분히 감지할 수 있도록 설치하는 장치는?

① 부스터설비
② 정압기
③ 부취설비
④ 가스홀더

가스배관에서 가스 누설시 감지가 쉽도록 부취제(메르갑탄류, 양파 썩는 냄새, 마늘냄새, 석탄가스 냄새 등)를 부취설비로 주입한다. 부취제 주입량은 가스량의 1/1000 정도로 한다.

[13년 1회, 10년 1회]

17 도시가스 내 부취제의 액체 주입식 부취설비 방식이 아닌 것은?

① 펌프 주입 방식
② 적하 주입 방식
③ 미터연결 바이패스 방식
④ 워크식 주입 방식

부취제는 가스 누설 시 감지가 쉽도록 인위적으로 냄새물질을 주입하는 것인데 이때 워크식 주입방식은 증발식 주입방식에 속한다.

[15년 1회]

18 가스설비 배관 시 관의 지름은 폴(Pole)식을 사용하여 구한다. 이때 고려할 사항이 아닌 것은?

① 가스의 유량
② 관의 길이
③ 가스의 비중
④ 가스의 온도

폴(Pole)식에 의한 관지름(D) 계산식

$$D=\frac{Q^2\cdot S\cdot L}{K^2(P_1^2-P_2^2)}\text{cm} \quad \text{또는} \quad Q=K\sqrt{\frac{D^5\cdot \Delta P}{S\cdot L}}$$

※ Q(가스량), L(관의 길이), P(가스압), S(가스비중), K(유량계수)

[09년 2회, 06년 2회]

19 가스배관에서 가스공급을 중단시키지 않고 분해·점검할 수 있는 것은?

① 바이패스관
② 가스미터
③ 부스터
④ 수취기

바이패스관은 가스 공급기기의 분해·점검 시 가스공급을 중단시키지 않도록 가스를 우회 시켜 공급하도록 꾸민 배관이다.

[12년 3회]

20 도시가스 제조 공정에 해당하지 않은 것은?

① 열분해 공정
② 접촉분해 공정
③ 압축연소 공정
④ 수소화분해 공정

도시가스 제조 방식은 열분해 공정, 부분연소공정, 촉매분해 공정, 접촉분해 공정, 수소화 분해 공정 등이 있다.

정답 15 ④ 16 ③ 17 ④ 18 ④ 19 ① 20 ③

[11년 3회]

21 제조소 및 공급소 밖의 도시가스 배관 설비 기준으로 맞는 것은?

① 철도부지에 매설하는 경우에는 배관의 외면으로부터 궤도 중심까지 3m 이상 거리를 유지해야 한다.
② 철도부지에 매설하는 경우 지표면으로부터 배관의 외면까지의 깊이를 1.2m 이상 해야 한다.
③ 하천을 횡단하는 배관의 매설은 하천의 경우 2m 이상 깊게 매설해야 한다.
④ 수로 밑을 횡단하는 배관의 매설은 1.5m 이상, 기타 좁은 수로인 경우 0.8m 이상 깊게 매설해야 한다.

> 철도부지에 매설시 배관의 외면과 궤도 중심까지 4m 이상, 지표면에서 배관의 외면까지의 깊이를 1.2m이상, 하천 횡단 시 1.5m 이상 깊게 매설, 수로 밑을 횡단 시 배관의 매설은 1.5m 이상, 기타 좁은 수로인 경우 1.2m이상 깊게 매설해야 한다.

[14년 1회, 09년 3회]

22 가스배관의 기밀시험 방법에 관한 설명으로 옳은 것은?

① 질소 등의 불활성 가스를 사용하여 시험한다.
② 수압(水壓)시험을 한다.
③ 매설 후 산소를 사용하여 시험한다.
④ 배관의 부식에 의하여 시험한다.

> 가스배관 기밀시험은 부식 방지를 위해 질소 등의 불활성 가스를 시험용 가스로 사용하여 기압시험한다.

[12년 1회]

23 도시가스 입상관에 설치하는 밸브는 바닥으로부터 몇 m 이상에 설치해야 하는가?

① 0.5m 이상 1m 이하
② 1m 이상 1.5m 이하
③ 1.6m 이상 2m 이하
④ 2m 이상 2.5m 이하

> 도시가스 입상관에 설치하는 밸브는 조작이 편리하도록 바닥으로부터 1.6m 이상 2m 이하에 설치한다.

[15년 3회, 11년 1회]

24 도시가스 배관의 손상을 방지하기 위하여 도시가스배관 주위에서 다른 매설물을 설치할 때 적절한 이격거리는?

① 20cm 이상　② 30cm 이상
③ 40cm 이상　④ 50cm 이상

> 도시가스배관 주위에서 다른 매설물을 설치할 때 30cm 이상 이격 거리를 확보한다.

[15년 2회, 10년 3회, 08년 2회]

25 도시가스 배관을 매설할 경우 기준으로 틀린 것은?

① 배관의 외면으로부터 도로의 경계까지 1m 이상 수평거리를 유지 할 것
② 배관을 철도부지에 매설하는 경우에는 배관의 외면으로부터 궤도 중심까지 4m이상 거리를 유지할 것
③ 시가지 외의 도로 노면 밑에 매설하는 경우에는 노면으로부터 배관의 외면까지 깊이를 2m 이상으로 할 것
④ 인도 등 노면 외의 도로 밑에 매설하는 경우에는 지표면으로부터 배관의 외면까지 깊이를 1.2m 이상으로 할 것

> 도시가스 배관을 시가지 도로 밑에 매설할 경우는 노면으로부터 1.5m 이상으로 하되, 방호 구조물로 되어 있거나 시가지 외에서는 1.2m 이상 깊이로 매설해도 된다.

[08년 3회]

26 가스배관을 지하에 매설하는 경우 기준으로 틀린 것은?

① 배관은 그 외면으로부터 수평거리로 건축물까지 1.5m 이상을 유지할 것
② 배관은 그 외면으로부터 지하의 다른 시설물과 0.5m 이상의 거리를 유지할 것
③ 배관은 지반의 동결에 의하여 손상을 받지 아니하는 깊이로 매설할 것
④ 굴착 및 되메우기는 안전확보를 위하여 적절한 방법으로 실시할 것

정답 21 ② 22 ① 23 ③ 24 ② 25 ③ 26 ②

배관은 그 외면으로부터 지하의 다른 시설물과 0.3m 이상의 거리를 유지할 것

[07년 1회]

27 다음은 가스배관시 유의해야 할 사항을 열거한 것이다. 잘못된 것은?

① 배관은 지반이 동결됨에 따라 손상을 받지 아니하도록 적절한 깊이에 매설한다.
② 내관은 유지관리상 건물지하에 배관하지 않는다.
③ 매설관의 접속부나 매설관이 옥내로 들어오는 부분은 방식처리를 한다.
④ 유지관리를 위해 가능한 콘크리트 내 매설을 해주는 것이 좋다.

가스배관은 될수록 노출배관이어야 누설시 검지가 용이하고 유지관리가 편리하다.

[10년 3회]

28 가스배관을 실내에 설치할 때의 기준으로 틀린 것은?

① 배관은 환기가 잘 되는 곳으로 노출하여 시공할 것
② 배관은 환기가 잘되지 아니하는 천장·벽·공동구 등에는 설치하지 아니할 것
③ 배관의 이음부와 전기 계량기와는 60cm 이상 거리를 유지할 것
④ 배관 이음부와 단열조치를 하지 않은 굴뚝과의 거리는 5cm 이상의 거리를 유지할 것

배관 이음부와 단열조치를 하지 않은 굴뚝과의 거리는 15cm 이상 거리 유지한다.

[06년 2회]

29 가스배관의 관지름을 결정하는 요소와 관계가 먼 것은?

① 가스 발열량 ② 가스관의 길이
③ 허용 압력손실 ④ 가스 비중

가스배관의 관지름 결정 요소에서 가스 발열량은 관계가 없다.

[07년 1회]

30 다음 중 고압가스 배관재료의 배관 기호에 대한 설명으로 틀린 것은?

① SPP : 배관용 탄소강관
② SPPH : 저압 배관용 탄소강관
③ SPLT : 저온 배관용 탄소강관
④ SPHT : 고온 배관용 탄소강관

SPPH : 고압 배관용 탄소강관

[09년 1회, 06년 1회]

31 가스관의 설비에 대한 설명 중 옳지 않은 것은?

① 배관은 $\frac{1}{50}$ 이상의 하향구배를 원칙으로 한다.
② 지하에 매설하는 배관은 용접이음으로 한다.
③ 호스의 길이는 연소기까지 3m 이내로 하되 T형으로 연결하지 않는다.
④ 수·변전실 등 고압전기 설비를 갖춘 실내는 피하여 배관한다.

가스배관은 도로등에서 $\frac{1}{500}-\frac{1}{1000}$ 정도의 하향구배를 준다.

[10년 2회]

32 도시가스배관에 관한 설명이다. 틀린 것은?

① 상수도관, 하수도관 등이 매설된 도로에서는 이들의 최하부에 매설한다.
② 배관 외부에 사용가스명칭, 최고압력, 흐름방향 등을 표시하고 지상배관은 황색으로 표시한다.
③ 배관접합은 나사를 원칙으로 하며 나사가 곤란한 경우는 기계적 접합 또는 용접 접합을 한다.
④ 건물 내의 배관은 외부에 노출시켜 시공하며 동관이나 스테인리스관 등 이음매 없는 관을 매몰하여 설치할 수 있다.

도시가스배관은 원칙적으로 누설방지를 위해 용접배관을 원칙적으로 한다.

정답 27 ④ 28 ④ 29 ① 30 ② 31 ① 32 ③

냉동 및 냉각설비

1 냉동설비의 배관 및 개요

1. 냉매배관공사 설계 시 주의 사항

① 지정된 배관경 및 두께를 사용할 것
② 배관 길이는 최단거리를 선정할 것
③ 배관 지지는 확실하게 고정시켜 줄 것
④ 종축 배관일 경우 가스관 측에 10m마다 오일 트랩을 설치할 것
⑤ 실내, 실외기 고저 차는 가능한 적게 하고 허용 범위를 넘지 않도록 할 것
⑥ 배관 관리는 특히 주의하고 배관의 끝단 부는 캡이나 테이프로 밀봉하여 먼지수분 및 이물질이 들어가지 않도록 방지할 것
⑦ 벽 등의 관통부를 통과할 때는 배관 끝단을 반드시 밀봉하여 작업할 것
⑧ 배관을 직접 지면에 놓을 때 배관 끝단이 지면에 닿지 않도록 주의할 것
⑨ 배관 가공 후 버(burr) 처리는 배관을 하향으로 하여 털어 낼 것
⑩ 비오는 날 배관 공사는 특히 주의하여 작업할 것
⑪ 흡입 가스 배관 내에 냉동기유, 냉매액의 체류를 방지하기 위해 불필요한 트랩을 설치하지 말 것
⑫ 천장면 등과 같은 축을 넘을 경우 냉매가 부족할 때 냉동기유의 회수를 악화시키지 않도록 배관할 것
⑬ 가스관을 수평으로 설치할 경우에는 냉매의 흐름을 용이하게 하기 위하여 흐름 방향에 대해 1/200 정도 하향 구배하여 시공할 것
⑭ 가스관은 반드시 보온할 것(보온할 때 액관과 같이 묶어서 보온하게 되면 가스관의 과열이 심해져 압축기의 능력이 저하됨.)

01 예제문제

냉동장치에서 압축기의 진동이 배관에 전달되는 것을 흡수하기 위하여 압축기 토출, 흡입 배관 등에 설치해 주는 것은?

① 팽창밸브　　② 안전밸브
③ 수수탱크　　④ 플렉시블 튜브

해설
압축기와 토출, 흡입 배관 사이에는 플렉시블 튜브를 설치하여 압축기 진동이 배관에 전달되지 않도록 한다.
답 ④

2. 냉매배관공사 시공 시 주의 사항

① 각종 배관의 최대 지지 또는 행거 간격은 시방서에 따른다.

② 강관의 이음 부분을 용접 시공할 때에는 용접에 의한 잔류 응력이 남아 있지 않도록 하며 냉매의 온도가 내려감에 따라 용접부에서 크랙이 발생하는 일이 없도록 한다.

③ 강관의 이음부를 전기 용접으로 시공할 때에는 용접 비드의 전기 용량을 높이지 말고 고장력 강용 피복 아크 방전 용접봉의 규정에 의한 용접봉을 사용한다.

④ 용접 배관은 배관 도중의 청소는 물론 배관 완성 후에 대구 경부에서 배관 내부에 질소가스 또는 건조 공기를 불어 넣어 배관 내부를 완전히 청소한다.

⑤ 배관 공사 및 내부 청소가 끝나면 냉매 배관 검사 기준에 따라 소정의 기밀 및 진공시험을 실시한다.

⑥ 냉매 배관에 사용되는 모든 밸브류는 설치 전에 작동이 확실한가를 확인하고 가능한 상부에서 조작할 수 있도록 설치한다.

⑦ 냉매 배관은 가능한 이음부가 적고 용접 부위가 겹치지 않도록 시공하고 벤드 또는 엘보의 구부러진 부위에 분기관을 설치하여서는 안 된다.

⑧ 분지관 시공 시에는 적합한 부속품을 사용하여야 하며 분지 배관의 티뽑기 공법으로 시공할 때에는 가지관의 지름이 주관 지름의 1/3 이하인 경우로서 적절한 공구와 부속품을 사용한다.

⑨ 냉매 배관에 사용하는 플랜지의 개스킷은 팽창으로 인한 냉매의 누설을 고려하여 요철형을 사용한다.

⑩ 배관이 벽체 또는 슬리브를 관통할 때에는 보온재가 손상되지 않고 진동이 벽체에 전달되지 않도록 현장 시공도를 작성하여 시공하고 특히 단열 패널 벽을 관통할 때는 관통부에 대한 방열 시공을 철저히 하여 관통구 주변에서 적상 현상이 없도록 한다.

⑪ 압축기와 연결되는 흡입관은 압축기 정지 중에 냉동유 및 냉매액이 압축기에 흘러 들어가지 않도록 헤더 상부에서 분기한다. 냉매 배관용 밸브류는 시험 압력과 동등하거나 그 이상의 것을 사용한다.

⑫ 이중 입상관을 설치할 때에는 단관 입상 시의 단면적과 동일하거나 다소 큰 단면적의 배관경으로 하고 사이즈가 작은 관은 최소 부하 시에 냉동유가 회수되도록 유속을 확보할 수 있는 크기로 정한다. 사이즈가 작은 관과 큰 관의 사이는 되도록 좁게 하고 U벤드를 사용한 트랩을 설치한다.

> 이중 입상관
> 프레온 냉매에서 냉매와 혼합되어 순환되는 오일회수를 쉽게 하기 위해 입상 흡입관에서 작은 관과 큰 관으로 이중관을 설치하여 오일을 회수한다.

⑬ 증발식 응축기에서 고압 수액기로 연결되는 수평관에 대하여는 1/50 이상의 하향 기울기를 주어야 한다.

⑭ 하나의 시스템에 다수의 압축기가 설치되는 경우 흡입관에는 각 압축기에 균등하게 냉동유가 흡입되도록 가능한 흡입 저항을 같게 하고 오일 트랩이 형성되어서는 안 된다.

⑮ 저압 수액기와 연결되는 액 펌프의 흡입관은 일정한 기울기를 주어 액의 유입이 원활하도록 하고 펌프 흡입구에서 저압 수액기 하부까지의 높이는 최소한 1.2m 이상을 유지하여야 한다.

⑯ 흡입 헤더에서 각 압축기로 연결되는 흡입 분기관은 헤더 상부에서 하부로 삽입시켜 헤더 바닥에서 약 20mm 정도 떨어지도록 하고, 삽입되는 관은 흡입관 선단을 45° 절단하여 노즐로 형성되도록 하는 것이 바람직하다.

⑰ 두 개의 관이 분기되거나 합병되는 곳에는 가능하면 Y 이음이 되도록 배관하여야 한다.

⑱ 직관부에서의 냉매 배관은 신축을 흡수하기 위하여 루프 또는 오프셋을 설치하고 양단에는 관 지름에 알맞은 관 고정 철물을 설치하여 배관의 신축에 따라 생기는 응력에 대응하도록 한다.

⑲ 저압부 냉매 배관의 행거는 배관의 지지 철물과 열전달을 차단할 수 있는 단열용 행거를 사용하여야 한다.

02 예제문제

냉동장치의 냉매배관에 관한 설명으로 틀린 것은?

① 사용하는 배관재료와 관 두께는 냉매의 종류, 사용온도 및 압력에 적합한 것을 사용한다.
② 압축기와 응축기가 동일선상에 있는 경우의 수평관은 1/50의 올림 구배로 한다.
③ 토출관 및 흡입 가스관은 냉매에 혼합되어 순환되는 냉동기의 기름이 계통 내에 체류하는 일이 없이 압축기에 돌아오도록 한다.
④ 배관의 진동을 방지하고 적당한 간격으로 적합한 지지용 받침대를 설치한다.

해설

압축기와 응축기가 동일선상에 있는 경우 수평관은 응축기 쪽으로 하향구배 한다. 답 ②

03 예제문제

암모니아 냉매를 사용하는 흡수식 냉동기의 배관재료로 가장 좋은 것은?

① 주철관 ② 동관
③ 강관 ④ 동합금관

해설

암모니아에는 강관을 사용하고 프레온에는 동관을 사용한다. 답 ②

2 냉방설비의 설치

1. 실내기 설치

① 공기 흡입구와 배출구의 공기 흐름을 방해할 만한 장애물이 없는 장소일 것
② 실외기와의 배관 접속이 쉬운 장소일 것
③ 공기 필터를 청소할 수 있도록 흡입판을 열 수 있는 장소일 것
④ 에어컨 실내기와 텔레비전 사이를 1m 이상 떨어지게 설치할 것

2. 실외기 설치

① 실외기의 진동과 무게에 충분히 견딜 수 있는 장소를 이용할 것
② 안전을 위하여 실외기를 건물 외벽, 베란다 바깥쪽에 매달아 설치하지 말 것
③ 공기의 흐름을 방해하지 않을 만큼 충분한 공간이 있어야 할 것
④ 뜨거운 공기가 집중되는 곳이나 햇빛이 비치는 곳은 피할 것
⑤ 염분이 많은 대기 중이나 황산염 가스가 닿는 곳은 피할 것
⑥ 흡입구, 배출구에는 장애물이 없을 것
⑦ 실외기에서 나오는 더운 바람이나 소음이 사용자나 옆집에 피해가 가지 않도록 설치할 것

3. 냉방 설비 설치 적합성 검토 및 주의 사항에 대하여 기술해 보기

① 실내기와 실외기의 설치 위치에 따라 오일 트랩과 액 루프를 올바르게 설치할 것
② 배관 허용 낙차는 최고 15m 이내로 할 것
③ 배관의 굽힘 가공은 한 번에 정확하게 굽힐 것 2회 이상 굽혔다 폈다 하면 배관이 파손될 우려가 있음.
④ 최소 굽힘 반경은 100mm 이상이 되게 할 것

냉매 배관 작업 순서
배관 설계-배관 가공-실내, 실외기 접속-공기 빼기-가스 누설 검사-냉매 추가 충전

4. 냉매 배관 작업 순서

배관 설계 - 배관 가공 - 실내, 실외기 접속 - 공기 빼기 - 가스 누설 검사 - 냉매 추가 충전

5. 패키지형 공조기의 배관 길이와 높이

① 패키지형 공조기의 배관 사이즈는 기기마다 지정되지만, 배관 길이는 제한되므로 제한 범위 내에 들어가도록 실외 유닛, 실내 유닛의 배치를 결정해야 한다. 그 제한 값은 기기마다 큰 차이가 있으므로 제작자의 자료를 잘 보고 확인해야 한다.

② 배관 길이의 표시에는 실제 길이와 상당 길이의 두 가지가 사용된다. 실제 길이는 측정한 길이 그대로이며, 상당 길이는 구부러짐이나 밸브류의 저항 값을 직관의 길이로 환산한 길이로서 미세한 능력 저하를 추정하고자 하는 경우에 이 길이를 사용한다.

③ 실외 유닛, 실내 유닛 상하의 관계에서 높이차 제한이 있다. 실외 유닛이 위의 경우와 아래의 경우에서 제한 값에 차가 있는 경우도 많으므로 주의해야 한다.

④ 액관이 입상되어 있을 때는 헤드 차에 의한 압력 저하가 크게 영향을 끼친다. 지점 이상으로 입상되면 액이 재증발하여 불안정하게 될 뿐만 아니라 결국에는 운전 불능이 된다.

⑤ 가스 배관에서는 냉동기유의 움직임이 문제가 된다. 압축기로부터 토출 가스와 일제히 배출된 냉동기유는 냉매와 더불어 시스템을 순환하여 다시 압축기로 되돌아가도록 설계되어 있다. 냉매배관에서는 이 오일의 순환을 항상 염두에 두어야 한다.

04 예제문제

냉매유속이 낮아지게 되면 흡입관에서의 오일 회수가 어려워지므로 오일 회수를 용이하게 하기 위하여 설치하는 것은?

① 이중입상관 ② 루프 배관
③ 액 트랩 ④ 리프팅 배관

해설

이중입상관은 프레온 냉매에서 입상 흡입관의 냉매 속도가 감소하면 오일 회수가 어려워지므로 오일 회수를 용이하게 하기 위하여 작은 관과 큰 관으로 이중관을 설치하여 오일을 회수한다.

답 ①

3 냉각설비의 배관 및 개요

1. 공조용 냉각탑의 종류와 특징

(1) 개방형 냉각탑

① FRP 제품 본체 구조로 내식성과 내구성 우수하고 설치 및 보수 유지가 간편하다.

② 양산 체제로 가격이 저가이며 설치 장소의 제한을 받지 않으며 5~1,000RT 용량 생산 가능

냉각탑의 종류
개방형, 대향류사각형, 직교류형, 압입 송풍기형, 밀폐형

(2) 대향류 사각 냉각탑
① 현장 조립이 가능하여 설치기간이 단축되고 설치 면적 축소와 운전 중량의 경량화가 가능하다.
② 편리한 수질 관리와 비산 방지 효과가 우수한 일리미네이터를 사용하고 80 ~ 16,000RT 용량 생산 가능

(3) 직교류형 냉각탑
① 고성능 제품으로 공간 절약과 가벼운 중량으로 설치와 보수 점검이 용이하다.
② 저소음 축류 송풍기(axial fan) 사용으로 수적 비산의 방지 효과가 우수하다.

(4) 압입 송풍기 냉각탑
① 벽면에 붙여서 한쪽 면(single side)에서만 팬(fan) 설치가 가능하여 실내외 설치가 가능하다.
② 정숙 운전과 용량 제어가 가능하다.

(5) 밀폐형 냉각탑
① 냉각수 증발 손실이 방지되고 용량 조절 및 에너지 절약이 가능하다
② 정숙한 운전과 계절에 관계없이 전천후 운전이 가능하다.

2. 냉각탑 설치 장소 선정 시 유의 사항

냉각탑의 설치 장소는 냉각탑의 성능과 수명, 효율에 직접 관계되므로 다음 조건에 맞는 설치 장소를 선정할 것
① 냉각탑 공기 흡입에 영향을 주지 않는 곳
② 냉각탑 흡입구 측에 습구 온도가 상승하지 않는 곳
③ 송풍기 토출 측에 장애물이 없는 곳
④ 토출되는 공기가 천장에 부딪혀 공기 흡입구에 재순환 되지 않는 곳
⑤ 온풍이 배출되는 배기구와 멀리 떨어져 있는 곳
⑥ 기온이 낮고 통풍이 잘 되는 곳
⑦ 냉각탑 반향음이 발생되지 않는 곳
⑧ 산성, 먼지, 매연 등의 발생이 적은 곳 특히 대량으로 매연을 흡입할 경우 냉각탑뿐만 아니라 냉각수관, 콘덴서 튜브까지 부식시킬 우려가 있으므로 주의할 것

3. 냉각탑 배관 시 유의 사항

① 배관경은 도면상에 기재된 관경에 맞추어 시공할 것
② 냉각수 펌프가 냉각탑 수조의 운전 수위 이하에 설치되어 있는 것을 확인한 후에 배관 시공을 할 것

③ 냉각탑 입구 배관에는 수량 조절용 밸브를 설치할 것
④ 배관의 중량이 냉각탑에 걸리지 않도록 냉각탑 이외의 장소에 지지할 것
⑤ 냉각탑 운전 수위보다 높은 위치의 배관, 특히 수평 배관은 짧게 할 것
(펌프 운전 시 공기가 들어가며 펌프 정지 시 오버플로의 원인이 됨.)
⑥ 2대 이상을 병렬로 운전할 경우 수위를 동일하게 유지하기 위해 균압관을 설치할 것
⑦ 반드시 오버플로 또는 드레인(drain) 배관을 시행할 것
⑧ 보급수 배관에는 밸브를 설치할 것
⑨ 동절기 동결 방지를 위해 배관 아래의 장소에 물을 뺄 수 있는 장치를 설치할 것

07 출제빈도순에 따른 종합예상문제

[13년 2회, 11년 1회]

01 흡수식 냉동기의 단점으로 맞는 것은?

① 기기 내부가 진공상태로서 파열의 위험이 있다.
② 설치면적 및 중량이 크다.
③ 냉온수기 한 대로는 냉·난방을 겸용할 수 없다.
④ 소음 및 진동이 크다.

흡수식 냉동기(냉방목적)는 설치면적이 크고 중량이 무겁다. 흡수식 냉동기는 기기 내부가 진공이라 파열의 위험이 적고 한 대로 냉난방이 가능하며 소음이나 진동이 적다.

[14년 2회, 11년 2회]

02 2단 압축기의 중간냉각기 종류에 속하지 않는 것은?

① 액냉각형 중간 냉각기
② 흡수형 중간 냉각기
③ 플래시형 중간 냉각기
④ 직접 팽창형 중간 냉각기

2단 압축기의 중간 냉각기는 액냉각형, 플래시형, 직접 팽창형이 있다.

[06년 3회]

03 냉동장치에서 증발기와 응축기가 동일 위치에 있을 때 설치하는 것은?

① 역 기울기 루프 배관
② 냉매 액송 메인 밸브
③ 균압배관
④ 안전 밸브

냉동장치에서 증발기와 응축기가 동일한 위치에 있으면 냉매가 역류하지 않도록 역 기울기 루프 배관이 필요하다.

[13년 3회]

04 2원 냉동장치의 구성기기 중 수액기의 설치 위치는?

① 증발기과 압축기 사이
② 압축기와 응축기 사이
③ 응축기와 팽창밸브 사이
④ 팽창밸브와 증발기 사이

2원 냉동장치란 약 −70℃ 이하의 초저온을 얻기 위한 냉동 방법으로, 고온측 증발기를 저온측 응축기 냉각용으로 사용한다. 수액기 설치위치는 응축기와 팽창밸브 사이이다.

[11년 2회]

05 냉매용 밸브 중에서 냉동부하와 증발온도에 따라 증발기에 들어가는 냉매량을 조절하는 밸브로 맞는 것은?

① 팩드 밸브
② 팩리스 밸브
③ 전자 밸브
④ 팽창 밸브

팽창 밸브는 응축기에서 액화한 냉매가 증발기로 들어가는 냉매량을 조절하고 증발압력까지 팽창 감압 한다.

[12년 3회]

06 냉동 설비에서 고온·고압의 냉매 기체가 흐르는 배관은?

① 증발기와 압축기 사이 배관
② 응축기와 수액기 사이 배관
③ 압축기와 응축기 사이 배관
④ 팽창밸브와 증발기 사이 배관

증발기와 압축기 사이 배관은 저압 저온의 냉매 기체, 응축기와 수액기 사이는 고압의 냉매 액, 압축기와 응축기 사이는 고온, 고압의 냉매기체, 팽창밸브와 증발기 사이는 저압의 냉매액(플래시 가스 약간 포함)이 흐른다.

정답 01 ② 02 ② 03 ① 04 ③ 05 ④ 06 ③

[10년 3회]

07 암모니아 냉매 사용시 일반적으로 사용하는 배관재료는?

① 알루미늄 합금관 ② 동관
③ 아연관 ④ 강관

암모니아는 강관을 사용하고, 프레온 냉매는 동관을 사용한다.

[12년 1회, 09년 3회, 09년 2회]

08 암모니아 냉동설비의 배관으로 사용되지 못하는 것은?

① 배관용 탄소강 강관
② 이음매 없는 동관
③ 저온 배관용 강관
④ 배관용 스테인리스 강관

암모니아는 구리, 알루미늄, 아연등과 착이온을 일으키기 때문에 동관은 암모니아 냉매에 부적당하다.

[10년 1회, 08년 1회, 06년 3회]

09 냉매배관 중 액관은?

① 압축기와 응축기까지의 배관
② 증발기와 압축기까지의 배관
③ 응축기와 수액기까지의 배관
④ 팽창밸브와 압축기까지의 배관

응축기와 팽창밸브 까지는 고압부로 액 냉매가 흐르고, 증발기와 압축기 까지는 저압부로 냉매 기체가 흐른다. 응축기-수액기-팽창밸브 순이므로 응축기와 수액기까지의 배관은 액관이다.

[07년 2회]

10 냉매배관에서 가스 균입관이 설치되는 기기는?

① 냉각탑 ② 응축기
③ 유분리기 ④ 팽창밸브

냉동기는 수액기와 응축기의 고압부 압력이 동일하도록 가스 균입관을 설치한다.

[06년 3회]

11 냉매배관의 시공상의 주의사항 중 틀린 것은?

① 팽창 밸브 부근에서 배관길이는 가능한 짧게 한다.
② 지나친 압력강하를 방지한다.
③ 암모니아 배관의 관이음에 쓰이는 패킹 재료는 천연 고무를 사용한다.
④ 두 개의 입상관 사용 시 트랩 반경은 되도록 크게 한다.

이중 입상관(더블라이저)은 프레온 냉매에서 오일회수를 위한 트랩장치인데 이때 트랩 반경은 되도록 작게 한다. 트랩이 너무 크면 여기에 모아진 오일이 회수될 때 압축기에 과부하가 발생할 수 있다.

[14년 3회, 10년 2회]

12 냉매 배관 시 주의사항으로 틀린 것은?

① 배관의 굽힘 반지름은 크게 한다.
② 불응축 가스의 침입이 잘 되어야 한다.
③ 냉매에 의한 관의 부식이 없어야 한다.
④ 냉매 압력에 충분히 견디는 강도를 가져야 한다.

냉매배관에는 불응축 가스(공기 등)의 침입이 없어야 한다. 불응축 가스가 유입되면 응축이 불량해지고 응축압력이 높아진다.

[15년 2회, 10년 3회]

13 냉매배관의 시공 시 유의사항으로 틀린 것은?

① 배관 재료는 각각의 용도, 냉매종류, 온도 등에 의해 선택한다.
② 온도변화에 의한 배관의 신축을 고려한다.
③ 배관 중에 불필요하게 오일이 체류하지 않도록 한다.
④ 관경은 가급적 작게 하여 플래시 가스와 발생을 줄인다.

냉매배관은 관경이 가급적 커야 압력손실에 의한 플래시 가스(냉매액이 배관상에서 기화된 가스)의 발생을 줄일 수 있다.

정답 07 ④ 08 ② 09 ③ 10 ② 11 ④ 12 ② 13 ④

[15년 2회]

14 냉매 배관 시 주의사항으로 틀린 것은?

① 배관은 가능한 한 간단하게 한다.
② 굽힘 반지름은 작게 한다.
③ 관통 개소 외에는 바닥에 매설하지 않아야 한다.
④ 배관에 응력이 생길 우려가 있을 경우에는 신축이음으로 배관한다.

냉매 배관에서 굽힘 반지름을 크게 하여야 마찰손실이 적어서 냉매 흐름을 원활하게 할 수 있다.

[13년 1회, 10년 2회, 08년 3회]

15 냉매배관 설계 시 잘못된 것은?

① 2중 입상관(Riser) 사용 시 트랩을 크게 한다.
② 과도한 압력강하를 방지한다.
③ 압축기로 액체 냉매의 유입을 방지한다.
④ 압축기를 떠난 윤활유가 일정 비율로 다시 압축기로 되돌아오게 한다.

냉매배관 설계 시 2중 입상관(Double Riser)의 트랩은 되도록 작게 한다. 트랩이 너무 크면 여기에 모아진 오일이 회수될 때 압축기에 과부하가 발생할 수 있다. 일반 냉매배관의 굽힘 반경은 크게, 2중 입상관 반경은 작게 한다.

[11년 3회]

16 냉매배관 시공법에 관한 설명으로 틀린 것은?

① 압축기와 응축기가 동일 높이 또는 응축기가 아래에 있는 경우 배출관은 하향 기울기로 한다.
② 증발기가 응축기보다 아래에 있을 때 냉매액이 증발기에 흘러내리는 것을 방지하기 위해 2m 이상 역루프를 만들어 배관한다.
③ 외부 균압관은 감온통이 있는 위치에서 약간 상류에 설치한다.
④ 액관 배관 시 증발기 입구에 전자밸브가 있을 때는 루프이음을 할 필요가 없다.

온도식 자동팽창밸브는 감온통을 설치하는데 외부 균압관은 감온통보다 약간 하류에 설치한다.

[15년 1회]

17 냉동배관 재료로서 갖추어야 할 조건으로 틀린 것은?

① 저온에서 강도가 커야 한다.
② 내식성이 커야 한다.
③ 관 내 마찰저항이 커야 한다.
④ 가공 및 시공성이 좋아야 한다.

냉동배관 재료는 관 내 냉매 흐름 시 마찰저항이 적어야 한다.

[13년 2회]

18 프레온 냉동장치의 배관에 있어서 증발기와 압축기가 동일 레벨에 설치되는 경우 흡입 주관의 입상높이는 증발기 높이보다 몇 mm 이상 높게 하여야 하는가?

① 10 ② 40
③ 70 ④ 150

프레온 냉동장치의 배관에 있어서 증발기와 압축기가 동일 레벨에 설치되는 경우 증발기 냉매액이 압축기에 유입되지 않도록 흡입 주관을 증발기 상부보다 150mm 이상 높게 입상하여 배관한다.

[14년 1회]

19 냉매배관 중 토출 측 배관 시공에 관한 설명으로 틀린 것은?

① 응축기가 압축기보다 높은 곳에 있을 때 2.5m 보다 높으면 트랩 장치를 한다.
② 수직관이 너무 높으면 2m마다 트랩을 1개씩 설치한다.
③ 토출관의 합류는 Y이음으로 한다.
④ 수평관은 모두 끝 내림 구배로 배관한다.

냉매배관에서 수직관이 너무 높으면 10m마다 트랩을 1개씩 설치한다.

정답 14 ② 15 ① 16 ③ 17 ③ 18 ④ 19 ②

[12년 3회, 07년 1회]

20 냉동배관 중 액관 시공상 주의할 점을 열거한 것이다. 잘못된 것은?

① 매우 긴 입상 배관의 경우 압력이 증가하게 되므로 충분한 과냉각이 필요하다.
② 배관은 가능한 한 짧게 하여 냉매가 증발하는 것을 방지한다.
③ 2대 이상의 증발기를 사용하는 경우 액관에서 발생한 증발가스(Flash Gas)가 균등하게 분배되도록 배관한다.
④ 증발기가 응축기 또는 수액기보다 8m 이상 높은 위치에 설치되는 경우에는 액을 충분히 과냉각시켜 액 냉매가 관내에서 증발하는 것을 방지하도록 한다.

매우 긴 입상배관에서 마찰손실로 압력이 강하하여 증발가스가 발생할 우려가 있으므로 충분한 과냉각이 필요하다.

[10년 1회, 08년 1회]

21 냉장설비의 단열방식에 있어서 내부 단열방식이 적합하지 않은 곳은?

① 사용조건이 서로 다른 냉장실이 필요한 냉장실
② 단층 건물 또는 저 흡수 냉장실
③ 층별로 구획된 냉장실
④ 각층 각실이 구조체로 구획되고 구조체의 안쪽에 맞추어 단열 시공되는 냉장실

층별로 구획된 냉장실이나 단일조건의 대형 고층냉장고는 외부 단열방식을 적용한다.

[09년 1회]

22 다음 프레온 냉매 배관에 관한 설명 중 맞지 않는 것은?

① 주로 동관을 사용하나 강관도 사용한다.
② 증발기와 압축기가 같은 위치인 경우 냉동기를 향해서 내림구배 $\frac{1}{200}$로 한다.
③ 동관의 접속은 플레어 이음 또는 용접 이음 등이 있다.
④ 관의 굽힘 반경을 작게 한다.

모든 관의 굽힘 반경은 다소 크게 하여 마찰손실을 줄인다.

[09년 2회]

23 냉매액관 시공시의 유의점이 아닌 것은?

① 액관의 마찰손실압력을 0.2kg/cm^2 이하로 제한한다.
② 액관 내의 유속은 0.5~1.5 m/s 정도로 한다.
③ 액관 배관은 가능한 길게 한다.
④ 2대 이상의 증발기를 사용하는 경우 액관에서 발생한 증발가스는 균등하게 분배되도록 배관한다.

냉매 액관은 가능한 짧게 배관한다.

[09년 2회]

24 흡수식 냉동기 주변배관에 대한 설명으로 틀린 것은?

① 증기조절밸브와 감압밸브장치는 가능한 냉동기 가까이에 설치한다.
② 공급 주관의 응축수가 냉동기 내에 유입되도록 한다.
③ 증기관에는 신축이음 등을 설치하여 배관의 신축으로 발생하는 응력이 냉동기에 전달되지 않도록 한다.
④ 증기 드레인 제어 방식은 진공펌프로 냉동기 내의 드레인을 직접 압축하도록 한다.

흡수식 냉동기에서 냉매인 증기가 응축수로 되면 응축수 탱크로 배출시킨다.

[12년 3회]

25 수액기를 나온 냉매액을 팽창밸브를 통해 교축되어 저온·저압의 증발기로 공급된다. 팽창밸브의 종류가 아닌 것은?

① 온도식　② 플로트식
③ 인젝터식　④ 압력자동식

인젝터 팽창밸브는 없으며 인젝터는 증기 보일러에서 비상시 증기를 이용하여 급수를 하는 급수 설비의 일종이다.

정답 20 ① 21 ③ 22 ④ 23 ③ 24 ② 25 ③

[14년 3회]

26 **다음과 같이 압축기와 응축기가 동일한 높이에 있을 때, 배관방법으로 가장 적합한 것은?**

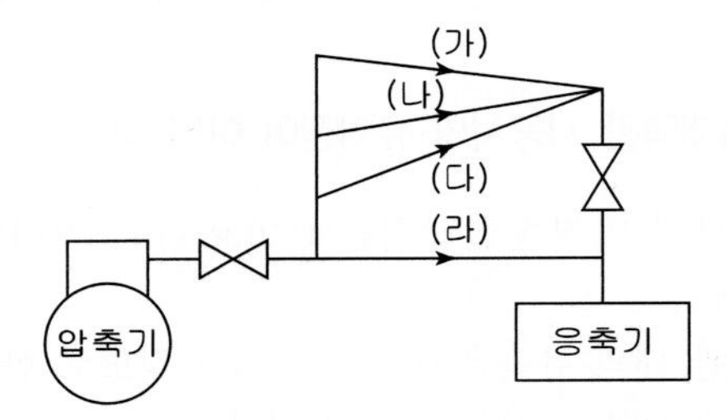

① (가)　　② (나)
③ (다)　　④ (라)

압축기, 응축기가 동일한 높이라면 압축기에서 응축기로 가는 가스관은 입상관을 거쳐 응축기 쪽으로 하향구배 (가)를 준다.

[08년 3회]

27 **다음은 횡형 셸 튜브 타입 응축기의 구조도이다. 냉매가스의 입구 측 배관은 어느 곳에 연결 하여야 하는가?**

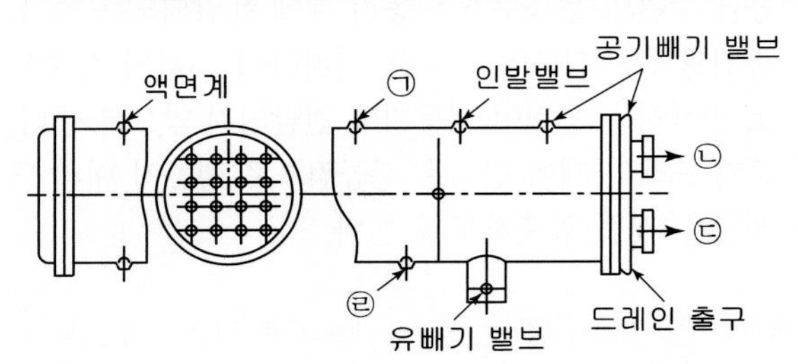

① ㉠　　② ㉡
③ ㉢　　④ ㉣

냉매가스는 ㉠으로 유입되어 응축된 냉매액은 ㉣로 나가고, 냉각수는 ㉢으로 유입되어 ㉡으로 나간다.

정답 26 ① 27 ①

압축공기 설비

1 압축공기설비 및 유틸리티 개요

1. 개요

공기압축설비는 컴프레서(Compressor)라 부르는 공기압축기를 이용하여 대기 중에 있는 공기를 빨아들여 밀폐된 공간 내에서 압축기로 압축하며 압축된 공기는 산업 현장에서 각종 동력원으로 사용되거나 연소, 건조 등 제조 프로세스를 목적으로, 또는 각종 공정 기기를 제어하기 위한 공압식 제어설비에 사용된다.

2. 공기 압축기 종류

공기 압축기 종류
양변위식(왕복압축기, 회전압축기), 동적형(원심식)

공기압축기는 유체의 작용에 따라 양변위식과 동적형(회전식)으로 나눌 수 있다.

(1) 양변위식 공기압축기

- 양변위식 공기압축기는 부피와 위치가 변하는 특징이 있다.
- 양변위식은 다시 직선왕복운동을 하는 왕복압축기와 원형의 경로로 움직이는 회전압축기로 나눌 수 있다.
- 양변위식 공기압축기에서 누출량을 무시하면 압축기를 지나는 유량은 넓은 범위의 배출압력에 걸쳐 항상 일정하다.

(2) 동적 공기압축기

동적 공기압축기는 회전자를 통해 방사상으로 흐르게 하는 원심형 공기압축기, 회전자를 통해 회전축과 나란히 흐르게 하는 축류형 공기압축기, 유체분사형 공기압축기로 나눌 수 있다.

<table>
<tr><td rowspan="4">양변위식
(용적형)</td><td rowspan="2">왕복식</td><td>피스톤식</td></tr>
<tr><td>다이어프램식</td></tr>
<tr><td rowspan="2">회전식</td><td>스크루식(무급유식, 급유식)</td></tr>
<tr><td>벤식(로터식)</td></tr>
<tr><td rowspan="2">동적형</td><td rowspan="2">원심식</td><td>터보식, 축류형</td></tr>
<tr><td>기타(유체분사식)</td></tr>
</table>

3. 압축기의 선정

(1) 공기 압축기의 선정시에는 설치면적, 소음, 유지보수성 등을 고려하여 적정 용량 및 적정사양의 공기 압축기를 선정하여야 한다.

(2) 용량산정시의 사용빈도(부하율)의 보정, 공기청정기기 및 배관에서의 압력강하, 배관 접속부위에서의 누설, 압축기의 수명에 따른 보수 유지의 고려 등을 감안하여 설계 계산용량의 1.5 ~ 2배 크기로 선정하는 것이 바람직하다.

4. 공기 압축과 제습설비

(1) 공기를 압축하면 공기중의 수증기가 응축하여 응축수가 발생하는데 이를 제거하는 제습설비가 공기 압축시스템에서는 중요하다.

(2) 제습장치에는 다음과 같은 3가지가 주로 쓰인다.

- 자연냉각 : 압축기 토출측에 에프터 쿨러(After Cooler)라는 탱크를 설치하여 자연 냉각 시키면 응축된 수분을 제거할 수 있다.
- 냉각제습 : 압축공기를 강제로 냉각시키면 응축작용으로 수분을 제거할 수 있다.
- 제습제 : 액체나 고체의 흡착식 드라이어(제습제)를 사용하여 공기중의 수분을 제거한다. 위 3가지 방식을 적당하게 조합하여 사용하면 더욱 효율적이다.

5. 건식스프링클러설비(Dry Pipe System)와 공압설비

(1) 건식스프링클러 설비는 건식밸브, 급속개방기구, 공기압축기, 공기압력조절기, 저압경보스위치, 주배수밸브 등으로 구성된다.

(2) 가압송수장치로부터 입상관로에 건식밸브를 설치하고 밸브의 1차측에는 가압송수장치로부터 공급된 가압수를 채우며 밸브 2차측에는 공기압축장치로부터 유입되는 압축공기를 충전시킨다.

(3) 화재 발생시 열로 인하여 스프링클러헤드가 개방되면 압축공기가 배출되면서 밸브 1차측에 있던 가압수가 방수되는 구조이다.

6. 압축기 설치 및 압축공기 배관

(1) 각종 압축기 설치시 유의점

- 계절 및 주야간에 따른 급격한 온도 변화 없을 것
- 옥외에 설치하여 눈, 비, 강풍, 직사광선, 흡입공기의 오염 등에 노출되지 않도록 할 것
- 진동 및 충격이 없을 것
- 운반도로, 반입구, 분해점검에 필요한 공간을 확보할 것

(2) 기초 설치시 유의점

- 기계의 중량과 운전중량에 대한 충분한 내구력을 갖출 것
- 기초의 고유 진동수가 기계의 가진력과 공진하는 범위를 피할 것
- 진동이 건물에 영향을 주지 않도록 유의하고 절연시킬 것

7. 압축 배관 선정

(1) 압축공기의 공급배관구경의 결정은 배관내의 압축공기의 유속과 압력손실을 고려하여 선정하되 공기압력 저장조와 사용기기 사이의 배관 압력손실을 10MPa 이하로 하여 선정한다.

(2) 공기사용량은 반드시 순간 부하 조건으로 하여 계산되어야 한다. 순간 최대부하 조건이 고려되지 않을 경우 공기압 부족으로 기기의 오작동이 발생할 수 있다.

(3) 배관의 길이는 공기 청정 기기로부터 시작하여 최종 제조설비까지의 길이를 산출한다.

(4) 허용 가능한 압력강하(압력손실)는 배관 길이 상에서 발생되는 압력손실의 허용량을 결정 한다.

(5) 최종 수요처의 작업 압력을 검토한다.

(6) 압축기로부터 공급되는 압력이 공기 청정 기기를 통과하면 압력손실이 발생되므로 이를 고려한 압력을 배관 1차측 압력으로 설정해야 하며 이후 배관에 적용되는 관이음쇠류, 밸브류 등의 교축 손실을 포함해야 한다.

(7) 압축공기의 배관내 표준유속은 배관구경의 크기에 따라 다르나 통상 12m/sec 이하로 하는 것이 좋으며 배관경이 60mm 이하일 때는 표준 유속은 10m/sec 이하로 하는 것이 좋다.

압축공기의 배관 내 표준유속
통상 12m/sec 이하,
배관경이 60mm 이하일 때
10m/sec 이하

(8) 배관경 선정 시에는 사용처의 요구압력, 유량(자유 공기량 조건) 소요배관길이(소요배관길이는 순수 길이와 각종 교축요소의 보정길이를 포함한 길이이다.) 등을 결정한 뒤 배관경을 산정한다.

(9) 배관에서의 압력강하는 다음 식으로 나타낼 수 있다.

$$\Delta \mathrm{P} = \frac{f \times L \times v^2 \times \rho}{d \times 2\mathrm{g}} + \text{보정길이}$$

여기서, $\Delta \mathrm{P}$: 압력강하(mmAg)　　f : 마찰계수
L : 관의 길이(m)　　ρ : 유체의 밀도(kg/m^3)
v : 유체의 평균속도(m/sec)　　d : 관의 내경(m)
g : 중력 가속도(9.81m/sec^2)

8. 압축기 윤활관리

오일의 기능은 윤활작용, 냉각작용, 밀봉작용, 방청작용, 응력 분산작용 등의 기능이 있으며 적절치 못한 윤활유를 사용할 경우, 베어링의 고착은 물론이고 밸브의 하드 카본 생성에 따른 밸부의 파손, 각 밀봉부(로터와 케이싱간 및 피스톤과 피스톤 링 및 실린더부)의 누설로 성능저하와 함께 수명을 단축시킨다.

01 예제문제

공기 압축설비에 대한 설명중 가장 잘못된 설명은?

① 압축기 설치 시 계절 및 주야간에 따른 급격한 온도 변화 없는 곳에 설치할 것.
② 기계의 중량과 운전중량에 대한 충분한 내구력을 갖출 것.
③ 기초의 고유 진동수가 기계의 가진력과 공진하도록 설치할 것.
④ 진동이 건물에 영향을 주지 않도록 유의하고 절연시킬 것.

해설

기초의 고유 진동수가 기계의 가진력과 공진하는 범위를 피하여 설치할 것. **답 ③**

2 공기 압축기 제습

압축공기 제습 방법
냉각제습, 압축제습,
화학제습(흡착제, 흡수제)

제습이란 공기 또는 각종 가스(GAS)의 기체에 함유되어 있는 수분을 제거하여 공기 또는 가스 등을 건조한 상태로 변환시키는 작업을 총칭하는 것으로서 일반적으로 냉각제습, 압축제습과 화학제습이 있다.

1. 냉각제습

냉각제습은 공기를 노점(이슬점)온도 이하로 냉각하여 공기중의 습기를 응축시켜 수분화하고 응축되는 수분을 제거한 후 재가열하여 낮은 습도의 공기를 얻는 방법으로 공기의 냉각원으로 냉동기의 냉매, 냉수, 브라인 등이 이용되며 다음과 같은 특징이 있다.

(1) 냉각코일(COOLING COIL)의 표면온도를 0℃ 이하로 하면 응축된 수분이 코일 표면에 결빙되어 냉각 효율이 떨어지므로 일정상태의 습도를 얻기가 곤란하다.
(2) 장마철 등 상대습도가 높을 때에는 냉각 효율이 떨어진다.
(3) 제습의 한계는 일반적인 사용방법에서는 노점 온도가 0℃ 이상이다.
(4) 설비가 대형화되고 소비전력량이 증대하여 설비운전비가 높다.

2. 압축제습

압축제습은 공기를 압축, 체적을 줄여 냉각하면 공기중의 습기가 응축되어 수분이 되고 이 수분을 제거한 후 공기를 재가열하여 낮은 습도의 공기를 얻는 방법으로 다음과 같은 특징이 있다.

(1) 적은 풍량 낮은 습도의 제습에 적용된다.
(2) 압축동력비가 많이 소요된다.
(3) 계장용등 고압 제습공기를 필요로 하는 경우에 적용된다.

02 예제문제

공기 냉각제습에 대한 설명으로 잘못된 설명은?

① 공기의 냉각원으로 냉동기의 냉매, 냉수, 브라인등이 이용된다.
② 냉각코일의 표면온도를 0℃ 이하로 하면 수분이 잘 응축하여 제습 효율이 증가한다.
③ 장마철 등 상대습도가 높을 때에는 냉각 효율이 떨어진다.
④ 설비가 대형화되고 소비전력량이 증대하여 설비운전비가 높다.

해설
냉각제습에서 냉각코일의 표면온도를 0℃ 이하로 하면 응축된 수분이 코일 표면에 결빙되어 냉각 효율이 떨어지므로 습도제거가 곤란하다.
답 ②

3. 화학 제습(흡착제 BATCH TYPE)

화학 제습은 흡착제 BATCH TYPE과 흡수제 액체 TYPE이 있으며 각각의 특징은 다음과 같다. 흡착제 BATCH TYPE은 고체 흡착제(실리카겔, 활성알루미나, 제올라이트 등)를 원통형의 탑에 충진하며 2개 이상의 탑을 사용한다. 특징은

(1) 고체흡착제의 선정에 따라 낮은 노점의 제습공기를 얻을 수 있다.
(2) 제습과 재생이 일정시간에 절환 되기 때문에 연속적이고 일정한 제습공기를 얻을 수 없다.
(3) 정기적으로 흡착제의 교환을 필요로 한다.
(4) 장치 압력손실이 크다.
(5) 재생온도가 고온이다.

4. 화학 제습(흡수제 액체 TYPE)

흡수제 액체 TYPE은 흡수제로서 염화리튬 용액이 쓰이고 제습부와 재생부로 나누어진 장치로 구성되며 제습부 내부로 분무된 흡수액과 제습을 요하는 공기가 접촉할 때 습수제 용액과 공기와의 수증기 분압차에 의해 공기중의 수분이 용액에 습수되어 제습이 이루어진다. 흡수작용으로 발생되는 응축열과 흡수열은 냉각코일로서 제거한다. 특징은

(1) 제습, 재생이 연속적으로 이루어지기 때문에 일정한 제습공기를 얻을 수 있다.
(2) 용액의 캐리오버(CARRY - OVER : 재생부에서 대기로 방출되는 습공기 중에 용액이 함유되어 배출되는 현상)를 방지하지 않으면 안 된다.
(3) 용액농도와 온도에 따라 염화리튬의 석출이 생기므로 용액농도 관리가 필요하다.
(4) 정기적인 용액보충, 용액교체가 필요하다.

08 출제유형분석에 따른 종합예상문제

[13년 1회]

01 압축공기 배관 시공 시 일반적인 주의사항으로 틀린 것은?

① 공기 공급배관에는 필요한 개소에 드레인용 밸브를 장착한다.
② 주관에서 분기관을 취출 할 때에는 관의 하단에 연결하여 이물질 등을 제거한다.
③ 용접개소는 가급적 적게 하고 라인의 중간 중간에 여과기를 장착하여 공기 중에 섞인 먼지 등을 제거한다.
④ 주관 및 분기관의 관 끝에는 과잉의 압력을 제거하기 위한 불어내기(Blow)용 게이트 밸브를 달아준다.

주관에서 분기관을 취출할 때에는 관의 상단에 연결하여 이물질 등이 유입되지 않게 한다.

[14년 2회]

02 압축기의 진동이 배관에 전해지는 것을 방지하기 위해 압축기 근처에 설치하는 것은?

① 팽창밸브 ② 리듀싱
③ 플렉시블 조인트 ④ 엘보

플렉시블 조인트는 펌프나 압축기의 진동이 배관으로 전해지는 것을 방지하기 위한 연결 부속이다.

[예상문제]

03 압축공기 설비에서 양변위식 공기압축기에 속하지 않는 것은?

① 피스톤식 ② 다이어프램식
③ 터보식 ④ 스크루식

터보식은 동적형에 속한다.

[예상문제]

04 공기 압축설비에 대한 설명 중 가장 잘못된 설명은?

① 공기 압축설비 용량 산정 시 배관 접속부위에서의 누설, 압축기의 수명에 따른 보수 유지의 고려 등을 감안하여 설계 계산 용량의 0.5 ~ 1.0배 크기로 선정하는 것이 바람직하다
② 공기를 압축하면 공기중의 수증기가 응축하여 응축수가 발생하는데 이를 제거하는 제습설비가 공기 압축시스템에서는 중요하다.
③ 냉각제습은 압축공기를 강제로 냉각시키면 응축작용으로 수분을 제거할 수 있다.
④ 제습제를 이용한 제습은 액체나 고체의 흡착식 드라이어(제습제)를 사용하여 공기중의 수분을 제거한다.

압축설비 용량 산정 시 설계 계산용량의 1.5 ~ 2배 크기로 선정하는 것이 바람직하다.

[예상문제]

05 공기 압축설비에 대한 설명 중 가장 잘못된 설명은?

① 압축기 설치 시 계절 및 주야간에 따른 급격한 온도 변화 없는 곳에 설치할 것
② 기계의 중량과 운전중량에 대한 충분한 내구력을 갖출 것
③ 기초의 고유 진동수가 기계의 가진력과 공진하도록 설치할 것
④ 진동이 건물에 영향을 주지 않도록 유의하고 절연시킬 것

기초의 고유 진동수가 기계의 가진력과 공진하는 범위를 피하여 설치할 것

정답 01 ② 02 ③ 03 ③ 04 ① 05 ③

[예상문제]

06 공기 압축배관에 대한 설명 중 가장 잘못된 설명은?

① 공기사용량은 반드시 순간 부하 조건으로 하여 계산되어야 한다. 순간 최대 부하 조건이 고려되지 않을 경우 공기압 부족으로 기기의 오작동이 발생할 수 있다.
② 압축기로부터 공급되는 압력이 공기 청정 기기를 통과하면 압력손실이 발생되므로 이를 고려한 압력을 배관 1차측 압력으로 설정해야 하며 이후 배관에 적용되는 관이음쇠류, 밸브류 등의 교축 손실은 포함하지 않는다.
③ 압축공기의 배관내 표준유속은 배관구경의 크기에 따라 다르나 통상 12m/sec 이하로 하는 것이 좋으며 배관경이 60mm 이하일 때는 표준 유속은 10m/sec 이하로 하는 것이 좋다.
④ 최종 수요처의 작업 요구 압력을 검토한다.

압축기로부터 공급되는 압력은 이후 배관에 적용되는 관이음쇠류, 밸브류 등의 교축 손실을 포함해야 한다.

[예상문제]

07 공기 압축배관에서 발생하는 마찰손실에 대한 설명 중 잘못된 설명은?

① 압력강하는 관의 길이에 비례한다.
② 압력강하는 관의 직경에 비례한다.
③ 압력강하는 공기 유속의 제곱에 비례한다.
④ 압력강하는 유체의 밀도에 비례한다.

압력강하는 관의 직경에 반비례한다.

[예상문제]

08 공기 냉각제습에 대한 설명으로 잘못된 설명은?

① 공기의 냉각원으로 냉동기의 냉매, 냉수, 브라인 등이 이용된다.
② 냉각코일의 표면온도를 0℃ 이하로 하면 수분이 잘 응축하여 제습 효율이 증가한다.
③ 장마철 등 상대습도가 높을 때에는 냉각 효율이 떨어진다.
④ 설비가 대형화되고 소비전력량이 증대하여 설비운전비가 높다.

냉각제습에서 냉각코일의 표면온도를 0℃ 이하로 하면 응축된 수분이 코일 표면에 결빙되어 냉각 효율이 떨어지므로 습도 제거가 곤란하다.

[예상문제]

09 흡착제 BATCH TYPE 화학제습에 대한 설명으로 잘못된 설명은?

① 고체 흡착제(실리카겔, 활성알루미나, 제올라이트 등)를 사용한다.
② 고체흡착제의 선정에 따라 낮은 노점의 제습공기를 얻을 수 있다.
③ 제습과 재생이 일정시간에 절환되기 때문에 연속적이고 일정한 제습공기를 얻을 수 없다.
④ 제습장치가 간단하여 액체 타입에 비하여 장치 압력손실이 작다.

제습장치가 액체 타입에 비하여 장치 압력손실이 크다.

정답 06 ② 07 ② 08 ② 09 ④

제3장

설비적산

01 냉동설비 자재 및 노무비 산출

03 설비적산

1 냉동설비 자재 및 노무비 산출

1. 적산 개념

적산이란 공조 냉동 분야의 설계 시공 과정에서 도면이 완성되면 → 공사에 필요한 배관, 덕트, 자재등의 수량을 산출하고 → 자재비, 인건비(자재단가표, 노임단가, 품셈표, 일위대가표등 적용)를 산출하여 직접공사비(직접재료비, 직접노무비)를 계산하고 → 각종 제경비(간접노무비, 경비, 보험료, 일반관리비, 이윤 등)을 계산하여 → 원가계산서에 의한 총공사금액을 산출하는 것을 말한다.

(1) 적산의 뜻

일반적으로 공사비를 산출하는 일을 적산 또는 견적이라 말하고 있는데 관습상 적산은 금액으로 환산하기 이전의 재료의 수량산출 수단과 그 경과를 말하고, 견적이란 적산으로 결과된 요소를 금액으로 환산한 것을 의미한다.

(2) 적산의 중요성

건축 산업의 특성은 도급 제도에 의해 수주 생산, 대량 생산이 아닌 개별적인 재품, 불안정한 입지 조건, 직업 환경, 노무중심적 생산 등을 갖는다. 따라서 주문 생산하기 위한 수주자는 적산을 잘하지 않으면 기업의 사활이 좌우된다. 그러므로 건축 산업에서는 적산이 타 분야와는 달리 아주 중요한 역할을 한다.

(3) 적산 순서

① 공사 내용을 파악한다(공사 내용을 확실하게 파악한다.)
② 기기, 재료의 수량산출(누락되지 않게 한다.)
③ 수량 산출 근거서 작성(품셈표에 의거)
④ 내역서에 기입
⑤ 단가 가입
⑥ 직접 공사비 산출(직접노무비, 직접재료비, 경비)
⑦ 제경비 산출(간접재료비, 간접노무비, 경비, 일반관리비, 이윤)
⑧ 총원가 산출(순공사 원가+일반관리비+이윤)

2. 공조 냉난방 설비 적산

공조냉난방설비 자재 및 노무비 산출(종합 예상문제 참조)

3. 급수급탕오배수설비 적산

급수급탕오배수설비 자재 및 노무비 산출(종합 예상문제 참조)

4. 기타설비 적산

기타설비 자재 및 노무비 산출(종합 예상문제 참조)

출제유형분석에 따른

01 종합예상문제

01 **아래 암모니아 냉동 배관 평면도를 보고 엘보 수량을 구하시오.**

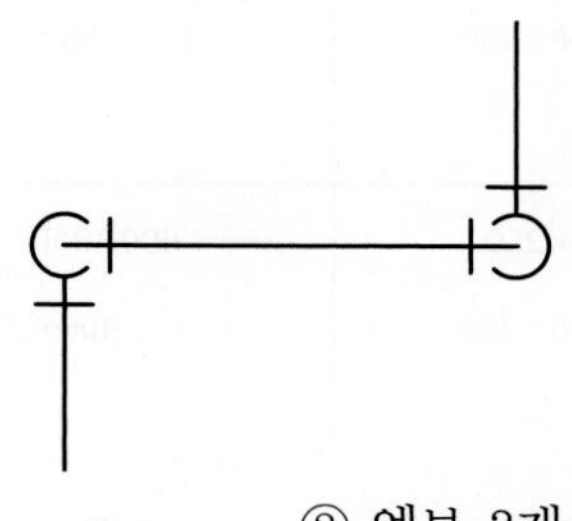

① 엘보 2개 ② 엘보 3개
③ 엘보 4개 ④ 엘보 5개

위 평면도를 겨냥도(입체도)로 그려보면 아래와 같고 엘보는 4개이다.

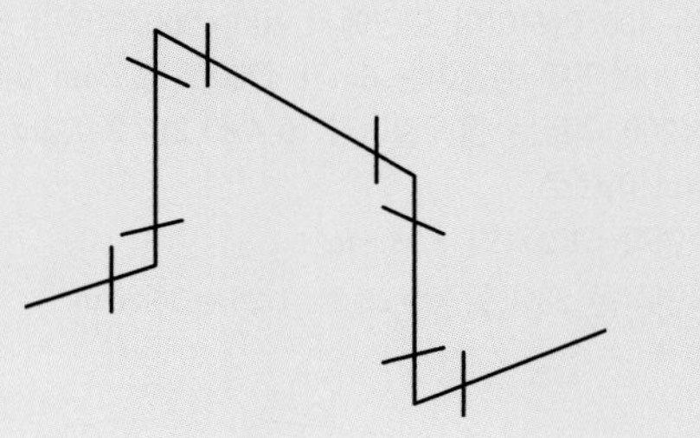

02 **아래 프레온 배관(동관) 평면도를 보고 엘보와 티이 수량을 구하시오**

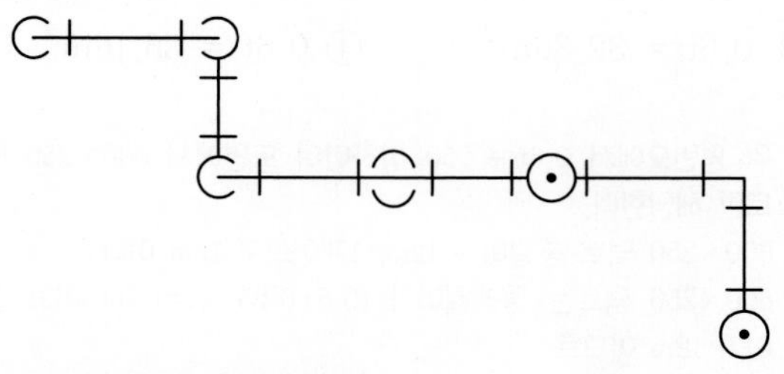

① 엘보 5개, 티이 1개
② 엘보 6개, 티이 1개
③ 엘보 7개, 티이 2개
④ 엘보 8개, 티이 2개

위 평면도를 겨냥도(입체도)로 그려보면 아래와 같고 엘보는 7개이고 티이는 2개이다.

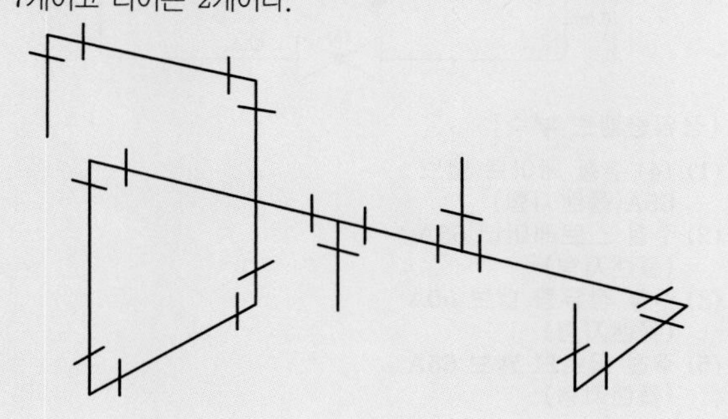

03 **위 2번 문제에서 동관 용접개소는 몇 개소인가?**

① 9개소 ② 16개소
③ 20개소 ④ 28개소

위 평면도를 겨냥도(입체도)로 그려보면 엘보는 7개이고 티이는 2개이며 엘보 1개당 용접 2개소, 티이 1개당 3개소 이므로 용접개소는 총 20개소이다.

04 **아래 버킷형 증기트랩(25×20×25) 주변 바이패스배관에서 A-B구간에 대한 수량산출에서 잘못된 것은?**

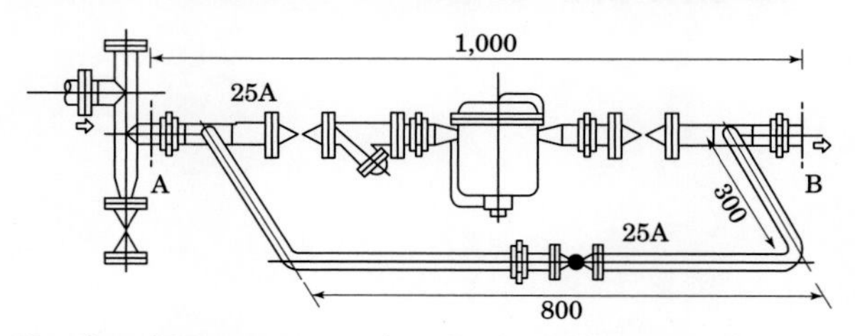

① 레듀서(25×20A) 2개 ② 유니언(25A) 5개
③ 스트레이너(20A) 1개 ④ 티이(25A) 2개

스트레이너는 레듀서 외측이므로 (25A, 1개)이며, 증기트랩은 (20A) 1개 이고, 글로브밸브(25A) 1개, 플랜지(25A) 7개이다.

정답 01 ③ 02 ③ 03 ③ 04 ③

05 다음과 같은 동관 정유량밸브 바이패스 조립도에 대하여 현장에서 실제 용접타입으로 설치하는 경우 최소한의 용접개소를 산출하시오.

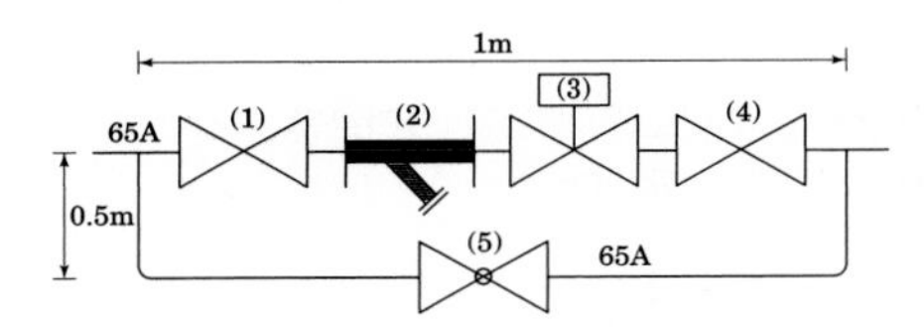

[정유량밸브 부속]

(1), (4) 주철 게이트 밸브 65A(플랜지형)
(2) 주철 스트레이너 65A (플랜지형)
(3) 주철 정유량 밸브 50A (플랜지형)
(5) 주철 글로브 밸브 65A (플랜지형)

① 65ϕ ; 16개소, 50ϕ : 0 개소
② 65ϕ ; 18개소, 50ϕ : 2개소
③ 65ϕ ; 20개소, 50ϕ : 4개소
④ 65ϕ ; 24개소, 50ϕ : 6개소

밸브가 플랜지타입이므로 연결 동배관에 플랜지를 용접해야 한다.
그러므로 각 밸브 마다 양단에 용접개소가 2개소씩 이며, 65A 밸브와 스트레이너 4개 이므로 플랜지는 2×4=8개소 이며, 정유량밸브는 50A, 양쪽 2개소, 65A 티이가 2개 이므로 3개소씩 6개소, 65A 엘보가 2개 이므로 2개소씩 4개소, 그리고 도면에 생략되었지만 정유량밸브 양단에 65A를 50A로 축소하기 위한 레듀서(65A×50A)가 2개 필요하다. 레듀서 에 각각 65ϕ, 1개소, 50ϕ, 1개소가 있다. 합해보면
65ϕ=(2×4)+(2×3)+(2×2)+1+1=20개소,
50ϕ=2+1+1=4개소

06 아래 덕트(저속덕트) 평면도를 보고 0.5t 철판 면적을 산출 하시오 (단 덕트 장변길이 450mm 이하 : 0.5t , 750mm 이하 : 0.6t, 1500mm 이하 : 0.8t적용 덕트 철판 재료 할증률은 28% 적용)

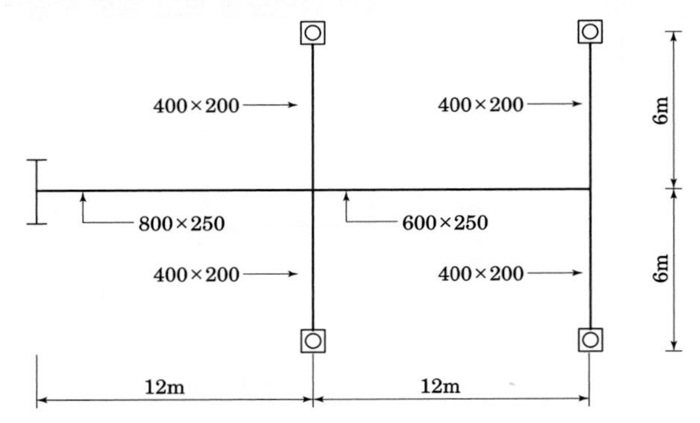

① 0.5t = 28.80m^2
② 0.5t = 32.86m^2
③ 0.5t = 36.86m^2
④ 0.5t = 46.86m^2

0.5t는 450 이하이며 도면에서 400×200 덕트만 해당한다.
400×200 덕트 총길이는 6m가 4개이므로 24m 이다.
400×200 덕트는 둘레길이가 (0.4+0.2)×2=1.2m 이고 길이가 24m 이므로
덕트 면적= $1.2 \times 24 = 28.8\,m^2$
철판 면적은 28% 할증= $28.8 \times 1.28 = 36.86\,m^2$

07 위 6번 덕트(저속덕트) 평면도에서 0.6t 철판 면적을 산출 하시오. (조건 동일)

① 0.6t = 20.40m^2
② 0.6t = 26.11m^2
③ 0.6t = 32.86m^2
④ 0.6t = 36.16m^2

위 평면도에서 0.6t는 750 이하이며 도면에서 600×250 덕트만 해당한다.
600×250 덕트 총길이는 12m, 1개이므로 12m 이다.
600×250 덕트는 둘레길이가 (0.6+0.25)×2=1.7m 이고 길이가 12m 이므로
덕트 면적= $1.7 \times 12 = 20.4\,m^2$
철판 면적은 28% 할증= $20.4 \times 1.28 = 26.11\,m^2$

정답 05 ③ 06 ③ 07 ③

08 **6번 덕트(저속덕트) 평면도에서 0.8t 철판 면적을 산출하시오.(조건 동일)**

① 0.6t = 25.20m^2 ② 0.6t = 29.11m^2
③ 0.6t = 30.26m^2 ④ 0.6t = 32.26m^2

위 평면도에서 0.8t는 1500 이하이며 도면에서 800×250 덕트만 해당한다.
800×250 덕트 총길이는 12m, 1개이므로 12m 이다.
800×250 덕트는 둘레길이가 (0.8+0.25)×2 = 2.1m 이고 길이가 12m 이므로
덕트 면적 = 2.1×12 = 25.2m^2
철판 면적은 28% 할증 = 25.2×1.28 = 32.26m^2

09 **6번 덕트(저속덕트) 평면도에서 0.5t 철판 제작설치 직접재료비와 직접인건비를 산출하시오.**

① 직접재료비=159,044 직접 인건비=584,450
② 직접재료비=179,044 직접 인건비=584,450
③ 직접재료비=199,044 직접 인건비=684,450
④ 직접재료비=219,044 직접 인건비=684,450

1) 0.5t는 450 이하이며 도면에서 400×200 덕트만 해당한다.
재료비는 철판면적(28%할증)과 재료비(5400원/m^2)로 구한다
- 덕트 금속판의 재료할증률 28% 적용
- 덕트 제작설치의 공량할증률 20% 적용
- 덕트 크기별 철판두께는 저속덕트 기준
- 덕트 제작 설치에 필요한 재료비(철판면적 m^2당)

철판두께(mm)	0.5	0.6	0.8
재료비	5400	6000	6800

- 덕트 제작 설치에 필요한 공량(철판 면적 m^2당)

철판두께(mm)	0.5	0.6	0.8
공량(인)	0.44	0.48	0.50

- 덕트공의 노임단가는 45,000(원) 적용

직접재료비= 36.86m^2 ×5400=199,044

2) 인건비를 구하려면 공량을 산출해야하는데 공량이란 덕트 제작설치를 위한 사람수이다.
위 7번 풀이에서 덕트 면적=1.2×24=28.8m^2 인데 여기서 주의할점은 덕트 공량산출은 덕트면적을 기준한다. 즉 철판면적은 덕트를 제작할 때 손실되는 부분 때문에 할증을 주지만 공량은 손실되는 부분에 인력을 공급하지는 않기 때문에 공량은 덕트 면적만 적용한다. 단, 공량할증(여기서 20%)은 덕트 설치 위치가 어렵다거나 할 때 주는 할증이다. (공량할증은 줄때만 적용한다.)
철판 면적 28.8m^2에 대한 공량(20% 할증)은
28.8m^2 ×0.44×1.2=15.21
직접인건비=15.21×45000=684,450

10 **냉동창고의 수량산출에 의한 재료비, 직접노무비가 아래와 같을 때 제경비률을 참조하여 이윤과 총공사금액을 구하시오**

- 재료비 : 175,000,000원
- 노무비 : 직접노무비=80,000,000원,
  간접노무비는 직접노무비의 15%
- 경비 : 23,000,000원
- 일반 관리비는 순공사원가의 5.5%
- 이윤은 관련항목의 15%로 한다.

① 이윤 = 19,642,500 총공사금액 = 325,592,500
② 이윤 = 19,642,500 총공사금액 = 290,000,000
③ 이윤 = 15,950,000 총공사금액 = 325,592,500
④ 이윤 = 15,950,000 총공사금액 = 290,000,000

1) 이윤=(노무비+경비+일반관리비)에서
일반관리비=(재료비+노무비+경비)5.5%=순공사비×5.5%
-순공사비=(175,000,000+80,000,000×1.15+23,000,000)
=290,000,000
일반관리비=290,000,000×0.055=15,950,000
이윤=(노무비+경비+일반관리비)0.15
=(80,000,000×1.15+23,000,000+15,950,000)0.15
=19,642,500원
2) 퐁공사원가=순공사비+일반관리비+이윤
=290,000,000+15,950,000+19,648,500=325,592,500원

PARAT 03 공조냉동 설치 · 운영

정답 08 ④ 09 ③ 10 ①

11 허브타입 주철관을 사용하는 배수관 공사에서 자재 수량이 아래표와 같을 때 규격별 수구수를 구하시오. (단, 소제구는 배관 수구에 삽입하는 것으로 본다)

	규격	단위	수량
직관	150∅ × 1600L	개	5
	100∅ × 1000L	개	3
	100∅ × 600L	개	4
90° 곡관	100∅	개	3
45° 곡관	100∅	개	2
$Y-T$관	150∅ × 100∅	개	1
Y관	100∅	개	2
소재구	100∅	개	3

① 100ϕ 15개, 150ϕ 5개
② 100ϕ 17개, 150ϕ 6개
③ 100ϕ 20개, 150ϕ 7개
④ 100ϕ 22개, 150ϕ 7개

허브타입(소켓형) 주철관 접속법은 전통적인 납코킹 방식과 플랜지 방식이 있으며 최근에는 플랜지 방식이 선호된다. 수구수란 수구(암놈)와 삽구(숫놈)를 끼워맞춤하는 개소를 말하며 소켓방식에서는 수량산출의 기초가 된다. 직관은 1개당 수구 1개소이며, Y 관 Y-T관은 1개당 수구 2개소(규격별)로 산출한다. 수구수는 배관길이와는 관계 없다.

100ϕ : 직관(3+4개소), 곡관(3+2개소),
Y-T관(100ϕ 1개소), Y관(2×2개소)
150ϕ : 직관(5개소), Y-T관(150ϕ 1개소)
그러므로 수구수는
100ϕ : 3+4+3+2+1+(2×2)=17 개소
150ϕ : 5+1=6 개소

12 아래 급수 배관 평면도에 대한 부속 명칭으로 가장 거리가 먼 것은?

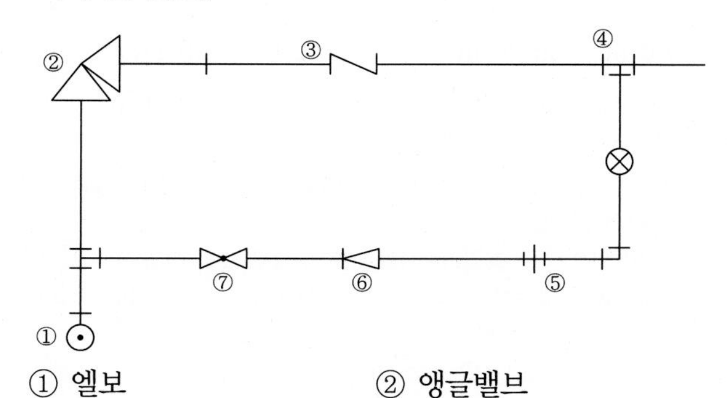

① 엘보
② 앵글밸브
③ 글로브밸브
④ 티이

③ 체크밸브, ⑤ 유니언, ⑥ 레듀서, ⑦ 글로브밸브

정답 11 ② 12 ③

제4장
공조급배수설비 설계도면작성

04 공조급배수설비 설계도면작성

1 공조 배관 도면 계통도 검토

(1) 배관도면 범례에 준한 표기의 정확성 확인 : 배관, 장비
(2) 입상관 표시기호의 일관성 유지 : 계통도, 평면도, 샤프트 상세도
(3) 장비의 배치 및 배관입상의 위치가 건물배치와 동일하도록 계통도를 작성할 것
(4) 횡주관 및 입상주관의 관경, 유량, 공급압력을 명기할 것
(5) 입상관에 대한 앵카 및 신축이음은 유체별로 신축량을 구분하여 설치
(6) 분기부에는 원칙적으로 분기밸브를 설치할 것
(7) 옥외에 노출되거나 외기의 영향을 받기 쉬운 곳에 설치되는 배관은 동파대책과 열화대책을 확보할 것
(8) 정지시/운전시의 배관계통내의 압력분포를 파악하여 최고압에 대한 내압성능이 확보되었는지 확인하고 요구내압을 명기할 것
① 내압강도를 고려해야할 장비 : 보일러,냉동기, 열교환기, 급탕탱크, FCU등
② 압력, 온도, 사용시간이 상이한 zone이 있을 경우 계통 구성의 타당성 확인
③ 공기 정체역에 대한 공기빼기 기능 확보
④ 운전 요구압력 고려하여 차압변, 감압변 적용 검토
(9) 배관계통 및 구역별로물 채움배관 및 배수배관을 설치
(10) 장비 보급수 계통에서 보급에 필요한 적절한 급수압 및 요구수질 확보
(11) 계통내에 유입된 이물질의 제거기능은 확보
(12) 배관의 종류,유체의 흐름방향을 요소요소에 정확히 표현할 것
(13) 냉온수 겸용코일인 경우,냉온수의 유량차이가 클 경우에 적정한 제어방법의 선정
(14) 각 층별로 유량을 균등하게 분배할 수 있도록 배관방식(역환수방식)의 선정 또는 정유량 밸브의 설치
(15) 각 유량분배 방식별 장단점 검토후 결정(정유량, 변유량,1차 펌프 방식, 1-2차 펌프 방식)
(16) 건물특성 고려하여 동시에 냉난방 필요시 4-pipe방식의 필요성 검토
(17) 밀폐배관의 압력 유지 계획이 적정한지 검토

(18) 팽창탱크의 위치와 초기 압력 적정한지 확인

(19) 차압밸브의 용량산정이 합당한지 검토

(20) 유량제어밸브(2-way, 3-way, 차압변)의 설치위치 및 유량제어 범위, 배관계통 구성을 확인

2 배관구경 산출 검토

(1) 공조배관 도면에서 표기 사항을 확인

① 배관의 종류 ② 관경
③ 유체의 흐름방향 ④ 입상관종류
⑤ 설치장비기호 및 수량 ⑥ 신축접수

(2) 배관관경 산출

배관경은 공급 유량을 만족해야하며 배관 허용마찰손실수두(mmAq/m)를 고려하여 균등표나 배관저항선도에서 구한다.

3 덕트 도면 작성

(1) 덕트도면 작성 순서

① 냉난방 부하계산로 부터 송풍량결정
② 취출구 흡입구 위치 결정
③ 덕트 경로 결정
④ 원형덕트치수 결정(기본적으로 정압법(1(Pa/m) 적용)
⑤ 각형덕트로 환산(층고 고려 종횡비 적용)
⑥ 덕트저항 계산 송풍기 결정
⑦ 설계도 작성

(2) 공조기 설치, 덕트 설치 검토

① 공조기의 형식은 공조실의 면적·높이 등을 고려하여 가장 적절한 형식 선정(수평형, 수직형, 조합형, return fan내장형, 슬림형 등) - 공조기 상세와 일치 여부 확인
② fan의 설치방법 (토출방향 등)은 공조기 위치, 공조실의 높이 등을 고려하여 원활한 덕트가 되도록 설치
③ 공조실내 공조덕트의 경우는 공조덕트 도면의 공통사항 참조
④ 중간기 외기냉방이 가능하도록 외기 및 배기덕트 크기 검토

⑤ 공조실 자체의 플레넘(plenum)챔버 검토

⑥ 각종 댐퍼의 정확한 설치위치 확인

⑦ 공조기·fan연결덕트의 규정에 맞는 설계

(3) **공조덕트 도면 검토 사항**

① 덕트의 형상 : 덕트의 굴곡, 변형, 확대, 축소, 분기, 합류시 덕트내 공기저항이 최소가 되도록 설계되었는가 확인

② 덕트 방식별 (저속、고속)적정 풍속 유지 및 사각, 원형, 타원형 덕트 등 최적덕트 선정

③ 덕트의 표기방법(split damper을 사용하지 않고 cone식으로 분지)확인

④ VAV system의 경우 VAV unit 1차측 접속 덕트의 직관부 확보, FMS 설치 기준, 최소환기량 확보, 동시사용율을 고려한 덕트치수 결정, VAV unit의 작동 압력 확인(fan 정압계산시 반영 여부 확인)

⑤ 덕트의 경로 확인 : 덕트길이 최단거리로 연결, 균등한 정압 손실이 되도록 설계, 천장내 space 최소로 덕트경로 확인, 덕트의 열손실·열획득 경로를 피할 것

⑥ 공용덕트내 풍속 억제 (5m/s 이하), 역류방지 대책 (BDD 또는 MVD)

⑦ 내화구조, 방화구획so 덕트 통과 방지 (전기실, 비상용 ELEV의 승강 로비, 특별 피난계단의 부속실)

⑧ 덕트의 소음 및 방진 대책 수립(소음기, 소음엘보, 소음챔버, 라이닝 덕트, 흡음 flexible등)

㉠ 회의실, 중역실 등 특별히 소음대책이 필요한 곳은 별도의 소음대책 마련

㉡ 과다한 TV(터닝베인), GV(가이드베인), split damper등의 사용금지

⑨ Main duct에서 직접 취출구로 분기는 가능한 억제

⑩ 덕트를 타고 전달되는 진동 소음 대책 검토

⑪ 덕트를 통한 Cross talk방지 (소음 box, 흡음 flexible)

㉠ 취출구 흡입구의 위치 및 선정시 온도의 균일성, 공기분포, 기류의 유인성(Cold draft 방지), 도달거리 (난방시 기준으로 선정), 상하 온도차(draft 발생), 발생소음 확인

㉡ 천장이 낮고 상부 공간이 작은 경우에는 유인비가 큰 기구를 선정

⑫ 취출기류가 흡입구에 의해 short circuit이 되지 않도록 위치 선정 (실내 열부하를 제어하지 못함)

4 산업표준에 규정한 도면 작성법(공조배관 도면 검토 사항)

(1) 배관의지지

① 배관의 지지, 고정방법별 배관중량 (유체 및 단열포함)에 충분히 견딜 수 있는 구조여부인지 확인

② 배관종류(직관, 분기부분, 장비주위배관)별 지지점 위치 및 설치간격의 적정성 확인

③ 공통가대를 설치한 경우,공통가대 설치 평면도를 작성하고 가대의 제원을 명기

④ 배관중량이 큰 구간에 대해서는 공통가대 및 행가에 의한 지지, 고정 이외에 서포트에 의한 보강을 고려

(2) 배관의 신축

① 신축접수 설치구간에 대하여 배관재질,사용용도, 사용 유체별로 신축량이 허용범위 이내인지 확인

② 앵카, 가이드, 신축접속의 위치 및 설치상세의 적절성여부 확인

③ 점검 및 보수를 위한 공간 및 접근로 확보

(3) 배관의 방진

① 진동이 발생하는 장비의 진동전달 차단 및 감쇄를 위한 대책수립 여부 확인

② 입상배관 방진의 경우 샤프트내 설치 space의 적정성 검토

③ 방진설계시 장비중량은 장비주위 배관 및 유체중량을 포함한 중량으로 결정하였는지 확인

(4) 배관계통의 배수(물빼기)기능 확보 여부 확인

① 입상관 하부

② 장비주위 및 최저부

③ 냉난방 운전모드 전환에 따른 비사용 배관계통

④ 배관청소 및 보수, 교체를 위한 구획부문 : 층별, 실별

(5) 유지관리 고려사항

① 유지관리를 고려하여 일정구간별 분기 밸브, 유니온(플랜지)의 설치를 고려할 것

② 운전상태의 확인나 조정, 고장개소의 발견등을 위하여 온도계, 압력계, 유량계 및 측정용 웰, 압력계 부착용의 밸브붙이 단관을 필요한 곳마다 확보할 것

04 출제유형분석에 따른
종합예상문제

01 냉동기주변 냉온수 배관 도면 검토시 설명으로 가장 거리가 먼 것은?

① 점검, 수리를 위한 배수밸브를 최저부에 설치하고 배관 및 장치의 탈착을 위한 플렌지를 설치할 것
② 공기정체가 쉬운부분에 대한 공기빼기 밸브 설치(입상배관의 최상부, 수온이 올라 가는 곳, 수압이 내려가는 곳, 물의 방향이 바뀌는 곳 등)
③ 기기 및 유량제어용 밸브 하류측에는 스트레나를 설치할 것
④ 장비 진동의 전달방지를 위한 방진대책 수립(방진상세도와 부분상세도를 일치시킬 것)

> 기기 및 유량제어용 밸브 상류측(입구)에는 스트레나를 설치하여 이물질을 제거 할 것

02 공조 배관 도면 검토시 확인사항으로 가장 부적합한 것은?

① 장비의 배치 및 배관입상의 위치가 건물배치와 동일하도록 계통도를 작성할 것
② 옥외에 노출되거나 외기의 영향을 받기 쉬운 곳에 설치되는 배관은 동파대책과 열화대책을 확보할 것
③ 입상관에 대한 앵카 및 신축이음은 유체별로 신축량을 구분하여 설치
④ 분기부에는 원칙적으로 체크밸브를 설치할 것

03 공조배관 도면에서 표기할 사항으로 가장거리가 먼 것은?

① 배관의 종류 ② 관경
③ 유체의 흐름방향 ④ 배관 작용 압력

> 일반적으로 도면에 배관 작용 압력은 표기하지 않는다.

04 공조기와 덕트 설치시 검토 사항으로 가장 부적합한 것은?

① 공조기의 형식은 공조실의 면적·높이 등을 고려하여 가장 적절한 형식 선정(수평형, 수직형, 조합형, return fan내장형, 슬림형 등) – 공조기 상세와 일치 여부 확인
② fan의 설치방법 (토출방향 등)은 공조기 위치, 공조실의 높이 등을 고려하여 원활한 덕트가 되도록 설치
③ 여름철 외기냉방이 가능하도록 외기 및 배기덕트 크기 검토
④ 공조실 자체의 플레넘(plenum)챔버 검토

> 외기냉방은 외기조건이 실내조건보다 온도가 낮을 때 사용하므로 중간기(봄, 가을)에 적용한다.

05 덕트 설계, 설치시 검토 확인사항으로 가장 부적합한 것은?

① 덕트의 형상은 굴곡, 변형, 확대, 축소, 분기, 합류시 덕트내 공기저항이 최소가 되도록 설계되었는가 확인
② 덕트는 층고를 낮추기위해 종횡비를 8:1 이상으로 하여 덕트 높이를 최소화한다.
③ 덕트길이 최단거리로 연결, 균등한 정압 손실이 되도록 설계, 덕트의 열손실·열획득 경로를 피할 것
④ 소음기, 소음엘보, 소음챔버, 라이닝덕트, 흡음 flexible등 적용으로 덕트의 소음 및 방진 대책 수립

> 덕트는 층고가 허용하는 한 정사각형에 가깝게 하며 층고를 낮추기 위해서라도 종횡비를 4:1 이상으로하지 않는 것이 좋다.

정답 01 ③ 02 ④ 03 ④ 04 ③ 05 ②

07 그림과 같은 냉방 시스템에서 각실의 냉방부하를 냉각코일로 제거하며 배관의 마찰손실을 50mmAq/m로 하는 경우 ② 구간의 관경을 구하시오.
(물비열 4.2kJ/kgK), 냉수 공급온도 7℃, 환수온도 12℃이며 마찰선도을 이용)

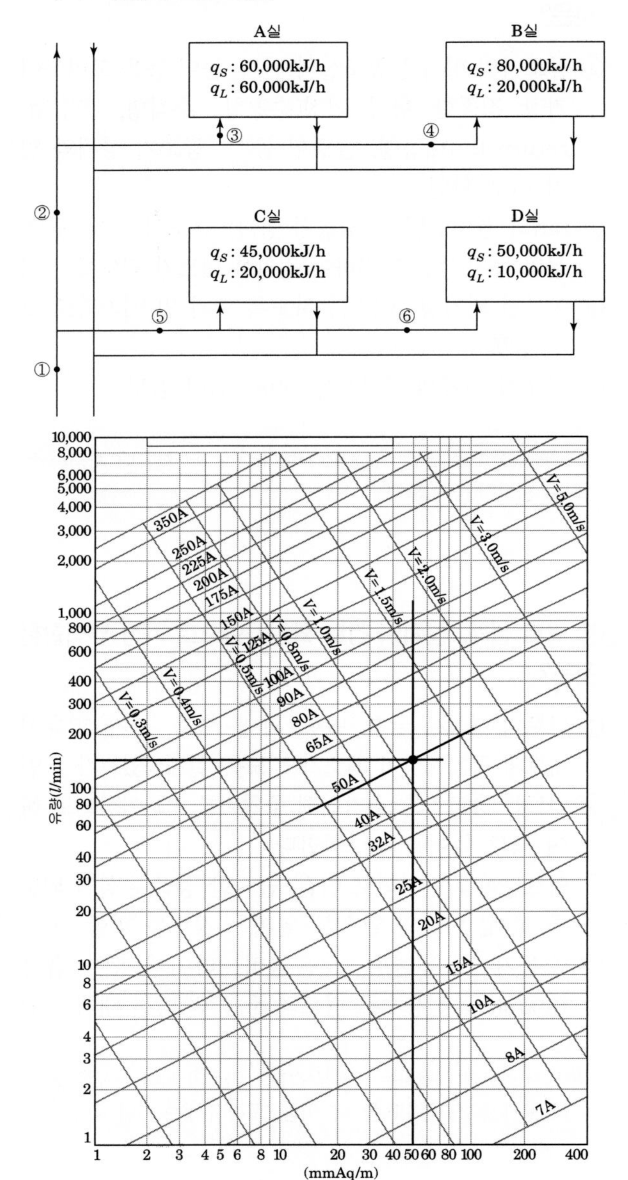

① 32A ② 40A
③ 50A ④ 65A

우선 ②구간은 A, B실을 담당하므로 냉수유량을 구하는데 이때 냉각코일은 현열과 잠열을 모두 제거하므로
$q_T = WC\Delta t$ 에서

$$W = \frac{q_T}{C\Delta t} = \frac{60000+20000+80000+20000}{4.2(12-7)}$$
$$= 8571.43\text{L/h} = 142.86\text{L/min}$$

유량 142.86과 마찰손실 50mmAq/m 교점을 찾으면 선도에서 관경 50A에 딱걸리는 정도이다. 만약 50A를 조금만 넘어가도 65A를 선택해야하는데 이 정도면 50A를 선정하면 됩니다.

08 다음과 같은 급수 계통과 조건을 참조하여 균등관법으로 (e)구간의 급수 관경을 구하시오.

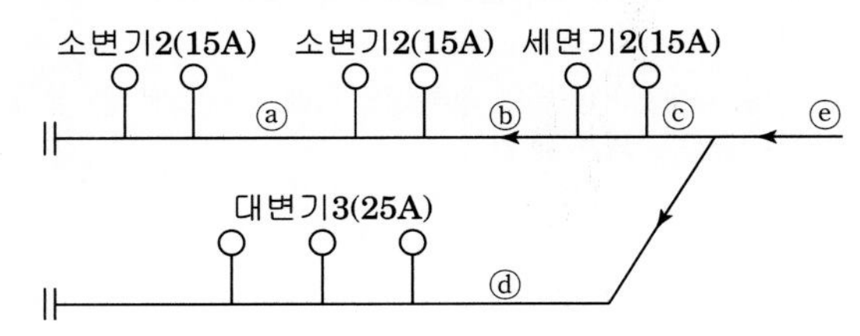

표. 상당관표

관경	15A	20A	25A	32A	40A
15A	1				
20A	2	1			
25A	3.7	1.8	1		
32A	7.2	3.6	2	1	
40A	11	5.3	2.9	1.5	1
50A	20	10	5.5	2.8	1.9
65A	31	15	8.5	4.3	2.9

표. 동시사용률

기구수	2	3	4	5	6	7	8	9	10	17
%	100	80	75	70	65	60	58	55	53	46

① 20A ② 25A
③ 32A ④ 40A

정답 07 ③ 08 ④

균등관(상당관)법은 모든 급수관경을 15A로 환산한다. 대변기 25A는 15A로 3.7개이다. 그러므로 (e)구간 상당수(15A) 합계는 $2+2+2+(3\times3.7)=17.1$
동시사용률은 기구수로 구하고 기구는 9개이므로 55% 일때
동시개구수 $=17.1\times0.55=9.4$
다시 상당관표에서 15A, 9.4는 11개항에서 40A를 선정

09 공조배관에서 배관계통의 배수(물빼기)기능 확보가 필요한 부분으로 가장 거리가 먼 것은?

① 공조배관 입상관 상부
② 장비주위 및 최저부
③ 냉난방 운전모드 전환에 따른 비사용 배관계통
④ 배관청소 및 보수, 교체를 위한 구획된 부문(층별, 실별)

공조배관 입상관 하부에 드레인밸브를 설치한다.

정답 09 ①

제5장

공조설비점검 관리

01 방음·방진 점검

공조설비점검 관리

1 방음·방진 점검

1. 일반적인 방음 방진 점검관리

(1) 현황 조사 및 분석

현재 문제점 인식 → 영향 분석(측정 및 평가)을 통한 기준에의 적합성 검토 → 방음·방진 목표레벨 설정

① 발생원과 피해지점의 소음진동 문제로 인한 인과관계를 밝혀내야 함

② 발생원의 정상가동시 소음진동 영향을 측정 평가

③ 기준 만족을 위한 방음방진 목표레벨 설정

(2) 방음·방진 대책

발생원 전달 경로에 따른 대책 수립을 실시(기본적으로는 발생원 대책이 가장 우선함)

① 발생원에서 대책 찾기

→ 기본 개념은 발생원의 레벨 저감을 기본 원칙으로 함

→ 발생원만의 독특한 특성을 고려한 대책 적용

② 전달경로에서 대책찾기

→ 시각적인 전달 경로와 비시각적인 전달 경로 대책

→ 공기전달음과 고체전달음의 음 전반 특성에 따른 대책

→ 방진처리(방진고무, 스프링, 마운트패드)

③ 피해지점에서 대책 찾기

→ 구조적인 개선을 통한 대책

→ 주요 구성요소(창, 문, 지붕, 벽)의 구조적인 개선을 통한 성능개선

(3) 방음방진 유지관리

① 지속적인 관리를 통해 성능이 유지될 수 있도록 주기적인 점검이 필요

② 추가적인 보완이 필요할 경우에는 이에 대응하는 대책 필요

③ 피해자의 감성평가 수반 : 피해의 정도를 물리적인 수치만으로 해결이 어려운 경우가 있으므로 감성평가가 필요한 경우 병행 처리 필요

2. 공조 냉동 분야 방음·방진 대책 및 점검

공조분야의 소음 진동 문제는 대부분 기계실의 소음(보일러, 냉동기, 공조기, 각종 펌프류, 송풍기등)이 부적합한 경로(덕트, 배관, 입상피트)를 통해 거주공간에 도달하는 것으로 이들에 대한 종합적인 대책과 점검이 필요하다.

(1) **소음 발생원 대책**
기계실이나 공조실에 설치된 각종 소음원(보일러, 냉동기, 공조기, 각종 펌프류, 송풍기등)에서 저소음, 방진시스템등을 최대한 적용한다.

(2) **덕트의 소음 및 방진**
소음계획에 합당한 대책을 수립하고 확인
- 덕트 소음기, 소음엘보, 캔버스, 소음챔버, 흡음 flexible등 적용여부 확인
- 회의실, 중역실 등 특별히 소음대책이 필요한곳은 별도의 소음대책 수립
- 소음기 설계 풍속 확인

(3) 과다한 터닝베인, 가이드베인, split damper등의 사용을 억제한다.
(4) 주덕트에서 직접 취출구를 분기하는 방식은 가능한 억제한다.
(5) 소음기등 흡음재 사양의 적합성과 소음기 설치 위치의 적정성 검토
(6) 덕트 크기를 무리하게 작게 하는경우 공기저항이 크고, 통과풍속이 커짐에 따라 소음이 발생하므로 대책필요
(7) 덕트를 타고 전달되는 소음의 차단또는 제거 대책 검토
(8) 취출구를 통한 Cross talk방지를 위해 소음 box, 흡음 flexible사용 검토
(9) 덕트와 천정판의 간섭에 의한 소음 대책을 검토 대형 덕트가 중요실 천장내를 통과하지 않도록 하고, 덕트는 충분한 보강 필요
(10) 달대(방진 달대), 지지철물의 방진대책의 필요성 검토
(11) 층별 공조시 특히 각층에 설치된 공조실의 소음 · 차음 · 흡음 대책(이중바닥 잭업시스템, 바닥패드등)

3. 펌프류의 방음·방진

펌프를 설치 할 때 시공상 다음 사항을 고려한다.

(1) 펌프실과 다른 거주공간사이에는 충분히 차음시설(기밀 중량벽)을 할 것
(2) 펌프와 콘크리트 기초는 방진패드 정도의 방진조치를 할 것
(3) 펌프는 수평으로 설치하고 펌프 연결 축 중심 맞추기를 정밀하게 할 것
(4) 펌프의 접속배관에는 성능이 좋은 절연이음(플랙시블 조인트)을 사용할 것
(5) 배관과 구조체는 접촉하지 않도록 할 것

제6장

유지보수공사 안전관리

유지보수공사 안전관리

1 고압가스 안전관리법에 의한 냉동기 관리

1. 가스(냉동)설비 유지관리

냉동설비의 안전성 및 작동성을 확보하고 냉매설비 주위에서의 위해요소 발생을 방지하기 위하여 다음 기준에 따라 필요한 조치를 강구한다.

(1) 안전밸브 또는 방출밸브에 설치된 스톱밸브는 항상 완전히 열어 놓는다.

(2) 냉동설비의 설치공사 또는 변경공사가 완공된 때에는 산소외의 가스를 사용하여 시운전 또는 기밀시험을 실시(공기를 사용하는 때에는 미리 냉매설비 중의 가연성가스를 방출한 후에 실시 한다)하여 정상인 것을 확인한 후에 사용한다.

(3) 가연성가스의 냉동설비부근에는 작업에 필요한양 이상의 연소하기 쉬운 물질을 두지 아니한다.

2. 수리·청소 및 철거기준

가연성가스 또는 독성가스의 냉매설비를 수리 · 청소 및 철거하는 때에는 그 작업의 안전확보와 그 설비의 작동성 유지를 위하여 다음 작업안전수칙에 따라 수리 · 청소 및 철거를 한다.

(1) 수리 · 청소 및 철거준비가스설비의 수리 · 청소 및 철거(이하 "수리등"이라 한다)를 할 때에는 해당 수리 등의 작업내용, 일정, 책임자, 그밖의 작업담당 구분, 지휘체제, 안전상의 조치, 소요자재 등을 정한 작업계획을 미리 해당 작업의 책임자 및 관계자에게 주지시키는 동시에 그 작업계획에 따라 해당책임자의 감독하에 실시 한다.

(2) 가스의 치환가연성가스 또는 독성가스설비의 수리 등을 할 때에는 다음 기준에 따라 미리 그 내부의가스를 불활성가스 또는 물 등 해당 가스와 반응하지 아니하는 가스 또는 액체로 치환한다.

3. 독성가스 가스설비

(1) 가스설비의 내부가스를 그 압력이 대기압 가까이 될 때까지 다른 저장탱크 등에 회수한 후 잔류가스를 대기압이 될 때까지 제해설비로 유도하여 제해시킨다.

(2) 해당가스와 반응하지 아니하는 불활성가스 또는 물 그밖의 액체등으로 서서히 치환한다. 이 경우 방출하는 가스는 제해설비에 유도하여 제해시킨다.

(3) 치환결과를 가스검지기 등으로 측정하고 해당 독성가스의 농도가 TLV-TWA 기준농도 이하로 될 때까지 치환을 계속한다.

(4) 수리 · 청소 및 철거작업(독성가스 가스설비)

① 독성 가스설비의 재치환작업은 가스설비 내부에 남아있는 가스 또는 액체가 공기와 충분히 혼합되어 혼합된 가스가 방출관, 맨홀 등으로부터 대기중에 방출되어도 유해한 영향을 끼칠 염려가 없는 것을 확인한 후 치환방법에 따라 실시한다.

② 공기로 재치환 한 결과를 산소측정기 등으로 측정하여 산소의 농도가 18% 부터 22% 까지로 된 것이 확인 될 때까지 공기로 반복하여 치환한다. 이 경우 가스검지기등으로 해당 독성가스의 농도가 TLV-TWA 기준 농도 이하인 것을 재확인한다.

(5) 수리 및 청소 사후조치 : 가스설비의 수리등을 완료한때에는 다음 기준에 따라 그 가스설비가 정상으로 작동하는지를 확인한다.

① 내압강도에 관계가 있는 부분으로서 용접에 따른 보수실시 또는 부식 등으로 내압강도가 저하 되었다고 인정될 경우에는 비파괴검사, 내압시험 등으로 내압강도를 확인한다.

② 기밀시험을 실시하여 누출이 없는지 확인한다.

③ 계기류가 소정의 위치에서 정상으로 작동하는지 확인한다.

④ 수리 등을 위하여 개방된 부분의 밸브등은 개폐상태가 정상으로 복구되고 설치한 맹판 및 표시등이 제거되어 있는지 확인한다.

⑤ 안전밸브 · 역류방지밸브 및 긴급차단장치 그 밖의 과압안전장치가 소정의 위치에서 이상 없이 작동하는지 확인한다.

⑥ 회전기계 내부에 이물질이 없고 구동상태의 정상여부 및 이상진동, 이상음이 없는지 확인한다.

⑦ 가연성가스의 가스설비는 그 내부가 불활성가스 등으로 치환되어 있는지 확인한다.

2 기계설비법

(1) 기계설비법 17조 (기계설비 유지관리에 대한 점검 및 확인 등) 대통령령으로 정하는 일정 규모 이상의 건축물등에 설치된 기계설비의 소유자 또는 관리자(이하 "관리주체"라 한다)는 유지관리 기준을 준수하여야 한다.

(2) 관리주체는 유지관리기준에 따라 기계설비의 유지관리에 필요한 성능을 점검(이하 "성능점검"이라 한다)하고 그 점검기록을 작성하여야 한다. 이

경우 관리주체는 기계설비성능점검업자에게 성능점검 및 점검기록의 작성을 대행하게 할 수 있다.

(3) 관리주체는 작성한 점검기록을 대통령령으로 정하는 기간(10년) 동안 보존하여야 하며, 특별자치시장·특별자치도지사·시장·군수·구청장이 그 점검기록의 제출을 요청하는 경우 이에 따라야 한다.

(4) 기계설비법 제17조 "대통령령으로 정하는 일정 규모 이상의 건축물등"은 다음과 같다.

① "용도별 건축물" 중 연면적 1만제곱미터 이상의 건축물(공동주택 및 창고시설은 제외)

② 공동주택 중 500세대 이상의 공동주택, 300세대 이상으로서 중앙집중식 난방방식(지역난방방식을 포함한다)의 공동주택

③ 다음 각 목의 건축물등 중 해당 건축물등의 규모를 고려하여 국토교통부장관이 정하여 고시하는 건축물등

㉠ 「시설물의 안전 및 유지관리에 관한 특별법」 제2조 제1호에 따른 시설물

㉡ 「학교시설사업 촉진법」 제2조 제1호에 따른 학교시설

㉢ 「실내공기질 관리법」 제3조 제1항 제1호에 따른 지하역사(이하 "지하역사"라 한다) 및 같은 항 제2호에 따른 지하도상가(이하 "지하도상가"라 한다)

㉣ 중앙행정기관의 장, 지방자치단체의 장 및 그 밖에 국토교통부장관이 정하는 자가 소유하거나 관리하는 건축물 등

3 에너지 관리기준 법규

(1) 보일러의 효율, 급수·배가스 성분 및 공기비는 사용연료별로 열사용기자재 검사기준 이상이어야 한다.

(2) 보일러는 기준 공기비를 기준으로 설비의 성능, 환경보전 등을 감안하여 공기비를 낮게 유지하도록 관리표준을 설정하여 이행한다.

(3) 보일러는 배가스에 의한 열손실을 최소화하고, 대기환경을 보전하기 위하여 NOX 및 불완전 연소에 의한 그을음, CO 발생이 최소화되도록 최종배기온도 및 CO농도에 대한 관리표준을 설정하여 이행한다.

(4) 보일러는 부하조건에 따라 최고의 성능을 유지할 수 있도록 비례제어운전이 되도록 하며, 부하의 변동이 예상되는 경우에는 보일러 설비를 대수 분할하여 대수제어 운전을 하여야 한다.

(5) 보일러 수 및 보일러 급수에 관한 사항은 제10조 4항 (보일러 급수 및 보일러 수는 KS 기준 「보일러 급수 및 보일러수의 수질」에 따라 수질관리 기준을 수립하고, 그에 따라 보일러 급수처리 및 보일러 수의 블로 다운 등을 실시하여 전열관의 스케일 부착 및 슬러지 등의 침적을 예방한다)에 따른다.

(6) 난방 및 급탕설비 계측 및 기록 : 보일러설비 계측 및 기록에 관련된 사항은 기준에 따른다.

(7) 난방을 실시하는 구획마다 온도를 정기적으로 측정하고 그 결과를 기록하여 적정 실내온도를 유지할 수 있도록 한다.

(8) 급탕설비는 급수량, 급탕온도, 기타 급탕의 효율개선에 필요한 사항을 정기적으로 계측하고 그 결과를 기록한다.

(9) 난방 및 급탕설비 점검 및 보수 : 보일러는 본체 및 부속장치, 보온 및 단열부 등의 정기적인 점검 및 보수를 실시하여 양호한 상태를 유지한다.

(10) 과열방지를 위한 유류저장온도, 누설과 손상감지, 유류탱크 단열상태 및 가스연료의 누설경보, 차단제어설비 등을 점검한다.

(11) 열전달 표면, 필터와 급기경로, 유인유니트(Induction Unit), 팬코일유니트(Fan Coil Unit) 등의 청결을 유지한다.

06 출제유형분석에 따른 종합예상문제

01 에너지 관리기준에 대한 설명으로 거리가 먼 것은?

① 보일러는 기준 공기비를 기준으로 설비의 성능, 환경보전 등을 감안하여 공기비를 낮게 유지하도록 관리표준을 설정하여 이행한다.
② 보일러는 배가스에 의한 열손실을 최소화하고, 대기환경을 보전하기 위하여 NOX 및 불완전 연소에 의한 그을음, CO 발생이 최소화되도록 최종배기온도 및 CO농도에 대한 관리표준을 설정하여 이행한다.
③ 보일러는 부하의 변동 조건에 관계없이 최고의 성능을 유지할 수 있도록 100% 정상부하 상태에서 운전이 되도록 하여야 한다.
④ 난방 및 급탕설비 점검 및 보수 : 보일러는 본체 및 부속장치, 보온 및 단열부 등의 정기적인 점검 및 보수를 실시하여 양호한 상태를 유지한다.

보일러는 부하조건에 따라 최고의 성능을 유지할 수 있도록 비례제어운전이 되도록 하며, 부하의 변동이 예상되는 경우에는 보일러 설비를 대수 분할하여 대수제어 운전을 하여야 한다.

정답 01 ③

제7장

직류회로

직류회로

1 전압과 전류 및 저항

1. 전압(V 또는 E)

도선에 흐르는 Q[C]의 전하가 W[J]의 일을 하는데 필요한 값으로서 공식은 다음과 같이 표현하며 "기전력"이라 표현하기도 한다.

$$V = \frac{W}{Q}[\text{V}], \qquad W = VQ[\text{J}], \qquad Q = \frac{W}{V}[\text{C}]$$

여기서, V : 전압, W : 일, Q : 전하

2. 전류(I)

임의의 시간 t[sec]동안 도체에 흐르는 전하량 Q[C]의 크기로서 공식은 다음과 같이 표현한다.

$$I = \frac{Q}{t}[\text{A}], \qquad Q = It[\text{C}], \qquad t = \frac{Q}{I}[\text{sec}]$$

여기서, I : 전류, Q : 전하, t : 시간

참고 교류회로에서의 표현

$$i = \frac{dQ}{dt}[\text{A}], \qquad Q = \int_0^t i\,dt[\text{C}]$$

3. 저항(R)

도선 내에 흐르는 전류를 방해하는 성질을 갖는 회로 정수로서 도선의 고유저항(또는 비저항) $\rho[\Omega \cdot \text{m}]$, 도선의 길이 l[m], 도선의 단면적 A[m^2]라 할 때 공식은 다음과 같이 표현한다.

$$R = \rho\frac{l}{A} = \rho\frac{l}{\pi r^2} = \rho\frac{4l}{\pi D^2}[\Omega]$$

여기서, R : 저항, ρ : 도선의 고유저항 또는 비저항, l : 도선의 길이
A : 도선의 단면적, r : 도선의 반지름, D : 도선의 지름

단위
- [C] : 전하의 단위로 "쿨롱"이라 읽는다. 같은 의미를 갖는 단위로 [A · sec]가 있다.
- [J] : 일 또는 에너지의 단위로 "주울"이라 읽는다.
- [V] : 전압의 단위로 "볼트"라 읽는다. 같은 의미를 갖는 단위로 [J/C]이 있다.
- [A] : 전류의 단위로 "암페어"라 읽는다. 같은 의미를 갖는 단위로 [C/sec]가 있다.
- [Ω] : 저항의 단위로 "옴"이라 읽는다.

전자의 이해
- 전자 1개의 질량
  : 9.109×10^{-31} [kg]
- 전자 1개의 전하량
  : -1.602×10^{-19} [C]
- 전하 1[C]이 갖는 전자수
  : 6.242×10^{18} [개]

금속도체 저항의 온도 특성
금속도체의 저항은 온도가 상승하면 증가한다. 이것을 온도의 정(+) 특성이라 한다.

물질의 고유저항 비교
은 < 구리 < 금 < 알루미늄

전압강하
회로정수인 R, L, C에 전류가 흐를 때 옴의 법칙에 의한 각 회로정수에 나타나는 전압을 의미한다.

리액턴스(X)와 임피던스(Z)
교류회로에서 회로정수 L과 C를 저항처럼 표현하는 것을 리액턴스라 하며, R, L, C의 합성 저항성분을 임피던스라 한다.

01 예제문제

어떤 전지에 5[A]의 전류가 10분간 흘렀다면 이 전지에서 나온 전기량은 몇 [C]인가?

① 1,000 ② 2,000
③ 3,000 ④ 4,000

해설

$I = \frac{Q}{t}$[A] 식에서 $I = 5$[A], $t = 10$[min]$= 10 \times 60$[sec]일 때

$\therefore Q = It = 5 \times 10 \times 60 = 3{,}000$

답 ③

2 옴의 법칙

1. 정의

전기회로에 인가된 전압(V)에 의한 저항(R)에 흐르는 전류(I)의 크기는 전압에 비례하고 저항에 반비례하여 흐르게 되는 것을 의미하며 공식은 다음과 같이 표현한다.

$$I = \frac{V}{R}[\text{A}], \quad V = IR[\text{V}], \quad R = \frac{V}{I}[\Omega]$$

여기서, I : 전류, V : 전압, R : 저항

2. 특징

① 저항으로 전류의 크기를 조절할 수 있음을 보여준다.
② 저항에 의한 전압강하뿐만 아니라 교류회로에서 리액턴스와 임피던스에 의한 전압강하도 설명할 수 있다.

02 예제문제

"도선에서 두 점 사이의 전류의 세기는 그 두 점 사이의 전위차에 비례하고 전기저항에 반비례한다." 이것은 무슨 법칙을 설명한 것인가?

① 렌츠의 법칙 ② 옴의 법칙
③ 플레밍의 법칙 ④ 전압분배의 법칙

해설

회로에 흐르는 전류의 세기가 전압에 비례하고 저항에 반비례 한다는 것은 옴의 법칙을 설명한 것이다.

답 ②

3 저항의 직·병렬 접속

1. 저항의 직렬접속

구분	내용	
합성저항	$R_0 = R_1 + R_2[\Omega]$	R_1, R_2, V_1, V_2, I, V
전제전류	$I = \dfrac{V_1}{R_1} = \dfrac{V_2}{R_2} = \dfrac{V}{R_0} = \dfrac{V}{R_1 + R_2}[\mathrm{A}]$	
분압법칙	$V_1 = R_1 I = \dfrac{R_1 V}{R_1 + R_2}[\mathrm{V}]$, $V_2 = R_2 I = \dfrac{R_2 V}{R_1 + R_2}[\mathrm{V}]$	
전체전압	$V = R_0 I = (R_1 + R_2) I[\mathrm{V}]$	

2. 저항의 병렬접속

구분	내용	
합성저항	$R_0 = \dfrac{1}{\dfrac{1}{R_1} + \dfrac{1}{R_2}} = \dfrac{R_1 R_2}{R_1 + R_2}[\Omega]$	I_1, R_1, I, I_2, R_2
전제전압	$V = R_1 I_1 = R_2 I_2 = R_0 I = \dfrac{R_1 R_2}{R_1 + R_2} I[\mathrm{V}]$	
분류법칙	$I_1 = \dfrac{V}{R_1} = \dfrac{R_2 I}{R_1 + R_2}[\mathrm{A}]$, $I_2 = \dfrac{V}{R_2} = \dfrac{R_1 I}{R_1 + R_2}[\mathrm{A}]$	
전체전류	$I = \dfrac{V}{R_0} = \dfrac{R_1 + R_2}{R_1 R_2} V\ [\mathrm{A}]$	

03 예제문제

지멘스(Siemens)는 무엇의 단위인가?

① 도전율　② 자기저항
③ 리액턴스　④ 컨덕턴스

해설
컨덕턴스의 단위는 [℧](모우) 또는 [S](지멘스)를 사용한다.

답 ④

컨덕턴스(G)
저항의 역수로서 $G = \dfrac{1}{R}$[℧]로 표현하는 회로정수이다. 단위는 [℧](모우) 또는 [S](지멘스)를 사용한다.

합성저항
같은 크기의 저항 R을 n개 접속할 경우 직렬과 병렬의 합성저항은 다음과 같이 구할 수 있다.
- 직렬일 때 : nR
- 병렬일 때 : $\dfrac{R}{n}$

4 키르히호프의 법칙

1. 제1법칙 : KCL(Kirchhoff Current Law–전류법칙)

키르히호프의 제1법칙은 "하나의 절점에서 유입하는 전류(I_{in})의 총합과 유출하는 전류(I_{out})의 총합은 서로 같아야 한다."는 것을 말하며 하나의 절점에서의 전류의 합은 반드시 0이 되어야 한다는 것을 의미한다. 오른쪽 그림 회로에 대한 키르히호프의 전류 방정식은 다음과 같다.

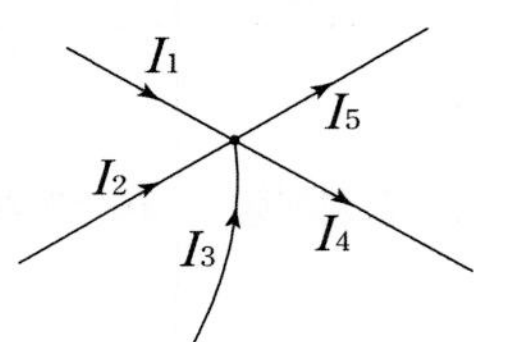

$$\sum I_{in} = \sum I_{out},\ \text{또는}\ \sum I = 0 \rightarrow I_1 + I_2 + I_3 = I_4 + I_5$$

2. 제2법칙 : KVL(Kirchhoff Valtage Law–전압법칙)

키르히호프의 제2법칙은 "하나의 루프에서 공급하는 기전력의 총합과 루프 내의 전압강하의 총합은 서로 같아야 한다."는 것을 말하며 하나의 루프 내에서의 전압의 합은 반드시 0이 되어야 한다는 것을 의미한다. 오른쪽 그림 회로에 대한 키르히호프의 전압 방정식은 다음과 같다.

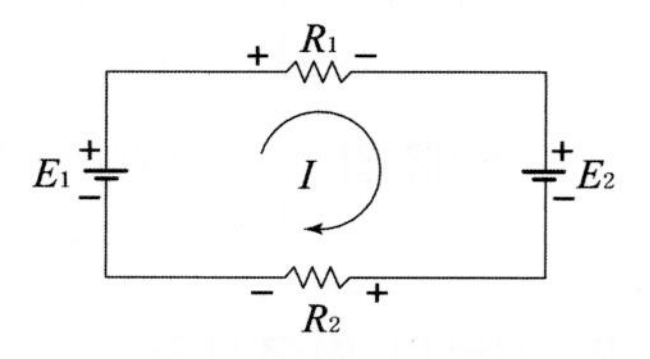

$$\sum \text{기전력} = \sum \text{전압강하},\ \text{또는}\ \sum V = 0 \rightarrow E_1 - E_2 = R_1 I + R_2 I$$

04 예제문제

다음 설명에 알맞은 전기 관련 법칙은?

회로 내의 임의의 폐회로에서 한쪽 방향으로 일주하면서 취할 때 공급된 기전력의 대수합은 각 회로 소자에서 발생한 전압강하의 대수합과 같다.

① 옴의 법칙 ② 가우스 법칙
③ 쿨롱의 법칙 ④ 키르히호프의 법칙

해설

키르히호프의 제2법칙은 "하나의 루프에서 공급하는 기전력의 총합과 루프 내의 전압강하의 총합은 서로 같아야 한다."는 것을 말하며 하나의 루프 내에서의 전압의 합은 반드시 0이 되어야 한다는 것을 의미한다.

답 ④

5 전력(P)

직·병렬에 따른 전력 공식
- 직렬 : $P=I^2R$[W]
- 병렬 : $P=\frac{V^2}{R}$[W]

1. 정의

회로에 공급된 전압(V)과 전류(I)에 의해 임의의 시간동안(t) 사용된 전기에너지(W)로서 공식은 다음과 같이 표현하며 단위로는 [W] 또는 [J/sec]를 사용한다.

$$P=\frac{W}{t}=\frac{VQ}{t}=VI\text{[W]}$$

여기서, P : 전력, W : 에너지, t : 시간, V : 전압, Q : 전하, I : 전류

2. 옴의 법칙을 적용한 공식

옴의 법칙으로 표현되는 $V=IR$[V], $I=\frac{V}{R}$[A] 식을 전력식에 대입하여 전개하면

$$P=VI=I^2R=\frac{V^2}{R}\text{ [W]}$$

여기서, P : 전력, V : 전압, I : 전류, R : 저항

05 예제문제

100[V]의 전압으로 30[C]의 전기량을 20초 동안 운반했을 때 전력은?

① 50[W] ② 100[W]
③ 150[W] ④ 200[W]

해설

$P=\frac{W}{t}=\frac{VQ}{t}=VI$[W] 식에서

$V=100$[V], 30[C], $t=20$[sec]일 때

$\therefore\ P=\frac{VQ}{t}=\frac{100\times30}{20}=150$ [W]

답 ③

PARAT 03 공조냉동 설치·운영

전력의 성질
- 단위 시간에 대한 전기에너지로서 단위는 [W] 또는 [J/s]로 표현할 수 있다. 따라서 일률(공률)과 같은 단위를 갖는다.
- 열량과 전력량으로 단위 환산을 할 수 없다.
- 전력량을 미분하면 전력을 구할 수 있다.

전류에 의한 작용
- 발열 작용
- 화학 작용
- 자기 작용

6 열량(H)과 전력량(W)

1. 전력(P)과 전력량(W)

저항에 전기에너지가 공급되면 저항에서는 전력이 발생하게 되는데 이 전력을 임의의 시간동안 지속하여 사용한 값을 전력량이라 하며 단위로는 [J] 또는 [W·sec]를 사용한다. 공식은 다음과 같다.

$$P = VI = I^2R = \frac{V^2}{R}\ [\mathrm{W}]$$

$$W = Pt = VIt = I^2Rt = \frac{V^2}{R}t\,[\mathrm{J}]$$

여기서, P : 전력, W : 전력량, t : 시간, V : 전압, I : 전류, R : 저항

2. 열량(H)

저항의 발열에 의해 전력량이 발생한 경우 이는 곧 열량으로 환산할 수 있으며 이 때 열량으로 환산된 공식은 다음과 같다.

$$H = 0.24W = 0.24Pt = 0.24VIt = 0.24I^2Rt = 0.24\frac{V^2}{R}t\,[\mathrm{cal}]$$

여기서, H : 열량[cal], W : 전력량[J], P : 전력[W], t : 시간[s], V : 전압, I : 전류, R : 저항

참고 (1) 1[J]=0.239[cal]≒0.24[cal], 1[cal]=4.186[J]≒4.2[J]
(2) 단위에 주의하여야 한다.

3. 전력량과 열량의 상호 관계식

$$H = 860PT\eta = Cm\theta\,[\mathrm{kcal}]$$

여기서, H : 열량[kcal], P : 전력[kW], T : 시간[h], η : 효율, C : 비열, m : 질량[L], θ : 온도차

참고 (1) 물의 비열은 1로 적용한다.
(2) 단위에 특히 주의하여야 한다.

06 예제문제

도선에 발생하는 열량의 크기로 가장 알맞은 것은?

① 전류의 세기에 반비례 ② 전류의 세기에 비례
③ 전류의 세기의 제곱에 반비례 ④ 전류의 세기의 제곱에 비례

해설

$H=0.24W=0.24Pt=0.24I^2Rt$[cal] 식에서
∴ 열량은 전류의 세기의 제곱에 비례한다.

답 ④

07 출제빈도순에 따른 종합예상문제

[12]

01 기전력 1[V]의 정의는?

① 1[C]의 전기량이 이동할 때 1[J]의 일을 하는 두 점 간의 전위차
② 1[A]의 전류가 이동할 때 1[J]의 일을 하는 두 점 간의 전위차
③ 1[C]의 전기량이 1초 동안에 이동하는 양
④ 어떤 전기회로에 전압을 가하면 전류가 흐르고 이에 따른 전력이 발생하는 것

전압(V 또는 E)
도선에 흐르는 Q[C]의 전하가 W[J]의 일을 하는데 필요한 값으로서 공식은 다음과 같이 표현하며 "기전력"이라 표현하기도 한다.
$V=\frac{W}{Q}$[V], $W=VQ$[J], $Q=\frac{W}{V}$[C]
여기서, V : 전압, W : 일, Q : 전하
∴ 1[V]란 1[C]의 전기량이 이동할 때 1[J]의 일을 하는 두 점간의 전위차로 설명할 수 있다.

[15]

02 100 [V]의 기전력으로 100 [J]의 일을 할 때 전기량은 몇 [C]인가?

① 0.1 ② 1
③ 10 ④ 100

$Q=\frac{W}{V}$[C] 식에서
$V=100$[V], $W=100$[J]일 때
∴ $Q=\frac{W}{V}=\frac{100}{100}=1$[C]

[09, 15, (유)10]

03 15 [C]의 전기가 3초간 흐르면 전류[A]값은?

① 2 ② 3
③ 4 ④ 5

$I=\frac{Q}{t}$[A] 식에서
$Q=15$[C], $t=3$[sec]일 때
∴ $I=\frac{Q}{t}=\frac{15}{3}=5$[A]

[13, 19]

04 어떤 도체의 단면을 1시간에 7,200 [C]의 전기량이 이동했다고 하면 전류는 몇 [A]인가?

① 1 ② 2
③ 3 ④ 4

$I=\frac{Q}{t}$[A] 식에서
$t=1$[h]$=3{,}600$[sec], $Q=7{,}200$[C]일 때
∴ $I=\frac{Q}{t}=\frac{7{,}200}{3{,}600}=2$[A]

[09, 18]

05 전류 $i=3t^2+6t$[A]를 어떤 전선에 5초 동안 통과시켰을 때 전기량은 몇 [C]인가?

① 140 ② 160
③ 180 ④ 200

$Q=\int_0^t i\,dt$[C] 식에서
∴ $Q=\int_0^t i\,dt=\int_0^5 (3t^2+6t)dt$
$=[t^3+3t^2]_0^5=5^3+3\times5^2$
$=200$[C]

정답 01 ① 02 ② 03 ④ 04 ② 05 ④

[10, 19]

06 $i = 2t^2 + 8t$[A]로 표시되는 전류가 도선에 3초 동안 흘렀을 때 통과한 전체 전기량은 몇 [C]인가?

① 18 ② 48
③ 54 ④ 61

$Q = \int_0^t i\,dt$[C] 식에서

$\therefore\ Q = \int_0^t i\,dt = \int_0^3 (2t^2 + 8t)dt$

$= \left[\frac{2}{3}t^3 + \frac{8}{2}t^2\right]_0^3 = \frac{2}{3}\times 3^3 + \frac{8}{2}\times 3^2$

$= 54$[C]

[11]

07 1 [C]의 전기량에 포함되어 있는 전자의 수는 몇 개인가?

① 1.602×10^{-19} ② 1.602×10^{19}
③ 6.24×10^{18} ④ 6.24×10^{-18}

전자의 이해
(1) 전자 1개의 질량 : 9.109×10^{-31}[kg]
(2) 전자 1개의 전하량 : -1.602×10^{-19}[C]
(3) 전하 1[C]이 갖는 전자 수 : 6.242×10^{18}[개]

[06, 09]

08 도체의 전기저항에 대한 일반적인 설명으로 옳은 것은?

① 단면적에 비례하고 길이에 반비례한다.
② 고유저항의 단위는 [℧]를 사용한다.
③ 같은 길이, 같은 단면적에서 온도가 상승하면 저항이 감소한다.
④ 도체 반지름의 제곱에 반비례한다.

저항 R, 고유저항 ρ, 도체의 단면적 A, 도체의 반지름 r, 도체의 지름 D라 할 때 도체의 전기저항은

$R = \rho\frac{l}{A} = \rho\frac{l}{\pi r^2} = \rho\frac{4l}{\pi D^2}$[Ω] 식에서

∴ 도체 반지름의 제곱에 반비례한다.

[20]

09 도체의 전기저항에 대한 설명으로 틀린 것은?

① 같은 길이, 단면적에서도 온도가 상승하면 저항이 증가한다.
② 단면적에 반비례하고 길이에 비례한다.
③ 고유저항은 백금보다 구리가 크다.
④ 도체 반지름의 제곱에 반비례한다.

물질의 고유저항 비교
∴ 은 〈 구리 〈 금 〈 알루미늄

[07, 16]

10 반지름 1.5[mm], 길이 2 [km]인 도체의 저항이 32 [Ω]이다. 이 도체가 지름이 6 [mm], 길이가 500 [m]로 변할 경우 저항은 몇 [Ω]이 되는가?

① 1 ② 2
③ 3 ④ 4

$R = \rho\frac{l}{A} = \rho\frac{l}{\pi r^2} = \rho\frac{4l}{\pi D^2}$[Ω] 식에서

$r = 1.5$[mm], $l = 2$[km]일 때 $R = 32$[Ω]일 때

$\rho = \frac{R\pi r^2}{l} = \frac{32\pi\times(1.5\times 10^{-3})^2}{2\times 10^3}$

$= 1.13\times 10^{-7}$[Ω · m] 이므로

$D' = 6$[mm], $l' = 500$[m]인 경우 저항 R'는

$\therefore\ R' = \rho\frac{4l'}{\pi(D')^2}$

$= 1.13\times 10^{-7}\times\frac{4\times 500}{\pi\times(6\times 10^{-3})^2}$

$= 2$[Ω]

정답 06 ③ 07 ③ 08 ④ 09 ③ 10 ②

[06, 11]

11 옴의 법칙을 바르게 설명한 것은?

① 전압은 전류에 비례한다.
② 전류는 저항에 비례한다.
③ 전압은 저항의 제곱에 비례한다.
④ 전압은 전류의 제곱에 비례한다.

옴의 법칙
전기회로에 인가된 전압(V)에 의한 저항(R)에 흐르는 전류(I)의 크기는 전압에 비례하고 저항에 반비례하여 흐르게 되는 것을 의미하며 공식은 다음과 같이 표현한다.
$\therefore\ I=\frac{V}{R}[A],\quad V=IR[V],\quad R=\frac{V}{I}[\Omega]$

[07, 14]

12 옴의 법칙에서 전류의 세기는 어느 것에 비례하는가?

① 저항　② 동선의 길이
③ 동선의 고유저항　④ 전압

옴의 법칙
전기회로에 인가된 전압(V)에 의한 저항(R)에 흐르는 전류(I)의 크기는 전압에 비례하고 저항에 반비례하여 흐르게 되는 것을 의미하며 공식은 다음과 같이 표현한다.
$\therefore\ I=\frac{V}{R}[A],\quad V=IR[V],\quad R=\frac{V}{I}[\Omega]$

[13]

13 1[Ω]의 저항에 흐르는 전류는 몇 [A]인가?

① 0.1
② 1
③ 10
④ 100

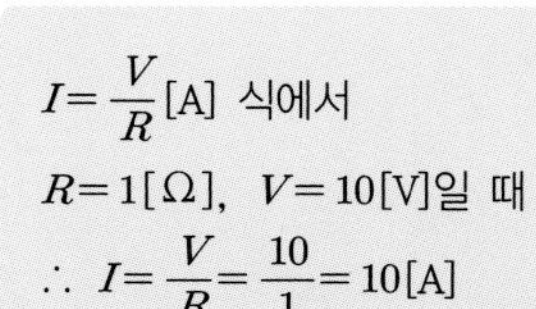

$I=\frac{V}{R}[A]$ 식에서
$R=1[\Omega],\ V=10[V]$일 때
$\therefore\ I=\frac{V}{R}=\frac{10}{1}=10[A]$

[15, (유)18]

14 직류회로에서 일정 전압에 저항을 접속하고 전류를 흘릴 때 25[%]의 전류 값을 증가시키고자 한다. 이때 저항을 몇 배로 하면 되는가?

① 0.25　② 0.8
③ 1.6　④ 2.5

$R=\frac{V}{I}[\Omega]$ 식에서
$I'=1.25I[A]$일 때
$\therefore\ R'=\frac{V}{I'}=\frac{V}{1.25I}=0.8R[\Omega]$

[08, 17]

15 어떤 회로의 전압이 V[V]이고 전류 I[A]이며 저항이 R[Ω]일 때 저항이 10[%]감소되면 그때의 전류는 처음 전류 I[A]의 몇 배가 되는가?

① 1.11배　② 1.41배
③ 1.73배　④ 2.82배

$I=\frac{V}{R}[A]$ 식에서
$R'=0.9R[\Omega]$일 때
$\therefore\ I'=\frac{V}{R'}=\frac{V}{0.9R}=1.11I[A]$

[17]

16 50[Ω]의 저항 4개를 이용하여 가장 큰 합성저항을 얻으면 몇 [Ω]인가?

① 75　② 150
③ 200　④ 400

합성저항은 저항을 직렬로 접속할 때 증가하고 병렬로 접속할 때 감소하므로 4개의 저항을 모두 직렬로 접속하여야 가장 큰 합성저항을 얻을 수 있다.
직렬접속일 때 합성저항은
$R_0=R_1+R_2+\cdots[\Omega]$ 이므로
$\therefore\ R_0=R_1+R_2+\cdots=50\times4=200[\Omega]$

정답 11 ① 12 ④ 13 ③ 14 ② 15 ① 16 ③

[13]

17 그림과 같은 회로에서 각 저항에 걸리는 전압 V_1과 V_2는 각각 몇 [V]인가?

① $V_1 = 10$, $V_2 = 10$
② $V_1 = 6$, $V_2 = 4$
③ $V_1 = 4$, $V_2 = 6$
④ $V_1 = 5$, $V_2 = 5$

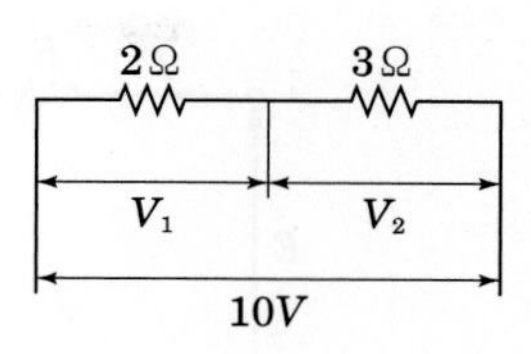

$V_1 = \dfrac{R_1 V}{R_1 + R_2}$[V], $V_2 = \dfrac{R_2 V}{R_1 + R_2}$[V] 식에서

$R_1 = 2[\Omega]$, $R_2 = 3[\Omega]$, $V = 10$[V] 일 때

$\therefore\ V_1 = \dfrac{R_1 V}{R_1 + R_2} = \dfrac{2\times 10}{2+3} = 4$[V]

$\therefore\ V_2 = \dfrac{R_2 V}{R_1 + R_2} = \dfrac{3\times 10}{2+3} = 6$[V]

[12]

18 그림과 같은 회로에서 R의 값은?

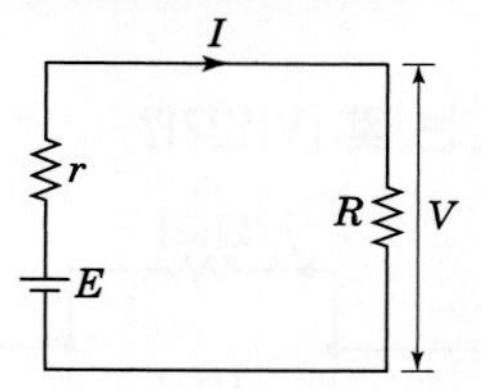

① $\dfrac{E}{E-V}r$
② $\dfrac{E-V}{E}r$
③ $\dfrac{V}{E-V}r$
④ $\dfrac{E-V}{V}r$

직렬 회로에서는 각 저항에 흐르는 전류가 같기 때문에

$I = \dfrac{E-V}{r} = \dfrac{V}{R}$[A]임을 알 수 있다.

$\therefore\ R = \dfrac{V}{E-V}r[\Omega]$

[06]

19 직류 전원의 단자 전압을 내부 저항 250[Ω]의 전압계로 측정하니 50 [V]이고, 1 [kΩ]의 전압계로 측정하니 100 [V]이었다. 전원의 기전력 E는 몇 [V]인가?

① 100
② 150
③ 200
④ 250

전지의 내부저항 r[Ω], 전압계의 내부저항 R[Ω], 전지의 기전력 E[V], 부하의 단자전압 V[V]라 할 때

$r = \dfrac{E-V}{V}R[\Omega]$ 식에서

$r = \dfrac{E-50}{50}\times 250 = \dfrac{E-100}{100}\times 1{,}000[\Omega]$

$E - 50 = 2E - 200$ 이므로

$\therefore\ E = 150$[V]

[08]

20 기전력 1.5 [V], 내부저항 0.2 [Ω]인 전지 5개를 직렬로 접속하면 전 기전력은 몇 [V]가 되는가?

① 0
② 1.5
③ 3.0
④ 7.5

내부저항이 r[Ω]이고 기전력이 E[V]인 전지가 n개 직렬일 때 전체 내부저항 r_0[Ω]과 전체 기전력 E_0[V]는

$r_0 = nr[\Omega]$, $E_0 = nE$[V] 이므로

$r_0 = nr = 5\times 0.2 = 1[\Omega]$,

$E_0 = nE = 5\times 1.5 = 7.5$[V]이다.

∴ 전체 기전력은 7.5[V]이다.

정답 17 ③ 18 ③ 19 ② 20 ④

[08, 16, 19]

21 8[Ω], 12[Ω], 20[Ω], 30[Ω]의 4개 저항을 병렬로 접속할 때 합성저항은 약 몇 [Ω]인가?

① 2.0[Ω] ② 2.35[Ω]
③ 3.43[Ω] ④ 70[Ω]

저항의 병렬접속일 때 합성저항 R_0는

$R_0 = \dfrac{1}{\dfrac{1}{R_1}+\dfrac{1}{R_2}+\dfrac{1}{R_3}+\cdots}$[Ω] 식에서

$\therefore R_0 = \dfrac{1}{\dfrac{1}{R_1}+\dfrac{1}{R_2}+\dfrac{1}{R_3}+\cdots}$

$= \dfrac{1}{\dfrac{1}{8}+\dfrac{1}{12}+\dfrac{1}{20}+\dfrac{1}{30}} = 3.43[\Omega]$

[08]

22 그림과 같은 회로에서 I_1 및 I_2는 몇 [A]인가?

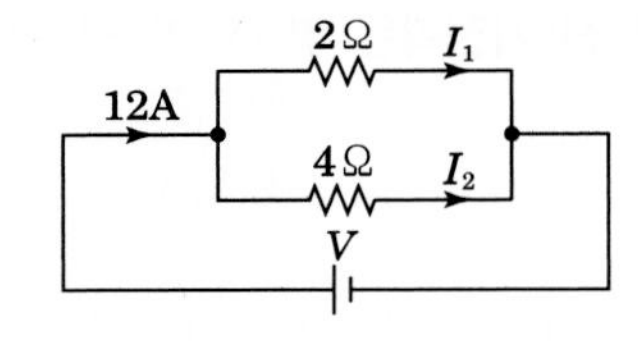

① $I_1 = 8\,\text{A},\ I_2 = 4\text{A}$
② $I_1 = 4\,\text{A},\ I_2 = 8\text{A}$
③ $I_1 = 7\,\text{A},\ I_2 = 5\text{A}$
④ $I_1 = 5\,\text{A},\ I_2 = 7\text{A}$

$I_1 = \dfrac{R_2 I}{R_1+R_2}$[A], $I_2 = \dfrac{R_1 I}{R_1+R_2}$[A] 식에서

$R_1 = 2[\Omega]$, $R_2 = 3[\Omega]$, $I = 12$[A] 일 때

$\therefore I_1 = \dfrac{R_2 I}{R_1+R_2} = \dfrac{4\times 12}{2+4} = 8[A]$

$\therefore I_2 = \dfrac{R_1 I}{R_1+R_2} = \dfrac{2\times 12}{2+4} = 4[A]$

[14, 18]

23 그림과 같은 회로에서 저항 R_2에 흐르는 전류 I_2[A]는?

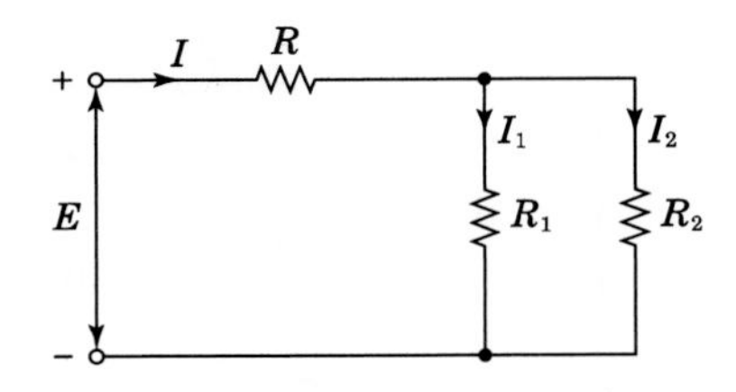

① $\dfrac{I\cdot T(R_1+R_2)}{R_1}$ ② $\dfrac{I\cdot T(R_1+R_2)}{R_2}$

③ $\dfrac{I\cdot R_2}{R_1+R_2}$ ④ $\dfrac{I\cdot R_1}{R_1+R_2}$

$I_1 = \dfrac{R_2 I}{R_1+R_2}$[A], $I_2 = \dfrac{R_1 I}{R_1+R_2}$[A] 이므로

$\therefore I_2 = \dfrac{R_1 I}{R_1+R_2}$[A]이다.

[07, 14]

24 그림에서 V_s는 몇 [V]인가?

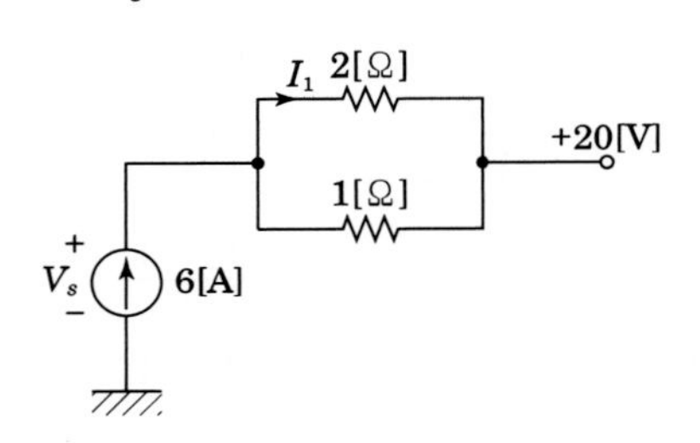

① 8 ② 16
③ 24 ④ 32

전류원 전압 V_s와 20[V]단자 사이의 전위차는 병렬로 접속된 저항의 전압강하와 같으므로

$V_s - 20 = 6\times\dfrac{2\times 1}{2+1}$[V]임을 알 수 있다.

$\therefore V_s = 6\times\dfrac{2\times 1}{2+1}+20 = 24[V]$

정답 21 ③ 22 ① 23 ④ 24 ③

[11, 14, (유)10]

25 **5[Ω]의 저항 5개를 직렬로 연결하면 병렬로 연결했을 때보다 몇 배가 되는가?**

① 10 ② 25
③ 50 ④ 75

직렬접속의 합성저항 R_s, 병렬접속의 합성저항 R_p라 하면

$R_s = nR[\Omega]$, $R_p = \frac{R}{n}[\Omega]$ 식에서

$R = 5[\Omega]$, $n = 5$ 일 때

$R_s = nR = 5 \times 5 = 25[\Omega]$,

$R_p = \frac{R}{n} = \frac{5}{5} = 1[\Omega]$이다.

∴ 직렬로 연결할 때가 병렬로 연결할 때의 25배이다.

[14]

26 **120[Ω]의 저항 4개를 접속하여 가장 작은 저항 값을 얻기 위한 회로 접속법은 어느 것인가?**

① 직렬접속 ② 병렬접속
③ 직병렬접속 ④ 병직렬접속

합성저항은 저항을 직렬로 접속할 때 증가하고 병렬로 접속할 때 감소하므로 4개의 저항을 모두 병렬로 접속하여야 가장 작은 합성저항을 얻을 수 있다.

[14]

27 **같은 전지 n개를 병렬 접속하면 기전력은 (㉠)배, 전류용량은(㉡)배, 내부저항은 (㉢)배이다. ( ) 안에 알맞은 것은?**

① ㉠ 1, ㉡ 1, ㉢ 1 ② ㉠ 1, ㉡ n, ㉢ n
③ ㉠ 1, ㉡ n, ㉢ $\frac{1}{n}$ ④ ㉠ n, ㉡ n, ㉢ $\frac{1}{n}$

내부저항이 $r[\Omega]$이고 기전력이 E[V]인 전지가 n개 병렬일 때 전체 내부저항 $r_0[\Omega]$과 전체 기전력 E_0[V], 전체 전류 I_0는

$E_0 = E$[V], $I_0 = \frac{E_0}{r_0} = \frac{E}{\frac{r}{n}} = nI$[A],

$r_0 = \frac{r}{n}[\Omega]$ 이므로

∴ 기전력은 1배, 전류는 n배, 내부저항은 $\frac{1}{n}$배이다.

[12, (유)10, 18]

28 **그림에서 a, b 단자에 100[V]를 인가할 때 저항 2[Ω]에 흐르는 전류 I_1은 몇 [A]인가?**

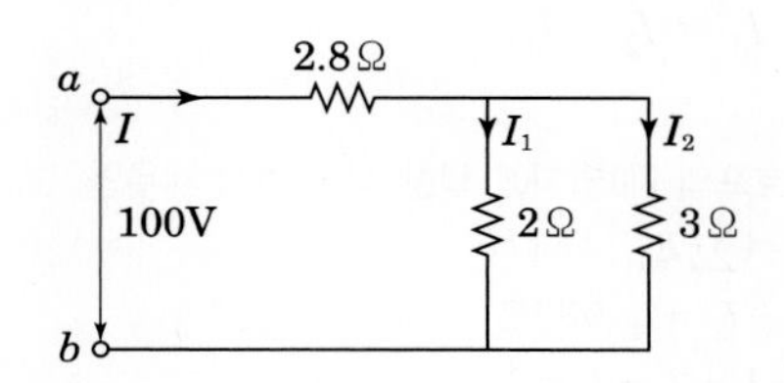

① 10 ② 15
③ 20 ④ 25

가장 먼저 합성저항 R_0를 구하면

$R_0 = 2.8 + \frac{2 \times 3}{2+3} = 4[\Omega]$이다. 따라서 전체 전류 I는

$I = \frac{V}{R_0} = \frac{100}{4} = 25$[A]이며

이 때 병렬접속의 전류분배 공식을 적용하여 I_1 전류를 구할 수 있다.

$I_1 = \frac{3}{2+3} I$[A] 식에서

∴ $I_1 = \frac{3}{2+3} I = \frac{3}{2+3} \times 25 = 15$[A]

정답 25 ② 26 ② 27 ③ 28 ②

[09, 18]

29 그림에서 키르히호프법칙의 전류 관계식이 옳은 것은?

① $I_1 = I_2 - I_3 + I_4$
② $I_1 = I_2 + I_3 + I_4$
③ $I_1 = I_2 - I_3 - I_4$
④ $I_1 = I_2 + I_3 - I_4$

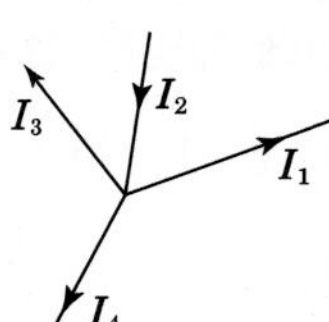

키르히호프의 제1법칙에 의한 식을 먼저 세우면
$\sum I_{in} = \sum I_{out}$ 식에서
$I_2 = I_1 + I_3 + I_4$ 이므로
이 식을 I_1에 대한 식으로 유도하면
$\therefore\ I_1 = I_2 - I_3 - I_4$

[10, 16]

30 그림과 같은 회로망에서 전류를 계산하는 데 맞는 식은?

① $I_1 + I_2 + I_3 + I_4 = 0$
② $I_1 + I_2 + I_3 - I_4 = 0$
③ $I_1 + I_2 = I_3 + I_4$
④ $I_1 + I_3 = I_2 + I_4$

키르히호프의 제1법칙에 의한 식을 먼저 세우면
$\sum I_{in} = \sum I_{out}$ 식에서
$I_1 + I_2 + I_3 = I_4$ 이므로
$\therefore\ I_1 + I_2 + I_3 - I_4 = 0$

[12]

31 1[W]와 크기가 같은 것은?

① 1[J]　② 1[J/sec]
③ 1[cal]　④ 1[cal/sec]

전력이란 회로에 공급된 전압(V)과 전류(I)에 의해 임의의 시간동안(t) 사용된 전기에너지(W)로서 단위로는 [W] 또는 [J/sec]를 사용한다.
∴ 1[W]=1[J/sec]

[17]

32 전력(electric power)에 관한 설명으로 옳은 것은?

① 전력은 전류의 제곱에 저항을 곱한 값이다.
② 전력은 전압의 제곱에 저항을 곱한 값이다.
③ 전력은 전압의 제곱에 비례하고 전류에 반비례한다.
④ 전력은 전류의 제곱에 비례하고 전압의 제곱에 반비례한다.

$P = VI = I^2 R = \dfrac{V^2}{R}$ [W] 식에서
(1) 전력은 전압과 전류를 곱한 값이다.
(2) 전력은 전류의 제곱에 저항을 곱한 값이다.
(3) 전력은 전압의 제곱에 저항을 나눈 값이다.

[07, 16, (유)12]

33 저항 100 [Ω]의 전열기에 4 [A]의 전류를 흘렸을 때 소비되는 전력은 몇 [W]인가?

① 250　② 400
③ 1,600　④ 3,600

$P = VI = I^2 R = \dfrac{V^2}{R}$ [W] 식에서
$R = 100[\Omega]$, $I = 4[A]$일 때
$\therefore\ P = I^2 R = 4^2 \times 100 = 1{,}600[W]$

[20]

34 어떤 회로에 10[A]의 전류를 흘리기 위해서 300[W]의 전력이 필요하다면 이 회로의 저항[Ω]은 얼마인가?

① 3　② 10
③ 15　④ 30

$P = VI = I^2 R = \dfrac{V^2}{R}$ [W] 식에서
$I = 10[A]$, $P = 300[W]$일 때
$\therefore\ R = \dfrac{P}{I^2} = \dfrac{300}{10^2} = 3[\Omega]$

정답 29 ③ 30 ② 31 ② 32 ① 33 ③ 34 ①

[11]

35 저항 값이 일정한 저항부하에 인가전압을 3배로 하면 소비전력은 몇 배가 되는가?

① 2 ② 3
③ 6 ④ 9

$P = \frac{V^2}{R}$ [W] 식에서
저항이 일정할 때 전력은 전압의 제곱에 비례하므로
∴ 전압을 3배로 하면 전력은 9배가 된다.

[08]

36 100 [V], 500 [W]의 전열기를 90 [V]로 사용하면 소비전력은 몇 [W]인가?

① 500 ② 450
③ 425 ④ 405

$P = \frac{V^2}{R}$ [W] 식에서
$V = 100$[V], $P = 500$[W]일 때
$R = \frac{V^2}{P} = \frac{100^2}{500} = 20[\Omega]$이다.
$V' = 90$[V] 이므로
$\therefore\ P' = \frac{V'}{R} = \frac{90^2}{20} = 405$[W]

별해
$P' = (\%V)^2 P = 0.9^2 \times 500 = 405$[W]

[16]

37 220[V], 1[kW]의 전열기에서 전열선의 길이를 2배로 늘리면 소비전력은 늘리기 전의 전력에 비해 몇 배로 변화하는가?

① 0.25 ② 0.5
③ 1.25 ④ 1.5

$P = \frac{V^2}{R}$ [W], $R = \rho\frac{l}{A}$ [Ω]식에서
전력은 저항에 반비례하며 또한 저항은 길이에 비례하기 때문에 결국 전력은 길이에 반비례하는 성질은 갖게 된다.
∴ 전열선의 길이를 2배로 늘리면 전력은 0.5배로 변한다.

[13]

38 220 [V]의 전압에서 2 [A]의 전류가 흐르는 전열기를 2시간 동안 사용했을 때의 소비전력량은 몇 [kWh]인가?

① 0.44 ② 0.6
③ 0.8 ④ 1.0

$W = Pt = VIt = I^2Rt = \frac{V^2}{R}t$ [W · sec] 식에서
$V = 220$[V], $I = 2$[A],
$t = 2[h] = 2 \times 3600$[W · sec] 이므로
$W = VIt = 220 \times 2 \times 3,600 = 1,584,000$ [W · sec]이다.
$\therefore\ W = 1,584,000 \times 10^{-3} \times \frac{1}{3,600} = 0.44$[kWh]

[07, 09]

39 저항 10 [Ω]의 전열기에 10 [A]의 전류를 흘려 5시간 동안 사용하였다면 소비전력량은 몇 [kWh]인가?

① 5[kWh] ② 50[kWh]
③ 250[kWh] ④ 500[kWh]

$W = Pt = VIt = I^2Rt = \frac{V^2}{R}t$ [W · sec] 식에서
$R = 10[\Omega]$, $I = 10$[A],
$t = 5[h] = 5 \times 3600$[W · sec] 이므로
$W = I^2Rt = 10^2 \times 10 \times 5 \times 3,600$
$= 18 \times 10^6$[W · sec]이다.
$\therefore\ W = 18 \times 10^6 \times 10^{-3} \times \frac{1}{3,600} = 5$[kWh]

[19]

40 저항 R에 100[V]의 전압을 인가하여 10[A]의 전류를 1분간 흘렸다면 이 때의 열량은 약 몇 [kcal]인가?

① 14.4 ② 28.8
③ 60 ④ 120

$H = 0.24VIt$[cal] 식에서
$V = 100$[V], $I = 10$[A], $t = 1[min] = 60$[sec]일 때
$\therefore\ H = 0.24VIt = 0.24 \times 100 \times 10 \times 60$
$= 14,400[cal] = 14.4$[kcal]

정답 35 ④ 36 ④ 37 ② 38 ① 39 ① 40 ①

[15]

41 전력량 1 [kWh]는 몇 [kcal]의 열량을 낼 수 있는가?

① 4.3　② 8.6
③ 430　④ 860

$1[\text{kWh}] = 1\times10^3 \times 3{,}600 = 3.6\times10^6[\text{W}\cdot\text{sec}]$ 이므로
$3.6\times10^6 \times 0.24 = 864{,}000[\text{cal}] \fallingdotseq 860[\text{kcal}]$
$\therefore\ 1[\text{kWh}] \fallingdotseq 860[\text{kcal}]$

[06, 09]

42 1 [kW]의 전열기를 1시간 동안 사용한 경우 발생한 열량은 몇 [kcal]인가?

① 36　② 86
③ 360　④ 860

$P = 1[\text{kW}]$, $T = 1[\text{h}]$일 때 전력량은
$W = PT = 1\times1 = 1[\text{kWh}]$ 이므로
$\therefore\ H = 860\,W = 860\times1 = 860[\text{kcsl}]$

[13]

43 금속 도체의 전기저항은 일반적으로 온도와 어떤 관계가 있는가?

① 온도 상승에 따라 감소한다.
② 온도와는 무관하다.
③ 저온에서 증가하고 고온에서 감소한다.
④ 온도 상승에 따라 증가한다.

금속 도체의 온도 특성
금속 도체의 저항은 온도에 대해 정(+)특성을 갖기 때문에 온도가 상승하면 저항도 증가한다.

정답 41 ④　42 ④　43 ④

제8장

교류회로

08 교류회로

1 교류의 표현

1. 순시값(교류의 파형을 식으로 표현할 때의 호칭)

E_m, I_m은 파형의 최대값을 표현하며 $\sin\omega t$는 정현파형을 나타내고 θ_e, θ_i는 각각 전압, 전류 파형의 위상각을 의미한다. 그리고 소문자 알파벳으로 표현하는 $e(t)$, $i(t)$를 전압, 전류의 순시값이라 한다.

(1) 전압의 순시값 : $e(t)$

$$e(t) = E_m \sin(\omega t + \theta_e)\ [\mathrm{V}]$$

(2) 전류의 순시값 : $i(t)$

$$i(t) = I_m \sin(\omega t + \theta_i)\ [\mathrm{A}]$$

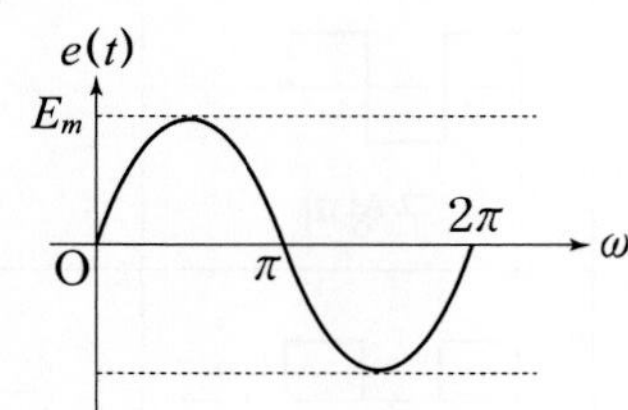

2. 실효값(교류의 크기를 숫자로 표현할 때 호칭 : I)

같은 저항에 교류와 직류를 같은 시간동안 인가하였을 때 각 저항에서 소비되는 전력량이 같아지는 경우, 이 때의 직류처럼 표현되는 교류의 값을 실효값이라 한다. 실효값을 구하는 공식은 다음과 같다.

$$I = \sqrt{\frac{1}{T}\int_0^T i(t)^2 dt}\ [\mathrm{A}]$$

여기서, I : 전류의 실효값, T : 주기, $i(t)$: 전류의 순시값

3. 평균값(교류의 직류성분 : I_a)

교류의 순시값이 정류과정을 통해 변화된 직류성분을 평균값이라 한다. 평균값을 구하는 공식은 다음과 같다.

$$I_{av} = \frac{1}{T}\int_0^T i(t)\, dt\ [\mathrm{A}]$$

여기서, I_a : 전류의 평균값, T : 주기, $i(t)$: 전류의 순시값

4. 파고율과 파형율

교류의 최대값과 실효값, 그리고 직류성분인 평균값을 서로 비교하여 나타내는 것으로 공식은 다음과 같다.

$$\text{파고율} = \frac{\text{최대값}}{\text{실효값}},\quad \text{파형률} = \frac{\text{실효값}}{\text{평균값}}$$

주기와 주파수
- 주기 : 똑같은 변화가 반복할 때 1회의 변화에 소요되는 시간으로 단위는 [sec]이다.
- 주파수 : 1초 동안의 진동수로서 단위는 [Hz]이다.
- 주기와 주파수는 서로 역수 관계에 있다.

$T = \frac{1}{f}$ [sec], $f = \frac{1}{T}$ [Hz]

각속도(또는 각주파수 : ω)

$\omega = \frac{\theta}{t} = \frac{2\pi}{T} = 2\pi f$ [rad/sec]

여기서 T: 주기[sec],
f : 주파수[Hz]

주기율(π)
- 원주의 길이를 구할 때 사용되는 수학 기호로 3.14[rad]이다.
- 삼각함수와 함께 표현할 때에는 각도로 표현할 수 있는데 이 경우에는 180°이다.

실효값
교류의 모든 크기를 실효값으로 표현하기 때문에 조건이 없는 경우의 모든 교류값은 실효값으로 적용하여야 한다.

5. 각종 파형별 실효값과 평균값, 파고율과 파형율

파형 및 명칭	실효값(I)	평균값(I_{av})	파고율	파형률
정현파	$\dfrac{I_m}{\sqrt{2}} = 0.707\,I_m$	$\dfrac{2\,I_m}{\pi} = 0.637\,I_m$	$\sqrt{2} = 1.414$	$\dfrac{\pi}{2\sqrt{2}} = 1.11$
반파정류파	$\dfrac{I_m}{2} = 0.5\,I_m$	$\dfrac{I_m}{\pi} = 0.319 I_m$	2	$\dfrac{\pi}{2} = 1.57$
구형파	I_m	I_m	1	1
반파구형파	$\dfrac{I_m}{\sqrt{2}}$	$\dfrac{I_m}{2}$	$\sqrt{2}$	$\sqrt{2}$
톱니파	$\dfrac{I_m}{\sqrt{3}} = 0.577\,I_m$	$\dfrac{I_m}{2} = 0.5\,I_m$	$\sqrt{3} = 1.732$	$\dfrac{2}{\sqrt{3}} = 1.155$
삼각파	〃	〃	〃	〃

01 예제문제

정현파 교류의 실효값(V)과 최대값(V_m)의 관계식으로 옳은 것은?

① $V = \sqrt{2}\,V_m$　　② $V = \dfrac{1}{\sqrt{2}}\,V_m$

③ $V = \sqrt{3}\,V_m$　　④ $V = \dfrac{1}{\sqrt{3}}\,V_m$

해설

정현파 교류의 실효값은 최대값의 $\dfrac{1}{\sqrt{2}}$ 배이다.

답 ②

2 R·L·C 회로정수의 특성

1. R(저항)[Ω]

① $I=\frac{V}{R}$[A]

② 전류의 위상이 전압과 같다. – (동상전류)
여기서, I : 전류, V : 전압, R : 저항

2. L(인덕턴스 : 코일)[H]

① 전압과 전류 : $e=L\frac{di}{dt}$[V], $i=\frac{1}{L}\int e\,dt$[A]

② 유도 리액턴스 : $jX_L=j\omega L=j2\pi fL$[Ω]

③ 전류 : $-jI=-j\frac{V}{X_L}=-j\frac{V}{2\pi fL}$[A]

④ 전류의 위상이 전압보다 90° 늦다. – (지상전류)
여기서, e : 전압, L : 인덕턴스, i : 전류, t : 시간,
X_L : 유도 리액턴스, ω : 각주파수, f : 주파수

3. C(커패시턴스 : 콘덴서)[F]

① 전압과 전류 : $e=\frac{1}{C}\int i\,dt$[V], $i=C\frac{de}{dt}$[A]

② 용량 리액턴스 : $-jX_C=-j\frac{1}{\omega C}=-j\frac{1}{2\pi fC}$[Ω]

③ 전류 : $+jI=+j\frac{V}{X_C}=+j2\pi fCV$[A]

④ 전류의 위상이 전압보다 90° 빠르다. – (진상전류)
여기서, e : 전압, C : 커패시턴스, i : 전류, t : 시간,
X_C : 용량 리액턴스, ω : 각주파수, f : 주파수

리액턴스
교류회로에서 L[H]과 C[F]의 단위를 [Ω] 단위로 환산한 저항 성분으로 표현된 값. 단, 저항과는 달리 허수부로 취급한다.

단위
$e=L\frac{di}{dt}$[V] 식에서 단위를 해석해 보면 [V]=[H]$\frac{[A]}{[sec]}$과 같다.
∴ [H]=$\frac{[V][sec]}{[A]}$=[Ω·sec]

축적에너지
- 자기 축적에너지
  $W=\frac{1}{2}LI^2$[J]
- 정전 축적에너지
  $W=\frac{1}{2}CV^2=\frac{Q^2}{2C}$[J]

02 예제문제

어떤 회로에 정현파 전압을 가하니 90° 위상이 뒤진 전류가 흘렀다면 이 회로의 부하는?

① 저항 ② 용량성
③ 무부하 ④ 유도성

해설
전류의 위상이 전압보다 90° 뒤진 경우는 인덕턴스 코일에 흐르는 전류로서 유도성 회로를 나타낸다.

답 ④

비공진 직렬회로
- $X_L > X_C$: 유도성
- $X_L < X_C$: 용량성

3 R·L·C 직·병렬회로

1. $R-L-C$ 직렬회로

(1) 직렬 임피던스(Z)

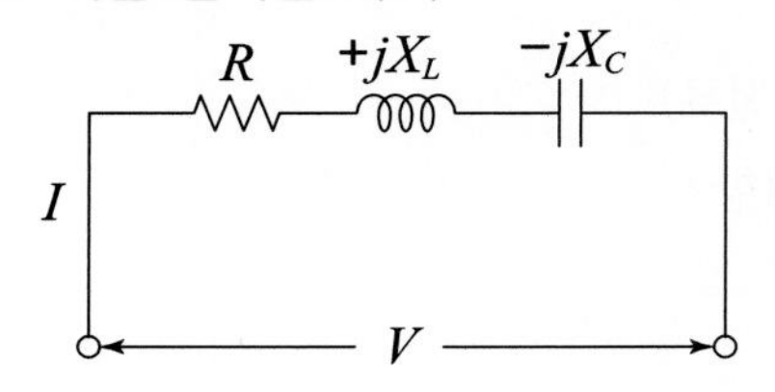

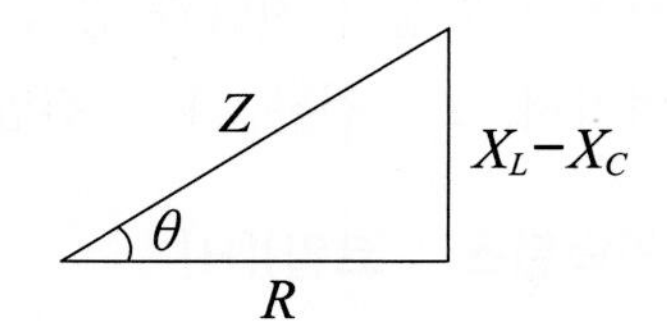

$$Z = Z_1 + Z_2 + Z_3 = R + j(X_L - X_C)$$

$$= \sqrt{R^2 + (X_L - X_C)^2} \angle \tan^{-1}\frac{X_L - X_C}{R}\ [\Omega]$$

여기서, Z : 임피던스, R : 저항, X_L : 유도 리액턴스,
X_C : 용량 리액턴스

(2) 전류(I)

$$I = \frac{V}{Z} = \frac{V}{\sqrt{R^2 + (X_L - X_C)^2}} \angle -\tan^{-1}\frac{X_L - X_C}{R}\ [\text{A}]$$

여기서, $\cos\theta$: 역률, R : 저항, Z : 임피던스
X_L : 유도 리액턴스, X_C : 용량 리액턴스

(3) 역률($\cos\theta$)

$$\cos\theta = \frac{R}{Z} = \frac{R}{\sqrt{R^2 + (X_L - X_C)^2}}$$

여기서, I : 전류, V : 전압, Z : 임피던스, R : 저항,
X_L : 유도 리액턴스, X_C : 용량 리액턴스

(4) 직렬공진

$Z = R + j(X_L - X_C) \fallingdotseq R[\Omega]$이 되기 위한 조건을 공진조건이라 하며 공진 시 저항만의 회로가 되기 때문에 전압과 전류는 동위상이 된다.

$X_L - X_C = 0$이므로 $X_L = X_C$ 또는 $\omega L = \frac{1}{\omega C}$ 이다.

① 최소 임피던스로 되고 최대전류가 흐르며 소비전력이 최대가 된다.

② 공진주파수는 $f = \frac{1}{2\pi\sqrt{LC}}$ [Hz]이다.

2. $R-L-C$ 병렬회로

비공진 병렬회로
- $X_L > X_C$: 용량성
- $X_L < X_C$: 유도성

(1) 병렬어드미턴스(Y)

$$Y = Y_1 + Y_2 + Y_3 = \frac{1}{R} + j\left(\frac{1}{X_C} - \frac{1}{X_L}\right) = G + j(B_C - B_L)$$

$$= \sqrt{G^2 + (B_C - B_L)^2} \angle \tan^{-1}\frac{B_C - B_L}{G} \ [\mho]$$

여기서, Y : 어드미턴스, G : 콘덕턴스, B_C : 용량 서셉턴스,
B_L : 유도 서셉턴스

(2) 전류(I)

$$I = YV = \frac{V}{R} - j\frac{V}{X_L} + j\frac{V}{X_C} = I_R - jI_L + jI_C \ \ [\mathrm{A}]$$

여기서, I : 전류, Y : 어드미턴스, V : 전압, R : 저항,
X_L : 유도 리액턴스, X_C : 용량 리액턴스
I_R : R에 흐르는 전류, I_L : L에 흐르는 전류,
I_C : C에 흐르는 전류

(3) 역률($\cos\theta$)

$$\cos\theta = \frac{G}{Y} = \frac{G}{\sqrt{\left(\frac{1}{R}\right)^2 + \left(\frac{1}{X_C} - \frac{1}{X_L}\right)^2}} = \frac{X_0}{\sqrt{R^2 + {X_0}^2}}$$

↳ $R.L.C$ 병렬 회로에서 적용

↳ $R.L$ 병렬 또는 $R.C$ 병렬 회로에서 적용

여기서, $\cos\theta$: 역률, G : 콘덕턴스, Y : 어드미턴스, R : 저항,
X : 리액던스, X_L : 유도 리액턴스, X_C : 용량 리액턴스

(4) 병렬공진

$Y = \frac{1}{R} + j\left(\frac{1}{X_C} - \frac{1}{X_L}\right) \fallingdotseq \frac{1}{R}[\mho]$이 되기 위한 조건을 공진조건이라 하며

$\frac{1}{X_C} - \frac{1}{X_L} = 0$이므로 $X_L = X_C$ 또는 $\omega L = \frac{1}{\omega C}$ 이다.

① 최소 어드미턴스로 되고 최소전류가 흐른다.

② 공진주파수는 $f = \frac{1}{2\pi\sqrt{LC}}$ [Hz]이다.

$R-X$ 직렬회로의 유효전력

$P=I^2R=\dfrac{V^2R}{R^2+X^2}$ [W]

삼각함수 기본공식

$\sin^2\theta+\cos^2\theta=1$인 성질을 이용하여 $\sin\theta$와 $\cos\theta$를 각각 구할 수 있다.

- $\sin\theta=\sqrt{1-\cos^2\theta}$
- $\cos\theta=\sqrt{1-\sin^2\theta}$

03 예제문제

$R-L-C$ 병렬회로에서 회로가 병렬 공진 되었을 때 합성전류는 어떻게 되는가?

① 최소가 된다. ② 최대가 된다.
③ 전류가 흐르지 않는다. ④ 무한대 전류로 흐른다.

해설

병렬 공진시 회로에 흐르는 전류는 최소로 흐른다. 답 ①

4 교류전력

1. 교류전력의 표현

(1) 피상전력(S)

교류회로의 피상전력은 전압(V)과 전류(I)의 곱으로 표현된다. 그리고 단위는 [VA]를 사용한다.

$S=VI=\sqrt{P^2+Q^2}$ [VA]

여기서, S : 피상전력, V : 전압, I : 전류, P : 유효전력,
Q : 무효전력

(2) 유효전력(P)

유효전력은 소비전력이라 표현하기도 하며 피상전력(S)에 역률($\cos\theta$)을 곱하여 표현한다. 그리고 단위는 [W]를 사용한다.

$P=S\cos\theta=VI\cos\theta=\sqrt{S^2-Q^2}$ [W]

여기서, P : 유효전력, V : 전압, I : 전류, $\cos\theta$: 역률,
θ : 전압과 전류의 위상차, S : 피상전력, Q : 무효전력

(3) 무효전력(Q)

무효전력은 부하에서 유효하게 소모되지 않는 전력으로서 피상전력(S)에 무효율($\sin\theta$)을 곱하여 표현한다. 그리고 단위는 [VAR]를 사용한다.

$Q=S\sin\theta=VI\sin\theta=\sqrt{S^2-P^2}$ [VAR]

여기서, Q : 무효전력, V : 전압, I : 전류, $\sin\theta$: 무효율
($\sin\theta=\sqrt{1-\cos^2\theta}$), S : 피상전력, P : 유효전력

04 예제문제

역률이 80 [%]이고, 유효전력이 80 [kW]라면 피상전력은 몇 [kVA]인가?

① 100 ② 120
③ 160 ④ 200

해설

$P = S\cos\theta = VI\cos\theta = \sqrt{S^2 - Q^2}$ [W] 식에서
$\cos\theta = 0.8$, $P = 80$[kW]일 때
$\therefore\ S = \dfrac{P}{\cos\theta} = \dfrac{80}{0.8} = 100$[kVA]

답 ①

결레복소수
복소수의 실수부와 허수부의 크기는 변하지 않고 허수부의 부호만 바뀐 복소수를 결레복소수 또는 공액복소수라 한다.
- $a+jb$의 결레복소수는 $a-jb$이다.
- $A\angle+\theta$의 결레복소수는 $A\angle-\theta$이다.

진상용콘덴서
부하의 역률이 저하되는 이유는 유도전동기에 흐르는 지상 전류 때문이므로 콘덴서를 병렬로 접속하여 진상전류를 공급하면 병렬공진의 영향으로 역률이 개선된다.

2. 복소전력과 역률

(1) 복소전력

전압과 전류가 복소수로 표현되는 경우 피상전력은 유효전력과 무효전력의 복소수로 표현된다. 이것을 복소전력이라 한다. 복소전력을 구하기 위해서는 전압과 전류 중 어느 하나에 켤레복소수를 취하여야 하며 이 때 계산된 피상전력의 실수부를 유효전력으로, 허수부를 무효전력으로 표현한다.

$$S = {}^*VI = P \pm jQ \text{ [VA]}$$

여기서, S : 피상전력, $^*V$: 전압의 켤레복소수, I : 전류,
P : 유효전력, Q : 무효전력

(2) 역률

$$\cos\theta = \frac{P}{S} = \frac{P}{\sqrt{P^2 + Q^2}}$$

여기서, $\cos\theta$: 역률, P : 유효전력, S : 피상전력, Q : 무효전력

(3) 역률 개선용 진상콘덴서 용량

$$Q_C = P\left(\frac{\sin\theta_1}{\cos\theta_1} - \frac{\sin\theta_2}{\cos\theta_2}\right) \text{[VA]}$$

여기서, Q_C : 진상콘덴서 용량, $\cos\theta_1$: 개선전 역률,
$\cos\theta_2$: 개선후 역률, $\sin\theta_1$: 개선전 무효율,
$\sin\theta_2$: 개선후 무효율

05 예제문제

어떤 회로의 유효전력이 80 [W], 무효전력이 60 [Var]이면 역률은 몇 [%]인가?

① 20[%]　　② 60[%]
③ 80[%]　　④ 100[%]

해설

$\cos\theta = \frac{P}{S} = \frac{P}{\sqrt{P^2+Q^2}}$ 식에서 $P=80[W]$, $Q=60[Var]$일 때

$\therefore \cos\theta = \frac{P}{\sqrt{P^2+Q^2}} = \frac{80}{\sqrt{80^2+60^2}} = 0.8[pu] = 80[\%]$

답 ③

5 최대전력과 브리지회로

1. 최대전력

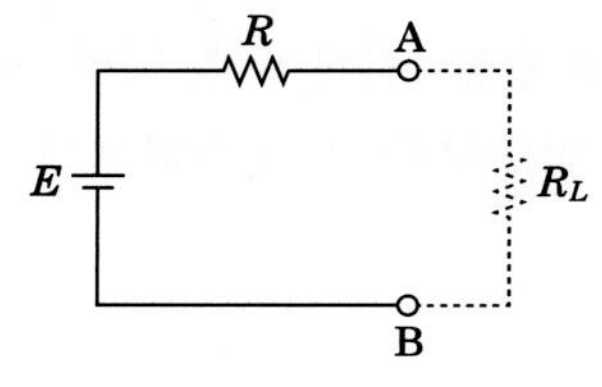

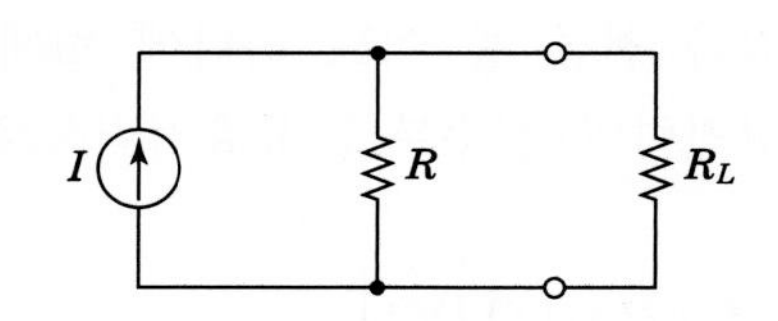

(1) **최대전력 전달조건**

전원측 내부저항과 부하저항이 크기가 같을 때 부하전력은 최대전력으로 공급 받을 수 있게 된다.

$R_L = R[\Omega]$

여기서, R_L : 부하저항, R : 전원의 내부저항

(2) **최대전력 공식**

$P_m = \frac{E^2}{4R} = \frac{1}{4}I^2R[W]$

여기서, P_m : 최대전력, E : 전원전압, R : 전원의 내부저항,
I : 전원전류

06 예제문제

다음 회로에서 부하 R_L에 전달되는 최대전력은?

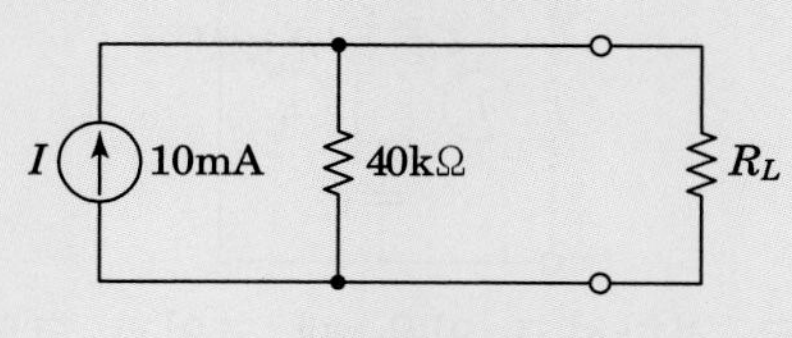

① 1[W]　② 2[W]
③ 3[W]　④ 4[W]

해설

$P_m = \frac{1}{4}I^2R$[W] 식에서

$I=10$[mA], $R=40$[kΩ]일 때

$\therefore P_m = \frac{1}{4}I^2R = \frac{1}{4}\times(10\times10^{-3})^2\times40\times10^3 = 1$[W]

답 ①

> **휘스톤 브리지 평형회로**
> 휘스톤 브리지 회로에서 평형이 된다는 것은 검류계의 양 단자의 전압이 서로 같게 되거나 또는 검류계에 흐르는 전류가 0이 된다는 것을 의미한다.

2. 브리지회로

(1) 휘스톤브리지 회로

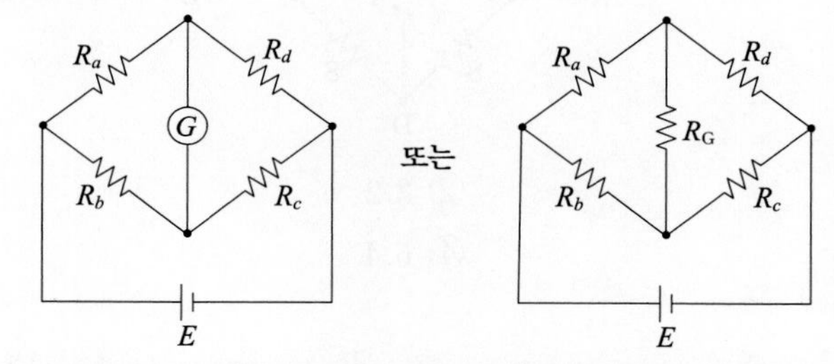

위와 같은 회로를 브리지 회로라 하며 아래와 같은 조건을 만족하게 될 경우를 휘스톤 브리지 평형회로라 한다. 휘스톤 브리지 회로가 평형조건을 만족하게 될 경우 검류계가 접속된 브리지 회로를 개방 또는 단락시켜도 서로 같은 회로로 동작하게 된다. 다음은 휘스톤 브리지 평형조건과 회로의 합성저항에 대해서 표현하였다.

① 평형조건

$R_a\times R_c = R_b\times R_d$

② 합성저항

$$R_0 = \frac{(R_a+R_d)\times(R_b+R_c)}{(R_a+R_d)+(R_b+R_c)} = \frac{R_a\times R_b}{R_a+R_b} + \frac{R_d\times R_c}{R_d+R_c}[\Omega]$$

(2) 캠벨브리지 회로

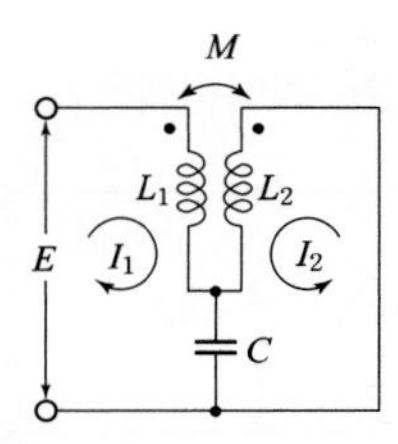

두 개의 코일이 서로 결합하고 있을 때 코일과 코일 사이에 브리지 회로를 구성하여 콘덴서를 삽입할 경우 브리지 회로 내의 I_2 전류가 0이 되는 조건을 캠벨브리지 평형회로라 한다. 캠벨브리지 회로가 평형회로가 되기 위해서는 I_2 전류가 흐르는 회로망 내에서 공진조건을 만족하여야 하며 그 때의 조건은 다음과 같이 표현된다.

$$\omega^2 MC = 1$$

07 예제문제

회로에서 A와 B간의 합성저항은 몇 [Ω]인가? (단, 각 저항의 단위는 모두 [Ω]이다.)

① 2.66　　② 3.2

③ 5.33　　④ 6.4

해설

$4 \times 8 = 4 \times 8$이 성립되어 휘스톤 브리지 평형조건을 만족하기 때문에 C, D 사이의 저항은 개방시킨다. 그러면 A, C 사이의 저항 4[Ω]과 C, B 사이의 저항 4[Ω]은 직렬접속이 된다. 또한 A, D 사이의 저항 8[Ω]과 D, B 사이의 저항 8[Ω]은 직렬접속이 되어 위쪽과 아래쪽은 서로 병렬회로가 구성된다. 따라서 합성저항은

$$\therefore\ R = \frac{(4+4) \times (8+8)}{(4+4)+(8+8)} = 5.33\,[\Omega]$$

답 ③

6 3상 교류회로

1. 대칭 3상 교류의 특징

발전기나 변압기 및 전동기를 3개의 상으로 분할하여 3상 교류 전기기기를 만드는데 3상의 각 상간의 위상차를 120°(또는 $\frac{2\pi}{3}$[rad])로 하여 각 상의 크기 및 주파수를 동일하게 하는 교류를 대칭 3상 교류라 한다.

2. 3상 Y결선과 3상 △결선의 특징

종류 \ 구분	Y 결선	△ 결선
선간전압(V_L)과 상전압(V_P) 관계	$V_L = \sqrt{3}\, V_P$ [V]	$V_L = V_P$ [V]
선전류(I_L)와 상전류(I_P) 관계	$I_L = I_P = \frac{V_L}{\sqrt{3}\, Z}$ [A]	$I_L = \sqrt{3}\, I_P = \frac{\sqrt{3}\, V_L}{Z}$ [A]
소비전력(P)	$P = \sqrt{3}\, V_L I_L \cos\theta\eta$[W]	$P = \sqrt{3}\, V_L I_L \cos\theta\eta$[W]

여기서, Z : 부하 한상의 임피던스, $\cos\theta$: 역률, η : 효율

3. Y-Δ 결선 변환

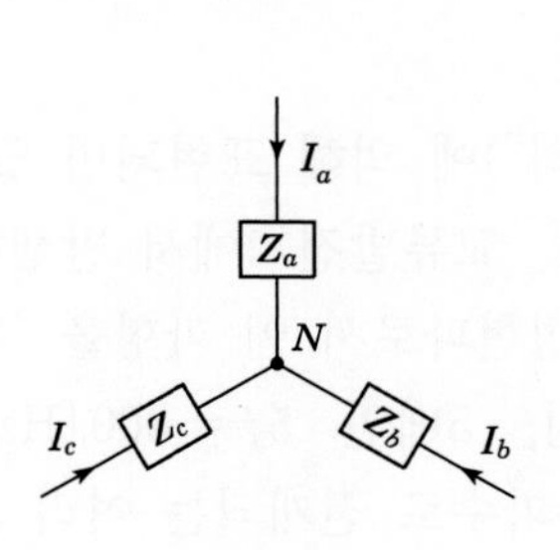

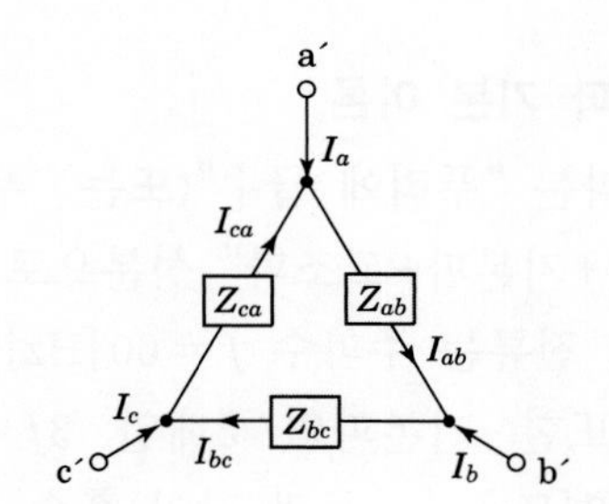

(1) $Y \rightarrow \Delta$ 변환

$$Z_{ab} = \frac{Z_a Z_b + Z_b Z_c + Z_c Z_a}{Z_c}$$

$$Z_{bc} = \frac{Z_a Z_b + Z_b Z_c + Z_c Z_a}{Z_a}$$

$$Z_{ca} = \frac{Z_a Z_b + Z_b Z_c + Z_c Z_a}{Z_b}$$

(2) $\Delta \rightarrow Y$ 변환

$$Z_a = \frac{Z_{ab} \cdot Z_{ca}}{Z_{ab} + Z_{bc} + Z_{ca}}$$

$$Z_b = \frac{Z_{ab} \cdot Z_{bc}}{Z_{ab} + Z_{bc} + Z_{ca}}$$

$$Z_c = \frac{Z_{bc} \cdot Z_{ca}}{Z_{ab} + Z_{bc} + Z_{ca}}$$

※ 평형 3상인 경우 등가변환된 임피던스는 Δ결선일 때가 Y결선인 경우보다 3배 크다. : $Z_\Delta = 3Z_Y$

불평형 3상 회로의 대칭분

- 영상분(Z_0)

$$Z_0 = \frac{1}{3}(Z_a + Z_b + Z_c)$$

- 정상분(Z_1)

$$Z_1 = \frac{1}{3}(Z_a + aZ_b + a^2 Z_c)$$

- 역상분(Z_2)

$$Z_2 = \frac{1}{3}(Z_a + a^2 Z_b + aZ_c)$$

a와 a^2의 의미

- $a = \angle 120° = \frac{1}{2} + j\frac{\sqrt{3}}{2}$
- $a^2 = \angle -120° = -\frac{1}{2} - j\frac{\sqrt{3}}{2}$

08 예제문제

3상 유도전동기의 출력이 5[kW], 전압 200[V], 역률 80[%], 효율 90[%]일 때 유입되는 선전류[A]는?

① 14 ② 17

③ 20 ④ 25

해설

$P=\sqrt{3}\,VI\cos\theta\,\eta$[W] 식에서

$P=5$[kW], $V=200$[V], $\cos\theta=0.8$, $\eta=0.9$일 때

$$\therefore\ I=\frac{P}{\sqrt{3}\,V\cos\theta\,\eta}=\frac{5\times10^3}{\sqrt{3}\times200\times0.8\times0.9}=20[\mathrm{A}]$$

답 ③

7 비정현파 교류와 시정수

1. 비정현파 기본 이론

비정현파는 "푸리에 급수"(또는 "푸리에 분석")에 의해 표현되며 일반적으로 "직류분+기본파+고조파" 성분으로 구성된다. 교류발전기에서 발생하는 교류 전압 및 전류는 주파수 $f=60$[Hz]에 의한 정현파로서 이 파형을 "기본파"로 둔다. 또한 기본파의 3배인 $3f=180$[Hz], 5배인 $5f=300$[Hz], 7배인 $7f=420$[Hz], ⋯ 등과 같이 홀수 배수의 주파수로 전개되는 여러 개의 파형을 포함하게 되는데 이들을 모두 "고조파"라 일컫는다. 이들의 파형을 모두 합성하면 주기적인 구형파 신호가 얻어지는데 결국 비정현파란 구형파 신호로서 "무수히 많은 주파수 성분들의 합성"이라 표현할 수 있다. 푸리에 급수의 일반식은 다음과 같다.

$$f(t)=a_0+\sum_{n=1}^{\infty}a_n\cos n\omega t+\sum_{n=1}^{\infty}b_n\sin n\omega t$$

2. 비정현파의 실효값

비정현파 전압 $v(t)$, 비정현파 전류 $i(t)$를 아래와 같이 표현할 때 비정현파 전압의 실효값(V), 비정현파 전류의 실효값(I)는 다음과 같이 정의할 수 있다.

$$v(t) = V_0 + V_{m1}\sin\omega t + V_{m3}\sin 3\omega t + V_{m5}\sin 5\omega t + \cdots [\text{V}]$$

$$i(t) = I_0 + I_{m1}\sin\omega t + I_{m3}\sin 3\omega t + I_{m5}\sin 5\omega t + \cdots [\text{A}]$$

$$V = \sqrt{V_0^2 + \left(\frac{V_{m1}}{\sqrt{2}}\right)^2 + \left(\frac{V_{m3}}{\sqrt{2}}\right)^2 + \left(\frac{V_{m5}}{\sqrt{2}}\right)^2 + \cdots} [\text{V}]$$

$$I = \sqrt{I_0^2 + \left(\frac{I_{m1}}{\sqrt{2}}\right)^2 + \left(\frac{I_{m3}}{\sqrt{2}}\right)^2 + \left(\frac{I_{m5}}{\sqrt{2}}\right)^2 + \cdots} [\text{A}]$$

여기서, V, I : 전압과 전류의 실효값, V_0, I_0 : 전압과 전류의 직류분,
V_{m1}, I_{m1} : 전압과 전류의 기본파 최대값,
V_{m3}, I_{m3} : 전압과 전류의 3고조파 최대값,
V_{m5}, I_{m5} : 전압과 전류의 5고조파 최대값

3. 비정현파의 왜형률

비정현파는 고조파로 인해 정현파형이 일그러지게 되는 파형으로 이 때 파형의 일그러짐의 정도를 왜형률이라 하며 공식은 다음과 같다.

$$\epsilon = \frac{\text{전 고조파의 실효값}}{\text{기본파의 실효값}} \times 100[\%] \text{ 또는 } \epsilon = \sqrt{\epsilon_3^2 + \epsilon_5^2 + \epsilon_7^2 + \cdots} [\%]$$

여기서, ϵ_3 : 3고조파 왜형률, ϵ_5 : 5고조파 왜형률, ϵ_7 : 7고조파 왜형률

4. 시정수

$R-L-C$ 회로에 직류전원을 접속하여 공급하면 정상상태에 도달하기 전까지 전류가 시간에 따라 변화하는 현상이 나타난다. 이를 과도현상이라 하는데 이 때 과도시간을 결정하는 정수를 시정수 또는 시상수라 하여 다음과 같이 표현하고 있다.

(1) $R-L$ **과도현상**

① 스위치를 ON 한 경우 정상값의 63.2[%]에 도달하는데 소요되는 시간으로 정의하며 그 때의 시정수는 $\tau = \frac{L}{R}$[sec]이다.

$$i(\tau) = \frac{0.632E}{R} [\text{A}]$$

② 스위치를 OFF 한 경우 정상값의 36.8[%]에 도달하는데 소요되는 시간으로 정의하며 그 때의 시정수는 $\tau = \frac{L}{R}$[sec]이다.

$$i(\tau) = \frac{0.368E}{R} [\text{A}]$$

$R-L$ 직렬회로의 과도전류

- 스위치 ON 한 경우

$$i(t) = \frac{E}{R}(1 - e^{-\frac{R}{L}t}) [\text{A}]$$

- 스위치 OFF한 경우

$$i(t) = \frac{E}{R}e^{-\frac{R}{L}t} [\text{A}]$$

$R-L-C$ 과도응답

- 비진동 조건

$$R^2 > \frac{4L}{C}$$

- 임계진동 조건

$$R^2 = \frac{4L}{C}$$

- 진동 조건

$$R^2 < \frac{4L}{C}$$

(2) $R-C$ **과도현상**

스위치를 ON 한 경우 정상값의 36.8[%]에 도달하는데 소요되는 시간으로 정의하며 그 때의 시정수는 $\tau = RC$[sec]이다.

09 예제문제

비정현파에서 왜형률(Distortion Factor)을 나타내는 식은?

① $\dfrac{\text{전 고조파의실효값}}{\text{기본파의 실효값}}$ ② $\dfrac{\text{전 고조파의 최대값}}{\text{기본파의 실효값}}$

③ $\dfrac{\text{전 고조파의실효값}}{\text{기본파의 최대값}}$ ④ $\dfrac{\text{전 고조파의 최대값}}{\text{기본파의 최대값}}$

해설

비정현파의 왜형률

비정현파는 고조파로 인해 정현파형이 일그러지게 되는 파형으로 이 때 파형의 일그러짐의 정도를 왜형률이라 하며 공식은 다음과 같다.

$\therefore\ \epsilon = \dfrac{\text{전 고조파의 실효값}}{\text{기본파의 실효값}} \times 100[\%]$ 또는 $\epsilon = \sqrt{\epsilon_3^2 + \epsilon_5^2 + \epsilon_7^2 + \cdots}$ [%]

답 ①

08 출제유형분석에 따른
종합예상문제

[12, (유)18]

01 $v=200\sin\left(120\pi t+\frac{\pi}{3}\right)$[V]인 전압의 순시값에서 주파수는 몇 [Hz]인가?

① 50 ② 55
③ 60 ④ 65

$\omega=2\pi f=120\pi$[rad/sec] 이므로

$\therefore\ f=\frac{120\pi}{2\pi}=60$[Hz]

[17]

02 $v=141\sin\left(377t-\frac{\pi}{6}\right)$[V]인 전압의 주파수는 약 몇 [Hz]인가?

① 50 ② 60
③ 100 ④ 377

$\omega=2\pi f=377$[rad/sec] 이므로

$\therefore\ f=\frac{377}{2\pi}=60$[Hz]

[14, 18]

03 정현파 전압 $v=50\sin\left(628t-\frac{\pi}{6}\right)$[V]인 파형의 주파수는 얼마인가?

① 20 ② 50
③ 60 ④ 100

$\omega=2\pi f=628$[rad/sec] 이므로

$\therefore\ f=\frac{628}{2\pi}=100$[Hz]

[07, 09]

04 120°를 라디안[rad]으로 표시하면?

① $\frac{\pi}{3}$[rad] ② $\frac{2}{3}\pi$[rad]
③ $\frac{\pi}{4}$[rad] ④ $\frac{\pi}{6}$[rad]

$\pi=3.14$[rad]$=180°$ 이므로

$\therefore\ 120°=120°\times\frac{\pi}{180°}=\frac{2}{3}\pi$[rad]

[11]

05 주파수 50[Hz]인 교류의 위상차가 $\frac{\pi}{3}$[rad]이다. 이 위상차를 시간으로 나타내면 몇 [sec]인가?

① $\frac{1}{60}$ ② $\frac{1}{120}$
③ $\frac{1}{300}$ ④ $\frac{1}{720}$

$\theta=\omega t=2\pi ft$[rad] 식에서

$f=50$[Hz], $\theta=\frac{\pi}{3}$[rad]일 때

$\therefore\ t=\frac{\theta}{2\pi f}=\frac{\frac{\pi}{3}}{2\pi\times 50}=\frac{1}{300}$[sec]

정답 01 ③ 02 ② 03 ④ 04 ② 05 ③

[11, 20]

06 주파수 60[Hz]의 정현파 교류에서 $\frac{\pi}{6}$[rad]은 약 몇 초의 시간 차인가?

① 2.4×10^{-3} ② 2×10^{-3}
③ 1.4×10^{-3} ④ 1×10^{-3}

$\theta=\omega t=2\pi f t$[rad] 식에서

$f=60$[Hz], $\theta=\frac{\pi}{6}$[rad]일 때

$\therefore\ t=\frac{\theta}{2\pi f}=\frac{\frac{\pi}{6}}{2\pi\times60}=\frac{1}{720}=1.4\times10^{-3}$[sec]

[16]

07 $I_m\sin(\omega t+\theta)$의 전류와 $E_m\cos(\omega t-\phi)$인 전압 사이의 위상차는?

① $\theta-\phi$ ② $\theta+\phi$
③ $\frac{\pi}{2}-(\theta+\phi)$ ④ $\frac{\pi}{2}+(\theta+\phi)$

먼저 전압과 전류의 파형을 하나로 통일시켜야 하므로 전압의 피형을 sin파형으로 변환한다.

$E_m\cos(\omega t-\phi)=E_m\sin(\omega t-\phi+\frac{\pi}{2})$일 때

전류와 전압의 위상차는 $+\theta$와 $-\phi+\frac{\pi}{2}$를 빼줘야 하므로

$\therefore$ 위상차$=\frac{\pi}{2}-\phi-\theta=\frac{\pi}{2}-(\theta+\phi)$이다.

참고

(1) $\cos\omega t=\sin\left(\omega t+\frac{\pi}{2}\right)$

(2) 위상차를 구할 때에는 큰 위상에서 작은 위상을 빼준다.

[08]

08 "가정용 전원 전압이 200[V]이다."라고 하는 것은 정현파 교류에서 어느 값을 나타내는가?

① 실효값 ② 평균값
③ 최대값 ④ 순시값

실효값
교류의 모든 크기를 실효값으로 표현하기 때문에 조건이 없는 경우의 모든 교류값은 실효값으로 적용하여야 한다.

[12, 16]

09 교류의 실효치에 관한 설명 중 틀린 것은?

① 교류의 진폭은 실효치의 $\sqrt{2}$ 배이다.
② 전류나 전압의 한 주기의 평균치가 실효치이다.
③ 실효치 100[V]인 교류와 직류 100[V]로 같은 전등을 점등하면 그 밝기는 같다.
④ 상용전원이 220[V]라는 것은 실효치를 의미한다.

보기 ②번은 평균값의 정의이다.

[07, 14]

10 교류의 크기는 보통 실효값으로 나타내나 실효값으로 파형을 알 수 없으므로 개략을 알기 위한 방법으로 파형률이라는 계수를 쓴다. 다음 중 파형률을 나타내는 것은?

① $\frac{\text{실효값}}{\text{평균값}}$ ② $\frac{\text{최대값}}{\text{평균값}}$
③ $\frac{\text{최대값}}{\text{실효값}}$ ④ $\frac{\text{실효값}}{\text{최대값}}$

파고율과 파형율
교류의 최대값과 실효값, 그리고 직류성분인 평균값을 서로 비교하여 나타내는 것으로 공식은 다음과 같다.

파고율$=\frac{\text{최대값}}{\text{실효값}}$, 파형률$=\frac{\text{실효값}}{\text{평균값}}$

정답 06 ③ 07 ③ 08 ① 09 ② 10 ①

[14, 17, (유)12, 18]

11 교류에서 실효값과 최대값의 관계는?

① 실효값 = $\frac{최대치}{\sqrt{2}}$　② 실효값 = $\frac{최대치}{\sqrt{3}}$

③ 실효값 = $\frac{최대치}{2}$　④ 실효값 = $\frac{최대치}{3}$

정현파의 특성값

실효값	평균값	파고율	파형률
$\frac{I_m}{\sqrt{2}}$	$\frac{2I_m}{\pi}$	$\sqrt{2}$	1.11

여기서, I_m은 최대치이다.

[13]

12 $i(t) = 141.4\sin\omega t$[A]의 실효값은 몇 [A]인가?

① 81.6　② 100

③ 173.2　④ 200

$I = \frac{I_m}{\sqrt{2}}$[A] 식에서

$I_m = 141.4$[A] 이므로

$\therefore I = \frac{I_m}{\sqrt{2}} = \frac{141.4}{\sqrt{2}} = 100$[A]

[08]

13 정현파 교류에서 최대값은 실효값의 몇 배인가?

① $\sqrt{2}$　② $\sqrt{3}$

③ 2　④ 3

정현파 교류의 실효값은 최대값의 $\frac{1}{\sqrt{2}}$배 이므로

∴ 최대값은 실효값의 $\sqrt{2}$ 배이다.

[16]

14 정현파 전압의 평균값이 119[V]이면 최대값은 약 몇 [V]인가?

① 119　② 187

③ 238　④ 357

정형파 교류의 평균값은

$V_a = \frac{2V_m}{\pi} = 0.637V_m$[V] 이므로

$V_a = 119$[V]일 때 최대값은

$\therefore V_m = \frac{V_a}{0.637} = \frac{119}{0.637} = 187$[V]

[16]

15 그림과 같은 파형의 평균값은 얼마인가?

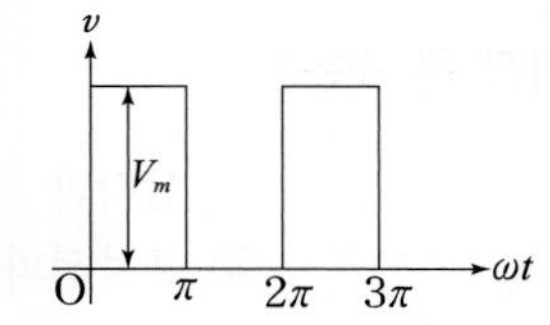

① $2V_m$　② V_m

③ $\frac{V_m}{2}$　④ $\frac{V_m}{4}$

반파구형파의 특성값

실효값	평균값	파고율	파형률
$\frac{V_m}{\sqrt{2}}$	$\frac{V_m}{2}$	$\sqrt{2}$	$\sqrt{2}$

정답　11 ①　12 ②　13 ①　14 ②　15 ③

[06, 09]

16 그림과 같은 파형의 파고율은 얼마인가?

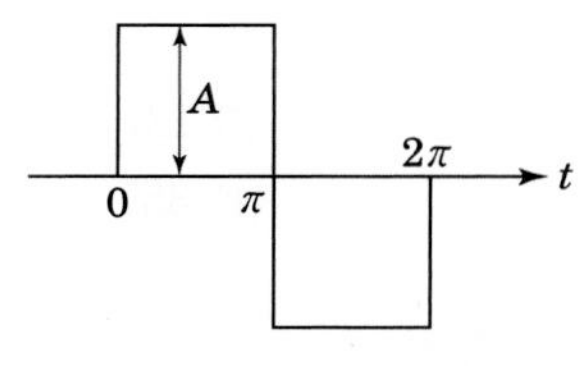

① 1　② $\sqrt{2}$
③ $\sqrt{3}$　④ 2

구형파의 특성값

실효값	평균값	파고율	파형률
I_m	I_m	1	1

[15]

17 파형률이 가장 큰 것은?

① 구형파　② 삼각파
③ 정현파　④ 포물선파

파형의 파형율

파형	정현파	반파 정류파	구형파	톱니파	삼각파
파형율	1.11	1.57	1	1.155	1.155

[11]

18 다음 중 인덕터의 특징을 요약한 것중 옳지 않은 것은?

① 인덕터는 직류에 대하여 단락회로로 작용한다.
② 일정한 전류가 흐를 때 전압은 무한대이지만 일정량의 에너지가 축적된다.
③ 인덕터의 전류가 불연속적으로 급격히 변화하면 전압이 무한대가 되어야 하므로 인덕터 전류가 불연속적으로 변할 수 없다.
④ 인덕터는 에너지를 축적하지만 소모하지는 않는다.

$e = L\dfrac{di(t)}{dt}$ [V] 식에서

$di(t)$는 전류의 변화이고 dt는 시간의 변화를 의미하기 때문에 인덕터에 전압이 발생하는 조건은 전류의 변화가 시간에 대해서 변화할 때 전압이 발생하게 된다.

∴ 일정한 전류가 흐를 때에는 $di(t)=0$이 되어 인덕터에는 전압이 나타나지 않게 된다.

[07]

19 그림은 인덕턴스 회로에서 전압 v와 전류 i의 관계를 설명하고 있다. 그 특징에 대한 설명으로 옳은 것은?

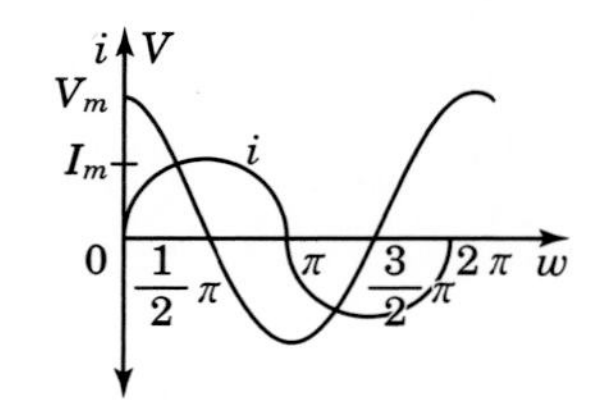

① 전압과 전류는 동일 주파수의 정현파이다.
② 전류가 전압보다 위상이 90° 앞선다.
③ 실효치의 비가 $\dfrac{1}{\omega L}$이다
④ 콘덴서회로와 같이 다른 주파수의 정현파이다.

인덕턴스 회로에서 전압과 전류의 관계는 리액턴스 크기에 따라서 비율이 결정되며 위상차는 90° 관계로 전류가 전압보다 위상이 90° 뒤지며 주파수는 동일한 정현파이다.

정답 16 ① 17 ② 18 ② 19 ①

[08, 19]

20 자기 인덕턴스 100[mH]의 코일에 5[A]의 전류가 흘렀을 때 코일에 저장되는 에너지는 몇 [J]인가?

① 1.25　　② 2.5
③ 5.0　　④ 12.05

$W = \frac{1}{2}LI^2$[J] 식에서
$L = 100$[mH], $I = 5$[A]일 때
$\therefore W = \frac{1}{2}LI^2 = \frac{1}{2} \times 100 \times 10^{-3} \times 5^2 = 1.25$[J]

[15]

21 100 [V], 60 [Hz]의 교류전압을 어느 콘덴서에 가하니 2 [A]의 전류가 흘렀다. 이 콘덴서의 정전용량은 약 몇 [μF]인가?

① 26.5　　② 36
③ 53　　④ 63.6

$I_C = \frac{V}{X_C} = 2\pi fCV$[A] 식에서
$V = 100$[V], $f = 60$[Hz], $I_C = 2$[A] 이므로
$\therefore C = \frac{I_C}{2\pi fV} = \frac{2}{2\pi \times 60 \times 100} = 53 \times 10^{-6}$[F]
$= 53[\mu F]$

[06, 13, 17]

22 콘덴서만의 회로에서 전압과 전류의 위상관계는?

① 전압이 전류보다 180도 앞선다.
② 전압이 전류보다 180도 뒤진다.
③ 전압이 전류보다 90도 앞선다.
④ 전압이 전류보다 90도 뒤진다.

콘덴서에 흐르는 전류의 위상은 전압보다 90° 앞선다.
이를 진상전류라 하며 용량성 회로의 특징이다.
∴ 전압이 전류보다 90° 뒤진다.

[12]

23 전압 $v = 125\sin 377t$[V]를 인가하여 전류 $i = 50\cos 377t$[A]가 흘렀다면 이것은 어떤 소자에 전류를 흘린 것인가?

① 저항　　② 저항과 사이리스터
③ 콘덴서　　④ 인덕터

$\cos 377t$ 파형은 $\sin 377t$ 보다 90° 앞선 파형이기 때문에 결국 전류의 위상이 전압보다 90° 앞선다는 것을 알 수 있다. 따라서 회로는 콘덴서 소자라는 것을 알 수 있다.

[16]

24 교류전류의 흐름을 방해하는 소자는 저항 이외에도 유도코일, 콘덴서 등이 있다. 유도코일과 콘덴서 등에 대한 교류전류의 흐름을 방해하는 저항력을 갖는 것을 무엇이라 하는가?

① 리액턴스　　② 임피던스
③ 컨덕턴스　　④ 어드미턴스

리액턴스
교류회로에서 L[H]과 C[F]의 단위를 [Ω] 단위로 환산한 저항 성분으로 표현된 값. 단, 저항과는 달리 허수부로 취급한다.

[06]

25 R-C 직렬회로의 임피던스를 나타내는 식은?

① $\sqrt{R^2 + \omega^2 C^2}$　　② $\sqrt{R^2 + \frac{1}{\omega^2 C^2}}$
③ $\frac{1}{\sqrt{R^2 + \omega^2 C^2}}$　　④ $\frac{1}{R^2 + \omega^2 C^2}$

R-C 직렬회로에서 임피던스 Z는
$Z = R - jX_C = R - j\frac{1}{\omega C}$[Ω] 이므로
$\therefore Z = \sqrt{R^2 + \frac{1}{\omega^2 C^2}}$ [Ω]

정답 20 ① 21 ③ 22 ④ 23 ③ 24 ① 25 ②

[19]

26 R-L 직렬회로에서 100[V]의 교류 전압을 가했을 때 저항에 걸리는 전압이 80[V] 이었다면 인덕턴스에 걸리는 전압[V]은?

① 20 ② 40
③ 60 ④ 80

$V=ZI=(R+jX_L)I=RI+jX_LI$ [V] 식에서
$V_R=RI$ [V], $V_L=X_LI$ [V] 이므로
$V=\sqrt{V_R^2+V_L^2}$ [V] 임을 알 수 있다.
$V=100$[V], $V_R=80$[V]이었다면 V_L은
$\therefore\ V_L=\sqrt{V^2-V_R^2}=\sqrt{100^2-80^2}=60$[V]

[20]

27 어떤 회로에 220[V]의 교류 전압을 인가했더니 4.4[A]의 전류가 흐르고, 전압과 전류와의 위상차는 $60°$가 되었다. 이 회로의 저항 성분[Ω]은?

① 10 ② 25
③ 50 ④ 75

$Z=\dfrac{V}{I}\angle\theta[\Omega]$ 식에서
$V=220$[V], $I=4.4$[A], $\theta=60°$ 이므로
$Z=\dfrac{V}{I}\angle\theta=\dfrac{220}{4.4}\angle 60°[\Omega]$이다.
$Z=\dfrac{220}{4.4}(\cos 60°+j\sin 60°)=25+j25\sqrt{3}\,[\Omega]$일 때
$Z=R+jX\,[\Omega]$으로 표현되기 때문에 저항은
$\therefore\ R=25[\Omega]$
참고 오일러의 공식
$A\angle\theta=A(\cos\theta+j\sin\theta)$

[13]

28 그림과 같은 RLC 직렬회로에서 직렬공진 회로가 되어 전류와 전압의 위상이 동위상이 되는 조건은?

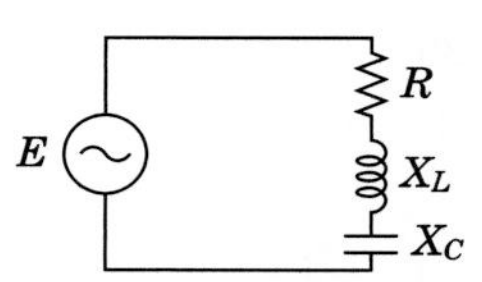

① $X_L > X_C$
② $X_L < X_C$
③ $X_L - X_C = 0$
④ $X_L - X_C = R$

직렬공진
(1) $X_L-X_C=0$, $X_L=X_C$, $\omega L=\dfrac{1}{\omega C}$
(2) 최소 임피던스로 되고 최대전류가 흐르며 소비전력이 최대가 된다.
(3) 공진주파수는 $f=\dfrac{1}{2\pi\sqrt{LC}}$ [Hz]이다.

[15, 17]

29 그림과 같은 R-L-C 직렬회로에서 단자전압과 전류가 동상일 되는 조건은?

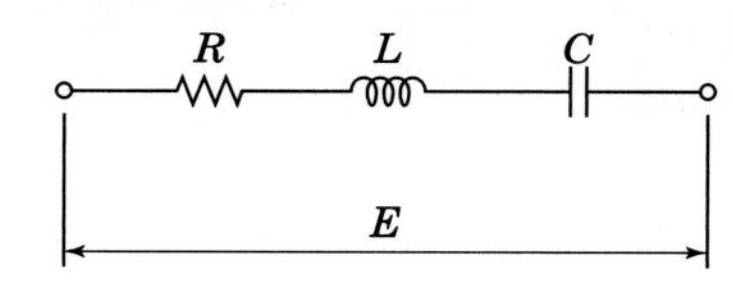

① $\omega = LC$ ② $\omega LC = 1$
③ $\omega^2 LC = 1$ ④ $\omega L^2C^2 = 1$

직렬공진
(1) $X_L-X_C=0$, $X_L=X_C$, $\omega L=\dfrac{1}{\omega C}$
(2) 최소 임피던스로 되고 최대전류가 흐르며 소비전력이 최대가 된다.
(3) 공진주파수는 $f=\dfrac{1}{2\pi\sqrt{LC}}$ [Hz]이다.
$\therefore\ \omega^2LC=1$

정답 26 ③ 27 ② 28 ③ 29 ③

[07]

30 R, L, C 직렬회로에서 임피던스가 최소가 되기 위한 조건은?

① $\omega L + \dfrac{1}{\omega C} = 1$　② $\omega L - \dfrac{1}{\omega C} = 0$

③ $\omega L + \dfrac{1}{\omega C} = 0$　④ $\omega L - \dfrac{1}{\omega C} = 1$

직렬공진

(1) $X_L - X_C = 0$, $X_L = X_C$, $\omega L = \dfrac{1}{\omega C}$

(2) 최소 임피던스로 되고 최대전류가 흐르며 소비전력이 최대가 된다.

(3) 공진주파수는 $f = \dfrac{1}{2\pi\sqrt{LC}}$[Hz]이다.

∴ $\omega L - \dfrac{1}{\omega C} = 0$

[08, 15]

31 R-L-C 직렬회로에서 전류가 최대로 되는 조건은?

① $\omega L = \omega C$　② $\dfrac{\omega^2 L}{R} = \dfrac{1}{\omega CR}$

③ $\omega LC = 1$　④ $\omega L = \dfrac{1}{\omega C}$

직렬공진

(1) $X_L - X_C = 0$, $X_L = X_C$, $\omega L = \dfrac{1}{\omega C}$

(2) 최소 임피던스로 되고 최대전류가 흐르며 소비전력이 최대가 된다.

(3) 공진주파수는 $f = \dfrac{1}{2\pi\sqrt{LC}}$[Hz]이다.

[11, 15, 20]

32 R-L-C 직렬회로에서 소비전력이 최대가 되는 조건은?

① $\omega L - \dfrac{1}{\omega C} = 1$　② $\omega L + \dfrac{1}{\omega C} = 0$

③ $\omega L + \dfrac{1}{\omega C} = 1$　④ $\omega L - \dfrac{1}{\omega C} = 0$

직렬공진

(1) $X_L - X_C = 0$, $X_L = X_C$, $\omega L = \dfrac{1}{\omega C}$

(2) 최소 임피던스로 되고 최대전류가 흐르며 소비전력이 최대가 된다.

(3) 공진주파수는 $f = \dfrac{1}{2\pi\sqrt{LC}}$[Hz]이다.

∴ $\omega L - \dfrac{1}{\omega C} = 0$

[13]

33 직렬공진 시 RLC 직렬회로에 대한 설명으로 잘못된 것은?

① 회로에 흐르는 전류는 최대가 된다.
② 회로에는 유효전력이 발생되지 않는다.
③ 회로의 합성 임피던스가 최소가 된다.
④ R에 걸리는 전압이 공급전압과 같게 된다.

직렬공진

(1) $X_L - X_C = 0$, $X_L = X_C$, $\omega L = \dfrac{1}{\omega C}$

(2) 최소 임피던스로 되고 최대전류가 흐르며 소비전력이 최대가 된다.

(3) 공진주파수는 $f = \dfrac{1}{2\pi\sqrt{LC}}$[Hz]이다.

∴ 직렬공진이 되면 회로의 전력은 유효전력만 남는다.

정답 30 ② 31 ④ 32 ④ 33 ②

[10, 19]

34 그림과 같은 병렬공진회로에서 전류 I가 전압 E보다 앞서는 관계로 옳은 것은?

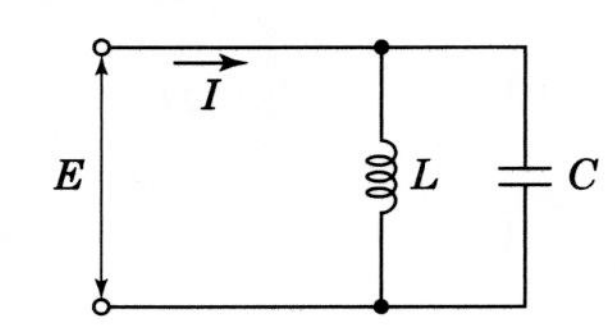

① $f < \frac{1}{2\pi\sqrt{LC}}$ ② $f > \frac{1}{2\pi\sqrt{LC}}$

③ $f = \frac{1}{2\pi\sqrt{LC}}$ ④ $f = \frac{1}{\sqrt{2\pi}LC}$

전류가 전압보다 앞선다는 것은 콘덴서에 흐르는 전류가 더 크다는 것을 의미하는 것이다.

그러므로 $I_C > I_L$ 식에서 $\frac{E}{X_C} > \frac{E}{X_L}$이 된다.

$X_L > X_C$, $\omega L > \frac{1}{\omega C}$, $\omega^2 LC > 1$ 이므로

$\therefore f > \frac{1}{2\pi\sqrt{LC}}$

[19]

35 60[Hz], 100[V]의 교류전압이 200[Ω]의 전구에 인가될 때 소비되는 전력은 몇 [W]인가?

① 50 ② 100

③ 150 ④ 200

$P = \frac{V^2}{R}$[W] 식에서

$f = 60$[Hz], $V = 100$[V], $R = 200$[Ω]일 때

$\therefore P = \frac{V^2}{R} = \frac{100^2}{200} = 50$[W]

[10]

36 위상차가 30° 이고 단상 220[V]교류전압을 인가했더니 15[A]의 전류가 흘렀다. 소비전력은 약 몇 [kW]인가?

① 3.2 ② 2.9

③ 29.1 ④ 13.2

$P = S\cos\theta = VI\cos\theta$[W] 식에서

$\theta = 30°$, $V = 220$[V], $I = 15$[A]일 때

$\therefore P = VI\cos\theta = 220 \times 15 \times \cos 30° = 2,857$[W]

$≒ 2.9$[kW]

[14]

37 $V = 100\angle 60°$[V], $I = 20\angle 30°$[A]일 때 유효전력은 약 몇 [W]인가?

① 1,000 ② 1,414

③ 1,732 ④ 2,000

$P = S\cos\theta = VI\cos\theta$[W] 식에서

$V = 100$[V], $I = 20$[A], $\theta = 60° - 30° = 30°$일 때

$\therefore P = VI\cos\theta = 100 \times 20 \times \cos 30° = 1,732$[W]

[10]

38 저항 3[Ω]과 유도리액턴스 4[Ω]이 직렬로 연결된 회로에 $e = 100\sqrt{2}\sin\omega t$[V]인 전압을 가하였을 때 이 회로에서 소비하는 전력은 몇 [kW]인가?

① 1.2 ② 2.2

③ 3.2 ④ 4.2

$P = I^2R = \frac{V^2R}{R^2 + X^2}$[W] 식에서

$R = 3$[Ω], $X = 4$[Ω], $V_m = 100\sqrt{2}$[V]일 때

전압의 실효값 V는

$V = \frac{V_m}{\sqrt{2}} = \frac{100\sqrt{2}}{\sqrt{2}} = 100$[V] 이므로

$\therefore P = \frac{V^2R}{R^2 + X^2} = \frac{100^2 \times 3}{3^2 + 4^2} = 1,200$[W]

$= 1.2$[kW]

정답 34 ② 35 ① 36 ② 37 ③ 38 ①

[08, 16]

39 무효전력을 나타내는 단위는?

① VA ② W
③ Var ④ Wh

단위
① [VA] : 피상전력 ② [W] : 유효전력
③ [Var] : 무효전력 ④ [Wh] : 유효전력량

[07, 14]

40 역률 80[%]인 부하에 전압과 전류의 실효값이 각각 100[V], 5[A]라고 할 때 무효전력[Var]은?

① 100 ② 200
③ 300 ④ 400

$Q = S\sin\theta = VI\sin\theta$[Var] 식에서
$\cos\theta = 0.8$, $V = 100$[V], $I = 5$[A]일 때
$\sin\theta = \sqrt{1-\cos^2\theta} = \sqrt{1-0.8^2} = 0.6$ 이므로
$\therefore\ Q = VI\sin\theta = 100\times5\times0.6 = 300$[Var]

[14]

41 역률 80[%]인 부하의 유효전력이 80[kW]이면 무효전력은 몇 [kVar]인가?

① 40 ② 60
③ 80 ④ 100

$Q = S\sin\theta = VI\sin\theta$[Var] 식에서
$\cos\theta = 0.8$, $P = 80$[kW]일 때
$S = \dfrac{P}{\cos\theta} = \dfrac{80}{0.8} = 100$[kVA],
$\sin\theta = \sqrt{1-\cos^2\theta} = \sqrt{1-0.8^2} = 0.6$ 이므로
$\therefore\ Q = S\sin\theta = 100\times0.6 = 60$[kVar]

[09]

42 역률 80[%], 80[kW]의 단상 부하에서 2시간 동안의 무효전력량은?

① 60[kVarh] ② 80[kVarh]
③ 100[kVarh] ④ 120[kVarh]

$Q = S\sin\theta = VI\sin\theta$[Var] 식에서
$\cos\theta = 0.8$, $P = 80$[kW]일 때
$S = \dfrac{P}{\cos\theta} = \dfrac{80}{0.8} = 100$[kVA],
$\sin\theta = \sqrt{1-\cos^2\theta} = \sqrt{1-0.8^2} = 0.6$ 이므로
$Q = S\sin\theta = 100\times0.6 = 60$[kVar]이다.
무효전력량은 Qt[kVarh] 식에서
$t = 2$[h]일 때
$\therefore\ Qt = 60\times2 = 120$[kVarh]

[09, 19]

43 교류회로의 역률은?

① $\dfrac{\text{무효전력}}{\text{피상전력}}$ ② $\dfrac{\text{유효전력}}{\text{피상전력}}$
③ $\dfrac{\text{무효전력}}{\text{유효전력}}$ ④ $\dfrac{\text{유효전력}}{\text{무효전력}}$

역률 $\cos\theta$는
$\cos\theta = \dfrac{P}{S} = \dfrac{P}{\sqrt{P^2+Q^2}}$ 식에서
$\therefore\ \cos\theta = \dfrac{\text{유효전력}}{\text{피상전력}}$

[09]

44 커피포트를 이용하여 물을 끓였을 때 얻은 열량은 7,200[cal]였다. 이 커피포트에는 200[V], 1[A]의 전기를 5분 동안 입력하였다면 역률은 얼마인가?

① 0.1 ② 0.25
③ 0.5 ④ 0.7

$H = 0.24Pt = 0.24VI\cos\theta t$[cal] 식에서
$H = 7{,}200$[cal], $V = 200$[V], $I = 1$[A],
$t = 5$[min] $= 5\times60$[sec] 이므로
$\therefore\ \cos\theta = \dfrac{H}{0.24VIt} = \dfrac{7{,}200}{0.24\times200\times1\times5\times60} = 0.5$

정답 39 ③ 40 ③ 41 ② 42 ④ 43 ② 44 ③

[06, 09, 19]

45 유도전동기의 역률을 개선하기 위하여 일반적으로 많이 사용되는 방법은?

① 조상기 병렬접속 ② 콘덴서 병렬접속
③ 조상기 직렬접속 ④ 콘덴서 직렬접속

진상용콘덴서
부하의 역률이 저하되는 이유는 유도전동기에 흐르는 지상전류 때문이므로 콘덴서를 병렬로 접속하여 진상전류를 공급하면 병렬공진의 영향으로 역률이 개선된다.
∴ 역률개선하기 위한 콘덴서는 병렬 접속한다.

[10]

46 저항을 측정할 때 전원 공급 장치, 검출계 및 4개의 저항으로 구성하여 이 4개의 저항 중 하나는 미지저항이고 이 미지저항은 다른 3개의 저항의 관계로 구한다. 이것을 무엇이라 하는가?

① DC전위차계 ② 휘트스톤 브리지
③ 메거 ④ 영상변류기

문제의 내용은 휘스톤 브리지 회로에 대한 평형조건을 설명하고 있다.

[08]

47 그림과 같은 회로에서 a, b에 흐르는 전류는 몇 [A]인가? (단, 저항의 단위는 모두 [Ω]이다.)

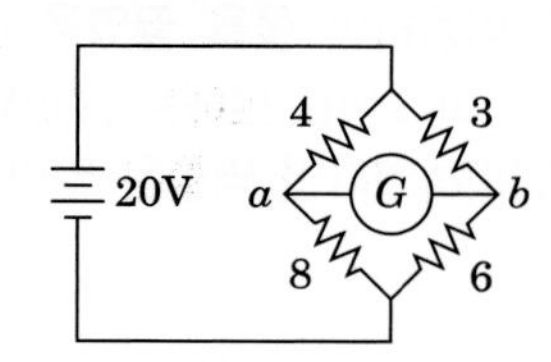

① 0 ② 5[A]
③ 10[A] ④ 20[A]

휘스톤 브리지 회로에서 평형이 된다는 것은 검류계의 양 단자의 전압이 서로 같게 되거나 또는 검류계에 흐르는 전류가 0이 된다는 것을 의미한다.

[12]

48 평형 상태인 브리지에서 L_1 : L_2 길이의 비율은 1 : 2이다. $R=20$[Ω]일 때 저항 X의 값은 몇 [Ω]인가?

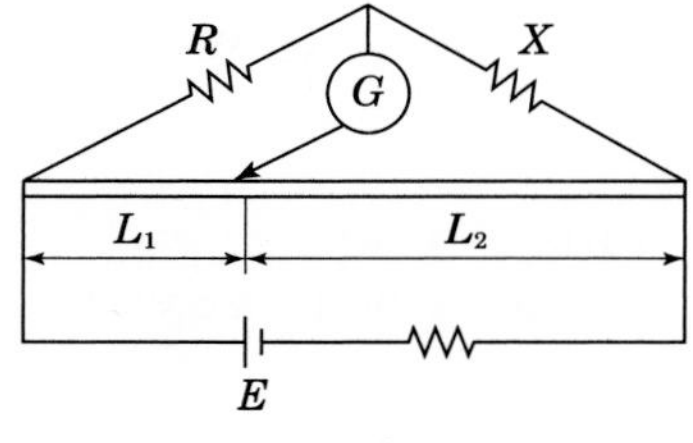

① 5 ② 10
③ 20 ④ 40

저항은 전선의 길이에 비례하기 때문에 저항을 대신하여 전선의 길이로 휘스톤 브리지 평형조건을 유도하면 된다.
$RL_2 = XL_1$, $L_2 = 2L_1$ 식에서
$\therefore X = \frac{RL_2}{L_1} = \frac{20 \times 2L_1}{L_1} = 40[\Omega]$

[07, 16, 19]

49 평형 3상 Y결선에서 상전압 V_p와 선간전압 V_l과의 관계는?

① $V_l = V_p$ ② $V_l = \sqrt{3}\,V_p$
③ $V_l = \frac{1}{\sqrt{3}}V_p$ ④ $V_l = 3\,V_p$

Y결선의 특징
(1) $V_L = \sqrt{3}\ V_P$[V]
(2) $I_L = I_P = \frac{V_L}{\sqrt{3}Z}$[A]
(3) $P = \sqrt{3}\,V_L I_L \cos\theta$[W]
여기서, V_L : 선간전압, V_P : 상전압, I_L : 선전류, I_P : 상전류, Z : 한 상의 임피던스, $\cos\theta$: 역률

정답 45 ② 46 ② 47 ① 48 ④ 49 ②

[13, 20]

50 대칭 3상 Y부하에서 각 상의 임피던스 $Z=3+j4$ [Ω]이고, 부하전류가 20[A]일 때, 부하의 선간 전압은 약 몇 [V]인가?

① 141 ② 173
③ 220 ④ 282

$I_L = \frac{V_L}{\sqrt{3}Z}$[A] 식에서
$Z=3+j4[\Omega]$, $I_L=20$[A]일 때
$\therefore V_L=\sqrt{3}ZI=\sqrt{3}\times\sqrt{3^2+4^2}\times 20=173$[V]

[12]

51 부하 1상의 임피던스가 $60+j80[\Omega]$인 Δ 결선의 3상 회로에 100[V]의 전압을 가할 때 선전류는 몇 [A]인가?

① 1 ② $\sqrt{3}$
③ 3 ④ $\frac{1}{\sqrt{3}}$

$I_L=\frac{\sqrt{3}V_L}{Z}$[A] 식에서
$Z=60+j80[\Omega]$, $V_L=100$[V]일 때
$\therefore I_L=\frac{\sqrt{3}V_L}{Z}=\frac{\sqrt{3}\times 100}{\sqrt{60^2+80^2}}=\sqrt{3}$[A]

[11]

52 전원과 부하가 다 같이 Δ 결선된 3상 평형 회로에서 전원전압이 600[V], 환상 부하 임피던스가 $6+j8[\Omega]$인 경우 선전류는 몇 [A]인가?

① $60\sqrt{3}$ ② $\frac{60}{\sqrt{3}}$
③ 20 ④ 60

$I_L=\frac{\sqrt{3}V_L}{Z}$[A] 식에서
$V_L=600$[V], $Z=6+j8[\Omega]$일 때
$\therefore I_L=\frac{\sqrt{3}V_L}{Z}=\frac{\sqrt{3}\times 600}{\sqrt{6^2+8^2}}=60\sqrt{3}$[A]

[13]

53 3상 평형 부하의 전압이 100[V]이고, 전류가 10[A]이다. 역률이 0.8이면 이때의 소비전력은 약 몇 [W]인가?

① 1,386 ② 1,732
③ 2,100 ④ 2,430

$P=\sqrt{3}VI\cos\theta$[W] 식에서
$V=100$[V], $I=10$[A], $\cos\theta=0.8$일 때
$\therefore P=\sqrt{3}VI\cos\theta=\sqrt{3}\times 100\times 10\times 0.8$
$=1,386$[W]

[18]

54 3상 유도전동기의 출력이 15[kW], 선간전압이 220[V], 효율이 80[%], 역률이 85[%]일 때 이 전동기에 유입되는 전류는 약 몇 [A]인가?

① 33.4 ② 45.6
③ 57.9 ④ 69.4

$P=\sqrt{3}VI\cos\theta\eta$[W] 식에서
$P=15$[kW], $V=220$[V], $\eta=0.8$, $\cos\theta=0.85$일 때
$\therefore I=\frac{P}{\sqrt{3}V\cos\theta\eta}=\frac{15\times 10^3}{\sqrt{3}\times 220\times 0.85\times 0.8}$
$=57.9$[A]

[12]

55 3상 유도전동기의 출력이 5마력, 전압 220[V], 효율 80[%], 역률 90[%]일 때 전동기에 유입되는 선전류는 약 몇 [A]인가?

① 11.6 ② 13.6
③ 15.6 ④ 17.6

$P=\sqrt{3}VI\cos\theta\eta$[W] 식에서
$P=5$[HP]$=5\times 746$[W], $V=220$[V], $\eta=0.8$,
$\cos\theta=0.9$일 때
$\therefore I=\frac{P}{\sqrt{3}V\cos\theta\eta}=\frac{5\times 746}{\sqrt{3}\times 220\times 0.9\times 0.8}$
$=13.6$[A]

정답 50 ② 51 ② 52 ① 53 ① 54 ③ 55 ②

[09, 15]

56 다음 중 상용의 3상 교류에 대한 설명으로 옳지 않은 것은?

① 각 전압이나 전류를 합하면 0이 된다.

② 전압이나 전류는 각각 $\frac{2\pi}{3}$의 위상차를 갖고 있다.

③ 단상 교류보다 3상의 교류가 회전자장을 얻기가 쉽다.

④ 기기에 Y결선을 하면 Δ 결선보다 높은 전압을 얻을 수 있다.

3상 기기에 공급되는 전압은 선간전압으로 결선에 관계없이 일정하게 공급된다. 단, 기기의 상전압은 Y결선일 때가 △결선일 때 보다 $\frac{1}{\sqrt{3}}$배만큼 감소하게 된다.

[16, 19]

57 다음과 같은 Y결선 회로와 등가인 △결선 회로의 A, B, C 값은 몇 [Ω]인가?

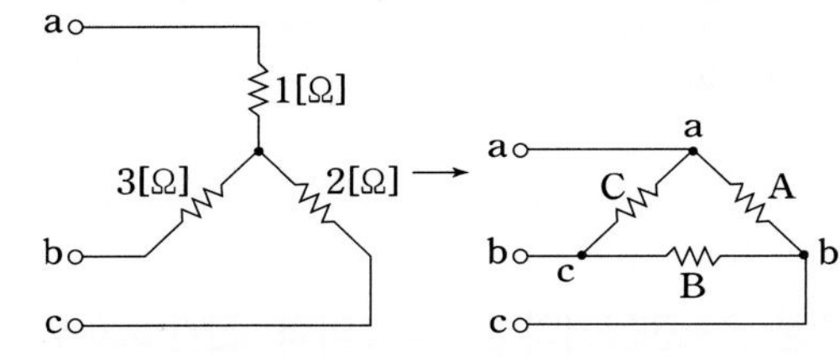

① $A=\frac{7}{3},\ B=7,\ C=\frac{7}{2}$

② $A=7,\ B=\frac{7}{2},\ C=\frac{7}{3}$

③ $A=11,\ B=\frac{11}{2},\ C=\frac{11}{3}$

④ $A=\frac{11}{3},\ B=11,\ C=\frac{11}{2}$

Y결선에서 Δ결선으로 변환

$R_a=1[\Omega],\ R_b=2[\Omega],\ R_c=3[\Omega]$이라 하면

$$R_A=\frac{R_aR_b+R_bR_c+R_cR_a}{R_c}=\frac{1\times2+2\times3+3\times1}{3}=\frac{11}{3}$$

$$R_B=\frac{R_aR_b+R_bR_c+R_cR_a}{R_a}=\frac{1\times2+2\times3+3\times1}{1}=11$$

$$R_C=\frac{R_aR_b+R_bR_c+R_cR_a}{R_b}=\frac{1\times2+2\times3+3\times1}{2}=\frac{11}{2}$$

[12]

58 그림과 같은 회로에서 a, b 간에 100[V]를 가했을 때 c, d 사이에 나타나는 전압은 몇 [V]인가?

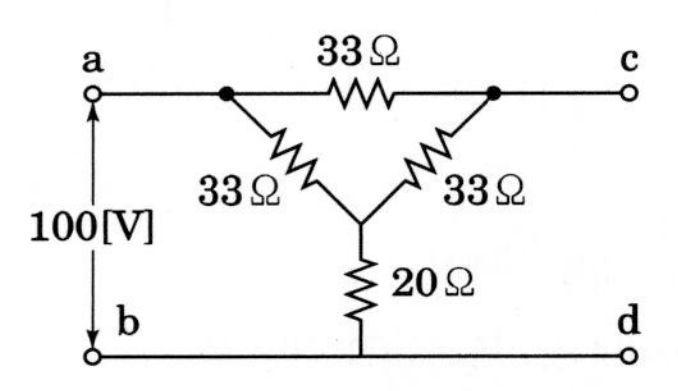

① 43.8 ② 53.8

③ 63.8 ④ 73.8

33[Ω]의 저항 3개가 △결선을 이루고 있으므로 이것을 Y결선으로 바꾸게 되면 저항은 $\frac{1}{3}$배로 감소하여 11[Ω]의 저항과 20[Ω]의 저항이 아래 그림과 같이 결선하게 된다.

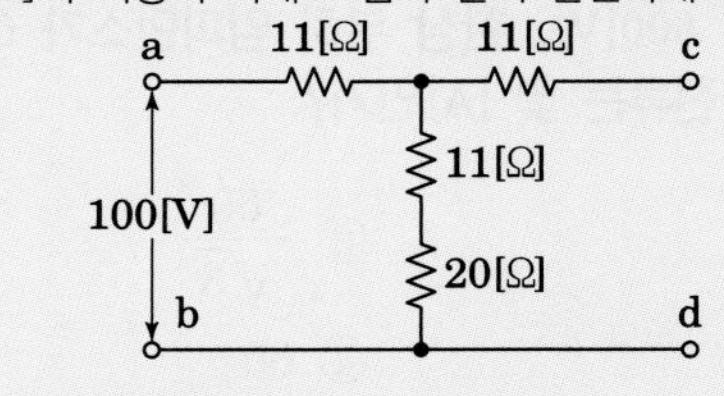

$$\therefore\ V_{cd}=\frac{11+20}{11+11+20}\times100=73.8[\text{V}]$$

정답 56 ④ 57 ④ 58 ④

[06, 11]

59 **그림과 같은 회로의 합성저항은 몇 [Ω]인가?**

① 25
② 30
③ 35
④ 50

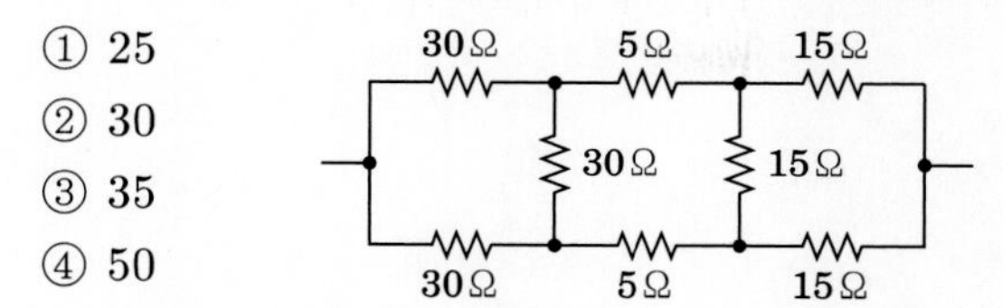

그림에서 30[Ω] 저항과 15[Ω] 저항은 각각 △결선을 이루고 있으므로 이것을 Y결선으로 바꾸게 되면 저항은 $\frac{1}{3}$배로 감소하여 각각 10[Ω]과 5[Ω]으로 바뀌면서 그림은 아래와 같은 등가회로가 완성된다.

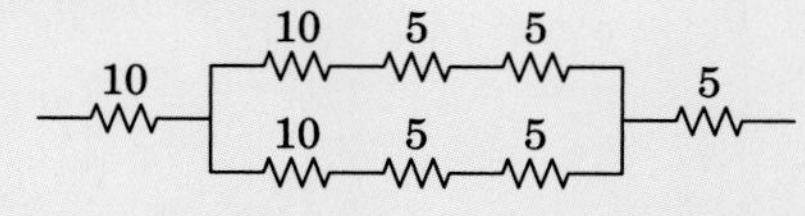

그러므로 중간 병렬회로에서 10+5+5=20Ω 2회로의 병렬 합성은 10Ω이 되므로 합성저항 R=15+10+5=25Ω

[06, 13]

60 **3상 부하가 Y결선되어 각 상의 임피던스가 $Z_a = 3$[Ω], $Z_b = 3$[Ω], $Z_c = j3$[Ω]이다. 이 부하의 영상 임피던스는 몇 [Ω]인가?**

① $2 + j1$
② $3 + j3$
③ $3 + j6$
④ $6 + j3$

영상분(Z_0)

$Z_0 = \frac{1}{3}(Z_a + Z_b + Z_c)$[Ω] 식에서

$\therefore Z_0 = \frac{1}{3}(Z_a + Z_b + Z_c) = \frac{1}{3}(3+3+j3)$
$= 2 + j1$[Ω]

[13]

61 **정전용량 C[F]의 콘덴서를 Δ 결선해서 3상 전압 V[V]를 가했을 때의 충전용량은 몇 [VA]인가? (단, 전원의 주파수는 f[Hz]이다.)**

① $2\pi f CV^2$
② $6\pi f CV^2$
③ $2\pi f^2 CV$
④ $18\pi f CV^2$

$\therefore Q_c = 3\frac{V^2}{X_c} = 3\omega CV^2 = 3 \times 2\pi f CV^2$
$= 6\pi f CV^2$[VA]

[13]

62 **그림과 같은 회로에서 스위치 S를 닫을 때의 전류 $i(t)$[A]는?**

① $\frac{E}{R}e^{-\frac{R}{L}t}$

② $\frac{E}{R}(1-e^{-\frac{R}{L}t})$

③ $\frac{E}{R}e^{-\frac{L}{R}t}$

④ $\frac{E}{R}(1-e^{-\frac{L}{R}t})$

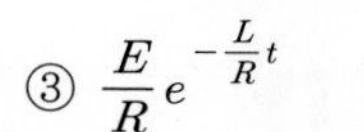

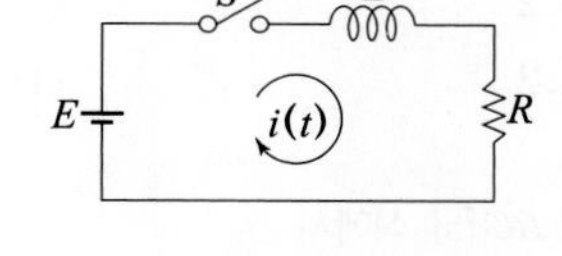

$R-L$ 직렬회로의 과도전류

(1) 스위치를 ON 했을 때

$i(t) = \frac{E}{R}(1-e^{-\frac{R}{L}t})$[A]

(2) 스위치를 OFF 했을 때

$i(t) = \frac{E}{R}e^{-\frac{R}{L}t}$[A]

정답 59 ① 60 ① 61 ② 62 ②

[20]

63 R-L-C 직렬 회로에서 t=0에서 교류 전압 $v(t) = V_m \sin(\omega t + \theta)$를 인가할 때 $R^2 - 4\frac{L}{C} > 0$이면 이 회로는?

① 완전진동　② 비진동
③ 임계진동　④ 감쇠진동

$R-L-C$ 과도응답

(1) 비진동 조건 : $R^2 > \frac{4L}{C}$

(2) 임계진동 조건 : $R^2 = \frac{4L}{C}$

(3) 진동 조건 : $R^2 < \frac{4L}{C}$

[12]

64 저항 10[Ω]과 정전용량 20[μF]를 직렬로 연결하였을 때, 이 회로의 시정수는 몇 [ms]인가?

① 0.2　② 0.8
③ 1.2　④ 1.6

$\tau = RC$[s] 식에서

$R = 10$[Ω], $C = 20$[μ F]일 때

$\therefore \tau = RC = 10 \times 20 \times 10^{-6} = 2 \times 10^{-4}$[s]

$= 0.2$[ms]

정답 63 ② 64 ①

제9장

자기회로

01 쿨롱의 법칙
02 도체의 성질과 전기력선의 특성
03 정전용량
04 플레밍의 법칙과 평행 도선 사이의 작용력
05 자기장의 세기와 자속밀도
06 자성체와 자기회로
07 전자유도법칙

자기회로

1 쿨롱의 법칙

1. 쿨롱의 법칙의 정의

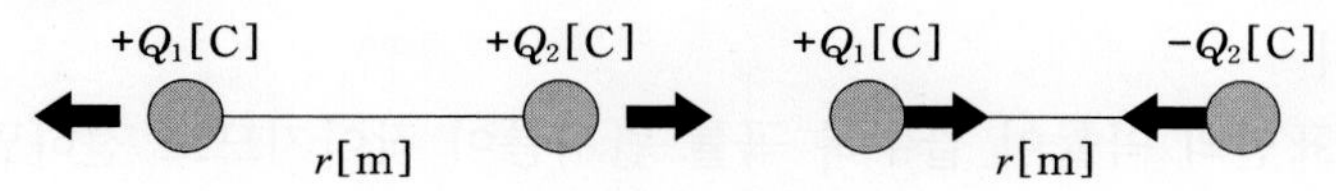

진공 또는 공기(보통의 "자유공간") 중에 각각 Q_1[C], Q_2[C]의 두 점전하를 거리 r[m] 만큼 간격을 두고 놓았을 때 두 점전하 사이에서 서로 작용하는 힘을 쿨롱의 법칙이라 한다. 쿨롱의 법칙에 의한 두 점전하 사이의 작용력 공식은 다음과 같다.

$$F = \frac{Q_1 Q_2}{4\pi\epsilon_0 r^2} = 9\times10^9 \frac{Q_1 Q_2}{r^2} \text{ [N]}$$

여기서, F : 작용력, Q_1, Q_2 : 점전하, r : 점전하 사이 거리

ϵ_0 : 진공 또는 공기 중의 유전율($=8.855\times10^{-12}$)

> 전하의 성질
> - 같은 종류의 전하끼리는 반발력이 작용하고, 다른 종류의 전하끼리는 흡인력이 작용한다.
> - 전하는 가장 안정한 상태를 유지하려는 성질이 있다.
> - 대전체에 들어있는 전하를 없애려면 접지를 시킨다.
> - 대전체의 영향으로 비대전체에 전기가 유도된다.
> - 낙뢰는 구름과 지면 사이에 모인 전기가 한꺼번에 방전되는 현상이다.

2. 쿨롱의 법칙의 성질

① 힘의 크기는 두 전하의 곱에 비례한다.
② 힘의 크기는 두 전하 사이의 거리의 제곱에 반비례한다.
③ 힘의 크기는 주위 공간의 매질에 따라 다르다.
④ 힘의 방향은 두 전하를 연결한 연결선상에 있다.

01 예제문제

쿨롱의 법칙에 관한 설명으로 옳지 않은 것은?

① 두 전하 사이의 힘의 크기는 두 전하량의 곱에 비례한다.
② 작용하는 힘의 방향은 두 전하를 연결하는 직선과 일치한다.
③ 작용하는 힘은 두 전하가 존재하는 매질에 따라 다르다.
④ 두 전하 사이의 힘의 크기는 두 전하 사이의 거리에 반비례한다.

해설
두 전하 사이의 힘의 크기는 두 전하 사이의 거리의 제곱에 반비례한다.

답 ④

용어
- 대전 : “어떤 물질이 정상 상태보다 전자의 수가 많거나 적어져서 전기를 띠는 현상” 또는 “절연체를 서로 마찰시키면 이들 물체가 전기를 띠는 현상”
- 전계 : 전기장 내에서 단위 전하에 작용하는 힘

2 도체의 성질과 전기력선의 특성

1. 도체의 성질

① 대전 도체 내부에는 전하, 전계, 전기력선이 모두 0이고, 전하는 도체 외부 표면에만 존재한다.
② 도체는 표면과 내부가 등전위이고 또한 도체의 표면은 등전위면이다.
③ 도체 표면에서 발산하는 전계 및 전기력선은 모두 도체 표면에 대해서 수직이다.
④ 도체 표면의 곡률이 클수록 곡률 반지름이 작아지므로 전하밀도가 높아져서 전하가 많이 모이려는 성질을 갖는다.

2. 전기력선의 특성

① 전기력선은 정(+)전하에서 시작하여 부(−)전하에서 끝난다.
② 전기력선은 전위가 높은 곳에서 낮은 곳으로 향한다.
③ 전기력선은 도체 표면(또는 등전위면)에서 수직으로 나온다.
④ 전기력선은 서로 반발하여 교차하지 않는다.
⑤ 전기력선의 방향은 그 점의 전계의 방향과 같고 또한 전기력선의 밀도는 그 점의 전계의 세기와 같다.

02 예제문제

도체에 전하를 주었을 경우 틀린 것은?

① 전하는 도체 외측의 표면에만 분포한다.
② 전하는 도체 내부에만 존재한다.
③ 도체 표면의 곡률 반경이 작은 곳에 전하가 많이 모인다.
④ 전기력선은 정(+)전하에서 시작하여 부전하(−)에서 끝난다.

해설
대전 도체 내부에는 전하, 전계, 전기력선이 모두 0이고, 전하는 도체 외부 표면에만 존재한다.

답 ②

3 정전용량

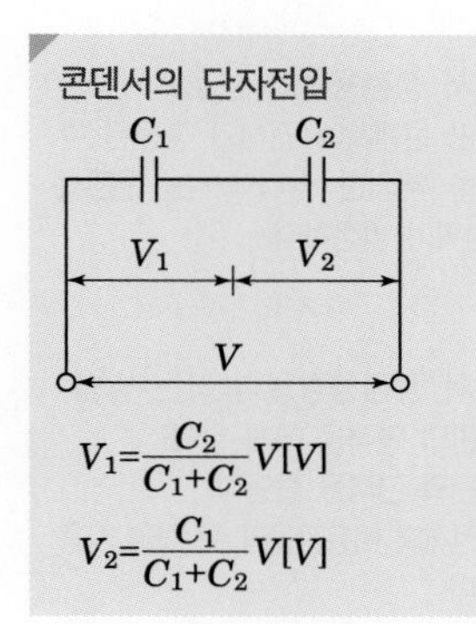

1. 정전용량(C)

정전용량이란 전하를 축적하는 작용을 하기 위해 만들어진 것으로서 같은 의미로 "커패시턴스(capacitance)", "콘덴서(condenser)"라는 표현으로 나타내고 있다. 기호는 C로 하고 단위는 "[F]"라 하여 "패럿"이라 읽는다. 전위차(또는 전압) V와 전하량 Q에 의한 정전용량(C)의 표현식은 아래와 같다.

$$C = \frac{Q}{V}[\mathrm{F}], \quad Q = CV[\mathrm{C}], \quad V = \frac{Q}{C}[\mathrm{V}]$$

여기서, C : 정전용량, V : 전압, Q : 전하량

2. 합성 정전용량(C_0)

(1) 정전용량의 직렬접속

정전용량 C_1, C_2, C_3가 직렬로 접속된 경우 합성 정전용량을 구할 때에는 "각각의 정전용량의 역수의 합의 역수"로 구할 수 있다.

그림	합성 정전용량
C_1 C_2 C_3	$C_0 = \dfrac{1}{\dfrac{1}{C_1}+\dfrac{1}{C_2}+\dfrac{1}{C_3}}[\mathrm{F}]$

(2) 정전용량의 병렬접속

정전용량 C_1, C_2, C_3가 병렬로 접속된 경우 합성 정전용량을 구할 때에는 "모든 정전용량의 합"으로 구할 수 있다.

그림	합성 정전용량
C_1 C_2 C_3 A B	$C_0 = C_1 + C_2 + C_3[\mathrm{F}]$

> 콘덴서 정전용량의 성질
> 평행판 콘덴서에 전하가 충전된 후 전원을 제거한 상태에서는 콘덴서의 전위가 일정하다.
>
> 콘덴서 정전용량을 높이는 방법
> • 극판의 면적을 크게 한다.
> • 극판의 간격을 줄인다.
> • 유전체의 비유전율이 큰 것을 사용한다.

3. 평행판 콘덴서의 정전용량(C)

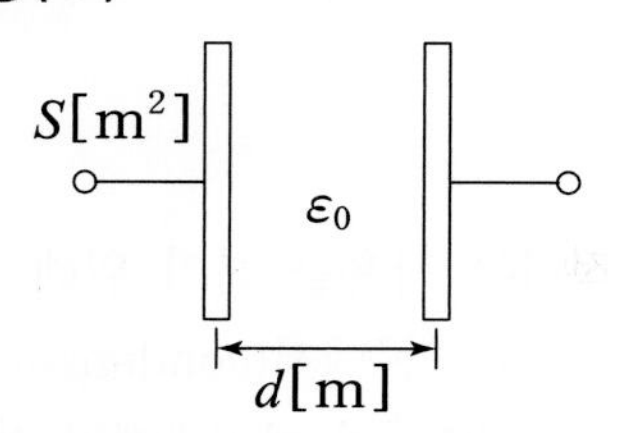

$$C = \frac{Q}{V} = \frac{\epsilon S}{d} = \frac{\epsilon_0 \epsilon_s S}{d} \text{[F]}$$

여기서, C : 정전용량, Q : 전하, V : 전압, ϵ : 물질의 유전율,
S : 극판 면적, d : 극판 간격, ϵ_0 : 공기 또는 진공의 유전율 $(= 8.855 \times 10^{-12})$, ϵ_s : 물질의 비유전율

03 예제문제

10[μF]의 콘덴서에 200[V]의 전압을 인가하였을 때 콘덴서에 축적되는 전하량은 몇 [C]인가?

① 2×10^{-3}　　② 2×10^{-4}
③ 2×10^{-5}　　④ 2×10^{-6}

해설
$Q = CV$[C] 식에서 $C = 10$[μF], $V = 200$[V]일 때
$\therefore Q = CV = 10 \times 10^{-6} \times 200 = 2 \times 10^{-3}$ [C]

답 ①

4 플레밍의 법칙과 평행 도선 사이의 작용력

1. 플레밍의 법칙

(1) 플레밍의 오른손 법칙

자속밀도 B[Wb/m²]가 균일한 자기장 내에서 도체가 속도 v[m/s]로 운동하는 경우 도체에 발생하는 유기기전력 e[V]의 크기를 구하기 위한 법칙으로서 발전기의 원리에 적용된다.

$$e = \int (v \times B) \cdot dl = vBl \sin\theta \text{[V]}$$

그림. 플레밍의 오른손법칙

여기서, e : 유기기전력(중지), v : 도체의 운동속도(엄지),
B : 자속밀도(검지), l : 도체의 길이

(2) 플레밍의 왼손 법칙

자속밀도 B[Wb/m^2]가 균일한 자기장 내에 있는 어떤 도체에 전류(I)를 흘리면 그 도체에는 전자력(또는 힘) F[N]이 작용하게 되는데 이 힘을 구하기 위한 법칙으로서 전동기의 원리에 적용된다.

$$F = \int (I \times B) \cdot dl = IBl\sin\theta \text{[N]}$$

그림. 플레밍의 왼손법칙

여기서 F : 도체에 작용하는 힘(엄지),
I : 전류(중지), B : 자속밀도(검지), l : 도체의 길이

2. 평행 도선 사이의 작용력

평행한 두 도선 간에 단위 길이당 작용하는 힘은 두 도선에 흐르는 전류의 곱에 비례하고 거리에 반비례하며 두 도선에 흐르는 전류 방향이 서로 같으면 흡인력이 작용하고 서로 반대로 흐르면 반발력이 작용한다.

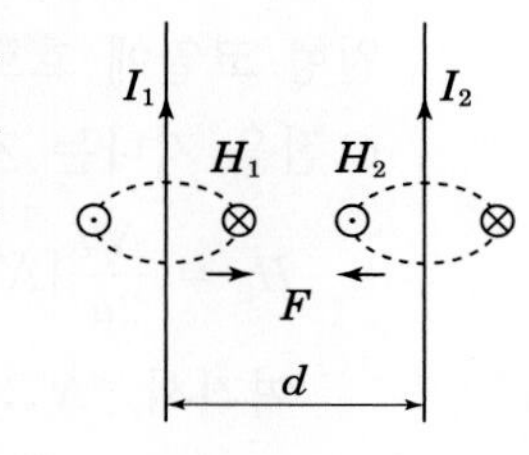

$$F = \frac{\mu_o I_1 I_2}{2\pi d} = \frac{2 I_1 I_2}{d} \times 10^{-7} \text{[N/m]}$$

여기서, F : 작용력, μ_o : 진공중의 투자율, I_1, I_2 : 전류,
d : 두 도선간 거리

04 예제문제

전동기의 회전방향을 알기 위한 법칙은?

① 플레밍의 오른손법칙 ② 플레밍의 왼손법칙
③ 렌츠의 법칙 ④ 암페어의 법칙

해설

플레밍의 오른손 법칙과 플레밍의 왼손 법칙

(1) 플레밍의 오른손 법칙은 발전기의 원리에 적용되며 기전력의 크기와 방향을 알 수 있다.
(2) 플레밍의 왼손 법칙은 전동기의 원리에 적용되며 회전력의 크기와 방향을 알 수 있다.

답 ②

자장의 세기
자기장 내의 자장의 세기는 자계의 세기라고도 하며 다음과 같은 여러 가지 표현으로 설명되어지고 있다.
- 단위 길이당 기자력과 같다.
- 자성체 단면의 자기력선의 밀도와 같다.

원형코일 중심 축상 X지점의 자장의 세기

$$H=\frac{Na^2 I}{2(a^2+x^2)^{\frac{3}{2}}}\text{[AT/m]}$$

전류와 자계의 관련 법칙
- 암페어의 오른나사의 법칙은 전류에 의한 자장의 방향을 알 수 있는 법칙이다.
- 비오-사바르의 법칙은 전류에 의해 발생하는 자계의 세기를 구할 수 있는 법칙이다.

5 자기장의 세기와 자속밀도

1. 자장의 세기(H)

(1) 정의

자장 내에서 단위 자극에 작용하는 힘으로서 공식은 다음과 같이 표현한다.

$$H=\frac{F}{m}=\frac{B}{\mu_0}\text{[AT/m]}$$

여기서, H : 자장의 세기, F : 작용력, m : 자극의 세기

μ_0 : 진공 또는 공기 중의 투자율($=4\pi\times10^{-7}$), B : 자속밀도

(2) 원형코일 중심의 자장의 세기

원형 코일에 흐르는 전류(I)에 의해 원형 코일 중심 O점을 지나는 자장의 세기(H_0)는 다음과 같다.

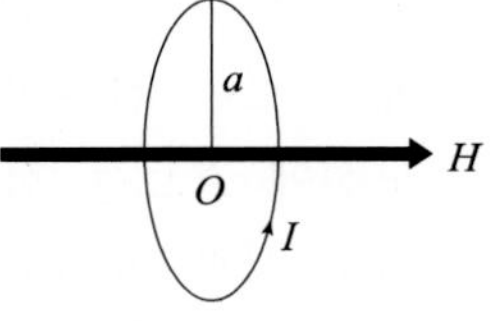

$$H_0=\frac{NI}{2a}\text{[AT/m]}$$

여기서, N : 코일 권수, I : 전류, a : 원형코일의 반지름

2. 자속밀도(B)

자기력선이 지나는 임의의 면적에 대한 자속의 비율을 의미하며 공식은 다음과 같이 표현한다.

$$B=\frac{\phi}{S}=\mu_0 H\text{[AT/m]}$$

여기서, B : 자속밀도, ϕ : 자속, S : 면적,

μ_0 : 진공 또는 공기 중의 투자율($=4\pi\times10^{-7}$),

H : 자장의 세기

05 예제문제

자기장의 세기에 대한 설명으로 틀린 것은?

① 단위 길이당 기자력과 같다.
② 수직 단면의 자력선 밀도와 같다.
③ 단위 자극에 작용하는 힘과 같다.
④ 자속밀도에 투자율을 곱한 것과 같다.

해설

자기장의 세기는 자속밀도에 투자율을 나눈 것과 같다.

답 ④

6 자성체와 자기회로

1. 자성체

(1) 자성체의 종류

비투자율 μ_s, 자화율 χ_m라 하면

① 반자성체 : $\mu_s < 1$, $\chi_m < 0$(구리, 금, 은, 수소, 탄소 등)

② 상자성체 : $\mu_s > 1$, $\chi_m > 0$(산소, 칼륨, 백금, 알루미늄 등)

③ 강자성체 : $\mu_s \gg 1$, $\chi_m \gg 0$(철, 니켈, 코발트) – 강자성체는 자기차폐에 가장 좋은 재료이다.

(2) 영구자석과 전자석

① 영구자석의 성질

잔류자기와 보자력, 히스테리시스 곡선의 면적이 모두 크다.

② 전자석의 성질

잔류자기는 커야 하며 보자력과 히스테리시스 곡선의 면적은 작다.

(3) 전자석의 흡인력(F)

$$F = \frac{B^2 S}{2\mu} = \frac{1}{2}\mu H^2 S = \frac{1}{2} BHS \,[\mathrm{N}]$$

여기서, F : 전자석의 흡인력, B : 자속밀도, S : 단면적, μ : 투자율, H : 자장의 세기

반자성체의 성질

주위의 자장의 방향과 반대 방향으로 자화되려는 성질을 지니는 자성체로서 N극을 가까이 하면 N극으로 자화되고, S극을 가까이 하면 S극으로 자화되는 물질이다.

히스테리시스 곡선

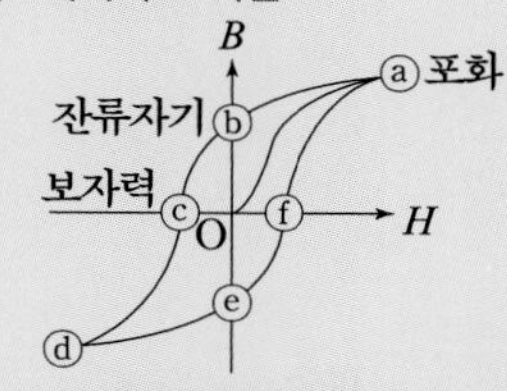

횡축(가로축)을 자기장의 세기(H), 종축(세로축)을 자속밀도(B)로 취하여 자기장의 세기의 증감에 따라 자성체 내부에서 생기는 자속밀도의 포화 특성을 그리는 곡선을 말한다. 이 곡선에서 종축과 만나는 점을 잔류자기, 횡축과 만나는 점을 보자력이라 한다. 히스테리시스 현상은 자성체 내부 공간에 자속이 포화되어 더 이상 외부 자기장의 영향을 받지 않고 자성체 내의 자속밀도가 일정하게 되는 현상이다.

06 예제문제

전자석의 흡입력은 자속밀도 $B\,[\mathrm{Wb/m^2}]$와 어떤 관계에 있는가?

① $B^{1.6}$에 비례 ② B에 비례

③ B^2에 비례 ④ B^3에 비례

해설

$F = \frac{B^2 S}{2\mu} = \frac{1}{2}\mu H^2 S = \frac{1}{2} BHS\,[\mathrm{N}]$ 식에서

∴ 전자석의 흡인력(F)은 자속밀도의 제곱(B^2)에 비례한다.

답 ③

정전계와 정자계의 대응관계

정전계	정자계
전계	자계
전속밀도	자속밀도
전기력선	자기력선
전속	자속
유전율	투자율
전위	자위

2. 자기회로

(1) 자기회로와 전기회로의 대응관계

전기회로	자기회로
기전력 V[V]	기자력 F[AT]
전류 I[A]	자속 ϕ [Wb]
전기저항 R[Ω]	자기저항 R_m [AT/Wb]
도전율 k [S/m]	투자율 μ [H/m]
전류밀도 i [A/m^2]	자속밀도 B[Wb/m^2]
전계의 세기 E[V/m]	자계의 세기 H[AT/m]
컨덕턴스 G [S]	퍼미언스 P_m [Wb/AT]

(2) 자기회로 내의 기자력(F)

$F = NI = R_m\phi = Hl$ [AT]

여기서, F : 기자력[AT], N : 코일 권수, I : 전류[A],
R_m : 자기저항[AT/Wb], ϕ : 자속[Wb],
H : 자계의 세기[AT/m], l : 길이[m]

07 예제문제

환상의 솔레노이드 철심에 200회의 코일을 감고 2[A]의 전류를 흘릴 때 발생하는 기자력은 몇 [AT]인가?

① 50 ② 100
③ 200 ④ 400

해설
$F = NI = R_m\phi = Hl$ [AT] 식에서 $N = 200$, $I = 2$[A]일 때
$\therefore F = NI = 200 \times 2 = 400$ [AT]

답 ④

7 전자유도법칙

1. 패러데이의 법칙

"코일에 발생하는 유기기전력(e)은 자속 쇄교수($N\phi$)의 시간에 대한 감쇠율에 비례한다."는 것을 의미하며 이 법칙은 "유기기전력의 크기"를 구하는데 적용되는 법칙이다.

패러데이 법칙의 공식은 다음과 같다.

$$e = -N\frac{d\phi}{dt} = -L\frac{di}{dt}\,[\mathrm{V}]$$

여기서, e : 유기기전력, N : 코일 권수, $d\phi$: 자속의 변화량, dt : 시간의 변화, L : 코일의 인덕턴스, di : 전류의 변화량

2. 렌츠의 법칙

"코일에 쇄교하는 자속이 시간에 따라 변화할 때 코일에 발생하는 유기기전력의 방향은 자속의 변화를 방해하는 방향으로 유도된다."는 것을 의미하며 이 법칙은 "유기기전력의 방향"을 알 수 있는 법칙이다.

렌츠 법칙의 공식은 다음과 같다.

$$e = -N\frac{d\phi}{dt} = -L\frac{di}{dt}\,[\mathrm{V}]$$

여기서, e : 유기기전력, N : 코일 권수, $d\phi$: 자속의 변화량, dt : 시간의 변화, L : 코일의 인덕턴스, di : 전류의 변화량

08 예제문제

어떤 코일에 흐르는 전류가 0.01초 사이에 30 [A]에서 10 [A]로 변할 때 20 [V]의 기전력이 발생한다고 하면 자기 인덕턴스는 몇 [mH]인가?

① 10[mH] ② 20[mH]
③ 30[mH] ④ 50[mH]

해설

$e = -N\frac{d\phi}{dt} = -L\frac{di}{dt}$ [V] 식에서

$dt = 0.01$ [sec], $-di = 30 - 10 = 20$ [A], $e = 20$ [V]일 때

$\therefore L = e\frac{dt}{(-di)} = 20 \times \frac{0.01}{20} = 0.01\,[\mathrm{H}] = 10\,[\mathrm{mH}]$

답 ①

전자유도법칙
코일과 쇄교하는 자속이 변화할 때 코일에는 기전력이 발생하게 되는데 이 현상을 전자유도현상이라 하며 패러데이 법칙과 렌츠 법칙이 전자유도현상의 대표적인 법칙이라 할 수 있다.

공식
$e = -N\frac{d\phi}{dt} = -L\frac{di}{dt}$ [V] 식에서 (−)의 의미는 패러데이 법칙일 때에는 자속의 감쇠량 또는 전류의 감쇠량을 의미하며, 렌츠의 법칙일 때에는 방해하는 방향을 의미한다. 따라서 (−)의 의미를 묻는 문제가 아닐 때에는 전압의 절대값으로 표현할 수 있다.

상호인덕턴스
1차, 2차로 구별되는 2개의 코일을 서로 근접시켰을 때 1차 코일의 전류가 변화하면 2차 코일에 유도기전력이 발생하는 상호유도현상에 의한 인덕턴스를 상호인덕턴스라 한다.

$e_2 = M\frac{di_1}{dt}$ [V]

09 출제빈도순에 따른

종합예상문제

[18]

01 15[cm]의 거리에 두 개의 도체구가 놓여 있고 이 도체구의 전하가 각각 +0.2[μC], −0.4[μC]이라 할 때 −0.4[μC]의 전하를 접지하면 어떤 힘이 나타나겠는가?

① 반발력이 나타난다.
② 흡인력이 나타난다.
③ 접지되어 힘이 0이 된다.
④ 흡인력과 반발력이 반복된다.

전하의 성질
(1) 같은 종류의 전하끼리는 반발력이 작용하고, 다른 종류의 전하끼리는 흡인력이 작용한다.
(2) 전하는 가장 안정한 상태를 유지하려는 성질이 있다.
(3) 대전체에 들어있는 전하를 없애려면 접지를 시킨다.
(4) 대전체의 영향으로 비대전체에 전기가 유도된다.
(5) 낙뢰는 구름과 지면 사이에 모인 전기가 한꺼번에 방전되는 현상이다.

[15, 17]

02 전기력선의 성질로 틀린 것은?

① 양전하에서 나와 음전하로 끝나는 연속곡선이다.
② 전기력선 상의 접선은 그 점에 있어서의 전계의 방향이다.
③ 전기력선은 서로 교차한다.
④ 단위 전계강도 1[V/m]인 점에 있어서 전기력선 밀도를 1[개/m^2]라 한다.

전기력선의 특성
(1) 전기력선은 정(+)전하에서 시작하여 부(−)전하에서 끝난다.
(2) 전기력선은 전위가 높은 곳에서 낮은 곳으로 향한다.
(3) 전기력선은 도체 표면(또는 등전위면)에서 수직으로 나온다.
(4) 전기력선은 서로 반발하여 교차하지 않는다.
(5) 전기력선의 방향은 그 점의 전계의 방향과 같고 또한 전기력선의 밀도는 그 점의 전계의 세기와 같다.

[16]

03 전기력선의 기본 성질에 관한 설명으로 틀린 것은?

① 전기력선의 밀도는 전계의 세기와 같다.
② 전기력선의 방향은 그 점의 전계의 방향과 일치한다.
③ 전기력선은 전위가 높은 점에서 낮은 점으로 향한다.
④ 전기력선은 부전하에서 시작하여 정전하에서 그친다.

전기력선의 특성
전기력선은 정(+)전하에서 시작하여 부(−)전하에서 끝난다.

[10]

04 전기력선의 밀도와 같은 것은?

① 정전력 ② 유전속밀도
③ 전계의 세기 ④ 전하밀도

전기력선의 특성
전기력선의 방향은 그 점의 전계의 방향과 같고 또한 전기력선의 밀도는 그 점의 전계의 세기와 같다.

[17]

05 그림과 같이 연결된 콘덴서의 직렬회로에서 합성 정전용량을 구하면 몇 [μF]인가?

① 2
② 4
③ 7
④ 9

3μF 6μF

합성 정전용량
직렬일 때 합성 정전용량 C_s, 병렬일 때 합성 정전용량 C_p라 하면

$C_s = \dfrac{C_1 C_2}{C_1 + C_2}$[F], $C_p = C_1 + C_2$[F] 이므로

$\therefore\ C_s = \dfrac{C_1 C_2}{C_1 + C_2} = \dfrac{3 \times 6}{3 + 6} = 2$[F]

정답 01 ② 02 ③ 03 ④ 04 ③ 05 ①

[17]

06 동일 규격의 축전지 2개를 병렬로 연결한 경우 옳은 것은?

① 전압과 용량이 각각 2배가 된다.

② 전압은 $\frac{1}{2}$배, 용량은 2배가 된다.

③ 용량은 $\frac{1}{2}$배, 전압은 2배가 된다.

④ 전압은 불변이고, 용량은 2배가 된다.

$C_p = C_1 + C_2 = C + C = 2C$[F] 식에서

∴ 콘덴서 2개를 병렬로 접속하면 전압은 일정하고 정전용량은 2배가 된다.

[11, (유)18]

07 그림과 같은 직병렬회로에 180 [V]를 가하면 3[μF]의 콘덴서에 축적된 에너지는 약 몇 [J]인가?

① 0.01[J]

② 0.02[J]

③ 0.03[J]

④ 0.04[J]

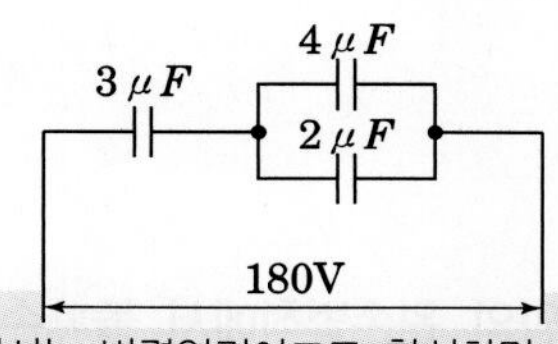

4[μF]과 2[μF] 콘덴서는 병렬연결이므로 합성하면 6[μF]이 되어 3[μF]과 직렬로 접속된 회로와 같아진다. 이 때 3[μF]의 단자전압은

$V = \frac{6}{3+6} \times 180 = 120$[V]가 됨을 알 수 있다.

$W = \frac{1}{2}CV^2$[J] 식에서

$C = 3$[μF], $V = 120$[V]일 때

∴ $W = \frac{1}{2}CV^2 = \frac{1}{2} \times 3 \times 10^{-6} \times 120^2 = 0.02$[J]

[16]

08 16[μF]의 콘덴서 4개를 접속하여 얻을 수 있는 가장 작은 정전용량은 몇 [μF]인가?

① 2　　② 4

③ 8　　④ 16

콘덴서는 직렬로 접속할 때 정전용량이 작아지므로 4개의 콘덴서를 모두 직렬로 접속하면 가장 작은 합성 정전용량을 어을 수 있다. 같은 용량의 콘덴서를 n개 직렬접속할 때 합성 정전용량은 $C_s = \frac{C}{n}$[F] 이므로

$C = 16$[μF], $n = 4$일 때

∴ $C_s = \frac{C}{n} = \frac{16}{4} = 4$[F]

[12]

09 공기콘덴서의 극판 사이에 비유전율 ϵ_s의 유전체(ϵ)를 채운 경우 동일 전위차에 대한 극판간의 전하량은?

① $\frac{1}{\epsilon}$로 감소　　② ϵ배로 증가

③ 변하지 않음　　④ $\pi\epsilon$배로 증가

평행판 콘덴서의 정전용량

$C = \frac{Q}{V} = \frac{\epsilon S}{d} = \frac{\epsilon_0 \epsilon_s S}{d}$[F] 식에서

전하량과 유전율은 비례 관계에 있으므로 ϵ배로 증가한다.

정답 06 ④　07 ②　08 ②　09 ②

[07, 13]

10 **플레밍(Fleming)의 오른손 법칙에 따라 기전력이 발생하는 원리를 이용한 기기는?**

① 교류발전기　　② 교류전동기
③ 교류정류기　　④ 교류용접기

플레밍의 오른손 법칙

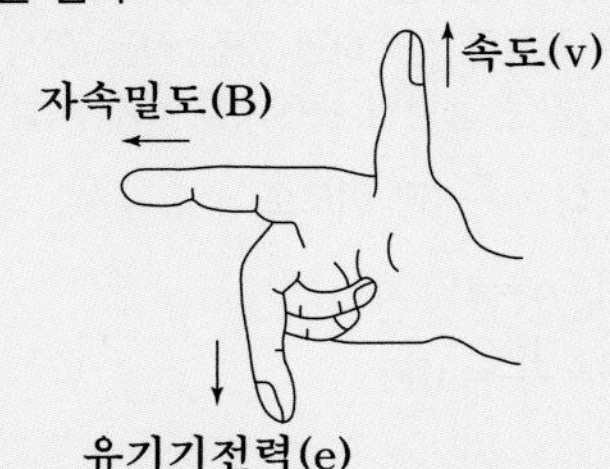

그림. 플레밍의 왼손법칙

자속밀도 $B[\mathrm{Wb/m^2}]$가 균일한 자기장 내에서 도체가 속도 $v[\mathrm{m/s}]$로 운동하는 경우 도체에 발생하는 유기기전력 $e[\mathrm{V}]$의 크기를 구하기 위한 법칙으로서 발전기의 원리에 적용된다.

$e = \int (v \times B) \cdot dl = vBl\sin\theta[\mathrm{V}]$

여기서 e : 유기기전력(중지), v : 도체의 운동속도(엄지), B: 자속밀도(검지), l : 도체의 길이

[14]

11 **발전기의 유기기전력의 방향과 관계가 있는 법칙은?**

① 플레밍의 왼손법칙
② 플레밍의 오른손법칙
③ 패러데이의 법칙
④ 암페어의 법칙

플레밍의 오른손 법칙

자속밀도 $B[\mathrm{Wb/m^2}]$가 균일한 자기장 내에서 도체가 속도 $v[\mathrm{m/s}]$로 운동하는 경우 도체에 발생하는 유기기전력 $e[\mathrm{V}]$의 크기를 구하기 위한 법칙으로서 발전기의 원리에 적용된다.

[13]

12 **전동기의 회전방향과 전자력에 관계가 있는 법칙은?**

① 플레밍의 왼손법칙　　② 플레밍의 오른손법칙
③ 페러데이의 법칙　　④ 암페어의 법칙

플레밍의 오른손 법칙

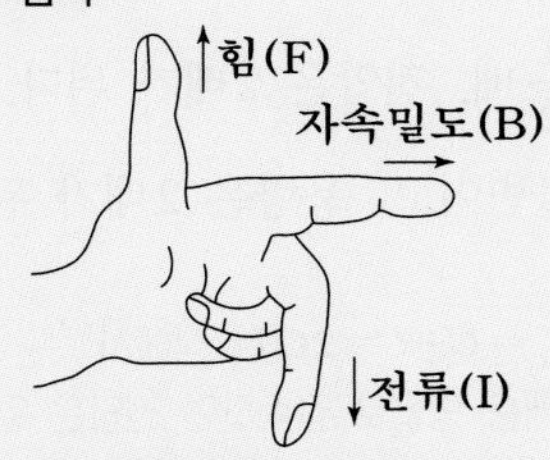

그림. 플레밍의 왼손법칙

자속밀도 $B[\mathrm{Wb/m^2}]$가 균일한 자기장 내에 있는 어떤 도체에 전류(I)를 흘리면 그 도체에는 전자력(또는 힘) $F[\mathrm{N}]$이 작용하게 되는데 이 힘을 구하기 위한 법칙으로서 전동기의 원리에 적용된다.

$F = \int (I \times B) \cdot dl = IBl\sin\theta[\mathrm{N}]$

여기서 F : 도체에 작용하는 힘(엄지), I : 전류(중지), B: 자속밀도(검지), l : 도체의 길이

[14]

13 **플레밍의 왼손법칙에서 둘째손가락(검지)이 가리키는 것은?**

① 힘의 방향　　② 자계방향
③ 전류 방향　　④ 전압 방향

플레밍의 왼손 법칙

$F = \int (I \times B) \cdot dl = IBl\sin\theta[\mathrm{N}]$

여기서 F : 도체에 작용하는 힘(엄지), I : 전류(중지), B: 자속밀도(검지), l : 도체의 길이

정답 10 ① 11 ② 12 ① 13 ②

[08, 10]

14 서로 같은 방향으로 전류가 흐르고 있는 두 도선 사이에는 어떤 힘이 작용하는가?

① 서로 미는 힘
② 서로 당기는 힘
③ 하나는 밀고, 하나는 당기는 힘
④ 회전하는 힘

평행 도선 사이의 작용력
평행한 두 도선 간에 단위 길이당 작용하는 힘은 두 도선에 흐르는 전류의 곱에 비례하고 거리에 반비례하며 두 도선에 흐르는 전류 방향이 서로 같으면 흡인력이 작용하고 서로 반대로 흐르면 반발력이 작용한다.

$$F=\frac{\mu_o I_1 I_2}{2\pi d}=\frac{2I_1 I_2}{d}\times 10^{-7}[\text{N/m}]$$

[10]

15 평행한 왕복도체에 흐르는 전류에 의한 작용력은?

① 반발력 ② 흡인력
③ 회전력 ④ 정지력

평행 도선 사이의 작용력
왕복도선이란 두 도선에 흐르는 전류의 방향이 반대라는 것을 의미하므로 두 도선간에 작용하는 힘은 반발력이 작용한다.

[11]

16 전류에 의한 자계의 방향을 결정하는 법칙은?

① 렌츠의 법칙
② 플레밍의 오른손 법칙
③ 플레밍의 왼손 법칙
④ 암페어의 오른나사 법칙

전류와 자계의 관련 법칙
(1) 암페어의 오른나사의 법칙은 전류에 의한 자장의 방향을 알 수 있는 법칙이다.
(2) 비오-사바르의 법칙은 전류에 의해 발생하는 자계의 세기를 구할 수 있는 법칙이다.

[12]

17 도선에 흐르는 전류에 의하여 발생되는 자계의 크기가 전류의 크기와 거리에 따라 달라지는 법칙은?

① 암페어의 오른나사 법칙
② 플레밍의 왼손 법칙
③ 비오-사바르의 법칙
④ 렌츠의 법칙

전류와 자계의 관련 법칙
(1) 암페어의 오른나사의 법칙은 전류에 의한 자장의 방향을 알 수 있는 법칙이다.
(2) 비오-사바르의 법칙은 전류에 의해 발생하는 자계의 세기를 구할 수 있는 법칙이다.

[11, 18]

18 내부장치 또는 공간을 물질로 포위시켜 외부 자계의 영향을 차폐시키는 방식을 자기차폐라 한다. 다음 중 자기차폐에 가장 좋은 물질은?

① 강자성체 중에서 비투자율이 큰 물질
② 강자성체 중에서 비투자율이 작은 물질
③ 비투자율이 1보다 작은 역자성체
④ 비투자율과 관계없이 두께에만 관계되므로 되도록 두꺼운 물질

자성체의 종류
비투자율 μ_s, 자화율 χ_m라 하면
(1) 반자성체 : $\mu_s<1$, $\chi_m<0$(구리, 금, 은, 수소, 탄소 등)
(2) 상자성체 : $\mu_s>1$, $\chi_m>0$(산소, 칼륨, 백금, 알루미늄 등)
(3) 강자성체 : $\mu_s\gg 1$, $\chi_m\gg 0$(철, 니켈, 코발트)-강자성체는 자기차폐에 가장 좋은 재료이다.

정답 14 ② 15 ① 16 ④ 17 ③ 18 ①

[14]

19 정자계와 정전계의 대응 관계를 표시하였다. 잘못 연관된 것은?

① 자속-전속 ② 자계-전계
③ 자기력선-전기력선 ④ 투자율-도전율

정전계와 정자계의 대응관계

정전계	정자계
전계	자계
전속밀도	자속밀도
전기력선	자기력선
전속	자속
유전율	투자율
전위	자위

[09]

20 전자유도현상에서 유도기전력의 크기에 관한 법칙은?

① 플레밍의 왼손법칙 ② 페러데이의 법칙
③ 앙페르의 법칙 ④ 쿨롱의 법칙

전자유도법칙
(1) 패러데이의 법칙
"코일에 발생하는 유기기전력(e)은 자속 쇄교수($N\phi$)의 시간에 대한 감쇠율에 비례한다."는 것을 의미하며 이 법칙은 "유기기전력의 크기"를 구하는데 적용되는 법칙이다. 패러데이 법칙의 공식은 다음과 같다.

$$e=-N\frac{d\phi}{dt}=-L\frac{di}{dt}[\mathrm{V}]$$

여기서, e : 유기기전력, N : 코일 권수,
$d\phi$: 자속의 변화량, dt : 시간의 변화,
L : 코일의 인덕턴스, di : 전류의 변화량

(2) 렌츠의 법칙
"코일에 쇄교하는 자속이 시간에 따라 변화할 때 코일에 발생하는 유기기전력의 방향은 자속의 변화를 방해하는 방향으로 유도된다."는 것을 의미하며 이 법칙은 "유기기전력의 방향"을 알 수 있는 법칙이다. 렌츠 법칙의 공식은 다음과 같다.

$$e=-N\frac{d\phi}{dt}=-L\frac{di}{dt}[\mathrm{V}]$$

여기서, e : 유기기전력, N : 코일 권수,
$d\phi$: 자속의 변화량, dt : 시간의 변화,
L : 코일의 인덕턴스, di : 전류의 변화량

[12]

21 유기 기전력은 어느 것에 관계되는가?

① 시간에 비례한다.
② 쇄교 자속수의 변화에 비례한다.
③ 쇄교 자속수에 반비례한다.
④ 쇄교 자속수의 변화에 반비례한다.

전자유도법칙
$e=-N\frac{d\phi}{dt}=-L\frac{di}{dt}[\mathrm{V}]$ 식에서
∴ 유기기전력은 쇄교 자속수의 변화에 비례한다.

[14]

22 전류에 의해 생기는 자속은 반드시 폐회로를 이루며, 자속이 전류와 쇄교하는 수를 자속 쇄교수라 한다. 자속 쇄교수의 단위에 해당되는 것은?

① Wb ② AT
③ WbT ④ H

자속 쇄교수란 $N\phi$ 값으로서 코일권수와 자속의 곱으로 표현할 수 있다. 여기서, 코일권수의 단위는 [T]를 사용하고 자속의 단위는 [Wb]를 사용하기 때문에 자속 쇄교수의 단위는 [Wb T]가 됨을 알 수 있다.

[06, 11]

23 어떤 코일에 흐르는 전류가 0.01초 사이에 일정하게 50[A]에서 10[A]로 변할 때 20[V]의 기전력이 발생한다고 하면 자기인덕턴스는 몇 [mH]인가?

① 5 ② 40
③ 50 ④ 200

$e=-N\frac{d\phi}{dt}=-L\frac{di}{dt}[\mathrm{V}]$ 식에서
$dt=0.01[\mathrm{s}]$, $-di=50-10=40[\mathrm{A}]$, $e=20[\mathrm{V}]$일 때
자기 인덕턴스 L은
∴ $L=e\frac{dt}{-di}=20\times\frac{0.01}{40}=5\times10^{-3}[\mathrm{H}]=5[\mathrm{mH}]$

정답 19 ④ 20 ② 21 ② 22 ③ 23 ①

[15]

24 권수 50회이고 자기 인덕턴스가 0.5[mH]인 코일이 있을 때 여기에 전류 50[A]를 흘리면 자속은 몇 [Wb]인가?

① 5×10^{-3}　② 5×10^{-4}
③ 2.5×10^{-2}　④ 2.5×10^{-3}

$LI=N\phi$ 식에서
$N=50$, $L=0.5$[mH], $I=50$[A]일 때
$\therefore\ \phi=\dfrac{LI}{N}=\dfrac{0.5\times10^{-3}\times50}{50}=5\times10^{-4}$[Wb]

[17]

25 다음 자기에 관한 법칙들 중 다른 3개와는 공통점이 없는 것은?

① 렌츠의 법칙　② 패러데이의 법칙
③ 자기의 쿨롱 법칙　④ 플레밍의 오른손 법칙

렌츠의 법칙, 패러데이의 법칙, 플레밍의 오른손 법칙들의 공통점은 유기기전력에 관한 내용을 설명하는 법칙이다. 그러나 자기의 쿨롱의 법칙은 두 자극 사이에서 작용하는 전자력에 관한 법칙이기 때문에 위의 3가지 법칙과는 관계가 없는 법칙이다.

정답 24 ② 25 ③

제10장

전기계측

10 전기계측

1 전기계측

1. 전기계측기의 구성과 계측기 선정시 고려사항

(1) 계측기의 구성

전기계측기는 전기적인 물리량으로서 전압, 전류, 저항, 전력, 주파수 등을 수치적으로 지시해 줄 수 있는 측정용 계기를 말한다. 이 지시계기의 3대 구성 요소는 구동장치, 제어장치, 제동장치로 이루어져 있다.

(2) 계측기 선정시 고려사항

① 정확도와 신뢰도

② 신속도

계측기의 제동장치
- 공기제동
- 전자제동
- 와류제동

직류용 계기와 교류용 계기
- 직류용 계기 : 가동 코일형
- 교류용 계기 : 가동 철편형, 정전형, 유도형, 열선형, 전류력계형 등

2. 전압계와 전류계

(1) 전압계

① 전압계는 측정하려는 단자에 병렬로 접속하는 계기로서 내부저항은 크게 설계하여야 한다.

② 전압계의 측정범위를 확대하기 위해서는 전압계와 직렬로 배율기를 설치하여야 한다.

(2) 전류계

① 전류계는 측정하려는 단자에 직렬로 접속하는 계기로서 내부저항은 작게 설계하여야 한다.

② 전류계의 측정범위를 확대하기 위해서는 전류계와 병렬로 분류기를 설치하여야 한다.

01 예제문제

지시계기의 구성 3대 요소가 아닌 것은?

① 유도장치　　② 제어장치

③ 제동장치　　④ 구동장치

해설

지시계기의 3대 구성 요소는 구동장치, 제어장치, 제동장치로 이루어져 있다.

답 ①

2 배율기와 분류기

1. 배율기

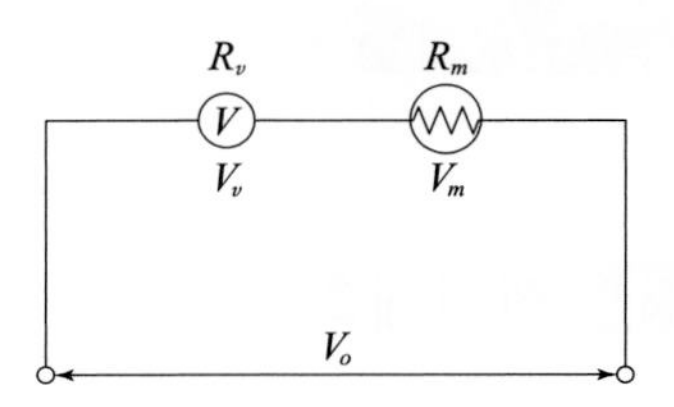

배율기란 "전압계의 측정범위를 넓히기 위하여 전압계와 직렬로 접속하는 저항기"로서 배율과 배율기 저항은 다음과 같다.

배율(m)	배율기 저항(r_m)
$m=\dfrac{V_0}{V_v}=1+\dfrac{r_m}{r_v}$	$r_m=(m-1)r_v[\Omega]$

여기서, m : 배율, V_0 : 피측정 전압, V_v : 전압계의 최대눈금,
r_m : 배율기 저항, r_v : 전압계의 내부저항

2. 분류기

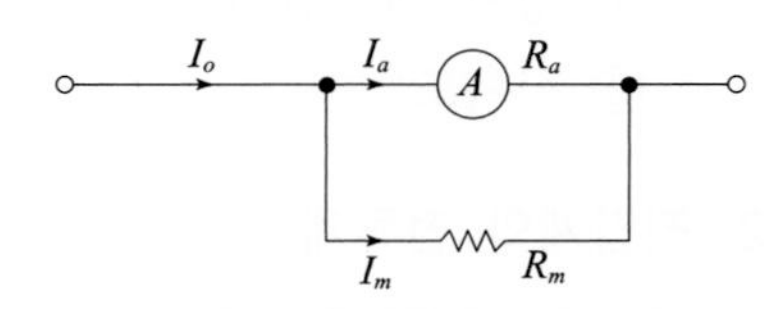

분류기란 "전류계의 측정범위를 넓히기 위하여 전류계와 병렬로 접속하는 저항기"로서 배율과 분류기 저항은 다음과 같다.

배율(m)	분류기 저항(r_m)
$m=\dfrac{I_0}{I_a}=1+\dfrac{r_a}{r_m}$	$r_m=\dfrac{r_a}{m-1}[\Omega]$

여기서, m : 배율, I_0 : 피측정 전류, I_a : 전류계의 최대눈금,
r_a : 전류계의 내부저항, r_m : 분류기 저항

02 예제문제

전류계와 병렬로 연결되어 전류계의 측정범위를 확대해 주는 것은?

① 배율기 ② 분류기
③ 절연저항 ④ 접지저항

해설
분류기란 "전류계의 측정범위를 넓히기 위하여 전류계와 병렬로 접속하는 저항기"이다.

답 ②

3 3전압계법과 2전력계법

> **계기의 지시값**
> 교류 전압, 교류 전류, 교류 전력 등을 측정하는 계기들의 지시값들은 모두 교류의 실효값을 의미한다.
>
> **1전력계법**
> 3상 부하가 순저항 부하인 경우 역률이 1이고 무효전력이 0이기 때문에 3상 전체 전력은 전력계 지시값의 2배인 2W[W]가 된다.
>
> **3전력계법**
> 3상 4선식 불평형 부하인 경우에는 각 상에 전력계를 설치하여 3상 전력을 측정하여야 하기 때문에 전력계가 3대 필요하다.

1. 3전압계법

전압계 3대의 지시값으로 단상 부하의 역률과 전력을 구할 수 있는 방법으로 역률과 부하전력에 대한 공식은 다음과 같다.

(1) 역률

$$\cos\theta = \frac{{V_3}^2 - {V_1}^2 - {V_2}^2}{2V_1V_2}$$

여기서, V_1, V_2, V_3 : 전압계 지시값

(2) 부하전력

$$P = \frac{1}{2R}({V_3}^2 - {V_1}^2 - {V_2}^2)[\text{W}]$$

여기서, V_1, V_2, V_3 : 전압계 지시값, P : 부하전력, R : 저항, $\cos\theta$: 역률

2. 2전력계법

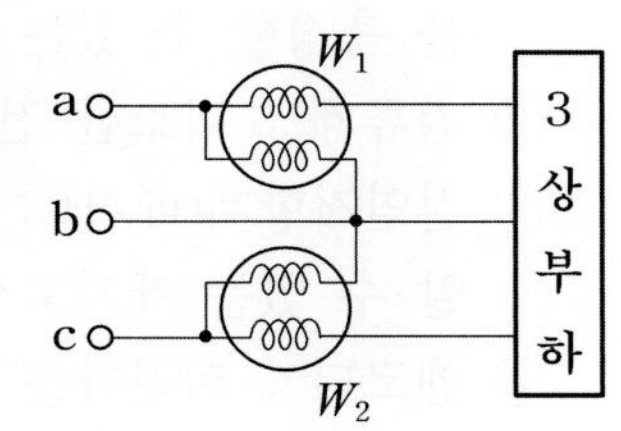

전력계 2대의 지시값으로 3상 부하의 전력과 역률을 구할 수 있는 방법으로 전력과 역률에 대한 공식은 다음과 같다.

(1) 3상 소비전력

$$P = W_1 + W_2 = \sqrt{3}\,VI\cos\theta[\text{W}]$$

여기서, P : 소비전력, W_1, W_2 : 전력계 지시값, V : 전압, I : 전류

(2) 3상 피상전력

$$S = 2\sqrt{W_1^2 + W_2^2 - W_1W_2} = \sqrt{3}\,VI[\text{VA}]$$

여기서, S : 피상전력, W_1, W_2 : 전력계 지시값, V : 전압, I : 전류

(3) 역률

$$\cos\theta = \frac{W_1 + W_2}{2\sqrt{{W_1}^2 + {W_2}^2 - W_1W_2}} \times 100 = \frac{P}{\sqrt{3}\,VI} \times 100[\%]$$

여기서, $\cos\theta$: 역률, W_1, W_2 : 전력계 지시값, P : 소비전력, V : 전압, I : 전류,

계기의 스프링 피로도
지시 전기 계기에 장시간 전류를 흘린 후 전류를 끊어도 지침이 0점으로 복구되지 않는 이유는 계기 내부의 스프링 피로도 때문이다.

제벡효과
서로 다른 두 금속을 접합하여 접합점에 온도차를 주게 되면 기전력이 발생하여 전류가 흐르는 현상이다.

03 예제문제

2전력계법으로 3상 전력을 측정할 때 전력계의 지시가 $W_1 = 200[W]$, $W_2 = 200[W]$이다. 부하전력[W]은?

① 200　　② 400
③ $200\sqrt{3}$　　④ $400\sqrt{3}$

해설
$P = W_1 + W_2 = \sqrt{3}\,VI\cos\theta[W]$ 식에서
$\therefore\ P = W_1 + W_2 = 200 + 200 = 400[W]$

답 ②

4 계측기와 센서의 종류

1. 계측기의 종류 및 측정 방법

① 멀티 테스터(회로시험기) : 직류전압, 직류전류, 교류전압, 교류전류, 저항을 측정할 수 있는 계기
② 검류계 : 미소한 전류나 전압의 유무를 검출하는데 사용되는 계기
③ 절연저항계(메거) : 절연저항을 측정하여 전기기기 및 전로의 누전 여부를 알 수 있는 계기로서 무전압 상태에서 측정하여야 한다.
④ 엔코더 : 회전하는 각도를 디지털량으로 출력하는 검출기
⑤ 콜라우시브리지법 : 축전지의 내부저항을 측정하는 방법
⑥ 영위법 : 측정하고자 하는 양을 표준량과 서로 평형을 이루도록 조절하여 측정량을 구하는 방법

2. 센서의 종류

① CdS(광 센서) : 빛의 양에 의해 저항값이 변하는 광 가변저항 센서이다.
② 광전형센서 : 광전효과를 이용하여 빛이 직접 전기신호로 바뀌어 동작하게 되는 전압 변화형 센서로서 반도체의 pn접합 기전력을 이용한다. 포토 다이오드나 포토 TR등이 있다.
③ 열기전력형 센서 : 열전효과(제벡효과)를 이용하여 열전대 쌍에 응용되는 철, 콘스탄탄과 같은 금속을 이용하는 전압 변화형 센서로서 열전온도계 등에 이용된다.

04 예제문제

절연저항을 측정하기 위해 사용되는 계측기는?

① 메거 ② 휘트스톤 브리지
③ 캘빈 브리지 ④ 저항계

해설
절연저항계(메거) : 절연저항을 측정하여 전기기기 및 전로의 누전 여부를 알 수 있는 계기

답 ①

10 출제빈도순에 따른

종합예상문제

[07, 14]

01 다음 중 지시 계측기의 구성요소와 거리가 먼 것은?

① 구동장치 ② 제어장치
③ 제동장치 ④ 유도장치

계측기의 구성
전기계측기는 전기적인 물리량으로서 전압, 전류, 저항, 전력, 주파수 등을 수치적으로 지시해 줄 수 있는 측정용 계기를 말한다. 이 지시계기의 3대 구성요소는 구동장치, 제어장치, 제동장치로 이루어져 있다.

[06]

02 다음 중 계측기의 제동장치가 될 수 없는 것은?

① 공기제동 ② 전자제동
③ 와류제동 ④ 베어링제동

계측기의 제동장치
(1) 공기제동
(2) 전자제동
(3) 와류제동

[13]

03 그림과 같이 저항 R을 전류계와 내부저항 20[Ω]인 전압계로 측정하니 15[A]와 30[V]이었다. 저항 R은 몇 [Ω]인가?

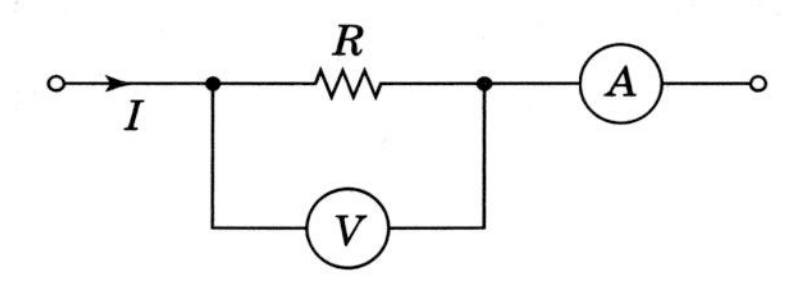

① 1.54 ② 1.86
③ 2.22 ④ 2.78

전압계 내부에 흐르는 누설전류를 먼저 구해보면
$I_v = \frac{V}{r_v} = \frac{30}{20} = 1.5$[A]이다.
이때 저항 R에 흐르는 전류는 전류계의 지시값과 전압계 내부의 누설전류의 차가 되므로
$I_R = I - I_v = 15 - 1.5 = 13.5$[A] 임을 알 수 있다.
따라서 전압계의 단자전압이 30[V] 이므로
$\therefore R = \frac{V}{I_R} = \frac{30}{13.5} = 2.22[\Omega]$

정답 01 ④ 02 ④ 03 ③

[15]

04 전류계와 전압계가 측정범위를 확장하기 위하여 저항을 사용하는데, 다음 중 저항의 연결 방법으로 알맞은 것은?

① 전류계에는 저항을 병렬연결하고, 전압계에는 저항을 직렬연결 해야 한다.
② 전류계 및 전압계에 저항을 병렬연결 해야 한다.
③ 전류계에는 저항을 직렬연결하고 전압계에는 저항을 병렬연결 해야 한다.
④ 전류계 및 전압계에 저항을 직렬연결 해야 한다.

전압계와 전류계
(1) 전압계
㉠ 전압계는 측정하려는 단자에 병렬로 접속하는 계기로서 내부저항은 크게 설계하여야 한다.
㉡ 전압계의 측정범위를 확대하기 위해서는 전압계와 직렬로 배율기를 설치하여야 한다.
(2) 전류계
㉠ 전류계는 측정하려는 단자에 직렬로 접속하는 계기로서 내부저항은 작게 설계하여야 한다.
㉡ 전류계의 측정범위를 확대하기 위해서는 전류계와 병렬로 분류기를 설치하여야 한다.

[06]

05 전류계의 측정범위를 넓히기 위하여 이용되는 기기는 무엇이며, 이것은 전류계와 어떻게 접속하는가?

① 분류기-직렬접속　② 분류기-병렬접속
③ 배율기-직렬접속　④ 배율기-병렬접속

전류계
(1) 전류계는 측정하려는 단자에 직렬로 접속하는 계기로서 내부저항은 작게 설계하여야 한다.
(2) 전류계의 측정범위를 확대하기 위해서는 전류계와 병렬로 분류기를 설치하여야 한다.

[11]

06 직류회로에 사용되고 자계와 전류 사이에 작용하는 전자력을 이용한 계측기는?

① 정전형　② 유도형
③ 가동철편형　④ 가동코일형

직류용 계기와 교류용 계기
(1) 직류용 계기 : 가동 코일형
(2) 교류용 계기 : 가동 철편형, 정전형, 유도형, 열선형, 전류력계형 등

[07]

07 최대 눈금이 1,000[V], 내부저항은 10[kΩ]인 전압계를 가지고 그림과 같이 전압을 측정하였다. 전압계의 지시가 200[V]일 때 전압 E는 몇 [V]인가?

① 800
② 1,000
③ 1,800
④ 2,000

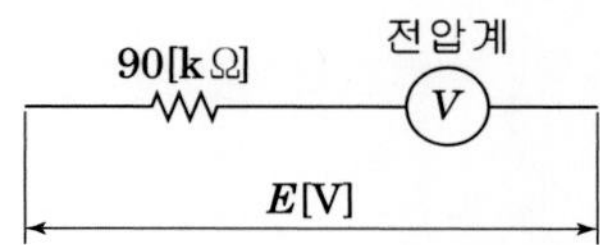

$m = \frac{E}{E_v} = 1 + \frac{r_m}{r_v}$ 식에서
$E_{mv} = 1{,}000[V]$, $r_v = 10[k\Omega]$, $E_v = 200[V]$, $r_m = 90[k\Omega]$일 때
$\therefore E = \left(1 + \frac{r_m}{r_v}\right)E_v = \left(1 + \frac{90}{10}\right) \times 200 = 2{,}000[V]$

정답 04 ① 05 ② 06 ④ 07 ④

[10, 13]

08 **다음은 분류기이다. 배율은 어떻게 표현되는가? (단, R_s : 분류기의 저항, R_a : 전류계의 내부저항)**

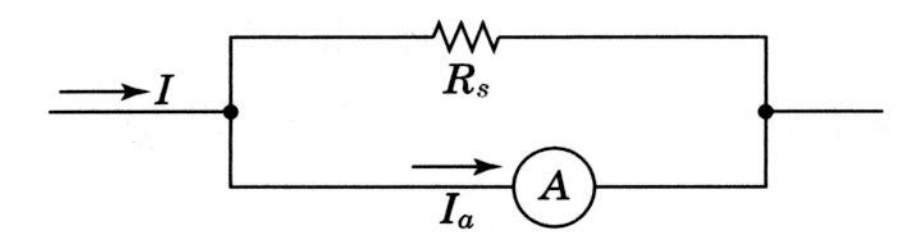

① $\dfrac{R_s}{R_a}$ ② $1+\dfrac{R_s}{R_a}$
③ $1+\dfrac{R_a}{R_s}$ ④ $\dfrac{R_a}{R_s}$

분류기

(1) 배율(m) : $m=\dfrac{I_0}{I_a}=1+\dfrac{r_a}{r_m}$

(2) 분류기 저항(r_m) : $r_m=\dfrac{r_a}{m-1}[\Omega]$

$r_a=R_a[\Omega]$, $r_m=R_s[\Omega]$일 때

$\therefore\ m=1+\dfrac{r_a}{r_m}=1+\dfrac{R_a}{R_s}$

[07, 14, 20]

09 **최대눈금 10[mA], 내부저항 6[Ω]의 전류계로 40[mA]의 전류를 측정하려면 분류기의 저항은 몇 [Ω]인가?**

① 2 ② 20
③ 40 ④ 400

$m=\dfrac{I_0}{I_a}=1+\dfrac{r_a}{r_m}$ 식에서

$I_a=10[\text{mA}]$, $r_a=6[\Omega]$, $I_0=40[\text{mA}]$일 때

$\therefore\ r_m=\dfrac{r_a}{\dfrac{I_0}{I_a}-1}=\dfrac{6}{\dfrac{40}{10}-1}=2[\Omega]$

[09, 13]

10 **2전력계법으로 전력을 측정하였더니 $P_1=4[\text{W}]$, $P_2=3[\text{W}]$이었다면 부하의 소비전력은 몇 [W]인가?**

① 1 ② 5
③ 7 ④ 12

2전력계법

$P=W_1+W_2=\sqrt{3}\,VI\cos\theta[\text{W}]$ 식에서

$W_1=P_1=4[\text{W}]$, $W_2=P_2=3[\text{W}]$일 때

$\therefore\ P=W_1+W_2=4+3=7[\text{W}]$

[12, 19]

11 **그림과 같은 평형 3상 회로에서 전력계의 지시가 100[W]일 때 3상 전력은 몇 [W]인가? (단, 부하의 역률은 100[%]로 한다.)**

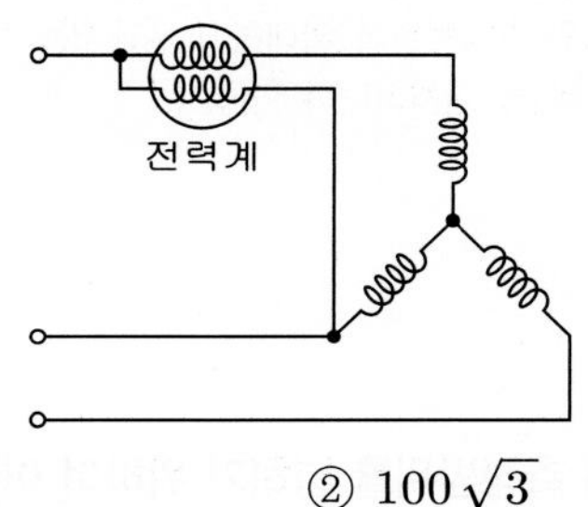

① $100\sqrt{2}$ ② $100\sqrt{3}$
③ 200 ④ 300

1전력계법

3상 부하가 순저항 부하인 경우 역률이 1이고 무효전력이 0이기 때문에 3상 전체 전력은 전력계 지시값의 2배인 $2W$[W]가 된다.

$W=100[\text{W}]$ 이므로

$\therefore\ P=2W=2\times100=200[\text{W}]$

정답 08 ③ 09 ① 10 ③ 11 ③

[14]

12 3상 4선식 불평형 부하의 경우, 단상전력계로 전력을 측정하고자 할 때 몇 대의 단상전력계가 필요한가?

① 2 ② 3
③ 4 ④ 5

3전력계법
3상 4선식 불평형 부하인 경우에는 각 상에 전력계를 설치하여 3상 전력을 측정하여야 하기 때문에 전력계가 3대 필요하다.

[08]

13 그림과 같이 전압계와 전류계를 사용하여 직류 전력을 측정하였다. 가장 정확하게 측정한 전력[W]은? (단, R_i : 전류계의 내부저항, R_e : 전압계의 내부저항이다.)

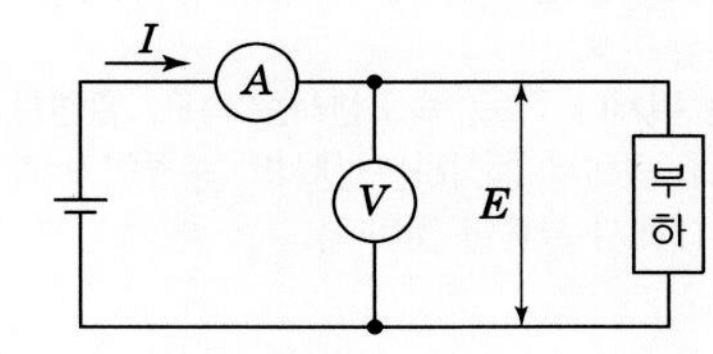

① $P = EI - \dfrac{E^2}{R_e}$

② $P = EI - \dfrac{2E^2}{R_i}$

③ $P = EI - 4R_eI^2$

④ $P = EI - 2R_eI^2$

부하전력은 전원에서 공급된 전력인 EI[W]에서 전압계로 흐르는 누설전류에 의한 전력인 $\dfrac{E^2}{R_e}$[W]를 뺀 값으로 측정되어야 한다.

$\therefore\ P = EI - \dfrac{E^2}{R_e}$[W]

[20]

14 회로시험기(Multi Meter)로 직접 측정할 수 없는 것은?

① 저항 ② 교류전압
③ 직류전압 ④ 교류전력

계측기의 종류 및 측정 방법
(1) 멀티 테스터(회로시험기) : 직류전압, 직류전류, 교류전압, 교류전류, 저항을 측정할 수 있는 계기
(2) 검류계 : 미소한 전류나 전압의 유무를 검출하는데 사용되는 계기
(3) 절연저항계(메거) : 절연저항을 측정하여 전기기기 및 전로의 누전 여부를 알 수 있는 계기로서 무전압 상태(정전 상태)에서 측정하여야 한다.
(4) 엔코더 : 회전하는 각도를 디지털량으로 출력하는 검출기
(5) 콜라우시 브리지법(또는 코올라시 브리지법) : 축전지의 내부저항을 측정하는 방법
(6) 영위법 : 측정하고자 하는 양을 표준량과 서로 평형을 이루도록 조절하여 측정량을 구하는 방법

[07]

15 소형 전동기의 절연저항 측정에 사용되는 것은?

① 브리지 ② 검류계
③ 메거 ④ 훅크온메터

절연저항계(메거) : 절연저항을 측정하여 전기기기 및 전로의 누전 여부를 알 수 있는 계기로서 무전압 상태(정전 상태)에서 측정하여야 한다.

정답 12 ② 13 ① 14 ④ 15 ③

[12]

16 절연저항 측정에 관한 설명으로 틀린 것은?

① 절연체에 직류 고전압을 가하면 누설 전류가 흐르는 것을 이용한 것이다.
② 선로의 사용전압에 관계없이 절연저항 측정시 선로에 일정한 전압을 인가한다.
③ 절연저항의 측정단위는 [MΩ]이다.
④ 옥내선로의 절연저항 측정 시에는 모든 부하 쪽의 선로를 개방해야 한다.

절연저항계(메거) : 절연저항을 측정하여 전기기기 및 전로의 누전 여부를 알 수 있는 계기로서 무전압 상태(정전 상태)에서 측정하여야 한다.

[15]

17 어떤 계기에 장시간 전류를 통전한 후 전원을 OFF시켜도 지침이 0으로 되지 않았다. 그 원인에 해당되는 것은?

① 정전계 영향 ② 스프링의 피로도
③ 외부자계 영향 ④ 자기가열 영향

지시 전기 계기에 장시간 전류를 흘린 후 전류를 끊어도 지침이 0점으로 복구되지 않는 이유는 계기 내부의 스프링 피로도 때문이다.

[11, 15, 18]

18 제벡 효과(Seebeck Effect)를 이용한 센서에 해당하는 것은?

① 저항 변화용 ② 인덕턴스 변화용
③ 용량 변화용 ④ 전압 변화용

센서의 종류
(1) CdS(광 센서) : 빛의 양에 의해 저항값이 변하는 광 가변 저항 센서이다.
(2) 광전형센서 : 광전효과를 이용하여 빛이 직접 전기신호로 바뀌어 동작하게 되는 전압 변화형 센서로서 반도체의 pn 접합 기전력을 아용한다. 포토 다이오드나 포토 TR등이 있다.
(3) 열기전력형 센서 : 열전효과(제벡효과)를 이용하여 열전대 쌍에 응용되는 철, 콘스탄탄가 같은 금속을 이용하는 전압 변화형 센서로서 열전온도계 등에 이용된다.

[15]

19 종류가 다른 금속으로 폐회로를 만들어 두 접속점에 온도를 다르게 하면 전류가 흐르게 되는 것은?

① 펠티에 효과 ② 평형현상
③ 제벡 효과 ④ 자화현상

제벡효과
서로 다른 두 금속을 접합하여 접합점에 온도차를 주게 되면 기전력이 발생하여 전류가 흐르는 현상이다.

[09]

20 센서를 변위센서, 속도센서, 열센서, 광센서로 분류하였다. 분류방법으로 알맞은 것은?

① 계측의 대상 ② 계측의 형태
③ 소자의 재료 ④ 변환의 원리

변위센서는 위치나 각도, 속도센서는 속도, 열센서, 온도, 광센서는 빛에 의해서 동작하는 센서의 종류이기 때문에 계측의 대상에 대해서 분류한 것이다.

[09]

21 다음 중 교류 대전류의 계측에 적합한 것은?

① 진동 검류계 ② 계기용 변압기
③ 계기용 변류기 ④ 교류 전위차계

전압계나 전류계, 그리고 전력계는 고압 회로에서 측정하기 곤란하다. 그 이유는 계측기의 절연강도가 그다지 높지 못하기 때문에 변성기를 이용하여 고압을 저압으로, 대전류를 저전류로 변성하여 전압, 전류, 전력을 측정하고 있다. 다음과 계기와 변성기의 조합이다.
(1) 계기용변압기 : 고압을 저압인 110[V] 정격전압으로 변성하는 장치로 2차측에 전압계를 연결한다.
(2) 계기용변류기 : 대전류를 저전류인 5[A] 이하로 변성하는 창치로 2차측에 전류계를 연결한다.

정답 16 ② 17 ② 18 ④ 19 ③ 20 ① 21 ③

[12]

22 그림과 같이 교류의 전압을 직류용 가동코일형 계기를 사용하여 측정하였다. 전압계의 눈금은 몇 [V]인가? (단, 교류전압의 최댓값은 V_m 이고, 전압계의 내부저항 R의 값은 충분히 크다고 한다.)

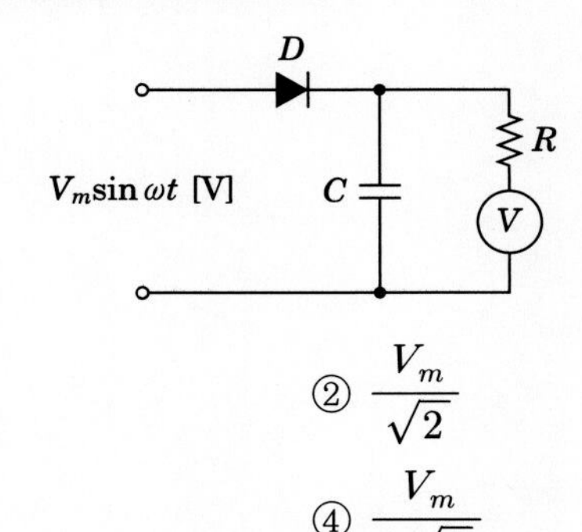

① V_m ② $\dfrac{V_m}{\sqrt{2}}$

③ $\dfrac{V_m}{2}$ ④ $\dfrac{V_m}{2\sqrt{2}}$

다이오드르 거쳐 출력단에 나타나는 전압은 반파정류전압으로 직류가 얻어지지만 반파정류파형의 최대치는 V_m [V]이기 때문에 콘덴서에 나타나는 전압과 전압계의 지시값은 최대값인 V_m [V]가 나타난다.

정답 22 ①

제11장

전기기기

11 전기기기

1 직류기

1. 직류기의 구조

직류기의 3요소는 계자, 전기자, 정류자를 의미하며 브러시 또한 포함하고 있다.

(1) 계자 : 주자속(자기장)을 만든다.

(2) 전기자 : 기전력을 유도한다.

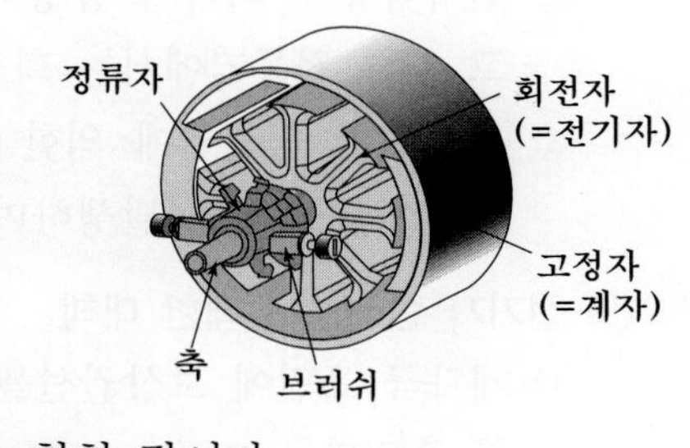

전기자 철심은 규소 강판을 사용하여 히스테리시스 손실을 줄이고 또한 성층하여 와류손(=맴돌이손)을 줄인다.
철심 내에서 발생하는 손실을 철손이라 하며 철손은 히스테리시스손과 와류손을 합한 값이다.
따라서 규소 강판을 성층하여 사용하기 때문에 철손이 줄어들게 된다.

(3) 정류자 및 브러시

① 정류자 : 전기자 권선에서 발생한 교류를 직류로 바꿔주는 부분이다.

② 브러시 : 정류자 면에 접촉하여 전기자 권선과 외부회로를 연결시켜주는 부분이다.

01 예제문제

전기자철심을 규소 강판으로 성층하는 주된 이유는?

① 정류자면의 손상이 적다. ② 가공하기 쉽다.
③ 철손을 적게 할 수 있다. ④ 기계손을 적게 할 수 있다.

해설
전기자 철심은 규소 강판을 사용하여 히스테리시스 손실을 줄이고 또한 성층하여 와류손(=맴돌이손)을 줄인다. 철심 내에서 발생하는 손실을 철손이라 하며 철손은 히스테리시스손과 와류손을 합한 값이다. 따라서 규소 강판을 성층하여 사용하기 때문에 철손이 줄어들게 된다.

답 ③

2. 직류기의 전기자 반작용

(1) 전기자 반작용의 원인

전기자 권선에 흐르는 전기자 전류에 의한 자속이 계자극에서 발생한 주자속에 영향을 주어 주자속의 분포가 찌그러지면서 주자속이 감소되는 현상을 말한다.

(2) 전기자 반작용의 영향

① 주자속이 감소하여 직류 발전기에서는 유기기전력(또는 단자전압)이 감소하고 직류 전동기에서는 토크가 감소하고 속도가 상승한다.

② 편자작용에 의하여 중성축이 직류 발전기에서는 회전방향으로 이동하고 직류 전동기에서는 회전방향의 반대방향으로 이동한다.

③ 기전력의 불균일에 의한 정류자 편간전압이 상승하여 브러시 부근의 도체에서 불꽃이 발생하며 정류불량의 원인이 된다.

(3) 전기자 반작용에 대한 대책

① 계자극 표면에 보상권선을 설치하여 전기자 전류와 반대방향으로 전류를 흘린다.

② 보극을 설치하여 평균 리액턴스 전압을 없애고 정류작용을 양호하게 한다.

③ 브러시를 새로운 중성축으로 이동시킨다. 직류 발전기는 회전방향으로 이동시키고 직류 전동기는 회전방향의 반대방향으로 이동시킨다.

02 예제문제

직류기의 전기자 반작용에 대한 설명으로 옳지 않은 것은?

① 중성축이 이동한다.
② 전동기는 속도가 저하된다.
③ 국부적 섬락이 발생한다.
④ 발전기는 기전력이 감소한다.

해설

직류기의 전기자 반작용으로 인하여 주자속이 감소하여 직류 발전기에서는 유기기전력(또는 단자전압)이 감소하고 직류 전동기에서는 토크가 감소하고 속도가 상승한다.

답 ②

3. 직류기의 정류작용

(1) 정류란?

교류를 직류로 바꾸는 작용

(2) 정류곡선

① 불꽃없는 정류(양호한 정류)

정류곡선 (d)는 직선정류로서 가장 이상적인 정류곡선이고 정류곡선 (c)는 정현파 정류로서 보극을 설치하여 전압정류가 되도록 한 양호한 정류곡선이다.

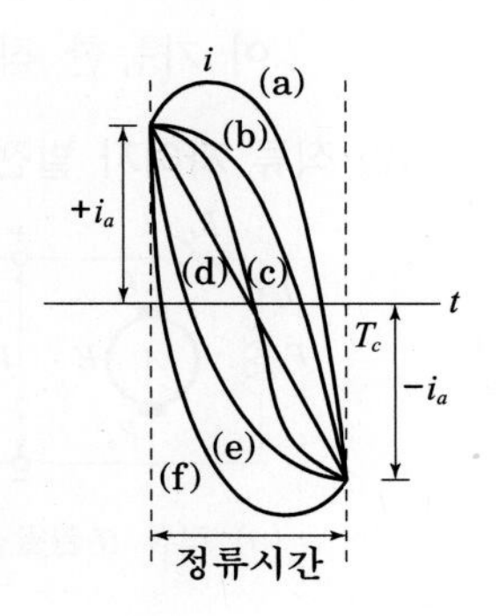

② 부족정류(정류 불량)

정류곡선 (a)와 (b)는 전류변화가 브러시 후반부에서 심해지고 평균 리액턴스 전압의 증가로 브러시 후반부에서 불꽃이 생긴다.

③ 과정류(정류 불량)

정류곡선 (e)와 (f)는 지나친 보극의 설치로 전류변화가 브러시 전반부에서 심해지고 브러시 전반부에서 불꽃이 생긴다.

(3) 정류개선책

① 전압정류 : 보극을 설치하여 평균 리액턴스 전압을 감소시킨다.

② 저항정류 : 코일의 자기 인덕턴스가 원인이므로 접촉저항이 큰 탄소브러시를 채용한다.

③ 브러시를 새로운 중성축으로 이동시킨다. : 발전기는 회전방향, 전동기는 회전방향의 반대방향으로 이동시킨다.

④ 보극 권선을 전기자 권선과 직렬로 접속한다.

03 예제문제

직류기에서 전압 정류의 역할을 하는 것은?

① 탄소브러시 ② 보상권선
③ 리액턴스 코일 ④ 보극

해설

전압정류
보극을 설치하여 평균 리액턴스 전압을 감소시킨다.

답 ④

> 자여자 발전기의 구조
> - 분권기 : 계자권선이 전기자 권선과 병렬로 접속된다.
> - 직권기 : 계자권선이 전기자 권선과 직렬로 접속된다.
> - 복권기 : 계자권선이 전기자 권선과 직·병렬로 접속된다.

4. 직류발전기의 종류 및 특징

(1) 타여자 발전기

① 구조 : 계자 권선이 전기자 권선과 접속되어 있지 않고 독립된 여자회로를 구성하고 있다.

② 특징 : 계자 철심에 잔류자기가 없어도 발전이 가능한 직류발전기이다.

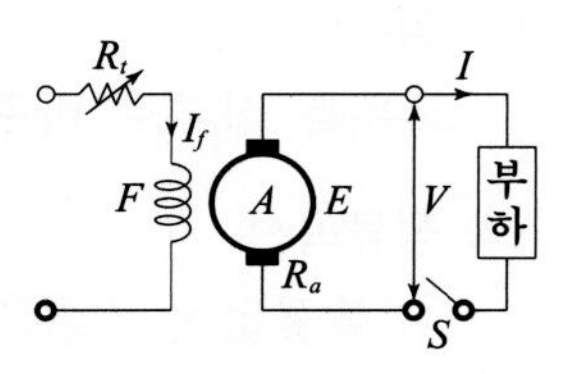

그림. 직류 타여자 발전기

(2) 직류 자여자 발전기(분권기, 직권기, 복권기)

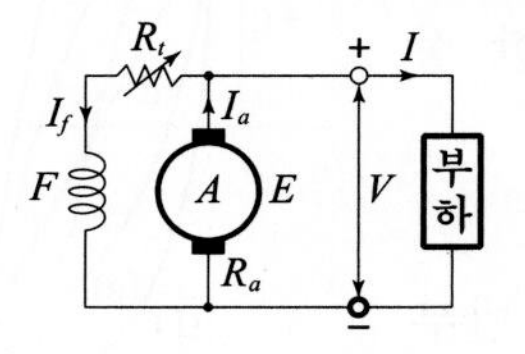

(a) 직류 분권발전기

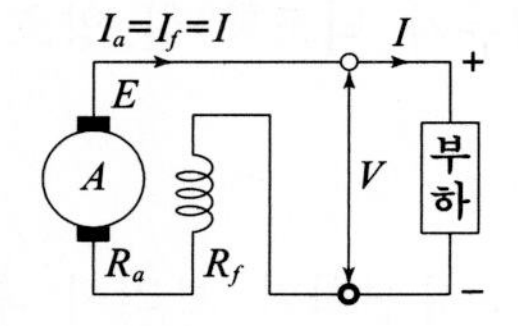

(b) 직류 직권발전기

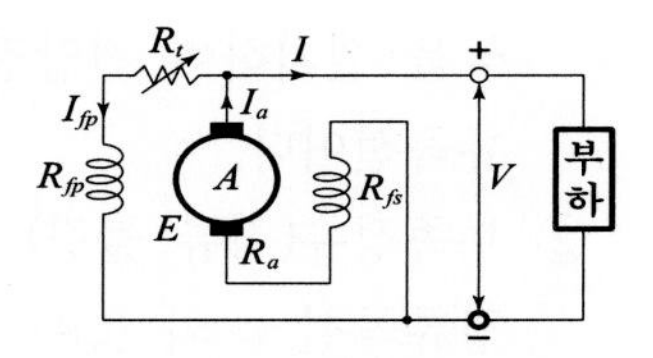

(c) 직류 외분권 복권발전기

① 다른 여자기가 필요 없으며 잔류자속에 의해서 잔류전압을 만들고 이 때 여자 전류가 잔류자속을 증가시키는 방향으로 흐르면, 여자 전류가 점차 증가하면서 단자 전압이 상승하게 된다. 이것을 전압확립이라 한다.

② 회전방향을 반대로 하여 역회전하면 전기자전류와 계자전류의 방향이 바뀌게 되어 잔류자기가 소멸되고 더 이상 발전이 되지 않는다. 따라서 자여자 발전기는 역회전하면 안 된다.

04 예제문제

직류 분권발전기를 운전 중 역회전시키면 일어나는 현상은?

① 단락이 일어난다. ② 정회전 때와 같다.
③ 발전되지 않는다. ④ 과대 전압이 유기된다.

해설

직류 자여자 발전기는 회전방향을 반대로 하여 역회전하면 전기자전류와 계자전류의 방향이 바뀌게 되어 잔류자기가 소멸되고 더 이상 발전이 되지 않는다. 따라서 자여자 발전기는 역회전하면 안 된다.

답 ③

5. 직류전동기의 역기전력과 속도-토오크 특성

(1) 직류전동기의 역기전력

$E = V - R_a I_a = k\phi N$[V]

여기서, E : 역기전력, V : 단자전압, R_a : 전기자 저항,

I_a : 전기자 전류, k : 기계적 상수, ϕ : 한 극당 자속, N : 회전수

(2) 직류전동기의 속도 특성

$$n = \frac{E}{k\phi} = \frac{V - R_a I_a}{k\phi} = k' \frac{V - R_a I_a}{\phi} \text{[rps]}$$

여기서, n : 전동기의 속도, E : 역기전력, k : 기계적 상수,

ϕ : 1극당 자속수, V : 단자전압, R_a : 전기자 저항, I_a : 전기자 전류

(3) 직류전동기의 토크 특성

① 전동기의 출력(P)과 전동기의 회전수(N)에 의한 토오크 표현

$$\tau = 9.55 \frac{P}{N} \text{[N·m]} = 0.975 \frac{P}{N} \text{[kg·m]}$$

여기서, τ : 전동기의 토오크, P : 전동기 출력, N : 전동기의 회전수

② 기계적 상수(k)에 의한 토오크 표현

$$\tau = \frac{EI_a}{\omega} = \frac{pZ\phi I_a}{2\pi a} = k\phi I_a \text{[N·m]}$$

여기서, τ : 전동기의 토오크, E : 역기전력, I_a : 전기자 전류,

ω : 각속도, p ; 자극수, Z : 총도체수, ϕ : 1극당 자속수,

a : 전기자 병렬회로수, k : 기계적 상수

직류전동기의 속도 특성

$n = \frac{E}{k\phi}$[rps] 식에서와 같이 직류전동기의 계자저항을 운전 중 증가시키게 되면 계자전류가 감소하여 결국 주자속이 감소하게 되므로 전동기의 속도는 증가하게 된다.

직류전동기의 출력

$P = EI_a = \omega\tau$[W]이다.

분권전동기의 토크 특성

$\tau \propto I_a$, $\tau \propto \frac{1}{N}$

직권전동기의 토크 특성

$\tau \propto I_a^2$, $\tau \propto \frac{1}{N^2}$

05 예제문제

전기자 전류가 100[A]일 때 50[kg · m]의 토크가 발생하는 전동기가 있다. 전동기의 자계의 세기가 80[%]로 감소되고 전기자 전류가 120[A]로 되었다면 토크[kg · m]는?

① 39 ② 43

③ 48 ④ 52

해설

$\tau = \frac{EI_a}{\omega} = \frac{pZ\phi I_a}{2\pi a} = k\phi I_a$[N · m] 식에서 토오크는 자속과 전기자 전류에 비례하므로

$I_a = 100$[A], $\tau = 50$[kg · m], $\phi' = 0.8\phi$[Wb], $I_a' = 120$[A]일 때

$$\therefore \tau' = \frac{\phi' I_a'}{\phi I_a}\tau = \frac{0.8\phi \times 120}{\phi \times 100} \times 50 = 48 \text{[kg·m]}$$

답 ③

6. 직류전동기의 속도제어

직류전동기의 속도공식은 $N = k\frac{V - R_a I_a}{\phi}$[rps] 이므로 공급전압($V$)에 의한 제어, 자속($\phi$)에 의한 제어, 전기자저항($R_a$)에 의한 제어 3가지 방법이 있다.

(1) 전압제어법

전압제어법은 정토크 제어로서 전동기의 공급전압 또는 단자전압을 변화시켜 속도를 제어하는 방법으로 광범위한 속도제어가 되고 제어가 원활하며 운전 효율이 좋은 특성을 지니고 있다. 종류는 다음과 같이 구분된다.

① 워드 레오너드 방식 : 광범위한 속도제어가 되며 제철소의 압연기, 고속 엘리베이터 제어 등에 적용된다.

② 일그너 방식 : 워드 레오너드 방식에 플라이 휠 효과를 추가하여 부하 변동이 심한 경우에 적용된다.

③ 정지 레오너드 방식 : 사이리스터를 이용하여 가변 직류전압을 제어하는 방식이다.

④ 초퍼방식 : 트랜지스터와 다이오드 등의 반도체 소자를 이용하여 속도를 제어하는 방식이다.

⑤ 직병렬제어법 : 직권전동기에서만 적용되는 방식으로 전차용 전동기의 속도제어에 적용된다.

(2) 계자제어법

정출력 제어로서 계자전류를 조정하여 자속을 직접 제어하는 방식이다.

(3) 저항제어법

저항손실이 많아 효율이 저하하는 특징을 지닌다.

06 예제문제

부하 변동이 심한 직류분권전동기의 광범위한 속도제어방식으로 가장 적당한 방법은?

① 직렬저항제어방식　　② 일그너 방식
③ 계자제어방식　　④ 워드 레오나드 방식

해설

일그너 방식

워드 레오너드 방식에 플라이 휠 효과를 추가하여 부하변동이 심한 경우에 적용된다.

답 ②

7. 직류 분권전동기와 직류 직권전동기의 특성

(1) 직류 분권전동기

① 특징

㉠ 부하전류에 따른 속도 변화가 거의 없는 정속도 특성뿐만 아니라 계자 저항기로 쉽게 속도를 조정할 수 있으므로 가변속도제어가 가능하다.

㉡ 무여자 상태에서 위험속도로 운전하기 때문에 계자회로에 퓨즈를 넣어서는 안 된다.

② 용도 : 공작기계, 콘베이어, 송풍기

(2) 직류 직권전동기

① 특징

㉠ 부하전류가 증가하면 속도가 크게 감소하기 때문에 가변속도 전동기이다.

㉡ 직류전동기 중 기동토크가 가장 크다.

㉢ 무부하 운전은 과속이 되어 위험속도로 운전되기 때문에 직류 직권전동기로 벨트를 걸고 운전하면 안 된다.(벨트가 벗겨지면 위험속도로 운전되기 때문)

② 용도

기동 토오크가 매우 크기 때문에 기중기, 전기 자동차, 전기 철도, 크레인 등과 같이 부하 변동이 심하고 큰 기동 토오크가 요구되는 부하에 적합하다.

차동복권전동기
부하가 증가하면 전류 증가로 인하여 자속이 감소하게 되고 속도는 증가하게 되어 토크는 감소하는 직류전동기이다.

직류전동기의 역회전 방법
직류전동기를 역회전 시키려면 전기자 전류와 계자 전류 중 어느 하나의 방향만 바꿔주어야 한다. 따라서 전기자의 접속을 반대로 바꾸면 전기자 전류의 방향이 반대가 되어 직류 전동기는 역회전한다.

07 예제문제

벨트 운전이나 무부하 운전을 해서는 안 되는 직류전동기는?

① 분권 ② 가동복권
③ 직권 ④ 차등복권

해설

직류 직권전동기의 특징
(1) 부하전류가 증가하면 속도가 크게 감소하기 때문에 가변속도 전동기이다.
(2) 직류전동기 중 기동토크가 가장 크다.
(3) 무부하 운전은 과속이 되어 위험속도로 운전되기 때문에 직류 직권전동기로 벨트를 걸고 운전하면 안 된다.(벨트가 벗겨지면 위험속도로 운전되기 때문)

답 ③

8. 직류기의 손실과 효율

(1) 직류기의 손실

직류기의 손실은 크게 고정손과 가변손으로 구분된다. 이때 고정손은 부하와 관계 없이 나타나는 손실로서 무부하손(P_0)이라고도 하며 가변손은 부하에 따라 값이 변화하는 손실로서 부하손(P_L)이라고도 한다.

① 고정손=무부하손(P_0)

- 철손(P_i) : 히스테리시스손과 와류손의 합으로 나타난다.
- 기계손(P_m) : 마찰손과 풍손의 합으로 나타난다.

② 가변손=부하손(P_L)

- 동손(P_c) : 전기자 저항에서 나타나기 때문에 저항손이라 표현하기도 한다.
- 표유부하손(P_s) : 측정이나 계산으로 구할 수 없는 손실로서 부하 전류가 흐를 때 도체 또는 철심 내부에서 생기는 손실이다.

(2) 직류기의 규약효율(η)

① 직류 발전기 : $\eta = \dfrac{\text{출력}}{\text{출력}+\text{손실}} \times 100$ [%]

② 직류 전동기 : $\eta = \dfrac{\text{입력}-\text{손실}}{\text{입력}} \times 100$ [%]

08 예제문제

직류 전동기의 규약효율을 구하는 식은?

① $\dfrac{\text{손실}}{\text{입력}} \times 100\%$ ② $\dfrac{\text{입력}-\text{손실}}{\text{입력}} \times 100\%$

③ $\dfrac{\text{출력}-\text{손실}}{\text{출력}+\text{손실}} \times 100\%$ ④ $\dfrac{\text{출력}}{\text{출력}-\text{손실}} \times 100\%$

해설

직류기의 규약효율(η)

(1) 직류 발전기 $\eta = \dfrac{\text{출력}}{\text{출력}+\text{손실}} \times 100[\%]$

(2) 직류 전동기 $\eta = \dfrac{\text{입력}-\text{손실}}{\text{입력}} \times 100[\%]$

답 ②

> 우산형 발전기
> 저속도 대용량의 교류 수차발전기로서 구조가 간단하고 가벼우며, 조립과 설치가 용이할 뿐만 아니라 경제적이다.

2 동기기

1. 동기발전기의 종류 및 결선

(1) 동기발전기의 종류

동기발전기를 회전자를 기준으로 구분하면 다음과 같다.

① 회전계자형 : 전기자를 고정자로 두고, 계자를 회전자로 한 것으로 대부분의 교류발전기(수차발전기와 터빈발전기)로 사용되고 있다.

② 회전전기자형 : 계자를 고정자로 두고, 전기자를 회전자로 한 것으로 소용량의 특수한 경우 외에는 거의 사용되지 않는다.

③ 유도자형 : 전기자와 계자를 모두 고정자로 두고, 유도자를 회전자로 한 것으로 고주파 발전기(100~20,000[Hz] 정도)에 사용된다.

(2) 동기발전기를 회전계자형으로 하는 이유

① 전기자 권선은 전압이 높아 고정자로 두는 것이 절연하기 용이하다.

② 전기자 권선에서 발생한 고전압을 슬립링 없이 간단하게 외부로 인가할 수 있다.

③ 계자극은 기계적으로 튼튼하게 만드는데 용이하다.

④ 계자 회로에는 직류 저압이 인가되므로 전기적으로 안전하다.

(3) 동기발전기의 결선

동기발전기는 3상 교류발전기로서 3상 전기자의 결선을 Y결선으로 채용하고 있는데 그 이유는 다음과 같다.

① 중성점을 이용하여 지락계전기 등을 동작시키는데 용이하다.

② 선간전압이 상전압의 $\sqrt{3}$ 배 이므로 고전압 송전에 용이하다.

③ 상전압이 선간전압의 $\frac{1}{\sqrt{3}}$ 배 이므로 같은 선간전압의 결선에 비해 절연이 쉽다.

④ 고조파 순환전류 통로가 없어 3고조파가 선간전압에 나타나지 않는다.

2. 동기기의 전기자 권선법

동기기의 전기자 권선법은 고상권, 폐로권, 2층권, 중권과 파권, 그리고 단절권과 분포권을 주로 채용하고 있다. 이 외에 환상권과 개로권, 단층권과 전절권 및 집중권도 있지만 이 권선법은 사용되지 않는 권선법이다.

(1) 단절권의 특징

① 권선이 절약되고 코일 길이가 단축되어 기기가 축소된다.

② 고조파가 제거되고 기전력의 파형이 좋아진다.

> 단절권과 분포권의 공통점
> • 고조파가 제거되고 기전력의 파형이 좋아진다.
> • 유도기전력이 감소하고 출력이 감소한다.
>
> 동기발전기의 자기여자작용
> 동기발전기의 전기자 반작용 중 증자작용에 의해 단자전압이 유기기전력보다 증가하게 되는 현상을 말한다. 이를 방지하기 위해 단락비를 증가시키고 발전기 또는 변압기의 병렬운전 및 분로리액터 등을 설치한다.

③ 유기기전력이 감소하고 발전기의 출력이 감소한다.

④ 단절권 계수 : $k_p = \sin\frac{n\beta\pi}{2}$

여기서, k_p : 단절권 계수, n : 고조파 차수, β : $\frac{\text{코일 간격}}{\text{극 간격}}$

(2) 분포권의 특징

① 누설리액턴스가 감소한다.

② 고조파가 제거되고 기전력의 파형이 좋아진다.

③ 슬롯 내부와 전기자 권선의 열방산에 효과적이다.

④ 유기기전력이 감소하고 발전기의 출력이 감소한다.

⑤ 분포권 계수 : $k_d = \dfrac{\sin\frac{n\pi}{2m}}{q\sin\frac{n\pi}{2mq}}$

여기서, k_d : 분포권 계수, n : 고조파 차수, m : 상수,

q : $\frac{\text{슬롯수}(z)}{\text{극수}(p)\times\text{상수}(m)}$

3. 동기기의 전기자 반작용

(1) 동기발전기의 전기자 반작용

① 교차자화작용 : 전기자 전류에 의한 자기장의 축과 주자속의 축이 항상 수직이 되면서 자극편 왼쪽의 주자속은 증가되고, 오른쪽의 주자속은 감소하여 편자작용을 하는 전기자 반작용으로서 전기자 전류와 기전력은 위상이 서로 같아진다. – 저항(R)부하의 특성과 같다.

② 증자작용 : 전기자 전류에 의한 자기장의 축이 주자속의 자극축과 일치하며 주자속을 증가시켜 전기자 전류의 위상이 기전력의 위상보다 $90°(\frac{\pi}{2}[\text{rad}])$ 앞선 진상전류가 흐르게 된다. 그리고 주자속의 증가로 유기기전력은 상승한다. – 콘덴서(C)부하의 특성과 같다.

③ 감자작용 : 전기자 전류에 의한 자기장의 축이 주자속의 자극축과 일치하며 주자속을 감소시켜 전기자 전류의 위상이 기전력의 위상보다 $90°(\frac{\pi}{2}[\text{rad}])$ 뒤진 지상전류가 흐르게 된다. 그리고 주자속의 감소로 유기기전력은 감소한다. – 리액터(L)부하의 특성과 같다.

(2) 동기전동기의 전기자 반작용

① 교차자화작용 : 전기자 전류와 기전력은 위상이 서로 같아진다.

② 증가작용 : 전기자 전류의 위상이 기전력의 위상보다 $90°(\frac{\pi}{2}[rad])$ 뒤진 지상전류가 흐르게 된다.

③ 감자작용 : 전기자 전류의 위상이 기전력의 위상보다 $90°(\frac{\pi}{2}[rad])$ 앞선 진상전류가 흐르게 된다.

동기발전기의 여자전류의 영향
동기발전기의 병렬운전시 어느 한쪽 발전기의 여자전류를 증가시키면 그 발전기의 역률은 저하하고 다른쪽 발전기의 역률은 좋아진다.

동기발전기의 부하분담
동기발전기의 병렬운전시 부하부담을 크게 하고자 하는 발전기의 속도를 증가시켜야 한다.

4. 동기발전기의 병렬운전

(1) 병렬운전 조건

① 발전기 기전력의 크기가 같을 것.
② 발전기 기전력의 위상가 같을 것.
③ 발전기 기전력의 주파수가 같을 것.
④ 발전기 기전력의 파형이 같을 것.
⑤ 발전기 기전력의 상회전 방향이 같을 것.

(2) 병렬운전을 만족하지 못한 경우의 현상

① 기전력의 크기가 다른 경우 : 무효순환전류가 흘러 권선이 가열되고 감자작용이 생긴다.

② 기전력의 위상이 다른 경우 : 유효순환전류(또는 동기화전류)가 흘러 동기화력이 생기게 되고 두 기전력이 동상이 되도록 작용한다.

③ 기전력의 주파수가 다른 경우 : 난조가 발생하여 출력이 요동치고 권선이 가열된다.

09 예제문제

3상 동기발전기를 병렬 운전하는 경우 고려하지 않아도 되는 것은?

① 기전력 파형의 일치 여부　　② 상회전방향의 동일 여부
③ 회전수의 동일 여부　　④ 기전력 주파수의 동일 여부

해설

동기발전기의 병렬운전 조건
(1) 발전기 기전력의 크기가 같을 것.
(2) 발전기 기전력의 위상가 같을 것.
(3) 발전기 기전력의 주파수가 같을 것.
(4) 발전기 기전력의 파형이 같을 것.
(5) 발전기 기전력의 상회전 방향이 같을 것.

답 ③

비돌극형 동기발전기의 특징
- 부하각(δ)이란 동기발전기의 유기기전력 또는 동기전동기의 역기전력과 전원의 공급전압 사이의 위상차를 의미한다.
- 비돌극형 동기발전기는 부하각이 90°일 때 발전기 최대출력을 갖는다.

동기발전기의 단락전류 제한
동기발전기의 돌발 단락전류는 순간 단락전류로서 단락된 순간 단시간동안 흐르는 대단히 큰 전류를 의미한다. 이 전류를 제한하는 값은 발전기의 내부 임피던스(또는 내부 리액턴스)로서 누설 임피던스(또는 누설 리액턴스)뿐이다.

5. 동기발전기의 기본 이론

(1) 동기속도(N_s)

$$N_s = \frac{120f}{p}\,[\text{rpm}] = \frac{2f}{p}\,[\text{rps}]$$

여기서, N_s : 동기속도, f : 주파수, p : 극수(2극 이상)

(2) 비돌극형 동기기의 출력(P)

단상 출력	3상 출력
$P_1 = \frac{EV}{X_s}\sin\delta\,[\text{W}]$	$P_3 = 3\cdot\frac{EV}{X_s}\sin\delta\,[\text{W}]$

여기서, P_1 : 동기기의 단상 출력, P_3 : 동기기의 3상 출력,
E : 기전력, V : 공급전압, X_s : 동기 리액턴스, δ : 부하각

(3) 단락비(k_s), 단락전류(I_s), 정격전류(I_n)

단락비(k_s)	단락전류(I_s)	정격전류(I_n)
$k_s = \frac{100}{\%Z_s} = \frac{I_s}{I_n}$	$I_s = \frac{100}{\%Z} I_n\,[\text{A}]$	$I_n = \frac{P_n}{\sqrt{3}\,V}\,[\text{A}]$

여기서, k_s : 단락비, $\%Z_s$: % 동기 임피던스, I_s : 단락전류,
I_n : 정격전류, P_n : 정격용량, V : 정격전압

6. 동기전동기의 특징

(1) 동기전동기의 장점

① 여자전류에 관계없이 일정한 속도로 운전할 수 있다.
② 진상 및 지상으로 역률조정이 쉽고 역률을 1로 운전할 수 있다.
③ 전부하 효율이 좋다.
④ 공극이 넓어 기계적으로 견고하다.

(2) 동기전동기의 단점

① 속도조정이 어렵다.
② 난조가 발생하기 쉽다.
③ 기동토크가 작다.
④ 직류여자기가 필요하다.

(3) 동기전동기의 용도

① 정속도 전동기로 비교적 회전수가 낮고 큰 출력이 요구되는 부하에 적합하다.

② 전력계통의 전류, 역률 등을 조정할 수 있는 동기조상기로 사용된다.

③ 가변 주파수에 의해 정밀 속도제어 전동기로 사용된다.

④ 시멘트 공장의 분쇄기, 압축기, 송풍기 등

10 예제문제

동기전동기의 특징이 아닌 것은?

① 정속도 전동기이다. ② 저속도에서 효율이 좋다.
③ 난조가 일어나기 쉽다. ④ 기동 토크가 크다.

해설
동기전동기는 기동 토오크가 매우 작다.

답 ④

7. 동기전동기의 위상특성곡선과 동기조상기

(1) 동기전동기의 위상특성곡선(V곡선)

① 가로축을 계자전류와 역률, 세로축을 전기자전류로 정하여 계자전류를 조정하면 역률과 전기자전류의 크기가 조정되는 특성이다.

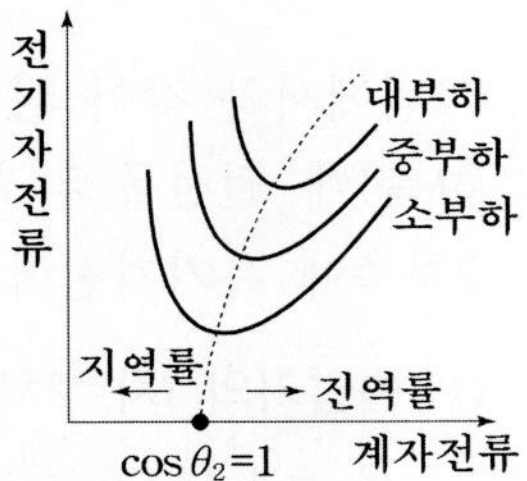

② V곡선의 최소점은 역률이 1인 점으로써 전기자전류도 최소이다.

③ 역률이 1인 점을 기준으로 왼쪽은 부족여자로서 역률이 뒤지고 오른쪽은 과여자로서 역률이 앞선다.

(2) 동기조상기

① 동기전동기의 위상특성을 이용하여 전력계통 중간에 동기전동기를 무부하로 운전하는 위상조정 및 전압조정 목적으로 사용되는 조상설비 중 하나이다.

② 역률이 1인 점을 기준으로 왼쪽은 부족여자로서 지상 역률이 되어 리액터로 작용하고 오른쪽은 과여자로서 진상 역률이 되어 콘덴서로 작용한다.

③ 동기조상기는 전력용콘덴서(진상 조정용)와 분로리액터(지상 조정용)에 비해서 진상 및 지상 역률을 모두 얻을 수 있는 장점이 있다.

변압기 무부하 전류
무부하 전류란 변압기 2차측을 개방하여 무부하인 상태에서 변압기 1차측에 공급되는 전류로서 자속을 발생하는 자화전류와 철손을 발생하는 철손전류로 이루어져 있으며 여자전류라고도 한다.

변압기의 등가회로
변압기는 권수비에 따라 전압, 전류, 임피던스, 저항, 리액턴스가 변하며 이러한 관계를 이용하여 복잡한 전기회로를 간단한 등가회로로 바꾸어 해석하는데 이용된다.

(3) **특수 동기전동기**

① 초 동기전동기는 회전계자형인 동기전동기에 고정자인 전기자 부분도 회전자의 주위를 회전할 수 있도록 2중 베어링 구조로 되어 있는 전동기로 부하를 건 상태에서 운전하는 전동기이다.

② 반동전동기는 속도가 일정하고 구조가 간단하여 동기이탈이 없는 전동기로서 전기시계, 오실로그래프 등에 많이 사용되는 전동기이다.

3 변압기

1. 변압기 이론

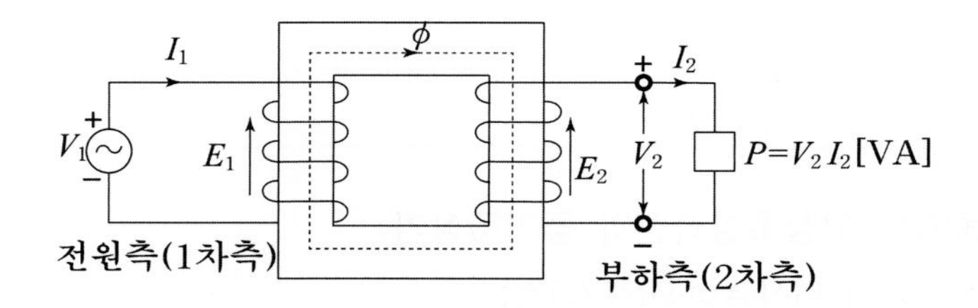

그림에서와 같이 환상철심을 자기회로로 사용하여 1차측(전원측)과 2차측(부하측)에 권선을 감고 1차측에 교류전원을 인가하면 전자유도작용에 의해서 2차측에 유기기전력이 발생하게 된다.

(1) **변압기의 1차, 2차측 유기기전력**(E_1, E_2)

$E_1 = 4.44 f \phi N_1 k_{w1}$ [V], $E_2 = 4.44 f \phi N_2 k_{w2}$ [V]

여기서, E_1, E_2 : 변압기의 1차, 2차 유기기전력, f : 주파수,
ϕ : 자속, N_1, N_2 : 변압기의 1차, 2차 코일권수,
k_{w1}, k_{w2} : 변압기의 1차, 2차 권선계수

(2) **변압기 권수비**(전압비 : N)

$$N = \frac{N_1}{N_2} = \frac{E_1}{E_2} = \frac{I_2}{I_1} = \sqrt{\frac{Z_1}{Z_2}} = \sqrt{\frac{R_1}{R_2}} = \sqrt{\frac{X_1}{X_2}}$$

여기서, N : 권수, E : 전압, I : 전류, Z : 임피던스,
R : 저항, X : 리액턴스

11 예제문제

변압기의 1차 및 2차의 전압, 권선수, 전류를 E_1, N_1, I_1 및 E_2, N_2, I_2라 할 때 성립하는 식으로 알맞은 것은?

① $\dfrac{E_2}{E_1}=\dfrac{N_1}{N_2}=\dfrac{I_2}{I_1}$　　② $\dfrac{E_1}{E_2}=\dfrac{N_2}{N_1}=\dfrac{I_1}{I_2}$

③ $\dfrac{E_2}{E_1}=\dfrac{N_2}{N_1}=\dfrac{I_1}{I_2}$　　④ $\dfrac{E_1}{E_2}=\dfrac{N_1}{N_2}=\dfrac{I_1}{I_2}$

해설

변압기 권수비(전압비 : N)

$$\therefore\ N=\frac{N_1}{N_2}=\frac{E_1}{E_2}=\frac{I_2}{I_1}=\sqrt{\frac{Z_1}{Z_2}}=\sqrt{\frac{R_1}{R_2}}=\sqrt{\frac{X_1}{X_2}}$$

답 ③

변압기의 정격과 단위
정격용량[kVA], 정격전압[V], 정격전류[A], 정격주파수[Hz]

변압기의 정격전류
변압기 1차, 2차 정격전류 계산시 단상 변압기에 적용하는 경우에는 $\sqrt{3}$ 을 적용하지 않는다.

2. 변압기 정격

(1) 변압기 1차측과 2차측의 구분

변압기는 $N=\dfrac{E_1}{E_2}=\dfrac{I_2}{I_1}$ 식에서 $E_1I_1=E_2I_2$를 만족하게 되므로 변압기의 정격용량은 $P_1=E_1I_1$ 또는 $P_2=E_2I_2$로 구할 수 있다. 하지만 변압기의 1차측은 전원측(입력측), 2차측은 부하측(출력측)으로 구분하여 2차측을 출력으로 사용하기 때문에 변압기의 정격출력은 정격 2차 전압과 정격 2차 전류의 곱으로 표현하고 또한 단위도 [VA] 또는 [kVA]로 표기한다.

(2) 변압기의 정격전류 계산(3상 변압기)

① 1차 정격전류(I_1)

$$I_1=\frac{P[\mathrm{VA}]}{\sqrt{3}\,V_1}=\frac{P[\mathrm{W}]}{\sqrt{3}\,V_1\cos\theta}[\mathrm{A}]$$

여기서, P [VA] : 변압기 정격용량(피상분), P [W] : 부하용량(유효분), V_1 : 변압기 1차 정격전압, $\cos\theta$: 부하역률

② 2차 정격전류(I_2)

$$I_2=\frac{P[\mathrm{VA}]}{\sqrt{3}\,V_2}=\frac{P[\mathrm{W}]}{\sqrt{3}\,V_2\cos\theta}[\mathrm{A}]$$

여기서, P [VA] : 변압기 정격용량(피상분), P [W] : 부하용량(유효분), V_2 : 변압기 2차 정격전압, $\cos\theta$: 부하역률

절연물의 등급 및 최고허용온도

등급	최고허용온도
Y종	90[℃]
A종	105[℃]
E종	120[℃]
B종	130[℃]
F종	155[℃]
H종	180[℃]
C종	180[℃] 초과

변압기의 절연내력시험
변압기 절연내력시험의 대표적인 방법으로는 가압시험, 유도시험, 충격시험 3가지가 있다.

12 예제문제

1차 전압 3,300[V], 권수비 30인 단상변압기가 전등부하에 20[A]를 공급하고자 할 때의 입력전력 [kW]은?

① 2.2　　② 3.4
③ 4.6　　④ 5.2

해설

$P_1 = E_1 I_1 [\text{VA}],\ N = \dfrac{E_1}{E_2} = \dfrac{I_2}{I_1}$ 식에서 $E_1 = 3{,}300[\text{V}],\ N = 30,\ I_2 = 20[\text{A}]$ 일 때

$I_1 = \dfrac{I_2}{N} = \dfrac{20}{30} = \dfrac{2}{3}$ 이므로

$\therefore\ P_1 = E_1 I_1 = 3{,}300 \times \dfrac{2}{3} = 2{,}200[\text{VA}] = 2.2[\text{kVA}]$

답 ①

3. 변압기 절연유의 특징

(1) 변압기 절연유의 사용 목적

유입변압기는 변압기 권선의 절연을 위해 기름을 사용하는데 이를 절연유라 하며 절연유는 절연뿐만 아니라 냉각 및 열방산 효과도 좋게 하기 위해서 사용된다.

(2) 절연유가 갖추어야 할 성질

① 절연내력이 커야 한다.
② 인화점은 높고 응고점은 낮아야 한다.
③ 비열이 커서 냉각효과가 커야 한다.
④ 점도가 낮아야 한다.
⑤ 절연재료 및 금속재료에 화학작용을 일으키지 않아야 한다.
⑥ 산화하지 않아야 한다.

(3) 절연유의 열화 방지 대책

① 콘서베이터 방식 : 변압기 본체 탱크 위에 콘서베이터 탱크를 설치하여 사이를 가느다란 금속관으로 연결하는 방법으로 변압기의 뜨거운 기름을 직접 공기와 닿지 않도록 하는 방법
② 질소봉입 방식 : 절연유와 외기의 접촉을 완전히 차단하기 위해 불활성 질소를 봉입하는 방법
③ 브리더 방식 : 변압기의 호흡작용으로 유입되는 공기 중의 습기를 제거하는 방법

13 예제문제

유입식 변압기의 절연유 구비조건이 아닌 것은?

① 절연내력이 클 것 ② 응고점이 높을 것

③ 점도가 낮고 냉각효과가 클 것 ④ 인화점이 높을 것

해설

변압기의 절연유는 응고점이 낮아야 한다.

답 ②

4. 변압기의 %전압강하 및 전압변동률

(1) 변압기의 %전압강하

① %저항강하(p)

$$p = \frac{I_2 r_2}{V_2} \times 100 = \frac{I_1 r_{12}}{V_1} \times 100 = \frac{P_s}{P_n} \times 100[\%]$$

여기서, I_2 : 2차 전류, V_2 : 2차 전압, r_2 : 2차 저항, I_1 : 1차 전류, V_1 : 1차 전압, r_{12} : 2차를 1차로 환산한 등가저항, P_s : 임피던스 와트(동손), P_n : 정격 용량

② %리액턴스 강하(q)

$$q = \frac{I_2 x_2}{V_2} \times 100 = \frac{I_1 x_{12}}{V_1} \times 100[\%]$$

여기서, I_2 : 2차 전류, V_2 : 2차 전압, x_2 : 2차 리액턴스, I_1 : 1차 전류, V_1 : 1차 전압, x_{12} : 2차를 1차로 환산한 등가리액턴스

③ %임피던스 강하(z)

$$z = \frac{I_2 Z_2}{V_2} \times 100 = \frac{I_1 Z_{12}}{V_1} \times 100 = \frac{V_s}{V_{n1}} \times 100[\%]$$

여기서, I_2 : 2차 전류, V_2차 전압, Z_2 : 2차 임피던스, I_1 : 1차 전류, V_1 : 1차 전압, Z_{12} : 2차를 1차로 환산한 등가임피던스, V_s : 임피던스 전압, V_{n1} : 1차 정격전압

(2) 변압기의 전압변동률(ϵ)

① 무부하 2차 단자전압과 2차 정격전압으로 표현하는 방법

$$\epsilon = \frac{V_{02} - V_{n2}}{V_{n2}} \times 100[\%]$$

여기서, V_0 : 무부하 2차 단자전압, V_n : 2차 정격전압

② %저항강하과 %리액턴스강하로 표현하는 방법

$\epsilon = p\cos\theta + q\sin\theta[\%]$-(지역률인 경우)

여기서, p : %저항강하, q : %리액턴스강하

단락전류(I_s)

변압기 정격전류 I_n에 대해서 %임피던스 강하인 %Z와의 관계로 구할 수 있다.

$\therefore I_s = \frac{100}{\%Z} I_n$[A]

용어

- 임피던스 전압 : 변압기 2차측을 단락한 상태에서 1차 전류가 정격전류로 흐르도록 하는 변압기 1차측 공급전압
- 임피던스 와트 : 변압기에 임피던스 전압을 공급한 상태에서 변압기 내부의 동손

변압기의 전압변동률

- 지역률일 경우(뒤진 역률일 때) $\epsilon = p\cos\theta + q\sin\theta$
- 진역률일 경우(앞선 역률일 때) $\epsilon = p\cos\theta - q\sin\theta$

단상 변압기의 채용
3상 부하에 3상 변압기를 결선하여 채용하면 경제적으로 유리한 면이 있지만 변압기 결선과 용량을 바꾸기 어려워 부하 증설에 대한 대처가 불가능하다. 따라서 단상 변압기를 채용하게 되면 자유로운 결선 및 부하 증설에 따른 대처가 용이해 진다.

V결선의 출력비와 이용률
- V결선의 출력비란 원래 △결선으로 운전할 때의 변압기 출력에 대한 V결선의 출력과의 비율로서 변압기 1대 고장 전과 고장 후의 출력의 비율을 의미한다.
- V결선의 이용률이란 변압기 2대를 운전하여 만들어낼 수 있는 최대 출력의 비를 의미한다.

스코트 결선(T결선)
변압기 스코트결선은 3상 전원을 2상 전원으로 공급하기 위한 결선으로서 변압기 권선의 86.6[%]인 부분만을 사용하기 때문에 변압기 이용률이 86.6[%]로 운전된다.

14 예제문제

변압기 내부의 저항과 누설리액턴스의 %강하는 3[%] 및 4[%]이다. 부하역률이 지상 60[%]일 때 이 변압기의 전압변동률은 몇 [%]인가?

① 1.4　② 4
③ 4.8　④ 5

해설
$\epsilon = p\cos\theta + q\sin\theta[\%]$ 식에서 $p=3[\%]$, $q=4[\%]$, $\cos\theta=0.6$일 때 $\sin\theta=0.8$ 이므로
$\therefore\ \epsilon = p\cos\theta + q\sin\theta = 3\times0.6+4\times0.8=5[\%]$

답 ④

5. 변압기 결선의 종류 및 특징

(1) △-△ 결선의 특징
① 3고조파가 외부로 나오지 않으므로 통신장해의 염려가 없다.
② 단상 변압기 3대 중 1대의 고장이 생겼을 때 2대를 이용하여 V결선으로 운전하여 사용할 수 있다.
③ 중성점 접지를 할 수 없으며 주로 저전압 단거리 선로로서 30[kV] 이하의 계통에서 사용된다.

(2) Y-Y 결선의 특징
① 3고조파를 발생시켜 통신선에 유도장해를 일으킨다.
② 송전계통에서 거의 사용되지 않는 방법이다.
③ 중성점 접지를 시설할 수 있다.

(3) △-Y 결선과 Y-△ 결선의 특징
① △-Y 결선은 승압용(송전용), Y-△ 결선은 강압용(배전용)으로 채용된다.
② 1차측과 2차측은 위상차 각이 30° 발생한다.
③ 중성점 접지를 잡을 수 있으며 또한 3고조파의 영향이 나타나지 않는다.

(4) V-V 결선의 특징
① 변압기 3대로 △결선 운전 중 변압기 1대 고장으로 2대만을 이용하여 3상 전원을 공급할 수 있는 결선이다.
② V결선의 출력은 변압기 1대 용량의 $\sqrt{3}$ 배이다.
③ V결선의 출력비는 57.7[%], 이용률은 86.6[%]이다.

15 예제문제

기전력에 고조파를 포함하고 있으며, 중성점이 접지되어 있을 때에는 선로에 제3고조파의 충전전류가 흐르고 통신장애를 주는 변압기 결선법은?

① Δ－Δ결선　　② Y－Y결선
③ Δ－Y결선　　④ Y－Δ결선

해설
3고조파로 인해 통신상의 유도장해가 발생할 수 있는 결선법은 Y-Y 결선이다.

답 ②

변압기의 이상적인 병렬운전조건
- 변압기의 병렬운전조건에 모두 만족할 것.
- 부하분담이 용량에 비례하며, 임피던스에 반비례할 것.
- 변압기 상호간에 순환전류가 흐르지 않을 것.

6. 변압기의 병렬운전 조건

부하용량이 변압기 용량보다 큰 경우에는 변압기를 추가하여 병렬로 운전할 수 있는데 이 때 변압기를 병렬로 운전하기 위한 조건을 만족하여야 순환전류로 인한 변압기 사고를 방지할 수 있게 된다.

(1) 단상 변압기와 3상 변압기 공통 사항
① 극성이 같아야 한다.
② 정격전압이 같고, 권수비가 같아야 한다.
③ %임피던스강하가 같아야 한다.
④ 저항과 리액턴스의 비가 같아야 한다.

(2) 3상 변압기에만 적용
① 위상각 변위가 같아야 한다.
② 상회전 방향이 같아야 한다.

(3) 변압기 병렬운전이 가능한 경우와 불가능한 경우의 결선

가능	불가능
Δ-Δ 와 Δ-Δ Δ-Δ 와 Y-Y Y-Y 와 Y-Y Y-Δ 와 Y-Δ	Δ-Δ 와 Δ-Y Δ-Δ 와 Y-Δ Y-Y 와 Δ-Y Y-Y 와 Y-Δ

변압기의 손실
- 부하손은 부하전류에 따라 크기가 변하는 손실로서 대표적인 손실이 동손이며, 동손은 부하전류의 제곱에 비례하여 변화한다.
- 무부하손은 부하전류와 관계없이 나타나는 손실로서 대표적인 손실이 철손이다.

주상변압기의 고압측에 몇 개의 탭을 두는 이유
배전선로의 전압을 조정하기 위해서이다.

변압기 내부고장 검출 계전기
- 차동계전기 또는 비율차동계전기
- 부흐홀츠계전기

16 예제문제

두 대 이상의 변압기를 병렬 운전하고자 할 때 이상적인 조건으로 옳지 않은 것은?

① 용량에 비례해서 전류를 분담할 것
② 각 변압기의 극성이 같을 것
③ 변압기 상호 간 순환전류가 흐르지 않을 것
④ 각 변압기의 손실비가 같을 것

해설
변압기의 이상적인 병렬운전조건과 손실비와는 무관하다.

답 ④

7. 변압기 손실과 효율

(1) 변압기의 손실

① 부하손(가변손) : 동손, 표유부하손
② 무부하손(고정손) : 철손, 풍손

(2) 변압기의 효율

① 전부하 효율(η)

$$\eta = \frac{P}{P + P_i + P_c} \times 100\,[\%]$$

여기서, P : 출력[W], P_i : 철손[W], P_c : 동손[W]

② $\frac{1}{m}$ 부하인 경우 효율 $\left(\eta_{\frac{1}{m}}\right)$

$$\eta_{\frac{1}{m}} = \frac{\frac{1}{m}P}{\frac{1}{m}P + P_i + \left(\frac{1}{m}\right)^2 P_c} \times 100\,[\%]$$

여기서, P : 출력[W], P_i : 철손[W], P_c : 동손[W]

(3) 최대효율 조건

① 전부하시 : $P_i = P_c$

여기서, P_i : 철손, P_c : 동손

② $\frac{1}{m}$ 부하시 : $P_i = \left(\frac{1}{m}\right)^2 P_c$

여기서, P_i : 철손, P_c : 동손, $\frac{1}{m}$: 부하율

17 예제문제

변압기의 부하손(동손)에 대한 특성 중 맞는 것은?

① 동손은 주파수에 의해 변화한다.
② 동손은 온도 변화와 관계없다.
③ 동손은 부하 전류에 의해 변화한다.
④ 동손은 자속 밀도에 의해 변화한다.

해설
부하손은 부하전류에 따라 크기가 변하는 손실로서 대표적인 손실이 동손이며, 동손은 부하전류의 제곱에 비례하여 변화한다.

답 ③

상대속도(=슬립속도)
동기속도(N_s)와 유도전동기 회전자 속도(N)의 차에 해당하는 속도로서 $sN_s = N_s - N$[rpm]으로 정의한다.

유도전동기 슬립의 범위
정회전시 슬립의 범위는
$0 < s < 1$ 이다.

4 유도기

1. 유도전동기의 슬립과 속도

(1) 동기속도(N_s)와 슬립(s)

고정자의 동기속도(N_s)에 대한 고정자의 동기속도와 회전자의 회전자 속도(N) 사이에 나타나는 속도차 상수를 슬립 "s"라 한다.

$$s = \frac{N_s - N}{N_s}, \quad N_s = \frac{120f}{p}\,[\text{rpm}]$$

여기서, s : 슬립, N_s : 동기속도, N : 회전자 속도, f : 주파수, p : 극수

① 슬립이 1이면 회전자 속도가 $N=0$[rpm]일 때 이므로 유도전동기가 정지되어 있거나 또는 기동할 때임을 의미한다.
② 슬립이 0이면 회전자 속도가 동기속도와 같은 $N=N_s$[rpm]일 때 이므로 유도전동기가 무부하 운전을 하거나 또는 정상속도에 도달하였음을 의미한다.

(2) 회전자 속도(N)

$$N = (1-s)N_s = (1-s)\frac{120f}{p}\,[\text{rpm}]$$

여기서, N : 회전자 속도, s : 슬립, N_s : 동기속도, f : 주파수, p : 극수

유도전동기의 회전시 1, 2차 전압비

$$\frac{E_1}{E_{2S}} = \frac{E_1}{sE_2} = \frac{\alpha}{s}$$

여기서 α : 실효권수비

유도전동기의 기계적 출력

유도전동기의 기계적 출력은 전기적 출력값과 기계손을 합산한 값으로 기계손이 주어지지 않는 경우에는 전기적 출력값과 같다고 해석한다. 하지만 기계손이 주어지는 경우에는 전기적 출력값에 기계손을 합산해 주어야 한다.

유도전동기의 2차 효율(η_2)

$$\eta_2 = \frac{P_0}{P_2} = 1 - s = \frac{N}{N_s}$$

여기서, P_0 : 기계적 출력,
P_2 : 2차 입력,
s : 슬립,
N : 회전자 속도,
N_s : 동기속도

18 예제문제

유도전동기에서 슬립이 "0"이라고 하는 것은?

① 유도전동기가 제동기의 역할을 한다는 것이다.
② 유도전동기가 정지 상태인 것을 나타낸다.
③ 유도전동기가 전부하 상태인 것을 나타낸다.
④ 유도전동기가 동기속도로 회전한다는 것이다.

해설

슬립이 0이면 회전자 속도가 동기속도와 같은 $N = N_s$[rpm]일 때 이므로 유도전동기가 무부하 운전을 하거나 또는 정상속도에 도달하였음을 의미한다.

답 ④

2. 유도전동기의 운전시 2차 유기기전력 및 2차 주파수

유도전동기가 정지 상태에 있을 때 2차 유기기전력을 E_2[V], 2차 주파수를 f_1[Hz]라 하면 운전시 2차 유기기전력을 E_{2s}[V], 2차 주파수를 f_{2s}[Hz]는 다음과 같은 공식으로 표현한다.

$E_{2s} = sE_2$[V], $f_{2s} = sf_1$[Hz]

여기서, s : 슬립

3. 유도전동기의 전력변환식

구분	$\times P_2$	$\times P_{c2}$	$\times P_0$
$P_2 =$	1	$\frac{1}{s}$	$\frac{1}{1-s}$
$P_{c2} =$	s	1	$\frac{s}{1-s}$
$P_0 =$	$1-s$	$\frac{1-s}{s}$	1

여기서, P_2 : 2차 입력(동기와트), P_{c2} : 2차 동손(2차 저항손),
P_0 : 기계적 출력, s : 슬립

- $P_2 = \frac{1}{s}P_{c2} = \frac{1}{1-s}P_0$[W]
- $P_{c2} = sP_2 = \frac{s}{1-s}P_0$[W]
- $P_0 = (1-s)P_2 = \frac{1-s}{s}P_{c2}$[W]

19 예제문제

정격 10[kW]의 3상 유도전동기가 기계손 200[W], 전부하 슬립 4[%]로 운전될 때 2차 동손은 약 몇 [W]인가?

① 400 ② 408
③ 417 ④ 425

해설

$P_{c2} = sP_2 = \frac{s}{1-s}P_0$[W] 식에서 $P_0 = 10 \times 10^3 + 200$[kW], $P_l = 200$[W], $s = 0.04$일 때

$\therefore P_{c2} = \frac{s}{1-s}P_0 = \frac{0.04}{1-0.04} \times (10 \times 10^3 + 200) = 425$[W]

답 ④

유도전동기의 토크와 전압 관계
유도전동기의 토크는 출력과 입력에 비례하고, 또한 출력과 입력은 전압의 제곱에 비례하기 때문에 토크는 전압의 제곱에 비례함을 알 수 있다.

유도전동기의 전부하 슬립과 전압 관계
유도전동기의 전부하 슬립은 전압의 제곱에 반비례한다.

$s \propto \frac{1}{V^2}$

비례추이의 원리
- 권선형 유도전동기에 적용한다.
- 2차 저항을 크게 하면 슬립이 증가하고 기동토크도 증가한다.
- 속도가 감소하고 기동전류도 감소한다.
- 최대토크는 변하지 않는다.

4. 유도전동기의 토크와 비례추이의 원리

(1) 유도전동기의 토크(τ)

① 기계적 출력(P_0)과 회전자 속도(N)에 의한 토크

$$\tau = 9.55\frac{P_0}{N}[\text{N} \cdot \text{m}] = 0.975\frac{P_0}{N}[\text{kg} \cdot \text{m}]$$

여기서, τ : 토크, P_0 : 기계적 출력[W], N : 회전자 속도[rpm]

② 2차 입력(P_2)과 동기속도(N_s)에 의한 토크

$$\tau = 9.55\frac{P_2}{N_s}[\text{N} \cdot \text{m}] = 0.975\frac{P_2}{N_s}[\text{kg} \cdot \text{m}]$$

여기서, τ : 토크, P_2 : 2차 입력[W], N_s : 동기속도[rpm]

참고 2차 입력을 "동기 와트"라고도 한다.

(2) 비례추이의 원리

① 특징

권선형 유도전동기는 회전자 권선에 외부 저항(2차 저항)을 접속하여 기동시 2차 저항이 최대일 때 기동전류를 제한하고 또한 최대토크를 발생하기 위한 슬립을 2차 저항에 비례 증가시켜 기동토크를 크게 할 수 있는 원리를 말한다. 하지만 최대토크는 변화하지 않는다.

② 비례추이를 할 수 있는 특성

토크, 1차 입력, 2차 입력(또는 동기와트), 1차 전류, 2차 전류, 역률

③ 비례추이를 할 수 없는 특성

출력, 효율, 2차 동손, 동기속도

농형 유도전동기의 Y-△ 기동법
Y-△ 기동법은 기동전류와 기동토크를 전전압 기동에 비해 $\frac{1}{3}$배만큼 감소시킨다.

농형 유도전동기의 주파수제어법
주파수를 변환하기 위하여 인버터장치로 VVVF(가변전압 가변주파수) 장치가 사용되고 있다. 이 때 공급전압과 주파수는 비례관계에 있어야 한다. 전동기의 고속운전에 필요한 속도제어에 이용되며 선박의 추진모터나 인견공장의 포트모터 속도제어 방법에 적용되고 있다.

유도전동기의 속도제어에 사용되는 전력변환기
- 인버터(VVVF)
- 위상제어기(SCR)
- 사이클로 컨버터

20 예제문제

전동기 2차측에 기동저항기를 접속하고 비례추이를 이용하여 기동하는 전동기는?

① 단상 유도전동기 ② 농형 유도전동기
③ 권선형 유도전동기 ④ 2중 농형 유도전동기

해설

비례추이원리 특징
권선형 유도전동기는 회전자 권선에 외부 저항(2차 저항)을 접속하여 기동시 2차 저항이 최대일 때 기동전류를 제한하고 또한 최대토크를 발생하기 위한 슬립을 2차 저항에 비례 증가시켜 기동토크를 크게 할 수 있는 원리를 말한다.

답 ③

5. 유도전동기의 기동법과 속도제어법

(1) 유도전동기의 기동법

구분	종류	특징
농형 유도전동기	전전압 기동법	5.5[kW] 이하의 소형에 적용
	Y-△ 기동법	5.5[kW]를 초과하고 15[kW] 이하에 적용
	리액터 기동법	15[kW]를 넘는 전동기에 적용
	기동 보상기법	15[kW]를 넘는 전동기에 적용
권선형 유도전동기	2차 저항 기동법	비례추이원리를 이용
	2차 임피던스 기동법	-
	게르게스 기동법	-

(2) 유도전동기의 속도제어법

구분	종류	특징
농형 유도전동기	주파수제어법	VVVF(가변전압 가변주파수) 장치를 이용
	전압제어법	-
	극수변환법	-
권선형 유도전동기	2차 저항 제어법	비례추이원리를 이용
	2차 여자법	회전자 권선에 슬립 주파수와 슬립 전압을 공급
	종속법	-

21 예제문제

권선형 유도전동기의 기동방법으로 가장 적당한 것은?

① 전전압기동법 ② 리액터기동법
③ 기동보상기법 ④ 2차 저항법

해설
2차 저항 기동법은 비례추이의 원리를 이용한 권선형 유도전동기의 기동법에 해당된다.

답 ④

와류 브레이크
맴돌이 브레이크라고도 하며 와전류에 의해 브레이크 토크를 발생시켜 전동기를 제동하는 방법으로서 다음과 같은 특징을 갖는다.
- 전자기적 제동으로 마모가 생기지 않는다.
- 정지시에는 제동토크가 걸리지 않는다.
- 제동토크는 코일의 여자전류에 비례한다.
- 제동시에 와전류 손실에 의한 열이 많이 발생한다.

6. 유도전동기의 역회전과 제동법

(1) 유도전동기의 역회전

3상 유도전동기의 회전방향을 반대로 바꾸기 위해서는 3선 중 임의의 2선의 접속을 바꿔야 한다.

(2) 유도전동기의 제동법

① 역상제동 : 정회전 하는 전동기에 전원을 끊고 역회전 토크를 공급하여 정방향의 공회전 운전을 급속히 정지시키기 위한 방법으로 역회전 방지를 위해 플러깅 릴레이를 이용하기 때문에 플러깅 제동이라 표현하기도 한다.

② 발전제동 : 유도전동기를 제동하는 동안 유도발전기로 동작시키고 발전된 전기에너지를 저항을 이용하여 열에너지로 소모시켜 제동하는 방법

③ 회생제동 : 유도전동기를 제동하는 동안 유도발전기로 동작시키고 발전된 전기에너지를 다시 전원으로 되돌려 보내줌으로서 제동하는 방법

7. 유도전동기의 주파수에 따른 변화

일정전압에서 주파수가 감소할 때 유도전동기의 특성 변화는 다음과 같다.

$$f \propto \frac{1}{B_m} \propto \frac{1}{P_h} \propto \frac{1}{P_i} \propto \frac{1}{I_0} \propto N_s \propto \cos\theta \propto X_L$$

여기서, f : 주파수, B_m : 자속밀도, P_h : 히스테리시스 손실,
P_i : 철손, I_0 : 여자전류, N_s : 동기속도, $\cos\theta$: 역률
X_L : 누설리액턴스

① 자속밀도, 히스테리시스 손실, 철손, 여자전류는 증가한다.
② 동기속도와 회전자 속도 및 역률은 감소한다.
③ 누설리액턴스는 감소한다.

영구 콘덴서 전동기
보조권선에 직렬로 콘덴서를 접속시킨 전동기로 주로 가정용 선풍기나 세탁기 등에 사용된다.

단상 유도전동기의 역회전 방법
주권선(또는 운동권선)이나 보조권선(또는 기동권선) 중 어느 한쪽의 단자 접속을 반대로 한다.

유도전동기의 손실
- 고정손 : 철손, 마찰손, 풍손
- 가변손 : 동손, 표유부하손

유도전동기의 원선도 작성에 필요한 시험
- 무부하 시험
- 구속시험
- 저항시험

유도전동기의 게르게스 현상
3상 중 1선 단선 또는 개방시 반부하 운전으로 속도가 감소하고 전류는 증가하여 전동기가 소손된다.

22 예제문제

유도전동기를 유도발전기로 동작시켜 그 발생전력을 전원으로 반환하여 제동하는 유도전동기 제동방식은?

① 발전제동 ② 역상제동
③ 단상제동 ④ 회생제동

해설
회생제동이란 유도전동기를 제동하는 동안 유도발전기로 동작시키고 발전된 전기에너지를 다시 전원으로 되돌려 보내줌으로서 제동하는 방법

답 ④

8. 단상 유도전동기

단상 유도전동기는 회전자계가 없으므로 회전력을 발생하지 않는다. 이 때문에 주권선(또는 운동권선) 외에 보조권선(또는 기동권선)을 삽입하여 보조권선으로 회전자기장을 발생시키고 또한 회전력을 얻는다. 주로 가정용으로서 선풍기, 드릴, 믹서, 재봉틀 등에 사용된다.

(1) 단상 유도전동기의 종류 및 특징

① 반발 기동형 : 기동토크가 가장 크고 정류자와 브러시를 사용하기 때문에 보수가 불편한 특징이 있다.
② 반발 유도형 : 반발 기동형에 이어 기동토크가 크며 무부하에서 이상 고속도가 되지 않도록 보호한다.
③ 콘덴서 기동형 : 분상 기동형이나 또는 영구 콘덴서 전동기에 기동 콘덴서를 병렬로 접속하여 역률과 효율을 개선할 뿐만 아니라 기동토크 또한 크게 할 수 있다.
④ 분상 기동형 : 콘덴서가 접속되지 않는 일반적인 단상 유도전동기로서 보조권선으로 기동하고 동기속도의 80[%]에 가까워지면 보조권선에 접속된 원심력개폐기를 작동시켜 회전을 지속할 수 있도록 한다.
⑤ 세이딩 코일형 : 기동토크가 작고 출력이 수 십[W] 이하인 소형 전동기에 사용되며 구조는 간단하고 역률과 효율이 낮다. 또한 운전 중에도 세이딩 코일에 전류가 계속 흐르고 속도변동률이 크다. 회전자는 농형이고 고정자의 성층철심은 몇 개의 돌극으로 되어 있으며 회전방향을 바꿀 수 없는 단상 유도전동기이다.

(2) 단상 유도전동기의 기동토오크 순서

반발기동형 〉 반발유도형 〉 콘덴서기동형 〉 분상기동형 〉 세이딩코일형

23 예제문제

단상유도전동기를 기동할 때 기동토크가 가장 큰 것은?

① 분상기동형 ② 콘덴서기동형
③ 반발기동형 ④ 반발유도형

해설
단상 유도전동기의 기동토오크 순서
∴ 반발기동형 〉 반발유도형 〉 콘덴서기동형 〉 분상기동형 〉 세이딩코일형

답 ③

AC 서보전동기의 특징
- 기준권선과 제어권선으로 이루어져 있으며 기준권선에는 기준전압을, 제어권선에는 제어용전압을 공급한다.
- 두 권선은 90°의 위상차를 이루고 있어 이로 인한 회전자계로부터 회전력을 얻는다.
- AC 서보전동기의 전달함수는 적분요소와 2차 지연요소의 직렬결합에 의한 것이다.
- AC 서보전동기는 DC 서보전동기에 비해 비교적 작은 회전력이 요구되는 시스템에 적용된다.

5 특수전동기

1. 서보 전동기의 특징

① 기동, 정지, 정 · 역 운전을 자주 반복할 수 있어야 한다.
② 저속이며 거침없이 운전이 가능하여야 한다.
③ 제어범위가 넓고 특성 변경이 쉬워 급가속 및 급감속이 용이하여야 한다.
④ 전기자를 작고 길게 제작하여 관성모멘트를 작게 하여야 한다.
⑤ 시정수가 작고, 속응성이 커서 신뢰도가 높아야 한다.
⑥ 직류용과 교류용이 있으며 기동토크는 직류용이 더 크다.
⑦ 발열이 심하여 냉각장치를 필요로 한다.

2. 리니어 전동기(선형 전동기)의 특징

① 회전운동을 직선운동으로 바꿔주기 때문에 직접 직선운동을 할 수 있다.
② 원심력에 의한 가속제한이 없기 때문에 고속운동이 가능하다.
③ 마찰 없이 추진력을 얻을 수 있다.
④ 기어·밸트 등의 동력 변환기구가 필요 없기 때문에 구조가 간단하고 신뢰성이 높다.

3. 엘리베이터 전동기의 특징

① 정 · 역 운전이 자유로워야 한다.
② 기동 및 정지가 빈번하여 회전부 관성모멘트가 작아야 한다.
③ 기동토크는 크고 기동전류는 작아야 한다.
④ 속도제어 범위가 넓어야 한다.
⑤ 소음이 작아야 한다.

용어
- 애벌런치 항복전압이란 역방향 전압이 과도하게 증가되어 역방향 전류가 급격히 증가하게 되는 역방향 전압을 말한다.
- 다이오드의 정특성이란 직류전압을 걸었을 때 다이오드에 걸리는 전압과 전류의 관계를 말한다.

24 예제문제

서보 전동기에 필요한 특징을 설명한 것으로 옳지 않은 것은?

① 정·역회전이 가능하여야 한다.
② 직류용은 없고 교류용만 있어야 한다.
③ 속도제어 범위와 신뢰성이 우수하여야 한다.
④ 급가속, 급감속이 용이하여야 한다.

해설
서보 전동기는 직류용과 교류용이 있으며 기동토크는 직류용이 더 크다.

답 ②

6 반도체와 정류기

1. P-N접합 다이오드의 특징

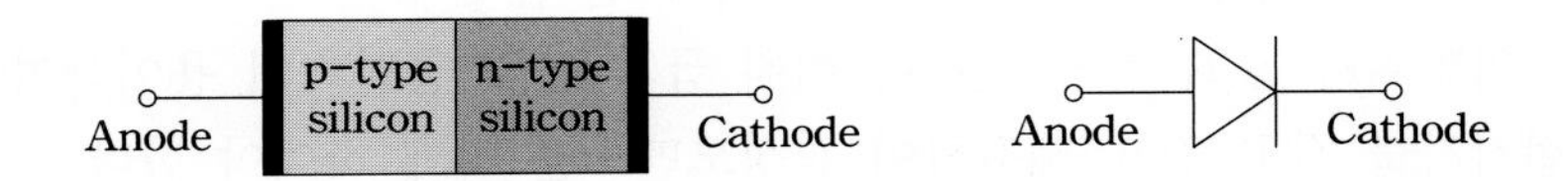

① 다이오드의 부성저항 특성에 의해 온도가 올라가면 저항이 감소하여 순방향 전류와 역방향 전류가 모두 증가한다.
② 순방향 도통시 다이오드 내부에는 약간의 전압강하가 발생한다.
③ 역방향 전압에서는 극히 작은 전류(또는 누설전류)만이 흐르게 된다.
④ 정류비가 클수록 정류특성은 좋아진다.
⑤ 애벌런치 항복전압은 온도가 증가함에 따라 증가한다.
⑥ 다이오드는 과전압 및 과전류에서 파괴될 우려가 있으므로 과전압으로부터 보호하기 위해서는 다이오드 여러 개를 직렬로 접속하고 과전류로부터 보호하기 위해서는 다이오드 여러 개를 병렬로 접속한다.

2. 다이오드의 종류와 특징

① 제너 다이오드 : 전원전압을 안정하게 유지하는데 이용된다.
② 터널 다이오드 : 발진, 증폭, 스위칭 작용으로 이용된다.
③ 버렉터 다이오드 : 가변 용량 다이오드로 이용된다.
④ 포토 다이오드 : 빛을 전기신호로 바꾸는데 이용된다.
⑤ 발광 다이오드(LED) : 전기신호를 빛으로 바꿔서 램프의 기능으로 사용하는 반도체 소자이다.

25 예제문제

전원전압을 안정하게 유지하기 위하여 사용되는 다이오드로 가장 옳은 것은?

① 제너 다이오드　② 터널 다이오드
③ 보드형 다이오드　④ 바랙터 다이오드

해설
제너 다이오드는 전원전압을 안정하게 유지하는데 이용된다.

답 ①

GTO(Gate Turn Off)
- 게이트 신호로도 정지(턴오프 : Turn-Off) 시킬 수 있다.
- 자기소호기능을 갖는다.

TRIAC
- SCR 2개를 서로 역병렬로 접속시킨 구조이다.
- 양방향성 3단자 소자로서 5층 구조이다.

반도체의 온도 특성
반도체는 금속 도체와 달리 온도가 올라가면 저항이 감소하는 부성저항특성 또는 (-) 온도계수특성을 갖는다.

3. 반도체 소자의 종류 및 특징

(1) 실리콘 제어 정류기(SCR : silicon controlled rectifier)의 특징

Gate (G)
(K) Cathode
Anode (A)

① 전원은 애노드에 ⊕전압, 캐소드에 ⊖전압, 게이트에 ⊕전압을 공급한다.
② pnpn 접합의 4층 구조로서 3단자를 갖는다.
③ 역방향은 저지하고 순방향으로만 제어하는 단일방향성 사이리스터이다.
④ 정류 작용 및 스위칭 작용을 한다.
⑤ 직류나 교류의 전력제어용으로 사용된다.
⑥ 게이트(gate) 신호를 가해야만 동작(턴온 : Turn-On)할 수 있다.
⑦ SCR을 정지(턴오프 : Turn-Off) 시키려면 애노드 전류를 유지전류 이하로 감소시키거나 또는 전원의 극성을 반대로 공급한다.

(2) 바리스터와 서미스터
① 바리스터 : 비직선적인 전압-전류 특성을 갖는 2단자 반도체 소자로서 불꽃 아크(서지) 소거용으로 이용된다.
② 서미스터 : 열을 감지하는 감열 저항체 소자로서 온도보상용으로 이용된다.

26 예제문제

SCR에 관한 설명으로 틀린 것은?

① PNPN 소자이다.　② 스위칭 소자이다.
③ 양방향성 사이리스터이다.　④ 직류나 교류의 전력제어용으로 사용된다.

해설
SCR은 역방향은 저지하고 순방향으로만 제어하는 단일방향성 사이리스터이다.

답 ③

4. 단상 반파 정류회로와 단상 전파 정류회로

(1) 단상 반파 정류회로

다이오드 1개를 단상 교류회로에 접속하면 반파 정류회로가 구성되며 다이오드를 통과한 부하측 전압 또는 전류는 단상 반파 정류된 직류 전압 또는 직류 전류를 얻을 수 있게 된다.

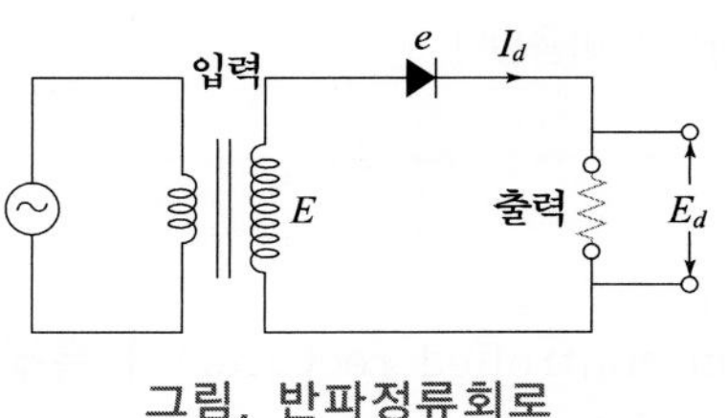

그림. 반파정류회로

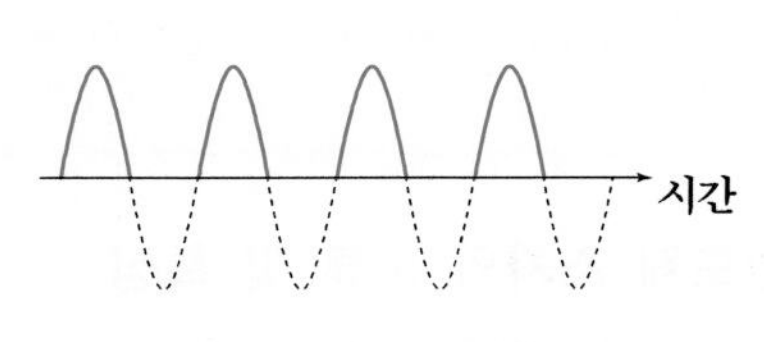

그림. 출력파형

① 교류 실효값과 직류 평균값 관계

$$E_d = \frac{\sqrt{2}}{\pi}E = 0.45E\,[\mathrm{V}]$$

여기서, E_d : 직류 평균값, E : 교류 실효값

② 최대 역전압(PIV)

$$PIV = \sqrt{2}\,E = \pi E_d\,[\mathrm{V}]$$

여기서, E : 교류 실효값, E_d : 직류 평균값

27 예제문제

단상 반파정류로 직류전압 100[V]를 얻으려고 한다. 최대 역전압(Peak Inverse Voltage : PIV)이 약 몇 [V] 이상인 다이오드를 사용하여야 하는가?

① 100[V] ② 141[V]
③ 222[V] ④ 314[V]

해설

$PIV = \sqrt{2}\,E = \pi E_d[\mathrm{V}]$ 식에서 $E_d = 100[\mathrm{V}]$일 때

$\therefore\ PIV = \pi E_d = \pi \times 100 = 314[\mathrm{V}]$

답 ④

(2) 단상 전파 정류회로

다이오드 2개를 이용하는 방법과 다이오드 4개를 브리지 회로로 구성하는 방법이 있으며 정류회로는 아래와 같다.

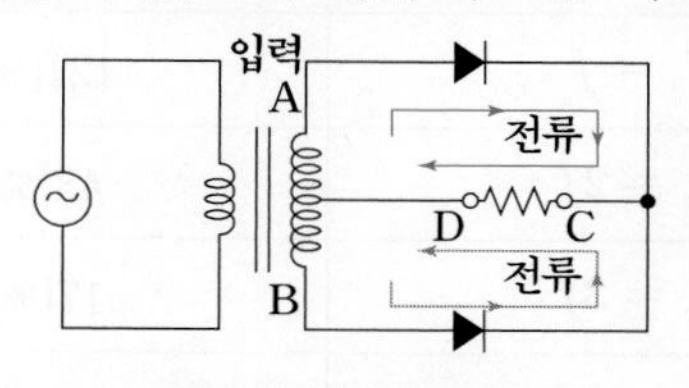

그림. 전파정류회로

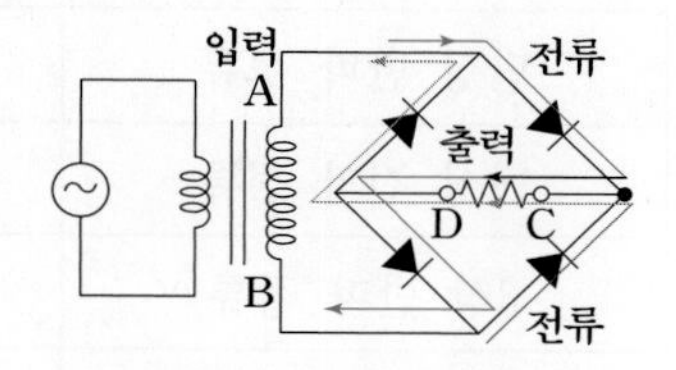

그림. 브리지 전파정류회로

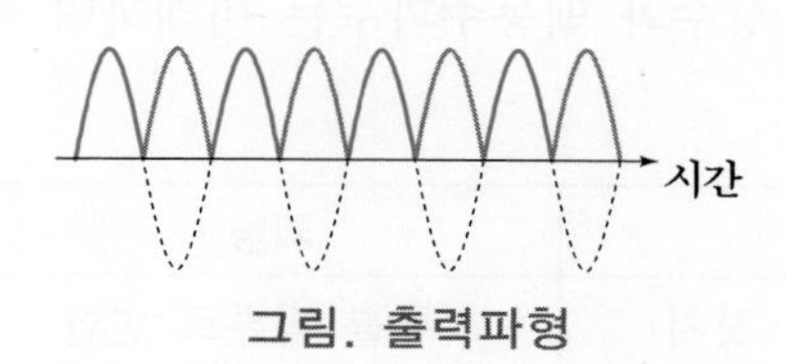

그림. 출력파형

① 교류 실효값과 직류 평균값 관계

$$E_d = \frac{2\sqrt{2}}{\pi}E = 0.9E[\text{V}]$$

여기서, E_d : 직류 평균값, E : 교류 실효값

② 최대 역전압(PIV)

$$PIV = 2\sqrt{2}E = \pi E_d[\text{V}]$$

여기서, E : 교류 실효값, E_d : 직류 평균값

브리지 전파정류회로
브리지 전파정류회로를 연결하는 방법은 전원측(입력측) 단자와 접속된 다이오드의 극성은 서로 반대가 되도록 하여야 하며, 부하측(출력측) 단자와 접속된 다이오드의 극성은 서로 같아야 한다.

28 예제문제

단상전파 정류로 직류전압 100[V]를 얻으려면 변압기 2차 권선의 상전압은 몇 [V]로 하면 되는가? (단, 부하는 무유도저항이고, 정류회로 및 변압기의 전압강하는 무시한다.)

① 90 ② 111
③ 141 ④ 200

해설

$E_d = \frac{2\sqrt{2}}{\pi}E = 0.9E[\text{V}]$ 식에서 $E_d = 100[\text{V}]$일 때

$\therefore\ E = \frac{E_d}{0.9} = \frac{100}{0.9} = 111\ [\text{V}]$

답 ②

5. 맥동률과 맥동주파수 및 전력변환기기

(1) 맥동률과 맥동주파수

구분	맥동주파수	맥동률
단상 반파 정류	$f_\tau = f$	121[%]
단상 전파 정류	$f_\tau = 2f$	48[%]
3상 반파 정류	$f_\tau = 3f$	17[%]
3상 전파 정류	$f_\tau = 6f$	4[%]

참고 정류회로 상수와 맥동주파수는 비례하며 맥동률과는 반비례한다.

(2) 전력변환기기

구분	기능	용도
컨버터(순변환 장치)	교류를 직류로 변환	정류기
인버터(역변환장치)	직류를 교류로 변환	인버터
초퍼	직류를 직류로 변환	직류변압기
사이클로 컨버터	교류를 교류로 변환	주파수변환기

29 예제문제

사이클로 컨버터의 작용은?

① 직류-교환 변환 ② 직류-직류 변환

③ 교류-직류 변환 ④ 교류-교류 변환

해설

전력변환기기

구분	기능	용도
컨버터(순변환 장치)	교류를 직류로 변환	정류기
인버터(역변환장치)	직류를 교류로 변환	인버터
초퍼	직류를 직류로 변환	직류변압기
사이클로 컨버터	교류를 교류로 변환	주파수변환기

답 ④

11

출제빈도순에 따른

종합예상문제

[08, 14]

01 직류발전기의 철심을 규소강판으로 성층하여 사용하는 이유로 가장 알맞은 것은?

① 브러시에서의 불꽃 방지 및 정류 개선
② 와류손과 히스테리시스손의 감소
③ 전기자 반작용의 감소
④ 기계적으로 튼튼함

직류기의 전기자 철심
전기자 철심은 규소 강판을 사용하여 히스테리시스 손실을 줄이고 또한 성층하여 와류손(=맴돌이손)을 줄인다. 철심 내에서 발생하는 손실을 철손이라 하며 철손은 히스테리시스손과 와류손을 합한 값이다. 따라서 규소 강판을 성층하여 사용하기 때문에 철손이 줄어들게 된다.

[11]

02 다음 중 전기 기계에서 철심을 성층하여 사용하는 이유로 알맞은 것은?

① 와류손을 줄이기 위하여
② 맴돌이 전류를 증가시키기 위하여
③ 동손을 줄이기 위하여
④ 기계적 강도를 크게 하기 위하여

직류기의 전기자 철심
전기자 철심은 규소 강판을 사용하여 히스테리시스 손실을 줄이고 또한 성층하여 와류손(=맴돌이손)을 줄인다.

[10, 17]

03 직류발전기의 전기자 반작용의 영향이 아닌 것은?

① 중성축의 이동
② 자속의 크기 감소
③ 절연내력의 저하
④ 유기기전력의 감소

직류기의 전기자 반작용의 영향
(1) 주자속이 감소하여 직류 발전기에서는 유기기전력(또는 단자전압)이 감소하고 직류 전동기에서는 토크가 감소하고 속도가 상승한다.
(2) 편자작용에 의하여 중성축이 직류 발전기에서는 회전방향으로 이동하고 직류 전동기에서는 회전방향의 반대방향으로 이동한다.
(3) 기전력의 불균일에 의한 정류자 편간전압이 상승하여 브러시 부근의 도체에서 불꽃이 발생하며 정류불량의 원인이 된다.

[15]

04 직류기에서 불꽃 없이 정류를 얻는 데 가장 유효한 방법은?

① 탄소브러시와 보상권선
② 자기포화와 브러시 이동
③ 보극과 탄소브러시
④ 보극과 보상권선

양호한 정류개선책
(1) 전압정류 : 보극을 설치하여 평균 리액턴스 전압을 감소시킨다.
(2) 저항정류 : 코일의 자기 인덕턴스가 원인이므로 접촉저항이 큰 탄소브러시를 채용한다.
(3) 브러시를 새로운 중성축으로 이동시킨다. : 발전기는 회전방향, 전동기는 회전방향의 반대방향으로 이동시킨다.
(4) 보극 권선을 전기자 권선과 직렬로 접속한다.

정답 01 ② 02 ① 03 ③ 04 ③

[19]

05 직류기의 브러시에 탄소를 사용하는 이유는?

① 접촉저항이 크다.
② 접촉저항이 작다.
③ 고유저항이 동보다 작다.
④ 고유저항이 동보다 크다.

양호한 정류개선책
저항정류 : 코일의 자기 인덕턴스가 원인이므로 접촉저항이 큰 탄소브러시를 채용한다.

[08, 15]

06 100[V], 10[A], 전기자저항 1[Ω], 회전수 1,800[rpm]인 직류 전동기의 역기전력은 몇 [V]인가?

① 80　　② 90
③ 100　　④ 110

$E = V - R_a I_a = k\phi N$[V] 식에서
$V = 100$[V], $I_a = 10$[A], $R_a = 1$[Ω],
$N = 1,800$[rpm]일 때
$\therefore E = V - R_a I_a = 100 - 1 \times 10 = 90$ [V]

[07]

07 직류 타 여자 전동기의 계자전류를 $\dfrac{1}{n}$로 하고 전기자 회로의 전압을 n배로 하면 속도는 어떻게 되는가?

① $\dfrac{1}{n^2}$배　　② $\dfrac{1}{n}$배
③ $2n$배　　④ n^2배

$E = V - R_a I_a = k\phi N$[V] 식에서
속도(N)는 전압(E)에 비례하고 자속(ϕ)에 반비례한다.
또한 계자전류는 자속에 비례하기 때문에
$\therefore N' = \dfrac{E'}{\phi'} = \dfrac{nE}{\dfrac{1}{n}\phi} = n^2\dfrac{E}{\phi} = n^2 N$ [rpm]

[10]

08 부하전류가 100[A]일 때 900[rpm]으로 10[N·m]의 토크를 발생하는 직류 직권전동기가 50[A]의 부하전류로 감소되었을 때 발생하는 토크는 약 몇 [N·m]인가?

① 2.5　　② 3.2
③ 4　　④ 5

직류 직권전동기의 토크 특성
$\tau \propto I_a^2$, $\tau \propto \dfrac{1}{N^2}$ 식에서
$I_a = 100$[A], $N = 900$[rpm], $\tau = 10$[N·m],
$I_a' = 50$[A]일 때
$\therefore \tau' = \left(\dfrac{I_a'}{I_a}\right)^2 \tau = \left(\dfrac{50}{100}\right)^2 \times 10 = 2.5$[N·m]

[11]

09 출력 3[kW], 1,500[rpm]인 전동기의 토크는 몇 [kg·m]인가?

① 0.49　　② 1.95
③ 20.5　　④ 37.5

직류전동기의 토크
$\tau = 9.55\dfrac{P}{N}$[N·m] $= 0.975\dfrac{P}{N}$[kg·m] 식에서
$P = 3$[kW], $N = 1,500$[rpm]일 때
$\therefore \tau = 0.975\dfrac{P}{N} = 0.975 \times \dfrac{3 \times 10^3}{1,500} = 1.95$[kg·m]

정답 05 ① 06 ② 07 ④ 08 ① 09 ②

[07, 09]

10 직류전동기에서 전기자 전도체수 Z, 극수 P, 전기자 병렬 회로수 a, 1극당의 자속 ϕ[Wb], 전기자 전류 I_a[A]일 때 토크는 몇 [N·m]인가?

① $\dfrac{aZ\phi I_a}{2\pi P}$ ② $\dfrac{PZ\phi I_a}{2\pi a}$

③ $\dfrac{aPZI_a}{2\pi\phi}$ ④ $\dfrac{aPZ\phi}{2\pi I_a}$

직류전동기의 토크

$\tau = \dfrac{EI_a}{\omega} = \dfrac{pZ\phi I_a}{2\pi a} = k\phi I_a$ [N·m]

[06, 19]

11 직류 전동기의 속도제어 방법이 아닌 것은?

① 전압제어 ② 계자제어

③ 저항제어 ④ 슬립제어

직류전동기의 속도제어

직류전동기의 속도공식은 $N = k\dfrac{V - R_a I_a}{\phi}$ [rps] 이므로 공급전압(V)에 의한 제어, 자속(ϕ)에 의한 제어, 전기자저항(R_a)에 의한 제어 3가지 방법이 있다.

(1) 전압제어 (2) 계자제어 (3) 저항제어

[17]

12 직류 전동기의 속도제어법이 아닌 것은?

① 저항제어 ② 계자제어

③ 전압제어 ④ 주파수제어

직류전동기의 속도제어

직류전동기의 속도공식은 $N = k\dfrac{V - R_a I_a}{\phi}$ [rps] 이므로 공급전압(V)에 의한 제어, 자속(ϕ)에 의한 제어, 전기자저항(R_a)에 의한 제어 3가지 방법이 있다.

(1) 전압제어 (2) 계자제어 (3) 저항제어

[07, 19]

13 직류 전동기의 속도제어방법이 아닌 것은?

① 계자제어법 ② 직렬저항법

③ 병렬제어법 ④ 전압제어법

직류전동기의 속도제어

직류전동기의 속도공식은 $N = k\dfrac{V - R_a I_a}{\phi}$ [rps] 이므로 공급전압(V)에 의한 제어, 자속(ϕ)에 의한 제어, 전기자저항(R_a)에 의한 제어 3가지 방법이 있다.

(1) 전압제어 (2) 계자제어 (3) 저항제어

[18, (유)12]

14 직류전동기의 속도제어 방법 중 속도제어의 범위가 가장 광범위하며, 운전 효율이 양호한 것으로 워드 레오너드 방식과 정지 레오너드 방식이 있는 제어법은?

① 저항제어법 ② 전압제어법

③ 계자제어법 ④ 2차 여자제어법

전압제어법

전압제어법은 정토크 제어로서 전동기의 공급전압 또는 단자전압을 변화시켜 속도를 제어하는 방법으로 광범위한 속도제어가 되고 제어가 원활하며 운전 효율이 좋은 특성을 지니고 있다. 종류는 다음과 같이 구분된다.

(1) 워드 레오너드 방식 : 광범위한 속도제어가 되며 제철소의 압연기, 고속 엘리베이터 제어 등에 적용된다.
(2) 일그너 방식 : 워드 레오너드 방식에 플라이 휠 효과를 추가하여 부하변동이 심한 경우에 적용된다.
(3) 정지 레오너드 방식 : 사이리스터를 이용하여 가변 직류전압을 제어하는 방식이다.
(4) 초퍼방식 : 트랜지스터와 다이오드 등의 반도체 소자를 이용하여 속도를 제어하는 방식이다.
(5) 직병렬제어법 : 직권전동기에서만 적용되는 방식으로 전차용 전동기의 속도제어에 적용된다.

정답 10 ② 11 ④ 12 ④ 13 ③ 14 ②

[20]

15 직류전동기의 속도제어 방법 중 광범위한 속도제어가 가능하며 정토크 가변속도의 용도에 적합한 방법은?

① 계자제어　② 직렬저항제어
③ 병렬저항제어　④ 전압제어

전압제어법
전압제어법은 정토크 제어로서 전동기의 공급전압 또는 단자전압을 변화시켜 속도를 제어하는 방법으로 광범위한 속도제어가 되고 제어가 원활하며 운전 효율이 좋은 특성을 지니고 있다.

[14]

16 워드 레오너드방식의 속도제어는 어느 제어에 속하는가?

① 직렬저항제어　② 계자제어
③ 전압제어　④ 직병렬제어

전압제어법
(1) 워드 레오너드 방식 : 광범위한 속도제어가 되며 제철소의 압연기, 고속 엘리베이터 제어 등에 적용된다.
(2) 일그너 방식 : 워드 레오너드 방식에 플라이 휠 효과를 추가하여 부하변동이 심한 경우에 적용된다.
(3) 정지 레오너드 방식 : 사이리스터를 이용하여 가변 직류전압을 제어하는 방식이다.
(4) 초퍼방식 : 트랜지스터와 다이오드 등의 반도체 소자를 이용하여 속도를 제어하는 방식이다.
(5) 직병렬제어법 : 직권전동기에서만 적용되는 방식으로 전차용 전동기의 속도제어에 적용된다.

[15]

17 직류전동기는 속도제어를 비교적 간단하게 할 수 있고 기동토크가 크므로 엘리베이터나 전차 등에 많이 사용되고 있다. 직류전동기에 가해지는 전압을 제어하여 속도제어로 많이 사용하는 방법은?

① 전압제어방식　② 계자저항제어방식
③ 1단 속도제어방식　④ 워드 레오너드 방식

전압제어법
워드 레오너드 방식 : 광범위한 속도제어가 되며 제철소의 압연기, 고속 엘리베이터 제어 등에 적용된다.

[16, (유)13]

18 다음 중 직류 분권전동기의 용도에 적합하지 않은 것은?

① 압연기　② 제지기
③ 송풍기　④ 기중기

직류 분권전동기의 특징과 용도
(1) 특징
㉠ 부하전류에 따른 속도 변화가 거의 없는 정속도 특성뿐만 아니라 계자 저항기로 쉽게 속도를 조정할 수 있으므로 가변속도제어가 가능하다.
㉡ 무여자 상태에서 위험속도로 운전하기 때문에 계자회로에 퓨즈를 넣어서는 안 된다.
(2) 용도 : 공작기계, 콘베이어, 송풍기
∴ 기중기는 기동토크가 커야하므로 직류 직권전동기의 용도로 적합하다.

[13]

19 부하 증대에 따라 속도가 오히려 증대되는 특성을 갖는 직류전동기의 종류는?

① 타여자전동기　② 분권전동기
③ 가동복권전동기　④ 차동복권전동기

차동복권전동기
부하가 증가하면 전류 증가로 자속이 감소하게 되고 속도는 증가하게 되어 토크가 감소하는 직류전동기이다.

정답 15 ④ 16 ③ 17 ④ 18 ④ 19 ④

[10]

20 직류전동기 회전 방향을 바꾸려면 어떻게 하는가?

① 입력단자의 극성을 바꾼다.
② 전기자의 접속을 바꾼다.
③ 보극권선의 접속을 바꾼다.
④ 브러시의 위치를 조정한다.

직류전동기의 역회전 방법
직류전동기를 역회전 시키려면 전기자 전류와 계자 전류 중 어느 하나의 방향만 바꿔주어야 한다. 따라서 전기자의 접속을 반대로 바꾸면 전기자 전류의 방향이 반대가 되어 직류전동기는 역회전한다.

[11, 16]

21 60[Hz], 6극인 교류발전기의 회전수는 몇 [rpm]인가?

① 1,200 ② 1,500
③ 1,800 ④ 3,600

동기속도
$N_s = \frac{120f}{p}$[rpm]$= \frac{2f}{p}$[rps] 식에서
$f = 60$[Hz], $p = 6$일 때
$\therefore N_s = \frac{120f}{p} = \frac{120 \times 60}{6} = 1,200$[rpm]

[18]

22 동기속도가 3,600[rpm]인 동기발전기의 극수는 얼마인가? (단, 주파수는 60[Hz]이다.)

① 2극 ② 4극
③ 6극 ④ 8극

동기속도
$N_s = \frac{120f}{p}$[rpm]$= \frac{2f}{p}$[rps] 식에서
$N_s = 3,600$[rpm], $f = 60$[Hz]일 때
$\therefore p = \frac{120f}{n_s} = \frac{120 \times 60}{3,600} = 2$극

[06, 08, 14, (유)11]

23 변압기는 어떤 작용을 이용한 전기기계인가?

① 정전유도작용 ② 전자유도작용
③ 전류의 발열작용 ④ 전류의 화학작용

변압기 이론
환상철심을 자기회로로 사용하여 1차측(전원측)과 2차측(부하측)에 권선을 감고 1차측에 교류전원을 인가하면 전자유도작용에 의해서 2차측에 유기기전력이 발생하게 된다.

[12]

24 변압기의 무부하 전류에 대한 설명으로 틀린 것은?

① 철심에 자속을 만드는 전류로서 여자전류라고도 한다.
② 1차 단자 간에 전압을 가했을 때 흐르는 전류이다.
③ 전압보다 약 90도 뒤진 위상의 전류이다.
④ 부하에 흐르는 전류가 0이며, 전압이 존재하지 않는 무저항 전류이다.

변압기 무부하 전류
변압기 무부하 전류란 변압기 2차측을 개방하여 무부하인 상태에서 변압기 1차측에 공급되는 전류이다. 자속을 발생하는 자화전류와 철손을 발생하는 철손전류로 이루어져 있으며 여자전류라고도 한다. 또한 전압보다 90도 뒤진 위상의 지상전류이다.

정답 20 ② 21 ① 22 ① 23 ② 24 ④

[08, 14]

25 그림과 같이 1차측에 직류 10[V]를 가했을 때 변압기 2차측에 걸리는 전압 V_2는 몇 [V]인가? (단, 변압기는 이상적이며, $n_1 = 100$회, $n_2 = 500$회이다.)

① 0
② 2
③ 10
④ 50

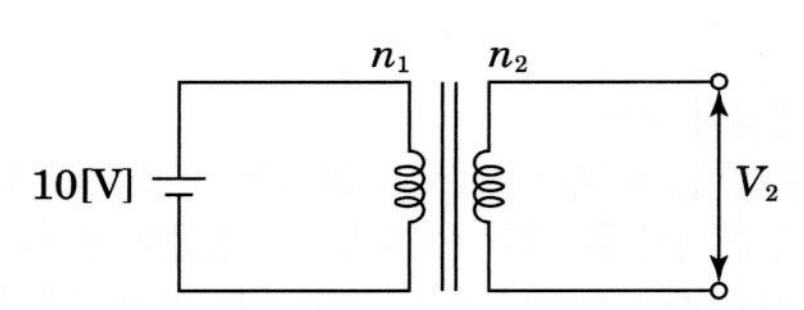

변압기 이론
환상철심을 자기회로로 사용하여 1차측(전원측)과 2차측(부하측)에 권선을 감고 1차측에 교류전원을 인가하면 전자유도작용에 의해서 2차측에 유기기전력이 발생하게 된다.
∴ 1차측 전원이 직류전원일 때에는 자속이 시간적으로 변화하지 않기 때문에 전자유도작용이 생기지 않는다. 따라서 2차측 단자에는 전압이 유도되지 않는다.

[09]

26 240[V], 60[Hz] 전압원을 사용하여 16[V] 전구가 점등할 수 있도록 변압기를 사용하였다. 1차측의 권선수가 360회라고 할 때 2차측에 필요한 권선수는?

① 8회　② 12회
③ 16회　④ 24회

변압기 권수비(전압비 : N)
$N = \frac{N_1}{N_2} = \frac{E_1}{E_2} = \frac{I_2}{I_1} = \sqrt{\frac{Z_1}{Z_2}}$ 식에서
$E_1 = 240[V]$, $f = 60[Hz]$, $E_2 = 16[V]$,
$N_1 = 360$일 때
∴ $N_2 = \frac{E_2}{E_1} N_1 = \frac{16}{240} \times 360 = 24$

[06, 10]

27 변압기 정격 1차 전압의 의미를 바르게 설명한 것은?

① 정격 2차 전압에 권수비를 곱한 것이다.
② $\frac{1}{2}$ 부하를 걸었을 때의 1차 전압이다.
③ 무부하일 때의 1차 전압이다.
④ 정격 2차 전압에 효율을 곱한 것이다.

변압기 권수비(전압비 : N)
$N = \frac{N_1}{N_2} = \frac{E_1}{E_2} = \frac{I_2}{I_1} = \sqrt{\frac{Z_1}{Z_2}}$ 식에서
$E_1 = NE_2[V]$ 이므로
∴ 변압기 1차 정격전압은 2차 정격전압에 권수비를 곱한 것이다.

[12]

28 변압기의 용도가 아닌 것은?

① 전압의 변환　② 임피던스의 변환
③ 전류의 변환　④ 주파수의 변환

변압기 권수비(전압비 : N)
$N = \frac{N_1}{N_2} = \frac{E_1}{E_2} = \frac{I_2}{I_1} = \sqrt{\frac{Z_1}{Z_2}}$
변압기의 권수비의 식에서 알 수 있듯이 변압기는 전압, 전류, 임피던스, 저항, 리액턴스, 인덕턴스 값은 변환할 수 있지만 주파수 변환은 하지 못한다.
∴ 변압기의 1차측과 2차측의 주파수는 서로 같다.

[09, 15]

29 변압기의 정격용량은 2차 출력단자에서 얻어지는 어떤 전력으로 표시하는가?

① 피상전력　② 유효전력
③ 무효전력　④ 최대전력

변압기의 정격과 단위
정격용량[kVA], 정격전압[V], 정격전류[A], 정격주파수[Hz]
∴ 변압기의 정격용량은 [kVA] 단위로 표현하는 피상전력 성분이다.

정답 25 ① 26 ④ 27 ① 28 ④ 29 ①

[11, 17]

30 임피던스 강하가 4[%]인 어느 변압기가 운전 중 단락되었다면 그 단락전류는 정격전류의 몇 배가 되는가?

① 10　② 20
③ 25　④ 30

단락전류(I_s)
변압기 정격전류 I_n에 대해서 %임피던스 강하인 $\%z$와 관계로 구할 수 있다.
$I_s = \frac{100}{\%z} I_n$ [A] 식에서
$\%z = 4$[%]일 때
$\therefore\ I_s = \frac{100}{\%z} I_n = \frac{100}{4} I_n = 25 I_n$ [A]

[08]

31 한 대의 용량이 P[kVA]인 변압기 2대를 가지고 V결선으로 했을 경우의 용량은 어떻게 나타낼 수 있는가?

① P[kVA]　② $\sqrt{3}P$[kVA]
③ $2P$[kVA]　④ $3P$[kVA]

V-V 결선의 특징
(1) 변압기 3대로 △결선 운전 중 변압기 1대 고장으로 2대만을 이용하여 3상 전원을 공급할 수 있는 결선이다.
(2) V결선의 출력은 변압기 1대 용량의 $\sqrt{3}$ 배이다.
(3) V결선의 출력비는 57.7[%], 이용률은 86.6[%]이다.
$\therefore\ \sqrt{3}P$[kVA]

[13]

32 10[kVA]의 단상변압기 3대가 있다. 이를 3상 배전선에 V결선했을 때의 출력은 몇 [kVA]인가?

① 11.73　② 17.32
③ 20　④ 30

V결선의 출력
V결선은 변압기 1대의 용량의 $\sqrt{3}$ 배 곱한 용량을 출력으로 사용할 수 있기 때문에 변압기 1대의 용량이 10[kVA]라 하면 V결선의 출력은
$\therefore\ \sqrt{3}P = \sqrt{3} \times 10 = 17.32$ [kVA]

[12]

33 50[kVA] 단상변압기 4대를 사용하여 부하에 공급할 수 있는 3상 전력은 최대 몇 kVA인가?

① 100　② 150
③ 173　④ 200

V결선의 출력
변압기가 4대일 때 3상 출력으로 부하에 공급할 수 있는 방법은 변압기 2대를 V결선하여 2뱅크로 운전하면 된다.
2뱅크 V결선의 출력은 변압기 1대 용량의 $2\sqrt{3}$ 배 이므로
$\therefore\ 2\sqrt{3}P = 2\sqrt{3} \times 50 = 173$ [kVA]

[10]

34 단상 변압기 2대를 V결선으로 3상 결선하는 경우 변압기의 이용률[%]은 얼마인가?

① 57.7　② 70.7
③ 86.6　④ 96

V-V 결선의 특징
V결선의 출력비는 57.7[%], 이용률은 86.6[%]이다.

[06, 10]

35 단상 변압기 3대를 사용하는 것과 3상 변압기 1대를 사용하는 것을 비교할 때 단상 변압기를 사용할 때의 장점에 해당되는 것은?

① 철심재료 및 부싱, 유량 등이 적게 들어 경제적이다.
② 단위방식이 늘어 결선이 용이하다.
③ 부하시 탭 변환장치를 채용하는 데 유리하다.
④ 부하의 증가에 대처하기가 용이하다.

단상 변압기의 채용
3상 부하에 3상 변압기를 결선하여 채용하면 경제적으로 유리한 면이 있지만 변압기 결선과 용량을 바꾸기 어려워 부하 증설에 대한 대처가 불가능하다. 따라서 단상 변압기를 채용하게 되면 자유로운 결선 및 부하 증설에 따른 대처가 용이해진다.

정답 30 ③　31 ②　32 ②　33 ③　34 ③　35 ④

[07, 14]

36 변압기를 스코트(Scott) 결선할 때 이용률은 몇 [%]인가?

① 57.7　② 86.6
③ 100　④ 173

스코트 결선(T 결선)
변압기 스코트 결선은 3상 전원을 2상 전원으로 공급하기 위한 결선으로서 변압기 권선의 86.6[%]인 부분만을 사용하기 때문에 변압기 이용률이 86.6[%]로 운전된다.

[10, 16]

37 변압기의 병렬운전에서 필요하지 않은 조건은?

① 극성이 같을 것
② 1차, 2차 정격전압이 같을 것
③ 출력이 같을 것
④ 권수비가 같을 것

변압기의 병렬운전 조건
(1) 단상 변압기와 3상 변압기 공통 사항
㉠ 극성이 같아야 한다.
㉡ 정격전압이 같고, 권수비가 같아야 한다.
㉢ %임피던스강하가 같아야 한다.
㉣ 저항과 리액턴스의 비가 같아야 한다.
(2) 3상 변압기에만 적용
㉠ 위상각 변위가 같아야 한다.
㉡ 상회전 방향이 같아야 한다.

[09]

38 2대의 단상변압기를 병렬운전할 때 다음 중 병렬운전의 필요조건이 아닌 것은?

① 극성이 같을 것
② 용량이 같을 것
③ 권수비가 같을 것
④ %임피던스 강하가 같을 것

변압기의 병렬운전 조건
(1) 단상 변압기와 3상 변압기 공통 사항
㉠ 극성이 같아야 한다.
㉡ 정격전압이 같고, 권수비가 같아야 한다.
㉢ %임피던스강하가 같아야 한다.
㉣ 저항과 리액턴스의 비가 같아야 한다.
(2) 3상 변압기에만 적용
㉠ 위상각 변위가 같아야 한다.
㉡ 상회전 방향이 같아야 한다.

[15]

39 단상 변압기 3대를 3상 병렬 운전하는 경우에 불가능한 운전 상태의 결선방법은?

① Δ－Δ와 Y－Y　② Δ－Y와 Y－Δ
③ Δ－Δ와 Δ－Y　④ Δ－Y와 Δ－Y

변압기 병렬운전이 가능한 경우와 불가능한 경우의 결선

가능	불가능
Δ-Δ 와 Δ-Δ	Δ-Δ 와 Δ-Y
Δ-Δ 와 Y-Y	Δ-Δ 와 Y-Δ
Y-Y 와 Y-Y	Y-Y 와 Δ-Y
Y-Δ 와 Y-Δ	Y-Y 와 Y-Δ

정답 36 ② 37 ③ 38 ② 39 ③

[09, 15]

40 변압기의 특성 중 규약 효율이란?

① $\dfrac{출력}{출력-손실}$　② $\dfrac{출력}{출력+손실}$

③ $\dfrac{입력}{입력-손실}$　④ $\dfrac{입력}{입력+손실}$

변압기의 규약효율(η)

$\therefore \ \eta=\dfrac{출력}{출력+손실}\times 100[\%]$

[09]

41 200[kVA]의 단상변압기에서 철손이 1[kW], 전부하동손이 4[kW]이다. 이 변압기의 최대효율은 약 몇 [%]의 부하에서 나타나는가?

① 25　② 50

③ 75　④ 100

변압기 최대효율 조건

(1) 전부하시 : $P_i = P_c$

(2) $\dfrac{1}{m}$ 부하시 : $P_i=\left(\dfrac{1}{m}\right)^2 P_c$

여기서, P_i : 철손, P_c : 동손, $\dfrac{1}{m}$: 부하율

$P_n=200[\text{kVA}]$, $P_i=1[\text{kVA}]$, $P_c=4[\text{kVA}]$일 때

$\therefore \ \dfrac{1}{m}=\sqrt{\dfrac{P_i}{P_c}}=\sqrt{\dfrac{1}{4}}=0.5[\text{pu}]=50[\%]$

[16]

42 주상변압기의 고압측에 몇 개의 탭을 두는 이유는?

① 선로의 전압을 조정하기 위하여

② 선로의 역률을 조정하기 위하여

③ 선로의 잔류전하를 방전시키기 위하여

④ 단자에 고장이 발생하였을 때를 대비하기 위하여

주상변압기의 고압측에 몇 개의 탭을 두는 이유는 배전선로의 전압을 조정하기 위해서이다.

[17, 19]

43 변압기 내부 고장 검출용 보호계전기는?

① 차동계전기　② 과전류계전기

③ 역상계전기　④ 부족전압계전기

변압기 내부고장 검출 계전기

(1) 차동계전기 또는 비율차동계전기

(2) 부흐홀츠계전기

[15]

44 유도전동기에서 동기속도는 3,600[rpm]이고, 회전수는 3,420[rpm]이다. 이때의 슬립은 몇 [%]인가?

① 2　② 3

③ 4　④ 5

$s=\dfrac{N_s-N}{N_s}$ 식에서

$N_s=3{,}600[\text{rpm}]$, $N=3{,}420[\text{rpm}]$ 이므로

$\therefore \ s=\dfrac{N_s-N}{N_s}=\dfrac{3{,}600-3{,}420}{3{,}600}=0.05[\text{pu}]=5[\%]$

[16]

45 60[Hz], 6극 3상 유도전동기의 전부하에 있어서의 회전수가 1,164[rpm]이다. 슬립은 약 몇 [%]인가?

① 2　② 3

③ 5　④ 7

$N_s=\dfrac{120f}{p}[\text{rpm}]$, $s=\dfrac{N_s-N}{N_s}$ 식에서

$f=60[\text{Hz}]$, $p=6$, $N=1{,}164[\text{rpm}]$일 때

$N_s=\dfrac{120f}{p}=\dfrac{120\times 60}{6}=1{,}200[\text{rpm}]$ 이므로

$\therefore \ s=\dfrac{N_s-N}{N_s}=\dfrac{1{,}200-1{,}164}{1{,}200}=0.03[\text{pu}]=3[\%]$

정답 40 ② 41 ② 42 ① 43 ① 44 ④ 45 ②

[16, 20]

46 회전 중인 3상 유도전동기의 슬립이 1이 되면 전동기 속도는 어떻게 되는가?

① 불변이다. ② 정지한다.
③ 무구속 속도가 된다. ④ 동기속도와 같게 된다.

유도전동기의 슬립과 속도
(1) 슬립이 1이면 회전자 속도가 $N=0$[rpm]일 때 이므로 유도전동기가 정지되어 있거나 또는 기동할 때임을 의미한다.
(2) 슬립이 0이면 회전자 속도가 동기속도와 같은 $N=N_s$ [rpm]일 때 이므로 유도전동기가 무부하 운전을 하거나 또는 정상속도에 도달하였음을 의미한다.

[08, 14]

47 회전자가 슬립 s로 회전하고 있을 때 고정자 및 회전자의 실효 권수비를 α라 하면, 고정자 기전력 E_1과 회전자 기전력 E_2와의 비는 어떻게 표현되는가?

① $\dfrac{\alpha}{s}$ ② $s\alpha$
③ $(1-s)\alpha$ ④ $\dfrac{\alpha}{1-s}$

유도전동기의 회전시 1, 2차 전압비
$\therefore \dfrac{E_1}{E_{2s}}=\dfrac{\alpha}{s}$

[17]

48 권선형 유도전동기의 회전자 입력이 10[kW]일 때 슬립이 4[%]였다면 출력은 약 몇 [kW]인가?

① 4 ② 8
③ 9.6 ④ 10.4

$P_0=(1-s)P_2=\dfrac{1-s}{s}P_{c2}$ 식에서
$P_2=10$[kW], $s=4$[%]일 때
$\therefore P_0=(1-s)P_2=(1-0.04)\times 10=9.6$[kW]

[07, 11, 18]

49 다음 중 유도전동기의 회전력에 관한 설명으로 옳은 것은?

① 단자전압과는 무관하다.
② 단자전압에 비례한다.
③ 단자전압의 2승에 비례한다.
④ 단자전압의 3승에 비례한다.

유도전동기의 토크와 전압 관계
유도전동기의 토크는 출력과 입력에 비례하고, 또한 출력과 입력은 전압의 제곱에 비례하기 때문에 토크는 전압의 제곱에 비례함을 알 수 있다.

[12]

50 170[V], 50[Hz], 3상 유도전동기의 전부하 슬립이 4[%]이다. 공급전압이 5[%] 저하된 경우의 전부하 슬립은 약 몇 [%]인가?

① 4.4 ② 5.1
③ 5.6 ④ 7.4

유도전동기의 전부하 슬립은 전압의 제곱에 반비례하므로
$s \propto \dfrac{1}{V^2}$ 식에서
$V=170$[V], $f=50$[Hz], $s=4$[%],
$V'=170\times(1-0.05)=161.5$[V]일 때
$\therefore s'=\left(\dfrac{V}{V'}\right)^2 s=\left(\dfrac{170}{161.5}\right)^2\times 0.04=0.044$[pu]
$=4.4$[%]

정답 46 ② 47 ① 48 ③ 49 ③ 50 ①

[10]

51 권선형 3상 유도전동기의 비례추이에 관한 설명으로 가장 알맞은 것은?

① 2차 저항 r_2를 변화하면 최대 토크를 발생하는 슬립이 커진다.
② 2차 저항 r_2를 크게 하면 기동 토크가 커진다.
③ 2차 저항 r_2를 변화하면 최대 토크가 변화한다.
④ 2차 저항 r_2를 크게 하면 기동 전류가 증대한다.

비례추이의 원리
(1) 권선형 유도전동기에 적용한다.
(2) 2차 저항을 크게 하면 슬립이 증가하고 기동토크도 증가한다.
(3) 속도가 감소하고 기동전류도 감소한다.
(4) 최대토크는 변하지 않는다.

[13]

52 권선형 3상 유도전동기에서 2차 저항을 변화시켜 속도를 제어하는 경우, 최대토크는 어떻게 되는가?

① 최대토크가 생기는 점의 슬립에 비례한다.
② 최대토크가 생기는 점의 슬립에 반비례한다.
③ 2차 저항에만 비례한다.
④ 항상 일정하다.

비례추이의 원리
(1) 권선형 유도전동기에 적용한다.
(2) 2차 저항을 크게 하면 슬립이 증가하고 기동토크도 증가한다.
(3) 속도가 감소하고 기동전류도 감소한다.
(4) 최대토크는 변하지 않는다.

[10]

53 3상 권선형 유도전동기의 2차 회로에 저항기를 접속시키는 이유가 될 수 없는 것은?

① 속도를 제어하기 위해서
② 기동전류를 제한시키기 위해서
③ 기동토크를 크게 하기 위해서
④ 최대토크를 크게 하기 위해서

비례추이의 원리
(1) 권선형 유도전동기에 적용한다.
(2) 2차 저항을 크게 하면 슬립이 증가하고 기동토크도 증가한다.
(3) 속도가 감소하고 기동전류도 감소한다.
(4) 최대토크는 변하지 않는다.

[13, 18]

54 농형 유도전동기의 기동법이 아닌 것은?

① 전전압기동법 ② 기동보상기법
③ Y－Δ 기동법 ④ 2차 저항법

유도전동기의 기동법

구분	종류	특징
농형 유도전동기	전전압 기동법	5.5[kW] 이하의 소형에 적용
	Y-△ 기동법	5.5[kW]를 초과하고 15[kW] 이하에 적용
	리액터 기동법	15[kW]를 넘는 전동기에 적용
	기동 보상기법	15[kW]를 넘는 전동기에 적용
권선형 유도전동기	2차 저항 기동법	비례추이원리를 이용
	2차 임피던스 기동법	－
	게르게스 기동법	－

PARAT 03 공조냉동 설치·운영

정답 51 ② 52 ④ 53 ④ 54 ④

[11]

55 유도전동기와 기동방법 중 용량이 5[kW] 이하인 소용량 전동기에는 주로 어떤 기동법이 사용되는가?

① 전전압 기동법　② Y-△ 기동법
③ 기동보상기법　④ 리액터 기동법

용량이 5.5[kW] 이하인 소용량의 3상 농형 유도전동기 기동법에는 전전압 기동법이 사용된다.

[08, 14]

56 유도전동기의 1차 접속을 Δ에서 Y로 바꾸면 기동 시의 1차 전류는 어떻게 변화하는가?

① $\frac{1}{3}$로 감소한다.　② $\frac{1}{\sqrt{3}}$로 감소
③ $\sqrt{3}$배로 증가　④ 3배로 증가

농형 유도전동기의 Y-△ 기동법
Y-△ 기동법은 기동전류와 기동토크를 전전압 기동에 비해 $\frac{1}{3}$배만큼 감소시킨다.

[09]

57 유도전동기의 속도제어 방법이 아닌 것은?

① 극수변환　② 주파수제어
③ 전기자 전압 제어　④ 2차 저항 제어

유도전동기의 속도제어법

구분	종류
농형 유도전동기	주파수제어법
	전압제어법
	극수변환법
권선형 유도전동기	2차 저항 제어법
	2차 여자법
	종속법

[12]

58 유도전동기의 속도를 제어하는 데 필요한 요소가 아닌 것은?

① 슬립　② 주파수
③ 극수　④ 리액터

유도전동기의 속도제어법

구분	종류
농형 유도전동기	주파수제어법
	전압제어법
	극수변환법
권선형 유도전동기	2차 저항 제어법
	2차 여자법
	종속법

[13]

59 일정 토크부하에 알맞은 유도전동기의 주파수 제어에 의한 속도제어 방법을 사용할 때, 공급전압과 주파수의 관계는?

① 공급전압과 주파수는 비례되어야 한다.
② 공급전압과 주파수는 반비례되어야 한다.
③ 공급전압은 항상 일정하고, 주파수는 감소하여야 한다.
④ 공급전압의 제곱에 비례하는 주파수를 공급하여야 한다.

농형 유도전동기의 주파수제어법
주파수를 변환하기 위하여 인버터 장치로 VVVF(가변전압 가변주파수) 장치가 사용되고 있다. 이때 공급전압과 주파수는 비례관계에 있어야 한다. 전동기의 고속운전에 필요한 속도제어에 이용되며 선박의 추진모터나 인경공장의 포트모터 속도제어 방법에 적용되고 있다.

정답 55 ① 56 ① 57 ③ 58 ④ 59 ①

[11, 17]

60 유도 전동기의 속도제어에서 사용할 수 없는 전력 변환기는?

① 인버터 ② 사이클로 컨버터
③ 위상제어기 ④ 정류기

유도전동기의 속도제어에 사용되는 전력변환기
(1) 인버터(VVVF 장치)
(2) 위상제어기(SCR 사용)
(3) 사이클로 컨버터
∴ 정류기는 교류를 직류로 변환하는 장치이다.

[20]

61 유도전동기의 1차 전압 변화에 의한 속도제어 시 SCR을 사용하여 변화시키는 것은?

① 주파수 ② 토크
③ 위상각 ④ 전류

유도전동기의 속도제어에 사용되는 전력변환기
(1) 인버터(VVVF 장치)
(2) 위상제어기(SCR 사용)
(3) 사이클로 컨버터

[08, 14, 17, 19, (유)06]

62 다음 중 3상 유도전동기의 회전방향을 바꾸려고 할 때 옳은 방법은?

① 전원 3선중 2선의 접속을 바꾼다.
② 기동보상기를 사용한다.
③ 전원 주파수를 변환한다.
④ 전동기의 극수를 변환한다.

유도전동기의 역회전 방법
3상 유도전동기의 회전방향을 반대로 바꾸기 위해서는 3선 중 임의의 2선의 접속을 바꿔야 한다.

[15]

63 3상 유도전동기의 제어방법에 대한 설명 중에서 틀린 것은?

① $Y-\Delta$ 기동방식으로 기동 토크를 줄일 수 있다.
② 역상 제동 기법으로 전동기를 급속정지 또는 감속시킬 수 있다.
③ 속도제어 시에는 전압, 주파수 일정 제어 기법이 유리하다.
④ 단자전압이 정격전압보다 낮을 경우에는 슬립이 감소한다.

유도전동기의 전부하 슬립과 전압 관계
유도전동기의 전부하 슬립은 전압의 젭곱에 반비례한다.
따라서 전압이 낮아질 경우 슬립은 증가한다.

[15]

64 유도전동기에서 인가전압은 일정하고 주파수가 수 [%] 감소할 때 발생되는 현상으로 틀린 것은?

① 동기속도가 감소한다.
② 철손이 약간 증가한다.
③ 누설리액턴스가 증가한다.
④ 역률이 나빠진다.

유도전동기의 주파수에 따른 변화
일정전압에서 주파수가 감소할 때 유도전동기의 특성 변화는 다음과 같다.

$$f \propto \frac{1}{B_m} \propto \frac{1}{P_h} \propto \frac{1}{P_i} \propto \frac{1}{I_0} \propto N_s \propto \cos\theta \propto X_L$$

여기서, f : 주파수, B_m : 자속밀도,
P_h : 히스테리시스 손실, P_i : 철손, I_0 : 여자전류,
N_s : 동기속도, $\cos\theta$: 역률, X_L : 누설리액턴스
(1) 자속밀도, 히스테리시스 손실, 철손, 여자전류는 증가한다.
(2) 동기속도와 회전자 속도 및 역률은 감소한다.
(3) 누설리액턴스는 감소한다.

정답 60 ④ 61 ③ 62 ① 63 ④ 64 ③

[12]

65 3상 농형 유도전동기의 특징으로 틀린 것은?

① 슬립링이나 브러시 등을 사용하지 않으므로, 간단한 구조로 고장이 적으며, 유지보수가 간단하다.
② 회전자의 구조가 간단하여 제작이 쉽다.
③ 상용전원을 직접 입력하여 운전시, 발생토크와 고정자 전류 사이에는 선형관계가 성립하지 않는다.
④ 기동시에는 회전자장을 만들 수 없어 기동장치를 필요로 한다.

단상 유도전동기
단상 유도전동기는 회전자계가 없으므로 회전력을 발생하지 않는다. 이 때문에 주권선(또는 운동권선) 외에 보조권선(또는 기동권선)을 삽입하여 보조권선으로 회전자기장을 발생시키고 또한 회전력을 얻는다. 주로 가정용으로서 선풍기, 드릴, 믹서, 재봉틀 등에 사용된다.

[13, 20]

66 다음 중 기동 토크가 가장 큰 단상 유도전동기는?

① 분상기동형 ② 반발기동형
③ 반발유도형 ④ 콘덴서기동형

단상 유도전동기의 기동토오크 순서
반발기동형 > 반발유도형 > 콘덴서기동형 > 분상기동형 > 세이딩코일형

[09, 15]

67 분상기동형 단상 유도전동기를 역회전시키는 방법은?

① 주권선과 보조권선 모두를 전원에 대하여 반대로 접속한다.
② 콘덴서를 주권선에 삽입하여 위상차를 갖게 한다.
③ 콘덴서를 보조권선에 삽입한다.
④ 주권선과 보조권선 중 하나를 전원에 대하여 반대로 접속한다.

단상 유도전동기의 역회전 방법
주권선(또는 운동권선)이나 보조권선(또는 기동권선) 중 어느 한쪽의 단자 접속을 반대로 한다.

[07, 14, 20]

68 유도전동기의 고정손에 해당하지 않는 것은?

① 1차 권선의 저항손 ② 철손
③ 베어링 마찰손 ④ 풍손

유도전동기의 손실
(1) 고정손 : 철손, 마찰손, 풍손
(2) 가변손 : 동손, 표유부하손

[11, 13]

69 유도전동기의 원선도 작성에 필요한 기본량이 아닌 것은?

① 무부하 시험 ② 저항 측정
③ 회전수 측정 ④ 구속 시험

유도전동기의 원선도 작성에 필요한 시험
(1) 무부하 시험
(2) 구속시험
(3) 저항 시험

[12]

70 3상 유도전동기가 85[%]의 부하를 가지고 운전하고 있던 중 1선이 개방되면?

① 즉시 정지한다.
② 역방향으로 회전한다.
③ 계속 운전하며 전동기에 큰 지장이 없다.
④ 계속 운전하나 결국엔 소손된다.

유도전동기의 게르게스 현상
3상 중 1선 단선 또는 개방시 반부하 운전으로 속도가 감소하고 전류는 증가하여 전동기가 소손된다.

정답 65 ④ 66 ② 67 ④ 68 ① 69 ③ 70 ④

[14, 19]

71 서보전동기에 대한 설명으로 틀린 것은?

① 정·역운전이 가능하다.
② 직류용은 없고 교류용만 있다.
③ 급가속 및 급감속이 용이하다.
④ 속응성이 대단히 높다.

서보 전동기의 특징
(1) 기동, 정지, 정·역 운전을 자주 반복할 수 있어야 한다.
(2) 저속이며 거침없이 운전이 가능하여야 한다.
(3) 제어범위가 넓고 특성 변경이 쉬워 급가속 및 급감속이 용이하여야 한다.
(4) 전기자를 작고 길게 제작하여 관성모멘트를 작게 하여야 한다.
(5) 시정수가 작고, 속응성이 커서 신뢰도가 높아야 한다.
(6) 직류용과 교류용이 있으며 기동토크는 직류용이 더 크다.
(7) 발열이 심하여 냉각장치를 필요로 한다.

[10, 16]

72 기준 권선과 제어 권선 두 고정자 권선이 있으며, 90도 위상차가 있는 2상 전압을 인가하여 회전자계를 만들어서 회전자를 회전시키는 전동기는?

① AC 서보전동기　　② 동기전동기
③ 유도전동기　　④ 스텝전동기

AC 서보 전동기의 특징
(1) 기준권선과 제어권선으로 이루어져 있으며 기준권선에는 기준전압을, 제어권선에는 제어용전압을 공급한다.
(2) 두 권선은 90°의 위상차를 이루고 있어 이로 인한 회전자계로부터 회전력을 얻는다.
(3) AC 서보전동기의 전달함수는 적분요소와 2차 지연요소의 직렬 결합에 의한 것이다.
(4) AC 서보전동기는 DC 서보전동기에 비해 비교적 작은 회전력이 요구되는 시스템에 적용된다.

[14]

73 AC 서보 전동기의 전달함수는 어떻게 취급하면 되는가?

① 미분요소와 1차 요소의 직렬결합으로 취급한다.
② 적분요소와 2차 요소의 직렬결합으로 취급한다.
③ 미분요소와 2차 요소의 피드백 접속으로 취급한다.
④ 적분요소와 1차 요소의 피드백 접속으로 취급한다.

AC 서보 전동기의 특징
AC 서보전동기의 전달함수는 적분요소와 2차 지연요소의 직렬 결합에 의한 것이다.

[19]

74 전원 전압을 일정 전압 이내로 유지하기 위해서 사용되는 소자는?

① 정전류 다이오드　　② 브리지 다이오드
③ 제너 다이오드　　④ 터널 다이오드

다이오드의 종류와 특징
(1) 제너 다이오드 : 전원전압을 안정하게 유지하는데 이용된다.
(2) 터널 다이오드 : 발진, 증폭, 스위칭 작용으로 이용된다.
(3) 버렉터 다이오드 : 가변 용량 다이오드로 이용된다.
(4) 포토 다이오드 : 빛을 전기신호로 바꾸는데 이용된다.
(5) 발광 다이오드(LED) : 전기신호를 빛으로 바꿔서 램프의 기능으로 사용하는 반도체 소자이다.

정답 71 ② 72 ① 73 ② 74 ③

[09, 12, 17]

75 배리스터(Varistor)란?

① 비직선적인 전압 - 전류 특성을 갖는 2단자 반도체 소자이다.
② 비직선적인 전압 - 전류 특성을 갖는 3단자 반도체 소자이다.
③ 비직선적인 전압 - 전류 특성을 갖는 4단자 반도체 소자이다.
④ 비직선적인 전압 - 전류 특성을 갖는 리액턴스 소자이다.

바리스터와 서미스터
(1) 바리스터 : 비직선적인 전압-전류 특성을 갖는 2단자 반도체 소자로서 불꽃 아크(서지) 소거용으로 이용된다.
(2) 서미스터 : 열을 감지하는 감열 저항체 소자로서 온도보상용으로 이용된다.

[10, 15, 18]

76 배리스터의 주된 용도는?

① 서지전압에 대한 회로 보호용
② 온도 측정용
③ 출력전류 조절용
④ 전압 증폭용

바리스터와 서미스터
(1) 바리스터 : 비직선적인 전압-전류 특성을 갖는 2단자 반도체 소자로서 불꽃 아크(서지) 소거용으로 이용된다.
(2) 서미스터 : 열을 감지하는 감열 저항체 소자로서 온도보상용으로 이용된다.

[15, 20]

77 계전기 접점의 아크를 소거할 목적으로 사용되는 소자는?

① 배리스터(Varistor) ② 버랙터다이오드
③ 터널다이오드 ④ 서미스터

바리스터와 서미스터
(1) 바리스터 : 비직선적인 전압-전류 특성을 갖는 2단자 반도체 소자로서 불꽃 아크(서지) 소거용으로 이용된다.
(2) 서미스터 : 열을 감지하는 감열 저항체 소자로서 온도보상용으로 이용된다.

[09, 13]

78 서미스터에 대한 설명으로 옳은 것은?

① 열을 감지하는 감열 저항체 소자이다.
② 온도 상승에 따라 전자유도현상이 크게 발생되는 소자이다.
③ 구성은 규소, 아연, 납 등을 혼합한 것이다.
④ 화학적으로는 수소화물에 해당한다.

바리스터와 서미스터
(1) 바리스터 : 비직선적인 전압-전류 특성을 갖는 2단자 반도체 소자로서 불꽃 아크(서지) 소거용으로 이용된다.
(2) 서미스터 : 열을 감지하는 감열 저항체 소자로서 온도보상용으로 이용된다.

[10, 15, 18, (유)12, 18]

79 다음 중 온도 보상용으로 사용되는 것은?

① 다이오드 ② 다이악
③ 서미스터 ④ SCR

바리스터와 서미스터
(1) 바리스터 : 비직선적인 전압-전류 특성을 갖는 2단자 반도체 소자로서 불꽃 아크(서지) 소거용으로 이용된다.
(2) 서미스터 : 열을 감지하는 감열 저항체 소자로서 온도보상용으로 이용된다.

정답 75 ① 76 ① 77 ① 78 ① 79 ③

[07, 14]

80 **그림은 일반적인 반파정류회로이다. 변압기 2차 전압의 실효값을 E[V]라 할 때 직류전류의 평균값은? (단, 변류기의 전압강하는 무시한다.)**

① $\dfrac{E}{R}$

② $\dfrac{E}{2R}$

③ $\dfrac{2E}{\pi R}$

④ $\dfrac{\sqrt{2}E}{\pi R}$

단상 반파 정류회로

$E_d = \dfrac{\sqrt{2}}{\pi}E = 0.45E$[V] 식에서

직류전류의 평균값 I_d는

$\therefore\ I_d = \dfrac{E_d}{R} = \dfrac{\sqrt{2}E}{\pi R}$[A]

[07]

81 **단상 전파정류로 직류전압 48[V]를 얻으려면 변압기 2차 권선의 상전압 V_s는 약 몇 [V]인가? (단, 부하는 무유도저항이고, 정류회로 및 변압기에서의 전압강하는 무시한다.)**

① 43 ② 53

③ 58 ④ 65

단상 전파 정류회로

$V_d = \dfrac{2\sqrt{2}}{\pi}V_s = 0.9V_s$[V] 식에서

$V_d = 48$[V]일 때 V_s는

$\therefore\ V_s = \dfrac{V_d}{0.9} = \dfrac{48}{0.9} = 53$[V]

[06, 16]

82 **그림과 같은 브리지 정류기는 어느 점에 교류입력을 연결해야 하는가?**

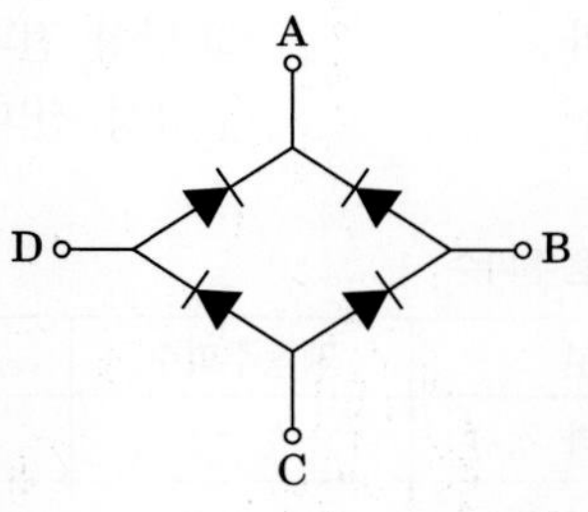

① B – D점 ② B – C점

③ A – C점 ④ A – B점

브리지 전파정류회로

브리지 전파정류회로를 연결하는 방법은 전원측(입력측) 단자와 접속된 다이오드의 극성은 서로 반대가 되도록 하여야 하며, 부하측(출력측) 단자와 접속된 다이오드의 극성은 서로 같아야 한다.

∴ B–D 점이다.

[13, 20]

83 **맥동 주파수가 가장 많고 맥동률이 가장 적은 정류방식은?**

① 단상 반파정류 ② 단상 전파정류

③ 3상 반파정류 ④ 3상 전파정류

맥동률과 맥동주파수

구분	맥동주파수	맥동률
단상 반파 정류	$f_\tau = f$	121[%]
단상 전파 정류	$f_\tau = 2f$	48[%]
3상 반파 정류	$f_\tau = 3f$	17[%]
3상 전파 정류	$f_\tau = 6f$	4[%]

정답 80 ④ 81 ② 82 ① 83 ④

[15]

84 **사이리스터를 이용한 정류회로에서 직류전압의 맥동률이 가장 작은 정류회로는?**

① 단상 반파 ② 단상 전파
③ 3상 반파 ④ 3상 전파

맥동률과 맥동주파수

구분	맥동주파수	맥동률
단상 반파 정류	$f_\tau = f$	121[%]
단상 전파 정류	$f_\tau = 2f$	48[%]
3상 반파 정류	$f_\tau = 3f$	17[%]
3상 전파 정류	$f_\tau = 6f$	4[%]

[17]

85 **다음의 정류회로 중 리플전압이 가장 작은 회로는? (단, 저항부하를 사용하였을 경우이다.)**

① 3상 반파 정류회로 ② 3상 전파 정류회로
③ 단상 반파 정류회로 ④ 단상 전파 정류회로

리플(ripple)이란 교류를 직류로 정류 한 후에 직류에 포함되어 있는 교류성분 주파수로서 맥동이라고 한다. 따라서 리플이 가장 작은 회로는 맥동률이 가장 작은 회로인 3상 전파 정류회로이다.

[11]

86 **단상 정류회로에서 3상 정류회로로 변환했을 경우 옳은 것은?**

① 맥동률은 감소하고 직류 평균전압은 증가한다.
② 맥동률은 증가하고 직류 평균전압은 감소한다.
③ 맥동률과 맥동주파수가 증가한다.
④ 맥동률은 증가하고 맥동주파수는 감소한다.

단상 정류회로를 3상 정류회로로 변환하면 맥동률이 감소하고 직류 평균 전압은 증가한다.

참고

(1) 단상 반파 정류회로 : $E_d = 0.45E$[V]
(2) 단상 전파 정류회로 : $E_d = 0.9E$[V]
(1) 3상 반파 정류회로 : $E_d = 1.17E$[V]
(1) 3상 전파 정류회로 : $E_d = 1.35E$[V]

정답 84 ④ 85 ② 86 ①

제12장

제어계의 구성과 분류

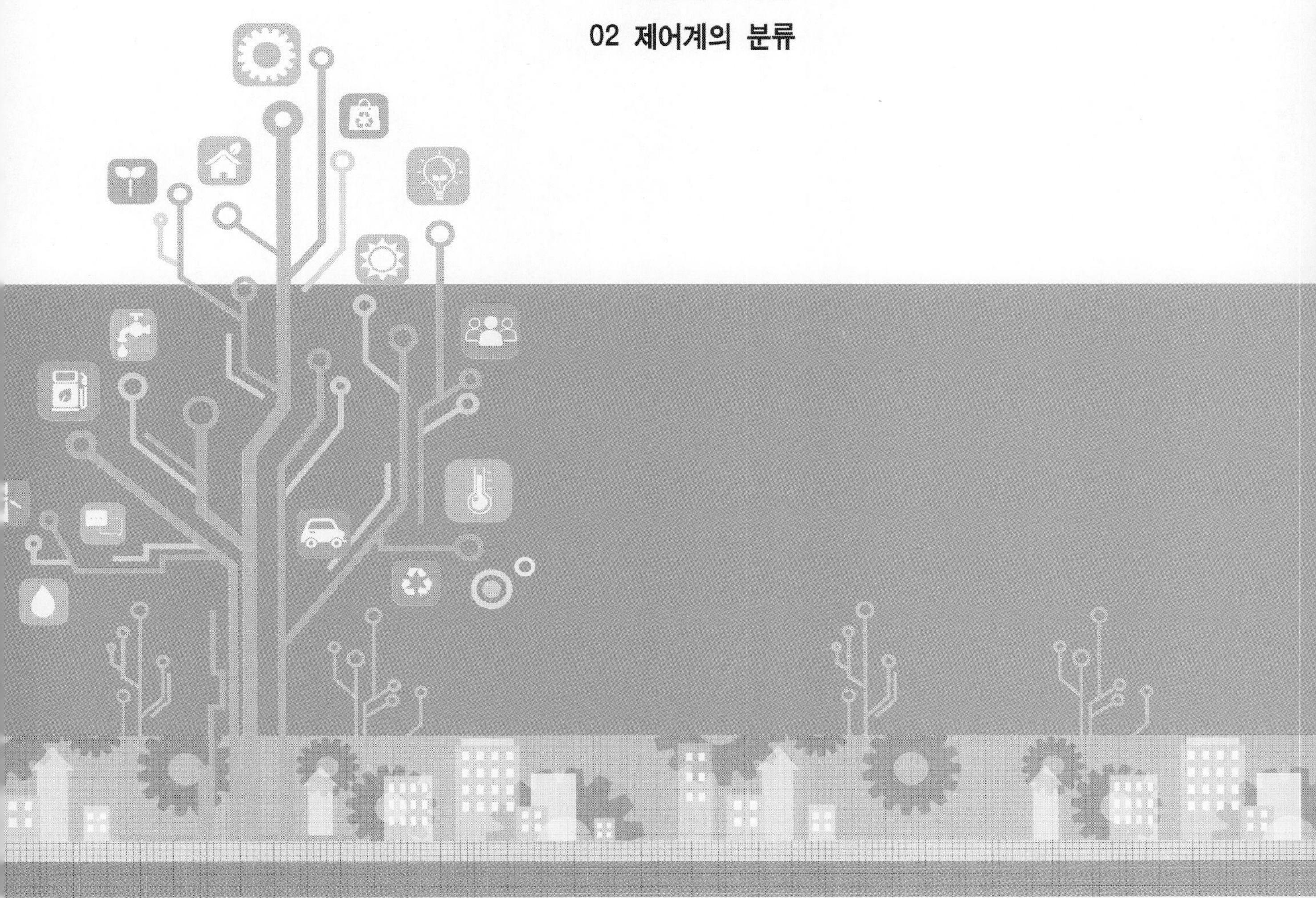

12 제어계의 구성과 분류

1 제어계의 구성

1. 제어계의 구성

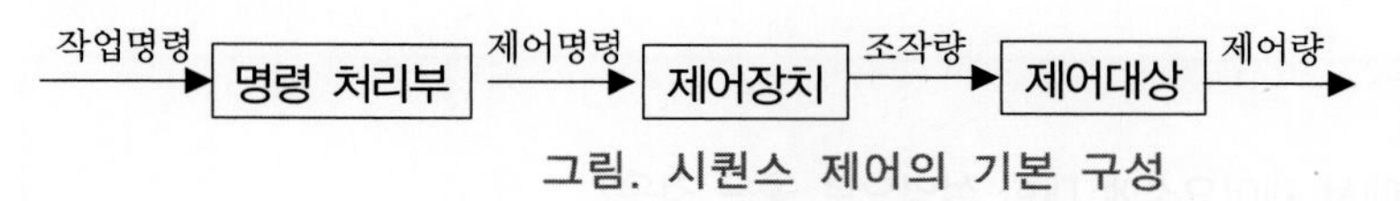

그림. 시퀀스 제어의 기본 구성

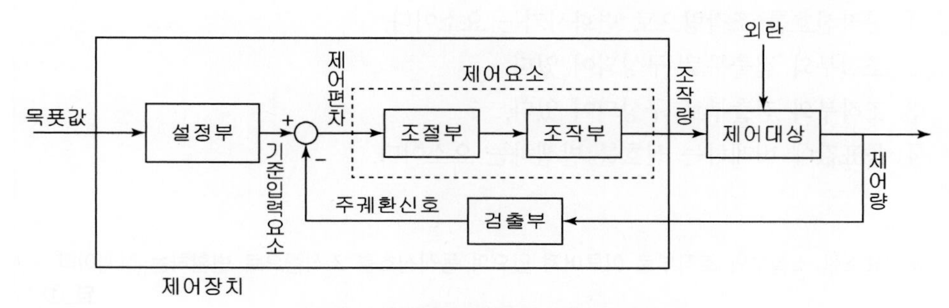

그림. 피드백 제어의 기본 구성

다음은 폐루프 제어 시스템(피드백 제어 시스템)의 블록 다이어그램에서 각 부분의 용어에 대한 역할과 기능을 설명한 것이다.

① 목표값 : 궤환제어계에 속하지 않는 신호로서 외부에서 제어량이 그 값에 맞도록 제어계에 직접 가해지는 입력신호를 말한다.

② 설정부 : 목표값을 기준입력신호로 바꾸는 역할을 하는 요소로서 목표값을 직접 사용하기 곤란할 때, 주 되먹임 요소와 비교하여 사용하는 것을 말한다. 기준입력요소(또는 기준입력장치)라 표현하기도 한다.

③ 기준입력신호 : 목표값에 비례한 신호로서 제어계를 동작시키는 기준으로 직접 제어계에 가해지는 신호를 말한다.

④ 제어편차(동작신호) : 기준입력신호에서 궤환신호의 제어량을 뺀 값으로서 제어계의 동작결정의 기초가 되는 동작신호를 말한다. 또한 제어요소의 입력신호이기도 하다.

⑤ 제어요소 : 조절부와 조작부로 이루어져 있으며 동작신호를 조작량으로 변환하는 장치이다.

⑥ 조작량 : 제어장치 또는 제어요소가 제어대상에 가하는 제어 신호로서 제어장치 또는 제어요소의 출력임과 동시에 제어대상의 입력인 신호이다.

제어란?
목표값을 설정하여 제어량이 목표값에 도달할 수 있도록 행해지는 일련의 모든 과정을 제어라 한다.

작업명령과 제어명령
- 작업명령 : 기동, 정지 등과 같이 장치 외부에서 주어지는 입력신호를 말한다.
- 제어명령 : 전압, 변위, 온도 등과 같이 장치 내부에서 제어량을 원하는 상태로 하기 위한 입력신호를 말한다.

(예)
발전기의 단자전압을 200[V]로 일정하게 유지하기 위하여 전압계를 보면서 계자저항을 조정하여 계전전류를 조정한다. 이러한 동작에 대한 제어시스템은 다음과 같이 지정할 수 있다.
- 200[V] : 목표값
- 단자전압 : 제어량
- 발전기 : 제어대상
- 계자저항 : 조절부
- 계자전류 : 조작량
- 전압계 : 검출부

⑦ 제어대상 : 제어장치에 속하는 않는 부분, 또는 기계장치, 프로세스 및 시스템 등에서 제어되는 전체 또는 부분으로서 제어량을 발생시키는 장치이다.
⑧ 외란 : 목표값 또는 기준입력신호 이외의 외부 입력으로 제어량의 변화를 일으키며 인위적으로 제어할 수 없는 값을 말한다.
⑨ 제어량 : 제어하려는 물리량으로 제어계의 출력신호이다.
⑩ 검출부 : 제어량을 검출하여 피드백 신호를 통해 비교부에 전달한 후 다시 조절부와 조작부를 거쳐 조작량을 변화시키기 위한 장치이다.(예 센서)

01 예제문제

피드백 제어계에서 제어요소에 대한 설명으로 옳은 것은?

① 동작신호를 조작량으로 변화시키는 요소이다.
② 조절부와 검출부로 구성되어 있다.
③ 조작부와 검출부로 구성되어 있다.
④ 목표값에 비례하는 신호를 발생하는 요소이다.

해설
제어요소란 조절부와 조작부로 이루어져 있으며 동작신호를 조작량으로 변환하는 장치이다.

답 ①

02 예제문제

발전기의 단자전압을 200[V]로 일정하게 유지하기 위하여 전압계를 보면서 계자저항을 조정하여 계자전류를 조정한다. 다음 중 잘못 짝지어진 것은?

① 목표값-200[V]
② 조작량-계자전류
③ 제어량-계자저항
④ 제어대상-발전기

해설
제어량은 제어계의 출력값으로서 제어하려는 값이 무엇인지에 따라 결정된다. 문제에서 제시하는 내용은 목표값을 200[V]로 정하여 단자전압이 200[V]로 일정하게 유지하려는 것이 목적이기 때문에 제어량은 단자전압이다.

답 ③

2. 피드백 제어계와 시퀀스 제어계의 특징

(1) 피드백 제어계의 특징

① 폐회로로 구성되어 있으며 정량적인 제어명령에 의하여 제어한다.

② 기억과 판단기구 및 검출기를 가진 제어계로서 기계 스스로 판단하여 수정동작을 하는 제어계이다.

③ 입력과 출력을 비교할 수 있는 비교부를 반드시 필요로 한다.

④ 제어계의 특성을 향상시켜 목표값에 정확히 도달할 수 있다.

⑤ 제어량에 변화를 주는 외란의 영향은 받지만 그 외란으로부터의 영향은 제거할 수 있다.

⑥ 외부 조건의 변화에 대한 영향을 줄일 수 있다.

⑦ 입력과 출력 사이의 오차가 감소하여 입력 대 출력비의 전체 이득 및 감도가 감소한다.

⑧ 정확성, 대역폭, 감대폭이 증가한다.

⑨ 구조가 복잡하고 설치비가 많이 들며 제어기 부품들의 성능이 나쁘면 큰 영향을 받는다.

⑩ 발진을 일으키며 불안정한 상태로 될 우려가 있다.

⑪ 비선형과 왜형에 대한 효과가 감소한다.

(2) 시퀀스 제어계의 특징

① 미리 정해진 순서 또는 일정의 논리에 의해 정해진 순서에 따라 제어의 각 단계를 순차적으로 진행시켜 가는 제어이다.
(예 무인자판기, 컨베이어, 엘리베이터, 세탁기 등)

② 구성하기 쉽고 시스템의 구성비가 낮다.

③ 개루프 제어계로서 유지 및 보수가 간단하다.

④ 자체 판단능력이 없기 때문에 원하는 출력을 얻기 위해서는 보정이 필요하다.

⑤ 조합논리회로 및 시간지연요소나 제어용 계전기가 사용되며 제어결과에 따라 조작이 자동적으로 이행된다.

연속데이터 제어
제어량이 목표값과 일치하는가를 항상 비교하여 편차가 있을 때는 수시로 수정하여 늘 제어량이 목표값과 일치하도록 하는 피드백 제어계와 같은 의미를 갖는 제어이다.

서보기구의 특징
- 원격제어의 경우가 많다.
- 제어량이 기계적인 변위이다.
- 추치제어에 해당하는 제어장치가 많다.
- 신호는 아날로그 방식이 많다.

03 예제문제

기억과 판단기구 및 검출기를 가진 제어방식은?

① 시한 제어 ② 피드백 제어
③ 순서프로그램 제어 ④ 조건 제어

해설
피드백 제어계는 기억과 판단기구 및 검출기를 가진 제어계로서 기계 스스로 판단하여 수정 동작을 하는 제어계이다.

답 ②

2 제어계의 분류

1. 목표값에 따른 분류

(1) 정치제어

목표값이 시간에 관계없이 항상 일정한 경우로 정전압장치, 일정 속도제어, 연속식 압연기 등에 해당하는 제어이다.

(2) 추치제어

출력의 변동을 조정하는 동시에 목표값에 정확히 추종하도록 설계한 제어

① 추종제어 : 제어량에 의한 분류 중 서보 기구에 해당하는 값을 제어한다.
(예 비행기 추적레이더, 유도미사일)

② 프로그램제어 : 목표값이 미리 정해진 시간적 변화를 하는 경우 제어량을 변화시키는 제어로서 무인 운전 시스템이 이에 해당된다.
(예 무인 엘리베이터, 무인 자판기, 무인 열차)

③ 비율제어 : 목표값이 다른 양과 일정한 비율 관계로 변화하는 제어
(예 보일러의 자동 연소제어)

2. 제어량에 따른 분류

(1) 서보기구 제어

기계적 변위를 제어량으로 해서 목표값의 임의의 변화에 항상 추종되도록 하는 추종제어인 경우이다. 위치, 방향, 자세, 각도, 거리 등을 제어한다.

(2) 프로세스 제어

공정제어라고도 하며 제어량이 피드백 제어계로서 주로 정치제어인 경우이다. 온도, 압력, 유량, 액면, 습도, 밀도, 농도 등을 제어한다.

(3) 자동조정 제어

전압, 전류, 주파수 등의 양을 주로 제어하는 것으로 응답속도가 빨라야 하는 것이 특징이며, 정전압장치나 발전기 및 조속기의 제어 등에 활용하는 제어이다.

미분요소
입력을 계단전압으로 주어질 때 출력값은 임펄스 전압을 얻는다.

진상보상요소
출력전압의 위상을 입력전압의 위상보다 앞서도록 보상하는 회로

지상보상요소
출력전압의 위상을 입력전압의 위상보다 뒤지도록 보상하는 회로

04 예제문제

다음 중 무인 엘리베이터의 자동제어로 가장 적합한 것은?

① 추종 제어　　② 정치 제어
③ 프로그램 제어　　④ 프로세스 제어

해설
프로그램제어는 목표값이 미리 정해진 시간적 변화를 하는 경우 제어량을 변화시키는 제어로서 무인 운전 시스템이 이에 해당된다.

답 ③

3. 동작에 따른 분류

(1) 연속동작에 의한 분류

① 비례동작(P 제어) : off-set(오프셋, 잔류편차, 정상편차, 정상오차)가 발생, 속응성(응답속도)이 나쁘다.

$G(s) = K$

여기서, $G(s)$: 전달함수, K : 비례감도

② 미분동작(D 제어) : 제어편차가 검출될 때 편차가 변화하는 속도에 비례하여 조작량을 가감하도록 하는 제어로서 오차가 커지는 것을 미연에 방지하는 제어이다.

$G(s) = T_d\, s$

여기서, $G(s)$: 전달함수, T_d : 미분시간

③ 비례 미분동작(PD 제어) : 비례동작과 미분동작이 결합된 제어기로서 미분동작의 특성을 지니고 있으며 진동을 억제하여 속응성(응답속도)을 개선할 뿐만 아니라 진상보상요소를 지니고 있다.

$G(s) = K(1 + T_d\, s)$

여기서, $G(s)$: 전달함수, K : 비례감도, T_d : 미분시간

비례적분동작
입력으로 단위계단함수를 가했을 때 출력의 동작은 다음과 같다.

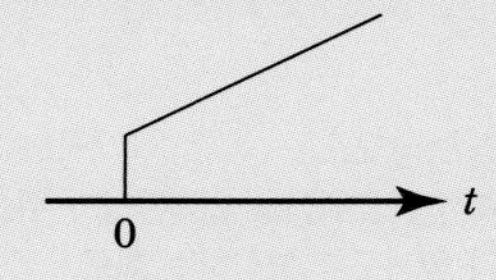

제어동작의 이해
- 비례동작 : 편차에 비례한 조작신호를 출력하여 자기 평형성이 없는 보일러 드럼의 액위제어와 같이 입력신호와 파형은 같고 크기만 변화하는 제어 동작이다.
- 미분동작 : 편차의 변화속도에 비례한 조작신호를 출력한다.
- 적분동작 : 편차의 적분값에 비례한 조작신호를 출력한다.

④ 적분동작(I 제어) : 오차 발생시간과 오차의 크기로 둘러싸인 면적에 비례하여 동작하는 제어로서 물탱크에 일정 유량의 물을 공급하여 수위를 올려주는 역할을 하는 제어기이다.

$$G(s) = \frac{1}{T_i s}$$

여기서, $G(s)$: 전달함수, T_i : 적분시간

⑤ 비례 적분동작(PI 제어) : 비례동작과 적분동작이 결합된 제어기로서 적분동작의 특성을 지니고 있으며 정상특성이 개선되어 잔류편차와 사이클링이 없을 뿐만 아니라 지상보상요소를 지니고 있다.

$$G(s) = K\left(1 + \frac{1}{T_i s}\right)$$

여기서, $G(s)$: 전달함수, K : 비례감도, T_i : 적분시간

⑥ 비례 미적분동작(PID 제어) : 비례동작과 미분 · 적분동작이 결합된 제어기로서 오버슈트를 감소시키고, 정정시간을 적게 하여 정상편차와 응답속도를 동시에 개선하는 가장 안정한 제어 특성이다.

$$G(s) = K\left(1 + T_d s + \frac{1}{T_i s}\right)$$

여기서, $G(s)$: 전달함수, K : 비례감도, T_d : 미분시간,
T_i : 적분시간

(2) **불연속동작에 의한 분류**

① 2위치 제어(ON-OFF 제어) : 간단한 단속제어 동작이고 사이클링과 오프-셋을 발생시킨다. 2위치 제어계의 신호는 동작하거나 아니면 동작하지 않도록 2가지로만 결정되기 때문에 2진 신호로 해석한다.

② 샘플링 제어

05 예제문제

제어편차가 검출될 때 편차가 변화하는 속도에 비례하여 조작량을 가감하도록 하는 제어로 오차가 커지는 것을 미연에 방지하는 제어동작은?

① ON/OFF 제어 동작 ② 미분 제어 동작
③ 적분 제어 동작 ④ 비례 제어 동작

해설
미분동작(D 제어)은 제어편차가 검출될 때 편차가 변화하는 속도에 비례하여 조작량을 가감하도록 하는 제어로서 오차가 커지는 것을 미연에 방지하는 제어이다.

답 ②

그 밖의 제어 해석
- 최적제어 : 제어대상의 상태를 자동적으로 제어하며, 목표값이 제어 공정과 기타의 제한 조건에 순응하면서 가능한 가장 짧은 시간에 요구되는 최종상태까지 가도록 설계한 제어
- 수치제어 : 펄스 신호를 이용한 프로그램 제어로서 공작기계에 의한 제품가공에 이용된다.
- 순서제어 : 시퀀스 제어로서 동작명령의 순서에 따라 미리 프로그램으로 짜여 있는 제어이다.

06 예제문제

PI 제어동작은 공정제어계의 무엇을 개선하기 위하여 사용되고 있는가?

① 이득 ② 속응성
③ 안정도 ④ 정상특성

해설
비례적분동작(PI 제어)은 정상특성이 개선되어 잔류편차와 사이클링이 없다.

답 ④

4. 구동장치에 따른 분류

(1) 자력제어

조작부를 움직이는데 외부의 동력을 필요로 하지 않고 제어신호 자체를 이용하는 제어로 구조가 간단하고 동작이 확실하며 저가이다. 타력제어에 비해 정보처리와 조작속도가 느리다.

(2) 타력제어

조작부를 움직이는데 외부의 동력을 필요로 하는 제어로 구조가 복잡하고 고가이지만 자력제어에 비해 정보처리와 조작속도가 빠르다. 외부 에너지원으로 공기, 유압, 전기 등을 사용한다.

A/D 변환기와 D/A 변환기
- A/D 변환기 : 아날로그 신호를 디지털 신호로 변환하는 장치로서 아날로그 신호의 최대값을 M, 변환기의 bit수를 n이라 할 때 양자화 오차는 $\frac{M}{2^n}$으로 구할 수 있다.
- D/A 변환기 : 디지털 신호를 아날로그 신호로 변환하는 장치로서 디지털 신호에 따라 전압이나 전류의 아날로그 출력값을 얻을 수 있다.

(예)

$101_{(2)}=1\times2^2+0\times2^1+1\times2^0$
$=5$

5. 제어방식에 의한 분류

(1) 아날로그 제어

제어를 하는데 있어서 신호의 크기나 시간적 길이를 연속적으로 변화하는 양으로 제어하는 방식을 말한다.

(2) 디지털 제어

신호가 펄스 신호이거나 디지털 코드라는 점에서 연산속도는 샘플링계에서 결정된다. 디지털 제어를 채택하면 조정 개수나 부품수가 아날로그 제어에 비해 대폭적으로 줄어들며 부품편차 및 경년변화의 영향을 덜 받는다. 또한 분해능이 높기 때문에 정밀한 속도제어에 적합하다.
(예 스텝모터의 속도제어)

07 예제문제

제어장치의 에너지에 의한 분류에서 타력제어와 비교한 자력제어의 특징 중 맞지 않는 것은?

① 저비용
② 단순구조
③ 확실한 동작
④ 빠른 조작 속도

해설

자력제어는 조작작부를 움직이는데 외부의 동력을 필요로 하지 않고 제어신호 자체를 이용하는 제어로 구조가 간단하고 동작이 확실하며 저가이다. 타력제어에 비해 정보처리와 조작속도가 느리다.

답 ④

12 출제빈도순에 따른 종합예상문제

[15]

01 어떤 대상물의 현재 상태를 사람이 원하는 상태로 조절 하는 것을 무엇이라 하는가?

① 제어량　② 제어대상
③ 제어　④ 물질량

제어란 목표값을 설정하여 제어량이 목표값에 도달할 수 있도록 행해지는 일련의 모든 과정을 제어라 한다.

[19]

02 제어계에서 제어량이 원하는 값을 갖도록 외부에서 주어지는 값은?

① 동작신호　② 조작량
③ 목표값　④ 궤환량

목표값은 궤환제어계에 속하지 않는 싱호로서 외부에서 제어량이 그 값에 맞도록 제어계에 직접 가해지는 입력신호를 말한다.

[10, 18]

03 피드백 제어계의 구성요소 중 동작신호에 해당되는 것은?

① 기준입력과 궤환신호의 차
② 제어요소가 제어대상에 주는 신호
③ 제어량에 영향을 주는 외적 신호
④ 목표값과 제어량의 차

제어편차(동작신호)는 기준입력신호에서 궤환신호의 제어량을 뺀 값으로서 제어계의 동작결정의 기초가 되는 동작신호를 말한다. 또한 제어요소의 입력신호이기도 하다.

[10, 16, (유)17]

04 제어요소는 무엇으로 구성되는가?

① 입력부와 조절부　② 출력부와 검출부
③ 피드백 동작부　④ 조작부와 조절부

제어요소는 조절부와 조작부로 이루어져 있으며 동작신호를 조작량으로 변환하는 장치이다.

[15, 19, (유)17]

05 궤환제어계에서 제어요소란?

① 조작부와 검출부
② 조절부와 검출부
③ 목표값에 비례하는 신호 발생
④ 동작신호를 조작량으로 변화

제어요소는 조절부와 조작부로 이루어져 있으며 동작신호를 조작량으로 변환하는 장치이다.

[10, 15, 19, (유)17]

06 동작신호를 조작량으로 변환하는 요소로서 조절부와 조작부로 이루어진 요소는?

① 기준입력 요소　② 동작신호 요소
③ 제어 요소　④ 피드백 요소

제어요소는 조절부와 조작부로 이루어져 있으며 동작신호를 조작량으로 변환하는 장치이다.

정답 01 ③　02 ③　03 ①　04 ④　05 ④　06 ③

[14, 17]

07 자동제어계의 구성 중 기준입력과 궤환신호와의 차를 계산해서 제어계가 보다 안정된 동작을 하도록 필요한 신호를 만들어 내는 부분은?

① 목표설정부 ② 조절부
③ 조작부 ④ 검출부

기준입력과 궤환신호의 제어량을 뺀 값은 제어편차(동작신호)이며 제어편차를 계산해서 안정된 동작에 필요한 신호를 만들어내는 부분은 제어편차를 입력으로 하는 조절부이다.

[13]

08 조절부로부터 받은 신호를 조작량으로 바꾸어 제어대상에 보내주는 피드백 제어의 구성요소는?

① 궤환신호 ② 조작부
③ 제어량 ④ 신호부

제어요소는 조절부와 조작부로 이루어져 있으며 제어대상에 조작량을 보내주는 장치이다. 따라서 조작부는 제어요소의 출력이기 때문에 제어대상에 조작량을 보내주는 구성요소는 조작부이다.

[12, 13]

09 제어명령을 증폭시켜 직접 제어대상을 제어시키는 부분을 무엇이라 하는가?

① 조작부 ② 전송부
③ 검출부 ④ 조절부

제어대상을 제어시키는 부분은 제어대상의 입력을 의미하므로 제어요소의 조작부를 의미한다.

[12, 16, 18]

10 제어요소가 제어대상에 주는 양은?

① 조작량 ② 제어량
③ 기준입력 ④ 동작신호

조작량은 제어장치 또는 제어요소가 제어대상에 가하는 제어신호로서 제어장치 또는 제어요소의 출력임과 동시에 제어대상의 입력인 신호이다.

[17]

11 제어요소의 출력인 동시에 제어대상의 입력으로 제어요소가 제어대상에게 인가하는 제어신호는?

① 외란 ② 제어량
③ 조작량 ④ 궤환신호

조작량은 제어장치 또는 제어요소가 제어대상에 가하는 제어신호로서 제어장치 또는 제어요소의 출력임과 동시에 제어대상의 입력인 신호이다.

[13]

12 제어대상에 속하는 양으로 제어장치의 출력신호가 되는 것은?

① 제어량 ② 조작량
③ 목푯값 ④ 오차

조작량은 제어장치 또는 제어요소가 제어대상에 가하는 제어신호로서 제어장치 또는 제어요소의 출력임과 동시에 제어대상의 입력인 신호이다.

[17]

13 궤환제어(feedback control system)에서 제어장치에 속하지 않는 것은?

① 설정부 ② 조작부
③ 검출부 ④ 제어대상

제어대상은 제어장치에 속하는 않는 부분, 또는 기계장치, 프로세스 및 시스템 등에서 제어되는 전체 또는 부분으로서 제어량을 발생시키는 장치이다.

[13, (유)19]

14 자동 제어계의 출력 신호를 무엇이라 하는가?

① 동작신호 ② 조작량
③ 제어량 ④ 제어 편차

제어량은 제어하려는 물리량으로 제어계의 출력신호이다.

정답 07 ② 08 ② 09 ① 10 ① 11 ③ 12 ② 13 ④ 14 ③

[17]

15 그림과 같은 제어계에서 ⓐ 부분에 해당하는 것은?

① 조절부
② 조작부
③ 검출부
④ 비교부

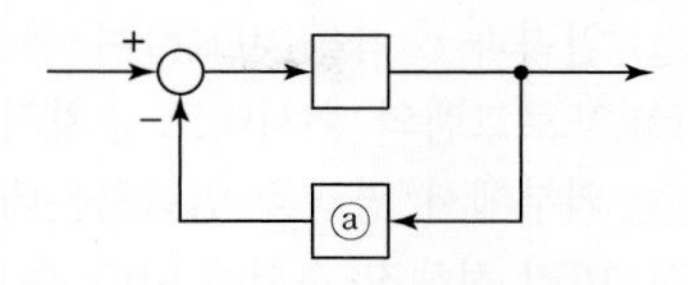

검출부는 제어량을 검출하여 피드백 신호를 통해 비교부에 전달한 후 다시 조절부와 조작부를 거쳐 조작량을 변화시키기 위한 장치이다.(예 센서)

[10]

16 다음 중 제어계의 기본 구성요소가 아닌 것은?

① 제어목적　② 제어대상
② 제어요소　④ 추치제어

추치제어는 제어계를 목표값에 따른 분류 중 하나이다.

[06, 11, 13, 16]

17 전기로의 온도를 1,000℃로 이정하게 유지시키기 위하여 열전온도계의 지시값을 보면서 전압조정기로 전기로에 대한 인가전압을 조절하는 장치가 있다. 이 경우 열전온도계는 다음 중 어느 것에 해당 되는가?

① 조작부　② 검출부
③ 제어량　④ 조작량

(1) 조작부 : 전압조정기　(2) 검출부 : 열전온도계
(3) 제어량 : 온도　(4) 조작량 : 인가전압

[09]

18 3상 교류전압 및 주파수를 변화시켜 유도전동기의 회전수를 1,750[rpm]으로 하고자 한다. 이 경우 “회전수”는 자동제어계의 구성요소 중 어느 것에 해당하는가?

① 제어량　② 목표값
③ 조작량　④ 제어대상

(1) 제어량 : 회전수　(2) 목표값 : 1,750[rpm]
(3) 조작량 : 전압 및 주파수　(4) 제어대상 : 유도전동기

[12]

19 직류전동기의 회전수를 일정하게 유지시키기 위하여 전압제어를 하고 있다. 전압의 크기는 어느 것에 해당하는가?

① 목표값　② 조작량
③ 제어량　④ 제어대상

(1) 조작량 : 전압의 크기　(2) 제어량 : 회전수
(3) 제어대상 : 직류전동기

[14]

20 제어방식에서 기억과 판단기구 및 검출기를 가진 제어방식은?

① 순서 프로그램 제어　② 피드백 제어
③ 조건제어　④ 시한제어

피드백 제어계의 특징
(1) 폐회로로 구성되어 있으며 정량적인 제어명령에 의하여 제어한다.
(2) 기억과 판단기구 및 검출기를 가진 제어계로서 기계 스스로 판단하여 수정동작을 하는 제어계이다.
(3) 입력과 출력을 비교할 수 있는 비교부를 반드시 필요로 한다.
(4) 제어계의 특성을 향상시켜 목표값에 정확히 도달할 수 있다.
(5) 제어량에 변화를 주는 외란의 영향은 받지만 동작상태를 교란하는 외란의 영향은 제거할 수 있다.
(6) 외부 조건의 변화에 대한 영향을 줄일 수 있다.
(7) 입력과 출력 사이의 오차가 감소하여 입력 대 출력비의 전체 이득 및 감도가 감소한다.
(8) 정확성, 대역폭, 감대폭이 증가한다.
(9) 구조가 복잡하고 설치비가 많이 들며 제어기 부품들의 성능이 나쁘면 큰 영향을 받는다.
(10) 발진을 일으키며 불안정한 상태로 될 우려가 있다.
(11) 비선형과 왜형에 대한 효과가 감소한다.

정답 15 ③　16 ④　17 ②　18 ①　19 ②　20 ②

[08, 10, 11, 14, 16, 18]

21 피드백제어에서 반드시 필요한 장치는?

① 안정도를 향상시키는 장치
② 응답속도를 개선시키는 장치
③ 구동장치
④ 입력과 출력을 비교하는 장치

피드백 제어계는 입력과 출력을 비교할 수 있는 비교부를 반드시 필요로 한다.

[08, 20]

22 목표치가 정하여져 있으며, 입·출력을 비교하여 신호전달 경로가 반드시 폐루프를 이루고 있는 제어는?

① 비율차동제어　② 조건제어
③ 시퀀스제어　④ 피드백제어

피드백 제어계는 입력과 출력을 비교할 수 있는 비교부를 반드시 필요로 한다.

[17]

23 출력의 일부를 입력으로 되돌림으로써 출력과 기준입력의 오차를 줄여나가도록 제어하는 제어방법은?

① 피드백제어　② 시퀀스제어
③ 리세트제어　④ 프로그램제어

출력을 입력으로 되돌려주는 제어계를 피드백 제어계라 하며 입력과 출력을 비교하여 발생하는 오차를 줄임으로써 목표값에 정확하게 도달할 수 있도록 하는 제어계이다.

[12, 17]

24 되먹임 제어를 바르게 설명한 것은?

① 입력과 출력을 비교하여 정정동작을 하는 방식
② 프로그램의 순서대로 순차적으로 제어하는 방식
③ 외부에서 명령을 입력하는데 따라 제어되는 방식
④ 미리 정해진 순서에 따라 순차적으로 제어되는 방식

피드백 제어계는 입력과 출력을 비교할 수 있는 비교부를 반드시 필요로 한다.

[15, 18, 20]

25 피드백 제어계의 특징으로 옳은 것은?

① 정확성이 떨어진다.
② 감대폭이 감소한다.
③ 계의 특성 변화에 대한 입력 대 출력비의 감도가 감소한다.
④ 발진이 전혀 없고 항상 안정한 상태로 되어 가는 경향이 있다.

피드백 제어계는 입력과 출력 사이의 오차가 감소하여 입력 대 출력비의 전체 이득 및 감도가 감소한다.

[11②]

26 폐루프 제어계의 장점이 아닌 것은?

① 생산품질이 좋아지고, 균일한 제품을 얻을 수 있다.
② 수동제어에 비해 인건비를 줄일 수 있다.
③ 제어장치의 운전, 수리에 편리하다.
④ 생산속도를 높일 수 있다.

피드백 제어계는 구조가 복잡하여 제어장치의 운전, 수리가 어렵다.

정답 21 ④　22 ④　23 ①　24 ①　25 ③　26 ③

[11]

27 다음 중 피드백 제어계의 장점이 아닌 것은?

① 생산 속도를 상승시키고 생산량을 크게 증대시킬 수 있다.
② 생산품질향상이 현저하며 균일한 제품을 얻을 수 있다.
③ 제어장치의 운전, 수리 및 보관에 고도의 지식과 능숙한 기술이 있어야 한다.
④ 생산 설비의 수명을 연장할 수 있고, 설비의 자동화로 생산원가를 절감할 수 있다.

보기 ③항은 피드백 제어계의 단점에 해당된다.

[10]

28 피드백(Feedback) 제어의 특징이 아닌 것은?

① 제어량 값을 일치시키기 위한 목표값이 있다.
② 입력측의 신호를 출력측으로 되돌려 준다.
③ 제어신호의 전달 경로는 폐루프를 형성한다.
④ 측정된 제어량이 목표치와 일치하도록 수정 동작을 한다.

피드백 제어란 출력측 신호를 입력측으로 되돌려 주는 제어계를 말한다.

[12]

29 자동제어에서 미리 정해 놓은 순서에 따라 제어의 각 단계가 순차적으로 진행되는 제어 방식은?

① 프로세스제어　② 시퀀스제어
③ 서보제어　④ 되먹임제어

시퀀스 제어계의 특징
(1) 미리 정해진 순서 또는 일정의 논리에 의해 정해진 순서에 따라 제어의 각 단계를 순차적으로 진행시켜 가는 제어이다.(예 무인자판기, 컨베이어, 엘리베이터, 세탁기 등)
(2) 구성하기 쉽고 시스템의 구성비가 낮다.
(3) 개루프 제어계로서 유지 및 보수가 간단하다.
(4) 자체 판단능력이 없기 때문에 원하는 출력을 얻기 위해서는 보정이 필요하다.
(5) 조합논리회로 및 시간지연요소나 제어용계전기가 사용되며 제어결과에 따라 조작이 자동적으로 이행된다.

[08]

30 커피 자동 판매기에 동전을 넣으면 일정량의 커피가 나오도록 되어 있는데 다음 중 어느 제어에 해당하는가?

① 프로세스제어　② 피드백제어
③ 시퀀스제어　④ 비율제어

시퀀스 제어계는 미리 정해진 순서 또는 일정의 논리에 의해 정해진 순서에 따라 제어의 각 단계를 순차적으로 진행시켜 가는 제어이다.(예 무인자판기, 컨베이어, 엘리베이터, 세탁기 등)

[08]

31 다음 중 시퀀스제어에 속하지 않는 것은?

① 컨베이어 제어　② 엘리베이터 제어
③ 주파수 조정　④ 세탁기

시퀀스 제어계의 특징
미리 정해진 순서 또는 일정의 논리에 의해 정해진 순서에 따라 제어의 각 단계를 순차적으로 진행시켜 가는 제어이다.
(예 무인자판기, 컨베이어, 엘리베이터, 세탁기 등)

정답 27 ①　28 ②　29 ②　30 ③　31 ③

[10, 17, 19]

32 시퀀스 제어에 관한 설명 중 옳지 않은 것은?

① 조합 논리회로로도 사용된다.
② 전력계통에 연결된 스위치가 일시에 동작한다.
③ 시간 지연요소로도 사용된다.
④ 제어 결과에 따라 조작이 자동적으로 이행된다.

시퀀스 제어계는 미리 정해진 순서 또는 일정의 논리에 의해 정해진 순서에 따라 제어의 각 단계를 순차적으로 진행시켜 가는 제어이다.(예 무인자판기, 컨베이어, 엘리베이터, 세탁기 등)

[15]

33 출력이 입력에 전혀 영향을 주지 못하는 제어는?

① 프로그램제어　② 피드백제어
③ 시퀀스제어　④ 폐회로제어

시퀀스 제어계는 피드백 신호가 없기 때문에 출력이 입력에 전혀 영향을 주지 못한다.

[13, 19]

34 시퀀스 제어에 관한 설명 중 옳지 않은 것은?

① 미리 정해진 순서에 의해 제어된다.
② 일정한 논리에 의해 정해진 순서에 의해 제어된다.
③ 조합논리회로로 사용된다.
④ 입력과 출력을 비교하는 장치가 필수적이다.

보기 ④항은 피드백 제어계의 특징에 해당된다.

[16]

35 시퀀스 제어에 관한 설명 중 틀린 것은?

① 조합 논리회로도 사용된다.
② 시간 지연요소도 사용된다.
③ 유접점 계전기만 사용된다.
④ 제어결과에 따라 조작이 자동적으로 이행된다.

시퀀스 제어계는 조합논리회로 및 시간지연요소나 제어용계전기가 사용되며 제어결과에 따라 조작이 자동적으로 이행된다.

[16]

36 시퀀스 제어에 관한 사항으로 옳은 것은?

① 조절기용이다.
② 입력과 출력의 비교장치가 필요하다.
③ 한시동작에 의해서만 제어되는 것이다.
④ 제어결과에 따라 조작이 자동적으로 이행된다.

시퀀스 제어계는 조합논리회로 및 시간지연요소나 제어용계전기가 사용되며 제어결과에 따라 조작이 자동적으로 이행된다.

[16]

37 자체 판단능력이 없는 제어계는?

① 서보기구　② 추치 제어계
③ 개회로 제어계　④ 폐회로 제어계

시퀀스 제어계는 자체 판단능력이 없기 때문에 원하는 출력을 얻기 위해서는 보정이 필요하다.

[14]

38 다음 중 개루프 제어계(open-loop control system)에 속하는 것은?

① 전등점멸시스템　② 배의 조타장치
③ 추적시스템　④ 에어컨디션시스템

시퀀스 제어계는 자체 판단능력이 없기 때문에 전등점멸시스템이 적당하다.

[18]

39 되먹임 제어의 종류에 속하지 않는 것은?

① 순서제어　② 정치제어
③ 추치제어　④ 프로그램제어

시퀀스 제어계는 미리 정해진 순서 또는 일정의 논리에 의해 정해진 순서에 따라 제어의 각 단계를 순차적으로 진행시켜 가는 제어이기 때문에 순서제어는 시퀀스 제어에 속한다.

정답 32 ② 33 ③ 34 ④ 35 ③ 36 ④ 37 ③ 38 ① 39 ①

[10, 20, (유)18]

40 제어량을 어떤 일정한 목표값으로 유지하는 것을 목적으로 하는 제어법은?

① 추종제어 ② 비율제어
③ 정치제어 ④ 프로그램제어

정치제어는 목표값이 시간에 관계없이 항상 일정한 경우로 정전압장치, 일정 속도제어, 연속식 압연기 등에 해당하는 제어이다.

[11]

41 목표값이 시간에 대하여 변화하지 않는 제어로 정전압장치나 일정 속도제어 등에 해당하는 제어는?

① 프로그램제어 ② 추종제어
③ 정치제어 ④ 비율제어

정치제어는 목표값이 시간에 관계없이 항상 일정한 경우로 정전압장치, 일정 속도제어, 연속식 압연기 등에 해당하는 제어이다.

[11]

42 자동제어장치의 종류에서 연속식 압연기의 자동제어는?

① 추종제어 ② 프로그래밍제어
③ 비례제어 ④ 정치제어

정치제어는 목표값이 시간에 관계없이 항상 일정한 경우로 정전압장치, 일정 속도제어, 연속식 압연기 등에 해당하는 제어이다.

[13]

43 컴퓨터실의 온도를 항상 18℃로 유지하기 위하여 자동 냉난방기를 설치하였다. 이 자동 냉난방기의 제어는?

① 정치제어 ② 추종제어
③ 비율제어 ④ 서보제어

정치제어는 목표값이 시간에 관계없이 항상 일정한 경우로 정전압장치, 일정 속도제어, 연속식 압연기 등에 해당하는 제어이다.

[15, 16]

44 출력의 변동을 조정하는 동시에 목표값에 정확히 추종하도록 설계한 제어계는?

① 추치제어 ② 프로세스제어
③ 자동조정 ④ 정치제어

추치제어는 출력의 변동을 조정하는 동시에 목표값에 정확히 추종하도록 설계한 제어로서 다음과 같이 분류된다.
(1) 추종제어 : 제어량에 의한 분류 중 서보 기구에 해당하는 값을 제어한다.(예 비행기 추적레이더, 유도미사일)
(2) 프로그램제어 : 목표값이 미리 정해진 시간적 변화를 하는 경우 제어량을 변화시키는 제어로서 무인 운전 시스템이 이에 해당된다.(예 무인 엘리베이터, 무인 자판기, 무인 열차)
(3) 비율제어 : 목표값이 다른 양과 일정한 비율 관계로 변화하는 제어

[08]

45 추치제어에 대한 설명으로 옳은 것은?

① 제어량의 종류에 의하여 분류한 자동제어의 일종이다.
② 임의로 변화하는 목표값을 추종하는 제어를 뜻한다.
③ 제어량의 공업 프로세스의 상태량일 경우의 제어를 뜻한다.
④ 정치제어의 일종으로 주로 유량, 위치, 주파수, 전압 등을 제어한다.

추치제어는 출력의 변동을 조정하는 동시에 목표값에 정확히 추종하도록 설계한 제어로서 다음과 같이 분류된다.

정답 40 ③ 41 ③ 42 ④ 43 ① 44 ① 45 ②

[09, 16]

46 목표값이 시간적으로 임의로 변하는 경우의 제어로서 서보기구가 속하는 것은?

① 정치제어 ② 추종제어
③ 프로그램 제어 ④ 마이컴 제어

추종제어는 제어량에 의한 분류 중 서보 기구에 해당하는 값을 제어한다.(예 비행기 추적레이더, 유도미사일)

[08]

47 목표값이 임의의 변화에 추종하도록 구성되어 있는 것을 무엇이라 하는가?

① 자동조정 ② 프로세스제어
③ 서보기구 ④ 정치제어

추종제어는 제어량에 의한 분류 중 서보 기구에 해당하는 값을 제어한다.(예 비행기 추적레이더, 유도미사일)

[16]

48 서보기구와 관계가 가장 깊은 것은?

① 정전압 장치 ② A/D 변환기
③ 추적용 레이더 ④ 가정용 보일러

추종제어는 제어량에 의한 분류 중 서보 기구에 해당하는 값을 제어한다.(예 비행기 추적레이더, 유도미사일)

[11, 13, 19, 20②]

49 목표치가 미리 정해진 시간적 변화를 하는 경우 제어량을 변화시키는 제어를 무엇이라고 하는가?

① 정치제어 ② 프로그래밍제어
③ 추종제어 ④ 비율제어

프로그램제어는 목표값이 미리 정해진 시간적 변화를 하는 경우 제어량을 변화시키는 제어로서 무인 운전 시스템이 이에 해당된다.(예 무인 엘리베이터, 무인 자판기, 무인 열차)

[17]

50 목표값이 다른 양과 일정한 비율 관계를 가지고 변화하는 경우의 제어는?

① 추종제어 ② 정치제어
③ 비율제어 ④ 프로그램제어

비율제어는 목표값이 다른 양과 일정한 비율 관계로 변화하는 제어이다.(예 보일러의 자동연소제어)

[12, 16, 19]

51 연료의 유량과 공기의 유량과의 관계 비율을 연소에 적합하게 유지하고자 하는 제어는?

① 프로세스제어 ② 비율제어
③ 프로그래밍제어 ④ 시퀀스제어

비율제어는 목표값이 다른 양과 일정한 비율 관계로 변화하는 제어이다.(예 보일러의 자동연소제어)

[17, 20]

52 기계적 변위를 제어량으로 해서 목표값의 임의의 변화에 추종하도록 구성되어 있는 것은?

① 자동조정 ② 서보기구
③ 정치제어 ④ 프로세스제어

서보기구 제어는 기계적 변위를 제어량으로 해서 목표값의 임의의 변화에 항상 추종되도록 하는 추종제어인 경우이다. 위치, 방향, 자세, 각도, 거리 등을 제어한다.

[12]

53 기계적 추치제어계로 그 제어량이 위치, 각도 등인 것은?

① 자동조정 ② 정치제어
③ 프로그래밍제어 ④ 서보기구

서보기구 제어는 기계적 변위를 제어량으로 해서 목표값의 임의의 변화에 항상 추종되도록 하는 추종제어인 경우이다. 위치, 방향, 자세, 각도, 거리 등을 제어한다.

정답 46 ② 47 ③ 48 ③ 49 ② 50 ③ 51 ② 52 ② 53 ④

[11, 13, 15, 19]

54 서보기구의 제어량에 속하는 것은?

① 유량 ② 압력
③ 밀도 ④ 위치

서보기구 제어는 기계적 변위를 제어량으로 해서 목표값의 임의의 변화에 항상 추종되도록 하는 추종제어인 경우이다. 위치, 방향, 자세, 각도, 거리 등을 제어한다.

[09]

55 인공위성을 추적하는 레이더에 이용되는 제어는?

① 프로세스제어 ② 서보제어
③ 자동조정 ④ 프로그램제어

서보기구 제어는 기계적 변위를 제어량으로 해서 목표값의 임의의 변화에 항상 추종되도록 하는 추종제어인 경우이다. 위치, 방향, 자세, 각도, 거리 등을 제어한다.

[11]

56 피드백제어로서 서보기구에 해당하는 것은?

① 석유화학공장 ② 발전기 정전압장치
③ 전철표 자동판매기 ④ 선박의 자동조타

서보기구 제어는 기계적 변위를 제어량으로 해서 목표값의 임의의 변화에 항상 추종되도록 하는 추종제어인 경우이다. 위치, 방향, 자세, 각도, 거리 등을 제어한다.

[13, 15, (유)19]

57 물체의 위치, 방위, 자세 등의 기계적 변위를 제어량으로 해서 목표값의 임의의 변화에 추종하도록 구성된 제어계는?

① 공정 제어 ② 정치 제어
③ 프로그램 제어 ④ 추종 제어

서보기구 제어는 기계적 변위를 제어량으로 해서 목표값의 임의의 변화에 항상 추종되도록 하는 추종제어인 경우이다. 위치, 방향, 자세, 각도, 거리 등을 제어한다.

[08, 17]

58 추종제어에 속하지 않는 제어량은?

① 위치 ② 방위
③ 유량 ④ 자세

서보기구 제어는 기계적 변위를 제어량으로 해서 목표값의 임의의 변화에 항상 추종되도록 하는 추종제어인 경우이다. 위치, 방향, 자세, 각도, 거리 등을 제어한다.
∴ 유량은 프로세스제어의 제어량이다.

[16]

59 공업 공정의 제어량을 제어하는 것은?

① 비율제어 ② 정치제어
③ 프로세스제어 ④ 프로그램제어

프로세스 제어는 공정제어라고도 하며 제어량이 피드백 제어계로서 주로 정치제어인 경우이다. 온도, 압력, 유량, 액면, 습도, 밀도, 농도 등을 제어한다.

[12]

60 프로세스제어에 대한 설명으로 옳은 것은?

① 공업공정의 상태량을 제어량으로 하는 제어를 말한다.
② 생산된 전기를 각 수용기에 배전하는 것도 프로세스 제어의 일종이다.
③ 회전수, 방위, 전압과 같은 제어량이 일정 시간 안에 목표값에 도달되는 제어이다.
④ 임의로 변화하는 목표값을 추종하는 제어의 일종이다.

프로세스 제어는 공정제어라고도 하며 제어량이 피드백 제어계로서 주로 정치제어인 경우이다. 온도, 압력, 유량, 액면, 습도, 밀도, 농도 등을 제어한다.

정답 54 ④ 55 ② 56 ④ 57 ④ 58 ③ 59 ③ 60 ①

[10, (유)18]

61 제어량이 온도, 압력, 유량 및 액면 등일 경우 제어하는 방식은?

① 프로그램제어 ② 시퀀스제어
③ 추종제어 ④ 프로세스제어

프로세스 제어는 공정제어라고도 하며 제어량이 피드백 제어계로서 주로 정치제어인 경우이다. 온도, 압력, 유량, 액면, 습도, 밀도, 농도 등을 제어한다.

[09, 15]

62 다음 중 프로세스 제어에 속하는 것은?

① 장력 ② 압력
③ 전압 ④ 저항

프로세스 제어는 공정제어라고도 하며 제어량이 피드백 제어계로서 주로 정치제어인 경우이다. 온도, 압력, 유량, 액면, 습도, 밀도, 농도 등을 제어한다.

[14]

63 프로세스 제어(process control)에 속하지 않는 것은?

① 온도 ② 압력
③ 유량 ④ 자세

프로세스 제어는 공정제어라고도 하며 제어량이 피드백 제어계로서 주로 정치제어인 경우이다. 온도, 압력, 유량, 액면, 습도, 밀도, 농도 등을 제어한다.

[16]

64 프로세스 제어계의 제어량이 아닌 것은?

① 방위 ② 유량
③ 압력 ④ 밀도

프로세스 제어는 공정제어라고도 하며 제어량이 피드백 제어계로서 주로 정치제어인 경우이다. 온도, 압력, 유량, 액면, 습도, 밀도, 농도 등을 제어한다.

[18]

65 열처리 노의 온도제어는 어떤 제어에 속하는가?

① 자동조정 ② 비율제어
③ 프로그램제어 ④ 프로세스제어

프로세스 제어는 공정제어라고도 하며 제어량이 피드백 제어계로서 주로 정치제어인 경우이다. 온도, 압력, 유량, 액면, 습도, 밀도, 농도 등을 제어한다.

[09]

66 전압, 주파수 등의 제어를 자동조정이라 하는데 이는 주로 어디에 속하는가?

① 서보기구 ② 공정제어
③ 추치제어 ④ 정치제어

프로세스 제어는 공정제어라고도 하며 제어량이 피드백 제어계로서 주로 정치제어인 경우이다. 온도, 압력, 유량, 액면, 습도, 밀도, 농도 등을 제어한다.

[13②]

67 자동제어를 분류할 때 제어량의 종류에 의한 분류가 아닌 것은?

① 정치제어 ② 서보기구
③ 프로세스제어 ④ 자동조정

프로세스 제어는 공정제어라고도 하며 제어량이 피드백 제어계로서 주로 정치제어인 경우이다. 온도, 압력, 유량, 액면, 습도, 밀도, 농도 등을 제어한다.

[18]

68 제어량은 회전수, 전압, 주파수 등이 있으며 이 목표치를 장기간 일정하게 유지시키는 것은?

① 서보기구 ② 자동조정
③ 추치제어 ④ 프로세스제어

자동조정 제어는 전압, 전류, 주파수 등의 양을 주로 제어하는 것으로 응답속도가 빨라야 하는 것이 특징이며, 정전압장치나 발전기 및 조속기의 제어 등에 활용하는 제어이다.

정답 61 ④ 62 ② 63 ④ 64 ① 65 ④ 66 ④ 67 ① 68 ②

[11, 17②, (유)19]

69 잔류편차가 존재하는 제어계는?

① 적분제어계
② 비례제어계
③ 비례적분 제어계
④ 비례적분 미분 제어계

비례동작(P 제어)의 특징
(1) 편차에 비례한 조작신호를 출력하며 자기 평형성이 없는 보일러 드럼의 액위제어와 같이 입력신호와 파형은 같고 크기만 변화하는 제어동작이다.
(2) off-set(오프셋, 잔류편차, 정상편차, 정상오차)가 발생한다.
(3) 속응성(응답속도)이 나쁘다.

[11]

70 제어계에서 동작 신호(편차)에 비례하는 조작량을 만드는 제어 동작을 무엇이라 하는가?

① 비례 동작(P 동작)
② 비례 적분 동작(PI 동작)
③ 비례 미분 동작(PD 동작)
④ 비례 적분 미분 동작(PID 동작)

비례동작(P 제어)의 특징
편차에 비례한 조작신호를 출력하며 자기 평형성이 없는 보일러 드럼의 액위제어와 같이 입력신호와 파형은 같고 크기만 변화하는 제어동작이다.

[09, 11, 18]

71 자기 평형성이 없는 보일러 드럼의 액위제어에 적합한 제어동작은?

① P동작 ② I동작
③ PI동작 ④ PD동작

비례동작(P 제어)의 특징
편차에 비례한 조작신호를 출력하며 자기 평형성이 없는 보일러 드럼의 액위제어와 같이 입력신호와 파형은 같고 크기만 변화하는 제어동작이다.

[09, 12]

72 계단응답이 입력신호와 파형이 같고 크기만 증가하였다. 이 계의 요소는?

① 미분요소 ② 비례요소
③ 1차 뒤진 요소 ④ 2차 뒤진 요소

비례동작(P 제어)의 특징
편차에 비례한 조작신호를 출력하며 자기 평형성이 없는 보일러 드럼의 액위제어와 같이 입력신호와 파형은 같고 크기만 변화하는 제어동작이다.

[10]

73 제어동작에 대한 설명 중 틀린 것은?

① ON-OFF동작 : 제어량이 설정값과 어긋나면 조작부를 전폐 또는 전개하는 것
② 비례동작 : 검출값 편차의 크기에 비례하여 조작부를 제어하는 것
③ 적분동작 : 적분값의 크기에 비례하여 조작부를 제어하는 것
④ 미분동작 : 미분값의 크기에 비례하여 조작부를 제어하는 것

미분동작(D 제어)은 제어편차가 검출될 때 편차가 변화하는 속도에 비례하여 조작량을 가감하도록 하는 제어로서 오차가 커지는 것을 미연에 방지하는 제어이다.

[08, 11, 18]

74 제어계의 응답 속응성을 개선하기 위한 제어동작은?

① D동작 ② I동작
③ PD동작 ④ PI동작

비례 미분동작(PD 제어)은 비례동작과 미분동작이 결합된 제어기로서 미분동작의 특성을 지니고 있으며 진동을 억제하여 속응성(응답속도)을 개선할 뿐만 아니라 진상보상요소를 지니고 있다.
전달함수는 $G(s) = K(1 + T_d s)$이다.

정답 69 ② 70 ① 71 ① 72 ② 73 ④ 74 ③

[08, 14]

75 그림과 같이 실린더의 한쪽으로 단위시간에 유입하는 유체의 유량을 $x(t)$라 하고 피스톤의 움직임을 $y(t)$로 한다. t시간이 경과한 후의 전달함수를 구해보면 어떤 요소가 되는가?

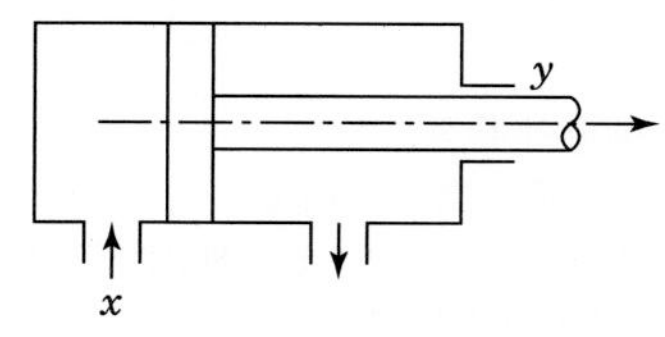

① 비례요소 ② 미분요소
③ 적분요소 ④ 미적분요소

적분동작(I 제어)은 오차 발생시간과 오차의 크기로 둘러싸인 면적에 비례하여 동작하는 제어로서 물탱크에 일정 유량의 물을 공급하여 수위를 올려주는 역할을 하는 제어기이다.

[12]

76 자동제어에서 제어동작의 특징 중 정상편차가 없는 것은?

① 2위치동작(사이클링이 있음)
② P동작(사이클링을 방지함)
③ PI동작(뒤진 회로의 특성과 같음)
④ PD동작(앞선 회로의 특성과 같음)

비례 적분동작(PI 제어)은 비례동작과 적분동작이 결합된 제어기로서 적분동작의 특성을 지니고 있으며 정상특성이 개선되어 잔류편차와 사이클링이 없을 뿐만 아니라 지상보상요소를 지니고 있다.

전달함수는 $G(s)=K\left(1+\frac{1}{T_i s}\right)$이다.

[10]

77 다음 중 제어기의 설명으로 틀린 것은?

① PD제어기 : 응답속도 개선
② PI제어기 : 외란에 의한 잔류편차 제거 불가
③ P제어기 : 잔류편차 발생
④ D제어기 : 오차확대 방지

비례 적분동작(PI 제어)은 비례동작과 적분동작이 결합된 제어기로서 적분동작의 특성을 지니고 있으며 정상특성이 개선되어 잔류편차와 사이클링이 없을 뿐만 아니라 지상보상요소를 지니고 있다.

[08, 10, 11②, 15]

78 PI제어동작은 프로세스제어계의 정상특성 개선에 흔히 사용된다. 이것에 대응하는 보상요소는?

① 동상 보상요소 ② 지상 보상요소
③ 진상 보상요소 ④ 지상 및 진상 보상요소

비례 적분동작(PI 제어)은 비례동작과 적분동작이 결합된 제어기로서 적분동작의 특성을 지니고 있으며 정상특성이 개선되어 잔류편차와 사이클링이 없을 뿐만 아니라 지상보상요소를 지니고 있다.

[08, 16]

79 입력으로 단위계단함수 $u(t)$를 가했을 때, 출력이 그림과 같은 동작은?

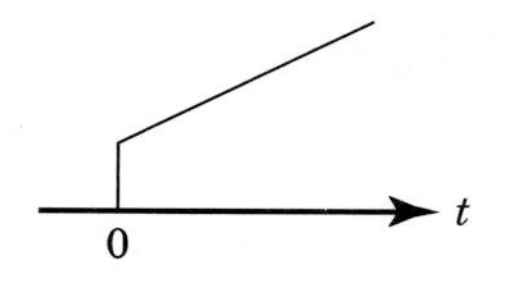

① P 동작 ② PD 동작
③ PI 동작 ④ 2위치 동작

그림은 입력을 단위계단함수로 가했을 때 비례 적분동작(PI 동작)의 출력 곡선이다.

정답 75 ③ 76 ③ 77 ② 78 ② 79 ③

[13, 19]

80 정상편차를 없애고, 응답속도를 빠르게 한 동작은?

① 비례동작 ② 비례적분동작
③ 비례미분동작 ④ 비례적분미분동작

비례 미적분동작(PID 제어)은 비례동작과 미분·적분동작이 결합된 제어기로서 오버슈트를 감소시키고, 정정시간을 적게 하여 정상편차와 응답속도를 동시에 개선하는 가장 안정한 제어 특성이다.

전달함수는 $G(s)=K\left(1+T_d s+\frac{1}{T_i s}\right)$이다.

[10, 18]

81 자동제어의 조절기기 중 연속동작이 아닌 것은?

① 비례제어 동작 ② 적분제어 동작
③ 2위치 동작 ④ 미분제어 동작

불연속동작에 의한 분류
(1) 2위치 제어(ON-OFF 제어) : 간단한 단속제어 동작이고 사이클링과 오프-셋을 발생시킨다. 2위치 제어계의 신호는 동작하거나 아니면 동작하지 않도록 2가지로만 결정되기 때문에 2진 신호로 해석한다.
(2) 샘플링 제어

[14]

82 제어부의 제어동작 중 연속동작이 아닌 것은?

① P동작 ② ON-OFF동작
③ PI동작 ④ PID동작

불연속동작에 의한 분류
(1) 2위치 제어(ON-OFF 제어) : 간단한 단속제어 동작이고 사이클링과 오프-셋을 발생시킨다. 2위치 제어계의 신호는 동작하거나 아니면 동작하지 않도록 2가지로만 결정되기 때문에 2진 신호로 해석한다.
(2) 샘플링 제어

[13]

83 정성적 제어에서 전열기의 제어 명령이 되는 신호는 전열기에 흐르는 전류를 흐르게 한다든가 아니면 차단하면 된다. 이와 같은 신호를 무엇이라 하는가?

① 목표값 신호 ② 제어 신호
③ 2진 신호 ④ 3진 신호

불연속동작에 의한 분류
(1) 2위치 제어(ON-OFF 제어) : 간단한 단속제어 동작이고 사이클링과 오프-셋을 발생시킨다. 2위치 제어계의 신호는 동작하거나 아니면 동작하지 않도록 2가지로만 결정되기 때문에 2진 신호로 해석한다.
(2) 샘플링 제어

[14]

84 PC에 의한 계측에 있어서, 센서에서 측정한 데이터를 PC에 전달하기 위해 필요한 필수적인 요소는?

① A/D 변환기 ② D/A 변환기
③ RAM ④ ROM

A/D 변환기는 아날로그 신호를 디지털 신호로 변환하는 장치로서 아날로그 신호의 최대값을 M, 변환기의 bit수를 n이라 할 때 양자화 오차는 $\frac{M}{2^n}$으로 구할 수 있다.

[13]

85 컴퓨터 제어의 아날로그 신호를 디지털 신호로 변환하는 과정에서, 아날로그 신호의 최댓값을 M, 변환기의 bit수를 3이라 하면 양자화 오차의 최댓값은 얼마인가?

① M ② $\frac{M}{2}$
③ $\frac{M}{7}$ ④ $\frac{M}{8}$

A/D 변환기는 아날로그 신호를 디지털 신호로 변환하는 장치로서 아날로그 신호의 최대값을 M, 변환기의 bit수를 n이라 할 때 양자화 오차는 $\frac{M}{2^n}$으로 구할 수 있다.

∴ 양자화 오차$=\frac{M}{2^n}=\frac{M}{2^3}=\frac{M}{8}$

정답 80 ④ 81 ③ 82 ② 83 ③ 84 ① 85 ④

제13장

라플라스 변환 및 전달함수

01 라플라스 변환

02 전달함수

13 라플라스 변환 및 전달함수

1 라플라스 변환

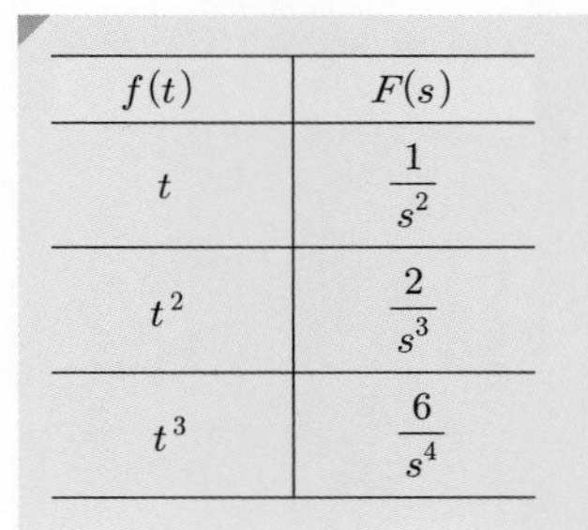

$f(t)$	$F(s)$
t	$\frac{1}{s^2}$
t^2	$\frac{2}{s^3}$
t^3	$\frac{6}{s^4}$

1. 단위계단함수(=인디셜함수)

단위계단함수는 $u(t)$로 표시하며 크기가 1인 일정함수로 정의한다.

$f(t) = u(t) = 1$

$$\mathcal{L}[f(t)] = \mathcal{L}[u(t)] = \int_0^\infty u(t)e^{-st}dt = \int_0^\infty e^{-st}dt$$

$$= \left[-\frac{1}{s}e^{-st}\right]_0^\infty = \frac{1}{s}$$

2. 단위경사함수(=단위램프함수)

단위경사함수는 t 또는 $tu(t)$로 표시하며 기울기가 1인 1차 함수로 정의한다.

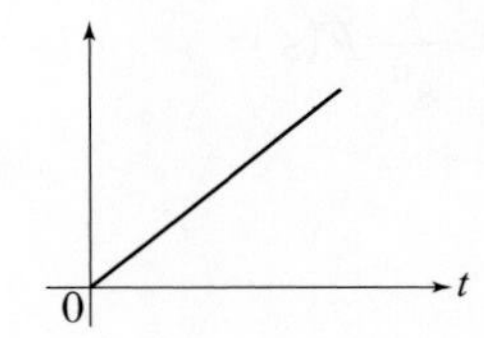

$f(t) = t$

$$\mathcal{L}[f(t)] = \mathcal{L}[t] = \int_0^\infty te^{-st}dt = \left[-\frac{1}{s}te^{-st}\right]_0^\infty + \int_0^\infty \frac{1}{s}e^{-st}dt$$

$$= \frac{1}{s}\int_0^\infty e^{-st}dt = \frac{1}{s^2}$$

3. 삼각함수

$f(t)$	$F(s)$
$\sin\omega t$	$\dfrac{\omega}{s^2+\omega^2}$
$\cos\omega t$	$\dfrac{s}{s^2+\omega^2}$

4. 시간추이정리를 이용한 라플라스 변환

$\mathcal{L}[f(t\pm T)] = F(s)\,e^{\pm Ts}$

$f(t)$	$F(s)$
$u(t-a)$	$\dfrac{1}{s}e^{-as}$
$u(t-b)$	$\dfrac{1}{s}e^{-bs}$

5. 실미분정리와 실적분정리의 라플라스 변환

(1) 실미분 정리

$$\mathcal{L}\left[\frac{d^n f(t)}{dt^n}\right] = s^n F(s)$$

(2) 실적분 정리

$$\mathcal{L}\left[\int\int\cdots\int f(t)\,dt^n\right] = \frac{1}{s^n}F(s)$$

01 예제문제

그림에 해당하는 함수를 라플라스 변환하면?

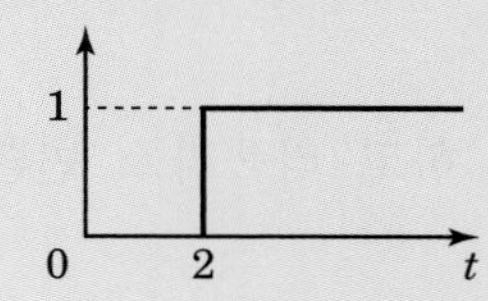

① $\dfrac{1}{s}$ ② $\dfrac{1}{s-2}$

③ $\dfrac{1}{s}e^{-2s}$ ④ $\dfrac{1}{s}(1-e^{-2s})$

해설

그림은 단위계단함수의 시간추이 된 그래프로서 $f(t)=u(t-2)$로 표현한다.

$\mathcal{L}[u(t-a)]=\dfrac{1}{s}e^{-as}$ 식에서

$\therefore\ \mathcal{L}[u(t-2)]=\dfrac{1}{s}e^{-2s}$

답 ③

02 예제문제

그림과 같은 펄스를 변환하면 그 값은?

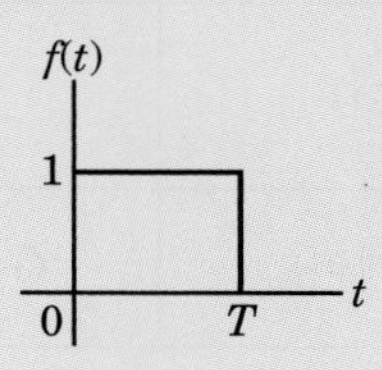

① $\dfrac{1}{T}\left(\dfrac{1-e^{Ts}}{s}\right)$ ② $\dfrac{1}{T}\left(\dfrac{1+e^{Ts}}{s}\right)$

③ $\dfrac{1}{s}(1-e^{-Ts})$ ④ $\dfrac{1}{s}(1+e^{Ts})$

해설

$\mathcal{L}[u(t)]=\dfrac{1}{s}$, $\mathcal{L}[u(t-T)]=\dfrac{1}{s}e^{-Ts}$ 식에서 $f(t)=u(t)-u(t-T)$ 이므로

$\therefore\ \mathcal{L}[f(t)]=\dfrac{1}{s}-\dfrac{1}{s}e^{-Ts}=\dfrac{1}{s}(1-e^{-Ts})$

답 ③

연산증폭기의 적분기

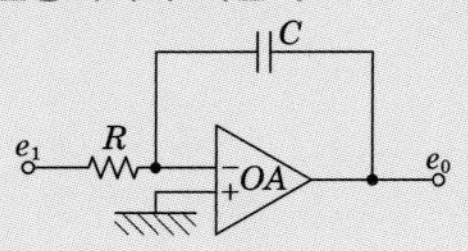

자기증폭기
철심을 가진 변압기 모양의 코일에 교류와 직류를 중첩하여 흘리면 교류 임피던스는 중첩된 직류의 크기에 따라 변하는데 이 현상을 이용하여 전력을 증폭하는 장치이다.

지연요소의 전달함수
- 1차 지연요소

$$G(s) = \frac{1}{1+Ts}$$

- 2차 지연요소

$$G(s) = \frac{\omega_n^2}{s^2 + 2\zeta\omega_n s + \omega_n^2}$$

보상회로
- 진상보상회로 : 미분회로로 동작한다.
- 지상보상회로 : 적분회로로 동작한다.

2 전달함수

1. 전달함수의 일반 사항

(1) 정의

① 모든 초기값을 0으로 하고 라플라스 변환된 입력 함수와 출력 함수와의 비이다.

② 어떤 계에 대한 임펄스응답의 라플라스 변환 값이다.

③ 전달함수는 선형계에서만 정의된다.

④ 전달함수의 분모를 0으로 놓으면 계의 특성방정식이 된다.

⑤ $t < 0$에서는 제어계가 정지상태에 있음을 의미한다.

(2) 각종 요소

요소	전달함수
비례요소(P 제어)	$G(s) = K_p$
미분요소(D 제어)	$G(s) = T_d s$
적분요소(I 제어)	$G(s) = \frac{1}{T_i s}$
비례 미분요소(PD 제어)	$G(s) = K_p(1 + T_d s)$
비례 적분요소(PI 제어)	$G(s) = K_p\left(1 + \frac{1}{T_i s}\right)$
비례 미적분요소(PID 제어)	$G(s) = K_p\left(1 + T_d s + \frac{1}{T_i s}\right)$

여기서 K_p : 비례감도, T_d : 미분시간, T_i : 적분시간

(3) 보상회로

$G(s) = \frac{s+b}{s+a}$ 식에서

① $a > b$인 경우

$a > s > b$ 를 적용하면 $G(s) = \frac{s+0}{0+a} = T_d s$ 이므로 진상보상요소이다.

② $a < b$인 경우

$a < s < b$ 를 적용하면 $G(s) = \frac{0+b}{s+0} = \frac{1}{T_i s}$ 이므로 지상보상요소이다.

03 예제문제

다음 전달함수에 대한 설명으로 옳지 않은 것은?

① 전달함수는 선형 제어계에서만 정의되고, 비선형 시스템에서는 정의되지 않는다.
② 계 전달함수의 분모를 0으로 놓으면 이것이 곧 특성방정식이 된다.
③ 어떤 계의 전달함수는 그 계에 대한 임펄스 응답의 라플라스 변환과 같다.
④ 입력과 출력에 대한 과도응답의 라플라스 변환과 같다.

해설
전달함수란 어떤 계에 대한 임펄스응답의 라플라스 변환 값이다.

답 ④

블록선도의 별해
- 전향이득 : 입력에서 출력으로 곧바로 진행하는 경로이득
- 루프이득 : 피드백 경로로 이루어진 폐루프 이득

$\therefore\ G(s) = \dfrac{\text{전향이득}}{1-\text{루프이득}}$

(1) ①의 경우
피드백 경로가 없기 때문에 루프이득$=0$이며 입력 X_1에서 출력 X_3까지 곧바로 진행하는 전향이득은 G_1G_2이므로
$\therefore\ G(s) = G_1G_2$이다.

(2) ②의 경우
피드백 경로로 이루어진 루프이득은 $-G_1G_2$이며, 입력 R에서 출력 C까지 곧바로 진행하는 전향이득은 G_1이므로
$\therefore\ G(s) = \dfrac{G_1}{1-(-G_1G_2)}$
$= \dfrac{G_1}{1+G_1G_2}$이다.

2. 블록선도와 신호흐름선도

(1) 블록선도

자동제어계의 각 요소를 블록선도로 표시할 때 각 요소를 전달함수로 표시하고 신호의 전달경로를 화살표로 표시하여 신호가 어떤 경로로 전달되고 있는가를 가시적으로 표현하는 방법을 말한다. 다음은 기본적인 블록선도의 예시에 대한 전달함수를 표현한 것이다.

① 개루프 제어계의 블록선도

$X_1 \rightarrow \boxed{G_1} \rightarrow X_2 \rightarrow \boxed{G_2} \rightarrow X_3$

$X_2 = G_1X_1,$

$X_3 = G_2X_2 = G_1G_2X_1$ 이므로

$$\therefore\ G(s) = \frac{X_3}{X_1} = G_1G_2$$

② 폐루프 제어계의 블록선도

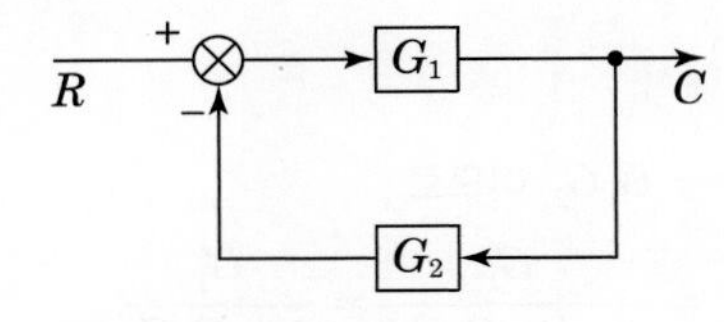

$C = G_1R - G_2C = G_1R - G_1G_2C$

$C(1+G_1G_2) = G_1R$

$$\therefore\ G(s) = \frac{C}{R} = \frac{G_1}{1+G_1G_2}$$

(2) 신호흐름선도

신호흐름선도는 블록선도를 간이화 한 것으로 생각할 수 있다. 다시 말하면 블록선도로 표시된 각 요소의 전달함수를 선형화 하여 각 요소의 신호 흐름이 어떤 경로로 전달되고 있는가를 표현하는 것을 설명한 것이다.
다음은 블록선도를 신호흐름선도로 변환된 예시이다.

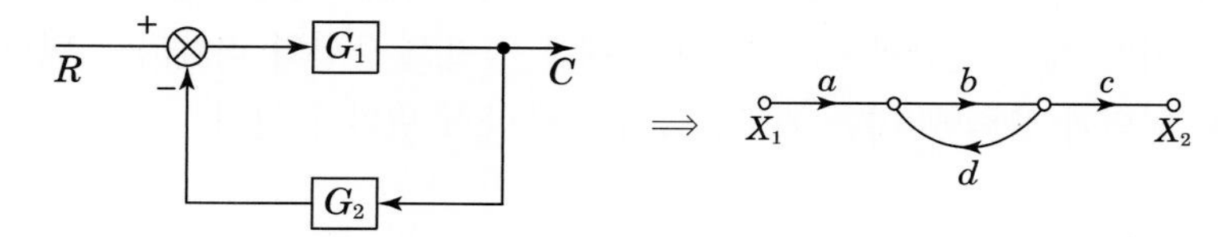

$X_1 = R,\ a = 1,\ b = G_1,\ c = 1,\ d = -G_2,\ X_2 = C$

전향이득$= abc$, 루프이득$= bd$ 이므로

$$\therefore\ G(s) = \frac{X_2}{X_1} = \frac{abc}{1-bd}$$

04 예제문제

그림과 같은 피드백 회로의 종합 전달함수는?

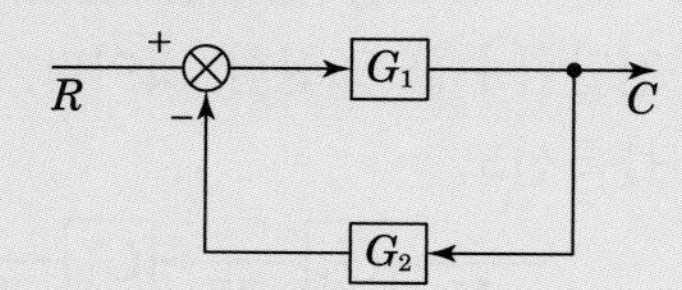

① $\dfrac{1}{G_1} + \dfrac{1}{G_2}$ ② $\dfrac{G_1}{1+G_1G_2}$

③ $\dfrac{G_1}{1-G_1G_2}$ ④ $\dfrac{G_1G_2}{1-G_1G_2}$

해설

$G(s) = \dfrac{\text{전향이득}}{\text{1-루프이득}}$ 식에서

전향이득$= G_1$, 루프이득$= -G_1G_2$ 이므로

$$\therefore\ G(s) = \frac{\text{전향이득}}{\text{1-루프이득}} = \frac{G_1}{1-(-G_1G_2)} = \frac{G_1}{1+G_1G_2}$$

답 ②

13 출제빈도순에 따른 종합예상문제

[10, 17]

01 그림과 같은 그래프에 해당하는 함수를 라플라스 변환하면?

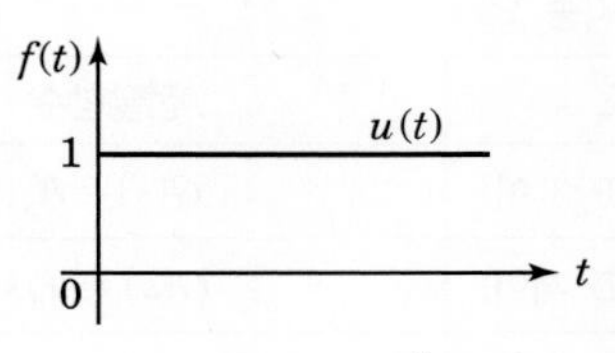

① 1　② $\frac{1}{s}$

③ $\frac{1}{s+1}$　④ $\frac{1}{s^2}$

단위계단 함수(인디셜 함수)의 라플라스 변환
단위계단함수는 $u(t)$ 로 표시하며 크기가 1인 일정함수로 정의한다.

$$\mathcal{L}[f(t)] = \mathcal{L}[u(t)] = \int_0^\infty u(t)e^{-st}$$
$$= \int_0^\infty e^{-st}dt = \left[-\frac{1}{s}e^{-st}\right]_0^\infty = \frac{1}{s}$$

[13]

02 $\sin\omega t$를 라플라스 변환하면?

① $\frac{s}{s^2+\omega^2}$　② $\frac{s}{s^2-\omega^2}$

③ $\frac{\omega}{s^2+\omega^2}$　④ $\frac{\omega}{s^2-\omega^2}$

삼각함수의 라플라스 변환

$f(t)$	$F(s)$
$\sin\omega t$	$\frac{\omega}{s^2+\omega^2}$
$\cos\omega t$	$\frac{s}{s^2+\omega^2}$

[09, 12, 15]

03 단위 계단함수 $u(t-a)$를 라플라스변환 하면?

① $\frac{e^{as}}{s^2}$　② $\frac{e^{-as}}{s^2}$

③ $\frac{e^{-as}}{s}$　④ $\frac{e^{as}}{s}$

간추이정리를 이용한 라플라스 변환
$\mathcal{L}[f(t\pm T)] = F(s)\,e^{\pm Ts}$

참고 단위계단함수의 시간추이정리를 이용한 라플라스 변환

$f(t)$	$F(s)$
$u(t-a)$	$\frac{1}{s}e^{-as}$
$u(t-b)$	$\frac{1}{s}e^{-bs}$

[14, 17]

04 전달함수를 정의할 때의 조건으로 옳은 것은?

① 모든 초기값을 고려한다.
② 모든 초기값을 0으로 한다.
② 입력신호만을 고려한다.
④ 주파수 특성만을 고려한다.

전달함수의 정의
(1) 모든 초기값을 0으로 하고 라플라스 변환된 입력 함수와 출력 함수와의 비이다.
(2) 어떤 계에 대한 임펄스응답의 라플라스 변환 값이다.
(3) 전달함수는 선형계에서만 정의된다.
(4) 전달함수의 분모를 0으로 놓으면 계의 특성방정식이 된다.
(5) $t < 0$에서는 제어계가 정지상태에 있음을 의미한다.

정답 01 ② 02 ③ 03 ③ 04 ②

[10, 12, 18]

05 어떤 제어계의 임펄스 응답이 $\sin\omega t$일 때 계의 전달함수는?

① $\dfrac{\omega}{s+\omega}$ ② $\dfrac{\omega^2}{s+\omega}$

③ $\dfrac{\omega}{s^2+\omega^2}$ ④ $\dfrac{\omega^2}{s^2+\omega^2}$

전달함수는 제어계의 임펄스응답으로 정의하기 때문에 $\sin\omega t$의 라플라스 변환과 같다.

$\therefore\ \mathcal{L}[\sin\omega t] = \dfrac{\omega}{s^2+\omega^2}$

참고 삼각함수의 라플라스 변환

$f(t)$	$F(s)$
$\sin\omega t$	$\dfrac{\omega}{s^2+\omega^2}$
$\cos\omega t$	$\dfrac{s}{s^2+\omega^2}$

[09, (유)17]

06 $G(s) = \dfrac{2(s+3)}{(s^2+s-6)}$의 특성 방정식 근은?

① -3 ② $2,\ -3$

③ $-2,\ 3$ ④ 3

특성방정식이란 전달함수의 분모를 0으로 한 방정식이므로 특성방정식은 $s^2+s-6=0$이다.
이 때 특성방정식의 근은 $s^2+s-6=0$을 만족하는 s 값으로 $s^2+s-6=(s-2)(s+3)=0$ 식에서
$\therefore\ s=2,\ s=-3$

[08, 18]

07 다음 중 미분요소에 해당하는 것은?

① $G(s)=K$ ② $G(s)=Ks$

③ $G(S)=\dfrac{K}{s}$ ④ $G(s)=\dfrac{K}{Ts+1}$

전달함수의 각종 요소

요소	전달함수
비례요소(P 제어)	$G(s)=K_p$
미분요소(D 제어)	$G(s)=T_d s$
적분요소(I 제어)	$G(s)=\dfrac{1}{T_i s}$
비례 미분요소 (PD 제어)	$G(s)=K_p(1+T_d s)$
비례 적분요소 (PI 제어)	$G(s)=K_p\left(1+\dfrac{1}{T_i s}\right)$
비례 미적분요소 (PID 제어)	$G(s)=K_p\left(1+T_d s+\dfrac{1}{T_i s}\right)$

[11]

08 PI동작의 전달함수는?

① K ② KsT

③ $K(1+sT)$ ④ $K\left(1+\dfrac{1}{sT}\right)$

전달함수의 각종 요소

요소	전달함수
비례 미분요소 (PD 제어)	$G(s)=K_p(1+T_d s)$
비례 적분요소 (PI 제어)	$G(s)=K_p\left(1+\dfrac{1}{T_i s}\right)$
비례 미적분요소 (PID 제어)	$G(s)=K_p\left(1+T_d s+\dfrac{1}{T_i s}\right)$

정답 05 ③ 06 ② 07 ② 08 ④

[19]

09 적분시간이 3초, 비례감도가 5인 PI 조절계의 전달함수는?

① $G(s)=\dfrac{10s+5}{3s}$　② $G(s)=\dfrac{15s-5}{3s}$

③ $G(s)=\dfrac{10s-3}{3s}$　④ $G(s)=\dfrac{15s+5}{3s}$

> $G(s)=K_p\left(1+\dfrac{1}{T_i s}\right)$ 식에서
> $T_i=3,\ K_p=5$ 이므로
> $\therefore\ G(s)=K_p\left(1+\dfrac{1}{T_i s}\right)=5\left(1+\dfrac{1}{3s}\right)$
> $=\dfrac{15s+5}{3s}$

[09]

10 제어계에서 제어기의 전달함수가 $G(s)=K_p\left(1+\dfrac{1}{sT_I}\right)$로 주어질 때 이에 대한 설명으로 옳지 않은 것은?

① 이 제어기는 비례-적분 제어기이다.
② 이 제어기는 지상보상요소이다.
③ 이 제어기의 정상편차는 없다.
④ K_p는 비례감도, T_I는 리셋률(Reset rate)이다.

전달함수의 각종 요소

요소	전달함수
비례 적분요소 (PI 제어)	$G(s)=K_p\left(1+\dfrac{1}{T_i s}\right)$

여기서, K_p : 비례감도, T_i : 적분시간

[17]

11 $\dfrac{dm(t)}{dt}=K_i e(t)$는 어떤 조절기의 출력(조작신호) $m(t)$과 동작신호 $e(t)$ 사이의 관계를 나타낸 것이다. 이 조절기의 제어동작은? (단, K_i는 상수이다.)

① PI 동작　② PD 동작
③ D 동작　④ I 동작

> 미분방정식을 라플라스 변환하면
> $sM(s)=K_i E(s)$ 이므로
> 전달함수 $G(s)$는
> $G(s)=\dfrac{M(s)}{E(s)}=\dfrac{K_i}{s}$ 이다.
> ∴ 적분요소(I 동작)이다.

참고 전달함수의 각종 요소

요소	전달함수
비례요소(P 제어)	$G(s)=K_p$
미분요소(D 제어)	$G(s)=T_d s$
적분요소(I 제어)	$G(s)=\dfrac{1}{T_i s}$
비례 미분요소 (PD 제어)	$G(s)=K_p(1+T_d s)$
비례 적분요소 (PI 제어)	$G(s)=K_p\left(1+\dfrac{1}{T_i s}\right)$
비례 미적분요소 (PID 제어)	$G(s)=K_p\left(1+T_d s+\dfrac{1}{T_i s}\right)$

[15]

12 1차 자연요소의 전달함수는?

① $\dfrac{s}{K}$　② Ks

③ $\dfrac{1}{K}$　④ $\dfrac{K}{1+Ts}$

> 지연요소의 전달함수
> (1) 1차 지연요소
> $G(s)=\dfrac{K}{1+Ts}$
> (2) 2차 지연요소
> $G(s)=\dfrac{\omega_n^2}{s^2+2\zeta\omega_n s+\omega_n^2}$

정답 09 ④　10 ④　11 ④　12 ④

[16]

13 R, L, C **직렬회로에서 인가전압을 입력으로, 흐르는 전류를 출력으로 할 때 전달함수를 구하면?**

① $R+Ls+Cs$　② $\dfrac{1}{R+Ls+Cs}$

③ $R+Ls+\dfrac{1}{Cs}$　④ $\dfrac{1}{R+Ls+\dfrac{1}{Cs}}$

먼저 전압방정식을 세우면

$v(t)=Ri(t)+L\dfrac{d}{dt}i(t)+\dfrac{1}{C}\int i(t)dt$ 이므로

이 식을 라플라스 변환하여 전개한다.

$V(s)=RI(s)+LsI(s)+\dfrac{1}{Cs}I(s)$

$\therefore\ G(s)=\dfrac{I(s)}{V(s)}=\dfrac{I(s)}{\left(R+Ls+\dfrac{1}{Cs}\right)I(s)}$

$=\dfrac{1}{R+Ls+\dfrac{1}{Cs}}$

참고 실미분정리와 실적분정리의 라플라스 변환

(1) 실미분 정리

$\mathcal{L}\left[\dfrac{d^n f(t)}{dt^n}\right]=s^n F(s)$

(2) 실적분 정리

$\mathcal{L}\left[\int\int\cdots\int f(t)\,dt^n\right]=\dfrac{1}{s^n}F(s)$

[12, 15]

14 자동제어계에서 각 요소를 블록선도로 표시할 때 각 요소는 전달함수로 표시한다. 신호의 전달경로는 무엇으로 표현하는가?

① 접점　② 점선

③ 화살표　④ 스위치

블록선도는 자동제어계의 각 요소를 블록선도로 표시할 때 각 요소를 전달함수로 표시하고 신호의 전달경로를 화살표로 표시하여 신호가 어떤 경로로 전달되고 있는가를 가시적으로 표현하는 방법을 말한다.

[14]

15 그림과 같은 블록선도가 의미하는 요소는?

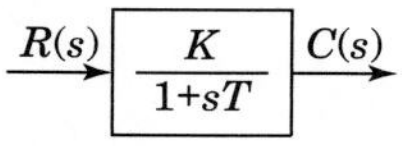

$R(s) \rightarrow \boxed{\dfrac{K}{1+sT}} \rightarrow C(s)$

① 1차 지연 요소　② 2차 지연 요소

③ 비례 요소　④ 미분 요소

지연요소의 전달함수

(1) 1차 지연요소

$G(s)=\dfrac{K}{1+Ts}$

(2) 2차 지연요소

$G(s)=\dfrac{\omega_n^2}{s^2+2\zeta\omega_n s+\omega_n^2}$

[13, 16, 18]

16 그림과 같은 시스템의 등가합성 전달함수는?

$X \rightarrow \boxed{G_1} \rightarrow \boxed{G_2} \rightarrow Y$

① G_1+G_2　② G_1G_2

③ G_1-G_2　④ $\dfrac{1}{G_1G_2}$

$Y=G_1G_2X$ 이므로

$\therefore\ G(s)=\dfrac{Y}{X}=G_1G_2$

별해

$G(s)=\dfrac{\text{전향이득}}{1-\text{루프이득}}$ 식에서

전향이득$=G_1G_2$, 루프이득$=0$ 이므로

$\therefore\ G(s)=\dfrac{Y}{X}=G_1G_2$

정답 13 ④ 14 ③ 15 ① 16 ②

[10, 19]

17 아래의 (가) 그림과 같이 직렬결합되어 있는 블록선도를 등가변환한 (나) 그림의 ⓐ에 해당하는 것은?

(가) $A(s)$ → $G_1(s)$ → $C(s)$ → $G_2(s)$ → $B(s)$

(나) $A(s)$ → ⓐ → $B(s)$

① $G_1(s)+G_2(s)$ ② $G_1(s)-G_2(s)$
③ $G_1(s)G_2(s)$ ④ $G_1(s)/G_2(s)$

$G(s)=\dfrac{\text{전향이득}}{1-\text{루프이득}}$ 식에서

전향이득$=G_1(s)\,G_2(s)$, 루프이득$=0$ 이므로

$\therefore\ G(s)=\dfrac{B(s)}{A(s)}=G_1(s)\,G_2(s)$

[14, 19]

18 그림과 같은 회로의 전달함수 $\dfrac{C}{R}$는?

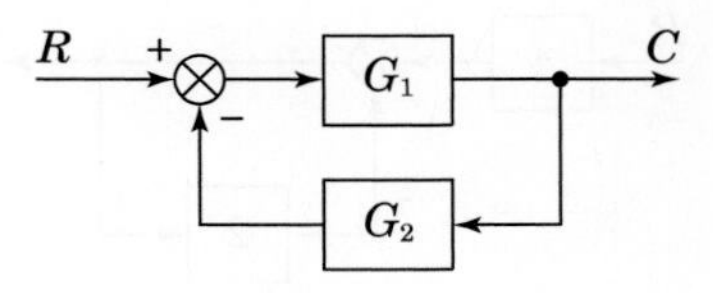

① $\dfrac{G_1}{1+G_1G_2}$ ② $\dfrac{G_2}{1+G_1G_2}$
③ $\dfrac{G_1}{1-G_1G_2}$ ④ $\dfrac{G_2}{1-G_1G_2}$

$G(s)=\dfrac{\text{전향이득}}{1-\text{루프이득}}$ 식에서

전향이득$=G_1$, 루프이득$=-G_1G_2$ 이므로

$\therefore\ G(s)=\dfrac{C}{R}=\dfrac{G_1}{1+G_1G_2}$

[09, 17, 20]

19 그림과 같이 블록선도와 등가인 것은?

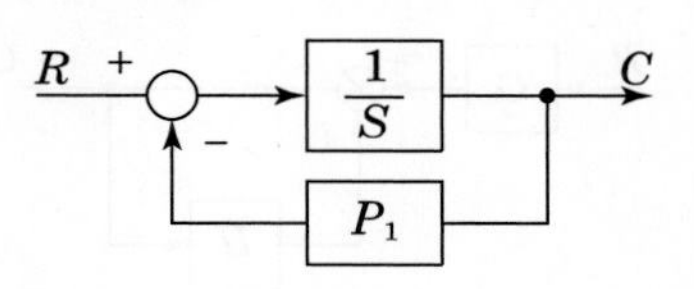

① R → $\dfrac{S}{P_1}$ → C ② R → $S+P_1$ → C
③ R → $\dfrac{1}{S+P_1}$ → C ④ R → $\dfrac{P_1}{S}$ → C

$G(s)=\dfrac{\text{전향이득}}{1-\text{루프이득}}$ 식에서

전향이득$=\dfrac{1}{S}$, 루프이득$=-\dfrac{P_1}{S}$ 이므로

$\therefore\ G(s)=\dfrac{C}{R}=\dfrac{\frac{1}{S}}{1+\frac{P_1}{S}}=\dfrac{1}{S+P_1}$

[10②, 15, 17, (유)08]

20 그림과 같은 피드백 블록선도의 전달함수는?

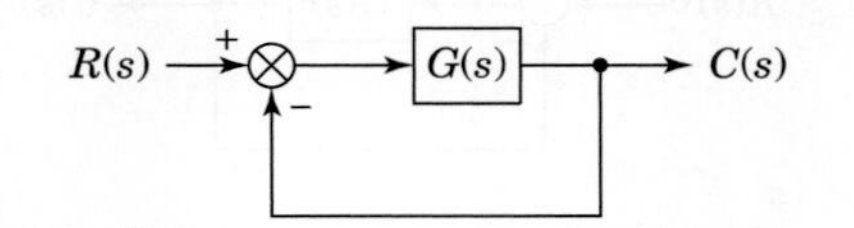

① $\dfrac{G(s)}{1+G(s)}$ ② $\dfrac{G(s)}{1+G(s)C(s)}$
③ $\dfrac{G(s)}{1+R(s)}$ ④ $\dfrac{C(s)}{1+R(s)}$

$\dfrac{C(s)}{R(s)}=\dfrac{\text{전향이득}}{1-\text{루프이득}}$ 식에서

전향이득$=G(s)$, 루프이득$=-G(s)$ 이므로

$\therefore\ \dfrac{C(s)}{R(s)}=\dfrac{G(s)}{1+G(s)}$

정답 17 ③ 18 ① 19 ③ 20 ①

[09, 14, 18]

21 그림과 같은 블록선도의 전달함수는?

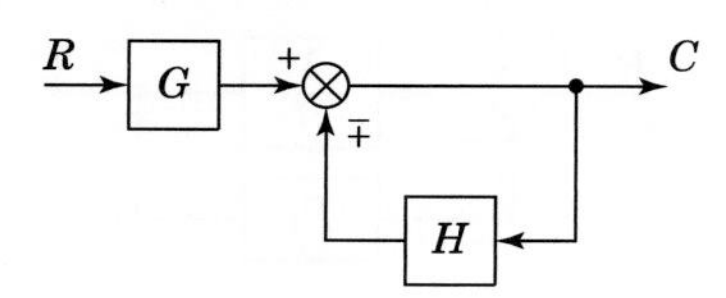

① $\dfrac{1}{1 \pm GH}$　② $\dfrac{G}{1 \pm GH}$

③ $\dfrac{G}{1 \pm H}$　④ $\dfrac{1}{1 \pm H}$

$G(s) = \dfrac{\text{전향이득}}{1 - \text{루프이득}}$ 식에서

전향이득$= G$, 루프이득$= \mp H$ 이므로

$\therefore\ G(s) = \dfrac{G}{1 \pm H}$

[12]

22 그림과 같은 블록선도와 등가인 것은?

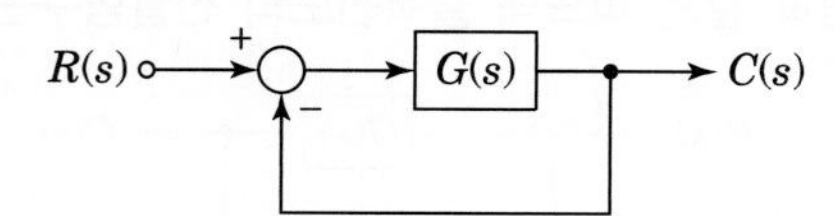

① $R(s) \rightarrow \boxed{\dfrac{R(s)C(s)}{1+G(s)}} \rightarrow C(s)$　② $R(s) \rightarrow \boxed{\dfrac{C(s)}{1+R(s)}} \rightarrow C(s)$

③ $R(s) \rightarrow \boxed{\dfrac{G(s)}{1+R(s)}} \rightarrow C(s)$　④ $R(s) \rightarrow \boxed{\dfrac{G(s)}{1+G(s)}} \rightarrow C(s)$

$G(s) = \dfrac{\text{전향이득}}{1 - \text{루프이득}}$ 식에서

전향이득$= G(s)$, 루프이득$= -G(s)$ 이므로

$\therefore\ G(s) = \dfrac{C(s)}{R(s)} = \dfrac{G(s)}{1 + G(s)}$

[14]

23 다음 블록선도의 입력 R에 5를 대입하면 C의 값은 얼마인가?

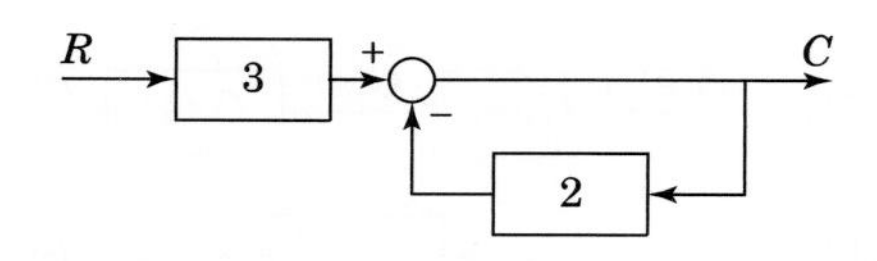

① 2　② 3

③ 4　④ 5

$G(s) = \dfrac{\text{전향이득}}{1 - \text{루프이득}}$ 식에서

전향이득$=3$, 루프이득$=-2$ 이므로

$G(s) = \dfrac{C}{R} = \dfrac{3}{1+2} = 1$이다.

$R=5$일 때

$\therefore\ C = R = 5$

[08, 14]

24 다음 블록선도의 출력이 4가 되기 위해서는, 입력은 얼마이어야 하는가?

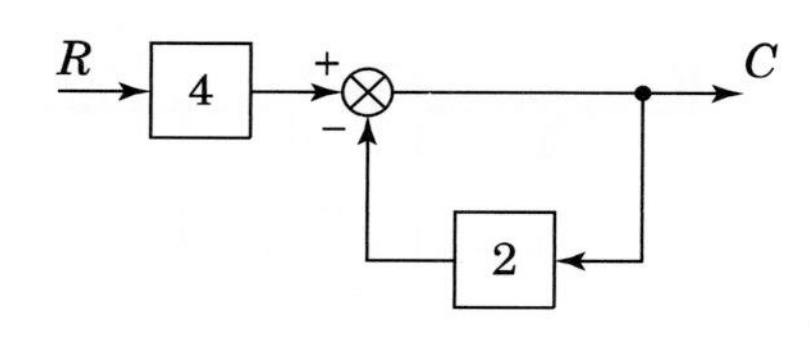

① 2　② 3

③ 4　④ 5

$G(s) = \dfrac{\text{전향이득}}{1 - \text{루프이득}}$ 식에서

전향이득$=4$, 루프이득$=-2$ 이므로

$G(s) = \dfrac{C}{R} = \dfrac{4}{1+2} = \dfrac{4}{3}$ 이다.

$C=4$일 때 입력R은

$\therefore\ R = \dfrac{3C}{4} = \dfrac{3 \times 4}{4} = 3$

정답 21 ③　22 ④　23 ④　24 ②

[09, 18]

25 다음 블록선도의 입력과 출력이 일치하기 위해서 A에 들어갈 전달함수는?

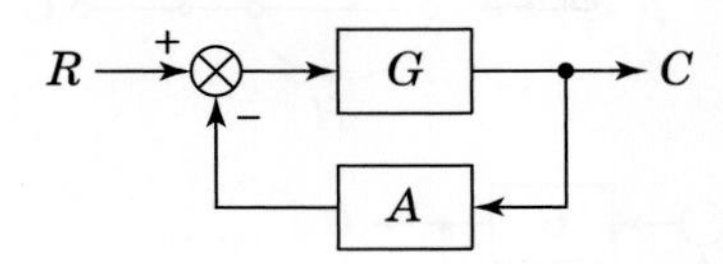

① $\frac{1+G}{G}$　② $\frac{G}{G+1}$

③ $\frac{G-1}{G}$　④ $\frac{G}{G-1}$

$G(s)=\frac{\text{전향이득}}{1-\text{루프이득}}$ 식에서

전향이득$=G$, 루프이득$=-AG$ 이므로

$G(s)=\frac{C}{R}=\frac{G}{1+AG}$ 이다.

입력과 출력이 일치한다는 것은 전달함수가 1임을 의미한다.

$G=1+AG$ 식을 만족하기 위한 A 값은

$\therefore A=\frac{G-1}{G}$

[07, 10, 11, 17, 19]

26 다음 블록선도 입력과 출력이 성립하기 위한 A의 값은?

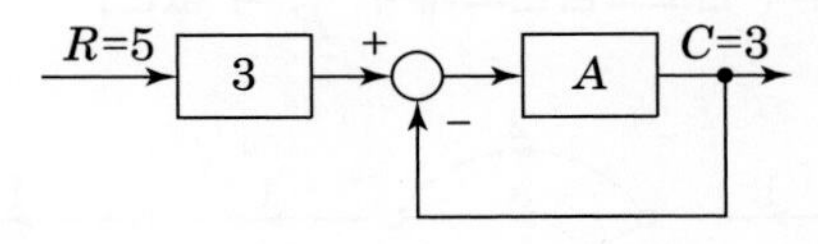

① $\frac{1}{2}$　② 3

③ $\frac{1}{4}$　④ 5

$G(s)=\frac{\text{전향이득}}{1-\text{루프이득}}$ 식에서

전향이득$=3A$, 루프이득$=-A$ 이므로

$G(s)=\frac{C}{R}=\frac{3}{5}=\frac{3A}{1+A}$ 이기 위한 A 값은

$5A=1+A$ 식에서

$\therefore A=\frac{1}{4}$

[13, 17]

27 그림과 같은 블록선도에서 전달함수 $\frac{C}{R}$는?

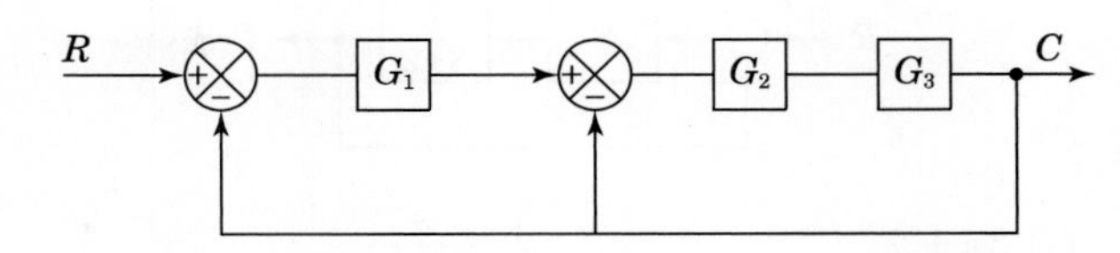

① $\frac{G_1G_2G_3}{1+G_1G_2+G_1G_2G_3}$

② $\frac{G_1G_2G_3}{1+G_2G_3+G_1G_2G_3}$

③ $\frac{G_1G_2G_3}{1+G_2G_3+G_1G_3}$

④ $\frac{G_1G_2G_3}{1+G_1G_3+G_1G_2G_3}$

$G(s)=\frac{\text{전향이득}}{1-\text{루프이득}}$ 식에서

전향이득$=G_1G_2G_3$,

루프이득$=-G_2G_3-G_1G_2G_3$ 이므로

$\therefore G(s)=\frac{C}{R}=\frac{G_1G_2G_3}{1+G_2G_3+G_1G_2G_3}$

[16]

28 단위 피드백계에서 $\frac{C}{R}=1$ 즉, 입력과 출력이 같다면 전향전달함수 $|G|$의 값은?

① $|G|=1$　② $|G|=0$

③ $|G|=\infty$　④ $|G|=\sqrt{2}$

단위 피드백 제어계통이란 아래 그림의 블록선도를 의미한다.

$R(s)$ —(+/−)→ G → $C(s)$ (단위 피드백)

입력과 출력이 같으면 $G(s)=\frac{C(s)}{R(s)}=1$ 이므로

$G(s)=\frac{G}{1+G}=\frac{1}{\frac{1}{G}+1}=1$ 이기 위해서는

$\frac{1}{G}=0$이 되어야 하므로

$\therefore |G|=\infty$

정답 25 ③　26 ③　27 ②　28 ③

[11, 19]

29 다음 블록선도의 특성방정식으로 옳은 것은?

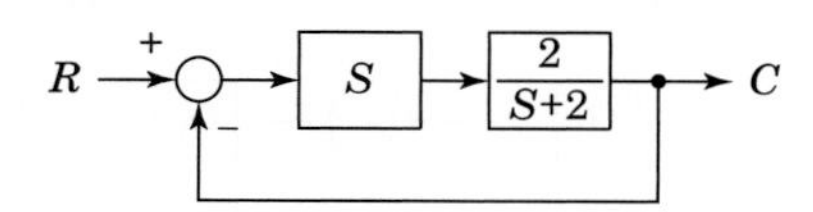

① $3s+2$ ② $\dfrac{s}{s+2}$

③ $\dfrac{2s}{3s+2}$ ④ $2s$

$G(s)=\dfrac{\text{전향이득}}{1-\text{루프이득}}$ 식에서

전향이득$=\dfrac{2S}{S+2}$, 루프이득$=-\dfrac{2S}{S+2}$ 이므로

$G(s)=\dfrac{\dfrac{2s}{s+2}}{1+\dfrac{2s}{s+2}}=\dfrac{2s}{3s+2}$ 이다.

특성방정식은 전달함수의 분모를 0으로 하는 방정식이므로

∴ 특성방정식$=3s+2$

[12]

30 그림은 피드백 제어계의 일부이다. 출력 Y는?

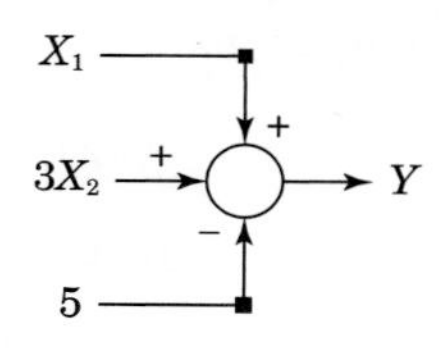

① X_1+3X_2-5 ② X_1+3X_2+5

③ $X_1\cdot 3X_2\cdot(-5)$ ④ $X_1\cdot 3X_2\cdot 5$

3개의 입력으로 구성된 블록선도에서 출력 Y는

∴ $Y=X_1+3X_2-5$

[11]

31 다음 신호흐름선도와 등가인 블록선도는?

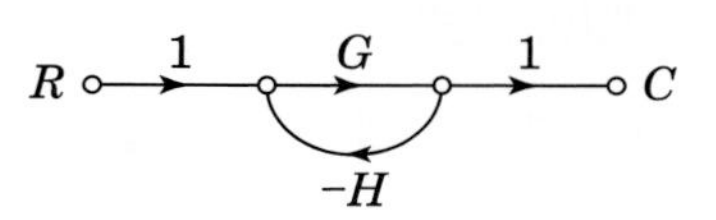

①
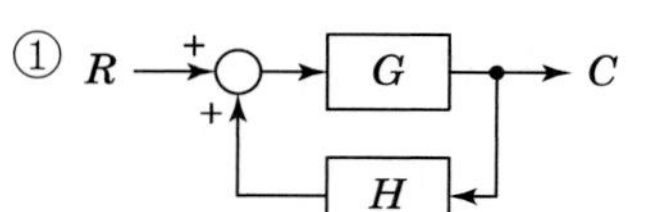

②

③
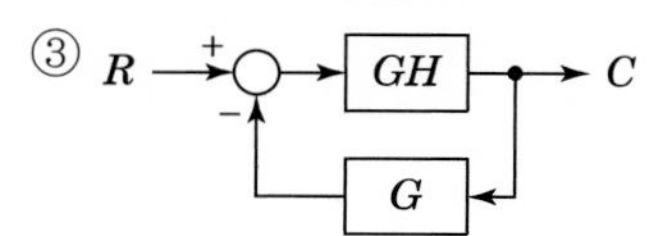

④
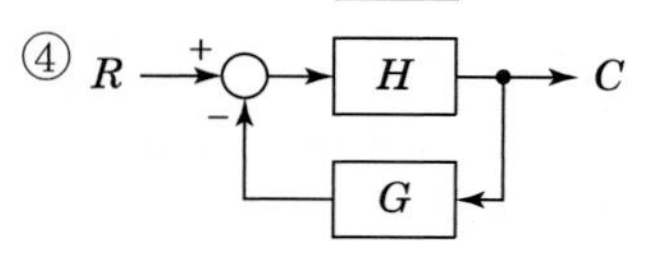

신호흐름선도와 같이 전향이득이 GK이고, 루프이득이 $-GH$ 블록선도는 보기 ②번이다.

[09, 16, 20]

32 그림의 신호흐름선도에서 $\dfrac{C}{R}$의 값은?

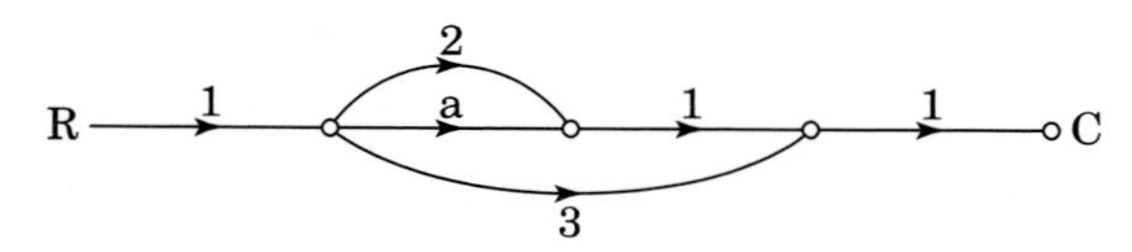

① a+2 ② a+3

③ a+5 ④ a+6

$G(s)=\dfrac{\text{전향이득}}{1-\text{루프이득}}$ 식에서

전향이득$=2+a+3$, 루프이득$=0$ 이므로

∴ $G(s)=\dfrac{C}{R}=a+5$

정답 29 ① 30 ① 31 ② 32 ③

[08, 15, 18]

33 그림과 같은 신호 흐름선도에서 $\dfrac{C}{R}$를 구하면?

① $\dfrac{G(s)}{1+G(s)H(S)}$　　② $\dfrac{G(s)H(s)}{1-G(s)H(S)}$

③ $\dfrac{G(s)H(s)}{1+G(s)H(S)}$　　④ $\dfrac{G(s)}{1-G(s)H(S)}$

$G(s)=\dfrac{\text{전향이득}}{1-\text{루프이득}}$ 식에서

전향이득$=G(s)$,

루프이득$=G(s)H(s)$ 이므로

$\therefore\ G(s)=\dfrac{C}{R}=\dfrac{G(s)}{1-G(s)H(s)}$

[08]

34 그림의 신호 흐름선도에서 전달함수 $\dfrac{C}{R}$는?

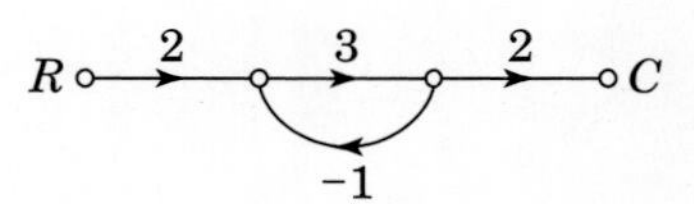

① −1　　② 2

③ 3　　④ 4

$G(s)=\dfrac{\text{전향이득}}{1-\text{루프이득}}$ 식에서

전향이득$=2\times3\times2=12$,

루프이득$=-3\times1=-3$ 이므로

$\therefore\ G(s)=\dfrac{C}{R}=\dfrac{12}{1+3}=3$

[12]

35 그림의 신호 흐름선도에서 $\dfrac{C}{R}$는?

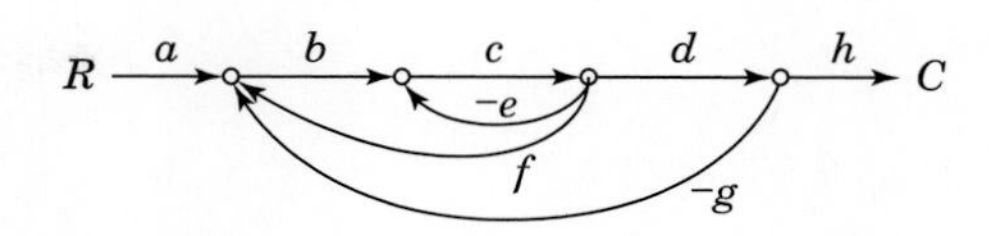

① $\dfrac{abcd}{1-ce+bef-bcdg}$

② $\dfrac{abcdh}{1-ce-bcf-bcdg}$

③ $\dfrac{abcdh}{1+ce-bcf+bcdg}$

④ $\dfrac{bcd}{1-ce-bcf-bcdg}$

$G(s)=\dfrac{\text{전향이득}}{1-\text{루프이득}}$ 식에서

전향이득$=abcdh$,

루프이득$=-ce+bcf-bcdg$ 이므로

$\therefore\ G(s)=\dfrac{C}{R}=\dfrac{abcdh}{1+ce-cbf+bcdg}$

PARAT 03 공조냉동 설치·운영

정답 33 ④　34 ③　35 ③

제14장

제어용 기기

01 조작기기
02 검출용 기기
03 증폭기기

제어용 기기

1 조작기기

조작기기는 직접 제어대상에 작용하는 장치이고, 응답이 빠르며 조작력이 큰 것이 요구된다. 조작기기의 종류와 특징은 다음과 같다.

1. 조작기기의 종류

조작기기는 전기계와 기계계로 구분하여 다음과 같은 종류로 구분한다.

전 기 계	기 계 계
전동밸브 전자밸브 2상 서보 전동기 직류서보 전동기 펄스 전동기	다이어프램 밸브 클러치 밸브 포지셔너 유압식 조작기(안내 밸브, 조작 실린더, 조작 피스톤, 분사관)

2. 조작기기의 특징

조작기기를 전기식, 공기식, 유압식으로 구분할 때 각각에 대한 특징은 다음과 같이 정리할 수 있다.

	전 기 식	공 기 식	유 압 식
적 응 성	대단히 넓고 특성의 변경이 쉽다.	PID동작을 만들기 쉽다.	관성이 적고 대출력을 얻기가 쉽다.
전 송	장거리 전송이 가능하고 지연이 적다.	장거리가 되면 지연이 크게 된다.	지연은 적으나 배관에 장거리는 어렵다.
안 전 성	방폭형이 필요하다.	안전하다.	인화성이 있다.
속 응 성	늦다.	장거리에서는 어렵다.	빠르다.
부피, 무게에 대한 출력	감속 장치가 필요하고 출력은 작다.	출력이 크지 않다.	저속이고 큰 출력을 얻을 수 있다.

01 예제문제

자동제어기기의 조작용 기기가 아닌 것은?

① 전자밸브 ② 서보전동기
③ 클러치 ④ 앰플리다인

해설
조작기기는 전기계와 기계계로 구분하여 다음과 같은 종류로 구분한다.

전 기 계	기 계 계
전동밸브 전자밸브 2상 서보 전동기 직류 서보 전동기 펄스 전동기	다이어프램 밸브 클러치 밸브 포지셔너 유압식 조작기(안내 밸브, 조작 실린더, 조작 피스톤, 분사관)

답 ④

02 예제문제

서보전동기(Servo Motor)는 다음의 제어기기 중 어디에 속하는가?

① 증폭기 ② 조작기기
③ 변환기 ④ 검출기

해설
서보전동기는 조작기기에 해당된다.

답 ②

03 예제문제

공기식 조작기기의 장점을 나타낸 것은?

① 신호를 먼 곳까지 보낼 수 있다.
② 선형의 특성에 가깝다.
③ PID 동작을 만들기 쉽다.
④ 큰 출력을 얻을 수 있다.

해설
공기식 조작기기는 PID 동작을 만들기 쉽다.

답 ③

2 검출용 기기

온도, 압력, 유량 등의 물리량을 증폭 및 전송이 용이한 양으로 변환하는 검출기기를 변환기라 한다. 검출용 기기의 종류와 변환요소는 다음과 같다.

1. 검출기의 종류

제 어	검 출 기	비 고
자동 조정용	(1) 전압 검출기 (2) 속도 검출기	자기 증폭기, 전자관 및 트랜지스터 증폭기 주파수 검출기, 스피더, 회전계 발전기
서보 기구용	(1) 전위차계 (2) 차동변압기 (3) 싱크로 (4) 마이크로 신	권선형 저항을 이용하여 변위, 변각을 측정 변위를 자기 저항의 불균형으로 변형 변각을 검출 변각을 검출
공정 제어용	압력계	① 기계식 압력계(부르동관, 벨로스, 다이어프램) ② 전기식 압력계[전기저항 압력계(스트레인게이지), 피라니 진공계, 전리 진공계]
	유량계	① 교축식 유량계 ② 면적식 유량계 ③ 전자 유량계
	액면계	① 차압식 액면계(오리피스, 플로 노즐, 벤투리관) ② 플로트식 액면계
	온도계	① 열전 온도계(백금-백금 로듐, 크로멜-알루멜, 철-콘스탄탄) ② 저항 온도계(백금, 니켈, 구리, 서미스터) ③ 바이메탈 온도계 ④ 압력형 온도계(부르동관) ⑤ 방사 온도계 ⑥ 광 온도계
	가스 성분계	① 열전도식 가스 성분계 ② 연소식 가스 성분계 ③ 자기 산소계 ④ 적외선 가스 성분계
	습도계	① 전기식 건습구 습도계 ② 광전관식 노점 습도계
	액체 성분계	① PH계 ② 액체 농도계

2. 변환요소의 종류

변환량	변환요소
압력 → 변위	벨로스, 다이어프램, 스프링
변위 → 압력	노즐 플래퍼, 유압 분사관, 스프링
변위 → 임피던스	가변 저항기, 용량형 변환기, 가변 저항 스프링
변위 → 전압	퍼텐쇼미터, 차동변압기, 전위차계
전압 → 변위	전자석, 전자 코일
빛 → 임피던스	광전관, 광전도 셀, 광전 트랜지스터
빛 → 전압	광전지, 광전 다이오드
방사선 → 임피던스	GM관, 전리함
온도 → 임피던스	측온 저항(열선, 서미스터, 백금, 니켈)
온도 → 전압	열전대(백금-백금 로듐, 크로멜-알루멜, 동-콘스탄탄, 철-콘스탄탄)

04 예제문제

다음 중 탄성식 압력계에 해당되는 것은?

① 경사관식　　② 환상평형식
③ 압전기식　　④ 벨로스식

해설

압력계

(1) 기계식 압력계(부르동관, 벨로스, 다이어프램)
(2) 전기식 압력계[전기저항(스트레인게이지) 압력계, 피라니 진공계, 전리 진공계]

답 ④

05 예제문제

다음의 제어기기에서 압력을 변위로 변환하는 변환요소가 아닌 것은?

① 벨로스　　② 다이어프램
③ 스프링　　④ 노즐플래퍼

해설

노즐플래퍼는 변위를 압력으로 변환하는 변환요소에 해당된다.

답 ④

3 증폭기기

증폭기는 제어계에서 가장 많이 이용되는 전자요소로서 연산증폭기나 자기증폭기가 있다. 증폭기의 종류로는 전기식, 공기식, 유압식이 있으며 다음과 같이 구분하고 있다.

	전 기 계	기 계 계
정지기	진공관, 트랜지스터, 사이리스터(SCR), 사이러트론, 자기증폭기	공기식(노즐플래퍼, 벨로스) 유압식(안내 밸브) 지렛대
회전기	앰플리다인, 로토트롤	

14 출제빈도순에 따른 종합예상문제

[08, 14, 16]

01 제어기기의 대표적인 것으로 검출기, 변환기, 증폭기, 조작기기를 들 수 있는데 서보모터는 어디에 속하는가?

① 검출기　② 변환기
③ 증폭기　④ 조작기기

조작기기의 종류
조작기기는 전기계와 기계계로 구분하여 다음과 같은 종류로 구분한다.

전 기 계	기 계 계
전동밸브 전자밸브 2상 서보 전동기 직류서보 전동기 펄스 전동기	다이어프램 밸브 클러치 밸브 포지셔너 유압식 조작기(안내 밸브, 조작 실린더, 조작 피스톤, 분사관)

[19]

02 자동제어의 기본 요소로서 전기식 조작기기에 속하는 것은?

① 다이어프램　② 벨로스
③ 펄스전동기　④ 파일럿 밸브

조작기기의 종류
전기식 조작기기에 속하는 것은 펄스전동기이다.

[13]

03 제어기기 중 전기식 조작기기에 대한 설명으로 옳지 않은 것은?

① 장거리 전송이 가능하고 늦음이 적다.
② 감속장치가 필요하고 출력은 작다.
③ PID 동작이 간단히 실현된다.
④ 많은 종류의 제어에 적용되어 용도가 넓다.

조작기기

	전 기 식	공 기 식	유 압 식
적 응 성	대단히 넓고 특성의 변경이 쉽다.	PID동작을 만들기 쉽다.	관성이 적고 대출력을 얻기가 쉽다.
전 송	장거리 전송이 가능하고 지연이 적다.	장거리가 되면 지연이 크게 된다.	지연은 적으나 배관에 장거리는 어렵다.
안 전 성	방폭형이 필요하다.	안전하다.	인화성이 있다.
속 응 성	늦다.	장거리에서는 어렵다.	빠르다.
부피, 무게에 대한 출력	감속 장치가 필요하고 출력은 작다.	출력이 크지 않다.	저속이고 큰 출력을 얻을 수 있다.

[08]

04 저속이지만 큰 출력을 얻을 수 있고, 속응성이 빠른 조작기기는?

① 유압식 조작기기　② 공기압식 조작기기
③ 전기식 조작기기　④ 기계식 조작기기

저속이지만 큰 출력을 얻을 수 있고, 속응성이 바른 조작기기는 유압식 조작기기의 특징이다.

정답 01 ④　02 ③　03 ③　04 ①

[12]
05 제어기기 중 조작기기에 대한 설명으로 옳은 것은?

① 전기식은 적응성이 대단히 넓고 특성의 변경은 어렵다.
② 공기식은 PID동작을 만들기 쉬우나 장거리 전송은 빠르다.
③ 유압식은 관성이 적고 큰 출력을 얻기가 쉽다.
④ 전기식에는 전자밸브, 직류 서보전동기, 클러치 등이 있다.

유압식 조작기기는 관성이 적고 큰 출력을 얻기가 쉽다.

[09]
06 공정제어용 검출기가 아닌 것은?

① 싱크로 ② 유량계
③ 온도계 ④ 습도계

검출기의 종류

제 어	검 출 기
자동조정용	(1) 전압 검출기 (2) 속도 검출기
서보기구용	(1) 전위차계 (2) 차동변압기 (3) 싱크로 (4) 마이크로 신
공정제어용	(1) 압력계 (2) 유량계 (3) 액면계 (4) 온도계 (5) 습도계

[08]
07 다음 중 압력을 감지하는데 가장 널리 사용되는 것은?

① 마이크로폰 ② 스트레인 게이지
③ 회전자기 부호기 ④ 전위차계

검출기의 종류

제 어	검 출 기	비 고
공정제어용	압력계	① 기계식 압력계(부르동관, 벨로스, 다이어프램) ② 전기식 압력계[전기저항 압력계(스트레인게이지), 피라니 진공계, 전리 진공계]

[10, 15]
08 다음 중 압력을 변위로 변환시키는 장치로 알맞은 것은?

① 노즐플래퍼 ② 다이어프램
③ 전자석 ④ 차동변압기

변환요소의 종류

변환량	변환요소
압력 → 변위	벨로스, 다이어프램, 스프링
변위 → 압력	노즐 플래퍼, 유압 분사관, 스프링
변위 → 임피던스	가변 저항기, 용량형 변환기, 가변 저항 스프링
변위 → 전압	퍼텐쇼미터, 차동변압기, 전위차계
전압 → 변위	전자석, 전자 코일
빛 → 임피던스	광전관, 광전도 셀, 광전 트랜지스터
빛 → 전압	광전지, 광전 다이오드
방사선 → 임피던스	GM관, 전리함
온도 → 임피던스	측온 저항(열선, 서미스터, 백금, 니켈)
온도 → 전압	열전대(백금-백금 로듐, 크로멜-알루멜, 동-콘스탄탄, 철-콘스탄탄)

정답 05 ③ 06 ① 07 ② 08 ②

[09, 17]

09 변위를 전압으로 변환시키는 장치가 아닌 것은?

① 퍼텐쇼미터 ② 차동변압기
③ 전위차계 ④ 측온저항

변환요소의 종류

변환량	변환요소
변위 → 전압	퍼텐쇼미터, 차동변압기, 전위차계

∴ 측온저항은 온도를 임피던스로 변환하는 요소이다.

[14]

10 다음 중 제어계에 가장 많이 이용되는 전자요소는?

① 증폭기 ② 변조기
③ 주파수 변환기 ④ 가산기

증폭기기

증폭기는 제어계에서 가장 많이 이용되는 전자요소로서 연산 증폭기나 자기증폭기가 있다. 증폭기기의 종류로는 전기식, 공기식, 유압식이 있다.

정답 09 ④ 10 ①

제15장

시퀀스 제어와 PLC

15 시퀀스 제어와 PLC

1 시퀀스 제어

1. 시퀀스 제어의 개요

(1) 정의

미리 정해진 순서 또는 일정의 논리에 의해 정해진 순서에 따라 제어의 각 단계를 순차적으로 진행시켜 가는 제어를 말한다.
(예 무인자판기, 컨베이어, 엘리베이터, 세탁기 등)

(2) 특징

① 구성하기 쉽고 시스템의 구성비가 낮다.
② 개루프 제어계로서 유지 및 보수가 간단하다.
③ 자체 판단능력이 없기 때문에 원하는 출력을 얻기 위해서는 보정이 필요하다.
④ 조합 논리회로 및 시간지연 요소나 제어용 계전기가 사용되며 제어결과에 따라 조작이 자동적으로 이행된다.

시퀀스 제어의 명령처리 기능에 따른 분류
- 순서제어 : 기억과 판단기구
- 시한제어 : 기억과 시한기구
- 조건제어 : 판단기구
- 프로그램제어 : 기억과 시한기구 및 판단기구

a 접점과 b 접점의 심볼
- a 접점 :
- b 접점 :

수동스위치의 심볼
- 단로 스위치 :
- 3로 스위치 :
- 누름단추 스위치 :

2. 시퀀스 제어에 사용되는 각종 요소

(1) 접점

① a 접점 : 평상시에 열려 있으며 동작할 때 닫히는 접점으로 make 접점이라고도 한다.
② b 접점 : 평상시에 닫혀 있으며 동작할 때 열리는 접점으로 break 접점이라고도 한다.

(2) 수동 스위치

① 단로 스위치 : 수동으로 ON, OFF 시키는 스위치로 일반 전등용 스위치를 말한다.
② 3로 스위치 : 수동으로 ON, OFF 시키는 스위치로 2개소에서 점멸할 수 있는 스위치이다.
③ 누름버튼 스위치 : 수동으로 조작한 후 손을 떼면 자동으로 복구되는 스위치로서 전동기 운전 회로에 주로 사용된다.

(3) 검출 스위치

리미트 스위치, 액면 스위치(플로트 스위치), 광전 스위치, 센서 등에 의한 외부에서 입력되는 임의의 상태 또는 변화된 값을 검출하여 동작하는 스위치를 말한다.

01 예제문제

시퀀스 제어에 관한 설명으로 옳지 않은 것은?

① 조합논리회로도 사용된다.
② 기계적 계전기도 사용된다.
③ 전체 계통에 연결된 스위치가 일시에 작동할 수도 있다.
④ 시간지연요소도 사용된다.

해설

시퀀스 제어란 미리 정해진 순서 또는 일정의 논리에 의해 정해진 순서에 따라 제어의 각 단계를 순차적으로 진행시켜 가는 제어를 말한다.(예 무인자판기)

답 ③

02 예제문제

시퀀스회로에서 a접점에 대한 설명으로 옳은 것은?

① 수동으로 리셋 할 수 있는 접점이다.
② 누름버튼스위치의 접점이 붙어있는 상태를 말한다.
③ 두 접점이 상호 인터록이 되는 접점을 말한다.
④ 전원을 투입하지 않았을 때 떨어져 있는 접점이다.

해설

a 접점은 평상시에 열려 있으며 동작할 때 닫히는 접점으로 make 접점이라고도 한다.

답 ④

03 예제문제

검출용 스위치에 속하지 않는 것은?

① 광전 스위치　　② 액면 스위치
③ 리미트 스위치　　④ 누름버튼 스위치

해설

누름버튼 스위치는 수동 스위치이다.

답 ④

2 시퀀스 제어회로 명칭

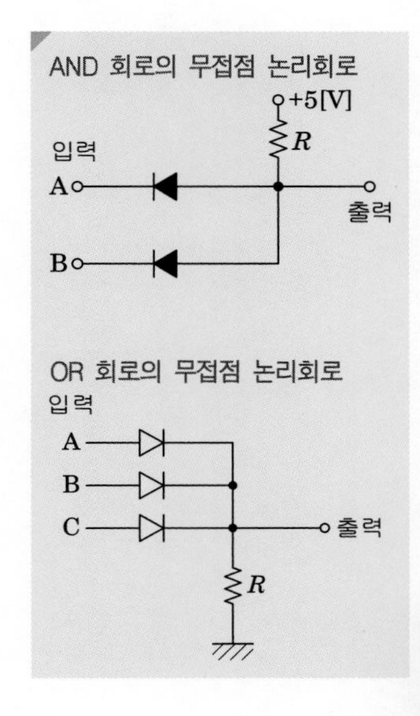

1. AND 회로

(1) 의미 : 입력이 모두 “1” 일 때 출력이 “1”인 회로

(2) 논리식과 논리회로

① 논리식 : $X = A \cdot B$

② 논리회로 : A, B → X

(3) 유접점과 진리표

① 유접점

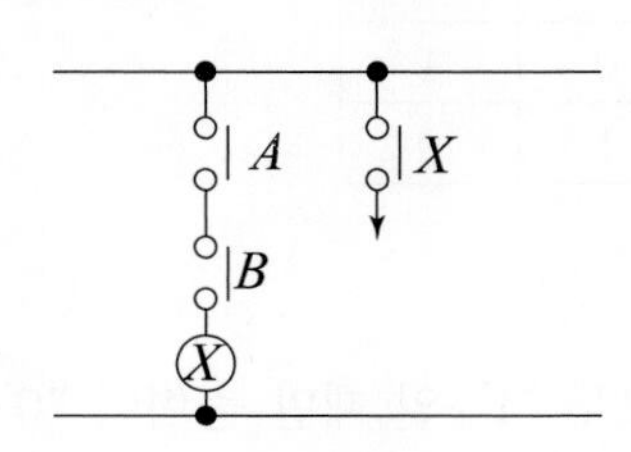

② 진리표

A	B	X
0	0	0
0	1	0
1	0	0
1	1	1

2. OR 회로

(1) 의미 : 입력 중 어느 하나 이상 “1” 일 때 출력이 “1”인 회로

(2) 논리식과 논리회로

① 논리식 : $X = A + B$

② 논리회로 : A, B → X

(3) 유접점과 진리표

① 유접점

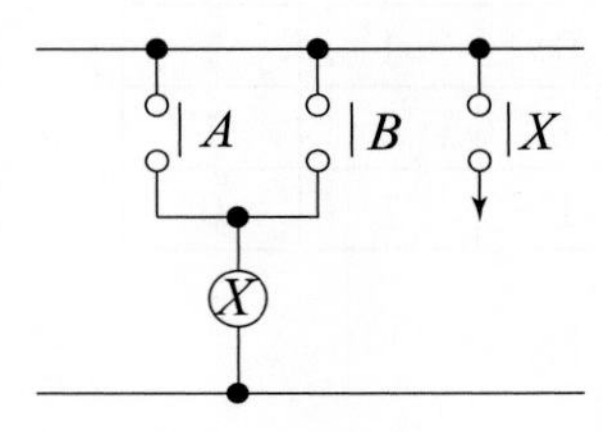

② 진리표

A	B	X
0	0	0
0	1	1
1	0	1
1	1	1

3. NOT 회로

(1) 의미 : 입력과 출력이 반대로 동작하는 회로로서 입력이 "1"이면 출력은 "0", 입력이 "0" 이면 출력은 "1"인 회로

(2) 논리식과 논리회로

① 논리식 : $X = \overline{A}$

② 논리회로 : A —▷o— X

(3) 유접점과 진리표

① 유접점

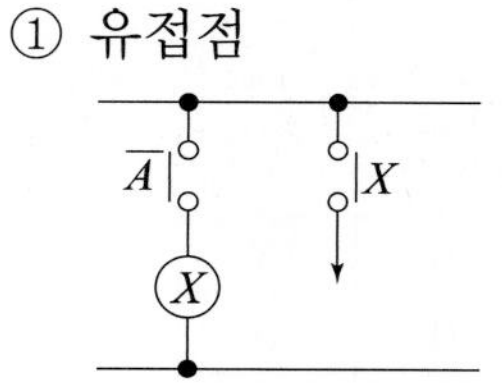

② 진리표

A	X
0	1
1	0

4. NAND 회로

(1) 의미 : AND 회로의 부정회로로서 입력이 모두 "1" 일 때만 출력이 "0" 되는 회로

(2) 논리식과 논리회로

① 논리식 : $X = \overline{A \cdot B}$

② 논리회로 : A, B —NAND— X

(3) 유접점과 진리표

① 유접점

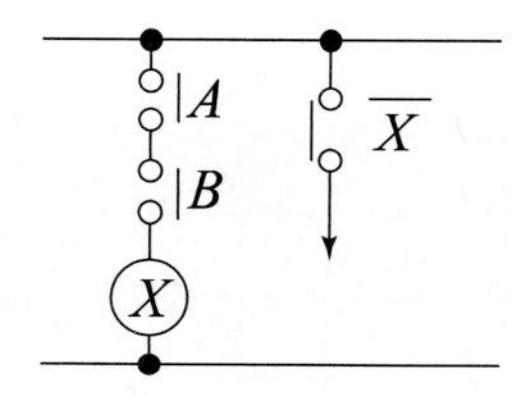

② 진리표

A	B	X
0	0	1
0	1	1
1	0	1
1	1	0

5. NOR 회로

(1) 의미 : OR회로의 부정회로로서 입력이 모두 "0" 일 때만 출력이 "1" 되는 회로

(2) 논리식과 논리회로

① 논리식 : $X = \overline{A + B}$

② 논리회로 :

(3) 유접점과 진리표

① 유접점

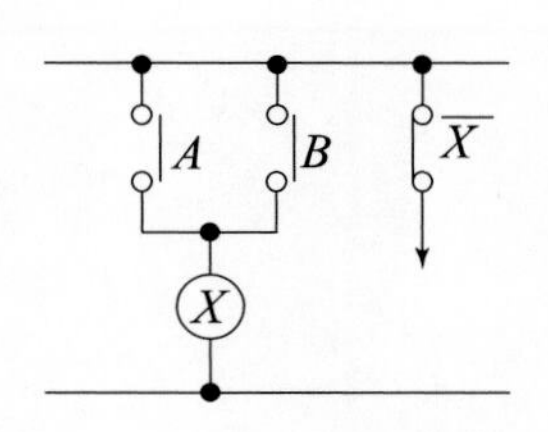

② 진리표

A	B	X
0	0	1
0	1	0
1	0	0
1	1	0

6. Exclusive OR회로(=배타적 논리합 회로)

(1) 의미 : 입력 중 어느 하나만 "1" 일 때 출력이 "1" 되는 회로

(2) 논리식과 논리회로

① 논리식 : $X = A \cdot \overline{B} + \overline{A} \cdot B$

② 논리회로 :

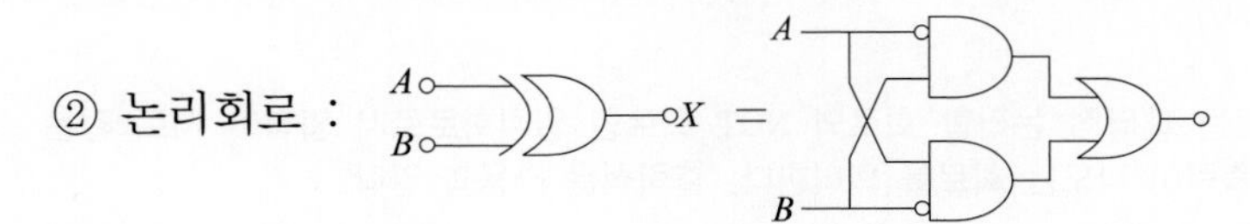

(3) 유접점과 진리표

① 유접점

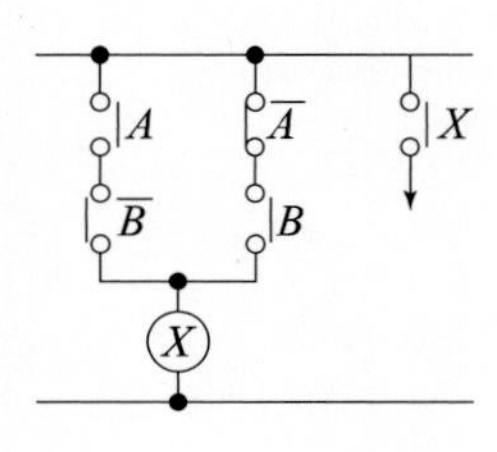

② 진리표

A	B	X
0	0	0
0	1	1
1	0	1
1	1	0

반가산기(HALF – ADDER) 회로
AND회로와 Exclusive OR회로를 이용하여 AND회로는 두 입력의 합에 대한 자리 올림수(carry)로 출력하고 Exclusive OR회로는 두 입력의 합(Sum)으로 출력하는 회로이다.

일치회로

- 의미 : 배타적 논리합 회로의 역회로로서 입력이 서로 같은 동작을 할 때에만 출력이 동작하게 되는 회로이다.
- 논리식 : $\overline{X} \cdot \overline{Y} + X \cdot Y$
- 유접점

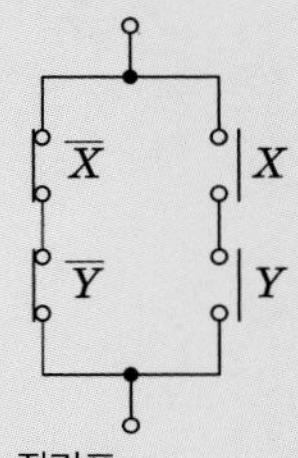

- 진리표

A	B	X
0	0	1
0	1	0
1	0	0
1	1	1

04 예제문제

입력 신호가 모두 "1"일 때만 출력이 생성되는 논리회로는?

① AND 회로　　② OR 회로
③ NOR 회로　　④ NOT 회로

해설
입력 신호가 모두 "1"일 출력이 동작하는 회로를 AND 회로라 한다.

답 ①

05 예제문제

그림과 같은 계전기 접점회로의 논리식은?

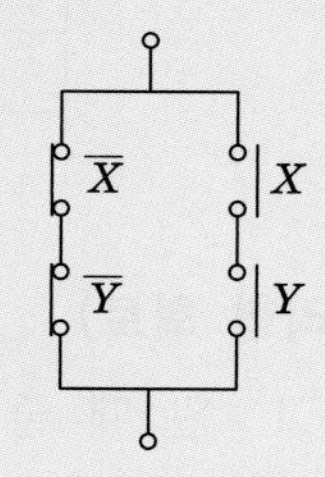

① $X \cdot Y$　　② $\overline{X} \cdot \overline{Y} + X \cdot Y$
③ $X + Y$　　④ $(\overline{X} + \overline{Y})(X + Y)$

해설
그림의 시퀀스 회로는 배타적 논리합 회로의 NOT 회로인 일치회로로서 입력이 서로 같은 동작을 할 때에만 출력이 나오는 회로를 의미한다. 출력식은 다음과 같다.
$\therefore\ \overline{X} \cdot \overline{Y} + X \cdot Y$

답 ②

3 불대수와 드모르강 법칙

NAND 회로와 NOR 회로를 많이 활용하는 이유
- 논리회로의 간소화
- 가격이 저렴하다.
- 속도가 빠르다.
- 전력소모가 작다.

1. 불대수 정리

(1) 입력과 동일한 출력이 나오는 불대수 연산식

$A+A=A$, $A \cdot A=A$, $A+0=A$, $A \cdot 1=A$

(2) 입력에 관계없이 출력이 항상 1과 0인 불대수 연산식

$A+1=1$, $A \cdot 0=0$

(3) 하나의 입력이 서로 다른 동작을 하는 경우의 불대수 연산식

$A+\overline{A}=1$, $A \cdot \overline{A}=0$

2. 드모르강 정리

(1) $\overline{A+B}=\overline{A} \cdot \overline{B}$

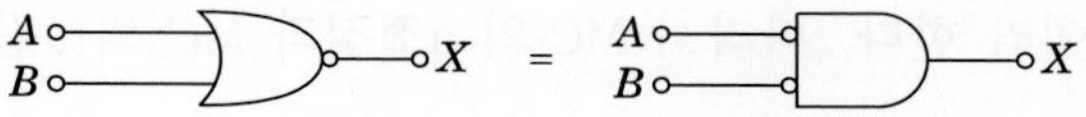

(2) $\overline{A \cdot B}=\overline{A}+\overline{B}$

06 예제문제

논리식 $X+\overline{X}+Y$를 불대수의 정리를 이용하여 간단히 하면?

① $X+Y$ ② Y
③ 1 ④ 0

해설

불대수에서 $X+\overline{X}=1$ 이며, 또한 $1+Y=1$ 이므로

$\therefore X+\overline{X}+Y=1+Y=1$

답 ③

플립플롭회로
두 개의 안정된 상태를 갖는 쌍안정 멀티바이브레이터를 이용한 것으로 세트(SET) 입력으로 출력이 ON되고 리세트(RESET) 입력으로 출력이 OFF되는 회로이다.

4 자기유지 기능과 인터록 기능

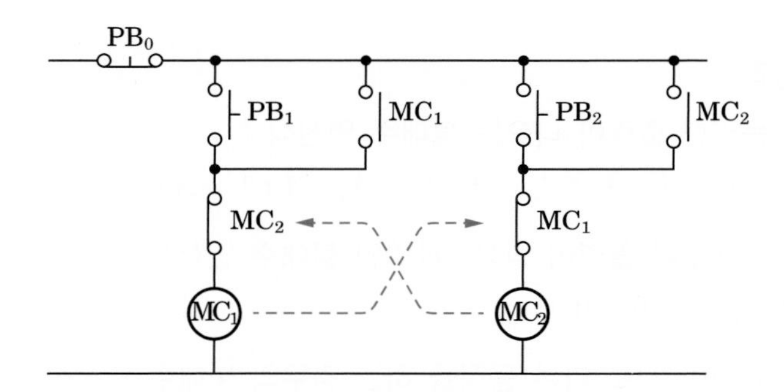

1. 자기유지 기능

유접점 시퀀스 회로에서 MC_1의 a접점과 MC_2의 a접점은 각각의 입력 PB를 누른 후에 손을 떼어도 MC_1과 MC_2의 출력이 계속하여 여자상태가 유지되도록 하는 기능을 자기유지 기능이라 한다. 따라서 MC_1의 a접점과 MC_2의 a접점을 자기유지접점이라 한다.

2. 인터록 기능

MC_1의 b접점과 MC_2의 b접점은 상대방의 출력이 ON되는 동작을 금지하는 기능으로 MC_1과 MC_2의 출력 중 어느 하나가 먼저 ON되면 다른 하나의 출력은 ON될 수가 없는 회로를 인터록 회로라 한다. 따라서 MC_1의 b접점과 MC_2의 b접점을 인터록접점이라 한다.

5 우선회로

(1) 선입력 우선회로

입력 중 가장 먼저 수신된 입력에 대한 출력이 동작하면 그 다음으로 수신된 입력에 대한 출력은 동작하지 않는 회로이다. 입력 스위치와 상대방 출력 계전기의 b접점을 직렬로 접속하여 회로를 구성한다.

(2) 신입력 우선회로

최종으로 수신한 입력이 우선되어 동작되는 회로로서 먼저 동작하고 있던 회로는 복구시켜 항상 최신의 신호에 대한 출력이 우선 되도록 하는 회로이다. 자기유지 접점과 상대방 출력 계전기의 b접점을 직렬로 접속하여 회로를 구성한다.

6 PLC(Programmable Logic Controller)

1. PLC의 구성

(1) 전원부

교류 110/220[V]의 상용전원 전압을 CPU가 동작하는 직류 5~24[V]의 전압으로 바꾸며 잡음, 서지 등을 없앤다.

(2) 입력부

각종 센서의 입력 신호를 PC 내부의 신호 레벨로 변환시켜 CPU에 보내며 잡음, 서지 제거용을 포함한 절연결합 회로로 구성된다.

(3) CPU(제어부)

메모리부와 연산부로 구성되며 메모리부는 프로그램 메모리부와 데이터 메모리부로 구분된다.

① 프로그램 메모리부 : 프로그램 장치에 의하여 PC에 입력된 프로그램을 기억하고 입력된 동작순서에 따라 시퀀스를 실행하도록 연산부에 지령한다.

② 데이터 메모리부 : 입·출력 데이터를 기억하여 프로그램의 내용에 따라 연산용 데이터로 사용된다.

③ 연산부 : 프로그램 메모리의 내용에 따라 데이터 메모리의 데이터로 연산, 기록하여 시퀀스를 작성하고 출력한다.

(4) 출력부

CPU에서 지시된 명령을 유지하고 필요한 레벨의 출력 신호를 유지, 증폭하는 부분으로 전자개폐기, 솔레노이드 밸브, 각종 시그널 램프 등이 설치된다. 특히 대용량 전동기를 구동할 때에는 전자개폐기를 필수적으로 사용하여야 한다.

2. PLC의 특징

① 무접점 제어 방식이므로 부품간의 배선작업이 필요 없다.

② 계전기, 타이머, 카운터의 기능까지 프로그램 할 수 있다.

③ 산술연산 뿐만 아니라 비교연산도 처리할 수 있다.

④ 시퀀스 제어방식과 병행하여 프로그램할 수 있으므로 제어시스템의 확장이 용이하다.

⑤ 제어반의 소형화, 오류 정정의 신속성, 동작의 신뢰성 등을 확립할 수 있다.

프로그램 장치와 주변기기
- 프로그램 장치 : 프로그램을 PC의 내부에 입력하는 장치
- 주변기기 : 컴퓨터, 프린터, 램프 등의 PLC 구성 외 기기

하드웨어 방식과 소프트웨어 방식
- 하드웨어 방식 : PLC 구성 요소에 의한 직접 동작하는 방식
- 소프트웨어 방식 : 다양한 제어 방법에 따라 출력의 동작을 만들어내는 방식으로 사이클릭 처리 방식, 인터럽트 우선 처리 방식, 병행 처리 방식 등이 이에 속한다.

스캔 타임(scau time)
PLC에 입력된 프로그램을 1회 연산하는 시간이다.

07 예제문제

PLC의 구성에 해당되지 않는 것은?

① 입력장치 ② 제어장치
③ 주변용 장치 ④ 출력장치

해설

PLC는 전원부, 입력부, 제어부, 출력부로 구성된다.

답 ③

08 예제문제

PLC(Programmable Logic Controller) CPU부의 구성과 거리가 먼 것은?

① 데이터 메모리부 ② 프로그램 메모리부
③ 연산부 ④ 전원부

해설

PLC의 CPU(제어부)는 메모리부와 연산부로 구성되며 메모리부는 프로그램 메모리부와 데이터 메모리부로 구분된다.

답 ④

09 예제문제

PLC가 시퀀스동작을 소프트웨어적으로 수행하는 방법으로 틀린 것은?

① 래더도 방식 ② 사이클릭 처리 방식
③ 인터럽트 우선 처리 방식 ④ 병행 처리 방식

해설

하드웨어 방식과 소프트웨어 방식

(1) 하드웨어 방식 : PLC 구성 요소에 의한 직접 동작하는 방식
(2) 소프트웨어 방식 : 다양한 제어방법에 따라 출력의 동작을 만들어내는 방식으로 사이클릭 처리방식, 인터럽트 우선 처리 방식, 병행 처리 방식 등이 이에 속한다.

답 ①

15 출제빈도순에 따른 종합예상문제

[14]

01 시퀀스 제어를 명령 처리 기능에 따라 분류할 때 속하지 않는 것은?

① 순서제어 ② 시한제어
③ 병렬제어 ④ 조건제어

시퀀스 제어의 명령처리기능에 따른 분류
(1) 순서제어 : 기억과 판단기구에 의한 제어
(2) 시한제어 : 기억과 시한기구에 의한 제어
(3) 조건제어 : 판단기구에 의한 제어
(4) 프로그램제어 : 기억과 시한기구 및 판단기구에 의한 제어

[13]

02 시퀀스 회로에서 접점이 조작하기 전에는 열려 있고 조작하면 닫히는 접점은?

① a접점 ② b접점
③ c접점 ④ 공통접점

접점
(1) a 접점 : 평상시에 열려 있으며 동작할 때 닫히는 접점으로 make 접점이라고도 한다.
(2) b 접점 : 평상시에 닫혀 있으며 동작할 때 열리는 접점으로 break 접점이라고도 한다.

[13]

03 다음 중 입력장치에 해당되는 것은?

① 검출 스위치 ② 솔레노이드 밸브
③ 표시램프 ④ 전자개폐기

검출 스위치
리미트 스위치, 액면 스위치(플로트 스위치), 광전 스위치, 센서 등에 의한 외부에서 입력되는 임의의 상태 또는 변화된 값을 검출하여 동작하는 스위치를 말한다.

[13]

04 검출용 스위치에 해당하지 않는 것은?

① 리밋 스위치 ② 광전 스위치
③ 온도 스위치 ④ 복귀형 스위치

검출 스위치
리미트 스위치, 액면 스위치(플로트 스위치), 광전 스위치, 센서 등에 의한 외부에서 입력되는 임의의 상태 또는 변화된 값을 검출하여 동작하는 스위치를 말한다.
∴ 복귀형 스위치는 누름버튼 스위치로 수동 스위치이다.

[10, 20]

05 그림과 같은 유접점 회로의 논리식과 논리회로명칭으로 옳은 것은?

A B C X

① $X = \overline{A \cdot B \cdot C}$, NOT회로
② $X = \overline{A + B + C}$, NOT회로
③ $X = A + B + C$, OR회로
④ $X = A \cdot B \cdot C$, AND회로

AND 회로
(1) 입력이 직렬접속된 유접점 회로는 AND 회로이다.
(2) 논리식 : $X = A \cdot B \cdot C$

정답 01 ③ 02 ① 03 ① 04 ④ 05 ④

[16]

06 그림과 같은 회로는?

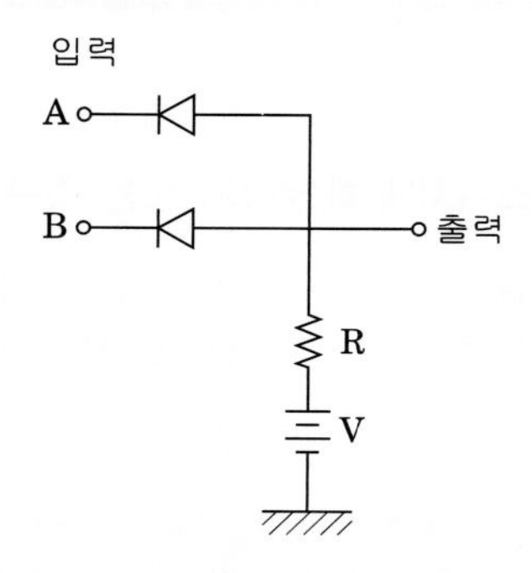

① OR회로 ② AND회로

③ NOR회로 ④ NAND회로

AND 회로의 무접점 논리회로와 진리표

(1) 무접점 논리회로 (2) 진리표

A	B	X
0	0	0
0	1	0
1	0	0
1	1	1

[15]

07 그림과 같은 회로의 출력단 X의 진리값으로 옳은 것은? (단, L은 Low, H는 High이다.)

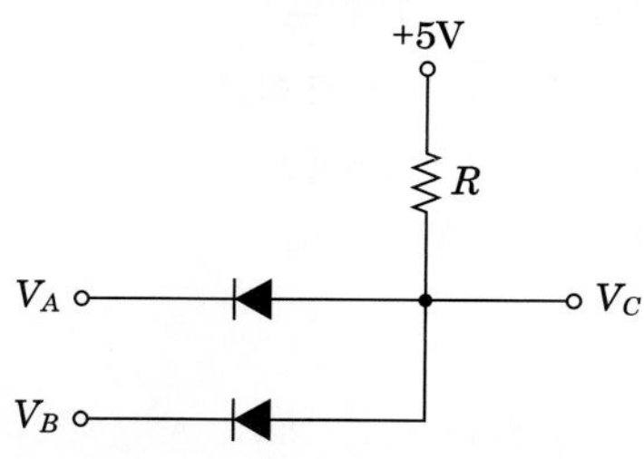

① L, L, L, H ② L, H, H, H

③ L, L, H. H ④ H, L, L, H

AND 회로의 무접점 논리회로와 진리표

(1) 무접점 논리회로 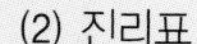(2) 진리표

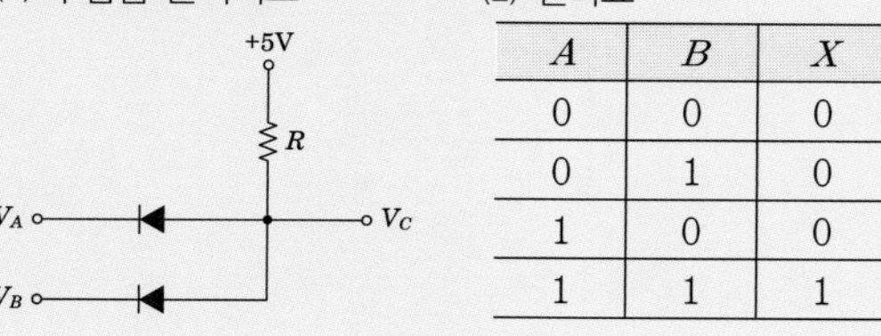

A	B	X
0	0	0
0	1	0
1	0	0
1	1	1

[08, 14]

08 다음 그림의 논리회로는?

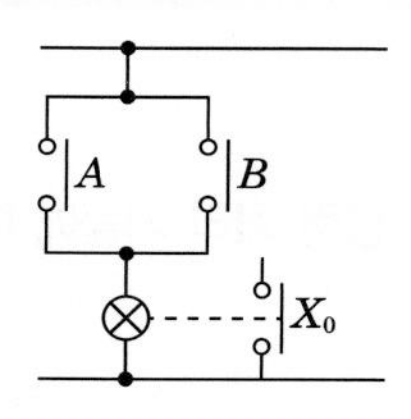

① AND회로 ② OR회로

③ NOT회로 ④ NOR회로

OR 회로의 유접점과 무접점 논리회로

(1) 유접점 (2) 무접점 논리회로

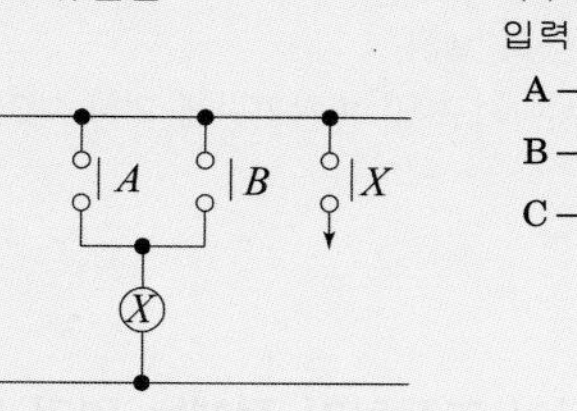

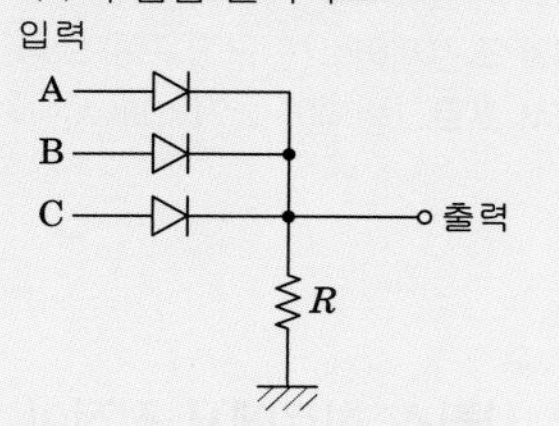

[14]

09 그림과 같은 회로는 어떤 논리회로인가?

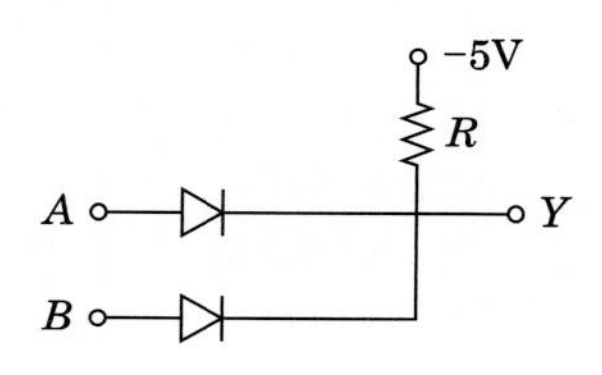

① AND 회로 ② OR 회로

③ NOT 회로 ④ NOR 회로

OR 회로의 유접점과 무접점 논리회로

(1) 유접점 (2) 무접점 논리회로

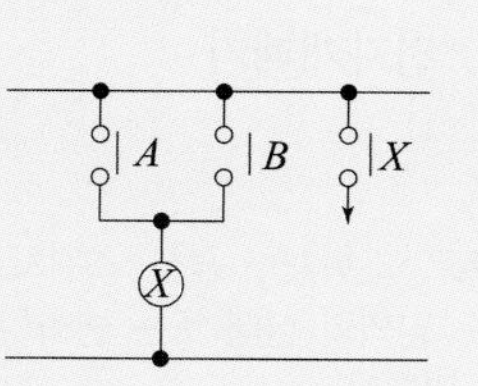

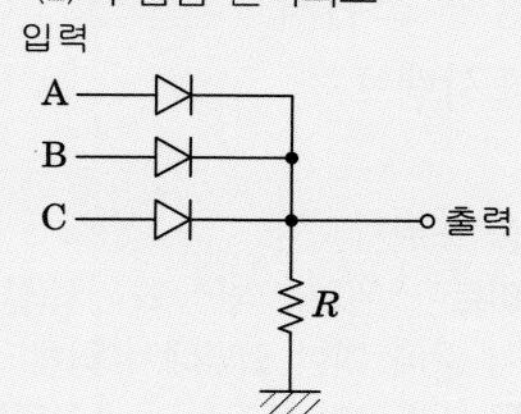

정답 06 ② 07 ① 08 ② 09 ②

[08, 09, 12, 18]

10 그림과 같은 논리회로는?

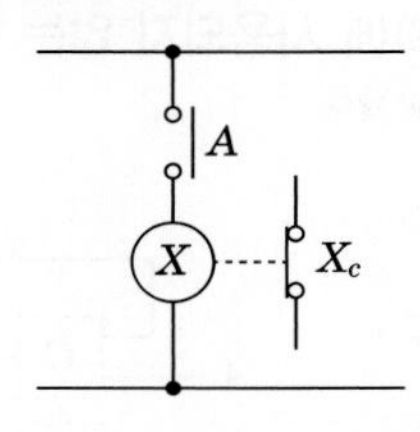

① OR회로 ② AND회로
③ NOT회로 ④ NAND 회로

NOT 회로
입력과 출력이 반대로 동작하는 회로로서 입력이 "1"이면 출력은 "0", 입력이 "0"이면 출력이 "1"인 회로이다.

[09]

11 NAND 논리소자에 대한 진리표의 출력을 A에서 D까지 옳게 표현한 것은? (단, L은 Low이고, H는 High이다.)

입력		출력
X	Y	Z
L	L	A
L	H	B
H	L	C
H	H	D

① A = L, B = H, C = H, D = H
② A = L, B = L, C = H, D = H
③ A = H, B = H, C = H, D = L
④ A = L, B = L, C = L, D = H

NAND 회로의 진리표

A	B	X
0	0	1
0	1	1
1	0	1
1	1	0

[11, 19]

12 그림과 같은 계전기 접점회로의 논리식은?

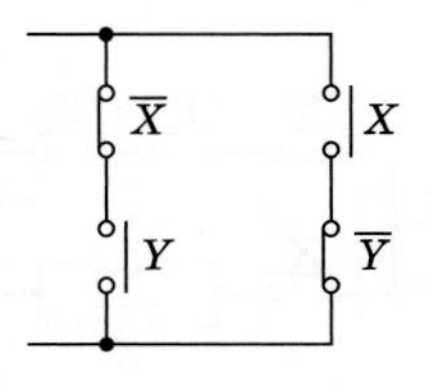

① XY ② $\overline{X}Y+X\overline{Y}$
③ $(\overline{X}+\overline{Y})(X+Y)$ ④ $(\overline{X}+Y)(X+\overline{Y})$

Exclusive OR회로(=배타적 논리합 회로)
(1) 유접점

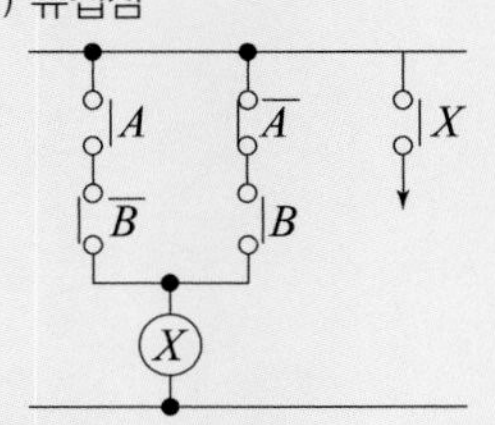

(2) 논리식
$X=A\cdot\overline{B}+\overline{A}\cdot B$

[13]

13 그림과 같은 계전기 접점회로의 논리식은?

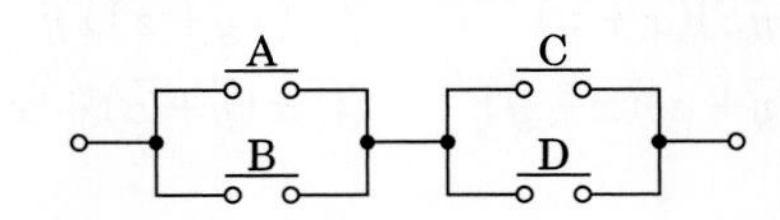

① $(\overline{A}+B)\cdot(C+\overline{D})$ ② $(\overline{A}+\overline{B})\cdot(C+D)$
③ $(A+B)\cdot(C+D)$ ④ $(A+B)\cdot(\overline{C}+\overline{D})$

논리식$=(A+B)\cdot(C+D)$

정답 10 ③ 11 ③ 12 ② 13 ③

[08, 12]

14 그림과 같은 계전기 접점회로의 논리식으로 알맞은 것은?

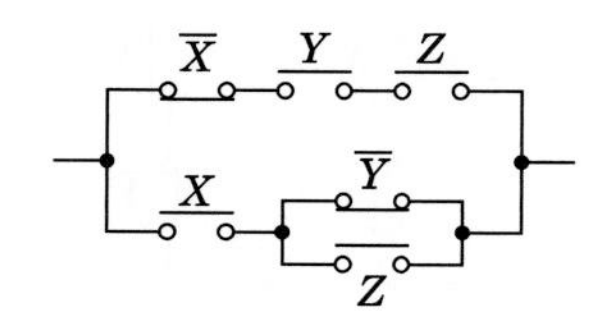

① $(X+\overline{Y}+Z)(\overline{X}+Y+Z)$
② $X(\overline{Y}+Z)+\overline{X}YZ$
③ $(X+\overline{Y}Z)(\overline{X}+Y+Z)$
④ $(X\overline{Y}+Z)(\overline{X}YZ)$

논리식$=\overline{X}YZ+X(\overline{Y}+Z)$

[08]

15 그림과 같은 계전기 접점회로의 논리식은?

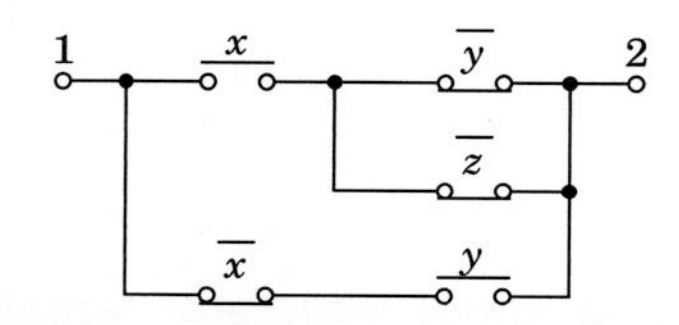

① $(x+\overline{y}z)(\overline{x}+y)$
② $(x\overline{y}+z)\overline{x}y$
③ $(x+\overline{y}+z)(\overline{x}+y)$
④ $x(\overline{y}+\overline{z})+\overline{x}y$

논리식$=x(\overline{y}+\overline{z})+\overline{x}y$

[14]

16 그림의 계전기 접점회로를 논리회로로 변환시킬 때 점선 안(C, D, E)에 사용되지 않는 소자는?

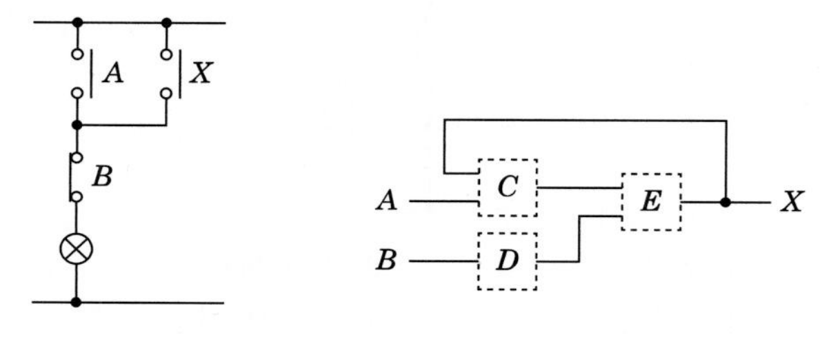

① AND
② OR
③ NOT
④ NOR

출력 X 논리식은
$X=(A+X)\cdot\overline{B}$ 이므로
(1) C : $A+X$의 OR 회로 소자
(2) D : $\overline{B}$의 NOT 회로 소자
(3) E : C와 D의 AND 회로 소자

[11]

17 그림과 같은 논리회로에서 출력 Y는?

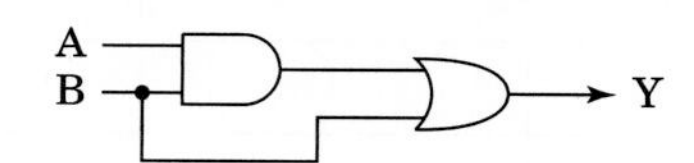

① $Y=AB+A$
② $Y=AB+B$
③ $Y=AB$
④ $Y=A+B$

$Y=AB+B$

[10, 14, 18]

18 그림과 같은 논리회로의 출력 Y는?

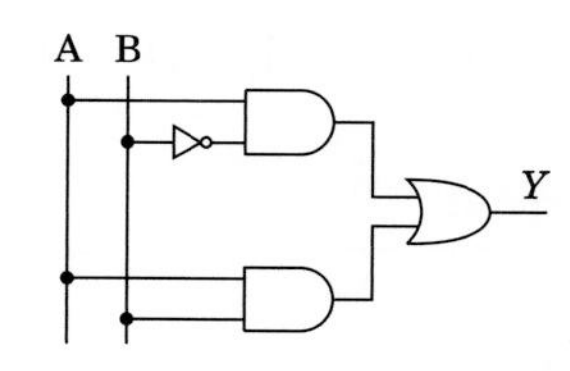

① $Y=AB+A\overline{B}$
② $Y=\overline{A}B+AB$
③ $Y=\overline{A}B+A\overline{B}$
④ $Y=\overline{A}\overline{B}+A\overline{B}$

$Y=A\overline{B}+AB$

정답 14 ② 15 ④ 16 ④ 17 ② 18 ①

[12]

19 **그림과 같은 회로도의 논리식은 어떻게 되는가?**

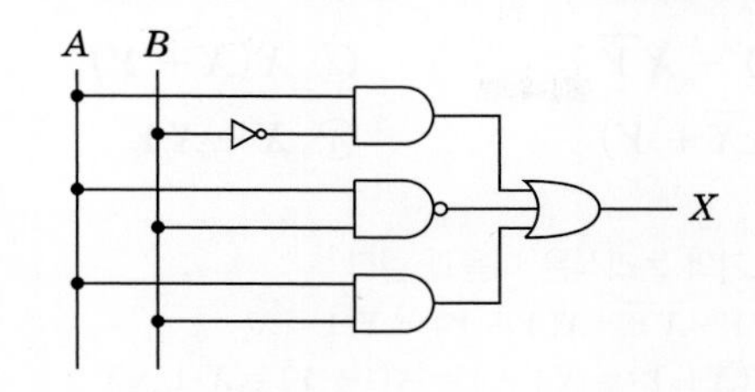

① $\overline{A}\cdot B+\overline{A\cdot B}+A\cdot B=X$
② $\overline{A}\cdot B+\overline{A\cdot B}+A\cdot \overline{B}=X$
③ $A\cdot \overline{B}+\overline{A\cdot B}+A\cdot B=X$
④ $(A\cdot B+A\cdot \overline{B})\cdot \overline{A\cdot B}=X$

$X=A\cdot\overline{B}+\overline{A\cdot B}+A\cdot B$

[11, 15, 20]

20 **그림과 같은 회로에서 해당되는 램프의 식으로 옳은 것은?**

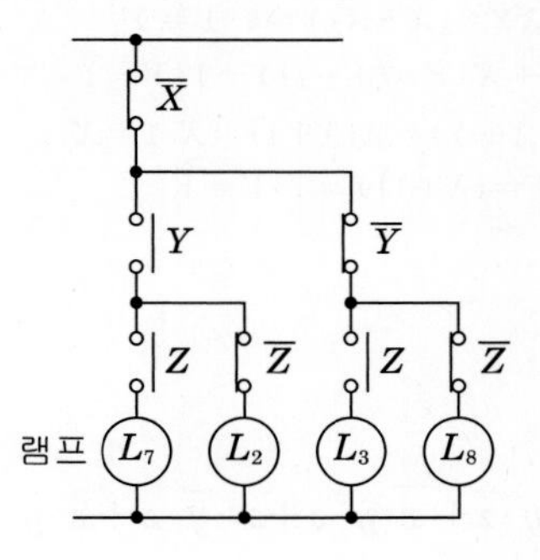

① $L_7=\overline{X}\cdot Y\cdot Z$　② $L_2=\overline{X}\cdot Y\cdot Z$
③ $L_3=\overline{X}\cdot Y\cdot Z$　④ $L_8=\overline{X}\cdot Y\cdot Z$

각 램프의 출력은
(1) $L_2=\overline{X}\cdot Y\cdot \overline{Z}$
(2) $L_3=\overline{X}\cdot \overline{Y}\cdot Z$
(3) $L_7=\overline{X}\cdot Y\cdot Z$
(4) $L_8=\overline{X}\cdot \overline{Y}\cdot \overline{Z}$

[14, 20]

21 **다음 그림은 무엇을 나타낸 논리연산 회로인가?**

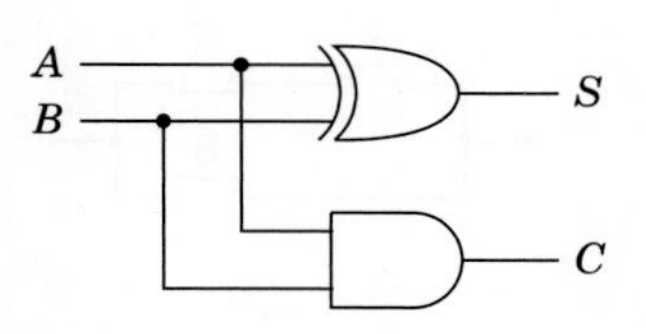

① HALF – ADDER 회로
② FULL – ADDER 회로
③ NAND 회로
④ EXCLUSIVE OR 회로

반가산기(HALF – ADDER) 회로
AND회로와 Exclusive OR 회로를 이용하여 AND 회로는 두 입력의 합에 대한 자리 올림수(carry)로 출력하고 Exclusive OR 회로는 두 입력의 합(sum)으로 출력하는 회로이다.

[16]

22 **논리함수 $X=A+AB$를 간단히 하면?**

① $X=A$　② $X=B$
③ $X=A\cdot B$　④ $X=A+B$

$X=A+AB=A(1+B)=A\cdot 1=A$

[09, 13, (유)18]

23 **논리함수 $X=B(A+B)$를 간단히 하면?**

① $X=A$　② $X=B$
③ $X=A\cdot B$　④ $X=A+B$

$X=B(A+B)=AB+B=B(A+1)=B\cdot 1=B$

정답 19 ③　20 ①　21 ①　22 ①　23 ②

[12, 18]

24 그림과 같은 유접점 회로를 간단히 한 회로는?

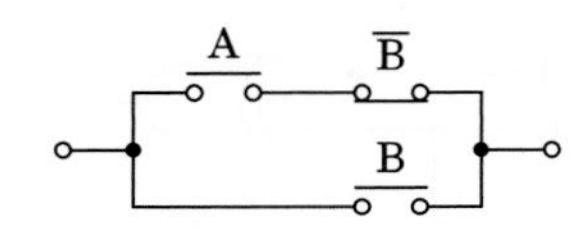

①

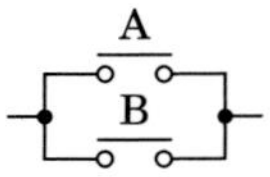

②

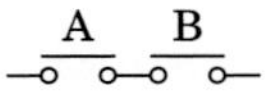

③

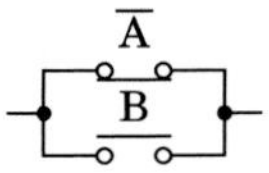

④

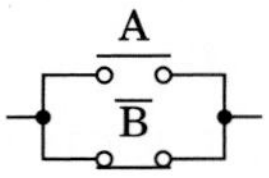

출력식$=A\overline{B}+B=(A+B)\cdot(B+\overline{B})$
$=(A+B)\cdot 1=A+B$ 이므로
∴ A와 B의 OR 회로인 ①번이다.

[13]

25 논리식 $X=\overline{A}\cdot B+\overline{A}\cdot\overline{B}$를 간단히 하면?

① $\overline{A}$ ② A
③ 1 ④ B

$X=\overline{A}\cdot B+\overline{A}\cdot\overline{B}=\overline{A}(B+\overline{B})=\overline{A}\cdot 1=\overline{A}$

[08]

26 논리식 $(A+B)(\overline{A}+B)$와 등가인 것은

① A ② B
③ $\overline{A}B$ ④ $A\overline{B}$

논리식$=(A+B)(\overline{A}+B)=A\cdot\overline{A}+A\cdot B+B\cdot\overline{A}+B$
$=B(A+\overline{A}+1)=B\cdot 1=B$

[09, 13]

27 다음의 논리식 중 다른 값을 나타내는 논리식은?

① $XY+X\overline{Y}$ ② $X(X+Y)$
③ $X(\overline{X}+Y)$ ④ $X+XY$

각 보기의 논리식은 다음과 같다.
① $XY+X\overline{Y}=X(Y+\overline{Y})=X\cdot 1=X$
② $X(X+Y)=X+XY=X(1+Y)=X\cdot 1=X$
③ $X(\overline{X}+Y)=X\overline{X}+XY=XY$
④ $X+XY=X(1+Y)=X\cdot 1=X$

[14, 17]

28 다음의 논리식 중 다른 값을 나타내는 논리식은?

① $\overline{X}Y+XY$ ② $(Y+X+\overline{X})Y$
③ $X(\overline{Y}+X+Y)$ ④ $XY+Y$

각 보기의 논리식은 다음과 같다.
① $\overline{X}Y+XY=(\overline{X}+X)Y=1\cdot Y=Y$
② $(Y+X+\overline{X})Y=(Y+1)Y=1\cdot Y=Y$
③ $X(\overline{Y}+X+Y)=X(X+1)=X\cdot 1=X$
④ $XY+Y=(X+1)Y=1\cdot Y=Y$

[17]

29 $L=\overline{x}\cdot y\cdot\overline{z}+\overline{x}\cdot y\cdot z+x\cdot\overline{y}\cdot z+x\cdot y\cdot z$을 간단히 나타낸 식으로 옳은 것은?

① $\overline{x}\cdot y+x\cdot z$ ② $x\cdot y+\overline{x}\cdot z$
③ $x\cdot\overline{y}+\overline{x}\cdot\overline{z}$ ④ $\overline{x}\cdot\overline{y}+x\cdot\overline{z}$

$L=\overline{x}\cdot y\cdot\overline{z}+\overline{x}\cdot y\cdot z+x\cdot\overline{y}\cdot z+x\cdot y\cdot z$
$=\overline{x}\cdot y\cdot(\overline{z}+z)+x\cdot z\cdot(\overline{y}+y)$
$=\overline{x}\cdot y\cdot 1+x\cdot z\cdot 1$
$=\overline{x}\cdot y+x\cdot z$

정답 24 ① 25 ① 26 ② 27 ③ 28 ③ 29 ①

[11, 14, 19]

30 다음과 같은 유접점 회로의 논리식은?

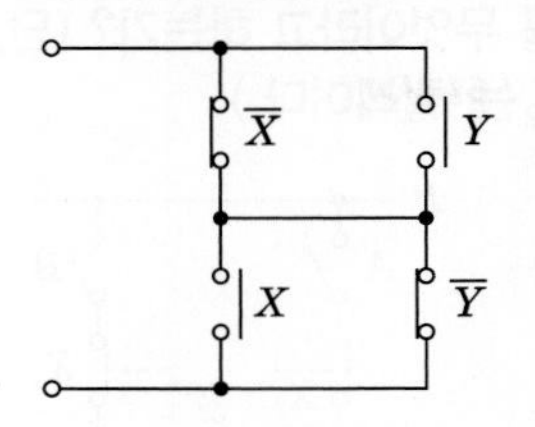

① $X\overline{Y}+X\overline{Y}$ ② $(\overline{X}+\overline{Y})(X+Y)$
③ $\overline{X}Y+\overline{X}\,\overline{Y}$ ④ $XY+\overline{X}\,\overline{Y}$

> 논리식$=(\overline{X}+Y)(X+\overline{Y})=\overline{X}X+\overline{X}\,\overline{Y}+XY+Y\overline{Y}$
> $=XY+\overline{X}\,\overline{Y}$

[15]

31 진리표의 논리식과 같지 않은 것은?

입력		출력
A	B	X
0	0	0
0	1	1
1	0	1
1	1	1

① $X=B+A\cdot\overline{B}$ ② $X=A+B$
③ $X=A\cdot B+\overline{A}\cdot B$ ④ $X=A+\overline{A}\cdot B$

> 진리표의 출력은 OR 회로이기 때문에 논리식은
> $X=A+B$가 되어야 한다.
> 보기 ③의 논리식을 전개해 보면
> $X=A\cdot B+\overline{A}\cdot B=(A+\overline{A})\cdot B=1\cdot B=B$이기 때문에
> 논리식이 같지 않다.

[11]

32 논리식 $\overline{x}+\overline{y}$와 같은 식은?

① $\overline{x}\cdot\overline{y}$ ② $x+\overline{y}$
③ $\overline{x\cdot y}$ ④ $\overline{x}+y$

> 드모르강 정리
> (1) $\overline{A+B}=\overline{A}\cdot\overline{B}$
> (2) $\overline{A\cdot B}=\overline{A}+\overline{B}$

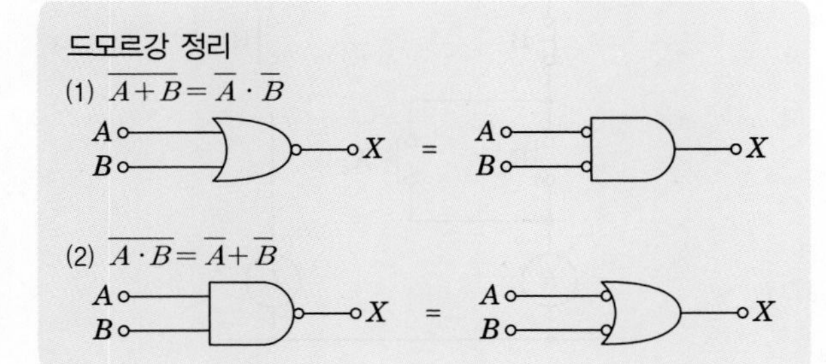

[12②]

33 그림과 같은 게이트회로에서 출력 Y는?

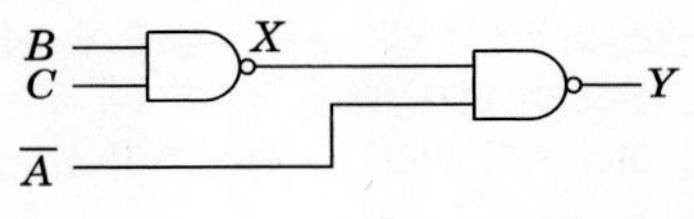

① $B+A\cdot C$ ② $A+B\cdot C$
③ $\overline{A}+B\cdot C$ ④ $B+\overline{A}\cdot C$

> $Y=\overline{\overline{B\cdot C}\cdot\overline{A}}=A+B\cdot C$

[08]

34 그림과 같은 논리회로와 등가인 게이트는?

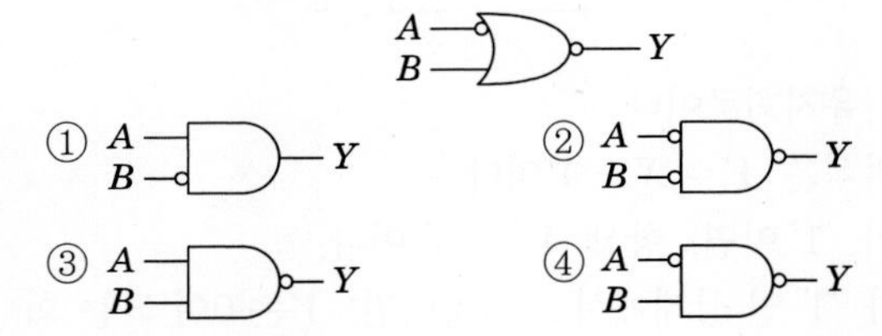

> $Y=\overline{\overline{A}+B}=A\cdot\overline{B}$ 이므로 보기 ①번이 등가회로이다.

정답 30 ④ 31 ③ 32 ③ 33 ② 34 ①

[10, 16]

35 그림과 같은 시퀀스 제어 회로가 나타내는 것은? (단, A와 B는 푸시버튼스위치, R은 전자접촉기, L은 램프이다.)

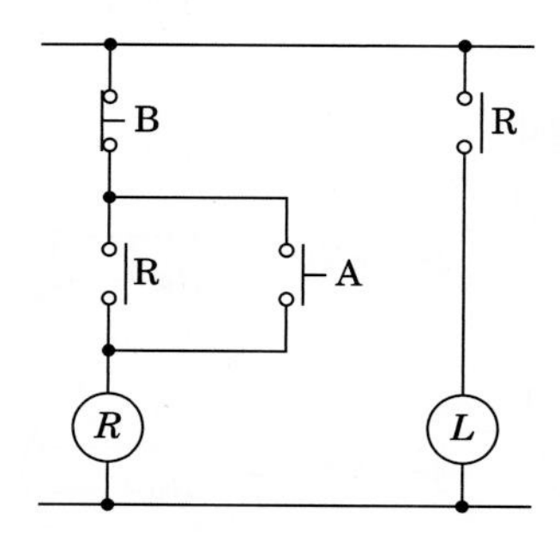

① 인터록　② 자기유지
③ 지연논리　④ NAND논리

자기유지회로
유접점 시퀀스 회로에서 입력 A를 누른 후에 손을 떼어도 R의 출력이 계속하여 여자상태가 유지되도록 하는 기능을 자기유지 기능이라 하며 이러한 시퀀스 제어 회로를 자기유지 회로라 한다.

[15]

36 그림은 제어회로의 일부이다. 회로의 설명이 틀린 것은?

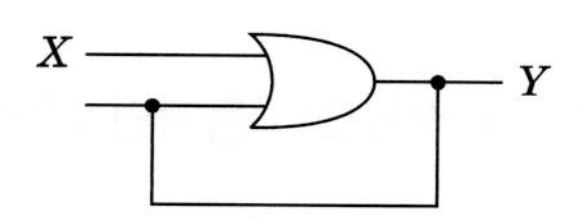

① 자기유지회로이다.
② 논리식은 $Y = X + Y$이다.
③ X가 "1"이면, 항상 Y는 "1"이다.
④ Y가 "1"인 상태에서 X가 0이면, Y는 0이 되는 회로이다.

자기유지회로
자기유지회로는 운전 입력이 ON되고 난 후 출력이 ON 되고 나면 별도의 정지 기능의 입력이 들어오지 않는 이상 출력은 OFF되지 않는 회로를 의미한다. 따라서 운전 입력인 X가 0이 되더라도 출력 Y는 0이 되지 않는다.

[11]

37 전기기기의 보호와 운전자의 안전을 위해 사용되는 그림의 회로를 무엇이라고 하는가? (단, A와 B는 스위치, X_1과 X_2는 릴레이다.)

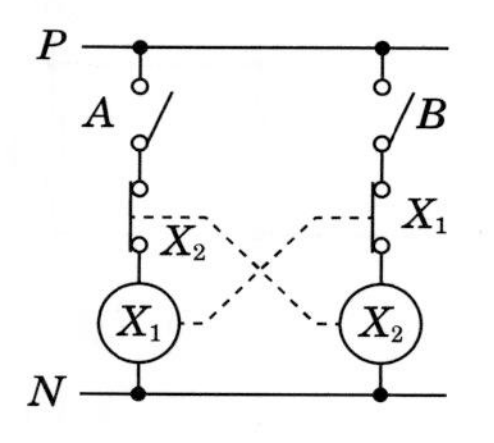

① 자기유지회로　② 일치회로
③ 변환회로　④ 인터록회로

인터록회로
X_1의 b접점과 X_2의 b접점은 상대방의 출력이 ON되는 동작을 금지하는 기능으로 X_1과 X_2의 출력 중 어느 하나가 먼저 ON되면 다른 하나의 출력은 ON될 수가 없는 회로를 인터록 회로라 한다.

[20]

38 전동기 정역회로를 구성할 때 기기의 보호와 조작자의 안전을 위하여 필수적으로 구성되어야 하는 회로는?

① 인터록회로
② 플립플롭회로
③ 정지우선 자기유지회로
④ 기동우선 자기유지회로

인터록회로
출력이 동시에 동작하는 것을 금지하는 회로로서 전동기의 정역운전 회로 또는 전동기 Y-Δ 기동회로 등에 적용하여 기기의 보호와 조작자의 안전을 위하여 필수적으로 구성되어야 하는 회로이다.

정답 35 ② 36 ④ 37 ④ 38 ①

[13]

39 회로에서 세트입력(S), 리셋입력(R), 출력(Q)의 진리표에 대한 설명중 옳지 않은 것은? (단, L은 Low, H는 High이다.)

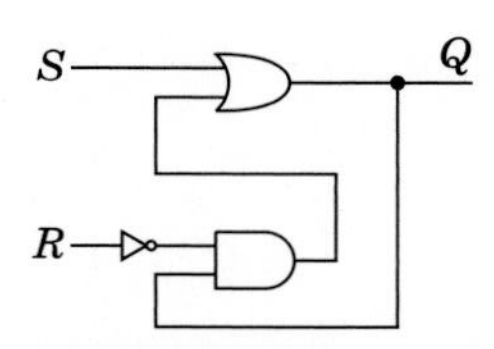

① S는 L, R은 H일 때 Q는 L로 된다.
② S는 H, R은 L일 때 Q는 H로 된다.
③ S는 L, R은 L일 때 Q는 L로 된다.
④ S는 H, R은 H일 때 Q는 L로 된다.

동작설명
입력 S가 세트되면 출력 Q가 여자 되어 자기유지 되고 입력 S가 복귀되어도 출력 Q는 계속 여자 된다. 그리고 입력 R이 리셋되면 출력 Q는 소자되고 자기유지 기능은 해제되어 회로는 원래 상태로 되돌아간다. 이 동작을 반복한다.
∴ S는 H, R은 H일 때 Q는 H로 된다.

[15]

40 물건을 오르내리는 소형 호이스트의 로직회로의 일부이다. L_{sh}는 어떤 기능인가?

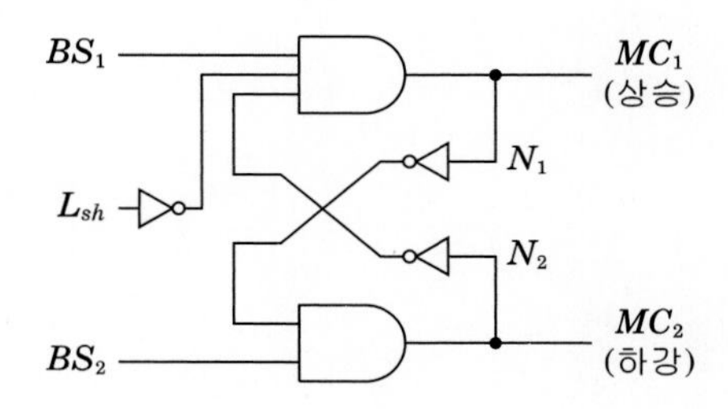

① 인터록 ② 상승정지(상부에서)
③ 기동입력 ④ 하강정지(하부에서)

L_{sh}는 b접점으로 정지 기능을 갖고 있으며 출력 MC_1에 대한 정지 입력으로 사용되기 때문에 상승정지 기능을 갖는다.

[16, 18]

41 2진수 $0010111101011001_{(2)}$을 16진수로 변환하면?

① 3F59 ② 2G6A
③ 2F59 ④ 3G6A

(1) $0010 = 0+0+2^1+0 = 2$
(2) $1111 = 2^3+2^2+2^1+2^0 = 15 = F$
(3) $0101 = 0+2^2+0+2^0 = 5$
(4) $1001 = 2^3+0+0+2^1 = 9$
∴ 2F59

별해 4입력 진리표에서 쉽게 구하는 방법

0	0	0	0	0
0	0	0	1	1
0	0	1	0	2
0	0	1	1	3
0	1	0	0	4
0	1	0	1	5
0	1	1	0	6
0	1	1	1	7
1	0	0	0	8
1	0	0	1	9
1	0	1	0	A
1	0	1	1	B
1	1	0	0	C
1	1	0	1	D
1	1	1	0	E
1	1	1	1	F

[14]

42 PLC(Programmable Logic Controller)를 사용하더라도 대용량 전동기의 구동을 위해서 필수적으로 사용하여야 하는 기기는?

① 타이머 ② 릴레이
③ 카운터 ④ 전자개폐기

PLC의 특징
(1) 무접점 제어 방식이므로 부품간의 배선작업이 필요 없다.
(2) 계전기, 타이머, 카운터의 기능까지 프로그램 할 수 있다.
(3) 산술연산 뿐만 아니라 비교연산도 처리할 수 있다.
(4) 시퀀스 제어방식과 병행하여 프로그램 할 수 있으므로 제어시스템의 확장이 용이하다.
(5) 제어반의 소형화, 오류 정정의 신속성, 동작의 신뢰성 등을 확립할 수 있다.

정답 39 ④ 40 ② 41 ③ 42 ④

[13, 16]

43 PLC제어의 특징이 아닌 것은?

① 제어시스템의 확장의 용이하다.
② 유지보수가 용이하다.
③ 소형화가 가능하다.
④ 부품간의 배선에 의해 로직이 결정된다.

PLC의 특징
무접점 제어 방식이므로 부품간의 배선작업이 필요 없다.

[18]

44 스캔타임(scan time)에 대한 설명으로 맞는 것은?

① PLC 입력 모듈에서 1개 신호가 입력되는 시간
② PLC 출력 모듈에서 1개 출력이 실행되는 시간
③ PLC에 의해 제어되는 시스템의 1회 실행시간
④ PLC에 입력된 프로그램을 1회 연산하는 시간

스캔타임(scan time)
PLC에 입력된 프로그램을 1회 연산하는 시간을 말한다.

정답 43 ④ 44 ④

공조냉동기계산업기사

04

Industrial Engineer Air–Conditioning and Refrigerating Machinery

과년도기출문제

✿ 출제기준 개정 이전에 기 기출문제이므로 시험의 유형을 참고바랍니다.

기출문제 과년도 기출문제 (2021년 1회)

1 공기조화

01 개별 공기조화방식에 사용되는 공기조화기에 대한 설명으로 틀린 것은?

① 사용하는 공기조화기의 냉각코일에는 간접팽창코일을 사용한다.
② 설치가 간편하고 운전 및 조작이 용이하다.
③ 제어대상에 맞는 개별 공조기를 설치하여 최적의 운전이 가능하다.
④ 소음이 크나, 국소운전이 가능하여 에너지 절약적이다.

개별 공기조화방식의 공기조화기(가정용 에어컨등)는 냉각코일에 직접팽창코일(코일안에서 냉매가 직접팽창)을 사용한다.

02 가스난방에 있어서 총 손실열량이 1,260,000kJ/h, 가스의 발열량이 25,200kJ/m³, 가스소요량이 70m³/h일 때 가스 스토브의 효율은?

① 약 71%
② 약 80%
③ 약 85%
④ 약 90%

$$\therefore \text{보일러효율} = \frac{\text{보일러 출력}}{\text{가스공급열량}} \times 100 = \frac{\text{실손실열량}}{\text{가스공급열량}} \times 100$$

$$= \frac{1,260,000}{25,200 \times 70} \times 100 = 71\%$$

03 제습장치에 대한 설명으로 틀린 것은?

① 냉각식 제습장치는 처리공기를 노점 온도 이하로 냉각시켜 수증기를 응축시킨다.
② 일반 공조에서는 공조기에 냉각코일을 채용하므로 별도의 제습장치가 없다.
③ 제습방법은 냉각식, 압축식, 흡수식, 흡착식이 있으나 대부분 냉각식을 사용한다.
④ 에어와셔방식은 냉각식으로 소형이고 수처리가 편리하여 많이 채용된다.

에어와셔(가습장치)방식은 공기에 노점온도 이하의 분무수를 접촉시킴으로써 결로 현상으로 제습하는 것이며 냉각식은 아니다. 에어와셔는 주로 가습에 이용한다.

04 습공기의 상대습도(ϕ)와 절대습도(ω)와의 관계에 대한 계산식으로 옳은 것은? (단, P_a는 건공기 분압, P_s는 습공기와 같은 온도의 포화수증기 압력이다.)

① $\phi = \dfrac{\omega}{0.622}\dfrac{P_a}{P_s}$　　② $\phi = \dfrac{\omega}{0.622}\dfrac{P_s}{P_a}$

③ $\phi = \dfrac{0.622}{\omega}\dfrac{P_s}{P_a}$　　④ $\phi = \dfrac{0.622}{\omega}\dfrac{P_a}{P_s}$

$\omega = \dfrac{0.622P_v}{P_a} = \dfrac{0.622(\phi P_s)}{P_a}$에서

$\phi = \dfrac{\omega}{0.622}\dfrac{P_a}{P_s}$

($\phi = \dfrac{P_v}{P_s}$에서 $P_v = \phi P_s$이다.)

정답 01 ① 02 ① 03 ④ 04 ①

PARAT 04 과년도기출문제

05 온수난방에 대한 설명으로 옳지 않은 것은?

① 온수난방의 주 이용 열은 잠열이다.
② 열용량이 커서 예열 시간이 길다.
③ 증기난방에 비해 비교적 높은 쾌감도를 얻을 수 있다.
④ 온수의 온도에 따라 저온수식과 고온수식으로 분류한다.

온수난방은 현열 이용, 증기난방은 증기 잠열 이용

06 실내온도 27℃이고, 실내 절대습도가 0.0165kg/kg의 조건에서 틈새바람에 의한 침입 외기량이 200L/s 일 때 현열부하와 잠열부하는?(단, 실외온도 32℃, 실외절대습도 0.0321kg/kg, 공기의 비열 1.01kJ/kg·K, 공기의 밀도 1.2kg/m³, 물의 증발잠열 2501kJ/kg이다.)

① 현열부하 2.424kW, 잠열부하 7.803kW
② 현열부하 1.212kW, 잠열부하 9.364kW
③ 현열부하 2.828kW, 잠열부하 7.803kW
④ 현열부하 2.828kW, 잠열부하 9.364kW

침입 외기량 200L/s=0.2m³/s
현열부하$=mC\Delta t=0.2\times1.2\times1.01(32-27)=1.212$kW
잠열부하$=\gamma m\Delta x=2501\times0.2\times1.2(0.0321-0.0165)$
$=9.364$kW

07 엔탈피 55kJ/kg인 300m³/h의 공기를 엔탈피 37.8kJ/kg의 공기로 냉각시킬 때 제거 열량은? (단, 공기의 밀도는 1.2kg/m³이다.)

① 6192kJ/h ② 5124kJ/h
③ 4214kJ/h ④ 3308kJ/h

제거열량$=\text{m}\Delta\text{h}=300\times1.2\times(55-37.8)=6192$kJ/h
냉각 전후의 온도를 준다면 제거열량$=\text{mC}\Delta\text{t}$ 로 구한다.

08 공조기 내에 흐르는 냉·온수 코일의 유량이 많아서 코일 내에 유속이 너무 클 때 적절한 코일은?

① 풀서킷(full circuit coil)
② 더블서킷 코일(double circuit coil)
③ 하프서킷 코일(half circuit coil)
④ 슬로서킷 코일(slow circuit coil)

공조기용 코일수로 형식에 따라 풀서킷, 더블서킷, 하프서킷이 있으며 더블서킷 코일은 많은 유량에 사용한다.

09 에어와셔에서 분무하는 냉수의 온도가 공기의 노점온도보다 높을 경우 공기의 온도와 절대습도의 변화는?

① 온도는 올라가고, 절대습도는 증가한다.
② 온도는 올라가고, 절대습도는 감소한다.
③ 온도는 내려가고, 절대습도는 증가한다.
④ 온도는 내려가고, 절대습도는 감소한다.

에어와셔에서 분무수의 냉수(공기온도보다 낮은 냉수)온도가 공기의 노점보다 높으면 온도는 내려가고(냉각) 절대습도는 증가(가습)한다. 냉수온도가 공기의 노점보다 낮으면 온도도 내려가고(냉각) 절대습도도 내려(감습)간다.

10 다음 중 필터의 모양은 패널형, 지그재그형, 바이패스형 등이 있으며, 유해가스나 냄새를 제거할 수 있는 것은?

① 건식 여과기 ② 점성식 여과기
③ 전자식 여과기 ④ 활성탄 여과기

활성탄 여과기는 유해가스나 냄새를 제거할 수 있는 필터이다.

정답 05 ① 06 ② 07 ① 08 ② 09 ③ 10 ④

11 덕트의 분기점에서 풍량을 조절하기 위하여 설치하는 댐퍼는 어느 것인가?

① 방화 댐퍼　② 스플릿 댐퍼
③ 볼륨 댐퍼　④ 터닝 베인

- 스플릿 댐퍼(Split Damper) : 분기점에서 풍량조절
- 방화 댐퍼 : 덕트를 통한 화염의 확산방지(루버형, 피봇형, 슬라이드형)
- 볼륨댐퍼(풍량 조절 댐퍼) : 버터플라이형, 익형(대향익, 평행익)
- 터닝베인 : 직각 엘보에 설치하는 성형 가이드베인

12 다음 중 천장형으로서 취출기류의 확산성이 가장 큰 취출구는?

① 펑커루버　② 아네모스탯
③ 에어커튼　④ 고정날개 그릴

아네모스탯형은 천장형 취출구로 몇 개의 콘(Cone)이 조합되어 복류형 취출구로 유인 성능이 좋다. 원형과 각형이 있으며 확산성능이 우수하다.

13 다음 중 라인형 취출구의 종류가 아닌 것은?

① 캄라인형　② 다공판형
③ 펑커루버형　④ 슬롯형

펑커루버형은 축류형에 속한다.

14 두께 150mm, 면적 $10m^2$인 콘크리트 내벽의 외부온도가 30℃, 내부온도가 20℃일 때 8시간 동안 전달되는 열량(kJ)은? (단, 콘크리트 내벽의 열전도율은 1.5W/m·K이다.)

① 1350　② 8350
③ 13200　④ 28800

벽체전도열량

$q = \frac{\lambda}{L}A\Delta t = \frac{1.5}{0.15}\times 10(30-20) = 1000W$

$1000W = 1kW = 1kJ/s$ 이며

8시간동안 통과열량은

$1kJ/s \times 3600 \times 8 = 28,800kJ$

15 실내의 현열부하가 31500kJ/h, 실내와 말단장치(diffuser)의 온도가 각각 27℃, 17℃일 때 송풍량은?

① 3119kg/h　② 2586kg/h
③ 2325kg/h　④ 2186kg/h

실내 송풍량 계산(m)는 $q_s = m\,C\Delta t$ 에서

$m = \frac{q_s}{C\Delta t}$　　$m = \frac{31500}{1.01\times(27-17)} = 3,119\,kg/h$

16 가습방식에 따른 방식 중 수분무식에 해당하는 것은?

① 회전식　② 원심식
③ 모세관식　④ 적하식

수분무식에는 원심식, 초음파식, 분무식 등이 있다.

정답　11 ②　12 ②　13 ③　14 ④　15 ①　16 ②

17 공조장치의 공기 여과기에서 에어필터 효율의 측정법이 아닌 것은?

① 중량법 ② 변색도법(비색법)
③ 집진법 ④ DOP법

에어필터 효율 측정법 : 중량법-저성능, 변색법(NBS법)-중성능, 계수법(DOP법)-고성능

18 보일러의 종류 중 원통보일러의 분류에 해당되지 않는 것은?

① 폐열 보일러 ② 입형 보일러
③ 노통 보일러 ④ 연관 보일러

원통형 보일러에 입형(수직) 보일러, 노통보일러, 노통연관 보일러, 연관식 보일러가 있다.

19 전공기 방식의 특징에 관한 설명으로 틀린 것은?

① 송풍량이 충분하므로 실내공기의 오염이 적다.
② 리턴 팬을 설치하면 외기냉방이 가능하다.
③ 중앙집중식이므로 운전, 보수관리를 집중화할 수 있다.
④ 큰 부하의 실에 대해서도 덕트가 작게 되어 설치공간이 적다.

전공기 방식(단일덕트방식, 2중 덕트방식 등)은 큰 부하의 실에서 송풍량이 증가하여 덕트가 크게 되어 설치공간이 커지며, 팬의 소요 동력이 커서 전수식이나 수공기식에 비하여 경제적이지 못하다.

20 난방부하 계산 시 침입외기에 의한 열손실로 가장 거리가 먼 것은?

① 공조장치의 공기냉각기
② 공조장치의 공기가열기
③ 공조장치의 수액기
④ 열원설비의 냉각탑

열원설비의 냉각탑과 난방부하와는 관계가 없다.

2 냉동공학

21 비열에 관한 설명으로 옳은 것은?

① 비열이 큰 물질일수록 빨리 식거나 빨리 더워진다.
② 비열의 단위는 kJ/kg 이다.
③ 비열이란 어떤 물질 1kg을 1℃ 높이는데 필요한 열량을 말한다.
④ 비열비는 $\dfrac{\text{정압비열}}{\text{정적비열}}$로 표시되며 그 값은 R-22가 암모니아 가스보다 크다.

① 비열이 작은 물질일수록 빨리 식거나 빨리 더워진다.
② 비열의 단위는 kJ/kg·℃(공학단위 : kcal/kg·℃) 이다
④ 비열비$=\dfrac{\text{정압비열}}{\text{정적비열}}$ 로 표시되며
암모니아는 1.313, R-22는 1.18로 암모니아 가스가 크다.

22 다음과 같은 대항류 열교환기의 대수 평균 온도차는? (단, t_1 : 40℃, t_2 : 10℃, t_{w1} : 4℃, t_{w2} : 8℃이다.)

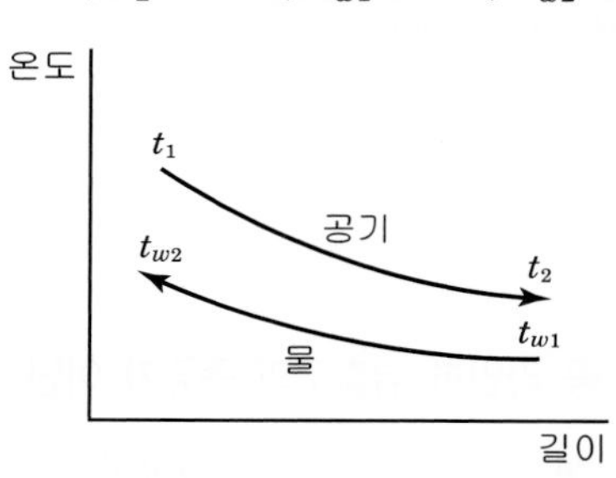

① 약 11.3℃ ② 약 13.5℃
③ 약 15.5℃ ④ 약 19.5℃

대수평균온도차($LMTD$)

$$LMTD=\frac{\Delta t_1-\Delta t_2}{\ln\frac{\Delta t_1}{\Delta t_2}}=\frac{(40-8)-(10-4)}{\ln\frac{40-8}{10-4}}\fallingdotseq 15.5$$

정답 17 ③ 18 ① 19 ④ 20 ④ 21 ③ 22 ③

23 대기압이 90kPa인 곳에서 진공 76mmHg는 절대압력(kPa)으로 약 얼마인가?

① 10.1 ② 79.9
③ 99.9 ④ 101.1

절대압력 [kPa] = (국지)대기압 [kPa] - 진공압 [kPa]
절대압력 = 90 - $13.6 \times 9.8 \times 76 \times 10^{-3} \fallingdotseq 79.9$[kPa]
진공압[kPa] = $\rho g h = \gamma h$
여기서, ρ : 밀도[kg/m^3]
g : 중력가속도[m/s]
h : 액주[m]

24 수증기를 열원으로 하여 냉방에 적용시킬 수 있는 냉동기는 어느 것인가?

① 원심식 냉동기 ② 왕복식 냉동기
③ 흡수식 냉동기 ④ 터보식 냉동기

흡수식 냉동기
흡수식 냉동기는 증기압축식에서와 같은 기계적에너지를 이용하지 않고 열에너지를 이용하여 저온에서 고온으로 열을 이동시키는 장치로 재생기에서 고온의 물이나 수증기를 열원으로 이용한다.

25 2원냉동 사이클에서 중간열교환기인 캐스케이드 열교환기의 구성은 무엇으로 이루어져 있는가?

① 저온측 냉동기의 응축기와 고온측 냉동기의 증발기
② 저온측 냉동기의 증발기와 고온측 냉동기의 응축기
③ 저온측 냉동기의 응축기와 고온측 냉동기의 응축기
④ 저온측 냉동기의 증발기와 고온측 냉동기의 증발기

캐스케이드 열교환기
캐스케이드 열교환기는 2원냉동 사이클에서 저온측 냉동기의 응축기와 고온측 냉동기의 증발기를 조합하여 구성한 것으로 저온측 냉동기의 응축열을 고온측 냉동기의 증발기를 이용하여 냉각하는 방식의 열교환기이다.

26 다음 중 HFC 냉매의 구성 원소가 아닌 것은?

① 염소 ② 수소
③ 불소 ④ 탄소

프레온(Freon) 냉매의 분류
- CFC(Chloro fluoro carbon) : 특정냉매
  분자 중에 염소를 포함하고 있으며 안정된 물질로서 성층권까지 확산하여 오존층을 파괴하며 지구온난화 계수도 대단히 높다.
- HCFC(Hydro chloro fluoro carbon) : 지정냉매
  분자 중에 염소를 포함하고 있지만 수소를 포함하고 있어 분해되기 쉬워 성층권까지 도달하기 어렵기 때문에 오존층 파괴 능력이 CFC 냉매에 비해서 낮다.
- HFC(Hydrofiuorocarbon) : 대체냉매
  분자 중에 염소를 포함하고 있지 않아서 오존층을 파괴하지 않는다. 그러나 지구 온난화 계수는 높다.

27 냉동용 압축기에 사용되는 윤활유를 냉동기유라고 한다. 냉동기유의 역할과 거리가 먼 것은?

① 윤활작용 ② 냉각작용
③ 제습작용 ④ 밀봉작용

냉동유의 역할
① 마찰저항 및 마모방지(윤활작용)
② 밀봉작용
③ 방청작용
④ 냉각작용

정답 23 ② 24 ③ 25 ① 26 ① 27 ③

28 **두께 20cm이고 열전도율 4W/(m · K)인 벽의 내부 표면온도는 20℃이고, 외부 벽은 −10℃인 공기에 노출되어 있어 대류열전달이 일어난다. 외부의 대류열전달계수가 $20\text{W}/(\text{m}^2 \cdot \text{K})$일 때, 정상상태에서 벽의 외부표면 온도(℃)는 얼마인가? (단, 복사열전달은 무시한다.)**

① 5　② 10
③ 15　④ 20

열전달량 $Q = \alpha A(t_2 - t_1)$
열전도량 $Q = \dfrac{\lambda A \Delta t}{t}$

$$Q = \alpha A(t_2 - t_1) = \frac{\lambda A \Delta t}{t} \text{ 에서}$$

전열면적 A는 동일하므로
$4 \times \{t_x - (-10)\} = \dfrac{4 \times (20 - t_x)}{0.2}$
$\therefore t_x = 5℃$

29 **몰리에르 선도 상에서 건조도(X)에 관한 설명으로 옳은 것은?**

① 몰리에르 선도의 포화액선상 건조도는 1이다.
② 액체가 70%, 증기 30%인 냉매의 건조도는 0.7이다.
③ 건조도는 습포화증기 구역 내에서만 존재한다.
④ 건조도라 함은 과열증기 중 증기에 대한 포화액체의 양을 말한다.

① 몰리에르 선도의 포화액선상 건조도는 0이다. 포화증기선상의 건조도가 1이다.
② 액체가 70%, 증기 30%인 냉매의 건조도는 0.3이다.
④ 건조도란 습증기 속에 포함되어 있는 건조한 증기의 양을 의미한다.

30 **표준 냉동사이클에서 냉매의 교축 후에 나타나는 현상으로 틀린 것은?**

① 온도는 강하한다.
② 압력은 강하한다.
③ 엔탈피는 강하한다.
④ 엔트로피는 감소한다.

표준 냉동사이클에서 냉매의 교축 후에 나타나는 현상은 주울-톰슨 효과에 의해 압력과 온도는 강하하고 엔트로피는 증가하지만 엔탈피는 변화가 없이 일정하다.

31 **팽창밸브를 통하여 증발기에 유입되는 냉매액의 엔탈피를 F, 증발기 출구 엔탈피를 A, 포화액의 엔탈피를 G라 할 때 팽창밸브를 통과한 곳에서 증기로 된 냉매의 양의 계산식으로 옳은 것은? (단, P : 압력, h : 엔탈피를 나타낸다.)**

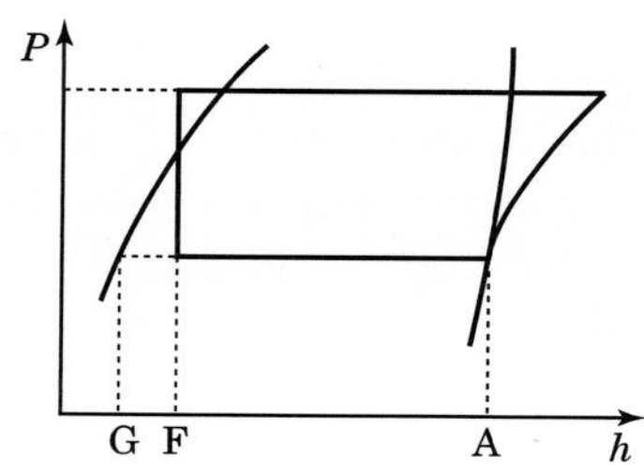

① $\dfrac{A-F}{A-G}$　② $\dfrac{A-F}{F-G}$
③ $\dfrac{F-G}{A-G}$　④ $\dfrac{F-G}{A-F}$

건조도(증기로 된 냉매의 양) = $\dfrac{F-G}{A-G}$
습도(액체 상태의 냉매의 양) = $\dfrac{A-F}{A-G}$

정답 28 ① 29 ③ 30 ③ 31 ③

32 그림은 R-134a를 냉매로 한 건식 증발기를 가진 냉동장치의 개략도이다. 지점 1, 2에서의 게이지 압력은 각각 0.2MPa, 1.4MPa으로 측정되었다. 각 지점에서의 엔탈피가 아래 표와 같을 때, 5지점에서의 엔탈피(kJ/kg)는 얼마인가? (단, 비체적(v_1)은 0.08m³/kg이다.)

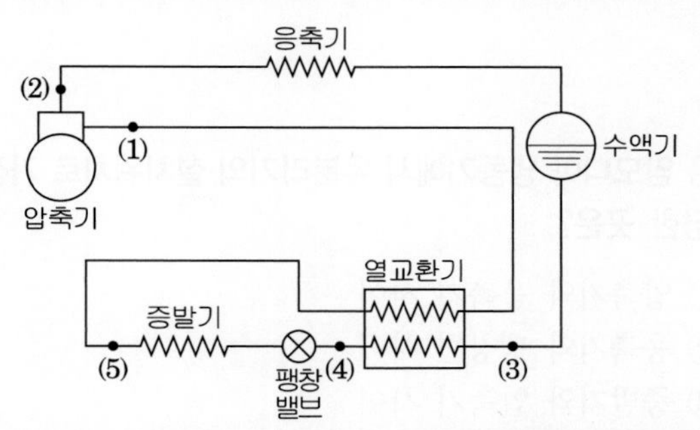

지점	엔탈피(kJ/kg)
1	623.8
2	665.7
3	460.5
4	439.6

① 20.9　　② 112.8
③ 408.6　　④ 602.9

열교환기에서 교환된 열량은 동일하므로
즉, 열교환기에서 주는 열량 = 열교환기에서 받은 열량

$$h_3 - h_4 = h_1 - h_5$$

$$\therefore h_5 = h_1 - (h_3 - h_4) = 623.8 - (460.5 - 439.6) = 602.9$$

33 이상적 냉동사이클로 작동되는 냉동기의 성적계수가 6.84일 때 증발온도가 -15℃이다. 응축온도는 약 몇 ℃인가?

① 18　　② 23
③ 27　　④ 32

가역 냉동사이클 성적계수 COP

$$\text{COP} = \frac{T_2}{T_1 - T_2} \text{ 에서}$$

$$T_1 = T_2 + \frac{T_2}{COP} = (273-15) + \frac{273-15}{6.84} \fallingdotseq 296\,[\text{K}] = 23[℃]$$

여기서 T_1 : 응축온도[K]
T_2 : 증발온도[K]

34 냉동사이클에서 응축온도를 일정하게 하고 증발온도를 상승시키면 어떤 결과가 나타나는가?

① 냉동효과 증가　　② 압축비 증가
② 압축일량 증가　　④ 토출가스 온도 증가

응축온도를 일정하게 하고 증발온도를 상승시켰을 경우
① 냉동효과 증대(플래시 가스 발생량 감소)
② 압축비 감소
③ 압축일량 감소
④ 토출가스 온도 저하

35 물 10kg을 0℃에서 70℃까지 가열하면 물의 엔트로피 증가는? (단, 물의 비열은 4.18kJ/kg · K이다.)

① 4.14kJ/K　　② 9.54kJ/K
③ 12.74kJ/K　　④ 52.52kJ/K

엔트로피 변화

$$\Delta s_{12} = mC_p \ln\frac{T_2}{T_1} = 5 \times 4.18 \times \ln\frac{273+70}{273+0} \fallingdotseq 9.54$$

36 CA 냉장고(Controlled Atmosphere storage room)의 용도로 가장 적당한 것은?

① 가정용 냉장고로 쓰인다.
② 제빙용으로 주로 쓰인다.
③ 청과물 저장에 쓰인다.
④ 공조용으로 철도, 항공에 주로 쓰인다.

CA 냉장고(controlled atmosphere storage)
청과물을 냉장 및 저장하는 데 있어 저장성을 증진하기 위하여 냉장고 내의 공기를 치환하는 데, 산소를 3~5% 감소하고 탄산가스를 3~5% 증가시켜 냉장고 내의 청과물의 호흡 작용을 억제하면서 냉장하는 냉장고이다.

정답 32 ④　33 ②　34 ①　35 ②　36 ③

37 압축기의 체적효율에 대한 설명으로 옳은 것은?

① 이론적 피스톤 압출량을 압축기 흡입직전의 상태로 환산한 흡입가스량으로 나눈 값이다.
② 체적 효율은 압축비가 증가하면 감소한다.
③ 동일 냉매 이용 시 체적효율은 항상 동일하다.
④ 피스톤 격간이 클수록 체적효율은 증가한다.

① 체적효율$\eta_v = \dfrac{\text{실제적 피스톤 압출량 } V[\mathrm{m^3/h}]}{\text{이론적 피스톤 압출량 } V_a[\mathrm{m^3/h}]}$
② 압축비가 클수록 체적효율이 감소한다.
③ 같은 냉매를 사용하여도 운전조건에 따라서 체적효율은 변동한다.
④ 피스톤 격간(clearance)이 클수록 체적효율은 감소한다.

38 증발기 내의 압력을 일정하게 유지할 목적으로 사용되는 팽창밸브는?

① 정압식 팽창밸브
② 유량 제어 팽창밸브
③ 응축압력 제어 팽창밸브
④ 유압 제어 팽창밸브

정압식 팽창밸브
증발압력을 항상 일정하게 하는 작용을 하는 팽창 밸브로 증발온도가 일정한 냉장고와 같은 부하변동이 적은 소용량의 것에 적합하다.

39 냉동장치에서 펌프다운을 하는 목적으로 틀린 것은?

① 장치의 저압 측을 수리하기 위하여
② 장시간 정지시 저압 측으로부터 냉매누설을 방지하기 위하여
③ 응축기나 수액기를 수리하기 위하여
④ 기동시 액해머 방지 및 경부하 기동을 위하여

펌프다운(pump down) : 냉동기의 저압측의 수리나 장기간 휴지 때에 냉매를 응축기에 회수하기 위한 운전
펌프아웃(pump out) : 냉동설비 고압측의 이상으로 냉매를 증발기나 용기에 회수할 경우에 행하는 운전
③의 경우는 펌프아웃(pump out)이다.

40 암모니아 냉동기에서 유분리기의 설치위치로 가장 적당한 곳은?

① 압축기와 응축기 사이
② 응축기와 팽창변 사이
③ 증발기와 압축기 사이
④ 팽창변과 증발기 사이

유분리기의 설치위치 : 압축기와 응축기 사이

3 배관일반

41 냉매유속이 낮아지게 되면 흡입관에서의 오일회수가 어려워지므로 오일회수를 용이하게하기 위하여 설치하는 것은?

① 이중입상관 ② 루프 배관
③ 액 트랩 ④ 리프팅 배관

이중입상관은 프레온냉매에서 냉매와 오일이 함께 순환하는데 적합하다.

42 배수관에서 발생한 해로운 하수가스의 실내 침입을 방지하기 위해 배수트랩을 설치한다. 배수트랩의 종류가 아닌 것은?

① 가솔린트랩 ② 디스크트랩
③ 하우스트랩 ④ 벨트랩

디스크 트랩은 열 유체역학적 특성을 이용한 스팀트랩이다.

정답 37 ② 38 ① 39 ③ 40 ① 41 ① 42 ②

43 건식 진공 환수배관의 증기주관의 적절한 구배는?

① 1/100~1/150의 선하(先下)구배
② 1/200~1/300의 선하(先下)구배
③ 1/350~1/400의 선하(先下)구배
④ 1/450~1/500의 선하(先下)구배

건식 증기 배관 기울기는 $\left(\frac{1}{200}\right)\sim\left(\frac{1}{300}\right)$의 앞내림 구배(선하향)를 준다.

44 증기압축식 냉동사이클에서 냉매배관의 흡입관은 어느 구간을 의미하는가?

① 압축기 - 응축기 사이
② 응축기 - 팽창밸브 사이
③ 팽창밸브 - 증발기 사이
④ 증발기 - 압축기 사이

흡입관은 압축기를 기준으로 증발기 - 압축기 사이이며, 토출관은 압축기-응축기 사이이다.

45 증기 트랩장치에서 벨로즈 트랩을 안전하게 작동시키기 위해 트랩 입구쪽에 최저 약 몇 m 이상을 냉각관으로 해야 하는가?

① 0.1　　② 0.4
③ 0.8　　④ 1.2

벨로스 열동식 트랩은 온도차로 작동하는 트랩이기 때문에 트랩 입구 쪽에 최저 1.2m 이상의 냉각관이 필요하다. 관말 트랩에 설치하는 냉각다리는 1.5m 이상으로 한다.

46 비중이 약 2.7로서 열 및 전기 전도율이 좋으며 가볍고 전연성이 풍부하여 가공성이 좋고 순도가 높은 것은 내식성이 우수하여 건축재료 등에 주로 사용되는 것은?

① 주석관　　② 강관
③ 비닐관　　④ 알루미늄관

알루미늄관은 동관과 유사한 성질을 가지며 전성 및 연성이 풍부하고 전기 전도율이 좋다.

47 중앙식 급탕방법의 장점으로 옳은 것은?

① 배관길이가 짧아 열손실이 적다.
② 탕비장치가 대규모이므로 열효율이 좋다.
③ 건물완성 후에도 급탕개소의 증설이 비교적 쉽다.
④ 설비규모가 적기 때문에 초기 설비비가 적게 든다.

중앙식 급탕설비는 배관길이가 길어서 열손실이 많고, 장치가 대규모이므로 열효율은 좋고, 건물 완성 후에는 증설이 어렵다. 설비 규모가 크기 때문에 초기 설비비가 많이 든다.

48 열팽창에 의한 배관의 신축이 방열기에 미치지 않도록 하기 위하여 방열기 주위의 배관은 다음 중 어느 방법으로 하는 것이 좋은가?

① 슬리브형 신축 이음
② 신축 곡관 이음
③ 스위블 이음
④ 벨로우즈형 신축 이음

스위블 조인트(이음)는 2개 이상의 엘보를 이용하여 엘보의 밴딩으로 신축을 흡수하는 것으로 방열기 주변에 주로 사용된다.

정답 43 ② 44 ④ 45 ④ 46 ④ 47 ② 48 ③

49 **플래시 밸브 또는 급속 개폐식 수전을 사용할 때 급수의 유속이 불규칙적으로 변하여 생기는 현상을 무엇이라고 하는가?**

① 수밀작용 ② 파동작용
③ 맥동작용 ④ 수격작용

> 플래시 밸브 또는 볼밸브를 사용할 때 수격작용이 발생하며 이를 방지하려고 에어챔버(워터햄머 쿠션)를 사용한다.

50 **급수 배관을 시공할 때 일반적인 사항을 설명한 것 중 틀린 것은?**

① 급수관에서 상향 급수는 선단 상향구배로 한다.
② 급수관에서 하향 급수는 선단 하향구배로 하며, 부득이한 경우에는 수평으로 유지한다.
③ 급수관 최하부에 배수 밸브를 장치하면 공기빼기를 장치할 필요가 없다.
④ 수격작용 방지를 위해 수전 부근에 공기실을 설치한다.

> 급수관 최하부의 배수 밸브는 청소나 동파방지를 위한 물빼기를 위한것이며 공기빼기 밸브는 배관내의 공기를 배출하기 위한 것으로 수직관 최상부에 설치한다.

51 **송풍기의 토출측과 흡입측에 설치하여 송풍기의 진동이 덕트나 장치에 전달되는 것을 방지하기 위한 접속법은?**

① 크로스 커넥션(cross connection)
② 캔버스 커넥션(canvas connection)
③ 서브 스테이션(sub station)
④ 하트포드(hartford) 접속법

> 캔버스는 송풍기와 덕트의 연결되는 토출 측과 흡입 측에 설치하여 송풍기의 진동이 덕트나 장치에 전달되는 것을 방지하는 플렉시블 접속법이다.

52 **다음 중 개방식 팽창탱크 주위의 관으로 해당되지 않는 것은?**

① 압축공기 공급관 ② 배기관
③ 오버플로우관 ④ 안전관

> 압축공기(질소가스 등) 공급관은 온수난방에 사용되는 밀폐식 팽창탱크의 부속설비이다.

53 **수직관 가까이에 기구가 설치되어 있을 때 수직관 위로부터 일시에 다량의 물이 흐르게 되면 그 수직관과 수평관의 연결관에 순간적으로 진공이 생기면서 봉수가 파괴되는 현상은?**

① 자기 사이펀작용 ② 모세관작용
③ 분출작용 ④ 흡출작용

> 수직관 가까이에 기구가 설치되어 있을 때 다량의 물이 흐르게 되면 사이펀 작용으로 순간적으로 진공이 생기고 주변 트랩의 봉수를 흡인(흡출)해서 봉수 파괴가 발생한다.

54 **펌프의 양수량이 $60m^3/min$이고 전양정이 20m 일 때, 벌류트 펌프로 구동할 경우 필요한 동력(kW)은 얼마인가? (단, 물의 비중량은 $9800N/m^3$이고, 펌프의 효율은 60%로 한다.)**

① 196.1 ② 200
③ 326.7 ④ 405.8

> $$kW = \frac{QP}{1000E} = \frac{60 \times 9800 \times 20}{60 \times 1000 \times 0.6} = 326.7kW$$
>
> **별해** 공학단위로 풀어보면 비중량 $9800N/m^3 = 1000kg/m^3$이므로
>
> $$kW = \frac{QH}{102E} = \frac{60 \times 1000 \times 20}{60 \times 102 \times 0.6} = 326.7kW$$

정답 49 ④ 50 ③ 51 ② 52 ① 53 ④ 54 ③

55 진공 환수식 난방법에서 탱크 내 진공도가 필요 이상으로 높아지면 밸브를 열어 탱크 내에 공기를 넣는 안전밸브의 역할을 담당하는 기기는?

① 버큠 브레이커(vacuum breaker)
② 스팀 사일러서(steam silencer)
③ 리프트 피팅(lift fitting)
④ 냉각 레그(cooling leg)

버큠 브레이커는 진공 환수식에서 탱크 내 진공도를 제어하는 기기이다.

56 강판제 케이싱 속에 열전도성이 우수한 핀(fin)을 붙여 대류작용만으로 열을 이동시켜 난방하는 방열기는?

① 콘백터　　② 길드 방열기
③ 주형 방열기　　④ 벽걸이 방열기

콘백터 방열기는 강판제 케이싱 속에 열전도성이 우수한 핀을 붙여 대류작용을 이용한 방열기이다.

57 슬리브형 신축 이음쇠의 특징이 아닌 것은?

① 신축 흡수량이 크며, 신축으로 인한 응력이 생기지 않는다.
② 설치 공간이 루프형에 비해 크다.
③ 곡선배관 부분이 있는 경우 비틀림이 생겨 파손의 원인이 된다.
④ 장시간 사용 시 패킹의 마모로 인해 누설될 우려가 있다.

슬리브형 신축이음쇠는 루프형보다 설치 공간이 적다.

58 배관이나 밸브 등의 보온 시공한 부분의 서포트부에 설치되며 관의 자중 또는 열팽창에 의한 보온재의 파손을 방지하기 위해 사용하는 것은?

① 가이드(guide)　　② 파이프 슈(pipe shoe)
③ 브레이스(brace)　　④ 앵커(anchor)

파이프 슈는 서포트의 일종이며 관의 자중, 열팽창에 의한 보온재의 파손 방지용으로 배관을 감싸서 지지한다.

59 배수관에 설치하는 트랩에 관한 내용으로 틀린 것은?

① 트랩의 유효수심은 관내 압력 변동에 따라 다르나 일반적으로 최저 50mm가 필요하다.
② 트랩은 배수 시 자기세정이 가능해야 한다.
③ 트랩의 봉수파괴 원인은 사이폰 작용, 흡출작용, 봉수의 증발 등이 있다.
④ 트랩의 봉수 깊이는 가능한 한 깊게 하여 봉수가 유실되는 것을 방지한다.

배수트랩의 봉수 깊이는 50~100mm 정도로 하며 봉수를 너무 깊으면 저항이 증가하여 배수능력이 감소된다.

60 주철관의 이음방법이 아닌 것은?

① 소켓 이음(socket joint)
② 플레어 이음(flare joint)
③ 플랜지 이음(flange joint)
④ 노허브 이음(no-hub joint)

플레어 이음은 20mm 이하의 동관의 나사식 압착이음(기계적 접합법)으로 분해나 조립이 필요한 곳에 적용한다.

정답 55 ① 56 ① 57 ② 58 ② 59 ④ 60 ②

4 전기제어공학

61 단상 교류전력을 측정하는 방법이 아닌 것은?

① 3전압계법 ② 3전류계법
③ 단상전력계법 ④ 2전력계법

2전력계법은 2개의 단상전력계를 사용하여 3상 회로의 전력을 측정하는 방법이다.

62 15C의 전기가 3초간 흐르면 전류(A) 값은?

① 2 ② 3
③ 4 ④ 5

전류는 단위 시간당 전기량으로
전류$(I) = \frac{Q}{t} = \frac{15C}{3s} = 5(C/\mathrm{sec}) = 5\,\mathrm{A}$

63 전원 전압을 일정 전압 이내로 유지하기 위해서 사용되는 소자는?

① 정전류 다이오드 ② 브리지 다이오드
③ 제너 다이오드 ④ 터널 다이오드

제너 다이오드는 정류기능과 전류가 변해도 전압이 일정하게 유지되는 전압 조정기능이 있다.(전원장치의 출력측 조정기기)

64 목표값이 미리 정해진 변화를 할 때의 제어로서, 열처리 노의 온도제어, 무인 운전열차 등이 속하는 제어는?

① 추종제어 ② 프로그램제어
③ 비율제어 ④ 정치제어

프로그램제어(program control)
목표치가 미리 정해진 시간적 변화를 하는 경우 제어량을 그것에 추종시키기 위한 제어로 열처리 노의 온도제어, 무인 운전열차 등이 속하는 제어가 이에 속한다.

65 그림과 같이 블록선도를 접속하였을 때, ⓐ에 해당하는 것은?

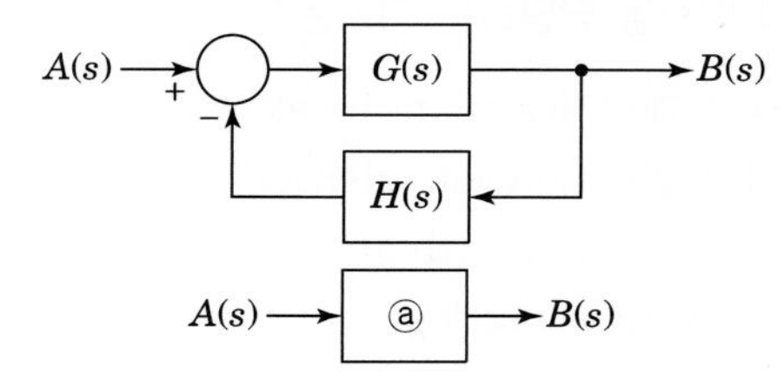

① $G(s) + H(s)$ ② $G(s) - H(s)$
③ $\frac{G(s)}{1 - G(s) \cdot H(s)}$ ④ $\frac{G(s)}{1 + G(s) \cdot H(s)}$

$(A(s) - B(s)H(s))G(s) = B(s)$
$A(s)G(s) - B(s)H(s)G(s) = B(s)$
$A(s)G(s) = B(s)(1 + H(s)G(s))$
$\therefore \frac{B(s)}{A(s)} = \frac{G(s)}{1 + H(s)G(s)}$

66 어떤 계기에 장시간 전류를 통전한 후 전원을 OFF 시켜도 지침이 0으로 되지 않았다. 그 원인에 해당되는 것은?

① 정전계 영향 ② 스프링의 피로도
③ 외부자계 영향 ④ 자기가열 영향

지침을 갖는 계기에서 스프링의 피로도가 커지면 전원을 OFF시켜도 계기의 지침이 0으로 돌아가지 않는 수가 있다.

67 피상전력이 P_a(kVA)이고 무효전력이 P_r(kvar)인 경우 유효전력 P(kW)를 나타낸 것은?

① $P = \sqrt{P_a - P_r}$ ② $P = \sqrt{P_a^2 - P_r^2}$
③ $P = \sqrt{P_a + P_r}$ ④ $P = \sqrt{P_a^2 + P_r^2}$

피상전력^2 = 유효전력^2 + 무효전력^2
$P_a^2 = P^2 + P_r^2$ 에서
$P^2 = P_a^2 - P_r^2$
$P = \sqrt{P_a^2 - P_r^2}$

정답 61 ④ 62 ④ 63 ③ 64 ② 65 ④ 66 ② 67 ②

68 **유도전동기에서 인가전압은 일정하고 주파수가 수 % 감소할 때 발생되는 현상으로 틀린 것은?**

① 동기속도가 감소한다.
② 철손이 약간 증가한다.
③ 누설리액턴스가 증가한다.
④ 역률이 나빠진다.

누설리액턴스는 주파수에 비례하므로($X_L = 2\pi fL$) 주파수가 수 % 감소하면 누설리액턴스가 감소한다.

69 **부하 1상의 임피던스가 $60 + j80\,\Omega$ 인 Δ 결선의 3상 회로에 100V의 전압을 가할 때 선전류는 몇 A인가?**

① 1　② $\sqrt{3}$
③ 3　④ $\dfrac{1}{\sqrt{3}}$

Δ결선의 3상 회로에서 1상의 임피던스
$60 + j80 = \sqrt{60^2 + 80^2} = 100\Omega$
상전류 $I_P = \dfrac{V_P}{Z} = \dfrac{100}{100} = 1\,\text{A}$
선전류(I_L)는 상전류의 $\sqrt{3}$ 배이므로
$I_L = \sqrt{3}\,I_P = \sqrt{3} \times 1 = \sqrt{3}\,A$

70 **R-L-C 직렬회로에서 전류가 최대로 되는 조건은?**

① $\omega L = \omega C$　② $\dfrac{\omega^2 L}{R} = \dfrac{1}{\omega CR}$
③ $\omega LC = 1$　④ $\omega L = \dfrac{1}{\omega C}$

R-L-C 직렬회로에서 소비전력이 최대가 되는 것은 전류가 최대가 되는 조건이므로 공진시 저항이 최소가 되고 이때 전류가 최대가 된다.
공진 조건은 $X_L = X_C$, $\omega L = \dfrac{1}{\omega C}$

71 **그림과 같은 계전기 접점회로의 논리식은?**

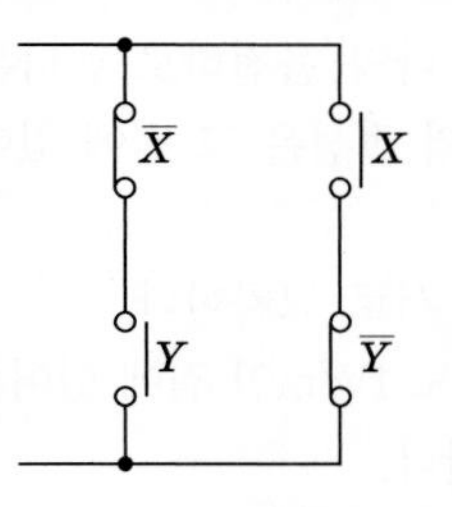

① XY　② $\overline{X}Y + X\overline{Y}$
③ $\overline{X}(X + Y)$　④ $(\overline{X} + Y)(X + \overline{Y})$

그림 회로에서 $\overline{X}$와 Y는 직렬이므로 $\overline{X}Y$이고 $\overline{X}$와 Y는 직렬이므로 $X\overline{Y}$이 2회로가 병렬이므로 $\overline{X}Y + X\overline{Y}$이다.

72 **특성방정식 $s_2 + 2s + 2 = 0$을 갖는 2차계에서의 감쇠율 ζ(damping ratio)은?**

① $\sqrt{2}$　② $\dfrac{1}{\sqrt{2}}$
③ $\dfrac{1}{2}$　④ 2

2차요소의 특성방정식
$s^2 + 2\delta\omega_n s + \omega_n^2 = 0$에서
여기서, δ : 재동비 또는 감쇠계수(감쇠율)
ω_n : 자연주파수 또는 고유주파수
$2\delta\omega_n = 2$, $\omega_n^2 = 2$, $\omega_n = \sqrt{2}$ 이므로
$2\delta\sqrt{2} = 2$
$\therefore \delta = \dfrac{1}{\sqrt{2}}$

정답 68 ③ 69 ② 70 ④ 71 ② 72 ②

73 **전기력선의 성질로 틀린 것은?**

① 양전하에서 나와 음전하로 끝나는 연속곡선이다.
② 전기력선상의 접선은 그 점에 있어서의 전계의 방향이다.
③ 전기력선은 서로 교차한다.
④ 단위 전계강도 1V/m인 점에 있어서 전기력선 밀도를 1개/m^2라 한다.

2개의 전기력선은 서로 교차하지 않는다.

74 **직류 회로에서 일정 전압에 저항을 접속하고 전류를 흘릴 때 25%의 전류값을 증가시키고자 한다. 이때 저항을 몇 배로 하면 되는가?**

① 0.25 ② 0.8
③ 1.6 ④ 2.5

옴의 법칙에서 $I=\frac{V}{R}$이므로
일정 전압에서 전류는 저항에 반비례하므로
전류가 25% 증가하면 $1.25I=\frac{V}{xR}$
$x=\frac{1}{1.25}=0.8$ 처음 저항의 0.8배짜리 저항을 접속한다.

75 **$F(s)=\frac{3s+10}{s^3+2s^2+5s}$ 일 때 $f(t)$의 최종치는?**

① 0 ② 1
③ 2 ④ 8

최종값 정리
$\lim_{t\to\infty}f(t)=\lim_{s\to 0}sF(s)=\lim_{s\to 0}\frac{s(3s+10)}{s^3+2s^2+5s}=\frac{10}{5}=2$

76 **배리스터의 주된 용도는?**

① 서지전압에 대한 회로 보호용
② 온도 측정용
③ 출력전류 조절용
④ 전압 증폭용

배리스터(varistor)
인가전압에 따라 저항값이 민감하게 변화하는 비선형 저항소자로 배리스터는 과전압에 민감한 소자들(예 다이오드, 트랜지스터, 사이리스터 또는 집적회로)을 과전압으로부터 보호한다. 이 외에도 배리스터는 전압 안정화, 소형직류전동기의 잡음방지, 낙뢰방지, 인덕턴스 차단 시 전압 피크(peak)에 의한 접점소손의 방지 등에 사용된다.

77 **제벡 효과(Seebeck effect)를 이용한 센서에 해당하는 것은?**

① 저항 변화용 ② 인덕턴스 변화용
③ 용량 변화용 ④ 전압 변화용

제벡 효과란 서로 다른 2종의 금속을 접합하여 전기회로를 구성하고 양쪽 접속점에 온도차가 있으면 회로에 전위차가 발생하는 현상으로 전압 변화용 센서에 이용된다.

78 **어떤 전지에 연결된 외부회로의 저항은 4[Ω]이고, 전류는 5[A]가 흐른다. 외부회로에 4[Ω] 대신 8[Ω]의 저항을 접속하였더니 전류가 3A로 떨어졌다면, 이 전지의 기전력[V]은?**

① 10 ② 20
③ 30 ④ 40

전지 기전력을 E라하고 내부 저항을 r 이라하면
저항 4Ω일 때 $E=5(4+r)$
저항 8Ω일 때 $E=3(8+r)$ 연립하여 풀면
$5(4+r)=3(8+r)$
$5r-3r=2r=24-20$
$r=2,\quad E=30\text{V}$

정답 73 ③ 74 ② 75 ③ 76 ① 77 ④ 78 ③

79 **제어된 제어대상의 양 즉, 제어계의 출력을 무엇이라 하는가?**

① 목표값 ② 조작량
③ 동작신호 ④ 제어량

① 목표값 : 제어량에 대한 희망값으로 이 제어계에 외부에서 부여된 값
② 조작량 : 제어요소(조절부와 조작부)가 제어대상에 주는 양
③ 동작신호 : 기준입력과 주 피드백 량을 비교하여 얻은 편차량의 신호를 말하며 제어요소의 입력신호
④ 제어량 : 제어대상에 관한 여러 가지 량 중에서 제어하려고 하는 목적의 량으로 제어계의 출력으로 제어대상에서 만들어지는 값

80 **시퀀스제어에 관한 설명 중 틀린 것은?**

① 조합논리회로로 사용된다.
② 미리 정해진 순서에 의해 제어된다.
③ 입력과 출력을 비교하는 장치가 필수적이다.
④ 일정한 논리에 의해 제어된다.

(1) 시퀀스제어의 특징
① 미리 정해진 순서에 의해 제어된다.
② 일정한 논리에 의해 정해진 순서에 의해 제어된다.
③ 조합논리회로로 사용된다.
④ 제어결과에 따라 조작이 자동적으로 이행된다.
⑤ 시간 지연요소로도 사용된다.
(2) 피드백(되먹임)제어
피드백 제어 시스템은 출력의 일부를 입력 방향으로 피드백시켜 목표값과 비교되도록 폐루프를 형성하는 제어시스템을 말한다.

정답 79 ④ 80 ③

기출문제 **과년도 기출문제** (2021년 2회)

1 공기조화

01 60℃ 온수 25kg을 100℃의 건조포화액으로 가열하는데 필요한 열량(kJ)은?(단, 물의 비열은 4.2kJ/kg · K이다.)

① 4200 ② 2500
③ 1525 ④ 1050

이 문제에서 건조 포화액이란 그냥 100℃온수를 말한다.
만약 건조 포화증기라면 증발잠열을 알아야 풀 수 있다.
$q = mC\Delta t = 25 \times 4.2(100-60) = 4200\text{kJ}$

02 원심송풍기에서 사용되는 풍량제어 방법 중 풍량과 소요 동력과의 관계에서 가장 에너지 절약적인 제어 방법은?

① 회전수 제어 ② 베인 제어
③ 댐퍼 제어 ④ 스크롤 댐퍼 제어

원심송풍기에서 사용되는 풍량 제어 방법 중 풍량과 소요 동력과의 관계에서 가장 효과적인 제어 법이란 동력절감(에너지절약) 효과가 크다는 의미이며 회전수제어 〉 베인제어 〉 댐퍼제어 순이다.

03 다음 중 제올라이트(zeolite)를 이용한 제습방법은 어느 것인가?

① 냉각식 ② 흡착식
③ 흡수식 ④ 압축식

감습법에는 고체 흡착식, 액체 흡수식, 냉각 응축식이 있으며, 제올라이트(활성알루미나)나 실리카겔은 고체 제습제로 흡착식 제습이며, 액체 흡수제(염화리튬 등)는 흡수식이고, 냉각 감습법도 있다.

04 열원방식의 분류는 일반 열원방식과 특수 열원방식으로 구분할 수 있다. 다음 중 일반 열원방식으로 가장 거리가 먼 것은?

① 빙축열 방식
② 흡수식 냉동기 + 보일러
③ 전동 냉동기 + 보일러
④ 흡수식 냉온수 발생기

일반 열원방식 : 흡수식 냉동기, 보일러, 냉온수 발생기등
특수 열원방식 : 빙축열 방식, 신재생에너지(태양광, 연료전지) 등

05 다음 중 히트펌프 방식의 열원에 해당되지 않는 것은?

① 수 열원 ② 마찰 열원
③ 공기 열원 ④ 태양 열원

히트펌프 방식에서 마찰열원은 없다. 열원은 일반적으로 수, 공기, 지열, 태양열을 이용한다.

정답 01 ① 02 ① 03 ② 04 ① 05 ②

06 송풍기의 법칙 중 틀린 것은?(단, 각각의 값은 아래 표와 같다.)

$Q1(m^3/h)$	초기풍량
$Q2(m^3/h)$	변화풍량
P1(mmAq)	초기정압
P2(mmAq)	변화정압
N1(rpm)	초기회전수
N2(rpm)	변화회전수
d1(mm)	초기날개직경
d2(mm)	변화날개직경

① $Q2=(N2/N1)\times Q1$ ② $Q2=(d2/d1)^3\times Q1$
③ $P2=(N2/N1)^3\times P1$ ④ $P2=(d2/d1)^2\times P1$

송풍기에서 상사법칙은 $P2=(N2/N1)^2\times P1$
또는 $P2/P1=(N2/N1)^2$
정압은 회전수의 제곱과 직경의 제곱에 비례한다.

07 다음 중 흡습성 물질이 도포된 엘리먼트를 적층시켜 원판형태로 만든 로터와 로터를 구동하는 장치 및 케이싱으로 구성 되어 있는 전열교환기의 형태는?

① 고정형 ② 정지형
③ 회전형 ④ 원판형

전열교환기에서 가장 대규모에 사용되고 효율이 우수한 회전형은 원판(흡습성물질 도포)형태로 만든 로터와 로터를 구동하는 장치로 구성된다.

08 냉방부하 계산시 유리창을 통한 취득열 부하를 줄이는 방법으로 가장 적절한 것은?

① 얇은 유리를 사용한다.
② 투명 유리를 사용한다.
③ 흡수율이 큰 재질의 유리를 사용한다.
④ 반사율이 큰 재질의 유리를 사용한다.

유리창 취득열을 줄이기 위해서는 불투명 두꺼운 유리를 사용, 흡수율이 작은 재질의 유리를 사용, 반사율이 큰 재질의 유리를 사용한다.

09 공기조화의 조닝계획 시 부하패턴이 일정하고, 사용시간대가 동일하며, 중간기 외기냉방, 소음방지, CO_2 등의 실내환경을 고려해야 하는 곳은?

① 로비 ② 체육관
③ 사무실 ④ 식당 및 주방

사무실(일반적으로 내부존)은 부하패턴이 일정하고, 사용시간대가 동일하며(출퇴근 일정), 소음방지, CO_2 등의 실내환경을 고려해야 한다.

10 냉 · 난방 설계 시 열부하에 관한 설명으로 옳은 것은?

① 인체에 대한 냉방부하는 현열만이다.
② 인체에 대한 난방부하는 현열과 잠열이다.
③ 조명에 대한 냉방부하는 현열만이다.
④ 조명에 대한 난방부하는 현열과 잠열이다.

인체에 대한 냉방부하는 현열, 잠열이 있고, 인체에 대한 난방부하는 무시하며, 조명에 대한 냉방부하는 현열만 고려한다. 또한 조명에 대한 난방부하도 무시한다(실내 발열이므로 난방부하는 감소(-)부분이지만 보통 무시한다)

11 지역난방의 특징에 대한 설명으로 틀린 것은?

① 광범위한 지역의 대규모 난방에 적합하며, 열매는 고온수 또는 고압증기를 사용한다.
② 소비처에서 24시간 연속난방과 연속급탕이 가능하다.
③ 대규모화에 따라 고효율 운전 및 폐열을 이용하는 등 에너지 취득이 경제적이다.
④ 순환펌프 용량이 크며 열 수송배관에서의 열손실이 작다.

지역난방은 넓은 지역에 걸쳐 배관이 설치되므로 순환펌프 용량은 동일부하에서 작고(고온수이기 때문에 순환량이 작다), 열 수송배관에서의 열손실이 크다.

정답 06 ③ 07 ③ 08 ④ 09 ③ 10 ③ 11 ④

12 습공기선도상에 나타나 있지 않은 것은?

① 상대습도 ② 건구온도
③ 절대습도 ④ 건조도

일반적인 습공기선도에 건조도는 선도에 없다. 건조도는 몰리에선도(냉매선도)에 있다.

13 난방부하는 어떤 기기의 용량을 결정하는데 기초가 되는가?

① 공조장치의 공기냉각기
② 공조장치의 공기가열기
③ 공조장치의 수액기
④ 열원설비의 냉각탑

난방부하는 가열코일의 용량을 결정하는 기초이며 냉방부하는 냉각코일의 용량 결정 기초가 된다.

14 실내 냉방 부하 중에서 현열부하 2500kJ/h, 잠열부하 500kJ/h 일 때 현열비는?

① 0.2 ② 0.83
③ 1 ④ 1.2

현열비=현열/현열+잠열=2500/(2500+500)=0.83

15 극간풍의 풍량을 계산하는 방법으로 틀린 것은?

① 환기 횟수에 의한 방법
② 극간 길이에 의한 방법
③ 창 면적에 의한 방법
④ 재실 인원수에 의한 방법

극간풍의 풍량을 계산하는 방법에 재실인원수에 의한 방법은 없으며 재실인원에따라 외기도입량은 결정할 수 있다.

16 냉수 코일 설계 시 유의사항으로 옳은 것은?

① 대수 평균 온도차(MTD)를 크게 하면 코일의 열수가 많아진다.
② 냉수의 속도는 2m/s 이상으로 하는 것이 바람직하다.
③ 코일을 통과하는 풍속은 2~3m/s가 경제적이다.
④ 물의 온도 상승은 일반적으로 15℃ 전후로 한다.

대수 평균 온도차(MTD)를 크게 하면 코일의 열수는 적어지며, 냉수의 속도는 1m/s 정도로 하고, 코일을 통과하는 풍속은 2~3m/s가 경제적이다. 물의 온도 상승은 일반적으로 5℃ 전후로 한다.

17 덕트의 치수 결정법에 대한 설명으로 옳은 것은?

① 등속법은 각 구간마다 압력손실이 같다.
② 등마찰 손실법에서 풍량이 10000m^3/h 이상이 되면 정압재취득법으로 하기도 한다.
③ 정압재취득법은 취출구 직전의 정압이 대략 일정한 값으로 된다.
④ 등마찰 손실법에서 각 구간마다 압력손실을 같게 해서는 안 된다.

덕트치수에서 정압재취득법은 덕트 말단으로 갈수록 동압감소에 따른 정압상승을 마찰손실로 상쇄시켜 취출구에서의 정압이 대략 일정한 값으로 된다. 등속법은 각 구간마다 풍속이 같고, 등마찰 손실법은 각 구간마다 압력손실을 같게하며, 등마찰 손실법에서 풍량이 10,000m^3/h 이상이 되면 등속법으로 하기도 한다.

정답 12 ④ 13 ② 14 ② 15 ④ 16 ③ 17 ③

18 증기난방에서 증기트랩에 대한 설명으로 틀린 것은?

① 바이메탈 트랩은 내부에 열팽창계수가 다른 두 개의 금속이 접합된 바이메탈로 구성되며, 워터해머에 안전하고, 과열증기에도 사용 가능하다.
② 벨로즈 트랩은 금속제의 벨로즈 속에 휘발성 액체가 봉입되어 있어 주위에 증기가 있으면 팽창되고, 증기가 응축되면 온도에 의해 수축하는 원리를 이용한 트랩이다.
③ 플로트 트랩은 응축수의 온도차를 이용하여 플로트가 상하로 움직이며 밸브를 개폐한다.
④ 버킷 트랩은 응축수의 부력을 이용하여 밸브를 개폐하며 상향식과 하향식이 있다.

플로트 트랩은 응축수의 액위에 따라 플로트가 상하로 움직이며 부력을 이용하여 밸브를 개폐하는 기계식 트랩이다.

19 공기 중에 분진의 미립자 제거뿐만 아니라 세균, 곰팡이, 바이러스 등까지 극소로 제한시킨 시설로서 병원의 수술실, 식품가공, 제약 공장 등의 특정한 공정이나 유전자 관련 산업 등에 응용되는 설비는?

① 세정실
② 산업용 클린룸(ICR)
③ 바이오 클린룸(BCR)
④ 칼로리미터

세균, 곰팡이, 바이러스를 제거하는 클린룸을 바이오 클린룸(BCR)이라하고, 반도체 공장처럼 먼지나 입자를 제거하는 클린룸을 산업용클린룸(ICR)이라한다.

20 가열코일을 흐르는 증기의 온도를 t_s, 가열코일 입구 공기온도를 t_1, 출구공기온도를 t_2라고 할 때 산술평균 온도식으로 옳은 것은?

① $t_s - \dfrac{t_1 + t_2}{2}$
② $t_2 - t_1$
③ $t_1 + t_2$
④ $\dfrac{(t_s - t_1) + (t_s - t_2)}{\ln \dfrac{t_s - t_1}{t_s - t_2}}$

가열코일 산술평균온도 = 증기온도 – 공기평균온도

$= t_s - (\dfrac{t_1 + t_2}{2})$

대수평균온도(MTD) $= \dfrac{(t_s - t_1) + (t_s - t_2)}{\ln[(t_s - t_1)/(t_s - t_2)]}$

2 냉동공학

21 깊이 5m인 밀폐 탱크에 물이 5m 차 있다. 수면에는 0.3MPa의 증기압이 작용하고 있을 때 탱크밑면에 작용하는 압력 [kPa]은 얼마인가? (단, 물의 비중량은 $9.8kN/m^3$이다)

① 149 ② 249
③ 349 ④ 449

탱크밑면에 작용하는 압력 = 증기압 + 액주의 압력
$= 0.3 \times 10^3 + 9.8 \times 5 = 349[kPa]$

정답 18 ③ 19 ③ 20 ① 21 ③

PARAT 04 과년도기출문제

22 감열(sensible heat)에 대해 설명한 것으로 옳은 것은?

① 물질이 상태 변화 없이 온도가 변화할 때 필요한 열
② 물질이 상태, 압력, 온도 모두 변화할 때 필요한 열
③ 물질이 압력은 변화하고 상태가 변하지 않을 때 필요한 열
④ 물질이 온도만 변하고 압력이 변화하지 않을 때 필요한 열

감열(sensible heat) : 물질이 상태 변화 없이 온도가 변화할 때 필요한 열
잠열(Latent heat) : 물질이 온도 변화 없이 상태가 변화할 때 필요한 열

23 다음 중 냉동 관련 용어 설명 중 잘못된 것은?

① 제빙톤 : 25℃의 원수 1톤을 24시간 동안에 −9℃의 얼음으로 만드는 데 제거할 열량을 냉동능력으로 표시한다.
② 호칭냉동능력 : 고압가스안전관리법에 규정된 냉동능력으로 환산한 능력이 100RT 이상은 허가 후 제조, 설치, 가동을 해야 한다.
③ 냉동톤 : 0℃의 물 1톤을 24시간 동안에 0℃의 얼음으로 만드는 데 필요한 냉동능력으로 1RT=3.86kW이다.
④ 결빙시간 : 얼음을 얼리는 데 소요되는 시간은 얼음 두께의 제곱에 비례하고, 브라인의 온도에는 반비례한다.

호칭냉동능력(용어설명)
고압가스안전관리법에 규정된 냉동 능력으로 환산한 1일 냉동능력이 20톤 이상(가연성가스 또는 독성가스 외의 고압가스를 냉매로 사용하는 것으로서 산업용 및 냉동·냉장용인 경우에는 50톤 이상, 건축물의 냉·난방용인 경우에는 100톤 이상)은 허가 후 제조, 설치, 가동을 해야 한다.

24 냉매가 구비해야 할 조건 중 틀린 것은?

① 증발 잠열이 클 것
② 응고점이 낮을 것
③ 전기 저항이 클 것
④ 증기의 비열비가 클 것

냉매의 구비조건
④의 경우 비열비가 작은 냉매일수록 압축일량이 적어진다.

25 브라인에 대한 설명 중 옳은 것은?

① 브라인 중에 용해하고 있는 산소량이 증가하면 부식이 심해진다.
② 브라인의 pH(폐하)는 보통 5로 유지한다.
③ 유기질 브라인은 무기질에 비해 부식성이 크다.
④ 염화칼슘용액, 식염수, 프로필렌글리콜은 무기질은 브라인이다.

② 브라인의 pH(폐하)는 보통 7.5~8.2로 유지한다.
③ 유기질 브라인은 무기질에 비해 부식성이 적다.
④ 무기질 브라인 : 염화칼슘($CaCl_2$), 염화나트륨(NaCl), 염화마그네슘($MgCl_2$)
유기질 브라인 : 에틸렌글리콜, 프로필렌글리콜, 알코올, 염화메틸렌(R-11), 메틸렌 클로라이드

정답 22 ① 23 ② 24 ④ 25 ①

26 **몰리에르 선도 상에서 압력이 커짐에 따라 포화액선과 건조포화 증기선이 만나는 일치점을 무엇이라고 하는가?**

① 임계점 ② 한계점
③ 상사점 ④ 비등점

임계점(CP : critical point)

압력의 변화에 따라 포화 증기의 잠열이나 전열량 및 포화수의 보유 열량은 변화한다. 그림에서와 같이 포화수의 비엔탈피는 압력의 상승과 함께 증가하나, 증발열(잠열)은 반대로 감소해간다. 그 극한의 22.12MPa(225.65kgf/cm^2 · abs)의 압력에 있어서 포화 온도는 374.15℃로 되는데, 포화 증기의 전열량과 포화수의 보유 열량, 즉 현열과 같게 된다. 따라서 이 점에 있어서의 잠열은 0으로 된다. 이 극한점을 임계점이라 하며, 임계점에서는 포화수의 비용적과 포화 증기의 비용적은 같고 물과 증기의 구별이 되지 않는다.

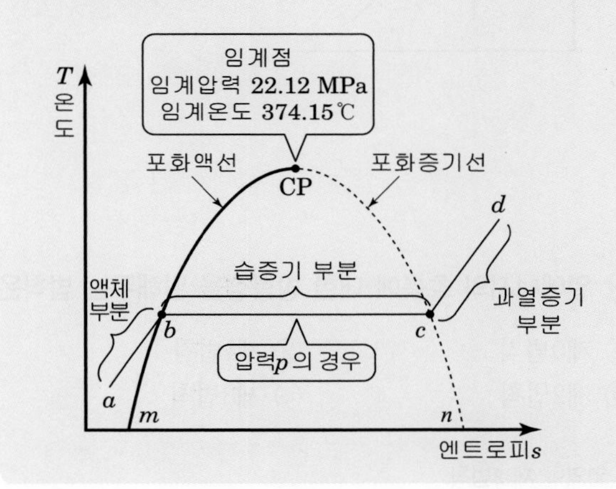

27 **팽창밸브를 통하여 증발기에 유입되는 냉매액의 엔탈피를 F, 증발기 출구 엔탈피를 A, 포화액의 엔탈피를 G라 할 때 팽창밸브를 통과한 곳에서 전체 냉매에 대한 증기로 된 냉매의 양의 계산식으로 옳은 것은? (단, P : 압력, h : 엔탈피를 나타낸다.)**

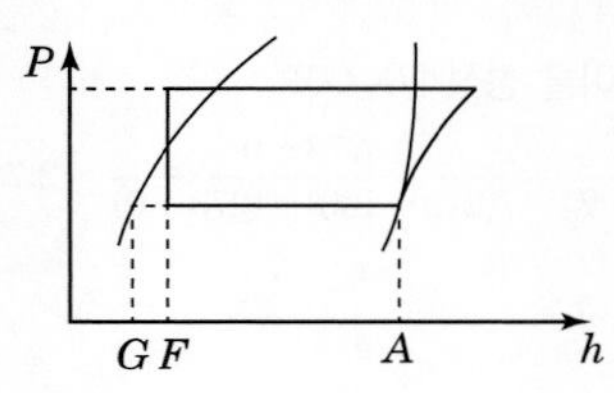

① $\dfrac{A-F}{A-G}$ ② $\dfrac{A-F}{F-G}$
③ $\dfrac{F-G}{A-G}$ ④ $\dfrac{F-G}{A-F}$

건조도(증기로 된 냉매의 양) = $\dfrac{F-G}{A-G}$

습도(액체 상태의 냉매의 양) = $\dfrac{A-F}{A-G}$

28 **아래와 같이 운전되고 있는 냉동사이클의 성적계수는?**

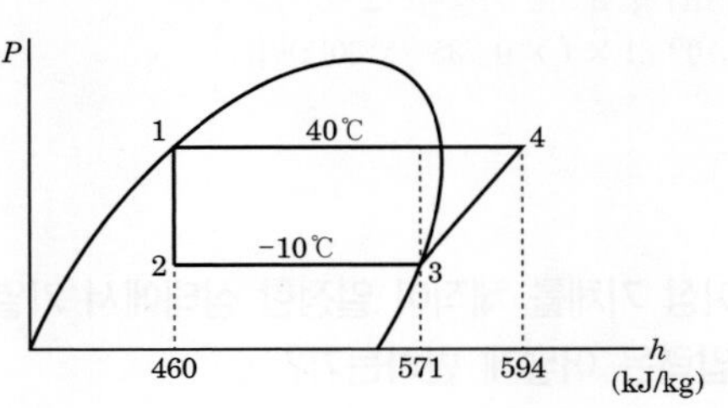

① 2.1 ② 3.3
③ 4.8 ④ 5.9

성적계수 COP

$$COP=\frac{q_2}{w}=\frac{571-460}{594-571}=4.8$$

정답 26 ① 27 ③ 28 ③

29 냉동 사이클이 0℃와 100℃ 사이에서 역 카르노 사이클로 작동될 때 성적계수는 얼마인가?

① 0.19 ② 1.37
③ 2.73 ④ 3.73

가역 냉동사이클 성적계수 COP

$$COP=\frac{T_2}{T_1-T_2}=\frac{273+0}{(273+100)-(273+0)}=2.73$$

30 어떤 영화관을 냉방하는데 1512000kJ/h의 열을 제거해야 한다. 소요동력은 냉동톤당 1PS로 가정하면 이 압축기를 구동하는데 약 몇 kW의 전동기를 필요로 하는가?

① 80.0 ② 69.8
③ 59.8 ④ 49.8

(1) 냉동톤으로 환산

냉동능력 $=\frac{1512000}{3600}=420$kW

냉동톤(RT) $=\frac{420}{3.86}=108.81$RT

(2) 1RT당 1PS로 가정한다고 하였으므로

108.81 × 1 × 0.735 = 80[kW]

31 이상 기체를 체적이 일정한 상태에서 가열하면 온도와 압력은 어떻게 변하는가?

① 온도가 상승하고 압력도 높아진다.
② 온도는 상승하고 압력은 낮아진다.
③ 온도는 저하하고 압력은 높아진다.
④ 온도가 저하하고 압력도 낮아진다.

이상기체의 정적변화

보일-샤를의 법칙($\frac{P_1V_1}{T_1}=\frac{P_2V_2}{T_2}$)에서 정적변화($V_1=V_2$)이므로 $\frac{P_1}{T_1}=\frac{P_2}{T_2}$가 된다.

따라서 정적 하에서 가열하면 온도는 상승($T_1 \to T_2$)하고 압력도 높아($P_1 \to P_2$)진다.

32 폴리트로픽(polytropic)변화의 일반식 $PV^n=C$(상수)에 대한 설명으로 옳은 것은?

① $n=K$일 때 등온변화 ② $n=1$일 때 정적변화
③ $n=\infty$일 때 단열변화 ④ $n=0$일 때 정압변화

이상기체의 상태변화

① $n=K$일 때 단열변화
② $n=1$일 때 등온변화
③ $n=\infty$일 때 정적변화
④ $n=0$일 때 정압변화

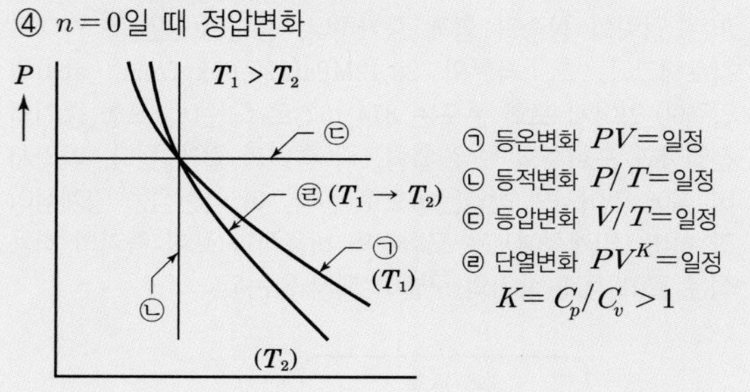

㉠ 등온변화 $PV=$일정
㉡ 등적변화 $P/T=$일정
㉢ 등압변화 $V/T=$일정
㉣ 단열변화 $PV^K=$일정
$K=C_p/C_v>1$

33 열에너지의 흐름에 대한 방향성을 말해주는 법칙은?

① 제0법칙 ② 제1법칙
③ 제2법칙 ④ 제3법칙

열역학 제 2법칙

Clausius의 표현 : "열은 그 자신만으로는 저온물체에서 고온물체로 이동할 수 없다."고 설명하였다. 즉, Clausius는 열의 이동 방향성을 설명하였다.

정답 29 ③ 30 ① 31 ① 32 ④ 33 ③

34 냉동장치내에 불응축가스가 존재하고 있는 것이 판단되었다. 그 혼입의 원인으로 볼 수 없는 것은?

① 냉매충전 전에 장치내를 진공 건조시키기 위하여 상온에서 진공 750mmHg까지 몇 시간 동안 진공 펌프를 운전하였기 때문이다.
② 냉매와 윤활유의 충전작업이 불량했기 때문이다.
③ 냉매와 윤활유가 분해하기 때문이다.
④ 팽창밸브에서 수분이 동결하고 흡입가스 압력이 대기압 이하가 되기 때문이다.

불응축가스 발생원인
㉠ 냉매의 충전 시 부주의
㉡ 윤활유의 충전 시 부주의
㉢ 진공 시험 시 저압부의 누설
㉣ 오일 포밍 현상의 발생 및 오일의 열화, 탄화 시
㉤ 장치의 신설이나 휴지 후 완전 진공을 하지 못하여 남아 있는 공기
①에서 장치 내를 진공건조시키는 것은 불응축가사를 제거할 수 있다.

35 냉동장치에서 펌프다운의 목적이 아닌 것은?

① 냉동장치의 저압 측을 수리할 때
② 가동 시 액해머 방지 및 경부하 가동을 위하여
③ 프레온 냉동장치에서 오일 포밍(oil foaming)을 방지하기 위하여
④ 저장고내 급격한 온도저하를 위하여

펌프다운(pump down) : 냉동기의 저압 측의 수리나 장기간 휴지 때에 냉매를 응축기에 회수하기 위한 운전
펌프아웃(pump out) : 냉동설비 고압 측의 이상으로 냉매를 증발기나 용기에 회수할 경우에 행하는 운전

36 팽창밸브로 모세관을 사용하는 냉동장치에 관한 설명 중 틀린 것은?

① 교축 정도가 일정하므로 증발부하 변동에 따라 유량 조절이 불가능하다.
② 밀폐형으로 제작되는 소형 냉동장치에 적합하다.
③ 내경이 크거나 길이가 짧을수록 유체저항의 감소로 냉동능력은 증가한다.
④ 감압정도가 크면 냉매 순환량이 적어 냉동능력을 감소시킨다.

모세관 팽창밸브
모세관은 고저압이 압력차에 의해 유량이 변화하므로 냉동장치에 적합한 것을 선정(選定)하여 사용해야 한다.
※ ㉠ 내경이 크거나 길이가 짧을 경우 : 냉매의 과량 순환 및 액백을 일으킨다.
㉡ 내경이 작거나 길이가 길 경우 : 냉동능력 감소 및 토출가스 온도 상승
즉, 모세관 팽창밸브는 내경이 크거나 길이가 짧다고 해서 냉동능력은 증가하지 않는다.

37 냉각관 상부에 피냉각액의 저장조를 설치하여 피냉각액을 작은 구멍을 통해 흘러내리게 하면 피냉각액이 냉각관 외벽에 막상을 이루며 냉매와 열교환을 하는 증발기는?

① 냉매살포식 증발기 ② 원통코일형 증발기
③ 보델로 증발기 ④ 이중관식 증발기

보델로(Baudelot)형 증발기
대기식 응축기와 비슷한 구조로 냉각관 상부에 피냉각액(물, 우유 등)의 저장조를 설치하여 피냉각액을 관의 외측에 흐르게 하여 관내에서 증발하는 냉매에 의해 냉각하는 형식의 냉각기로 만액식 증발기의 일종이다.

정답 34 ① 35 ④ 36 ③ 37 ③

38 다음 조건을 갖는 수냉식 응축기의 전열 면적은 약 얼마인가? (단, 응축기 입구의 냉매가스의 엔탈피는 1890 kJ/kg, 응축기 출구의 냉매액의 엔탈피는 630 kJ/kg, 냉매 순환량은 100 kg/h, 응축온도는 40℃, 냉각수 평균온도는 33℃, 응축기의 열관류율은 930 W/m²K이다.)

① 3.86m²　② 4.56m²
③ 5.38m²　④ 6.76m²

응축기 방열량 Q_1

$Q_1 = G \cdot q_1 = KA\Delta t_m$ 에서

$$A = \frac{G \cdot q_1}{K\Delta t_m} = \frac{\left(\frac{100}{3600}\right)\times(1890-630)}{0.93\times(40-33)} ≒ 5.38$$

여기서, G : 냉매순환량[kg/s]
q_1 : 응축기 입·출구 엔탈피 차[kJ/kg]

39 압축기의 용량제어 방법 중 왕복동 압축기와 관계가 없는 것은?

① 바이패스법　② 회전수 가감법
③ 흡입 베인 조절법　④ 클리어런스 증가법

왕복동 압축기의 용량제어
- 바이패스법
- 회전수 가감법
- 클리어런스 증가법
- unload system(일부 실린더를 놀리는 법) : 고속다기통 압축기

③의 경우는 원심식 냉동기의 용량제어 방법이다.

40 스크루 냉동기의 특징을 설명한 것이다. 맞지 않는 것은?

① 경부하 운전 시 비교적 동력 소모가 적다.
② 크랭크샤프트, 피스톤링, 커넥팅로드 등의 마모부분이 없어 고장이 적다.
③ 소형으로서 비교적 큰 냉동능력을 발휘할 수 있다.
④ 회전식이라도 단단에서도 높은 압축비까지 운전할 수 있다.

스크루(screw) 압축기의 특징
㉠ 소형으로 대용량의 가스를 처리할 수 있다.
㉡ 마모 부분(크랭크샤프트, 피스톤링, 커넥팅로드 등)이 없어 고장이 적다.
㉢ 1단의 압축비를 크게 할 수 있고 액 압축의 영향도 적다.
㉣ 흡입 및 토출밸브가 없다.
㉤ 냉매의 압력손실이 적어 체적효율이 향상된다.
㉥ 무단계, 연속적인 용량제어가 가능하다.
㉦ 고속회전 (3500rpm 이상) 에 의한 소음이 크다.
㉧ 독립된 유펌프 및 유냉각기가 필요하다.
㉨ 경부하운전시 동력소비가 크다.
㉩ 유지비가 비싸다.

3 배관일반

41 배관의 지지 목적이 아닌 것은?

① 배관의 중량지지 및 고정
② 신축의 제한 지지
③ 진동 및 충격 방지
④ 부식 방지

배관 지지장치에는 배관의 중량지지(서포트) 및 고정(행거) 신축의 제한지지(레스트레인트-앙카, 스톱퍼, 가이드), 진동 및 충격 방지(브레이스)등이 있으며 부식방지와는 관계가 멀다.

정답 38 ③　39 ③　40 ①　41 ④

42 **고층 건물이나 기구수가 많은 건물에서 수평관 말단에서 입상관까지의 거리가 긴 경우, 루프통기의 효과를 높이기 위해 설치된 통기관은?**

① 도피 통기관 ② 반송 통기관
③ 공용 통기관 ④ 신정 통기관

도피 통기관은 기구수가 많은 수평관에서 입상관까지의 거리가 긴 경우, 루프통기의 효과를 높이기 위해 설치하는 통기관이다.

43 **냉매배관 설계 시 유의사항으로 틀린 것은?**

① 2중 입상관 사용 시 트랩을 크게 한다.
② 과도한 압력 강하를 방지 한다.
③ 압축기로 액체 냉매의 유입을 방지한다.
④ 압축기를 떠난 윤활유가 일정 비율로 다시 압축기로 되돌아오게 한다.

2중 입상관 (double riser)사용 시 트랩을 크게하면 트랩에 고인 오일이 일시에 다량 압축기로 유입되어 운전에 불리하므로 되도록 작게한다. 하지만 일반 배관의 밴딩부는 곡률반경을 크게하여 저항을 줄인다.

44 **다음 중 통기관의 종류가 아닌 것은?**

① 각개 통기관 ② 루프 통기관
③ 신정 통기관 ④ 분해 통기관

통기관에는 각개 통기관, 루프 통기관, 신정 통기관, 도피통기관, 결합통기관등이 있다.

45 **펌프에서 캐비테이션 방지 대책으로 틀린 것은?**

① 흡입 양정을 짧게 한다.
② 양흡입 펌프를 단흡입 펌프로 바꾼다.
③ 펌프의 회전수를 낮춘다.
④ 배관의 굽힘을 적게 한다.

펌프에서 캐비테이션을 방지하기 위해서는 단흡입 펌프를 양흡입 펌프로 바꾸어 압력강하를 줄이고,마찰을 적게한다.

46 **공기조화 설비의 구성과 가장 거리가 먼 것은?**

① 냉동기 설비
② 보일러 실내기기 설비
③ 위생기구 설비
④ 송풍기, 공조기 설비

위생기구 설비(세면기, 대변기, 샤워, 욕조등)는 공조설비에 속하지 않는다.

47 **암모니아 냉동설비의 배관으로 사용하기에 가장 부적절한 배관은?**

① 이음매 없는 동관
② 저온 배관용 강관
③ 배관용 탄소강 강관
④ 배관용 스테인리스 강관

암모니아는 동관과 동부착 현상(copper plating) 을 일으키기 때문에 사용을 피한다.

정답 42 ① 43 ① 44 ④ 45 ② 46 ③ 47 ①

48 **급탕배관의 구배에 관한 설명으로 옳은 것은?**

① 중력순환식은 1/250 이상의 구배를 준다.
② 강제순환식은 구배를 주지 않는다.
③ 하향식 공급 방식에서는 급탕관 및 복귀관은 모두 선하향 구배로 한다.
④ 상향공급식 배관의 반탕관은 상향구배로 한다.

중력순환식은 1/150, 강제순환식은 1/200의 구배를 주며, 상향공급식 배관의 반탕관은 하향구배로 한다.

49 **다음 중 온도에 따른 팽창 및 수축이 가장 큰 배관재료는?**

① 강관　② 동관
③ 염화비닐관　④ 콘크리트관

신축은 염화비닐관 〉 동관 〉 강관 순이다.

50 **건물의 시간당 최대 예상 급탕량이 2000kg/h일 때, 도시가스를 사용하는 급탕용 보일러에서 필요한 가스 소모량(kg/h)은? (단, 급탕온도 60℃, 급수온도 10℃, 도시가스 발열량 60000kJ/kg, 보일러 효율이 95%이며, 열손실 및 예열부하는 무시한다.)**

① 약 5.9　② 약 6.6
③ 약 7.4　④ 약 8.6

급탕부하와 가스발열량은 열평형식에서 가스량(G)은 $WC\Delta t = GH\eta$에서

$$G = \frac{WC\Delta t}{H\eta} = \frac{2000 \times 4.2(60-10)}{60000 \times 0.95} = 7.37\text{kg/h}$$

51 **주철관의 소켓이음 시 코킹작업을 하는 주된 목적으로 가장 적합한 것은?**

① 누수 방지　② 경도 증가
③ 인장강도 증가　④ 내진성 증가

주철관에서 코킹 작업이란 얀과 납을 소켓부위에 부은후 망치로 두드려서 다짐하는 것으로 패킹부위를 치밀하게하여 누수방지에 효과적이다.

52 **다음 배관 부속 중 사용 목적이 서로 다른 것과 연결된 것은?**

① 플러그 – 캡　② 티 – 리듀셔
③ 니플 – 소켓　④ 유니언 – 플랜지

관말단을 막을때 : 플러그 - 캡
관 직선 연결 : 니플 - 소켓
분해 조립 : 유니언 - 플랜지
티는 분기부에, 리듀서는 이경관 연결에 쓰인다.

53 **단열시공 시 곡면부 시공에 적합하고, 표면에 아스팔트 피복을 하면 −60℃ 정도까지 보냉이 되고 양모, 우모 등의 모(毛)를 이용한 피복재는?**

① 실리카울　② 아스베스토
③ 섬유유리　④ 펠트

펠트는 양모, 우모 등의 모(毛)를 이용한 피복재로 보냉용으로 적합하다.

정답 48 ③ 49 ③ 50 ③ 51 ① 52 ② 53 ④

54 고가 탱크식 급수설비에서 급수경로를 바르게 나타낸 것은?

① 수도본관 → 저수조 → 옥상탱크 → 양수관 → 급수관
② 수도본관 → 저수조 → 양수관 → 옥상탱크 → 급수관
③ 저수조 → 옥상탱크 → 수도본관 → 양수관 → 급수관
④ 저수조 → 옥상탱크 → 양수관 → 수도본관 → 급수관

수도본관에서 → 저수조로 저수한 후 → 양수펌프로 양수관을 통해 → 옥상탱크에 공급한 후 → 급수관을 통해 각 수전에 급수한다.

55 보온재에 관한 설명으로 틀린 것은?

① 무기질 보온재로는 암면, 유리면 등이 사용된다.
② 탄산마그네슘은 250℃ 이하의 파이프 보온용으로 사용된다.
③ 광명단은 밀착력이 강한 유기질 보온재이다.
④ 우모펠트는 곡면시공에 매우 편리하다.

광명단은 밀착력이 강한 착색 도료이며 보온재로 쓰이지는 않는다.

56 트랩의 봉수 파괴 원인이 아닌 것은?

① 증발작용 ② 모세관작용
③ 사이펀작용 ④ 배수작용

트랩의 봉수 파괴 원인에는 증발작용, 모세관작용, 사이펀작용, 역압에 의한 분출작용, 부압에의한 흡출작용등이 있다.

57 배관의 도중에 설치하여 유체 속에 혼입된 토사나 이물질 등을 제거하기 위해 설치하는 배관 부품은?

① 트랩 ② 유니언
③ 스트레이너 ④ 플랜지

스트레이너는 여과망으로 펌프나, 밸브류 앞에 설치하여 토사류를 제거하여 설비를 보호한다.

58 냉매배관 중 토출관을 의미하는 것은?

① 압축기에서 응축기까지의 배관
② 응축기에서 팽창밸브까지의 배관
③ 증발기에서 압축기까지의 배관
④ 응축기에서 증발기까지의 배관

냉매배관 중 토출관은 압축기에서 고압의 압축가스가 토출되는 관으로 응축기까지의 배관을 말한다.

59 기수 혼합 급탕기에서 증기를 물에 직접 분사시켜 가열하면 압력차로 인해 소음이 발생한다. 이러한 소음을 줄이기 위해 사용하는 설비는?

① 스팀 사일렌서 ② 응축수 트랩
③ 안전밸브 ④ 가열코일

스팀 사일렌서(S형, F형)는 기수혼합식에서 소음을 방지한다.

정답 54 ② 55 ③ 56 ④ 57 ③ 58 ① 59 ①

60 **중앙식 급탕설비에서 직접 가열식 방법에 대한 설명으로 옳은 것은?**

① 열 효율상으로는 경제적이지만 보일러 내부에 스케일이 생길 우려가 크다.
② 탱크 속에 직접 증기를 분사하여 물을 가열하는 방식이다.
③ 탱크는 저장과 가열을 동시에 하므로 탱크히터 또는 스토리지 탱크로 부른다.
④ 가열 코일이 필요하다.

직접가열식은 열 효율상으로는 경제적이지만 보일러 내부에 스케일이 생길 우려가 크고, 탱크 속에 직접 증기를 분사하여 가열하는 방식은 기수혼합식이며, 직접가열식은 탱크는 저장만하며, 간접가열방식은 저장과 가열을 동시에 하여 가열 코일이 필요한 방식이다.

4 전기제어공학

61 **시퀀스 제어에 관한 설명 중 틀린 것은?**

① 시간지연요소가 사용된다.
② 조합 논리회로로도 사용된다.
③ 기계적 계전기 접점이 사용된다.
④ 전체 시스템의 접점들이 일시에 동작한다.

시퀀스제어의 특징
① 미리 정해진 순서에 의해 제어된다.
② 일정한 논리에 의해 정해진 순서에 의해 제어된다.
③ 조합논리회로로 사용된다.
④ 제어결과에 따라 조작이 자동적으로 이행된다.
⑤ 시간 지연요소로도 사용된다.

62 **자동연소 제어에서 연료의 유량과 공기의 유량 관계가 일정한 비율로 유지되도록 제어하는 방식은?**

① 비율제어　　② 시퀀스제어
③ 프로세스제어　　④ 프로그램제어

비율제어는 목표값이 다른 물리량에 비례하는 경우의 제어를 말하며, 이는 결국 목표값이 시간에 대한 미지함수가 되므로 추종제어의 변형이라고 볼 수 있다.
(예 보일러의 자동연소제어, 암모니아의 합성공정)

63 **위치 감지용으로 적합한 장치는?**

① 전위차계　　② 회전자기부호기
③ 스트레인게이지　　④ 마이크로폰

전위차계
전위차계(Potentiometer, 'Pot')는 지금까지 가장 널리 사용되는 위치 센서이다. 이 센서는 전기 접점이 저항을 지닌 궤도를 따라서 미끄러질 때 나타나는 전압 강하를 측정한다. 즉, 위치는 전압 출력에 비례하는 것을 이용하여 측정한다.

64 **저항 R에 100V의 전압을 인가하여 10A의 전류를 1분간 흘렸다면, 이때의 열량은 약 몇 kJ인가?**

① 1　　② 6
③ 60　　④ 240

전류에 의한 발열량 전류와 전압을 알고있다면
$q = IVt(\text{J})$
$= 10 \times 100 \times 1 \times 60 = 60000\text{J} = 60\text{kJ}$
여기서 시간 t는 초로 환산

정답 60 ① 61 ④ 62 ① 63 ① 64 ③

65 R-L 직렬회로에 100V의 교류 전압을 가했을 때 저항에 걸리는 전압이 80V이었다면 인덕턴스에 걸리는 전압(V)은?

① 20 ② 40
③ 60 ④ 80

만약 저항만의 회로(R-R)라면 100V가 나누어 걸리므로 스칼라 합성으로 20V가 답이 되겠지만, R-L회로는 90도 위상차가 발생하므로 벡타 합성으로 계산하면

$V = \sqrt{V_R^2 + V_L^2}$

$100 = \sqrt{80^2 + V_L^2}$

$V_L = 60\,V$

66 교류회로에서 역률은?

① $\dfrac{\text{무효전력}}{\text{피상전력}}$ ② $\dfrac{\text{유효전력}}{\text{피상전력}}$
③ $\dfrac{\text{무효전력}}{\text{유효전력}}$ ④ $\dfrac{\text{유효전력}}{\text{무효전력}}$

역률 $= \dfrac{\text{유효전력}}{\text{피상전력}}$

67 변압기 내부 고장 검출용 보호계전기는?

① 차동계전기 ② 과전류계전기
③ 역상계전기 ④ 부족전압계전기

차동계전기는 변압기에 설치하며 입력 전류와 출력 전류의 차이가 발생했을 때 내부 고장으로 판단하여 작동하는 내부 고장 검출용 보호계전기이다.

68 $i = 2t^2 + 8t$(A)로 표시되는 전류가 도선에 3초 동안 흘렀을 때 통과한 전체 전하량(C)은?

① 18 ② 48
③ 54 ④ 61

3초동안 총전하량은 적분으로 계산한다.

$$\int_0^3 2t^2 + 8t = \left[\frac{2}{3}t^3 + \frac{8}{2}t^2\right]_0^3 = (18+36) = 54\text{C}$$

69 정상편차를 제거하고 응답속도를 빠르게 하여, 속응성과 정상상태 응답 특성을 개선하는 제어동작은?

① 비례동작 ② 비례미분동작
③ 비례적분동작 ④ 비례미분적분동작

① P(비례)동작 : 편차에 비례한 조작신호를 낸다.(정상편차 발생)
② PI(비례적분)동작 : 정상편차가 작게 억제된다.(제어계의 정상특성을 개선)
③ PD(비례미분)동작 : D동작의 효과(제어계의 속응성을 개선)에 의해 편차를 없애도록 크게 수정 동작이 가해지므로 이것을 개선하는 작용이 있다.
④ PID(비례적분미분)동작 : P동작에서의 정상편차를 I동작으로 개선하고 D동작으로 응답속도를 빠르게(속응성) 보완한다.

70 직류전동기의 속도제어방법이 아닌 것은?

① 계자제어법 ② 직렬저항법
③ 병렬저항법 ④ 전압제어법

직류전동기의 속도제어방법 : 계자제어, 직렬저항제어, 전압제어
농형 유도전동기 제어 : 극수변환, 주파수변환, 슬립제어
권선형 유도전동기 제어 : 2차저항제어, 2차여자제어

정답 65 ③ 66 ② 67 ① 68 ③ 69 ④ 70 ③

71 **피드백 제어계에서 제어요소에 대한 설명 중 옳은 것은?**

① 목표값에 비례하는 신호를 발생하는 요소이다.
② 조절부와 검출부로 구성되어 있다.
③ 동작신호를 조작량으로 변화시키는 요소이다.
④ 조절부와 비교부로 구성되어 있다.

제어요소란 동작신호를 조작량으로 변화시키는 요소로 조절부와 조작부로 구성된다.

72 **자동제어의 기본 요소로서 전기식 조작기기에 속하는 것은?**

① 다이어프램　　② 벨로우즈
③ 펄스 전동기　　④ 파일럿 밸브

펄스 전동기는 펄스의 폭과 진폭을 조절하여 속도등을 제어하는 전기식 조작기기이다.

73 **어떤 도체의 단면을 1시간에 7200C의 전기량이 이동했다고 하면 전류는 몇 A인가?**

① 1　　② 2
③ 3　　④ 4

$$\text{전류} = \frac{\text{전기량(C)}}{\text{시간(s)}} = \frac{7200\text{C}}{3600\text{s}} = 2\text{C/s} = 2\text{A}$$

74 **부궤환(negative feedback)증폭기의 장점은?**

① 안정도의 증가　　② 증폭도의 증가
③ 전력의 절약　　④ 능률의 증대

부궤환(negative feedback)증폭기
부궤환 증폭기는 출력 일부를 역상으로 입력에 되돌리어 비교함으로써 출력을 안정하게 제어할 수 있게한 증폭기이다. 궤환에는 부궤환(negative feedback)과 정궤환(positive feedback)이 있고 부궤환은 동작상태를 안정화시키는 쪽으로 동작하는 반면, 정궤환은 동작상태를 불안정하게 하는 쪽으로 동작한다. 따라서 증폭기의 경우에는 부궤환을 채택하고, 발진기는 정궤환을 채택한다.

75 **피드백 제어계의 안정도와 직접적인 관련이 없는 것은?**

① 이득 여유　　② 위상 여유
③ 주파수 특성　　④ 제동비

피드백 제어계의 안정도와 직접적인 관련이 없는 것은 주파수 특성이다.

76 **저항 R_1과 R_2(R_1의 2배)가 병렬로 접속되어 있을 때, R_1에 흐르는 전류가 3A이면 R_2에 흐르는 전류는 몇 A인가?**

① 1.0　　② 1.5
③ 2.0　　④ 2.5

병렬회로에서 전류는 저항에 반비례하여 흐르므로 R_2저항이 2배이면 전류는 1/2(1.5A)이 흐른다.

정답 71 ③　72 ③　73 ②　74 ①　75 ③　76 ②

77 **평형위치에서 목표 값과 현재 수위와의 차이를 잔류 편차(offset)라 한다. 다음 중 잔류 편차가 있는 제어계는?**

① 비례 동작 (P 동작)
② 비례 미분 동작 (PD 동작)
③ 비례 적분 동작 (PI 동작)
④ 비례 적분 미분 동작 (PID 동작)

비례동작(P동작)은 입력인 편차(동작신호) z에 대하여 조작량의 출력변화 y가 일정한 비례관계가 있는 제어동작으로
$y(t) = K_P z(t)$
off-set(잔류편차, 정상편차, 정상오차)이 발생, 속응성(응답속도)이 나쁘다.

78 **어떤 전지에 연결된 외부회로의 저항은 4Ω이고, 전류는 5A가 흐른다. 외부회로에 4Ω 대신 8Ω의 저항을 접속하였더니 전류가 3A로 떨어졌다면, 이 전지의 기전력(V)은?**

① 10 ② 20
③ 30 ④ 40

전지 기전력을 E라하고 내부 저항을 r 이라하면
저항 4Ω 일 때 $E=5(4+r)$
저항 8Ω일 때 $E=3(8+r)$ 연립하여 풀면
$5(4+r)=3(8+r)$
$5r-3r=2r=24-20$
$r=2,\ E=30\text{V}$

79 **자동제어계에서 과도응답 중 지연시간을 옳게 정의한 것은?**

① 목표 값의 50%에 도달하는 시간
② 목표 값이 허용오차 범위에 들어갈 때까지의 시간
③ 최대 오버슈트가 일어나는 시간
④ 목표 값의 10 ~ 90%까지 도달하는 시간

지연시간 이란 응답이 최초로 목표값의 50%에 도달하는데 걸리는 시간이다.

80 **제어량이 온도, 압력, 유량, 액위, 농도 등과 같은 일반 공업량일 때의 제어는?**

① 추종제어 ② 시퀀스제어
③ 프로그래밍제어 ④ 프로세스제어

프로세스 제어(process control)
플랜트나 공업공정 중의 상태량(프로세스량)을 제어량으로 하는 자동제어로 주로 정치제어로 공정제어라고도 한다.
제어량 : 온도, 압력, 유량, 액면, 조성, PH, 점도, 품질 등

정답 77 ① 78 ③ 79 ① 80 ④

기출문제 과년도 기출문제 (2021년 3회)

1 공기조화

01 20℃ 물 25kg을 100℃의 건조포화증기로 가열하는데 필요한 열량(kJ)은?(단, 물의 비열은 4.2kJ/kg · K, 100℃ 증발잠열 2257 kJ/kg 이다.)

① 64825 ② 73455
③ 76788 ④ 85665

이 문제에서 건조 포화증기란 100℃ 증기를 말한다. 그러므로 100℃물을 100℃ 건조 포화증기로 변화하는 증발잠열을 더하여 계산한다.
$q = mC\Delta t + m\gamma = 25\times4.2(100-20)+25(2257) = 64825\text{kJ}$

02 다음 열원방식 중에 하절기 피크전력의 평준화를 실현할 수 없는 것은?

① GHP 방식 ② EHP 방식
③ 지역냉난방 방식 ④ 축열방식

하절기 피크전력의 평준화란 피크부하를 저감하여 조절하는 것이며, GHP, 축열방식, 지역냉난방은 피크부하에도 전기사용을 억제하지만, EHP 방식은 여름철에 피크부하시 전기사용량이 증가한다.

03 냉 · 난방 설계 시 열부하에 관한 설명으로 옳은 것은?

① 인체에 대한 냉방부하는 현열만이다.
② 인체에 대한 난방부하는 현열과 잠열이다.
③ 조명에 대한 냉방부하는 현열만이다.
④ 조명에 대한 난방부하는 현열과 잠열이다.

인체에 대한 냉방부하는 현열, 잠열이 있고, 인체에 대한 난방부하는 무시하며, 조명에 대한 냉방부하는 현열만 고려한다. 또한 조명에 대한 난방부하도 무시한다(실내 발열이므로 난방부하는 감소(-)부분이지만 보통 무시한다)

04 이중덕트방식에 설치하는 혼합상자의 구비조건으로 틀린 것은?

① 냉풍·온풍 덕트내의 정압변동에 의해 송풍량이 예민하게 변화할 것
② 혼합비율 변동에 따른 송풍량의 변동이 완만할 것
③ 냉풍·온풍 댐퍼의 공기누설이 적을 것
④ 자동제어 신뢰도가 높고 소음발생이 적을 것

혼합상자는 냉풍과 온풍을 혼합하여 취출공기를 만드는데 이때 덕트내의 정압변동에도 불구하고 송풍량이 일정하도록 한다.

05 실내온도 27℃이고, 실내 절대습도가 0.0165kg/kg의 조건에서 틈새바람에 의한 침입 외기량이 200L/s 일 때 현열부하와 잠열부하는?(단, 실외온도 32℃, 실외절대습도 0.0321kg/kg, 공기의 비열 1.01kJ/kg · K, 공기의 밀도 1.2kg/m^3, 물의 증발잠열 2501kJ/kg이다.)

① 현열부하 2.424kW, 잠열부하 7.803kW
② 현열부하 1.212kW, 잠열부하 9.364kW
③ 현열부하 2.828kW, 잠열부하 7.803kW
④ 현열부하 2.828kW, 잠열부하 9.364kW

침입 외기량 200L/s=0.2m^3/s
현열부하$= mC\Delta t = 0.2\times1.2\times1.01(32-27) = 1.212\text{kW}$
잠열부하$= \gamma m\Delta x = 2501\times0.2\times1.2(0.0321-0.0165)$
$= 9.364\text{kW}$

정답 01 ① 02 ② 03 ③ 04 ① 05 ②

06 주로 대형 덕트에서 덕트의 찌그러짐을 방지하기 위하여 덕트의 옆면 철판에 주름을 잡아주는 것을 무엇이라고 하는가?

① 다이아몬드 브레이크
② 가이드 베인
③ 보강앵글
④ 시임

대형 덕트를 보강하는 방법으로 철판에 다이아몬드 브레이크 주름을 잡거나, 비드보강, 앵글보강을 한다.

07 온도 10℃, 상대습도 50%의 공기를 25℃로 하면 상대습도(%)는 얼마인가? (단, 10℃일 경우의 포화 증기압은 1.226kPa, 25℃일 경우의 포화 증기압은 3.163kPa이다.)

① 9.5 ② 19.4
③ 27.2 ④ 35.5

10℃, 50%일 때 수증기분압(p_1)은
p_1=1.226 × 0.5=0.613kPa
25℃ 로 가열해도 수증기 분압은 같으며

$$25℃에서\ 상대습도(\%) = \frac{수증기분압}{포화수증기분압} = \frac{0.613\times100}{3.163} = 19.38\%$$

08 다음 중 수-공기 공기조화 방식에 해당하는 것은?

① 2중 덕트 방식 ② 패키지 유닛 방식
③ 복사 냉난방 방식 ④ 정풍량 단일 덕트 방식

수-공기방식 : 복사 냉난방 방식, FCU(덕트병용), IU(유인유닛식)

09 에어와셔에서 분무하는 냉수의 온도가 공기의 노점온도보다 높을 경우 공기의 온도와 절대습도의 변화는?

① 온도는 올라가고, 절대습도는 증가한다.
② 온도는 올라가고, 절대습도는 감소한다.
③ 온도는 내려가고, 절대습도는 증가한다.
④ 온도는 내려가고, 절대습도는 감소한다.

에어와셔에서 분무수의 냉수(공기온도보다 낮은 냉수)온도가 공기의 노점보다 높으면 온도는 내려가고(냉각) 절대습도는 증가(가습)한다. 냉수온도가 공기의 노점보다 낮으면 온도도 내려가고(냉각) 절대습도도 내려(감습)간다.

10 두께 150mm, 면적 10m²인 콘크리트 내벽의 외부온도가 30℃, 내부온도가 20℃일 때 8시간 동안 전달되는 열량(kJ)은? (단, 콘크리트 내벽의 열전도율은 1.5W/m·K이다.)

① 1350 ② 8350
③ 13200 ④ 28800

벽체 전도열량

$$q = \frac{\lambda}{L}A\Delta t = \frac{1.5}{0.15}\times10(30-20) = 1000\text{W}$$

8시간동안 통과 열량은 1000W = 1kW = 1kJ/s
1kJ/s × 3600 × 8 = 28,800kJ

11 단일덕트 정풍량 방식에 대한 설명으로 틀린 것은?

① 각 실의 실온을 개별적으로 제어할 수가 있다.
② 설비비가 다른 방식에 비해서 적게 든다.
③ 기계실에 기기류가 집중 설치되므로 운전, 보수가 용이하고, 진동, 소음의 전달 염려가 적다.
④ 외기의 도입이 용이하며 환기팬 등을 이용하면 외기냉방이 가능하고 전열교환기의 설치도 가능하다.

단일덕트 정풍량 방식은 한종류의 공기를 일정 풍량 공급하므로 각 실의 실온을 개별적으로 제어하기 곤란하다.

정답 06 ① 07 ② 08 ③ 09 ③ 10 ④ 11 ①

12 **실내의 냉방 현열부하가 5.8kW, 잠열부하가 0.93kW인 방을 실온 26℃로 냉각하는 경우 송풍량(m^3/h)은? (단, 취출온도는 15℃이며, 공기의 밀도 $1.2kg/m^3$, 정압비열 1.01kJ/kg·K이다.)**

① 1566.1　② 1732.4
③ 1999.8　④ 2104.2

$$\text{송풍량} = \frac{\text{현열부하}}{(\text{비열})(\text{온도차})} = \frac{5.8kW}{1.01(26-15)}$$
$$= 0.52205kg/s = 1879.4kg/h = 1566.1m^3/h$$

13 **원심송풍기에서 사용되는 풍량제어 방법 중 풍량과 소요 동력과의 관계에서 가장 에너지 절약적인 제어 방법은?**

① 회전수 제어　② 베인 제어
③ 댐퍼 제어　④ 스크롤 댐퍼 제어

원심송풍기에서 사용되는 풍량 제어 방법 중 풍량과 소요 동력과의 관계에서 가장 효과적인 제어 법이란 동력절감(에너지절약) 효과가 크다는 의미이며 회전수제어 〉 베인제어 〉 댐퍼제어 순이다.

14 **습공기의 상태변화에 관한 설명으로 옳은 것은?**

① 습공기를 가습하면 상대습도가 내려간다.
② 습공기를 냉각 감습하면 엔탈피는 증가한다.
③ 습공기를 가열하면 절대습도는 변하지 않는다.
④ 습공기를 노점온도 이하로 냉각하면 절대습도는 내려가고, 상대습도는 일정하다.

습공기를 가습하면 상대습도가 올라가며, 습공기를 냉각 감습하면 엔탈피는 감소한다. 습공기를 가열하면 수평으로 온도만 증가하므로 절대습도는 변하지 않으며, 습공기를 노점온도 이하로 냉각하면 절대습도는 내려가고, 상대습도는 증가하여 포화상태(100%)에 가까워진다.

15 **냉방부하 계산시 유리창을 통한 취득열 부하를 줄이는 방법으로 가장 적절한 것은?**

① 얇은 유리를 사용한다.
② 투명 유리를 사용한다.
③ 흡수율이 큰 재질의 유리를 사용한다.
④ 반사율이 큰 재질의 유리를 사용한다.

유리창 취득열을 줄이기 위해서는 불투명 두꺼운 유리를 사용, 흡수율이 작은 재질의 유리를 사용, 반사율이 큰 재질의 유리를 사용한다.

16 **덕트에 설치하는 가이드 베인에 대한 설명으로 틀린 것은?**

① 보통 곡률반지름이 덕트 장변의 1.5배 이내일 때 설치한다.
② 덕트를 작은 곡률로 구부릴 때 통풍저항을 줄이기 위해 설치한다.
③ 곡관부의 내측보다 외측에 설치하는 것이 좋다.
④ 곡관부의 기류를 세분하여 생기는 와류의 크기를 적게 한다.

덕트에 설치하는 가이드 베인은 와류가 심한 곡관부의 내측에 설치하는 것이 좋다.

17 **실내 냉방 부하 중에서 현열부하 2500kJ/h, 잠열부하 500kJ/h 일 때 현열비는?**

① 0.2　② 0.83
③ 1　④ 1.2

$$\text{현열비} = \frac{\text{현열}}{\text{현열+잠열}} = \frac{2500}{2500+500} = 0.83$$

정답 12 ① 13 ① 14 ③ 15 ④ 16 ③ 17 ②

18 냉수 코일 설계 시 유의사항으로 옳은 것은?

① 대수 평균 온도차(MTD)를 크게 하면 코일의 열수가 많아진다.
② 냉수의 속도는 2m/s 이상으로 하는 것이 바람직하다.
③ 코일을 통과하는 풍속은 2~3m/s가 경제적이다.
④ 물의 온도 상승은 일반적으로 15℃ 전후로 한다.

대수 평균 온도차(MTD)를 크게 하면 코일의 열수는 적어지며, 냉수의 속도는 1m/s 정도로 하고, 코일을 통과하는 풍속은 2~3m/s가 경제적이다. 물의 온도 상승은 일반적으로 5℃ 전후로 한다.

19 건구온도 22℃, 절대습도 0.0135kg/kg' 인 공기의 엔탈피(kJ/kg)는 얼마인가? (단, 공기밀도 1.2kg/m³, 건공기 정압비열 1.01kJ/kg·K, 수증기 정압비열 1.85kJ/kg·K, 0℃ 포화수의 증발잠열 250kJ/kg이다.)

① 58.4 ② 61.2
③ 56.5 ④ 52.4

$h = C_{pa}t + x(\gamma + C_{pv}t)$
$= 1.01 \times 22 + 0.0135(2501 + 1.85 \times 22)$
$= 56.5\text{kJ/kg}$

20 엔탈피 55kJ/kg인 300m³/h의 공기를 엔탈피 37.8kJ/kg의 공기로 냉각시킬 때 제거 열량은? (단, 공기의 밀도는 1.2kg/m³이다.)

① 6192kJ/h ② 5124kJ/h
③ 4214kJ/h ④ 3308kJ/h

제거열량 $= \text{m}\Delta\text{h} = 300 \times 1.2 \times (55 - 37.8) = 6192\text{kJ/h}$
냉각 전후의 온도를 준다면 제거열량 $= \text{mC}\Delta\text{t}$ 로 구한다.

2 냉동공학

21 진공압력 200mmHg를 절대압력으로 환산하면 약 얼마인가? (단, 대기압은 101.3kPa이다.)

① 52kPa ② 74.6kPa
③ 84.2kPa ④ 94.8kPa

절대압력
절대압력 = 대기압 - 진공압력

$$= 101.3 - 101.3 \times \frac{200}{760} \doteqdot 74.6$$

22 열에 대한 설명으로 옳은 것은?

① 온도는 변화하지 않고 물질의 상태를 변화시키는 열은 잠열이다.
② 냉동에는 주로 이용되는 것은 현열이다.
③ 잠열은 온도계로 측정할 수 있다.
④ 고체를 기체로 직접 변화시키는데 필요한 승화열은 감열이다.

② 냉동에는 주로 이용되는 것은 냉매의 상태변화에 따른 잠열이다.
③ 잠열(Latent heat)은 물질이 온도 변화 없이 상태가 변화할 때 필요한 열이므로 온도계로 측정할 수 없다.
④ 고체를 기체로 직접 변화시키는데 필요한 승화열은 잠열이다.

정답 18 ③ 19 ③ 20 ① 21 ② 22 ①

23 비열에 관한 설명으로 옳은 것은?

① 비열이 큰 물질일수록 빨리 식거나 빨리 더워진다.
② 비열의 단위는 kJ/kg이다.
③ 비열이란 어떤 물질 1kg을 1℃ 높이는 데 필요한 열량을 말한다.
④ 비열비는 $\frac{정압비열}{정적비열}$ 로 표시되며 그 값은 R-22가 암모니아 가스보다 크다.

> ① 비열이 작은 물질일수록 빨리 식거나 빨리 더워진다.
> ② 비열의 단위는 kJ/kg·℃(공학단위 : kcal/kg·℃) 이다.
> ④ 비열비= $\frac{정압비열}{정적비열}$ 로 표시되며
> 암모니아는1.313, R-22는1.186으로 암모니아 가스가 크다.

24 다음 중 암모니아 냉매를 대형장치에서 많이 사용하고 있는 원인으로 생각될 수 없는 것은?

① 냉동효과가 크기 때문
② 가격이 싸기 때문
③ 폭발의 위험이 없기 때문
④ 증발잠열이 크기 때문

> 암모니아 냉매는 가연성이며 독성가스이다. 따라서 항상 폭발의 위험이 있다.

25 냉동용 압축기에 사용되는 윤활유를 냉동기유라고 한다. 냉동기유의 역할과 거리가 먼 것은?

① 윤활작용 ② 냉각작용
③ 제습작용 ④ 밀봉작용

> 냉동유의 역할
> ㉠ 마찰저항 및 마모방지(윤활작용)
> ㉡ 밀봉작용
> ㉢ 방청작용
> ㉣ 냉각작용

26 냉동사이클 중 P-h 선도(압력-엔탈피 선도)로 계산할 수 없는 것은?

① 냉동능력 ② 성적계수
③ 냉매순환량 ④ 마찰계수

> 냉동사이클 중 P-h 선도(압력-엔탈피 선도)로 계산할 수 있는 것
> ㉠ 냉동효과
> ㉡ 압축일량(소요동력)
> ㉢ 응축기 방열량
> ㉣ 성적계수
> ㉤ 냉동능력
> ㉥ 냉매순환량
> ㉦ 압축비

27 -20℃의 암모니아 포화액의 엔탈피가 315kJ/kg이며, 동일 온도에서 건조포화증기의 엔탈피가 1693kJ/kg이다. 이 냉매액이 팽창밸브를 통과하여 증발기에 유입될 때의 냉매의 엔탈피가 672kJ/kg이었다면 중량비로 약 몇 %가 액체 상태인가?

① 16% ② 26%
③ 74% ④ 84%

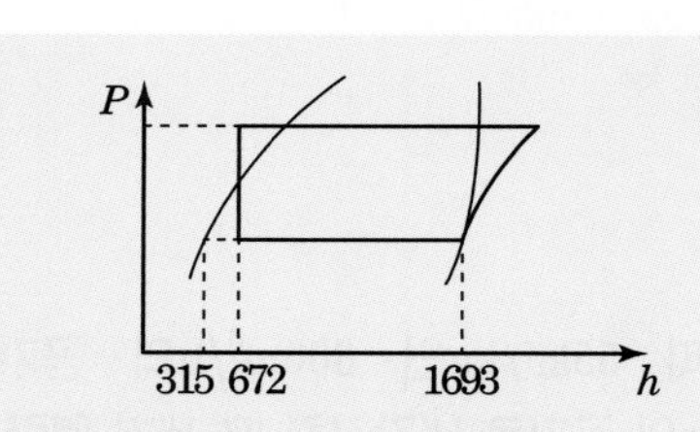

습도(액체상태의 냉매의 양) $= \frac{1693-672}{1693-315} \times 100 = 74[\%]$

정답 23 ③ 24 ③ 25 ③ 26 ④ 27 ③

28 **암모니아 냉동기의 증발온도 -20℃, 응축온도 35℃일 때 ㉠ 이론 성적계수와 ㉡ 실제 성적계수는 약 얼마인가? (단, 팽창밸브 직전의 액온도는 32℃, 흡인가스는 건포화증기이고, 체적효율은 0.65, 압축효율은 0.80, 기계효율은 0.9로 한다.)**

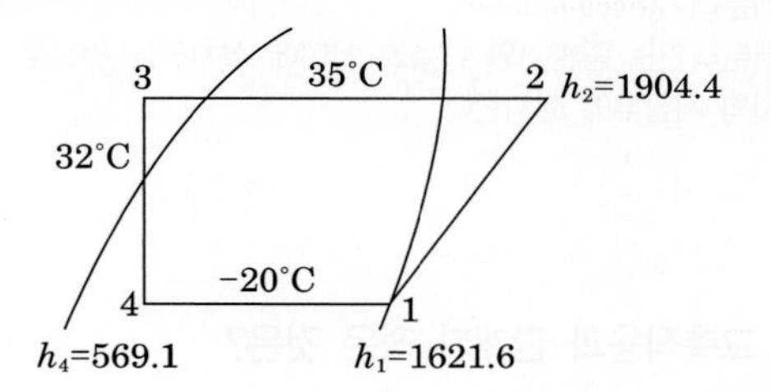

① ㉠ 0.5, ㉡ 3.8 ② ㉠ 3.7, ㉡ 2.7
③ ㉠ 3.5, ㉡ 2.5 ④ ㉠ 4.3, ㉡ 2.8

(1) 이론 성적계수$=\frac{1621.6-569.1}{1904.4-1621.6}=3.7$
(2) 실제 성적계수=이론 성적계수×압축효율×기계효율
$=3.70.80.9=2.7$

29 **이상적 냉동사이클로 작동되는 냉동기의 성적계수가 6.84일 때 증발온도가 -15℃이다. 응축온도는 약 몇 ℃인가?**

① 18 ② 23
③ 27 ④ 32

가역 냉동사이클 성적계수 COP

$\text{COP}=\frac{T_2}{T_1-T_2}$에서

$T_1=T_2+\frac{T_2}{COP}=(273-15)+\frac{273-15}{6.84}\fallingdotseq 296\,[\text{K}]=23[℃]$

여기서 T_1 : 응축온도[K]
T_2 : 증발온도[K]

30 **어떤 냉동장치에서 응축기용의 냉각수 유량이 7000kg/h이고 응축기 입구 및 출구 온도가 각각 15℃와 28℃이었다. 압축기로 공급한 동력이 5.4×10^4kJ/h이라면 이 냉동기의 냉동능력은? (단, 냉각수의 비열은 4.185kJ/kg · K이다.)**

① 2.27×10^5kJ/h
② 3.27×10^5kJ/h
③ 4.67×105kJ/h
④ 5.67×105kJ/h

냉동능력 Q_2(kJ/h)
$Q_1=Q_2+W$에서
$Q_2=Q_1-W=7000\times4.185\times(28-15)-5.4\times10^4$
$\fallingdotseq 3.27\times10^5$[kJ/h]
여기서 Q_1 : 응축부하[kJ/h]
W : 소요동력[kJ/h]

31 **다음은 냉동장치의 열역학에 관한 기술이다. 옳게 설명된 것은?**

① 온도 및 압력조건이 동일하면 열펌프 사이클의 성적계수와 냉동사이클의 성적계수는 동일하다.
② 가스의 압축에 있어서 압축 전후의 압력을 P_1, P_2라 하고 체적을 V_1, V_2라 할 때 등온 압축에서는 $P_1V_1=P_2V_2$가 성립한다.
③ 팽창밸브 전의 액온이 변하여도 압축기의 흡입압력, 토출압력, 흡입증기 온도가 변하지 않으면 냉동능력은 변하지 않는다.
④ 팽창밸브에서는 냉매액의 압력, 온도가 저하하고 엔탈피가 감소한다.

① 온도 및 압력조건이 동일하면 열펌프 사이클의 성적계수가 냉동사이클의 성적계수보다 1만큼 크다.
③ 팽창밸브 전의 액온이 낮을수록 압축기의 흡입압력, 토출압력, 흡입증기 온도가 변하지 않으면 플래시 가스 발생량이 감소하여 냉동능력은 커진다.
④ 팽창밸브에서는 냉매액의 압력, 온도가 저하하고 엔탈피가 변하지 않는다.

정답 28 ② 29 ② 30 ② 31 ②

32 어느 기체의 압력이 0.5MPa, 온도 150℃, 비체적 $0.4m^3/kg$일 때 가스 상수(J/kg · K)를 구하면 약 얼마인가?

① 11.3　　② 47.28
③ 113　　④ 472.8

이상기체 상태 방정식
$Pv = RT$에서
$$R = \frac{Pv}{T} = \frac{0.5 \times 10^6 \times 0.4}{273 + 150} = 472.8$$

33 어떤 변화가 가역인지 비가역인지 알려면 열역학 몇 법칙을 적용하면 되는가?

① 제0법칙　　② 제1법칙
③ 제2법칙　　④ 제3법칙

열역학 제 2법칙
열역학 제 2법칙에 따르면 일을 열로 변화하기는 쉬우나 열을 일로 변화시키는 데는 어려움이 따른다는 비가역성(irreversibility)에 대한 법칙이다.

34 냉동장치의 액관 중 발생하는 플래시 가스의 발생 원인으로 가장 거리가 먼 것은?

① 액관의 입상높이가 매우 작을 때
② 냉매 순환량에 비하여 액관의 관경이 너무 작을 때
③ 배관에 설치된 스트레이너, 필터 등이 막혀 있을 때
④ 액관이 직사광선에 노출될 때

플래시 가스 발생원인
① 액관의 입상높이가 매우 높을 때
② 냉매 순환량에 비하여 액관의 관경이 너무 작을 때
③ 배관에 설치된 스트레이너, 필터 등이 막혀 있을 때
④ 액관이 직사광선에 노출될 때
⑤ 액간이 냉매액 온도보다 높은 장소를 통과할 때

35 냉동장치에서 고압측에 설치하는 장치가 아닌 것은?

① 수액기　　② 팽창밸브
③ 드라이어　　④ 액분리기

액분리기(Accumulator)
액분리기는 증발기와 압축기 사이에 설치하는 것으로 냉동장치의 저압부에 설치한다.

36 교축작용과 관계가 적은 것은?

① 등엔탈피 변화
② 팽창밸브에서의 변화
③ 엔트로피의 증가
④ 등적 변화

팽창밸브에서는 냉매의 교축작용에 의해 압력과 온도는 저하되고 엔탈피가 일정한 등엔탈피작용을 하며 엔트로피는 증가한다. 교축과정에서 냉매는 팽창하여 체적이 증가한다.

37 다음 중 공기 냉각용 증발기에 속하는 것은?

① 보데로 증발기　　② 탱크형 증발기
③ 캐스케이드 증발기　　④ 셸 앤 코일 증발기

공기냉각용 증발기
㉠ 나관코일 증발기
㉡ 판형 증발기
㉢ 핀 튜브식 증발기
㉣ 캐스케이드(cascade) 증발기
㉤ 멀티피드 멀티석션(multi feed multi suction) 증발기

정답 32 ④ 33 ③ 34 ① 35 ④ 36 ④ 37 ③

38 횡형 수냉응축기의 열통과율이 872W/m²K, 냉각수량 450L/min, 냉각수 입구온도 28℃, 냉각수 출구온도 33℃ 응축온도와 냉각수 온도와의 평균온도차가 5℃일 때, 이 응축기의 전열면적은 얼마인가?

① 46m² ② 40m²
③ 36m² ④ 30m²

응축기 방열량 Q_1

$Q_1 = mc\Delta t60 = KA\Delta t_m$ 에서

$$A = \frac{mc\Delta t60}{K\Delta t_m} = \frac{\left(\frac{450}{60}\right)\times 4.2\times(33-28)}{0.872\times 5} = 36$$

여기서, m : 냉각수량[L/min]
c : 냉각수 비열 4.2[kJ/kgK]
Δt : 냉각수 입·출구 온도차[℃]
K : 열통과율[kW/m²K]
A : 전열면적[m²]
Δt_m : 응축온도와 냉각수 온도와의 평균온도차[℃]

39 다음 중 스크롤 압축기에 관한 설명으로 틀린 것은?

① 인벌류트 치형의 두 개의 맞물린 스크롤의 부품이 선회운동을 하면서 압축하는 용적형 압축기이다.
② 토그변동이 적고 압축요소의 미끄럼 속도가 늦다.
③ 용량제어 방식으로 슬라이드 밸브방식, 리프트밸브 방식 등이 있다.
④ 고정스크롤, 선회스크롤, 자전방지 커플링, 크랭크축 등으로 구성되어 있다.

스크롤 압축기의 용량제어방식은 회전식과 같이 발정(on-off) 제어 이외의 방식은 하기 힘들다. 슬라이드 밸브방식은 스크루 압축기의 용량제어방식이고 리프트밸브 방식은 고속다기통 압축기에서 행하는 방식이다.

40 압축기의 체적효율에 대한 설명으로 옳은 것은?

① 이론적 피스톤 압출량을 압축기 흡입직전의 상태로 환산한 흡입가스량으로 나눈 값이다.
② 체적 효율은 압축비가 증가하면 감소한다.
③ 동일 냉매 이용 시 체적효율은 항상 동일하다.
④ 피스톤 격간이 클수록 체적효율은 증가한다.

① 체적효율$\eta_v = \dfrac{\text{실제적 피스톤 압출량 } V[\text{m}^3/\text{h}]}{\text{이론적 피스톤 압출량 } V_a[\text{m}^3/\text{h}]}$
② 압축비가 클수록 체적효율이 감소한다.
③ 같은 냉매를 사용하여도 운전조건에 따라서 체적효율은 변동한다.
④ 피스톤 격간(clearance)이 클수록 체적효율은 감소한다.

3 배관공학

41 다음 중 배수설비에서 소제구(C.O)의 설치위치로 가장 부적절한 곳은?

① 가옥 배수관과 옥외의 하수관이 접속되는 근처
② 배수 수직관의 최상단부
③ 수평 지관이나 횡주관의 기점부
④ 배수관이 45도 이상의 각도로 구부러지는 곳

배수설비에서 소제구(C.O)는 막히면 청소할 수 있는 위치에 설치하며 배수 수직관의 최하단부가 적합하다.

42 고층 건물이나 기구수가 많은 건물에서 수평관 말단에서 입상관까지의 거리가 긴 경우, 루프통기의 효과를 높이기 위해 설치된 통기관은?

① 도피 통기관 ② 반송 통기관
③ 공용 통기관 ④ 신정 통기관

도피 통기관은 기구수가 많은 수평관에서 입상관까지의 거리가 긴 경우, 루프통기의 효과를 높이기 위해 설치하는 통기관이다.

정답 38 ③ 39 ③ 40 ② 41 ② 42 ①

43 배관의 접합 방법 중 용접접합의 특징으로 틀린 것은?

① 중량이 무겁다.
② 유체의 저항 손실이 적다.
③ 접합부 강도가 강하여 누수우려가 적다.
④ 보온피복 시공이 용이하다.

용접접합은 중량이 가볍고, 유체의 저항 손실이 적으며, 접합부 강도가 강하여 누수우려가 적다. 돌출부가 없어 보온피복 시공이 용이하다.

44 냉매배관 설계 시 유의사항으로 틀린 것은?

① 2중 입상관 사용 시 트랩을 크게 한다.
② 과도한 압력 강하를 방지 한다.
③ 압축기로 액체 냉매의 유입을 방지한다.
④ 압축기를 떠난 윤활유가 일정 비율로 다시 압축기로 되돌아오게 한다.

2중 입상관 (double riser)사용 시 트랩을 크게하면 트랩에 고인 오일이 일시에 다량 압축기로 유입되어 운전에 불리하므로 되도록 작게한다. 하지만 일반 배관의 밴딩부는 곡률반경을 크게하여 저항을 줄인다.

45 밀폐 배관계에서는 압력계획이 필요하다. 압력계획을 하는 이유로 틀린 것은?

① 운전 중 배관계 내에 대기압보다 낮은 개소가 있으면 접속부에서 공기를 흡입할 우려가 있기 때문에
② 운전 중 수온에 알맞은 최소압력 이상으로 유지하지 않으면 순환수 비등이나 플래시 현상 발생 우려가 있기 때문에
③ 펌프의 운전으로 배관계 각 부의 압력이 감소하므로 수격작용, 공기정체 등의 문제가 생기기 때문에
④ 수온의 변화에 의한 체적의 팽창·수축으로 배관 각 부에 악영향을 미치기 때문에

펌프의 운전으로 배관계 각 부의 압력이 상승하므로 수격작용, 공기정체 등의 문제가 생기기 때문에 압력계획이 필요하다.

46 암모니아 냉동설비의 배관으로 사용하기에 가장 부적절한 배관은?

① 이음매 없는 동관
② 저온 배관용 강관
③ 배관용 탄소강 강관
④ 배관용 스테인리스 강관

암모니아는 동관과 동부착 현상(copper plating)을 일으키기 때문에 사용을 피한다.

47 펌프 운전 시 발생하는 캐비테이션 현상에 대한 방지 대책으로 틀린 것은?

① 흡입양정을 짧게 한다.
② 펌프의 회전수를 낮춘다.
③ 단흡입 펌프를 사용한다.
④ 흡입관의 관경을 굵게, 굽힘을 적게 한다.

펌프 운전 시 발생하는 캐비테이션 현상을 방지하려면 단흡입 펌프보다 양흡입 펌프가 유리하다.

48 급탕배관의 구배에 관한 설명으로 옳은 것은?

① 중력순환식은 1/250 이상의 구배를 준다.
② 강제순환식은 구배를 주지 않는다.
③ 하향식 공급 방식에서는 급탕관 및 복귀관은 모두 선하향 구배로 한다.
④ 상향공급식 배관의 반탕관은 상향구배로 한다.

중력순환식은 1/150, 강제순환식은 1/200의 구배를 주며, 상향공급식 배관의 반탕관은 하향구배로 한다.

정답 43 ① 44 ① 45 ③ 46 ① 47 ③ 48 ③

49 강관작업에서 아래 그림처럼 15A 나사용 90° 엘보 2개를 사용하여 길이가 200mm가 되도록 연결 작업을 하려고 한다. 이 때 실제 15A 강관의 길이(mm)는 얼마인가? (단, 나사가 몰리는 최소길이(여유치수)는 11mm, 이음쇠의 중심에서 단면까지의 길이는 27mm이다.)

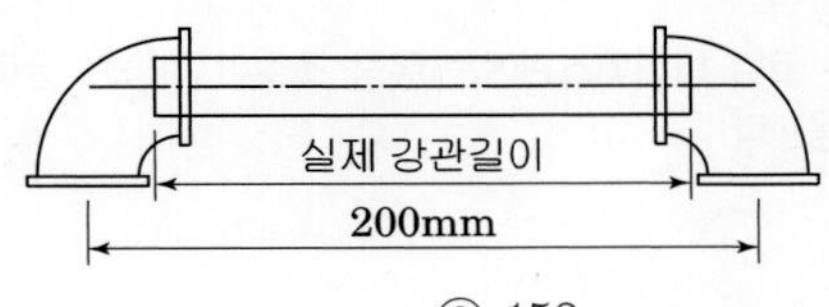

① 142 ② 158
③ 168 ④ 176

배관길이200mm에서 중심에서 단면까지의 길이(27mm)에서 물리는길이(11mm)를 뺀 나머지(27−11=16mm)를 양쪽에서 제한값(200−2×16=168mm)이 실제길이이다.

40 온수난방에서 개방식 팽창탱크에 관한 설명으로 틀린 것은?

① 공기빼기 배기관을 설치한다.
② 4℃의 물을 100℃로 높였을 때 팽창체적 비율이 4.3% 정도이므로 이를 고려하여 팽창탱크를 설치한다.
③ 팽창탱크에는 오버 플로우관을 설치한다.
④ 팽창탱크에는 반드시 밸브를 설치한다.

팽창탱크로 연결되는 배관에는 밸브를 설치하지 않는다.

41 건물의 시간당 최대 예상 급탕량이 2000kg/h일 때, 도시가스를 사용하는 급탕용 보일러에서 필요한 가스 소모량(kg/h)은? (단, 급탕온도 60℃, 급수온도 10℃, 도시가스 발열량 60000kJ/kg, 보일러 효율이 95%이며, 열손실 및 예열부하는 무시한다.)

① 약 5.9 ② 약 6.6
③ 약 7.4 ④ 약 8.6

급탕부하와 가스발열량은 열평형식에서 가스량(G)은
$WC\Delta t = GH\eta$에서
$$G = \frac{WC\Delta t}{H\eta} = \frac{2000 \times 4.2(60-10)}{60000 \times 0.95} = 7.37\text{kg/h}$$

52 고가 탱크식 급수설비에서 급수경로를 바르게 나타낸 것은?

① 수도본관 → 저수조 → 옥상탱크 → 양수관 → 급수관
② 수도본관 → 저수조 → 양수관 → 옥상탱크 → 급수관
③ 저수조 → 옥상탱크 → 수도본관 → 양수관 → 급수관
④ 저수조 → 옥상탱크 → 양수관 → 수도본관 → 급수관

수도본관에서 → 저수조로 저수한후 → 양수펌프로 양수관을 통해 → 옥상탱크에 공급한후 → 급수관을 통해 각 수전에 급수한다.

53 다음 중 건물의 급수량 산정의 기준과 가장 거리가 먼 것은?

① 건물의 높이 및 층수
② 건물의 사용 인원수
③ 설치될 기구의 수량
④ 건물의 유효면적

급수량은 인원과 기구수로 구한다. 건물 높이와 층수는 직접적인 관계가 없다.

54 단열시공 시 곡면부 시공에 적합하고, 표면에 아스팔트 피복을 하면 −60℃ 정도까지 보냉이 되고 양모, 우모 등의 모(毛)를 이용한 피복재는?

① 실리카울 ② 아스베스토
③ 섬유유리 ④ 펠트

펠트는 양모, 우모 등의 모(毛)를 이용한 피복재로 보냉용으로 적합하다.

정답 49 ③ 50 ④ 51 ③ 52 ② 53 ① 54 ④

55 다음 특징은 어떤 포집기에 대한 설명인가?

영업용(호텔, 레스토랑) 주방 등의 배수 중 함유되어 있는 지방분을 포집하여 제거한다.

① 드럼 포집기　② 오일 포집기
③ 그리스 포집기　④ 플라스터 포집기

그리스 포집기(트랩)은 동식물성 지방을 제거하여 배수관의 막힘을 방지한다.

56 중앙식 급탕설비에서 직접 가열식 방법에 대한 설명으로 옳은 것은?

① 열 효율상으로는 경제적이지만 보일러 내부에 스케일이 생길 우려가 크다.
② 탱크 속에 직접 증기를 분사하여 물을 가열하는 방식이다.
③ 탱크는 저장과 가열을 동시에 하므로 탱크히터 또는 스토리지 탱크로 부른다.
④ 가열 코일이 필요하다.

직접가열식은 열 효율상으로는 경제적이지만 보일러 내부에 스케일이 생길 우려가 크고, 탱크 속에 직접 증기를 분사하여 가열하는 방식은 기수혼합식이며, 직접가열식은 탱크는 저장만하며, 간접가열방식은 저장과 가열을 동시에 하여 가열 코일이 필요한 방식이다.

57 냉매배관 중 토출관을 의미하는 것은?

① 압축기에서 응축기까지의 배관
② 응축기에서 팽창밸브까지의 배관
③ 증발기에서 압축기까지의 배관
④ 응축기에서 증발기까지의 배관

냉매배관 중 토출관은 압축기에서 고압의 압축가스가 토출되는 관으로 응축기까지의 배관을 말한다.

58 자동 2방향 밸브를 사용하는 냉온수 코일 배관법에서 바이패스관에 설치하기에 가장 적절한 밸브는?

① 게이트밸브　② 체크밸브
③ 글로브밸브　④ 감압밸브

냉온수 코일 바이패스관에는 유량 조절이 가능한 글로브밸브를 사용한다.

59 트랩의 봉수 파괴 원인이 아닌 것은?

① 증발작용　② 모세관작용
③ 사이펀작용　④ 배수작용

트랩의 봉수 파괴 원인에는 증발작용, 모세관작용, 사이펀작용, 역압에 의한 분출작용, 부압에의한 흡출작용등이 있다.

60 다음 배관 부속 중 사용 목적이 서로 다른 것과 연결된 것은?

① 플러그 – 캡　② 티 – 리듀셔
③ 니플 – 소켓　④ 유니언 – 플랜지

관말단을 막을때 : 플러그 – 캡
관 직선 연결 : 니플 – 소켓
분해 조립이 필요한 부분 : 유니언 – 플랜지
티는 분기할때, 리듀서는 이경관 이음에 쓰인다.

정답 55 ③ 56 ① 57 ① 58 ③ 59 ④ 60 ②

4 전기제어공학

61 전기력선의 기본 성질에 관한 설명으로 틀린 것은?

① 전기력선의 밀도는 전계의 세기와 같다.
② 전기력선의 방향은 그 점의 전계의 방향과 일치한다.
③ 전기력선은 전위가 높은 점에서 낮은 점으로 향한다.
④ 전기력선은 부전하에서 시작하여 정전하에서 그친다.

전기력선의 특성
전기력선은 정(+)전하에서 시작하여 부(-)전하에서 끝난다.

62 변압기는 어떤 작용을 이용한 전기기계인가?

① 정전유도작용　② 전자유도작용
③ 전류의 발열작용　④ 전류의 화학작용

변압기 이론
환상철심을 자기회로로 사용하여 1차측(전원측)과 2차측(부하측)에 권선을 감고 1차측에 교류전원을 인가하면 전자유도작용에 의해서 2차측에 유기기전력이 발생하게 된다.

63 전류계의 측정범위를 넓히기 위하여 이용되는 기기는 무엇이며, 이것은 전류계와 어떻게 접속하는가?

① 분류기-직렬접속　② 분류기-병렬접속
③ 배율기-직렬접속　④ 배율기-병렬접속

전류계
(1) 전류계는 측정하려는 단자에 직렬로 접속하는 계기로서 내부저항은 작게 설계하여야 한다.
(2) 전류계의 측정범위를 확대하기 위해서는 전류계와 병렬로 분류기를 설치하여야 한다.

64 저항 100 [Ω]의 전열기에 4 [A]의 전류를 흘렸을 때 소비되는 전력은 몇 [W]인가?

① 250　② 400
③ 1,600　④ 3,600

$P = VI = I^2R = \frac{V^2}{R}$ [W] 식에서
$R = 100[\Omega]$, $I = 4[A]$일 때
$\therefore\ P = I^2R = 4^2 \times 100 = 1{,}600[W]$

65 제어요소는 무엇으로 구성되는가?

① 입력부와 조절부　② 출력부와 검출부
③ 피드백 동작부　④ 조작부와 조절부

제어요소는 조절부와 조작부로 이루어져 있으며 동작신호를 조작량으로 변환하는 장치이다.

66 PLC제어의 특징이 아닌 것은?

① 제어시스템의 확장의 용이하다.
② 유지보수가 용이하다.
③ 소형화가 가능하다.
④ 부품간의 배선에 의해 로직이 결정된다.

PLC의 특징
무접점 제어 방식이므로 부품간의 배선작업이 필요 없다.

67 교류에서 실효값과 최대값의 관계는?

① 실효값 $= \frac{최대치}{\sqrt{2}}$　② 실효값 $= \frac{최대치}{\sqrt{3}}$
③ 실효값 $= \frac{최대치}{2}$　④ 실효값 $= \frac{최대치}{3}$

정현파의 특성값

실효값	평균값	파고율	파형률
$\frac{I_m}{\sqrt{2}}$	$\frac{2I_m}{\pi}$	$\sqrt{2}$	1.11

여기서, I_m은 최대치이다.

정답 61 ④　62 ②　63 ②　64 ③　65 ④　66 ④　67 ①

PARAT 04 과년도기출문제

68 다음과 같은 유접점 회로의 논리식은?

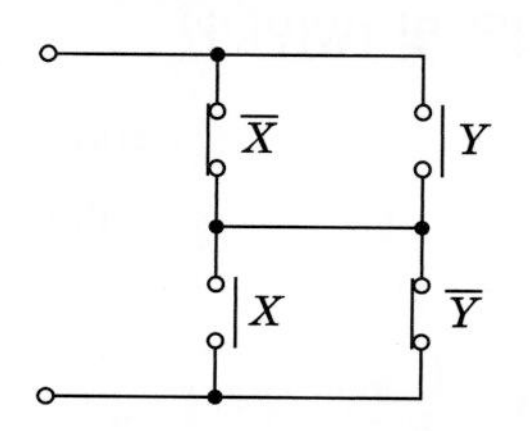

① $X\overline{Y}+X\overline{Y}$　② $(\overline{X}+\overline{Y})(X+Y)$
③ $\overline{X}Y+\overline{X}\,\overline{Y}$　④ $XY+\overline{X}\,\overline{Y}$

논리식$=(\overline{X}+Y)(X+\overline{Y})=\overline{X}X+\overline{X}\,\overline{Y}+XY+Y\overline{Y}$
$=XY+\overline{X}\,\overline{Y}$

69 그림과 같은 평형 3상 회로에서 전력계의 지시가 100[W]일 때 3상 전력은 몇 [W]인가? (단, 부하의 역률은 100[%]로 한다.)

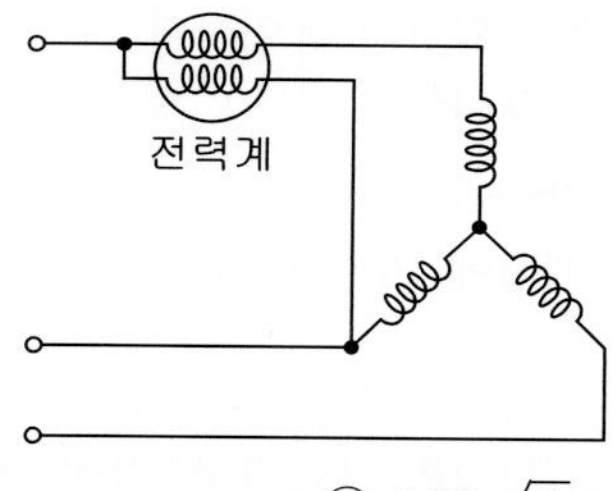

① $100\sqrt{2}$　② $100\sqrt{3}$
③ 200　④ 300

1전력계법
3상 부하가 순저항 부하인 경우 역률이 1이고 무효전력이 0이기 때문에 3상 전체 전력은 전력계 지시값의 2배인 $2W$[W]가 된다.
$W=100$[W] 이므로
$\therefore\ P=2W=2\times100=200$[W]

70 그림과 같은 피드백 블록선도의 전달함수는?

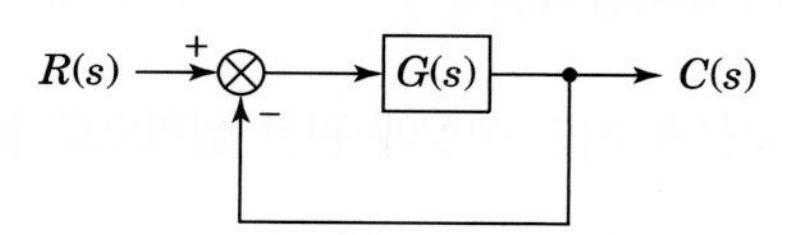

① $\dfrac{G(s)}{1+G(s)}$　② $\dfrac{G(s)}{1+G(s)C(s)}$
③ $\dfrac{G(s)}{1+R(s)}$　④ $\dfrac{C(s)}{1+R(s)}$

$\dfrac{C(s)}{R(s)}=\dfrac{\text{전향이득}}{1-\text{루프이득}}$ 식에서
전향이득$=G(s)$, 루프이득$=-G(s)$ 이므로
$\therefore\ \dfrac{C(s)}{R(s)}=\dfrac{G(s)}{1+G(s)}$

71 전기로의 온도를 1,000℃로 이정하게 유지시키기 위하여 열전온도계의 지시값을 보면서 전압조정기로 전기로에 대한 인가전압을 조절하는 장치가 있다. 이 경우 열전온도계는 다음 중 어느 것에 해당 되는가?

① 조작부　② 검출부
③ 제어량　④ 조작량

(1) 조작부 : 전압조정기
(2) 검출부 : 열전온도계
(3) 제어량 : 온도
(4) 조작량 : 인가전압

정답 68 ④ 69 ③ 70 ① 71 ②

72 평형 3상 Y결선에서 상전압 V_p와 선간전압 V_l과의 관계는?

① $V_l = V_p$ ② $V_l = \sqrt{3}\,V_p$

③ $V_l = \frac{1}{\sqrt{3}} V_p$ ④ $V_l = 3\,V_p$

Y결선의 특징
(1) $V_L = \sqrt{3}\ V_P$[V]
(2) $I_L = I_P = \frac{V_L}{\sqrt{3}Z}$[A]
(3) $P = \sqrt{3}\,V_L I_L \cos\theta$[W]
여기서, V_L : 선간전압, V_P : 상전압, I_L : 선전류,
I_P : 상전류, Z : 한 상의 임피던스, $\cos\theta$: 역률

73 제어기기의 대표적인 것으로 검출기, 변환기, 증폭기, 조작기기를 들 수 있는데 서보모터는 어디에 속하는가?

① 검출기 ② 변환기
③ 증폭기 ④ 조작기기

조작기기의 종류
조작기기는 전기계와 기계계로 구분하여 다음과 같은 종류로 구분한다.

전 기 계	기 계 계
전동밸브 전자밸브 2상 서보 전동기 직류서보 전동기 펄스 전동기	다이어프램 밸브 클러치 밸브 포지셔너 유압식 조작기(안내 밸브, 조작 실린더, 조작 피스톤, 분사관)

74 직류 전동기의 속도제어 방법이 아닌 것은?

① 전압제어 ② 계자제어
③ 저항제어 ④ 슬립제어

직류전동기의 속도제어
직류전동기의 속도공식은 $N = k\frac{V - R_a I_a}{\phi}$[rps] 이므로 공급전압($V$)에 의한 제어, 자속($\phi$)에 의한 제어, 전기자저항($R_a$)에 의한 제어 3가지 방법이 있다.
(1) 전압제어 (2) 계자제어 (3) 저항제어

75 5[Ω]의 저항 5개를 직렬로 연결하면 병렬로 연결했을 때보다 몇 배가 되는가?

① 10 ② 25
③ 50 ④ 75

직렬접속의 합성저항 R_s, 병렬접속의 합성저항 R_p라 하면
$R_s = nR[\Omega]$, $R_p = \frac{R}{n}[\Omega]$ 식에서
$R = 5[\Omega]$, $n = 5$ 일 때
$R_s = nR = 5 \times 5 = 25[\Omega]$,
$R_p = \frac{R}{n} = \frac{5}{5} = 1[\Omega]$이다.
∴ 직렬로 연결할 때가 병렬로 연결할 때의 25배이다.

76 그림과 같은 신호 흐름선도에서 $\frac{C}{R}$를 구하면?

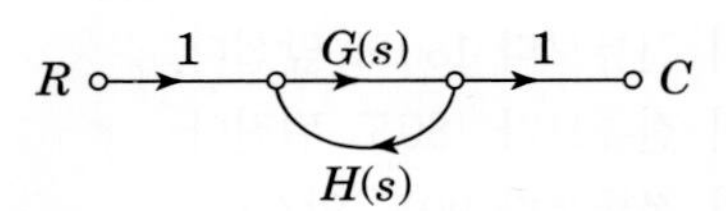

① $\frac{G(s)}{1+G(s)H(S)}$ ② $\frac{G(s)H(s)}{1-G(s)H(S)}$

③ $\frac{G(s)H(s)}{1+G(s)H(S)}$ ④ $\frac{G(s)}{1-G(s)H(S)}$

$G(s) = \frac{\text{전향이득}}{1-\text{루프이득}}$ 식에서
전향이득$= G(s)$,
루프이득$= G(s)H(s)$ 이므로
∴ $G(s) = \frac{C}{R} = \frac{G(s)}{1-G(s)H(s)}$

정답 72 ② 73 ④ 74 ④ 75 ② 76 ④

77 평행한 왕복도체에 흐르는 전류에 의한 작용력은?

① 반발력 ② 흡인력
③ 회전력 ④ 정지력

평행 도선 사이의 작용력
왕복도선이란 두 도선에 흐르는 전류의 방향이 반대라는 것을 의미하므로 두 도선간에 작용하는 힘은 반발력이 작용한다.

78 PI제어동작은 프로세스제어계의 정상특성 개선에 흔히 사용된다. 이것에 대응하는 보상요소는?

① 동상 보상요소 ② 지상 보상요소
③ 진상 보상요소 ④ 지상 및 진상 보상요소

비례 적분동작(PI 제어)은 비례동작과 적분동작이 결합된 제어기로서 적분동작의 특성을 지니고 있으며 정상특성이 개선되어 잔류편차와 사이클링이 없을 뿐만 아니라 지상보상요소를 지니고 있다.

79 콘덴서만의 회로에서 전압과 전류의 위상관계는?

① 전압이 전류보다 180도 앞선다.
② 전압이 전류보다 180도 뒤진다.
③ 전압이 전류보다 90도 앞선다.
④ 전압이 전류보다 90도 뒤진다.

콘덴서에 흐르는 전류의 위상은 전압보다 90° 앞선다.
이를 진상전류라 하며 용량성 회로의 특징이다.
∴ 전압이 전류보다 90° 뒤진다.

80 다음 중 온도 보상용으로 사용되는 것은?

① 다이오드 ② 다이악
③ 서미스터 ④ SCR

바리스터와 서미스터
(1) 바리스터 : 비직선적인 전압-전류 특성을 갖는 2단자 반도체 소자로서 불꽃 아크(서지) 소거용으로 이용된다.
(2) 서미스터 : 열을 감지하는 감열 저항체 소자로서 온도보상용으로 이용된다.

정답 77 ① 78 ② 79 ④ 80 ③

공조냉동기계산업기사

05

Industrial Engineer Air-Conditioning and Refrigerating Machinery

모의고사

2022 출제경향 분석 및 모의고사 편집 일러두기

※ 공조냉동기계산업기사는 21년까지 4과목(공기조화, 냉동공학, 배관일반, 전기제어공학)으로 문제가 출제되어 왔으나. 22년부터는 3과목(공기조화 설비, 냉동냉장 설비, 공조냉동 설치·운영)으로 변경되어 출제됩니다. 한솔아카데미에서는 아래와 같이 새로운 수험서를 만들어서 수험생 여러분의 시험준비에 최선을 다하고자 합니다.

〈실전 모의고사 편집 일러두기〉

❶ 기존 (전기제어+배관일반)2과목이 → 공조냉동 설치운영 1과목으로 내용을 통합하고 설비적산, 냉동냉장 부하계산등 일부 내용이 추가되어 새롭게 변경되었으며 이에 알맞게 수정하여 본문과 모의고사를 구성하였습니다.

❷ 1과목, 2과목, 3과목 등에서 새롭게 추가되는 내용은 모의고사 문제를 추가 보완하였습니다.

❸ 기존 기출문제를 새로운 출제기준에 맞도록 15회분을 실전 모의고사(1~15회) 형식으로 보완 수록하여 수험 준비에 철저히 대비토록 하였습니다.

❹ 2021년 1,2,3회 기출문제는 가장 최근 출제문제로 변경 이전의 원형 그대로 수록하였으니 문제의 유형이나 난이도등을 참고하시기 바랍니다. 한솔아카데미 편집부와 저자들은 22년부터 출제기준이 변경되어 출제되는 문제도 기존문제의 유형이나 난이도면에서 크게 차이가 없을것으로 예상합니다.

❺ 저자와 출판사가 예상하기로는 22년부터 출제기준이 변경된 공조냉동기계산업기사 문제도 기존(~2021년까지) 출제방향이나 난이도면에서 크게 벗어나지 않고 각 과목 통합과 추가 부분에서 일부 문제가 출제될 것으로 예상합니다.

공조냉동기계산업기사 OMR답안지

성 명

종목 및 등급
공조냉동기계산업기사

수험자가 기재	문제지형별	
◎문제지형별 ( )형 ※우측문제지 형별은 마킹		Ⓐ Ⓑ

수험번호							
⓪	⓪	⓪	⓪	⓪	⓪	⓪	⓪
①	①	①	①	①	①	①	①
②	②	②	②	②	②	②	②
③	③	③	③	③	③	③	③
④	④	④	④	④	④	④	④
⑤	⑤	⑤	⑤	⑤	⑤	⑤	⑤
⑥	⑥	⑥	⑥	⑥	⑥	⑥	⑥
⑦	⑦	⑦	⑦	⑦	⑦	⑦	⑦
⑧	⑧	⑧	⑧	⑧	⑧	⑧	⑧
⑨	⑨	⑨	⑨	⑨	⑨	⑨	⑨

감독위원확인
inup

번호	답	번호	답	번호	답	번호	답	번호	답	번호	답
1	① ② ③ ④	21	① ② ③ ④	41	① ② ③ ④	61	① ② ③ ④	81	① ② ③ ④	101	① ② ③ ④
2	① ② ③ ④	22	① ② ③ ④	42	① ② ③ ④	62	① ② ③ ④	82	① ② ③ ④	102	① ② ③ ④
3	① ② ③ ④	23	① ② ③ ④	43	① ② ③ ④	63	① ② ③ ④	83	① ② ③ ④	103	① ② ③ ④
4	① ② ③ ④	24	① ② ③ ④	44	① ② ③ ④	64	① ② ③ ④	84	① ② ③ ④	104	① ② ③ ④
5	① ② ③ ④	25	① ② ③ ④	45	① ② ③ ④	65	① ② ③ ④	85	① ② ③ ④	105	① ② ③ ④
6	① ② ③ ④	26	① ② ③ ④	46	① ② ③ ④	66	① ② ③ ④	86	① ② ③ ④	106	① ② ③ ④
7	① ② ③ ④	27	① ② ③ ④	47	① ② ③ ④	67	① ② ③ ④	87	① ② ③ ④	107	① ② ③ ④
8	① ② ③ ④	28	① ② ③ ④	48	① ② ③ ④	68	① ② ③ ④	88	① ② ③ ④	108	① ② ③ ④
9	① ② ③ ④	29	① ② ③ ④	49	① ② ③ ④	69	① ② ③ ④	89	① ② ③ ④	109	① ② ③ ④
10	① ② ③ ④	30	① ② ③ ④	50	① ② ③ ④	70	① ② ③ ④	90	① ② ③ ④	110	① ② ③ ④
11	① ② ③ ④	31	① ② ③ ④	51	① ② ③ ④	71	① ② ③ ④	91	① ② ③ ④	111	① ② ③ ④
12	① ② ③ ④	32	① ② ③ ④	52	① ② ③ ④	72	① ② ③ ④	92	① ② ③ ④	112	① ② ③ ④
13	① ② ③ ④	33	① ② ③ ④	53	① ② ③ ④	73	① ② ③ ④	93	① ② ③ ④	113	① ② ③ ④
14	① ② ③ ④	34	① ② ③ ④	54	① ② ③ ④	74	① ② ③ ④	94	① ② ③ ④	114	① ② ③ ④
15	① ② ③ ④	35	① ② ③ ④	55	① ② ③ ④	75	① ② ③ ④	95	① ② ③ ④	115	① ② ③ ④
16	① ② ③ ④	36	① ② ③ ④	56	① ② ③ ④	76	① ② ③ ④	96	① ② ③ ④	116	① ② ③ ④
17	① ② ③ ④	37	① ② ③ ④	57	① ② ③ ④	77	① ② ③ ④	97	① ② ③ ④	117	① ② ③ ④
18	① ② ③ ④	38	① ② ③ ④	58	① ② ③ ④	78	① ② ③ ④	98	① ② ③ ④	118	① ② ③ ④
19	① ② ③ ④	39	① ② ③ ④	59	① ② ③ ④	79	① ② ③ ④	99	① ② ③ ④	119	① ② ③ ④
20	① ② ③ ④	40	① ② ③ ④	60	① ② ③ ④	80	① ② ③ ④	100	① ② ③ ④	120	① ② ③ ④

공조냉동기계산업기사 OMR답안지

성 명

종목 및 등급
공조냉동기계산업기사

수험자가 기재	문제지형별	
◎문제지형별 (　　)형 ※우측문제지 형별은 마킹		Ⓐ Ⓑ

수험번호							
⓪	⓪	⓪	⓪	⓪	⓪	⓪	⓪
①	①	①	①	①	①	①	①
②	②	②	②	②	②	②	②
③	③	③	③	③	③	③	③
④	④	④	④	④	④	④	④
⑤	⑤	⑤	⑤	⑤	⑤	⑤	⑤
⑥	⑥	⑥	⑥	⑥	⑥	⑥	⑥
⑦	⑦	⑦	⑦	⑦	⑦	⑦	⑦
⑧	⑧	⑧	⑧	⑧	⑧	⑧	⑧
⑨	⑨	⑨	⑨	⑨	⑨	⑨	⑨

감독위원확인
inup

1	①	②	③	④	21	①	②	③	④	41	①	②	③	④	61	①	②	③	④	81	①	②	③	④	101	①	②	③	④
2	①	②	③	④	22	①	②	③	④	42	①	②	③	④	62	①	②	③	④	82	①	②	③	④	102	①	②	③	④
3	①	②	③	④	23	①	②	③	④	43	①	②	③	④	63	①	②	③	④	83	①	②	③	④	103	①	②	③	④
4	①	②	③	④	24	①	②	③	④	44	①	②	③	④	64	①	②	③	④	84	①	②	③	④	104	①	②	③	④
5	①	②	③	④	25	①	②	③	④	45	①	②	③	④	65	①	②	③	④	85	①	②	③	④	105	①	②	③	④
6	①	②	③	④	26	①	②	③	④	46	①	②	③	④	66	①	②	③	④	86	①	②	③	④	106	①	②	③	④
7	①	②	③	④	27	①	②	③	④	47	①	②	③	④	67	①	②	③	④	87	①	②	③	④	107	①	②	③	④
8	①	②	③	④	28	①	②	③	④	48	①	②	③	④	68	①	②	③	④	88	①	②	③	④	108	①	②	③	④
9	①	②	③	④	29	①	②	③	④	49	①	②	③	④	69	①	②	③	④	89	①	②	③	④	109	①	②	③	④
10	①	②	③	④	30	①	②	③	④	50	①	②	③	④	70	①	②	③	④	90	①	②	③	④	110	①	②	③	④
11	①	②	③	④	31	①	②	③	④	51	①	②	③	④	71	①	②	③	④	91	①	②	③	④	111	①	②	③	④
12	①	②	③	④	32	①	②	③	④	52	①	②	③	④	72	①	②	③	④	92	①	②	③	④	112	①	②	③	④
13	①	②	③	④	33	①	②	③	④	53	①	②	③	④	73	①	②	③	④	93	①	②	③	④	113	①	②	③	④
14	①	②	③	④	34	①	②	③	④	54	①	②	③	④	74	①	②	③	④	94	①	②	③	④	114	①	②	③	④
15	①	②	③	④	35	①	②	③	④	55	①	②	③	④	75	①	②	③	④	95	①	②	③	④	115	①	②	③	④
16	①	②	③	④	36	①	②	③	④	56	①	②	③	④	76	①	②	③	④	96	①	②	③	④	116	①	②	③	④
17	①	②	③	④	37	①	②	③	④	57	①	②	③	④	77	①	②	③	④	97	①	②	③	④	117	①	②	③	④
18	①	②	③	④	38	①	②	③	④	58	①	②	③	④	78	①	②	③	④	98	①	②	③	④	118	①	②	③	④
19	①	②	③	④	39	①	②	③	④	59	①	②	③	④	79	①	②	③	④	99	①	②	③	④	119	①	②	③	④
20	①	②	③	④	40	①	②	③	④	60	①	②	③	④	80	①	②	③	④	100	①	②	③	④	120	①	②	③	④

공조냉동기계산업기사 OMR답안지

성　명

종목 및 등급
공조냉동기계산업기사

수험자가 기재 ◎문제지형별 (　　)형 ※우측문제지 형별은 마킹	문제지형별	Ⓐ Ⓑ

수험번호							
⓪	⓪	⓪	⓪	⓪	⓪	⓪	⓪
①	①	①	①	①	①	①	①
②	②	②	②	②	②	②	②
③	③	③	③	③	③	③	③
④	④	④	④	④	④	④	④
⑤	⑤	⑤	⑤	⑤	⑤	⑤	⑤
⑥	⑥	⑥	⑥	⑥	⑥	⑥	⑥
⑦	⑦	⑦	⑦	⑦	⑦	⑦	⑦
⑧	⑧	⑧	⑧	⑧	⑧	⑧	⑧
⑨	⑨	⑨	⑨	⑨	⑨	⑨	⑨

감독위원확인
inup

번호					번호					번호					번호					번호					번호				
1	①	②	③	④	21	①	②	③	④	41	①	②	③	④	61	①	②	③	④	81	①	②	③	④	101	①	②	③	④
2	①	②	③	④	22	①	②	③	④	42	①	②	③	④	62	①	②	③	④	82	①	②	③	④	102	①	②	③	④
3	①	②	③	④	23	①	②	③	④	43	①	②	③	④	63	①	②	③	④	83	①	②	③	④	103	①	②	③	④
4	①	②	③	④	24	①	②	③	④	44	①	②	③	④	64	①	②	③	④	84	①	②	③	④	104	①	②	③	④
5	①	②	③	④	25	①	②	③	④	45	①	②	③	④	65	①	②	③	④	85	①	②	③	④	105	①	②	③	④
6	①	②	③	④	26	①	②	③	④	46	①	②	③	④	66	①	②	③	④	86	①	②	③	④	106	①	②	③	④
7	①	②	③	④	27	①	②	③	④	47	①	②	③	④	67	①	②	③	④	87	①	②	③	④	107	①	②	③	④
8	①	②	③	④	28	①	②	③	④	48	①	②	③	④	68	①	②	③	④	88	①	②	③	④	108	①	②	③	④
9	①	②	③	④	29	①	②	③	④	49	①	②	③	④	69	①	②	③	④	89	①	②	③	④	109	①	②	③	④
10	①	②	③	④	30	①	②	③	④	50	①	②	③	④	70	①	②	③	④	90	①	②	③	④	110	①	②	③	④
11	①	②	③	④	31	①	②	③	④	51	①	②	③	④	71	①	②	③	④	91	①	②	③	④	111	①	②	③	④
12	①	②	③	④	32	①	②	③	④	52	①	②	③	④	72	①	②	③	④	92	①	②	③	④	112	①	②	③	④
13	①	②	③	④	33	①	②	③	④	53	①	②	③	④	73	①	②	③	④	93	①	②	③	④	113	①	②	③	④
14	①	②	③	④	34	①	②	③	④	54	①	②	③	④	74	①	②	③	④	94	①	②	③	④	114	①	②	③	④
15	①	②	③	④	35	①	②	③	④	55	①	②	③	④	75	①	②	③	④	95	①	②	③	④	115	①	②	③	④
16	①	②	③	④	36	①	②	③	④	56	①	②	③	④	76	①	②	③	④	96	①	②	③	④	116	①	②	③	④
17	①	②	③	④	37	①	②	③	④	57	①	②	③	④	77	①	②	③	④	97	①	②	③	④	117	①	②	③	④
18	①	②	③	④	38	①	②	③	④	58	①	②	③	④	78	①	②	③	④	98	①	②	③	④	118	①	②	③	④
19	①	②	③	④	39	①	②	③	④	59	①	②	③	④	79	①	②	③	④	99	①	②	③	④	119	①	②	③	④
20	①	②	③	④	40	①	②	③	④	60	①	②	③	④	80	①	②	③	④	100	①	②	③	④	120	①	②	③	④

공조냉동기계산업기사 OMR답안지

성 명

종목 및 등급
공조냉동기계산업기사

수험자가 기재 ◎문제지형별 ( )형 ※우측문제지 형별은 마킹	문제지형별	Ⓐ Ⓑ

수험번호							
⓪	⓪	⓪	⓪	⓪	⓪	⓪	⓪
①	①	①	①	①	①	①	①
②	②	②	②	②	②	②	②
③	③	③	③	③	③	③	③
④	④	④	④	④	④	④	④
⑤	⑤	⑤	⑤	⑤	⑤	⑤	⑤
⑥	⑥	⑥	⑥	⑥	⑥	⑥	⑥
⑦	⑦	⑦	⑦	⑦	⑦	⑦	⑦
⑧	⑧	⑧	⑧	⑧	⑧	⑧	⑧
⑨	⑨	⑨	⑨	⑨	⑨	⑨	⑨

감독위원확인
inup

1	①	②	③	④	21	①	②	③	④	41	①	②	③	④	61	①	②	③	④	81	①	②	③	④	101	①	②	③	④
2	①	②	③	④	22	①	②	③	④	42	①	②	③	④	62	①	②	③	④	82	①	②	③	④	102	①	②	③	④
3	①	②	③	④	23	①	②	③	④	43	①	②	③	④	63	①	②	③	④	83	①	②	③	④	103	①	②	③	④
4	①	②	③	④	24	①	②	③	④	44	①	②	③	④	64	①	②	③	④	84	①	②	③	④	104	①	②	③	④
5	①	②	③	④	25	①	②	③	④	45	①	②	③	④	65	①	②	③	④	85	①	②	③	④	105	①	②	③	④
6	①	②	③	④	26	①	②	③	④	46	①	②	③	④	66	①	②	③	④	86	①	②	③	④	106	①	②	③	④
7	①	②	③	④	27	①	②	③	④	47	①	②	③	④	67	①	②	③	④	87	①	②	③	④	107	①	②	③	④
8	①	②	③	④	28	①	②	③	④	48	①	②	③	④	68	①	②	③	④	88	①	②	③	④	108	①	②	③	④
9	①	②	③	④	29	①	②	③	④	49	①	②	③	④	69	①	②	③	④	89	①	②	③	④	109	①	②	③	④
10	①	②	③	④	30	①	②	③	④	50	①	②	③	④	70	①	②	③	④	90	①	②	③	④	110	①	②	③	④
11	①	②	③	④	31	①	②	③	④	51	①	②	③	④	71	①	②	③	④	91	①	②	③	④	111	①	②	③	④
12	①	②	③	④	32	①	②	③	④	52	①	②	③	④	72	①	②	③	④	92	①	②	③	④	112	①	②	③	④
13	①	②	③	④	33	①	②	③	④	53	①	②	③	④	73	①	②	③	④	93	①	②	③	④	113	①	②	③	④
14	①	②	③	④	34	①	②	③	④	54	①	②	③	④	74	①	②	③	④	94	①	②	③	④	114	①	②	③	④
15	①	②	③	④	35	①	②	③	④	55	①	②	③	④	75	①	②	③	④	95	①	②	③	④	115	①	②	③	④
16	①	②	③	④	36	①	②	③	④	56	①	②	③	④	76	①	②	③	④	96	①	②	③	④	116	①	②	③	④
17	①	②	③	④	37	①	②	③	④	57	①	②	③	④	77	①	②	③	④	97	①	②	③	④	117	①	②	③	④
18	①	②	③	④	38	①	②	③	④	58	①	②	③	④	78	①	②	③	④	98	①	②	③	④	118	①	②	③	④
19	①	②	③	④	39	①	②	③	④	59	①	②	③	④	79	①	②	③	④	99	①	②	③	④	119	①	②	③	④
20	①	②	③	④	40	①	②	③	④	60	①	②	③	④	80	①	②	③	④	100	①	②	③	④	120	①	②	③	④

공조냉동기계산업기사 OMR답안지

성 명

종목 및 등급
공조냉동기계산업기사

수험자가 기재	문제지형별	
◎문제지형별 ( )형 ※우측문제지 형별은 마킹		Ⓐ Ⓑ

수험번호							
⓪	⓪	⓪	⓪	⓪	⓪	⓪	⓪
①	①	①	①	①	①	①	①
②	②	②	②	②	②	②	②
③	③	③	③	③	③	③	③
④	④	④	④	④	④	④	④
⑤	⑤	⑤	⑤	⑤	⑤	⑤	⑤
⑥	⑥	⑥	⑥	⑥	⑥	⑥	⑥
⑦	⑦	⑦	⑦	⑦	⑦	⑦	⑦
⑧	⑧	⑧	⑧	⑧	⑧	⑧	⑧
⑨	⑨	⑨	⑨	⑨	⑨	⑨	⑨

감독위원확인

1	① ② ③ ④	21	① ② ③ ④	41	① ② ③ ④	61	① ② ③ ④	81	① ② ③ ④	101	① ② ③ ④
2	① ② ③ ④	22	① ② ③ ④	42	① ② ③ ④	62	① ② ③ ④	82	① ② ③ ④	102	① ② ③ ④
3	① ② ③ ④	23	① ② ③ ④	43	① ② ③ ④	63	① ② ③ ④	83	① ② ③ ④	103	① ② ③ ④
4	① ② ③ ④	24	① ② ③ ④	44	① ② ③ ④	64	① ② ③ ④	84	① ② ③ ④	104	① ② ③ ④
5	① ② ③ ④	25	① ② ③ ④	45	① ② ③ ④	65	① ② ③ ④	85	① ② ③ ④	105	① ② ③ ④
6	① ② ③ ④	26	① ② ③ ④	46	① ② ③ ④	66	① ② ③ ④	86	① ② ③ ④	106	① ② ③ ④
7	① ② ③ ④	27	① ② ③ ④	47	① ② ③ ④	67	① ② ③ ④	87	① ② ③ ④	107	① ② ③ ④
8	① ② ③ ④	28	① ② ③ ④	48	① ② ③ ④	68	① ② ③ ④	88	① ② ③ ④	108	① ② ③ ④
9	① ② ③ ④	29	① ② ③ ④	49	① ② ③ ④	69	① ② ③ ④	89	① ② ③ ④	109	① ② ③ ④
10	① ② ③ ④	30	① ② ③ ④	50	① ② ③ ④	70	① ② ③ ④	90	① ② ③ ④	110	① ② ③ ④
11	① ② ③ ④	31	① ② ③ ④	51	① ② ③ ④	71	① ② ③ ④	91	① ② ③ ④	111	① ② ③ ④
12	① ② ③ ④	32	① ② ③ ④	52	① ② ③ ④	72	① ② ③ ④	92	① ② ③ ④	112	① ② ③ ④
13	① ② ③ ④	33	① ② ③ ④	53	① ② ③ ④	73	① ② ③ ④	93	① ② ③ ④	113	① ② ③ ④
14	① ② ③ ④	34	① ② ③ ④	54	① ② ③ ④	74	① ② ③ ④	94	① ② ③ ④	114	① ② ③ ④
15	① ② ③ ④	35	① ② ③ ④	55	① ② ③ ④	75	① ② ③ ④	95	① ② ③ ④	115	① ② ③ ④
16	① ② ③ ④	36	① ② ③ ④	56	① ② ③ ④	76	① ② ③ ④	96	① ② ③ ④	116	① ② ③ ④
17	① ② ③ ④	37	① ② ③ ④	57	① ② ③ ④	77	① ② ③ ④	97	① ② ③ ④	117	① ② ③ ④
18	① ② ③ ④	38	① ② ③ ④	58	① ② ③ ④	78	① ② ③ ④	98	① ② ③ ④	118	① ② ③ ④
19	① ② ③ ④	39	① ② ③ ④	59	① ② ③ ④	79	① ② ③ ④	99	① ② ③ ④	119	① ② ③ ④
20	① ② ③ ④	40	① ② ③ ④	60	① ② ③ ④	80	① ② ③ ④	100	① ② ③ ④	120	① ② ③ ④

공조냉동기계산업기사 OMR답안지

성 명

종목 및 등급
공조냉동기계산업기사

수험자가 기재	문제지형별	
◎문제지형별 (　　)형 ※우측문제지 형별은 마킹		Ⓐ Ⓑ

수험번호							
⓪	⓪	⓪	⓪	⓪	⓪	⓪	⓪
①	①	①	①	①	①	①	①
②	②	②	②	②	②	②	②
③	③	③	③	③	③	③	③
④	④	④	④	④	④	④	④
⑤	⑤	⑤	⑤	⑤	⑤	⑤	⑤
⑥	⑥	⑥	⑥	⑥	⑥	⑥	⑥
⑦	⑦	⑦	⑦	⑦	⑦	⑦	⑦
⑧	⑧	⑧	⑧	⑧	⑧	⑧	⑧
⑨	⑨	⑨	⑨	⑨	⑨	⑨	⑨

감독위원확인
inup

번호	답	번호	답	번호	답	번호	답	번호	답	번호	답
1	① ② ③ ④	21	① ② ③ ④	41	① ② ③ ④	61	① ② ③ ④	81	① ② ③ ④	101	① ② ③ ④
2	① ② ③ ④	22	① ② ③ ④	42	① ② ③ ④	62	① ② ③ ④	82	① ② ③ ④	102	① ② ③ ④
3	① ② ③ ④	23	① ② ③ ④	43	① ② ③ ④	63	① ② ③ ④	83	① ② ③ ④	103	① ② ③ ④
4	① ② ③ ④	24	① ② ③ ④	44	① ② ③ ④	64	① ② ③ ④	84	① ② ③ ④	104	① ② ③ ④
5	① ② ③ ④	25	① ② ③ ④	45	① ② ③ ④	65	① ② ③ ④	85	① ② ③ ④	105	① ② ③ ④
6	① ② ③ ④	26	① ② ③ ④	46	① ② ③ ④	66	① ② ③ ④	86	① ② ③ ④	106	① ② ③ ④
7	① ② ③ ④	27	① ② ③ ④	47	① ② ③ ④	67	① ② ③ ④	87	① ② ③ ④	107	① ② ③ ④
8	① ② ③ ④	28	① ② ③ ④	48	① ② ③ ④	68	① ② ③ ④	88	① ② ③ ④	108	① ② ③ ④
9	① ② ③ ④	29	① ② ③ ④	49	① ② ③ ④	69	① ② ③ ④	89	① ② ③ ④	109	① ② ③ ④
10	① ② ③ ④	30	① ② ③ ④	50	① ② ③ ④	70	① ② ③ ④	90	① ② ③ ④	110	① ② ③ ④
11	① ② ③ ④	31	① ② ③ ④	51	① ② ③ ④	71	① ② ③ ④	91	① ② ③ ④	111	① ② ③ ④
12	① ② ③ ④	32	① ② ③ ④	52	① ② ③ ④	72	① ② ③ ④	92	① ② ③ ④	112	① ② ③ ④
13	① ② ③ ④	33	① ② ③ ④	53	① ② ③ ④	73	① ② ③ ④	93	① ② ③ ④	113	① ② ③ ④
14	① ② ③ ④	34	① ② ③ ④	54	① ② ③ ④	74	① ② ③ ④	94	① ② ③ ④	114	① ② ③ ④
15	① ② ③ ④	35	① ② ③ ④	55	① ② ③ ④	75	① ② ③ ④	95	① ② ③ ④	115	① ② ③ ④
16	① ② ③ ④	36	① ② ③ ④	56	① ② ③ ④	76	① ② ③ ④	96	① ② ③ ④	116	① ② ③ ④
17	① ② ③ ④	37	① ② ③ ④	57	① ② ③ ④	77	① ② ③ ④	97	① ② ③ ④	117	① ② ③ ④
18	① ② ③ ④	38	① ② ③ ④	58	① ② ③ ④	78	① ② ③ ④	98	① ② ③ ④	118	① ② ③ ④
19	① ② ③ ④	39	① ② ③ ④	59	① ② ③ ④	79	① ② ③ ④	99	① ② ③ ④	119	① ② ③ ④
20	① ② ③ ④	40	① ② ③ ④	60	① ② ③ ④	80	① ② ③ ④	100	① ② ③ ④	120	① ② ③ ④

공조냉동기계산업기사 OMR답안지

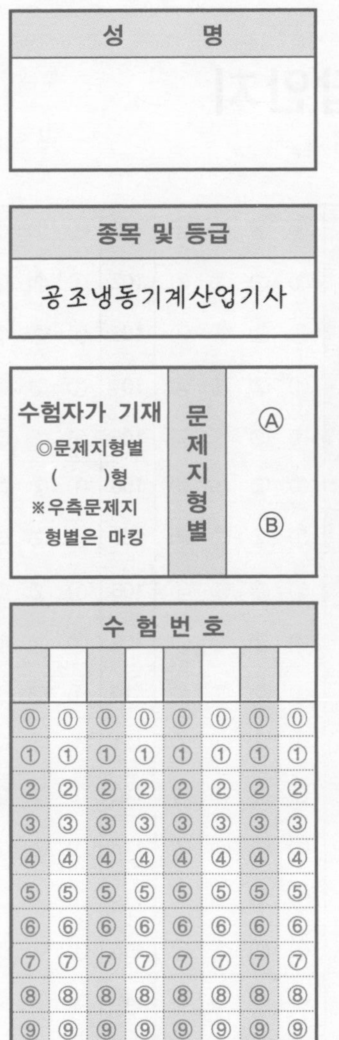

번호	답	번호	답	번호	답	번호	답	번호	답	번호	답
1	① ② ③ ④	21	① ② ③ ④	41	① ② ③ ④	61	① ② ③ ④	81	① ② ③ ④	101	① ② ③ ④
2	① ② ③ ④	22	① ② ③ ④	42	① ② ③ ④	62	① ② ③ ④	82	① ② ③ ④	102	① ② ③ ④
3	① ② ③ ④	23	① ② ③ ④	43	① ② ③ ④	63	① ② ③ ④	83	① ② ③ ④	103	① ② ③ ④
4	① ② ③ ④	24	① ② ③ ④	44	① ② ③ ④	64	① ② ③ ④	84	① ② ③ ④	104	① ② ③ ④
5	① ② ③ ④	25	① ② ③ ④	45	① ② ③ ④	65	① ② ③ ④	85	① ② ③ ④	105	① ② ③ ④
6	① ② ③ ④	26	① ② ③ ④	46	① ② ③ ④	66	① ② ③ ④	86	① ② ③ ④	106	① ② ③ ④
7	① ② ③ ④	27	① ② ③ ④	47	① ② ③ ④	67	① ② ③ ④	87	① ② ③ ④	107	① ② ③ ④
8	① ② ③ ④	28	① ② ③ ④	48	① ② ③ ④	68	① ② ③ ④	88	① ② ③ ④	108	① ② ③ ④
9	① ② ③ ④	29	① ② ③ ④	49	① ② ③ ④	69	① ② ③ ④	89	① ② ③ ④	109	① ② ③ ④
10	① ② ③ ④	30	① ② ③ ④	50	① ② ③ ④	70	① ② ③ ④	90	① ② ③ ④	110	① ② ③ ④
11	① ② ③ ④	31	① ② ③ ④	51	① ② ③ ④	71	① ② ③ ④	91	① ② ③ ④	111	① ② ③ ④
12	① ② ③ ④	32	① ② ③ ④	52	① ② ③ ④	72	① ② ③ ④	92	① ② ③ ④	112	① ② ③ ④
13	① ② ③ ④	33	① ② ③ ④	53	① ② ③ ④	73	① ② ③ ④	93	① ② ③ ④	113	① ② ③ ④
14	① ② ③ ④	34	① ② ③ ④	54	① ② ③ ④	74	① ② ③ ④	94	① ② ③ ④	114	① ② ③ ④
15	① ② ③ ④	35	① ② ③ ④	55	① ② ③ ④	75	① ② ③ ④	95	① ② ③ ④	115	① ② ③ ④
16	① ② ③ ④	36	① ② ③ ④	56	① ② ③ ④	76	① ② ③ ④	96	① ② ③ ④	116	① ② ③ ④
17	① ② ③ ④	37	① ② ③ ④	57	① ② ③ ④	77	① ② ③ ④	97	① ② ③ ④	117	① ② ③ ④
18	① ② ③ ④	38	① ② ③ ④	58	① ② ③ ④	78	① ② ③ ④	98	① ② ③ ④	118	① ② ③ ④
19	① ② ③ ④	39	① ② ③ ④	59	① ② ③ ④	79	① ② ③ ④	99	① ② ③ ④	119	① ② ③ ④
20	① ② ③ ④	40	① ② ③ ④	60	① ② ③ ④	80	① ② ③ ④	100	① ② ③ ④	120	① ② ③ ④

공조냉동기계산업기사 OMR답안지

성 명

종목 및 등급
공조냉동기계산업기사

수험자가 기재	문제지형별	
◎문제지형별 (　　)형 ※우측문제지 형별은 마킹		Ⓐ Ⓑ

수 험 번 호							
⓪	⓪	⓪	⓪	⓪	⓪	⓪	⓪
①	①	①	①	①	①	①	①
②	②	②	②	②	②	②	②
③	③	③	③	③	③	③	③
④	④	④	④	④	④	④	④
⑤	⑤	⑤	⑤	⑤	⑤	⑤	⑤
⑥	⑥	⑥	⑥	⑥	⑥	⑥	⑥
⑦	⑦	⑦	⑦	⑦	⑦	⑦	⑦
⑧	⑧	⑧	⑧	⑧	⑧	⑧	⑧
⑨	⑨	⑨	⑨	⑨	⑨	⑨	⑨

감독위원확인
inup

No.	답	No.	답	No.	답	No.	답	No.	답	No.	답
1	① ② ③ ④	21	① ② ③ ④	41	① ② ③ ④	61	① ② ③ ④	81	① ② ③ ④	101	① ② ③ ④
2	① ② ③ ④	22	① ② ③ ④	42	① ② ③ ④	62	① ② ③ ④	82	① ② ③ ④	102	① ② ③ ④
3	① ② ③ ④	23	① ② ③ ④	43	① ② ③ ④	63	① ② ③ ④	83	① ② ③ ④	103	① ② ③ ④
4	① ② ③ ④	24	① ② ③ ④	44	① ② ③ ④	64	① ② ③ ④	84	① ② ③ ④	104	① ② ③ ④
5	① ② ③ ④	25	① ② ③ ④	45	① ② ③ ④	65	① ② ③ ④	85	① ② ③ ④	105	① ② ③ ④
6	① ② ③ ④	26	① ② ③ ④	46	① ② ③ ④	66	① ② ③ ④	86	① ② ③ ④	106	① ② ③ ④
7	① ② ③ ④	27	① ② ③ ④	47	① ② ③ ④	67	① ② ③ ④	87	① ② ③ ④	107	① ② ③ ④
8	① ② ③ ④	28	① ② ③ ④	48	① ② ③ ④	68	① ② ③ ④	88	① ② ③ ④	108	① ② ③ ④
9	① ② ③ ④	29	① ② ③ ④	49	① ② ③ ④	69	① ② ③ ④	89	① ② ③ ④	109	① ② ③ ④
10	① ② ③ ④	30	① ② ③ ④	50	① ② ③ ④	70	① ② ③ ④	90	① ② ③ ④	110	① ② ③ ④
11	① ② ③ ④	31	① ② ③ ④	51	① ② ③ ④	71	① ② ③ ④	91	① ② ③ ④	111	① ② ③ ④
12	① ② ③ ④	32	① ② ③ ④	52	① ② ③ ④	72	① ② ③ ④	92	① ② ③ ④	112	① ② ③ ④
13	① ② ③ ④	33	① ② ③ ④	53	① ② ③ ④	73	① ② ③ ④	93	① ② ③ ④	113	① ② ③ ④
14	① ② ③ ④	34	① ② ③ ④	54	① ② ③ ④	74	① ② ③ ④	94	① ② ③ ④	114	① ② ③ ④
15	① ② ③ ④	35	① ② ③ ④	55	① ② ③ ④	75	① ② ③ ④	95	① ② ③ ④	115	① ② ③ ④
16	① ② ③ ④	36	① ② ③ ④	56	① ② ③ ④	76	① ② ③ ④	96	① ② ③ ④	116	① ② ③ ④
17	① ② ③ ④	37	① ② ③ ④	57	① ② ③ ④	77	① ② ③ ④	97	① ② ③ ④	117	① ② ③ ④
18	① ② ③ ④	38	① ② ③ ④	58	① ② ③ ④	78	① ② ③ ④	98	① ② ③ ④	118	① ② ③ ④
19	① ② ③ ④	39	① ② ③ ④	59	① ② ③ ④	79	① ② ③ ④	99	① ② ③ ④	119	① ② ③ ④
20	① ② ③ ④	40	① ② ③ ④	60	① ② ③ ④	80	① ② ③ ④	100	① ② ③ ④	120	① ② ③ ④

모의고사 **제1회 실전 모의고사**

1 공기조화 설비

01 공조방식 중 각층 유닛방식에 관한 설명으로 틀린 것은?

① 송풍 덕트의 길이가 짧게 되고 설치가 용이하다.
② 사무실과 병원 등의 각층에 대하여 시간차 운전에 유리하다.
③ 각층 슬래브의 관통덕트가 없게 되므로 방재상 유리하다.
④ 각 층에 수배관을 설치하지 않으므로 누수의 염려가 없다.

각층 유닛방식은 각 층에 수배관을 설치하며 누수의 우려가 있다. 각층에 공조기를 설치하는 공조실을 두기 때문에 소음 방진에 유의해야 한다.

02 다음 공조방식 중에 전공기 방식에 속하는 것은?

① 패키지 유닛 방식 ② 복사 냉난방 방식
③ 팬 코일 유닛 방식 ④ 2중덕트 방식

전공기 방식에는 2중덕트 방식, 단일덕트 정풍량, 변풍량방식등이 있다. 패키지 유닛 방식은 냉매방식이며, 복사 냉난방 방식은 수공기식, 팬 코일 유닛 방식은 전수식에 속한다.

03 원심식 송풍기의 종류로 가장 거리가 먼 것은?

① 리버스형 송풍기 ② 프로펠러형 송풍기
③ 관류형 송풍기 ④ 다익형 송풍기

프로펠러형 송풍기는 축류형 송풍기이다.

04 공조기의 풍량이 45000kg/h, 코일통과 풍속을 2.4m/s로 할 때 냉수코일의 전면적(m^2)은? (단, 공기의 밀도는 1.2kg/m^3이다.)

① 3.2 ② 4.3
③ 5.2 ④ 10.4

우선풍량을 구하면

$Q=\dfrac{m}{\rho}=\dfrac{45000}{1.2}=37,500\text{m}^3/\text{h}$

코일면적 (A)은 $Q=Av$에서

$A=\dfrac{Q}{v}=\dfrac{37500}{3600\times2.4}=4.3\text{m}^2$

※ 만약 코일 유효면적이 75%라면 겉보기 면적 (A')은

$A'=\dfrac{A}{E}=\dfrac{4.3}{0.75}=5.7\text{m}^2$

05 송풍량 600m^3/min을 공급하여 다음의 공기선도와 같이 난방하는 실의 실내부하는? (단, 공기의 비중량은 1.2kg/m^3, 비열은 1.0kJ/kgK이다.)

상태점	온도(℃)	엔탈피 (kJ/kg)
①	0	2.0
②	20	36.0
③	15	32.0
④	28	40
⑤	29	552

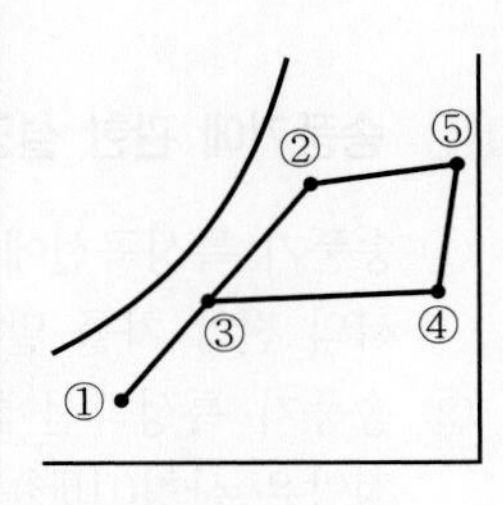

① 31100kJ/h ② 94510kJ/h
③ 129600kJ/h ④ 691200kJ/h

실내점은 ②이고 취출구점은 ⑤이므로 실내부하(전열)는
$q=m\Delta h=1.2\times600\times60(52-36)=691200\text{kJ/h}$

정답 01 ④ 02 ④ 03 ② 04 ② 05 ④

PARAT 05 실전모의고사

06 **취급이 간단하고 각 층을 독립적으로 운전할 수 있어 에너지 절감효과가 크며 공사시간 및 공사비용이 적게 드는 방식은?**

① 패키지 유닛 방식 ② 복사 냉난방 방식
③ 인덕션 유닛 방식 ④ 2중 덕트 방식

취급이 간단하고 각 층을 독립적으로 운전할 수 있는 방식은 개별식으로 냉매방식인 패키지 유닛 방식(P/A)이다.

07 **다음의 송풍기에 관한 설명 중 ( ) 안에 알맞은 내용은?**

> 동일 송풍기에서 정압은 회전수 비의 (㉠)하고, 소요동력은 회전수 비의 (㉡) 한다.

① ㉠ 2승에 비례 ㉡ 3승에 비례
② ㉠ 2승에 반비례 ㉡ 3승에 반비례
③ ㉠ 3승에 비례 ㉡ 2승에 비례
④ ㉠ 3승에 반비례 ㉡ 2승에 반비례

송풍기에서 상사법칙에 따라 정압(전압)은 회전수 비의 2승에 비례하고, 소요동력은 회전수 비의 3승에 비례한다.

08 **송풍기에 관한 설명 중 틀린 것은?**

① 송풍기 특성곡선에서 팬 전압은 토출구와 흡입구에서의 전압 차를 말한다.
② 송풍기 특성곡선에서 송풍량을 증가시키면 전압과 정압은 산형(山形)을 이루면서 강하한다.
③ 다익형 송풍기는 풍량을 증가시키면 축 동력은 감소한다.
④ 팬 동압은 팬 출구를 통하여 나가는 평균속도에 해당되는 속도압이다.

다익형 송풍기는 풍량을 증가시키면 축 동력은 증가한다.

09 **난방설비에 관한 설명으로 옳은 것은?**

① 온수난방은 증기난방에 비해 예열시간이 길어서 충분한 난방감을 느끼는데 시간이 걸린다.
② 증기난방은 실내 상하 온도차가 적어 유리하다.
③ 복사난방은 급격한 외기 온도의 변화에 대해 방열량 조절이 우수하다.
④ 온수난방의 주 이용열은 온수의 증발잠열이다.

증기난방은 온도가 높아서 실내 상하 온도차가 크며, 복사난방은 구조체를 가열하므로 급격한 외기 온도의 변화에 대해 방열량 조절이 곤란하다. 온수난방은 온수의 현열을 이용하고 증기난방은 증기의 잠열을 이용한다.

10 **난방기기에서 사용되는 방열기 중 강제대류형 방열기에 해당하는 것은?**

① 유닛히터 ② 길드 방열기
③ 주철제 방열기 ④ 베이스보드 방열기

유닛히터는 가열코일과 팬을 조합한 것으로 강제 대류형 가열장치로 넓은 공간의 난방에 이용된다.

11 **31℃의 외기와 25℃의 환기를 1 : 2의 비율로 혼합하고 바이패스 팩터가 0.16인 코일로 냉각 제습할 때의 코일 출구온도는? (단, 코일의 표면온도는 14℃이다.)**

① 약 14℃ ② 약 16℃
③ 약 27℃ ④ 약 29℃

1 : 2로 혼합한 공기 온도 $t = \dfrac{31 \times 1 + 25 \times 2}{1+2} = 27$

코일 출구 온도 $= t_c + BF(t - t_c) = 14 + 0.16(27 - 14)$
$= 16.08℃$

정답 06 ① 07 ① 08 ③ 09 ① 10 ① 11 ②

12 전열량에 대한 현열량의 변화의 비율로 나타내는 것은?

① 현열비 ② 열수분비
③ 상대습도 ④ 비교습도

현열비$=\dfrac{현열}{전열}=\dfrac{현열}{현열+잠열}$

13 증기난방 설비에서 일반적으로 사용 증기압이 어느 정도부터 고압식이라고 하는가?

① 0.1 kPa 이상 ② 35 kPa 이상
③ 0.1 MPa 이상 ④ 1 MPa 이상

증기난방 설비 고압 : 0.1MPa 이상,
저압 : 0.1MPa 이하

14 다음 그림과 같은 덕트에서 점 ①의 정압 $P_1=$ 15mmAq, 속도 $V_1=$10m/s일 때, 점 ②에서의 전압은? (단, ①-② 구간의 전압손실은 2mmAq, 공기의 밀도는 1kg/m³로 한다.)

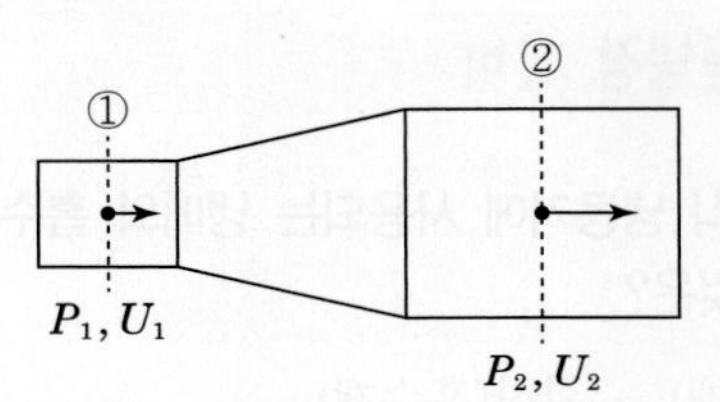

① 15.1mmAq ② 17.1mmAq
③ 18.1mmAq ④ 19.1mmAq

①점의 동압은 $p_v=\dfrac{v^2}{2g}\gamma=\dfrac{10^2\times1}{2\times9.8}=5.1\text{mmAq}$
①점의 전압 = 정압+동압 = 15 + 5.120.1mmAq
② 전압 = ①전압-①-② 구간의 전압손실
= 20.1 − 2 = 18.1mmAq

15 바이패스 팩터에 관한 설명으로 옳은 것은?

① 흡입공기 중 온난 공기의 비율이다.
② 송풍공기 중 습공기의 비율이다.
③ 신선한 공기와 순환공기의 밀도 비율이다.
④ 전 공기에 대해 냉·온수코일을 그대로 통과하는 공기의 비율이다.

바이패스 팩터(BF)란 코일을 통과하는 전 공기에 대해 코일을 접촉하지 않고 그대로 통과하는 공기의 비율이다.

16 건구온도 32℃, 습구온도 26℃의 신선외기 1800m³/h를 실내로 도입하여 실내공기를 27℃(DB), 50%(RH)의 상태로 유지하기 위해 외기에서 제거해야 할 전열량은? (단, 32℃, 27℃에서의 절대습도는 각각 0.0189kg/kg, 0.0112kg/kg이며, 공기의 비중량은 1.2kg/m³, 비열은 1.01kJ/kgK이다.)

① 약 43724kJ/h ② 약 52488kJ/h
③ 약 56266kJ/h ④ 약 72488kJ/h

외기 엔탈피
$h=C_{pa}t+x(2501+C_{pv}t)$ 에서 $C_{pv}t$ 를 무시하면
$h=1.01\times32+0.0189(2501)=79.6\text{kJ/kg}$
실내공기 엔탈피 $h=C_{pa}t+x(2501)$
$=1.01\times27+0.0112(2501)=55.3\text{kJ/kg}$
외기제거열량$=m\Delta h=1800\times1.2(79.6-55.3)$
$=52488\text{kJ/h}$

정답 12 ① 13 ③ 14 ③ 15 ④ 16 ②

17 현열 및 잠열에 관한 설명으로 옳은 것은?

① 여름철 인체로부터 발생하는 열은 현열뿐이다.
② 공기조화 덕트의 열손실은 현열과 잠열로 구성되어 있다.
③ 여름철 유리창을 통해 실내로 들어오는 열은 현열뿐이다.
④ 조명이나 실내기구에서 발생하는 열은 현열뿐이다.

여름철 인체로부터 발생하는 열은 현열과 잠열이 있으며, 덕트의 열손실은 현열만 고려한다. 여름철 유리창을 통해 실내로 들어오는 열은 현열(관류+일사)뿐이며, 조명에서 발생하는 열은 현열뿐이 실내기구(전열기구)에서 발생하는 열은 현열과 잠열이 있다.

18 건물의 11층에 위치한 북측 외벽을 통한 손실열량은? (단, 벽체면적 $40m^2$, 열관류율 $0.43W/m^2 \cdot ℃$, 실내온도 26℃, 외기온도 -5℃, 북측 방위계수 1.2 복사에 의한 외기온도 보정 3℃이다.)

① 약 495.36W
② 약 525.38W
③ 약 577.92W
④ 약 639.84W

겨울철 손실열량 계산에서 복사에 의한 외기온도 보정은 3℃를 감한다.
$q = KA\Delta t k = 0.43 \times 40(26-(-5)-3) \times 1.2 = 577.92W$

19 다음 가습방법 중 가습효율이 가장 높은 것은?

① 증발 가습
② 온수 분무 가습
③ 증기 분무 가습
④ 고압수 분무 가습

가습방법 중 증기 분무 가습이 효율이 가장 좋다.

20 다음 중 수관식 보일러 특성과 가장 가까운 것은?

① 지름이 큰 동체를 몸체로하여 그 내부에 노통과 연관을 동체 축에 평행하게 설치하고, 노통을 지나온 연소가스가 연관을 통해 연도로 빠져나가도록 되어있는 보일러이다.
② 상부 드럼과 하부 드럼 사이에 작은 구경의 많은 수관을 설치한 구조로 고온 및 고압에 적당하고 발생열량이 크며, 용량에 비하여 크기가 작아 설치면적이 적고 전열면적은 넓어서 효율이 매우 높다
③ 드럼없이 수관만으로 설계한 강제순환식 보일러로 급수가 공급될 때 수관의 예열부→증발부→과열부를 순차적으로 통과하면서 증기가 발생하게 된다.
④ 보일러 내부가 진공상태로 유지되면서 화염으로부터 열을 받아 온수를 가열해 주는 열매체로 물을 사용하며 정상적인 상태에서는 열매의 손실은 없다.

① - 노통연관 보일러 ③ - 관류보일러
④ - 진공식 온수 보일러

2 냉동냉장 설비

21 흡수식 냉동기에 사용되는 냉매와 흡수제의 연결이 잘못된 것은?

① 물(냉매) - 황산(흡수제)
② 암모니아(냉매) - 물(흡수제)
③ 물(냉매) - 가성소다(흡수제)
④ 염화에틸(냉매) - 취화리튬(흡수제)

흡수식 냉동기의 냉매와 흡수제의 조합

냉매	흡수제
암모니아(NH_3)	물
물	취화리튬(LiBr) 염화리튬(LiCl) 가성소다(NaOH) 황산(H_2SO_4)

정답 17 ③ 18 ③ 19 ③ 20 ② 21 ④

22 **표준냉동사이클에 대한 설명으로 옳은 것은?**

① 응축기에서 버리는 열량은 증발기에서 취하는 열량과 같다.
② 증기를 압축기에서 단열압축하면 압력과 온도가 높아진다.
③ 팽창밸브에서 팽창하는 냉매는 압력이 감소함과 동시에 열을 방출한다.
④ 증발기내에서의 냉매증발온도는 그 압력에 대한 포화온도보다 낮다.

① 응축기에서 버리는 열량은 증발기에서 취한 열량에 압축일을 더한 것과 같다.
③ 팽창밸브에서 냉매의 과정은 단열팽창으로 외부로의 열의 출입은 없다.
④ 표준냉동사이클에서 증발기내에서의 증발과정은 등압, 등온과정으로 냉매증발온도는 그 압력에 대한 포화온도와 같다.

23 **내압시험에 대한 다음 설명 중 옳지 않은 것을 고르시오.**

① 내압시험은 압축기와 압력용기 등에 대하여 행하는 액압시험을 원칙으로 한다.
② 내압시험은 기밀시험전에 행하는 시험으로 액의 압력으로 내압강도를 조사한다.
③ 내압시험시 내부의 공기는 완전히 배출하여야 하며 이 작업이 불충분하면 큰 사고를 일으킬 우려가 있다.
④ 내압시험은 냉매의 종류에 따라 정해지고 최소기밀시험압력의 15/8배의 압력으로 한다.

④ 내압시험은 냉매의 종류에 따라 정해지지 않는다. 또한 내압시험은 원칙적으로 설계압력의 1.5배 이상의 액압으로 한다. 액체를 사용하기 어려울 경우에는 설계압력 의 1.25배 이상 압력의 기체로 할 수도 있다.

24 **쇠고기(지방이 없는 부분) 10ton을 10시간 동안 35℃에서 2℃까지 냉각할 때의 냉동능력으로 옳은 것은? (단, 쇠고기의 동결점은 -2℃로, 쇠고기의 동결전 비열(지방이 없는 부분)은 3.25kJ/(kg · K)로, 동결후 비열은 1.76kJ/(kg · K), 동결잠열은 234.5kJ/kg으로 한다.)**

① 약 30kW ② 약 35kW
③ 약 37kW ④ 약 42kW

이문제는 동결전까지 냉각하므로 동결전 비열로 냉각 현열만 계산한다.

$$Q_2 = m \cdot C \Delta t = \frac{10000 \times 3.25 \times (35-2)}{10\text{h} \times 3600} = 29.79\text{kJ/s} = 30\text{kW}$$

25 **아래의 설명 중 냉동장치에서 정상운전에 대하여 가장 옳지 않은 것을 고르시오.**

① 흡입압력은 증발압력보다 약간 낮다.
② 토출가스는 과열증기이다.
③ 액관 중의 액체의 온도는 응축온도보다 약간 높다.
④ 흡입가스는 일반적으로 과열증기이다.

③ 액관 중의 액체의 온도는 응축온도보다 약간 낮다.

26 **증기압축식 냉동기에서 일반적으로 냉매 흐름방향에 대하여 냉매 배관이 가장 굵어야하는 부분은 어디인가?**

① 압축기 출구 ② 응축기 출구
③ 팽창밸브 출구 ④ 증발기 출구

냉매가 증발기에서 증발하여 증발기 출구에서 기체상태일 때 부피가 가장 크며 배관도 가장 굵다. 응축기에서 응축된 상태에서 배관이 가늘다.

정답 22 ② 23 ④ 24 ① 25 ③ 26 ④

27 **10냉동톤의 능력을 갖는 역카르노 사이클이 적용된 냉동기관의 고온부 온도가 25℃, 저온부 온도가 -20℃일 때, 이 냉동기를 운전하는데 필요한 동력은? (단, 1RT = 3.86kW이다)**

① 1.8kW ② 3.1kW
③ 6.9kW ④ 9.4kW

$COP = \frac{Q_2}{W} = \frac{T_2}{T_1 - T_2}$ 에서

$W = Q_2 \frac{T_1 - T_2}{T_2} = 10 \times 3.86 \times \frac{(273+25)-(273-20)}{273-20}$

$\fallingdotseq 6.9[kW]$

28 **다음 중 증발식 응축기의 구성요소로서 가장 거리가 먼 것은?**

① 송풍기
② 응축용 핀-코일
③ 물분무 펌퍼 및 분배장치
④ 일리미네이터, 수공급장치

증발식 응축기(Evaporative Condenser)
냉매가스가 흐르는 냉각관 코일의 외면에 냉각수를 노즐(Nozzle)에 의해 분사시킨다. 여기에 송풍기를 이용하여 건조한 공기를 3m/sec의 속도로 보내 공기의 대류작용 및 물의 증발 잠열로 냉각하는 형식이다. 즉, 수냉식 응축기와 공랭식응축의 작용을 혼합한 형으로 볼 수 있다.
[특징]
㉠ 물의 증발잠열 및 공기, 물의 현열에 의한 냉각방식으로 냉각소비량이 작다.
㉡ 상부에 일리미네이터(Eliminator)를 설치한다.
㉢ 겨울에는 공랭식으로 사용된다.
㉣ 대기 습구온도 및 풍속에 의하여 능력이 좌우된다.
㉤ 냉각관 내에서 냉매의 압력강하가 크다.
㉥ 냉각탑을 별도로 설치할 필요가 없다.
㉦ 팬(Fan), 노즐(Nozzle), 냉각수 펌프 등 부속설비가 많이 든다.

29 **냉동장치의 증발압력이 너무 낮은 원인으로 가장 거리가 먼 것은?**

① 수액기 및 응축기내에 냉매가 충만해 있다.
② 팽창밸브가 너무 조여 있다.
③ 증발기의 풍량이 부족하다.
④ 여과기가 막혀 있다.

증발압력(온도)의 저하 원인
㉠ 냉매 충전량이 부족할 때
㉡ 팽창밸브가 너무 조여 있을 때
㉢ 여과기가 막혔을 때
㉣ 증발기의 풍량이 부족할 때
㉤ 증발기 냉각관에 유막이나 적상(積霜 : 서리)이 형성되어 있을 때
㉥ 액과에서 플래시 가스가 발생하였을 때

30 **왕복동 압축기의 유압이 운전 중 저하되었을 경우에 대한 원인을 분류한 것으로 옳은 것을 모두 고른 것은?**

㉠ 오일 스트레이너가 막혀 있다.
㉡ 유온이 너무 낮다.
㉢ 냉동유가 과충전 되었다.
㉣ 크랭크실 내의 냉동유에 냉매가 너무 많이 섞여 있다.

① ㉠, ㉡ ② ㉢, ㉣
③ ㉠, ㉣ ④ ㉡, ㉢

유압저하의 원인
㉠ 유온이 높을 경우
㉡ 흡입압력이 극도로 저하하여 크랭크실내가 고진공상태인 경우
㉢ liquid back을 일으켜 oil foaming 현상이 발생한 경우 (크랭크실내의 냉동유에 냉매가 너무 많이 섞여 있다)
㉣ 오일여과기가 막혔을 경우

정답 27 ③ 28 ② 29 ① 30 ③

31 냉동사이클이 다음과 같은 T-S 선도로 표시되었다. T-S 선도 4-5-1의 선에 관한 설명으로 옳은 것은?

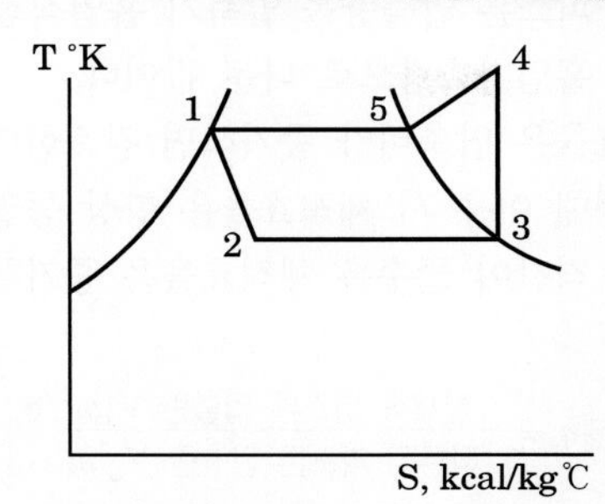

① 4-5-1은 등압선이고 응축과정이다.
② 4-5는 압축기 토출구에서 압력이 떨어지고 5-1은 교축과정이다.
③ 4-5는 불응축 가스가 존재할 때 나타나며, 5-1만이 응축과정이다.
④ 4에서 5로 온도가 떨어진 것은 압축기에서 흡입가스의 영향을 받아서 열을 방출했기 때문이다.

> ㉠ 1-2과정 : 팽창과정(등엔탈피 변화)
> ㉡ 2-3과정 : 증발과정(등압, 등온 변화)
> ㉢ 3-4과정 : 압축과정(등엔트로피 변화)
> ㉣ 4-5-1과정 : 응축과정(등압변화)

32 증발온도(압력)하강의 경우 장치에 발생되는 현상으로 가장 거리가 먼 것은?

① 성적계수(COP) 감소
② 토출가스 온도상승
③ 냉매 순환량 증가
④ 냉동 효과 감소

> 증발압력(온도)강하 시 발생되는 현상
> ㉠ 압축비의 증대 ㉡ 토출가스 온도 상승
> ㉢ 체적 효율 감소 ㉣ 냉매 순환량 감소
> ㉤ 냉동효과 감소 ㉥ 성적계수 감소
> ㉦ 흡입가스 비체적 증가 ㉧ 실린더 과열
> ㉨ 윤활유 열화 및 탄화 ㉩ 소요 동력 증대

33 냉동사이클 중 P-h 선도(압력-엔탈피 선도)로 계산할 수 없는 것은?

① 냉동능력 ② 성적계수
③ 냉매순환량 ④ 마찰계수

> 냉동사이클 중 P-h 선도(압력-엔탈피 선도)로 계산할 수 있는 것
> ㉠ 냉동효과 ㉡ 압축일량(소요동력)
> ㉢ 응축기 방열량 ㉣ 성적계수
> ㉤ 냉동능력 ㉥ 냉매순환량
> ㉦ 압축비

34 터보 압축기의 특징으로 틀린 것은?

① 부하가 감소하면 서징 현상이 일어난다.
② 압축되는 냉매증기 속에 기름방울이 함유되지 않는다.
③ 회전운동을 하므로 동적균형을 잡기 좋다.
④ 모든 냉매에서 냉매회수장치가 필요 없다.

> ④ 냉매회수장치가 필요하다.
>
> 터보압축기의 특징
> ㉠ 왕복동 및 회전식은 용적압축 방식이나 터보 압축기는 임펠러(impeller)에 하여 냉매가스에 속도에너지를 주고 임펠러 주위에 고정된 디퓨저(Diffuser)에 의해 속도에너지를 압력에너지로 변화시켜 압축하는 방식을 취하고 있다.
> ㉡ 왕복운동이 아닌 회전운동이므로 동적인 밸런스를 잡기 쉽고 진동이 적다.
> ㉢ 마찰부분이 적어 고장이 적고 수명이 길다.
> ㉣ 단위 냉동능력당 중량 및 설치면적이 적어 모든 설비비가 적다.
> ㉤ 저압의 냉매를 사용하므로 위험이 적고 취급이 쉽다.
> ㉥ 용량제어가 쉽고 정밀한 제어를 하기 쉽다.
> ㉦ 소용량의 것은 제작이 곤란하고 제작비가 많이 든다.
> ㉧ 소음이 크다.
> ㉨ 대용량의 공기조화용으로 많이 사용한다. (회전수는 10,000~12,000rpm)
> ㉩ 부하가 감소하면 서징(surging)현상이 발생할 수 있다.

정답 31 ① 32 ③ 33 ④ 34 ④

35 **2단압축 냉동장치에서 게이지 압력계의 지시계가 고압 1.47MPa, 저압 100mmHg(vac)을 가리킬 때, 저단압축기와 고단압축기의 압축비는? (단, 저 · 고단의 압축비는 동일하다.)**

① 3.6 ② 3.8
③ 4.0 ④ 4.2

압축비 $m=\frac{P_m}{P_2}=\frac{P_1}{P_m}$ 에서 중간압 Pm은
$P_m^2=P_2\times P_1$
$\because P_m=\sqrt{P_1\cdot P_2}=\sqrt{1.57\times0.087}\fallingdotseq0.370$
여기서, P_1 : 고압측(응축) 절대압력[MPa]
$=0.1+1.47=1.57$ (대기압=0.1MPa)
P_2 : 저압측 절대압력[MPa]
$=0.1\times\frac{760-100}{760}=0.087$
∴ 저단 압축비 $m=\frac{0.370}{0.087}=4.25$
고단 압축비 $m=\frac{1.57}{0.370}=4.24$

36 **냉매에 대한 설명으로 틀린 것은?**

① 응고점이 낮을 것
② 증발열과 열전도율이 클 것
③ R-500은 R-12와 R-152를 합한 공비 혼합냉매라 한다.
④ R-21은 화학식으로 $CHCl_2F$이고, $CClF_2-CClF_2$는 R-113이다.

R-113 : $CClF-CClF_2$
R-114 : $CClF_2-CClF_2$

37 **압축기의 체적효율에 대한 설명으로 옳은 것은?**

① 이론적 피스톤 압출량을 압축기 흡입직전의 상태로 환산한 흡입가스량으로 나눈 값이다.
② 체적 효율은 압축비가 증가하면 감소한다.
③ 동일 냉매 이용 시 체적효율은 항상 동일하다.
④ 피스톤 격간이 클수록 체적효율은 증가한다.

① 체적효율η_v = $\frac{\text{실제적 피스톤 압출량 V}[m^3/h]}{\text{이론적 피스톤 압출량 }V_a[m^3/h]}$
② 압축비가 클수록 체적효율이 감소한다.
③ 같은 냉매를 사용하여도 운전조건에 따라서 체적효율은 변동한다.
④ 피스톤 격간(clearance)이 클수록 체적효율은 감소한다.

38 **1단 압축 1단 팽창 냉동장치에서 흡입증기가 어느 상태일 때 성적계수가 제일 큰가?**

① 습증기 ② 과열증기
③ 과냉각액 ④ 건포화증기

응축압력과 증발압력이 동일한 조건에서는 과열증기의 경우가 성적계수가 제일 크다.

39 **냉동장치의 압축기 피스톤 압출량이 120m³/h, 압축기 소요동력이 1.1kW, 압축기 흡입가스의 비체적이 0.65m³/kg, 체적효율이 0.81일 때, 냉매 순환량은?**

① 100kg/h ② 150kg/h
③ 200kg/h ④ 250kg/h

냉매순환량 G[kg/h]
$G=\frac{V_a\cdot\eta_v}{v}=\frac{120\times0.81}{0.65}\fallingdotseq150$
여기서, V_a : 압축기 피스톤 압출량이 [m³/h]
η_v : 체적효율
v : 흡입가스 비체적[m³/kg]

정답 35 ④ 36 ④ 37 ② 38 ② 39 ②

40 물 10kg을 0℃에서 70℃까지 가열하면 물의 엔트로피 증가는? (단, 물의 비열은 4.18kJ이다.)

① 4.14kJ/K ② 9.54kJ/K
③ 12.74kJ/K ④ 52.52kJ/K

엔트로피 변화

$\Delta s_{12} = mC_p \ln\frac{T_2}{T_1} = 10 \times 4.18 \times \ln\frac{273+70}{273+0} \fallingdotseq 9.54$

3 공조냉동 설치·운영

41 증기보일러에서 환수방법을 진공환수 방법으로 할 때 설명이 옳은 것은?

① 증기주관은 선하향 구배로 설치한다.
② 환수관은 습식 환수관을 사용한다.
③ 리프트 피팅의 1단 흡상고는 3m로 설치한다.
④ 리프트 피팅은 펌프부근에 2개 이상 설치한다.

진공환수식에서 환수관은 건식 환수관을 사용하고 리프트 피팅의 1단 흡상고는 1.5m 이내로 설치한다.

42 증기 난방 배관에서 고정 지지물의 고정방법에 관한 설명으로 틀린 것은?

① 신축 이음이 있을 때에는 배관의 양끝을 고정한다.
② 신축 이음이 없을 때에는 배관의 중앙부를 고정한다.
③ 주관의 분기관이 접속되었을 때에는 그 분기점을 고정 한다.
④ 고정 지지물의 설치 위치는 시공 상 큰 문제가 되지 않는다.

고정 지지물의 설치 위치는 하중이나 응력 등 구조상 문제가 없는 곳으로 한다.

43 펌프의 흡입 배관 설치에 관한 설명으로 틀린 것은?

① 흡입관은 가급적 길이를 짧게 한다.
② 흡입관의 하중이 펌프에 직접 걸리지 않도록 한다.
③ 흡입관에는 펌프의 진동이나 관의 열팽창이 전달되지 않도록 신축이음을 한다.
④ 흡입 수평관의 관경을 확대시키는 경우 동심 리듀서를 사용한다.

흡입 수평관의 관경을 확대시키는 경우 편심 리듀서를 사용하여 배관 윗면을 일치시켜서 공기가 고이지 않게 한다.

44 아래 암모니아 냉동 배관 평면도를 보고 부속 수량을 구하시오.

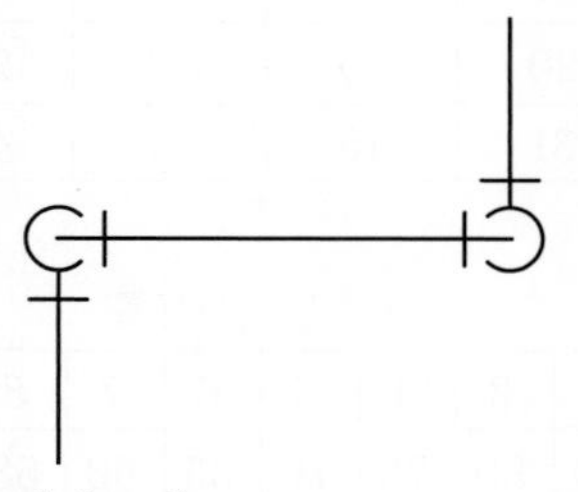

① 엘보 2개, 티이 1개
② 엘보 3개, 티이 2개
③ 엘보 4개
④ 엘보 5개

위 평면도를 겨냥도(입체도)로 그려보면 아래와 같고 부속류는 엘보이고 수량은 4개이다.

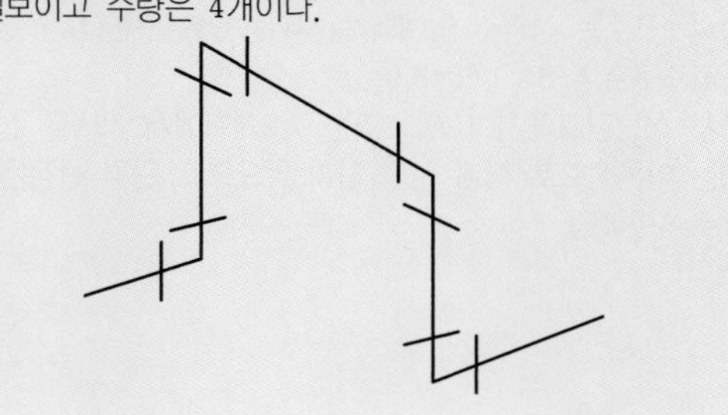

정답 40 ② 41 ① 42 ④ 43 ④ 44 ③

45 다음과 같은 급수 계통과 조건(상당관표, 동시사용률)을 참조하여 균등관법으로 (c)구간의 급수 관경을 구하시오.

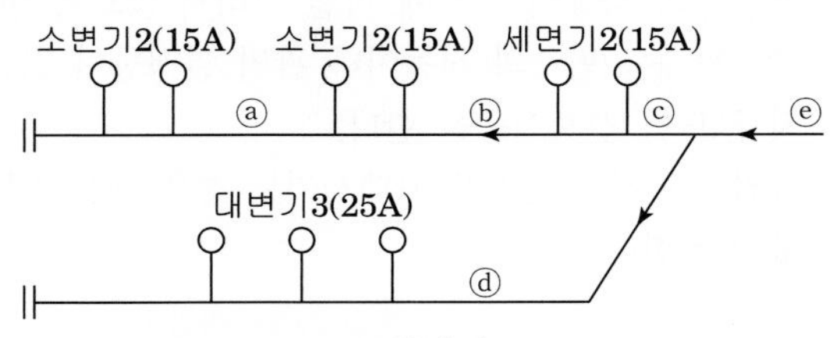

표. 상당관표

관경	15A	20A	25A	32A	40A
15A	1				
20A	2	1			
25A	3.7	1.8	1		
32A	7.2	3.6	2	1	
40A	11	5.3	2.9	1.5	1
50A	20	10	5.5	2.8	1.9
65A	31	15	8.5	4.3	2.9

표. 동시사용률

기구수	2	3	4	5	6	7	8	9	10	17
%	100	80	75	70	65	60	58	55	53	46

① 20A　② 25A
③ 32A　④ 40A

균등관(상당관)법은 모든 급수관경을 15A로 환산한다.
모두 15A이므로 (c)구간 상당수(15A) 합계는 2+2+2=6
동시사용률은 기구수로 구하고 기구는 6개이므로 65% 일때
동시개구수는 상당수 합계와 동시사용률로 구한다.
동시개구수 = 6×0.65=3.9
다시 상당관표에서 15A, 3.9는 7.2개항에서 32A를 선정(설계는 이론적으로 작게 선정 하지 않으므로 관경 산정은 직상으로 구한다.)

46 냉동기가 기동하지 않는 경우 원인으로 가장 거리가 먼 것은?

① 단로기(Disconnect SW)의 열림
② 냉동기 스타터의 결함
③ 제어회로의 열림(고압, 과냉, 고유온, 모터과열)
④ 안전장치나 인터록장치가 닫혀있다.

안전장치나 인터록장치가 열려있을 때 기동되지 않으며 닫혀 있을 때는 정상이다.

47 보일러의 장기보전법에 대한 설명으로 가장 부적합한 것은?

① 정지기간이 2~3개월 이상일 때 사용하는 방법으로, 만수보존은 만수 후 소오다를 넣어 보존하는 방법이다.
② 석회밀폐 보존법은 보일러 내외부를 깨끗이 정비한 후 외부에서 습기가 스며들지 않게 조치한 후, 노내에 장작불등을 피워 충분히 건조시킨 후 생석회나 실리카겔등을 보일러내에 집어넣는다.
③ 질소가스봉입법 : 질소가스를 보일러내에 주입하여 압력을 60kPa 정도 유지하는 것으로서 효과가 좋고 간단하여 일반적으로 이용한다.
④ 만수보존법은 동절기에는 동파가 될 수가 있으므로 겨울철에는 이 방법을 해서는 안된다.

질소가스봉입법은 질소가스를 보일러내에 주입하여 압력을 60kPa 정도 유지하는 것으로서 효과는 좋으나 작업기법이나 압력유지등 전문적인 기술이 필요하여 일반적으로 이용하지는 않는편이다.

정답 45 ③　46 ④　47 ③

48 가스식 순간 탕비기의 자동연소장치 원리에 관한 설명으로 옳은 것은?

① 온도차에 의해서 타이머가 작동하여 가스를 내보낸다.
② 온도차에 의해서 다이어프램이 작동하여 가스를 내보낸다.
③ 수압차에 의해서 다이어프램이 작동하여 가스를 내보낸다.
④ 수압차에 의해서 타이머가 작동하여 가스를 내보낸다.

순간 탕비기는 수압차를 이용하여 베르누이 정리로 다이어프램이 작동하여 가스를 공급한다.

49 관 이음 중 고체나 유체를 수송하는 배관, 밸브류, 펌프, 열교환기 등 각종 기기의 접속 및 관을 자주 해체 또는 교환할 필요가 있는 곳에 사용되는 것은?

① 용접접합 ② 플랜지접합
③ 나사접합 ④ 플레어접합

플랜지 접합은 관의 최종 접합, 분해가 자유로워서 수리를 위해서 해체할 필요가 있는 위치에 설치한다.

50 동일 송풍기에서 임펠러의 지름을 2배로 했을 경우 특성 변화에 법칙에 대해 옳은 것은?

① 풍량은 송풍기 크기비의 2제곱에 비례한다.
② 압력은 송풍기 크기비의 3제곱에 비례한다.
③ 동력은 송풍기 크기비의 5제곱에 비례한다.
④ 회전수 변화에만 특성변화가 있다.

상사법칙에 따라 송풍기 임펠러 직경을 변화 시키면 풍량은 크기비의 3제곱에, 압력은 크기비의 2제곱에, 동력은 크기비의 5제곱에 비례한다.

51 대칭 3상 Y부하에서 각 상의 임피던스 $Z=3+j4$ [Ω]이고, 부하전류가 20[A]일 때, 부하의 선간 전압은 약 몇 [V]인가?

① 141 ② 173
③ 220 ④ 282

$I_L = \dfrac{V_L}{\sqrt{3}Z}$[A] 식에서
$Z=3+j4[\Omega]$, $I_L=20$[A]일 때
$\therefore\ V_L=\sqrt{3}ZI=\sqrt{3}\times\sqrt{3^2+4^2}\times 20=173$[V]

52 단상 변압기 3대를 사용하는 것과 3상 변압기 1대를 사용하는 것을 비교할 때 단상 변압기를 사용할 때의 장점에 해당되는 것은?

① 철심재료 및 부싱, 유량 등이 적게 들어 경제적이다.
② 단위방식이 늘어 결선이 용이하다.
③ 부하시 탭 변환장치를 채용하는 데 유리하다.
④ 부하의 증가에 대처하기가 용이하다.

단상 변압기의 채용
3상 부하에 3상 변압기를 결선하여 채용하면 경제적으로 유리한 면이 있지만 변압기 결선과 용량을 바꾸기 어려워 부하 증설에 대한 대처가 불가능하다. 따라서 단상 변압기를 채용하게 되면 자유로운 결선 및 부하 증설에 따른 대처가 용이해진다.

53 변위를 전압으로 변환시키는 장치가 아닌 것은?

① 퍼텐쇼미터 ② 차동변압기
③ 전위차계 ④ 측온저항

변환요소의 종류

변환량	변환요소
변위 → 전압	퍼텐쇼미터, 차동변압기, 전위차계

∴ 측온저항은 온도를 임피던스로 변환하는 요소이다.

정답 48 ③ 49 ② 50 ③ 51 ② 52 ④ 53 ④

54 **전기력선의 성질로 틀린 것은?**

① 양전하에서 나와 음전하로 끝나는 연속곡선이다.
② 전기력선 상의 접선은 그 점에 있어서의 전계의 방향이다.
③ 전기력선은 서로 교차한다.
④ 단위 전계강도 1[V/m]인 점에 있어서 전기력선 밀도를 1[개/m^2]라 한다.

전기력선의 특성
(1) 전기력선은 정(+)전하에서 시작하여 부(−)전하에서 끝난다.
(2) 전기력선은 전위가 높은 곳에서 낮은 곳으로 향한다.
(3) 전기력선은 도체 표면(또는 등전위면)에서 수직으로 나온다.
(4) 전기력선은 서로 반발하여 교차하지 않는다.
(5) 전기력선의 방향은 그 점의 전계의 방향과 같고 또한 전기력선의 밀도는 그 점의 전계의 세기와 같다.

55 **목표치가 미리 정해진 시간적 변화를 하는 경우 제어량을 변화시키는 제어를 무엇이라고 하는가?**

① 정치제어 ② 프로그래밍제어
③ 추종제어 ④ 비율제어

프로그램제어는 목표값이 미리 정해진 시간적 변화를 하는 경우 제어량을 변화시키는 제어로서 무인 운전 시스템이 이에 해당된다.(예 무인 엘리베이터, 무인 자판기, 무인 열차)

56 **다음 중 온도 보상용으로 사용되는 것은?**

① 다이오드 ② 다이악
③ 서미스터 ④ SCR

바리스터와 서미스터
(1) 바리스터 : 비직선적인 전압-전류 특성을 갖는 2단자 반도체 소자로서 불꽃 아크(서지) 소거용으로 이용된다.
(2) 서미스터 : 열을 감지하는 감열 저항체 소자로서 온도보상용으로 이용된다.

57 **15 [C]의 전기가 3초간 흐르면 전류[A]값은?**

① 2 ② 3
③ 4 ④ 5

$I=\frac{Q}{t}$[A] 식에서
$Q=15$[C], $t=3$[sec]일 때
$\therefore\ I=\frac{Q}{t}=\frac{15}{3}=5$[A]

58 **PLC제어의 특징이 아닌 것은?**

① 제어시스템의 확장의 용이하다.
② 유지보수가 용이하다.
③ 소형화가 가능하다.
④ 부품간의 배선에 의해 로직이 결정된다.

PLC의 특징
무접점 제어 방식이므로 부품간의 배선작업이 필요 없다.

59 **피드백 제어계의 구성요소 중 동작신호에 해당되는 것은?**

① 기준입력과 궤환신호의 차
② 제어요소가 제어대상에 주는 신호
③ 제어량에 영향을 주는 외적 신호
④ 목표값과 제어량의 차

제어편차(동작신호)는 기준입력신호에서 궤환신호의 제어량을 뺀 값으로서 제어계의 동작결정의 기초가 되는 동작신호를 말한다. 또한 제어요소의 입력신호이기도 하다.

정답 54 ③ 55 ② 56 ③ 57 ④ 58 ④ 59 ①

60 다음 중 지시 계측기의 구성요소와 거리가 먼 것은?

① 구동장치 ② 제어장치
③ 제동장치 ④ 유도장치

계측기의 구성
전기계측기는 전기적인 물리량으로서 전압, 전류, 저항, 전력, 주파수 등을 수치적으로 지시해 줄 수 있는 측정용 계기를 말한다. 이 지시계기의 3대 구성요소는 구동장치, 제어장치, 제동장치로 이루어져 있다.

정답 60 ④

모의고사 제2회 실전 모의고사

1 공기조화 설비

01 건구온도 10℃, 습구온도 3℃의 공기를 덕트 중 재열기로 건구온도 25℃까지 가열하고자 한다. 재열기를 통하는 공기량이 1500 m^3/min인 경우, 재열기에 필요한 열량은? (단, 공기의 비체적은 0.849 m^3/kg이다.)

① 36,823 kJ/min
② 33,252 kJ/min
③ 30,186 kJ/min
④ 26,767 kJ/min

재열기 가열량 계산에서 건구온도로 구하며 습구온도는 관계가 없다.

$$q = m \cdot C \cdot \Delta t = \frac{1500}{0.849} \times 1.01(25-10) = 26,767 \text{ kJ/min}$$

02 공기조화설비에 사용되는 냉각탑에 관한 설명으로 옳은 것은?

① 냉각탑의 어프로치는 냉각탑의 입구 수온과 그때의 외기 건구온도와의 차이다.
② 강제통풍식 냉각탑의 어프로치는 일반적으로 약 5℃이다.
③ 냉각탑을 통과하는 공기량(kg/h)을 냉각탑의 냉각수량(kg/h)으로 나눈 값을 수공기비라 한다.
④ 냉각탑의 레인지는 냉각탑의 출구 공기온도와 입구 공기온도의 차이다.

냉각탑의 어프로치는 냉각탑의 출구 수온과 그때의 외기 습구온도와의 차이며, 강제통풍식 냉각탑의 어프로치와 쿨링레인지는 일반적으로 약 5℃이다. 냉각탑의 냉각수량(kg/h)과 냉각탑을 통과하는 공기량(kg/h)의 비를 수공기비라 하며, 냉각탑의 쿨링레인지는 냉각탑의 입출구 냉각수 온도의 차이다.

03 아래 그림은 공기조화기 내부에서의 공기의 변화를 나타낸 것이다. 이 중에서 냉각코일에서 나타나는 상태변화는 공기선도상 어느 점을 나타내는가?

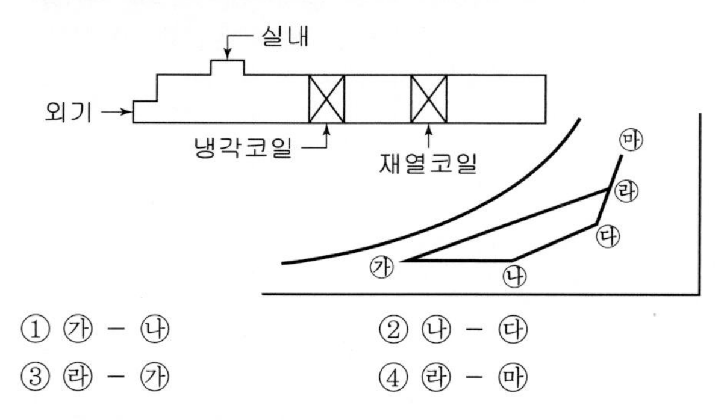

① ㉮ – ㉯
② ㉯ – ㉰
③ ㉱ – ㉮
④ ㉱ – ㉲

공기선도상 재열기가 있는 냉방시스템으로 외기(㉲)와 환기(㉰)를 혼합하여(㉱) 냉각한 후(㉮) 재열하여 (㉯)취출하는 것이다. 냉각코일에서는 혼합공기(㉱) 가 (㉮)로 냉각된다.

04 외기온도 13℃(포화 수증기압 12.83mmHg)이며 절대습도 0.008kg/kg일 때의 상대습도 RH는? (단, 대기압은 760mmHg이다.)

① 약 37%
② 약 46%
③ 약 75%
④ 약 82%

절대습도 $x = 0.622(\frac{p_v}{p_a}) = 0.622(\frac{\phi p_s}{p_o - \phi p_s})$에서 대입하면

$$0.008 = 0.622(\frac{\phi \times 12.83}{760 - \phi \times 12.83})$$

$$0.01286(760 - \phi \times 12.83) = \phi \times 12.83$$

$$9.775 = \phi(12.83 + 0.01286)$$

$$\phi = \frac{9.775}{12.83 + 0.01286} = 0.76 = 76\%$$

정답 01 ④ 02 ② 03 ③ 04 ③

05 공기 세정기에 관한 설명으로 틀린 것은?

① 공기 세정기의 통과풍속은 일반적으로 약 2~3m/s이다.
② 공기 세정기의 가습기는 노즐에서 물을 분무하여 공기에 충분히 접촉시켜 세정과 가습을 하는 것이다.
③ 공기 세정기의 구조는 루버, 분무노즐, 플러딩노즐, 일리미네이터 등이 케이싱 속에 내장되어 있다.
④ 공기 세정기의 분무 수압은 노즐 성능상 약 20~50kPa이다.

공기 세정기의 분무 수압은 노즐 성능상 약 150~200kPa이다.

06 다음 그림에 대한 설명으로 틀린 것은?

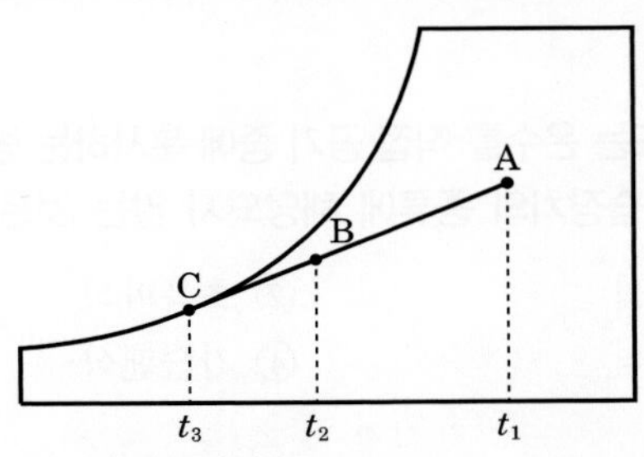

① A → B는 냉각감습 과정이다.
② 바이패스팩터(BF)는 $\dfrac{t_2-t_3}{t_1-t_3}$ 이다.
③ 코일의 열수가 증가하면 BF는 증가한다.
④ BF가 작으면 공기의 통과저항이 커져 송풍기 동력이 증대될 수 있다.

코일의 열수가 증가하면 BF는 감소한다. BF가 작으려면 열수를 증가시켜야하며 그때 공기의 통과저항이 커져 송풍기 동력이 증대될 수 있다.

07 상당외기온도차를 구하기 위한 요소로 가장 거리가 먼 것은?

① 흡수율
② 표면 열전달률($W/m^2 \cdot K$)
③ 직달 일사량(W/m^2)
④ 외기온도(℃)

상당외기온도차란 여름철 외벽에 대한 부하계산 시 일사에 의한 열취득을 계산하기위해서 일사 취득량을 외기온도로 환산하는 것이다. 그러므로 표면 일사량과 흡수율, 표면 열전달률을 이용하여 아래와 같이 구한다.

$t_e = t_o + \dfrac{Ia}{\alpha_o}$ t_e : 상당외기온도, t_o : 외기온도,
I : 표면일사량, a : 일사흡수율

08 다음 중 중앙식 공조방식이 아닌 것은?

① 정풍량 단일 덕트방식
② 2관식 유인유닛방식
③ 각층 유닛방식
④ 패키지 유닛방식

패키지 유닛방식은 개별식으로 각 실마다 패키지 유닛(가정용 에어컨 등)을 설치하는 것이다.

09 냉방부하 계산 시 상당외기온도차를 이용하는 경우는?

① 유리창의 취득열량 ② 내벽의 취득열량
③ 침입외기 취득열량 ④ 외벽의 취득열량

외벽의 취득열량 계산 시 일사에 의한 취득열량을 구하기 위해 상당외기온도차를 이용한다.

정답 05 ④ 06 ③ 07 ③ 08 ④ 09 ④

10 **600 rpm으로 운전되는 송풍기의 풍량이 400m³/min, 전압 40 mmAq, 소요동력 4 kW의 성능을 나타낸다. 이 때 회전수를 700 rpm으로 변화시키면 몇 kW의 소요동력이 필요한가?**

① 5.44kW ② 6.35kW
③ 7.27kW ④ 8.47kW

상사법칙에 따라 소요동력은 회전수의 3제곱에 비례하므로
$kW = 4 \times (\frac{700}{600})^3 = 6.35\text{kW}$

11 **다음 중 건축물의 출입문으로부터 극간풍 영향을 방지하는 방법으로 가장 거리가 먼 것은?**

① 회전문을 설치한다.
② 이중문을 충분한 간격으로 설치한다.
③ 출입문에 블라인드를 설치한다.
④ 에어커튼을 설치한다.

출입문에 블라인드를 설치하는 것은 일사를 차단하는 효과는 있지만 극간풍 제어효과는 거의 없다.

12 **공기조화의 분류에서 산업용 공기조화의 적용범위에 해당하지 않는 것은?**

① 실험실의 실험조건을 위한 공조
② 양조장에서 술의 숙성온도를 위한 공조
③ 반도체 공장에서 제품의 품질 향상을 위한 공조
④ 호텔에서 근무하는 근로자의 근무환경 개선을 위한 공조

근로자의 근무환경 개선을 위한 공조는 보건용 공조이다.

13 **대사량을 나타내는 단위로 쾌적상태에서의 안정 시 대사량을 기준으로 하는 단위는?**

① RMR ② clo
③ met ④ ET

met는 대사량(활동성)을 나타내는 단위로 쾌적상태에서의 안정 시 대사량을 1 met로 정한다.

14 **난방부하를 줄일 수 있는 요인이 아닌 것은?**

① 극간풍에 의한 잠열 ② 태양열에 의한 복사열
③ 인체의 발생열 ④ 기계의 발생열

극간풍에 의한 부하는 난방부하를 증대시킨다.

15 **물 또는 온수를 직접 공기 중에 분사하는 방식의 수분무식 가습장치의 종류에 해당되지 않는 것은?**

① 원심식 ② 초음파식
③ 분무식 ④ 가습팬식

- 수분무 가습방식 : 노즐분무식, 원심식, 초음파식
- 증기식 : 증기발생식(전열식, 전극식, 가습팬식) 증기공급식(노즐분무식)
- 기화식 : 회전식, 모세관식

16 **어느 실의 냉방장치에서 실내취득 현열부하가 40000W, 잠열부하가 15000W인 경우 송풍공기량은? (단, 실내온도 26℃, 송풍 공기온도 12℃, 외기온도 35℃, 공기밀도 1.2kg/m³, 공기의 정압비열은 1.005kJ/kJ·K이다.**

① 1,658m³/s ② 2,280m³/s
③ 2,369m³/s ④ 3,258m³/s

현열부하 40000W를 40kW로 환산하여 계산한다.
$Q = \frac{q_s}{\rho C \Delta t} = \frac{40000 \div 1000}{1.2 \times 1.005(26-12)} = 2,369\text{m}^3/\text{s}$

정답 10 ② 11 ③ 12 ④ 13 ③ 14 ① 15 ④ 16 ③

17 다음 공기조화 장치 중 실내로부터 환기의 일부를 외기와 혼합한 후 냉각코일을 통과시키고, 이 냉각코일 출구의 공기와 환기의 나머지를 혼합하여 송풍기로 실내에 재순환시키는 장치의 흐름도는?

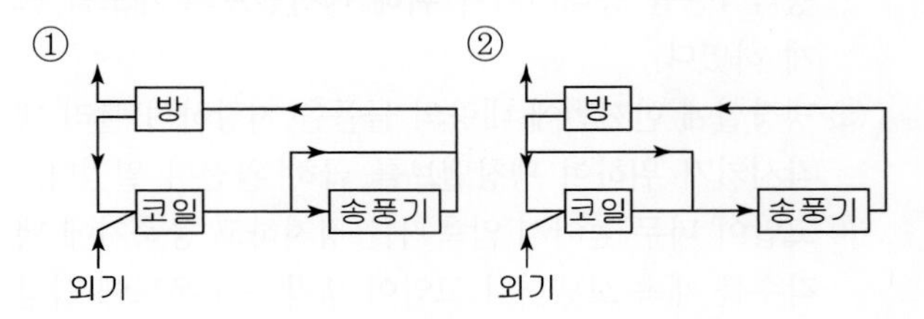

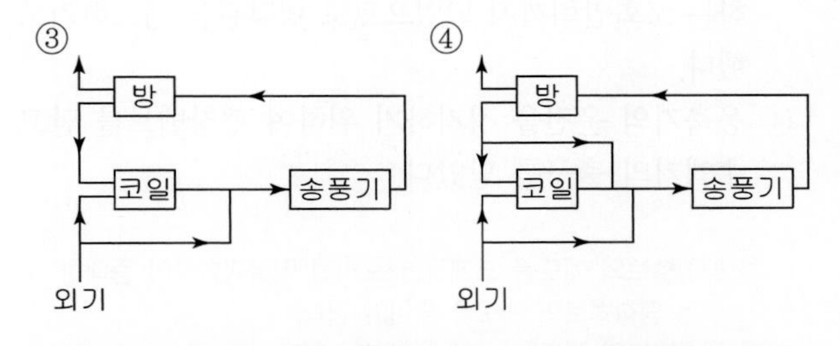

흐름도 ②는 환기의 일부와 외기를 혼합하여 코일을 통과 시킨 공기와 환기 중 일부를 바이패스 시켜 혼합한 후 송풍기로 실내에 급기하는 계통도이다.

18 아래의 그림은 공조기에 ① 상태의 외기와 ② 상태의 실내에서 되돌아온 공기가 공조기로 들어와 ⑥ 상태로 실내로 공급되는 과정을 습공기 선도에 표현한 것이다. 공조기 내 과정을 알맞게 나열한 것은?

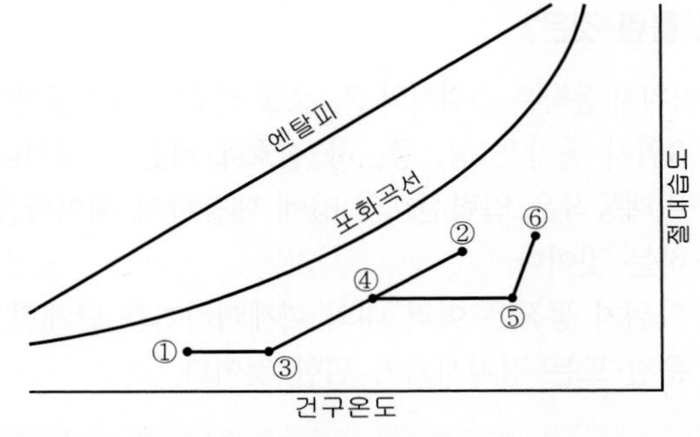

① 예열 – 혼합 – 증기가습 – 가열
② 예열 – 혼합 – 가열 – 증기가습
③ 예열 – 증기가습 – 가열 – 증기가습
④ 혼합 – 제습 – 증기가습 – 가열

선도는 외기 ①을 예열하여 ③으로 만든 후 실내공기 ②와 혼합하여 ④로 하고 가열하여 ⑤로 만든 후 증기가습하여 ⑥으로 만들어 실내에 급기한다.

19 다음중 보일러 부속품으로 가장 거리가 먼것은?

① 압력계
② 수면계
③ 고저수위경보장치
④ 차압계

차압계는 공조기에서 필터 오염에 따른 교체(세정) 시기를 알 수 있는 계기이다.

20 공기조화의 단일덕트 정풍량 방식의 특징에 관한 설명으로 틀린 것은?

① 각 실이나 존의 부하변동에 즉시 대응할 수 있다.
② 보수관리가 용이하다.
③ 외기냉방이 가능하고 전열교환기 설치도 가능하다.
④ 고성능 필터 사용이 가능하다.

단일덕트 정풍량 방식은 각 실이나 존의 부하변동에 대응하기에는 부적합하다.

정답 17 ② 18 ② 19 ④ 20 ①

2 냉동냉장 설비

21 냉동효과에 대한 설명으로 옳은 것은?

① 증발기에서 단위 중량의 냉매가 흡수하는 열량
② 응축기에서 단위 중량의 냉바개 방출하는 열량
③ 압축 일을 열량의 단위로 환산한 것
④ 압축기 출·입구 냉매의 엔탈피 차

냉동효과
냉동효과란 단위중량의 냉매가 증발기에서 흡수한 열량으로 다음 식으로 나타낸다.
냉동효과 = 증발기 출구 냉매엔탈피 – 증발기 입구 냉매엔탈피

22 아래와 같이 운전되어 지고 있는 냉동사이클의 성적계수는?

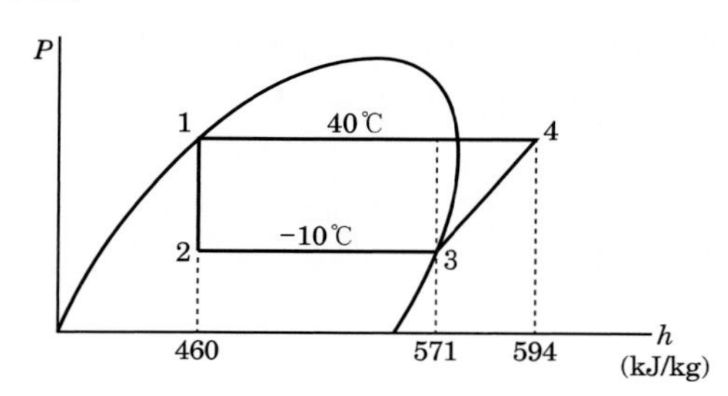

① 2.1　② 3.3
③ 4.8　④ 5.9

성적계수 COP

$$COP=\frac{q_2}{w}=\frac{571-460}{594-571}=4.8$$

23 다음 중에서 암모니아 냉동장치의 운전에 관하여 가장 올바른 것을 고르시오.

① 냉장실의 온도가 상승하고 액복귀현상이 계속되므로 냉각작용을 증대시키기 위해 팽창밸브의 개도를 크게 하였다.
② 냉장실에 한꺼번에 대량의 물품을 저장하여 빨리 냉각시키기 위하여 팽창밸브를 급히 완전히 열었다.
③ 고압이 너무 높아서 압축기를 정지하고 응축기에 냉각수를 계속 보냈더니 고압이 냉각수의 온도에 상당하는 포화압력까지 되었으므로 냉각관을 청소하기로 했다.
④ 응축기의 운전을 정지하기 위하여 팽창밸브를 닫고 수액기의 출구를 닫았다.

① 팽창밸브의 개도를 크게하면 오히려 액복귀현상이 증대하므로 팽창밸브의 개도를 줄여야 한다.
② 팽창밸브의 개도는 서서히 열어야 한다.
③ 설명으로는 장치내로 공기침입은 없는 것으로 판단되기 때문에 고압이 높은 원인은 냉각관의 오염이 원인이라고 생각된다. 따라서 냉각관의 청소는 맞는 답이다.
④ 압축기의 운전을 정지하기 위하여 팽창밸브와 수액기 출구 밸브를 닫으면 액봉을 일으킬 우려가 있다. 따라서 수액기 출구밸브를 먼저 닫고 액관의 액을 회수한 후 팽창밸브를 닫아야 한다.

24 냉동장치에서 사용되는 각종 제어동작에 대한 설명으로 틀린 것은?

① 2위치 동작은 스위치의 온, 오프 신호에 의한 동작이다.
② 3위치 동작은 상, 중, 하 신호에 따른 동작이다.
③ 비례동작은 입력신호의 양에 대응하여 제어량을 구하는 것이다.
④ 다위치 동작은 여러 대의 피제어기기를 단계적으로 운전 또는 정지시키기 위한 것이다.

3위치 동작
자동 제어계에서 동작 신호가 어느 값을 경계로 하여 조작량이 세 값으로 단계적으로 변화하는 제어 동작

정답 21 ① 22 ③ 23 ③ 24 ②

25 냉동기 속 두 냉매가 아래 표의 조건으로 작동될 때, A 냉매를 이용한 압축기의 냉동능력을 Q_A, Q_B 냉매를 이용한 압축기의 냉동능력을 Q_B 인 경우, Q_A/Q_B의 비는? (단, 두 압축기의 피스톤 압출량은 동일하며, 체적효율도 75%로 동일하다.)

	A	B
냉동효과(kJ/kg)	1130	170
비체적(m^3/kg)	0.509	0.077

① 1.5　② 1.0
③ 0.8　④ 0.5

냉동능력 $Q_2 = G \times q_2 = \frac{V_a \times \eta_v}{v} \times q_2$ 에서

$Q_A = \frac{V_a \times 0.75}{0.509} \times 1130 ≒ 1165.03 V_a$

$Q_B = \frac{V_a \times 0.75}{0.077} \times 170 ≒ 1655.84 V_a$

$\therefore Q_A/Q_B = \frac{1165.03 V_a}{1155.84 V_a} ≒ 1.0$

26 냉동용 스크루 압축기에 대한 설명으로 틀린 것은?

① 왕복동식에 비해 체적효율과 단열효율이 높다.
② 스크루 압축기의 로터와 축은 일체식으로 되어 있고, 구동은 수 로터에 의해 이루어진다.
③ 스크루 압축기의 로터 구성은 다양하나 일반적으로 사용되고 있는 것은 수 로터 4개, 암 로터 4개인 것이다.
④ 흡입, 압축, 토출과정인 3행정으로 이루어진다.

스크루압축기는 깊은 홈이 있는 여러 개의 치형을 갖는 수 로터(male rotor)와 암 로터(female rotor)로 구성되어 있고 최근 널리 사용되고 있는 치형 조합은 수 로터의 잇수 + 암 로터의 잇수 조합이 4+5, 4+6, 5+6, 5+7 Profile등이 있다.

27 다음 내압시험에 대한 설명 중 옳지 않은 것은?

① 내압시험은 압축기, 압력용기 등의 내압강도를 확인하는 시험으로 구성기기 또는 그 부품을 대상으로 하며 배관은 대상에서 제외된다.
② 압력시험에 사용하는 압력계의 최고 눈금은 내압시험압력의 1.25배 이상 2배 이하로 한다.
③ 압력용기의 내경이 200mm 이상의 것이나 자동제어기기, 축봉장치는 내압시험을 하지 안아도 좋다.
④ 길이 450mm, 내경 200mm의 유분리기는 압력용기이므로 내압시험을 하여야 한다.

③ 내경 160mm 이하의 압력용기일 경우에는 배관으로 인정받기 때문에 내압시험 대상이 아니다.

28 쇠고기(지방이 없는 부분) 5ton을 12시간 동안 30℃에서 0℃까지 냉각할 때의 냉동능력으로 옳은 것은? (단, 쇠고기의 동결점은 -2℃로, 쇠고기의 동결전 비열(지방이 없는 부분)은 3.25kJ/(kg · K)로, 동결후 비열은 1.76kJ/(kg · K), 동결잠열은 234.5kJ/kg으로 한다.)

① 11.28kW　② 13.56kW
③ 15.55kW　④ 18.77kW

이문제는 동결전까지 냉각하므로 동결전 비열로 냉각 현열만 계산한다.

$Q_2 = m \cdot C \cdot \Delta t = \frac{5000 \times 3.25 \times (30-0)}{12h \times 3600} = 11.28\text{kJ/s}$

$= 11.28\text{kW}$

29 저온유체 중에서 1기압에서 가장 낮은 비등점을 갖는 유체는 어느 것인가?

① 아르곤　② 질소
③ 헬륨　④ 네온

초저온 물질의 비등점
① 아르곤 : -185.86℃　② 질소 : -195.82℃
③ 헬륨 : -268.8℃　④ 네온 : -246.08℃

정답 25 ② 26 ③ 27 ③ 28 ① 29 ③

30 냉동제조시설의 정밀안전기준에서 사고예방 설비기준에 대한 설명으로 가장 거리가 먼 것은?

① 냉매설비에는 그 설비 안의 압력이 상용압력을 초과하는 경우 즉시 그 압력을 상용 압력 이하로 되돌릴 수 있는 안전장치를 설치하는 등 필요한 조치를 마련할 것

② 독성가스 및 공기보다 무거운 가연성가스를 취급하는 제조시설 및 저장설비에는 가스가 누출될 경우 이를 신속히 연소 할 수 있도록 하기 위한 연소 장치를 마련할 것

③ 가연성가스(암모니아, 브롬화메탄 및 공기 중에서 자기 발화하는 가스는 제외한다)의 가스설비 중 전기설비는 그 설치장소 및 그 가스의 종류에 따라 적절한 방폭성능을 가지는 것일 것

④ 가연성가스 또는 독성가스를 냉매로 사용하는 냉매설비의 압축기 · 유분리기 · 응축기 및 수액기와 이들 사이의 배관을 설치한 곳에는 냉매가스가 누출될 경우 그 냉매가스가 체류하지 않도록 필요한 조치를 마련할 것

독성가스 및 공기보다 무거운 가연성가스를 취급하는 제조시설 및 저장설비에는 가스가 누출될 경우 이를 신속히 검지하여 효과적으로 대응할 수 있도록 하기 위하여 필요한 조치중 연소장치는 거리가 멀다.

31 기계적인 냉동방법 중 물을 냉매로 쓸 수 있는 냉동방식이 아닌 것은?

① 증기분사식 ② 공기압축식
③ 흡수식 ④ 진공식

공기압축식 냉동방법은 공기의 압축과 팽창을 이용한 냉동법으로 공기를 냉매로 사용하다.

32 냉동능력 20RT, 축동력 12.6kW인 냉동장치에 사용되는 수냉식 응축기의 열통과율 786W/m²K 전열량의 외표면적 15m², 냉각수량 279L/min, 냉각수 입구온도 30℃일 때, 응축온도는? (단, 냉매와 물의 온도차는 산술평균 온도차를 사용하고 냉각수 비열 4.2kJ/kgK, 1RT=3.86kW를 사용한다.)

① 35℃ ② 40℃
③ 45℃ ④ 50℃

응축기 방열량 Q_1

$Q_1 = mc(t_{w2} - t_{w1}) = Q_2 + W$에서

응축기 출구온도 t_{w2}

$$t_{w2} = t_{w1} + \frac{Q_2 + W}{mc} = 30 + \frac{20 \times 3.86 + 12.6}{\left(\frac{279}{60}\right) \times 4.2} \fallingdotseq 34.6℃$$

$Q_1 = KA(t_c - \frac{t_{w1} + t_{w2}}{2}) = Q_2 + W$ 에서

$$\therefore \text{ 응축온도 } t_c = \frac{Q_2 + W}{KA} + \frac{t_{w1} + t_{w2}}{2}$$

$$= \frac{20 \times 3.86 + 12.6}{0.786 \times 15} + \frac{30 + 34.6}{2} \fallingdotseq 40℃$$

33 증발기의 분류 중 액체 냉각용 증발기로 가장 거리가 먼 것은?

① 탱크형 증발기
② 보데로형 증발기
③ 나관코일식 증발기
④ 만액식 셸 엔드 튜브식 증발기

공기냉각용 증발기
㉠ 나관코일 증발기
㉡ 판형 증발기
㉢ 핀 튜브식 증발기
㉣ 캐스케이드 증발기
㉤ 멀티피드 멀티섹션 증발기

정답 30 ② 31 ② 32 ② 33 ③

34 **-10℃의 얼음 10kg을 100℃의 증기로 변화하는데 필요한 전열량[kJ]은? (단, 얼음의 비열은 2.1kJ/kg·K이고 융해잠열은 333.6kJ/kg, 물의 증발잠열은 2256kJ/kg이다.)**

① 18500　　② 25450
③ 30306　　④ 35306

(1) -10℃ 얼음 10kg을 0℃의 얼음으로 만드는데 필요한 열량
$q_s = mc\Delta t = 10\times 2.1\times\{0-(-10)\} = 210$ [kJ]
(2) 0℃ 얼음 10kg을 0℃의 물로 만드는데 필요한 열량
$q_L = mr = 10\times 333.6 = 3336$ [kJ]
(3) 0℃ 물 10kg을 100℃의 물(포화수)로 만드는데 필요한 열량
$q_s = mc\Delta t = 10\times 4.2\times(100-0) = 4200$ [kJ]
(4) 100℃ 물 10kg을 100℃의 증기로 만드는데 필요한 열량
$q_L = mr = 10\times 2256 = 22560$ [kJ]
∴ -15℃ 얼음 10g을 100℃의 증기로 만드는 데 필요한 열량 q는
$q = 210+3336+4200+22560 = 30306$[kJ]

35 **2단압축 사이클에서 증발압력이 계기압력으로 235 kPa이고, 응축압력은 절대압력으로 1225 kPa일 때 최적의 중간 절대압력(kPa)은? (단, 대기압은 101 kPa이다.)**

① 514.5　　② 536.06
③ 641.56　　④ 668.36

중간압력
2단 압축냉동 사이클에서 가장 이상적인 형식은 각 단의 압축비를 동일하게 취하는 것이다.
압축비 $m = \dfrac{P_m}{P_2} = \dfrac{P_1}{P_m}$ 에서 $P_m^2 = P_2\times P_1$
$\therefore P_m = \sqrt{P_1\cdot P_2} = \sqrt{1225\times 336} \fallingdotseq 641.56$ [kPa]
여기서, P_1 : 고압측(응축)절대압력 ; [1225kPa·a]
P_2 : 저압측(증발)절대압력 ; $101+235 = 336$[kPa·a]

36 **팽창밸브를 통하여 증발기에 유입되는 냉매액의 엔탈피를 F, 증발기 출구 엔탈피를 A, 포화액의 엔탈피를 G라 할 때, 팽창밸브를 통과한 곳에서 증기로 된 냉매의 양의 계산식으로 옳은 것은? (단, P : 압력, h : 엔탈비를 나타낸다.)**

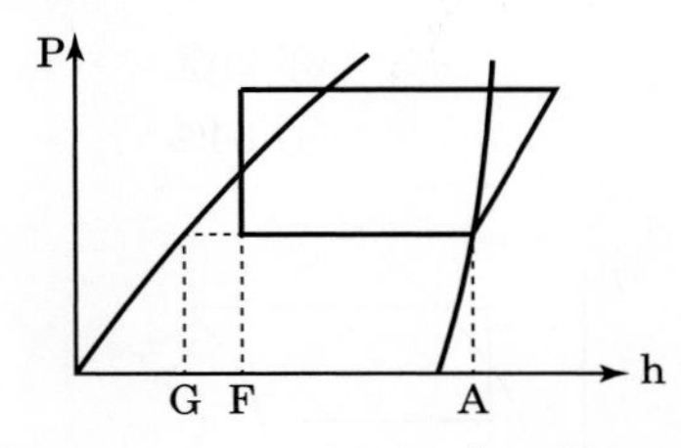

① $\dfrac{A-F}{A-G}$　　② $\dfrac{A-F}{F-G}$
③ $\dfrac{F-G}{A-G}$　　④ $\dfrac{F-G}{A-F}$

(1) 건조도(증기로 된 냉매의 양) = $\dfrac{F-G}{A-G}$
(2) 습도(액체 상태의 냉매의 양) = $\dfrac{A-F}{A-G}$

37 **냉동장치에서 고압측에 설치하는 장치가 아닌 것은?**

① 수액기　　② 팽창밸브
③ 드라이어　　④ 액분리기

액분리기(Accumulator)
액분리기는 흡입가스 중의 냉매액을 분리하여 압축기에 액이 흡입되는 것을 방지한다.
(1) 설치위치
증발기와 압축기 사이의 흡입관(냉동장치 저압측)
(2) 설치용량
증발기 내용적의 20~25% 이상의 크기
(3) 설치의 경우
만액식 증발기를 갖는 냉동장치 및 부하변동이 심한 장치
(4) 액부리기 내에서의 가스의 유속
1m/sec 정도

정답 34 ③　35 ③　36 ③　37 ④

38 **-20℃의 암모니아 포화액의 엔탈피가 315kJ/kg이며, 동일 온도에서 건조포화증기의 엔탈피가 1693kJ/kg이다. 이 냉매액이 팽창밸브를 통과하여 증발기에 유입될 때의 냉매의 엔탈피가 672kJ/kg이었다면 중량비로 약 몇 %가 액체 상태인가?**

① 16% ② 26%
③ 74% ④ 84%

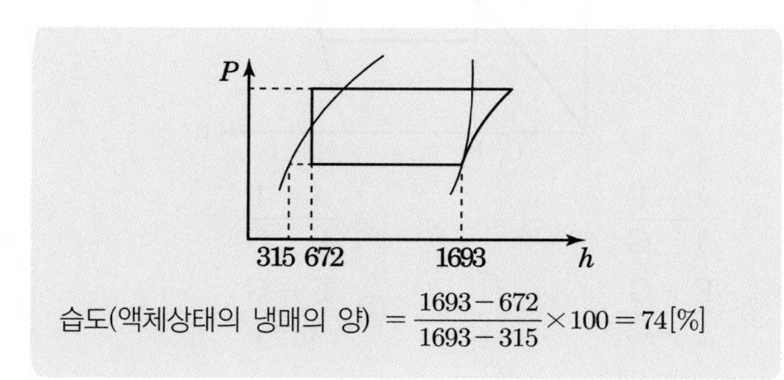

습도(액체상태의 냉매의 양) $= \dfrac{1693-672}{1693-315} \times 100 = 74[\%]$

39 **암모니아를 냉매로 사용하는 냉동장치에서 응축압력의 상승원인으로 가장 거리가 먼 것은?**

① 냉매가 과냉각 되었을 때
② 불응축가스가 혼입되었을 때
③ 냉매가 과충전되었을 때
④ 응축기 냉각관에 물 때 및 유막이 형성되었을 때

응축압력(온도)의 상승원인
㉠ 응축기의 냉각수온 및 냉각공기의 온도가 높을 경우
㉡ 냉각수량이 부족할 경우
㉢ 증발부하가 클 경우
㉣ 냉각관에 유막 및 스케일이 생성되었을 경우
㉤ 냉매를 너무 과충전 했을 경우
㉥ 응축기의 용량이 너무 작을 경우
㉦ 증발식 응축기에서 대기습구 온도가 높을 경우
㉧ 불응축 가스가 혼입되었을 경우

40 **표준냉동사이클에서 팽창밸브를 냉매가 통과하는 동안 변화되지 않는 것은?**

① 냉매의 온도 ② 냉매의 압력
③ 냉매의 엔탈피 ④ 냉매의 엔트로피

팽창과정
표준 냉동장치에서 팽창밸브의 냉매 통과 과정은 단열팽창과정으로 엔탈피 변화가 없고 온도는 하강하고 엔트로피는 상승한다.

3 공조냉동 설치·운영

41 **급탕배관이 벽이나 바닥을 관통할 때 슬리브(sleeve)를 설치하는 이유로 가장 적절한 것은?**

① 배관의 진동을 건물 구조물에 전달되지 않도록 하기 위하여
② 배관의 중량을 건물 구조물에 지지하기 위하여
③ 관의 신축이 자유롭고 배관의 교체나 수리를 편리하게 하기 위하여
④ 배관의 마찰저항을 감소시켜 온수의 순환을 균일하게 하기 위하여

슬리브(sleeve)는 배관이 콘크리트 벽이나 바닥을 관통할 때 관의 신축이 자유롭고 배관의 교체나 수리를 편리하게 하기 위하여 콘크리트 타설전에 미리 설치하는 덧관이다.

42 **냉동 설비에서 고온·고압의 냉매 기체가 흐르는 배관은?**

① 증발기와 압축기 사이 배관
② 응축기와 수액기 사이 배관
③ 압축기와 응축기 사이 배관
④ 팽창밸브와 증발기 사이 배관

고온·고압의 냉매 기체 : 압축기와 응축기 사이 배관
저온·저압의 냉매 기체 : 증발기와 압축기 사이 배관
고온·고압의 냉매 액체 : 응축기와 수액기 사이 배관

정답 38 ③ 39 ① 40 ③ 41 ③ 42 ③

43 냉매 배관 시공 시 주의사항으로 틀린 것은?

① 온도 변화에 의한 신축을 충분히 고려해야 한다.
② 배관 재료는 냉매종류, 온도, 용도에 따라 선택한다.
③ 배관이 고온의 장소를 통과할 때에는 단열조치한다.
④ 수평 배관은 냉매가 흐르는 방향으로 상향구배 한다.

냉매 배관 시공 시 수평 배관은 냉매가 흐르는 방향으로 하향구배(순구배) 한다.

44 디스크 증기 트랩이라고도 하며 고압, 중압, 저압 등의 어느 곳에나 사용 가능한 증기 트랩은?

① 실로폰 트랩　② 그리스 트랩
③ 충격식 트랩　④ 버킷 트랩

충격식 트랩은 열충동식이라 하며 열유체역학적 성질을 이용하여 디스크의 상하 동작으로 작동되는 증기 트랩이다.

45 급탕설비에 대한 설명으로 틀린 것은?

① 순환방식은 중력식과 강제식이 있다.
② 배관의 구배는 중력순환식의 경우 1/150, 강제순환식의 경우 1/200 정도이다.
③ 신축이음쇠의 설치는 강관은 20m, 동관은 30m마다 1개씩 설치한다.
④ 급탕량은 사용 인원이나 사용 기구 수에 의해 구한다.

급탕설비 배관에서 신축이음쇠의 설치는 강관은 30m, 동관은 20m이내마다 1개씩 설치한다.

46 다음중 냉동기의 유지관리항목으로 가장 거리가 먼 것은?

① 증발압력, 응축압력의 정상여부 점검
② 냉수, 냉각수 출입구온도, 압력의 계측
③ 추기회수 기능 점검
④ 엘리미네이터의 점검

엘리미네이터는 냉각탑이나 에어와셔 점검항목이다.

47 냉동기 운전중 응축압력이 상승하는 경우 원인으로 가장 거리가 먼 것은?

① 응축기 냉각수 유량이 부족하거나 온도가 높다.
② 냉각수 계통에 공기가 있다.
③ 응축기내 튜브가 오염되었다.
④ 냉매계통에 냉매액의 존재

응축기에서 냉매액의 존재는 응축이 양호하다는 의미이며 응축이 양호하면 응축압력은 상승하지 않는다. 냉매계통에 불응축가스가 존재하는 경우 응축압력은 상승할 수 있다.

48 아래 프레온 배관(동관) 평면도를 보고 부속류 수량을 구하시오.

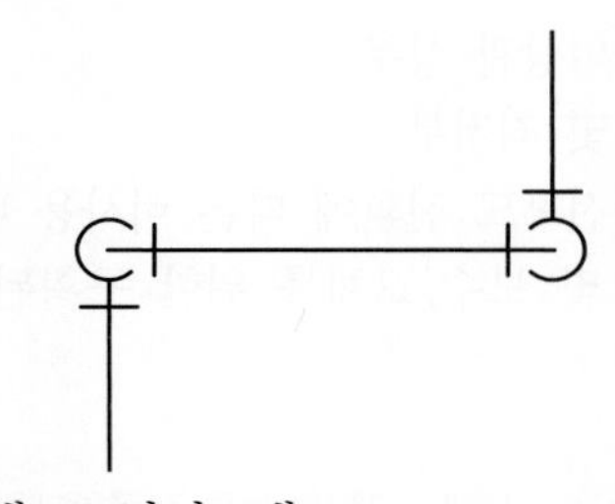

① 엘보 5개,　티이 1개
② 엘보 6개,　티이 1개
③ 엘보 7개,　티이 2개
④ 엘보 8개,　티이 2개

위 평면도를 겨냥도(입체도)로 그려보면 아래와 같고 엘보는 7개이고 티이는 2개이다.

정답 43 ④　44 ③　45 ③　46 ④　47 ④　48 ③

49 냉동기주변 냉온수 배관 도면 검토시 설명으로 가장 거리가 먼 것은?

① 점검, 수리를 위한 배수밸브를 최저부에 설치하고 배관 및 장치의 탈착을 위한 플렌지를 설치할 것
② 공기정체가 쉬운부분에 대한 공기빼기 밸브 설치(입상배관의 최상부, 수온이 올라 가는 곳, 수압이 내려가는 곳, 물의 방향이 바뀌는 곳 등)
③ 기기 및 유량제어용 밸브 하류측에는 스트레나를 설치할 것
④ 장비 진동의 전달방지를 위한 방진대책 수립(방진상세도와 부분상세도를 일치시킬 것)

기기 및 유량제어용 밸브 상류측(입구)에는 스트레나를 설치하여 이물질을 제거 할 것

50 공조배관에서 배관계통의 배수(물빼기)기능 확보가 필요한 부분으로 가장 거리가 먼 것은?

① 공조배관 입상관 상부
② 장비주위 및 최저부
③ 냉난방 운전모드 전환에 따른 비사용 배관계통
④ 배관청소 및 보수,교체를 위한 구획된 부문(층별, 실별)

공조배관 입상관 하부에 드레인밸브를 설치한다.

51 그림과 같은 직병렬회로에 180 [V]를 가하면 3[μF]의 콘덴서에 축적된 에너지는 약 몇 [J]인가?

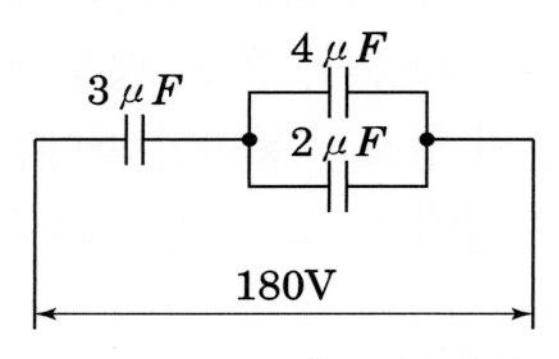

① 0.01[J]　② 0.02[J]
③ 0.03[J]　④ 0.04[J]

4[μF]과 2[μF] 콘덴서는 병렬연결이므로 합성하면 6[μF]이 되어 3[μF]과 직렬로 접속된 회로와 같아진다. 이 때 3[μF]의 단자전압은

$V=\frac{6}{3+6}\times 180=120$[V]가 됨을 알 수 있다.

$W=\frac{1}{2}CV^2$[J] 식에서

$C=3[\mu F]$, $V=120$[V]일 때

$\therefore\ W=\frac{1}{2}CV^2=\frac{1}{2}\times 3\times 10^{-6}\times 120^2=0.02$[J]

52 배리스터의 주된 용도는?

① 서지전압에 대한 회로 보호용
② 온도 측정용
③ 출력전류 조절용
④ 전압 증폭용

바리스터와 서미스터
(1) 바리스터 : 비직선적인 전압-전류 특성을 갖는 2단자 반도체 소자로서 불꽃 아크(서지) 소거용으로 이용된다.
(2) 서미스터 : 열을 감지하는 감열 저항체 소자로서 온도보상용으로 이용된다.

정답 49 ③　50 ①　51 ②　52 ①

53 $i=2t^2+8t$[A]로 표시되는 전류가 도선에 3초 동안 흘렀을 때 통과한 전체 전기량은 몇 [C]인가?

① 18 ② 48
③ 54 ④ 61

$Q=\int_0^t i\,dt$[C] 식에서

$$\therefore\ Q=\int_0^t i\,dt=\int_0^3 (2t^2+8t)dt$$
$$=\left[\frac{2}{3}t^3+\frac{8}{2}t^2\right]_0^3=\frac{2}{3}\times3^3+\frac{8}{2}\times3^2$$
$$=54[\mathrm{C}]$$

54 제어요소는 무엇으로 구성되는가?

① 입력부와 조절부 ② 출력부와 검출부
③ 피드백 동작부 ④ 조작부와 조절부

제어요소는 조절부와 조작부로 이루어져 있으며 동작신호를 조작량으로 변환하는 장치이다.

55 전류계와 전압계가 측정범위를 확장하기 위하여 저항을 사용하는데, 다음 중 저항의 연결 방법으로 알맞은 것은?

① 전류계에는 저항을 병렬연결하고, 전압계에는 저항을 직렬연결 해야 한다.
② 전류계 및 전압계에 저항을 병렬연결 해야 한다.
③ 전류계에는 저항을 직렬연결하고 전압계에는 저항을 병렬연결 해야 한다.
④ 전류계 및 전압계에 저항을 직렬연결 해야 한다.

전압계와 전류계
(1) 전압계
㉠ 전압계는 측정하려는 단자에 병렬로 접속하는 계기로서 내부저항은 크게 설계하여야 한다.
㉡ 전압계의 측정범위를 확대하기 위해서는 전압계와 직렬로 배율기를 설치하여야 한다.
(2) 전류계
㉠ 전류계는 측정하려는 단자에 직렬로 접속하는 계기로서 내부저항은 작게 설계하여야 한다.
㉡ 전류계의 측정범위를 확대하기 위해서는 전류계와 병렬로 분류기를 설치하여야 한다.

56 연료의 유량과 공기의 유량과의 관계 비율을 연소에 적합하게 유지하고자 하는 제어는?

① 프로세스제어 ② 비율제어
③ 프로그래밍제어 ④ 시퀀스제어

비율제어는 목표값이 다른 양과 일정한 비율 관계로 변화하는 제어이다.(예 보일러의 자동연소제어)

정답 53 ③ 54 ④ 55 ① 56 ②

57 평형 3상 Y결선에서 상전압 V_p와 선간전압 V_l과의 관계는?

① $V_l = V_p$
② $V_l = \sqrt{3}\, V_p$
③ $V_l = \frac{1}{\sqrt{3}} V_p$
④ $V_l = 3\, V_p$

Y결선의 특징
(1) $V_L = \sqrt{3}\ V_P$[V]
(2) $I_L = I_P = \frac{V_L}{\sqrt{3}Z}$[A]
(3) $P = \sqrt{3}\, V_L I_L \cos\theta$[W]
여기서, V_L : 선간전압, V_P : 상전압, I_L : 선전류,
I_P : 상전류, Z : 한 상의 임피던스, $\cos\theta$: 역률

58 제어기기의 대표적인 것으로 검출기, 변환기, 증폭기, 조작기기를 들 수 있는데 서보모터는 어디에 속하는가?

① 검출기
② 변환기
③ 증폭기
④ 조작기기

조작기기의 종류
조작기기는 전기계와 기계계로 구분하여 다음과 같은 종류로 구분한다.

전 기 계	기 계 계
전동밸브 전자밸브 2상 서보 전동기 직류서보 전동기 펄스 전동기	다이어프램 밸브 클러치 밸브 포지셔너 유압식 조작기(안내 밸브, 조작 실린더, 조작 피스톤, 분사관)

59 PLC(Programmable Logic Controller)를 사용하더라도 대용량 전동기의 구동을 위해서 필수적으로 사용하여야 하는 기기는?

① 타이머
② 릴레이
③ 카운터
④ 전자개폐기

PLC의 특징
(1) 무접점 제어 방식이므로 부품간의 배선작업이 필요 없다.
(2) 계전기, 타이머, 카운터의 기능까지 프로그램 할 수 있다.
(3) 산술연산 뿐만 아니라 비교연산도 처리할 수 있다.
(4) 시퀀스 제어방식과 병행하여 프로그램 할 수 있으므로 제어시스템의 확장이 용이하다.
(5) 제어반의 소형화, 오류 정정의 신속성, 동작의 신뢰성 등을 확립할 수 있다.

60 임피던스 강하가 4[%]인 어느 변압기가 운전 중 단락되었다면 그 단락전류는 정격전류의 몇 배가 되는가?

① 10
② 20
③ 25
④ 30

단락전류(I_s)
변압기 정격전류 I_n에 대해서 %임피던스 강하인 $\%z$와 관계로 구할 수 있다.
$I_s = \frac{100}{\%z} I_n$ [A] 식에서
$\%z = 4$[%]일 때
$\therefore\ I_s = \frac{100}{\%z} I_n = \frac{100}{4} I_n = 25 I_n$ [A]

정답 57 ② 58 ④ 59 ④ 60 ③

모의고사 제3회 실전 모의고사

1 공기조화 설비

01 송풍량 $2500m^3/h$ 공기(건구온도 12℃, 상대습도 60%)를 20℃까지 가열하는 데 필요로 하는 열량은? (단, 처음 공기의 비체적 $v = 0.815m^2/kg$, 가열 전후의 엔탈피는 각각 $h_1 = 24kJ/kg$, $h_2 = 32kJ/kg$이다.)

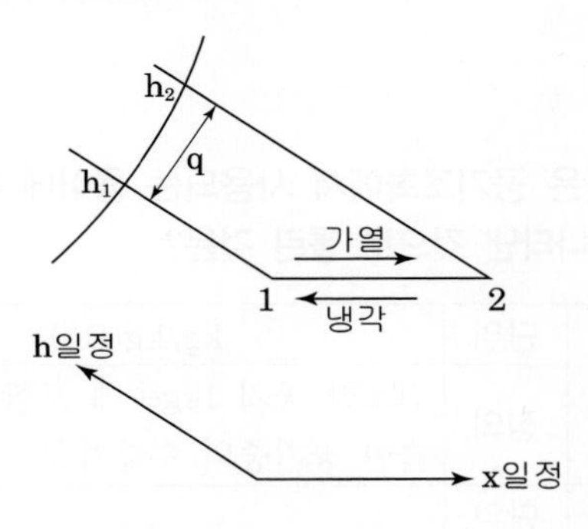

① 16320 kJ/h
② 21450 kJ/h
③ 24540 kJ/h
④ 28780 kJ/h

엔탈피로 가열량을 구해보면

$q = m\Delta h = \dfrac{Q}{v}(\Delta h) = \dfrac{2500}{0.815}(32-24)$

$= 24540kJ/h$

참고

만약 엔탈피가 주어지지 않았다면 온도차로 구한다.

$q = mC\Delta t = \dfrac{Q}{v}(C\Delta t) = \dfrac{2500}{0.815} \times 1.01(20-12)$

$= 24785kJ/h$

02 A, B 두 방의 열손실은 각각 4kW이다. 높이 600mm인 주철제 5세주 방열기를 사용하여 실내온도를 모두 18.5℃로 유지시키고자 한다. A실은 102℃의 증기를 사용하며, B실은 평균 80℃의 온수를 사용할 때 두 방 전체에 필요한 총 방열기의 절수는? (단, 표준방열량을 적용하며, 방열기 1절(節)의 상당 방열 면적은 $0.23m^2$이다.)

① 23개
② 34개
③ 42개
④ 56개

이 문제는 A, B 2개의 방을 증기난방(A)과 온수난방(B)을 하는 것으로 방열기 면적은 각각 구한다.

A) $EDR = \dfrac{4000W}{756} = 5.29m^2$

B) $EDR = \dfrac{4000W}{523} = 7.65m^2$

각방의 방열기 절수는

A) $절수(섹션) = \dfrac{EDR}{0.23} = \dfrac{5.29}{0.23} = 23절$

B) $절수(섹션) = \dfrac{EDR}{0.23} = \dfrac{7.65}{0.23} = 33.3 = 34절$

전체 방열기 절수 = 23+34=57절

참고 답은 56개를 택한다. B방에서 33.3개는 반올림하면 33개이지만 설비 용량 선정에서는 가까운쪽 작은값을 택하지 않고 여유있게 큰쪽을 선정하므로 설계 이론적으로는 34개가 맞다. 하지만 1-2개가 아니고 수십개의 수량 산정에서는 반올림도 큰문제는 없다.

03 6인용 입원실이 100실인 병원의 입원실 전체 환기를 위한 최소 신선 공기량(m^3/h)은? (단, 외기 중 CO_2 함유량은 $0.0003m^3/m^3$이고 실내 CO_2의 허용온도는 0.1%, 재실자의 CO_2 발생량은 개인당 $0.015m^3/h$이다.)

① 6857
② 8857
③ 10857
④ 12857

CO_2 발생량$(M) = 6 \times 100 \times 0.015 = 9m^3/h$

환기량 $Q = \dfrac{M}{C_i - C_o} = \dfrac{9}{0.001 - 0.0003} = 12,857m^3/h$

$(0.1\% = 0.001m^3/m^3)$

정답 01 ③ 02 ④ 03 ④

04 **다음과 같은 특징을 가지는 보일러로 가장 알맞은 것은?**

> 여러대의 소형 온수보일러를 병렬로 조합하여 필요한 용량에 대응하도록 구성하고, 난방이나 급탕 부하의 변동에 따라 대수제어를 하여 고효율의 운전이 가능하도록 패키지 형태로 만든 보일러.

① 주철제 보일러 ② 노통연관식 보일러
③ 수관식 보일러 ④ 캐스케이드 보일러

캐스케이드 보일러는 여러대의 소형 온수보일러를 병렬로 조합하여 필요한 용량에 대응하도록 구성하고, 난방이나 급탕 부하의 변동에 따라 대수제어를 하여 고효율의 운전이 가능하도록 패키지 형태로 만든 보일러로 최근에는 열효율이 우수한 콘덴싱 보일러를 병렬로 조합하여 중대형 용량을 구현하는 경우도 있다.

05 **온수배관의 시공 시 주의사항으로 옳은 것은?**

① 각 방열기에는 필요시에만 공기배출기를 부착한다.
② 배관 최저부에는 배수밸브를 설치하며, 하향구배로 설치한다.
③ 팽창관에는 안전을 위해 반드시 밸브를 설치한다.
④ 배관 도중에 관 지름을 바꿀 때에는 편심이음쇠를 사용하지 않는다.

각 방열기에는 공기배출기를 부착하며 팽창관에는 밸브를 설치하지 않는다. 배관 도중에 관 지름을 바꿀 때에는 편심이음쇠를 사용하여 배관 윗면을 일치시켜 공기가 고이지 않게 한다.

06 **주철제 방열기의 표준 방열량에 대한 증기 응축수량은? (단, 증기의 증발잠열은 2257kJ/kg이다.)**

① 0.8kg/m^2 · h ② 1.0kg/m^2 · h
③ 1.2kg/m^2 · h ④ 1.4kg/m^2 · h

증기 방열기 1m^2=756W이므로

응축수량$=\dfrac{756\times3600}{1000\times2257}=1.21\text{kg/m}^2\text{h}$이다.

07 **밀봉된 용기와 윅(wick) 구조체 및 증기공간에 의하여 구성되며, 길이 방향으로는 증발부, 응축부, 단열부로 구분되는데 한쪽을 가열하면 작동유체는 증발하면서 잠열을 흡수하고 증발된 증기는 저온으로 이동하여 응축되면서 열교환하는 기기의 명칭은?**

① 전열 교환기 ② 플레이트형 열교환기
③ 히트 파이프 ④ 히트 펌프

히트 파이프는 열을 운반하는 파이프로 각종 열회수 장치에 사용된다.

08 **다음은 공기조화에서 사용되는 용어에 대한 단위, 정의를 나타낸 것으로 틀린 것은?**

구분		
절대습도	단위	kg/kg(DA)
	정의	건조한 공기 1kg속에 포함되어 있는 습한 공기중의 수증기량
수증기 분압	단위	Pa
	정의	습공기 중의 수증기 분압
상대습도	단위	%
	정의	절대습도(x)와 동일온도에서의 포화공기의 절대습도(x_s)와의 비
노점온도	단위	℃
	정의	습한 공기를 냉각시켜 포화상태로 될 때의 온도

① 절대습도 ② 수증기분압
③ 상대습도 ④ 노점온도

상대습도는 어떤 수증기압과 동일 온도에서의 포화공기의 수증기압의 비이다.

정답 04 ④ 05 ② 06 ③ 07 ③ 08 ③

09 멀티 존 유닛 공조방식에 대한 설명으로 옳은 것은?

① 이중덕트 방식의 덕트 공간을 천장속에 확보할 수 없는 경우 적합하다.
② 멀티 존 방식은 비교적 존 수가 대규모인 건물에 적합하다.
③ 각 실의 부하변동이 심해도 각 실에 대한 송풍량의 균형을 쉽게 맞춘다.
④ 냉풍과 온풍의 혼합시 댐퍼의 조정은 실내 압력에 의해 제어한다.

멀티 존 유닛 공조방식은 이중덕트 방식 보다 덕트 스페이스가 적어서 덕트 공간을 확보할 수 없는 경우에 적합하며, 비교적 존 수가 작은 건물에 적합하다. 각 실의 부하변동이 심하면 송풍량의 균형을 잡기 어렵고 각 존별로 송풍량의 균형을 잡을 수 있다. 냉풍과 온풍의 혼합시 댐퍼의 조정은 실내 온도에 의해 제어한다.

10 온수 순환량이 560kg/h인 난방설비에서 방열기의 입구온도가 80℃, 출구온도가 72℃라고 하면 이 때 실내에 발산하는 현열량은?

① 16820kJ/h ② 17820kJ/h
③ 18820kJ/h ④ 19880kJ/h

$q = WC\Delta t = 560 \times 4.2(80-72) = 18816 kJ/h$

11 아래 조건과 같은 병행류형 냉각코일의 대수평균온도차는?

공기온도	입구	32℃
	출구	18℃
냉수코일온도	입구	10℃
	출구	15℃

① 8.74℃ ② 9.54℃
③ 12.33℃ ④ 13.10℃

병행류는 공기와 냉수의 흐름이 같은 방향이므로 공기 입구와 냉수 입구 온도차를 $\Delta 1 = 32 - 10 = 22$
공기 출구와 냉수 출구 온도차를 $\Delta 2 = 18 - 15 = 3$

$$MTD = \frac{\Delta 1 - \Delta 2}{\ln\frac{\Delta 1}{\Delta 2}} = \frac{22-3}{\ln\frac{22}{3}} = 9.54$$

참고 만약 대향류라면 대수평균온도차는 공기와 냉수의 흐름이 반대 방향이므로 공기 입구와 냉수 출구 온도차를 $\Delta 1 = 32 - 15 = 17$
공기 출구와 냉수 입구 온도차를 $\Delta 2 = 18 - 10 = 8$

$$MTD = \frac{\Delta 1 - \Delta 2}{\ln\frac{\Delta 1}{\Delta 2}} = \frac{17-8}{\ln\frac{17}{8}} = 11.94$$

12 팬코일유닛 방식의 배관 방법에 따른 특징에 관한 설명으로 틀린 것은?

① 3관식에서는 손실열량이 타방식에 비하여 거의 없다.
② 2관식에서는 냉·난방의 동시운전이 불가능하다.
③ 4관식은 혼합손실은 없으나 배관의 양이 증가하여 공사비 등이 증가한다.
④ 4관식은 동시에 냉·난방운전이 가능하다.

3관식 팬코일유닛은 냉온수가 각각 공급되고 환수는 공통으로 1개 관에서 이루어지므로 혼합 손실이 발생한다.

13 난방 설비에 관한 설명으로 옳은 것은?

① 온수난방은 온수의 현열과 잠열을 이용한 것이다.
② 온풍난방은 온풍의 현열과 잠열을 이용한 것이다.
③ 증기난방은 증기의 현열을 이용한 대류 난방이다.
④ 복사난방은 열원에서 나오는 복사에너지를 이용한 것이다.

온수난방은 온수의 현열을 이용하고, 온풍난방은 온풍의 현열을 이용하며 증기난방은 증기의 잠열을 이용한 대류 난방이다.

정답 09 ① 10 ③ 11 ② 12 ① 13 ④

14 콜드 드래프트(cold draft) 원인으로 틀린 것은?

① 인체 주위의 공기온도가 너무 낮을 때
② 인체 주위의 기류속도가 작을 때
③ 주위 벽면의 온도가 낮을 때
④ 주위 공기의 습도가 낮을 때

콜드 드래프트는 인체 주위의 기류속도가 클 때 심해진다.

15 기계환기 중 송풍기와 배풍기를 이용하며 대규모 보일러실, 변전실 등에 적용하는 환기법은?

① 1종 환기 ② 2종 환기
③ 3종 환기 ④ 4종 환기

송풍기와 배풍기를 동시에 이용하는 환기를 1종 환기라 하며 대규모 건물의 공조설비나, 변전실, 보일러실 등에 적용한다.

16 유인 유닛(IDU)방식에 대한 설명으로 틀린 것은?

① 각 유닛마다 제어가 가능하므로 개별실 제어가 가능하다.
② 송풍량이 많아서 외기 냉방효과가 크다.
③ 냉각, 가열을 동시에 하는 경우 혼합손실이 발생한다.
④ 유인 유닛에는 동력배선이 필요 없다.

유인 유닛(IDU)방식은 수공기 방식으로 송풍량이 적어서 외기 냉방효과는 적다.

17 매 시간마다 50ton의 석탄을 연소시켜 압력 8MPa, 온도 500℃의 증기 320ton을 발생시키는 보일러의 효율은? (단, 급수 엔탈피는 505kJ/kg, 발생증기 엔탈피 3413kJ/kg, 석탄의 저위발열량은 23100kJ/kg이다.)

① 78% ② 81%
③ 88% ④ 92%

$$효율 = \frac{출력}{입력} = \frac{320\times1000(3413-505)}{50\times1000\times23100}$$
$$= 0.806 = 81\%$$

18 습공기 선도에서 상태점 A의 노점온도를 읽는 방법으로 옳은 것은?

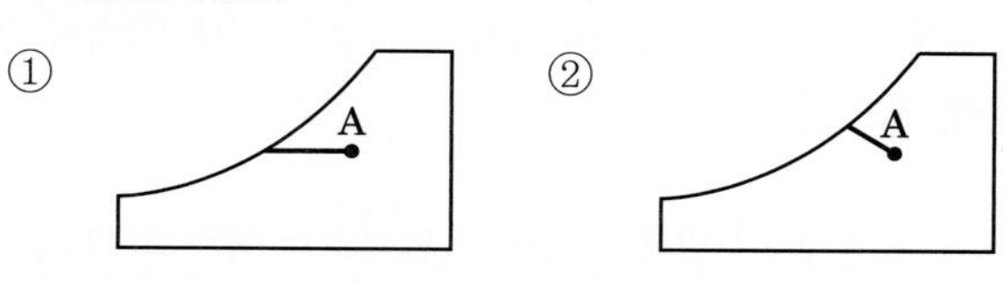

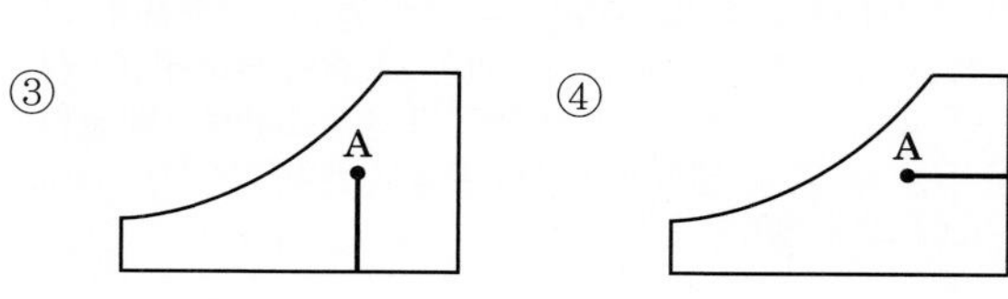

① : 노점온도, ② : 습구온도, ③ : 건구온도, ④ : 절대습도

19 온풍 난방의 특징으로 틀린 것은?

① 실내온도분포가 좋지 않아 쾌적성이 떨어진다.
② 보수, 취급이 간단하고, 취급에 자격자를 필요로 하지 않는다.
③ 설치 면적이 적어서 설치장소에 제한이 없다.
④ 열용량이 크므로 착화 즉시 난방이 어렵다.

온풍 난방은 열용량이 적어서 착화 즉시 난방이 쉽고 정지 시 금방 상온으로 회복된다.

20 실내에 존재하는 습공기의 전열량에 대한 현열량의 비율을 나타낸 것은?

① 바이패스 팩터 ② 열수분비
③ 현열비 ④ 잠열비

$$현열비 = \frac{현열량}{전열량} = \frac{현열}{현열+잠열}$$

정답 14 ② 15 ① 16 ② 17 ② 18 ① 19 ④ 20 ③

2 냉동냉장 설비

21 다음 설명 중 옳지 않은 것을 고르시오.

① 냉매설비의 내압시험과 기밀시험에 사용하는 압력은 게이지압력이다.
② 암모니아 냉동장치의 기밀시험에는 누설을 용이하게 확인할 수 있도록 이산화탄소(CO_2)로 설계압력까지 승압한다.
③ 압력용기의 기밀시험은 내압시험 후에 행하는 시험이다.
④ 냉매배관 공사를 완료한 냉동장치는 냉매의 충전 전에 냉매계통 전체에 대하여 기밀시험을 행하여야 한다.

② 암모니아 냉동장치의 기밀시험에는 이산화탄소를 사용할 수 없다. 잔류한 이산화탄소와 암모니아가 탄사암모늄의 분말을 생성하기 때문이다.

22 쇠고기(지방이 없는 부분) 5ton을 12시간 동안 30℃에서 0℃까지 냉각할 때의 냉동능력으로 옳은 것은? (단, 쇠고기의 동결점은 -2℃로, 쇠고기의 동결전 비열(지방이 없는 부분)은 0.88Wh/(kg·K)로, 동결후 비열은 0.49Wh/(kg·K), 동결잠열은 65.14Wh/kg으로 한다.)

① 11kW ② 13kW
③ 15kW ④ 17kW

이문제는 동결전까지 냉각하므로 동결전 비열로 냉각 현열만 계산한다.
(여기서 비열단위
Wh/(kg·K)=W×3600s/(kg·K)=3600J/(kg·K)
=3.6kJ/(kg·K)이다.)

$$Q_2 = m \cdot C \cdot \Delta t = \frac{5000 \times 0.88 \times 3.6 \times (30-0)}{12h \times 3600} = 11\text{kJ/s}$$

$= 11\text{kW}$

23 다음의 냉동장치 운전상태에 대한 설명 중 가장 옳지 않은 것을 고르시오.

① 냉장고에 고온의 물품이 들어오면 증발기의 부하가 증대하여 온도자동팽창밸브의 냉매유량이 증대하고 증발압력이 상승한다.
② 냉장고내의 물품이 냉각되어 증발기부하가 감소하면 증발압력이 저하하고, 응축부하는 증대하여 응축압력은 상승한다.
③ 냉장고의 증발기에 두껍게 착상하면 착상에 의해 열전도저항이 증가하여 증발기의 열 통과율이 감소한다.
④ 냉장고의 증발기에 두껍게 착상하면 증발압력이 저하되고, 팽창밸브의 냉매유량이 감소하므로 증발기의 냉각능력은 감소한다.

② 냉장고내에 물품이 냉각되어 증발기 열부하가 감소하면 증발온도가 낮아지고 과열도가 적게 된다. 이 때문에 온도자동 팽창밸브의 개도가 축소되어 냉매유량이 감소하게 되므로 증발압력, 압축기 흡입압력은 저하하며 또한 응축부하는 감소하고 응축압력은 저하한다.

24 냉동제조시설의 정밀안전기준에서 다음 냉매가스 중 누출될 경우 가장 위험성이 적은 가스는 무엇인가?

① 독성가스 ② 가연성가스
③ 공기보다 무거운 가스 ④ 공기보다 가벼운 가스

냉매가스가 누출될 경우 공기보다 가벼운 가스는 공기중으로 확산되어 무거운 가스보다 위험성이 적다.

25 냉매액이 팽창밸브를 지날 때 냉매의 온도, 압력, 엔탈피의 상태변화를 순서대로 올바르게 나타낸 것은?

① 일정, 감소, 일정 ② 일정, 감소, 감소
③ 감소, 일정, 일정 ④ 감소, 감소, 일정

팽창밸브에서는 냉매의 교축작용에 의해 압력과 온도는 저하되고 엔탈피가 일정한 등엔탈피 변화를 한다.

정답 21 ② 22 ① 23 ② 24 ④ 25 ④

26 **자연계에 어떠한 변화도 남기지 않고 일정온도의 열을 계속해서 일로 변환시킬 수 있는 기관은 존재하지 않는다를 의미하는 열역학 법칙은?**

① 열역학 제0법칙 ② 열역학 제1법칙
③ 열역학 제2법칙 ④ 열역학 제3법칙

열역학 제 2법칙
Kelvin-Planck표현 : 자연계에 어떠한 변화도 남기지 않고 일정온도의 열을 계속해서 일로 변환시킬 수 있는 기관은 존재하지 않는다. 즉, 열기관에서 작동유체가 외부에 일을 할 때에는 그 보다 더욱 저온의 물체를 필요로 한다는 것으로 저온의 물체에 열의 일부를 버릴 필요가 있다는 것을 설명하고 있다.

27 **다음 냉동기의 T-S선도 중 습압축 사이클에 해당되는 것은?**

①

②

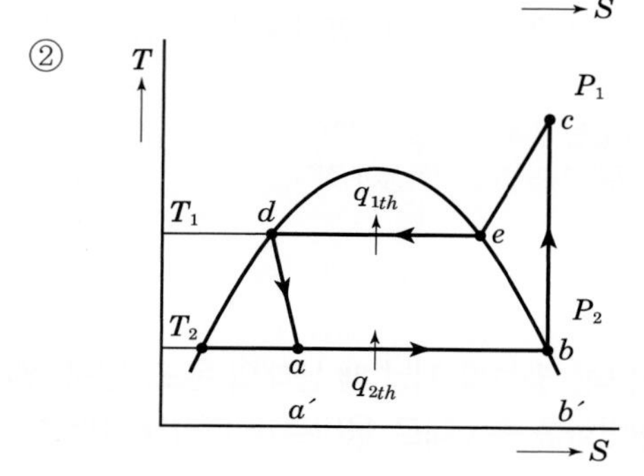

③

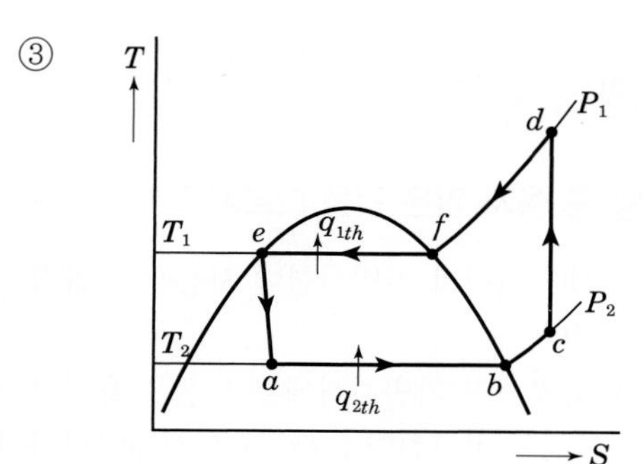

④

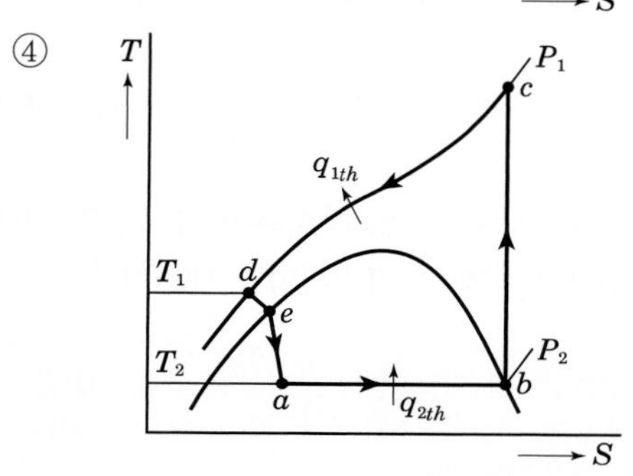

② 건압축 사이클
③ 과열압축 사이클
④ 임계압력 이상의 압축 사이클

28 **압축기의 클리어런스가 클 때 나타나는 현상으로 가장 거리가 먼 것은?**

① 냉동능력이 감소한다.
② 체적효율이 저하한다.
③ 토출가스 온도가 낮아진다.
④ 윤활유가 열화 및 탄화된다.

압축기의 톱 클리어런스가 크면 압축가스의 재 팽창 및 압축에 의해 토출가스온도가 상승한다.

정답 26 ③ 27 ① 28 ③

29 **냉동장치의 냉매 액관 일부에서 발생한 플래쉬 가스가 냉동장치에 미치는 영향으로 옳은 것은?**

① 냉매의 일부가 증발하면서 냉동유를 압축기로 재순환시켜 윤활이 잘된다.
② 압축기에 흡입되는 가스에 액체가 혼입되어서 흡입체적효율을 상승시킨다.
③ 팽창밸브를 통과하는 냉매의 일부가 기체이므로 냉매의 순환량이 적어져 냉동능력을 감소시킨다.
④ 냉매의 증발이 왕성해짐으로서 냉동능력을 증가시킨다.

플래시 가스
냉동장치의 냉매 액관 일부에서 발생한 플래시 가스는 팽창밸브의 능력을 감퇴시켜 냉매순환량이 줄어들어 냉동능력을 감소시킨다.

30 **왕복동 압축기에서 -30~-70℃ 정도의 저온을 얻기 위해서는 2단 압축 방식을 채용한다. 그 이유로 틀린 것은?**

① 토출가스의 온도를 높이기 위하여
② 윤활유의 온도 상승을 피하기 위하여
③ 압축기의 효율 저하를 막기 위하여
④ 성적계수를 높이기 위하여

증발온도가 대단히 낮거나 응축온도가 높을 경우 냉동효과가 감소하고, 압축일량이 증가하여 성적계수가 감소한다. 그러므로 2단 압축방식을 채택할 때의 장점은 다음과 같다.

㉠ 냉동효과의 증대	㉡ 압축일량의 감소
㉢ 성적계수의 향상	㉣ 토출가스온도 강하
㉤ 윤활유의 온도 상승방지	㉥ 압축기 효율저하 방지

31 **하루에 10ton의 얼음을 만드는 제빙장치의 냉동부하[kJ/h]는? (단, 물의 온도는 20℃, 생산되는 얼음의 온도는 -5℃이며, 이 때 제빙장치의 효율은 0.8이다.)**

① 180572　　② 200482
③ 222969　　④ 283009

(1) 20℃ 물 10ton을 0℃의 물로 만드는 데 제거해야 할 열량
$q_s = mc\Delta t = 10\times10^3\times4.2\times(20-0) = 840000$ [kJ]
(2) 0℃ 얼음 10ton을 0℃의 얼음으로 만드는 데 제거해야 할 열량
$q_L = mr = 10\times10^3\times333.6 = 3336000$ [kJ]
(3) 0℃ 얼음 10ton을 -5℃의 얼음으로 만드는 데 제거해야 할 열량
$q_s = mc\Delta t = 10\times10^3\times2.1\times\{0-(-5)\} = 105000$ [kJ]
∴ 냉동부하 $= \dfrac{(840000+3336000+105000)/24}{0.8}$
$= 222969$ [kJ/h]

32 **상태 A에서 B로 가역 단열변화를 할 때 상태변화로 옳은 것은? (단, S : 엔트로피, h : 엔탈피, T : 온도, P : 압력이다.)**

① $\Delta S=0$　　② $\Delta h=0$
③ $\Delta T=0$　　④ $\Delta P=0$

단열변화
① 엔트로피 $\Delta S=\dfrac{\Delta Q}{T}$에서 $dQ=0$이므로 $\Delta S=0$이다.
② 엔탈피 $\Delta h = C_P(T_2-T_1) = -W_t$
③ 온도 $\Delta T=$ 상승 또는 하강
④ 압력 $\Delta P=$ 상승 또는 하강

33 **다음 중 스크롤 압축기에 관한 설명으로 틀린 것은?**

① 인벌류트 치형의 두 개의 맞물린 스크롤의 부품이 선회운동을 하면서 압축하는 용적형 압축기이다.
② 토크 변동이 적고 압축요소의 미끄럼 속도가 늦다.
③ 용량제어 방식으로 슬라이드 밸브방식, 리프트밸브방식 등이 있다.
④ 고정스크롤, 선회스크롤, 자전방지 커플링, 크랭크축 등으로 구성되어 있다.

스크롤 압축기의 용량제어방식은 회전식과 같이 발정(on-off)제어 이외의 방식은 하기 힘들다. 슬라이드 밸브방식은 스크루 압축기의 용량제어방식이고 리프트밸브 방식은 고속다기통 압축기에서 행하는 방식이다.

정답 29 ③　30 ①　31 ③　32 ①　33 ③

34 고온가스에 의한 제상 시 고온가스의 흐름을 제어하기 위해 사용되는 것으로 가장 적절한 것은?

① 모세관 ② 전자밸브
③ 체크밸브 ④ 자동팽창밸브

고온가스 제상(hot gas defrost)
핫가스(Hot gas)제상을 하는 소형 냉동장치에 있어서 핫가스의 흐름을 제어하는 것은 솔레노이드밸브(전자밸브)이다.

35 냉동장치의 운전 중에 저압이 낮아질 때 일어나는 현상이 아닌 것은?

① 흡입가스 과열 및 압축비 증대
② 증발온도 저하 및 냉동능력 증대
③ 흡입가스의 비체적 증가
④ 성적계수 저하 및 냉매순환량 감소

증발압력(온도)강하 = 저압이 낮아질 때
㉠ 압축비의 증대
㉡ 토출가스 온도 상승
㉢ 체적 효율 감소
㉣ 냉매 순환량 감소
㉤ 냉동 효과 감소
㉥ 성적계수 감소
㉦ 흡입가스 비체적 증가
㉧ 실린더 과열
㉨ 윤활유 열화 및 탄화
㉩ 소요 동력 증대

36 다음 냉동기의 안전장치와 가장 거리가 먼 것은?

① 가용전 ② 안전밸브
③ 핫 가스장치 ④ 고, 저압 차단스위치

고온가스 제상(hot gas defrost)
건식 증발기와 같이 냉매 공급량이 적은 증발기에 많이 사용하는 방법으로 고온, 고압의 토출 가스를 증발기에 보내어 응축시킴으로써 그 응축열을 이용하여 제상하는 방법이다.

37 응축기에 대한 설명으로 틀린 것은?

① 응축기는 압축기에서 토출한 고온가스를 냉각시킨다.
② 냉매는 응축기에서 냉각수에 의하여 냉각되어 압력이 상승한다.
③ 응축기에는 불응축가스가 잔류하는 경우가 있다.
④ 응축기 냉각관의 수측에 스케일이 부착되는 경우가 있다.

② 냉매는 응축기에서 냉각수에 의하여 냉각되어 압력이 강하한다. 다만 어떤 원인으로 응축 불량이 되었을 경우에는 응축압력은 상승한다.

38 냉동장치의 부속기기에 관한 설명으로 옳은 것은?

① 드라이어 필터는 프레온 냉동장치의 흡입배관에 설치해 흡입증기 중의 수분과 찌꺼기를 제거한다.
② 수액기의 크기는 장치내의 냉매순환량만으로 결정한다.
③ 운전 중 수액기의 액면계에 기포가 발생하는 경우는 다량의 불응축가스가 들어있기 때문이다.
④ 프레온 냉매의 수분 용해도는 작으므로 액 배관 중에 건조기를 부착하면 수분제거에 효과가 있다.

① 드라이어 필터는 프레온 냉동장치의 냉매 액관에 설치해 냉매 중의 수분과 찌꺼기를 제거한다.
② 수액기의 크기는 장치내의 냉매 충전량으로 결정하고 수리할 때에 냉매액의 대부분을 회수할 수 있는 크기로 하고, 회수하는 용량은 내용적의 80% 이내로 한다.
③ 운전 중 수액기의 액면계에 기포가 발생하는 경우는 냉매의 일부의 증발현상 때문이다.

39 냉매가 암모니아일 경우는 주로 소형, 프레온일 경우에는 대용량까지 광범위하게 사용되는 응축기로 전열에 양호하고, 설치면적이 적어도 되나 냉각관이 부식되기 쉬운 응축기는?

① 이중관식 응축기
② 입형 셸 엔드 튜브식 응축기
③ 횡형 셸 엔드 튜브식 응축기
④ 7통로식 횡형 셸 앤드식 응축기

정답 34 ② 35 ② 36 ③ 37 ② 38 ④ 39 ③

횡형 셸 엔드 튜브식 응축기
㉠ 암모니아, 프레온용으로 소형에서 대형까지 많이 사용된다.
㉡ 냉각수 소비량이 비교적 적다.(증발식 응축기 다음으로 1RT당 12L가 소비된다.)
㉢ 수액기와 겸용으로 사용된다.
㉣ 일반적으로 쿨링 타워(Cooling tower)를 사용한다.
㉤ 전열이 양호하고, 설치면적이 비교적 적다.
㉥ 냉각관 청소가 곤란하고 청소시 운전을 정지해야 한다.
㉦ 과부하 운전이 곤란하고 냉각관의 부식이 잘된다.

40 비열에 관한 설명으로 옳은 것은?

① 비열이 큰 물질일수록 빨리 식거나 빨리 더워진다.
② 비열의 단위는 kJ/kg 이다.
③ 비열이란 어떤 물질 1kg을 1℃ 높이는데 필요한 열량을 말한다.
④ 비열비는 $\frac{정압비열}{정적비열}$ 로 표시되며 그 값은 R-22가 암모니아 가스보다 크다.

① 비열이 작은 물질일수록 빨리 식거나 빨리 더워진다.
② 비열의 단위는 kJ/kg·℃(공학단위 : kcal/kg·℃) 이다.
④ 비열비 = $\frac{정압비열}{정적비열}$ 로 표시되며
암모니아는 1.313, R-22는1.18로 암모니아 가스가 크다.

3 공조냉동 설치·운영

41 암모니아 냉동설비의 배관으로 사용하기에 가장 부적절한 배관은?

① 이음매 없는 동관
② 저온 배관용 강관
③ 배관용 탄소강 강관
④ 배관용 스테인리스 강관

암모니아는 동관을 부식시키므로 주로 강관을 사용한다.

42 압축공기 배관시공 시 일반적인 주의사항으로 틀린 것은?

① 공기 공급배관에는 필요한 개소에 드레인용 밸브를 장착한다.
② 주관에서 분기관을 취출할 때에는 관의 하단에 연결하여 이물질 등을 제거한다.
③ 용접개소를 가급적 적게 하고 라인의 중간 중간에 여과기를 장착하여 공기 중에 섞인 먼지 등을 제거한다.
④ 주관 및 분기관의 관 끝에는 과잉의 압력을 제거하기 위한 불어내기(blow)용 게이트 밸브를 설치한다.

압축공기 배관시공 시 주관에서 분기관을 취출할 때에는 관의 상단에 연결하여 물기나이물질 등이 유입되지 않도록 한다.

43 캐비테이션 현상의 발생조건으로 옳은 것은?

① 흡입양정이 작을 경우 발생한다.
② 액체의 온도가 낮을 경우 발생한다.
③ 날개차의 원주속도가 작을 경우 발생한다.
④ 날개차의 모양이 적당하지 않을 경우 발생한다.

캐비테이션 발생 조건은 압력이 낮은 경우 이므로 흡입양정이 클 때, 액체의 온도가 높을 경우, 날개차의 원주 속도가 클 경우 발생한다.

44 건물의 시간당 최대 예상 급탕량이 2000kg/h 일 때, 도시가스를 사용하는 급탕용 보일러에서 필요한 가스 소모량은? (단, 급탕온도 60℃, 급수온도 20℃, 도시가스 발열량 63000kJ/kg, 보일러 효율이 95%이며, 열손실 및 예열부하는 무시한다.)

① 5.6kg/h ② 6.6kg/h
③ 7.6kg/h ④ 8.6kg/h

급탕부하와 가스발열량의 열평형식에서
$GH\eta = WC\Delta t$
$G = \frac{WC\Delta t}{H\eta} = \frac{2000 \times 4.2(60-20)}{63000 \times 0.95} = 5.6kg/h$

정답 40 ③ 41 ① 42 ② 43 ④ 44 ①

45 냉동장치의 안전장치 중 압축기로의 흡입압력이 소정의 압력 이상이 되었을 경우 과부하에 의한 압축기용 전동기의 위험을 방지하기 위하여 설치되는 밸브는?

① 흡입압력 조정밸브
② 증발압력 조정밸브
③ 정압식 자동팽창밸브
④ 저압측 플로트밸브

흡입압력 조정밸브는 압축기로의 흡입압력이 일정 압력 이상이 되었을 경우 작동하여 압축기용 전동기의 위험을 방지한다.

46 아래와 같은 배관 평면도에서 동관 용접개소는 몇 개소인가?

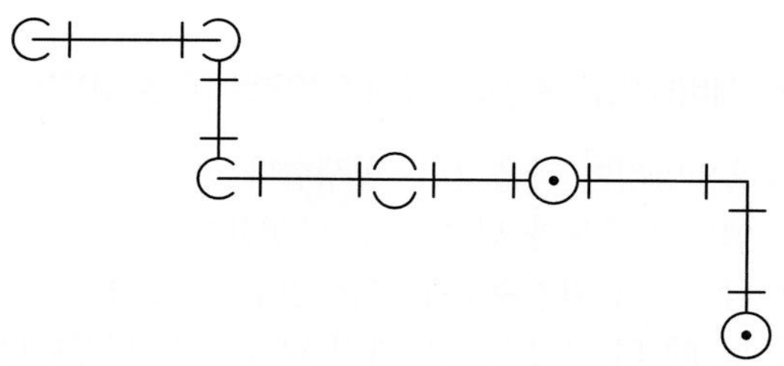

① 9개소　　② 16개소
③ 20개소　　④ 28개소

위 평면도를 겨냥도(입체도)로 그려보면 엘보는 7개이고 티이는 2개이며 엘보 1개당 용접 2개소, 티이 1개당 3개소 이므로 용접개소는 총 20개소이다.

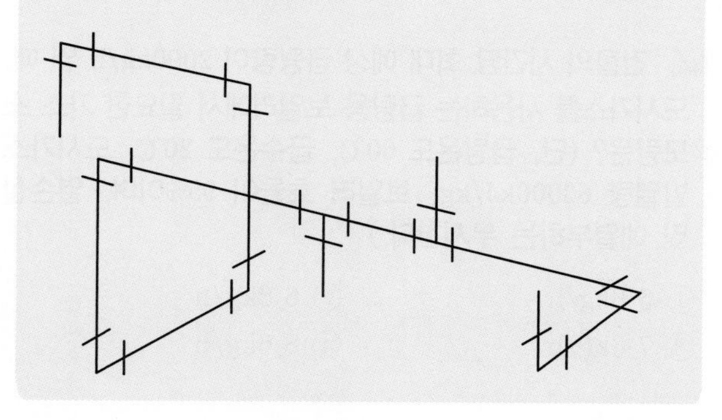

47 공조 배관 도면 검토시 확인사항으로 가장 부적합한 것은?

① 장비의 배치 및 배관입상의 위치가 건물배치와 동일하도록 계통도를 작성할 것
② 옥외에 노출되거나 외기의 영향을 받기 쉬운 곳에 설치되는 배관은 동파대책과 열화대책을 확보할 것
③ 입상관에 대한 앵카 및 신축이음은 유체별로 신축량을 구분하여 설치
④ 분기부에는 원칙적으로 체크밸브를 설치할 것

분기부에는 원칙적으로 분기밸브를 설치할 것

48 냉동기 운전중 냉수온도가 상승하는 경우 원인으로 가장 거리가 먼 것은?

① 냉매 충전 과다
② 베인콘트롤 혹은 베인동작레버의 부정확한 동작
③ 압축기의 회전방향이 틀림
④ 응축기나 증발기의 튜브오염

냉매 충전 과다는 냉수 온도 상승 원인은 아니다.

정답 45 ① 46 ③ 47 ④ 48 ①

49 **아래 상당관표와 동시사용율표를 이용하여 조건과 같은 급수 배관 본관 관경을 구하시오.**

【조 건】

급수 배관 본관에 세면기(15A) 17대가 연결되는 경우 본관의 관경 선정

① 20A ② 25A
③ 32A ④ 40A

표. 상당관표

관경	15A	20A	25A	32A	40A
15A	1				
20A	2	1			
25A	3.7	1.8	1		
32A	7.2	3.6	2	1	
40A	11	5.3	2.9	1.5	1
50A	20	10	5.5	2.8	1.9
65A	31	15	8.5	4.3	2.9

표. 동시사용률

기구수	2	3	4	5	6	7	8	9	10	17
%	100	80	75	70	65	60	58	55	53	46

세면기 1대는 15A상당관으로 1이며 세면기 17대인 경우 17이다.
동시사용률은 46%이므로 동시개구수는 17×0.46=7.82
상당관표에서 15A 7.82는 직상으로 11항에서 40A를 선정한다.

50 **다음중 보일러의 유지관리항목으로 가장 거리가 먼 것은?**

① 사용압력(사용온도)의 점검
② 버너노즐의carbon부착상태 점검
③ 증발압력, 응축압력의 정상여부 점검
④ 수면측정장치의 기능점검

증발압력, 응축압력의 정상여부 점검은 냉동기 점검항목이다.

51 **서보전동기에 대한 설명으로 틀린 것은?**

① 정·역운전이 가능하다.
② 직류용은 없고 교류용만 있다.
③ 급가속 및 급감속이 용이하다.
④ 속응성이 대단히 높다.

서보 전동기의 특징
(1) 기동, 정지, 정·역 운전을 자주 반복할 수 있어야 한다.
(2) 저속이며 거침없이 운전이 가능하여야 한다.
(3) 제어범위가 넓고 특성 변경이 쉬워 급가속 및 급감속이 용이하여야 한다.
(4) 전기자를 작고 길게 제작하여 관성모멘트를 작게 하여야 한다.
(5) 시정수가 작고, 속응성이 커서 신뢰도가 높아야 한다.
(6) 직류용과 교류용이 있으며 기동토크는 직류용이 더 크다.
(7) 발열이 심하여 냉각장치를 필요로 한다.

52 **반지름 1.5[mm], 길이 2 [km]인 도체의 저항이 32 [Ω] 이다. 이 도체가 지름이 6 [mm], 길이가 500 [m]로 변할 경우 저항은 몇 [Ω]이 되는가?**

① 1 ② 2
③ 3 ④ 4

$R=\rho\frac{l}{A}=\rho\frac{l}{\pi r^2}=\rho\frac{4l}{\pi D^2}$ [Ω] 식에서
$r=1.5$[mm], $l=2$[km]일 때 $R=32$[Ω]일 때
$\rho=\frac{R\pi r^2}{l}=\frac{32\pi\times(1.5\times10^{-3})^2}{2\times10^3}$
$=1.13\times10^{-7}$[Ω · m] 이므로
$D'=6$[mm], $l'=500$[m]인 경우 저항 R'는
$\therefore\ R'=\rho\frac{4l'}{\pi(D')^2}$
$=1.13\times10^{-7}\times\frac{4\times500}{\pi\times(6\times10^{-3})^2}$
$=2$[Ω]

정답 49 ④ 50 ③ 51 ② 52 ②

53 **기계적 변위를 제어량으로 해서 목표값의 임의의 변화에 추종하도록 구성되어 있는 것은?**

① 자동조정 ② 서보기구
③ 정치제어 ④ 프로세스제어

서보기구 제어는 기계적 변위를 제어량으로 해서 목표값의 임의의 변화에 항상 추종되도록 하는 추종제어인 경우이다. 위치, 방향, 자세, 각도, 거리 등을 제어한다.

54 **그림과 같은 신호 흐름선도에서 $\dfrac{C}{R}$를 구하면?**

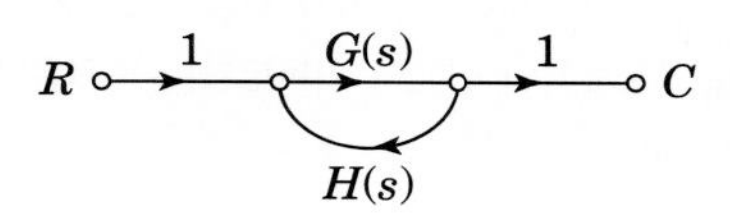

① $\dfrac{G(s)}{1+G(s)H(S)}$ ② $\dfrac{G(s)H(s)}{1-G(s)H(S)}$
③ $\dfrac{G(s)H(s)}{1+G(s)H(S)}$ ④ $\dfrac{G(s)}{1-G(s)H(S)}$

$G(s)=\dfrac{\text{전향이득}}{1-\text{루프이득}}$ 식에서
전향이득$=G(s)$,
루프이득$=G(s)H(s)$ 이므로
$\therefore\ G(s)=\dfrac{C}{R}=\dfrac{G(s)}{1-G(s)H(s)}$

55 **변압기의 정격용량은 2차 출력단자에서 얻어지는 어떤 전력으로 표시하는가?**

① 피상전력 ② 유효전력
③ 무효전력 ④ 최대전력

변압기의 정격과 단위
정격용량[kVA], 정격전압[V], 정격전류[A], 정격주파수[Hz]
∴ 변압기의 정격용량은 [kVA] 단위로 표현하는 피상전력 성분이다.

56 **유도전동기의 역률을 개선하기 위하여 일반적으로 많이 사용되는 방법은?**

① 조상기 병렬접속 ② 콘덴서 병렬접속
③ 조상기 직렬접속 ④ 콘덴서 직렬접속

진상용콘덴서
부하의 역률이 저하되는 이유는 유도전동기에 흐르는 지상전류 때문이므로 콘덴서를 병렬로 접속하여 진상전류를 공급하면 병렬공진의 영향으로 역률이 개선된다.
∴ 역률개선하기 위한 콘덴서는 병렬 접속한다.

57 **그림과 같은 시퀀스 제어 회로가 나타내는 것은? (단, A와 B는 푸시버튼스위치, R은 전자접촉기, L은 램프이다.)**

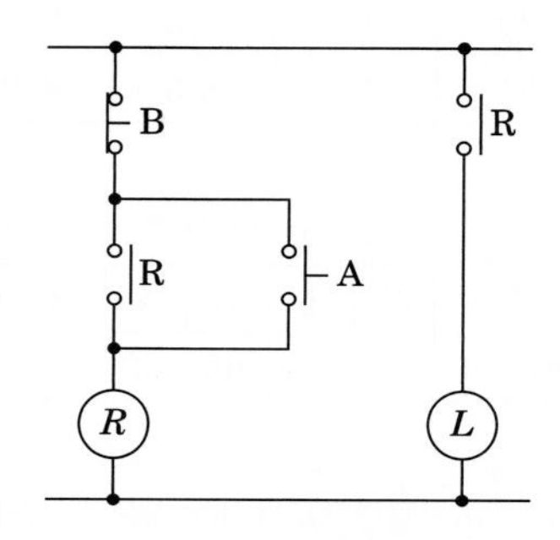

① 인터록 ② 자기유지
③ 지연논리 ④ NAND논리

자기유지회로
유접점 시퀀스 회로에서 입력 A를 누른 후에 손을 떼어도 R의 출력이 계속하여 여자상태가 유지되도록 하는 기능을 자기유지 기능이라 하며 이러한 시퀀스 제어 회로를 자기유지 회로라 한다.

정답 53 ③ 54 ④ 55 ① 56 ② 57 ②

58 궤환제어계에서 제어요소란?

① 조작부와 검출부
② 조절부와 검출부
③ 목표값에 비례하는 신호 발생
④ 동작신호를 조작량으로 변화

제어요소는 조절부와 조작부로 이루어져 있으며 동작신호를 조작량으로 변환하는 장치이다.

59 플레밍(Fleming)의 오른손 법칙에 따라 기전력이 발생하는 원리를 이용한 기기는?

① 교류발전기 ② 교류전동기
③ 교류정류기 ④ 교류용접기

플레밍의 오른손 법칙

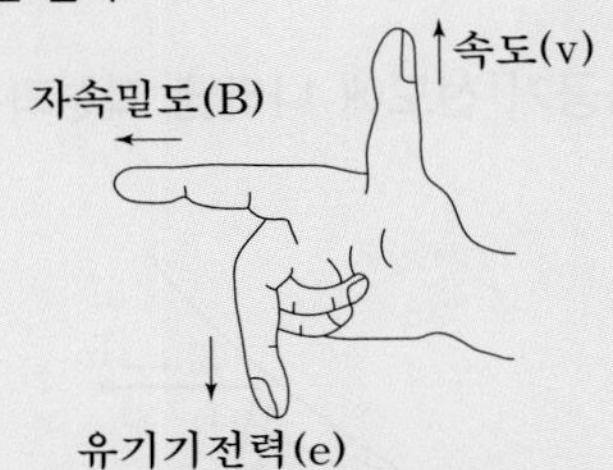

그림. 플레밍의 왼손법칙

자속밀도 $B[\mathrm{Wb/m^2}]$가 균일한 자기장 내에서 도체가 속도 $v\,[\mathrm{m/s}]$로 운동하는 경우 도체에 발생하는 유기기전력 $e\,[\mathrm{V}]$의 크기를 구하기 위한 법칙으로서 발전기의 원리에 적용된다.

$e = \int (v \times B) \cdot dl = vBl\sin\theta[\mathrm{V}]$

여기서 e : 유기기전력(중지), v : 도체의 운동속도(엄지), B: 자속밀도(검지), l : 도체의 길이

60 전류계의 측정범위를 넓히기 위하여 이용되는 기기는 무엇이며, 이것은 전류계와 어떻게 접속하는가?

① 분류기-직렬접속 ② 분류기-병렬접속
③ 배율기-직렬접속 ④ 배율기-병렬접속

전류계

(1) 전류계는 측정하려는 단자에 직렬로 접속하는 계기로서 내부저항은 작게 설계하여야 한다.
(2) 전류계의 측정범위를 확대하기 위해서는 전류계와 병렬로 분류기를 설치하여야 한다.

정답 58 ④ 59 ① 60 ②

PARAT 05 실전모의고사

모의고사 제4회 실전 모의고사

1 공기조화 설비

01 온수난방의 특징에 대한 설명으로 틀린 것은?

① 증기난방보다 상하온도 차가 적고 쾌감도가 크다.
② 온도조절이 용이하고 취급이 증기보일러보다 간단하다.
③ 예열시간이 짧다.
④ 보일러 정지 후에도 실내난방은 여열에 의해 어느 정도 지속된다.

온수난방에서 온수량이 많고 열용량이 커서 예열시간은 증기난방보다 길다.

02 냉방시의 공기조화 과정을 나타낸 것이다. 그림과 같은 조건일 경우 냉각코일의 바이패스 팩터는? (단, ① 실내공기의 상태점, ② 외기의 상태점, ③ 혼합공기의 상태점, ④ 취출공기의 상태점, ⑤ 코일의 장치노점온도 이다.)

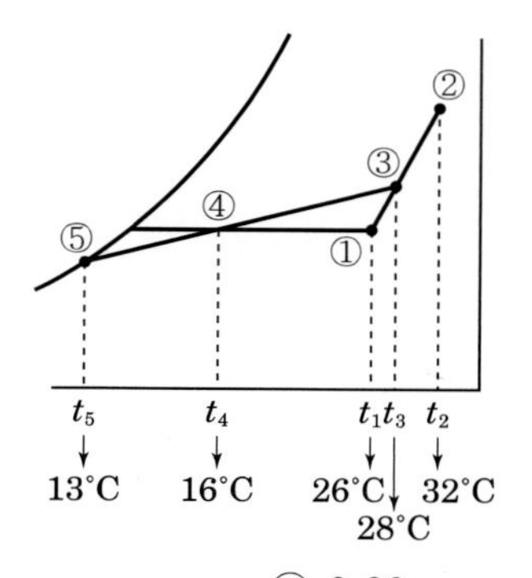

① 0.15 ② 0.20
③ 0.25 ④ 0.30

바이패스 팩터(BF) $= \frac{④-⑤}{③-⑤} = \frac{16-13}{28-13} = 0.2$

03 공기정화를 위해 설치한 프리필터 효율을 η_p, 메인필터 효율을 η_m 이라 할 때 종합효율을 바르게 나타낸 것은?

① $\eta_T = 1-(1-\eta_p)(1-\eta_m)$
② $\eta_T = 1-(1-\eta_P)/(1-\eta_m)$
③ $\eta_T = 1-(1-\eta_p)\cdot\eta_m$
④ $\eta_T = 1-\eta_p\cdot(1-\eta_m)$

종합효율 = 유입농도 - 유출농도 로 표현할 수 있다.
유입농도를 1이라할 때 프리필터(η_p)를 통과하면 $1-\eta_p$가 되고 다시 메인필터(η_m)를 통과하면 $(1-\eta_p)(1-\eta_m)$가 최종 유출농도이므로 종합효율은 $\eta_T = 1-(1-\eta_p)(1-\eta_m)$이다.

04 아래 습공기 선도에 나타낸 과정과 일치하는 장치도는?

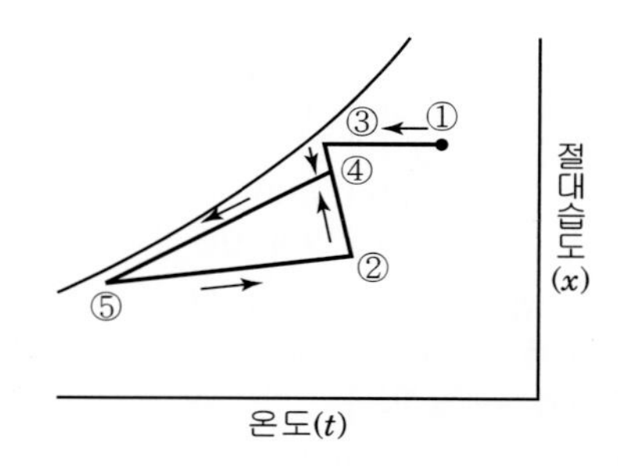

①

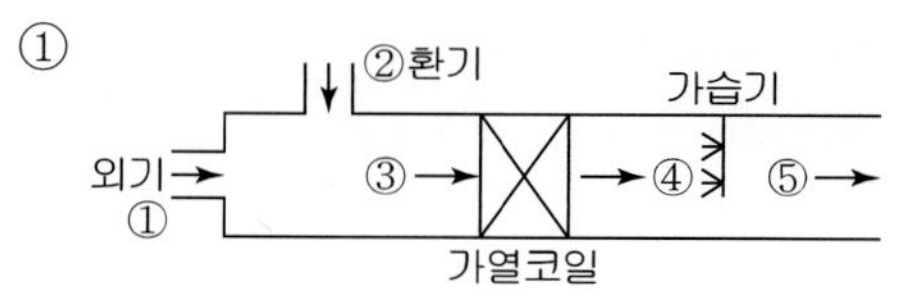

②

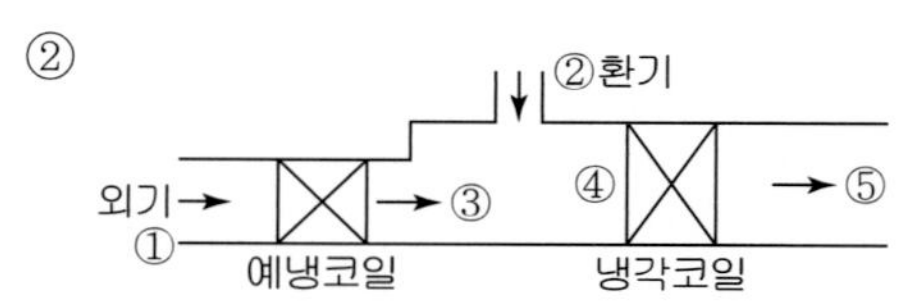

정답 01 ③ 02 ② 03 ① 04 ②

③

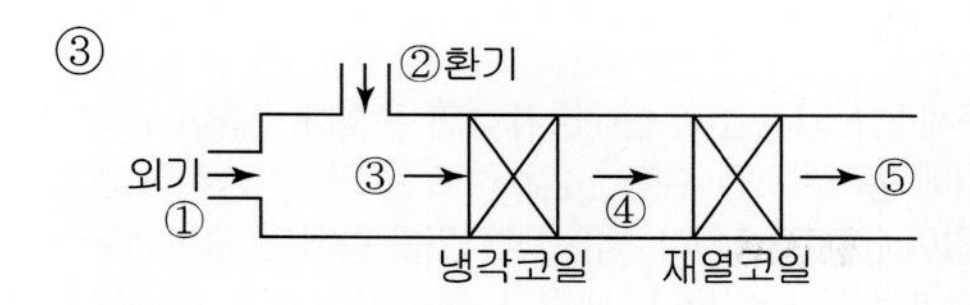

④

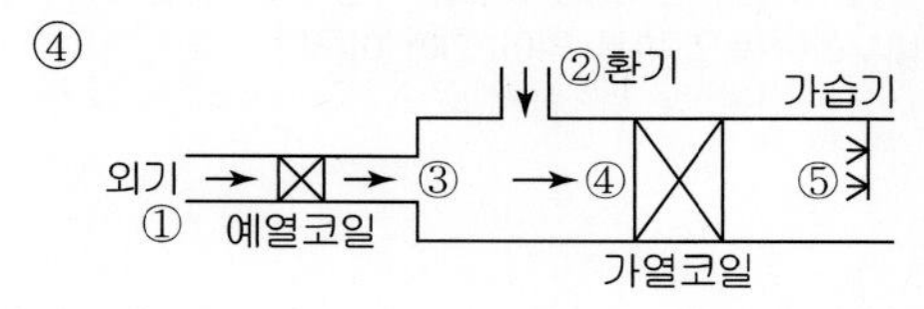

습공기선도는 외기(①)를 예냉한 후(③) 환기(②)와 혼합한 후 (④) 냉각코일로 냉각하여(⑤) 실내에 취출한다.

05 전공기 방식에 의한 공기조화의 특징에 관한 설명으로 틀린 것은?

① 실내공기의 오염이 적다.
② 계절에 따라 외기냉방이 가능하다.
③ 수배관이 없기 때문에 물에 의한 장치부식 및 누수의 염려가 없다.
④ 덕트가 소형이라 설치공간이 줄어든다.

전공기 방식은 덕트가 대형이고 설치공간이 커서 천장 속 공간이 커지므로 고층건물에서 층고와 건물 높이가 증가한다.

06 여름철을 제외한 계절에 냉각탑을 가동하면 냉각탑 출구에서 흰색 연기가 나오는 현상이 발생할 때가 있다. 이 현상을 무엇이라고 하는가?

① 스모그(smog) 현상
② 백연(白煙) 현상
③ 굴뚝(stack effect) 현상
④ 분무(噴霧) 현상

냉각탑 출구 주변공기 온도가 습공기의 노점온도 보다 낮을 경우 흰색 안개가 발생하는 현상을 백연현상이라 한다.

07 단일 덕트 방식에 대한 설명으로 틀린 것은?

① 단일 덕트 정풍량 방식은 개별제어에 적합하다.
② 중앙기계실에 설치한 공기조화기에서 조화한 공기를 주 덕트를 통해 각 실내로 분배한다.
③ 단일 덕트 정풍량 방식에서는 재열을 필요로 할 때도 있다.
④ 단일 덕트 방식에서는 큰 덕트 스페이스를 필요로 한다.

단일 덕트 정풍량 방식은 부하 변동에 대응하기가 어려워 개별제어에는 부적합하다

08 팬코일 유닛에 대한 설명으로 옳은 것은?

① 고속덕트로 들어온 1차 공기를 노즐에 분출시킴으로써 주위의 공기를 유인하여 팬코일로 송풍하는 공기조화기이다.
② 송풍기, 냉온수 코일, 에어필터 등을 케이싱 내에 수납한 소형의 실내용 공기조화기이다.
③ 송풍기, 냉동기, 냉온수코일 등을 기내에 조립한 공기조화기이다.
④ 송풍기, 냉동기, 냉온수코일, 에어필터 등을 케이싱 내에 수납한 소형의 실내용 공기조화기이다.

① – 유인유닛 방식,
② – 팬코일유닛 방식,
③, ④ – 패키지에어컨

09 풍량 $450m^3/min$, 정압 50mmAq, 회전수 600rpm인 다익 송풍기의 소요동력은? (단, 송풍기의 효율은 50%이다.)

① 3.5 kW ② 7.4 kW
③ 11 kW ④ 15 kW

$$kW = \frac{Q \times p_s}{102 \times \eta} = \frac{450 \times 50}{60 \times 102 \times 0.5} = 7.4kW$$

정답 05 ④ 06 ② 07 ① 08 ② 09 ②

10 배관 계통에서 유량을 다르더라도 단위 길이당 마찰 손실이 일정하도록 관경을 정하는 방법은?

① 균등법 ② 정압재취득법
③ 등마찰손실법 ④ 등속법

등마찰손실법은 단위 길이당 마찰 손실이 일정하도록 관경을 정하는 방법이다.

11 다수의 전열판을 겹쳐 놓고 볼트로 연결시킨 것으로 판과 판 사이를 유체가 지그재그로 흐르면서 열교환 능력이 매우 높아 필요 설치면적이 좁고 전열관의 증감으로 기기 용량의 변동이 용이한 열교환기는?

① 플레이트형 열교환기 ② 스파이럴형 열교환기
③ 원통다관형 열교환기 ④ 회전형 전열교환기

플레이트형(판형) 열교환기는 판과 판 사이를 유체가 지그재그로 흐르도록 하여 열교환 효율이 높아 최근에 현장에서 주로 쓰이고 있다.

12 다음 그림에 대한 설명으로 틀린 것은? (단, 하절기 공기조화 과정이다.)

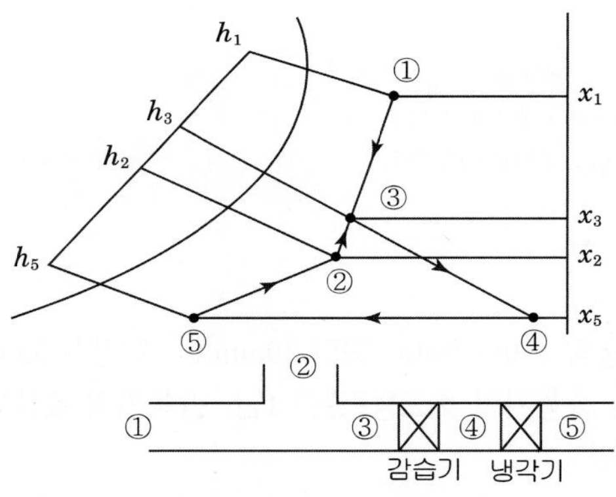

① ③을 감습기에 통과시키면 엔탈피 변화 없이 감습된다.
② ④는 냉각기를 통해 엔탈피가 감소되며 ⑤로 변화된다.
③ 냉각기 출구 공기 ⑤를 취출하면 실내에서 취득열량을 얻어 ②에 이른다.
④ 실내공기 ①과 외기②를 혼합하면 ③이 된다.

위 공조프로세스는 외기 ①과 실내공기 ②를 혼합하면 ③이 되고 ③을 감습기에 통과시키면 수분은 감소하고 온도는 상승하여 엔탈피 변화 없이 ④로 감습된다. ④는 냉각기를 통해 온도와 엔탈피가 감소되며 ⑤로 변화된다. 냉각기 출구 공기 ⑤를 실내에 취출하면 실내부하(취득열량)를 얻어 ②에 이른다.

13 다음과 같은 특징을 가지는 보일러로 가장 알맞은 것은?

지름이 큰 동체를 몸체로하여 그 내부에 노통과 연관을 동체 축에 평행하게 설치하여 연소실에서 화염은 1차적으로 노통 내부에서 열전달을 한후 2차적으로 연소가스는 연관 속으로 흘러가면서 내부에 있는 보일러수와 열전달을 한 후 연도로 배출되는 구조이다.

① 주철제 보일러
② 노통연관식 보일러
③ 수관식 보일러
④ 캐스케이드 보일러

노통연관식 보일러는 지름이 큰 동체를 몸체로하여 그 내부에 노통과 연관을 동체 축에 평행하게 설치하여 연소실에서 화염은 1차적으로 노통 내부에서 열전달을 한후 2차적으로 연소가스는 연관 속으로 흘러가면서 내부에 있는 보일러수와 열전달을 한 후 연도로 배출되는 구조이다.

14 바이패스 팩터에 관한 설명으로 틀린 것은?

① 공기가 공기조화기를 통과할 경우, 공기의 일부가 변화를 받지 않고 원상태로 지나쳐갈 때 이 공기량과 전체 통과 공기량에 대한 비율을 나타낸 것이다.
② 공기조화기를 통과하는 풍속이 감소하면 바이패스 팩터는 감소한다.
③ 공기조화기의 코일열수 및 코일 표면적이 작을 때 바이패스 팩터는 증가한다.
④ 공기조화기의 이용 가능한 전열 표면적이 감소하면 바이패스 팩터는 감소한다.

정답 10 ③ 11 ① 12 ④ 13 ② 14 ④

공기조화기의 이용 가능한 전열 표면적이 감소하면 바이패스 팩터는 증가한다.

15 온도 30℃, 절대습도 0.0271 kg/kg인 습공기의 엔탈피는?

① 98.77 kJ/kg ② 47.88 kJ/kg
③ 23.73 kJ/kg ④ 11.98 kJ/kg

$$h = C_{pa}t + x(\gamma + C_{pv}t)$$
$$= 1.01 \times 30 + 0.0271(2501 + 0.85 \times 30)$$
$$= 98.77\,\text{kJ/kg}$$

16 염화리튬, 트리에틸렌 글리콜 등의 액체를 사용하여 감습하는 장치는?

① 냉각감습장치 ② 압축감습장치
③ 흡수식감습장치 ④ 세정식감습장치

흡수식 감습장치는 염화리튬, 트리에틸렌 글리콜 등의 액체 흡수제를 사용하여 감습한다.

17 수관식 보일러에 관한 설명으로 틀린 것은?

① 보일러의 전열면적이 넓어 증발량이 많다.
② 고압에 적당하다.
③ 비교적 자유롭게 전열 면적을 넓힐 수 있다.
④ 구조가 간단하여 내부 청소가 용이하다.

수관식 보일러는 구조가 복잡하여 내부 청소가 어렵고 고도의 수처리가 필요하다.

18 실내 취득 현열량 및 잠열량이 각각 3000W, 1000W, 장치 내 취득열량이 550W이다. 실내 온도를 25℃로 냉방하고자 할 때, 필요한 송풍량은 약 얼마인가? (단, 취출구 온도차는 10℃이다.)

① 105.6 L/s ② 150.8 L/s
③ 295.8 L/s ④ 346.6 L/s

취출구 온도차를 이용하여 송풍량을 계산할 때는 실내 취득 현열량(3000W)과 장치취득열량(550W)을 고려한다.

$$Q = \frac{q_s}{\gamma C \Delta t} = \frac{3000 + 550}{1.2 \times 1.0 \times 10} = 295.8\text{L/s}$$

현열부하가 kW이면 풍량은 m^3/s이고 W이면 풍량은 L/s이다.

19 축열시스템의 특징에 관한 설명으로 옳은 것은?

① 피크 컷(peak cut)에 의해 열원장치의 용량이 증가한다.
② 부분부하 운전에 쉽게 대응하기가 곤란하다.
③ 도시의 전력수급상태 개선에 공헌한다.
④ 야간운전에 따른 관리 인건비가 절약된다.

축열시스템은 피크 컷(peak cut)에 의해 열원장치의 용량이 감소하며, 부분부하 운전에 쉽게 대응하고, 피크부하에 따른 전력소비가 적어 도시의 전력수급상태 개선에 공헌하며 야간운전에 따른 관리 인건비가 증가한다.

20 실내 온도분포가 균일하여 쾌감도가 좋으며 화상의 염려가 없고 방을 개방하여도 난방효과가 있는 난방방식은?

① 증기난방 ② 온풍난방
③ 복사난방 ④ 대류난방

복사난방은 복사열을 이용하므로 쾌감도가 좋으며 화상의 염려가 없고 방을 개방하여도 난방효과가 우수하여 고천장에 쓰인다.

정답 15 ① 16 ③ 17 ④ 18 ③ 19 ③ 20 ③

2 냉동냉장 설비

21 암모니아 냉동장치에서 팽창밸브 직전의 엔탈피가 538kJ/kg, 압축기 입구의 냉매가스 엔탈피가 1667kJ/kg이다. 이 냉동장치의 냉동능력이 12냉동톤일 때, 냉매순환량은? (단, 1냉동톤은 3.86 kW이다.)

① 3320 kg/h ② 3328 kg/h
③ 269 kg/h ④ 148 kg/h

냉매순환량 G
$Q_2 = G \times q_2$에서
$$G = \frac{Q_2}{q_2} = \frac{12 \times 3.86 \times 3600}{1667 - 538} \fallingdotseq 148\,[\text{kg/h}]$$
여기서, Q_2 : 냉동능력[kW]
q_2 : 냉동효과(압축기출구 냉매 엔탈피 – 압축기 입구 냉매 엔탈피)[kJ/kg]

22 다음 설명 가운데 옳지 않은 것을 고르시오.

① 진공시험에 사용하는 진공계는 문자판의 크기는 75mm 이상으로 하며 냉동장치의 연성계를 이용할 수 없다.
② 진공방치시험이란 냉동장치의 운전될 때 진공이 되는 부분에 대하여 행하는 시험이다.
③ 진공방치시험에서 방치시간은 수시간(4시간) 이상으로 방치 후, 시험하기 전보다도 5K(℃) 정도의 온도변화에 대하여 진공도의 저하가 0.7kPa 이하로 되면 합격으로 한다.
④ 진공시험은 누설을 확인할 수 있으나 누설개소를 알 수는 없다.

② 진공방치시험은 냉매설비의 기밀을 최종적으로 확인하는 시험이며 동시에 장치나 배관내부에 침입한 수분제거도 행한다.

23 쇠고기(지방이 없는 부분) 5ton을 12시간 동안 30℃에서 –15℃까지 냉각할 때의 냉동능력으로 옳은 것은? (단, 쇠고기의 동결점은 –2℃로, 쇠고기의 동결전 비열(지방이 없는 부분)은 0.88Wh/(kg · K)로, 동결후 비열은 0.49Wh/(kg · K), 동결잠열은 65.14Wh/kg으로 한다.)

① 31.5kW ② 41.5kW
③ 51.7kW ④ 61.7kW

1) 30℃에서 –2℃까지 냉각현열부하
$q = mC\Delta t = 5000 \times 0.88 \times 3.6 \times \{30 - (-2)\} = 506,880\text{kJ}$
(여기서 비열단위
Wh/(kg · K)=W×3600s/(kg · K)=3600J/(kg · K)
=3.6kJ/(kg · K)이다.)
2) –2℃ 동결 시 잠열부하 :
$q = m\gamma = 5000 \times 65.14 \times 3.6 = 1,172,520\text{kJ}$
3) –2℃에서 –15℃까지 동결 냉각시킬 경우 냉각현열부하
$q = mC\Delta t = 5000 \times 0.49 \times 3.6 \times \{-2 - (-15)\} = 114,660\text{kJ}$
따라서 12시간동안 5ton에 대한 전동결부하(냉동능력)는
$$kW = \frac{506,880 + 1,172,520 + 114,660(\text{kJ})}{12(\text{h})} = 149,505\text{kJ/h}$$
$= 41.53\text{kW}$
(냉동, 냉장 부하 문제는 냉각 시간 동안의 전체 동결부하(kJ)인지 단위시간 동안의 냉동 능력(kW)인지 정확히 구분해야한다)

24 다음의 설명은 냉동장치의 운전상태에 관한 것이다. 가장 옳지 않은 것을 고르시오.

① 일정한 응축압력 하에서 압축기의 흡입압력이 저하하면 압축비가 크게 되어 냉동능력은 증대한다.
② 암모니아 냉매의 경우 증발과 응축의 각각의 온도가 동일한 운전상태에서도 플루오르카본 냉매에 비하여 압축기 토출가스온도가 높다.
③ 냉장고의 냉동부하가 감소하면 증발온도는 저하하고 압축기 흡입압력은 저하한다.
④ 냉동장치를 운전개시 할 때에는 응축기의 냉각수 입 · 출구밸브가 열려있는 것을 확인한다.

① 일정한 응축압력 하에서는 압축기의 흡입압력의 저하에 의해 압축비가 증대하므로 압축기의 체적효율이 저하하고 또한 흡입증기의 비체적이 크게 되므로 냉매순환량이 감소하여 냉동능력이 감소한다.

정답 21 ④ 22 ② 23 ② 24 ①

25 **매시 30℃의 물 2000 kg을 -10℃의 얼음으로 만드는 냉동장치가 있다. 이 냉동장치의 냉각수 입구온도가 32℃, 냉각수 출구온도가 37℃이며, 냉각수량이 60m³/h 일 때, 압축기의 소요동력은?**

① 83 kW　② 88 kW
③ 90 kW　④ 117 kW

소요동력 W
$Q_1 = Q_2 + W$에서
$W = Q_1 - Q_2 = 350 - 267 = 83$
여기서,
응축부하 $Q_1 = 60 \times 10^3 \times 4.2 \times (37-32)/3600 = 350[\text{kW}]$
냉동능력 $Q_2 = 2000 \times (4.2 \times 30 + 334 + 2.1 \times 10)/3600 = 267[\text{kW}]$

26 **두께 20cm인 콘크리트 벽 내면에, 두께 15cm인 스티로폼으로 방열을 하고, 그 내면에 두께 1cm의 내장 목재판으로 벽을 완성시킨 냉장실의 벽면에 대한 열관류율 [W/m² K]은? (단, 열전도율 및 열전달률은 아래와 같다.)**

재료	열전도율	
콘크리트	1.05 W/mK	
스티로폼	0.05 W/mK	
내장목재	0.18 W/mK	
공기막계수	외부	23 W/m²K
	내부	9.3 W/m²K

① 1.35　② 0.29
③ 0.13　④ 0.02

$$K = \frac{1}{\frac{1}{23} + \frac{20 \times 10^{-2}}{1.05} + \frac{15 \times 10^{-2}}{0.05} + \frac{1 \times 10^{-2}}{0.18} + \frac{1}{9.3}} \fallingdotseq 0.29$$

27 **카르노 사이클과 관련 없는 상태 변화는?**

① 등온팽창　② 등온압축
③ 단열압축　④ 등적팽창

카르노 사이클(carnot cycle)
카르노 사이클은 이상적인 열기관 사이클로 아래 그림과 같이 등온팽창 → 단열팽창 → 등온압축 → 단열압축의 4과정으로 되어있다.

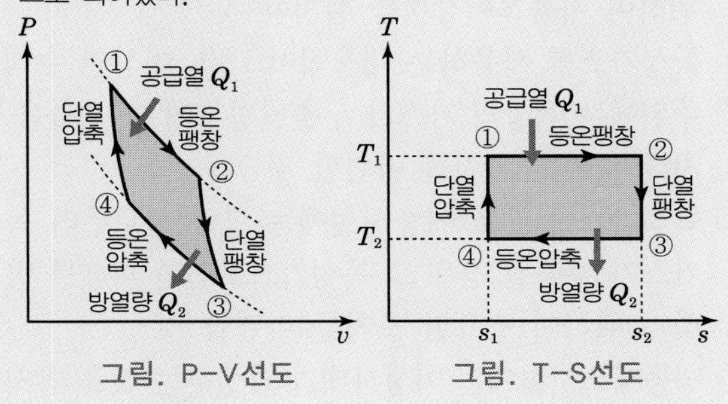

그림. P-V선도　그림. T-S선도

28 **액봉발생의 우려가 있는 부분에 설치하는 안전장치가 아닌 것은?**

① 가용전　② 파열관
③ 안전밸브　④ 압력도피장치

가용전(Fusible plug)
가용전은 75℃ 이하에서 용융하는 금속을 채운 것으로 내용적 500L 미만의 압력용기(응축기, 수액기)에 설치하여 용기 내의 온도가 이상(異常)상승 하였을 때 금속이 용융하여 내부의 냉매를 분출시켜 압력용기를 보호하는 안전장치이다.

29 **냉동부하가 30RT이고, 냉각장치의 열통과율이 7W/m²K, 브라인의 입·출구 평균온도 10℃, 냉매의 증발온도가 4℃일 때 전열면적은?**

① 1825 m²　② 2757 m²
③ 2932 m²　④ 3123 m²

$Q_2 = KA\Delta t$에서
전열면적 $A = \frac{Q_2}{K\Delta t} = \frac{30 \times 3.86 \times 10^3}{7 \times (10-4)} \fallingdotseq 2757\,[\text{m}^2]$
여기서, Q_2 : 냉동능력[kW]
K : 열통과율[kW/m²K]
Δt : 브라인 입·출구 평균온도와 증발온도차

정답 25 ① 26 ② 27 ④ 28 ① 29 ②

30 **냉동제조시설의 안전을 위한 설비기준에 대한 설명으로 가장 거리가 먼 것은?**

① 냉매설비에는 긴급사태가 발생하는 것을 방지하기 위하여 자동제어장치를 설치할 것
② 독성가스를 사용하는 내용적이 1천L 이상인 수액기 주위에는 액상의 가스가 누출될경우에 그 유출을 방지하기 위한 조치를 마련할 것
③ 독성가스를 제조하는 시설에는 그 시설로부터 독성가스가 누출될 경우 그 독성가스로인한 피해를 방지하기 위하여 필요한 조치를 마련할 것
④ 냉동제조시설에는 이상사태가 발생하는 것을 방지하고 이상사태 발생 시 그 확대를 방지하기 위하여 압력계 · 액면계 등 필요한 부대설비를 설치할 것

독성가스를 사용하는 내용적이 1만L 이상인 수액기 주위에는 액상의 가스가 누출될경우에 그 유출을 방지하기 위한 조치를 마련할 것

31 **냉동사이클에서 증발온도는 일정하고 응축온도가 올라가면 일어나는 현상이 아닌 것은?**

① 압축기 토출가스 온도상승
② 압축기 체적효율 저하
③ COP(성적계수) 증가
④ 냉동능력(효과) 감소

증기압축식 냉동 장치에서 증발온도를 일정하게 유지하고 응축온도가 상승되거나 응축온도가 일정한 상태에서 증발온도가 저하되면 압축비가 증대하여 다음과 같은 현상이 발생한다.
㉠ 압축비 증대
㉡ 토출가스 온도 상승
㉢ 실린더 과열
㉣ 윤활유의 열화 및 탄화
㉤ 체적효율 감소
㉥ 냉매순환량 감소
㉦ 냉동능력 감소
㉧ 소요동력 증대
㉨ 성적계수(COP) 감소
㉩ 플래시 가스 발생량이 증가

32 **균압관의 설치 위치는?**

① 응축기 상부 - 수액기 상부
② 응축기 하부 - 팽창변 입구
③ 증발기 상부 - 압축기 출구
④ 액분리기 하부 - 수액기 상부

균압관
응축기에서 수액기로 냉매액을 원활하게 유입하려고 할 경우에는 응축기 상부와 수액기 상부에 직경이 충분한 균압관을 설치한다.

33 **증기압축식 이론 냉동사이클에서 엔트로피가 감소하고 있는 과정은?**

① 팽창과정 ② 응축과정
③ 압축과정 ④ 증발과정

증기압축식 이론 냉동사이클에서 응축기의 응축과정은 정압하에서 응축열을 방열하는 과정으로 엔트로피는 감소한다.

34 **영화관을 냉방하는 데 1512000 kJ/h의 열을 제거해야 한다. 소요동력을 냉동톤당 1PS로 가정하면 이 압축기를 구동하는데 약 몇 kW의 전동기가 필요한가?**

① 80 kW ② 69.8 kW
③ 59.8 kW ④ 49.8 kW

(1) 냉방부하를 냉동톤으로 환산하면

$$냉동톤(RT) = \frac{1512000}{3600 \times 3.86} = 108.81\,RT$$

(2) 1RT당 1PS로 가정한다고 하였으므로

$$108.81 \times 1 \times 0.735 = 80[kW]$$

정답 30 ② 31 ③ 32 ① 33 ② 34 ①

35 **플래시 가스(flash gas)의 발생 원인으로 가장 거리가 먼 것은?**

① 관경이 큰 경우
② 수액기에 직사광선이 비쳤을 경우
③ 스트레이너가 막혔을 경우
④ 액관이 현저하게 입상했을 경우

플래시 가스
냉동장치의 냉매 액관 일부에서 발생한 플래시 가스는 팽창밸브의 능력을 감퇴시켜 냉매순환량이 줄어들어 냉동능력을 감소시킨다.

발생원인
㉠ 액관의 입상높이가 매우 높을 때
㉡ 냉매순환량에 비하여 액관의 관경이 너무 작을 때
㉢ 배관에 설치된 스트레이너, 필터 등이 막혀 있을 때
㉣ 액관이 직사광선에 노출될 때
㉤ 액관이 냉매액 온도보다 높은 장소를 통과할 때

36 **어떤 냉동장치의 냉동부하는 63000 kJ/h, 냉매증기 압축에 필요한 동력은 4 kW, 응축기 입구에서 냉각수 온도 32℃, 냉각수량 62 L/min일 때, 응축기 출구에서 냉각수 온도는? (단, 냉각수 비열 4.2 kJ/kgK로 한다)**

① 37℃ ② 38℃
③ 42℃ ④ 46℃

$Q_1 = Q_2 + W = mc(t_{w2} - t_{w1})$에서

$$t_{w2} = t_{w1} + \frac{Q_2 + W}{mc} = 32 + \frac{\left(\frac{63000}{3600}\right) + 4}{\left(\frac{62}{60}\right) \times 4.2} = 37[℃]$$

여기서, Q_1 : 응축부하[kW]
Q_2 : 냉동능력[kW]
W : 소요동력[kW]
m : 냉각수량[kg/s]
c : 냉각수 비열[kJ/kgK]
t_{w1}, t_{w2} : 냉각수 입구 및 출구 수온[℃]

37 **압축기의 흡입 밸브 및 송출 밸브에서 가스누출이 있을 경우 일어나는 현상은?**

① 압축일의 감소 ② 체적 효율이 감소
③ 가스의 압력이 상승 ④ 성적계수 증가

압축기의 흡입 밸브 및 송출 밸브에서 가스누출이 있을 경우
㉠ 체적효율 감소 ㉡ 냉동능력 감소
㉢ 소요동력 증대 ㉣ 압축효율 감소
㉤ 토출가스온도 상승 ㉥ 압축일 증대

38 **온도식 팽창밸브에서 흐르는 냉매의 유량에 영향을 미치는 요인으로 가장 거리가 먼 것은?**

① 오리피스 구경의 크기
② 고 · 저압측 간의 압력차
③ 고압측 액상 냉매의 냉매온도
④ 감온통의 크기

온도식 자동팽창밸브(TEV : thermostatic expansion valve)
온도식 자동팽창밸브의 냉매 유량에 영향을 미치는 요인은 오리피스 구경의 크기, 고 · 저압 측간의 압력차 고압측 액상 냉매의 온도에 의해 영향을 받으며 감온통의 크기에는 영향을 받지 않는다.

39 **정압식 팽창 밸브는 무엇에 의하여 작동하는가?**

① 응축 압력
② 증발기의 냉매 과냉도
③ 응축 온도
④ 증발 압력

정압식 팽창밸브
정압식 팽창밸브는 증발기의 압력으로 작동하고, 증발압력이 상승하면 밸브가 닫히고 압력이 감소하면 밸브가 열려서 냉매유량을 조정하여 증발압력을 항상 일정하게 하는 작용을 하는 팽창 밸브로 증발온도가 일정한 냉장고와 같은 부하변동이 적은 소용량의 것에 적합하다.

정답 35 ① 36 ① 37 ② 38 ④ 39 ④

40 **브라인의 구비조건으로 틀린 것은?**

① 비열이 크고 동결온도가 낮을 것
② 점성이 클 것
③ 열전도율이 클 것
④ 불연성이며 불활성일 것

브라인의 구비조건
㉠ 열용량이 크고 전열(열전도율이 클 것)이 좋을 것
㉡ 점도가 적당할 것
㉢ 응고점(동결점)이 낮을 것
㉣ 금속에 대한 부식성이 적고 불연성일 것
㉤ 상변화가 잘 일어나지 않을 것
㉥ 비열이 클 것

3 공조냉동 설치·운영

41 **다음과 같은 증기 난방배관에 관한 설명으로 옳은 것은?**

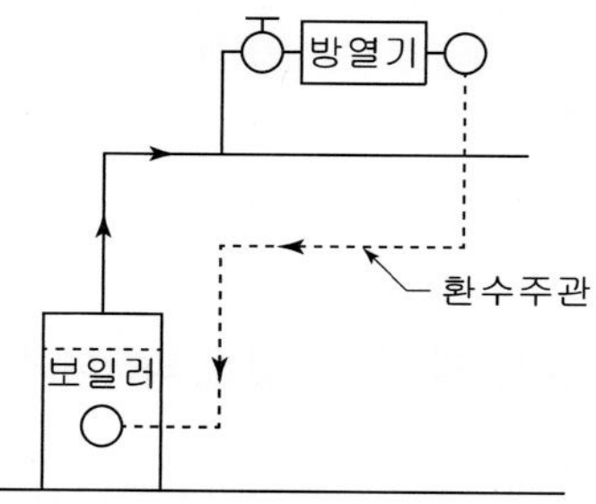

① 진공환수방식으로 습식 환수방식이다.
② 중력환수방식으로 건식 환수방식이다.
③ 중력환수방식으로 습식 환수방식이다.
④ 진공환수방식으로 건식 환수방식이다.

환수주관이 보일러 수위보다 위에 위치하므로 건식이며 중력환수식이다.

42 **다음중 공기조화기의 유지관리항목으로 가장 거리가 먼 것은?**

① 에어필터의 오염, 파손 및 기능점검
② spray 노즐의 점검
③ 버너노즐의carbon부착상태 점검
④ 냉온수 코일 출입구의 온도측정(증기코일의 경우, 압력)

버너노즐의 carbon부착상태 점검은 보일러 점검항목이며, spray 노즐은 에어와셔 구성요소이다.

43 **냉동기 유지 보수관리(오버홀 정비)에 대한 설명으로 가장 거리가 먼 것은?**

① 유지보수관리 목적은 냉동기의 본래기능과 성능을 유지하고, 안정되고 효율적인 운전과 냉동기수명을 연장하는데 있다.
② 일반적으로 보수관리에 문제가 생겼을때 고장난 부분을 수리하는 방법을 "사후보전(유지관리)"이라 말한다.
③ 사전에 보수관리항목을 정해 계획적으로 대응하여 문제발생을 사전에 예방하는 방법을 "예방보전(오버홀)"이라 부른다.
④ 예방보전은 비용을 절약할 수 있을 것 같이 생각될 수 있지만 결과적으로 냉방시즌 최성수기에 불시에 문제가 발생하여 냉동기를 가동할 수 없게 되던가 치명적인 손상을 입는 경우가 많고 복구비용등 2차적인 피해를 고려하면 오히려 비경제적이다.

④는 사후보전을 설명하는 말이다.

정답 40 ② 41 ② 42 ③ 43 ④

44 다음 조건과 같은 냉온수 배관계통에서 전체 마찰저항(mAq)을 구하시오.

【조 건】

배관 직관 길이 100m, 국부저항은 직관저항의 50%로 한다. 배관경 선정시 마찰저항은 40mmAq/m 이하로 한다.

① 2 mAq 이하 ② 4 mAq 이하
③ 6 mAq 이하 ④ 8 mAq 이하

직관 배관에 대한 마찰저항은 1m당 40mmAq저항이 걸리므로
직관부 저항=100×40=4000mmAq=4mAq
국부저항=4×0.5=2mAq 전체마찰저항=4+2=6mAq

45 아래 버킷형 증기트랩(25×20×25) 주변 바이패스배관에서 A-B구간에 대한 수량산출에서 잘못된 것은?

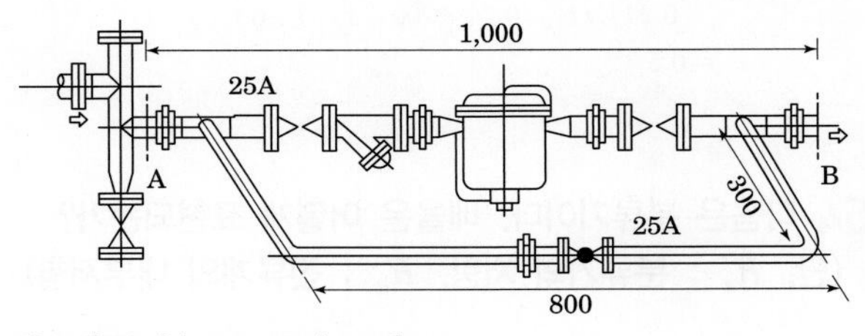

① 레듀서(25×20A) 2개
② 유니언(25A) 5개
③ 스트레이너(20A) 1개
④ 티이(25A) 2개

버킷형 증기트랩(25×20×25) 주변 바이패스배관에서 트랩은 20A이므로 트랩 양단에 레듀서(25×20A)를 사용한다. 스트레이너는 레듀서 외측이므로 (25A, 1개)이며, 증기트랩은 (20A) 1개 이고, 글로브밸브(25A) 1개, 플랜지(25A) 7개이다. 이 도면은 부속류 수량 산출을 위하여 인위적으로 작도한 것으로 실제 플랜지 타입에서는 플랜지에서 분해 조립이 가능하여 유니언은 사용하지 않는 편이다.

46 공조배관 도면에서 표기할 사항으로 가장거리가 먼 것은?

① 배관의 종류
② 관경
③ 유체의 흐름방향
④ 배관 작용 압력

일반적으로 도면에 배관 작용 압력은 표기하지 않는다.

47 배수 배관에 관한 설명으로 틀린 것은?

① 배수 수평 주관과 배수 수평 분기관의 분기점에는 청소구를 설치해야 한다.
② 배수관경의 결정방법은 기구 배수 부하 단위나 정상 유량을 사용하는 2가지 방법이 있다.
③ 배수관경이 100A 이하일 때는 청소구의 크기를 배수 관경과 같게 한다.
④ 배수 수직관의 관경은 수평 분기관의 최소 관경 이하가 되어야 한다.

배수 수직관의 관경은 수평 분기관의 최소 관경 이상이 되어야 한다.

48 증기난방에 비해 온수난방의 특징을 설명한 것으로 틀린 것은?

① 예열하는 데 많은 시간이 걸린다.
② 부하 변동에 대응한 온도 조절이 어렵다.
③ 방열면의 온도가 비교적 높지 않아 쾌감도가 좋다.
④ 설비비가 다소 고가이나 취급이 쉽고 비교적 안전하다.

온수난방은 부하 변동에 대응하여 온수 유량을 조절하여 온도를 조절할 수 있다.

정답 44 ③ 45 ③ 46 ④ 47 ④ 48 ②

49 자연순환식으로써 열탕의 탕비기 출구온도를 85℃(밀도 0.96876 kg/L), 환수관의 환탕온도를 65℃(밀도 0.98001 kg/L)로 하면 이 순환계통의 순환수두는 얼마인가? (단, 가장 높이 있는 급탕전의 높이는 10m이다.)

① 11.25 mmAq　② 112.5 mmAq
③ 15.34 mmAq　④ 153.4 mmAq

$h=H(\rho_1-\rho_2)=10(0.98001-0.96876)$
$=0.1125\,\text{mAq}=112.5\,\text{mmAq}$

50 급수관의 직선관로에서 마찰손실에 관한 설명으로 옳은 것은?

① 마찰손실은 관 지름에 정비례한다.
② 마찰손실은 속도수두에 정비례한다.
③ 마찰손실은 배관 길이에 반비례한다.
④ 마찰손실은 관 내 유속에 반비례한다.

마찰손실수두 $h=f\dfrac{L\times v^2}{d\times 2g}$ 에서
마찰손실은 관 지름에 반비례하며 속도수두($v^2/2g$)에 정비례한다. 마찰손실은 배관 길이에 비례하며 관 내 유속 제곱에 비례한다.

51 서로 같은 방향으로 전류가 흐르고 있는 두 도선 사이에는 어떤 힘이 작용하는가?

① 서로 미는 힘
② 서로 당기는 힘
③ 하나는 밀고, 하나는 당기는 힘
④ 회전하는 힘

평행 도선 사이의 작용력
평행한 두 도선 간에 단위 길이당 작용하는 힘은 두 도선에 흐르는 전류의 곱에 비례하고 거리에 반비례하며 두 도선에 흐르는 전류 방향이 서로 같으면 흡인력이 작용하고 서로 반대로 흐르면 반발력이 작용한다.
$F=\dfrac{\mu_o I_1 I_2}{2\pi d}=\dfrac{2I_1I_2}{d}\times 10^{-7}[\text{N/m}]$

52 동작신호를 조작량으로 변환하는 요소로서 조절부와 조작부로 이루어진 요소는?

① 기준입력 요소　② 동작신호 요소
③ 제어 요소　④ 피드백 요소

제어요소는 조절부와 조작부로 이루어져 있으며 동작신호를 조작량으로 변환하는 장치이다.

53 커피포트를 이용하여 물을 끓였을 때 얻은 열량은 7,200[cal]였다. 이 커피포트에는 200[V], 1[A]의 전기를 5분 동안 입력하였다면 역률은 얼마인가?

① 0.1　② 0.25
③ 0.5　④ 0.7

$H=0.24Pt=0.24VI\cos\theta t[\text{cal}]$ 식에서
$H=7{,}200[\text{cal}]$, $V=200[\text{V}]$, $I=1[\text{A}]$,
$t=5[\text{min}]=5\times60[\text{sec}]$ 이므로
$\therefore\ \cos\theta=\dfrac{H}{0.24VIt}=\dfrac{7{,}200}{0.24\times200\times1\times5\times60}$
$=0.5$

54 다음은 분류기이다. 배율은 어떻게 표현되는가? (단, R_s : 분류기의 저항, R_a : 전류계의 내부저항)

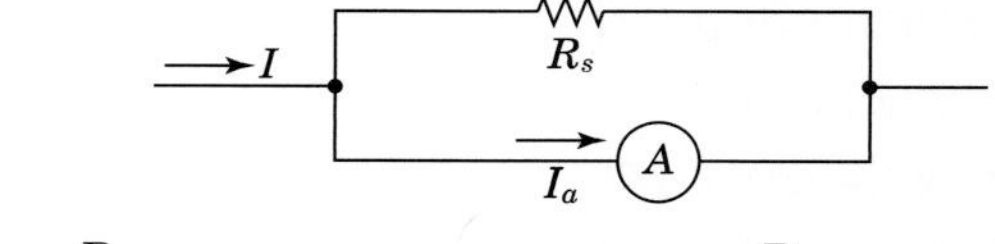

① $\dfrac{R_s}{R_a}$　② $1+\dfrac{R_s}{R_a}$
③ $1+\dfrac{R_a}{R_s}$　④ $\dfrac{R_a}{R_s}$

분류기
(1) 배율(m) : $m=\dfrac{I_0}{I_a}=1+\dfrac{r_a}{r_m}$
(2) 분류기 저항(r_m) : $r_m=\dfrac{r_a}{m-1}[\Omega]$
$r_a=R_a[\Omega]$, $r_m=R_s[\Omega]$일 때
$\therefore\ m=1+\dfrac{r_a}{r_m}=1+\dfrac{R_a}{R_s}$

정답 49 ② 50 ② 51 ② 52 ③ 53 ③ 54 ③

55 그림의 신호흐름선도에서 $\frac{C}{R}$의 값은?

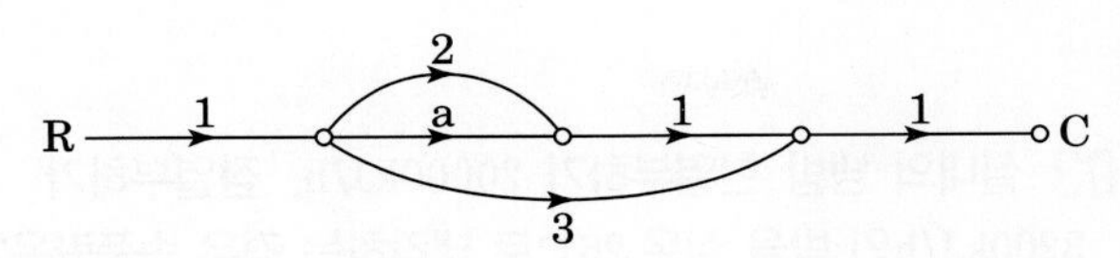

① a+2　　② a+3
③ a+5　　④ a+6

$G(s) = \frac{\text{전향이득}}{1-\text{루프이득}}$ 식에서

전향이득 $= 2+a+3$, 루프이득 $= 0$ 이므로

$\therefore\ G(s) = \frac{C}{R} = a+5$

56 분상기동형 단상 유도전동기를 역회전시키는 방법은?

① 주권선과 보조권선 모두를 전원에 대하여 반대로 접속한다.
② 콘덴서를 주권선에 삽입하여 위상차를 갖게 한다.
③ 콘덴서를 보조권선에 삽입한다.
④ 주권선과 보조권선 중 하나를 전원에 대하여 반대로 접속한다.

단상 유도전동기의 역회전 방법
주권선(또는 운동권선)이나 보조권선(또는 기동권선) 중 어느 한쪽의 단자 접속을 반대로 한다.

57 그림과 같은 게이트회로에서 출력 Y는?

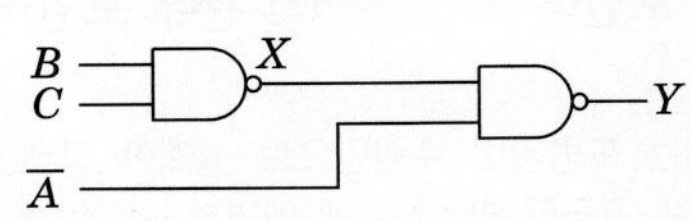

① $B+A\cdot C$　　② $A+B\cdot C$
③ $\overline{A}+B\cdot C$　　④ $B+\overline{A}\cdot C$

$Y = \overline{\overline{B\cdot C}\cdot\overline{A}} = A+B\cdot C$

58 서보기구의 제어량에 속하는 것은?

① 유량　　② 압력
③ 밀도　　④ 위치

서보기구 제어는 기계적 변위를 제어량으로 해서 목표값의 임의의 변화에 항상 추종되도록 하는 추종제어인 경우이다. 위치, 방향, 자세, 각도, 거리 등을 제어한다.

59 변압기 정격 1차 전압의 의미를 바르게 설명한 것은?

① 정격 2차 전압에 권수비를 곱한 것이다.
② $\frac{1}{2}$ 부하를 걸었을 때의 1차 전압이다.
③ 무부하일 때의 1차 전압이다.
④ 정격 2차 전압에 효율을 곱한 것이다.

변압기 권수비(전압비 : N)

$N = \frac{N_1}{N_2} = \frac{E_1}{E_2} = \frac{I_2}{I_1} = \sqrt{\frac{Z_1}{Z_2}}$ 식에서

$E_1 = NE_2$[V] 이므로

$\therefore$ 변압기 1차 정격전압은 2차 정격전압에 권수비를 곱한 것이다.

60 옴의 법칙을 바르게 설명한 것은?

① 전압은 전류에 비례한다.
② 전류는 저항에 비례한다.
③ 전압은 저항의 제곱에 비례한다.
④ 전압은 전류의 제곱에 비례한다.

옴의 법칙
전기회로에 인가된 전압(V)에 의한 저항(R)에 흐르는 전류(I)의 크기는 전압에 비례하고 저항에 반비례하여 흐르게 되는 것을 의미하며 공식은 다음과 같이 표현한다.

$\therefore\ I = \frac{V}{R}$[A],　$V = IR$[V],　$R = \frac{V}{I}$[Ω]

정답 55 ③　56 ④　57 ②　58 ④　59 ①　60 ①

PARAT 05 실전모의고사

모의고사 제5회 실전 모의고사

1 공기조화 설비

01 다음은 어느 방식에 대한 설명인가?

> • 각 실이나 존의 온도를 개별제어하기 쉽다.
> • 일사량 변화가 심한 페리미터 존에 적합하다.
> • 실내부하가 적어지면 송풍량이 적어지므로 실내 공기의 오염도가 높다.

① 정풍량 단일덕트방식 ② 변풍량 단일덕트방식
③ 패키지방식 ④ 유인유닛방식

변풍량 단일덕트방식(VAV)은 각 실이나 존의 온도를 개별제어하기가 쉬우나 실내부하가 적어지면 송풍량이 적어지므로 실내 공기의 오염도가 높다.

02 환기(ventilation)란 A에 있는 공기의 오염을 막기 위하여 B로부터 C를 공급하여, 실내의 D를 실외로 배출하고 실내의 오염 공기를 교환 또는 희석시키는 것을 말한다. 여기서 A, B, C, D로 적절한 것은?

① A－일정 공간, B－실외, C－청정한 공기, D－오염된 공기
② A－실외, B－일정 공간, C－청정한 공기, D－오염된 공기
③ A－일정 공간, B－실외, C－오염된 공기, D－청정한 공기
④ A－실외, B－일정 공간, C－오염된 공기, D－청정한 공기

환기(ventilation)란 일정공간에 있는 공기의 오염을 막기 위하여 실외로부터 청정한 공기를 공급하여, 실내의 오염된 공기를 실외로 배출하여 실내의 오염 공기를 교환 또는 희석시키는 것을 말한다.

03 실내의 냉방 현열부하가 20000kJ/h, 잠열부하가 3200kJ/h인 방을 실온 26℃로 냉각하는 경우 송풍량은? (단, 취출온도는 15℃이며, 건공기의 정압비열은 1.01kJ/kgK, 공기의 비중량은 1.2kg/m³이다.)

① 1500 m³/h ② 1200 m³/h
③ 1000 m³/h ④ 800 m³/h

실내 송풍량은 현열부하와 열평형식에서 구한다.

$$Q = \frac{q_s}{\gamma C \Delta t}$$
$$= \frac{20000}{1.2 \times 1.01(26-15)} = 1500\,\text{m}^3/\text{h}$$

04 다음과 같은 특징을 가지는 보일러로 가장 알맞은 것은?

> 드럼없이 수관만으로 설계한 강제순환식 보일러로 급수가 공급될 때 수관의 예열부→증발부→과열부를 순차적으로 통과하면서 증기가 발생하며 수관만으로 이루어져 있기 때문에 고압에 잘 견디고 관을 자유로이 배치할 수 있어 전체를 소형화하여 제작할 수 있어서 최근에 일반건물에서 소규모의 건물 난방, 급탕용이나 식당의 주방, 상가의 증기 공급용으로 주로 사용되고 있다.

① 주철제 보일러 ② 노통연관식 보일러
③ 수관식 보일러 ④ 관류 보일러

관류보일러는 드럼없이 수관만으로 설계한 강제순환식 보일러로 급수가 공급될 때 수관의 예열부→증발부→과열부를 순차적으로 통과하면서 증기가 발생하며 전체를 소형화하여 제작할 수 있어서 최근에 일반건물에서 소규모의 건물 난방, 급탕용이나 식당의 주방, 상가의 증기 공급용으로 주로 사용되고 있다.

정답 01 ② 02 ① 03 ① 04 ④

05 **실내의 거의 모든 부분에서 오염가스가 발생되는 경우 실 전체의 기류분포를 계획하여 실내에서 발생하는 오염 물질을 완전히 희석하고 확산시킨 다음에 배기를 행하는 환기방식은?**

① 자연 환기 ② 제3종 환기
③ 국부 환기 ④ 전반 환기

일반적인 공조방식에 적용하는 실내 전체를 환기하는 방식을 전반환기 또는 희석 환기라 한다.

06 **공기설비의 열회수장치인 전열교환기는 주로 무엇을 경감시키기 위한 장치인가?**

① 실내부하 ② 외기부하
③ 조명부하 ④ 송풍기부하

전열교환기는 배기의 버려지는 현열과 잠열을 회수하여 외기를 가열 또는 냉각하는 것으로 외기부하를 경감시킨다.

07 **공기조화 방식에서 변풍량 유닛방식(VAV unit)을 풍량제어 방식에 따라 구분할 때, 공조기에서 오는 1차 공기의 분출에 의해 실내공기인 2차 공기를 취출하는 방식은 어느 것인가?**

① 바이패스형 ② 유인형
③ 슬롯형 ④ 교축형

변풍량유닛의 가장 일반적인 형태는 슬롯형(교축형, 벤트리형)이며 1차공기에 의한 2차공기의 유인작용을 이용하는 것은 유인형(인덕션형)이다.

08 **보일러 동체 내부의 중앙 하부에 파형노통이 길이 방향으로 장착되며 이 노통의 하부 좌우에 연관들을 갖춘 보일러는?**

① 노통보일러 ② 노통연관보일러
③ 연관보일러 ④ 수관보일러

노통형과 연관형을 조합한 것은 노통연관 보일러이다.

09 **물·공기 방식의 공조방식으로서 중앙기계실의 열원설비로부터 냉수 또는 온수를 각 실에 있는 유닛에 공급하여 냉난방하는 공조방식은?**

① 바닥취출 공조방식
② 재열방식
③ 팬코일 방식
④ 패키지 유닛방식

팬코일 방식은 냉수 온수만 이용하면 전수식이고 덕트를 병용하면 수공기방식이다.

10 **결로현상에 관한 설명으로 틀린 것은?**

① 건축 구조물 사이에 두고 양쪽에 수증기의 압력차가 생기면 수증기는 구조물을 통하여 흐르며, 포화온도, 포화압력 이하가 되면 응결하여 발생된다.
② 결로는 습공기의 온도가 노점온도까지 강하하면 공기 중의 수증기가 응결하여 발생된다.
③ 응결이 발생되면 수증기의 압력이 상승한다.
④ 결로방지를 위하여 방습막을 사용한다.

결로 현상으로 응결이 발생되면 절대습도가 감소하고 수증기의 압력(분압)도 감소한다.

11 **패널복사 난방에 관한 설명으로 옳은 것은?**

① 천정고가 낮은 외기 침입이 없을 때만 난방효과를 얻을 수 있다.
② 실내온도 분포가 균등하고 쾌감도가 높다.
③ 증발잠열(기화열)을 이용하므로 열의 운반능력이 크다.
④ 대류난방에 비해 방열면적이 적다.

정답 05 ④ 06 ② 07 ② 08 ② 09 ③ 10 ③ 11 ②

패널 복사난방은 천정고가 높고 외기 침입이 있어도 난방효과를 얻을 수 있고 실내온도 분포가 균등하고 쾌감도가 높다. 복사난방은 방열면의 온도가 낮아서 대류난방에 비해 방열면적이 크다. 증기난방은 증발잠열(기화열)을 이용하므로 열의 운반능력이 크다.

12 **두께 20cm의 콘크리트벽 내면에 두께 5cm의 스티로폼 단열 시공하고, 그 내면에 두께 2cm의 나무판자로 내장한 건물 벽면의 열관류율은? (단, 재료별 열전도율(W/mK)은 콘크리트 0.7, 스티로폼 0.03, 나무판자 0.15이고, 벽면의 표면 열전달률(W/m^{2}K은 외벽 20, 내벽 8이다.)**

① 0.31 W/m^{2}K
② 0.39 W/m^{2}K
③ 0.41 W/m^{2}K
④ 0.44 W/m^{2}K

$\frac{1}{K}=\frac{1}{\alpha_o}+\frac{l}{\lambda}+\frac{1}{\alpha_i}$ 에서

$\frac{1}{K}=\frac{1}{20}+\frac{0.2}{0.7}+\frac{0.05}{0.03}+\frac{0.02}{0.15}+\frac{1}{8}$

$K=0.442\,\text{W/m}^2\text{K}$

13 **1925kg/h의 석탄을 연소하여 10550kg/h의 증기를 발생시키는 보일러의 효율은? (단, 석탄의 저위발열량은 25271kJ/kg, 발생증기의 엔탈피는 3717kJ/kg, 급수엔탈피는 221kJ/kg으로 한다.)**

① 45.8% ② 64.6%
③ 70.5% ④ 75.8%

$E=\frac{\text{출력}}{\text{입력}}=\frac{10550(3717-221)}{1925\times 25271}=0.758=75.8\%$

14 **다음 중 냉방부하에서 현열만이 취득되는 것은?**

① 재열 부하 ② 인체 부하
③ 외기 부하 ④ 극간풍 부하

재열부하는 가열만 하므로 잠열부하가 없다.

15 **냉수코일의 설계법으로 틀린 것은?**

① 공기흐름과 냉수흐름의 방향을 평행류로 하고 대수평균온도차를 작게 한다.
② 코일의 열수는 일반 공기 냉각용에는 4-8열(列)이 많이 사용된다.
③ 냉수 속도는 일반적으로 1m/s 전후로 한다.
④ 코일의 설치는 관이 수평으로 놓이게 한다.

냉수코일은 공기흐름과 냉수흐름의 방향을 대향류로 하여 대수평균온도차를 크게 한다.

16 **가습장치의 가습방식 중 수분무식이 아닌 것은?**

① 원심식 ② 초음파식
③ 분무식 ④ 전열식

수분무식에 원심식, 초음파식, 분무식이 있으며, 증기식에 전열식, 증기분무식, 증기발생식등이 있다.

17 **일반적으로 난방부하의 발생요인으로 가장 거리가 먼 것은?**

① 일사 부하 ② 외기 부하
③ 기기 손실부하 ④ 실내 손실부하

일사부하는 냉방부하의 주요요소이지만 난방에서는 일사에 의한 열취득은 무시한다.

정답 12 ④ 13 ④ 14 ① 15 ① 16 ④ 17 ①

18 **보일러의 종류에 따른 특징을 설명한 것으로 틀린 것은?**

① 주철제 보일러는 분해, 조립이 용이하다.
② 노통연관 보일러는 수질관리가 용이하다.
③ 수관 보일러는 예열시간이 짧고 효율이 좋다.
④ 관류 보일러는 보유수량이 많고 설치면적이 크다.

관류 보일러는 수관 보일러의 원리를 이용한 소형 보일러로 보유수량이 적고 설치면적이 작다.

19 **겨울철 침입외기(틈새바람)에 의한 잠열부하(kJ/h)는? (단, Q는 극간풍량(m^3/h)이며, t_o, t_r은 각각 실외, 실내온도(℃), x_o, x_r은 각각 실외, 실내 절대습도(kg/kg′)이다.)**

① $q_L = 0.24 \cdot Q \cdot (t_o - t_r)$
② $q_L = 0.29 \cdot Q \cdot (t_o - t_r)$
③ $q_L = 539 \cdot Q \cdot (x_o - x_r)$
④ $q_L = 3001 \cdot Q \cdot (x_o - x_r)$

틈새부하의 현열부하 G는 극간풍량(kg/h)
$q_S = 1.01 \times G(t_o - t_r) = 1.21 \cdot Q \cdot (t_o - t_r)$
잠열부하
$q_L = 2501 \times G(x_o - x_r) = 3001 \cdot Q \cdot (x_o - x_r)$

20 **시로코 팬의 회전속도가 N_1에서 N_2로 변화하였을 때, 송풍기의 송풍량, 전압, 소요동력의 변화 값은?**

	451 rpm(N_1)	632 rpm(N_2)
송풍량(m^3/min)	199	㉠
전압(Pa)	320	㉡
소요동력(kW)	1.5	㉢

① ㉠ 278.9 ㉡ 628.4 ㉢ 4.1
② ㉠ 278.9 ㉡ 357.8 ㉢ 3.8
③ ㉠ 628.9 ㉡ 402.8 ㉢ 3.8
④ ㉠ 357.8 ㉡ 628.4 ㉢ 4.1

송풍량은 회전수에 비례하므로 $Q = 199\left(\frac{632}{451}\right) = 278.9$

전압은 회전수 제곱에 비례하므로 $P = 320\left(\frac{632}{451}\right)^2 = 628.4$

동력은 회전수 3제곱에 비례 하므로 $L = 1.5\left(\frac{632}{451}\right)^3 = 4.13$

2 냉동냉장 설비

21 **증발식 응축기의 특징에 관한 설명으로 틀린 것은?**

① 물의 소비량이 비교적 적다.
② 냉각수의 사용량이 매우 크다.
③ 송풍기의 동력이 필요하다.
④ 순환펌프의 동력이 필요하다.

증발식 응축기(Evaporative Condenser)
냉매가스가 흐르는 냉각관 코일의 외면에 냉각수를 노즐(Nozzle)에 의해 분사시킨다. 여기에 송풍기를 이용하여 건조한 공기를 3m/sec의 속도로 보내 공기의 대류작용 및 물의 증발 잠열로 냉각하는 형식이다. 즉, 수냉식응축기와 공랭식응축의 작용을 혼합한 형으로 볼 수 있다.
[특징]
㉠ 물의 증발잠열 및 공기, 물의 현열에 의한 냉각방식으로 냉각수소비량이 작다.
㉡ 상부에 일리미네이터(Eliminator)를 설치한다.
㉢ 겨울에는 공랭식으로 사용된다.
㉣ 대기 습구온도 및 풍속에 의하여 능력이 좌우된다.
㉤ 냉각관 내에서 냉매의 압력강하가 크다.
㉥ 냉각탑을 별도로 설치할 필요가 없다.
㉦ 펜(Fen), 노즐(Nozzle), 냉각수 펌프 등 부속설비가 많이 든다.

22 **응축기의 냉매 응축온도가 30℃, 냉각수의 입구수온이 25℃, 출구수온이 28℃일 때, 대수평균온도차(LMTD)는?**

① 2.27℃ ② 3.27℃
③ 4.27℃ ④ 5.27℃

정답 18 ④ 19 ④ 20 ① 21 ② 22 ②

대수평균온도차(LMTD)

$$LMTD = \frac{\Delta_1 - \Delta_2}{\ln\frac{\Delta_1}{\Delta_2}} = \frac{(30-25)-(30-28)}{\ln\frac{30-25}{30-28}} = 3.27℃$$

① 내압시험과 기밀시험을 실시한 압력은 유지관리 상 중요한 사항으로 피시험품 본체의 명판이나 각인에 표시하여야 한다. 그리고 압력시험의 압력은 모두 게이지압력으로 한다.

23 **카르노 사이클을 행하는 열기관에서 1사이클당 790J의 일량을 얻으려고 한다. 고열원의 온도(T_1)를 300℃, 1사이클당 공급되는 열량을 4.2kJ라고 할 때, 저열원의 온도(T_2)와 효율(η)은?**

① T_2 = 85℃, η = 0.154 ② T_2 = 97℃, η = 0.154
③ T_2 = 192℃, η = 0.188 ④ T_2 = 197℃, η = 0.188

(1) 열효율 $\eta = \frac{유효열}{공급열} = \frac{W}{Q_1} = 1 - \frac{T_2}{T_1}$

$\eta = \frac{790}{4.2 \times 10^3} = 0.188$

(2) $T_2 = T_1(1-\eta) = (273+300) \times (1-0.188) ≒ 465\,[K]$
$= 192℃$

24 **다음의 압력시험에 관한 설명 중 옳지 않은 것은?**

① 내압시험과 기밀시험을 실시한 압력은 유지관리 상 중요한 사항으로 피시험품 본체의 명판이나 각인에 절대압력으로 표시하여야 한다.
② 암모니아 냉매설비의 기기를 기밀시험하는 경우 이산화탄소를 사용하면 시험 후 기기 내에 잔류하는 이산화탄소와 암모니아가 반응하여 탄산암모늄의 분말을 생성하게 된다. 따라서 암모니아 냉매설설의 기기에는 이산화탄소를 사용할 수 없다.
③ 내압시험은 일반적으로 액압시험을 원칙으로 하는데 액체를 사용하는 것이 곤란한 경우에는 일정 조건을 만족시키면 공기나 질소 등의 기체를 이용하여 시험하여도 인정하고 있다.
④ 진공시험은 냉매설비의 기밀의 최종확인을 하는 시험으로 미소한 누설을 확인 할 수 있으나 누설 개소를 알 수는 없다. 또한 진공시험은 고진공을 필요로 하므로 진공펌프을 사용해야 한다.

25 **1kg의 쇠고기(지방이 없는 부분)를 20℃에서 −15℃까지 동결시킬 경우 동결부하[kJ]를 구한 것으로 옳은 것은? (단, 쇠고기(지방이 없는 부분)의 동결전 비열은 3.25kJ/(kg · K), 동결후 비열은 1.76kJ/(kg · K), 동결잠열은 234.5kJ/kg으로 쇠고기의 동결점은 −2℃로 한다.)**

① 285.5 ② 315.4
③ 328.9 ④ 376.3

(1) 20℃에서 −2℃까지 냉각현열부하 :
$q = mC\Delta t = 1 \times 3.25 \times \{20-(-2)\} = 71.5\text{kJ}$
(2) 동결 시 잠열부하 : $q = m\gamma = 1 \times 234.5 = 234.5\text{ kJ}$
(3) −2℃에서 −15℃까지 동결 냉각시킬 경우 냉각부하 :
$q = mC\Delta t = 1 \times 1.76 \times \{-2-(-15)\} = 22.88\text{kJ}$
따라서 1kg에 대한 전동결부하(냉동능력)는
$71.5 + 234.5 + 22.88 = 328.88\text{kJ}$
(냉동, 냉장 부하 문제는 냉각 시간 동안의 전체 동결부하(kJ)인지 단위시간 동안의 냉동 능력(kW)인지 정확히 구분해야한다)

26 **다음의 냉동장치의 운전상태에 대한 설명 가운데 가장 옳지 않은 것을 고르시오.**

① 밀폐형 플루오르카본 압축기에서는 냉매 충전량이 규정량보다 부족하면 흡입증기에 의한 전동기의 냉각이 불충분하게 된다.
② 압축기의 토출가스압력이 높게 되면 증발압력이 일정 하에서는 압축비가 크게 되므로 압축기의 체적효율은 증대한다.
③ 수냉응축기의 냉각수온도가 상승하면 압축기 토출가스압력이 높게 된다.
④ 냉동장치의 운전을 수동으로 정지하는 경우 수액기의 액출구밸브를 닫고 잠시 운전하여 액봉이 생기지 않도록 하고 압축기를 정지시킨다.

정답 23 ③ 24 ① 25 ③ 26 ②

② 압축비가 크게 되면 체적효율은 감소한다.

27 냉동장치의 저압차단 스위치(LPS)에 관한 설명으로 옳은 것은?

① 유압이 저하되었을 때 압축기를 정지시킨다.
② 토출압력이 저하되었을 때 압축기를 정지시킨다.
③ 장치 내 압력이 일정압력 이상이 되면 압력을 저하시켜 장치를 보호한다.
④ 흡입압력이 저하되었을 때 압축기를 정지시킨다.

저압 차단 스위치 (LPS)
냉동부하 등의 감소로 인하여 압축기의 흡입압력이 일정 이하가 되면 전기회로를 차단시켜 압축기의 운전을 정지시키거나 전자밸브와 조합시켜 고속 다기통 압축기의 언로드 기구를 작동시키는 데 사용된다. 즉 저압이 현저하게 낮아졌을 경우 압축비의 상승으로 인한 압축기 소손을 방지하기 위하여 압축기를 보호하는 안전장치의 일종이다.

28 다음 그림은 역카르노 사이클을 절대온도(T)와 엔트로피(S) 선도로 나타내었다. 면적(1−2−2′−1′)이 나타내는 것은?

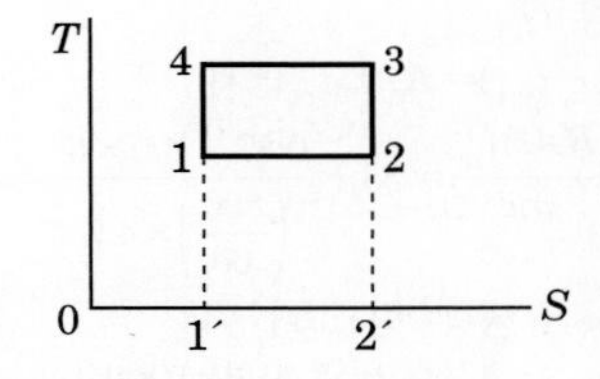

① 저열원으로부터 받는 열량
② 고열원에 방출하는 열량
③ 냉동기에 공급된 열량
④ 고·저열원으로부터 나가는 열량

① 저열원으로부터 받는 열량 : 면적(1−2−2′−1′)
② 고열원에 방출하는 열량 : 면적(3−4−1−1′−2′−2−3)
③ 냉동기에 공급된 일량(압축일량) : 면적(1−2−3−4−1)

29 압축냉동 사이클에서 엔트로피가 감소하고 있는 과정은?

① 증발과정 ② 압축과정
③ 응축과정 ④ 팽창과정

압축냉동 사이클에서의 엔트로피 변화
① 증발과정 : 엔트로피 상승
② 압축과정 : 등엔트로피 과정
③ 응축과정 : 엔트로피 감소
④ 팽창과정 : 엔트로피 상승

30 스크루 압축기의 특징에 관한 설명으로 틀린 것은?

① 경부하 운전 시 비교적 동력 소모가 적다.
② 크랭크 샤프트, 피스톤링, 커넥팅 로드 등의 마모 부분이 없어 고장이 적다.
③ 소형으로써 비교적 큰 냉동능력을 발휘할 수 있다.
④ 왕복동식에서 필요한 흡입밸브와 토출밸브를 사용하지 않는다.

스크루(screw) 압축기의 특징
㉠ 소형으로 대용량의 가스를 처리할 수 있다.
㉡ 마모 부분(크랭크사프트, 피스톤링, 커넥팅로드 등)이 없어 고장이 적다.
㉢ 1단의 압축비를 크게 할 수 있고 액 압축의 영향도 적다.
㉣ 흡입 및 토출밸브가 없다.
㉤ 냉매의 압력손실이 적어 체적효율이 향상된다.
㉥ 무단계, 연속적인 용량제어가 가능하다.
㉦ 고속회전 (3500rpm 이상)에 의한 소음이 크다.
㉧ 독립된 유펌프 및 유냉각기가 필요하다.
㉨ 경부하운전시 동력소비가 크다.
㉩ 유지비가 비싸다.

31 흡수식 냉동기에 관한 설명으로 옳은 것은?

① 초저온용으로 사용된다.
② 비교적 소용량보다는 대용량에 적합하다.
③ 열교환기를 설치하여도 효율은 변함없다.
④ 물 − LiBr식에서는 물이 흡수제가 된다.

정답 27 ④ 28 ① 29 ③ 30 ① 31 ②

> ① 흡수식 냉동기는 냉매로 주로 물을 사용하므로 0℃ 이하에서는 사용할 수 없다. 암모니아(NH3)를 냉매로 사용하는 공업용 흡수식 냉동기도 암모니아의 대기압에서의 비등점이 -33.3℃로 초저온용으로는 사용할 수 없다.
> ③ 흡수식 냉동기는 효율이 낮은 냉동기로 효율을 높이기 위해 각종 열교환기를 이용하고 있다.
> ④ 물-LiBr식에서는 물이 냉매, LiBr(취화리튬)이 흡수제이다.

32 내부균압형 자동팽창밸브에 작용하는 힘이 아닌 것은?

① 스프링 압력
② 감온통 내부압력
③ 냉매의 응축압력
④ 증발기에 유입되는 냉매의 증발압력

> 감온 팽창 밸브는 다음 세 가지 힘의 평형상태(平衡常態)에 의해서 작동된다.
> ㉠ 감온통에 봉입(封入)된 가스압력 : Pf
> ㉡ 증발기 내의 냉매의 증발 압력 : PO
> ㉢ 과열도 조절나사에 의한 스프링 압력 : PS
> Pf = PO + PS
> Pf > PO + PS : 밸브의 개도가 커지는 상태(과열도 감소)
> Pf < PO + PS : 밸브의 개도가 작아지는 상태(과열도 증가)

33 압축기의 압축방식에 의한 분류 중 용적형 압축기가 아닌 것은?

① 왕복동식 압축기　② 스크루식 압축기
③ 회전식 압축기　④ 원심식 압축기

> 압축기의 분류
> 용적(체적)식 : 왕복식 압축기, 회전식 압축기, 스크류식압축기, 스크롤식 압축기
> 원심식 : 원심식(turbo)압축기

34 입형 셸 앤드 튜브식 응축기에 관한 설명으로 옳은 것은?

① 설치 면적이 큰 데 비해 응축 용량이 적다.
② 냉각수 소비량이 비교적 적고 설치장소가 부족한 경우에 설치한다.
③ 냉각수의 배분이 불균등하고 유량을 많이 함유하므로 과부하를 처리할 수 없다.
④ 전열이 양호하며, 냉각관 청소가 용이하다.

> 입형 셸 앤드 튜브식 응축기
> ① 입형 셸 튜브 응축기는 설치면적이 작고 전열이 양호하며 운전 중에도 냉각관의 청소가 가능하다.
> ② 충분한 냉각수가 있고 수질이 우수한 곳에서 사용된다.
> ③ 대형 암모니아 냉동기에 사용되며 과부하 처리를 할 수 있다.

35 냉각수 입구온도 33℃, 냉각수량 800L/min인 응축기의 냉각면적이 100m^2, 그 열통과율이 870W/m^{2}K이며, 응축온도와 냉각수온도의 평균온도 차이가 6℃일 때, 냉각수의 출구온도는?

① 36.5℃　② 38.9℃
③ 42.3℃　④ 45.5℃

> 응축기 방열량 Q_1
> $Q_1 = mc(t_{w2} - t_{w1}) = KA\Delta t_m$ 에서
> $$t_{w2} = t_{w1} + \frac{KA\Delta t_m}{mc} = 33 + \frac{0.87 \times 100 \times 6}{\left(\frac{800}{60}\right) \times 4.2} \fallingdotseq 42.3\,℃$$
> 여기서, m : 냉각수량 [L/s]
> c : 냉각수 비열 4.2[kJ/kgK]
> t_{w1}, t_{w2} : 냉각수 입구 및 출구 온도[℃]
> K : 열통과율[kW/m^{2}K]
> A : 전열면적[m^2]
> Δt_m : 응축온도와 냉각수 온도와의 평균온도차[℃]

정답 32 ③　33 ④　34 ④　35 ③

36 열펌프 장치의 응축온도 35℃, 증발온도가 -5℃일 때, 성적계수는?

① 3.5　② 4.8
③ 5.5　④ 7.7

열펌프의 성적계수

$$COP_H = \frac{T_1}{T_1 - T_2} = \frac{273+35}{(273+35)-(273-5)} = 7.7$$

37 냉동장치에서 펌프다운의 목적으로 가장 거리가 먼 것은?

① 냉동장치의 저압 측을 수리하기 위하여
② 기동 시 액 해머 방지 및 경부하 기동을 위하여
③ 프레온 냉동장치에서 오일포밍(oil foaming)을 방지하기 위하여
④ 저장고 내 급격한 온도저하를 위하여

(1) 펌프다운(pump down) : 냉동기의 저압측의 수리나 장기간 휴지 때에 냉매를 응축기에 회수하기 위한 운전으로 기동 시 액 해머 방지 및 경부하 기동을 할 수 있고 프레온 냉동장치에서 오일 포밍을 방지할 수 있다.
(2) 펌프아웃(pump out) : 냉동설비 고압측의 이상으로 냉매를 증발기나 용기에 회수할 경우에 행하는 운전

38 냉동설비의 설치공사 또는 변경공사가 완공되어 기밀시험이나 시운전을 할 때에 사용하는 가스로 가장 부적합한 것은?

① 공기　② 질소
③ 산소　④ 헬륨

냉동설비의 설치공사 또는 변경공사가 완공된후 기밀시험이나 시운전을 할 때에 사용하는 가스로 산소는 산화제로 위험성이 크다.

39 냉동설비의 각 시설별 정기검사 항목으로 가장 거리가 먼 것은?

① 안전밸브
② 긴급차단장치
③ 독성가스 제해설비
④ 고수위 경보기

고수위 경보기는 보일러 안전장치에 속한다.

40 팽창밸브 종류 중 모세관에 대한 설명으로 옳은 것은?

① 증발기 내 압력에 따라 밸브의 개도가 자동적으로 조정된다.
② 냉동부하에 따른 냉매의 유량조절이 쉽다.
③ 압축기를 가동할 때 기동동력이 적게 소요된다.
④ 냉동부하가 큰 경우 증발기 출구 과열도가 낮게 된다.

모세관 팽창변
㉠ 모세관은 밸브가 없고 교축 정도가 일정하다.
㉡ 모세관은 조절장치가 없어 냉동부하에 따른 냉매의 유량조절이 어렵다.
㉢ 모세관을 사용하는 냉동장치는 정지 시 고·저압이 균압(均壓)을 이루므로 압축기를 가동할 때 기동동력이 적게 소요된다.
㉣ 냉동부하가 큰 경우 증발기 출구 과열도가 크게 된다.

정답 36 ④　37 ④　38 ③　39 ④　40 ③　41 ①

3 공조냉동 설치·운영

41 다음 그림에서 나타낸 배관시스템 계통도는 냉방설비의 어떤 열원방식을 나타낸 것인가?

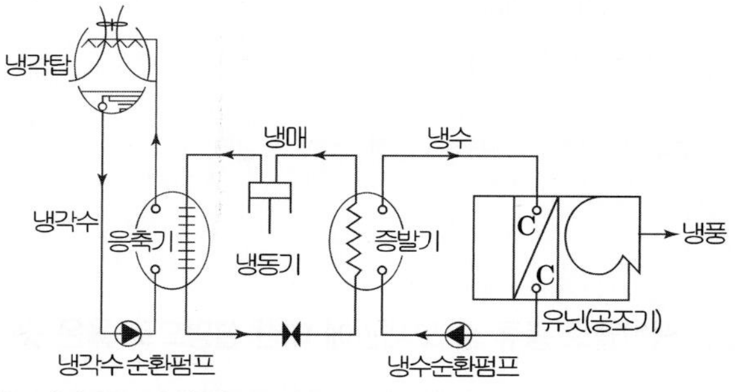

① 냉수를 냉열매로 하는 열원방식
② 가스를 냉열매로 하는 열원방식
③ 증기를 온열매로 하는 열원방식
④ 고온수를 온열매로 하는 열원방식

> 냉동기(칠러)에서 냉수를 생산하여 공조기에 공급하여 냉풍을 급기하는 냉방설비이다.

42 하나의 장치에서 4방밸브를 조작하여 냉·난방 어느 쪽도 사용할 수 있는 공기조화용 펌프를 무엇이라고 하는가?

① 열펌프　　② 냉각펌프
③ 원심펌프　　④ 왕복펌프

> 열펌프(Heat Pump)는 냉동기를 이용하여 냉난방을 할 수 있는 장치로 최근에 많이 이용된다.

43 급수펌프의 설치 시 주의사항으로 틀린 것은?

① 펌프는 기초볼트를 사용하여 기초 콘크리트 위에 설치 고정한다.
② 풋 밸브는 동수위면보다 흡입관경의 2배 이상 물속에 들어가게 한다.
③ 토출측 수평관은 상향구배로 배관한다.
④ 흡입양정은 되도록 길게 한다.

> 펌프 설치시 흡입양정은 되도록 짧게 한다. 흡입양정이 길어지면 흡입측에 진공압이 걸리고 캐비테이션의 원인이 된다.

44 배수 및 통기설비에서 배수 배관의 청소구 설치를 필요로 하는 곳으로 가장 거리가 먼 것은?

① 배수 수직관의 제일 밑부분 또는 그 근처에 설치
② 배수 수평 주관과 배수 수평 분기관의 분기점에 설치
③ 100A 이상의 길이가 긴 배수관의 끝 지점에 설치
④ 배수관이 45° 이상의 각도로 방향을 전환하는 곳에 설치

> 배수관경이 100A 이상의 길이가 긴 배수관은 30m마다, 100A 이하의 길이가 긴 배수관은 15m마다 중간에 설치한다.

45 다음과 같이 압축기와 응축기가 동일한 높이에 있을 때, 배관 방법으로 가장 적합한 것은?

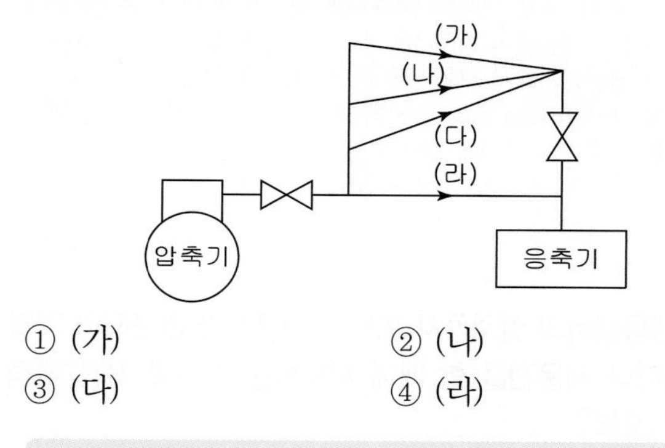

① (가)　　② (나)
③ (다)　　④ (라)

> 배관에서 발생하는 응축 냉매가 응축기로 회수 되도록 (가)처럼 배관한다.

정답 42 ① 43 ④ 44 ③ 45 ①

46 **다음 조건과 같은 냉온수 배관계통에서 순환펌프 양정(mAq)을 구하시오**

【조 건】

냉온수 계통에 공조기 3대 병렬 설치, 가장 먼 공조기까지 배관 직관 순환 길이 120m, 공조기 코일저항 각각 6mAq, 국부저항은 직관저항의 50%로 하며 기타 손실은 무시한다. 배관경 선정시 마찰저항은 30mmAq/m 이하로 한다.

① 3.6 mAq　　② 5.4 mAq
③ 11.4 mAq　　④ 15.8 mAq

직관 배관에 대한 마찰저항은 1m당 30mmAq저항이 걸리므로 직관부 저항 $= 120 \times 30 = 3600$mmAq $= 3.6$mAq
국부저항 $= 3.6 \times 0.5 = 1.8$mAq 공조기저항은 1대(6mAq)만 계산한다.
전체마찰저항 $= 3.6 + 1.8 + 6 = 11.4$mAq

47 **공조기와 덕트 설치시 검토 사항으로 가장 부적합한 것은?**

① 공조기의 형식은 공조실의 면적·높이 등을 고려하여 가장 적절한 형식 선정(수평형, 수직형, 조합형, return fan내장형, 슬림형 등)- 공조기 상세와 일치 여부 확인
② fan의 설치방법 (토출방향 등)은 공조기 위치, 공조실의 높이 등을 고려하여 원활한 덕트가 되도록 설치
③ 여름철 외기냉방이 가능하도록 외기 및 배기덕트 크기 검토
④ 공조실 자체의 플레넘(plenum)챔버 검토

외기냉방은 외기조건이 실내조건보다 온도가 낮을 때 사용하므로 중간기(봄, 가을)에 적용한다.

48 **다음과 같은 동관 정유량밸브 바이패스 조립도에 대하여 현장에서 실제 용접타입으로 설치하는 경우 최소한의 용접개소를 산출하시오.**

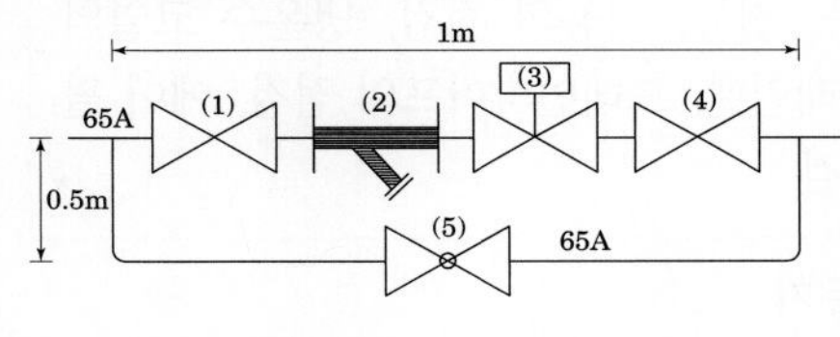

① 65ϕ : 16개소,　50ϕ : 0 개소
② 65ϕ : 18개소,　50ϕ : 2개소
③ 65ϕ : 20개소,　50ϕ : 4개소
④ 65ϕ : 24개소,　50ϕ : 6개소

밸브가 플랜지타입이므로 연결 동배관에 플랜지를 용접해야 한다.
그러므로 각 밸브 마다 양단에 용접개소가 2개소씩 이며, 65A 밸브와 스트레이너 4개 이므로 플랜지는 2×4=8개소이며, 정유량밸브는 50A, 양쪽 2개소, 65A 티이가 2개 이므로 3개소씩 6개소, 65A 엘보가 2개 이므로 2개소씩 4개소, 그리고 도면에 생략되었지만 정유량밸브 양단에 65A를 50A로 축소하기 위한 레듀서(65A×50A)가 2개 필요하다.
레듀서 에 각각 65ϕ, 1개소, 50ϕ, 1개소가 있다. 합해보면
$65\phi = (2\times4) + (2\times3) + (2\times2) + 1 + 1 = 20$개소,
$50\phi = 2 + 1 + 1 = 4$개소

49 **냉동기 세관공사에 대한 설명으로 가장 거리가 먼 것은?**

① 증발기, 응축기등 열교환기를 최상의 상태로 유지하기 위해서 물때와 이물질을 제거하기위해 세관공사를 한다.
② 전열관을 청소하는 방법(세관)은 중성약품을 순환시켜서 청소하는 화학식방법과 황동브러쉬를 사용하는 기계식 청소방법이 있다.
③ 황동브러쉬(Brush)를 긴 막대나 줄 끝에 매달아 전열관내의 녹이나 물때를 제거하고 물로 세척하는 방법은 화학식 청소방법중 가장 일반적으로 사용된다.
④ 화학식 청소방법은 녹이나 물때를 제거하는데 가장 효과적인 방법이다.

③은 기계식 청소방법을 설명한 것이다.

정답 46 ③　47 ③　48 ③　49 ③

50 다음과 같은 항목을 점검해야하는 공조설비로 가장 적합한 것은?

> 송풍기의 소음, 진동, 기능의 점검, 냉온수 코일의 오염 점검, 드레인팬, 드레인파이프의 점검, 에어 필터의 오염 점검

① 보일러, 냉동기
② 공기조화기, 팬코일유닛
③ 팬, 펌프
④ EHP, GHP

송풍기의 소음, 진동, 기능의 점검, 냉온수 코일의 오염 점검, 드레인팬 점검등은 팬과 코일을 내장하는 공기조화기, 팬코일 유닛의 점검항목이다.

51 직류회로에서 일정 전압에 저항을 접속하고 전류를 흘릴 때 25[%]의 전류 값을 증가시키고자 한다. 이때 저항을 몇 배로 하면 되는가?

① 0.25　② 0.8
③ 1.6　④ 2.5

$R = \frac{V}{I}[\Omega]$ 식에서
$I' = 1.25I$[A]일 때
$\therefore\ R' = \frac{V}{I'} = \frac{V}{1.25I} = 0.8R[\Omega]$

52 그림과 같이 1차측에 직류 10[V]를 가했을 때 변압기 2차측에 걸리는 전압 V_2는 몇 [V]인가? (단, 변압기는 이상적이며, $n_1 = 100$회, $n_2 = 500$회이다.)

① 0
② 2
③ 10
④ 50

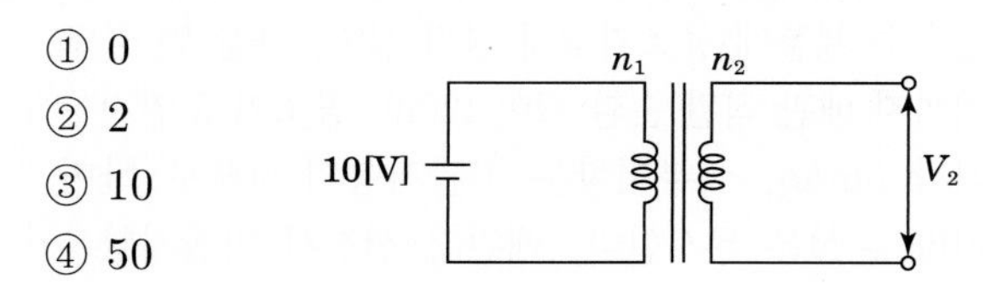

변압기 이론
환상철심을 자기회로로 사용하여 1차측(전원측)과 2차측(부하측)에 권선을 감고 1차측에 교류전원을 인가하면 전자유도작용에 의해서 2차측에 유기기전력이 발생하게 된다.
∴ 1차측 전원이 직류전원일 때에는 자속이 시간적으로 변화하지 않기 때문에 전자유도작용이 생기지 않는다. 따라서 2차측 단자에는 전압이 유도되지 않는다.

53 역률 80[%]인 부하에 전압과 전류의 실효값이 각각 100[V], 5[A]라고 할 때 무효전력[Var]은?

① 100　② 200
③ 300　④ 400

$Q = S\sin\theta = VI\sin\theta$[Var] 식에서
$\cos\theta = 0.8$, $V = 100$[V], $I = 5$[A]일 때
$\sin\theta = \sqrt{1-\cos^2\theta} = \sqrt{1-0.8^2} = 0.6$ 이므로
$\therefore\ Q = VI\sin\theta = 100 \times 5 \times 0.6 = 300$[Var]

54 제어요소가 제어대상에 주는 양은?

① 조작량　② 제어량
③ 기준입력　④ 동작신호

조작량은 제어장치 또는 제어요소가 제어대상에 가하는 제어신호로서 제어장치 또는 제어요소의 출력임과 동시에 제어대상의 입력인 신호이다.

정답 50 ② 51 ② 52 ① 53 ③ 54 ①

55 다음 블록선도 입력과 출력이 성립하기 위한 A의 값은?

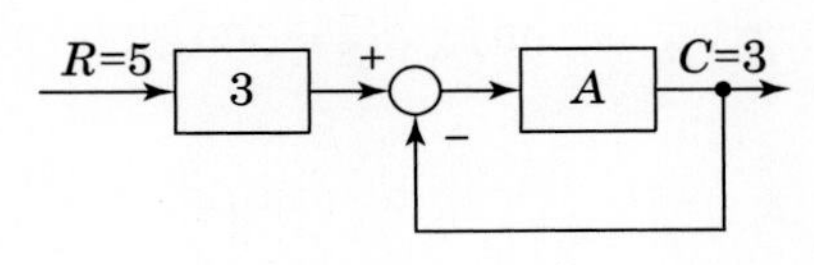

① $\dfrac{1}{2}$　② 3
③ $\dfrac{1}{4}$　④ 5

$G(s) = \dfrac{\text{전향이득}}{1-\text{루프이득}}$ 식에서
전향이득$=3A$, 루프이득$=-A$ 이므로
$G(s) = \dfrac{C}{R} = \dfrac{3}{5} = \dfrac{3A}{1+A}$ 이기 위한 A 값은
$5A = 1+A$ 식에서
$\therefore\ A = \dfrac{1}{4}$

56 다음 중 3상 유도전동기의 회전방향을 바꾸려고 할 때 옳은 방법은?

① 전원 3선중 2선의 접속을 바꾼다.
② 기동보상기를 사용한다.
③ 전원 주파수를 변환한다.
④ 전동기의 극수를 변환한다.

유도전동기의 역회전 방법
3상 유도전동기의 회전방향을 반대로 바꾸기 위해서는 3선 중 임의의 2선의 접속을 바꿔야 한다.

57 다음과 같은 유접점 회로의 논리식은?

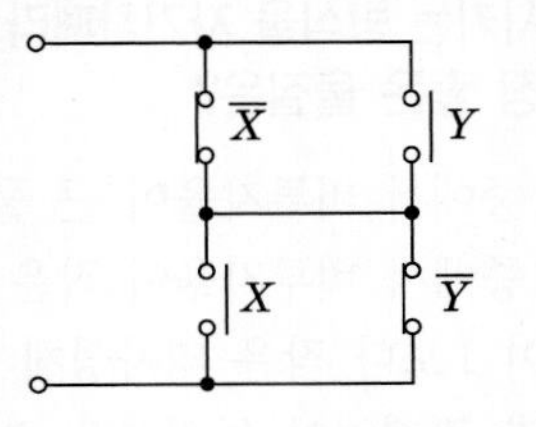

① $X\overline{Y}+X\overline{Y}$　② $(\overline{X}+\overline{Y})(X+Y)$
③ $\overline{X}\,Y+\overline{X}\,\overline{Y}$　④ $XY+\overline{X}\,\overline{Y}$

논리식$=(\overline{X}+Y)(X+\overline{Y}) = \overline{X}X+\overline{X}\,\overline{Y}+XY+Y\overline{Y}$
$=XY+\overline{X}\,\overline{Y}$

58 물체의 위치, 방위, 자세 등의 기계적 변위를 제어량으로 해서 목표값의 임의의 변화에 추종하도록 구성된 제어계는?

① 공정 제어　② 정치 제어
③ 프로그램 제어　④ 추종 제어

서보기구 제어는 기계적 변위를 제어량으로 해서 목표값의 임의의 변화에 항상 추종되도록 하는 추종제어인 경우이다. 위치, 방향, 자세, 각도, 거리 등을 제어한다.

59 최대눈금 10[mA], 내부저항 6[Ω]의 전류계로 40[mA]의 전류를 측정하려면 분류기의 저항은 몇 [Ω]인가?

① 2　② 20
③ 40　④ 400

$m = \dfrac{I_0}{I_a} = 1+\dfrac{r_a}{r_m}$ 식에서
$I_a = 10[\text{mA}]$, $r_a = 6[\Omega]$, $I_0 = 40[\text{mA}]$일 때
$\therefore\ r_m = \dfrac{r_a}{\dfrac{I_0}{I_a}-1} = \dfrac{6}{\dfrac{40}{10}-1} = 2[\Omega]$

정답 55 ③　56 ①　57 ④　58 ④　59 ①

60 내부장치 또는 공간을 물질로 포위시켜 외부 자계의 영향을 차폐시키는 방식을 자기차폐라 한다. 다음 중 자기차폐에 가장 좋은 물질은?

① 강자성체 중에서 비투자율이 큰 물질
② 강자성체 중에서 비투자율이 작은 물질
③ 비투자율이 1보다 작은 역자성체
④ 비투자율과 관계없이 두께에만 관계되므로 되도록 두꺼운 물질

자성체의 종류
비투자율 μ_s, 자화율 χ_m라 하면
(1) 반자성체 : $\mu_s < 1$, $\chi_m < 0$(구리, 금, 은, 수소, 탄소 등)
(2) 상자성체 : $\mu_s > 1$, $\chi_m > 0$(산소, 칼륨, 백금, 알루미늄 등)
(3) 강자성체 : $\mu_s \gg 1$, $\chi_m \gg 0$(철, 니켈, 코발트)-강자성체는 자기차폐에 가장 좋은 재료이다.

정답 60 ①

모의고사 제6회 실전 모의고사

1 공기조화 설비

01 냉각수 출입구 온도차를 5℃, 냉각수의 처리 열량을 16380kJ/h로 하면 냉각수량(L/min)은? (단, 냉각수의 비열은 4.2kJ/kg·℃로 한다.)

① 10　　② 13
③ 18　　④ 20

$q = WC\Delta t$에서

$$W = \frac{q}{C\Delta t} = \frac{16380}{4.2(5)} = 780\text{L/h} = 13\text{L/min}$$

02 다음 습공기 선도의 공기조화과정을 나타낸 장치도는? (단, ① = 외기, ② = 환기, HC = 가열기, CC = 냉각기이다.)

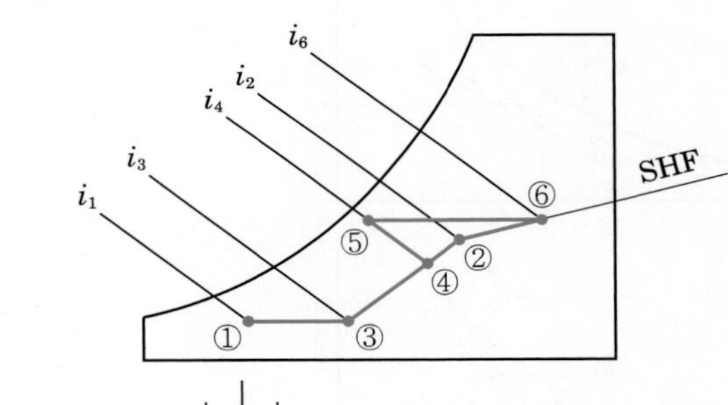

①
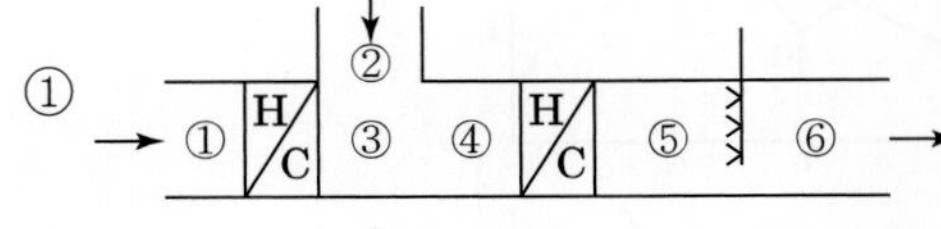

②
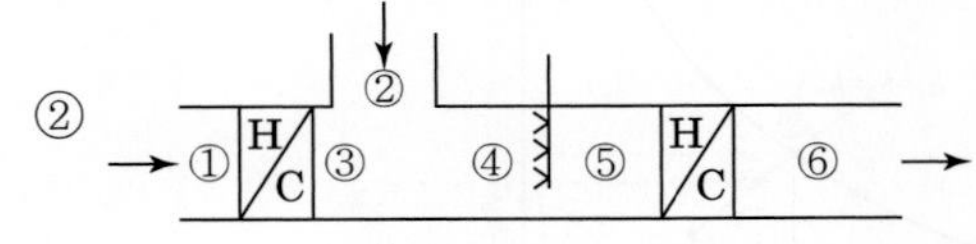

③
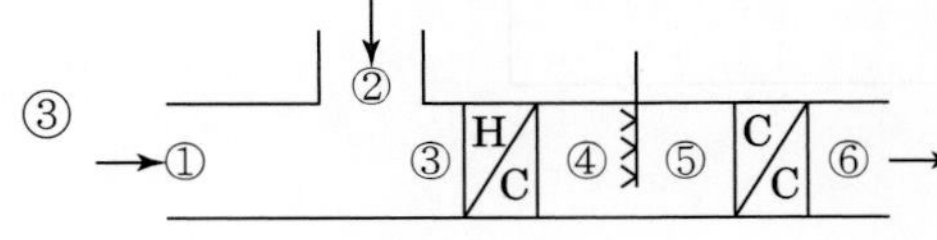

④
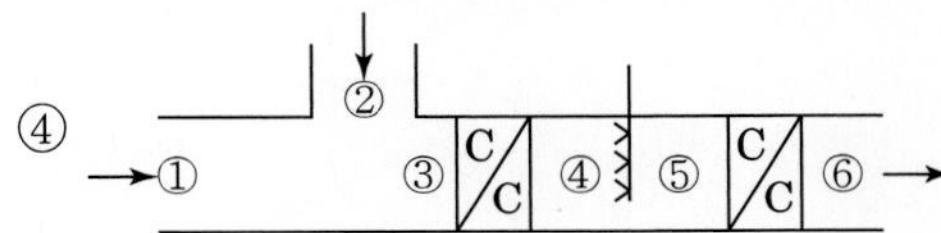

습공기 선도에서 조화과정은 외기 ①을 가열하여 ③ 환기 ②와 혼합 ④ 하고 가습 ⑤ 한후 가열하여 ⑥ 취출한다. 그러므로 ②번이 답이다.

03 에어와셔 단열 가습시 포화효율은 어떻게 표시하는가? (단, 입구공기의 건구온도 t_1, 출구공기의 건구온도 t_2, 입구공기의 습구온도 t_{w1}, 출구공기의 습구온도 t_{w2}이다.)

① $\eta = \dfrac{(t_1 - t_2)}{(t_2 - t_{w2})}$　　② $\eta = \dfrac{(t_1 - t_2)}{(t_1 - t_{w1})}$

③ $\eta = \dfrac{(t_2 - t_1)}{(t_{w2} - t_1)}$　　④ $\eta = \dfrac{(t_1 - t_{w1})}{(t_2 - t_1)}$

$$\text{에어와셔 포화효율} = \frac{\text{출구건구}-\text{입구건구}}{\text{입구습구}-\text{입구건구}} = \frac{t_2 - t_1}{t_{w1} - t_1}$$

$$\therefore \eta = \frac{(t_1 - t_2)}{(t_1 - t_{w1})}$$

04 복사 냉·난방 방식에 관한 설명으로 틀린 것은?

① 실내 수배관이 필요하며, 결로의 우려가 있다.
② 실내에 방열기를 설치하지 않으므로 바닥이나 벽면을 유용하게 이용할 수 있다.
③ 조명이나 일사가 많은 방에 효과적이며, 천장이 낮은 경우에만 적용된다.
④ 건물의 구조체가 파이프를 설치하여 여름에는 냉수, 겨울에는 온수로 냉·난방을 하는 방식이다.

복사 냉·난방 방식은 복사열을 이용하므로 천장이 높은 경우에 적용하면 효과가 좋다.

정답 01 ② 02 ② 03 ② 04 ③

05 난방부하의 변동에 따른 온도조절이 쉽고, 열용량이 커서 실내의 쾌감도가 좋으며, 공급온도를 변화시킬 수 있고, 방열기 밸브로 방열량을 조절할 수 있는 난방방식은?

① 온수난방방식　② 증기난방방식
③ 온풍난방방식　④ 냉매난방방식

> 온수난방은 온수의 열용량이 커서 난방부하의 변동에 따른 온도조절이 쉽고, 온도가 낮아 실내의 쾌감도가 좋으며, 온수 공급온도를 변화시킬 수 있고, 방열기 밸브로 유량을 조절하여 방열량을 조절할 수 있다.

06 다음 중 개방식 팽창탱크에 반드시 필요한 요소가 아닌 것은?

① 압력계　② 수면계
③ 안전관　④ 팽창관

> 개방식 팽창탱크에 압력계는 설치하지 않는다.

07 단효용 흡수식 냉동기의 능력이 감소하는 원인이 아닌 것은?

① 냉수 출구온도가 낮아질수록 심하게 감소한다.
② 압축비가 작을수록 감소한다.
③ 사용 증기압이 낮아질수록 감소한다.
④ 냉각수 입구온도가 높아질수록 감소한다.

> 흡수식 냉동기의 능력은 압축비(고압/저압)가 작을수록 증가한다.

08 다음 중 습공기선도 상에 표시되지 않는 것은?

① 비체적　② 비열
③ 노점온도　④ 엔탈피

> 습공기선도 상에 비열은 없다.

09 32W 형광등 20개를 조명용으로 사용하는 사무실이 있다. 이때 조명기구로부터의 취득 열량은 약 얼마인가? (단, 안정기의 부하는 20%로 한다.)

① 550W　② 640W
③ 660W　④ 768W

> $q = 32 \times 20 \times 1.2 = 768\text{W}$

10 습공기선도상에서 ①의 공기가 온도가 높은 다량의 물과 접촉하여 가열, 가습되고 ③의 상태로 변화한 경우를 나타내는 것은?

①
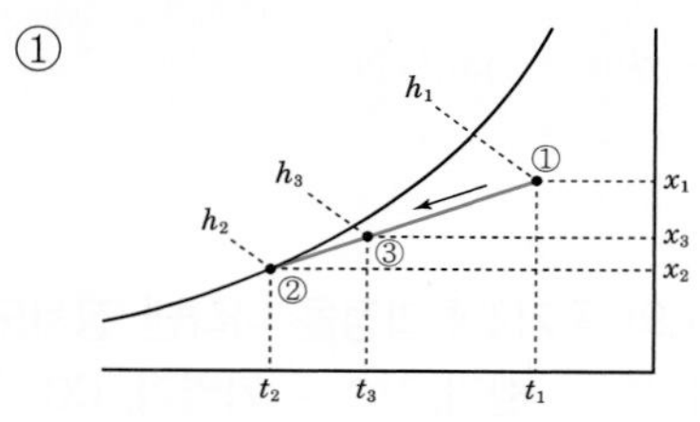

②
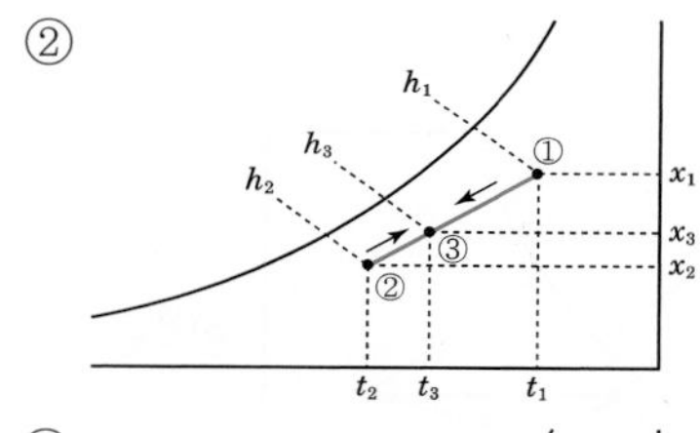

③
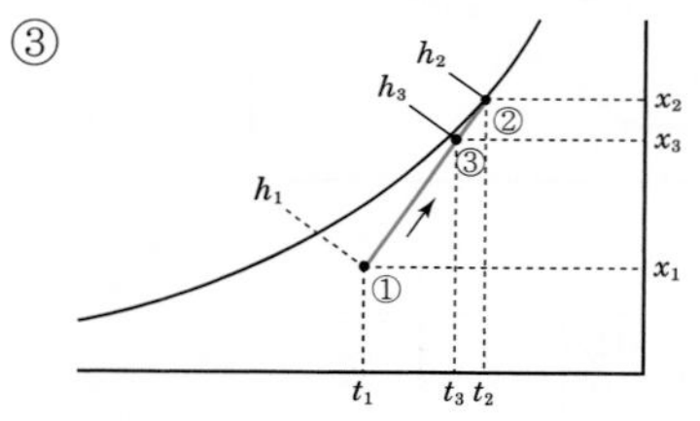

④
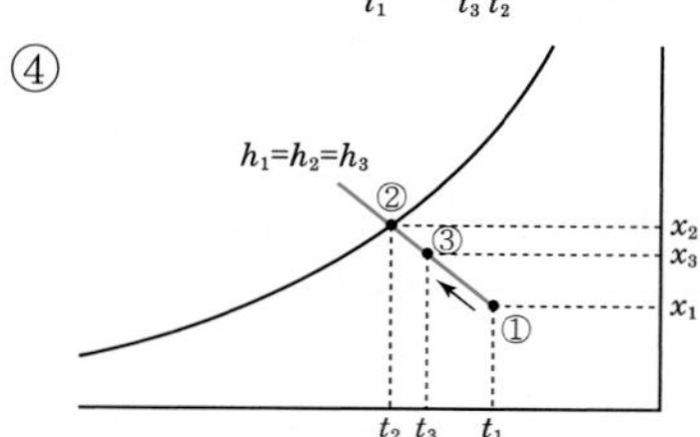

정답 05 ① 06 ① 07 ② 08 ② 09 ④ 10 ③

①은 ①공기를 ② 코일에 통과 시킬 때 ③의 상태로 냉각 감습되는 공정이고 ②는 ①공기와 ②공기를 혼합하여 혼합공기 ③이 된다.
③은 ①공기를 고온다습한 다량의 ②온수를 가습하면 가열 가습된③공기가 된다.
④는 ①공기를 단열분무하는 것으로 ②상태의 분무수로 가습하면 ③공기가 된다.

11 다음과 같은 특징을 가지는 보일러로 가장 알맞은 것은?

주철을 주조 성형하여 1개의 섹션(쪽)을 각각 만들어 보일러 용량에 맞추어 여러개의 섹션을 조립하여 사용하는 저압 보일러로 복잡한 구조 제작이 가능하고, 전열면적 크고 효율이 높아 주로 난방에 사용되며 증기 보일러와 온수 보일러가 있다.

① 주철제 보일러
② 노통연관식 보일러
③ 수관식 보일러
④ 관류 보일러

주철제 보일러는 섹셔널 보일러(sectional boiler)라고도 하며, 주철을 주조 성형하여 1개의 섹션(쪽)을 각각 만들어 보일러 용량에 맞추어 약 5개내지 18개정도의 섹션을 조립하여 사용하는 저압 보일러로 주물 제작으로 복잡한 구조 제작이 가능하고, 전열면적이 크고 효율이 높아 주로 난방에 사용되며 증기 보일러와 온수 보일러가 있다.

12 그림과 같은 단면을 가진 덕트에서 정압, 동압, 전압의 변화를 나타낸 것으로 옳은 것은? (단, 덕트의 길이는 일정한 것으로 한다.)

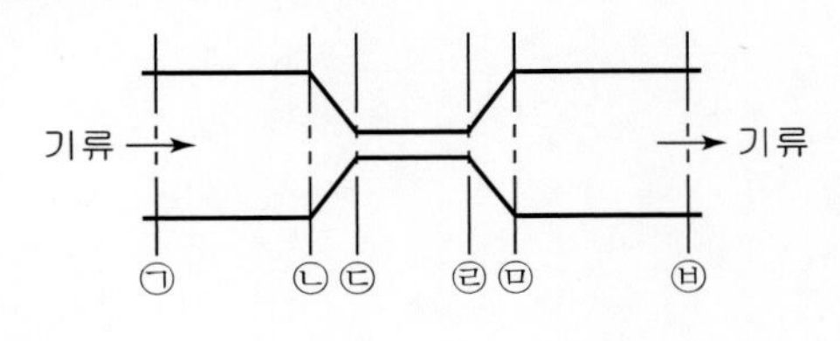

①
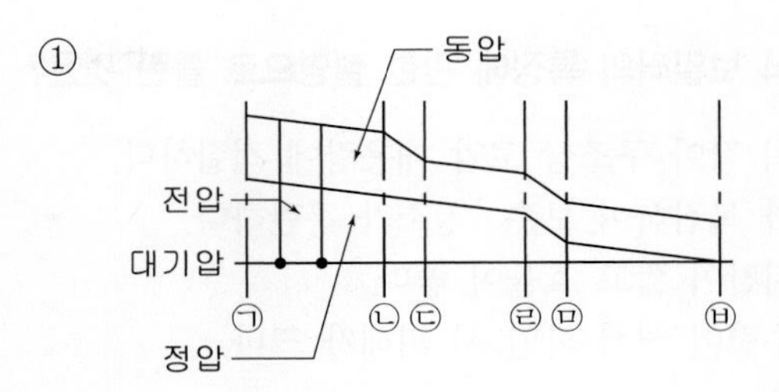

②
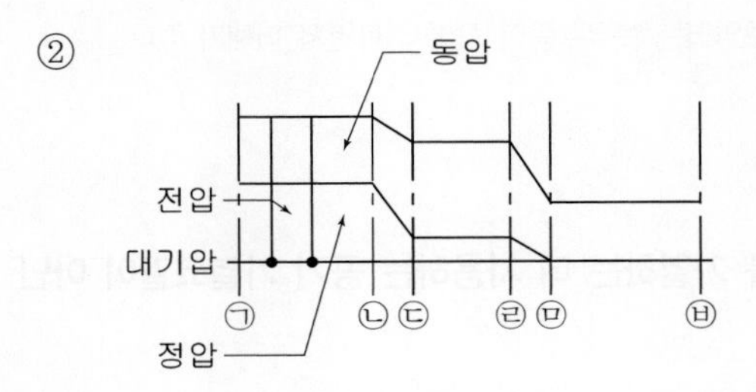

③
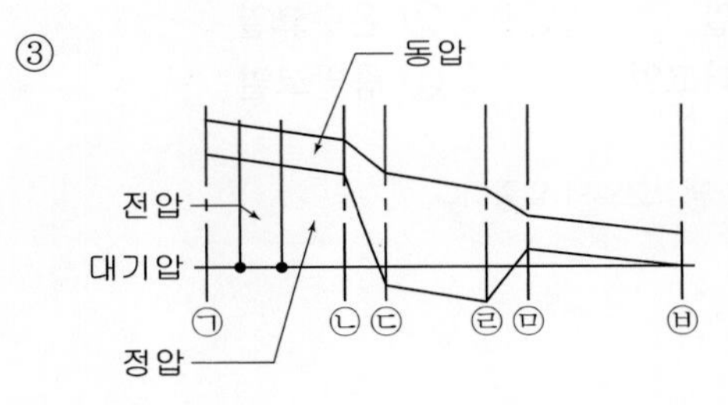

④
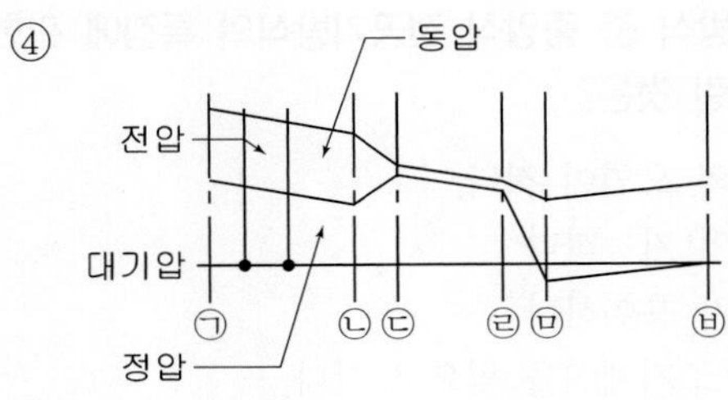

㉠-㉡과 ㉤-㉥구간은 동압이 일정하며 풍속이 작아 동압도 작으며 ㉢-㉣구간은 풍속이 커서 동압도 크다.
그러므로 ③번 항의 그림이 적합하다.

13 온수난방 방식의 분류에 해당되지 않는 것은?

① 복관식 ② 건식
③ 상향식 ④ 중력식

건식이란 증기난방에서 환수관에 응축수가 고이지 않는 방식이다.

정답 11 ① 12 ③ 13 ②

PARAT 05 실전모의고사

14 수관식 보일러의 특징에 관한 설명으로 틀린 것은?

① 드럼이 작아 구조상 고압 대용량에 적합하다.
② 구조가 복잡하여 보수 · 청소가 곤란하다.
③ 예열시간이 짧고 효율이 좋다.
④ 보유수량이 커서 파열 시 피해가 크다.

수관식 보일러는 보유수량이 작아서 파열시 피해가 적다.

15 공기를 가열하는 데 사용하는 공기 가열코일이 아닌 것은?

① 증기코일 ② 온수코일
③ 전기히터코일 ④ 증발코일

증발코일은 냉각코일의 일종이다.

16 공기조화방식 중 중앙식 전공기방식의 특징에 관한 설명으로 틀린 것은?

① 실내공기의 오염이 적다.
② 외기냉방이 가능하다.
③ 개별제어가 용이하다.
④ 대형의 공조기계실을 필요로 한다.

중앙식 전공기방식은 개별제어는 곤란하다.

17 통과 풍량이 $350m^3/min$일 때 표준 유닛형 에어필터의 수는? (단, 통과 풍속은 1.5m/s, 통과 면적은 $0.5m^2$이며, 유효면적은 80%이다.)

① 5개 ② 6개
③ 7개 ④ 8개

$$n=\frac{350}{60\times1.5\times0.5\times0.8}=9.7 ≒ 8개$$

18 냉각코일로 공기를 냉각하는 경우에 코일표면 온도가 공기의 노점온도보다 높으면 공기 중의 수분량 변화는?

① 변화가 없다. ② 증가한다.
③ 감소한다. ④ 불규칙적이다.

냉각코일에서 코일표면 온도가 공기의 노점온도보다 높으면 건코일로 결로가 없으며 공기 중의 수분량 변화는 없다.

19 직교류형 및 대향류형 냉각탑에 관한 설명으로 틀린 것은?

① 직교류형은 물과 공기 흐름이 직각으로 교차한다.
② 직교류형은 냉각탑의 충진재 표면적이 크다.
③ 대향류형 냉각탑의 효율이 직교류형보다 나쁘다.
④ 대향류형은 물과 공기 흐름이 서로 반대이다.

대향류형 냉각탑의 효율이 직교류형보다 좋다.

20 어느 실내에 설치된 온수 방열기의 방열면적이 $10m^2$ EDR일 때의 방열량(W)은?

① 4500 ② 6500
③ 7558 ④ 5233

온수방열기 1EDR = 523.3W
그러므로 $10\times523.3=5233W$
증기방열기 1EDR = 755.8W

정답 14 ④ 15 ④ 16 ③ 17 ④ 18 ① 19 ③ 20 ④

2 냉동냉장 설비

21 어느 재료의 열통과율이 0.35W/m^2·K, 외기와 벽면과의 열전달률이 20W/m^2·K, 내부공기와 벽면과의 열전달률이 5.4W/m^2·K이고, 재료의 두께가 187.5mm일 때, 이 재료의 열전도도는?

① 0.032 W/m·K　② 0.056 W/m·K
③ 0.067 W/m·K　④ 0.072 W/m·K

$R=\frac{1}{K}=\frac{1}{\alpha_o}+\frac{d}{\lambda}+\frac{1}{\alpha_i}$ 에서

$\lambda=\frac{d}{\frac{1}{K}-\frac{1}{\alpha_o}-\frac{1}{\alpha_i}}=\frac{187.5\times10^{-3}}{\frac{1}{0.35}-\frac{1}{20}-\frac{1}{5.4}}\fallingdotseq 0.072$

22 축열장치에서 축열재가 갖추어야 할 조건으로 가장 거리가 먼 것은?

① 열의 저장은 쉬워야 하나 열의 방출은 어려워야 한다.
② 취급하기 쉽고 가격이 저렴해야 한다.
③ 화학적으로 안정해야 한다.
④ 단위체적당 축열량이 많아야 한다.

축열재의 구비조건
㉠ 열의 흡수나 방출이 단시간내 용이 할 것
㉡ 취급하기 쉽고 가격이 저렴할 것
㉢ 화학적으로 안정하고 인체에 무해할 것
㉣ 단위체적당 출열량(열용량)이 클 것
㉤ 공조장치의 열매로 직접 이용할 수 있을 것
㉥ 기기나 배관계를 부식하지 않을 것

23 1kg의 공기가 온도 20℃의 상태에서 등온변화를 하여, 비체적의 증가는 0.5m^3/kg, 엔트로피의 증가량은 0.06kJ/kgK였다. 초기의 비체적은 얼마인가? (단, 공기의 기체상수는 0.287kJ/kg·K이다.)

① 1.17 m^3/kg　② 2.17 m^3/kg
③ 3.17 m^3/kg　④ 4.27 m^3/kg

$\Delta s=R\ln\frac{v_2}{v_1}$ 에서

초기의 비체적을 v_1이라 하면 $v_2=v_1+0.5$이므로

$\Delta s=R\ln\frac{v_2}{v_1}=R\ln\frac{v_1+0.5}{v_1}$

$\ln\frac{v_1+0.5}{v_1}=\frac{\Delta s}{R}=\frac{0.06}{0.287}=0.21$

$\frac{v_1+0.5}{v_1}=e^{0.21}=1.23$

$\therefore v_1\fallingdotseq 2.17\text{m}^3/\text{kg}$

24 다음 중 냉각탑의 용량제어 방법이 아닌 것은?

① 슬라이드 밸브 조작 방법
② 수량변화 방법
③ 공기 유량변화 방법
④ 분할 운전 방법

냉각탑의 용량제어 방법
㉠ 공기 유량변화 방법(인버터, 극수변환 등에 의한 송풍기의 회전수 제어)
㉡ 수량변화 방법(냉각수의 냉각탑 바이패스제어(2방변 제어, 또는 3방변 제어)
㉢ 송풍기 발정제어
㉣ 분할 운전 방법(냉각탑 대수제어)

25 다음 중 무기질 브라인이 아닌 것은?

① 염화나트륨
② 염화마그네슘
③ 염화칼슘
④ 에틸렌글리콜

무기질 브라인 : 염화칼슘($CaCl_2$), 염화나트륨($NaCl$), 염화마그네슘($MgCl_2$)
유기질 브라인 : 에틸렌글리콜, 프로필렌글리콜, 알코올, 염화메틸렌(R-11), 메틸렌클로라이드

정답 21 ④ 22 ① 23 ② 24 ① 25 ④

26 증발식 응축기에 관한 설명으로 옳은 것은?

① 증발식 응축기는 많은 냉각수를 필요로 한다.
② 송풍기, 순환펌프가 설치되지 않아 구조가 간단하다.
③ 대기온도는 동일하지만 습도가 높을 때는 응축압력이 높아진다.
④ 증발식 응축기의 냉각수 보급량은 물의 증발량과는 큰 관계가 없다.

증발식 응축기
냉각수가 부족한 곳에서는 한 번 사용한 냉각수는 냉각탑을 사용하여 온도를 낮춰서 반복 사용해야 하지만 응축기와 냉각탑을 별도로 설치하는 것은 불편하다. 따라서 이 양자의 기능을 하나로 합쳐서 혼합한 형태의 장치로 한 것이 증발식 응축기이다.
① 증발식 응축기는 냉각수가 부족한 곳에서 주로 사용한다.
② 송풍기, 순환펌프가 설치되고 구조가 복잡하다.
③ 증발식 응축기는 외기습구온도의 영향을 받고, 외기습구온도(습도)가 높을 때 응축압력이 높아진다.
④ 공급수의 양은 증발량, 비산수량에 농축을 방지하기 위한 분출량을 가산한 양이다.

27 저온장치 중 얇은 금속판에 브라인이나 냉매를 통하게 하여 금속판의 외면에 식품을 부착시켜 동결하는 장치는?

① 반 송풍 동결장치
② 접촉식 동결장치
③ 송풍 동결장치
④ 터널식 공기 동결장치

접촉식 동결장치는 얇은 금속판에 브라인이나 냉매를 통하게 하여 금속판의 외면에 식품을 부착시켜 동결하는 장치이다.

28 다음 $h-x$(엔탈피-농도) 선도에서 흡수식 냉동기 사이클을 나타낸 것으로 옳은 것은?

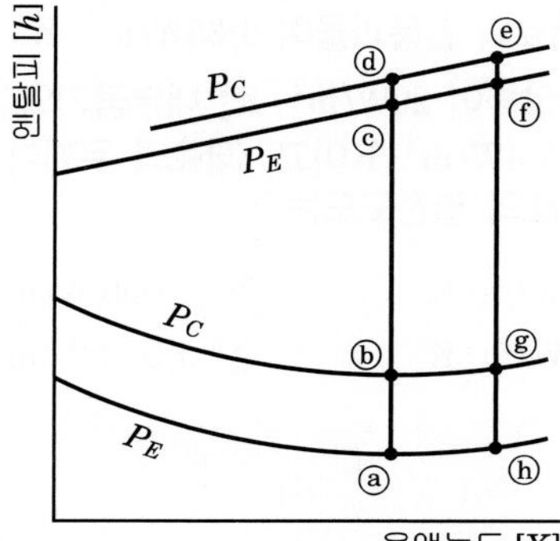

① ⓒ - ⓓ - ⓔ - ⓕ - ⓒ
② ⓑ - ⓒ - ⓕ - ⓖ - ⓑ
③ ⓐ - ⓑ - ⓖ - ⓗ - ⓐ
④ ⓐ - ⓓ - ⓔ - ⓗ - ⓐ

주어진 선도는 물+LiBr계의 $h-x$(엔탈피-농도) 선도이다. 이 선도는 증발잠열 등 설계에 필요한 열량을 선도 상에서 간단히 구할 수 있으므로 상당히 편리하다.
흡수 사이클은 ⓐ - ⓑ - ⓖ - ⓗ - ⓐ이다.

29 1000kg의 쇠고기(지방이 없는 부분)를 20℃에서 -15℃까지 동결시킬 경우 동결부하[MJ]를 구한 것으로 옳은 것은? (단, 쇠고기(지방이 없는 부분)의 동결전 비열은 3.25kJ/(kg·K), 동결후 비열은 1.76kJ/(kg·K), 동결잠열은 234.5kJ/kg으로 쇠고기의 동결점은 -2℃로 한다.)

① 280　② 330
③ 390　④ 420

(1) 20℃에서 -2℃까지 냉각현열부하
$q=mC\Delta t=1000\times3.25\times\{20-(-2)\}=71{,}500\text{kJ}$
(2) 동결 시 잠열부하 : $q=m\gamma=1000\times234.5=234{,}500\text{ kJ}$
(3) -2℃에서 -15℃까지 동결 냉각시킬 경우 냉각부하 :
$q=mC\Delta t=1000\times1.76\times\{-2-(-15)\}=22{,}880\text{kJ}$
따라서 1kg에 대한 전동결부하(냉동능력)는
$71{,}500+234{,}500+22{,}880=328{,}880\text{kJ}=330\text{MJ}$
(냉동, 냉장 부하 문제는 냉각 시간 동안의 전체 동결부하(kJ)인지 단위시간 동안의 냉동 능력(kW)인지 정확히 구분해야한다)

정답 26 ③　27 ②　28 ③　29 ②

30 **다음의 기술은 압력시험에 관한 설명이다. 가장 옳지 않은 것은?**

① 내압시험과 기밀시험을 실시한 압력은 유지관리 상 중요한 사항으로 피시험품 본체의 명판이나 각인에 표시하여야 한다. 그리고 압력시험의 압력은 모두 게이지압력으로 한다. 내압 시험은 실제 사용상태에서 내압성능이 만족한 상태인가를 확인하고, 기밀시험은 조립품 및 배관이 완료된 설비에 대해 기밀을 확인하기 위해 실시한다.

② 내압시험을 액체로 실시하는 경우는 피시험품에 액체를 채우고, 공기를 완전히 배제한 후 압력을 내압시험 압력까지 높여서 그 시험압력을 1분 이상 유지하고 그 다음에 압력을 내압시험 압력의 8/10까지 내려서 이상이 없는가를 확인한다.

③ 냉매설비의 배관을 제외한 구성기기 각각의 조립품에 대해 실시하는 기밀시험은 내압강도가 확인된 기기에 대해 누설 확인이 용이하게 될 수 있도록 가스압력 시험으로 실시하고 시험에 사용하는 가스는 공기 또는 불연성, 비독성 가스를 사용한다.

④ 진공시험에 있어서 장치 내에 수분이 존재하면 진공펌프를 정지할 때 압력이 상승하기 때문에 충분한 시간을 들여 냉동장치내의 수분을 배출시킨다. 또한 아주 미소한 누설에서 누설 장소를 특정하기 위해서는 기밀시험보다 진공방치시험이 적합하다.

> ④ 진공시험에 있어서 장치 내에 수분이 존재하면 진공펌프를 정지할 때 압력이 상승하기 때문에 충분한 시간을 들여 냉동장치내의 수분을 배출시킬 필요가 있다. 진공상태에서는 미량의 누설도 판정할 수 있으나 누설 장소를 특정 할 수는 없다. "아주 미소한 누설에서 누설 장소를 특정하기 위해서는 기밀시험이 진공방치시험보다 적합하다"

31 **다음의 설명 가운데 냉동장치의 유지관리에 대하여 가장 옳지 않은 것을 고르시오.**

① 암모니아 냉동장치의 냉매계통에 수분이 침입하여도 미량이면 장치에 장해를 일으키는 것은 아니다.

② 액봉된 배관이 외부로부터 가열되면 배관이나 지변이 파손하는 사고가 일어날 위험성이 있다.

③ 질소가스를 이용하여 기밀시험을 실시하였다.

④ 냉동장치의 냉매계통에 공기가 침입하여도 응축압력은 변하지 않는다.

> ① 암모니아와 물은 용해하므로 소량의 수분이 침입하여도 그다지 큰 영향은 없다.
> ③ 기밀시험에는 공기 또는 불연성, 비독성가스(질소가스, 이산화탄소 등)를 이용한다.
> ④ 냉동장치의 냉매계통에 공기 등의 불응축가스가 침입하면 응축기의 전열성능이 저하되어 응축온도가 상승하고, 더욱 불응축가스의 분압 상당분이 더해져 응축압력이 상승한다.

32 **15℃의 물로 0℃의 얼음을 100kg/h 만드는 냉동기의 냉동능력은 몇 냉동톤(RT)인가? (단, 1RT는 3.86kW 이다. 물의 비열은 4.2kJ/kgK으로 한다)**

① 1.43　　② 1.78

③ 2.12　　④ 2.86

> (1) 15℃ 물을 0℃까지 냉각시키는데 필요한 현열량
> $q_s = 100 \times 4.2 \times 15 = 6300[\text{kJ/h}]$
> (2) 0℃ 물을 0℃ 얼음으로 변화시키는데 필요한 잠열량
> $q_L = 100 \times 334 = 33400[\text{kJ/h}]$
> ∴ 제거열량$(RT) = \dfrac{6300 + 33400}{3600 \times 3.86} = 2.86$

PARAT 05 실전모의고사

정답 30 ④　31 ④　32 ④

33 **이론 냉동사이클을 기반으로 한 냉동장치의 작동에 관한 설명으로 옳은 것은?**

① 냉동능력을 크게 하려면 압축비를 높게 운전하여야 한다.
② 팽창밸브 통과 전후의 냉매 엔탈피는 변하지 않는다.
③ 냉동장치의 성적계수 향상을 위해 압축비를 높게 운전하여야 한다.
④ 대형 냉동장치의 암모니아 냉매는 수분이 있어도 아연을 침식시키지 않는다.

① 압축비가 증대하면 실린더 과열에 의한 냉매순환량 감소로 냉동능력은 감소한다.
③ 압축비가 상승하면 소요동력의 증대에 의해 냉동장치의 성적계수는 감소한다.
④ 암모니아 냉매는 수분이 혼입하면 냉동기유의 유화(乳化)나, 금속재료의 부식의 원인이 된다.

34 **냉동사이클에서 증발온도가 일정하고 압축기 흡입가스의 상태가 건포화 증기일 때, 응축온도를 상승시키를 경우 나타나는 현상이 아닌 것은?**

① 토출압력 상승
② 압축비 상승
③ 냉동효과 감소
④ 압축일량 감소

증기압축식 냉동 장치에서 증발온도를 일정하게 유지하고 응축온도가 상승되거나 응축온도가 일정한 상태에서 증발온도가 저하되면 다음과 같은 현상이 발생한다.
㉠ 압축비 상승
㉡ 토출가스 온도(압력) 상승
㉢ 실린더 과열
㉣ 윤활유의 열화 및 탄화
㉤ 체적효율 감소
㉥ 냉매순환량 감소
㉦ 냉동능력 감소(냉동효과 감소)
㉧ 소요동력 증대(압축이량 증대)
㉨ 성적계수 감소
㉩ 플래시 가스 발생량이 증가

35 **실제기체가 이상기체의 상태식을 근사적으로 만족하는 경우는?**

① 압력이 높고 온도가 낮을수록
② 압력이 높고 온도가 높을수록
③ 압력이 낮고 온도가 높을수록
④ 압력이 낮고 온도가 낮을수록

실제 기체를 이상기체로 간주할 수 있는 조건
㉠ 분자량이 작을수록
㉡ 압력이 낮을수록
㉢ 온도가 높을수록
㉣ 비체적이 클수록

36 **흡수식 냉동기 안전장치의 기능으로 가장 거리가 먼 것은?**

① 고온재생기 압력 스위치는 고온재생기의 냉매 증기 압력이 설정치 이하가 되면 작동하여 용기를 보호한다.
② 용액 액면 스위치는 고온 재생기 용액 액면의 저하를 검출하여 고온 재생기의 수위가 저하되는 것을 막아 용액의 결정을 방지한다.
③ 가스 압력 스위치는 연료가스의 압력이 설정치 이하(저압공급시) 또는 이상(중간압, 중앙공급시)이 되면 작동하여 연소장치의 안전을 확보한다.
④ 풍압 스위치는 버너 팬 흡입구와 토출구에 이물질이 혼입이 있을 경우 또는 팬이 정지한 경우에 풍압 스위치가 토출압력의 이상을 검출하여 연소를 정지한다

고온재생기 압력 스위치는 고온재생기의 냉매 증기 압력이 설정치 이상이 되면 작동하여 용기를 보호한다.

정답 33 ② 34 ④ 35 ③ 36 ①

37 **냉동장치의 $P-i$(압력-엔탈피) 선도에서 성적계수를 구하는 식으로 옳은 것은?**

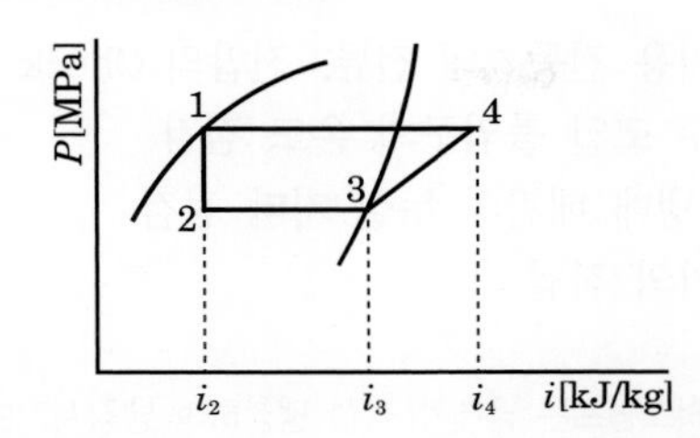

① $COP = \dfrac{i_4 - i_3}{i_3 - i_2}$　② $COP = \dfrac{i_3 - i_2}{i_4 - i_2}$

③ $COP = \dfrac{i_3 - i_2}{i_4 - i_3}$　④ $COP = \dfrac{i_4 - i_2}{i_3 - i_2}$

> $COP = \dfrac{i_3 - i_2}{i_4 - i_3} = \dfrac{q_2(\text{냉동효과})}{w(\text{압축일})}$

38 **암모니아 냉동장치에서 팽창밸브 직전의 냉매액 온도가 20℃이고 압축기 직전 냉매가스 온도가 -15℃의 건포화 증기이며, 냉매 1kg당 냉동량은 1134kJ이다. 필요한 냉동능력이 14RT일 때, 냉매순환량은? (단, 1RT는 3.86kW이다.)**

① 123 kg/h　② 172 kg/h

③ 185 kg/h　④ 212 kg/h

> 냉매순환량 $G = \dfrac{Q_2}{q_2} = \dfrac{14 \times 3.86 \times 3600}{1134} = 172[\text{kg/h}]$

40 **수냉식 응축기를 사용하는 냉동장치에서 응축압력이 표준압력보다 높게 되는 원인으로 가장 거리가 먼 것은?**

① 공기 또는 불응축 가스의 혼입
② 응축수 입구온도의 저하
③ 냉각수량의 부족
④ 응축기의 냉각관에 스케일이 부착

> ②의 응축수 입구온도의 저하는 수냉식 응축기에서 응축압력의 저하현상을 일으킨다. 따라서 수냉식 응축기를 사용하는 냉동장치의 응축압력이 높게 되는 원인과 가장 거리가 멀다.

39 **2원 냉동사이클의 특징이 아닌 것은?**

① 일반적으로 저온측과 고온측에 서로 다른 냉매를 사용한다.
② 초저온의 온도를 얻고자 할 때 이용하는 냉동사이클이다.
③ 보통 저온측 냉매로는 임계점이 높은 냉매를 사용하며, 고온측에는 임계점이 낮은 냉매를 사용한다.
④ 중간열교환기는 저온측에서는 응축기 역할을 하며, 고온측에서는 증발기 역할을 수행한다.

> **2원 냉동**
> ㉠ 2원 냉동은 -70℃ 이하의 초저온을 얻고자 할 때 사용되며, 일반적으로 저온측에는 비점 및 임계점이 낮은 냉매를, 고온측에는 비점 및 임계점이 높은 냉매를 사용한다.
> ㉡ 저온냉동장치의 응축기가 고온냉동장치의 증발기에 의해서 냉각되도록 되어 있다.(중간열교환기는 저온측에서는 응축기 역할을 하며, 고온측에서는 증발기 역할을 수행한다.)
> ㉢ 저온측에 사용하는 냉매는 R-13, R-14, 에틸렌 등이다.
> ㉣ 고온측에 사용하는 냉매는 R-12, R-22, 프로판 등이다.

3 공조냉동 설치·운영

41 **냉온수 배관에 관한 설명으로 옳은 것은?**

① 배관이 보·천장·바닥을 관통하는 개소에는 플렉시블 이음을 한다.
② 수평관의 공기체류부에는 슬리브를 설치한다.
③ 팽창관(도피관)에는 슬루스 밸브를 설치한다.
④ 주관이 굽힘부에는 엘보 대신 벤드(곡관)를 사용한다.

> 배관이 보·천장·바닥을 관통하는 개소에는 슬리브를 설치하고, 수평관의 공기체류부에는 공기밸브를 설치하며 팽창관(도피관)에는 밸브를 설치하지 않고, 주관의 굽힘부에는 엘보 대신 벤드(곡관)를 사용하여 신축을 흡수한다.

정답 37 ③　38 ②　39 ③　40 ②　41 ④

42 **파이프 내 흐르는 유체가 "물"임을 표시하는 기호는?**

① A　　② O

③ S　　④ W

물 : W,　공기 : A,　오일 : O,　증기 : S

43 **냉동장치의 토출배관 시공 시 유의사항으로 틀린 것은?**

① 관의 합류는 T이음보다 Y이음으로 한다.
② 압축기 정지 중에도 관내에 응축된 냉매가 압축기로 역류하지 않도록 한다.
③ 압축기에서 입상된 토출관의 수평 부분은 응축기 쪽으로 상향 구배를 한다.
④ 여러 대의 압축기를 병렬 운전할 때는 가스의 충돌로 인한 진동이 없게 한다.

압축기에서 입상된 토출관의 수평 부분은 응축기 쪽으로 하향 구배를 한다.

44 **다음 조건과 같은 냉온수 배관계통에서 순환펌프 양정(mAq)을 구하시오**

【조 건】

냉온수 계통에 공조기 2대 병렬 설치, 가장 먼 공조기까지 배관 직관 순환 길이 160m, 공조기 코일저항 각각 4mAq, 국부저항은 직관저항의 50%로 하며 기타 손실은 무시한다. 배관경 선정시 마찰저항은 50mmAq/m 이하로 한다.

① 8 mAq　　② 12 mAq
③ 16 mAq　　④ 18 mAq

직관 배관에 대한 마찰저항은 1m당 50mmAq저항이 걸리므로 직관부 저항$=160\times50=8000$mmAq$=8$mAq
국부저항$=8\times0.5=4$mAq 공조기저항은 1대(4mAq)만 계산한다.
전체마찰저항=직관+국부+기기$=8+4+4=16$mAq

45 **다음중 일반적인 공랭식 히트펌프의 유지관리항목으로 가장 거리가 먼 것은?**

① 압축기용 전동기의 전류, 전압의 Check
② 냉온수 코일 출입구의 온도 점검
③ 각종 냉매 배관의 누설 기타 점검
④ 실외기의 점검

공랭식 히트펌프는 냉매가 직접 팽창하며 냉각시키는 직팽형으로 냉온수 코일은 구성요소가 아니다.

46 **보일러 정비시의 주의사항(안전관리)으로 가장 거리가 먼 것은?**

① 작업전에 보일러의 잔압을 완전히 제거하고 충분히 냉각을 시켜야 한다.
② 타보일러와 증기관이 연결이 되어 있을 때는 주증기 발브를 잠근 후 핸들을 떼어 놓거나, 맹판을 삽입하여 증기가 누입되지 않도록 한다.
③ 분출관이 타보일러와 연결이 되어 있을 때는 분출발브 토출측을 떼어놓는다.
④ 보일러내에 들어갈 때는 충돌 방지를 위하여 1인 씩만 작업하는 것이 바람직하다.

안전을 위하여 보일러내에 들어갈 때는 2인1조로 하던가, 한 사람은 바깥에서 보일러내의 작업자를 감시하는 것이 바람직하다.

정답 42 ④　43 ③　44 ③　45 ②　46 ④

47 **아래 덕트(저속덕트) 평면도를 보고 0.5t 철판 면적을 산출 하시오 (단 덕트 장변길이 450mm 이하 : 0.5t, 750mm 이하 : 0.6t, 1500mm 이하 : 0.8t적용 덕트 철판 재료 할증률은 28% 적용)**

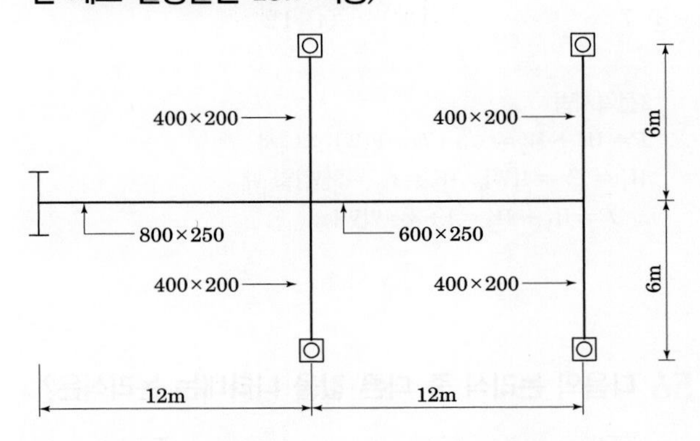

① 0.5t = 28.80m^2 ② 0.5t = 32.86m^2
③ 0.5t = 36.86m^2 ④ 0.5t = 46.86m^2

> 0.5t는 450 이하이며 도면에서 400×200 덕트만 해당한다.
> 400×200 덕트 총길이는 6m가 4개이므로 24m 이다.
> 400×200 덕트는 둘레길이가 $(0.4+0.2)\times 2=1.2$m 이고 길이가 24m 이므로
> 덕트 면적$=1.2\times 24=28.8\text{m}^2$
> 철판 면적은 28% 할증$=28.8\times 1.28=36.86\text{m}^2$

48 **덕트 설계, 설치시 검토 확인사항으로 가장 부적합한 것은?**

① 덕트의 형상은 굴곡, 변형, 확대, 축소, 분기, 합류시 덕트내 공기저항이 최소가 되도록 설계되었는가 확인
② 덕트는 층고를 낮추기위해 종횡비를 8:1 이상으로하여 덕트 높이를 최소화한다.
③ 덕트길이 최단거리로 연결, 균등한 정압 손실이 되도록 설계, 덕트의 열손실 · 열획득 경로를 피할 것
④ 소음기, 소음엘보, 소음챔버, 라이닝덕트, 흡음 flexible등 적용으로 덕트의 소음 및 방진 대책 수립

> 덕트는 층고가 허용하는 한 정사각형에 가깝게 하며 층고를 낮추기 위해서라도 종횡비를 4:1 이상으로하지 않는 것이 좋다.

49 **관경 25A(내경 27.6mm)의 강관에 30L/min의 가스를 흐르게 할 때 유속(m/s)은?**

① 0.14 ② 0.34
③ 0.64 ④ 0.84

> $$v=\frac{Q}{A}=\frac{30\times 10^{-3}}{60\times \frac{\pi(0.0276)^2}{4}}=0.84[\text{m/s}]$$

50 **냉온수 배관을 시공할 때 고려해야 할 사항으로 옳은 것은?**

① 열에 의한 온수의 체적 팽창을 흡수하기 위해 신축이음을 한다.
② 기기와 관의 부식을 방지하기 위해 물을 자주 교체한다.
③ 열에 의한 배관의 신축을 흡수하기 위해 팽창관을 설치한다.
④ 공기체류장소에는 공기빼기밸브를 설치한다.

> 열에 의한 온수의 체적 팽창을 흡수하기 위해 팽창탱크를, 물을 자주 교체하면 기기와 관의 부식은 심해지고, 열에 의한 배관의 신축을 흡수하기 위해 신축이음을 설치한다. 팽창관은 물의 팽창을 흡수하는 팽창탱크로의 연결관이다.

51 **변압기는 어떤 작용을 이용한 전기기계인가?**

① 정전유도작용 ② 전자유도작용
③ 전류의 발열작용 ④ 전류의 화학작용

> **변압기 이론**
> 환상철심을 자기회로로 사용하여 1차측(전원측)과 2차측(부하측)에 권선을 감고 1차측에 교류전원을 인가하면 전자유도작용에 의해서 2차측에 유기기전력이 발생하게 된다.

정답 47 ③ 48 ② 49 ④ 50 ④ 51 ②

52 8[Ω], 12[Ω], 20[Ω], 30[Ω]의 4개 저항을 병렬로 접속할 때 합성저항은 약 몇 [Ω]인가?

① 2.0[Ω] ② 2.35[Ω]
③ 3.43[Ω] ④ 70[Ω]

저항의 병렬접속일 때 합성저항 R_0는

$$R_0 = \frac{1}{\frac{1}{R_1}+\frac{1}{R_2}+\frac{1}{R_3}+\cdots}[\Omega] \text{ 식에서}$$

$$\therefore R_0 = \frac{1}{\frac{1}{R_1}+\frac{1}{R_2}+\frac{1}{R_3}+\cdots} = \frac{1}{\frac{1}{8}+\frac{1}{12}+\frac{1}{20}+\frac{1}{30}} = 3.43[\Omega]$$

53 제어량이 온도, 압력, 유량 및 액면 등일 경우 제어하는 방식은?

① 프로그램제어 ② 시퀀스제어
③ 추종제어 ④ 프로세스제어

프로세스 제어는 공정제어라고도 하며 제어량이 피드백 제어계로서 주로 정치제어인 경우이다. 온도, 압력, 유량, 액면, 습도, 밀도, 농도 등을 제어한다.

54 어떤 코일에 흐르는 전류가 0.01초 사이에 일정하게 50[A]에서 10[A]로 변할 때 20[V]의 기전력이 발생한다고 하면 자기인덕턴스는 몇 [mH]인가?

① 5 ② 40
③ 50 ④ 200

$e = -N\frac{d\phi}{dt} = -L\frac{di}{dt}$[V] 식에서

$dt = 0.01$[s], $-di = 50-10 = 40$[A], $e = 20$[V]일 때

자기 인덕턴스 L은

$\therefore L = e\frac{dt}{-di} = 20 \times \frac{0.01}{40} = 5\times10^{-3}$[H] = 5[mH]

55 2전력계법으로 전력을 측정하였더니 $P_1 = 4$[W], $P_2 = 3$[W]이었다면 부하의 소비전력은 몇 [W]인가?

① 1 ② 5
③ 7 ④ 12

2전력계법

$P = W_1 + W_2 = \sqrt{3}\, VI\cos\theta$[W] 식에서

$W_1 = P_1 = 4$[W], $W_2 = P_2 = 3$[W]일 때

$\therefore P = W_1 + W_2 = 4+3 = 7$[W]

56 다음의 논리식 중 다른 값을 나타내는 논리식은?

① $\overline{X}Y + XY$ ② $(Y + X + \overline{X})Y$
③ $X(\overline{Y} + X + Y)$ ④ $XY + Y$

각 보기의 논리식은 다음과 같다.

① $\overline{X}Y + XY = (\overline{X}+X)Y = 1\cdot Y = Y$

② $(Y+X+\overline{X})Y = (Y+1)Y = 1\cdot Y = Y$

③ $X(\overline{Y}+X+Y) = X(X+1) = X\cdot 1 = X$

④ $XY + Y = (X+1)Y = 1\cdot Y = Y$

57 자동 제어계의 출력 신호를 무엇이라 하는가?

① 동작신호 ② 조작량
③ 제어량 ④ 제어 편차

제어량은 제어하려는 물리량으로 제어계의 출력신호이다.

58 무효전력을 나타내는 단위는?

① VA ② W
③ Var ④ Wh

단위

① [VA] : 피상전력 ② [W] : 유효전력
③ [Var] : 무효전력 ④ [Wh] : 유효전력량

정답 52 ③ 53 ④ 54 ① 55 ③ 56 ③ 57 ③ 58 ③

59 그림과 같은 블록선도의 전달함수는?

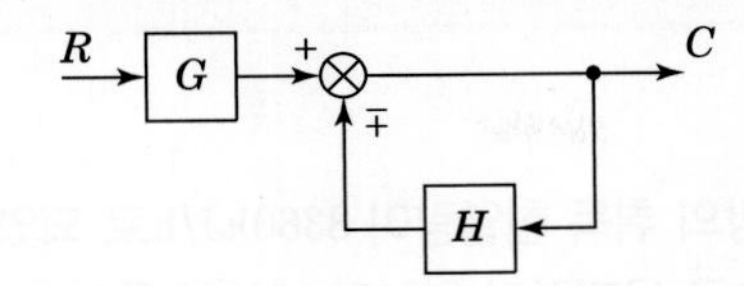

① $\dfrac{1}{1 \pm GH}$　② $\dfrac{G}{1 \pm GH}$

③ $\dfrac{G}{1 \pm H}$　④ $\dfrac{1}{1 \pm H}$

$G(s) = \dfrac{\text{전향이득}}{1 - \text{루프이득}}$ 식에서

전향이득$= G$, 루프이득$= \mp H$ 이므로

$\therefore\ G(s) = \dfrac{G}{1 \pm H}$

60 유도 전동기의 속도제어에서 사용할 수 없는 전력 변환기는?

① 인버터　② 사이클로 컨버터

③ 위상제어기　④ 정류기

유도전동기의 속도제어에 사용되는 전력변환기

(1) 인버터(VVVF 장치)

(2) 위상제어기(SCR 사용)

(3) 사이클로 컨버터

∴ 정류기는 교류를 직류로 변환하는 장치이다.

정답 59 ③　60 ④

모의고사 제7회 실전 모의고사

1 공기조화 설비

01 덕트 내 공기가 흐를 때 정압과 동압에 관한 설명으로 틀린 것은?

① 정압은 항상 대기압 이상의 압력으로 된다.
② 정압은 공기가 정지상태일지라도 존재한다.
③ 동압은 공기가 움직이고 있을 때만 생기는 속도압이다.
④ 덕트 내에서 공기가 흐를 때 그 동압을 측정하면 속도를 구할 수 있다.

일반적으로 덕트 내 정압은 흡입덕트에서 진공압, 토출측에서 대기압 이상의 압력을 가진다.

02 고온수 난방 배관에 관한 설명으로 옳은 것은?

① 장치의 열용량이 작아 예열시간이 짧다
② 대량의 열량공급은 용이하지만 배관의 지름은 저온수 난방보다 크게 된다.
③ 관내 압력이 높기 때문에 관내면의 부식문제가 증기난방에 비해 심하다.
④ 공급과 환수의 온도차를 크게 할 수 있으므로 열수송량이 크다.

고온수 난방은 장치의 열용량이 커서 예열시간이 길고, 대량의 열량공급이 가능하고 배관의 지름은 저온수 난방보다 작게 된다. 관내 압력이 높으나 관내면의 부식문제는 증기난방에 비해 작다. 공급과 환수의 온도차를 크게 할 수 있으므로 열수송량이 크다.

03 어떤 방의 취득 현열량이 8360kJ/h로 되었다. 실내온도를 28℃로 유지하기 위하여 16℃의 공기를 취출하기로 계획 한다면 실내로의 송풍량은? (단, 공기의 비중량은 1.2kg/m³, 정압비열은 1.004kJ/kg · ℃이다.)

① $426.2\text{m}^3/\text{h}$
② $467.5\text{m}^3/\text{h}$
③ $578.7\text{m}^3/\text{h}$
④ $612.3\text{m}^3/\text{h}$

$q = mC\Delta t$에서 송풍량

$$Q = \frac{m}{\gamma} = \frac{q}{1.2C\Delta t} = \frac{8360}{1.2\times1.004(28-16)} = 578\text{m}^3/\text{h}$$

04 덕트 내 풍속을 측정하는 피토관을 이용하여 전압 23.8mmAq, 정압 10mmAq를 측정하였다. 이 경우 풍속은 약 얼마인가?

① 10m/s
② 15m/s
③ 20m/s
④ 25m/s

동압 = 전압 - 정압 $= 23.8 - 10 = 13.8\text{mmAq}$

동압$(Pv) = \dfrac{v^2}{2g}\cdot\gamma$에서

$$13.8 = \frac{v^2}{2\times9.8}\times1.2$$

$$v^2 = \frac{13.8\times2\times9.8}{1.2} = 225$$

$$\therefore\ v = \sqrt{\frac{13.8\times2\times9.8}{1.2}} = 15\text{m/s}$$

정답 01 ① 02 ④ 03 ③ 04 ②

05 **공기 냉각·가열 코일에 대한 설명으로 틀린 것은?**

① 코일의 관 내에 물 또는 증기, 냉매 동의 열매를 통과시키고 외측에는 공기를 통과시켜서 열매와 공기 간의 열교환을 시킨다.
② 코일에 일반적으로 16mm 정도의 동관 또는 강관의 외측에 동, 강 또는 알루미늄제의 판을 붙인 구조로 되어 있다.
③ 에로핀 중 감아 붙인 핀이 주름진 것을 스무드 핀, 주름이 없는 평면상의 것을 링클핀이라고 한다.
④ 관의 외부에 얇게 리본모양의 금속판을 일정한 간격으로 감아 붙인 핀의 형상을 에로핀 형이라 한다.

에로핀 중 감아 붙인 핀이 주름진 것을 링클핀, 주름이 없는 평면상의 것을 스무드 핀 이라고 한다.

06 **다음중 보일러 부속품으로 보일러 내부 증기 압력이 일정압력 이상으로 증가 할 때 증기를 외부로 배출하여 보일러 파손을 방지하는 기능을 가지는것은?**

① 압력계 ② 안전밸브
③ 고저수위경보장치 ④ 차압계

안전밸브는 보일러 내부 증기 압력이 일정 압력 이상으로 증가 할 때 증기를 외부로 배출하여 보일러 파손을 방지하는 안전장치이다.

07 **다음 냉방부하 종류 중 현열부하만 이용하여 계산하는 것은?**

① 극간풍에 의한 열량
② 인체의 발생열량
③ 기구의 발생열량
④ 송풍기에 의한 취득열량

송풍기에 의한 취득열량은 잠열부하가 없다.

08 **일반적인 덕트설비를 설계할 때 덕트 설계순서로 옳은 것은?**

① 덕트 계획 → 덕트치수 및 저항 산출 → 흡입·취출구 위치결정 → 송풍량 산출 → 덕트 경로결정 → 송풍기 선정
② 덕트 계획 → 덕트 경로결정 → 덕트치수 및 저항 산출 → 송풍량 산출 → 흡입·취출구 위치결정 → 송풍기 선정
③ 덕트 계획 → 송풍량 산출 → 흡입·취출구 위치결정 → 덕트 경로결정 → 덕트치수 및 저항 산출 → 송풍기 선정
④ 덕트 계획 → 흡입·취출구 위치결정 → 덕트치수 및 저항 산출 → 덕트 경로결정 → 송풍량 산출 → 송풍기 선정

덕트 계획(부하계산) → 송풍량 산출 → 흡입·취출구 위치결정 → 덕트 경로결정 → 덕트치수 및 저항 산출(정압 산출) → 송풍기 선정

09 **공기 조화방식의 열매체에 의한 분류 중 냉매방식의 특징에 대한 설명으로 틀린 것은?**

① 유닛에 냉동기를 내장하므로 국소적인 운전이 자유롭게 된다.
② 온도조절기를 내장하고 있어 개별제어가 가능하다.
③ 대형의 공조실을 필요로 한다.
④ 취급이 간단하고 대형의 것도 쉽게 운전할 수 있다.

냉매방식은 별도의 공조실이 필요 없다.

10 **건구온도 10[℃], 상대습도 60[%]인 습공기를 30[℃]로 가열하였다. 이때의 습공기 상대습도는? (단, 10[℃]의 포화수증기압은 9.2[mmHg]이고, 30[℃]의 포화수증기압은 23.75[mmHg]이다.)**

① 17% ② 20%
③ 23% ④ 27%

PARAT 05 실전모의고사

정답 05 ③ 06 ② 07 ④ 08 ③ 09 ③ 10 ③

상대습도는 그 온도의 포화수증기압에 대한 수증기압의 비이다.
10[℃], 상대습도 60[%]인 습공기의 수증기압은
9.2×0.6=5.52[mmHg]
30[℃]일 때 상대습도는

$$[\%] = \frac{\text{수증기압}}{\text{포화수증기압}} = \frac{5.52}{23.75} = 0.23 = 23[\%]$$

11 온도가 20[℃], 절대압력이 1[MPa]인 공기의 밀도 [kg/m³]는? (단, 공기는 이상기체이며, 기체상수(R)는 0.287[kJ/kg·K]이다.)

① 9.55 ② 11.89
③ 13.78 ④ 15.89

이상기체 상태방정식 $Pv = RT$에서

$$v = \frac{RT}{P} = \frac{0.287 \times (273+20)}{1000} = 0.0841[\text{m}^3/\text{kg}]$$

$$\rho = \frac{1}{v} = \frac{1}{0.0841} = 11.89[\text{kg/m}^3]$$

밀도(ρ)는 비체적(v)의 역수이다.

12 겨울철에 난방을 하는 건물의 배기열을 효과적으로 회수하는 방법이 아닌 것은?

① 전열교환기 방법 ② 현열교환기 방법
③ 열펌프 방법 ④ 축열조 방법

축열조 방법은 건물의 배기열을 회수하는 방법은 아니다.

13 보일러에서 물이 끓어 증발할 때 보일러수가 물방울 또는 거품으로 되어 증기에 섞여 보일러 밖으로 분출되어 나오는 장해의 종류는?

① 스케일 장해 ② 부식 장해
③ 캐리오버 장해 ④ 슬러지 장해

캐리오버란 보일러에서 물이 끓어 증발할 때 보일러수가 물방울 또는 거품으로 되어 증기에 섞여 보일러 밖으로 분출되는 현상이다.

14 송풍 공기량을 Q[m³/s] 외기 및 실내온도를 각각 t_o, t_r[℃]이라 할 때 침입외기에 의한 손실 열량 중 현열부하[kW]를 구하는 공식은? (단, 공기의 정압비열은 1.0[kJ/kg·K], 밀도는 1.2[kg/m³]이다.)

① $1.0 \times Q \times (t_o - t_r)$
② $1.2 \times Q \times (t_o - t_r)$
③ $597.5 \times Q \times (t_o - t_r)$
④ $717 \times Q \times (t_o - t_r)$

현열부하$= mC\Delta t = 1.2 \times Q \times 1.0(t_o - t_r)$
손실열량을 구할 때는 난방이므로 실내온도가 높기 때문에 $t_r - t_o$가 맞지만 문제에서 $t_o - t_r$로 주어졌으므로 Δt의 개념으로 해석한다.

15 증기난방의 장점이 아닌 것은?

① 방열기가 소형이 되므로 비용이 적게 든다.
② 열의 운반능력이 크다.
③ 예열시간이 온수난방에 비해 짧고 증기순환이 빠르다.
④ 소음(steam hammering)을 일으키지 않는다.

증기난방은 소음(steam hammering)을 일으키는 단점이 있다.

16 전열교환기에 대한 설명으로 틀린 것은?

① 회전식과 고정식 등이 있다.
② 현열과 잠열을 동시에 교환한다.
③ 전열교환기는 공기 대 공기 열교환기라고도 한다.
④ 동계에 실내로부터 배기 되는 고온·다습공기와 한냉·건조한 외기와의 열교환을 통해 엔탈피 감소효과를 가져온다.

전열교환기는 동계(겨울)에 실내로부터 배기 되는 고온·다습공기와 한랭·건조한 외기와의 열교환을 통해 엔탈피 증가효과를 가져오고, 하계(여름)에 실내로부터 배기 되는 저온·건조공기와 고온·다습한 외기와의 열교환을 통해 엔탈피 감소효과를 가져온다.

정답 11 ② 12 ④ 13 ③ 14 ② 15 ④ 16 ④

17 **가변 풍량 방식에 대한 설명으로 옳은 것은?**

① 실내온도제어는 부하변동에 따른 송풍온도를 변화시켜 제어한다.
② 부분부하시 송풍기 제어에 의하여 송풍기 동력을 절감할 수 있다.
③ 동시 사용률을 적용할 수 없으므로 설비용량을 줄일 수 없다.
④ 시운전시 취출구의 풍량조절이 복잡하다.

가변 풍량 방식은 실내온도제어는 부하변동에 따른 송풍량을 변화시켜 제어한다. 부분부하시 송풍기 제어에 의하여 송풍기 동력을 절감할 수 있고 동시 사용률을 적용할 수 있으므로 설비용량을 줄일 수 있다. 시운전시 취출구의 풍량조절이 간단하다.

18 **증기 트랩(Steam trap)에 대한 설명으로 옳은 것은?**

① 고압의 증기를 만들기 위해 가열하는 장치
② 증기가 환수관으로 유입되는 것을 방지하기 위해 설치한 밸브
③ 증기가 역류하는 것을 방지하기 위해 만든 자동밸브
④ 간헐운전을 하기 위해 고압의 증기를 만드는 자동밸브

증기 트랩은 응축수는 배출하고 증기가 환수관으로 배출되는 것을 방지하기 위해 설치한 밸브이다. 증기는 잡아두고 응축수를 제거하는 선택적인 기능을 한다.

19 **에어 핸들링 유닛(Air Handling Unit)의 구성요소가 아닌 것은?**

① 공기 여과기 ② 송풍기
③ 공기 냉각기 ④ 압축기

에어 핸들링 유닛(공조기)에 압축기나 냉동기는 없다.

20 **공기조화기(AHU)의 냉·온수 코일 선정에 대한 설명으로 틀린 것은?**

① 코일의 통과풍속은 약 2.5m/s를 기준으로 한다.
② 코일 내 유속은 1.0m/s 전후로 하는 것이 적당하다.
③ 공기의 흐름방향과 냉온수의 흐름방향은 평행류보다 대향류로 하는 것이 전열효과가 크다
④ 코일의 통풍저항을 크게 할수록 좋다.

냉·온수 코일에서 코일의 통풍저항을 작게 할수록 정압이 작아져서 송풍동력이 작다.

2 냉동냉장 설비

21 **핫가스(hot gas) 제상을 하는 소형 냉동장치에서 핫가스의 흐름을 제어하는 것은?**

① 캐필러리튜브(모세관)
② 자동팽창밸브(AEV)
③ 솔레노이드밸브(전자밸브)
④ 증발압력조정밸브

고온가스 제상(hot gas defrost)
건식 증발기와 같이 냉매 공급량이 적은 증발기에 많이 사용하는 방법으로 고온, 고압의 토출 가스를 증발기에 보내어 응축시킴으로써 그 응축열을 이용하여 제상하는 방법이다.
핫가스(Hot gas)제상을 하는 소형 냉동장치에 있어서 핫가스의 흐름을 제어하는 것은 솔레노이드밸브(전자밸브)이다.

22 **10[kg]의 산소가 체적 5[m^3]로부터 11[m^3]로 변화하였다. 이 변화가 일정 압력 하에 이루어졌다면 엔트로피의 변화[kJ/K]는? (단, 산소는 완전가스로 보고, 정압비열은 0.221[kJ/kg·K]로 한다.)**

① 3.42 ② 7.33
③ 14.62 ④ 28.33

정답 17 ② 18 ② 19 ④ 20 ④ 21 ③ 22 ②

엔트로피 변화(정압변화)

$\Delta S = m \cdot C_p \cdot \ln\frac{V_2}{V_1} = 10 \times 0.93 \times \ln\frac{11}{5} = 7.33\text{kJ/K}$

23 냉동장치의 액관 중 발생하는 플래시 가스의 발생 원인으로 가장 거리가 먼 것은?

① 액관의 입상높이가 매우 작을 때
② 냉매 순환량에 비하여 액관의 관경이 너무 작을 때
③ 배관에 설치된 스트레이너, 필터 등이 막혀 있을 때
④ 액관이 직사광선에 노출될 때

플래시 가스 발생원인
㉠ 액관의 입상높이가 매우 높을 때
㉡ 냉매 순환량에 비하여 액관의 관경이 너무 작을 때
㉢ 배관에 설치된 스트레이너, 필터 등이 막혀 있을 때
㉣ 액관이 직사광선에 노출될 때
㉤ 액관이 냉매액 온도보다 높은 장소를 통과할 때

24 다음 상태변화에 대한 설명으로 옳은 것은?

① 단열변화에서 엔트로피는 증가한다.
② 등적변화에서 가해진 열량은 엔탈피 증가에 사용된다.
③ 등압변화에서 가해진 열량은 엔탈피 증가에 사용된다.
④ 등온변화에서 절대일은 0이다.

① 단열변화에서는 가열량 $dq=0$이므로 $\frac{dq}{T}=0$, 따라서 엔트로피 변화는 없다.
② 등적변화에서 에너지식 $dq=du+Pdv$에서 $dv=0$이므로 $Pdv=0$, 따라서 $dq=du$로 가열량은 내부에너지 증가에 사용된다.
③ 등압변화에서 열역학 제2기초식 $dq=dh-vdP$에서 $dP=0$이므로 $vdP=0$, 따라서 $dq=dh$로 가열량은 엔탈피 증가에 사용된다.
④ 등온변화에서 절대일 $W_{12}=RT\ln\frac{P_1}{P_2}$이다.

25 다음 설명 중 옳지 않은 것을 고르시오.

① 진공건조를 행할 때에는 소정의 진공도에 도달하면 즉시 진공펌프를 정지해야 한다.
② 플루오르카본 저온냉동설비에서 진공건조가 불충분하면 팽창밸브에서 동결폐쇄현상이 생길 수 있다.
③ 진공건조를 행할 때 주위온도가 저온의 경우에는 장치내의 수분이 증발하기 어려우므로 필요에 따라서 수분이 잔류하기 쉬운 개소를 가열하면 좋다.
④ 주위온도가 낮을 때에 진공건조를 행하면 장치내의 수분이 동결하여 건조가 충분히 제거되지 않을 수가 있다.

① 수분의 증발에는 시간이 걸리므로 설비 내부가 고진공으로 되어도 즉시 진공펌프를 정지하지 말고 장시간 진공펌프의 운전을 계속해야 한다.

26 냉동창고에서 외기온도 32.5℃, 고내온도 −25℃일 때 아래와 같은 구조의 방열재를 사용한 냉동창고 방열벽의 침입열량[W]을 구하시오. (단, 방열벽의 면적은 150m², 각 벽 재료의 열전도율은 아래 표와 같고 방열벽 외측 열전달율은 23.26W/(m² · K), 내측 열전달율은 8.14W/(m² · K)로 한다.)

재료	열전도율[W/(m · K)]	두께[m]
철근콘크리트	1.4	0.2
폴리스틸렌 폼	0.045	0.2
방수 몰탈	1.3	0.01
라스 몰탈	1.3	0.02

① 약 1600W ② 약 1800W
③ 약 2000W ④ 약 2200W

• 방열벽의 열통과율 K

$$K = \frac{1}{\frac{1}{8.14}+\frac{0.02}{1.3}+\frac{0.01}{1.3}+\frac{0.2}{0.045}+\frac{0.2}{1.4}+\frac{1}{23.26}}$$

$\fallingdotseq 0.209\text{W/(m}^2 \cdot \text{K)}$

∴ 방열벽을 통한 침입열량

$Q = KA(t_1 - t_2) = 0.209 \times 150 \times \{32.5 - (-25)\}$

$\fallingdotseq 1802.63\text{W}$

정답 23 ① 24 ③ 25 ① 26 ②

27 **아래의 설명은 냉동장치의 유지관리에 대한 내용이다. 가장 옳지 않은 것은?**

① 압축기가 습증기를 흡입하면 압축기의 토출가스온도가 저하하고, 오일포밍이 발생하여 급유 펌프의 유압이 저하하고 윤활불량이 되기 쉽다.
② 플루오르카본냉동장치에 소량의 수분이 침입하면, 저온의 운전에서는 팽창밸브에서 수분이 동결할 수가 있다.
③ 냉매계통 내에 물질이 혼입하면 압축기 실린더, 피스톤, 축수 등의 마모을 촉진할 수 있으 나 샤프트 실에는 영향이 없다.
④ 냉매를 과충전하는 경우에 응축기에서 냉매가 응축하기 위한 유효한 전열면적이 감소하여 응축압력이 높게 될 수가 있다.

① 압축기가 습증기를 흡입하면 오일이 용해된 냉매가 급격히 증발하여 오일포밍이 발생하여 급유 펌프의 유압이 저하하고 윤활불량이 되기 쉽다.
② 플루오르카본냉매는 수분의 용해도가 낮기 때문에 저온운전에서 팽창밸브에서 수분이 동결하여 막혀서 냉매가 흐를 수 없게 되어 운전불능이 된다.
③ 냉매계통 내에 물질이 혼입하면 압축기 실린더, 피스톤, 축수 등의 마모을 촉진하여 압축기 고장의 원인이 된다. 또한 개방형압축기의 샤프트 실에 오염된 오일이 들어가면 실면을 손상시켜 냉매누설을 일으킬 수 있다.
④ 냉매를 과충전하는 경우에 응축기에서 유효냉각면적의 감소로 응축압력이 상승한다.

28 **흡수식 냉동기 안전장치의 기능으로 가장 거리가 먼 것은?**

① 냉수 단수 스위치는 냉수의 흐름을 검출하여, 냉수의 유량이 설정치 이하로 되면 작동하여 냉수량의 저하에 의한 사이클의 온도 저하, 용량 부족 및 냉수 동결 등을 방지한다.
② 냉매 저온 센서는 냉매액 온도가 설정치 이하로 되면 작동하여 냉수의 동결을 방지한다.
③ 용액 고온 스위치는 흡수기를 지나온 묽은 용액의 온도가 설정치 이상에서 고농도에 의한 용액의 결정을 방지한다.
④ 용액 희석 센서는 운전정지시 재생기를 떠난 진한 용액의 온도가 설정치 이하로 되면 작동하여 용액펌프와 냉매펌프를 정지시킨다.

용액 고온 스위치는 고온 재생기를 떠난 진한 용액의 온도가 설정치 이상이 작동하여 고농도에 의한 용액의 결정을 방지한다.

29 **압축기의 체적효율에 대한 설명으로 틀린 것은?**

① 압축기의 압축비가 클수록 커진다.
② 틈새가 작을수록 커진다.
③ 실제로 압축기에 흡입되는 냉매증기의 체적과 피스톤이 배출한 체적과의 비를 나타낸다.
④ 비열비 값이 적을수록 적게 된다.

(1) 체적효율 $\eta_v = \dfrac{\text{실제적 피스톤 압출량 } V[m^3/h]}{\text{이론적 피스톤 압출량 } V_a[m^3/h]}$

(2) 체적효율이 작아지는 이유
㉠ 간극(Clearance)이 클수록
㉡ 압축비가 클수록
㉢ 실린더 체적이 적을수록
㉣ 회전수가 많을수록

30 **다음과 같은 냉동기의 냉동능력[RT]은? (단, 응축기 냉각수 입구온도 18[℃], 응축기 냉각수 출구온도 23[℃], 응축기 냉각수 수량 1500[L/min], 압축기 주전동기 축마력은 80[PS], 1[RT]는 3.86kW이다.)**

① 135 ② 120
③ 150 ④ 125

냉동능력(RT)$= \dfrac{Q_2}{3.86} = \dfrac{Q_1 - W}{3.86} = \dfrac{525-58.8}{3.86} = 120$
여기서
$Q_1 = m \cdot c \cdot \Delta t = \left(\dfrac{1500}{60}\right) \times 4.2 \times (23-18) = 525[kW]$
$W = 80 \times 0.735 = 58.8[kW]$

정답 27 ③ 28 ③ 29 ① 30 ②

31 냉동효과에 관한 설명으로 옳은 것은?

① 냉동효과란 응축기에서 방출하는 열량을 의미한다.
② 냉동효과는 압축기 의 출구 엔탈피와 증발기의 입구 엔탈피 차를 이용하여 구할 수 있다.
③ 냉동효과는 팽창밸브 직 전의 냉매액 온도가 높을수록 크며, 또 증발기에서 나오는 냉매 증기의 온도가 낮을수록 크다.
④ 냉동효과를 크게 하려면 냉매의 과냉각도를 증가시키는 방법을 취하면 된다.

> ① 냉동효과란 증발기에서 냉매 1[kg]이 흡수하는 열량을 의미한다.
> ② 냉동효과는 압축기 의 입구 엔탈피와 증발기의 입구 엔탈피 차를 이용하여 구할 수 있다.
> ③ 냉동효과는 팽창밸브 직 전의 냉매 액온도가 낮을수록 크며, 또 증발기에서 나오는 냉매 증기의 온도가 높을수록 크다.
> ④ 냉매의 과냉각도를 증가시키면 플래시가스의 발생이 적어지므로 냉동효과가 증가한다.

32 조건을 참고하여 산출한 이론 냉동사이클의 성적계수는?

【조 건】

㉠ 증발기 입구 냉매엔탈피 : 250[kJ/kg]
㉡ 증발기 출구 냉매엔탈피 : 390[kJ/kg]
㉢ 압축기 입구 냉매엔탈피 : 390[kJ/kg]
㉣ 압축기 출구 냉매엔탈피 : 440[kJ/kg]

① 2.5 ② 2.8
③ 3.2 ④ 3.8

> $COP = \frac{q_2}{w} = \frac{390-250}{440-390} = 2.8$

33 다음 그림은 어떤 사이클인가? (단, P=압력, h=엔탈피, T=온도 , S=엔트로피이다.)

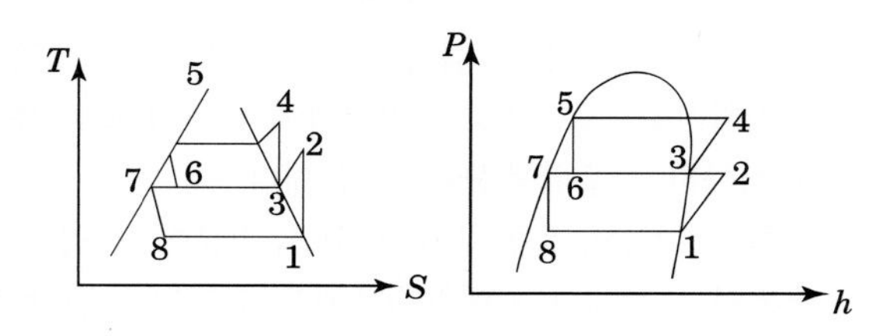

① 2단압축 1단팽창 사이클
② 2단압축 2단팽창 사이클
③ 1단압축 1단팽창 사이클
④ 1단압축 2단팽창 사이클

> 그림은 중간 냉각이 완전한 2단압축 2단팽창 사이클이다.

34 냉동장치 내 불응축가스가 존재하고 있는 것이 판단되었다. 그 혼입의 원인으로 가장 거리가 먼 것은?

① 냉매충전 전에 장치 내를 진공건조시키기 위하여 상온에서 진공 750mmHg까지 몇 시간 동안 진공 펌프를 운전하였기 때문이다.
② 냉매와 윤활유의 충전작업이 불량했기 때문이다.
③ 냉매와 윤활유가 분해하기 때문이다.
④ 팽창밸브에서 수분이 동결하고 흡입가스 압력이 대기압 이하가 되기 때문이다.

> **불응축가스 발생원인**
> ㉠ 냉매의 충전 시 부주의
> ㉡ 윤활유의 충전 시 부주의
> ㉢ 진공 시험 시 저압부의 누설
> ㉣ 오일 포밍 현상의 발생 및 오일의 열화, 탄화 시
> ㉤ 장치의 신설이나 휴지 후 완전 진공을 하지 못하여 남아 있는 공기

정답 31 ④ 32 ② 33 ② 34 ①

35 **조건을 참고하여 산출한 흡수식냉동기의 성적계수는?**

【조 건】

㉠ 응축기 냉각열량 : 20000[kJ/h]
㉡ 흡수기 냉각열량 : 25000[kJ/h]
㉢ 재생기 가열량 : 21000[kJ/h]
㉣ 증발기 냉동열량 : 24000[kJ/h]

① 0.88 ② 1.14
③ 1.34 ④ 1.52

흡수식 냉동기의 성적계수 COP

$$COP = \frac{\text{증발기 냉동열량}}{\text{재생기 가열량}} = \frac{24000}{21000} = 1.14$$

36 **중간냉각기에 대한 설명으로 틀린 것은?**

① 다단압축냉동장치에서 저단측 압축기 압축압력(중간압력)의 포화온도까지 냉각하기 위하여 사용한다.
② 고단측 압축기로 유입되는 냉매증기의 온도를 낮추는 역할도 한다.
③ 중간냉각기의 종류에는 플래시형, 액냉각형, 직접팽창형이 있다.
④ 2단압축 1단팽창 냉동장치에는 플래시형 중간냉각방식이 이용되고 있다.

④ 2단압축 1단팽창 냉동장치에는 직접팽창형 중간냉각방식이 이용되고 있다.

참고 다단압축 냉동장치의 중간냉각기의 역할
㉠ 저단 압축기의 토출가스 과열도를 낮춘다.
㉡ 고압 냉매액을 과냉시켜 냉동효과를 증대시킨다.
㉢ 흡입가스 중의 액을 분리하여 리키드 백을 방지한다.

37 **냉동장치의 안전장치 중 압축기로의 흡입압력이 소정의 압력 이상이 되었을 경우 과부하에 의한 압축기용 전동기의 위험을 방지하기 위하여 설치되는 기기는?**

① 증발압력 조정밸브(EPR)
② 흡입 압력 조정 밸브(SPR)
③ 고압 스위치
④ 저압 스위치

흡입 압력 조정 밸브(SPR)
흡입 압력 조정 밸브(SPR)은 압축기 흡입압력이 일정 이상 상승하지 않도록 제어하는 압력조정밸브로 압축기 흡입배관에 설치한다. 이 밸브에 의해 압축기의 기동 시나 증발기의 제상을 행할 때에 압축기 흡입압력이 상승하여 압축기 구동용 전동기가 과부하의 상태로 될 때 작용하여 전동기의 과열, 소손을 방지한다.

38 **수냉식 냉동장치에서 단수되거나 순환수량이 적어질 때 경고 또는 장치보호를 위해 작동하는 스위치는?**

① 고압 스위치
② 저압 스위치
③ 유압 스위치
④ 플로우(flow) 스위치

단수릴레이
단수릴레이는 수냉응축기나 수냉각기에서 단수되거나 순환수량이 적어질 때 전기회로를 차단하여 압축기를 정지시키거나 경고 또는 장치보호를 위해 작동하는 스위치로 압력식과 유량식(flow스위치)식이 있다.

39 **공기냉동기의 온도가 압축기 입구에서 −10[℃], 압축기 출구에서 110[℃], 팽창밸브 입구에서 10[℃], 팽창밸브 출구에서 −60[℃]일 때, 압축기의 소요일량[kJ/kg]은? (단, 공기 비열은 1.0[kJ/kgK])**

① 50 ② 60
③ 80 ④ 100

정답 35 ② 36 ④ 37 ② 38 ④ 39 ①

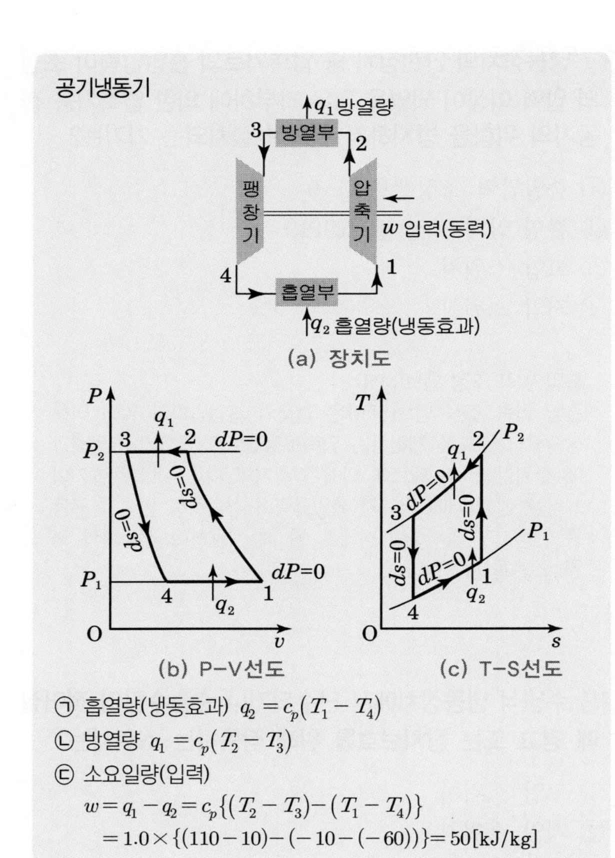

㉠ 흡열량(냉동효과) $q_2 = c_p(T_1 - T_4)$

㉡ 방열량 $q_1 = c_p(T_2 - T_3)$

㉢ 소요일량(입력)

$$w = q_1 - q_2 = c_p\{(T_2 - T_3) - (T_1 - T_4)\}$$
$$= 1.0 \times \{(110-10) - (-10-(-60))\} = 50[\mathrm{kJ/kg}]$$

40 어떤 냉매의 액이 30[℃]의 포화온도에서 팽창밸브로 공급되어 증발기로부터 5[℃]의 포화증기가 되어 나올 때 1냉동톤당 냉매의 양[kg/h]은? (단, 5[℃]의 엔탈피는 589.51[kJ/kg], 30[℃]의 엔탈피는 450.62[kJ/kg]이다.)

① 100.1　　② 50.6
③ 10.8　　④ 5.3

$Q_2 = G \cdot q_2$ 에서

$$G = \frac{Q_2}{q_2} = \frac{3.86 \times 3600}{589.51 - 450.62} = 100.1[\mathrm{kg/h}]$$

3 공조냉동 설치·운영

41 급탕배관 계통에서 배관 중 총 손실열량이 63000[kJ/h]이고, 급탕온도가 70[℃], 환수온도가 60[℃]일 때, 순환수량[kg/min]은? (물비열 4.2kJ/kg·K)

① 1500　　② 100
③ 25　　④ 5

$q = WC\Delta t$ 에서

$$W = \frac{q}{C\Delta t} = \frac{63000}{4.2(70-60)} = 1500\mathrm{kg/h} = 25[\mathrm{kg/min}]$$

42 배관설계 시 유의사항으로 틀린 것은?

① 가능한 동일 직경의 배관은 짧고, 곧게 배관한다.
② 관로의 색깔로 유체의 종류를 나타낸다.
③ 관로가 너무 길어서 압력손실이 생기지 않도록 한다.
④ 곡관을 사용할 때는 관 굽힘 곡률 반경을 작게 한다.

곡관을 사용할 때는 관 굽힘 곡률 반경을 크게 하여 마찰저항을 줄이고 소음, 와류를 줄인다.

43 다음 냉동 기호가 의미하는 밸브는 무엇인가?

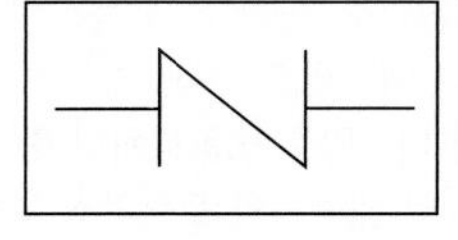

① 체크 밸브
② 글로브 밸브
③ 슬루스 밸브
④ 앵글 밸브

체크 밸브(역지밸브)이다

정답 40 ① 41 ③ 42 ④ 43 ①

44 냉매 배관 시공 시 주의사항으로 틀린 것은?

① 배관재료는 각각의 용도, 냉매종류, 온도를 고려하여 선택한다.
② 배관 곡관부의 곡률 반지름은 가능한 한 크게 한다.
③ 배관이 고온의 장소를 통과할 때는 단열조치 한다.
④ 기기 상호 간 배관길이는 되도록 길게 하고 관경은 크게 한다.

기기 상호 간 배관길이는 되도록 짧게 하고 관경은 적당하게 한다.

45 온수난방 배관 시공 시 배관의 구배에 관한 설명으로 틀린 것은?

① 배관의 구배는 1/250 이상으로 한다.
② 단관 중력 환수식의 온수 주관은 하향구배를 준다.
③ 상향 복관 환수식에서 는 온수 공급관, 복귀관 모두 하향 구배를 준다.
④ 강제 순환식은 배관의 구배를 자유롭게 한다.

상향 복관 환수식에서는 온수 공급관은 상향구배, 복귀관은 하향 구배를 준다.

46 아래 덕트(저속덕트) 평면도를 보고 0.6t 철판 면적을 산출 하시오 (단 덕트 장변길이 450mm 이하 : 0.5t, 750mm 이하 : 0.6t, 1500mm 이하 : 0.8t적용 덕트 철판 재료 할증률은 28% 적용)

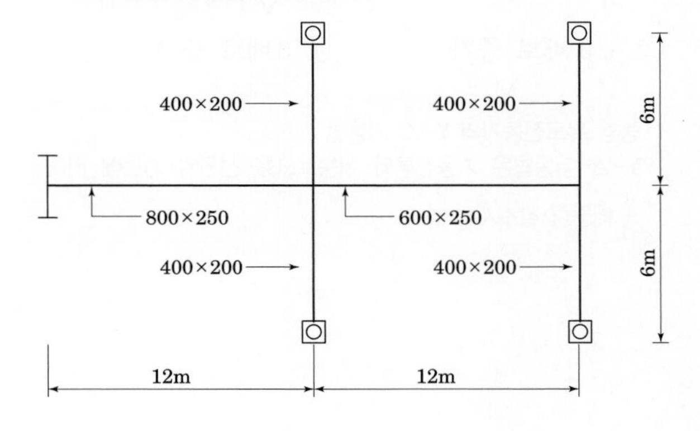

① 0.6t = 20.40m^2 ② 0.6t = 26.11m^2
③ 0.6t = 32.86m^2 ④ 0.6t = 36.16m^2

위 평면도에서 0.6t는 750 이하이며 도면에서 600×250 덕트만 해당한다.
600×250 덕트 총길이는 12m, 1개이므로 12m 이다
600×250 덕트는 둘레길이가 $(0.6+0.25)\times2=1.7$m 이고 길이가 12m 이므로
덕트 면적$=1.7\times12=20.4$m^2
철판 면적은 28% 할증$=20.4\times1.28=26.11$m^2

47 공조배관에서 배관계통의 배수(물빼기)기능 확보가 필요한 부분으로 가장 거리가 먼 것은?

① 공조배관 입상관 상부
② 장비주위 및 최저부
③ 냉난방 운전모드 전환에 따른 비사용 배관계통
④ 배관청소 및 보수,교체를 위한 구획된 부문(층별, 실별)

공조배관 입상관 하부에 드레인밸브를 설치한다.

48 보일러 정비시의 정비방법으로 가장 거리가 먼 것은?

① 오버홀 작업 착수전에 보일러 취급책임자가 내부에 들어가 스케일 및 슬러지의 상태, 급수내관이나 기수분리기등 내부 구성 부속품의 상황이나 동, 드럼, 연관, 스테이같은 각부의 상황을 잘 점검해서 이를 기록하여 정기적인 정비시 참고하도록 한다
② 동내부의 비수방지판이나 기수분리기. 급수내관, 안전장치나 수면계등을 본체에서 분리하여 정비하도록 한다.
③ 물때만 낀 것은 굳이 화학세관을 하지 않고 고압세정기로 불어낼 수 있으나 스케일부착이 심하고 단단한 것은 기계세관이나 화학세관으로 처리하여야 한다.
④ 연도에 부착된 끄으름 제거방법으로 가장 효과적인 것은 화학세관을 통하여 제거하는것이다.

부착된 끄으름은 와이야브러쉬나 스크레퍼등을 사용하여 제거하고, 연도내에 쌓여 있는 그으름과 재 등을 제거한다.

정답 44 ④ 45 ③ 46 ② 47 ① 48 ④

49 다음 중 냉각탑 점검항목으로 가장 거리가 먼 것은?

① 냉각탑, 수조내의 오염, 부식의 점검
② 충진재의 파손, 노후화 점검
③ 살수장치의 기능 점검
④ Gland Packing 점검

Gland Packing 점검은 펌프류에 해당한다.

50 송풍기의 토출측과 흡입측에 설치하여 송풍기의 진동이 덕트나 장치에 전달되는 것을 방지하기 위한 접속법은?

① 크로스 커넥션(cross connection)
② 캔버스 커넥션(canvas connection)
③ 서브 스테이션(sub station)
④ 하트포드(hartford) 접속법

캔버스 커넥션은 송풍기나 덕트의 이음에 이용하여 진동을 차단한다.

51 R-L-C 직렬회로에서 소비전력이 최대가 되는 조건은?

① $\omega L-\dfrac{1}{\omega C}=1$　② $\omega L+\dfrac{1}{\omega C}=0$
③ $\omega L+\dfrac{1}{\omega C}=1$　④ $\omega L-\dfrac{1}{\omega C}=0$

직렬공진
(1) $X_L-X_C=0,\ X_L=X_C,\ \omega L=\dfrac{1}{\omega C}$
(2) 최소 임피던스로 되고 최대전류가 흐르며 소비전력이 최대가 된다.
(3) 공진주파수는 $f=\dfrac{1}{2\pi\sqrt{LC}}$ [Hz]이다.
$\therefore\ \omega L-\dfrac{1}{\omega C}=0$

52 전기력선의 기본 성질에 관한 설명으로 틀린 것은?

① 전기력선의 밀도는 전계의 세기와 같다.
② 전기력선의 방향은 그 점의 전계의 방향과 일치한다.
③ 전기력선은 전위가 높은 점에서 낮은 점으로 향한다.
④ 전기력선은 부전하에서 시작하여 정전하에서 그친다.

전기력선의 특성
전기력선은 정(+)전하에서 시작하여 부(-)전하에서 끝난다.

53 잔류편차가 존재하는 제어계는?

① 적분제어계
② 비례제어계
③ 비례적분 제어계
④ 비례적분 미분 제어계

비례동작(P 제어)의 특징
(1) 편차에 비례한 조작신호를 출력하며 자기 평형성이 없는 보일러 드럼의 액위제어와 같이 입력신호와 파형은 같고 크기만 변화하는 제어동작이다.
(2) off-set(오프셋, 잔류편차, 정상편차, 정상오차)가 발생한다.
(3) 속응성(응답속도)이 나쁘다.

54 유도전동기의 1차 접속을 Δ에서 Y로 바꾸면 기동 시의 1차 전류는 어떻게 변화하는가?

① $\dfrac{1}{3}$로 감소한다.　② $\dfrac{1}{\sqrt{3}}$로 감소
③ $\sqrt{3}$배로 증가　④ 3배로 증가

농형 유도전동기의 Y-△ 기동법
Y-△ 기동법은 기동전류와 기동토크를 전전압 기동에 비해 $\dfrac{1}{3}$배만큼 감소시킨다.

정답 49 ④ 50 ② 51 ④ 52 ④ 53 ② 54 ①

55 그림과 같은 피드백 블록선도의 전달함수는?

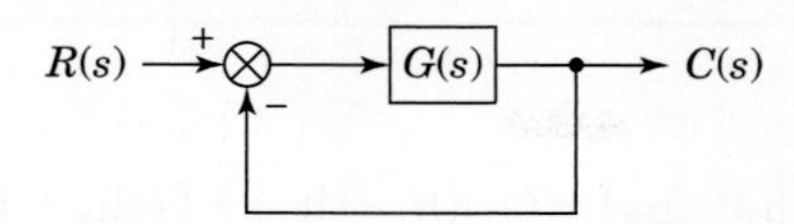

① $\dfrac{G(s)}{1+G(s)}$ ② $\dfrac{G(s)}{1+G(s)C(s)}$

③ $\dfrac{G(s)}{1+R(s)}$ ④ $\dfrac{C(s)}{1+R(s)}$

$\dfrac{C(s)}{R(s)}=\dfrac{\text{전향이득}}{1-\text{루프이득}}$ 식에서

전향이득$=G(s)$, 루프이득$=-G(s)$ 이므로

$\therefore \dfrac{C(s)}{R(s)}=\dfrac{G(s)}{1+G(s)}$

56 60[Hz], 6극인 교류발전기의 회전수는 몇 [rpm]인가?

① 1,200 ② 1,500

③ 1,800 ④ 3,600

동기속도

$N_s=\dfrac{120f}{p}[\text{rpm}]=\dfrac{2f}{p}[\text{rps}]$ 식에서

$f=60[\text{Hz}]$, $p=6$일 때

$\therefore N_s=\dfrac{120f}{p}=\dfrac{120\times 60}{6}=1,200[\text{rpm}]$

57 어떤 회로의 전압이 V[V]이고 전류 I[A]이며 저항이 $R[\Omega]$일 때 저항이 10[%]감소되면 그때의 전류는 처음 전류 I[A]의 몇 배가 되는가?

① 1.11배 ② 1.41배

③ 1.73배 ④ 2.82배

$I=\dfrac{V}{R}$[A] 식에서

$R'=0.9R[\Omega]$일 때

$\therefore I'=\dfrac{V}{R'}=\dfrac{V}{0.9R}=1.11I$[A]

58 다음의 논리식 중 다른 값을 나타내는 논리식은?

① $XY+X\overline{Y}$ ② $X(X+Y)$

③ $X(\overline{X}+Y)$ ④ $X+XY$

각 보기의 논리식은 다음과 같다.

① $XY+X\overline{Y}=X(Y+\overline{Y})=X\cdot 1=X$

② $X(X+Y)=X+XY=X(1+Y)=X\cdot 1=X$

③ $X(\overline{X}+Y)=X\overline{X}+XY=XY$

④ $X+XY=X(1+Y)=X\cdot 1=X$

59 전기로의 온도를 1,000℃로 이정하게 유지시키기 위하여 열전온도계의 지시값을 보면서 전압조정기로 전기로에 대한 인가전압을 조절하는 장치가 있다. 이 경우 열전온도계는 다음 중 어느 것에 해당 되는가?

① 조작부 ② 검출부

③ 제어량 ④ 조작량

(1) 조작부 : 전압조정기 (2) 검출부 : 열전온도계

(3) 제어량 : 온도 (4) 조작량 : 인가전압

60 그림과 같은 평형 3상 회로에서 전력계의 지시가 100[W]일 때 3상 전력은 몇 [W]인가? (단, 부하의 역률은 100[%]로 한다.)

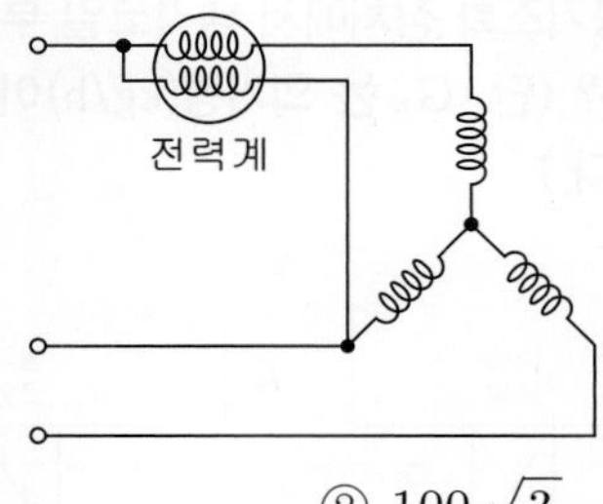

① $100\sqrt{2}$ ② $100\sqrt{3}$

③ 200 ④ 300

1전력계법

3상 부하가 순저항 부하인 경우 역률이 1이고 무효전력이 0이기 때문에 3상 전체 전력은 전력계 지시값의 2배인 $2W$[W]가 된다.

$W=100$[W] 이므로

$\therefore P=2W=2\times 100=200$[W]

정답 55 ① 56 ① 57 ① 58 ③ 59 ② 60 ③

PARAT 05 실전모의고사

모의고사 제8회 실전 모의고사

1 공기조화 설비

01 겨울철에 어떤 방을 난방하는 데 있어서 이 방의 현열 손실이 12000kJ/h이고 장열 손실이 4000kJ/h이며, 실온을 21℃, 습도를 50%로 유지하려 할 때 취출구의 온도차를 10℃로 하면 취출구 공기상태 점은?

① 21℃, 50%인 상태점을 지나는 현열비 0.75에 평행한 선과 건구온도 31℃인 선이 교차하는 점
② 21℃, 50%인 점을 지나고 현열비 0.33에 평행한 선과 건구온도 31℃인 선이 교차하는 점
③ 21℃, 50%인 점을 지나고 현열비 0.75에 평행한 선과 건구온도 10℃ 인 선이 교차하는 점
④ 21℃, 50%인 점과 31℃, 50%인 점을 잇는 선분을 4:3으로 내분하는 점

겨울철 난방시 취출구 공기상태점을 구하는 방법은 습공기선도에서 실내점 21℃, 50%를 잡고, 이 점에서 현열비 0.75에 평행한 선과 취출온도(21+10=31℃) 선이 교차하는 점을 구한다.

02 다음의 공기조화 장치에서 냉각코일 부하를 올바르게 표현한 것은? (단, G_F는 외기량(kg/h)이며, G는 전풍량(kg/h)이다.)

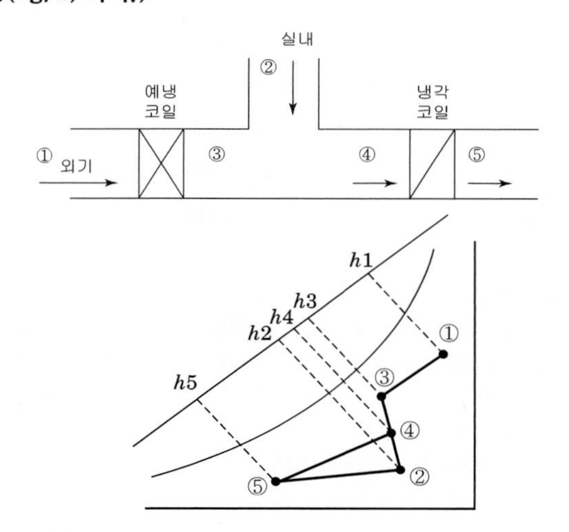

① $G_F(h_1-h_3)+G_F(h_1-h_2)+G(h_2-h_5)$
② $G(h_1-h_2)-G_F(h_1-h_3)+G_F(h_2-h_5)$
③ $G_F(h_1-h_2)-G_F(h_1-h_3)+G(h_2-h_5)$
④ $G(h_1-h_2)+G_F(h_1-h_3)+G_F(h_2-h_5)$

장치도에서 냉각코일부하는 $G(h_4-h_5)$이며
$G(h_4-h_5)$=외기부하+실내부하
$=G_F(h_1-h_2)-G_F(h_1-h_3)+G(h_2-h_5)$
여기서 예냉코일 부하는 포함시키지 않는다.

03 실내 설계온도 26℃인 사무실의 실내유효 현열부하는 20.42kW, 실내유효 잠열부하는 4.27kW이다. 냉각코일의 장치노점온도는 13.5℃, 바이패스 팩터가 0.1일 때, 송풍량(L/s)은? (단, 공기의 밀도는 1.2kg/m³, 정압비열은 1.006kJ/kg·K이다.)

① 1350 ② 1503
③ 12530 ④ 13532

송풍량은 실내현열부하와 취출온도차(취출온도-실내온도)로 구한다.
취출온도(t_d)는 환기(26℃)가 코일(장치노점온도 13.5℃, 바이패스 팩터 0.1)을 통과할 때
$t_d=13.5+0.1(26-13.5)=14.75$

$$송풍량(L/s)=\frac{현열부하}{밀도\times비열\times취출\ 온도차}$$
$$=\frac{20,420W}{1.2\times1.006(26-14.75)}=1503L/s$$

또한 일반적으로 송풍량은 m^3/h 단위를 사용하므로
$1503L/s=5412m^3/h$

정답 01 ① 02 ③ 03 ②

04 **다음 중 보일러 시운전시 점화전 점검사항으로 가장 거리가 먼 것은?**

① 보일러 수주통, 수위감지부, 수면계의 하부드레인 밸브를 통하여 물을 반복 배출하면서 수위가 정상으로 복귀하는지 확인한다.
② 공동연도인 경우 가동하지 않는 타 보일러의 배기가스 댐퍼가 열려있는지 확인한다.
③ 증기헤더 주증기 밸브에서 송기가 필요하지 않은 증기헤더의 분기 배관의 밸브가 닫혀있는지 확인한다.
④ 압력계, 압력제한기에 부착된 차단밸브등 부속설비의 상태를 확인한다.

공동연도인 경우 가동하지 않는 타 보일러의 배기가스 댐퍼가 닫여있는지 확인한다.

05 **A 상태에서 B 상태로 가는 냉방과정에서 현열비는?**

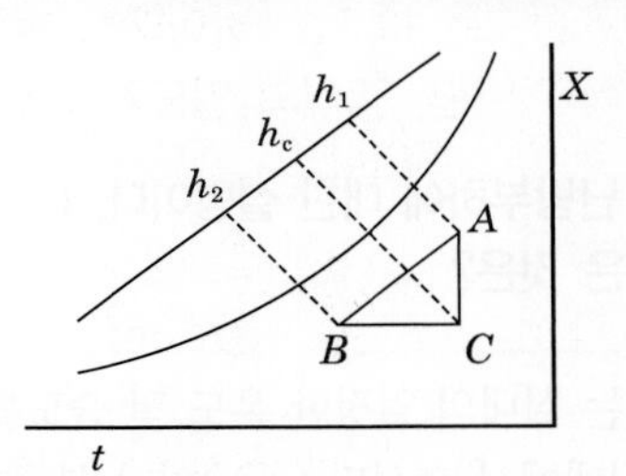

① $\dfrac{h_1-h_2}{h_1-h_c}$　② $\dfrac{h_1-h_c}{h_1-h_2}$

③ $\dfrac{h_1-h_c}{h_c-h_2}$　④ $\dfrac{h_c-h_2}{h_1-h_2}$

현열비$=\dfrac{현열}{전열}=\dfrac{h_c-h_2}{h_1-h_2}$

06 **실내 발생열에 대한 설명으로 틀린 것은?**

① 벽이나 유리창을 통해 들어오는 전도열은 현열뿐이다.
② 여름철 실내에서 인체로부터 발생하는 열은 잠열뿐이다.
③ 실내의 기구로부터 발생열은 잠열과 현열이다.
④ 건축물의 틈새로부터 침입하는 공기가 갖고 들어오는 열은 잠열과 현열이다.

여름철 실내에서 인체로부터 발생하는 열은 현열과 잠열이 있다.

07 **냉동기를 구동시키기 위하여 여름에도 보일러를 가동하는 열원방식은?**

① 터보냉동기 방식
② 흡수식냉동기 방식
③ 빙축열 방식
④ 열병합 발전 방식

흡수식 냉동기는 열원으로 증기나 고온수를 사용하므로 여름에도 보일러를 가동한다.

08 **일정한 건구온도에서 습공기의 성질 변화에 대한 설명으로 틀린 것은?**

① 비체적은 절대습도가 높아질수록 증가한다.
② 절대습도가 높아질수록 노점온도는 높아진다.
③ 상대습도가 높아지면 절대습도는 높아진다.
④ 상대습도가 높아지면 엔탈피는 감소한다.

일정한 건구온도(현열 일정)에서 상대습도가 높아지면(잠열 증가) 엔탈피는 증가한다.

정답 04 ② 05 ④ 06 ② 07 ② 08 ④

09 **복사난방에 관한 설명으로 옳은 것은?**

① 고온식 복사난방은 강판제 패널 표면의 온도를 100[℃] 이상으로 유지하는 방법이다.
② 파이프 코일의 매설 깊이는 균등한 온도분포를 위해 코일 외경과 동일하게 한다.
③ 온수의 공급 및 환수 온도차는 가열면의 균일한 온도분포를 위해 10[℃] 이상으로 한다.
④ 방이 개방상태에서도 난방효과가 있으나 동일 방열량에 대해 손실량이 비교적 크다.

복사난방에서 고온식 복사난방은 패널 표면 온도를 100[℃] 이상으로 유지하며, 파이프 코일의 매설 깊이는 균등한 온도분포를 위해 코일 외경의 1.5배 이상으로 하고, 온수의 공급 및 환수 온도차는 가열면의 균일한 온도분포를 위해 5[℃] 이내로 한다. 복사난방은 방이 개방상태에서도 난방효과가 있으며(고천정, 개방공간에 유리) 동일 방열량에 대해 열손실량이 비교적 적어서 에너지 절약적이다.

10 **다음 중 방열기의 종류로 가장 거리가 먼 것은?**

① 주철제 방열기 ② 강판제 방열기
③ 컨벡터 ④ 응축기

응축기는 냉동기 구성요소이다.

11 **지하 주차장 환기설비에서 천정부에 설치되어 있는 고속노즐로부터 취출되는 공기의 유인효과를 이용하여 오염공기를 국부적으로 희석시키는 방식은?**

① 제트팬 방식 ② 고속덕트 방식
③ 무덕트환기 방식 ④ 고속노즐 방식

고속노즐 방식은 고속노즐로부터 취출되는 공기의 유인효과를 이용한다.

12 **인접실, 복도, 상층, 하층이 공조되지 않는 일반 사무실의 남측 내벽(A)의 손실 열량[kJ/h]은? (단, 설계조건은 실내온도 20[℃], 실외온도 0[℃], 내벽 열통과율[k]은 1.6[W/m² K]로 한다.)**

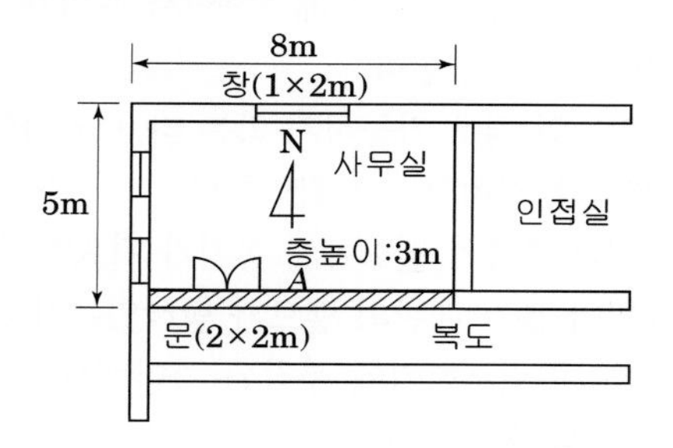

① 320 ② 872
③ 1193 ④ 2937

복도가 공조되지 않는 실이면 실내온도와 외기의 중간온도이므로 10[℃]이다.
$q=KA\Delta t=1.6\times[(3\times8)-(2\times2)]\times(20-10)$
$=320[\mathrm{kJ/h}]$
내벽 부하계산에서 문 부분 부하는 별도 계산한다.

13 **다음은 난방부하에 대한 설명이다. ( )에 적당한 용어로써 옳은 것은?**

> 겨울철에는 실내의 일정한 온도 및 습도를 유지하기 위하여 실내에서 손실된 (㉠)이나 부족한 (㉡)을 보충하여야 한다.

① ㉠ 수분량, ㉡ 공기량
② ㉠ 열량, ㉡ 공기량
③ ㉠ 공기량, ㉡ 열량
④ ㉠ 열량, ㉡ 수분량

겨울철에는 열량이나 수분량을 공급하기 위하여 가열, 가습한다.

정답 09 ① 10 ④ 11 ④ 12 ① 13 ④

14 **고성능의 필터를 측정하는 방법으로 일정한 크기(0.3 μ[m])의 시험입자를 사용하여 먼지의 수를 계측하는 시험법은?**

① 중량법 ② TETD/TA법
③ 비색법 ④ 계수(DOP)법

계수(DOP)법은 HEPA나 ULPA등 고성능 필터 효율 측정에 사용된다.

15 **실내취득열량 중 현열이 35[kW]일 때, 실내온도를 26[℃]로 유지하기 위해 12.5[℃]의 공기를 송풍하고자 한다. 송풍량[m³/min]은?**
(단, 공기의 비열은 1.0[kJ/kg·℃], 공기의 밀도는 1.2[kg/m³]로 한다.)

① 129.6 ② 154.3
③ 308.6 ④ 617.2

$$\text{송풍량} = \frac{q_S}{C\Delta t} = \frac{35}{1.0(26-12.5)}$$
$$= 2.5926[\text{kg/s}] = 155.5[\text{kg/min}] = 129.6[\text{m}^3/\text{min}]$$

16 **개방식 냉각탑의 설계 시 유의사항으로 옳은 것은?**

① 압축식 냉동기 1[RT]당 냉각열량은 3.26[kW]로 한다.
② 쿨링 어프로치는 일반적으로 10[℃]로 한다.
③ 압축식 냉동기 1[RT]당 수량은 외기습구온도가 27[℃]일 때 8[L/min] 정도로 한다.
④ 흡수식냉동기를 사용할 때 열량은 일반적으로 압축식 냉동기의 약 1.7~2.0배 정도로 한다.

압축식 냉동기 1[RT]당 냉각열량은 3.86[kW], 쿨링 어프로치는 일반적으로 5[℃]로 한다. 압축식 냉동기 1[RT] 당 수량은 외기습구온도가 27[℃]일 때 13[L/min] 정도로 한다. 흡수식냉동기를 사용할 때 냉각탑 열량은 일반적으로 압축식 냉동기의 약 1.7~2.0배 정도로 한다.

17 **어떤 실내의 취득열량을 구했더니 감열이 40[kW], 잠열이 10[kW]였다. 실내를 건구온도 25[℃], 상대습도 50[%]로 유지하기 위해 취출 온도차 10[℃]로 송풍하고자 한다. 이 때 현열비(SHF)는?**

① 0.6 ② 0.7
③ 0.8 ④ 0.9

$$\text{현열비} = \frac{\text{현열}}{\text{전열}} = \frac{40}{40+10} = 0.8$$

18 **온수난방 배관 시 유의사항으로 틀린 것은?**

① 배관의 최저점에는 필요에 따라 배관 중의 물을 완전히 배수할 수 있도록 배수 밸브를 설치한다.
② 배관 내 발생하는 기포를 배출시킬 수 있는 장치를 한다.
③ 팽창관 도중에는 밸브를 설치하지 않는다.
④ 증기배관과는 달리 신축 이음을 설치하지 않는다.

온수난방 배관에도 신축 이음을 설치한다.

19 **다음 중 천장이나 벽면에 설치하고 기류방향을 자유롭게 조정할 수 있는 취출구는?**

① 펑커루버형 취출구 ② 베인형 취출구
③ 팬형 취출구 ④ 아네모스탯형 취출구

펑커루버형 취출구는 고속버스 취출구처럼 기류방향을 자유롭게 조정할 수 있는 취출구이다.

20 **수관보일러의 종류가 아닌 것은?**

① 노통연관식 보일러 ② 관류보일러
③ 자연순환식 보일러 ④ 강제순환식 보일러

노통연관식 보일러는 연관 보일러에 속한다.

정답 14 ④ 15 ① 16 ④ 17 ③ 18 ④ 19 ① 20 ①

2 냉동냉장 설비

21 다음 그림에서 냉동효과[kJ/kg]는 얼마인가?

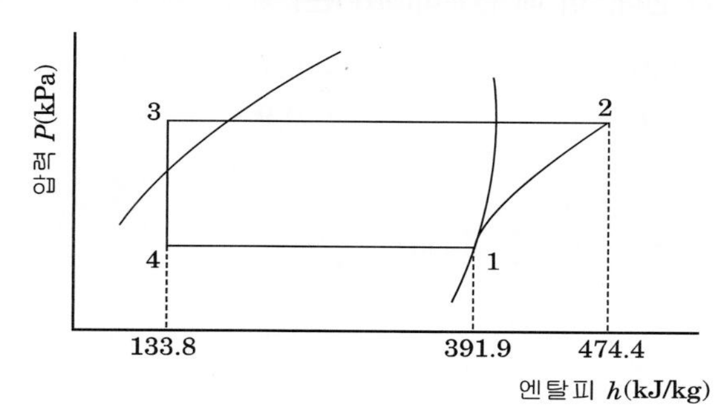

① 340.6 ② 258.1
③ 82.5 ④ 3.13

> 냉동효과 q_2
> 냉매 1kg이 증발기에서 흡수하는 열량
> $q_2 = h_1 - h_4 = 391.9 - 133.8 = 258.1$[kJ/kg]

22 다음 중 공비혼합냉매는 무엇인가?

① R401A ② R501
③ R717 ④ R600

> 복수의 단성분(單成分)냉매(R-22, R-134a 등)을 혼합하여 사용하는 냉매로 비공비혼합냉매(R-404, R-407, R-410A 등의 400번대 냉매)와 공비혼합냉매(R-502, R-507 등 500번대 냉매)가 있다.

23 냉동장치의 냉동능력이 3[RT]이고, 이 때 압축기의 소요동력이 3.7[kW]이였다면 응축기에서 제거하여야 할 열량[kJ/h]은? (단, 1RT=3.86kW)

① 9860 ② 55008
③ 65820 ④ 72140

> $Q_1 = Q_2 + W$
> $= 3 \times 3.86 + 3.7 = 15.28$[kW]$= 55008$[kJ/h]

24 냉동장치의 액분리기에 대한 설명으로 바르게 짝지어 진 것은?

ⓐ 증발기와 압축기 흡입측 배관 사이에 설치한다.
ⓑ 기동 시 증발기내의 액이 교란되는 것을 방지한다.
ⓒ 냉동부하의 변동이 심한 장치에는 사용하지 않는다.
ⓓ 냉매액이 증발기로 유입되는 것을 방지하기 위해 사용한다.

① ⓐ, ⓑ ② ⓒ, ⓓ
③ ⓐ, ⓒ ④ ⓑ, ⓒ

> 액분리기(Accumulator)
> ⓒ 냉동부하의 변동이 심한 장치에는 사용하여 압축기로의 liquid back을 방지한다.
> ⓓ 냉매액이 압축기로 유입되는 것을 방지하기 위해 사용한다.

25 프레온 냉동장치에서 냉매배관을 완성하였을 때 행하는 다음 시험의 순서로 올바른 것은?

ⓐ 진공방치시험 ⓑ 누설시험
ⓒ 진공건조 ⓓ 기밀시험

① ⓐ → ⓑ → ⓒ → ⓓ
② ⓓ → ⓑ → ⓐ → ⓒ
③ ⓑ → ⓓ → ⓒ → ⓐ
④ ⓑ → ⓓ → ⓐ → ⓒ

> ② 냉매배관 완성후 기밀시험과 누설시험으로 기밀상태를 확인하고 진공방치시험과 진공건조한 후 냉매를 충전한다.

정답 21 ② 22 ② 23 ② 24 ① 25 ②

26 암모니아 냉동장치에서 압축기의 토출압력이 높아지는 이유로 틀린 것은?

① 장치 내 냉매 충전량이 부족하다.
② 공기가 장치에 혼입되었다.
③ 순환 냉각수 양이 부족하다.
④ 토출 배관 중의 폐쇄밸브가 지나치게 조여져 있다.

토출압력이 상승하는 원인
㉠ 공기가 냉매계통에 흡입하였다.
㉡ 냉매가 과잉충전되어 있다.
㉢ 냉각수 온도가 높거나 유량이 부족하다.
㉣ 응축기내 냉매배관 및 전열핀이 오염되었다.
㉤ 공기 등의 불응축 가스가 냉동장치 내에 혼입되어 있다.

27 증기압축식 냉동장치에서 응축기의 역할로 옳은 것은?

① 대기 중에서 열을 방출하여 고압의 기체를 액화시킨다.
② 저온, 저압의 냉매기체를 고온, 고압의 기체로 만든다.
③ 대기로부터 열을 흡수하여 열 에너지를 저장한다.
④ 고온, 고압의 냉매기체를 저온, 저압의 기체로 만든다.

응축기는 압축기에서 토출한 고온가스를 대기 중에서 열을 방출, 냉각하여 고압의 기체를 액화시킨다.

28 브라인 냉각장치에서 브라인의 부식방지 처리법이 아닌 것은?

① 공기와 접촉시키는 순환방식 채택
② 브라인의 PH를 7.5~8.2 정도로 유지
③ $CaCl_2$방청제 첨가
④ NaCl 방청제 첨가

브라인의 부식방지 처리법
㉠ 공기와 접촉하면 부식력이 증대하므로 가능한 범위에서 용해도를 크게 하여 공기와 접촉하지 않는 액순환방식을 채택한다.
㉡ 암모니아가 브라인 중에 누설되면 강알칼리성으로 인하여 국부적인 부식현상이 발생하므로 주의한다.
㉢ 브라인의 PH(폐하)는 약 7.5~8.2로 유지해야 한다.
㉣ 염화칼슘($CaCl_2$) 브라인 : 브라인 1[L]에 대하여 중크롬산나트륨($Na_2Cr_2O_7$) 1.6[g]을 용해하고 중크롬산나트륨 100[g]마다 가성소나(NaOH) 27[g]을 첨가한다.
㉤ 염화나트륨(NaCl)브라인 : 브라인 1[L]에 대하여 중크롬산나트륨 3.2[g]을 용해시키고 중크롬산나트륨 100[g]마다 가성소다 27[g]을 첨가한다.
㉥ 방식아연을 사용한다.

29 표준냉동사이클에서 대한 설명으로 옳은 것은?

① 응축기에서 버리는 열량은 증발기에서 취하는 열량과 같다.
② 증기를 압축기에서 단열압축하면 압력과 온도가 높아진다.
③ 팽창밸브에서 팽창하는 냉매는 압력이 감소함과 동시에 열을 방출한다.
④ 증발기 내에서의 냉매증발온도는 그 압력에 대한 포화온도보다 낮다.

① 응축기에서 버리는 열량은 증발기에서 취한 열량에 압축일을 더한 것과 같다.
③ 팽창밸브에서 냉매의 과정은 단열팽창으로 외부로의 열의 출입은 없다.
④ 표준냉동사이클에서 증발기내에서의 증발과정은 등압, 등온과정으로 냉매증발온도는 그 압력에 대한 포화온도와 같다.

정답 26 ① 27 ① 28 ① 29 ②

30 **냉동장치의 운전에 관한 유의사항으로 틀린 것은?**

① 운전 휴지 기간에는 냉매를 회수하고, 저압측의 압력은 대기압보다 낮은 상태로 유지한다.
② 운전 정지 중에는 오일 리턴 밸브를 차단시킨다.
③ 장시간 정지 후 시동 시에는 누설여부를 점검 후 기동시킨다.
④ 압축기를 기동시키기 전에 냉각수를 펌프를 기동시킨다.

> ① 운전 휴지 기간에는 펌프다운(pump down)하여 냉매를 회수하고, 저압측의 압력은 대기압 상태로 유지한다.

31 **쇠고기(지방이 없는 부분) 5ton을 12시간 동안 30℃에서 -15℃까지 냉각할 때의 냉동능력으로 옳은 것은? (단, 쇠고기의 동결점은 -2℃로, 쇠고기의 동결전 비열(지방이 없는 부분)은 0.88Wh/(kg · K)로, 동결후 비열은 0.49Wh/(kg · K), 동결잠열은 65.14Wh/kg으로 한다.)**

① 31.5kW ② 41.5kW
③ 51.7kW ④ 61.7kW

> 1) 30℃에서 -2℃까지 냉각현열부하
> $q = mC\Delta t = 5000 \times 0.88 \times 3.6 \times \{30-(-2)\} = 506,880\text{kJ}$
> (여기서 비열단위
> Wh/(kg · K)=W×3600s/(kg · K)=3600J/(kg · K)
> =3.6kJ/(kg · K)이다.)
> 2) -2℃ 동결 시 잠열부하 :
> $q = m\gamma = 5000 \times 65.14 \times 3.6 = 1,172,520\text{kJ}$
> 3) -2℃에서 -15℃까지 동결 냉각시킬 경우 냉각현열부하
> $q = mC\Delta t = 5000 \times 0.49 \times 3.6 \times \{-2-(-15)\} = 114,660\text{kJ}$
> 따라서 12시간동안 5ton에 대한 전동결부하(냉동능력)는
> $kW = \dfrac{506,880+1,172,520+114,660(\text{kJ})}{12(\text{h})}$
> $= 149,505\text{kJ/h} = 41.53\text{kW}$
> (냉동, 냉장 부하 문제는 냉각 시간 동안의 전체 동결부하(kJ)인지 단위시간 동안의 냉동 능력(kW)인지 정확히 구분해야한다)

32 **다음에 설명한 냉동장치의 유지관리에 대한 설명 가운데 가장 옳지 않은 것은?**

① 냉동장치에 냉매충전량이 매우 부족하면 증발압력이 저하하고, 흡입증기의 과열도가 크게 되어 토출가스 온도가 높아진다.
② 밀폐형 왕복식 압축기를 사용한 냉동장치의 냉매충전량이 부족하면 흡입증기에 의한 구동용 전동기의 냉각이 불충분하게 되고 심하면 전동기가 손상된다.
③ 흡입배관의 도중에 큰 U 트랩이 있으면 운전정지 중에 응축된 냉매액이나 오일이 고여 있어도 압축기 시동 시 액복귀 현상은 발생하지 않는다.
④ 운전정지 중에 증발기에 냉매액이 다량으로 채류하고 있으면 압축기를 시동할 때에 액복귀가 발생할 수 있다.

> ③ 흡입배관의 도중에 큰 U 트랩이 있으면 운전정지 중에 응축된 냉매액이나 오일이 모여, 압축기 시동 시 액복귀 현상이 발생할 수 있다.

33 **냉동설비의 각 시설별 정기검사 항목으로 가장 거리가 먼 것은?**

① 가스누출 검지경보장치
② 강제환기시설
③ 용접부 비파괴검사
④ 안전용 접지기기, 방폭전기기기

> 용접부 비파괴검사는 배관 설치시 품질관리 사항이며 정기검사 항목과는 거리가 멀다.

34 **2단 압축식 냉동장치에서 증발압력부터 중간압력까지 압력을 높이는 압축기를 무엇이라고 하는가?**

① 부스터 ② 에코노마이저
③ 터보 ④ 루트

정답 30 ① 31 ② 32 ③ 33 ③ 34 ①

부스터 압축기(booter compressor)
부스터 압축기란 저온용 냉동기에 사용되는 보조적인 압축기로서 1대의 압축기로 저온을 얻을 수 없을 경우에 증발기에서 발생한 냉매가스를 일단 저압 압축기에 흡입하여 주압축기의 흡입압력까지 압축하여 이것을 중간냉각기를 경유하여 주압축기로 보낸다. 이와 같이 저온을 얻는 것을 목적으로 사용하는 저압압축기를 부스터라 부르고 동력을 절약할 목적으로 사용된다. 일종의 2단 압축식 냉동장치에서 저압측 압축기를 말한다.

35 엔트로피에 관한 설명으로 틀린 것은?

① 엔트로피는 자연현상의 비가역성을 나타내는 척도가 된다.
② 엔트로피를 구할 때 적분경로는 반드시 가역변화여야 한다.
③ 열기관이 가역사이클이면 엔트로피는 일정하다.
④ 열기관이 비가역사이클이면 엔트로피는 감소한다.

④ 열기관이 비가역사이클이면 엔트로피는 증가한다.

36 R-22 냉매의 압력과 온도를 측정하였더니 압력이 1.55[MPa·abs], 온도가 30[℃]였다. 이 냉매의 상태는 어떤 상태인가? (단, R-22 냉매의 온도기 30[℃]일 때 포화압력은 1.2[MPa·abs]이다.)

① 포화상태
② 과열 상태인 증기
③ 과냉 상태인 액체
④ 응고상태인 고체

측정 냉매의 상태가 30℃의 포화압력보다 높은 압력이므로 냉매의 상채는 과냉 상태의 액체이다.

37 프레온 냉매를 사용하는 수냉식 응축기의 순환수량이 20[L/min]이며, 냉각수 입·출구 온도차가 5.5[℃]였다면, 이 응축기의 방출열량[kJ/h]은? (단, 냉각수 비열은 4.19kJ/kgK이다)

① 11000 ② 24300
③ 27654 ④ 34562

$Q_1 = m \cdot c \cdot \Delta t = 20 \times 60 \times 4.19 \times 5.5 = 27654[kJ/h]$

38 냉동장치의 압력스위치에 대한 설명으로 틀린 것은?

① 고압스위치는 이상고압이 될 때 냉동장치를 정지시키는 안전장치이다.
② 저압스위치는 냉동장치의 저압측 압력이 지나치게 저하하였을 때 전기회로를 차단하는 안전장치이다.
③ 고저압스위치는 고압스위치와 저압스위치를 조합하여 고압측이 일정압력 이상이 되거나 저압측이 일정압력보다 낮으면 압축기를 정지시키는 스위치이다.
④ 유압스위치는 윤활유 압력이 어떤 원인으로 일정압력 이상으로 된 경우 압축기의 훼손을 방지하기 위하여 실시하는 보존장치이다.

유압(보호)스위치(OPS)
유압스위치는 윤활유 압력이 어떤 원인으로 일정압력 이하로 된 경우 압축기의 훼손을 방지하기 위하여 설치하는 안전장치이다.

39 스크롤압축기의 특징에 대한 설명으로 틀린 것은?

① 부품수가 적고 고속회전이 가능하다.
② 소요토크의 영향으로 토출가스의 압력변동이 심하다.
③ 진동 소음이 적다.
④ 스크롤의 설계에 의해 압축비가 결정되는 특징이 있다.

정답 35 ④ 36 ③ 37 ③ 38 ④ 39 ②

스크롤압축기의 특징
㉠ 부품수가 적고 높은 압축비로 운전해도 고효율운전이 가능하다.
㉡ 고효율(체적효율, 압축효율 및 기계효율)이고 고속회전에 적합하다.
㉢ 비교적 액압축에 강하고 토크변동, 진동, 소음이 적다.
㉣ 흡입 및 토출변이 필요가 없으나 토출측에 역지변을 부착하는 것이 많다. 역지변은 정지시에 고·저압의 차압에 의한 선회스크롤의 역전방지용이다.
㉤ 스크롤의 설계구조시 내부용적비(압축의 시점과 종점의 용적비)가 정해져 있다. 따라서 스크롤압축기를 설계시 압력비와 크게 다른 운전조건으로 사용할 경우 스크롤을 별도로 설계한 압축기를 사용해야 한다.
㉥ 룸 에어컨, 소용업무용 등에 폭넓게 사용되고 있다.

40 암모니아 냉동장치에서 팽창밸브 직전의 냉매액의 온도가 25[℃]이고, 압축기 흡입가스가 -15[℃]인 건조포화증기이다. 냉동능력 15[RT]가 요구될 때 필요 냉매순환량[kg/h]은? (단, 냉매순환량 1[kg]당 냉동효과는 1126[kJ]이다.)

① 168 ② 172
③ 185 ④ 212

$Q_2 = G \cdot q_2$에서

$$G = \frac{Q_2}{q_2} = \frac{15 \times 3.86 \times 3600}{1126} = 185[\text{kg/h}]$$

3 공조냉동 설치·운영

41 온수난방 배관 시공 시 유의사항에 관한 설명으로 틀린 것은?

① 배관은 1/250 이상의 일정기울기로 하고 최고부에 공기빼기 밸브를 부착한다.
② 고장 수리용으로 배관의 최저부에 배수밸브를 부착한다.
③ 횡주배관 중에 사용하는 레듀서는 되도록 편심레듀서를 사용한다.
④ 횡주관의 관말에는 관말 트랩을 부착한다.

온수난방 배관에 관말 트랩은 불필요하며 증기난방에 사용된다.

42 다음중 자동제어 장치(공기식) 점검항목으로 가장 거리가 먼 것은?

① 발신기의 청소, 공기 누설여부 및 압력 점검
② 연산기의 청소, 공기 누설여부 및 압력 점검
③ 검출기의 청소, 단자이완, 출력/지시치 점검
④ 차압 검지관의 점검

차압 검지관은 에어필터 구성요소에 해당한다.

43 보일러 세관공사에서 화학세정에 대한 설명으로 가장 거리가 먼 것은?

① 화학세정은 스케일을 단시간 내에 제거할 수 있어 보일러의 정지시간을 줄일 수 있다.
② 화학세정은 아무리 복잡한 구조의 보일러도 작업이 가능하다
③ 산세중에는 유해가스가 발생하지 않아 안전하고 배출설비도 불필요하다.
④ 산세정후에 보일러 효율이 향상된다.

정답 40 ③ 41 ④ 42 ④ 43 ③

산세중에는 탄산가스, 수소가스, 불산가스등 유해가스가 발생하므로 화기에 주의하고, 적절히 배출시켜야 한다.

44 아래 덕트(저속덕트) 평면도를 보고 0.8t 철판 면적을 산출 하시오.(단, 덕트 장변길이 450mm 이하 : 0.5t, 750mm 이하 : 0.6t, 1500mm 이하 : 0.8t적용 덕트 철판 재료 할증률은 28% 적용)

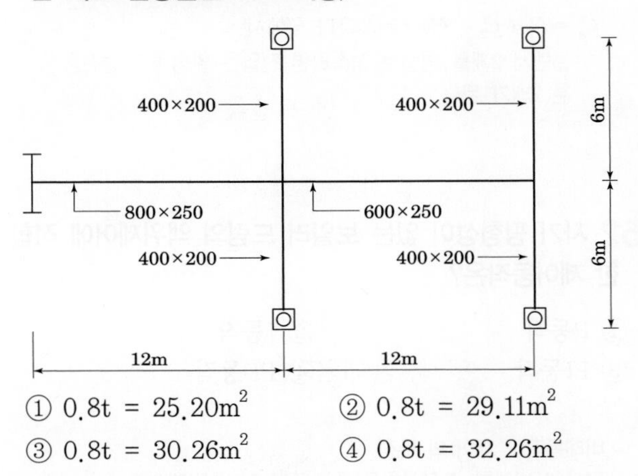

① 0.8t = 25.20m^2　　② 0.8t = 29.11m^2
③ 0.8t = 30.26m^2　　④ 0.8t = 32.26m^2

위 평면도에서 0.8t는 1500 이하이며 도면에서 800×250 덕트만 해당한다.
800×250 덕트 총길이는 12m, 1개이므로 12m 이다.
800×250 덕트는 둘레길이가 (0.8+0.25)×2=2.1m 이고 길이가 12m 이므로
덕트 면적=2.1×12=25.2m^2
철판 면적은 28% 할증 = 25.2×1.28 = 32.26m^2

45 에너지 관리기준에 대한 설명으로 거리가 먼 것은?

① 보일러는 기준 공기비를 기준으로 설비의 성능, 환경보전 등을 감안하여 공기비를 낮게 유지하도록 관리표준을 설정하여 이행한다.
② 보일러는 배가스에 의한 열손실을 최소화하고, 대기환경을 보전하기 위하여 NOX 및 불완전 연소에 의한 그을음, CO 발생이 최소화되도록 최종배기온도 및 CO농도에 대한 관리표준을 설정하여 이행한다.
③ 보일러는 부하의 변동 조건에 관계없이 최고의 성능을 유지할 수 있도록 100% 정상부하 상태에서 운전이 되도록 하여야 한다.
④ 난방 및 급탕설비 점검 및 보수 : 보일러는 본체 및 부속장치, 보온 및 단열부 등의 정기적인 점검 및 보수를 실시하여 양호한 상태를 유지한다.

보일러는 부하조건에 따라 최고의 성능을 유지할 수 있도록 비례제어운전이 되도록 하며, 부하의 변동이 예상되는 경우에는 보일러 설비를 대수 분할하여 대수제어 운전을 하여야 한다.

46 다음은 횡형 셸 튜브 타입 응축기의 구조도이다. 열전달 효율을 고려하여 냉매 가스의 입구 측 배관은 어느 곳에 연결하여야 하는가?

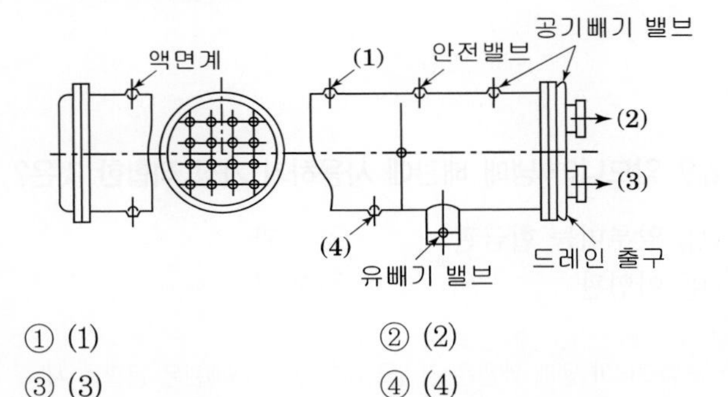

① (1)　　② (2)
③ (3)　　④ (4)

응축기에서
(1) : 냉매가스 입구　　(4) : 냉매액 출구
(3) : 냉각수 입구　　(2) : 냉각수출구

47 펌프 주변 배관 설치 시 유의사항으로 틀린 것은?

① 흡입관은 되도록 길게 하고 굴곡부분은 적게 한다.
② 펌프에 접속하는 배관의 하중이 직접 펌프로 전달되지 않도록 한다.
③ 배관의 하단부에는 트레인 밸브를 설치한다.
④ 흡입측에는 스트레이너를 설치한다.

정답 44 ④　45 ③　46 ①　47 ①

펌프 주변 배관에서 흡입관은 되도록 짧게 하고 굴곡부분은 적게 한다.

48 급수관의 관 지름 결정 시 유의사항으로 틀린 것은?

① 관 길이가 길면 마찰손실도 커진다.
② 마찰손실은 유량, 유속과 관계가 있다.
③ 가는 관을 여러 개 쓰는 것이 굵은 관을 쓰는 것보다 마찰손실이 적다.
④ 마찰손실은 고저차가 크면 클수록 손실도 커진다.

가는 관을 여러 개 쓰는 것이 굵은 관을 쓰는 것보다 마찰손실이 많다.

49 암모니아 냉매 배관에 사용하기 가장 적합한 것은?

① 알루미늄 합금관 ② 동관
③ 아연관 ④ 강관

암모니아 냉매 배관은 강관을, 프레온 냉매배관은 동관을 사용한다.

50 증기난방 설비 시공 시 수평주관으로부터 분기 입상시키는 경우 관의 신축을 고려하여 2개 이상의 엘보를 이용하여 설치하는 신축이음은?

① 스위블 이음 ② 슬리브 이음
③ 벨로즈 이음 ④ 플렉시블 이음

스위블 이음이란 2개 이상의 엘보를 이용하여 설치하는 신축이음으로 방열기 주변 배관에 주로 쓰인다.

51 동일 규격의 축전지 2개를 병렬로 연결한 경우 옳은 것은?

① 전압과 용량이 각각 2배가 된다.
② 전압은 $\frac{1}{2}$배, 용량은 2배가 된다.
③ 용량은 $\frac{1}{2}$배, 전압은 2배가 된다.
④ 전압은 불변이고, 용량은 2배가 된다.

$C_p = C_1 + C_2 = C + C = 2C$[F] 식에서
∴ 콘덴서 2개를 병렬로 접속하면 전압은 일정하고 정전용량은 2배가 된다.

52 자기 평형성이 없는 보일러 드럼의 액위제어에 적합한 제어동작은?

① P동작 ② I동작
③ PI동작 ④ PD동작

비례동작(P 제어)의 특징
편차에 비례한 조작신호를 출력하며 자기 평형성이 없는 보일러 드럼의 액위제어와 같이 입력신호와 파형은 같고 크기만 변화하는 제어동작이다.

53 제벡 효과(Seebeck Effect)를 이용한 센서에 해당하는 것은?

① 저항 변화용 ② 인덕턴스 변화용
③ 용량 변화용 ④ 전압 변화용

센서의 종류
(1) CdS(광 센서) : 빛의 양에 의해 저항값이 변하는 광 가변저항 센서이다.
(2) 광전형센서 : 광전효과를 이용하여 빛이 직접 전기신호로 바뀌어 동작하게 되는 전압 변화형 센서로서 반도체의 pn 접합 기전력을 이용한다. 포토 다이오드나 포토 TR등이 있다.
(3) 열기전력형 센서 : 열전효과(제벡효과)를 이용하여 열전대쌍에 응용되는 철, 콘스탄탄가 같은 금속을 이용하는 전압 변화형 센서로서 열전온도계 등에 이용된다.

정답 48 ③ 49 ④ 50 ① 51 ④ 52 ① 53 ④

54 그림과 같은 유접점 회로를 간단히 한 회로는?

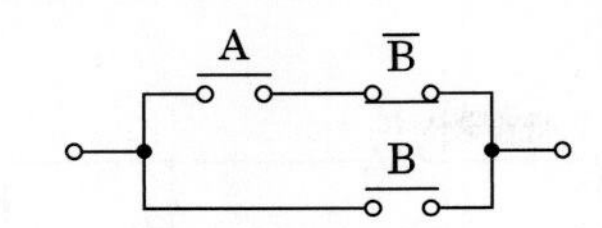

① 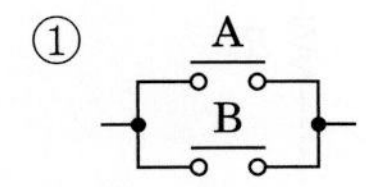

② A B (직렬)

③ $\overline{A}$, B (병렬)

④ A, $\overline{B}$ (병렬)

출력식$=A\overline{B}+B=(A+B)\cdot(B+\overline{B})$
$=(A+B)\cdot 1=A+B$ 이므로
∴ A와 B의 OR 회로인 ①번이다.

55 농형 유도전동기의 기동법이 아닌 것은?

① 전전압기동법　　② 기동보상기법
③ Y－Δ 기동법　　④ 2차 저항법

유도전동기의 기동법

구분	종류	특징
농형 유도전동기	전전압 기동법	5.5[kW] 이하의 소형에 적용
	Y-△ 기동법	5.5[kW]를 초과하고 15[kW] 이하에 적용
	리액터 기동법	15[kW]를 넘는 전동기에 적용
	기동 보상기법	15[kW]를 넘는 전동기에 적용
권선형 유도전동기	2차 저항 기동법	비례추이원리를 이용
	2차 임피던스 기동법	－
	게르게스 기동법	－

56 그림과 같이 블록선도와 등가인 것은?

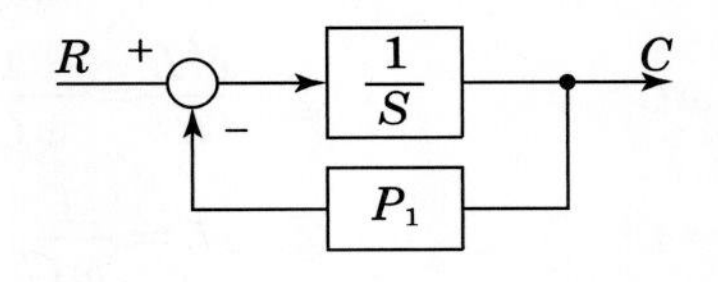

① $R \rightarrow \boxed{\frac{S}{P_1}} \rightarrow C$　　② $R \rightarrow \boxed{S+P_1} \rightarrow C$

③ $R \rightarrow \boxed{\frac{1}{S+P_1}} \rightarrow C$　　④ $R \rightarrow \boxed{\frac{P_1}{S}} \rightarrow C$

$G(s)=\dfrac{\text{전향이득}}{1-\text{루프이득}}$ 식에서

전향이득$=\dfrac{1}{S}$, 루프이득$=-\dfrac{P_1}{S}$ 이므로

$$\therefore\ G(s)=\frac{C}{R}=\frac{\frac{1}{S}}{1+\frac{P_1}{S}}=\frac{1}{S+P_1}$$

57 다음 중 직류 분권전동기의 용도에 적합하지 않은 것은?

① 압연기　　② 제지기
③ 송풍기　　④ 기중기

직류 분권전동기의 특징과 용도
(1) 특징
㉠ 부하전류에 따른 속도 변화가 거의 없는 정속도 특성뿐만 아니라 계자 저항기로 쉽게 속도를 조정할 수 있으므로 가변속도제어가 가능하다.
㉡ 무여자 상태에서 위험속도로 운전하기 때문에 계자회로에 퓨즈를 넣어서는 안 된다.
(2) 용도 : 공작기계, 콘베이어, 송풍기
∴ 기중기는 기동토크가 커야하므로 직류 직권전동기의 용도로 적합하다.

정답 54 ① 55 ④ 56 ③ 57 ④

58 R-L-C 직렬회로에서 전류가 최대로 되는 조건은?

① $\omega L = \omega C$ ② $\dfrac{\omega^2 L}{R} = \dfrac{1}{\omega CR}$

③ $\omega LC = 1$ ④ $\omega L = \dfrac{1}{\omega C}$

직렬공진

(1) $X_L - X_C = 0$, $X_L = X_C$, $\omega L = \dfrac{1}{\omega C}$

(2) 최소 임피던스로 되고 최대전류가 흐르며 소비전력이 최대가 된다.

(3) 공진주파수는 $f = \dfrac{1}{2\pi\sqrt{LC}}$ [Hz]이다.

59 피드백제어에서 반드시 필요한 장치는?

① 안정도를 향상시키는 장치
② 응답속도를 개선시키는 장치
③ 구동장치
④ 입력과 출력을 비교하는 장치

피드백 제어계는 입력과 출력을 비교할 수 있는 비교부를 반드시 필요로 한다.

60 그림과 같은 회로에서 저항 R_2에 흐르는 전류 I_2[A]는?

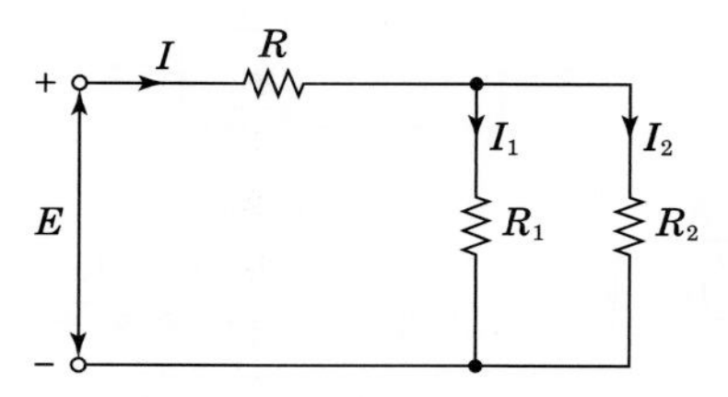

① $\dfrac{I \cdot T(R_1 + R_2)}{R_1}$ ② $\dfrac{I \cdot T(R_1 + R_2)}{R_2}$

③ $\dfrac{I \cdot R_2}{R_1 + R_2}$ ④ $\dfrac{I \cdot R_1}{R_1 + R_2}$

$I_1 = \dfrac{R_2 I}{R_1 + R_2}$ [A], $I_2 = \dfrac{R_1 I}{R_1 + R_2}$ [A] 이므로

$\therefore\ I_2 = \dfrac{R_1 I}{R_1 + R_2}$ [A]이다.

정답 58 ④ 59 ④ 60 ④

모의고사 제9회 실전 모의고사

1 공기조화 설비

01 극간풍을 방지하는 방법으로 적합하지 않는 것은?

① 실내를 가압하여 외부보다 압력을 높게 유지한다.
② 건축의 건물 기밀성을 유지한다.
③ 이중문 또는 회전문을 설치한다.
④ 실내외 온도차를 크게 한다.

실내외 온도차를 크게 할수록 극간풍은 증가한다.

02 어떤 실내의 전체 취득열량이 9kW, 잠열량이 2.5kW 이다. 이 때 실내를 26[℃], 50[%](RH)로 유지시키기 위해 취출 온도차를 10[℃]로 일정하게 하여 송풍한다면 실내 현열비는 얼마인가?

① 0.28
② 0.68
③ 0.72
④ 0.88

$$현열비 = \frac{현열}{전열} = \frac{9-2.5}{9} = 0.72$$

03 건구온도(t_1) 5℃, 상대습도 80%인 습공기를 공기 가열기를 사용하여 건구온도(t_2) 43℃가 되는 가열공기 950m³/h을 얻으려고 한다. 이 때 가열에 필요한 열량(kW)은?

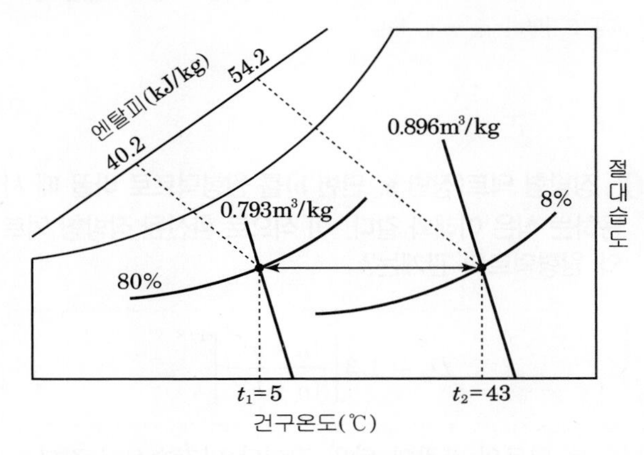

① 2.14 ② 4.65
③ 8.97 ④ 11.02

1) 우선 가열공기 950m³/h이 5℃ 공기라면 질량으로 고치면

$$m = \frac{Q}{\nu} = \frac{950}{0.793} = 1,198\text{kg/h}$$

가열량은 엔탈피를 이용하여 $q = m\Delta h$ 에서

$$q = m\Delta h = 1198(54.2-40.2) = 16,772\text{kJ/h} = 4.65\text{kW}$$

2) 가열공기 950m³/h이 43℃ 공기일 때, 질량으로 고치면

$$m = \frac{Q}{\nu} = \frac{950}{0.896} = 1060\text{kg/h}$$

가열량은 엔탈피를 이용하여 $q = m\Delta h$ 에서

$$q = m\Delta h = 1060(54.2-40.2) = 14,840\text{kJ/h} = 4.12\text{kW}$$

※ 문제에서 43℃ 가열공기라 했으므로 2)풀이가 가깝지만 정답에서 구하면 1)풀이가 답이다.

정답 01 ④ 02 ③ 03 ②

04 냉방부하 계산 결과 실내취득열량은 q_R, 송풍기 및 덕트 취득열량은 q_F, 외기부하는 q_O, 펌프 및 배관 취득열량은 q_P 일 때, 공조기 부하를 바르게 나타낸 것은?

① $q_R + q_O + q_P$　② $q_F + q_O + q_P$
③ $q_R + q_O + q_F$　④ $q_R + q_P + q_F$

공조기부하에 펌프 및 배관 취득열량(q_P)은 포함되지 않는다.
공조기부하=$q_R + q_O + q_F$

05 장방형 덕트(장변 a, 단변 b)를 원형덕트로 바꿀 때 사용하는 식은 아래와 같다. 이 식으로 환산된 장방형 덕트와 원형덕트의 관계는?

$$D_e = 1.3\left[\frac{(a \cdot b)^5}{(a+b)^2}\right]^{1/8}$$

① 두 덕트의 풍량과 단위 길이당 마찰손실이 같다.
② 두 덕트의 풍량과 풍속이 같다.
③ 두 덕트의 풍속과 단위 길이당 마찰손실이 같다.
④ 두 덕트의 풍량과 풍속 및 단위 길이당 마찰 손실이 모두 같다.

위식으로 환산된 장방형 덕트와 원형 덕트는 풍량과 단위 길이당 마찰손실이 같다.

06 덕트를 설계할 때 주의사항으로 틀린 것은?

① 덕트를 축소할 때 각도는 30° 이하로 되게 한다.
② 저속 덕트 내의 풍속은 15[m/s] 이하로 한다.
③ 장방형 덕트의 종횡비는 4:1 이상 되게 한다.
④ 덕트를 확대할 때 확대각도는 15° 이하로 되게 한다.

장방형 덕트의 종횡비는 4:1 이하가 되게 한다.

07 날개 격자형 취출구에 대한 설명으로 틀린 것은?

① 유니버셜형은 날개를 움직일 수 있는 것이다.
② 레지스터란 풍량조절 셔터가 있는 것이다.
③ 수직 날개형은 실의 폭이 넓은 방에 적합하다.
④ 수평 날개형 그릴이라고도 한다.

날개 격자형 취출구는 수평, 수직 날개형 그릴이라고도 한다.

08 다음 중 실내 환경기준 항목이 아닌 것은?

① 부유분진의 양　② 상대습도
③ 탄산가스 함유량　④ 메탄가스 함유량

실내 환경기준 항목에 메탄가스 함유량은 없다.

09 공조기 내에 흐르는 냉·온수 코일의 유량이 많아서 코일 내에 유속이 너 무 빠를 때 사용하기 가장 적절한 코일은?

① 풀서킷 코일(full circuit coil)
② 더블서킷 코일(double circuit coil)
③ 하프서킷 코일(half circuit coil)
④ 슬로서킷 코일(slow circuit coil)

더블서킷 코일은 유량이 2배로 흐를 수 있어서 유속이 낮다.

10 공기여과기의 성능을 표시하는 용어 중 가장 거리가 먼 것은?

① 제거효율　② 압력손실
③ 집진용량　④ 소재의 종류

소재의 종류와 공기여과기의 성능은 직접적인 관계가 없다.

정답 04 ③ 05 ① 06 ③ 07 ④ 08 ④ 09 ② 10 ④

11 **다음 중 보일러 시운전시 보일러 점화 시 점검사항과 작동 순서에서 가장 거리가 먼 것은?**

① 보일러 연소실내 미연소 가스를 송풍기를 통하여 충분히 배출한 후 점화한다.
② 시퀀스 컨트롤에 따라 프리퍼지(미연가스 배출) → 파이롯트 버너점화(점화용 버너점화) → 주연료분사, 주버너 점화의 순으로 진행한다.
③ 소화 후에는 포스트 퍼지(소화 후 미연가스 배출)가 이루어지지만 1차 점화에 실패하면 그 원인을 찾아 보완한 후 재차 점화를 시행하며 2차 점화에도 실패하면 전문업체에 정비를 의뢰하여야 한다.
④ 점화가 안될 경우 반복적인 점화 시도로 점화가 될 때까지 계속 조작한다.

점화가 안될 경우 반복적인 점화 시도는 가스 폭발의 원인이 되므로 주의하여야 하며 점화가 안되는 원인을 보완한후 재차 점화를 시행한다.

12 **8000[W]의 열을 발산하는 기계실의 온도를 외기 냉방하여 26[℃]로 유지하기 위해 필요한 외기도입량[m^3/h]은? (단, 밀도는 1.2[kg/m^3], 공기 정압비열은 1.01[kJ/kg·℃], 외기온도는 11[℃]이다.)**

① 600.06 ② 1584.16
③ 1851.85 ④ 2160.22

$$Q=\frac{q}{\gamma C\Delta t}=\frac{8000\div 1000}{1.2\times 1.01(26-11)}$$
$$=0.440[m^3/s]=1584.16[m^3/h]$$

13 **송풍기의 회전수 변환에 의한 풍량 제어 방법에 대한 설명으로 틀린 것은?**

① 극수를 변환한다.
② 유도전동기의 2차측 저항을 조정한다.
③ 전동기에 의한 회전수에 변화를 준다.
④ 송풍기 흡입측에 있는 댐퍼를 조인다.

송풍기 흡입측에 있는 댐퍼를 조이는 방법은 회전수 변환에 의한 풍량 제어 방법은 아니다.

14 **공기조화방식의 분류 중 전공기 방식에 해당되지 않는 것은?**

① 팬코일 유닛 방식 ② 정풍량 단일덕트 방식
③ 2중덕트 방식 ④ 변풍량 단일덕트 방식

팬코일 유닛 방식은 전수식에 속한다.

15 **증기난방에 대한 설명으로 옳은 것은?**

① 부하의 변동에 따라 방열량을 조절하기가 쉽다.
② 소규모 난방에 적당하며 연료비가 적게 든다.
③ 방열면적이 작으며 단시간 내에 실내온도를 올릴 수 있다.
④ 장거리 열수송이 용이하며 배관의 소음 발생이 작다.

증기난방은 부하의 변동에 따라 방열량을 조절하기가 어렵고, 대규모 난방에 적당하며 연료비는 적게 드는편이고, 방열면적이 작으며 단시간 내에 실내온도를 올릴 수 있다. 장거리 열수송이 용이하며 배관의 소음 발생이 크다.

16 **상당방열면적을 계산하는 식에서 q_o는 무엇을 뜻하는가?**

$$EDR=\frac{H_r}{q_o}$$

① 상당 증발량 ② 보일러 효율
③ 방열기의 표준 방열량 ④ 방열기의 전방열량

H_r은 방열기의 전방열량이고, q_o는 방열기의 표준 방열량이다.

정답 11 ④ 12 ② 13 ④ 14 ① 15 ③ 16 ③

17 **다음 중 공기조화기 부하를 바르게 나타낸 것은?**

① 실내부하+외기부하+덕트통과열부하+송풍기부하
② 실내부하+외기부하+덕트통과열부하+배관통과열부하
③ 실내부하+외기부하+송풍기부하+펌프부하
④ 실내부하+외기부하+재열부하+냉동기부하

공기조화기 부하 = 실내부하 + 외기부하 + 덕트통과열부하 + 송풍기부하이며, 배관부하, 펌프부하는 포함되지 않는다.

18 **환기의 목적이 아닌 것은?**

① 실내공기 정화 ② 열의 제거
③ 소음 제거 ④ 수증기 제거

소음 제거는 환기로 할 수 없다.

19 **중앙 공조기의 전열교환기에서는 어떤 공기가 서로 열교환을 하는가?**

① 환기와 급기 ② 외기와 배기
③ 배기와 급기 ④ 환기와 배기

전열교환기는 도입하는 외기와 버려지는 배기 사이에 열교환이 이루어진다.

20 **일반적인 취출구의 종류가 아닌 것은?**

① 라이트-트로퍼(light-troffer)형
② 아네모스탯(annemostat)형
③ 머시룸(mushroom)형
④ 웨이(way)형

머시룸(mushroom)형은 바닥에 설치하는 흡입구이다.

2 냉동냉장 설비

21 **증기 압축식 사이클과 흡수식 냉동 사이클에 관한 비교 설명으로 옳은 것은?**

① 증기 압축식 사이클은 흡수식에 비해 축동력이 적게 소요된다.
② 흡수식 냉동 사이클은 열구동 사이클이다.
③ 흡수식은 증기 압축식의 압축기를 흡수기와 펌프가 대신한다.
④ 흡수식의 성능은 원리상 증기 압축식에 비해 우수하다.

① 증기 압축식 사이클은 흡수식에 비해 축동력이 많이 소요된다.
③ 흡수식은 증기 압축식의 압축기를 흡수기와 발생기가 대신한다.
④ 증기 압축식이 성능은 원리상 흡수식에 비해 우수하다.

22 **저온용 냉동기에 사용되는 보조적인 압축기로서 저온을 얻을 목적으로 사용되는 것은?**

① 회전 압축기(rotary compressor)
② 부스터(booster)
③ 밀폐식 압축기(hermetic compressor)
④ 터보 압축기(turbo compressor)

부스터 압축기(booter compressor)
부스터 압축기란 저온용 냉동기에 사용되는 보조적인 압축기로서 1대의 압축기로 저온을 얻을 수 없을 경우에 증발기에서 발생한 냉매가스를 일단 저압 압축기에 흡입하여 주압축기의 흡입압력까지 압축하여 이것을 중간냉각기를 경유하여 주압축기로 보낸다. 이와 같이 저온을 얻는 것을 목적으로 사용하는 저압압축기를 부스터라 부르고 동력을 절약할 목적으로 사용된다.

정답 17 ① 18 ③ 19 ② 20 ③ 21 ② 22 ②

23 얼음 제조 설비에서 깨끗한 얼음을 만들기 위해 빙관 내로 공기를 송입, 물을 교반시키는 교반장치의 송풍압력[kPa]은 어느 정도인가?

① 2.5~8.5 ② 19.6~34.3
③ 62.8~86.8 ④ 101.3~132.7

제빙관내의 공기 교반(攪拌)장치
제빙관(製氷罐) 속의 물을 정지한 상태로 빙결하면 물속에 용해된 불순물이나 공기가 얼음 속에 포함되기 때문에 얼음이 불투명하게 된다. 따라서 제빙관속에 세관(細管 : drop tube)을 삽입하여 공기 거품을 수중으로 방출하고 계속해서 공기로서 교반시켜 유동상태에서 빙결시킨다. 이때에 공기를 불어넣는 송풍기로 로타리식이 많이 사용되며 송풍압력은 19.6~34.3[kPa]이다.

24 다음 중 무기질 브라인이 아닌 것은?

① 염화칼슘 ② 염화마그네슘
③ 염화나트륨 ④ 트리클로로에틸렌

㉠ 무기질 브라인 : 염화칼슘($CaCl_2$), 염화나트륨(NaCl), 염화마그네슘($MgCl_2$)
㉡ 유기질 브라인 : 에틸렌글리콜, 프로필렌글리콜, 알코올, 염화메틸(R-11), 메틸렌클로라이드

25 유량 100[L/min]의 물을 15[℃]에서 9[℃]로 냉각하는 수냉각기가 있다. 이 냉동 장치의 냉동효과가 168[kJ/kg]일 경우 냉매순환량[kg/h]은? (단, 물의 비열은 4.2[kJ/kg·K]로 한다.)

① 700 ② 800
③ 900 ④ 1000

$Q_2 = G \times q_2 = mc\Delta t$에서 냉매순환량

$$G = \frac{mc\Delta t}{q_2} = \frac{100 \times 60 \times 4.2 \times (15-9)}{168} = 900[\text{kg/h}]$$

26 히트 파이프의 특징에 관한 설명으로 틀린 것은?

① 등온성이 풍부하고 온도상승이 빠르다.
② 사용온도 영역에 제한이 없으며 압력손실이 크다.
③ 구조가 간단하고 소형 경량이다.
④ 증발부, 응축부, 단열부로 구성되어 있다.

히트 파이프(heat pipe)
히트 파이프는 작동유체의 온도범위에 따라 극저온, 상온, 고온의 세 가지로 구분된다.
㉠ 극저온(122 K 이하) : 수소, 네온, 질소, 산소, 메탄
㉡ 상온(122~628 K) : 프레온, 메탄올, 암모니아, 물
㉢ 고온(628 K 이상) : 수은, 세슘, 칼륨, 나트륨, 리튬, 은

27 응축 부하계산법이 아닌 것은?

① 냉매순환량×응축기 입·출구 엔탈피차
② 냉각수량×냉각수 비열×응축기 냉각수 입·출구 온도차
③ 냉매순환량×냉동효과
④ 증발부하+압축일량

응축 부하(Q_1)계산법
㉠ $Q_1 = G \cdot \Delta h$
㉡ $Q_1 = Q_2 + W$
㉢ $Q_1 = m \cdot c \cdot \Delta t$
㉣ $Q_1 = K \cdot A \cdot \Delta t_m$
㉤ $Q_1 = C \cdot Q_2$
여기서, G : 냉매순환량
Δh : 응축기 입·출구 엔탈피차
Q_2 : 냉동능력(증발부하)
W : 압축일량
m : 냉각수량
c : 냉각수 비열
Δt : 응축기 냉각수 입·출구온도차
K : 응축기 열통과율
A : 응축기 전열면적
Δt_m : 응축온도와 냉각수 평균온도차
C : 방열계수

정답 23 ② 24 ④ 25 ③ 26 ② 27 ③

28 냉동장치의 운전 중에 냉매가 부족할 때 일어나는 현상에 대한 설명으로 틀린 것은?

① 고압이 낮아진다.
② 냉동능력이 저하한다.
③ 흡입관에 서리가 부착되지 않는다.
④ 저압이 높아진다.

냉동장치의 운전 중에 냉매가 부족할 때 일어나는 현상
㉠ 고압(토출압력)의 감소
㉡ 냉동능력의 감소
㉢ 흡입가스의 과열(흡입관에 서리가 부착되지 않는다.)
㉣ 토출가스의 온도 상승
㉤ 저압강하

29 탱크식 증발기에 관한 설명으로 틀린 것은?

① 제빙용 대형 브라인이나 물의 냉각장치로 사용된다.
② 냉각관의 모양에 따라 헤링본식, 수직관식, 패러럴식이 있다.
③ 물건을 진열하는 선반대용으로 쓰기도 한다.
④ 증발기는 피냉각액 탱크 내의 칸막이 속에 설치되며 피냉각액은 이 속을 교반기에 의해 통과한다.

탱크식(헤링본)증발기
일명 헤링본식 증발기라고도 하며 상하의 헤드 사이에 〉자형의 $1\frac{1}{4}''$관 (길이 1.5~2.0[m])을 다수 설치했다. 한쪽에는 어큐뮬레이터가 부착되어 있다. 이 장치를 제빙조의 구획된 트렁크 내에 설치하고, 여기에 브라인을 0.3~0.75[m/sec]의 속도로 흐르게 한다.

[특징]
㉠ 주로 암모니아용 제빙장치에 사용한다.
㉡ 만액식이다.
㉢ 액순환이 용이하고 기·액의 분리가 쉬워 전열이 양호하다.
㉣ 증발기는 피냉각액 탱크 내의 칸막이 속에 설치되며 피냉각액은 이 속을 교반기에 의해 통과한다.
㉤ 브라인의 유속이 떨어지면 냉동능력이 급감한다.

③ 물건을 진열하는 선반대용으로는 사용되지 않는다.

30 2차 냉매인 브라인이 갖추어야 할 성질에 대한 설명으로 틀린 것은?

① 열용량이 적어야 한다.
② 열전도율이 커야 한다.
③ 동결점이 낮아야 한다.
④ 부식성이 없어야 한다.

브라인의 구비조건
㉠ 열용량이 크고 전열이 좋을 것
㉡ 점도가 적당할 것
㉢ 응고점이 낮을 것
㉣ 동결점이 낮을 것
㉤ 금속에 대한 부식성이 적고 불연성일 것
㉥ 상 변화가 잘 일어나지 않을 것
㉦ 비열 및 열전도율이 크고 열전달 특성이 우수할 것

31 냉동 사이클이 -10[℃]와 60[℃] 사이에서 역카르노 사이클로 작동될 때, 성적계수는?

① 2.21 ② 2.84
③ 3.76 ④ 4.75

역카르노 사이클의 성적계수

$$COP=\frac{Q_2}{W}=\frac{Q_2}{Q_1-Q_2}=\frac{T_2}{T_1-T_2}$$
$$=\frac{(273-10)}{(273+60)-(273-10)}=3.76$$

32 28[℃]의 원수 9[ton]을 4시간에 5[℃]까지 냉각하는 수냉각장치의 냉동능력은? (단, 1[RT]는 13900[kJ/h]로 한다.)

① 12.5RT ② 15.6RT
③ 17.1RT ④ 20.7RT

냉동능력 R

$$R=\frac{Q_2}{13900}=\frac{9\times10^3\times4.2\times(28-5)}{13900\times4}=15.6[\text{RT}]$$

정답 28 ④ 29 ③ 30 ① 31 ③ 32 ②

33 P-V(압력-체적)선도에서 1에서 2까지 단열 압축하였을 때 압축일량(절대일)은 어느 면적으로 표현되는가?

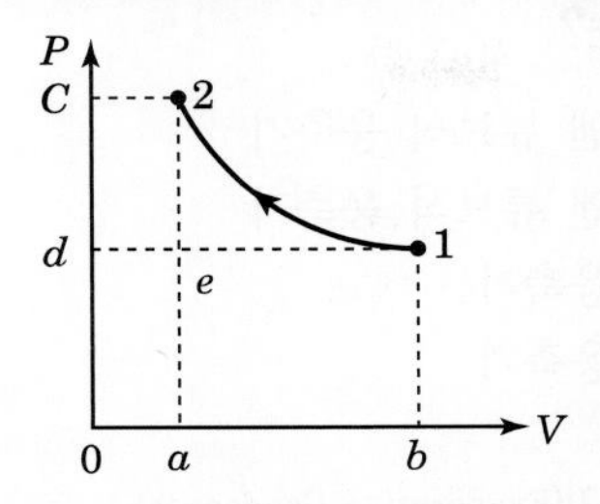

① 면적 12cd 1 ② 면적 1d0b 1
③ 면적 12ab 1 ④ 면적 aed0 a

> 밀폐계의 일 = 면적 12ab 1
> 개방계의 일 = 면적 12cd 1

34 다음의 기술은 냉동장치의 압력시험 등에 대한 설명이다 가장 옳지 않은 것은?

① 내압시험은 압축기, 압력용기, 냉매액 펌프, 냉동기 오일펌프 등에 대해 실시한다.
② 기밀시험에 사용하는 가스는 일반적으로 건조한 공기, 질소가스, 이산화탄소가 이용되는데 암모니아냉동장치에서는 이산화탄소를 사용할 수 없다.
③ 진공방치시험은 냉동장치내부의 건조를 위해 필요에 따라서 수분이 잔류하기 쉬운 장소를 가열하면 좋다.
④ 내압시험에 사용 되는 압력계의 문자판의 크기는 내압시험에는 정해져 있으나 기밀시험에는 정해져 있지 않다.

> ④ 내압시험에 사용하는 압력계의 문자판 크기는 액체로 행하는 경우에는 75mm (기체로 행하는 경우는 100mm) 이상으로 하고, 기밀시험은 75mm 이상으로 정해져 있다.

35 냉동창고에서 외기온도 32.5℃, 고내온도 −25℃일 때 아래와 같은 구조의 방열재를 사용한 냉동창고 방열벽의 침입열량[W]을 구하시오. 단 방열벽의 면적은 150m^2, 각 벽 재료의 열전도율은 아래 표와 같고 방열벽 외측 열전달율은 23.26W/(m^2 · K), 내측 열전달율은 8.14W/(m^2 · K)로 한다.

재료	열전도율[W/(m · K)	두께[m]
철근콘크리트	1.4	0.2
폴리스틸렌 폼	0.045	0.2
방수 몰탈	1.3	0.01
라스 몰탈	1.3	0.02

① 약 1600W ② 약 1800W
③ 약 2000W ④ 약 2200W

> 방열벽의 열통과율 K
> $$K=\frac{1}{\frac{1}{8.14}+\frac{0.02}{1.3}+\frac{0.01}{1.3}+\frac{0.2}{0.045}+\frac{0.2}{1.4}+\frac{1}{23.26}}$$
> $\fallingdotseq 0.209\text{W}/(\text{m}^2\cdot\text{K})$
> ∴ 방열벽을 통한 침입열량
> $Q=KA(t_1-t_2)=0.209\times150\times\{32.5-(-25)\}$
> $\fallingdotseq 1802.63\text{W}$

36 다음에 기술한 냉동장치의 유지관리에 대한 설명 중 옳지 않은 것을 고르시오.

① 공랭식응축기를 사용하는 냉동장치의 응축온도가 운전 중 높게 되는 요인으로 냉동부하의 증대, 냉각공기의 풍량감소나 온도상승이 있다.
② 수냉식응축기의 냉각수량이 감소하면 응축기의 냉매온도와 냉각수온도와의 산술평균온도차가 크게 되어 응축온도가 높게 되므로 냉동장치의 성적계수는 감소한다.
③ 응축기내에 공기가 존재하면 전열작용이 저해되어 냉동장치의 운전 중에는 공기의 분압 상당분 이상으로 응축압력이 높게 된다.
④ 냉동장치에서 냉매공급량이 부족하면 증발압력이 저하되고, 압축기의 흡입증기의 과열도가 적게되어 토출가스압력도 저하하나 토출가스온도가 상승하여 윤활유가 열화 할 우려가 있다.

정답 33 ③ 34 ④ 35 ② 36 ④

④ 냉동장치에서 냉매공급량이 부족하면 증발압력이 저하되고, 압축기의 흡입증기의 과열도가 크게 된다.

37 **냉동장치 내 불응축 가스에 관한 설명으로 옳은 것은?**

① 불응축 가스가 많아지면 응축압력이 높아지고 냉동능력은 감소한다.
② 불응축 가스는 응축기에 잔류하므로 압축기의 토출가스 온도에는 영향이 없다.
③ 장치에 윤활유를 보충할 때에 공기가 흡입되어도 윤활유에 용해되므로 불응축 가스는 생기지 않는다.
④ 불응축 가스가 장치 내에 침입해도 냉매와 혼합되므로 응축압력은 불변한다.

② 불응축 가스는 응축기에 잔류하므로 압축기의 토출가스가 상승한다.
③ 장치에 냉매나 윤활유를 보충할 때에 공기가 흡입되면 응축기나 수액기 상부 등에 불응축 가스가 체류한다.
④ 불응축 가스가 장치 내에 침입하면 응축압력이 상승하고 냉동능력이 감소하며 소요동력이 증가한다.

38 **냉동장치에서 교축작용(throttling)을 하는 부속기기는 어느 것인가?**

① 다이아프램 밸브
② 솔레노이드 밸브
③ 아이솔레이트 밸브
④ 팽창 밸브

팽창밸브에서는 냉매의 교축작용에 의해 압력과 온도는 저하되고 엔탈피가 일정한 등엔탈피 작용을 하며 엔트로피는 증가한다.

39 **증발잠열을 이용하므로 물의 소비량이 적고, 실외 설치가 가능하며, 송풍기 및 순환 펌프의 동력을 필요로 하는 응축기는?**

① 입형 쉘앤 튜브식 응축기
② 횡형 쉘앤 튜브식 응축기
③ 증발식 응축기
④ 공냉식 응축기

증발식 응축기(Evaporative Condenser)
냉매가스가 흐르는 냉각관 코일의 외면에 냉각수를 노즐(Nozzle)에 의해 분사시킨다. 여기에 송풍기를 이용하여 건조한 공기를 3[m/sec]의 속도로 보내 공기의 대류작용 및 물의 증발 잠열로 냉각하는 형식이다. 즉, 수냉식응축기와 공랭식응축의 작용을 혼합한 형으로 볼 수 있다.

[특징]
㉠ 물의 증발잠열 및 공기, 물의 현열에 의한 냉각방식으로 냉각소비량이 작다.
㉡ 상부에 엘리미네이터(Eliminator)를 설치한다.
㉢ 겨울에는 공랭식으로 사용된다.
㉣ 대기 습구온도 및 풍속에 의하여 능력이 좌우된다.
㉤ 냉각관 내에서 냉매의 압력강하가 크다.
㉥ 냉각탑을 별도로 설치할 필요가 없다.
㉦ 팬(Fen), 노즐(Nozzle), 냉각수 펌프 등 부속설비가 많이 든다.

40 **밀폐된 용기의 부압작용에 의하여 진공을 만들어 냉동작용을 하는 것은?**

① 증기분사 냉동기
② 왕복동 냉동기
③ 스크류 냉동기
④ 공기압축 냉동기

냉동기의 종류와 원리
㉠ 증기분사식 : 진공(부압작용)에 의한 물 냉각
㉡ 증기압축식(왕복동, 스크류, 원심식 등) : 냉매의 증발잠열
㉢ 공기압축 냉동기 : 공기의 압축과 팽창
㉣ 전자냉동법 : 전류흐름에 의한 흡열작용

정답 37 ① 38 ④ 39 ③ 40 ①

3 공조냉동 설치·운영

41 냉매배관 중 토출측 배관 시공에 관한 설명으로 틀린 것은?

① 응축기가 압축기보다 2.5[m] 이상 높은 곳에 있을 때에는 트랩을 설치한다.
② 수직관이 너무 높으면 2[m]마다 트랩을 1개씩 설치한다.
③ 토출관의 합류는 Y이음으로 한다.
④ 수평관은 모두 끝 내림 구배로 배관한다.

수직관이 너무 높으면 5[m]마다 트랩을 1개씩 설치한다.

42 가스배관을 실내에 노출설치할 때의 기준으로 틀린 것은?

① 배관은 환기가 잘 되는 곳으로 노출하여 시공할 것
② 배관은 환기가 잘되지 않는 천정·벽·공동구 등에는 설치하지 아니할 것
③ 배관의 이음매(용접이음매 제외)와 전기 계량기와는 60[cm] 이상 거리를 유지할 것
④ 배관 이음부와 단열조치를 하지 않은 굴뚝과의 거리는 5[cm] 이상의 거리를 유지할 것

배관 이음부와 단열조치를 하지 않은 굴뚝과의 거리는 15cm 이상의 거리를 유지할 것

43 배수 배관의 시공상 주의점으로 틀린 것은?

① 배수를 가능한 한 빨리 옥외 하수관으로 유출할 수 있을 것
② 옥외 하수관에서 하수가스나 벌레 등이 건물 안으로 침입하는 것을 방지할 것
③ 배수관 및 통기관은 내구성이 풍부할 것
④ 한랭지에서는 배수 통기관 모두 피복을 하지 않을 것

한랭지에서는 배수관은 동파방지를 위하여 피복을 한다.

44 아래 덕트(저속덕트) 평면도에서 0.5t 철판 제작설치에서 조건을 참조하여 직접재료비와 직접인건비(공량 산출시 소수점 2자리까지 계산)를 산출하시오.

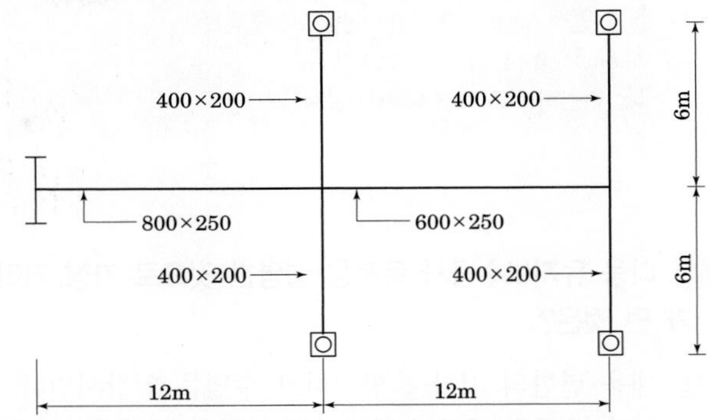

① 직접재료비=159,044 직접 인건비= 584,450
② 직접재료비=179,044 직접 인건비= 584,450
③ 직접재료비=199,044 직접 인건비= 684,450
④ 직접재료비=219,044 직접 인건비= 684,450

• 덕트 금속판의 재료할증률 28% 적용
• 덕트 제작설치의 공량할증률 20% 적용
• 덕트 크기별 철판두께는 저속덕트 기준
• 덕트 제작 설치에 필요한 재료비(철판면적 m^2당)

철판두께(mm)	0.5	0.6	0.8
재료비(원)	5400	6000	6800

• 덕트 제작 설치에 필요한 공량(철판 면적 m^2당)

철판두께(mm)	0.5	0.6	0.8
공량(인)	0.44	0.48	0.50

• 덕트공의 노임단가는 45,000(원) 적용

1) 0.5t는 450 이하이며 도면에서 400×200 덕트만 해당한다.
400×200 덕트 총길이는 6m가 4개이므로 24m 이다.
400×200 덕트는 둘레길이가 $(0.4+0.2)\times 2 = 1.2\text{m}$이고 길이가 24m 이므로
덕트 면적$= 1.2\times 24 = 28.8\text{m}^2$
철판 면적은 28% 할증 $= 28.8\times 1.28 = 36.86\text{m}^2$ 재료비는 철판면적(28%할증)과 재료비(5400원/m^2)로 구한다
직접재료비$= 36.86\text{m}^2 \times 5400 = 199,044$

2) 인건비를 구하려면 공량을 산출해야하는데 공량이란 덕트 제작설치를 위한 기능공수이다.
덕트 면적$= 1.2\times 24 = 28.8\text{m}^2$인데 여기서 주의할점은 덕트 공량산출은 덕트면적(할증전)을 기준한다. 즉 철판면적은 덕트를 제작할 때 손실되는 부분 때문에 할증을 주지만 공량은 손실되는 부분에 인력을 공급하지는 않기 때문에 공량은 덕트 면적만 적용한다.

정답 41 ② 42 ④ 43 ④ 44 ③

단, 공량할증(여기서 20%)은 덕트 설치 위치가 어렵다거나 할 때 주는 할증이다. (공량할증은 줄때만 적용한다. 면적할증과 공량할증을 구분해야한다.)
철판 면적 $28.8m^2$에 대한 공량(20%할증)은
$28.8m^2 \times 0.44 \times 1.2 = 15.21$ 인
직접인건비 $= 15.21 \times 45000 = 684,450$

45 **다음 유지보수공사 목적을 설명한 것으로 가장 거리가 먼 것은?**

① 내용 년한의 저하를 방지하고 수명을 연장시킨다.
② 고장 발생을 미연에 방지하고 고장율을 저하시킨다.
③ 유지보수공사 비용을 최소화 하도록 경제적으로 운용한다.
④ 관리요원의 자질을 향상하고 업무를 합리화 시킨다.

유지보수공사는 에너지비용 등 각종 비용을 경제적으로 운용하는 것이 목적이지만 보수공사 비용 자체를 최소화 하는 것은 아니다.

46 **보일러 수질관리 대책으로 가장 부적합한 것은?**

① 경수연화장치(연수기)를 설치하여 칼슘, 마그네슘 등의 성분을 완전히 제거한다.
② 경수연화장치로 제거되지 않는 실리카는 적절한 약품(청관제)을 사용하여 스케일화 되지 않고 가용성의 규산소다로 변화시켜 배출시킨다.
③ 공업용수, 지하수 등에 유입되는 흙, 먼지 등 부유물은 연수기나 약품으로 처리해야한다.
④ 보일러 용수로는 연수가 바람직하며 적합한 연수장치를 사용한다.

공업용수, 지하수 등에 유입되는 흙, 먼지 등 부유물은 연수기나 약품으로 처리가 어렵고 마이크로 필터를 설치하여 수처리한 물을 사용한다.

47 **덕트 이음공법 중에서 겹으로 접은 판사이로 싱글로 접은 판을 끼워 넣고 때려 접은 형식으로 기밀이 좋아서 공조설비 공사 현장에서 주로 사용되는 공법은 무엇인가?**

① 보턴펀치 스냅록 ② 피츠버그 스냅록
③ 터닝베인 ④ 다이아몬드 브레이크

피츠버그 스냅록 덕트 조립법은 겹으로 접은 판사이로 싱글로 접은 판을 끼워 넣고 때려 접은 형식으로 기밀이 좋아서 공조설비 공사 현장에서 주로 사용되는 공법이다.

48 **일반적으로 관의 지름이 크고 관의 수리를 위해 분해할 필요가 있는 경우 사용되는 파이프 이음에 속하는 것은?**

① 신축 이음 ② 엘보 이음
③ 턱걸이 이음 ④ 플랜지 이음

관의 지름이 크고(50A 이상) 관의 수리를 위해 분해할 필요가 있는 곳은 플랜지 이음을 한다.

49 **일반적으로 프레온 냉매 배관용으로 사용하기 가장 적절한 배관 재료는?**

① 아연도금 탄소강 강관
② 배관용 탄소강 강관
③ 동관
④ 스테인리스 강관

프레온 냉매는 동관을 사용하고 암모니아는 강관을 사용한다.

정답 45 ③ 46 ③ 47 ② 48 ④ 49 ③

50 다음 프레온 냉매 배관에 관한 설명으로 틀린 것은?

① 주로 동관을 사용하나 강관도 사용된다.
② 증발기와 압축기가 같은 위치인 경우 흡입관을 수직으로 세운 다음 압축기를 향해 선단 하향 구배로 배관한다.
③ 동관의 접속은 플레어 이음 또는 용접 이음 등이 있다.
④ 관의 굽힘 반경을 작게 한다.

프레온 냉매 배관에서 관의 굽힘 반경을 크게 하여 마찰을 적게 한다.

51 어떤 계기에 장시간 전류를 통전한 후 전원을 OFF시켜도 지침이 0으로 되지 않았다. 그 원인에 해당되는 것은?

① 정전계 영향 ② 스프링의 피로도
③ 외부자계 영향 ④ 자기가열 영향

지시 전기 계기에 장시간 전류를 흘린 후 전류를 끊어도 지침이 0점으로 복구되지 않는 이유는 계기 내부의 스프링 피로도 때문이다.

52 목표치가 정하여져 있으며, 입·출력을 비교하여 신호전달 경로가 반드시 폐루프를 이루고 있는 제어는?

① 비율차동제어 ② 조건제어
③ 시퀀스제어 ④ 피드백제어

피드백 제어계는 입력과 출력을 비교할 수 있는 비교부를 반드시 필요로 한다.

53 5[Ω]의 저항 5개를 직렬로 연결하면 병렬로 연결했을 때보다 몇 배가 되는가?

① 10 ② 25
③ 50 ④ 75

직렬접속의 합성저항 R_s, 병렬접속의 합성저항 R_p라 하면

$R_s = nR[\Omega]$, $R_p = \frac{R}{n}[\Omega]$ 식에서

$R=5[\Omega]$, $n=5$ 일 때

$R_s = nR = 5\times5 = 25[\Omega]$,

$R_p = \frac{R}{n} = \frac{5}{5} = 1[\Omega]$이다.

∴ 직렬로 연결할 때가 병렬로 연결할 때의 25배이다.

54 그림과 같은 R-L-C 직렬회로에서 단자전압과 전류가 동상일 되는 조건은?

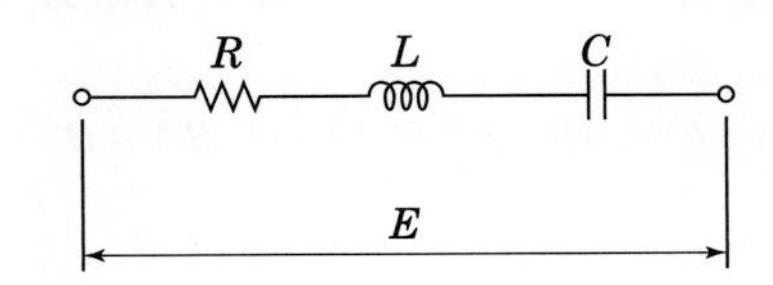

① $\omega = LC$ ② $\omega LC = 1$
③ $\omega^2 LC = 1$ ④ $\omega L^2 C^2 = 1$

직렬공진

(1) $X_L - X_C = 0$, $X_L = X_C$, $\omega L = \frac{1}{\omega C}$

(2) 최소 임피던스로 되고 최대전류가 흐르며 소비전력이 최대가 된다.

(3) 공진주파수는 $f = \frac{1}{2\pi\sqrt{LC}}$[Hz]이다.

∴ $\omega^2 LC = 1$

정답 50 ④ 51 ② 52 ④ 53 ② 54 ③

55 다음 중 유도전동기의 회전력에 관한 설명으로 옳은 것은?

① 단자전압과는 무관하다.
② 단자전압에 비례한다.
③ 단자전압의 2승에 비례한다.
④ 단자전압의 3승에 비례한다.

유도전동기의 토크와 전압 관계
유도전동기의 토크는 출력과 입력에 비례하고, 또한 출력과 입력은 전압의 제곱에 비례하기 때문에 토크는 전압의 제곱에 비례함을 알 수 있다.

56 논리함수 $X = B(A+B)$를 간단히 하면?

① $X = A$　　② $X = B$
③ $X = A \cdot B$　　④ $X = A + B$

$X = B(A+B) = AB + B = B(A+1) = B \cdot 1 = B$

57 제어계의 응답 속응성을 개선하기 위한 제어동작은?

① D동작　　② I동작
③ PD동작　　④ PI동작

비례 미분동작(PD 제어)은 비례동작과 미분동작이 결합된 제어기로서 미분동작의 특성을 지니고 있으며 진동을 억제하여 속응성(응답속도)을 개선할 뿐만 아니라 진상보상요소를 지니고 있다.
전달함수는 $G(s) = K(1 + T_d s)$이다.

58 16[μF]의 콘덴서 4개를 접속하여 얻을 수 있는 가장 작은 정전용량은 몇 [μF]인가?

① 2　　② 4
③ 8　　④ 16

콘덴서는 직렬로 접속할 때 정전용량이 작아지므로 4개의 콘덴서를 모두 직렬로 접속하면 가장 작은 합성 정전용량을 어을 수 있다. 같은 용량의 콘덴서를 n개 직렬접속할 때 합성 정전용량은 $C_s = \frac{C}{n}$[F] 이므로
$C = 16[\mu F]$, $n = 4$일 때
$\therefore\ C_s = \frac{C}{n} = \frac{16}{4} = 4$[F]

59 그림과 같은 회로의 전달함수 $\frac{C}{R}$는?

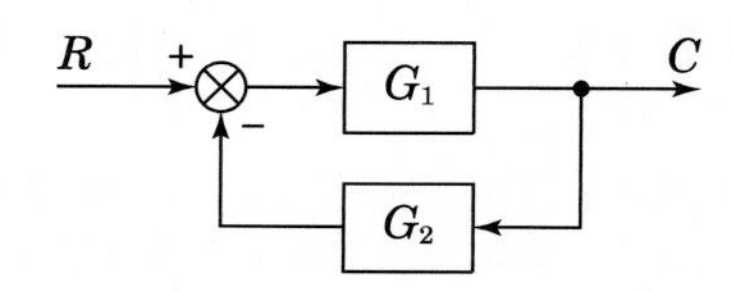

① $\frac{G_1}{1+G_1G_2}$　　② $\frac{G_2}{1+G_1G_2}$
③ $\frac{G_1}{1-G_1G_2}$　　④ $\frac{G_2}{1-G_1G_2}$

$G(s) = \frac{\text{전향이득}}{1-\text{루프이득}}$ 식에서
전향이득$= G_1$, 루프이득$= -G_1G_2$ 이므로
$\therefore\ G(s) = \frac{C}{R} = \frac{G_1}{1+G_1G_2}$

정답 55 ③　56 ②　57 ③　58 ②　59 ①

60 직류전동기의 속도제어 방법 중 속도제어의 범위가 가장 광범위하며, 운전 효율이 양호한 것으로 워드 레오너드 방식과 정지 레오너드 방식이 있는 제어법은?

① 저항제어법 ② 전압제어법
③ 계자제어법 ④ 2차 여자제어법

전압제어법
전압제어법은 정토크 제어로서 전동기의 공급전압 또는 단자전압을 변화시켜 속도를 제어하는 방법으로 광범위한 속도제어가 되고 제어가 원활하며 운전 효율이 좋은 특성을 지니고 있다. 종류는 다음과 같이 구분된다.
(1) 워드 레오너드 방식 : 광범위한 속도제어가 되며 제철소의 압연기, 고속 엘리베이터 제어 등에 적용된다.
(2) 일그너 방식 : 워드 레오너드 방식에 플라이 휠 효과를 추가하여 부하변동이 심한 경우에 적용된다.
(3) 정지 레오너드 방식 : 사이리스터를 이용하여 가변 직류전압을 제어하는 방식이다.
(4) 초퍼방식 : 트랜지스터와 다이오드 등의 반도체 소자를 이용하여 속도를 제어하는 방식이다.
(5) 직병렬제어법 : 직권전동기에서만 적용되는 방식으로 전차용 전동기의 속도제어에 적용된다.

PARAT 05 실전모의고사

정답 60 ②

모의고사 제10회 실전 모의고사

1 공기조화 설비

01 **원심송풍기에서 사용되는 풍량제어 방법 중 풍량과 소요 동력과의 관계에서 가장 효과적인 제어 방법은?**

① 회전수 제어　② 베인 제어
③ 댐퍼 제어　④ 스크롤 댐퍼 제어

원심송풍기에서 사용되는 풍량 제어 방법 중 풍량과 소요 동력과의 관계에서 가장 효과적인 제어 법이란 동력절감 효과가 크다는 의미이며 회전수제어 〉 베인제어 〉 댐퍼제어 순이다.

02 **다음 중 제올라이트(zeolite)를 이용한 제습방법은 어느 것인가?**

① 냉각식　② 흡착식
③ 흡수식　④ 압축식

제올라이트는 고체 제습제로 흡착식 제습이며, 액체 흡수제는 흡수식이고, 냉각 감습법도 있다.

03 **습공기선도상에 나타나 있지 않은 것은?**

① 상대습도　② 건구온도
③ 절대습도　④ 포화도

일반적인 습공기선도에 포화도는 선도에 없다.

04 **난방부하는 어떤 기기의 용량을 결정하는데 기초가 되는가?**

① 공조장치의 공기냉각기
② 공조장치의 공기가열기
③ 공조장치의 수액기
④ 열원설비의 냉각탑

난방부하는 가열코일의 용량을 결정하는 기초이며 냉방부하는 냉각코일의 용량 결정 기초가 된다.

05 **열회수방식 중 공조설비의 에너지 절약기법으로 많이 이용되고 있으며, 외기 도입량이 많고 운전시간이 긴 시설에서 효과가 큰 것은?**

① 잠열교환기 방식　② 현열교환기 방식
③ 비열교환기 방식　④ 전열교환기 방식

전열교환기는 현열과 잠열을 교환하여 열회수를 하므로 외기 도입량이 많고 운전시간이 긴 시설에서 에너지 절약 효과가 크다.

06 **어느 건물 서편의 유리 면적이 40m²이다. 안쪽에 크림색의 베네시언 블라인드를 설치한 유리면으로부터 오후 4시에 침입하는 열량(kW)은? (단, 외기는 33℃, 실내는 27℃, 유리는 1중이며, 유리의 열통과율(K)은 5.9 W/m²·℃, 유리창의 복사량(I_{gr})은 608W/m², 차폐계수(K_s)는 0.56이다.)**

① 15　② 13.6
③ 3.6　④ 1.4

관류열량$= KA\Delta t = 5.9 \times 40(33-27) = 1416\text{W}$
일사열량$= IAk = 608 \times 40 \times 0.56 = 13619\text{W}$
전체 열량$= 1416 + 13619 = 15035\text{W} = 15\text{kW}$

정답 01 ① 02 ② 03 ④ 04 ② 05 ④ 06 ①

07 **크기 1000×500mm의 직관 덕트에 35℃의 온풍 18000m^3/h이 흐르고 있다. 이 덕트가 -10℃의 실외 부분을 지날 때 길이 20m당 덕트 표면으로부터의 열손실(kW)은?(단, 덕트는 암면 25mm로 보온되어 있고, 이 때 1000m당 온도 차 1℃에 대한 온도강하는 0.9℃이다. 공기의 밀도는 1.2kg/m^3, 정압비열은 1.01kJ/kg·K 이다.)**

① 3.0　② 3.8
③ 4.9　④ 6.0

우선 20m 덕트 길이에서 온도 강하를 구하면 1000m당 내외 온도차 1℃당 0.9℃이므로

$$\Delta t = \frac{20(35-(-10)\times 0.9}{1000} = 0.81℃$$

열손실은 q = mCΔt 에서

$$q = mC\Delta t = 18000 \times 1.2 \times 1.01 \times 0.81$$
$$= 17,670.96\text{kJ/h} = 4.91\text{kW}$$

08 **다음 중 시운전시 보일러 점화 후 점검사항에서 가장 거리가 먼 것은?**

① 보일러수가 일정수량 이상 드레인 되면 수위감지 장치(전극봉, 맥도널, 정전용량센서)의 수위 감지로 급수펌프의 작동 여부를 확인한다.
② 안전밸브는 간이테스트를 실시하여 정상작동 여부를 확인한다.
③ 보일러 점화 후 설정된 고압에서 압력차단장치 작동으로 자동으로 소화되고, 저압에서 점화되는지 확인한다.
④ 증기헤더의 모든 증기밸브가 완전히 개방되어 있는지 확인한다

증기공급 존을 확인하여 증기헤더의 필요한 증기밸브를 서서히 열고 사용하지 않는 밸브는 잠겨 있는지 확인한다.

09 **그림에서 공기조화기를 통과하는 유입공기가 냉각코일을 지날 때의 상태를 나타낸 것은?**

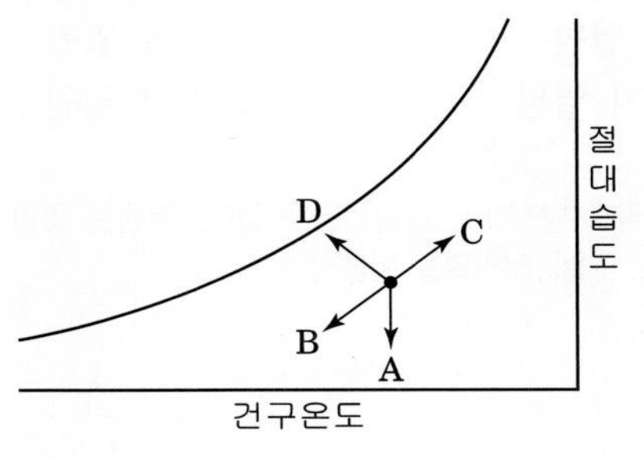

① OA　② OB
③ OC　④ OD

냉각코일을 통과할 때 공기는 냉각 감습(OB)된다.

10 **복사난방의 특징에 대한 설명으로 틀린 것은?**

① 외기온도 변화에 따라 실내의 온도 및 습도조절이 쉽다.
② 방열기가 불필요하므로 가구배치가 용이하다.
③ 실내의 온도분포가 균등하다.
④ 복사열에 의한 난방이므로 쾌감도가 크다.

복사난방은 구조체를 가열하므로 외기온도 변화에 따라 실내의 온도 및 습도조절은 어렵다.

11 **공기조화방식에서 수-공기방식의 특징에 대한 설명으로 틀린 것은?**

① 전공기방식에 비해 반송동력이 많다.
② 유닛에 고성능 필터를 사용할 수가 없다.
③ 부하가 큰 방에 대해 덕트의 치수가 적어질 수 있다.
④ 사무실, 병원, 호텔 등 다실 건물에서 외부 존은 수방식, 내부 존은 공기방식으로 하는 경우가 많다.

수공기 방식은 전공기 방식에 비해 반송동력이 작다.

정답 07 ③　08 ④　09 ②　10 ①　11 ①

12 다음 중 히트펌프 방식의 열원에 해당되지 않는 것은?

① 수 열원 ② 마찰 열원
③ 공기 열원 ④ 태양 열원

히트펌프 방식에서 마찰열원은 없다. 열원은 일반적으로 수, 공기, 지열, 태양열을 이용한다.

13 송풍기의 법칙 중 틀린 것은?(단, 각각의 값은 아래 표와 같다.)

$Q_1(m^3/h)$	초기풍량
$Q_2(m^3/h)$	변화풍량
$P_1(mmAq)$	초기정압
$P_2(mmAq)$	변화정압
$N_1(rpm)$	초기회전수
$N_2(rpm)$	변화회전수
$d_1(mm)$	초기날개직경
$d_2(mm)$	변화날개직경

① $Q_2=(N_2/N_1)\times Q_1$ ② $Q_2=(d_2/d_1)^3\times Q_1$
③ $P_2=(N_2/N_1)^3\times P_1$ ④ $P_2=(d_2/d_1)^2\times P_1$

$P_2=(N_2/N_1)_2\times P_1$
정압은 회전수의 제곱에 비례한다.

14 냉수 코일 설계 시 유의사항으로 옳은 것은?

① 대수 평균 온도차(MTD)를 크게 하면 코일의 열수가 많아진다.
② 냉수의 속도는 2m/s 이상으로 하는 것이 바람직하다.
③ 코일을 통과하는 풍속은 2~3m/s 가 경제적이다.
④ 물의 온도 상승은 일반적으로 15℃ 전후로 한다.

대수 평균 온도차(MTD)를 크게 하면 코일의 열수는 적어지며, 냉수의 속도는 1m/s 정도로 하고, 코일을 통과하는 풍속은 2~3m/s가 경제적이다. 물의 온도 상승은 일반적으로 5℃ 전후로 한다.

15 다음 그림의 난방 설계도에서 콘벡터(Convector)의 표시 중 F가 가진 의미는?

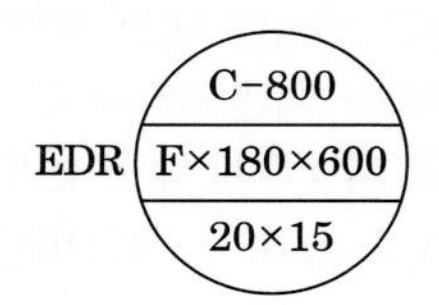

① 케이싱 길이 ② 높이
③ 형식 ④ 방열면적

C-800은 컨벡터 길이이고, F(강제 대류형)는 형식이다.

16 공기조화 냉방 부하 계산 시 잠열을 고려하지 않아도 되는 경우는?

① 인체에서의 발생열
② 문틈에서의 틈새바람
③ 외기의 도입으로 인한 열량
④ 유리를 통과하는 복사열

복사열은 잠열이 없다.

17 공기 중에 분진의 미립자 제거뿐만 아니라 세균, 곰팡이, 바이러스 등까지 극소로 제한시킨 시설로서 병원의 수술실, 식품가공, 제약 공장 등의 특정한 공정이나 유전자 관련 산업 등에 응용되는 설비는?

① 세정실
② 산업용 클린룸(ICR)
③ 바이오 클린룸(BCR)
④ 칼로리미터

세균, 곰팡이, 바이러스를 제거하는 클린룸을 바이오 클린룸(BCR)이라하고, 반도체 공장처럼 먼지나 입자를 제거하는 클린룸을 ICR이라한다.

정답 12 ② 13 ③ 14 ③ 15 ③ 16 ④ 17 ③

18 **실내온도 25℃이고, 실내 절대습도가 0.0165kg/kg의 조건에서 틈새바람에 의한 침입 외기량이 200L/s 일 때 현열부하와 잠열부하는?(단, 실외온도 35℃, 실외절대습도 0.0321kg/kg, 공기의 비열 1.01kJ/kg · K, 물의 증발잠열 2501kJ/kg이다.)**

① 현열부하 2.424kW, 잠열부하 7.803kW
② 현열부하 2.424kW, 잠열부하 9.364kW
③ 현열부하 2.828kW, 잠열부하 7.803kW
④ 현열부하 2.828kW, 잠열부하 9.364kW

침입 외기량 200L/s=0.2m^3/s
현열부하$=mC\Delta t=0.2\times1.2\times1.01(35-25)=2.424$kW
잠열부하$=\gamma m\Delta x=2501\times0.2\times1.2(0.0321-0.0165)$
$=9.364$kW

19 **건구온도 30℃, 상대습도 60%인 습공기에서 건공기의 분압(mmHg)은? (단, 대기압은 760mmHg, 포화 수증기압은 27.65mmHg 이다.)**

① 27.65 ② 376.21
③ 743.41 ④ 700.97

상대습도$=\dfrac{\text{수증기분압}}{\text{포화수증기분압}}$ 에서 $60\%=\dfrac{p_v}{27.65}$
수증기 분압$=p_v=27.65\times0.6=16.59$mmAq
대기압 = 건공기분압 + 수증기분압에서
건공기분압 = 대기압 - 수증기 분압
$=760-16.59=743.41$mmAq

20 **다음 중 보일러의 열효율을 향상시키기 위한 장치가 아닌 것은?**

① 저수위 차단기 ② 재열기
③ 절탄기 ④ 과열기

저수위 차단기는 보일러 수위가 일정치 이하로 내려 갈 때 보일러를 보호하는 안전장치이다.

2 냉동냉장 설비

21 **다음에 기술한 압력시험 및 시운전에 관한 설명 중 가장 옳지 않은 것은?**

① 기밀시험은 기밀성능을 확인하기 위한 시험으로 누설을 확인하기 쉽도록 가스압으로 실시 한다.
② 진공시험(진공방치시험)에서 진공압력의 측정은 연성계를 사용한다.
③ 냉동기유 및 냉매를 충전할 때에는 냉동장치내의 공기 및 수분혼입을 피해야 한다.
④ 냉동장치의 압축기에 충전하는 냉동기유로서 저온용에는 일반적으로 유동점이 낮은 것을 선정한다.

② 진공압력의 측정에는 진공계를 사용한다.
(연성계는 정확한 진공을 읽기가 어렵다.

22 **쇠고기(지방이 없는 부분) 3ton을 10시간 동안 32℃에서 2℃까지 냉각할 때의 냉동능력으로 옳은 것은? (단, 쇠고기의 동결점은 -2℃로, 쇠고기의 동결전 비열(지방이 없는 부분)은 3.25kJ/(kg · K)로, 동결후 비열은 1.76kJ/(kg · K), 동결잠열은 234.5kJ/kg으로 한다.)**

① 약 3kW ② 약 5kW
③ 약 6kW ④ 약 8kW

이 문제는 동결전까지 냉각하므로 동결전 비열을 적용하여 냉각 현열만 계산한다.
$Q_2=\text{m}\cdot\text{C}\cdot\Delta\text{t}=\dfrac{3000\times3.25\times(32-2)}{10\text{h}\times3600}=8.13\text{kJ/s}=8.13\text{kW}$

정답 18 ② 19 ③ 20 ① 21 ② 22 ④

23 아래의 설명은 냉동장치의 유지관리에서 저압압력의 변화에 대한 설명이다. 옳지 않은 것을 고르시오.

① 압축기 흡입압력이 비정상적으로 저하하면 압축기 토출가스온도가 상승하여 압축기가 과열 운전이 된다.
② 플루오르카본(프레온)압축기의 흡입증기의 압력과 온도가 모두 상승하여 흡입증기의 과열도가 크게 되어도 압축기가 과열운전이 되는 것은 아니다.
③ 저압압력 저하의 원인으로서 증발기로의 냉매공급량의 부족, 송풍량의 감소, 증발기의 과대한 착상, 증발기 내의 냉매에 오일의 다량 용해 등을 들 수 있다.
④ 냉매 충전량이 부족하면 증발압력이 저하하여 압축기 흡입증기의 과열도가 크게 된다.

② 흡입증기의 과열도가 크게 되면 압축기는 과열 운전된다.

24 아래 선도와 같은 암모니아 냉동기의 이론 성적계수(ⓐ)와 실제 성적계수(ⓑ)는 얼마인가? (단, 팽창밸브 직전의 액온도는 32℃이고, 흡입가스는 건포화 증기이며, 압축효율은 0.85, 기계효율은 0.91로 한다.)

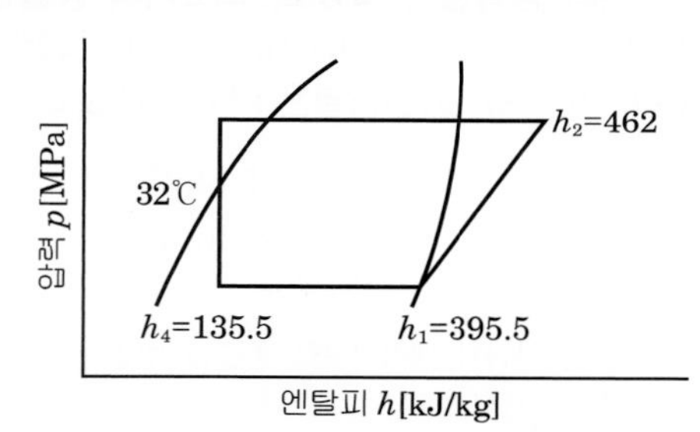

① ⓐ 3.9 ⓑ 3.0 ② ⓐ 3.9 ⓑ 2.1
③ ⓐ 4.9 ⓑ 3.8 ④ ⓐ 4.9 ⓑ 2.6

(1) 이론성적계수 $COP = \frac{q_2}{w} = \frac{395.5-135.5}{462-395.5} = 3.9$

(2) 실제적 성적계수 $COP = \frac{q_2}{w} \cdot \eta_c \cdot \eta_m$
$= 3.9 \times 0.85 \times 0.91 = 3.0$

25 축열 시스템의 종류가 아닌 것은?

① 가스축열 방식 ② 수축열 방식
③ 빙축열 방식 ④ 잠열축열 방식

축열 시스템의 종류
① 수축열 방식 : 열용량이 큰 물을 축열제로 이용하는 방식
② 빙축열 방식 : 냉열을 얼음에 저장하여 작은 체적에 효율적으로 냉열을 저장하는 방식
③ 잠열축열 방식 : 물질의 융해 및 응고 시 상변화에 따른 잠열을 이용하는 방식
④ 토양축열 방식 : 지하의 토양에 축열하는 방식

26 항공기 재료의 내한(耐寒)성능을 시험하기 위한 냉동장치를 설치하려고 한다. 가장 적합한 냉동기는?

① 왕복동식 냉동기
② 원심식 냉동기
③ 전자식 냉동기
④ 흡수식 냉동기

항공기 재료의 내한(耐寒)성능을 시험하기 위한 냉동 장치에는 왕복식 냉동기가 사용된다.

27 몰리에르 선도상에서 압력이 증대함에 따라 포화액선과 건조포화 증기선이 만나는 일치점을 무엇이라고 하는가?

① 한계점 ② 임계점
③ 상사점 ④ 비등점

임계점(CP : Critical Point)
몰리에르 선도상에서 압력이 증대함에 따라 잠열이 감소하게 되고 따라서 포화액선과 건조포화 증기선이 가까워지고 임계점에 도달하면 잠열은 0이 되어 포화액선과 건조포화 증기선이 만나게 된다. 냉동장치에 사용하는 냉매는 임계점이 높아야 응축하기 쉽다.

정답 23 ② 24 ① 25 ① 26 ① 27 ②

28 다음 중 냉동방법의 종류로 틀린 것은?

① 얼음의 융해잠열 이용 방법
② 드라이아이스의 승화열 이용 방법
③ 액체질소의 증발열 이용 방법
④ 기계식 냉동기의 압축열 이용 방법

기계식 냉동기는 저온에서 증발한 가스를 압축기로 압축하여 고온으로 이동시키는 냉동법으로 압축열을 이용하는 것이 아니라 저온에서 증발한 증발열을 이용하여 냉동한다.

참고 냉동방법

(1) 자연적인 냉동법
① 얼음의 융해잠열 이용 방법
② 드라이아이스의 승화열 이용 방법
③ 액체질소의 증발열 이용 방법

(2) 기계적 냉동법(에너지원에 의한 분류)
① 기계에너지를 이용하는 것 - 왕복식, 회전식, 스크류식, 원심식 등
② 열에너지를 직접 이용하는 것 - 흡수식, 흡착식
③ 전기에너지를 직접 이용하는 것 - 전자냉동(열전냉동)

29 저온의 냉장실에서 운전 중 냉각기에 적상(성애)이 생길 경우 이것을 살수로 제상하고자 할 때 주의사항으로 틀린 것은?

① 냉각기용 송풍기는 정지 후 살수 제상을 행한다.
② 제상 수의 온도는 50~60℃정도의 물을 사용한다.
③ 살수하기 전에 냉각(증발)기로 유입되는 냉매액을 차단한다.
④ 분사 노즐은 항상 깨끗이 청소한다.

살수식 제상에서 제상 수의 온도는 10~25℃의 물을 사용한다.

30 압축기의 구조에 관한 설명으로 틀린 것은?

① 반밀폐형은 고정식이므로 분해가 곤란하다.
② 개방형에는 벨트 구동식과 직결 구동식이 있다.
③ 밀폐형은 전동기와 압축기가 한 하우징 속에 있다.
④ 기통 배열에 따라 입형, 횡형, 다기통형으로 구분된다.

반밀폐형은 볼트로 체결되어 있어 분해, 조립이 가능하다.

31 증기압축 이론 냉동사이클에 대한 설명으로 틀린 것은?

① 압축기에서의 압축과정은 단열 과정이다.
② 응축기에서의 응축과정은 등압, 등엔탈피 과정이다.
③ 증발기에서의 증발과정은 등압, 등온 과정이다.
④ 팽창 밸브에서의 팽창과정은 교축 과정이다.

응축기에서의 응축과정은 등압과정이다.

참고 증기압축 이론 냉동사이클

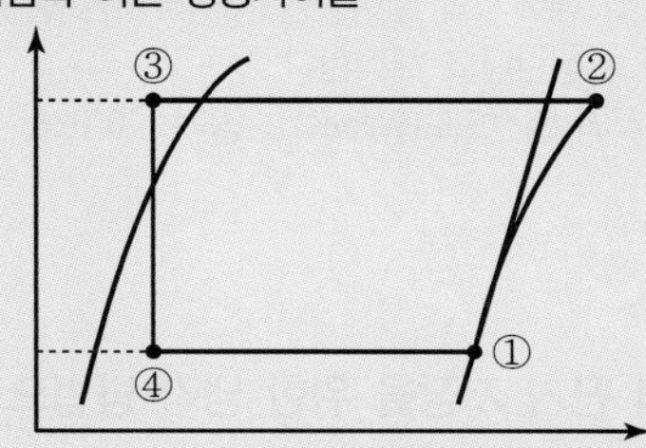

① - ②과정 : 압축과정 (등엔트로피 변화)
② - ③과정 : 응축과정 (등압 변화)
③ - ④과정 : 팽창과정 (등엔탈피 변화)
④ - ①과정 : 증발과정 (등압, 등온 변화)

32 냉매가 구비해야 할 조건으로 틀린 것은?

① 임계온도가 높고 응고온도가 낮을 것
② 같은 냉동능력에 대하여 소요동력이 적을 것
③ 전기절연성이 낮을 것
④ 저온에서도 대기압 이상의 압력으로 증발하고 상온에서 비교적 저압으로 액화할 것

전기절연성이 클 것

기타(냉매의 구비조건)
① 비활성이며 부식성이 없을 것
② 증발열이 크고 액체 비열이 작을 것
③ 증기의 비열비가 작을 것
④ 점도와 표면장력이 작을 것
⑤ 열전달률이 양호할 것
⑥ 증기의 비체적이 적을 것
⑦ 비열비가 작을 것

정답 28 ④ 29 ② 30 ① 31 ② 32 ③

33 **열에 대한 설명으로 틀린 것은?**

① 열전도는 물질 내에서 열이 전달되는 것이기 때문에 공기 중에서는 열전도가 일어나지 않는다.
② 열이 온도차에 의하여 이동되는 현상을 열전달이라 한다.
③ 고온 물체와 저온 물체 사이에서는 복사에 의해서도 열이 전달된다.
④ 온도가 다른 유체가 고체벽을 사이에 두고 있을 때 온도가 높은 유체에서 온도가 낮은 유체로 열이 이동되는 현상을 열통과라고 한다.

열전도는 물질 내에서의 열이동을 해석하지만 정지 유체에서도 열전도가 발생한다고 해석한다.
정지유체 에서의 열전도도[W/mK] : 공기 : 0.026, 물 : 0.59

34 **수산물의 단기 저장을 위한 냉각 방법으로 적합하지 않은 것은?**

① 빙온 냉각 ② 염수 냉각
③ 송풍 냉각 ④ 침지 냉각

침지 냉각
주로 어류의 냉각에 사용되며 주로 염화칼슘브라인 중에 식품을 직접 침지(浸漬)시켜 냉각시키는 방법으로 식품의 대량 동결이나 장기저장을 목적으로 사용된다.

35 **2원냉동 사이클에서 중간열교환기인 캐스케이드 열교환기의 구성은 무엇으로 이루어져 있는가?**

① 저온측 냉동기의 응축기와 고온측 냉동기의 증발기
② 저온측 냉동기의 증발기와 고온측 냉동기의 응축기
③ 저온측 냉동기의 응축기과 고온측 냉동기의 응축기
④ 저온측 냉동기의 증발기와 고온측 냉동기의 증발기

다음 그림과 같은 특성을 갖고 독립적으로 작동하는 고·저온측 냉동사이클로 구성되며, 저온측 냉동기의 응축기가 고온측 냉동기의 증발기에 의해 냉각되도록 되어있다. 이때 저온측 냉동기의 응축기와 고온측 냉동기의 증발기를 캐스케이드 열교환기라고 한다.

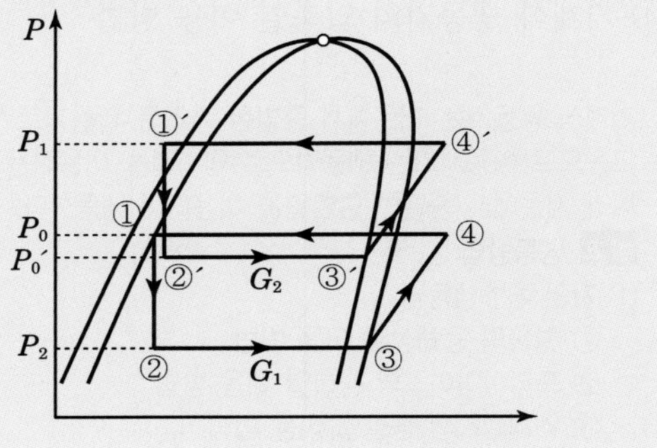

36 **흡수식냉동기의 구성품 중 왕복동 냉동기의 압축기와 같은 역할을 하는 것은?**

① 발생기 ② 증발기
③ 응축기 ④ 순환펌프

흡수식 냉동기는 증발기, 흡수기, 재생기, 응축기, 열교환기 등으로 구성되어 있고, 증기압축식 냉동기의 압축기의 역할을 흡수기와 발생기(재생기)에 의해 이루어진다.

37 **아래 조건을 갖는 수냉식 응축기의 전열 면적(m^2)은 얼마인가?(단, 응축기 입구의 냉매가스의 엔탈피는 1806 kJ/kg, 응축기 출구의 냉매액의 엔탈피는 609kJ/kg, 냉매 순환량은 150kg/h, 응축온도는 38℃, 냉각수 평균온도는 32℃, 응축기의 열관류율은 990W/m^2K이다.)**

① 7.96 ② 8.40
③ 8.90 ④ 10.05

정답 33 ① 34 ④ 35 ① 36 ① 37 ②

$Q_1 = Gq_1 = KA\Delta t_m$ 에서

$$A = \frac{Gq_1}{K\Delta t_m} = \frac{\frac{150}{3600}\times(1806-609)}{990\times10^{-3}\times(38-32)} = 8.40$$

여기서, Q_1 : 응축부하[kW]

G : 냉매 순환량[kg/s]

q_1 : 응축기 방열량[kJ/kg]=응축기입구 냉매액 엔탈피-응축기출구 냉매액 엔탈피

K : 연관류율[kW/m² · K]

A : 전열면적[m²]

Δt_m : 응축온도와 냉각수 평균온도차[℃]

38 **어떤 냉동장치의 계기압력이 저압은 60mmHg, 고압은 673kPa이었다면 이 때의 압축비는**

① 5.8　　② 6.0
③ 7.4　　④ 8.3

$$\text{압축비} = \frac{\text{고압측 절대압력}}{\text{저압측 절대압력}} \text{ 에서}$$

$$= \frac{774.3}{109.3} = 7.08$$

(1) 저압측 절대압력 : $101.3 + 101.3\times\frac{60}{760} = 109.3$[kPa]

(2) 고압측 절대압력 : $101.3 + 673 = 774.3$[kPa]

39 **압축기 실린더 직경 110mm, 행정 80mm, 회전수 900rpm, 기통수가 8기통인 암모니아 냉동장치의 냉동능력(RT)은 얼마인가?(단, 냉동능력은 $R = \frac{V}{C}$로 산출하며, 여기서 R은 냉동능력(RT), V는 피스톤 토출량(m³/h), C는 정수로서 8.4이다.)**

① 39.1　　② 47.7
③ 85.3　　④ 234.0

피스톤 토출량 $V = \frac{\pi D^2}{4} LNR60$[m³/h]에서

$$= \frac{\pi\times0.11^2}{4}\times0.08\times8\times900\times60$$

$$= 328.4[\text{m}^3/\text{h}]$$

$\therefore$ 냉동능력은 $R = \frac{V}{C} = \frac{328.4}{8.4} = 39.1$

40 **30냉동톤의 브라인 쿨러에서 입구온도가 -15℃ 일 때 브라인 유량이 매 분 0.6m³면 출구온도(℃)는 얼마인가? (단, 브라인의 비중은 1.27, 비열은 2.8 kJ/kgK이고, 1냉동톤은 3.86 kW이다.)**

① -11.7℃　　② -15.4℃
③ -20.4℃　　④ -18.3℃

$Q_2 = BSC(t_{b1} - t_{b2})$에서

$$t_{b2} = t_{b1} - \frac{Q_2}{BSC}$$

$$= -15 - \frac{30\times3.86\times60}{0.6\times10^3\times1.27\times2.8} = -18.3[℃]$$

여기서, Q_2 : 냉동능력[kW]

B : 브라인 순환량[L/s]

S : 브라인 비중

C : 브라인 비열[kJ/kg · ℃]

t_{b1}, t_{b2} : 브라인 입구 및 브라인 출구온도[℃]

3 공조냉동 설치·운영

41 **옥상탱크식 급수방식의 배관계통의 순서로 옳은 것은?**

① 저수탱크 → 양수펌프 → 옥상탱크 → 양수관 → 급수관 → 수도꼭지
② 저수탱크 → 양수관 → 양수펌프 → 급수관 → 옥상탱크 → 수도꼭지
③ 저수탱크 → 양수관 → 급수관 → 양수펌프 → 옥상탱크 → 수도꼭지
④ 저수탱크 → 양수펌프 → 양수관 → 옥상탱크 → 급수관 → 수도꼭지

정답 38 ④ 39 ① 40 ④ 41 ④

저수탱크의 물을 양수펌프로 양수관을 통해 옥상탱크로 공급한후 급수관을 통해 수도꼭지로 공급된다.

42 냉매배관 중 토출관을 의미하는 것은?

① 압축기에서 응축기까지의 배관
② 응축기에서 팽창밸브까지의 배관
③ 증발기에서 압축기까지의 배관
④ 응축기에서 증발기까지의 배관

냉매배관 중 토출관은 압축기에서 압축가스가 토출되는 관으로 응축기까지의 배관을 말한다.

43 호칭 지름 20A의 관을 그림과 같이 나사 이음할 때, 중심 간의 길이가 200mm라 하면 강관의 실제 소요되는 절단 길이(mm)는?
(단, 이음쇠의 중심에서 단면까지의 길이는 32mm, 나사가 물리는 최소의 길이는 13mm이다.)

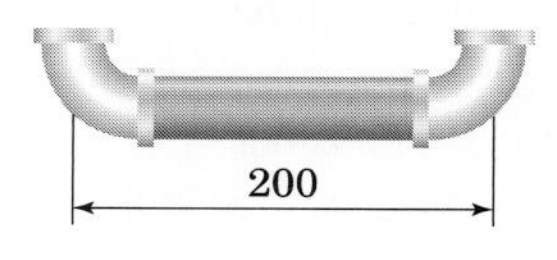

① 136 ② 148
③ 162 ④ 200

양쪽으로 이음쇠의 중심에서 단면까지의 길이(32mm)와 나사가 물리는 최소의 길이(13mm)의 차(32-13=19mm)를 빼 준 값이다.
$L = 200 - 2(32 - 13) = 162\text{mm}$

44 펌프 주위의 배관도이다. 각 부품의 명칭으로 틀린 것은?

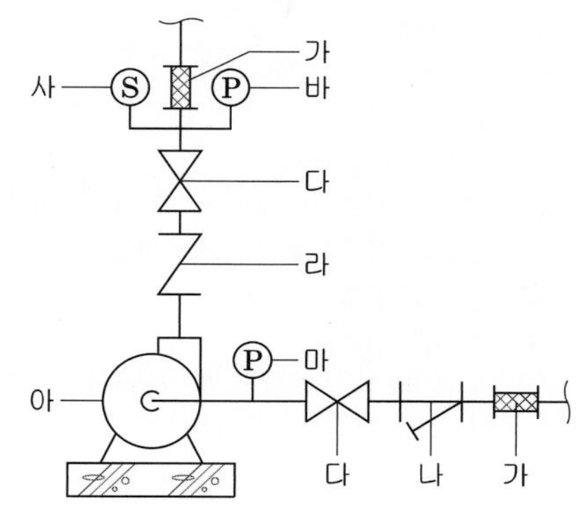

① 나 : 스트레이너
② 가 : 플랙시블조인트
③ 라 : 글로브 밸브
④ 사 : 온도계

라 : 체크 밸브, 다 : 게이트 밸브, 마 : 연성계(진공계)
바 : 압력계, 아 : 펌프

45 급탕배관의 구배에 관한 설명으로 옳은 것은?

① 중력순환식은 1/250 이상의 구배를 준다.
② 강제순환식은 구배를 주지 않는다.
③ 하향식 공급 방식에서는 급탕관 및 복귀관은 모두 선하향 구배로 한다.
④ 상향공급식 배관의 반탕관은 상향구배로 한다.

중력순환식은 1/150, 강제순환식은 1/200의 구배를 주며, 상향공급식 배관의 반탕관은 하향구배로 한다.

46 덕트 설계법 중에서 가장 많이 사용되는 설계법으로 덕트 단위길이당 마찰손실을 일정하게 하는 덕트 설계법은 무엇인가?

① 등속법 ② 정압법
③ 정압 재취득법 ④ 전압법

정답 42 ① 43 ③ 44 ③ 45 ③ 46 ②

덕트 설계시 정압법은 단위길이당 마찰손실을 일정하게하는 것으로 덕트 구간의 정압을 계산하기 편리하다.

47 응축기(냉각탑) 냉각수 수질관리에 대한 설명으로 가장 부적합한 내용은?

① 냉각수 수질 관리 문제는 1년중 사계절을 통하여 관리대상인 냉각탑의 설치장소와 주변환경에 따라 보급수의 화학적성질에 따라 적합한 방안을 검토한다.
② 냉각탑은 물이 냉각탑을 통과하여 흐를 때 프로세스의 물 일부가 증발함으로써 냉각이 이루워진다. 물이 증발할 때 함유하고 있던 불순물은 농축되어 용존고형물의 응집은 급속히 증가하여 허용치 이상에 도달할 수 있다.
③ 공기중 불순물이 순환수에 유입되어 문제를 심화시키는 일이 흔히 있다.
④ 냉각수중에 불순물의 과도한 농축을 방지하기 위하여 새로운 물로 바꾸지 말고 사용하던 물만 계속 순환시켜 사용한다.

냉각수중에 불순물의 과도한 농축을 방지하기 위하여 순환수 시스템에서 농축된 물의 일정량을 계속적으로 방출 또는 배수시켜(블로우 다운) 새로운 물로 바꾸워 넣어 주어야 한다.

48 냉동창고의 수량산출에 의한 재료비, 직접노무비가 아래와 같을 때 제경비률을 참조하여 이윤과 총공사금액을 구하시오.

- 재료비 : 175,000,000원
- 노무비 : 직접노무비=80,000,000원,
  간접노무비는 직접노무비의 15%
- 경비 : 23,000,000원
- 일반 관리비는 순공사원가의 5.5%
- 이윤은 관련항목의 15%로 한다.

① 이윤 = 19,642,500 총공사금액 = 325,592,500
② 이윤 = 19,642,500 총공사금액 = 290,000,000
③ 이윤 = 15,950,000 총공사금액 = 325,592,500
④ 이윤 = 15,950,000 총공사금액 = 290,000,000

(1) 이윤=(노무비+경비+일반관리비)에서
일반관리비=(재료비+노무비+경비)5.5%
=순공사비×5.5% - 순공사비
=(175,000,000+80,000,000×1.15+23,000,000)
=290,000,000
일반관리비=290,000,000×0.055=15,950,000
이윤=(노무비+경비+일반관리비)0.15
=(80,000,000×1.15+23,000,000+15,950,000)0.15
=19,648,500원
(2) 총공사원가=순공사비+일반공사비+이윤
=290,000,000+15,950,000+19,642,500
=325,592,500원

49 유지보수공사에서 정기적인 점검과 일상점검에 의해 고장발생을 미연에 방지하도록 하는 유지관리 업무를 무엇이라하는가?

① 사후적 유지관리
② 예방적 유지관리
③ 긴급출동시스템
④ 안전점검

예방적 유지관리는 정기적인 점검과 일상점검에 의해 고장발생을 미연에 방지하도록 하는 유지관리 업무를 말하는데, 그 개념에 있어서도 고장의 발생을 예방하는 소극적인 것 뿐만 아니라 설비의 성능저하, 사고발생시 경제적 손실을 최소화하기 위하여 사전에 선제적으로 수행되는 유지관리를 말하며 설비관리자의 교육과 능력 향상이 요구된다.

정답 47 ④ 48 ① 49 ②

50 **중앙식 급탕설비에서 직접 가열식 방법에 대한 설명으로 옳은 것은?**

① 열 효율상으로는 경제적이지만 보일러 내부에 스케일이 생길 우려가 크다.
② 탱크 속에 직접 증기를 분사하여 물을 가열하는 방식이다.
③ 탱크는 저장과 가열을 동시에 하므로 탱크히터 또는 스토리지 탱크로 부른다.
④ 가열 코일이 필요하다.

직접가열식은 열 효율상으로는 경제적이지만 보일러 내부에 스케일이 생길 우려가 크고, 탱크 속에 직접 증기를 분사하여 가열하는 방식은 기수혼합식이며, 직접가열식은 탱크는 저장만하며, 저장과 가열을 동시에 하여, 가열 코일이 필요한 방식은 간접가열방식이다.

51 **소형 전동기의 절연저항 측정에 사용되는 것은?**

① 브리지 ② 검류계
③ 메거 ④ 훅크온메터

절연저항계(메거) : 절연저항을 측정하여 전기기기 및 전로의 누전 여부를 알 수 있는 계기로서 무전압 상태(정전 상태)에서 측정하여야 한다.

52 **PI제어동작은 프로세스제어계의 정상특성 개선에 흔히 사용된다. 이것에 대응하는 보상요소는?**

① 동상 보상요소 ② 지상 보상요소
③ 진상 보상요소 ④ 지상 및 진상 보상요소

비례 적분동작(PI 제어)은 비례동작과 적분동작이 결합된 제어기로서 적분동작의 특성을 지니고 있으며 정상특성이 개선되어 잔류편차와 사이클링이 없을 뿐만 아니라 지상보상요소를 지니고 있다.

53 **발전기의 유기기전력의 방향과 관계가 있는 법칙은?**

① 플레밍의 왼손법칙
② 플레밍의 오른손법칙
③ 패러데이의 법칙
④ 암페어의 법칙

플레밍의 오른손 법칙
자속밀도 $B[\mathrm{Wb/m^2}]$가 균일한 자기장 내에서 도체가 속도 $v\,[\mathrm{m/s}]$로 운동하는 경우 도체에 발생하는 유기기전력 $e\,[\mathrm{V}]$의 크기를 구하기 위한 법칙으로서 발전기의 원리에 적용된다.

54 **콘덴서만의 회로에서 전압과 전류의 위상관계는?**

① 전압이 전류보다 180도 앞선다.
② 전압이 전류보다 180도 뒤진다.
③ 전압이 전류보다 90도 앞선다.
④ 전압이 전류보다 90도 뒤진다.

콘덴서에 흐르는 전류의 위상은 전압보다 90° 앞선다.
이를 진상전류라 하며 용량성 회로의 특징이다.
∴ 전압이 전류보다 90° 뒤진다.

55 **회전자가 슬립 s 로 회전하고 있을 때 고정자 및 회전자의 실효 권수비를 α 라 하면, 고정자 기전력 E_1과 회전자 기전력 E_2와의 비는 어떻게 표현되는가?**

① $\dfrac{\alpha}{s}$ ② $s\alpha$
③ $(1-s)\alpha$ ④ $\dfrac{\alpha}{1-s}$

유도전동기의 회전시 1, 2차 전압비
$\therefore \dfrac{E_1}{E_{2s}} = \dfrac{\alpha}{s}$

정답 50 ① 51 ③ 52 ② 53 ② 54 ④ 55 ①

56 그림과 같은 회로에서 해당되는 램프의 식으로 옳은 것은?

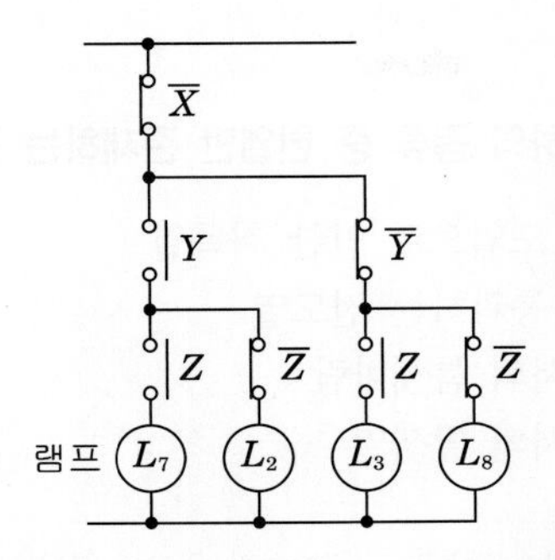

① $L_7 = \overline{X} \cdot Y \cdot Z$ ② $L_2 = \overline{X} \cdot Y \cdot Z$

③ $L_3 = \overline{X} \cdot Y \cdot Z$ ④ $L_8 = \overline{X} \cdot Y \cdot Z$

각 램프의 출력은
(1) $L_2 = \overline{X} \cdot Y \cdot \overline{Z}$
(2) $L_3 = \overline{X} \cdot \overline{Y} \cdot Z$
(3) $L_7 = \overline{X} \cdot Y \cdot Z$
(4) $L_8 = \overline{X} \cdot \overline{Y} \cdot \overline{Z}$

57 그림과 같은 시스템의 등가합성 전달함수는?

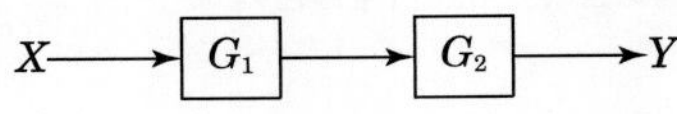

① $G_1 + G_2$ ② $G_1 G_2$

③ $G_1 - G_2$ ④ $\dfrac{1}{G_1 G_2}$

$Y = G_1 G_2 X$ 이므로
$\therefore\ G(s) = \dfrac{Y}{X} = G_1 G_2$

별해

$G(s) = \dfrac{\text{전향이득}}{1-\text{루프이득}}$ 식에서
전향이득$= G_1 G_2$, 루프이득$=0$ 이므로
$\therefore\ G(s) = \dfrac{Y}{X} = G_1 G_2$

58 직류 전동기의 속도제어방법이 아닌 것은?

① 계자제어법 ② 직렬저항법
③ 병렬제어법 ④ 전압제어법

직류전동기의 속도제어

직류전동기의 속도공식은 $N = k\dfrac{V - R_a I_a}{\phi}$ [rps] 이므로 공급전압(V)에 의한 제어, 자속(ϕ)에 의한 제어, 전기자저항(R_a)에 의한 제어 3가지 방법이 있다.
(1) 전압제어 (2) 계자제어 (3) 저항제어

59 그림에서 키르히호프법칙의 전류 관계식이 옳은 것은?

① $I_1 = I_2 - I_3 + I_4$
② $I_1 = I_2 + I_3 + I_4$
③ $I_1 = I_2 - I_3 - I_4$
④ $I_1 = I_2 + I_3 - I_4$

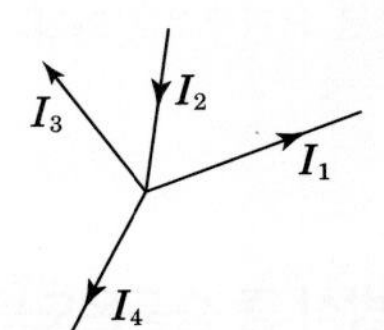

키르히호프의 제1법칙에 의한 식을 먼저 세우면
$\sum I_{in} = \sum I_{out}$ 식에서
$I_2 = I_1 + I_3 + I_4$ 이므로
이 식을 I_1에 대한 식으로 유도하면
$\therefore\ I_1 = I_2 - I_3 - I_4$

60 피드백 제어계의 특징으로 옳은 것은?

① 정확성이 떨어진다.
② 감대폭이 감소한다.
③ 계의 특성 변화에 대한 입력 대 출력비의 감도가 감소한다.
④ 발진이 전혀 없고 항상 안정한 상태로 되어 가는 경향이 있다.

피드백 제어계는 입력과 출력 사이의 오차가 감소하여 입력 대 출력비의 전체 이득 및 감도가 감소한다.

정답 56 ① 57 ② 58 ③ 59 ③ 60 ③

모의고사 제11회 실전 모의고사

1 공기조화 설비

01 건축물의 출입문으로부터 극간풍의 영향을 방지하는 방법으로 틀린 것은?

① 회전문을 설치한다.
② 이중문을 충분한 간격으로 설치한다.
③ 출입문에 블라인드를 설치한다.
④ 에어커튼을 설치한다.

블라인드는 유리창에 붙이는 차폐장치로 일사를 제어하기 위한 것으로 극간풍과는 거리가 멀다.

02 공조방식 중 송풍온도를 일정하게 유지하고 부하변동에 따라서 송풍량을 변화시킴으로써 실온을 제어하는 방식은?

① 멀티 존 유닛방식　② 이중덕트방식
③ 가변풍량방식　④ 패키지 유닛방식

공조방식 중 송풍온도를 일정하게 유지하고 부하변동에 따라서 송풍량을 변화(변풍량)시킴으로써 실온을 제어하는 방식은 가변풍량방식(VAV방식)이며, 부하변동에 따라서 송풍온도를 변화시키면서 송풍량은 일정하게 제어하는 방식은 정풍량방식(CAV)이다.

03 송풍기 회전수를 높일 때 일어나는 현상으로 틀린 것은?

① 정압 감소　② 동압 증가
③ 소음 증가　④ 송풍기 동력 증가

송풍기 회전수를 높이면 풍량, 정압, 동압, 소음, 동력이 모두 증가한다.

04 냉방부하의 종류 중 현열만 존재하는 것은?

① 외기의 도입으로 인한 취득열
② 유리를 통과하는 전도열
③ 문틈에서의 틈새바람
④ 인체에서의 발생열

냉방부하에는 현열과 잠열부하가 있으며 현열부하는 온도차에 의한 부하이며 잠열부하는 수분에 의한 부하이다. 유리를 통과하는 전도열은 현열부하만 있다.

05 주로 소형 공조기에 사용되며, 증기 또는 전기 가열기로 가열한 온수 수면에서 발생하는 증기로 가습하는 방식은?

① 초음파형　② 원심형
③ 노즐형　④ 가습팬형

공조기에서 전기 가열기로 가열한 온수 수면에서 발생하는 증기로 가습하는 방식은 가습팬형이다.

06 31℃의 외기와 25℃의 환기를 1:2의 비율로 혼합하고 바이패스 팩터가 0.16인 코일로 냉각 제습할 때 코일 출구온도(℃)는?(단, 코일표면온도는 14℃이다)

① 14　② 16
③ 27　④ 29

혼합온도를 구하면

$$t_m = \frac{31\times1+25\times2}{1+2} = 27℃$$

27℃공기를 14℃코일(BF=0.16)에 통과 시키면

$$t_o = t_c + BF(t_i - t_c) = 14 + 0.16(27-14) = 16℃$$

정답 01 ③ 02 ③ 03 ① 04 ② 05 ④ 06 ②

07 수증기 발생으로 인한 환기를 계획하고자 할 때, 필요 환기량 $Q(m^3/h)$의 계산식으로 옳은 것은? (단, q_s : 발생 현열량(kJ/h), W : 수증기 발생량(kg/h), M : 먼지 발생량(m^3/h), t_i(℃) : 허용 실내온도, x_i(kg/kg) : 허용 실내 절대습도, t_o(℃) : 도입 외기온도, x_o(kg/kg) : 도입 외기절대습도, K, K_o : 허용 실내 및 도입외기 가스농도, C, C_o : 허용 실내 및 도입외기 먼지농도 이다.)

① $Q=\dfrac{q_s}{0.29(t_i-t_o)}$　② $Q=\dfrac{W}{1.2(x_i-x_o)}$

③ $Q=\dfrac{100\cdot M}{K-K_o}$　④ $Q=\dfrac{M}{C-C_o}$

현열기준 $Q=\dfrac{q_s}{1.21(t_i-t_o)}$

수증기 기준 $Q=\dfrac{W}{1.2(x_i-x_o)}$

가스, 먼지 기준 $Q=\dfrac{M}{C-C_o}$

환기량계산식은 위 3가지 식 중에서 실내환경에 적합한 식을 적용하며 이 문제는 수증기 발생을 기준으로 계산식을 찾기 때문에 ②가 답이다.

08 공기 조화방식에서 변풍량 단일덕트 방식의 특징에 대한 설명으로 틀린 것은?

① 송풍기의 풍량제어가 가능하므로 부분 부하시 반송 에너지 소비량을 경감시킬 수 있다.
② 동시사용률을 고려하여 기기용량을 결정할 수 있으므로 설비용량이 커질 수 있다.
③ 변풍량 유닛을 실 별 또는 존 별로 배치함으로써 개별제어 및 존 제어가 가능하다.
④ 부하변동에 따라 실내온도를 유지할 수 있으므로 열원설비용 에너지 낭비가 적다.

변풍량 단일덕트 방식은 동시사용률을 고려하여 설비용량이 작아진다.

09 건물의 콘크리트 벽체의 실내측에 단열재를 부착하여 실내측 표면에 결로가 생기지 않도록 하려 한다. 외기온도가 0℃, 실내온도가 20℃, 실내공기의 노점온도가 12℃, 콘크리트 두께가 100 mm일 때, 결로를 막기 위한 단열재의 최소 두께(mm)는? (단, 콘크리트와 단열재 접촉 부분의 열저항은 무시한다.)

열전도도	콘크리트	1.63W/m·K
	단열재	0.17W/m·K
대류 열전달계수	외기	23.3W/m²·K
	실내공기	9.3W/m²·K

① 11.7　② 10.7
③ 9.7　④ 8.7

벽체전체열관류율을 K라 하고
실내표면(α_i)에 대하여 열평형을 세우면
$KA\Delta t=\alpha_i A\Delta t_s$ 에서 A를 1로 보고 표면온도는 결로가 생기지 않게 12도로 잡고 대입하면
$K(20-0)=9.3(20-12)$
$K=3.72\mathrm{W/m^2K}$
벽체열통과율을 3.72로 하려면 단열재두께는
$\dfrac{1}{K}=\dfrac{1}{\alpha_o}+\dfrac{L_1}{\lambda_1}+\dfrac{L_2}{\lambda_2}+\dfrac{1}{\alpha_i}$ 에서
$\dfrac{1}{3.72}=\dfrac{1}{23.3}+\dfrac{0.1}{1.63}+\dfrac{L_2}{0.17}+\dfrac{1}{9.3}$
$L_2=0.00969\mathrm{m}=9.7\mathrm{mm}$

10 다음 중 시운전시 보일러 점화 후 수위감지장치 및 급수장치 점검 확인사항으로 가장 거리가 먼 것은?

① 보일러 점화 후 드레인밸브(Drain Valve)를 개방하여 보일러 수를 드레인 시킨다.
② 보일러수가 일정수량 이상 드레인 되면 수위감지장치(전극봉, 맥도널, 정전용량센서)의 수위 감지로 급수펌프의 작동 여부를 확인한다.
③ 급수펌프가 작동되는 것을 확인한 후 급수펌프의 전원을 차단한다.
④ 보일러수를 충분히 채우고 저수위 경보가 울리고 버너가 소화되는지 확인한다.

보일러수가 계속적으로 드레인되면 저수위 상태가 되며 이때 저수위 경보가 울리고 버너가 소화되는지 확인한다.

정답 07 ② 08 ② 09 ③ 10 ④

11 냉방부하에 관한 설명으로 옳은 것은?

① 조명에서 발생하는 열량은 잠열로서 외기부하에 해당된다.
② 상당외기온도차는 방위, 시각 및 벽체 재료 등에 따라 값이 정해진다.
③ 유리창을 통해 들어오는 부하는 태양복사열만 계산한다.
④ 극간풍에 의한 부하는 실내외 온도차에 의한 현열만 계산한다.

조명에서 발생하는 열량은 현열 부하에 해당하며, 상당외기온도차는 일사에 의한 부하이므로 방위, 시각 및 벽체 재료 등에 따라 값이 정해진다. 유리창을 통해 들어오는 부하는 열관류부하와 태양복사열부하가 있으며, 극간풍에 의한 부하는 현열과 잠열부하가 있다.

12 저속덕트와 고속덕트의 분류기준이 되는 풍속은?

① 10m/s ② 15m/s
③ 20m/s ④ 30m/s

덕트에서 풍속 15m/s이하일 때 저속덕트라하고, 이상일때 고속덕트라 한다.

15 에어와셔(공기세정기) 속의 플러딩 노즐(flooding nozzle)의 역할은?

① 균일한 공기흐름 유지
② 분무수의 분무
③ 엘리미네이터 청소
④ 물방울의 기류에 혼입 방지

플러딩 노즐은 엘리미네이터에 낀 먼지를 청소하며, 입구루버는 균일한 공기흐름을 유지하고, 스프레이 노즐은 분무수를 분무하며, 엘리미네이터는 에어와셔를 통과한 물방울이 기류와 함께 덕트로 혼입되는것을 방지한다.

13 20℃ 습공기의 대기압이 100kPa이고, 수증기의 분압이 1.5kPa이라면 주어진 습공기의 절대습도(kg/kg′)는?

① 0.0095 ② 0.0112
③ 0.0129 ④ 0.0133

$$x = 0.622\frac{p_v}{p_o - p_v} = 0.622\frac{1.5}{100-1.5} = 0.0095\text{kg/kg}$$

14 다음 송풍기 풍량제어법 중 축동력이 가장 많이 소요되는 것은? (단, 모든 조건은 동일하다.)

① 회전수제어 ② 흡인베인제어
③ 흡입댐퍼제어 ④ 토출댐퍼제어

송풍기 풍량제어법 중 축동력 소요 순서는 토출댐퍼제어가 가장 많고 토출댐퍼제어 〉 흡입댐퍼제어 〉 흡인베인제어 〉 회전수제어 순이다.

16 덕트 계통의 열손실(취득)과 직접적인 관계로 가장 거리가 먼 것은?

① 덕트 주위 온도 ② 덕트 가공정도
③ 덕트 주위 소음 ④ 덕트 속 공기압력

덕트 계통의 열손실(취득)과 덕트 주위 소음은 직접적인 관계가 없다.

17 지역난방의 특징에 관한 설명으로 틀린 것은?

① 연료비는 절감되나 열효율이 낮고 인건비가 증가한다.
② 개별건물의 보일러실 및 굴뚝이 불필요하므로 건물 이용의 효용이 높다.
③ 설비의 합리화로 대기오염이 적다.
④ 대규모 열원기기를 이용하므로 에너지를 효율적으로 이용할 수 있다.

정답 11 ② 12 ② 13 ③ 14 ① 15 ④ 16 ③ 17 ①

지역난방은 대규모 설비를 중앙집중식으로 이용하므로 열효율이 높고, 연료비는 절감되나 배관 설치비와 인건비가 증가한다.

18 대향류의 냉수코일 설계 시 일반적인 조건으로 틀린 것은?

① 냉수 입출구 온도차는 일반적으로 5~10℃로 한다.
② 관내 물의 속도는 5~15m/s로 한다.
③ 냉수 온도는 5~15℃로 한다.
④ 코일 통과 풍속은 2~3m/s로 한다.

대향류의 냉수코일 설계에서 관내 물의 속도는 1m/s정도로 한다.

19 공기조화 시스템에서 난방을 할 때 보일러에 있는 온수를 목적지인 사용처로 보냈다가 다시 사용하기 위해 되돌아오는 관을 무엇이라 하는가?

① 온수공급관 ② 온수환수관
③ 냉수공급관 ④ 냉수환수관

온수를 목적지인 사용처로 보내는관은 온수공급관, 다시 사용하기 위해 되돌아오는 관을 온수환수관이라한다.

20 습공기 5000m^3/h를 바이패스 팩터 0.2인 냉각코일에 의해 냉각시킬 때 냉각코일의 냉각열량(kW)은? (단, 코일 입구공기의 엔탈피는 64.5kJ/kg, 밀도는 1.2kg/m^3, 냉각코일 표면온도는 10℃이며, 10℃의 포화습공기 엔탈피는 30kJ/kg이다.)

① 38 ② 46
③ 138 ④ 165

우선 냉각코일출구 엔탈피를 구하면
$h_2 = h_c + BF(h_1 - h_c) = 30 + 0.2(64.5 - 30) = 36.9$
냉각코일 제거열량은
$q = m\Delta h = 5000 \times 1.2(64.5 - 36.9) = 165,600\text{kJ/h} = 46\text{kW}$

2 냉동냉장 설비

21 흡입 관 내를 흐르는 냉매증기의 압력강하가 커지는 경우는?

① 관이 굵고 흡입관 길이가 짧은 경우
② 냉매증기의 비체적이 큰 경우
③ 냉매의 유량이 적은 경우
④ 냉매의 유속이 빠른 경우

달시-바이스바하(Darcy-Weisbach)의 식
압력손실$p_L = \Delta p = f \cdot \frac{l}{d} \cdot \frac{v^2}{2}\rho$ [Pa]에서
여기서 f : 관마찰계수
d : 관경[m]
l : 길이[m]
v : 유속[m/s]
g : 중력가속도[m/s^2]
식에서와 같이 압력손실은 관의 길이, 밀도, 유속의 2승에 비례하고, 관 지름에 반비례 한다.

22 이상기체의 압력이 0.5MPa, 온도가 150℃, 비체적이 0.4m^3/kg 일 때, 가스상수(J/kg · K)는 얼마인가?

① 11.3 ② 47.28
③ 113 ④ 472.8

이상기체의 상태방정식
PV = mRT, Pv = RT에서
여기서, P : 압력[Pa]
V : 체적[m^3]
m : 질량[kg]
R : 기체상수[J/kg · K]
v : 비체적[m^3/kg]
T : 온도[K]

$$R = \frac{Pv}{T} = \frac{0.5 \times 10^6 \times 0.4}{273 + 150} = 472.8[\text{kJ/kg} \cdot \text{k}]$$

정답 18 ② 19 ② 20 ② 21 ④ 22 ④

23 다음 중 냉동장치의 압축기와 관계가 없는 효율은?

① 소음효율 ② 압축효율
③ 기계효율 ④ 체적효율

압축기의 효율

(1) 체적효율$\eta_v = \dfrac{\text{실제적 피스톤 압출량}[m^3]}{\text{이론적 피스톤 압출량}[m^3]}$

(2) 압축효율$\eta_c = \dfrac{\text{이론 단열 압축동력}[kW]}{\text{실제 가스를 압축하는 동력}[kW]}$

(3) 기계효율$\eta_m = \dfrac{\text{실제 가스를 압축하는 동력}[kW]}{\text{실제 압축기를 구동하는 축동력}[kW]}$

24 가용전에 대한 설명으로 옳은 것은?

① 저압차단 스위치를 의미한다.
② 압축 토출 측에 설치한다.
③ 수냉응축기 냉각수 출구측에 설치한다.
④ 응축기 또는 고압수액기의 액배관에 설치한다.

가용전

(1) 가용전은 용기의 온도에 의해 가용합금이 녹아서 내부의 가스를 분출하여 압력의 이상 상승을 방지하기 위해 설치한다.
(2) 가용전의 용해 온도는 75℃ 이하로 그 구경은 용기 안전밸브의 최소구경의 1/2 이상 이어야 한다.
(3) 원통형 응축기 및 수액기에는 안전밸브를 부착하지 않으면 안되는데 내용적 500L 미만의 프레온용 원통다관식 응축기나 수액기 등에 있어서는 가용전으로 대체할 수 있다.

25 몰리에르 선도에서 건도(x)에 관한 설명으로 옳은 것은?

① 몰리에르 선도의 포화액선상 건도는 1이다.
② 액체 70%, 증기 30%인 냉매의 건도는 0.7이다.
③ 건도는 습포화증기 구역 내에서만 존재한다.
④ 건도는 과열증기 중증기에 대한 포화액체의 양을 말한다.

① 몰리에르 선도의 포화액선상 건도는 0이다.
② 액체 70%, 증기 30%인 냉매의 건도는 0.3이다.
④ 건도는 습증기 중의 건조포화증기 양을 말한다.

건도
건도란 발생 습증기 1kg속에 건조포화증기가 $x$kg들어 있을 때 이 x를 건도, $(1-x)$를 습도라 하며 포화액의 건도는 0, 포화증기의 건도는 1이다.

26 몰리에르 선도에 대한 설명으로 틀린 것은?

① 과열구역에서 등엔탈피선은 등온선과 거의 직교한다.
② 습증기 구역에서 등온선과 등압선은 평행하다.
③ 포화 액체와 포화 증기의 상태가 동일한 점을 임계점이라고 한다.
④ 등비체적선은 과열 증기구역에서도 존재한다.

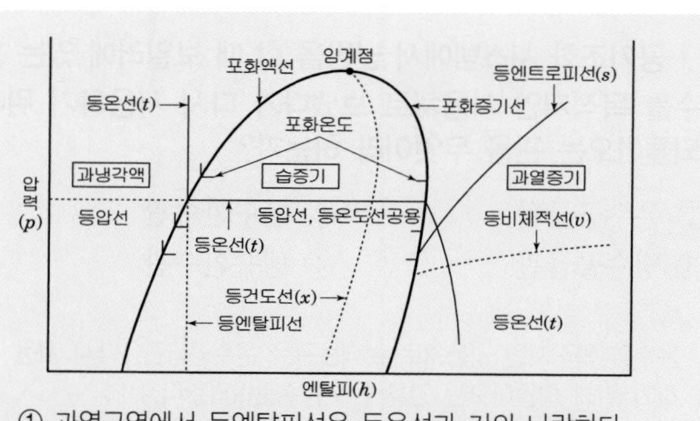

① 과열구역에서 등엔탈피선은 등온선과 거의 나란하다.

27 팽창밸브 직후 냉매의 건도가 0.2이다. 이 냉매의 증발열이 1884kJ/kg이라 할 때, 냉동효과(kJ/kg)는 얼마인가?

① 376.8 ② 1324.6
③ 1507.2 ④ 1804.3

냉동효과$q_2 = r \times (1-x) = 1884 \times (1-0.2) = 1507.2$
여기서, r : 증발잠열[kJ/kg]
x : 팽창밸브 직후 건도

정답 23 ① 24 ④ 25 ③ 26 ① 27 ③

28 **다음에 기술한 압력시험 및 시운전에 관한 설명 중 가장 옳지 않은 것은?**

① 압축기를 방진지지 할 때에는 배관을 통해 다른 진동이 전해지는 것을 방지하기 위해 가요성 배관(플랙시블 튜브)을 삽입한다.
② 압력용기에 대해 실시하는 내압시험은 기밀시험 전에 실시한다.
③ 기밀시험에 압축공기를 사용하는 경우 공기온도는 140℃ 이하로 한다.
④ 중대형 냉동장치에 냉매를 충전하는 경우 수액기의 액 출구밸브를 닫고, 그 앞의 냉매 충전 밸브로부터 증기상태의 냉매를 충전한다.

④ 중대형 냉동장치에 냉매를 충전하는 경우 수액기의 액 출구밸브를 닫고, 그 앞의 냉매 충전 밸브로부터 액상의 냉매를 충전한다.

29 **액분리기에 대한 설명으로 옳은 것은?**

① 장치를 순환하고 남는 여분의 냉매를 저장하기 위해 설치하는 용기를 말한다.
② 액분리기는 흡입관 중의 가스와 액의 혼합물로부터 액을 분리하는 역할을 한다.
③ 액분리기는 암모니아 냉동장치에는 사용하지 않는다.
④ 팽창밸브와 증발기 사이에 설치하여 냉각효율을 상승시킨다.

액분리기(Accumulator)
액분리기는 주로 암모니아 냉동장치에서 증발기와 압축기 사이의 흡입배관에 설치하여 냉매액과 냉매증기를 분리하여 압축기의 액압축을 방지하여 압축기를 보호하는 역할을 한다.

30 **다음과 같은 조건의 수산물 냉동창고에서 동결부하(kW)를 구하시오.**

- 동결 처리량 : 10,000kg/회
- 동결 시간 : 14 h
- 동결 최종 온도 : −20℃
- 동결실 온도 : −30℃
- 입고품 온도 : 15℃(생선)
- 동결점 온도 : −2℃
- 동결 전 비열 : 0.884 Wh/(kg · K)
- 동결 후 비열 : 0.465 Wh/(kg · K)
- 동결 잠열 : 67.44 Wh/kg

① 28.55 kW ② 35.24 kW
③ 55.19 kW ④ 64.88 kW

14시간 동안에 10000kg의 생선을 15℃에서 −20℃로 동결하는 냉동 창고의 동결부하를 구하는 문제이다.
1) 15℃에서 −2℃로 냉각 현열부하
$q = mC\Delta t = 10000 \times 0.884 \times 3.6(15+2) = 541,008\text{kJ}$
(여기서 비열단위
Wh/(kg · K)=W×3600s/(kg · K)=3600J/(kg · K)
=3.6kJ/(kg · K)이다.
Wh/(kg · K)단위는 잘쓰이지 않는 단위이나 3.6kJ로 환산법을 알아두세요)
2) −2℃에서 동결 잠열부하
$q = m\gamma = 10000 \times 67.44 \times 3.6 = 2,427,840\text{kJ}$
3) −2℃에서 최종 동결 온도 −20℃로 냉각 현열부하
$q = mC\Delta t = 10000 \times 0.465 \times 3.6(-2+20) = 301,320\text{kJ}$
동결부하는 14시간 동안에 위 3가지 부하를 제거하므로
$$\text{kW} = \frac{541008+2427840+301320(\text{kJ})}{14(\text{h})} = 233,583.43\text{kJ/h}$$
$$= 64.88\text{kW}$$

31 **평판을 통해서 표면으로 확산에 의해서 전달되는 열유속(heat flux)이 0.4kW/m^{2}이다. 이 표면과 20℃ 공기흐름과의 대류전열계수가 0.01kW/m^2 · ℃인 경우 평판의 표면온도(℃)는?**

① 45 ② 50
③ 55 ④ 60

정답 28 ④ 29 ② 30 ④ 31 ④

PARAT 05 실전모의고사

열유속(heat flux) : 열전달 량 q

$q=\alpha A(t_s-t_a)$에서

$$t_s=t_a+\frac{q}{\alpha A}=20+\frac{0.4}{0.01\times 1}=60[℃]$$

32 **다음의 설명은 냉동장치의 액봉 사고에 대한 설명이다. 옳지 않은 것을 고르시오.**

① 액봉에 의해 현저하게 압력상승의 우려가 있는 부분은 안전밸브 또는 압력릴리프 장치를 설치할 것
② 액봉의 발생방지에는 배관 밸브의 개폐상태, 압력도피 장치의 유무, 액관에 열침입이 없는지 확인한다.
③ 액봉에 의한 사고가 발생하기 쉬운 개소로는 저압수액기의 냉매 액배관이 있다.
④ 액봉에 의해 현저하게 압력이 상승할 우려가 있는 부분에 설치하는 압력릴리프 장치에는 용전을 이용하면 좋다.

④ 용전(溶栓)은 온도로 작동하는 안전장치이므로 압력릴리프 장치로 사용할 수 없다.

33 **암모니아의 증발잠열은 -15℃에서 1310.4kJ/kg이지만, 실제로 냉동능력은 1126.2kJ/kg으로 작아진다. 차이가 생기는 이유로 가장 적절한 것은?**

① 체적효율 때문이다.
② 전열면의 효율 때문이다.
③ 실제 값과 이론 값의 차이 때문이다.
④ 교축팽창시 발생하는 플래시 가스 때문이다.

응축기에서 응축액화 된 냉매는 팽창밸브에서 교축팽창을 하게 되는데 이때 액냉매 중의 일부가 증발하여 플래시 가스가 발생한다. 이로 인하여 냉매의 증발잠열이 감소하여 냉동효과가 작아지게 된다.

34 **이상적인 냉동사이클과 비교한 실제 냉동사이클에 대한 설명으로 틀린 것은?**

① 냉매가 관내를 흐를 때 마찰에 의한 압력손실이 발생한다.
② 외부와 다소의 열 출입이 있다.
③ 냉매가 압축기의 밸브를 지날 때 약간의 교축작용이 이루어진다.
④ 압축기 입구에서의 냉매사애 값은 증발기 출구와 동일하다.

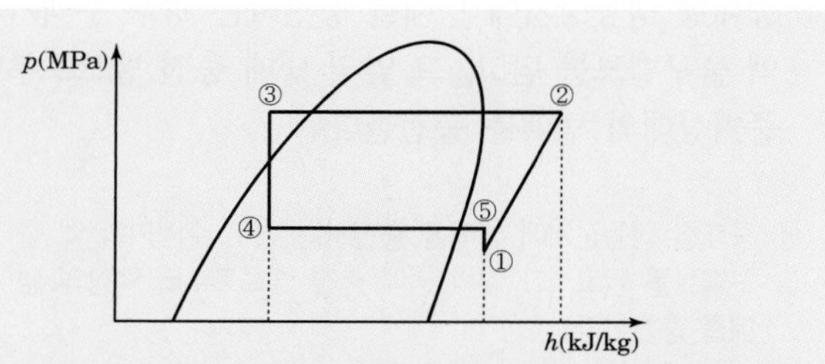

그림에서와 같이 실제 냉동사이클에서는 증발기 출구(5)보다 흡입밸브의 교축에 의해 압축기 입구(1)의 압력이 약간 낮아져 상태값이 달라진다.

35 **냉동장치 내에 불응축 가스가 혼입되었을 때 냉동장치의 운전에 미치는 영향으로 가장 거리가 먼 것은?**

① 열교환 작용을 방해하므로 응축압력이 낮게 된다.
② 냉동능력이 감소한다.
③ 소비전력이 증가한다.
④ 실린더가 과열되고 윤활유가 열화 및 탄화된다.

냉동장치 내에 불응축가스(주로 공기)가 혼입하면 응축기 내에서는 불응축가스로 인하여 냉매증기의 응축면적이 좁아져서 응축압력과 온도가 상승하게 된다. 따라서 35번 문제 해설에서와 같은 현상이 발생한다.

정답 32 ④ 33 ④ 34 ④ 35 ①

36 흡수식 냉동기의 특징에 대한 설명으로 틀린 것은?

① 용량제어의 범위가 넓어 폭 넓은 용량제어가 가능하다.
② 터보 냉동기에 비하여 소음과 진동이 크다.
③ 부분 부하에 대한 대응성이 좋다.
④ 회전부가 적어 기계적인 마모가 적고 보수 관리가 용이하다.

흡수식 냉동기의 특징
① 용량제어의 범위가 넓어 폭 넓은 용량제어가 가능하다.
② 여름철 피크전력이 완화된다.
③ 부분 부하에 대한 대응성이 좋다.
④ 회전부가 적어 기계적인 마모가 적고 보수 관리가 용이하다.
⑤ 대기압 이하로 작동하므로 취급에 위험성이 완화된다.
⑥ 가스수요의 평준화를 도모할 수 있다.
⑦ 증기열원을 사용할 경우 전력수요가 적다.
⑧ 소음 및 진동이 적다.
⑨ 자동제어가 용이하고 운전경비가 절감된다.
⑩ 흡수식 냉동기는 초기 운전에서 정격성능을 발휘하기 까지의 시간(예냉시간)이 길다.
⑪ 용액의 부식성이 크므로 기밀성 관리와 부식 억제제의 보충에 엄격한 주의가 필요하다.

37 증발식 응축기에 관한 설명으로 옳은 것은?

① 증발식 응축기의 냉각수는 보충할 필요가 없다.
② 증발식 응축기는 물의 현열을 이용하여 냉각하는 것이다.
③ 내부에 냉매가 통하는 나관이 있고, 그 위에 노즐을 이용하여 물을 산포하는 방식이다.
④ 압력강하가 작으므로 고압측 배관에 적당하다.

증발식 응축기
① 보급수가 필요하고 수질을 양호하게 유지하기 위해 조금씩 연속적으로 물을 보충해야 한다. 소비된 냉각수의 보충량은 증발에 의해 소비된 수량, 불순물의 농축을 방지하기 위한 수량, 비산에 의한 수량이 있다.
② 주로 물의 증발잠열을 이용하여 냉각하므로 외기 습구온도가 낮을수록 냉매의 응축온도가 낮아진다. 동계에는 공랭식으로 사용한다.
④ 증발식 응축기는 냉각관이 긴 관으로 구성되므로 배관에서의 압력강하가 크게 된다.

38 냉동장치의 운전 중 저압이 낮아질 때 일어나는 현상이 아닌 것은?

① 흡입가스 과열 및 압축비 증대
② 증발온도 저하 및 냉동능력 증대
③ 흡입가스의 비체적 증가
④ 성적계수 저하 및 냉매순화량 감소

증기압축식 냉동 장치에서 증발온도를 일정하게 유지하고 응축온도가 상승되거나 응축온도가 일정한 상태에서 증발온도가 저하되면 압축비가 증대하여 다음과 같은 현상이 발생한다.
① 압축비 증대
② 토출가스 온도 상승
③ 실린더 과열
④ 윤활유의 열화 및 탄화
⑤ 체적효율 감소
⑥ 냉매순환량 감소
⑦ 냉동능력 감소
⑧ 소요동력 증대
⑨ 성적계수 감소
⑩ 플래시 가스 발생량이 증가

39 −20℃의 암모니아 포화액의 엔탈피가 314kJ/kg이며, 도일 온동에서 건조포화 증기의 엔탈피가 1687kJ/kg이다. 이 냉매액이 팽창밸브를 통과하여 증발기에 유입될 때의 냉매의 엔탈피가 679kJ/kg이었다면 중량비로 약 몇 %가 액체 상태인가?

① 16 ② 26
③ 74 ④ 84

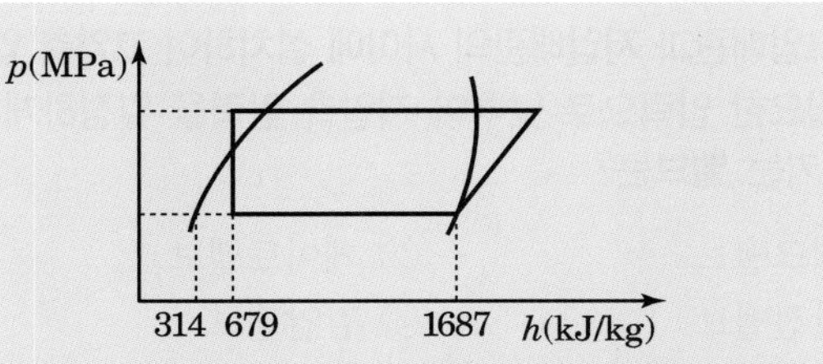

선도에서 증발기 입구에서의 전냉매에 대한 액의 비율은 $\frac{1687-679}{1687-314}\times 100 = 73.4\%$이다.

정답 36 ② 37 ③ 38 ② 39 ③

PARAT 05 실전모의고사

40 **냉동장치에서 플래시 가스가 발생하지 않도록 하기 위한 방지대책으로 틀린 것은?**

① 액관의 직경이 충분한 크기를 갖고 있도록 한다.
② 증발기의 위치를 응축기와 비교해서 너무 높게 설치하지 않는다.
③ 여과기나 필터의 점검 청소를 실시한다.
④ 액관 냉매액의 과냉도를 줄인다.

액관에 열교환기를 설치하여 냉매액을 과냉각시켜 과냉각도를 크게하면 플래시 가스의 발생량이 감소한다.

3 공조냉동 설치·운영

41 **급수방식 중 고가탱크방식의 특징에 대한 설명으로 틀린 것은?**

① 다른 방식에 비해 오염가능성이 적다.
② 저수량을 확보하여 일정 시간동안 급수가 가능하다.
③ 사용자의 수도꼭지에서 항상 일정한 수압을 유지한다.
④ 대규모 급수 설비에 적합하다.

고가탱크방식은 물이 탱크에 체류하는 시간이 길어서 다른 방식에 비해 오염가능성이 크다.

42 **고압배관과 저압배관의 사이에 설치하여 고압측 압력을 필요한 압력으로 낮추어 저압측 압력을 일정하게 유지시키는 밸브는?**

① 체크밸브 ② 게이트밸브
③ 안전밸브 ④ 감압밸브

감압밸브는 공기나 물배관에서 고압배관과 저압배관의 사이에 설치하여 고압측 압력을 필요한 압력으로 낮추어 저압측 압력을 일정하게 유지시키는 밸브이다.

43 **덕트 설계, 설치시 검토 확인사항으로 가장 부적합한 것은?**

① 덕트의 형상은 굴곡, 변형, 확대, 축소, 분기, 합류시 덕트내 공기저항이 최소가 되도록 설계되었는가 확인
② 덕트는 층고를 낮추기위해 종횡비를 8:1 이상으로 하여 덕트 높이를 최소화한다.
③ 덕트길이 최단거리로 연결, 균등한 정압 손실이 되도록 설계, 덕트의 열손실·열획득 경로를 피할 것
④ 소음기, 소음엘보, 소음챔버, 라이닝덕트, 흡음 flexible등 적용으로 덕트의 소음 및 방진 대책 수립

덕트는 층고가 허용하는 한 정사각형에 가깝게 하며 층고를 낮추기위해서라도 종횡비를 4:1 이상으로하지 않는 것이 좋다.

44 **냉매액관 시공 시 유의사항으로 틀린 것은?**

① 긴 입상 액관의 경우 압력의 감소가 크므로 충분한 과냉각이 필요하다.
② 배관 도중에 다른 열원으로부터 열을 받지 않도록 한다.
③ 액관 배관은 가능한 한 길게 한다.
④ 액 냉매가 관내에서 증발하는 것을 방지하도록 한다.

액관 배관은 가능한 한 짧게 하여 냉매 이송시 마찰손실을 최소화 한다.

45 **다음 중 엘보를 용접이음으로 나타낸 기호는?**

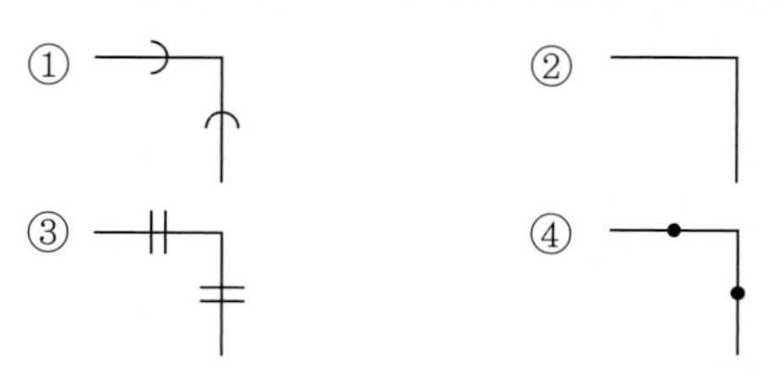

① : 소켓, ③ : 플랜지, ④ : 용접

정답 40 ④ 41 ① 42 ④ 43 ② 44 ③ 45 ④

46 온수난방에서 역귀환방식을 채택하는 주된 이유는?

① 순환펌프를 설치하기 위해
② 배관의 길이를 축소하기 위해
③ 열손실과 발생소음을 줄이기 위해
④ 건물 내 각 실의 온도를 균일하게 하기 위해

역귀환방식(역환수방식)은 리버스리턴(Reversed Return)방식으로 배관을 설치하는것으로 각 존별로 배관길이가 균등하도록 하여 온수 순환이 균등하고 각 실의 온도가 균등해진다.

47 허브타입 주철관을 사용하는 배수관 공사에서 자재수량이 아래표와 같을 때 규격별 수구수를 구하시오. (단, 소제구는 배관 수구에 삽입하는 것으로 본다)

	규격	단위	수량
직관	150∅ × 160L	개	5
	100∅ × 1000L	개	3
	100∅ × 600L	개	4
90° 곡관	100∅	개	3
45° 곡관	100∅	개	2
Y－T관	150∅ × 100∅	개	1
Y관	100∅	개	2
소재구	100∅	개	3

① 100ϕ 15개, 150ϕ 5개
② 100ϕ 17개, 150ϕ 6개
③ 100ϕ 20개, 150ϕ 7개
④ 100ϕ 22개, 150ϕ 7개

허브타입(소켓형) 주철관 접속법은 전통적인 납코킹 방식과 플랜지 방식이 있으며 최근에는 플랜지 방식이 선호된다. 수구수란 수구(암놈)와 삽구(숫놈)를 끼워맞춤하는 개소를 말하며 소켓방식에서는 수량산출의 기초가 된다. 직관은 1개당 수구 1개소이며, Y 관 Y-T관은 1개당 수구 2개소(규격별)로 산출한다. 수구수는 배관길이와는 관계 없다.
100ϕ : 직관(3+4개소), 곡관(3+2개소),
Y-T관(100ϕ 1개소), Y관(2×2개소)
150ϕ : 직관(5개소), Y-T관(150ϕ 1개소)
그러므로 수구수는
100ϕ : $3+4+3+2+1+(2\times2)=17$ 개소
150ϕ : $5+1=6$ 개소

48 예방적 유지보수공사의 효과로 가장 거리가 먼 것은?

① 예방적 유지보수공사는 고장에 의한 설비의 정지에 따른 손실이 감소한다.
② 예방적 유지보수공사는 내구수명이 연장되어 수리비가 감소한다.
③ 예방적 유지보수공사는 재해등을 미연에 방지할 수 있어서 재산가치의 보존이 가능하다.
④ 예방적 유지보수공사는 예비품관리가 복잡하여 재고량을 최대한으로 확보해야한다.

예방적 유지보수공사는 예비품관리가 양호하게 되고 재고량을 최소한으로 억제할 수 있다.

49 응축기(냉각탑) 냉각수 수질관리에 대한 설명으로 가장 부적합한 내용은?

① 냉각탑의 원활하고 장기적인 운전을 가능케하고 동력비(전력비)와 유지관리비를 절약함과 동시에 장비수명을 연장시키게 한다.
② 스케일(Scale), 부식(Corrosion), 침전물의 누적(Sludge) 및 생물학적인 오염(생물학적 침적물, Biological Deposit) 등과 같은 불순물과 오염물질을 효과적으로 제어하지 않으면 응축기 계통의 열전달 효과를 감소시켜 시스템 운전비용이 증가되는 결과를 초래할 수가 있으므로 세심한 관리가 필요하다.
③ 최적의 열전달 효율과 최대 장비 수명을 확보키 위해서는 순환수질을 순환수 수질기준 이내로 유지하도록 농축사이클(Cycle Of Concentration)을 제어하여야 한다.
④ 스케일, 부식방지를 위한 블로우다운량 조절은 필요하지만 레지오넬라균의 생물학적인 오염은 고려하지 않는다.

스케일, 부식방지를 위한 블로우다운량 조절 및 화학적 처리와 별도로 레지오넬라균의 생물학적인 오염을 방지하기 위하여 별도의 화학적 수처리 프로그램을 시행하여야 한다.

46 ④ 47 ② 48 ④ 49 ④

50 다음 조건과 같은 덕트계통에서 전체 마찰저항을 구하시오

【조 건】

덕트 직관길이 50m, 국부저항은 직관저항의 60%로 한다. 덕트경은 정압법(1Pa/m)으로 선정하며, 각형 덕트 단변은 400mm로한다.

① 50 Pa　② 60 Pa
③ 80 Pa　④ 400 Pa

직관 덕트에 대한 마찰저항은 정압법(1Pa/m)에서 1m당 1Pa 저항이 걸리므로
직관부 저항$=50\times1=50$Pa
국부저항$=50\times0.6=30$Pa
전체마찰저항$=50+30=80$Pa

51 그림과 같은 회로망에서 전류를 계산하는 데 맞는 식은?

① $I_1+I_2+I_3+I_4=0$
② $I_1+I_2+I_3-I_4=0$
③ $I_1+I_2=I_3+I_4$
④ $I_1+I_3=I_2+I_4$

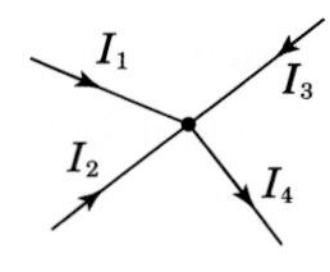

키르히호프의 제1법칙에 의한 식을 먼저 세우면
$\sum I_{in}=\sum I_{out}$ 식에서
$I_1+I_2+I_3=I_4$ 이므로
$\therefore\ I_1+I_2+I_3-I_4=0$

52 회로시험기(Multi Meter)로 직접 측정할 수 없는 것은?

① 저항　② 교류전압
③ 직류전압　④ 교류전력

계측기의 종류 및 측정 방법
(1) 멀티 테스터(회로시험기) : 직류전압, 직류전류, 교류전압, 교류전류, 저항을 측정할 수 있는 계기
(2) 검류계 : 미소한 전류나 전압의 유무를 검출하는데 사용되는 계기
(3) 절연저항계(메거) : 절연저항을 측정하여 전기기기 및 전로의 누전 여부를 알 수 있는 계기로서 무전압 상태(정전 상태)에서 측정하여야 한다.
(4) 엔코더 : 회전하는 각도를 디지털량으로 출력하는 검출기
(5) 콜라우시 브리지법(또는 코올라시 브리지법) : 축전지의 내부저항을 측정하는 방법
(6) 영위법 : 측정하고자 하는 양을 표준량과 서로 평형을 이루도록 조절하여 측정량을 구하는 방법

53 시퀀스 제어에 관한 설명 중 옳지 않은 것은?

① 조합 논리회로로도 사용된다.
② 전력계통에 연결된 스위치가 일시에 동작한다.
③ 시간 지연요소로도 사용된다.
④ 제어 결과에 따라 조작이 자동적으로 이행된다.

시퀀스 제어계는 미리 정해진 순서 또는 일정의 논리에 의해 정해진 순서에 따라 제어의 각 단계를 순차적으로 진행시켜 가는 제어이다.(예 무인자판기, 컨베이어, 엘리베이터, 세탁기 등)

정답 50 ③ 51 ③ 52 ④ 53 ②

54 다음 그림은 무엇을 나타낸 논리연산 회로인가?

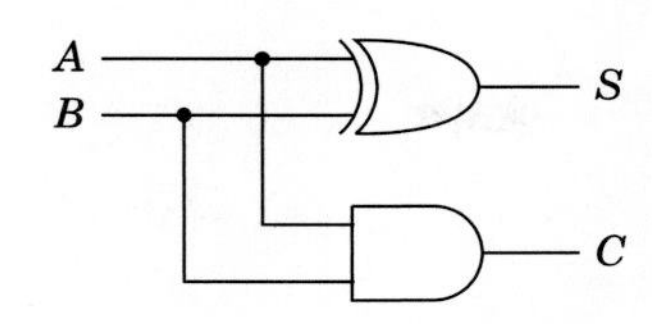

① HALF - ADDER 회로
② FULL - ADDER 회로
③ NAND 회로
④ EXCLUSIVE OR 회로

반가산기(HALF - ADDER) 회로
AND회로와 Exclusive OR 회로를 이용하여 AND 회로는 두 입력의 합에 대한 자리 올림수(carry)로 출력하고 Exclusive OR 회로는 두 입력의 합(sum)으로 출력하는 회로이다.

55 파형률이 가장 큰 것은?

① 구형파 ② 삼각파
③ 정현파 ④ 포물선파

파형의 파형율

파형	정현파	반파 정류파	구형파	톱니파	삼각파
파형율	1.11	1.57	1	1.155	1.155

56 회전 중인 3상 유도전동기의 슬립이 1이 되면 전동기 속도는 어떻게 되는가?

① 불변이다. ② 정지한다.
③ 무구속 속도가 된다. ④ 동기속도와 같게 된다.

유도전동기의 슬립과 속도
(1) 슬립이 1이면 회전자 속도가 $N=0$[rpm]일 때 이므로 유도전동기가 정지되어 있거나 또는 기동할 때임을 의미한다.
(2) 슬립이 0이면 회전자 속도가 동기속도와 같은 $N=N_s$ [rpm]일 때 이므로 유도전동기가 무부하 운전을 하거나 또는 정상속도에 도달하였음을 의미한다.

57 다음 중 미분요소에 해당하는 것은?

① $G(s)=K$ ② $G(s)=Ks$
③ $G(S)=\dfrac{K}{s}$ ④ $G(s)=\dfrac{K}{Ts+1}$

전달함수의 각종 요소

요소	전달함수
비례요소(P 제어)	$G(s)=K_p$
미분요소(D 제어)	$G(s)=T_d s$
적분요소(I 제어)	$G(s)=\dfrac{1}{T_i s}$
비례 미분요소 (PD 제어)	$G(s)=K_p(1+T_d s)$
비례 적분요소 (PI 제어)	$G(s)=K_p\left(1+\dfrac{1}{T_i s}\right)$
비례 미적분요소 (PID 제어)	$G(s)=K_p\left(1+T_d s+\dfrac{1}{T_i s}\right)$

58 입력으로 단위계단함수 $u(t)$를 가했을 때, 출력이 그림과 같은 동작은?

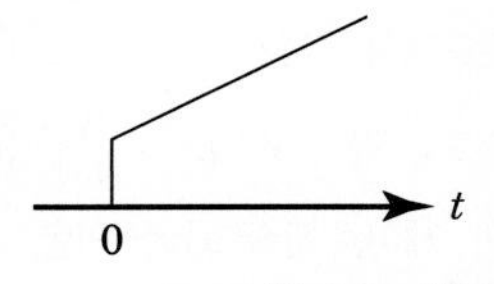

① P 동작 ② PD 동작
③ PI 동작 ④ 2위치 동작

그림은 입력을 단위계단함수로 가했을 때 비례 적분동작(PI 동작)의 출력 곡선이다.

정답 54 ① 55 ② 56 ② 57 ② 58 ③

PARAT 05 실전모의고사

59 전동기의 회전방향과 전자력에 관계가 있는 법칙은?

① 플레밍의 왼손법칙 ② 플레밍의 오른손법칙
③ 페러데이의 법칙 ④ 암페어의 법칙

플레밍의 왼손 법칙

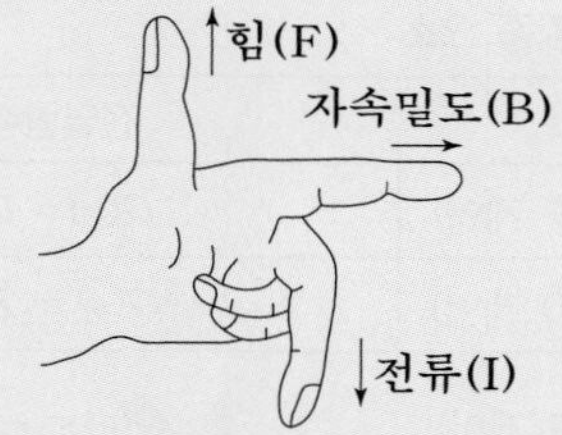

그림. 플레밍의 왼손법칙

자속밀도 $B[\text{Wb/m}^2]$가 균일한 자기장 내에 있는 어떤 도체에 전류(I)를 흘리면 그 도체에는 전자력(또는 힘) F[N]이 작용하게 되는데 이 힘을 구하기 위한 법칙으로서 전동기의 원리에 적용된다.

$F = \int (I \times B) \cdot dl = IBl\sin\theta$[N]

여기서 F : 도체에 작용하는 힘(엄지), I : 전류(중지),
B : 자속밀도(검지), l : 도체의 길이

60 직류 전동기의 속도제어 방법이 아닌 것은?

① 전압제어 ② 계자제어
③ 저항제어 ④ 슬립제어

직류전동기의 속도제어

직류전동기의 속도공식은 $N = k\frac{V - R_a I_a}{\phi}$[rps] 이므로 공급전압($V$)에 의한 제어, 자속($\phi$)에 의한 제어, 전기자저항($R_a$)에 의한 제어 3가지 방법이 있다.

(1) 전압제어 (2) 계자제어 (3) 저항제어

정답 59 ① 60 ④

모의고사 제12회 실전 모의고사

1 공기조화 설비

01 콘크리트로 된 외벽의 실내측에 내장재를 부착했을 때 내장재의 실내측 표면에 결로가 일어나지 않도록 하기 위한 내장두께 L2(mm)는 최소 얼마이어야 하는가? (단, 외기온도 −5℃, 실내온도 20℃, 실내공기의 노점 온도 12℃, 콘크리트의 벽두께 100mm, 콘크리트의 열전도율은 0.0016kW/ m·K, 내장재의 열전도율은 0.00017kW/m·K, 실외측 열전달률은0.023kW/m^2 ·K, 실내측 열전달률은 0.009kW/m^2 ·K이다.)

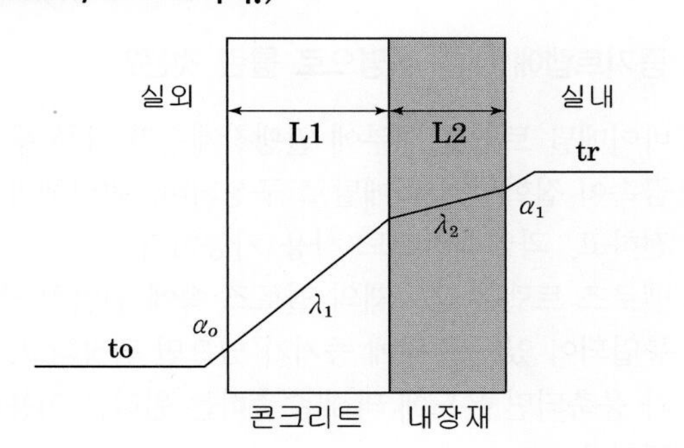

① 19.7 ② 22.1
③ 25.3 ④ 37.2

이 문제 유형은 공조냉동산업기사 필기 문제로는 고난이도이고, 풀이에 시간이 많이 소요되므로 시험장에서는 가장 뒤에 푸는게 좋다. 우선 결로가 발생하지 않으려면 표면온도가 노점온도 이상이므로 벽체 전체열관류량과 실내표면 열전달량 사이에 열평형식으로 열관류율(K)을 구하면

$q = KA\Delta t = \alpha_i A \Delta t_s$ 에서

$K = \frac{\alpha_i \Delta t_s}{\Delta t} = \frac{0.009(20-12)}{20-(-5)} = 2.88 \times 10^{-3}$

내장재두께를 L_2로 하여 열관류식을 세우면

$\frac{1}{K} = \frac{1}{\alpha_o} + \frac{L_1}{\lambda_1} + \frac{L_2}{\lambda_2} + \frac{1}{\alpha_i}$

$\frac{1}{2.88 \times 10^{-3}} = \frac{1}{0.023} + \frac{0.1}{0.0016} + \frac{L_2}{0.00017} + \frac{1}{0.009}$

$L_2 = 0.0221\text{m} = 22.1\text{mm}$

위문제에서 전달량 단위를 조심해야한다. 일반적으로는 W/m^2·K를 사용하는데 이문제는 kW/m^2·K를 사용했다.

02 지하철에 적용할 기계 환기 방식의 기능으로 틀린 것은?

① 피스톤효과로 유발된 열차풍으로 환기효과를 높인다.
② 화재 시 배연기능을 달성한다.
③ 터널 내의 고온의 공기를 외부로 배출한다.
④ 터널 내의 잔류 열을 배출하고 신선외기를 도입하여 토양의 발열효과를 상승시킨다.

지하철 환기는 터널 내의 잔류 열을 배출하고 신선외기를 도입하여 토양의 발열효과를 억제하도록 한다.

03 90℃ 고온수 25kg을 100℃의 건조포화액으로 가열하는데 필요한 열량(kJ)은?(단, 물의 비열은 4.2kJ/kg·K 이다.)

① 42 ② 250
③ 525 ④ 1050

이 문제에서 건조 포화액이란 그냥 100℃온수를 말한다.
만약 건조 포화증기라면 증발잠열을 알아야 풀 수 있다.
$q = mC\Delta t = 25 \times 4.2(100-90) = 1050\text{kJ}$

04 쉘 앤 튜브 열교환기에서 유체의 흐름에 의해 생기는 진동의 원인으로 가장 거리가 먼 것은?

① 층류 흐름 ② 음향 진동
③ 소용돌이 흐름 ④ 병류의 와류 형성

유체흐름에서 층류는 가장 이상적인 정상흐름으로 진동이나 소음이 거의 발생하지 않는다.

정답 01 ② 02 ④ 03 ④ 04 ①

05 **열원방식의 분류는 일반 열원방식과 특수 열원방식으로 구분할 수 있다. 다음 중 일반 열원방식으로 가장 거리가 먼 것은?**

① 빙축열 방식
② 흡수식 냉동기 + 보일러
③ 전동 냉동기 + 보일러
④ 흡수식 냉온수 발생기

> 일반 열원방식 : 흡수식 냉동기, 보일러, 냉온수 발생기 등
> 특수 열원방식 : 빙축열 방식, 신재생에너지 등

06 **공기조화 계획을 진행하기 위한 순서로 옳은 것은?**

① 기본계획 → 기본구상 → 실시계획 → 실시설계
② 기본구상 → 기본계획 → 실시설계 → 실시계획
③ 기본구상 → 기본계획 → 실시계획 → 실시설계
④ 기본계획 → 실시계획 → 기본구상 → 실시설계

> 공기조화 계획은 보통 기본구상 → 기본계획 → 실시계획 → 실시설계 순서로 진행한다.

07 **다음 중 흡습성 물질이 도포된 엘리먼트를 적층시켜 원판형태로 만든 로터와 로터를 구동하는 장치 및 케이싱으로 구성 되어 있는 전열교환기의 형태는?**

① 고정형
② 정지형
③ 회전형
④ 원판형

> 전열교환기에서 가장 대규모에 사용되고 효율이 우수한 회전형은 원판형태로 만든 로터와 로터를 구동하는 장치로 구성된다.

08 **지역난방의 특징에 대한 설명으로 틀린 것은?**

① 광범위한 지역의 대규모 난방에 적합하며, 열매는 고온수 또는 고압증기를 사용한다.
② 소비처에서 24시간 연속난방과 연속급탕이 가능하다.
③ 대규모화에 따라 고효율 운전 및 폐열을 이용하는 등 에너지 취득이 경제적이다.
④ 순환펌프 용량이 크며 열 수송배관에서의 열손실이 작다.

> 지역난방은 넓은 지역에 걸쳐 배관이 설치되므로 순환펌프 용량이 크고, 열 수송배관에서의 열손실이 크다.

09 **증기트랩에 대한 설명으로 틀린 것은?**

① 바이메탈 트랩은 내부에 열팽창계수가 다른 두 개의 금속이 접합된 바이메탈로 구성되며, 워터해머에 안전하고, 과열증기에도 사용 가능하다.
② 벨로즈 트랩은 금속제의 벨로즈 속에 휘발성 액체가 봉입되어 있어 주위에 증기가 있으면 팽창되고, 증기가 응축되면 온도에 의해 수축하는 원리를 이용한 트랩이다.
③ 플로트 트랩은 응축수의 온도차를 이용하여 플로트가 상하로 움직이며 밸브를 개폐한다.
④ 버킷 트랩은 응축수의 부력을 이용하여 밸브를 개폐하며 상향식과 하향식이 있다.

> 플로트 트랩은 응축수의 액위에 따라 부력을 이용하여 플로트가 상하로 움직이며 밸브를 개폐하는 기계식 트랩이다.

10 **복사난방에 대한 설명으로 틀린 것은?**

① 다른 방식에 비해 쾌감도가 높다.
② 시설비가 적게 든다.
③ 실내에 유닛이 노출되지 않는다.
④ 열용량이 크기 때문에 방열량 조절에 시간이 다소 걸린다.

정답 05 ① 06 ③ 07 ③ 08 ④ 09 ③ 10 ②

복사난방은 바닥판에 코일을 매설하거나 복사 판넬을 설치하는 경우로 시설비가 고가인 편이다.

11 주로 대형 덕트에서 덕트의 찌그러짐을 방지하기 위하여 덕트의 옆면 철판에 주름을 잡아주는 것을 무엇이라고 하는가?

① 다이아몬드 브레이크
② 가이드 베인
③ 보강앵글
④ 시임

대형 덕트를 보강하는 방법으로 철판에 다이아몬드 브레이크 주름을 잡거나, 비드보강, 앵글보강을 한다.

12 냉방부하 계산시 유리창을 통한 취득열 부하를 줄이는 방법으로 가장 적절한 것은?

① 얇은 유리를 사용한다.
② 투명 유리를 사용한다.
③ 흡수율이 큰 재질의 유리를 사용한다.
④ 반사율이 큰 재질의 유리를 사용한다.

유리창 취득열을 줄이기 위해서는 불투명 유리를 사용, 흡수율이 작은 재질의 유리를 사용, 반사율이 큰 재질의 유리를 사용한다.

13 다음 중 수-공기 공기조화 방식에 해당하는 것은?

① 2중 덕트 방식
② 패키지 유닛 방식
③ 복사 냉난방 방식
④ 정풍량 단일 덕트 방식

수-공기방식 : 복사 냉난방 방식, FCU(덕트병용), IU(유인유닛식)

14 두께 150mm, 면적 $10m^2$인 콘크리트 내벽의 외부온도가 30℃, 내부온도가 20℃일 때 8시간 동안 전달되는 열량(kJ)은?
(단, 콘크리트 내벽의 열전도율은 1.5W/m · K이다.)

① 1350 ② 8350
③ 13200 ④ 28800

벽체전도열량
$q = \frac{\lambda}{L} A \Delta t = \frac{1.5}{0.15} \times 10(30-20) = 1000\text{W}$
8시간동안 통과열량은 $1000\text{W} = 1\text{kW} = 1\text{kJ/s}$
$1\text{kJ/s} \times 3600 \times 8 = 28,800\text{kJ}$

15 습공기의 상태변화에 관한 설명으로 옳은 것은?

① 습공기를 가습하면 상대습도가 내려간다.
② 습공기를 냉각 감습하면 엔탈피는 증가한다.
③ 습공기를 가열하면 절대습도는 변하지 않는다.
④ 습공기를 노점온도 이하로 냉각하면 절대습도는 내려가고, 상대습도는 일정하다.

습공기를 가습하면 상대습도가 올라가며, 습공기를 냉각 감습하면 엔탈피는 감소한다. 습공기를 가열하면 수평으로 온도만 증가하므로 절대습도는 변하지 않으며, 습공기를 노점온도 이하로 냉각하면 절대습도는 내려가고, 상대습도는 증가하여 포화상태(100%)에 가까워진다.

16 공장에 12kW의 전동기로 구동되는 기계 장치 25대를 설치하려고 한다. 전동기는 실내에 설치하고 기계 장치는 실외에 설치한다면 실내로 취득되는 열량(kW)은?
(전동기 가동률 0.78, 전동기 효율 0.87, 전동기 부하율 0.9이다.)

① 242.1 ② 210.6
③ 44.8 ④ 31.5

실내 취득열량은 실내로 공급되는 총 전력량에서 기계로 나가는 출력을 제한 나머지 에너지가 취득열량으로 된다.
$\text{kW} = 12 \times 25 \times 0.78 \times 0.9\left(\frac{1}{0.87} - 1\right) = 31.5$

정답 11 ① 12 ④ 13 ③ 14 ③ 15 ④ 16 ④

17 **압력 1MPa, 건도 0.89인 습증기 100kg을 일정 압력의 조건에서 엔탈피가 3052kJ/kg인 300℃의 과열증기로 되는데 필요한 열량(kJ)은? (단, 1MPa에서 포화액의 엔탈피는 759kJ/kg이다. 증기잠열 2018 kJ/kg)**

① 44,208
② 49,698
③ 229,311
④ 103,432

건도 0.89인 습증기의 엔탈피를 구하면
h=포화액엔탈피 + 건도 × 증발잠열
$= 759 + 0.89 \times 2018 = 2555.02\text{kJ/kg}$
그러므로 h=2555인 습증기를 3052로 만들기 위한 열량은
$q = m(h_2 - h_1) = 100(3052 - 2555.02) = 49,698\text{kJ}$

18 **덕트에 설치하는 가이드 베인에 대한 설명으로 틀린 것은?**

① 보통 곡률반지름이 덕트 장변의 1.5배 이내일 때 설치한다.
② 덕트를 작은 곡률로 구부릴 때 통풍저항을 줄이기 위해 설치한다.
③ 곡관부의 내측보다 외측에 설치하는 것이 좋다.
④ 곡관부의 기류를 세분하여 생기는 와류의 크기를 적게 한다.

덕트에 설치하는 가이드 베인은 와류가 심한 곡관부의 내측에 설치하는 것이 좋다.

19 **아래 습공기 선도에 나타낸 과정과 일치하는 장치도는?**

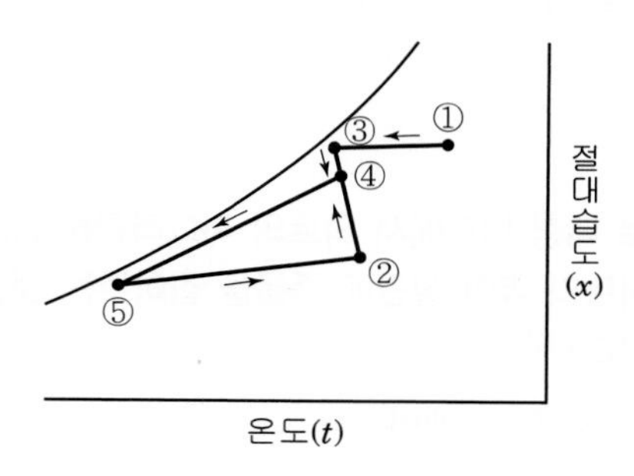

①
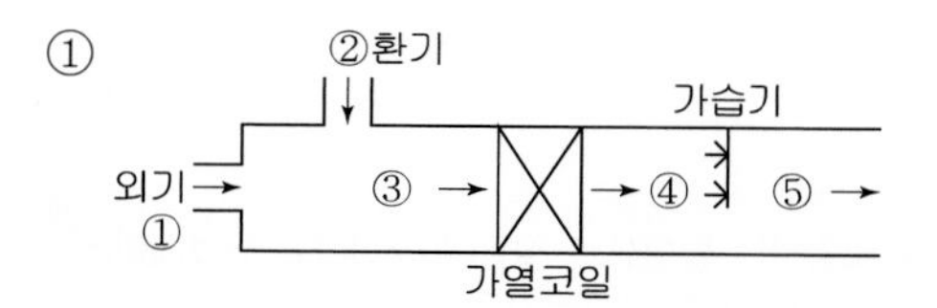

②
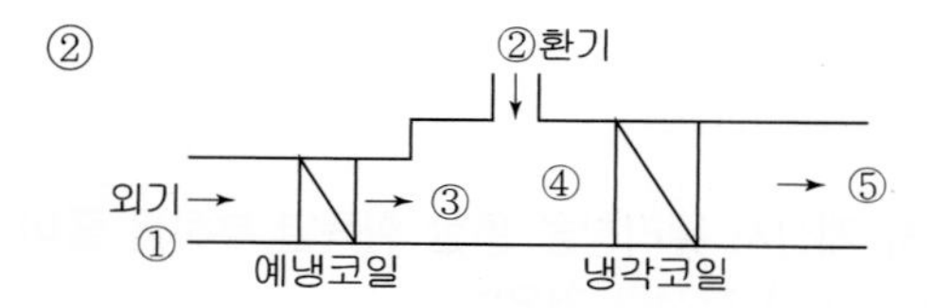

③
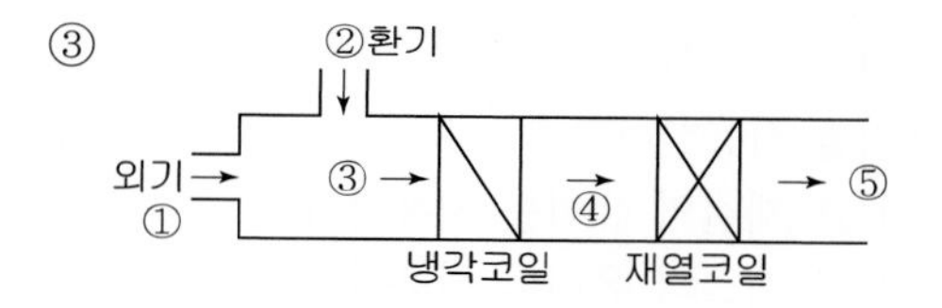

④
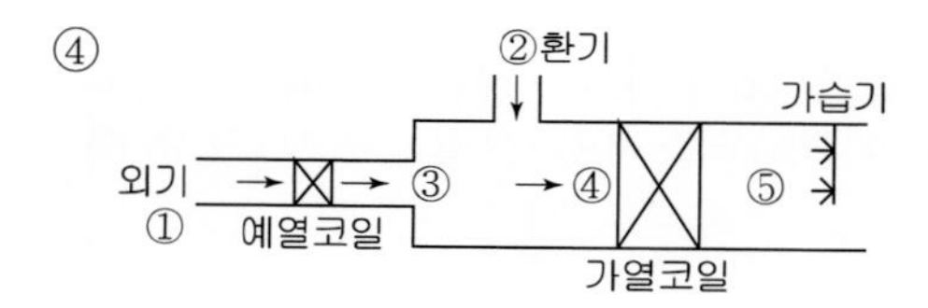

위선도에서 외기(①)를 예냉하여(③) 환기(②)와 혼합하여(④) 냉각한후(⑤) 실내에 취출하는 냉방 프로세스이다.
장치도는 예냉과 냉각코일로 구성된 ② 이다.

정답 17 ② 18 ③ 19 ②

20 **다음 중 공조설비 시운전 전 점검사항에서 가장 거리가 먼 것은?**

① 점검구(ACCESS DOOR)가 제대로 닫혀있는지 점검한다.
② 전동기(MOTOR)의 결선상태 점검한다.
③ 댐퍼(SA, RA, OA, EA)의 개방상태 점검한다.
④ 송풍기 런너의 회전방향을 확인한다.

송풍기 런너의 회전방향을 확인하는 작업은 시운전중 작동상태에서 수행한다.

2 냉동냉장 설비

21 **냉동효과가 1088kJ/kg인 냉동사이클에서 1냉동톤당 압축기 흡입 증기의 체적(m^3/h)은? (단, 압축기 입구의 비체적은 $0.5087m^3/kg$이고, 1냉동톤은 3.9kW이다.)**

① 15.5 ② 6.5
③ 0.258 ④ 0.002

$Q_2 = G \cdot q_2$에서

$$G = \frac{Q_2}{q_2} = \frac{3.9}{1088} = 3.58 \times 10^{-3}[kg/s]$$

$$\therefore V = G \cdot v \cdot 3600$$
$$= 3.58 \times 10^{-3} \times 0.5087 \times 3600 = 6.55[m^3/h]$$

여기서, Q_2 : 냉동능력[kW]
G : 냉매순환량[kg/s]
q_2 : 냉동효과[kJ/kg]
v : 압축기 흡입 증기의 비체적[m^3/kg]

22 **다음 냉매 중 오존파괴지수(ODP)가 가장 낮은 것은?**

① R11 ② R12
③ R22 ④ R134a

오존파괴지수(ODP)

종류	오존파괴지수(ODP)
R11	1
R12	1
R22	0.055
R134a	0

$$오존파괴지수(ODP) = \frac{어떤물질이\ 1kg이\ 파괴하는\ 오존량}{CFC-11kg이\ 파괴하는\ 오존량}$$

23 **프레온 냉동기의 흡입 배관에 이중 입상관을 설치하는 주된 목적은?**

① 흡입 가스의 과열을 방지하기 위하여
② 냉매액의 흡입을 방지하기 위하여
③ 오일의 회수를 용이하게 하기 위하여
④ 흡입관에서의 압력 강하를 보상하기 위하여

프레온냉동장치에서 무부하(Unload) 운전 시(용량제어장치) 오일의 회수를 용이하게 하기 위하여 압축기의 흡입관에 2중 수직 상승관(입상관)을 설치한다.

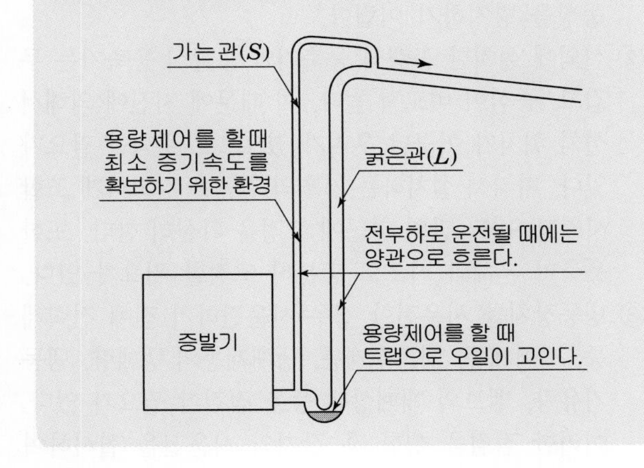

정답 20 ④ 21 ② 22 ④ 23 ③

24 **냉동장치를 장기간 운전하지 않을 경우 조치방법으로 틀린 것은?**

① 냉매의 누설이 없도록 밸브의 패킹을 잘 잠근다.
② 저압측의 냉매는 가능한 한 수액기로 회수한다.
③ 저압측의 냉매를 다른 용기로 회수하고 그 대신 공기를 넣어둔다.
④ 압축기의 워터재킷을 위한 물은 완전히 뺀다.

냉동장치를 장기간 운전하지 않을 경우 저압측의 냉매는 가능한 한 응축기나 수액기로 회수하고 냉매의 누설이 없도록 밸브의 패킹을 잘 잠그고 압축기의 워터재킷을 위한 물은 완전히 빼서 보존한다.

25 **아래의 기술은 냉동장치 설치 및 시운전에 대한 설명이다 가장 옳지 않은 것은?**

① 동상(凍上)은 1층 냉장실 바닥 아래의 토양이 얼어 체적이 팽창하여 바닥면이 부풀어 오르는 현상이다. 바닥의 구조나 토양의 성질은 동상의 발생에 큰 영향이 있고, 바닥의 방열재를 충분한 두께로 하여도 동상을 방지하기 어렵다.
② 실외에 설치한 공랭식 응축기와 증발식 응축기는 무겁고, 중심이 비교적 높다. 이 때문에 지진에 의해서 설치 위치가 어긋날 우려가 있으므로 주의할 필요가 있다. 따라서 설치하는 기초의 철근을 강고하게 조합시키고, 바닥 판의 철근에 고정을 확실히 한다. 또한 응축기 본체와 기초도 충분히 고정할 필요가 있다.
③ 냉동장치를 시운전할 경우 시운전하기 전에 전력계통, 제어계통, 냉각수계통, 냉매계통의 냉매량, 냉동기유량, 밸브의 개폐상태 등을 점검할 필요가 있다. 이러한 점검을 행한 후 장치의 시운전을 실시하여 이상이 없으면 수시간 운전을 계속하여 운전 데이터를 수집한다.
④ 암모니아는 독성이 있기 때문에 다량으로 접하면 죽음에 이를 위험이 있다. 한편 연소성은 없어 암모니아를 냉매로 하는 냉동장치에서는 전기설비에 대하여 방폭성능은 필요가 없다.

④ 암모니아는 독성가스로 지정되어 있고 다량의 암모니아와 접촉하면 동상과 점막, 특히 호흡기에 침입하여 사망에 이를 수 있다. 또한 암모니아는 가연성으로 연소범위가 15~28%이다. 그 하한값이 15%의 농도로 비교적 높기 때문에 전기설비에 대한 방폭성능을 요구하지 않는다.

26 **쇠고기(지방이 없는 부분) 10ton을 12시간 동안 35℃에서 5℃까지 냉각할 때의 냉동능력으로 옳은 것은? (단, 쇠고기의 동결점은 -2℃로, 쇠고기의 동결전 비열(지방이 없는 부분)은 0.88Wh/(kg · K)로, 동결후 비열은 0.49Wh/(kg · K), 동결잠열은 65.14Wh/kg으로 한다.)**

① 11 kW
② 13 kW
③ 18 kW
④ 22 kW

이 문제는 동결전까지 냉각하므로 동결전 비열로 냉각 현열만 계산한다.
(여기서 비열단위 Wh/(kg · K)=W×3600s/(kg · K)
=3600J/(kg · K)
=3.6kJ/(kg · K)이다.)

$$Q_2 = m \cdot C \cdot \Delta t = \frac{10000 \times 0.88 \times 3.6 \times (35-5)}{12h \times 3600} = 22\text{kJ/s}$$
$$= 22\text{kW}$$

27 **용적형 냉동기에서 고압가스 안전관리법에 의한 수압시험을할 때 수냉각기, 응축기의 수측에 대한 수압시험은 원칙적으로 최고 사용압력의 2배로 하되 최소한 얼마 이상의 압력으로 수압시험을 하는가?**

① 약 1MPa
② 약 3MPa
③ 약 5MPa
④ 약 10MPa

수압시험은 원칙적으로 최고 사용압력의 2배로 하되 그 값이 1MPa 미만일때는 최소한 1MPa 이상의 압력으로 수압시험을 한다.

정답 24 ③ 25 ④ 26 ④ 27 ①

28 다음 냉동장치의 시운전 및 주의사항에 대한 설명 중 옳은 것은?

① 시운전 시작 전에는 전기계통, 자동제어계통의 점검, 냉매계통·냉각수계통의 배관경로의 접속이나 밸브의 개폐상태, 냉매·윤활유의 종류와 양(量) 등을 충분히 확인할 필요가 있다.
② 저온용 냉동장치의 시운전 시작 전에는 유동점이 높은 냉동기유가 압축기에 충전되어 있는가를 확인한다.
③ 시운전 전에 플루오르카본 냉동장치의 유량을 확인한 결과 약간 부족하여 기존의 냉동기유를 충전하였다.
④ 시운전 시작 전에는 냉매를 과충전하면 응축기 출구 냉매액의 과냉각도가 증가하여 효율 좋은 운전을 할 수 있다.

② 저온용 냉동장치의 시운전 시작 전에는 유동점이 낮은 냉동기유가 압축기에 충전되어 있는가를 확인한다.
③ 플루오르카본 냉동장치는 수분이나 이물질에 의해 사고를 일으킬 수 있기 때문에 오래된 기름이나 장기간 공기에 노출된 오일의 사용은 피해야 한다.
④ 냉매를 과충전하면 고압의 상승 등의 폐해가 발생하므로 규정량 이상을 충전해서는 안된다.

29 냉동장치에서 액봉이 쉽게 발생되는 부분으로 가장 거리가 먼 것은?

① 액펌프 방식의 펌프출구와 증발기 사이의 배관
② 2단압축 냉동장치의 중간냉각기에서 과냉각된 액관
③ 압축기에서 응축기로의 배관
④ 수액기에서 증발기로의 배관

액봉 사고(液封事故)
액봉 사고는 액관의 양단이 정지밸브로 폐쇄되어 외부에서 열을 받으면 이상고압이 되어 배관이 파열되거나 밸브가 파손되는 사고를 말한다. 고압액관이나 저압액관 등에서 발생한다. ③의 경우는 고압가스관으로 액이 없어서 액봉사고는 발생하지 않는다.

30 어떤 냉동기로 1시간당 얼음 1ton을 제조하는데 37kW의 동력을 필요로 한다. 이때 사용하는 물의 온도는 10℃이며 얼음은 −10℃이었다. 이 냉동기의 성적계수는? (단, 융해열은 335kJ/kg이고, 물의 비열은 4.19kJ/kg·K, 얼음의 비열은 2.09kJ/kg·K이다.)

① 2.0 ② 3.0
③ 4.0 ④ 5.0

냉동기의 성적계수 COP

$$COP=\frac{Q_2(\text{냉동능력})}{W(\text{소요능력})}\text{에서}$$

$$Q_2=\frac{1000\text{kg/h}\times(4.19\times10+335+2.09\times10)}{3600}$$

$$=110.5[\text{kW}]$$

$$\therefore COP=\frac{110.5}{37}=2.99\fallingdotseq3.0$$

31 증발온도(압력)가 감소할 때, 장치에 발생되는 현상으로 가장 거리가 먼 것은? (단, 응축온도는 일정하다.)

① 성적계수(COP) 감소
② 토출가스 온도 상승
③ 냉매 순환량 증가
④ 냉동 효과 감소

증발온도(압력)가 감소할 때, 장치에 발생되는 현상
① 압축비 증대
② 토출가스 온도 상승
③ 실린더 과열
④ 윤활유의 열화 및 탄화
⑤ 체적효율 감소
⑥ 냉매순환량 감소
⑦ 냉동능력 감소
⑧ 소요동력 증대
⑨ 성적계수 감소
⑩ 플래시 가스 발생량이 증가

정답 28 ① 29 ③ 30 ② 31 ③

32 다음 중 줄-톰슨 효과와 관련이 가장 깊은 냉동방법은?

① 압축기체의 팽창에 의한 냉동법
② 감열에 의한 냉동법
③ 흡수식 냉동법
④ 2원 냉동법

줄-톰슨 효과(Joule-Thomson, 效果)
유체가 유동저항이 있는 오리피스나 밸브 등의 관로를 통과하는 교축변화에는 유체는 종류에 따라서 온도가 오르거나 일정하거나 내리거나 한다. 이 교축변화에 의한 온도변화를 Joule-Thomson, 效果라 한다.

33 표준냉동사이클에서 냉매 액이 팽창밸브를 지날 때 냉매의 온도, 압력, 엔탈피의 상태변화를 올바르게 나타낸 것은?

① 온도 : 일정, 압력 : 감소, 엔탈피 : 일정
② 온도 : 일정, 압력 : 감소, 엔탈피 : 감소
③ 온도 : 감소, 압력 : 일정, 엔탈피 : 일정
④ 온도 : 감소, 압력 : 감소, 엔탈피 : 일정

표준냉동사이클에서 냉매 액이 팽창밸브를 지날 때에 교축변화에 의해 온도, 압력은 감소하고 엔탈피는 일정하다.

34 흡수식 냉동기의 특징에 대한 설명으로 틀린 것은?

① 부분 부하에 대한 대응성이 좋다.
② 용량제어의 범위가 넓어 폭넓은 용량제어가 가능하다.
③ 초기 운전 시 정격 성능을 발휘할 때까지의 도달 속도가 느리다.
④ 압축식 냉동기에 비해 소음과 진동이 크다.

흡수식 냉동기의 특징
① 용량제어의 범위가 넓어 폭 넓은 용량제어가 가능하다.
② 여름철 피크전력이 완화된다.
③ 부분 부하에 대한 대응성이 좋다.
④ 회전부가 적어 기계적인 마모가 적고 보수 관리가 용이하다.
⑤ 대기압 이하로 작동하므로 취급에 위험성이 완화된다.
⑥ 가스수요의 평준화를 도모할 수 있다.
⑦ 증기열원을 사용할 경우 전력수요가 적다.
⑧ 소음 및 진동이 적다.
⑨ 자동제어가 용이하고 운전경비가 절감된다.
⑩ 흡수식 냉동기는 초기 운전에서 정격성능을 발휘하기 까지의 시간(예냉시간)이 길다.
⑪ 용액의 부식성이 크므로 기밀성 관리와 부식 억제제의 보충에 엄격한 주의가 필요하다.

35 압축기의 클리어런스가 클 경우 상태 변화에 대한 설명으로 틀린 것은?

① 냉동능력이 감소한다.
② 체적 효율이 저하한다.
③ 압축기가 과열 한다.
④ 토출가스의 온도가 감소한다.

압축기의 클리어런스가 클 경우 토출가스의 온도가 상승한다.

36 브라인의 구비조건으로 틀린 것은?

① 비열이 크고 동결온도가 낮을 것
② 불연성이며 불활성일 것
③ 열전도율이 클 것
④ 점성이 클 것

브라인의 구비조건
① 비등점이 높고, 응고점이 낮을 것
② 점도가 낮을 것
③ 부식성이 없을 것
④ 열전달률이 클 것
⑤ 비열이 클 것
⑥ 점성이 작을 것
⑦ 동결온도가 낮을 것
⑧ 불연성이며 독성이 없을 것

정답 32 ① 33 ④ 34 ④ 35 ④ 36 ④

37 다음 중 냉동장치의 운전상태 점검 시 확인해야 할 사항으로 가장 거리가 먼 것은?

① 윤활유의 상태
② 운전 소음 상태
③ 냉동장치 각부의 온도 상태
④ 냉동장치 전원의 주파수 변동 상태

냉동장치의 전원의 전압이나 전류는 운전상채 점검 시 확인해야 하지만 주파수 변동 상태는 확인 사항이 아니다.

38 열전달에 대한 설명으로 틀린 것은?

① 열전도는 물체 내에서 온도가 높은 쪽에서 낮은 쪽으로 열이 이동하는 현상이다.
② 대류는 유체의 열이 유체와 함께 이동하는 현상이다.
③ 복사는 떨어져 있는 두 물체 사이의 전열현상이다.
④ 전열에서는 전도, 대류, 복사가 각각 단독으로 일어나는 경우가 많다.

전열에서는 전도, 대류, 복사가 서로 복합적으로 일어나는 경우가 많다.

39 암모니아 냉동기에서 유분리기의 설치위치로 가장 적당한 곳은?

① 압축기와 응축기 사이
② 응축기와 팽창밸브 사이
③ 증발기와 압축기 사이
④ 팽창밸브와 증발기 사이

유분리기
압축기에서 토출된 냉매가스에는 약간의 냉동기유가 혼합되어 있다. 이 양이 많아지면 압축의 오일이 부족하여 윤활불량을 일으킨다. 또한 냉동기유가 응축기나 증발기에 들어가면 열교환을 저해한다. 이 때문에 압축기의 토출관에 유분리기를 설치하여 토출냉매 가스 중의 윤활유를 분리한다.

40 다음과 같은 [조건]에서 작동하는 냉동장치의 냉매순환량(kg/h)은? (단, 1RT는 3.9kW이다.)

【조 건】
(1) 냉동능력 : 5RT
(2) 증발기입구 냉매 엔탈피 : 240kJ/kg
(3) 증발기출구 냉매 엔탈피 : 400kJ/kg

① 325.2 ② 438.8
③ 512.8 ④ 617.3

$Q_2 = G \cdot q_2$에서

$$G = \frac{Q_2}{q_2} = \frac{3.9 \times 5}{400 - 240} = 0.121875[\text{kg/s}]$$

$\therefore 0.121875 \times 3600 = 438.75[\text{kg/h}]$

여기서, Q_2 : 냉동능력[kW]
G : 냉매순환량[kg/s]
q_2 : 냉동효과[kJ/kg]

3 공조냉동 설치·운영

41 냉매배관 설계 시 유의사항으로 틀린 것은?

① 2중 입상관 사용 시 트랩을 크게 한다.
② 과도한 압력 강하를 방지 한다.
③ 압축기로 액체 냉매의 유입을 방지한다.
④ 압축기를 떠난 윤활유가 일정 비율로 다시 압축기로 되돌아오게 한다.

2중 입상관 사용 시 트랩을 크게하면 트랩에 고인 오일이 일시에 다량 압축기로 유입되므로 되도록 작게한다. 일반 배관의 밴딩부는 곡률반경을 크게하여 저항을 줄인다.

정답 37 ④ 38 ④ 39 ① 40 ② 41 ①

42 **고가 탱크식 급수설비에서 급수경로를 바르게 나타낸 것은?**

① 수도본관 → 저수조 → 옥상탱크 → 양수관 → 급수관
② 수도본관 → 저수조 → 양수관 → 옥상탱크 → 급수관
③ 저수조 → 옥상탱크 → 수도본관 → 양수관 → 급수관
④ 저수조 → 옥상탱크 → 양수관 → 수도본관 → 급수관

수도본관에서 → 저수조로 저수한후 → 양수펌프로 양수관을 통해 → 옥상탱크에 공급한후 → 급수관을 통해 각 수전에 급수한다.

43 **증기난방 배관 시공법에 관한 설명으로 틀린 것은?**

① 증기 주관에서 가지관을 분기할 때는 증기 주관에서 생성된 응축수가 가지관으로 들어 가지 않도록 상향 분기한다.
② 증기 주관에서 가지관을 분기하는 경우에는 배관의 신축을 고려하여 3개 이상의 엘보를 사용한 스위블 이음으로 한다.
③ 증기 주관 말단에는 관말트랩을 설치한다.
④ 증기관이나 환수관이 보 또는 출입문 등 장애물과 교차할 때는 장애물을 관통하여 배관한다.

증기관이나 환수관이 보 또는 출입문 등 장애물과 교차할 때는 장애물을 우회하여 배관한다.

44 **건물의 시간당 최대 예상 급탕량이 2000kg/h일 때, 도시가스를 사용하는 급탕용 보일러에서 필요한 가스 소모량(kg/h)은? (단, 급탕온도 60℃, 급수온도 20℃, 도시가스 발열량 60000kJ/kg, 보일러 효율이 95%이며, 열손실 및 예열부하는 무시한다.)**

① 5.9　　② 6.6
③ 7.6　　④ 8.6

급탕부하와 가스발열량은 같으므로
$WC\Delta t = GH\eta$에서
$$G=\frac{WC\Delta t}{H\eta}=\frac{2000\times4.2(60-20)}{60000\times0.95}=5.89\text{kg/h}$$

45 **다음 특징은 어떤 포집기에 대한 설명인가?**

> 영업용(호텔, 레스토랑) 주방 등의 배수 중 함유되어 있는 지방분을 포집하여 제거한다.

① 드럼 포집기　　② 오일 포집기
③ 그리스 포집기　　④ 플라스터 포집기

그리스 포집기(트랩)은 동식물성 지방을 제거하여 배수관의 막힘을 방지한다.

46 **다음 조건과 같은 덕트계통에서 전체 마찰저항을 구하시오.**

【조 건】
> 덕트 직관길이 150m, 국부저항은 직관저항의 50%로 한다. 덕트경은 정압법(0.1mmAq/m)으로 선정한다.

① 15 mmAq　　② 22.5 mmAq
③ 75 mmAq　　④ 150 mmAq

직관 덕트에 대한 마찰저항은 정압법(0.1mmAq/m)에서 1m당 0.1mmAq저항이 걸리므로
직관부 저항 $=150\times0.1=15$mmAq
국부저항 $=15\times0.5=7.5$mmAq
전체마찰저항 $=15+7.5=22.5$mmAq

정답 42 ② 43 ④ 44 ① 45 ③ 46 ②

47 냉동기 냉수·냉각수 수질관리 항목으로 가장 거리가 먼 것은?

① 전기 전도율 ② BOD
③ 칼슘 경도 ④ 포화 지수

냉수·냉각수 수질관리 항목으로 BOD는 관계없다.

48 아래 급수 배관 평면도에 대한 부속 명칭으로 가장 거리가 먼 것은?

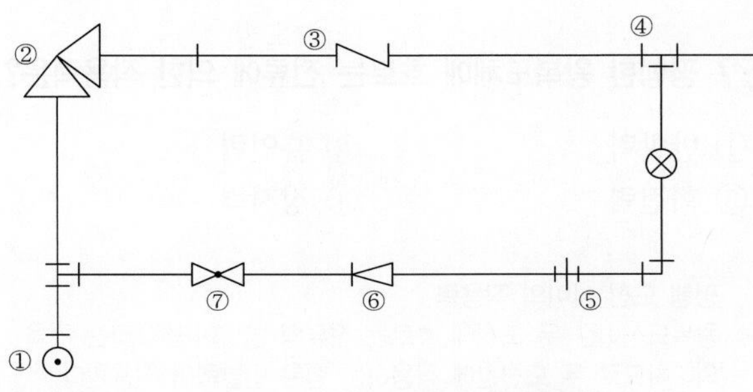

① 엘보 ② 앵글밸브
③ 글로브밸브 ④ 티이

③ 체크밸브, ⑤ 유니언, ⑥ 레듀서, ⑦ 글로브밸브

49 냉동기 진공검사 완료후 냉매의 충전 방법으로 가장 부적합한 방식은?

① 압축기 흡입쪽 서비스밸브로 충전하는 방법
② 압축기 토출쪽 서비스밸브로 충전하는 방법
③ 액관으로 충전하는 방법
④ 증발기로 충전하는 방법

증발기 충전 방법보다는 수액기로 충전하는 방법을 사용한다.

50 냉동배관 중 액관 시공 시 유의사항으로 틀린 것은?

① 매우 긴 입상 배관의 경우 압력이 증가하게 되므로 충분한 과냉각이 필요하다.
② 배관은 가능한 짧게 하여 냉매가 증발하는 것을 방지한다.
③ 가능한 직선적인 배관으로 하고, 곡관의 곡률반경은 가능한 크게 한다.
④ 증발기가 응축기 또는 수액기보다 높은 위치에 설치되는 경우는 액을 충분히 과냉각시켜 액 냉매가 관내에서 증발하는 것을 방지 하도록 한다.

매우 긴 입상 배관의 경우 압력이 감소하게 되므로 충분한 과냉각이 필요하다.

51 변압기 내부 고장 검출용 보호계전기는?

① 차동계전기 ② 과전류계전기
③ 역상계전기 ④ 부족전압계전기

변압기 내부고장 검출 계전기
(1) 차동계전기 또는 비율차동계전기
(2) 부호홀츠계전기

52 교류에서 실효값과 최대값의 관계는?

① 실효값 $= \dfrac{최대치}{\sqrt{2}}$ ② 실효값 $= \dfrac{최대치}{\sqrt{3}}$
③ 실효값 $= \dfrac{최대치}{2}$ ④ 실효값 $= \dfrac{최대치}{3}$

정현파의 특성값

실효값	평균값	파고율	파형률
$\dfrac{I_m}{\sqrt{2}}$	$\dfrac{2I_m}{\pi}$	$\sqrt{2}$	1.11

여기서, I_m은 최대치이다.

정답 47 ② 48 ③ 49 ④ 50 ① 51 ① 52 ①

PARAT 05 실전모의고사

53 그림과 같은 논리회로의 출력 Y는?

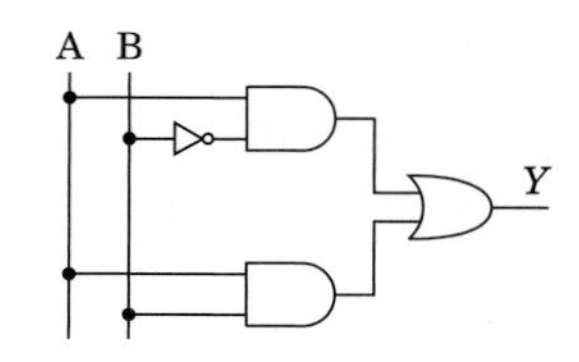

① $Y = AB + A\overline{B}$ ② $Y = \overline{A}B + AB$
③ $Y = \overline{A}B + A\overline{B}$ ④ $Y = \overline{A}\,\overline{B} + A\overline{B}$

$Y = A\overline{B} + AB$

54 직류전동기에서 전기자 전도체수 Z, 극수 P, 전기자 병렬 회로수 a, 1극당의 자속 ϕ[Wb], 전기자 전류 I_a [A]일 때 토크는 몇 [N · m]인가?

① $\dfrac{aZ\phi I_a}{2\pi P}$ ② $\dfrac{PZ\phi I_a}{2\pi a}$
③ $\dfrac{aPZI_a}{2\pi\phi}$ ④ $\dfrac{aPZ\phi}{2\pi I_a}$

직류전동기의 토크

$\tau = \dfrac{EI_a}{\omega} = \dfrac{pZ\phi I_a}{2\pi a} = k\phi I_a$ [N · m]

55 저항 100 [Ω]의 전열기에 4 [A]의 전류를 흘렸을 때 소비되는 전력은 몇 [W]인가?

① 250 ② 400
③ 1,600 ④ 3,600

$P = VI = I^2R = \dfrac{V^2}{R}$ [W] 식에서

$R = 100[\Omega]$, $I = 4$[A]일 때

$\therefore P = I^2R = 4^2 \times 100 = 1{,}600$[W]

56 정상편차를 없애고, 응답속도를 빠르게 한 동작은?

① 비례동작 ② 비례적분동작
③ 비례미분동작 ④ 비례적분미분동작

비례 미적분동작(PID 제어)은 비례동작과 미분 · 적분동작이 결합된 제어기로서 오버슈트를 감소시키고, 정정시간을 적게 하여 정상편차와 응답속도를 동시에 개선하는 가장 안정한 제어 특성이다.

전달함수는 $G(s) = K\left(1 + T_d s + \dfrac{1}{T_i s}\right)$이다.

57 평행한 왕복도체에 흐르는 전류에 의한 작용력은?

① 반발력 ② 흡인력
③ 회전력 ④ 정지력

평행 도선 사이의 작용력

왕복도선이란 두 도선에 흐르는 전류의 방향이 반대라는 것을 의미하므로 두 도선간에 작용하는 힘은 반발력이 작용한다.

58 어떤 제어계의 임펄스 응답이 $\sin\omega t$일 때 계의 전달함수는?

① $\dfrac{\omega}{s+\omega}$ ② $\dfrac{\omega^2}{s+\omega}$
③ $\dfrac{\omega}{s^2+\omega^2}$ ④ $\dfrac{\omega^2}{s^2+\omega^2}$

전달함수는 제어계의 임펄스응답으로 정의하기 때문에 $\sin\omega t$의 라플라스 변환과 같다.

$\therefore \mathcal{L}[\sin\omega t] = \dfrac{\omega}{s^2+\omega^2}$

참고 삼각함수의 라플라스 변환

$f(t)$	$F(s)$
$\sin\omega t$	$\dfrac{\omega}{s^2+\omega^2}$
$\cos\omega t$	$\dfrac{s}{s^2+\omega^2}$

정답 53 ① 54 ② 55 ③ 56 ④ 57 ① 58 ③

59 그림과 같이 저항 R을 전류계와 내부저항 20[Ω]인 전압계로 측정하니 15[A]와 30[V]이었다. 저항 R은 몇 [Ω]인가?

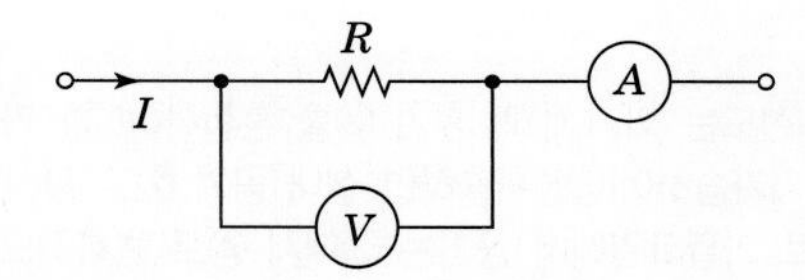

① 1.54 ② 1.86
③ 2.22 ④ 2.78

전압계 내부에 흐르는 누설전류를 먼저 구해보면

$I_v = \frac{V}{r_v} = \frac{30}{20} = 1.5$[A]이다.

이 때 저항 R에 흐르는 전류는 전류계의 지시값과 전압계 내부의 누설전류의 차가 되므로

$I_R = I - I_v = 15 - 1.5 = 13.5$[A] 임을 알 수 있다.

따라서 전압계의 단자전압이 30[V] 이므로

$\therefore\ R = \frac{V}{I_R} = \frac{30}{13.5} = 2.22$[Ω]

60 시퀀스 제어에 관한 설명 중 옳지 않은 것은?

① 미리 정해진 순서에 의해 제어된다.
② 일정한 논리에 의해 정해진 순서에 의해 제어된다.
③ 조합논리회로로 사용된다.
④ 입력과 출력을 비교하는 장치가 필수적이다.

보기 ④항은 피드백 제어계의 특징에 해당된다.

정답 59 ③ 60 ④

모의고사 제13회 실전 모의고사

1 공기조화 설비

01 **실내 난방을 온풍기로 하고 있다. 이때 실내 현열량 6.5kW, 송풍 공기온도 30℃, 외기온도 −10℃, 실내온도 20℃일 때, 온풍기의 풍량(m^3/h)은 얼마인가? (단, 공기 비열은 1.005kJ/kg·K, 밀도는 1.2kg/m^3이다.)**

① 1940.2 ② 1882.1
③ 1324.1 ④ 890.1

온풍기로 난방하는 경우 실내현열부하와 취출공기의 공급열량은 열평형을 이루므로
$q = mC\Delta t = \rho QC\Delta t$에서
$$Q = \frac{q}{\rho C\Delta t} = \frac{6.5\times3600}{1.2\times1.005(30-20)} = 1940.3\text{m}^3/\text{h}$$
※ 이 문제에서 외기온도는 문제 풀이와 관계가 없는 함정요소이다. 주의가 필요하다.

02 **다음 공기선도 상에서 난방풍량이 25000m^3/h인 경우 가열코일의 열량(kW)은? (단, 1은 외기, 2는 실내 상태점을 나타내며, 공기의 비중량은 1.2kg/m^3이다.)**

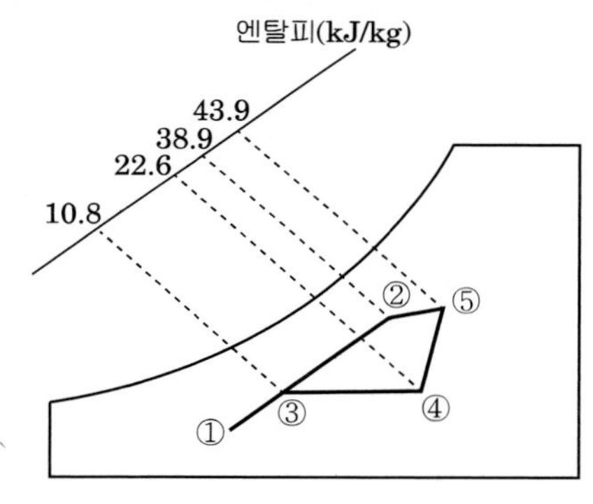

① 98.3 ② 87.1
③ 73.2 ④ 61.4

위 공기선도는 외기 ①과 환기 ②를 혼합하여(③) 가열한 후(④) 증기가습하여(⑤) 취출하면 실내 공기 ②로 환기된다.
그러므로 가열코일에서 공기는 ③에서 ④로 변화하므로 가열코일 용량은 다음 식으로 구한다.
$q = mC\Delta t = mC\Delta h = \rho Q\Delta h = \rho Q(h_4 - h_3)$
$= 1.2\times25000(22.6-10.8) = 354{,}000\text{kJ/h} = 98.3\text{kW}$
여기서, 가열코일은 $q = mC\Delta t$로 열량을 구하지만 온도만 변화하는 경우 엔탈피가 곧 가열량과 같다.

03 **공조방식 중 변풍량 단일덕트 방식에 대한 설명으로 틀린 것은?**

① 운전비의 절약이 가능하다.
② 동시 부하율을 고려하여 기기 용량을 결정하므로 설비용량을 적게 할 수 있다.
③ 시운전시 각 토출구의 풍량조정이 복잡하다.
④ 부하변동에 대하여 제어응답이 빠르기 때문에 거주성이 향상된다.

변풍량 단일덕트 방식은 유니트에서 풍량조정이 자동으로 이루어 지므로 시운전시 각 토출구의 풍량조정이 간단하다.

04 **풍량이 800m^3/h인 공기를 건구온도 33℃, 습구온도 27℃(엔탈피(h_1)는 85.26 kJ/kg)의 상태에서 건구온도 16℃, 상대습도 90% (엔탈피(h_2)는 42kJ/kg)상태까지 냉각할 경우 필요한 냉각열량은(kW)은? (단, 건공기의 비체적은 0.83m^3/kg이다.)**

① 3.1 ② 5.4
③ 11.6 ④ 22.8

냉각열량$= m\Delta h$
$$= \frac{Q}{v}(h_1 - h_2) = \frac{800}{0.83}(85.26-42)$$
$= 41{,}696\text{kJ/h} = 11.6\text{kW}$

정답 01 ① 02 ① 03 ③ 04 ③

05 겨울철 침입외기(틈새바람)에 의한 잠열 부하(qL, kJ/h)를 구하는 공식으로 옳은 것은? (단, Q 는 극간풍량(m^3/h), Δt는 실내 · 외 온도차(℃), Δx는 실내 · 외 절대 습도차(kg/kg′)이다.)

① $1.212 \times Q \times \Delta t$
② $539 \times Q \times \Delta x$
③ $2501 \times Q \times \Delta x$
④ $3001.2 \times Q \times \Delta x$

현열부하 $= mC\Delta t = 1.2Q \times 1.01\Delta t = 1.212Q\Delta t$
잠열부하 $= 2501m\,\Delta x = 2501 \times 1.2Q\Delta x = 3001.2Q\Delta x$

06 공기조화 부하의 종류 중 실내부하와 장치부하에 해당되지 않는 것은?

① 사무기기나 인체를 통해 실내에서 발생하는 열
② 유리 및 벽체를 통한 전도열
③ 급기덕트에서 실내로 유입되는 열
④ 외기로 실내 온 · 습도를 냉각시키는 열

실내 부하란 실내 취득 부하로 벽체, 유리창, 인체, 전열기구, 극간풍등이며, 장치부하란 공조장치 부하로 급기덕트, 팬 등의 부하이다. 외기도입으로 발생하는 외기부하는 공조부하 분류에서 별도 분류한다.

07 에어필터의 포집방법 중 무기질 섬유 공간을 공기가 통과할 때 충돌, 차단, 확산에 의해 큰 분진입자를 포집하는 필터는 무엇인가?

① 정전식 필터
② 여과식 필터
③ 점착식 필터
④ 흡착식 필터

여과식 필터는 공조기에 가장 일반적으로 사용되는 필터로 프리F, 미디엄F, 에프터 필터F가 여기에 속한다. 정전식은 전기적인 정전기를 이용하고, 점착식은 기름등의 점착력을 이용하고, 흡착식은 활성탄의 화학적인 흡착 작용을 이용한다.

08 덕트의 부속품에 관한 설명으로 틀린 것은?

① 댐퍼는 통과풍량의 조정 또는 개폐에 사용되는 기구이다.
② 분기 덕트 내의 풍량제어용으로 주로 익형 댐퍼를 사용한다.
③ 방화구획 관통부에는 방화댐퍼 또는 방연 댐퍼를 설치한다.
④ 가이드 베인은 곡부의 기류를 세분해서 와류의 크기를 적게 하는 것이 목적이다.

분기 덕트 내의 풍량 제어용으로는 주로 스플릿 댐퍼를 사용한다.

09 열교환기 중 공조기 내부에 주로 설치되는 공기 가열기 또는 공기냉각기를 흐르는 냉 · 온수의 통로수는 코일의 배열방식에 따라 나뉜다. 이 중 코일의 배열방식에 따른 종류가 아닌 것은?

① 풀 서킷
② 하프 서킷
③ 더블 서킷
④ 플로우 서킷

공조기 코일의 배열방식에 풀 서킷, 하프 서킷, 더블 서킷이 있다.

10 다음 가습기 방식 분류 중 기화식이 아닌 것은?

① 모세관식 가습기
② 회전식 가습기
③ 적하식 가습기
④ 원심식 가습기

기화식 : 모세관식, 회전식, 적하식
수분무식 : 노즐분무, 원심식, 초음파식
증기식 : 증기발생식(전열식, 전극식), 증기공급식(증기노즐 분무)

정답 05 ④ 06 ④ 07 ② 08 ② 09 ④ 10 ④

11 **각 실마다 전기스토브나 기름난로 등을 설치하여 난방하는 방식을 무엇이라고 하는가?**

① 온돌난방 ② 중앙난방
③ 지역난방 ④ 개별난방

개별난방은 각실마다 가열장치를 둔다.

12 **송풍기 특성곡선에서 송풍기의 운전점은 어떤 곡선의 교차점을 의미하는가?**

① 압력곡선과 저항곡선의 교차점
② 효율곡선과 압력곡선의 교차점
③ 축동력곡선과 효율곡선의 교차점
④ 저항곡선과 축동력곡선의 교차점

송풍기는 덕트 저항에 따라 송풍량이 변화하며, 송풍기 압력곡선(정압, 전압)과 덕트 저항곡선의 교차점이 운전점이다.

13 **방열량이 5.25 kW인 방열기에 공급해야 할 온수량(m^3/h)은? (단, 방열기의 입구온도는 80℃, 출구온도는 70℃이며, 물의 비열은 4.2kJ/kg·℃, 물의 밀도는 977.5kg/m^3이다.)**

① 0.34 ② 0.46
③ 0.66 ④ 0.75

방열량과 온수공급열량은 같으므로
$q = WC\Delta t$에서

$$W = \frac{q}{C\Delta t} = \frac{5.25\text{kJ/s}}{4.2(80-70)} = 0.125\text{kg/s}$$
$$= 450\text{kg/h} = \frac{450}{977.5} = 0.46\text{m}^3/\text{h}$$

14 **송풍기 번호에 의한 송풍기 크기를 나타내는 식으로 옳은 것은?**

① 원심송풍기 : $\text{No}(\#) = \frac{\text{회전날개지름mm}}{100\text{mm}}$
축류송풍기 : $\text{No}(\#) = \frac{\text{회전날개지름mm}}{150\text{mm}}$

② 원심송풍기 : $\text{No}(\#) = \frac{\text{회전날개지름mm}}{150\text{mm}}$
축류송풍기 : $\text{No}(\#) = \frac{\text{회전날개지름mm}}{100\text{mm}}$

③ 원심송풍기 : $\text{No}(\#) = \frac{\text{회전날개지름mm}}{150\text{mm}}$
축류송풍기 : $\text{No}(\#) = \frac{\text{회전날개지름mm}}{150\text{mm}}$

④ 원심송풍기 : $\text{No}(\#) = \frac{\text{회전날개지름mm}}{100\text{mm}}$
축류송풍기 : $\text{No}(\#) = \frac{\text{회전날개지름mm}}{100\text{mm}}$

팬은 임펠러 직경 사이즈에 따라 번호를 메기는데, 원심팬은 150mm(6인치) 축류팬은 100mm(4인치)를 기준한다.

15 **외기와 배기 사이에서 현열과 잠열을 동시에 회수하는 방식으로 외기 도입량이 많고 운전시간이 긴 시설에서 효과가 큰 방식은?**

① 전열교환기 방식
② 히트 파이프 방식
③ 콘덴서 리히트 방식
④ 런 어라운드 코일 방식

전열교환기는 배기중의 현열과 잠열을 회수하여 에너지를 절약한다. 초기 시설비가 비싸므로 운전시간이 길수록 효과적이다.

정답 11 ④ 12 ① 13 ② 14 ② 15 ①

16 보일러를 안전하고 경제적으로 운전하기 위한 여러 가지 부속기기 중 급수관계 장치와 가장 거리가 먼 것은?

① 증기관 ② 급수 펌프
③ 급수 밸브 ④ 자동급수장치

보일러에서 증기관은 발생된 증기 공급 장치이다.

17 압력 10000 kPa, 온도 227℃인 공기의 밀도(kg/m^3)는 얼마인가? (단, 공기의 기체상수는 287.04 J/kg · K 이다.)

① 57.3 ② 69.6
③ 73.2 ④ 82.9

이상기체상태방정식을 이용한다.
$pv = RT$에서 압력단위가 kPa이면 기체상수(R)도 kJ로 적용한다.
$v = \frac{RT}{p} = \frac{0.287 \times (273+227)}{10000} = 0.01435 m^3/kg = 69.6 kg/m^3$

18 다음 공조방식 중 중앙방식이 아닌 것은?

① 단일덕트 방식 ② 2중덕트 방식
③ 팬코일유닛 방식 ④ 룸 쿨러 방식

룸 쿨러 방식은 가정용이나 사무실에서 1:1로 실내기와 실외기를 설치하는 패케이지 에어컨으로 개별 방식이다.

19 다음중 공조설비 시운전 중 점검사항으로 여과기(필터) 오염여부를 알기위해 사용하는 기기로 가장적합한 것은 무엇인가?

① 드레인밸브 ② 차압계
③ 압력계 ④ 인버터

공기 여과기는 필터 차압계를 이용하여 오염여부를 확인할 수 있다.

20 아래 습공기선도에서 습공기의 상태가 1지점에서 2지점을 거쳐 3지점으로 이동하였다. 이 습공기가 거친 과정은? (단, 1, 2의 엔탈피는 같다.)

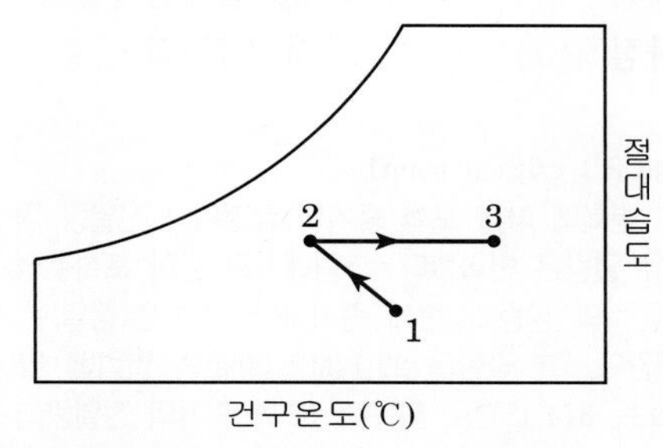

① 냉각 감습 - 가열
② 냉각 - 제습제를 이용한 제습
③ 순환수 가습 - 가열
④ 온수 감습 - 냉각

1→2는 엔탈피선을 따라가는 순환수 분무 가습 과정이며
2→3은 온도만 증가하는 가열 과정이다.

2 냉동냉장 설비

21 다음의 냉매가스를 단열압축 하였을 때 온도 상승률이 가장 큰 것부터 순서대로 나열된 것은? (단, 냉매가스는 이상기체로 가정한다.)

① 공기 〉 암모니아 〉 메틸클로라이드 〉 R-502
② 공기 〉 메틸클로라이드 〉 암모니아 〉 R-502
③ 공기 〉 R-502 〉 메틸클로라이드 〉 암모니아
④ R-502 〉 공기 〉 암모니아 〉 메틸클로라이드

냉매의 경우 비열비가 클수록 단열압축 후 온도 상승률이 크다.
비열비$K = \frac{정압비열}{정적비열}$ 로 표시되며
단열압축 후의 온도 $T_2 = T_1 \times \left(\frac{P_2}{P_1}\right)^{\frac{K-1}{K}}$ 이다.
① 공기 ($K=1.4$) ② NH_3($K=1.313$)
③ 메틸클로라이드($K=1.20$) ④ R-502($K=1.14$)

정답 16 ① 17 ② 18 ④ 19 ② 20 ③ 21 ①

22 **몰리에르선도 상에서 압력이 증대함에 따라 포화액선과 건포화증기선이 만나는 일치점을 무엇이라 하는가?**

① 한계점　② 임계점
③ 상사점　④ 비등점

임계점(CP : critical point)
압력의 변화에 따라 포화 증기의 잠열이나 전열량 및 포화수의 보유 열량은 변화한다. 그림에서와 같이 포화수의 비엔탈피는 압력의 상승과 함께 증가하나, 증발열(잠열)은 반대로 감소해간다. 그 극한의 22.12MPa(abs)의 압력에 있어서 포화 온도는 374.15℃로 되는데, 포화 증기의 전열량과 포화수의 보유 열량 즉 현열과 같게 된다. 따라서 이 점에 있어서의 잠열은 0으로 된다. 이 극한점을 임계점이라 하며, 임계점에서는 포화수의 비용적과 포화 증기의 비용적은 같고 물과 증기의 구별이 되지 않는다.

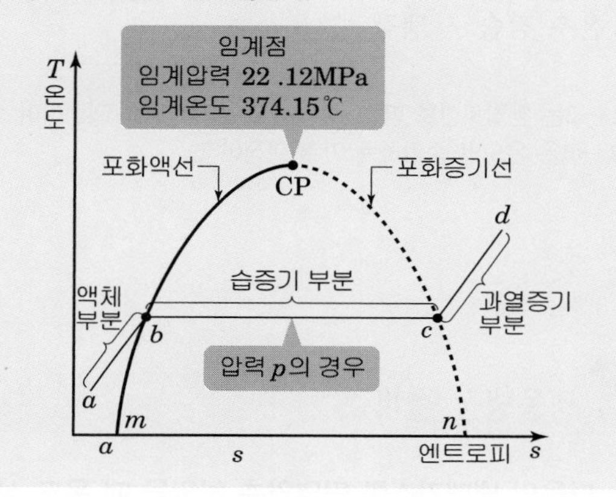

23 **아래에 기술된 것은 냉동기 운전 중의 주의사항이다. 옳지 않은 것을 고르시오.**

① 압축기가 습증기를 흡입하면 압축기의 토출가스온도가 저하하며, 오일포밍을 발생할 수 있다.
② 압축기의 흡입밸브에서 누설이 있으면 압축기의 토출가스온도는 약간 상승하고, 체적효율이 저하된다.
③ 압축기의 토출밸브에서 누설이 있으면 압축기의 토출가스온도가 상승하고 체적효율 및 단열효율이 크게 저하한다.
④ 압축기운전 중 흡입증기압력이 비정상적으로 저하하면 압축기는 습운전으로 되고, 체적효율 과 단열효율은 모두 저하한다.

④ 압축기운전 중 흡입증기압력이 비정상적으로 저하하면 압축기는 과열운전이 된다.

24 **쇠고기(지방이 없는 부분) 5ton을 12시간 동안 30℃에서 −15℃까지 냉각할 때의 냉동능력으로 옳은 것은? (단, 쇠고기의 동결점은 -2℃로, 쇠고기의 동결전 비열(지방이 없는 부분)은 0.88Wh/(kg·K)로, 동결후 비열은 0.49Wh/(kg·K), 동결잠열은 65.14Wh/kg으로 한다.)**

① 31.5kW　② 41.5kW
③ 51.7kW　④ 61.7kW

1) 30℃에서 -2℃까지 냉각현열부하
$q = mC\Delta t = 5000 \times 0.88 \times 3.6 \times \{30-(-2)\} = 506{,}880\text{kJ}$
(여기서 비열단위
$\text{Wh/(kg·K)} = \text{W} \times 3600\text{s/(kg·K)} = 3600\text{J/(kg·K)}$
$= 3.6\text{kJ/(kg·K)}$이다.)
2) -2℃ 동결 시 잠열부하 :
$q = m\gamma = 5000 \times 65.14 \times 3.6 = 1{,}172{,}520\text{kJ}$
3) −2℃에서 -15℃까지 동결 냉각시킬 경우 냉각현열부하
$q = mC\Delta t = 5000 \times 0.49 \times 3.6 \times \{-2-(-15)\} = 114{,}660\text{kJ}$
따라서 12시간동안 5ton에 대한 전동결부하(냉동능력)는
$$\text{KW} = \frac{506{,}880 + 1{,}172{,}520 + 114{,}660(\text{kJ})}{12(\text{h})} = 149{,}505\text{kJ/h}$$
$= 41.53\text{kW}$
(냉동, 냉장 부하 문제는 냉각 시간 동안의 전체 동결부하(kJ)인지 단위시간 동안의 냉동 능력(kW)인지 정확히 구분해야한다)

25 **용적형 냉동기 제작설치 검사 일반사항에 대한 설명으로 가장 거리가 먼것은?**

① 고압가스안전관리법에 의한 내압시험 및 기밀시험에 합격하여야 한다.
② 수냉각기, 응축기의 수측에 대한 수압시험은 원칙적으로 최고 사용압력의 2배로 하되 그 값이 약1MPa 미만일 때는 1MPa로 한다.
③ 쿨링랜지의 범위내에서 냉각 동작이 확실한 것으로 한다.
④ 소음, 진동에 대한 시험 및 검사에 합격한 것으로 한다.

정답 22 ② 23 ④ 24 ② 25 ③

쿨링랜지는 냉각탑 기능과 관련된 사항이다.

26 온도식 팽창밸브(Thermostatic expansion valve)에 있어서 과열도란 무엇인가?

① 팽창밸브 입구와 증발기 출구 사이의 냉매 온도차
② 팽창밸브 입구와 팽창밸브 출구 사이의 냉매 온도차
③ 흡입관내의 냉매가스 온도와 증발기내의 포화온도와의 온도차
④ 압축기 토출가스와 증발기 내 증발가스의 온도차

온도식 팽창밸브에서 과열도란 증발기와 압축기사이의 흡입관내의 냉매가스 온도와 증발기내의 포화온도와의 온도차를 의미한다.

27 수냉식 응축기를 사용하는 냉동장치에서 응축압력이 표준압력보다 높게 되는 원인으로 가장 거리가 먼 것은?

① 공기 또는 불응축가스의 혼입
② 응축수 입구온도의 저하
③ 냉각수량의 부족
④ 응축기의 냉각관에 스케일이 부착

응축압력(온도)의 상승원인
(1) 응축기의 냉각수온 및 냉각공기의 온도가 높을 경우
(2) 냉각수량이 부족할 경우
(3) 증발부하가 클 경우
(4) 냉각관에 유막 및 스케일이 생성되었을 경우
(5) 냉매를 너무 과충전 했을 경우
(6) 응축기의 용량이 너무 작을 경우
(7) 증발식 응축기에서 대기습구 온도가 높을 경우
(8) 불응축 가스가 혼입되었을 경우

28 냉매 충전용 매니폴드를 구성하는 주요밸브와 가장 거리가 먼 것은?

① 흡입밸브 ② 자동용량제어밸브
③ 펌프연결밸브 ④ 바이패스밸브

매니폴드 게이지는 압력계와 밸브를 조합시킨 것으로 충전호스 3본을 접속하여 프레온계의 냉매를 장치에 충전하거나 확인하기 위해 사용하는 계기이다. 일반적으로 매니폴드 게이지는 적색, 청색, 황색 3본의 충전호스 및 충전용 용기의 접속장치가 세트로 되어 있으며 사용방법은장치의 고압 측에 적색호스를 저압 측에 청색호스, 그리고 황색호스를 진공펌프에 연결하여 진공이 완료된 후 순서에 따라서 충전을 행한다. 매니폴드 게이지는 가정용 냉동장치와 같이 압력계가 없는 냉동장치에 사용하기 편리하다.

29 증기 압축식 냉동법(A)과 전자 냉동법(B)의 역할을 비교한 것으로 틀린 것은?

① (A)압축기 : (B)소대자(P-N)
② (A)압축기 모터 : (B)전원
③ (A)냉매 : (B)전자
④ (A)응축기 : (B)저온측 접합부

④ (A)응축기 : (B)고온측 접합부이다.
참고
(A)증발기 : (B)저온측 접합부

30 다음 중 가스엔진구동형 열펌프(GHP)시스템의 설명으로 틀린 것은?

① 압축기를 구동하는데 전기에너지 대신 가스를 이용하는 내연기관을 이용한다.
② 하나의 실외기에 하나 또는 여러 개의 실내기가 장착된 형태로 이루어진다.
③ 구성요소로서 압축기를 제외한 엔진, 그리고 내·외부열교환기 등으로 구성된다.
④ 연료로는 천연가스, 프로판 등이 이용될 수 있다.

②의 경우는 멀티 펙키지 공조장치(시스템 에어컨)을 의미한다.

※ 공답 답은 ③번입니다.

정답 26 ③ 27 ② 28 ② 29 ④ 30 ②

31 다음 그림은 단효용 흡수식 냉동기에서 일어나는 과정을 나타낸 것이다. 각 과정에 대한 설명으로 틀린 것은?

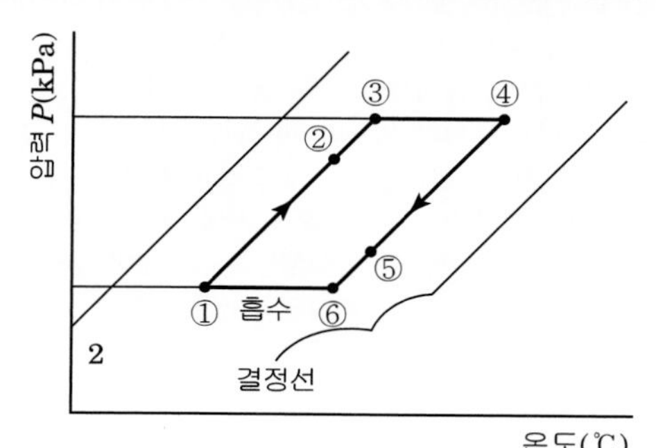

① ①→②과정 : 재생기에서 돌아오는 고온 농용액과 열교환에 의한 희용액의 온도상승
② ②→③과정 : 재생기내에서의 가열에 의한 냉매 응축
③ ④→⑤과정 : 흡수기에서의 저온 희용액과 열교환에 의한 농용액의 온도강하
④ ⑤→⑥과정 : 흡수기에서 외부로부터의 냉각에 의한 농용액의 온도강하

②→③과정 : 재생기내에서의 비등점에 이르기까지 가열
③→④과정 : 재생기내에서의 가열에 의한 냉매 응축

32 다음 냉동기의 종류와 원리의 연결로 틀린 것은?

① 증기압축식 – 냉매의 증발잠열
② 증기분사식 – 진공에 의한 물 냉각
③ 전자냉동법 – 전류흐름에 의한 흡열작용
④ 흡수식 – 프레온 냉매의 증발잠열

흡수식 냉동기
흡수식 냉동기는 증발기, 흡수기, 재생기, 응축기, 열교환기로 구성되어 있고, 증기압축식 냉동기의 압축기의 역할을 흡수기와 재생기에 의해 이루어진다.
흡수식 냉동기에서는 증발기에서 고진공하에 물이 증발하여 증발기 내부에 순환하는 냉수로부터 열을 흡수하여 냉각시킨다. 냉매로는 물 이외에 냉동용으로 암모니아(NH_3)가 이용되며 프레온냉매는 사용되지 않는다.

33 다음 중 헬라이드 토치를 이용하여 누설검사를 하는 냉매는?

① R–134a ② R–717
③ R–744 ④ R–729

헬라이드 토치는 프레온계 냉매의 누설검지기로 누설 시 불꽃의 색으로 검지한다.
헬라이드 토치 사용 시 냉매의 불꽃반응
정상–청색, 소량누설–녹색, 다량누설–자색, 과량누설–꺼진다.
문제에서 ① R–134a만 프레온 냉매이고 나머지 냉매는 무기물 냉매(700번 냉매)이다.

34 냉동기 속 두 냉매가 아래 표의 조건으로 작동될 때, A 냉매를 이용한 압축기의 냉동능력을 Q_A, Q_B 냉매를 이용한 압축기의 냉동능력을 Q_B 인 경우, Q_A/Q_B의 비는? (단, 두 압축기의 피스톤 압출량은 동일하며, 체적효율도 75%로 동일하다.)

	A	B
냉동효과(kJ/kg)	1130	170
비체적(m^3/kg)	0.509	0.077

① 1.5 ② 1.0
③ 0.8 ④ 0.5

냉동능력 $Q_2 = G \times q_2 = \dfrac{V_a \times \eta_v}{v} \times q_2$ 에서

$$Q_A = \frac{V_a \times 0.75}{0.509} \times 1130 \fallingdotseq 1165.03\, V_a$$

$$Q_B = \frac{V_a \times 0.75}{0.077} \times 170 \fallingdotseq 1655.84\, V_a$$

$$\therefore Q_A / Q_B = \frac{1165.03\, V_a}{1155.84\, V_a} \fallingdotseq 1.0$$

35 두께 3cm인 석면판의 한 쪽면의 온도는 400℃, 다른 쪽면의 온도는 100℃일 때, 이 판을 통해 일어나는 열전달량(W/m^2)은? (단, 석면의 열전도율은 0.095W/m · ℃이다.)

① 0.95 ② 95
③ 950 ④ 9500

정답 31 ② 32 ④ 33 ① 34 ② 35 ③

$$q = \frac{\lambda A \Delta t}{d} = \frac{0.095 \times 1 \times (400-100)}{0.03} = 950[\text{W/m}^2]$$

36 **R-502를 사용하는 냉동장치의 몰리엘 선도가 다음과 같다. 이 장치의 실제 냉매순환량은 167 kg/h이고, 전동기 출력이 3.5 kW일 때, 실제 성적계수는?**

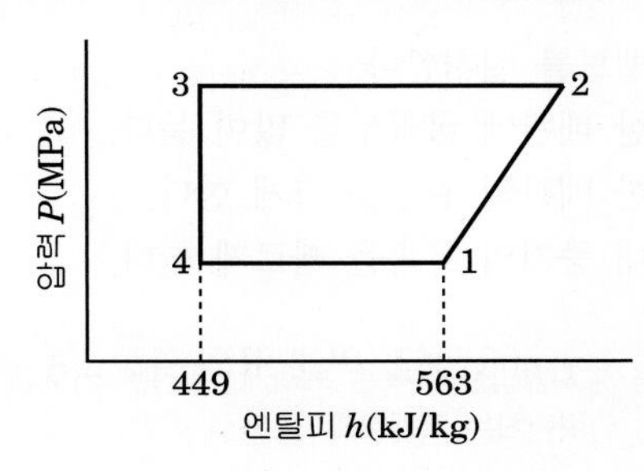

① 1.3　　② 1.4
③ 1.5　　④ 1.6

$$COP = \frac{Q_2}{W} = \frac{167 \times (563-449)/3600}{3.5} \fallingdotseq 1.5$$

37 **흡수식 냉동기에 관한 설명으로 옳은 것은?**

① 초저온용으로 사용된다.
② 비교적 소용량 보다는 대용량에 적합하다.
③ 열교환기를 설치하여도 효율은 변함없다.
④ 물-LiBr 식인 경우 물이 흡수제가 된다.

① 흡수식 냉동기는 물을 냉매로 사용하는 냉동기로 주로 냉방(공조)용으로 사용되며 초저온 용으로는 사용될 수가 없다.
③ 흡수식 냉동기는 열교환기를 사용하여 효율을 증대 시키고 있다.
④ 물-LiBr 식인 경우 물이 냉매 LiBr가 흡수제이다.

38 **냉매와 배관재료의 선택을 바르게 나타낸 것은?**

① NH3 : Cu 합금
② 크롤메틸 : A1합금
③ R - 21 : Mg을 함유한 A1합금
④ 이산화탄소 : Fe 합금

배관재료
(1) 암모니아는 동 및 동합금(황동 및 청동)을 부식하기 때문에 압축기의 축(항상 유막이 형성되어 있음) 등의 일부를 제외하고 동 및 동합금을 사용할 수 없다. 일반적으로 암모니아 냉동장치의 브르돈관 압력계 재료로는 연강을 사용한다.
(2) 프레온계(플루오르카본)냉매의 배관재료로는 2%을 초과하는 마그네슘을 함유하는 알루미늄 합금을 사용할 수 없다. 일반적으로 동관을 사용하고 동관, 동합금관은 가능한 한 이음매 없는관을 사용해야 한다.

39 **2단압축 사이클에서 증발압력이 계기압력으로 235 kPa이고, 응축압력은 절대압력으로 1225 kPa일 때 최적의 중간 절대압력(kPa)은? (단, 대기압은 101 kPa이다.)**

① 514.5　　② 536.06
③ 641.56　　④ 668.36

중간압력
2단 압축냉동 사이클에서 가장 이상적인 형식은 각 단의 압축비를 동일하게 취하는 것이다.

압축비 $m = \frac{P_m}{P_2} = \frac{P_1}{P_m}$ 에서 $P_m^2 = P_2 \times P_1$

$\therefore P_m = \sqrt{P_1 \cdot P_2} = \sqrt{1225 \times 336} \fallingdotseq 641.56\,[\text{kPa}]$

여기서,
P_1 : 고압측(응축)절대압력 ; [1225kPa · a]
P_2 : 저압측(증발)절대압력 ; 101 + 235 = 336 [kPa · a]

PARAT 05
실전모의고사

정답 36 ③ 37 ② 38 ④ 39 ③

40 **30℃의 공기가 체적 $1m^3$의 용기 내에 압력 600 kPa인 상태로 들어 있을 때 용기 내의 공기 질량(kg)은? (단, 기체상수는 287 J/kg · K이다.)**

① 5.9 ② 6.9
③ 7.9 ④ 4.9

이상기체 상태 방정식
$PV = mRT$에서
$m = \frac{PV}{RT} = \frac{600 \times 10^3 \times 1}{287 \times (273 + 30)} \fallingdotseq 6.9$

3 공조냉동 설치·운영

41 **증기난방 배관에서 증기트랩을 사용하는 주된 목적은?**

① 관 내의 온도를 조절하기 위해서
② 관 내의 압력을 조절하기 위해서
③ 배관의 신축을 흡수하기 위해서
④ 관 내의 증기와 응축수를 분리하기 위해서

증기트랩은 방열기나 관 내에서 공급되는 증기와 발생한 응축수를 분리하여, 응축수는 배출하고 증기는 잡아두는 선택적 기능을한다.

42 **냉매 배관 시공법에 관한 설명으로 틀린 것은?**

① 압축기와 응축기가 동일 높이 또는 응축기가 아래에 있는 경우 배출관은 하향구배로 한다.
② 증발기가 응축기보다 아래에 있을 때 냉매액이 증발기에 흘러내리는 것을 방지하기 위해 역 루프를 만들어 배관한다.
③ 증발기와 압축기가 같은 높이일 때는 흡입관을 수직으로 세운 다음 압축기를 향해 선단 상향구배로 배관한다.
④ 액관 배관 시 증발기 입구에 전자밸브가 있을 때는 루프이음을 할 필요가 없다.

증발기와 압축기가 같은 높이일 때는 흡입관을 수직으로 세운 다음 압축기를 향해 선단 하향구배로 배관하여 오일의 순환을 순조롭게 한다.

43 **증기배관내의 수격작용을 방지하기 위한 내용으로 가장 적당한 것은?**

① 감압밸브를 설치한다.
② 가능한 배관에 굴곡부를 많이 둔다.
③ 가능한 배관의 관경을 크게 한다.
④ 배관내 증기의 유속을 빠르게 한다.

수격작용 방지방법은 유속은 느리게, 관경은 키우고, 굴곡부는 적게, 압력변화는 적게한다.

44 **냉동장치 배관도에서 다음과 같은 부속기기의 기호는 무엇을 나타내는가?**

① 송풍기
② 응축기
③ 펌프
④ 체크밸브

펌프 도시기호이다.

45 **다음 배관 도시기호 중 레듀서 표시는 무엇인가?**

① ② ③ ④

①: 레듀서,
②: 플랜지(비슷),
③: 슬리브형,
④: 슬리브형

정답 40 ② 41 ④ 42 ③ 43 ③ 44 ③ 45 ①

46 아래 급수 배관 평면도에 대한 부속 산출에서 엘보는 몇개인가?

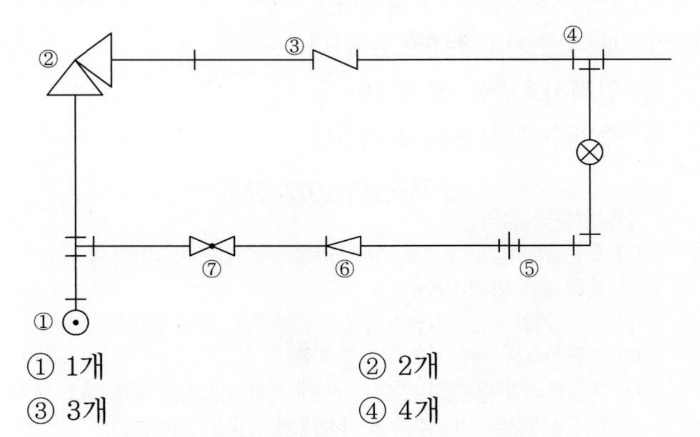

① 1개 ② 2개
③ 3개 ④ 4개

> 엘보는 2개(① 1개, ⑤유니언 우측에 1개) ② 앵글밸브
> ③ 체크밸브, ④ 티이(2개), ⑥ 레듀서, ⑦ 글로브밸브

47 냉동기 시운전 및 성능시험에서 초기 운전시에 냉장실 내부온도를 소정의 설정온도까지 내리는 것을 무엇이라 하는가?

① 냉각 시운전(cooling down)
② 진공검사
③ 웜업(warm up)
④ 제상온도운전

> 냉동장치의 초기 운전시에 냉장실 내부온도를 소정의 설정온도까지 내리는 것을 냉각시운전(cooling down)이라 한다.

48 실내 공기질 관리법상 실내 공기질 관리 항목에 포함되지 않는 것은?

① 이산화질소(ppm)
② 라돈(Bq/m^3)
③ 총휘발성유기화합물($\mu g/m^3$)
④ 총용존유기탄소(TOC)

> 실내 공기질 관리 항목에 총용존유기탄소(TOC)는 항목에 없으며 곰팡이(CFU/m^3)가 해당한다.

49 냉동기주변 냉온수 배관 도면 검토시 설명으로 가장 거리가 먼 것은?

① 점검,수리를 위한 배수밸브를 최저부에 설치하고 배관 및 장치의 탈착을 위한 플렌지를 설치할 것
② 공기정체가 쉬운부분에 대한 공기빼기 밸브 설치(입상배관의 최상부, 수온이 올라 가는 곳, 수압이 내려가는 곳, 물의 방향이 바뀌는 곳 등)
③ 기기 및 유량제어용 밸브 하류측에는 스트레나를 설치할 것
④ 장비 진동의 전달방지를 위한 방진대책 수립(방진상세도와 부분상세도를 일치시킬 것)

> 기기 및 유량제어용 밸브 상류측(입구)에는 스트레나를 설치하여 이물질을 제거 할 것

50 관 이음쇠의 종류에 따른 용도의 연결로 틀린 것은?

① 와이(Y) – 분기할 때
② 벤드 – 방향을 바꿀 때
③ 플러그 – 직선으로 이을 때
④ 유니온 – 분해, 수리, 교체가 필요할 때

> 플러그는 관 말단을 막을 때 사용하며, 배관을 직선으로 이을 때는 소켓이나, 플랜지를 사용한다.

51 저항 R에 100[V]의 전압을 인가하여 10[A]의 전류를 1분간 흘렸다면 이때의 열량은 약 몇 [kJ]인가?

① 60 ② 600
③ 3600 ④ 7200

> $H = IVt = 10 \times 100 \times 60 = 60,000\text{W} \cdot \text{s}$
> $= 60,000\text{J} = 60\text{kJ}$

정답 46 ② 47 ① 48 ④ 49 ③ 50 ③ 51 ①

52 100[V], 10[A], 전기자저항 1[Ω], 회전수 1,800[rpm]인 직류 전동기의 역기전력은 몇 [V]인가?

① 80 ② 90
③ 100 ④ 110

$E = V - R_a I_a = k\phi N$[V] 식에서
$V = 100$[V], $I_a = 10$[A], $R_a = 1$[Ω],
$N = 1,800$[rpm]일 때
$\therefore E = V - R_a I_a = 100 - 1 \times 10 = 90$[V]

53 자동제어의 조절기기 중 연속동작이 아닌 것은?

① 비례제어 동작 ② 적분제어 동작
③ 2위치 동작 ④ 미분제어 동작

불연속동작에 의한 분류
(1) 2위치 제어(ON-OFF 제어) : 간단한 단속제어 동작이고 사이클링과 오프-셋을 발생시킨다. 2위치 제어계의 신호는 동작하거나 아니면 동작하지 않도록 2가지로만 결정되기 때문에 2진 신호로 해석한다.
(2) 샘플링 제어

54 전류에 의한 자계의 방향을 결정하는 법칙은?

① 렌츠의 법칙
② 플레밍의 오른손 법칙
③ 플레밍의 왼손 법칙
④ 암페어의 오른나사 법칙

전류와 자계의 관련 법칙
(1) 암페어의 오른나사의 법칙은 전류에 의한 자장의 방향을 알 수 있는 법칙이다.
(2) 비오-사바르의 법칙은 전류에 의해 발생하는 자계의 세기를 구할 수 있는 법칙이다.

55 전달함수를 정의할 때의 조건으로 옳은 것은?

① 모든 초기값을 고려한다.
② 모든 초기값을 0으로 한다.
② 입력신호만을 고려한다.
④ 주파수 특성만을 고려한다.

전달함수의 정의
(1) 모든 초기값을 0으로 하고 라플라스 변환된 입력 함수와 출력 함수와의 비이다.
(2) 어떤 계에 대한 임펄스응답의 라플라스 변환 값이다.
(3) 전달함수는 선형계에서만 정의된다.
(4) 전달함수의 분모를 0으로 놓으면 계의 특성방정식이 된다.
(5) $t < 0$에서는 제어계가 정지상태에 있음을 의미한다.

56 변압기의 특성 중 규약 효율이란?

① $\dfrac{\text{출력}}{\text{출력} - \text{손실}}$ ② $\dfrac{\text{출력}}{\text{출력} + \text{손실}}$
③ $\dfrac{\text{입력}}{\text{입력} - \text{손실}}$ ④ $\dfrac{\text{입력}}{\text{입력} + \text{손실}}$

변압기의 규약효율(η)
$\therefore \eta = \dfrac{\text{출력}}{\text{출력} + \text{손실}} \times 100[\%]$

57 그림과 같은 계전기 접점회로의 논리식으로 알맞은 것은?

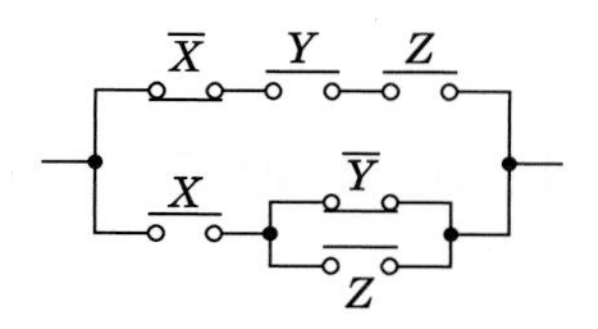

① $(X + \overline{Y} + Z)(\overline{X} + Y + Z)$
② $X(\overline{Y} + Z) + \overline{X}YZ$
③ $(X + \overline{Y}Z)(\overline{X} + Y + Z)$
④ $(X\overline{Y} + Z)(\overline{X}YZ)$

논리식$= \overline{X}YZ + X(\overline{Y} + Z)$

정답 52 ② 53 ③ 54 ④ 55 ② 56 ② 57 ②

58 제어량을 어떤 일정한 목표값으로 유지하는 것을 목적으로 하는 제어법은?

① 추종제어 ② 비율제어
③ 정치제어 ④ 프로그램제어

정치제어는 목표값이 시간에 관계없이 항상 일정한 경우로 정전압장치, 일정 속도제어, 연속식 압연기 등에 해당하는 제어이다.

59 최대 눈금이 1,000[V], 내부저항은 10[kΩ]인 전압계를 가지고 그림과 같이 전압을 측정하였다. 전압계의 지시가 200[V]일 때 전압 E는 몇 [V]인가?

① 800
② 1,000
③ 1,800
④ 2,000

90[kΩ] 전압계 V E[V]

$m = \frac{E}{E_v} = 1 + \frac{r_m}{r_v}$ 식에서

$E_{mv} = 1{,}000[\text{V}]$, $r_v = 10[\text{k}\Omega]$, $E_v = 200[\text{V}]$, $r_m = 90[\text{k}\Omega]$일 때

$\therefore\ E = \left(1 + \frac{r_m}{r_v}\right)E_v = \left(1 + \frac{90}{10}\right) \times 200 = 2{,}000[\text{V}]$

60 교류의 크기는 보통 실효값으로 나타내나 실효값으로 파형을 알 수 없으므로 개략을 알기 위한 방법으로 파형률이라는 계수를 쓴다. 다음 중 파형률을 나타내는 것은?

① $\frac{\text{실효값}}{\text{평균값}}$ ② $\frac{\text{최대값}}{\text{평균값}}$
③ $\frac{\text{최대값}}{\text{실효값}}$ ④ $\frac{\text{실효값}}{\text{최대값}}$

파고율과 파형율
교류의 최대값과 실효값, 그리고 직류성분인 평균값을 서로 비교하여 나타내는 것으로 공식은 다음과 같다.

파고율 = $\frac{\text{최대값}}{\text{실효값}}$, 파형률 = $\frac{\text{실효값}}{\text{평균값}}$

정답 58 ③ 59 ④ 60 ①

모의고사 제14회 실전 모의고사

1 공기조화 설비

01 공기 중의 수증기 분압을 포화압력으로 하는 온도를 무엇이라 하는가?

① 건구온도 ② 습구온도
③ 노점온도 ④ 글로브(globe)온도

> 수증기 분압을 포화압력으로 하는 것은 상대습도 100%인 노점 온도를 말한다.

02 외기의 온도가 −10℃이고 실내온도가 20℃이며 벽 면적이 $25m^2$일 때, 실내의 열손실량(kW)은? (단, 벽체의 열관류율 $10W/m^2 \cdot K$, 방위계수는 북향으로 1.2 이다.)

① 7 ② 8
③ 9 ④ 10

> $q = KA\Delta t\,k = 10\times25(20-(-10))\times1.2 = 9000W = 9kW$

03 공조공간을 작업 공간과 비작업 공간으로 나누어 전체적으로는 기본적인 공조만 하고, 작업공간에서는 개인의 취향에 맞도록 개별 공조하는 방식은?

① 바닥취출 공조방식
② 테스크 엠비언트 공조방식
③ 저온공조방식
④ 축열공조방식

> 테스크 엠비언트 공조방식란 테스크(task : 작업)공간과 엠비언트(ambient : 주변)공간으로 나누어 공조하는 방식이다.

04 제습장치에 대한 설명으로 틀린 것은?

① 냉각식 제습장치는 처리공기를 노점 온도 이하로 냉각시켜 수증기를 응축시킨다.
② 일반 공조에서는 공조기에 냉각코일을 채용하므로 별도의 제습장치가 없다.
③ 제습방법은 냉각식, 흡수식, 흡착식으로 구분된다.
④ 에어와셔 방식은 냉각식으로 소형이고 수처리가 편리하여 많이 채용된다.

> 에어와셔 방식은 가습에 많이 이용된다.

05 냉각코일의 용량결정 방법으로 옳은 것은?

① 실내취득열량 + 기기로부터의 취득열량 + 재열부하 + 외기부하
② 실내취득열량 + 기기로부터의 취득열량 + 재열부하 + 냉수펌프부하
③ 실내취득열량 + 기기로부터의 취득열량 + 재열부하 + 배관부하
④ 실내취득열량 + 기기로부터의 취득열량 + 재열부하 + 냉수펌프 및 배관부하

> 냉각코일의 용량 = 냉방부하 = 실내취득열량 + 기기로부터의 취득열량 + 재열부하 + 외기부하

06 온풍난방에 관한 설명으로 틀린 것은?

① 예열부하가 거의 없으므로 기동시간이 아주 짧다.
② 온풍을 이용하므로 쾌감도가 좋다.
③ 보수 · 취급이 간단하여 취급에 자격이 필요하지 않다.
④ 설치면적이 적으며 설치 장소도 제약을 받지 않는다.

> 온풍을 이용하는 온풍난방은 건조하고, 먼지 분산등으로 쾌감도가 나쁘다.

정답 01 ③ 02 ③ 03 ② 04 ④ 05 ① 06 ②

07 난방부하가 10kW인 온수난방 설비에서 방열기의 출 · 입구 온도차가 12℃이고, 실내 · 외 온도차가 18℃일 때 온수순환량(kg/s)은 얼마인가?
(단, 물의비열은 4.2kJ/kg · ℃이다.)

① 1.3 ② 0.8
③ 0.5 ④ 0.2

난방부하와 온수방열량이 열평형을 이루므로
$q = WC\Delta t$ 에서
$$W = \frac{q}{C\Delta t} = \frac{10\text{kW}}{4.2 \times 12} = 0.198 = 0.2\text{kg/s}$$
※ 이 문제에서 실내외 온도차는 문제 풀이와 관계가 없는 함정 요소이다. 주의가 필요하다.

08 다음 송풍기의 풍량 제어 방법 중 송풍량과 축동력의 관계를 고려하여 에너지절감 효과가 가장 좋은 제어 방법은? (단, 모두 동일한 조건으로 운전된다.)

① 회전수 제어 ② 흡입 베인 제어
③ 취출 댐퍼 제어 ④ 흡입 댐퍼 제어

동일한 풍량 제어를 할 때 에너지 절감효과는 회전수제어방식이 가장 크고 그 순서는 다음과 같다.
회전수 제어 > 흡입 베인 제어 > 흡입 댐퍼 제어 > 취출 댐퍼 제어

09 다음 중 공조설비 시운전 중 모터 과열시 원인으로 가장 거리가 먼것은 무엇인가?

① 과부하시
② 모터 냉각핀이 먼지로 오염
③ 결상이 된 경우
④ 과부하 방지기 작동

과부하로 모터 과부하 방지기가 작동하면 전원이 차단되어 더 이상 모터가 과열되지 않는다.

10 어떤 단열된 공조기의 장치도가 다음 그림과 같을 때 수분비(U)를 구하는 식으로 옳은 것은? (단, h_1, h_2 : 입구 및 출구 엔탈피(kJ/kg), x_1, x_2 : 입구 및 출구 절대습도(kg/kg), q_s : 가열량(W), L : 가습량(kg/h), h_L : 가습수분(L)의 엔탈피 (kJ/kg), G : 유량(kg/h)이다.)

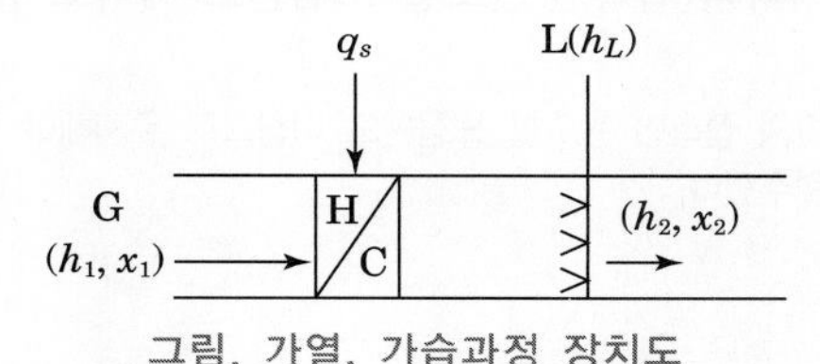

그림. 가열, 가습과정 장치도

① $U = \frac{q_s}{G} - h_L$ ② $U = \frac{q_s}{L} - h_L$
③ $U = \frac{q_s}{L} + h_L$ ④ $U = \frac{q_s}{G} + h_L$

열수분비(U)는 공급 수분량에 대한 공급열량의 비로
$$U = \frac{\text{총 가열량}}{\text{총 가습량}} = \frac{q_S + L \times h_L}{L} = \frac{q_S}{L} + h_L$$

11 겨울철 외기조건이 2℃(DB), 50%(RH), 실내조건이 19℃(DB), 50%(RH)이다. 외기와 실내공기를 1:3으로 혼합 할 경우 혼합공기의 최종온도(℃)는?

① 5.3 ② 10.3
③ 14.8 ④ 17.3

$$t = \frac{m_1 t_1 + m_2 t_2}{m_1 + m_2} = \frac{1 \times 2 + 3 \times 19}{1 + 3} = 14.75$$

12 다음 취득 열량 중 잠열이 포함되지 않는 것은?

① 인체의 발열 ② 조명기구의 발열
③ 외기의 취득열 ④ 증기 소독기의 발생열

잠열은 수분과 관계하므로 조명기구는 수분 발생이 없다.

정답 07 ④ 08 ① 09 ④ 10 ③ 11 ③ 12 ②

13 다음 중 표면 결로 발생 방지조건으로 틀린 것은?

① 실내측에 방습막을 부착한다.
② 다습한 외기를 도입하지 않는다.
③ 실내에서 발생되는 수증기량을 억제한다.
④ 공기와의 접촉면 온도를 노점온도 이하로 유지한다.

> 공기와의 접촉면 온도를 노점온도 이상으로 유지해야 결로를 방지할수있다.

14 다음의 공기선도상에 수분의 증가 없이 가열 또는 냉각되는 경우를 나타낸 것은?

①
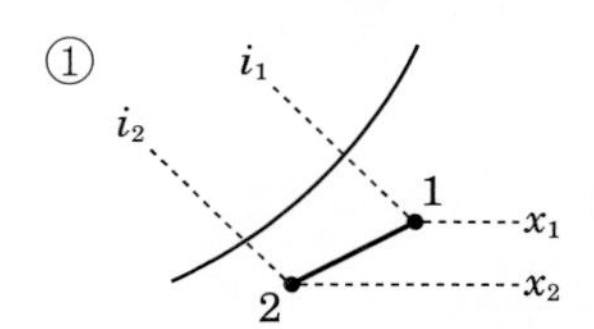

②
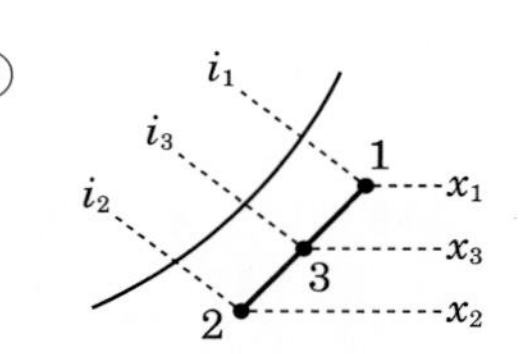

③
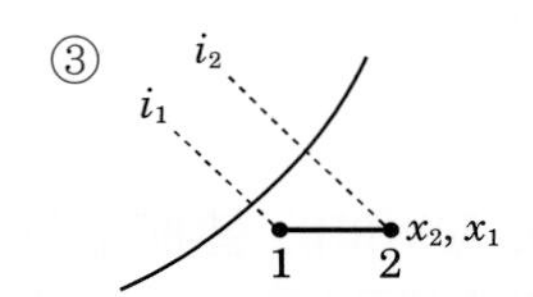

④
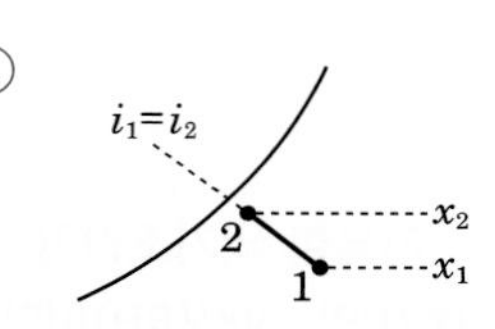

> 가열 냉각만하는 경우는 습공기 선도상에서 상태선이 수평으로 변화한다.

15 다음과 같은 공기선도상의 상태에서 CF(Contact Factor)를 나타내고 있는 것은?

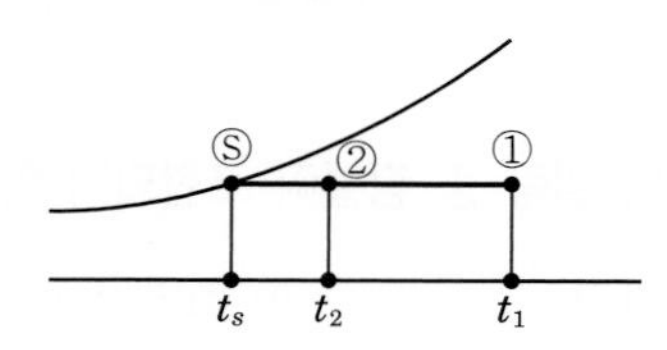

① $\dfrac{t_1 - t_2}{t_1 - t_s}$　　② $\dfrac{t_1 - t_2}{t_2 - t_s}$

③ $\dfrac{t_2 - t_s}{t_1 - t_s}$　　④ $\dfrac{t_2 - t_s}{t_1 - t_2}$

> CF란 접촉비율로 코일표면 (S)에 통과하는 입구공기 (①)가 얼마나 변화했는가 (①-②)비율이다.
>
> 접촉비율 $CF = \dfrac{t_1 - t_2}{t_1 - t_s}$
>
> 바이패스 팩터 $BF = \dfrac{t_2 - t_s}{t_1 - t_s}$

16 대류난방과 비교하여 복사난방의 특징으로 틀린 것은?

① 환기 시에는 열손실이 크다.
② 실의 높이에 따른 온도편차가 크지 않다.
③ 하자가 발생하였을 때 위치확인이 곤란하다
④ 열용량이 크므로 부하에 즉각적인 대응이 어렵다.

> 대류난방과 비교하여 복사난방은 환기 시에도 열손실이 적어서 로비나, 문을 자주 개방하는 곳에 적합하다.

17 덕트의 설계순서로 옳은 것은?

① 송풍량 결정 → 취출구 및 흡입구의 위치 결정 → 덕트경로 결정 → 덕트치수 결정
② 취출구 및 흡입구의 위치 결정 → 덕트경로 결정 → 덕트치수 결정 → 송풍량 결정
③ 송풍량 결정 → 취출구 및 흡입구의 위치 결정 → 덕트치수 결정 → 덕트경로 결정
④ 취출구 및 흡입구의 위치 결정 → 덕트치수 결정 → 덕트경로 결정 → 송풍량 결정

> 덕트의 설계순서는 (부하계산) → 송풍량 결정 → 취출구 및 흡입구의 위치 결정 → 덕트경로 결정 → 덕트치수 결정

정답 13 ④ 14 ③ 15 ① 16 ① 17 ①

18 **난방설비에 관한 설명으로 옳은 것은?**

① 온수난방은 온수의 현열과 잠열을 이용한 것이다.
② 온풍난방은 온풍의 현열과 잠열을 이용한 직접난방 방식이다.
③ 증기난방은 증기의 현열을 이용한 대류 난방이다.
④ 복사난방은 열원에서 나오는 복사에너지를 이용한 것이다.

온수난방은 온수의 현열을 이용하고, 온풍난방은 온풍의 현열을 이용하며, 증기난방은 증기의 잠열을 이용한다.

19 **다음 중 축류 취출구의 종류가 아닌 것은?**

① 노즐형 ② 펑커루버
③ 베인격자형 ④ 팬형

팬형은 아네모스텃과 함께 복류형에 속한다.

20 **다음 중 공기조화 설비와 가장 거리가 먼 것은?**

① 냉각탑 ② 보일러
③ 냉동기 ④ 압력탱크

압력탱크는 급수 급탕설비등에 사용된다.

2 냉동냉장 설비

21 **열 이동에 대한 설명으로 틀린 것은?**

① 서로 접하고 있는 물질의 구성분자 사이에 정지상태에서 에너지가 이동하는 현상을 열전도라 한다.
② 고온의 유체분자가 고체의 전열면까지 이동하여 열에너지를 전달하는 현상을 열대류라 한다.
③ 물체로부터 나오는 전자파 형태로 열이 전달되는 전열작용을 열복사라 한다.
④ 열관류율이 클수록 단열재로 적당하다.

열관류율이 작을수록 단열재로 적합하다. 열관류율이 클 재료인 동이나 알루미늄은 열교환기 재료로 사용된다.

22 **[조건]을 참고하여 흡수식 냉동기의 성적계수는 얼마인가?**

【조 건】
- 응축기 냉각열량 : 5.6 kW
- 흡수기 냉각열량 : 7.0 kW
- 재생기 가열량 : 5.8 kW
- 증발기 냉동열량 : 6.7 kW

① 0.88 ② 1.16
③ 1.34 ④ 1.52

흡수식 냉동기의 성적계수

$COP = \dfrac{\text{냉동능력(증발기 냉동열량)}}{\text{재생기 가열량}}$ 에서

$= \dfrac{6.7}{5.8} = 1.16$

정답 18 ④ 19 ④ 20 ④ 21 ④ 22 ②

23 피스톤 압출량이 $500m^3/h$인 암모니아 압축기가 그림과 같은 조건으로 운전되고 있을 때 냉동능력(kW)은 얼마인가? (단, 체적효율은 0.68이다.)

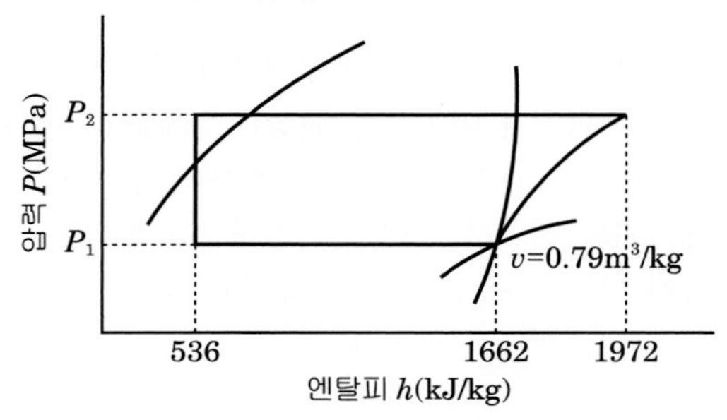

① 101.8 ② 134.6
③ 158.4 ④ 182.1

냉동능력

$$Q_2 = G \cdot q_2 = \frac{V_a \cdot \eta_v}{v} \cdot q_2$$

$$= \frac{\frac{500}{3600} \times 0.68}{0.79} \times (1662 - 536) = 134.6$$

24 표준냉동사이클에 대한 설명으로 옳은 것은?

① 응축기에서 버리는 열량은 증발기에서 취하는 열량과 같다.
② 증기를 압축기에서 단열압축하면 압력과 온도가 높아진다.
③ 팽창밸브에서 팽창하는 냉매는 압력이 감소함과 동시에 열을 방출한다.
④ 증발기 내에서의 냉매증발온도는 그 압력에 대한 포화온도보다 낮다.

① 응축기에서 버리는 열량은 증발기에서 취하는 열량과 압축일량의 합과 같다.
③ 팽창밸브에서 팽창하는 냉매는 압력이 감소하고 엔탈피가 일정한 단열과정이다.
④ 증발기 내에서의 냉매증발온도는 그 압력에 대한 포화온도이다.

25 노즐에서 압력 1764 kPa, 온도 300℃인 증기를 마찰이 없는 이상적인 단열 유동으로 압력 196 kPa 까지 팽창시킬 때 증기의 최종속도(m/s)는? (단, 최초 속도는 매우 작아 무시하고, 입출구의 높이는 같으며 단열 열낙차는 442.3kJ/kg로 한다.)

① 912.1 ② 940.5
③ 946.4 ④ 963.3

$w_2 = \sqrt{2\Delta h}$, 여기서 Δh : 단열 열낙차[J/kg]
$= \sqrt{2 \times 442.3 \times 10^3} = 940.5$

26 방열벽을 통해 실외에서 실내로 열이 전달될 때, 실외측 열전달계수가 $0.02093kW/m^2 \cdot K$, 실내측 열전달계수가 $0.00814kW/m^2 \cdot K$, 방열벽 두께가 0.2m, 열전도도가 $5.8 \times 10^{-5}kW/m \cdot K$일 때, 총괄열전달계수$(kW/m^2 \cdot K)$는?

① 1.54×10^{-3} ② 2.77×10^{-4}
③ 4.82×10^{-4} ④ 5.04×10^{-3}

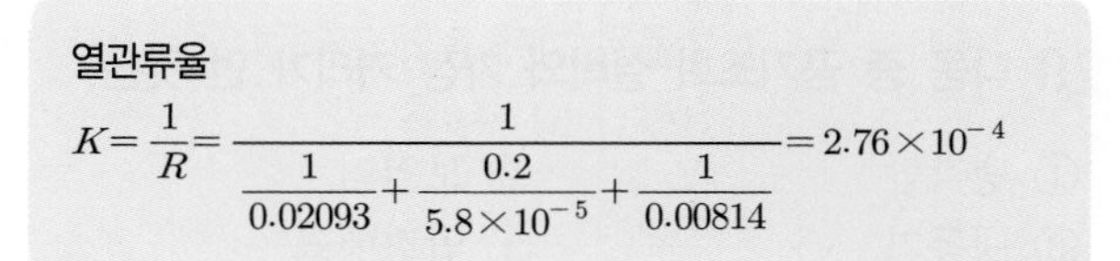
열관류율

$$K = \frac{1}{R} = \frac{1}{\frac{1}{0.02093} + \frac{0.2}{5.8 \times 10^{-5}} + \frac{1}{0.00814}} = 2.76 \times 10^{-4}$$

27 냉장고의 증발기에 서리가 생기면 나타나는 현상으로 옳은 것은?

① 압축비 감소 ② 소요동력 감소
③ 증발압력 감소 ④ 냉장고 내부온도 감소

냉장의 증발기에 적상이 형성되었을 때의 현상
- 증발압력 감소
- 압축비 증대
- 토출가스 온도 상승
- 체적효율감소
- 냉매순환량 감소
- 냉동능력 감소
- 소요동력 증대
- 성적계수 감소
- 윤활유 열화 및 탄화

정답 23 ② 24 ② 25 ② 26 ② 27 ③

28 **다음은 시운전 시 압축기 시동에 대한 주의사항으로 옳지 않은 것을 고르시오.**

① 압축기의 시동에 있어서 소형압축기는 고압 측과 저압 측의 압력이 거의 평형상태에서 시동 하는 것이 바람직하다.
② 압축기의 시동에 있어서 용량제어장치가 설치된 다기통압축기는 용량제어장치를 이용하여 시동한다.
③ 다기통압축기의 시동 시에는 토출밸브를 전개해서 행하므로 시동 후, 흡입밸브도 될 수 있는 한 빠르게 전개한다.
④ 압축기를 시동과 정지를 자주 반복하면 구동용 전동기의 권선이 파손될 수 있다.

③ 다기통압축기의 시동시에는 흡입밸브는 전폐하여 시동하고 시동 후 서서히 흡입밸브를 연다.

29 **냉동창고에서 외기온도 32.5℃, 고내온도 −25℃일 때 아래와 같은 구조의 방열재를 사용한 냉동창고 방열벽의 침입열량[W]을 구하시오. 단 방열벽의 면적은 150m², 각 벽 재료의 열전도율은 아래 표와 같고 방열벽 외측 열전달율은 23.26W/(m²·K), 내측 열전달율은 8.14W/(m²·K)로 한다.**

재료	열전도율[W/(m·K)]	두께[m]
철근콘크리트	1.4	0.2
폴리스틸렌 폼	0.045	0.2
방수 몰탈	1.3	0.01
라스 몰탈	1.3	0.02

① 약 1600W ② 약 1800W
③ 약 2000W ④ 약 2200W

방열벽의 열통과율 K

$$K=\frac{1}{\frac{1}{8.14}+\frac{0.02}{1.3}+\frac{0.01}{1.3}+\frac{0.2}{0.045}+\frac{0.2}{1.4}+\frac{1}{23.26}}$$

$\fallingdotseq 0.209\,W/(m^2\cdot K)$

∴ 방열벽을 통한 침입열량

$Q=KA(t_1-t_2)=0.209\times150\times\{32.5-(-25)\}$

$\fallingdotseq 1802.63W$

30 **일반적으로 대용량의 공조용 냉동기에 사용되는 터보식 냉동기의 냉동부하 변화에 따른 용량제어 방식으로 가장 거리가 먼 것은?**

① 압축기 회전수 가감법
② 흡입 가이드 베인 조절법
③ 클리어런스 증대법
④ 흡입 댐퍼 조절법

(1) 왕복동 압축기의 용량제어
① 바이패스법
② 회전수 가감법
③ 클리어런스 증가법
④ unload system(일부 실린더를 놀리는 법)
: 고속다기통 압축기
(2) 원심식(turbo) 냉동기의 용량제어
① 압축기 회전수 가감법
② 흡입 가이드 베인 조절법
④ 흡입 댐퍼 조절법

31 **냉동효과에 관한 설명으로 옳은 것은?**

① 냉동효과란 응축기에서 방출하는 열량을 의미한다.
② 냉동효과는 압축기의 출구 엔탈피와 증발기의 입구 엔탈피 차를 이용하여 구할 수 있다.
③ 냉동효과는 팽창밸브 직전의 냉매 액온도가 높을수록 크며, 또 증발기에서 나오는 냉매증기의 온도가 낮을수록 크다.
④ 냉매의 과냉각도를 증가시키면 냉동효과는 커진다.

① 냉동효과란 증발기에서 흡수하는 열량을 의미한다.
② 냉동효과는 압축기의 입구(증발기 출구) 엔탈피와 증발기의 입구 엔탈피 차를 이용하여 구할 수 있다.
③ 냉동효과는 팽창밸브 직전의 냉매 액온도가 낮을수록 크며, 또 증발기에서 나오는 냉매증기의 온도가 높을수록 크다.

정답 28 ③ 29 ② 30 ③ 31 ④

32 **냉매의 구비조건으로 틀린 것은?**

① 동일한 냉동능력을 내는 경우에 소요동력이 적을 것
② 증발잠열이 크고 액체의 비열이 작을 것
③ 액상 및 기상의 점도는 낮고 열전도도는 높을 것
④ 임계온도가 낮고 응고온도는 높을 것

④ 임계온도가 높고 응고온도는 낮을 것

33 **다음 중 증발온도가 저하되었을 때 감소되지 않는 것은? (단, 응축온도는 일정하다.)**

① 압축비 ② 냉동능력
③ 성적계수 ④ 냉동효과

증발온도가 저하되었을 때 장치에 미치는 영향
- 압축비 증대
- 토출가스 온도 상승
- 체적효율감소
- 냉매순환량 감소
- 냉동능력 감소(냉동효과 감소)
- 소요동력 증대
- 성적계수 감소
- 윤활유 열화 및 탄화

34 **실제기체가 이상기체의 상태식을 근사적으로 만족하는 경우는?**

① 압력이 높고 온도가 낮을수록
② 압력이 높고 온도가 높을수록
③ 압력이 낮고 온도가 높을수록
④ 압력이 낮고 온도가 낮을수록

실제기체가 이상기체의 상태식을 근사적으로 만족하는 경우는 압력이 낮고 온도가 높을 경우이다.
(저압, 고온)

35 **냉동제조시설의 정밀안전기준 시설기준에 대한 설명으로 가장 거리가 먼 것은?**

① 배치기준 : 압축기 · 유분리기 · 응축기 및 수액기와 이들 사이의 배관은 화기를 취급하는 곳과 인접하여 설치하지 않을 것
② 냉매설비에는 진동 · 충격및 부식 등으로 냉매가스가 누출되지 않도록 필요한 조치를 할 것
③ 세로방향으로 설치한 동체의 길이가 5m 이상인 원통형 응축기와 내용적이 5천L 이상인 수액기에는 지진 발생 시 그 응축기 및 수액기를 보호하기 위하여 내진성능확보를 위한 조치를 할 것
④ 가연성 가스설비 중 전기설비는 그 설치장소 및 그 가스의 종류에 따라 적절한 방화성능을 가지는 구조일 것

가연성 가스설비 중 전기설비는 그 설치장소 및 그 가스의 종류에 따라 적절한 방폭성능을 가지는 구조로한다.

36 **다음 압축기의 종류 중 압축 방식이 다른 것은?**

① 원심식 압축기 ② 스크류 압축기
③ 스크롤 압축기 ④ 왕복동식 압축기

용적(체적)식 : 왕복식 압축기, 회전식 압축기, 스크류식 압축기, 스크롤식 압축기
원심식 : 원심식(turbo)압축기

37 **표준 냉동사이클에서 냉매액이 팽창밸브를 지날 때 상태량의 값이 일정한 것은?**

① 엔트로피 ② 엔탈피
③ 내부에너지 ④ 온도

정답 32 ④ 33 ① 34 ③ 35 ④ 36 ① 37 ②

팽창밸브에서는 냉매의 교축작용에 의해 압력과 온도는 저하되고 엔탈피가 일정한 등엔탈피작용을 하며 엔트로피는 증가한다.

표준냉동사이클의 각 과정
- 압축기 : 등엔트로피 과정
- 응축기 : 등압과정
- 팽창밸브 : 등엔탈피 과정
- 증발기 : 등온, 등압과정

38 암모니아 냉동기에서 암모니아가 누설되는 곳에 페놀프탈레인 시험지를 대면 어떤 색으로 변하는가?

① 적색 ② 청색
③ 갈색 ④ 백색

NH_3 냉매의 누설검지
① 취기
② 붉은 리트머스시험지 → 청색(누설시)
③ 유황초나 염산 → 흰색연기(누설시)
④ 페놀프탈레인 → 적(홍)색(누설시)
⑤ 네슬러시약 → 소량 누설(황색), 다량누설(자색) : 브라인 중에 누설검지

39 1RT(냉동톤)에 대한 설명으로 옳은 것은?

① 0℃ 물 1kg을 0℃ 얼음으로 만드는데 24시간 동안 제거해야 할 열량
② 0℃ 물 1ton을 0℃ 얼음으로 만드는데 24시간 동안 제거해야 할 열량
③ 0℃ 물 1kg을 0℃ 얼음으로 만드는데 1시간 동안 제거해야 할 열량
④ 0℃ 물 1ton을 0℃ 얼음으로 만드는데 1시간 동안 제거해야 할 열량

냉동톤(RT)
(1) 표준(한국) 냉동톤 : 0℃의 물 1ton을 24시간 동안에 0℃의 얼음으로 만드는데 제거해야 할 열량 1RT＝3.86kW 이다.
(2) 미국 냉동톤(usRT) : 32℉의 물 2000Lb을 24시간 동안에 32℉의 얼음으로 만드는데 제거해야 할 열량 1RT＝3.52 kW 이다.

40 압축기 직경이 100mm, 행정이 850mm, 회전수 2000 rpm, 기통수 4일 때 피스톤 배출량(m^3/h)은?

① 3204.4 ② 3316.2
③ 3458.8 ④ 3567.1

왕복식 압축기의 피스톤 압출량(m^3/h)

$$V_a = \frac{\pi d^2}{4} L \cdot N \cdot R \cdot 60 = \frac{\pi \times 0.1^2}{4} \times 0.85 \times 4 \times 2000 \times 60 = 3204.4$$

여기서, d : 내경[m], L : 행정[m], N : 기통수[개], R : 분당회전수[rpm]

3 공조냉동 설치·운영

41 다음 그림에서 ㉠과 ㉡의 명칭으로 바르게 설명된 것은?

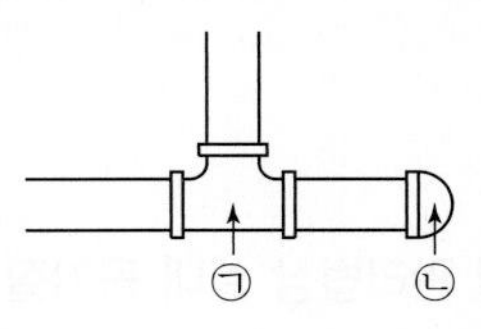

① ㉠ : 크로스, ㉡ : 트랩
② ㉠ : 소켓, ㉡ : 캡
③ ㉠ : 90° Y티, ㉡ : 트랩
④ ㉠ : 티, ㉡ : 캡

㉠은 분기하는 티이며, ㉡은 관 말단을 막는 캡이다.

정답 38 ① 39 ② 40 ① 41 ④

42 냉온수 배관을 시공할 때 고려해야 할 사항으로 옳은 것은?

① 열에 의한 온수의 체적팽창을 흡수하기 위해 신축이음을 한다.
② 기기와 관의 부식을 방지하기 위해 물을 자주 교체한다.
③ 열에 의한 배관의 신축을 흡수하기 위해 팽창관을 설치한다.
④ 공기체류장소에는 공기빼기밸브를 설치한다.

온수의 체적팽창을 흡수하기 위해 팽창탱크를 사용하고, 물을 교체하여 사용하면 용존산소가 계속 공급되어 부식을 촉진시킨다. 배관의 신축을 흡수하기 위해 신축이음을 사용한다.

43 공조 배관 도면 검토시 확인사항으로 가장 부적합한 것은?

① 장비의 배치 및 배관입상의 위치가 건물배치와 동일하도록 계통도를 작성할 것
② 옥외에 노출되거나 외기의 영향을 받기 쉬운 곳에 설치되는 배관은 동파대책과 열화대책을 확보할 것
③ 입상관에 대한 앵카 및 신축이음은 유체별로 신축량을 구분하여 설치
④ 분기부에는 원칙적으로 체크밸브를 설치할 것

분기부에는 원칙적으로 분기밸브를 설치할 것

44 실내 공기질 관리법상 실내 공기질 관리 항목에 포함되지 않는 것은?

① 이산화질소(ppm)
② 휘발성유기탄소(VOC)
③ 총휘발성유기화합물($\mu g/m^3$)
④ 라돈(Bq/m^3)

실내 공기질 관리 항목에 휘발성유기탄소 (VOC)는 항목에 없으며 곰팡이(CFU/m^3)가 해당 한다.

45 다음과 같은 급수 계통과 조건(상당관표, 동시사용률)을 참조하여 균등관법으로 (e)구간의 급수 관경을 구하시오.

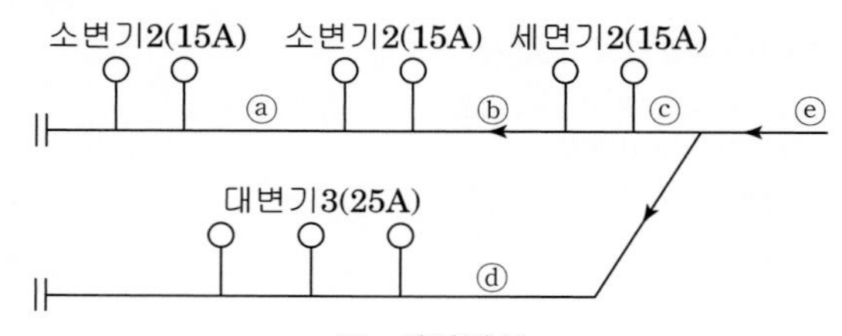

표. 상당관표

관경	15A	20A	25A	32A	40A
15A	1				
20A	2	1			
25A	3.7	1.8	1		
32A	7.2	3.6	2	1	
40A	11	5.3	2.9	1.5	1
50A	20	10	5.5	2.8	1.9
65A	31	15	8.5	4.3	2.9

표. 동시사용률

기구수	2	3	4	5	6	7	8	9	10	17
%	100	80	75	70	65	60	58	55	53	46

① 20A ② 25A
③ 32A ④ 40A

균등관(상당관)법은 모든 급수관경을 15A로 환산한다. 대변기 25A는 15A로 3.7개이다. 그러므로 (e)구간 상당수(15A) 합계는 2+2+2+(3×3.7)=17.1
동시사용률은 기구수로 구하고 기구는 9개이므로 55% 일때 동시개구수는 상당수 합계와 동시사용률로 구한다.
동시개구수=17.1×0.55=9.4
다시 상당관표에서 15A, 9.4는 11개항에서 40A를 선정

정답 42 ④ 43 ④ 44 ② 45 ④

46 터보 냉동기의 운전관리 점검항목에서 압축기에 관련한 항목 중 가장 거리가 먼 것은?

① 유온
② 오일히터 써모스타트(OHT)
③ 유압
④ 유량

오일히터 써모스타트(OHT)는 오일탱크 부속품이다.

47 배관길이 200m, 관경 100mm의 배관 내 20℃의 물을 80℃로 상승시킬 경우 배관의 신축량(mm)은? (단, 강관의 선팽창계수는 11.5×10^{-6}m/m · ℃이다.)

① 138　② 13.8
③ 104　④ 10.4

$\Delta L = L\alpha\Delta t = 200 \times 11.5 \times 10^{-6}(80-20)$
$= 0.138\text{m} = 138\text{mm}$

48 주철관에 관한 설명으로 틀린 것은?

① 압축강도, 인장강도가 크다.
② 내식성, 내마모성이 우수하다.
③ 충격치, 휨강도가 작다.
④ 보통 급수관, 배수관, 통기관에 사용된다.

주철관은 충격에 약하고, 인장강도가 작다.

49 평면상의 변위 뿐만 아니라 입체적인 변위까지도 안전하게 흡수하므로 어떤 형상의 신축에도 배관이 안전하며 증기, 물, 기름 등의 2.9MPa 압력과 220℃정도까지 사용할 수 있는 신축 이음쇠는?

① 스위블형 신축 이음쇠
② 슬리브형 신축 이음쇠
③ 볼조인트형 신축 이음쇠
④ 루프형 신축 이음쇠

볼조인트형 신축 이음쇠는 입체적인 신축을 흡수할 수 있다.

50 배관이 바닥이나 벽을 관통할 때 설치하는 슬리브(sleeve)에 관한 설명으로 틀린 것은?

① 슬리브의 구경은 관통 배관의 지름보다 충분히 크게 한다.
② 방수층을 관통할 때는 누수 방지를 위해 슬리브를 설치하지 않는다.
③ 슬리브를 설치하여 관을 교체하거나 수리할 때 용이하게 한다.
④ 슬리브를 설치하여 관의 신축에 대응할 수 있다.

방수층을 관통할 때는 누수 방지를 위해 방수형 슬리브를 설치한다.

정답 46 ② 47 ① 48 ① 49 ③ 50 ②

51 변압기의 병렬운전에서 필요하지 않은 조건은?

① 극성이 같을 것
② 1차, 2차 정격전압이 같을 것
③ 출력이 같을 것
④ 권수비가 같을 것

변압기의 병렬운전 조건
(1) 단상 변압기와 3상 변압기 공통 사항
㉠ 극성이 같아야 한다.
㉡ 정격전압이 같고, 권수비가 같아야 한다.
㉢ %임피던스강하가 같아야 한다.
㉣ 저항과 리액턴스의 비가 같아야 한다.
(2) 3상 변압기에만 적용
㉠ 위상각 변위가 같아야 한다.
㉡ 상회전 방향이 같아야 한다.

52 교류의 실효치에 관한 설명 중 틀린 것은?

① 교류의 진폭은 실효치의 $\sqrt{2}$ 배이다.
② 전류나 전압의 한 주기의 평균치가 실효치이다.
③ 실효치 100[V]인 교류와 직류 100[V]로 같은 전등을 점등하면 그 밝기는 같다.
④ 상용전원이 220[V]라는 것은 실효치를 의미한다.

보기 ②번은 평균값의 정의이다.

53 직류발전기의 전기자 반작용의 영향이 아닌 것은?

① 중성축의 이동
② 자속의 크기 감소
③ 절연내력의 저하
④ 유기기전력의 감소

직류기의 전기자 반작용의 영향
(1) 주자속이 감소하여 직류 발전기에서는 유기기전력(또는 단자전압)이 감소하고 직류 전동기에서는 토크가 감소하고 속도가 상승한다.
(2) 편자작용에 의하여 중성축이 직류 발전기에서는 회전방향으로 이동하고 직류 전동기에서는 회전방향의 반대방향으로 이동한다.
(3) 기전력의 불균일에 의한 정류자 편간전압이 상승하여 브러시 부근의 도체에서 불꽃이 발생하며 정류불량의 원인이 된다.

54 그림과 같이 실린더의 한쪽으로 단위시간에 유입하는 유체의 유량을 $x(t)$라 하고 피스톤의 움직임을 $y(t)$로 한다. t시간이 경과한 후의 전달함수를 구해보면 어떤 요소가 되는가?

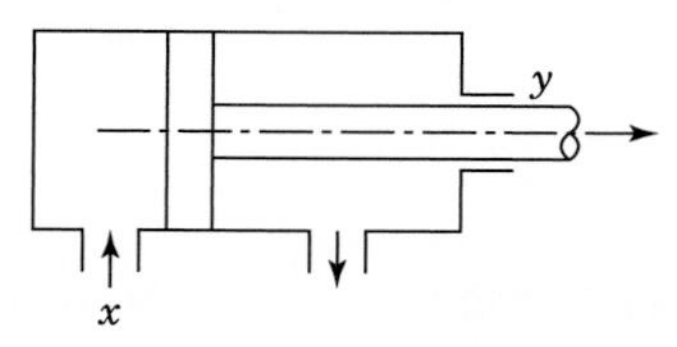

① 비례요소
② 미분요소
③ 적분요소
④ 미적분요소

적분동작(I 제어)은 오차 발생시간과 오차의 크기로 둘러싸인 면적에 비례하여 동작하는 제어로서 물탱크에 일정 유량의 물을 공급하여 수위를 올려주는 역할을 하는 제어기이다.

55 그림과 같은 계전기 접점회로의 논리식은?

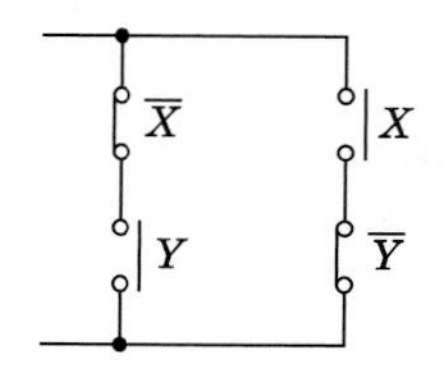

① XY
② $\overline{X}Y+X\overline{Y}$
③ $(\overline{X}+\overline{Y})(X+Y)$
④ $(\overline{X}+Y)(X+\overline{Y})$

Exclusive OR회로(=배타적 논리합 회로)
(1) 유접점

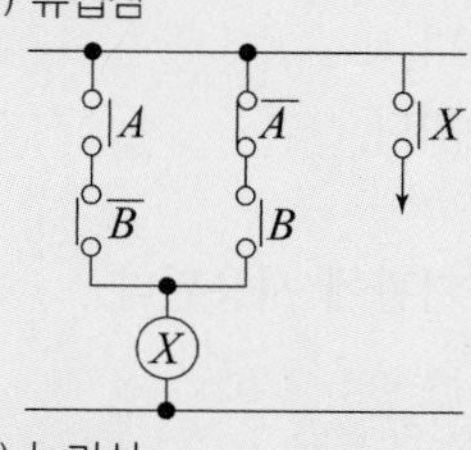

(2) 논리식
$X=A\cdot\overline{B}+\overline{A}\cdot B$

정답 51 ③ 52 ② 53 ③ 54 ③ 55 ②

56 **도선에 흐르는 전류에 의하여 발생되는 자계의 크기가 전류의 크기와 거리에 따라 달라지는 법칙은?**

① 암페어의 오른나사 법칙
② 플레밍의 왼손 법칙
③ 비오-사바르의 법칙
④ 렌츠의 법칙

> 전류와 자계의 관련 법칙
> (1) 암페어의 오른나사의 법칙은 전류에 의한 자장의 방향을 알 수 있는 법칙이다.
> (2) 비오-사바르의 법칙은 전류에 의해 발생하는 자계의 세기를 구할 수 있는 법칙이다.

57 **1 [kW]의 전열기를 1시간 동안 사용한 경우 발생한 열량은 몇 [kJ]인가?**

① 360　　② 860
③ 1860　　④ 3600

> W = P · T = 1kW × 1hr
> = 1kJ/s × 3600s = 3600kJ

58 **출력의 변동을 조정하는 동시에 목표값에 정확히 추종하도록 설계한 제어계는?**

① 추치제어　　② 프로세스제어
③ 자동조정　　④ 정치제어

> 추치제어는 출력의 변동을 조정하는 동시에 목표값에 정확히 추종하도록 설계한 제어로서 다음과 같이 분류된다.
> (1) 추종제어 : 제어량에 의한 분류 중 서보 기구에 해당하는 값을 제어한다.(예 비행기 추적레이더, 유도미사일)
> (2) 프로그램제어 : 목표값이 미리 정해진 시간적 변화를 하는 경우 제어량을 변화시키는 제어로서 무인 운전 시스템이 이에 해당된다.(예 무인 엘리베이터, 무인 자판기, 무인 열차)
> (3) 비율제어 : 목표값이 다른 양과 일정한 비율 관계로 변화하는 제어

59 **단위 계단함수 $u(t-a)$를 라플라스변환 하면?**

① $\dfrac{e^{as}}{s^2}$　　② $\dfrac{e^{-as}}{s^2}$
③ $\dfrac{e^{-as}}{s}$　　④ $\dfrac{e^{as}}{s}$

> 간추이정리를 이용한 라플라스 변환
> $\mathcal{L}[f(t \pm T)] = F(s)\, e^{\pm Ts}$
> **참고** 단위계단함수의 시간추이정리를 이용한 라플라스 변환

$f(t)$	$F(s)$
$u(t-a)$	$\frac{1}{s}e^{-as}$
$u(t-b)$	$\frac{1}{s}e^{-bs}$

60 **그림과 같이 전압계와 전류계를 사용하여 직류 전력을 측정하였다. 가장 정확하게 측정한 전력[W]은? (단, R_i : 전류계의 내부저항, R_e : 전압계의 내부저항이다.)**

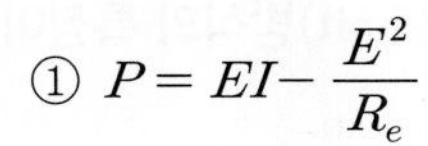
① $P = EI - \dfrac{E^2}{R_e}$

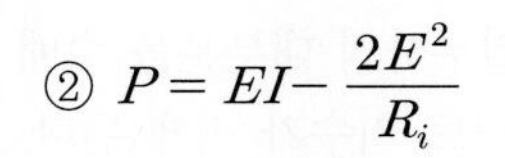
② $P = EI - \dfrac{2E^2}{R_i}$

③ $P = EI - 4R_eI^2$

④ $P = EI - 2R_eI^2$

> 부하전력은 전원에서 공급된 전력인 EI[W]에서 전압계로 흐르는 누설전류에 의한 전력인 $\dfrac{E^2}{R_e}$[W]를 뺀 값으로 측정되어야 한다.
> $\therefore P = EI - \dfrac{E^2}{R_e}$ [W]

PARAT 05 실전모의고사

정답 56 ③　57 ④　58 ①　59 ③　60 ①

모의고사 **제15회 실전 모의고사**

1 공기조화 설비

01 통과 풍량이 $500m^3/min$일 때 표준 유닛형 에어필터의 수는 약 몇 개인인가? (단, 통과 풍속은 2.5m/s, 유닛 1개당 면적은 $0.5m^2$이며, 유효면적은 80%이다.)

① 4개 ② 6개
③ 9개 ④ 12개

유닛 1개당 통과 풍량$=2.5m/s\times0.5m^2\times0.80=1.0m^3/s$

$$에어필터\ 개수=\frac{통과\ 풍량}{1개당\ 통과\ 풍량}=\frac{500}{60\times1.0}$$
$=8.3=9$개

(통과 풍량은 시간을 초단위로 환산하며, 필터개수는 반올림하지않고 자리올림한다.)

02 덕트 병용 팬 코일 유닛(fan coil unit)방식의 특징이 아닌 것은?

① 열부하가 큰 실에 대해서도 열부하의 대부분을 수배관으로 처리할 수 있으므로 덕트 치수가 적게 된다.
② 각 실 부하 변동을 용이하게 처리할 수 있다.
③ 덕트 병용 팬 코일 유닛식은 수공기식이다.
④ 청정구역에 많이 사용된다.

덕트 병용 팬 코일 유닛방식은 수공기식으로 물을 이용하여 열을 공급하므로 각 실로 공급하는 송풍량은 적어서 청정구역(회의실, 클린룸)에는 부적합하다.

03 여과기를 여과작용에 의해 분류할 때 해당되는 것이 아닌 것은?

① 충돌 점착식 ② 유닛 교환식
③ 건성 여과식 ④ 활성탄 흡착식

여과기의 여과작용에 의한 분류는 충돌 점착식, 건성 여과식, 전기식, 활성탄 여과기로 나눈다. 유닛 교환식은 필터의 유지관리 특성에 따른 분류에 속한다.

04 풍량 $600m^3/min$, 정압 60mmAq, 회전수 500rpm의 특성을 갖는 송풍기의 회전수를 600rpm으로 증가시켰을 때 정압과 동력은 약 얼마인가? (단, 정압효율은 60%이다.)

① 약 정압 50mmAq, 동력 12.1kW
② 약 정압 60mmAq, 동력 15.2kW
③ 약 정압 86mmAq, 동력 16.9kW
④ 약 정압 96mmAq, 동력 21.5kW

회전수 500rpm일 때 동력은

$$동력(kW)=\frac{Q\cdot\Delta P}{102\times60\times\eta}=\frac{600\times60}{102\times60\times0.6}=9.80kW,$$

회전수를 600rpm으로 증가시키면 상사법칙으로

$$정압=60\times\left(\frac{600}{500}\right)^2=86.4mmAq$$

$$동력=9.8\times\left(\frac{600}{500}\right)^3=16.93kW$$

05 기화식(증발식) 가습장치의 종류로 옳은 것은?

① 원심식, 초음파식, 분무식
② 전열식, 전극식, 적외선식
③ 과열증기식, 분무식, 원심식
④ 회전식, 모세관식, 적하식

가습장치의 종류
- 수분무식 : 원심식, 초음파식, 노즐분무식
- 증기발생식 : 전열식, 전극식, 적외선식
- 증기공급식 : 노즐분무식, 과열증기식
- 증발식(기화식) : 회전식, 모세관식, 적하식

정답 01 ③ 02 ④ 03 ② 04 ③ 05 ④

06 **중앙식(전공기) 공기조화 방식의 특징에 관한 설명으로 틀린 것은?**

① 중앙집중식이므로 운전, 보수관리를 집중화할 수 있다.
② 대형 건물에 적합하며 외기냉방이 가능하다.
③ 덕트가 대형이고 개별식에 비해 설치 공간이 크다.
④ 공기를 이용하므로 송풍 동력이 적고 에너지 절약적이다.

전공기 방식은 동일 부하일 때 열부하를 제거하기위한 공급공기량이 많아서 팬의 소요동력이 냉·온수를 운반하는 펌프 동력보다 커서 에너지가 많이 소요된다.

07 **지하상가의 공조방식을 결정 시 고려해야 할 내용으로 틀린 것은?**

① 취기를 발산하는 점포는 취기가 주변에 확산되지 않도록 한다.
② 각 점포마다 어느 정도의 온도조절을 할 수 있게 한다.
③ 음식점에서는 배기가 필요하므로 풍량 밸런스를 고려하여 채용한다.
④ 공공지하보도 부분과 점포부분은 동일 계통으로 공조한다.

지하상가의 공조방식 결정 시 공공지하보도 부분과 점포 부분은 독립 계통으로 하는 것이 일반적이다.

08 **아래의 특징에 해당하는 보일러는 무엇인가?**

> 공조용으로 사용하기보다는 편리하게 고압의 증기를 발생하는 경우에 사용하며, 드럼이 없이 수관으로 되어 있다. 보유 수량이 적어 가열시간이 짧고 부하변동에 대한 추종성이 좋다.

① 주철제 보일러　　② 연관 보일러
③ 수관 보일러　　④ 관류 보일러

관류 보일러는 드럼이 없이 수관으로 되어 있고, 보유 수량이 적어 가열시간이 짧고 부하변동에 대한 추종성이 좋아서 최근에 중소형에 널리 사용되고 있다. 증기발생기라고도 한다.

09 **외기온도 5℃에서 실내온도 20℃로 유지되고 있는 방이 있다. 내벽 열전달계수 5.8W/m² · K, 외벽 열전달계수 17.5W/m² · K, 열전도율이 2.3W/m · K이고, 벽 두께가 10cm일 때, 이 벽체의 열저항(m² · K/W)은 얼마인가?**

① 0.27　　② 0.55
③ 1.37　　④ 2.35

벽체 열저항은 열관류의 역수로 다음과 같이 구한다.

$$R = R_1 + R_2 + R_3 = \frac{1}{\alpha_o} + \frac{L}{\lambda} + \frac{1}{\alpha_i}$$

$$= \frac{1}{17.5} + \frac{0.1}{2.3} + \frac{1}{5.8} = 0.273\mathrm{m^2\,K/W}$$

10 **아래 그림에 나타낸 장치를 표의 조건으로 냉방운전을 할 때 A실에 필요한 송풍량(m³/h)은? (단, A실의 냉방부하는 현열부하 8.8kW, 잠열부하 2.8kW이고, 공기의 정압비열은 1.01kJ/kg · K, 밀도는 1.2kg/m³이며, 덕트에서의 열손실은 무시한다.)**

지점	온도(DB), ℃	습도(RH), %
A	26	50
B	17	–
C	16	85

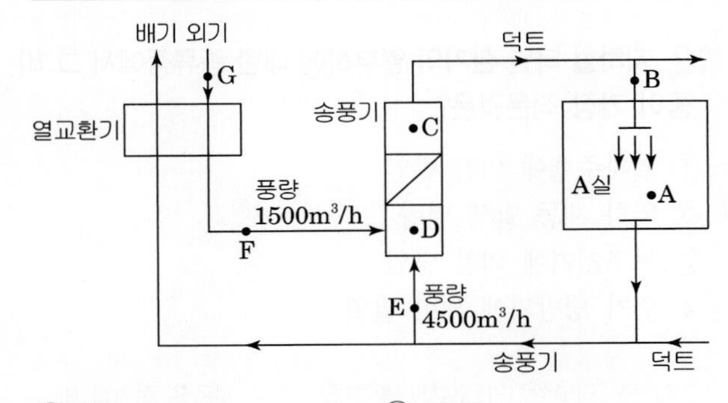

① 924　　② 1847
③ 2904　　④ 3831

정답 06 ④　07 ④　08 ④　09 ①　10 ③

A실의 급기 송풍량은 실내 현열부하와 취출온도차로 구한다.
$q = mC\Delta t$ 에서

$m = \frac{q}{C\Delta t} = \frac{8.8kW \times 3600}{1.01(26-17)} = 3485kg/h = 2904m^3/h$

8.8kW = 8.8kJ/s 이므로 공기량은 kg/s가 된다.
3600은 시간으로 환산한 것이다.
급기란 kg / h는 밀도 1.2로 나누면 m^3/h 가 된다.

11 다음 중 공조설비 시운전 중 점검사항에서 가장 적합하지 않은것은 무엇인가?

① 온수코일에서 전외기 공조시스템 같은 영하의 공기를 접하는 경우는 코일 동파방지를 위해 온수량을 조절하여서는 안된다.
② 동파방지를 위해 공조기내에 전기식 가열(히팅)코일을 설치하고 공조기 운전을 멈춘 야간동안 저온 감지 써모스텟을 5℃로 조정하여 그 이하가 되면 히팅코일이 가열하도록 한다.
③ 온수코일에서 송풍기 고장으로 인해 송풍이 안 될 경우에는 유량조절 밸브가 전개가 될 수 있도록 인터록 시킨다.
④ 외기와 환기공기의 혼합이 잘되도록 평행형 댐퍼를 설치하는 것이 좋으며 대향형 댐퍼는 사용하지 않는 것이 좋다.

외기와 환기공기의 혼합이 잘되도록 대향형 댐퍼를 설치하는 것이 좋으며 평행형 댐퍼는 사용하지 않는 것이 좋다.

12 지하철 터널 환기의 열부하에 대한 종류중에서 그 비중이 가장 적은것은?

① 열차주행에 의한 발열
② 열차 제동 발생 열량
③ 보조기기에 의한 발열
④ 열차 냉방기에 의한 발열

지하철 터널환기의 열부하 종류에서 열차 제동은 전기식 발전 제동장치로 열부하가 가장 적다.

13 실내온도가 27℃이고, 실내 절대습도가 0.016kg/kg'의 조건에서 틈새바람에 의한 침입 외기량이 $12m^3/min$일 때 현열부하와 잠열부하는? (단, 실외온도 34℃, 실외 절대습도 0.0321kg/kg, 공기의 비열 1.01kJ/kg · K, 물의 증발잠열 2501 kJ/kg이다.)

① 현열부하 1.42kW, 잠열부하 7.83kW
② 현열부하 1.70kW, 잠열부하 9.36kW
③ 현열부하 2.85kW, 잠열부하 10.34kW
④ 현열부하 3.25kW, 잠열부하 12.95kW

외기량 $12m^3/min = 720m^3/h = 864kg/h$
현열부하 $= mC\Delta t = 864 \times 1.01 \times (34-27)$
$= 6,108.5kJ/h = 1.70kW$
잠열부하 $= \gamma m\Delta x = 2,501 \times 864(0.0321 - 0.0165)$
$= 33,709kJ/h = 9.36kW$

14 공기조화 부하의 종류 중 실내부하와 장치부하에 해당되지 않는 것은?

① 사무기기나 인체를 통해 실내에서 발생하는 열
② 외기가 틈새를 통해 실내로 들어오는 열
③ 덕트에서의 손실 열
④ 냉동기 발생 열

사무기기, 인체 발생열, 틈새부하는 실내부하이며, 덕트손실열은 장치부하에 속하나, 냉동기 발생열은 공기조화 부하와 관계 없다.

15 중앙 기계실에 냉동기를 설치하는 방식과 비교하여 각층마다 덕트 병용 패키지를 설치하는 공조방식에 대한 설명으로 틀린 것은?

① 각층마다 공조실을 두기 때문에 중앙 기계실 공간이 적게 필요하다.
② 대용량 열원장비가 없어서 운전에 필요한 전문 기술자가 필요 없다.
③ 덕트길이가 짧아지므로 설치비가 중앙식에 비해 적게 든다.

정답 11 ④ 12 ② 13 ② 14 ④ 15 ④

④ 실내 설치 시 급기를 위한 수직 덕트 샤프트가 필요하다.

덕트 병용 패키지 방식(PAC를 각 층에 설치하고 덕트를 통해 해당 층 각 실로 송풍한다.)은 각층마다 공조기가 설치되므로 수직으로 공급되는 덕트 샤프트는 필요없다.

16 **가변풍량(VAV) 방식에 관한 설명으로 틀린 것은?**

① 각 방의 온도를 개별적으로 제어할 수 있다.
② 연간 송풍 동력이 정풍량 방식보다 적다.
③ 부하의 증가에 대해서 유연성이 있다.
④ 동시 부하율을 고려하여 용량을 결정하기 때문에 설비 용량이 크다.

가변풍량(VAV) 방식은 동시 부하율을 적용하여 용량을 결정하기 때문에 설비 용량이 작다.

17 **송풍기 특성곡선에서 송풍기의 운전점에 대한 설명으로 옳은 것은?**

① 압력곡선과 저항곡선의 교차점
② 효율곡선과 압력곡선의 교차점
③ 축동력곡선과 효율곡선의 교차점
④ 저항곡선과 축동력곡선의 교차점

송풍기 운전점은 송풍기 압력(정압 곡선)과 덕트 저항(저항곡선)이 같은 교차점에서 운전점이 형성된다.

18 **실내 냉난방 부하 계산에 관한 내용으로 설명이 부적당한 것은?**

① 열부하 구성 요소 중 실내 부하는 유리면 부하, 구조체 부하, 틈새바람 부하, 내부 칸막이 부하 및 실내 발열부하로 구성된다.
② 열부하 계산의 주된 목적은 실내 취출구의 형식을 결정하기 위한 것이다.
③ 최대 난방 부하란 실내에서 발생되는 부하가 1일 중 가장 크게 되는 시각의 부하로서 주로 밤에 발생한다.
④ 냉방 부하란 쾌적한 실내 환경을 유지하기 위하여 여름철 실내 공기를 냉각, 감습시켜 제거하여야 할 열량을 의미한다.

열부하 계산의 주된 목적은 공조기기의 용량을 결정하기 위한 것이며 취출구 형식은 실의 용도나 층고등에 따라 기류 분포 형태에 따라 결정한다.

19 **축류 취출구로서 노즐을 분기덕트에 접속하여 급기를 취출하는 방식으로 구조가 간단하며 도달거리가 긴 것은?**

① 펑커루버 ② 아네모스탯형
③ 노즐형 ④ 팬형

노즐형은 축류형 취출구로 소음이 적고 도달거리가 길어서 실내공간이 넓은 경우에 벽면에 설치하여 횡방향으로 취출하는 경우가 많다. 방송국, 대강당 등에 사용된다. 팽커루버는 기류 방향을 조절할 수 있는 축류형 취출구이다.

20 **다음 그림의 방열기 도시기호 중 'W-H'가 나타내는 의미는 무엇인가?**

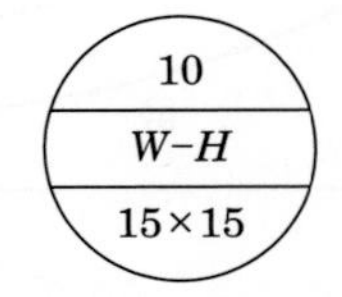

① 방열기 쪽수 ② 방열기 높이
③ 방열기 종류(형식) ④ 연결배관의 종류

방열기 도시기호에서 W-H는 방열기 형식 종류(W : 벽걸이, H : 수평형)이며, 10은 (방열기 쪽수 = 절수), 15×15는 방열기 입구 출구관경이다.

정답 16 ④ 17 ① 18 ② 19 ③ 20 ③

2 냉동냉장 설비

21 열에 대한 설명으로 옳은 것은?

① 온도는 변화하지 않고 물질의 상태를 변화시키는 열은 잠열이다.
② 냉동에는 주로 이용되는 것은 현열이다.
③ 잠열은 온도계로 측정할 수 있다.
④ 고체를 기체로 직접 변화시키는데 필요한 승화열은 감열이다.

> ② 냉동에는 주로 이용되는 것은 냉매의 상태변화에 따른 잠열이다.
> ③ 잠열(Latent heat)은 물질이 온도 변화 없이 상태가 변화할 때 필요한 열이므로 온도계로 측정할 수 없다.
> ④ 고체를 기체로 직접 변화시키는데 필요한 승화열은 잠열이다

22 다음과 같은 대항류 열교환기의 대수 평균 온도차는? (단, t_1 : 40℃, t_2 : 10℃, t_{w1} : 4℃, t_{w2} : 8℃이다.)

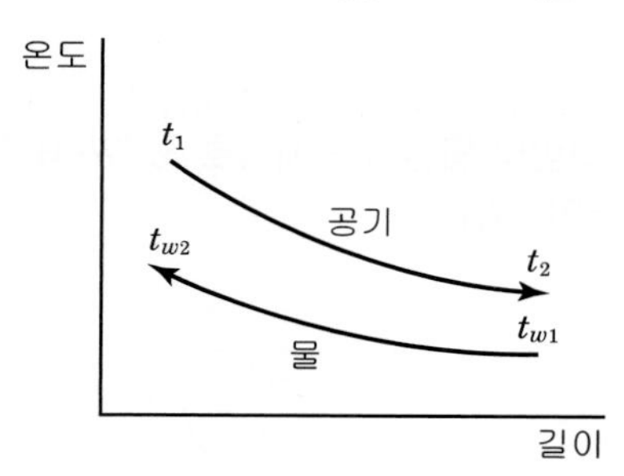

① 약 11.3℃ ② 약 13.5℃
③ 약 15.5℃ ④ 약 19.5℃

> 대수 평균 온도차(대항류)
>
> $$\Delta m = \frac{\Delta_1 - \Delta_2}{\mathrm{Ln}\frac{\Delta_1}{\Delta_2}} = \frac{(t_1 - t_{w2}) - (t_2 - t_{w1})}{\ln\frac{(t_1 - t_{w2})}{(t_2 - t_{w1})}}$$
>
> $$= \frac{(40-8)-(10-4)}{\ln\frac{40-8}{10-4}} \fallingdotseq 15.5$$

23 왕복동 압축기에서 -30~-70℃정도의 저온을 얻기 위해서는 2단 압축 방식을 채용한다. 그 이유 중 옳지 않은 것은?

① 토출가스의 온도를 높이기 위하여
② 윤활유의 온도 상승을 피하기 위하여
③ 압축기의 효율 저하를 막기 위하여
④ 성적계수를 높이기 위하여

> 증발온도가 대단히 낮거나 응축온도가 높을 경우 냉동효과가 감소하고, 압축일량이 증가하여 성적계수가 감소한다. 그러므로 2단 압축방식을 채택할 때의 장점은 다음과 같다.
> ㉠ 냉동효과의 증대
> ㉡ 압축일량의 감소
> ㉢ 성적계수의 향상
> ㉣ 토출가스온도 강하
> ㉤ 윤활유의 온도 상승방지
> ㉥ 압축기 효율저하 방지

24 쇠고기(지방이 없는 부분) 5ton을 12시간 동안 30℃에서 -15℃까지 냉각할 때의 냉동능력으로 옳은 것은? (단, 쇠고기의 동결점은 -2℃로, 쇠고기의 동결전 비열(지방이 없는 부분)은 0.88Wh/(kg · K)로, 동결후 비열은 0.49Wh/(kg · K), 동결잠열은 65.14Wh/kg으로 한다.)

① 31.5kW ② 41.5kW
③ 51.7kW ④ 61.7kW

> 비열단위를 Wh/(kg · K)로 주면 kJ로 고쳐서 푸는 방법과 Wh그대로 푸는 방법이 있는데 Wh단위로 계산하면 다음과 같으며 kJ로 고치는것보다 계산은 간단하지만 공조 냉동에서는 일반적으로 kJ단위를 사용하기 때문에 kJ단위로 계산하는 것이 익숙하리라 생각합니다. 각자 편한 계산법을 익혀두세요.
> (1) 30℃에서 -2℃까지 냉각현열부하
> $q = mC\Delta t = 5000 \times 0.88 \times \{30-(-2)\} = 140{,}800\mathrm{Wh}$
> (2) -2℃ 동결 시 잠열부하 :
> $q = m\gamma = 5000 \times 65.14 = 325{,}700\mathrm{Wh}$
> (3) -2℃에서 -15℃까지 동결 냉각시킬 경우 냉각현열부하
> $q = mC\Delta t = 5000 \times 0.49 \times \{-2-(-15)\} = 31{,}850\mathrm{Wh}$
> 따라서 12시간동안 5ton에 대한 전동결부하(냉동능력)는
> $$\mathrm{kW} = \frac{140{,}800 + 325{,}700 + 31{,}850(\mathrm{Wh})}{12(\mathrm{h})} = 41{,}529\mathrm{W}$$
> $= 41.53\mathrm{kW}$
> (냉동, 냉장 부하 문제는 냉각 시간 동안의 전체 동결부하(kJ)인지 단위시간 동안의 냉동 능력(kW)인지 정확히 구분해야한다)

정답 21 ① 22 ③ 23 ① 24 ②

25 **원심식 냉동기 제작설치검사에 관련한 내용으로 가장 거리가 먼 것은?**

① 원심식냉동기의 기밀시험은 제작회사의 시험규격에 합격한 것으로 하되 원칙적으로 기내를 진공도 89kPa{600mmHg} 이상으로 하고, 4시간 이상 방치하였을 때 진공도의 저하가 1시간에 0.13kPa {1mmHg} 이하인 것으로 한다.
② 수냉각기 및 응축기에 대한 수측의 수압시험은 최고 사용압력의 2.5배로 가압하여 이에 합격한 것으로 한다.
③ 소정의 운전조건 및 동력소비량에 있어서 소정의 냉동능력 및 용량조절기능을 만족하는 것으로 한다.
④ 안전장치류의 작동시험에 합격한 것으로 한다.

냉각기 및 응축기에 대한 수측의 수압시험은 최고사용압력의 1.5배로 가압하여 이에 합격한 것으로 한다.

26 **어떤 냉장고의 방열벽 면적이 500m², 열통과율이 0.311W/m² · K일 때, 이 벽을 통하여 냉장고 내로 침입하는 열량(kW)은? (단, 이 때 외기온도는 32℃이며, 냉장고 내부온도는 -15℃이다.)**

① 12.6 ② 10.4
③ 9.1 ④ 7.3

$q = KA\Delta t$
$= 0.311 \times 500 \times \{32-(-15)\} ≒ 7308[W]=7.3[kW]$

27 **냉동기의 압축기에서 일어나는 이상적인 압축과정은 다음 중 어느 것인가?**

① 등온변화 ② 등압변화
③ 등엔탈피 변화 ④ 등엔트로피 변화

압축과정
냉동기의 압축기에서 일어나는 이상적인 압축과정은 등엔트로피 변화이다.

28 **팽창밸브를 통하여 증발기에 유입되는 냉매액의 엔탈피를 F, 증발기 출구 엔탈피를 A, 포화액의 엔탈피를 G라 할 때 팽창밸브를 통과한 곳에서 증기로 된 냉매의 양의 계산식으로 옳은 것은? (단, P : 압력, h : 엔탈피를 나타낸다.)**

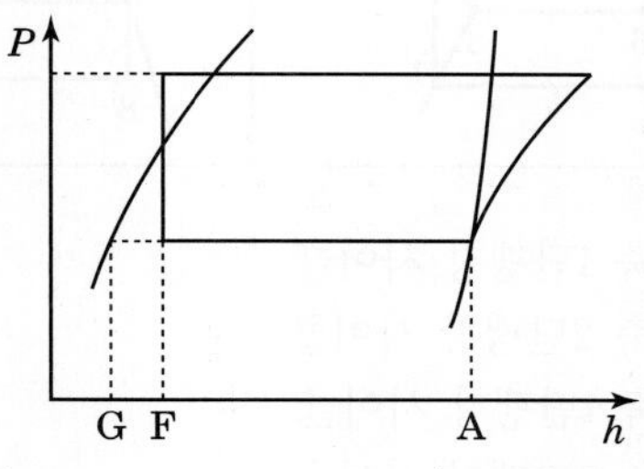

① $\frac{A-F}{A-G}$ ② $\frac{A-F}{F-G}$
③ $\frac{F-G}{A-G}$ ④ $\frac{F-G}{A-F}$

건조도(증기로 된 냉매의 양)$=\frac{F-G}{A-G}$
습도(액체 상태의 냉매의 양)$=\frac{A-F}{A-G}$

29 **암모니아 냉동기의 증발온도 -20℃, 응축온도 35℃일 때 ① 이론 성적계수와 ② 실제 성적계수는 약 얼마인가? (단, 팽창밸브 직전의 액온도는 32℃, 흡인가스는 건포화증기이고, 체적효율은 0.65, 압축효율은 0.80, 기계효율은 0.9로 한다.)**

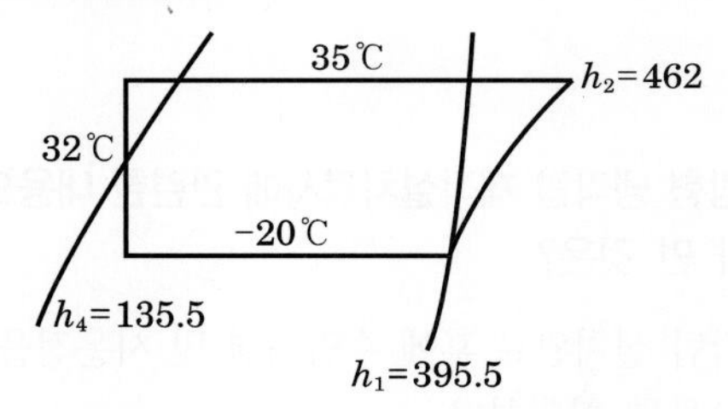

① ① 0.5, ② 3.8 ② ① 3.9, ② 2.8
③ ① 3.5, ② 2.5 ④ ① 4.3, ② 2.8

(1) 이론 성적계수$=\frac{395.5-135.5}{462-395.5}=3.9$
(2) 실제 성적계수=이론 성적계수×압축효율×기계효율
=3.9×0.8×0.9=2.8

정답 25 ② 26 ④ 27 ④ 28 ③ 29 ②

PARAT 05 실전모의고사

30 다음 그림은 어떤 사이클인가? (단, P=압력, h=엔탈피, T=온도, S=엔트로피이다.)

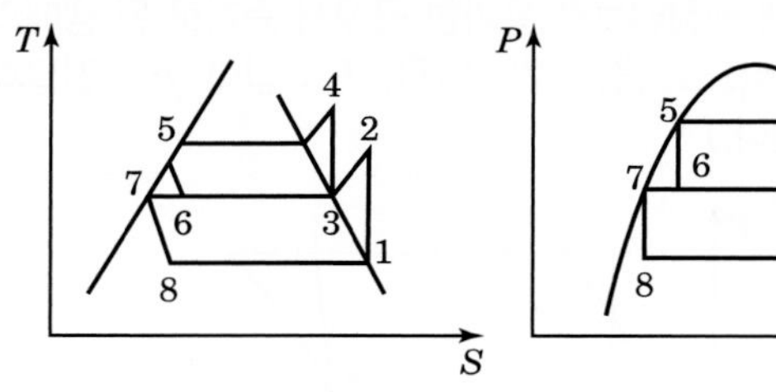
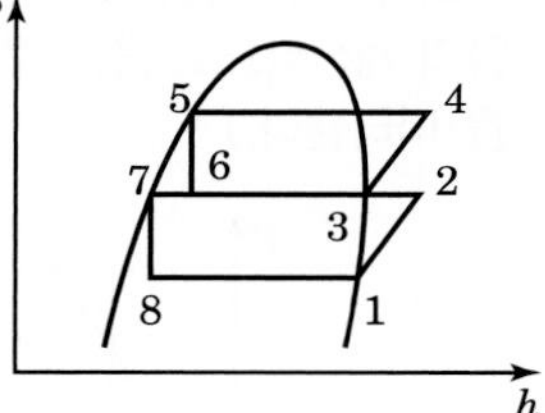

① 2단압축 1단팽창 사이클
② 2단압축 2단팽창 사이클
③ 1단압축 1단팽창 사이클
④ 1단압축 2단팽창 사이클

그림은 중간 냉각이 완전한 2단압축 2단팽창 사이클이다.

31 이상 기체를 정압하에서 가열하면 체적과 온도의 변화는 어떻게 되는가?

① 체적증가, 온도상승　② 체적일정, 온도일정
③ 체적증가, 온도일정　④ 체적일정, 온도상승

이상기체의 정압변화
정압하에서 이상기체의 체적은 절대온도에 비례($\frac{V}{T}=C$)하므로 정압하에서 이상기체를 가열하면 체적과 온도는 상승한다.

32 개방형 냉각탑 제작설치검사에 관련한 내용으로 가장 거리가 먼 것은?

① 냉각탑 설치완료 후에 수압시험 및 시운전을 하고 이상유무를 확인한다.
② 냉각탑 수분배장치에서 흘러내리는 물은 충진물의 표면을 고르게 흐르게 본체 밖으로 물의 비산이 적은가를 확인한다.
③ 냉각탑소음, 진동에 대한 시험 및 검사를 실시한다.
④ 통풍팬의 작동유무를 확인한다.

개방형 냉각탑은 설치완료 후에 만수시험 및 시운전을 하고 이상유무를 확인한다

33 흡수식 냉동기에서 재생기에서의 열량을 Q_G, 응축기에서의 열량을 Q_C, 증발기에서의 열량을 Q_E, 흡수기에서의 열량을 Q_A라고 할 때 전체의 열평형식으로 옳은 것은?

① $Q_G = G_E + Q_C + Q_A$
② $Q_G + G_C = Q_E + Q_A$
③ $Q_G + G_A = Q_C + Q_E$
④ $Q_G + G_E = Q_C + Q_A$

흡수식 냉동기의 열평형식
재생기 가열량 + 증발기 흡수열량(냉동능력) = 흡수기 냉각열량 + 응축기 방열량
$Q_G + G_E = Q_C + Q_A$이다.

34 물 5kg을 0℃에서 80℃까지 가열하면 물의 엔트로피 증가는 약 얼마인가? (단, 물의 비열은 4.18kJ/kg · K이다.)

① 1.17kJ/K　② 5.37kJ/K
③ 13.75kJ/K　④ 26.31kJ/K

엔트로피 변화

$$\Delta s_{12} = mC_p \ln\frac{T_2}{T_1} = 5\times4.18\times\ln\frac{273+80}{273+0} \fallingdotseq 5.37$$

35 압축기의 압축방식에 의한 분류 중 용적형 압축기가 아닌 것은?

① 왕복동식 압축기　② 스크류식 압축기
③ 회전식 압축기　④ 원심식 압축기

정답 30 ② 31 ① 32 ① 33 ④ 34 ② 35 ④

압축기의 분류
용적(체적)식 : 왕복식 압축기, 회전식 압축기, 스크류식 압축기, 스크롤식 압축기
원심식 : 원심식(turbo)압축기

36 12kW 펌프의 회전수가 800rpm, 토출량 $1.5m^3/min$인 경우 펌프의 토출량을 $1.8m^3/min$으로 하기 위하여 회전수를 얼마로 변화하면 되는가?

① 850rpm
② 960rpm
③ 1025rpm
④ 1365rpm

펌프의 상사법칙
$\frac{Q_2}{Q_1} = \frac{N_2}{N_1}$에서
$N_2 = N_1\frac{Q_2}{Q_1} = 800 \times \frac{1.8}{1.5} = 960[rpm]$

37 냉동장치에서 고압측에 설치하는 장치가 아닌 것은?

① 수액기
② 팽창밸브
③ 드라이어
④ 액분리기

액분리기(Accumulator)
액분리기는 증발기와 압축기 사이에 설치하는 것으로 냉동장치의 저압부에 설치한다.

38 감온식 팽창밸브의 작동에 영향을 미치는 것으로만 짝지어진 것은?

① 증발기의 압력, 스프링 압력, 흡입관의 압력
② 증발기의 압력, 응축기의 압력, 감온통의 압력
③ 스프링 압력, 흡입관의 압력, 압축기 토출 압력
④ 증발기의 압력, 스프링 압력, 감온통의 압력

감온 팽창 밸브는 다음 세가지 힘의 평형상태(平衡常態)에 의해서 작동된다.
㉠ 감온통에 봉입(封入)된 가스압력 : Pf
㉡ 증발기 내의 냉매의 증발 압력 : PO
㉢ 과열도 조절나사에 의한 스프링 압력 : PS
Pf = PO + PS
Pf 〉 PO + PS : 밸브의 개도가 커지는 상태(과열도 감소)
Pf 〈 PO + PS : 밸브의 개도가 작아지는 상태(과열도 증가)

39 유량 100L/min의 물을 15℃에서 10℃로 냉각하는 수냉각기가 있다. 이 냉동 장치의 냉동효과가 125kJ/kg일 경우에 냉매 순환량은 얼마인가? (단, 물의 비열은 4.18kJ/kg · K이다.)

① 16.7kg/h
② 1000kg/h
③ 450kg/h
④ 960kg/h

$Q_2 = G \times q_2 = mc\Delta t$에서
냉매환량 $G = \frac{mc\Delta t}{q_2} = \frac{100 \times 60 \times 4.18 \times (15-10)}{125}$
$= 1003.2 \fallingdotseq 1000\,[kg/h]$

40 나선모양의 관으로 냉매증기를 통과시키고 이 나선관을 원형 또는 구형의 수조에 넣어 냉매를 응축시키는 방법을 이용한 응축기는?

① 대기식 응축기(atmospheric condenser)
② 지수식 응축기(submerged coil condenser)
③ 증발식 응축기(evaporative condenser)
④ 공랭식 응축기(air cooled condenser)

지수식 응축기(submerged coil condenser)
나선모양의 관으로 냉매증기를 통과시키고 이 나선관을 원형 또는 구형의 수조에 넣어 냉 매를 응축시키는 방법을 이용한 응축기로 현재는 거의 사용하지 않는다.

정답 36 ② 37 ④ 38 ④ 39 ② 40 ②

3 공조냉동 설치·운영

41 주철관의 특징에 대한 설명으로 틀린 것은?

① 충격에는 강하고 내구성이 크다.
② 주철관 이음법에 소켓이음과 노허브이음이 있다.
③ 동관에 비하여 열팽창계수가 작다.
④ 소음을 흡수하는 성질이 있으므로 옥내배수용으로 적합하다.

주철관은 외압이나 충격에는 약하고, 부식에 잘견디어 내구성이 크다.

42 진공환수식 증기난방 배관에 관한 설명으로 옳은 것은?

① 온수 난방 방식에 비해 관 지름이 커진다.
② 주로 소규모 건물의 난방에 많이 사용된다.
③ 환수관 내 유속의 감소로 응축수 배출이 느리다.
④ 환수관의 진공도는 100~200mmHg 정도로 한다.

진공환수식은 환수관내 응축수 배출이 빨라서 관 지름이 작아도 되며 주로 중·대규모 난방에 사용된다.

43 다음 중 각 부속 장치의 설치 및 특징에 대한 설명으로 틀린 것은?

① 슬루스 밸브는 유량조절용 보다는 개폐용(ON-OFF용)에 주로 사용된다.
② 슬루스 밸브는 일명 게이트 밸브라고도 한다.
③ 스트레이너는 배관 속 먼지, 흙, 모래 등을 제거하기 위한 부속품이다.
④ 스트레이너는 밸브나 펌프 뒤에 설치한다.

스트레이너는 밸브, 펌프등을 보호하기 위하여 기기류 앞에 설치한다.

44 다음과 같은 급수 계통과 조건(상당관표, 동시사용률)을 참조하여 균등관법으로 (d)구간의 급수 관경을 구하시오.

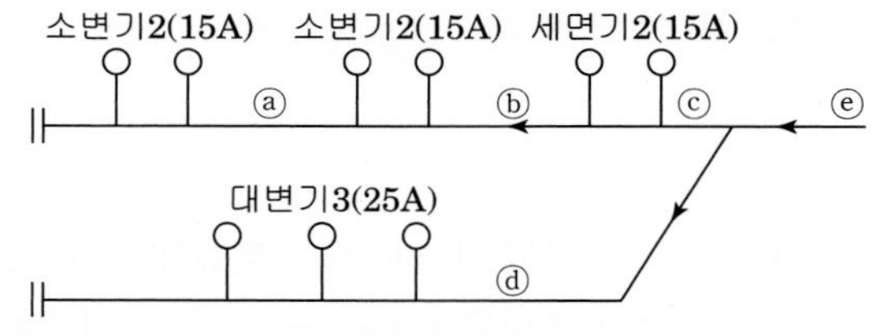

표. 상당관표

관경	15A	20A	25A	32A	40A
15A	1				
20A	2	1			
25A	3.7	1.8	1		
32A	7.2	3.6	2	1	
40A	11	5.3	2.9	1.5	1
50A	20	10	5.5	2.8	1.9
65A	31	15	8.5	4.3	2.9

표. 동시사용률

기구수	2	3	4	5	6	7	8	9	10	17
%	100	80	75	70	65	60	58	55	53	46

① 20A ② 25A
③ 32A ④ 40A

균등관(상당관)법은 모든 급수관경을 15A로 환산한다.
(d)구간의 대변기25A는 15A로 3.7개이다.
그러므로 (d)구간 상당수(15A) 합계는 $3\times3.7=11.1$ 동시사용률은 기구수로 구하고 기구는 3개이므로 80% 일 때 동시개구수는 상당수 합계와 동시사용률로 구한다.
동시개구수$=11.1\times0.8=8.88$
다시 상당관표에서 15A, 8.88은 11개항에서 40A를 선정

정답 41 ① 42 ④ 43 ④ 44 ④

45 터보 냉동기의 응축기 운전관리 점검항목으로 가장 거리가 먼 것은?

① 냉수입구온도 ② 냉각수 입구온도
③ 냉각수 출구온도 ④ 응축압력

냉수입구, 출구온도는 증발기 관리항목에 속한다.

46 실내 공기질 관리법상 실내 공기질 관리 항목중 이산화질소(NO_2)는 지하역사, 지하도상가, 철도역사의 대합실, 여객자동차터미널의 대합실에서 권고기준치는 얼마인가?

① 1ppm 이하 ② 0.5ppm 이하
③ 0.3ppm 이하 ④ 0.1ppm 이하

이산화질소(NO_2)는 권고기준은 지하역사등에서 0.1ppm 이하, 지하주차장에서 0.3ppm 이하, 의료기관등에서 0.05ppm 이하를 권고한다.

47 공조기와 덕트 설치시 검토 사항으로 가장 부적합한 것은?

① 공조기의 형식은 공조실의 면적 · 높이 등을 고려하여 가장 적절한 형식 선정(수평형, 수직형, 조합형, return fan내장형, 슬림형 등)- 공조기 상세와 일치 여부 확인
② fan의 설치방법 (토출방향 등)은 공조기 위치, 공조실의 높이 등을 고려하여 원활한 덕트가 되도록 설치
③ 여름철 외기냉방이 가능하도록 외기 및 배기덕트 크기 검토
④ 공조실 자체의 플레넘(plenum)챔버 검토

외기냉방은 외기조건이 실내조건보다 온도가 낮을 때 사용하므로 중간기(봄, 가을)에 적용한다.

48 공기조화설비에서 덕트 주요 요소인 가이드 베인에 대한 설명으로 옳은 것은?

① 소형 덕트의 풍량 조절용이다.
② 대형 덕트의 풍량 조절용이다.
③ 덕트 분기 부분의 풍량 조절을 한다.
④ 덕트 밴드부에서 기류를 안정시킨다.

덕트의 가이드 베인은 덕트 굴곡부(밴드부)에서 기류를 안정시키는 기능을 하며 확대 · 축소하는 부분의 급격한 기류 변화를 줄이는 기능도 한다. 직각 엘보에서는 성형 가이드베인(터닝베인)을 사용한다.

49 가스설비 배관 시 관의 지름은 폴(pole)식을 사용하여 구한다. 이때 고려할 사항이 아닌 것은?

① 가스의 유량 ② 관의 길이
③ 가스의 비중 ④ 가스의 온도

폴(Pole)식에 의한 관지름(D) 계산식

$$D=\frac{Q^2 \cdot S \cdot L}{K^2(P_1^2-P_2^2)}\text{(cm)} \quad \text{또는} \quad Q=K\sqrt{\frac{D^5 \cdot \Delta P}{S \cdot L}}$$

※ Q : 가스량
L : 관의 길이
P : 가스절대압
S : 가스비중
K : 유량계수
폴식에서 가스온도는 무시한다.

50 수도 직결식 급수설비에서 수도본관에서 최상층 수전까지 높이가 18m일 때 수도본관의 최저 필요 수압은? (단, 수전의 최저 필요압력은 50kPa, 관내 마찰손실수두는 2mAg으로 한다.)

① 100kPa ② 150kPa
③ 200kPa ④ 250kPa

급수설비 필요 최저압력(PL)=실양정+마찰손실+수전요구압
PL = 180 + 20 + 50 = 250kPa
(실양정 18m = 180kPa, 2mAq = 20kPa)

정답 45 ① 46 ④ 47 ③ 48 ④ 49 ④ 50 ④

PARAT 05 실전모의고사

51 전자유도현상에서 유도기전력의 크기에 관한 법칙은?

① 플레밍의 왼손법칙 ② 페러데이의 법칙
③ 앙페르의 법칙 ④ 쿨롱의 법칙

전자유도법칙

(1) 패러데이의 법칙
"코일에 발생하는 유기기전력(e)은 자속 쇄교수($N\phi$)의 시간에 대한 감쇠율에 비례한다."는 것을 의미하며 이 법칙은 "유기기전력의 크기"를 구하는데 적용되는 법칙이다. 패러데이 법칙의 공식은 다음과 같다.

$$e=-N\frac{d\phi}{dt}=-L\frac{di}{dt}[V]$$

여기서, e : 유기기전력, N : 코일 권수,
$d\phi$: 자속의 변화량, dt : 시간의 변화,
L : 코일의 인덕턴스, di : 전류의 변화량

(2) 렌츠의 법칙
"코일에 쇄교하는 자속이 시간에 따라 변화할 때 코일에 발생하는 유기기전력의 방향은 자속의 변화를 방해하는 방향으로 유도된다."는 것을 의미하며 이 법칙은 "유기기전력의 방향"을 알 수 있는 법칙이다. 렌츠 법칙의 공식은 다음과 같다.

$$e=-N\frac{d\phi}{dt}=-L\frac{di}{dt}[V]$$

여기서, e : 유기기전력, N : 코일 권수,
$d\phi$: 자속의 변화량, dt : 시간의 변화,
L : 코일의 인덕턴스, di : 전류의 변화량

52 그림에서 V_s는 몇 [V]인가?

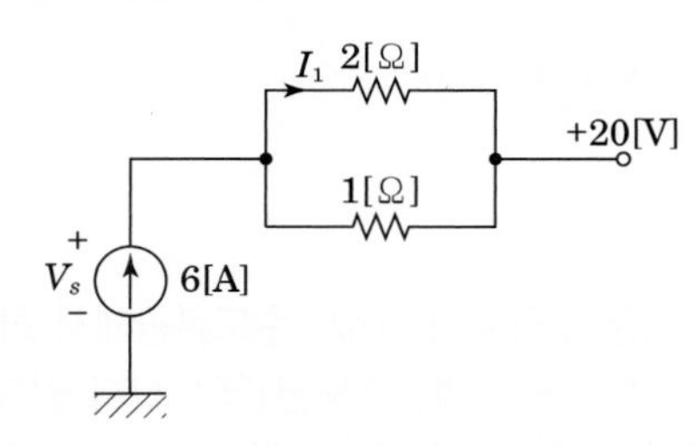

① 8 ② 16
③ 24 ④ 32

전류원 전압 V_s와 20[V]단자 사이의 전위차는 병렬로 접속된 저항의 전압강하와 같으므로

$V_s-20=6\times\frac{2\times1}{2+1}$[V]임을 알 수 있다.

$\therefore\ V_s=6\times\frac{2\times1}{2+1}+20=24[V]$

53 변압기를 스코트(Scott) 결선할 때 이용률은 몇 [%]인가?

① 57.7 ② 86.6
③ 100 ④ 173

스코트 결선(T 결선)
변압기 스코트 결선은 3상 전원을 2강 전원으로 공급하기 위한 결선으로서 변압기 권선의 86.6[%]인 부분만을 사용하기 때문에 변압기 이용률이 86.6[%]로 운전된다.

54 자동제어를 분류할 때 제어량의 종류에 의한 분류가 아닌 것은?

① 정치제어 ② 서보기구
③ 프로세스제어 ④ 자동조정

프로세스 제어는 공정제어라고도 하며 제어량이 피드백 제어계로서 주로 정치제어인 경우이다. 온도, 압력, 유량, 액면, 습도, 밀도, 농도 등을 제어한다.

55 종류가 다른 금속으로 폐회로를 만들어 두 접속점에 온도를 다르게 하면 전류가 흐르게 되는 것은?

① 펠티에 효과 ② 평형현상
③ 제벡 효과 ④ 자화현상

제벡효과
서로 다른 두 금속을 접합하여 접합점에 온도차를 주게 되면 기전력이 발생하여 전류가 흐르는 현상이다.

정답 51 ② 52 ③ 53 ② 54 ① 55 ③

56 그림과 같은 논리회로는?

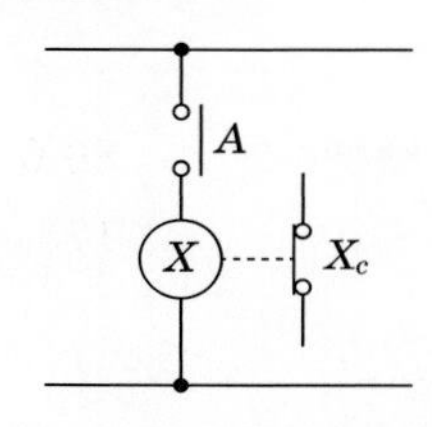

① OR회로 ② AND회로
③ NOT회로 ④ NAND 회로

NOT 회로
입력과 출력이 반대로 동작하는 회로로서 입력이 "1"이면 출력은 "0", 입력이 "0"이면 출력이 "1"인 회로이다.

57 목표값이 시간적으로 임의로 변하는 경우의 제어로서 서보기구가 속하는 것은?

① 정치제어 ② 추종제어
③ 프로그램 제어 ④ 마이컴 제어

추종제어는 제어량에 의한 분류 중 서보 기구에 해당하는 값을 제어한다.(예 비행기 추적레이더, 유도미사일)

58 $v = 200\sin\left(120\pi t + \frac{\pi}{3}\right)$[V]인 전압의 순시값에서 주파수는 몇 [Hz]인가?

① 50 ② 55
③ 60 ④ 65

$\omega = 2\pi f = 120\pi$[rad/sec] 이므로
$\therefore f = \frac{120\pi}{2\pi} = 60$[Hz]

59 그림과 같은 그래프에 해당하는 함수를 라플라스 변환하면?

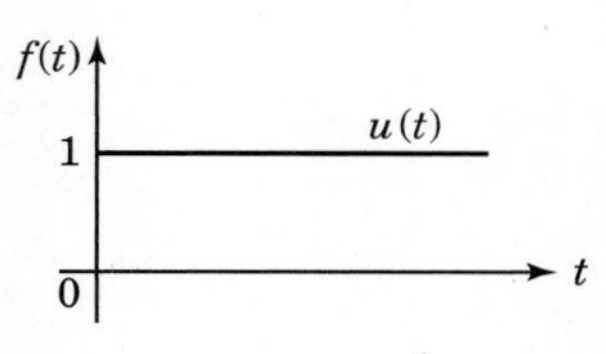

① 1 ② $\frac{1}{s}$
③ $\frac{1}{s+1}$ ④ $\frac{1}{s^2}$

단위계단 함수(인디셜 함수)의 라플라스 변환
단위계단함수는 $u(t)$ 로 표시하며 크기가 1인 일정함수로 정의한다.

$$\mathcal{L}[f(t)] = \mathcal{L}[u(t)] = \int_0^\infty u(t)e^{-st}$$
$$= \int_0^\infty e^{-st}dt = \left[-\frac{1}{s}e^{-st}\right]_0^\infty = \frac{1}{s}$$

60 직류발전기의 철심을 규소강판으로 성층하여 사용하는 이유로 가장 알맞은 것은?

① 브러시에서의 불꽃 방지 및 정류 개선
② 와류손과 히스테리시스손의 감소
③ 전기자 반작용의 감소
④ 기계적으로 튼튼함

직류기의 전기자 철심
전기자 철심은 규소 강판을 사용하여 히스테리시스 손실을 줄이고 또한 성층하여 와류손(=맴돌이손)을 줄인다. 철심 내에서 발생하는 손실을 철손이라 하며 철손은 히스테리시스손과 와류손을 합한 값이다. 따라서 규소 강판을 성층하여 사용하기 때문에 철손이 줄어들게 된다.

PARAT 05 실전모의고사

정답 56 ③ 57 ② 58 ③ 59 ② 60 ②

4개년 기출문제 및 실전모의고사 무료동영상

공조냉동기계산업기사 필기 5주완성 ❷

定價 30,000원

저 자 조성안 · 이승원
한영동

발행인 이 종 권

2018年 1月 10日 초 판 발 행
2019年 1月 22日 1차개정발행
2020年 1月 23日 2차개정발행
2021年 1月 21日 3차개정발행
2022年 2月 9日 4차개정발행

發行處 (주) 한솔아카데미

(우)06775 서울시 서초구 마방로10길 25 트윈타워 A동 2002호
TEL : (02)575-6144/5 FAX : (02)529-1130
〈1998. 2. 19 登錄 第16-1608號〉

※ 본 교재의 내용 중에서 오타, 오류 등은 발견되는 대로 한솔아카데미 인터넷 홈페이지를 통해 공지하여 드리며 보다 완벽한 교재를 위해 끊임없이 최선의 노력을 다하겠습니다.

※ 파본은 구입하신 서점에서 교환해 드립니다.

www.inup.co.kr / www.bestbook.co.kr

ISBN 979-11-6654-154-4 13550

한솔아카데미 발행도서

건축기사시리즈
①건축계획
이종석, 이병억 공저
536쪽 | 23,000원

건축기사시리즈
②건축시공
김형중, 한규대, 이명철, 홍태화 공저
678쪽 | 23,000원

건축기사시리즈
③건축구조
안광호, 홍태화, 고길용 공저
796쪽 | 24,000원

건축기사시리즈
④건축설비
오병칠, 권영철, 오호영 공저
564쪽 | 23,000원

건축기사시리즈
⑤건축법규
현정기, 조영호, 김광수, 한웅규 공저
622쪽 | 24,000원

건축기사 필기 10개년 핵심 과년도문제해설
안광호, 백종엽, 이병억 공저
1,030쪽 | 40,000원

건축기사 4주완성
남재호, 송우용 공저
1,222쪽 | 42,000원

건축산업기사 4주완성
남재호, 송우용 공저
1,136쪽 | 39,000원

10개년핵심 건축산업기사 과년도문제해설
한솔아카데미 수험연구회
968쪽 | 35,000원

실내건축기사 4주완성
남재호 저
1,284쪽 | 37,000원

실내건축산업기사 4주완성
남재호 저
1,020쪽 | 30,000원

건축설비기사 4주완성
남재호 저
1,144쪽 | 39,000원

10개년 핵심 건축설비기사 과년도
남재호 저
1,086쪽 | 35,000원

10개년 핵심 건축설비 산업기사 과년도
남재호 저
866쪽 | 30,000원

건축기사 실기
한규대, 김형중, 염창열, 안광호, 이병억 공저
1,686쪽 | 49,000원

건축기사 실기 (The Bible)
안광호 저
784쪽 | 32,000원

건축산업기사 실기
한규대, 김형중, 안광호, 이병억 공저
696쪽 | 27,000원

건축산업기사 실기 (The Bible)
안광호, 백종엽, 이병억 공저
316쪽 | 20,000원

시공실무 실내건축기사 실기
안동훈, 이병억 공저
400쪽 | 28,000원

시공실무 실내건축산업기사 실기
안동훈, 이병억 공저
344쪽 | 26,000원

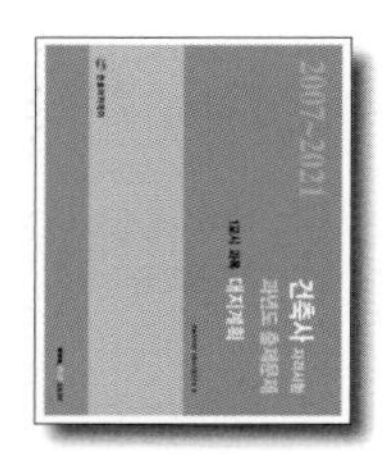

건축사 과년도출제문제 1교시 대지계획

한솔아카데미 건축사수험연구회
346쪽 | 30,000원

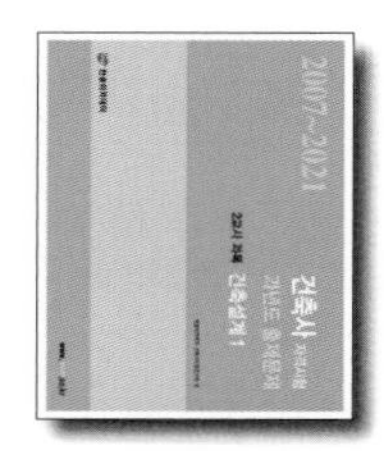

건축사 과년도출제문제 2교시 건축설계1

한솔아카데미 건축사수험연구회
192쪽 | 30,000원

건축사 과년도출제문제 3교시 건축설계2

한솔아카데미 건축사수험연구회
436쪽 | 30,000원

건축물에너지평가사 ①건물 에너지 관계법규

건축물에너지평가사 수험연구회
818쪽 | 27,000원

건축물에너지평가사 ②건축환경계획

건축물에너지평가사 수험연구회
456쪽 | 23,000원

건축물에너지평가사 ③건축설비시스템

건축물에너지평가사 수험연구회
682쪽 | 26,000원

건축물에너지평가사 ④건물 에너지효율설계 · 평가

건축물에너지평가사 수험연구회
756쪽 | 27,000원

건축물에너지평가사 2차실기(상)

건축물에너지평가사 수험연구회
940쪽 | 40,000원

건축물에너지평가사 2차실기(하)

건축물에너지평가사 수험연구회
905쪽 | 40,000원

토목기사시리즈 ①응용역학

염창열, 김창원, 안광호, 정용욱, 이지훈 공저
610쪽 | 22,000원

토목기사시리즈 ②측량학

남수영, 정경동, 고길용 공저
506쪽 | 22,000원

토목기사시리즈 ③수리학 및 수문학

심기오, 노재식, 한웅규 공저
424쪽 | 22,000원

토목기사시리즈 ④철근콘크리트 및 강구조

정경동, 정용욱, 고길용, 김지우 공저
470쪽 | 22,000원

토목기사시리즈 ⑤토질 및 기초

안성중, 박광진, 김창원, 홍성협 공저
632쪽 | 22,000원

토목기사시리즈 ⑥상하수도공학

노재식, 이상도, 한웅규, 정용욱 공저
534쪽 | 22,000원

10개년 핵심 토목기사 과년도문제해설

김창원 외 5인 공저
1,028쪽 | 43,000원

토목기사4주완성 핵심 및 과년도문제해설

이상도, 정경동, 고길용, 안광호, 한웅규, 홍성협 공저
990쪽 | 36,000원

토목산업기사4주완성 7개년 과년도문제해설

이상도, 정경동, 고길용, 안광호, 한웅규, 홍성협 공저
842쪽 | 34,000원

토목기사 실기

김태선, 박광진, 홍성협, 김창원, 김상욱, 이상도 공저
1,472쪽 | 45,000원

토목기사실기 12개년 과년도

김태선, 이상도, 한웅규, 홍성협, 김상욱, 김지우 공저
696쪽 | 30,000원

콘크리트기사 · 산업기사 4주완성(필기)
정용욱, 고길용, 전지현 공저
874쪽 | 34,000원

콘크리트기사 11개년 과년도(필기)
정용욱, 고길용, 김지우 공저
552쪽 | 25,000원

콘크리트기사 · 산업기사 3주완성(실기)
정용욱, 김태형, 이승철 공저
714쪽 | 26,000원

건설재료시험기사 4주완성(필기)
고길용, 정용욱, 홍성협, 전지현 공저
780쪽 | 33,000원

건설재료시험기사 10개년 과년도(필기)
고길용, 정용욱, 홍성협, 전지현 공저
542쪽 | 26,000원

건설재료시험기사 3주완성(실기)
고길용, 홍성협, 전지현, 김지우 공저
704쪽 | 25,000원

지적기능사(필기+실기) 3주완성
염창열, 정병노 공저
520쪽 | 25,000원

측량기능사 3주완성
염창열, 정병노 공저
592쪽 | 23,000원

건설안전기사 4주완성 필기
지준석, 조태연 공저
1,336쪽 | 32,000원

산업안전기사 4주완성 필기
지준석, 조태연 공저
1,560쪽 | 32,000원

공조냉동기계기사 필기 5주완성
한영동, 조성안, 이승원 공저
1,502쪽 | 36,000원

공조냉동기계산업기사 필기 5주완성
한영동, 조성안, 이승원 공저
1,250쪽 | 30,000원

공조냉동기계기사 실기 5주완성
한영동 저
914쪽 | 32,000원

조경기사 · 산업기사 필기
이윤진 저
1,610쪽 | 47,000원

조경기사 · 산업기사 실기
이윤진 저
986쪽 | 42,000원

조경기능사 필기
이윤진 저
732쪽 | 26,000원

조경기능사 실기
이윤진 저
264쪽 | 24,000원

조경기능사 필기
한상엽 저
712쪽 | 26,000원

조경기능사 실기
한상엽 저
738쪽 | 27,000원

전산응용건축제도기능사 필기 3주완성
안재완, 구만호, 이병억 공저
458쪽 | 20,000원

2종 운전면허
도로교통공단 저
110쪽 | 10,000원

1·2종 운전면허
도로교통공단 저
110쪽 | 10,000원

지게차 운전기능사
건설기계수험연구회 편
216쪽 | 13,000원

굴삭기 운전기능사
건설기계수험연구회 편
224쪽 | 13,000원

지게차 운전기능사 3주완성
건설기계수험연구회 편
338쪽 | 10,000원

굴삭기 운전기능사 3주완성
건설기계수험연구회 편
356쪽 | 10,000원

BIM 주택설계편
(주)알피종합건축사사무소,
박기백, 서창석, 함남혁, 유기찬 공저
514쪽 | 32,000원

토목 BIM 설계활용서
김영휘, 박형순, 송윤상, 신현준,
안서현, 박진훈, 노기태 공저
388쪽 | 30,000원

BIM 구조편
(주)알피종합건축사사무소
(주)동양구조안전기술 공저
536쪽 | 32,000원

초경량 비행장치 무인멀티콥터
권희춘, 이임걸 공저
250쪽 | 17,500원

시각디자인 산업기사 4주완성
김영애, 서정술, 이원범 공저
1,102쪽 | 33,000원

시각디자인 기사·산업기사 실기
김영애, 이원범 공저
508쪽 | 32,000원

BIM 기본편
(주)알피종합건축사사무소
402쪽 | 30,000원

BIM 건축계획설계 Revit 실무지침서
BIMFACTORY
607쪽 | 35,000원

전통가옥에서 BIM을 보며
김요한, 함남혁, 유기찬 공저
548쪽 | 32,000원

BIM 주택설계편
(주)알피종합건축사사무소,
박기백, 서창석, 함남혁, 유기찬 공저
514쪽 | 32,000원

BIM 구조편
(주)알피종합건축사사무소
(주)동양구조안전기술 공저
536쪽 | 32,000원

BIM 활용편 2탄
(주)알피종합건축사사무소
380쪽 | 30,000원

BIM 기본편 2탄
(주)알피종합건축사사무소
380쪽 | 28,000원

BIM 토목편
송현혜, 김동욱, 임성순, 유자영,
심창수 공저
278쪽 | 25,000원

디지털모델링 방법론
이나래, 박기백, 함남혁, 유기찬 공저
380쪽 | 28,000원

건축디자인을 위한 BIM 실무 지침서
(주)알피종합건축사사무소, 박기백, 오정우, 함남혁, 유기찬 공저
516쪽 | 30,000원

BIM건축운용전문가 2급자격
모델링스토어 함남혁 공저
826쪽 | 32,000원

BIM토목운용전문가 2급자격
채재현 외 6인 공저
614쪽 | 35,000원

BE Architect 스케치업
유기찬, 김재준, 차성민, 신수진, 홍유찬 공저
282쪽 | 20,000원

BE Architect 라이노&그래스호퍼
유기찬, 김재준, 조준상, 오주연 공저
288쪽 | 22,000원

BE Architect AUTO CAD
유기찬, 김재준 공저
400쪽 | 25,000원

건축관계법규(전3권)
최한석, 김수영 공저
3,544쪽 | 100,000원

건축법령집
최한석, 김수영 공저
1,490쪽 | 50,000원

건축법해설
김수영, 이종석, 김동화, 김용환, 조영호, 오호영 공저
918쪽 | 30,000원

건축설비관계법규
김수영, 이종석, 박호준, 조영호, 오호영 공저
790쪽 | 30,000원

건축계획
이순희, 오호영 공저
422쪽 | 23,000원

건축시공학
이찬식, 김선국, 김예상, 고성석, 손보식, 유정호, 김태완 공저
776쪽 | 27,000원

토목시공학
남기천, 김유성, 김치환, 유광호, 김상환, 강보순, 김종민, 최준성 공저
1,212쪽 | 54,000원

건설시공학
남기천, 강인성, 류명찬, 유광호, 이광렬, 김문모, 최준성, 윤영철 공저
818쪽 | 28,000원

AutoCAD 건축 CAD
김수영, 정기범 공저
348쪽 | 20,000원

친환경 업무매뉴얼
정보현, 장동원 공저
352쪽 | 30,000원

건축시공기술사 기출문제
배용환, 서갑성 공저
1,146쪽 | 60,000원

합격의 정석 건축시공기술사
조민수 저
904쪽 | 60,000원

건축전기설비기술사 (상권)
서학범 저
772쪽 | 55,000원

HANSOL

e-Test 파워포인트 ver.2016

임창인, 권영희, 성대근, 강현권 공저
206쪽 | 15,000원

e-Test 한글 ver.2016

임창인, 이권일, 성대근, 강현권 공저
198쪽 | 13,000원

e-Test 엑셀 2010(영문판)

Daegeun-Seong
188쪽 | 25,000원

e-Test 한글+엑셀+파워포인트

성대근, 유재휘, 강현권 공저
412쪽 | 28,000원

NCS 직업기초능력활용 (공사+공단)

박진희 저
374쪽 | 18,000원

NCS 직업기초능력활용 (특성화고+청년인턴)

박진희 저
328쪽 | 18,000원

NCS 직업기초능력활용 (자소서+면접)

박진희 저
352쪽 | 18,000원

NCS 직업기초능력활용 (한국전력공사)

박진희 저
340쪽 | 18,000원

NCS 직업기초능력활용 (코레일 한국철도공사)

박진희 저
240쪽 | 18,000원

재미있고 쉽게 배우는 포토샵 CC2020

이영주 저
320쪽 | 23,000원

소방설비기사(기계편) 4주완성

김흥준, 윤중오, 남재호, 박내철, 한영동 공저
1,092쪽 | 36,000원

소방설비기사(전기편) 4주완성

김흥준, 홍성민, 남재호, 박내철 공저
948쪽 | 34,000원